U0212661

CHINA
RIVER AND LAKE
YEARBOOK

中国河湖年鉴

2021

中华人民共和国水利部　主管

水利部河湖管理司　　组编
水利部河湖保护中心

中国水利水电出版社
www.waterpub.com.cn
·北京·

图书在版编目（ＣＩＰ）数据

中国河湖年鉴. 2021 / 水利部河湖管理司，水利部
河湖保护中心组编. — 北京：中国水利水电出版社，
2022.6
　　ISBN 978-7-5226-0790-0

　　Ⅰ．①中… Ⅱ．①水… ②水… Ⅲ．①河流－中国－
2021－年鉴②湖泊－中国－2021－年鉴 Ⅳ．
①K928.4-54

中国版本图书馆CIP数据核字(2022)第107807号

审图号：GS京（2022）0519号

书　　名	中国河湖年鉴 2021 ZHONGGUO HEHU NIANJIAN 2021
作　　者	中华人民共和国水利部　主管 水 利 部 河 湖 管 理 司 水 利 部 河 湖 保 护 中 心　组编
出版发行	中国水利水电出版社 （北京市海淀区玉渊潭南路1号D座　100038） 网址：www.waterpub.com.cn E-mail：sales@mwr.gov.cn 电话：（010）68545888（营销中心）
经　　售	北京科水图书销售有限公司 电话：（010）68545874、63202643 全国各地新华书店和相关出版物销售网点
排　　版	中国水利水电出版社微机排版中心
印　　刷	北京印匠彩色印刷有限公司
规　　格	184mm×260mm　16开本　38.75印张　1340千字
版　　次	2022年6月第1版　2022年6月第1次印刷
印　　数	0001—5000册
定　　价	420.00元

《中国河湖年鉴》编纂委员会

主 任 委 员　魏山忠

副主任委员　祖雷鸣　蒋牧宸

委　　　员

马建华	水利部长江水利委员会	蔡　阳	水利部信息中心
汪安南	水利部黄河水利委员会	沈凤生	水利部水利水电规划设计总院
刘冬顺	水利部淮河水利委员会	王厚军	水利部宣传教育中心
王文生	水利部海河水利委员会	陈茂山	水利部发展研究中心
王宝恩	水利部珠江水利委员会	涂曙明	中国水利水电出版传媒集团
齐玉亮	水利部松辽水利委员会	营幼峰	中国水利水电出版传媒集团
朱　威	水利部太湖流域管理局	潘安君	北京市水务局
唐　亮	水利部办公厅	张志颇	天津市水务局
张祥伟	水利部规划计划司	位铁强	河北省水利厅
于琪洋	水利部政策法规司	常建忠	山西省水利厅
牛志奇	水利部财务司	斯琴毕力格	内蒙古自治区水利厅
侯京民	水利部人事司	冯东昕	辽宁省水利厅
杨得瑞	水利部水资源管理司	王相民	吉林省水利厅
许文海	全国节约用水办公室	侯百君	黑龙江省水利厅
王胜万	水利部水利工程建设司	史家明	上海市水务局
阮利民	水利部运行管理司	陈　杰	江苏省水利厅
蒲朝勇	水利部水土保持司	马林云	浙江省水利厅
陈明忠	水利部农村水利水电司	张　肖	安徽省水利厅
卢胜芳	水利部水库移民司	刘　琳	福建省水利厅
王松春	水利部监督司	王　纯	江西省水利厅
姚文广	水利部水旱灾害防御司	刘中会	山东省水利厅
林祚顶	水利部水文司	孙运锋	河南省水利厅
罗元华	水利部三峡工程管理司	廖志伟	湖北省水利厅
李　勇	水利部南水北调工程管理司	罗毅君	湖南省水利厅
朱程清	水利部调水管理司	王立新	广东省水利厅
刘志广	水利部国际合作与科技司	杨　焱	广西壮族自治区水利厅
罗湘成	水利部直属机关党委（党组巡视办）	王　强	海南省水务厅
刘云杰	水利部综合事业局	张学锋	重庆市水利局

《中国河湖年鉴》编委会办公室

主　任　蒋牧宸

副主任　荆茂涛　李春明

成　员　吴海兵　刘　江　叶炜民　胡忙全　胡　玮　马兆龙　张　攀　谢智龙
　　　　冯晓波　岳松涛　刘小勇　李　亮　王　竑　付　健　徐之青　孟祥龙
　　　　朱　锐　李晓璐　宋海波　常　跃　郎劢贤　刘　卓　王若明

《中国河湖年鉴》特约编辑

张细兵	水利部长江水利委员会	侯开云	水利部农村水利水电司
张　超	水利部黄河水利委员会	蓝希龙	水利部水库移民司
周炜翔	水利部淮河水利委员会	李　哲	水利部监督司
曹鹏飞	水利部海河水利委员会	闫淑春	水利部水旱灾害防御司
韩亚鑫	水利部珠江水利委员会	陆鹏程	水利部水文司
徐志国	水利部松辽水利委员会	李小龙	水利部三峡工程管理司
李昊洋	水利部太湖流域管理局	杨乐乐	水利部南水北调工程管理司
沈亚南	水利部办公厅	王文元	水利部调水管理司
袁　伟	水利部规划计划司	蒋雨彤	水利部国际合作与科技司
李绍民	水利部政策法规司	林辛锴	水利部直属机关党委（党组巡视办）
刘艺召	水利部财务司	汤勇生	水利部综合事业局
喜　洋	水利部人事司	李鑫雨	水利部信息中心
杜　凯	水利部水资源管理司	罗　鹏	水利部水利水电规划设计总院
谭　韬	全国节约用水办公室	杨露茜	水利部宣传教育中心
赵建波	水利部水利工程建设司	陈　健	水利部发展研究中心
曹　伟	水利部运行管理司	王　玉	水利部河湖保护中心
魏雪艳	水利部河湖管理司	徐　伟	水利部河湖保护中心
宋　康	水利部河湖管理司	卓子波	北京市水务局
陈　岩	水利部河湖管理司	柳　玥	天津市水务局
王佳怡	水利部河湖管理司	张　倩	河北省水利厅
谢雨轩	水利部水土保持司	杜建明	山西省水利厅

序

我国幅员辽阔，河湖众多，水系纵横，河流如血脉源远流长，湖泊似明珠璀璨夺目，这里奔涌着亚洲最长的河流长江，流淌着世界上含沙量最高的黄河，坐落着地球上海拔最高的大型湖泊纳木错……据统计，我国流域面积超过 50 平方千米的河流 45 203 条，总长达 150.85 万千米；常年水面面积超过 1 平方千米的天然湖泊 2 865 个，总面积逾 7.8 万平方千米。这些江河湖泊，年均储存水资源量 2.8 万亿立方米，蕴藏水能资源 6.8 亿千瓦，不仅孕育了五千年灿烂的中华文明，造就了绚丽多彩的自然风光，还为中华民族的繁衍生息提供了生命之水，为中华民族的伟大复兴、永续发展提供了有力保障。

保护江河湖泊，事关人民群众福祉，事关中华民族长远发展。党的十八大以来，党中央、国务院高度重视河湖管理保护工作，习近平总书记亲自谋划、亲自部署、亲自推动全面推行河湖长制，多次考察河湖保护治理情况并作出重要指示，在 2017 年新年贺词中发出"每条河流要有'河长'了"的伟大号令。习近平总书记亲自擘画"江河战略"，先后提出长江"坚持共抓大保护，不搞大开发"的发展战略和"共同抓好大保护，协同推进大治理，推动黄河流域高质量发展，让黄河成为造福人民的幸福河"的黄河流域生态保护和高质量发展战略，提出山水林田湖草沙冰系统治理，统筹推进水灾害防治、水资源节约、水生态修复、水环境治理，为新时代河湖管理保护提供了强大的思想武器和科学指南。

2016 年以来，中办、国办先后印发《关于全面推行河长制的意见》《关于在湖泊实施湖长制的指导意见》，在全国江河湖泊全面推行河湖长制。水利部作为全面推行河湖长制工作部际联席会议制度牵头部门，深入贯彻习近平生态文明思想，完整、准确、全面贯彻新发展理念，坚持"节水优先、空间均衡、系统治理、两手发力"的治水思路，与各地区各部门共同推进、全力落实，取得了巨大成绩。责任体系全面建立起来，31 个省（自治区、直辖市）党委和政府主要领导担任省级总河长，各级河湖长达到 120 余万名。建立完善了工作机制，推动建立七大流域省级河湖长联席会议机制、上下游左右岸联防联控机制、部门协调联动机制。河湖面貌发生历史性变化，以问题为导向实施河湖"清四乱"（乱占、乱采、乱堆、乱建）专项行动、长江黄河岸线清理整治、丹江口"守好一库碧水"专项整治行动，一批重点突出问题得到彻底整治，擦亮了河畅、水清、岸绿、景美、人和的河湖风景线。协同共治、团结治水的格局基本形成，积极引导社会公众参与河湖保护工作，让河湖保护意识深入人心，汇聚起各方智慧和力量。生态价值进一步彰显，助推经济高质量发展有力有效，人民群众获得感、幸福感显著增强，满意度显著提升。

河川之危、水源之危是生存环境之危、民族存续之危。地理气候条件特殊、人多水少、水资源时空分布不均，这些特点使得我国水情复杂、治水挑战性大。长远来看，河湖保护治理成效还需持续巩固，影响河湖健康生命和功能永续利用的问题还时有发生，还需要进一步发挥全面推行河湖长制工作部际联席会议制度作用，强化体制机制法治建设，持续完善责任明确、协调有序、监管严格、保护有力的河湖管理保护机制，提升水资源集约节约利用水平，管控河湖水域岸线空间，持续推进河湖"清四乱"常态化规范化，特别是针对新情况，需要不断强化数字赋能，完善监测监控体系，不断夯实建设健康美丽幸福河湖的科技支撑。

"治天下者以史为鉴，治郡国者以志为鉴"。编纂《中国河湖年鉴》是一项系统工程，是资政存史、惠及后人的有益举措，承担着忠实反映河湖长制工作发展历程、客观记录河湖管理保护大事要事的重任。《中国河湖年鉴（2021）》内容丰富全面，记述了我国江河湖泊基本情况，记录了 2016 年至 2020 年中央领导关于河湖管理保护的重要论述、重要活动等，记载了各部委、流域机构、地方政府的相关工作，以数字的方式展现河湖管理保护成效，具有较高的实用性、可读性和存史价值，能够为关心、关爱河湖的各方人员提供真实、全面、系统的河湖管理保护基础信息。希望年鉴编纂人员能够不断开拓创新、锐意进取，把《中国河湖年鉴》越办越好。

《中国河湖年鉴》编纂期间，国家发展改革委、教育部、工业和信息化部、公安部、民政部、司法部、财政部、人力资源社会保障部、自然资源部、生态环境部、住房城乡建设部、交通运输部、农业农村部、文化和旅游部、国家卫生健康委、应急部、国家林草局等部门以及 31 个省（自治区、直辖市）和新疆生产建设兵团高度重视、大力支持，水利系统相关单位精心组织、认真工作，有关专家和年鉴编纂人员孜孜不倦、辛勤付出，借此机会，向他们表示由衷的敬意和诚挚的感谢！

2022 年 6 月

编辑说明

一、《中国河湖年鉴》（以下简称《年鉴》）是由水利部主管，河湖管理司、河湖保护中心组编的专业年鉴，是集中反映河长制湖长制实施以来河湖管理与保护过程中的重要事件、技术资料、统计数据的资料性工具书。《年鉴（2021）》为首卷，全面记录2016—2020年河湖管理保护及河长制湖长制推行情况。

二、《年鉴》全面记载2016—2020年河湖保护治理的新发展、新变化、新成就和新经验。《年鉴》包括13个专栏：自然概况、综述、重要论述、重要活动、政策文件、专项行动、数说河湖、典型案例、流域河湖管理保护、地方河湖管理保护、大事记、附录、索引。

三、《年鉴》所载内容实行文责自负。年鉴内容、技术数据及保密等问题均经撰稿人所在单位把关审定。

四、《年鉴》力求内容全面、资料准确、整体规范、文字简练，并注重实用性、可读性和连续性。

五、《年鉴》采用中国法定计量单位。数字的用法遵从国家标准《出版物上数字用法》（GB/T 15835—2011）。技术术语、专业名词、符号等力求符合规范要求或约定俗成。

六、《年鉴》中涉及的中央国家机关、水利部相关司局和直属单位等可使用约定俗成的简称，"全面推行河长制工作部际联席会议"简称为"部际联席会议"，"全面推行河长制工作部际联席会议成员单位"简称为"成员单位"。

七、《年鉴》中"清四乱"具体指清理乱占、乱采、乱堆、乱建，在正文中统一简述为"清四乱"。

八、限于编辑水平和经验，《年鉴》难免有缺点和错误。我们热忱希望广大读者和各级领导提出宝贵意见，以便改进工作。

EDITOR'S NOTES

1. The *China River and Lake Yearbook* (hereinafter referred to as the *Yearbook*) is a professional yearbook compiled by the Department of River and Lake Management and the River and Lake Protection Center under the supervision of the Ministry of Water Resources. It is a reference book that reflects the important events, technical information and statistical data in the process of river and lake management and protection since the implementation of the River/Lake Chief System. The first volume of the *Yearbook*, 2021, comprehensively records the management and protection of rivers and lakes and the implementation of the River/Lake Chief System from 2016 to 2020.

2. The *Yearbook* comprehensively records the new developments, changes, achievements and experiences in river and lake management and protection from 2016 to 2020. The *Yearbook* includes 13 columns: Natural Conditions, Overview, Important Discourse, Important Events, Government Documents, Special Actions, Information About Rivers and Lakes in Digital Edition, Typical Cases, Management and Protection of Rivers and Lakes in River Basins, Management and Protection of Regional Rivers and Lakes, Major Events, Appendix, Index.

3. The authors of the *Yearbook* are responsible for related contents. The technical content, text, data, and other issues of the manuscript are examined and approved by those organizations the authors work for.

4. The *Yearbook* strives to be comprehensive in content, accurate in information, standardized in whole, concise in writing, and emphasizes practicality, readability and continuity.

5. The *Yearbook* adopts the legally-sanctioned measurement units of China. The use of numbers follows the national standard of *General Rules for Writing Numerals in Public Texts* (GB/T 15835—2011). Technical terms and symbols meet regulatory requirements or conventions.

6. In the *Yearbook*, the ministries (departments) of the state organs, the departments (bureaus) and institutions of the Ministry of Water Resources are referred to in abbreviations, as prescribed by conventions. "Inter-Ministerial Joint Conference on the Full Implementation of the River Chief System" is referred to as "Inter-Ministerial Joint Conference", and "Member Units of the Inter-Ministerial Joint Conference on the Full Implementation of the River Chief System" is referred to as "Member Units".

7. In the *Yearbook*, "Clean the Four Disorders" specifically refers to cleaning up unlawful appropriation, excavation, stockpiling and construction.

8. Due to the limitation of editorial capacity and experience, this *Yearbook* will inevitably have shortcomings and mistakes. We sincerely hope that readers of this *Yearbook* could provide valuable comments and advice to help us improve our future work.

目录

五、政策文件

六、专项行动

七、数说河湖

八、典型案例

九、流域河湖管理保护

十、地方河湖管理保护

十一、大事记

十二、附录

十三、索引

⌂ Contents

7. Information About Rivers and Lakes in Digital Edition

8. Typical Cases

9. Management and Protection of Rivers and Lakes in River Basins

10. Management and Protection of Regional Rivers and Lakes

11. Major Events

12. Appendix

13. Index

一、自然概况

Natural Conditions

| 中国河流基本情况 |

【河流概况】 河流是陆地表面汇集、宣泄水流的通道,是溪、川、江、河等的总称。中国江河众多,流域面积在 $50km^2$ 以上的河流有 45 203 条,总长度约为 150.85 万 km;流域面积在 $100km^2$ 以上的河流有 22 909 条,总长度约为 111.46 万 km;流域面积在 $1 000km^2$ 以上的河流有 2 221 条,总长度约为 38.66 万 km;流域面积超过 $10 000km^2$ 的河流有 228 条,总长度约为 13.26 万 km。

【按行政区统计】 (1)各省(自治区、直辖市)流域面积 $50km^2$ 及以上河流数量和密度分布见表 1。

表 1 按行政区划分的流域面积 $50km^2$ 及以上河流数量和密度分布

序号	省级行政区	河流数量/条	河流密度/(条/万 km^2)
	合　计	46 796	48
1	北京	127	77
2	天津	192	163
3	河北	1 386	74
4	山西	902	58
5	内蒙古	4 087	36
6	辽宁	845	57
7	吉林	912	48
8	黑龙江	2 881	61
9	上海	133	163
10	江苏	1 495	143
11	浙江	865	82
12	安徽	901	65
13	福建	740	60
14	江西	967	58
15	山东	1 049	66
16	河南	1 030	63
17	湖北	1 232	66
18	湖南	1 301	62
19	广东	1 211	68
20	广西	1 350	57

续表

序号	省级行政区	河流数量/条	河流密度/(条/万 km^2)
21	海南	197	57
22	重庆	510	62
23	四川	2 816	58
24	贵州	1 059	60
25	云南	2 095	55
26	西藏	6 418	53
27	陕西	1 097	54
28	甘肃	1 590	38
29	青海	3 518	51
30	宁夏	406	79
31	新疆	3 484	21

注 31 个省(自治区、直辖市)流域面积 $50km^2$ 及以上河流的总数为 46 796 条,大于全国同标准流域面积河流总数(45 203 条),这是因为同一河流流经不同行政区域(省、自治区、直辖市)时重复统计的结果。

(2)各省(自治区、直辖市)流域面积 $100km^2$ 及以上河流数量和密度分布见表 2。

表 2 按行政区划分的流域面积 $100km^2$ 及以上河流数量和密度分布

序号	省级行政区	河流数量/条	河流密度/(条/万 km^2)
	合　计	24 117	24
1	北京	71	43
2	天津	40	34
3	河北	550	29
4	山西	451	29
5	内蒙古	2 408	21
6	辽宁	459	31
7	吉林	497	26
8	黑龙江	1 303	28
9	上海	19	23
10	江苏	714	68
11	浙江	490	46
12	安徽	481	34
13	福建	389	31

续表

序号	省级行政区	河流数量/条	河流密度/(条/万 km²)
14	江西	490	29
15	山东	553	35
16	河南	560	34
17	湖北	623	34
18	湖南	660	31
19	广东	614	34
20	广西	678	29
21	海南	95	28
22	重庆	274	33
23	四川	1 396	29
24	贵州	547	31
25	云南	1 002	26
26	西藏	3 361	28
27	陕西	601	29
28	甘肃	841	20
29	青海	1 791	26
30	宁夏	165	32
31	新疆	1 994	12

【按一级流域（区域）统计】 （1）按一级流域（区域）划分的流域面积50km²及以上河流数量和密度分布见表3。

表 3　按一级流域（区域）划分的流域面积
50km²及以上河流数量和密度分布

序号	一级流域（区域）	河流数量/条	河流密度/(条/万 km²)
	全　国	45 203	48
1	黑龙江	5 110	55
2	辽河	1 457	46
3	海河	2 214	70
4	黄河	4 157	51
5	淮河	2 483	75
6	长江	10 741	60
7	浙闽诸河	1 301	63
8	珠江	3 345	58

续表

序号	一级流域（区域）	河流数量/条	河流密度/(条/万 km²)
9	西南西北外流诸河	5 150	54
10	内流诸河	9 245	29

（2）按一级流域（区域）划分的流域面积100km²及以上河流数量和密度分布见表4。

表 4　按一级流域（区域）划分的流域面积
100km²及以上河流数量和密度分布

序号	一级流域（区域）	河流数量/条	河流密度/(条/万 km²)
	全　国	22 909	24
1	黑龙江	2 428	26
2	辽河	791	25
3	海河	892	28
4	黄河	2 061	25
5	淮河	1 266	38
6	长江	5 276	29
7	浙闽诸河	694	34
8	珠江	1 685	29
9	西南西北外流诸河	2 467	25
10	内流诸河	5 349	17

（3）按一级流域（区域）划分的流域面积1 000km²及以上河流数量和密度分布见表5。

表 5　按一级流域（区域）划分的流域面积
1 000km²及以上河流数量和密度分布

序号	一级流域（区域）	河流数量/条	河流密度/(条/万 km²)
	全　国	2 221	2.3
1	黑龙江	224	2.4
2	辽河	87	2.8
3	海河	59	1.9
4	黄河	199	2.4
5	淮河	86	2.6
6	长江	464	2.6

续表

序号	一级流域（区域）	河流数量/条	河流密度/（条/万 km²）
7	浙闽诸河	53	2.6
8	珠江	169	2.9
9	西南西北外流诸河	267	2.8
10	内流诸河	613	1.9

（4）按一级流域（区域）划分的流域面积 10 000km² 及以上河流数量和密度分布见表 6。

表 6　按一级流域（区域）划分的流域面积
10 000km² 及以上河流数量和密度分布

序号	一级流域（区域）	河流数量/条	河流密度/（条/万 km²）
	全　国	228	0.24
1	黑龙江	36	0.39
2	辽河	13	0.41
3	海河	8	0.25
4	黄河	17	0.21
5	淮河	7	0.21
6	长江	45	0.25
7	浙闽诸河	7	0.34
8	珠江	12	0.21
9	西南西北外流诸河	30	0.31
10	内流诸河	53	0.16

【十大河流】　（1）中国十大河流基本情况见表 7。

表 7　中国十大河流基本情况

序号	河流名称	河流长度/km	流域面积/km²	2020年水面面积/km²	流经省（自治区、直辖市）	多年平均年径流深/mm
1	长江	6 296	1 796 000	9 687	青海、西藏、四川、云南、重庆、湖北、湖南、江西、安徽、江苏、上海	551.1
2	黑龙江	1 905	888 711	2 701	黑龙江	142.6
3	黄河	5 687	813 122	4 249	青海、四川、甘肃、宁夏、内蒙古、陕西、山西、河南、山东	74.7
4	珠江（流域）	2 320	452 000	976	云南、贵州、广西、广东、湖南、江西	—
5	塔里木河	2 727	365 902	935	新疆	72.2
6	雅鲁藏布江	2 296	345 953	9 831	西藏	951.6
7	海河（流域）（干流）	73	320 600	237	天津、北京、河北、山西、山东、河南、内蒙古、辽宁	—
8	辽河	1 383	191 946	339	内蒙古、河北、吉林、辽宁	45.2
9	淮河	1 018	190 982	422	河南、湖北、安徽、江苏	236.9
10	澜沧江	2 194	164 778	354	青海、西藏、云南	445.6

注　2020年水面面积为丰水期通过遥感影像解译获取。

（钱峰　谢文君　李鑫雨）

（2）中国十大河流 2020 年水质见表 8。

表 8　中国十大河流 2020 年水质

序号	河流名称	2020年（"十三五"网络）	
		断面个数	Ⅰ～Ⅲ类断面比例/%
1	长江	59	100
2	黑龙江	11	45.5
3	黄河	31	100
4	珠江	50	90.0
5	塔里木河	2	100（Ⅱ类 2 个）
6	雅鲁藏布江		100

续表

序号	河流名称	2020年（"十三五"网络）	
		断面个数	Ⅰ～Ⅲ类断面比例/%
7	海河	2	50（Ⅱ类和Ⅴ类各1个）
8	辽河	15	21.4
9	淮河	10	100
10	澜沧江	8	100

注 按照《地表水环境质量评价办法（试行）》（环办〔2011〕22号）进行河流和湖库水质评价。

（生态环境部）

| 中国湖泊基本情况 |

【湖泊概况】 湖泊是陆地上洼地积水形成的水体，是湖盆和湖水及其所含物质的自然综合体。中国湖泊众多，常年水面面积 1km² 及以上湖泊数量为 2 865 个，总面积约为 78 007.1km²。

【按行政区统计】 （1）各省（自治区、直辖市）常年水面面积 1km² 及以上湖泊数量见表 1。

表 1 各省（自治区、直辖市）常年水面面积 1km² 及以上湖泊数量

序号	省级行政区	湖泊数量/个
	合 计	2 905
1	北京	1
2	天津	1
3	河北	23
4	山西	6
5	内蒙古	428
6	辽宁	2
7	吉林	152
8	黑龙江	253
9	上海	14
10	江苏	99
11	浙江	57
12	安徽	128
13	福建	1

续表

序号	省级行政区	湖泊数量/个
14	江西	86
15	山东	8
16	河南	6
17	湖北	224
18	湖南	156
19	广东	7
20	广西	1
21	海南	0
22	重庆	0
23	四川	29
24	贵州	1
25	云南	29
26	西藏	808
27	陕西	5
28	甘肃	7
29	青海	242
30	宁夏	15
31	新疆	116

注 31 个省（自治区、直辖市）湖泊数量合计值为 2 905 个，全国常年水面面积 1km² 及以上湖泊总数 2 865 个，这是由于存在 40 个跨省（自治区、直辖市）界湖泊重复统计。

（2）各省（自治区、直辖市）常年水面面积 1km² 及以上湖泊水面面积见表 2。

表 2 各省（自治区、直辖市）常年水面面积 1km² 及以上湖泊水面面积

序号	省级行政区	湖泊数量/个	行政区内水面面积/km²
	全 国	2 865	78 007.1
1	北京	1	1.3
2	天津	1	5.1
3	河北	23	364.8
4	山西	6	80.7
5	内蒙古	428	3 915.8
6	辽宁	2	44.7
7	吉林	152	1 055.2
8	黑龙江	253	3 036.9

续表

序号	省级行政区	湖泊数量/个	行政区内水面面积/km²
9	上海	14	68.1
10	江苏	99	5 887.3
11	浙江	57	99.2
12	安徽	128	3 505.0
13	福建	1	1.5
14	江西	86	3 802.3
15	山东	8	1 051.7
16	河南	6	17.2
17	湖北	224	2 569.2
18	湖南	156	3 370.7
19	广东	7	18.7
20	广西	1	1.1
21	海南	0	0.0
22	重庆	0	0.0
23	四川	29	114.5
24	贵州	1	22.9
25	云南	29	1 115.9
26	西藏	808	28 868.0
27	陕西	5	41.1
28	甘肃	7	100.6
29	青海	242	12 826.5
30	宁夏	15	101.3
31	新疆	116	5 919.8

【按一级流域（区域）统计】 （1）一级流域（区域）常年水面面积 1km² 及以上湖泊数量和密度分布见表 3。

表 3 一级流域（区域）常年水面面积 1km² 及以上湖泊数量和密度分布

序号	流域（区域）	湖泊数量/个	湖泊密度/(个/万 km²)
	全 国	2 865	3.0
1	黑龙江	496	5.4
2	辽河	58	1.8
3	海河	9	0.3
4	黄河	144	1.8
5	淮河	68	2.1
6	长江	805	4.5

续表

序号	流域（区域）	湖泊数量/个	湖泊密度/(个/万 km²)
7	浙闽诸河	9	0.4
8	珠江	18	0.3
9	西南西北外流诸河	206	2.1
10	内流诸河	1 052	3.3

（2）一级流域（区域）不同标准水面面积湖泊数量分布见表 4。

表 4 一级流域（区域）不同标准水面面积湖泊数量分布 单位：个

序号	流域（区域）	水面面积 10km² 及以上湖泊数量	水面面积 100km² 及以上湖泊数量	水面面积 500km² 及以上湖泊数量	水面面积 1 000km² 及以上湖泊数量
	全 国	696	129	24	10
1	黑龙江	68	7	2	2
2	辽河	1	0	0	0
3	海河	3	1	0	0
4	黄河	23	3	2	0
5	淮河	27	8	3	2
6	长江	142	21	4	3
7	浙闽诸河	0	0	0	0
8	珠江	7	1	0	0
9	西南西北外流诸河	33	8	2	0
10	内流诸河	392	80	11	3

（3）一级流域（区域）常年水面面积 1km² 及以上湖泊水面面积见表 5。

表 5 一级流域（区域）常年水面面积 1km² 及以上湖泊水面面积

序号	流域（区域）	湖泊数量/个	区域内水面面积/km²
	全 国	2 865	78 007.1
1	黑龙江	496	6 319.4
2	辽河	58	171.7
3	海河	9	277.7

续表

序号	流域（区域）	湖泊数量/个	区域内水面面积/km²
4	黄河	144	2 082.3
5	淮河	68	4 913.7
6	长江	805	17 615.7
7	浙闽诸河	9	19.5
8	珠江	18	407.0
9	西南西北外流诸河	206	4 362.0
10	内流诸河	1 052	41 838.1

【十大湖泊】　（1）中国十大湖泊详情见表6。

表6　中国十大湖泊详情

序号	湖泊名称	水利普查水面面积/km²	2020年水面面积/km²	省级行政区域	平均水深/m
1	青海湖	4 233	4 513	青海	18.4
2	鄱阳湖	2 978	3 088	江西	8.94
3	洞庭湖	2 579	2 154	湖南	—
4	太湖	2 341	2 188	浙江、江苏	2.06
5	色林错	2 209	2 419	西藏	—
6	纳木错	2 018	2 016	西藏	54
7	呼伦湖	1 847	1 992	内蒙古	—
8	洪泽湖	1 525	1 518	江苏	3.5

续表

序号	湖泊名称	水利普查水面面积/km²	2020年水面面积/km²	省级行政区域	平均水深/m
9	南四湖	1 003	412	山东	1.44
10	博斯腾湖	986	991	新疆	

注　2020年水面面积为丰水期通过遥感影像解译获取。

（钱峰　谢文君　李鑫雨）

（2）中国十大湖泊2020年水质见表7。

表7　中国十大湖泊2020年水质

序号	湖泊名称	2020年（"十三五"网络）	
		断面个数	Ⅰ～Ⅲ类断面比例/%
1	青海湖	0	—
2	鄱阳湖	17	Ⅳ
3	洞庭湖	11	Ⅳ
4	太湖	17	Ⅳ
5	色林错	1	Ⅲ
6	纳木错	1	劣Ⅴ
7	呼伦湖	2	劣Ⅴ
8	洪泽湖	6	Ⅳ
9	南四湖	5	Ⅲ
10	博斯腾湖	17	Ⅳ

注　按照《地表水环境质量评价办法（试行）》（环办〔2011〕22号）进行河流和湖库水质评价。

（生态环境部）

二、综述

Overview

2016—2020 年河长制湖长制工作综述

全面推行河长制湖长制，是以习近平同志为核心的党中央立足解决我国复杂水问题、保障国家水安全，从生态文明建设和经济社会发展全局出发作出的重大决策。2016 年 10 月，习近平总书记主持召开第十八届中央全面深化改革领导小组第二十八次会议，亲自谋划、亲自部署、亲自推动全面推行河长制工作。2017 年 3 月，习近平总书记主持召开第十八届中央全面深化改革领导小组第三十三次会议，对全面推行河长制等民生领域改革落实情况的督查报告进行审议。2017 年 11 月主持召开第十九届中央全面深化改革领导小组第一次会议，对在湖泊实施湖长制作出专门部署。2017 年新年贺词中，习近平总书记发出"每条河流要有'河长'了"的伟大号令。

2016 年 11 月、2017 年 12 月，中共中央办公厅、国务院办公厅先后印发《关于全面推行河长制的意见》（以下简称《意见》）、《关于在湖泊实施湖长制的指导意见》（以下简称《指导意见》），确定了全面推行河长制湖长制的任务表、路线图。近年来，在党中央、国务院的坚强领导下，在全面推行河长制工作部际联席会议的统筹协调下，水利部与各地区各部门共同努力，推动解决了一大批长期想解决而没有解决的河湖保护治理难题，我国江河湖泊面貌发生了历史性变化，人民群众的获得感、幸福感、安全感显著增强，河长制湖长制焕发出勃勃生机。实践充分证明，全面推行河长制湖长制完全符合我国国情、水情，是江河保护治理领域根本性、开创性的重大政策举措，是一项具有强大生命力的重大制度创新。回顾河长制湖长制工作推进历程，可概括为既相互联系又各有工作侧重的三个阶段。

一、以制度体系建设为重点，实现河湖"有人管"

按照党中央、国务院部署要求，水利部会同各地、各部门坚持多措并举、协同推进、狠抓落实，2018 年 6 月底全面建立河长制，2018 年年底全面建立湖长制。推进建立了信息报送、监督检查、考核问责、正向激励等制度，探索建立了跨界河湖联防联控、部门协调、社会参与等机制，形成全面推行河长制湖长制制度的"四梁八柱"。

一是组织体系全面建立。水利部指导各地建立健全以党政领导负责制为核心的责任体系，打通河长制湖长制从"最初一公里"到"最后一公里"的

管理堵点。截至 2020 年年底，31 个省（自治区、直辖市）党委和政府主要负责同志担任省级双总河长，30 万名省、市、县、乡级河湖长上岗履职，90 多万名村级河湖长（含巡河员、护河员）守护河湖"最前哨"。省、市、县全部设立河长制办公室，明确专职人员超 1.6 万名，发挥组织、协调、分办、督办职能。各级河湖长年均巡查河湖 700 万人次，确保每条河流、每个湖泊有人管、有人护。

二是相关制度持续完善。各地按照《意见》《指导意见》精神和水利部的有关要求，建立健全河长会议制度、信息共享制度、信息报送制度、工作督查制度、考核问责与激励制度、验收制度等。各地因地制宜建立健全了河长巡河、工作督办、信息公开、公众参与、舆论引导、联合执法等配套制度，推动河长制湖长制各项工作规范、有序推进。辽宁、吉林、浙江、福建、江西、海南等多个省份出台河长制湖长制地方性法规。贵州、宁夏等省份在制定出台的水资源保护、河道管理、采砂管理、环境保护、水污染防治等地方性法规或政府规章中，对河长制湖长制作出了明确规定。

三是工作基础更加扎实。水利部指导各地滚动编制实施"一河（湖）一策"方案，逐步建立河湖健康档案。基本完成第一次全国水利普查名录内河湖（无人区除外）管理范围划界工作，首次明确 120 万 km 河流、1 955 个湖泊的管控边界。组织编制大运河河道水系治理管护规划，积极推进长江、黄河、淮河、海河、珠江、松花江、辽河、太湖等大江大河大湖流域干流及主要支流重要河段（湖泊）岸线保护利用规划以及重要河段采砂管理规划编制审批工作，河湖管理保护逐步实现规范化、常态化。各地建立河长制湖长制信息系统，充分利用最新技术手段强化河湖日常管理。

二、以河湖问题整治为重点，改善河湖面貌

河湖长制不是挂名制，是责任田。在建立河长制湖长制组织体系、实现"有名"的基础上，各级河长湖长履职尽责，积极推进解决河湖管理保护中的突出问题，河湖面貌显著改观。

一是重拳治乱，强化水域岸线空间管控。组织开展全国河湖"清四乱"（乱占、乱采、乱堆、乱建）、长江经济带固体废物清理整治等专项行动，持续推进"清四乱"常态化规范化。各地共清理整治

"四乱"问题 16.4 万个，公布全国河道采砂管理 2 000 多个重点河段、敏感水域相关责任人名单，规范涉河建设项目和采砂管理。开展黄河岸线利用项目，河道采砂等专项整治，完成长江干流岸线利用项目清理整治，腾退长江岸线 158km。长江经济带小水电清理整治任务基本完成，退出电站 3 528 座，2.1 万多座电站落实生态流量目标。

二是疏堵结合，强化河道采砂规范化管理。坚持疏堵结合，明确全国 2 000 多个重点河段、敏感水域河长责任人、行政主管部门责任人、现场监管责任人和行政执法责任人。国家发展改革委等 15 个部门联合印发促进砂石行业健康有序发展的指导意见，会同交通运输部印发加强长江干流河道疏浚砂综合利用管理的指导意见，深化与公安部、交通运输部长江非法采砂管理合作机制。

三是节水优先，实行最严格水资源管理。深入实施国家节水行动，开展县域节水型社会达标建设、节水机关、节水型高校建设。强化水资源刚性约束，加快确立河湖生态流量和保障体系，明确 90 条跨省重点河湖、166 个重要控制断面的生态流量目标，实行生态流量监测预警和动态监管。建立重点监控用水单位名录，开展取用水管理专项整治行动，长江、太湖流域取水口工程整改提升基本完成。2020 年全国万元国内生产总值（当年价）用水量、人均综合用水量分别比 2016 年下降 29.4 个百分点和 6 个百分点，降幅明显。

四是多措并举，持续复苏河湖生态环境。水利部实施水系连通及水美乡村试点县建设，有效改善河湖水系连通性。深入推进华北地区地下水超采综合治理，部分地区地下水水位止跌回升。2018 年开始，统筹利用南水北调水、引黄水、引滦水、当地水库水及再生水等水源，向华北地区 22 条（个）河湖实施生态补水，截至 2020 年年底，累计补水 85.55 亿 m³。实施 1 300 多条河流的 1 900 多个电站生态改造，修复减脱水河段近 3 000km。持续开展生态补水和生态修复，实现黄河干流连续 21 年不断流，黑河下游东居延海连续 16 年不干涸，河湖水环境质量显著改善。据监测数据，全国地级及以上城市黑臭水体基本消除，2020 年全国地表水Ⅰ～Ⅲ类水质断面比例较 2016 年提高近 16 个百分点。

三、以强化河湖长制为重点，建设幸福河湖

在黄河流域生态保护和高质量发展座谈会上，习近平总书记提出"完善河长制湖长制组织体系"要求，发出"建设造福人民的幸福河"伟大号召。党的十九届五中全会审议通过《中共中央关于制定

国民经济和社会发展第十四个五年规划和二〇三五年远景目标的建议》，提出要强化河湖长制。全面贯彻落实党中央关于强化河湖长制的决策部署，实现河长制湖长制从"有名有责"到"有能有效"，为群众提供更多的优美河湖生态环境产品。

一是全面压实河湖管护责任。河长制湖长制纳入最严格水资源管理制度考核，每年组织开展暗访检查和进驻式检查。水利部会同财政部落实国务院河长制湖长制督查激励措施，连续 2 年对真抓实干、成效明显的省、市、县给予奖励，并会同人力资源社会保障部开展河长制湖长制表彰活动等。各地建立健全河湖长制组织体系动态调整机制，主动接受社会监督；不断完善河湖巡查管护体系，因地制宜设立巡（护）河员等岗位，助力巩固拓展脱贫攻坚成果。通过落实主体责任，加强考核问责，开展正向激励，实现河湖管得住、管得好。

二是全力推动幸福河湖建设。水利部印发《河湖健康评价指南（试行）》，指导各地因地制宜开展河湖健康评价，覆盖全国 2 000 多条（个）河流（段）湖泊（片）。按照统一部署，逐步建立了规范化、精准化、信息化的河湖健康档案，掌握河湖本底数据信息及河湖健康主要特征指标评价状况等，及时总结分析河湖健康存在的问题，科学制定河湖系统治理和保护的对策措施，为建设幸福河湖提供科学依据和技术支撑。各地结合实际情况，持续开展"健康、美丽、幸福河湖"建设，河湖面貌实现大幅改观。福建开展省级全域性河流健康评估，发布河湖健康蓝皮书。

三是持续推进公众参与河湖管护。水利部联合全国总工会、全国妇联开展"寻找最美河湖卫士"活动，组织微视频公益大赛等。北京、吉林、宁夏等省（自治区、直辖市）开展"河长带你看河湖""跟着河长去巡河""我和母亲河"等宣传活动，山东、贵州等省开展"优美河湖""最美河道""最美河管员"等评选活动。各地积极畅通信息渠道，有的地方开通举报电话接受群众监督和举报，有的地方通过 App、随手拍、电视问政等方式接受社会监督。山西、山东、甘肃等省开展涉河湖违法问题有奖举报，全社会关爱河湖、保护河湖的氛围日益浓厚。

四是全面提升河湖管理智慧化水平。水利部建立完善全国河长制湖长制管理信息系统、河湖管理督查 App，优化升级各省级系统与水利部系统之间互联互通，实现业务协同和数据共享。全力推进第一次全国水利普查名录内河湖划界成果上图，推动全国大江大河岸线功能分区成果和采砂管理规划成

果上图，利用"全国水利一张图"完善涉河建设项目和活动审批许可等数据，完善现有河湖遥感监控平台，推进图斑智能识别、疑似问题预警预判，对侵占河湖问题快速响应，做到早发现、早制止、早处置。各地积极建设"河长＋"，打造"天、空、地、人"立体化监管网络，广东建成"智慧河长"，浙江深化"数字河长"建设。

全面推行河长制湖长制以来，深化了对河湖保护规律的认识，积累了宝贵经验。

一是坚持以人民为中心，着力解决人民群众最关心最直接最现实的涉水问题，满足人民群众对优质水资源、健康水生态、宜居水环境的需求，增强人民群众的获得感、幸福感、安全感。

二是坚持生态优先，坚持习近平生态文明思想，完整准确全面贯彻新发展理念，统筹经济社会发展与河湖保护治理，维护河湖健康生命，为促进经济社会发展全面绿色轻型、实现高质量发展提供有力支撑。

三是坚持问题导向，针对江河湖泊存在的水灾害、水资源、水生态、水环境等突出问题，因地制宜，精准施策，重拳整治河湖乱象，依法管控水空间，严格保护水资源，大力治理水污染，加快修复水生态，全面提升国家水安全保障能力。

四是坚持系统治理，运用系统思维，整体推进山水林田湖草沙一体化保护和治理，立足生态系统的整体性和江河流域的系统性，统筹谋划，综合施策，实现河湖面貌持续改善。

五是坚持团结治水，树立"一盘棋"思想，建立流域统筹、区域协同、部门联动的河湖管理保护格局，充分发挥集中力量办大事的制度优越性，汇聚起河湖保护治理的强大合力。

全面推行河长制湖长制是一项复杂的系统工程，也是一项长期的艰巨任务，需要咬定目标、埋头苦干、久久为功。要以习近平新时代中国特色社会主义思想为指导，全面贯彻党的十九大和十九届二中、三中、四中、五中全会精神，积极践行"节水优先、空间均衡、系统治理、两手发力"的治水思路和习近平总书记关于治水重要讲话指示批示精神，立足新发展阶段，贯彻新发展理念，构建新发展格局，以满足人民群众日益增长的"健康、美丽、幸福河湖"需要为根本出发点和落脚点，坚持生态系统整体性和流域系统性，主动作为，团结协作，真抓实干，实施山水林田湖草沙系统治理，实现"河畅、水清、岸绿、景美、人和"。

（吴海兵　王佳怡）

三、重要论述

Important Discourse

【推动长江经济带发展座谈会】 中共中央总书记、国家主席、中央军委主席习近平5日在重庆主持召开推动长江经济带发展座谈会,听取有关省、市和国务院有关部门对推动长江经济带发展的意见和建议。他强调,长江是中华民族的母亲河,也是中华民族发展的重要支撑。推动长江经济带发展必须从中华民族长远利益考虑,走生态优先、绿色发展之路,使绿水青山产生巨大生态效益、经济效益、社会效益,使母亲河永葆生机活力。

中共中央政治局常委、国务院副总理、推动长江经济带发展领导小组组长张高丽出席座谈会并讲话。

习近平在重庆调研期间召开这次座谈会,就推动长江经济带发展听取上海、江苏、浙江、安徽、江西、湖北、湖南、重庆、四川、贵州、云南党委主要负责同志和国务院有关部门负责同志的意见和建议。座谈会上,重庆市委书记孙政才、上海市委书记韩正、湖北省委书记李鸿忠、国家发展改革委主任徐绍史、环境保护部部长陈吉宁等5位同志发言。他们结合实际,从不同角度就推动长江经济带发展有关问题谈了认识和看法。习近平边听边记,不时同他们讨论交流。在听取大家发言后,习近平发表重要讲话。

习近平指出,推动长江经济带发展是国家一项重大区域发展战略。这一战略提出以来,推动长江经济带发展领导小组、国务院有关部门和沿江省(直辖市)做了大量工作,在整治航道、利用水资源、控制和治理沿江污染、推动通关和检验检疫一体化等方面取得积极成效,一批重大工程建设顺利推进。这些工作值得肯定。

习近平强调,长江、黄河都是中华民族的发源地,都是中华民族的摇篮。通观中华文明发展史,从巴山蜀水到江南水乡,长江流域人杰地灵,陶冶历代思想精英,涌现无数风流人物。千百年来,长江流域以水为纽带,连接上下游、左右岸、干支流,形成经济社会大系统,今天仍然是连接丝绸之路经济带和21世纪海上丝绸之路的重要纽带。新中国成立特别是改革开放以来,长江流域经济社会迅猛发展,综合实力快速提升,是我国经济重心所在、活力所在。长江和长江经济带的地位和作用,说明推动长江经济带发展必须坚持生态优先、绿色发展的战略定位,这不仅是对自然规律的尊重,也是对经济规律、社会规律的尊重。

习近平指出,长江拥有独特的生态系统,是我国重要的生态宝库。当前和今后相当长一个时期,要把修复长江生态环境摆在压倒性位置,共抓大保护,不搞大开发。要把实施重大生态修复工程作为推动长江经济带发展项目的优先选项,实施好长江防护林体系建设、水土流失及岩溶地区石漠化治理、退耕还林还草、水土保持、河湖和湿地生态保护修复等工程,增强水源涵养、水土保持等生态功能。要用改革创新的办法抓长江生态保护。要在生态环境容量上过紧日子的前提下,依托长江水道,统筹岸上水上,正确处理防洪、通航、发电的矛盾,自觉推动绿色循环低碳发展,有条件的地区率先形成节约能源资源和保护生态环境的产业结构、增长方式、消费模式,真正使黄金水道产生黄金效益。

习近平强调,长江经济带作为流域经济,涉及水、路、港、岸、产、城和生物、湿地、环境等多个方面,是一个整体,必须全面把握、统筹谋划。要增强系统思维,统筹各地改革发展、各项区际政策、各领域建设、各种资源要素,使沿江各省(直辖市)协同作用更明显,促进长江经济带实现上中下游协同发展、东中西部互动合作,把长江经济带建设成为我国生态文明建设的先行示范带、创新驱动带、协调发展带。要优化已有岸线使用效率,把水安全、防洪、治污、港岸、交通、景观等融为一体,抓紧解决沿江工业、港口岸线无序发展的问题。要优化长江经济带城市群布局,坚持大中小结合、东中西联动,依托长三角、长江中游、成渝这三大城市群带动长江经济带发展。

习近平指出,推动长江经济带发展必须建立统筹协调、规划引领、市场运作的领导体制和工作机制。推动长江经济带发展领导小组要更好发挥统领作用。发展规划要着眼战略全局、切合实际,发挥引领约束功能。保护生态环境、建立统一市场、加快转方式调结构,这是已经明确的方向和重点,要用"快思维"、做加法。而科学利用水资源、优化产业布局、统筹港口岸线资源和安排一些重大投资项目,如果一时看不透,或者认识不统一,则要用"慢思维"、做减法。对一些二选一甚至多选一的"两难""多难"问题,要科学论证,比较选优。对那些不能做的事情,要列出负面清单。市场、开放是推动长江经济带发展的重要动力。推动长江经济带发展,要使市场在资源配置中起决定性作用,更好发挥政府作用。沿江省(直辖市)要加快政府职能转变,提高公共服务水平,创造良好市场环境。沿江省市和国家相关部门要在思想认识上形成一条心,在实际行动中形成一盘棋,共同努力把长江经济带建成生态更优美、交通更顺畅、经济更协调、市场更统一、机制更科学的黄金经济带。

张高丽在讲话中表示,2016年是长江经济带发展全面推进之年，要深入学习贯彻习近平总书记系列重要讲话精神，贯彻落实创新、协调、绿色、开放、共享的发展理念，推动长江经济带发展取得更大成效。要把改善长江流域生态环境作为最紧迫而重大的任务，加强流域生态系统修复和环境综合治理，大力构建绿色生态廊道。把长江黄金水道作为重要依托，抓好航道畅通、枢纽互通、江海联通、关检直通，高起点高水平建设综合立体交通走廊。把引导产业优化布局作为协调协同发展重点，坚持创新发展，着力建设现代产业走廊。把推动新型城镇化作为重要抓手，为区域经济协调发展提供重要支撑。把改革开放作为根本依靠，加强与"一带一路"倡议衔接互动，培育全方位对外开放新优势。

王沪宁、栗战书和中央有关部门负责同志参加座谈会。　　　（新华社重庆 2016 年 1 月 7 日电）

【十八届中央全面深化改革领导小组第二十八次会议】　中共中央总书记、国家主席、中央军委主席、中央全面深化改革领导小组组长习近平 10 月 11 日下午主持召开中央全面深化改革领导小组第二十八次会议并发表重要讲话。他强调，中央和国家机关有关部门是改革的责任主体，是推进改革的重要力量。各部门要坚决贯彻落实党中央决策部署，坚持以解放思想、解放和发展社会生产力、解放和增强社会活力为基本取向，强化责任担当，以自我革命的精神推进改革，坚决端正思想认识，坚持从改革大局出发，坚定抓好改革落实。

会议审议通过了《关于全面推行河长制的意见》。会议强调，保护江河湖泊，事关人民群众福祉，事关中华民族长远发展。全面推行河长制，目的是贯彻新发展理念，以保护水资源、防治水污染、改善水环境、修复水生态为主要任务，构建责任明确、协调有序、监管严格、保护有力的河湖管理保护机制，为维护河湖健康生命、实现河湖功能永续利用提供制度保障。要加强对河长的绩效考核和责任追究，对造成生态环境损害的，严格按照有关规定追究责任。　　（新华社北京 2016 年 10 月 11 日电）

【十八届中央全面深化改革领导小组第三十三次会议】　中共中央总书记、国家主席、中央军委主席、中央全面深化改革领导小组组长习近平 3 月 24 日上午主持召开中央全面深化改革领导小组第三十三次会议并发表重要讲话。他强调，各级主要负责同志要自觉从全局高度谋划推进改革，做到实事求是、求真务实，善始善终、善作善成，把准方向、敢于担当，亲力亲为、抓实工作。

会议审议通过了《全面深化中国（上海）自由贸易试验区改革开放方案》《关于深化科技奖励制度改革的方案》。会议审议了农业转移人口市民化、改善贫困地区孩子上学条件、建立居民身份证异地受理挂失申报和丢失招领制度、解决无户口人员登记户口问题、推进家庭医生签约服务、全面推行河长制等民生领域改革落实情况的督查报告。

（新华社北京 2017 年 3 月 24 日电）

【十九届中央全面深化改革领导小组第一次会议】　中共中央总书记、国家主席、中央军委主席、中央全面深化改革领导小组组长习近平 11 月 20 日下午主持召开十九届中央全面深化改革领导小组第一次会议并发表重要讲话。他强调，过去几年来改革已经大有作为，新征程上改革仍大有可为。各地区各部门学习贯彻党的十九大精神，要注意把握蕴含其中的改革精神、改革部署、改革要求，接力探索，接续奋斗，坚定不移将改革推向前进。

会议审议通过了《关于在湖泊实施湖长制的指导意见》。会议强调，在全面推行河长制的基础上，在湖泊实施湖长制，要坚持人与自然和谐共生的基本方略，遵循湖泊的生态功能和特性，严格湖泊水域空间管控，强化湖泊岸线管理保护，加强湖泊水资源保护和水污染防治，开展湖泊生态治理与修复，健全湖泊执法监管机制。

（新华社北京 2017 年 11 月 20 日电）

【深入推动长江经济带发展座谈会】　中共中央总书记、国家主席、中央军委主席习近平 26 日下午在武汉主持召开深入推动长江经济带发展座谈会并发表重要讲话。他强调，推动长江经济带发展是党中央作出的重大决策，是关系国家发展全局的重大战略。新形势下推动长江经济带发展，关键是要正确把握整体推进和重点突破、生态环境保护和经济发展、总体谋划和久久为功、破除旧动能和培育新动能、自我发展和协同发展的关系，坚持新发展理念，坚持稳中求进工作总基调，坚持共抓大保护、不搞大开发，加强改革创新、战略统筹、规划引导，以长江经济带发展推动经济高质量发展。

中共中央政治局常委、国务院副总理、推动长江经济带发展领导小组组长韩正出席座谈会并讲话。

国家发展改革委主任何立峰、生态环境部部长李干杰、交通运输部部长李小鹏、水利部部长鄂竟平、重庆市委书记陈敏尔、湖北省委书记蒋超良、上海市委书记李强等 7 位同志先后发言，从不同角度汇报工作体会，提出意见和建议。

听取大家发言后，习近平发表了重要讲话。他强调，总体上看，实施长江经济带发展战略要加大力度。必须从中华民族长远利益考虑，把修复长江生态环境摆在压倒性位置，共抓大保护、不搞大开发，努力把长江经济带建设成为生态更优美、交通更顺畅、经济更协调、市场更统一、机制更科学的黄金经济带，探索出一条生态优先、绿色发展新路子。

习近平指出，两年多来，在党中央坚强领导下，有关部门和沿江省（直辖市）做了大量工作，在强化顶层设计、改善生态环境、促进转型发展、探索体制机制改革等方面取得了积极进展。同时，也要清醒看到面临的困难挑战和突出问题，如对长江经济带发展战略仍存在一些片面认识，生态环境形势依然严峻，生态环境协同保护体制机制亟待建立健全，流域发展不平衡不协调等问题突出，有关方面主观能动性有待提高。

习近平明确提出了推动长江经济带发展需要正确把握的 5 个关系。

正确把握整体推进和重点突破的关系，全面做好长江生态环境保护修复工作。推动长江经济带发展，前提是坚持生态优先。要从生态系统整体性和长江流域系统性着眼，统筹山水林田湖草等生态要素，实施好生态修复和环境保护工程。要坚持整体推进，增强各项措施的关联性和耦合性，防止畸重畸轻、单兵突进、顾此失彼。要坚持重点突破，在整体推进的基础上抓主要矛盾和矛盾的主要方面，努力做到全局和局部相配套、治本和治标相结合、渐进和突破相衔接，实现整体推进和重点突破相统一。

正确把握生态环境保护和经济发展的关系，探索协同推进生态优先和绿色发展新路子。推动长江经济带绿色发展，关键是要处理好绿水青山和金山银山的关系。这不仅是实现可持续发展的内在要求，而且是推进现代化建设的重大原则。生态环境保护和经济发展不是矛盾对立的关系，而是辩证统一的关系。生态环境保护的成败归根到底取决于经济结构和经济发展方式。要坚持在发展中保护、在保护中发展，不能把生态环境保护和经济发展割裂开来，更不能对立起来。

正确把握总体谋划和久久为功的关系，坚定不移将一张蓝图干到底。推动长江经济带发展是一个系统工程，不可能毕其功于一役。要做好顶层设计，以钉钉子精神，脚踏实地抓成效。要深入推进《长江经济带发展规划纲要》贯彻落实，结合实施情况及国内外发展环境新变化，组织开展《规划纲要》

中期评估，按照新形势新要求调整完善规划内容。要对实现既定目标制定明确的时间表、路线图，稳扎稳打，分步推进。

正确把握破除旧动能和培育新动能的关系，推动长江经济带建设现代化经济体系。发展动力决定发展速度、效能、可持续性。要扎实推进供给侧结构性改革，推动长江经济带发展动力转换，建设现代化经济体系。要以壮士断腕、刮骨疗伤的决心，积极稳妥腾退化解旧动能，破除无效供给，彻底摒弃以投资和要素投入为主导的老路，为新动能发展创造条件、留出空间，实现腾笼换鸟、凤凰涅槃。

正确把握自身发展和协同发展的关系，努力将长江经济带打造成为有机融合的高效经济体。长江经济带作为流域经济，涉及水、路、港、岸、产、城等多个方面，要运用系统论的方法，正确把握自身发展和协同发展的关系。长江经济带的各个地区、每个城市在各自发展过程中一定要从整体出发，树立"一盘棋"思想，实现错位发展、协调发展、有机融合，形成整体合力。

习近平强调，有关部门和沿江省（直辖市）要认真贯彻落实党中央对推动长江经济带发展的总体部署和工作安排，加强组织领导，调动各方力量，强化体制机制，激发内生动力，坚定信心，勇于担当，抓铁有痕、踏石留印，把工作抓实抓好，为实施好长江经济带发展战略而共同奋斗。

韩正在讲话中表示，要深入学习领会习近平总书记关于推动长江经济带发展的重要战略思想，深刻认识共抓大保护、不搞大开发的重大意义，强化共抓大保护的思想自觉和行动自觉。要突出工作重点，以持续改善长江水质为中心，扎实推进水污染治理、水生态修复、水资源保护"三水共治"。要加强系统治理，加强入河排污口监测体系建设，联动实施断面水质监测预警，强化共抓大保护的整体性。要完善体制机制，发挥区域协商合作机制作用，建立健全生态补偿与保护长效机制，强化共抓大保护的协同性。

丁薛祥、刘鹤、何立峰以及中央和国家机关有关部门负责同志、有关省区市负责同志陪同考察并参加座谈会。　　（新华社武汉 2018 年 4 月 26 日电）

【黄河流域生态保护和高质量发展座谈会】　中共中央总书记、国家主席、中央军委主席习近平18日上午在郑州主持召开黄河流域生态保护和高质量发展座谈会并发表重要讲话。他强调，要坚持"绿水青山就是金山银山"的理念，坚持生态优先、绿色发展，以水而定、量水而行，因地制宜、分类施策，上下游、干支流、左右岸统筹谋划，共同抓好大保护，协同推进大治理，着力加强生态保护治理、保障黄河长治久安、促进全流域高质量发展、改善人民群众生活、保护传承弘扬黄河文化，让黄河成为造福人民的幸福河。

中共中央政治局常委、国务院副总理韩正出席座谈会并讲话。

座谈会上，青海省委书记王建军、陕西省委书记胡和平、河南省委书记王国生、自然资源部部长陆昊、生态环境部部长李干杰、水利部部长鄂竟平、国家发展改革委主任何立峰先后发言，山西省委书记骆惠宁、内蒙古自治区党委书记李纪恒、山东省委书记刘家义、四川省委书记彭清华、甘肃省委书记林铎、宁夏回族自治区党委书记石泰峰提供书面发言，分别从黄河流域生态修复、水土保持、污染防治等方面谈了认识和看法，并结合实际提出了意见和建议。

听取大家发言后，习近平发表了重要讲话。他强调，黄河流域是我国重要的生态屏障和重要的经济地带，是打赢脱贫攻坚战的重要区域，在我国经济社会发展和生态安全方面具有十分重要的地位。保护黄河是事关中华民族伟大复兴和永续发展的千秋大计。黄河流域生态保护和高质量发展，同京津冀协同发展、长江经济带发展、粤港澳大湾区建设、长三角一体化发展一样，是重大国家战略。加强黄河治理保护，推动黄河流域高质量发展，积极支持流域省区打赢脱贫攻坚战，解决好流域人民群众特别是少数民族群众关心的防洪安全、饮水安全、生态安全等问题，对维护社会稳定、促进民族团结具有重要意义。

习近平指出，"黄河宁，天下平"。自古以来，中华民族始终在同黄河水旱灾害作斗争。新中国成立后，党和国家对治理开发黄河极为重视。在党中央坚强领导下，沿黄军民和黄河建设者开展了大规模的黄河治理保护工作，取得了举世瞩目的成就。水沙治理取得显著成效，防洪减灾体系基本建成，河道萎缩态势初步遏制，流域用水增长过快局面得到有效控制，有力支撑了经济社会可持续发展。生态环境持续明显向好，水土流失综合防治成效显著，三江源等重大生态保护和修复工程加快实施，上游水源涵养能力稳定提升，中游黄土高原蓄水保土能力显著增强，实现了"人进沙退"的治沙奇迹，生物多样性明显增加。发展水平不断提升，中心城市和中原等城市群加快建设，全国重要的农牧业生产基地和能源基地的地位进一步巩固，新的经济增长点不断涌现，滩区居民迁建工程加快推进，百姓生活得到显著改善。党的十八大以来，党中央着眼于生态文明建设全局，明确了"节水优先、空间均衡、系统治理、两手发力"的治水思路，黄河流域经济社会发展和百姓生活发生了很大的变化。同时也要清醒看到，当前黄河流域仍存在一些突出困难和问题，如流域生态环境脆弱，水资源保障形势严峻等，发展质量有待提高。这些问题，表象在黄河，根子在流域。

习近平强调，治理黄河，重在保护，要在治理。要坚持山水林田湖草综合治理、系统治理、源头治理，统筹推进各项工作，加强协同配合，推动黄河流域高质量发展。

加强生态环境保护。黄河生态系统是一个有机整体，要充分考虑上中下游的差异。上游要以三江源、祁连山、甘南黄河上游水源涵养区等为重点，推进实施一批重大生态保护修复和建设工程，提升水源涵养能力。中游要突出抓好水土保持和污染治理，有条件的地方要大力建设旱作梯田、淤地坝等，有的地方则要以自然恢复为主，减少人为干扰，对污染严重的支流，要下大气力推进治理。下游的黄河三角洲要做好保护工作，促进河流生态系统健康，提高生物多样性。

保障黄河长治久安。黄河水少沙多、水沙关系不协调，是黄河复杂难治的症结所在。尽管黄河多年没出大的问题，但丝毫不能放松警惕。要紧紧抓住水沙关系调节这个"牛鼻子"，完善水沙调控机制，解决九龙治水、分头管理问题，实施河道和滩区综合提升治理工程，减缓黄河下游淤积，确保黄河沿岸安全。

推进水资源节约集约利用。黄河水资源量就这么多，搞生态建设要用水，发展经济、吃饭过日子也离不开水，不能把水当作无限供给的资源。要坚持以水定城、以水定地、以水定人、以水定产，把水资源作为最大的刚性约束，合理规划人口、城市和产业发展，坚决抑制不合理用水需求，大力发展节水产业和技术，大力推进农业节水，实施全社会节水行动，推动用水方式由粗放向节约集约转变。

推动黄河流域高质量发展。要从实际出发，宜水则水、宜山则山，宜粮则粮、宜农则农，宜工则工、宜商则商，积极探索富有地域特色的高质量发展新路子。三江源、祁连山等生态功能重要的地区，主要是保护生态、涵养水源，创造更多生态产品。河套灌区、汾渭平原等粮食主产区要发展现代农业，把农产品质量提上去。区域中心城市等经济发展条件较好的地区要集约发展，提高经济和人口承载能力。贫困地区要提高基础设施和公共服务水平，全力保障和改善民生。要积极参与共建"一带一路"，提高对外开放水平，以开放促改革、促发展。

保护、传承、弘扬黄河文化。黄河文化是中华文明的重要组成部分，是中华民族的根和魂。要推进黄河文化遗产的系统保护，深入挖掘黄河文化蕴含的时代价值，讲好"黄河故事"，延续历史文脉，坚定文化自信，为实现中华民族伟大复兴的中国梦凝聚精神力量。

习近平指出，要加强对黄河流域生态保护和高质量发展的领导，发挥我国社会主义制度集中力量干大事的优越性，牢固树立"一盘棋"思想，尊重规律，更加注重保护和治理的系统性、整体性、协同性，抓紧开展顶层设计，加强重大问题研究，着力创新体制机制，推动黄河流域生态保护和高质量发展迈出新的更大步伐。

习近平强调，推动黄河流域生态保护和高质量发展，非一日之功。要保持历史耐心和战略定力，以功成不必在我的精神境界和功成必定有我的历史担当，既要谋划长远，又要干在当下，一张蓝图绘到底，一茬接着一茬干，让黄河造福人民。

韩正在讲话中表示，要深入学习领会习近平总书记重要讲话精神，坚持共同抓好大保护、协同推进大治理，齐心协力开创黄河流域生态保护和高质量发展新局面。要全面加强黄河流域生态保护，坚持山水林田湖草生态空间一体化保护和环境污染协同治理，形成上游"中华水塔"稳固、中下游生态宜居的生态安全格局。要坚定不移走高质量发展路子，因地制宜构建有地域特色的现代产业体系，增强经济发展的动力和韧性。要把保障改善民生作为出发点和落脚点，加快提升全流域基本公共服务均等化水平，让黄河流域人民更好分享改革发展成果。要深化体制机制改革创新，探索出一套符合市场规律和方向的合作机制，形成推进黄河流域生态保护和高质量发展强大合力。

丁薛祥、刘鹤、何立峰出席座谈会，中央和国家机关有关部门负责同志、有关省区负责同志参加座谈会。　　（新华社郑州 2019 年 9 月 19 日电）

【中央财经委员会第六次会议】　中共中央总书记、国家主席、中央军委主席、中央财经委员会主任习近平1月3日下午主持召开中央财经委员会第六次会议，研究黄河流域生态保护和高质量发展问题、推动成渝地区双城经济圈建设问题。习近平在会上发表重要讲话强调，黄河流域必须下大气力进行大保护、大治理，走生态保护和高质量发展的路子；要推动成渝地区双城经济圈建设，在西部形成高质量发展的重要增长极。

中共中央政治局常委、国务院总理、中央财经委员会副主任李克强，中共中央政治局常委、中央书记处书记、中央财经委员会委员王沪宁，中共中央政治局常委、国务院副总理、中央财经委员会委员韩正出席会议。

会议听取了国家发展改革委、自然资源部、生态环境部、水利部、文化和旅游部关于黄河流域生态保护和高质量发展问题的汇报，听取了国家发展改革委、重庆市、四川省关于推动成渝地区双城经济圈建设问题的汇报。

会议指出，要把握好黄河流域生态保护和高质量发展的原则，编好规划、加强落实。要坚持生态优先、绿色发展，从过度干预、过度利用向自然修复、休养生息转变，坚定走绿色、可持续的高质量发展之路。坚持量水而行、节水为重，坚决抑制不合理用水需求，推动用水方式由粗放低效向节约集约转变。坚持因地制宜、分类施策，发挥各地比较优势，宜粮则粮、宜农则农、宜工则工、宜商则商。坚持统筹谋划、协同推进，立足于全流域和生态系统的整体性，共同抓好大保护、协同推进大治理。

会议强调，黄河流域生态保护和高质量发展要高度重视解决突出重大问题。要实施水源涵养提升、水土流失治理、黄河三角洲湿地生态系统修复等工程，推进黄河流域生态保护修复。要实施水污染综合治理、大气污染综合治理、土壤污染治理等工程，加大黄河流域污染治理。要坚持节水优先、还水于河，先上游后下游，先支流后干流，实施河道和滩区综合提升治理工程，全面实施深度节水控水行动等，推进水资源节约集约利用。要推进兰州—西宁城市群发展，推进黄河"几"字弯都市圈协同发展，强化西安、郑州国家中心城市的带动作用，发挥山东半岛城市群龙头作用，推动沿黄地区中心城市及城市群高质量发展。要坚持以水定地、以水定产，倒逼产业结构调整，建设现代产业体系。要实施黄河文化遗产系统保护工程，打造具有国际影响力的黄河文化旅游带，开展黄河文化宣传，大力弘扬黄河文化。

会议指出，推动成渝地区双城经济圈建设，有利于在西部形成高质量发展的重要增长极，打造内陆开放战略高地，对于推动高质量发展具有重要意义。要尊重客观规律，发挥比较优势，推进成渝地区统筹发展，促进产业、人口及各类生产要素合理流动和高效集聚，强化重庆和成都的中心城市带动作用，使成渝地区成为具有全国影响力的重要经济中心、科技创新中心、改革开放新高地、高品质生活宜居地，助推高质量发展。

会议强调，成渝地区双城经济圈建设是一项系统工程，要加强顶层设计和统筹协调，突出中心城市带动作用，强化要素市场化配置，牢固树立一体化发展理念，做到统一谋划、一体部署、相互协作、共同实施，唱好"双城记"。要加强交通基础设施建设，加快现代产业体系建设，增强协同创新发展能力，优化国土空间布局，加强生态环境保护，推进体制创新，强化公共服务共建共享。

中央财经委员会委员出席会议，中央和国家机关有关部门负责同志列席会议。

（新华社北京 2020 年 1 月 3 日电）

【全面推动长江经济带发展座谈会】　中共中央总书记、国家主席、中央军委主席习近平 14 日上午在江苏省南京市主持召开全面推动长江经济带发展座谈会并发表重要讲话。他强调，要贯彻落实党的十九大和十九届二中、三中、四中、五中全会精神，坚定不移贯彻新发展理念，推动长江经济带高质量发展，谱写生态优先绿色发展新篇章，打造区域协调发展新样板，构筑高水平对外开放新高地，塑造创新驱动发展新优势，绘就山水人城和谐相融新画卷，使长江经济带成为我国生态优先绿色发展主战场、畅通国内国际双循环主动脉、引领经济高质量发展主力军。

中共中央政治局常委、国务院副总理、推动长江经济带发展领导小组组长韩正出席座谈会并讲话。

习近平在江苏考察结束后专门召开这次座谈会。座谈会上，推动长江经济带发展领导小组办公室主任何立峰、生态环境部部长黄润秋、水利部部长鄂竟平、农业农村部部长韩长赋、江苏省委书记娄勤俭、江西省委书记刘奇、四川省委书记彭清华等 7 位同志先后发言，介绍了工作情况，提出了意见和建议。参加座谈会的其他省（直辖市）主要负责同志提交了书面发言。

在听取大家发言后，习近平发表了重要讲话。他强调，5 年来，在党中央坚强领导下，沿江省市推进生态环境整治，促进经济社会发展全面绿色转型，力度之大、规模之广、影响之深，前所未有，长江经济带生态环境保护发生了转折性变化，经济社会发展取得历史性成就。长江经济带经济发展总体平稳、结构优化，人民生活水平显著提高，实现了在发展中保护、在保护中发展。特别是今年以来，沿江省市有力应对突如其来的新冠肺炎疫情，统筹做好疫情防控和经济社会发展工作，有效克服重大洪涝灾害影响和外部环境变化冲击，为我国在全球主要经济体中率先恢复经济正增长作出了突出贡献。

习近平指出，推动长江经济带发展是党中央作出的重大决策，是关系国家发展全局的重大战略。这次五中全会建议又对此提出了明确要求。长江经济带覆盖沿江 11 省（直辖市），横跨我国东、中、西三大板块，人口规模和经济总量占据全国"半壁江山"，生态地位突出，发展潜力巨大，应该在践行新发展理念、构建新发展格局、推动高质量发展中发挥重要作用。

习近平指出，要加强生态环境系统保护修复。要从生态系统整体性和流域系统性出发，追根溯源、系统治疗，防止"头痛医头、脚痛医脚"。要找出问题根源，从源头上系统开展生态环境修复和保护。要加强协同联动，强化山水林田湖草等各种生态要素的协同治理，推动上中下游地区的互动协作，增强各项举措的关联性和耦合性。要注重整体推进，在重点突破的同时，加强综合治理系统性和整体性，防止畸重畸轻、单兵突进、顾此失彼。要在严格保护生态环境的前提下，全面提高资源利用效率，加快推动绿色低碳发展，努力建设人与自然和谐共生的绿色发展示范带。要把修复长江生态环境摆在压倒性位置，构建综合治理新体系，统筹考虑水环境、水生态、水资源、水安全、水文化和岸线等多方面的有机联系，推进长江上中下游、江河湖库、左右岸、干支流协同治理，改善长江生态环境和水域生态功能，提升生态系统质量和稳定性。要强化国土空间管控和负面清单管理，严守生态红线，持续开展生态修复和环境污染治理工程，保持长江生态原真性和完整性。要加快建立生态产品价值实现机制，让保护修复生态环境获得合理回报，让破坏生态环境付出相应代价。要健全长江水灾害监测预警、灾害防治、应急救援体系，推进河道综合治理和堤岸加固，建设安澜长江。

习近平强调，要推进畅通国内大循环。要坚持全国一盘棋思想，在全国发展大局中明确自我发展定位，探索有利于推进畅通国内大循环的有效途径。要把需求牵引和供给创造有机结合起来，推进上中下游协同联动发展，强化生态环境、基础设施、公共服务共建共享，引导下游地区资金、技术、劳动密集型产业向中上游地区有序转移，留住产业链关键环节。要推进以人为核心的新型城镇化，处理好中心城市和区域发展的关系，推进以县城为重要载体的城镇化建设，促进城乡融合发展。要增强城市防洪排涝能力。要提升人民生活品质，巩固提升脱贫攻坚成果，加强同乡村振兴有效衔接。要提高人民收入水平，加大就业、教育、社保、医疗投入力度，促进便利共享，扎实推动共同富裕。要构建统一开放有序的运输市场，优化调整运输结构，创新运输组织模式。

习近平指出，要构筑高水平对外开放新高地。要统筹沿海沿江沿边和内陆开放，加快培育更多内陆开放高地，提升沿边开放水平，实现高质量引进来和高水平走出去，推动贸易创新发展，更高质量利用外资。要加快推进规则标准等制度型开放，完善自由贸易试验区布局，建设更高水平开放型经济新体制。要把握好开放和安全的关系，织密织牢开放安全网。沿江省（直辖市）要在国内国际双循环相互促进的新发展格局中找准各自定位，主动向全球开放市场。要推动长江经济带发展和共建"一带一路"的融合，加快长江经济带上的"一带一路"倡议支点建设，扩大投资和贸易，促进人文交流和民心相通。

习近平强调，要加快产业基础高级化、产业链现代化。要勇于创新，坚持把经济发展的着力点放在实体经济上，围绕产业基础高级化、产业链现代化，发挥协同联动的整体优势，全面塑造创新驱动发展新优势。要建立促进产学研有效衔接、跨区域通力合作的体制机制，加紧布局一批重大创新平台，加快突破一批关键核心技术，强化关键环节、关键领域、关键产品的保障能力。要推动科技创新中心和综合性国家实验室建设，提升原始创新能力和水平。要强化企业创新主体地位，打造有国际竞争力的先进制造业集群，打造自主可控、安全高效并为全国服务的产业链供应链。要激发各类主体活力，破除制约要素自由流动的制度藩篱，推动科技成果转化。要高度重视粮食安全问题。

习近平指出，要保护传承弘扬长江文化。长江造就了从巴山蜀水到江南水乡的千年文脉，是中华民族的代表性符号和中华文明的标志性象征，是涵养社会主义核心价值观的重要源泉。要把长江文化保护好、传承好、弘扬好，延续历史文脉，坚定文

化自信。要保护好长江文物和文化遗产，深入研究长江文化内涵，推动优秀传统文化创造性转化、创新性发展。要将长江的历史文化、山水文化与城乡发展相融合，突出地方特色，更多采用"微改造"的"绣花"功夫，对历史文化街区进行修复。

习近平强调，各级党委和政府领导同志特别是党政一把手要坚决落实党中央关于长江经济带发展的决策部署，坚定信心，勇于担当，抓铁有痕，踏石留印，切实把工作抓实抓好、抓出成效。要围绕当前制约长江经济带发展的热点、难点、痛点问题开展深入研究，摸清真实情况，找准问题症结，提出应对之策。中央企业、社会组织要积极参与长江经济带发展，加大人力、物力、财力等方面的投入，形成全社会共同推动长江经济带发展的良好氛围。要保持历史耐心和战略定力，一张蓝图绘到底，一茬接着一茬干，确保一江清水绵延后世、惠泽人民。

韩正在讲话中表示，推动长江经济带发展，要深入学习领会习近平总书记重要讲话精神，贯彻落实党的十九届五中全会精神，把新发展理念贯穿发展全过程和各领域，在推动高质量发展上当好表率，为加快构建新发展格局作出更大贡献。要加强生态环境综合治理、系统治理、源头治理，特别是要抓好长江"十年禁渔"，推进长江水生生物多样性恢复。要加强区域协调联动发展，推动长江经济带科技创新能力整体提升，统筹优化产业布局，严禁污染型产业、企业向上中游地区转移。要加强综合交通运输体系建设，系统提升干线航道通航能力，强化铁路、公路、航空运输网络。要加强全方位对外开放，深度融入"一带一路"建设，推进国内国际双循环相互促进。

丁薛祥、刘鹤、陈希、肖捷出席座谈会。

中央和国家机关有关部门负责同志、有关省（直辖市）负责同志参加座谈会。

（新华社南京 2020 年 11 月 15 日电）

四、重要活动

Important Events

| 部际联席会议 |

全面推行河长制工作部际联席会议第一次全体会议在京召开

2017年5月2日，全面推行河长制工作部际联席会议第一次全体会议在京召开。会议贯彻落实党中央、国务院关于全面推行河长制的决策部署，通报全面推行河长制工作进展情况，审议通过部际联席会议工作规则、办公室组成和2017年工作要点，对下一步重点工作进行了研究部署。

水利部部长、联席会议召集人陈雷主持会议并讲话，水利部副部长叶建春通报全面推行河长制工作情况。国土资源部副部长凌月明、住房城乡建设部副部长倪虹、国家林业局副局长李春良、发展改革委副秘书长范恒山、交通运输部总规划师陈健等出席会议，财政部、环境保护部、农业部、卫生计生委等联席会议成员单位相关负责人参加会议。

陈雷指出，全面推行河长制是一项重大制度创新。习近平总书记2016年10月11日主持召开中央全面深化改革领导小组第28次会议，审议通过《关于全面推行河长制的意见》（以下简称《意见》），在2017年的新年贺词中还特别指出"每条河流要有'河长'了"。3月24日，习近平总书记主持召开中央全面深化改革领导小组第33次会议，对全面推行河长制等民生领域改革落实情况的督察报告进行了审议。《意见》出台以来，水利部会同联席会议各成员单位迅速行动、密切协作，第一时间动员部署，精心组织宣传解读，制定出台实施方案，全面开展督导检查，加大信息报送力度，建立部际协调机制。地方各级党委、政府和有关部门把全面推行河长制作为重大任务，主要负责同志亲自协调、推动落实。目前，31个省、自治区、直辖市和新疆生产建设兵团均明确了牵头负责的党政领导，落实了河长制办公室或工作牵头部门，细化了责任分工。各省级工作方案已全部编制完成，其中30个省级工作方案已印发实施或经党委、政府审议通过，25个省份已明确省级总河长和主要河湖的省级河长。从督导检查、基层反馈和舆情监测情况看，人民群众对中央出台《意见》、加强河湖管理保护普遍赞誉有加，全社会河湖保护意识明显提高，部分地区河长制工作成效初显。

陈雷指出，全面推行河长制工作政策性强、时间紧、任务重、要求高。目前，各地推进力度和工作进展不尽平衡，少数地区对推行河长制重视不够；压力传导尚未完全到位，有的市、县、乡工作进展相对缓慢；有的地方河长制实施方案深度不足，针对性和操作性有待提高。要深入贯彻落实习近平总书记重要指示精神，按照《意见》要求，充分利用部际联席会议机制，协调各地区各部门形成合力，切实把全面推行河长制工作抓实做好，向党中央、国务院，向全国人民交上一份满意的答卷。

陈雷就下一步工作作出安排部署。一要切实加强工作指导。各成员单位要充分发挥部门优势，在方案编制、制度建设、任务落实等方面给予地方有力指导。要督促指导地方相关部门结合当地实际，按照"一河一策"要求，将有关任务细化实化、落实到位。同时，要尊重基层首创，鼓励地方在落实《意见》精神的基础上，因地制宜探索创新河湖管理保护模式。二要强化督导检查考核。水利部建立了部领导牵头、司局包省、流域机构包片的全面推行河长制督导检查机制，并将各地落实情况纳入最严格水资源管理制度考核，2017年年底水利部和环境保护部还将组织对各地全面推行河长制工作进展情况开展中期评估。近期部际联席会议成员单位将联合召开视频会议，督促各地进一步提高重视程度，压实工作责任，加快工作进度，确保工作质量，全力抓好《意见》落实。各成员单位要结合本领域具体业务工作，建立工作台账，明确目标任务、时限要求和量化指标，对地方落实河长制工作任务开展经常性督促检查。三要开展专项整治行动。各成员单位要按照职责分工，针对侵占水域岸线、围垦湖泊、非法采砂、非法排污、破坏航道、非法养殖、电毒炸鱼以及河道黑臭水体、垃圾堆放等，开展清理整治和专项执法行动，严厉打击涉河湖违法违规行为。要指导地方加大部门之间信息共享、定期会商、联合执法力度，统筹各相关部门执法职能和工作力量，共同维护良好的河湖管理秩序。四要抓好信息报送工作。水利部将会同有关部门进一步加强信息报送工作，及时向中央改革办报送全面推行河长制工作进展情况。各成员单位要动态跟踪各地河长制任务落实情况，总结提炼加强河湖管理保护的好经验好做法，及时汇总到联席会议办公室。同时，要加强新闻宣传和舆论引导，为全面推行河长制营造良好氛围。五要发挥联席会议作用。各成员单位要按照分工，落实联席会议议定事项，研究制定相关配套措施，相互支持，密切配合，协调联动，发挥合力，共同推动河长制各项任务的全面落实。工作中遇到的重大问题，要通过部际联席会议集中协调解决。联席会议办公室要发挥统筹协调、组织实施、督促检查、推动落实等作用，形成群策群力、齐抓共管的工作格局。

水利部有关司局主要负责人、联席会议办公室成员等出席会议。

（来源：水利部网站）

全面推行河长制工作部际联席会议第二次全体会议在京召开

2018年1月26日，全面推行河长制工作部际联席会议召开第二次全体会议，总结通报全面推行河长制工作进展情况，审议部际联席会议2018年工作要点，研究部署下一阶段河长制、湖长制重点任务。

水利部部长、联席会议召集人陈雷主持会议并讲话，国家发展改革委副主任张勇，国土资源部副部长凌月明，环境保护部副部长赵英民，农业部副部长于康震，林业局副局长李春良，交通运输部党组成员、总规划师陈健，住房城乡建设部总经济师赵晖，以及财政部、卫生计生委等部际联席会议成员单位有关负责人出席并讲话，水利部副部长周学文通报全面推行河长制工作总体进展情况。

陈雷指出，党中央、国务院高度重视全面推行河长制、湖长制工作。习近平总书记先后主持3次中央深改组会议审议相关文件，提出明确要求，并多次叮嘱要把这件事盯紧抓实。李克强总理对加强河湖管理保护多次作出重要指示。汪洋副总理专门研究部署全面推行河长制工作。中央经济工作会议、中央农村工作会议对全面推行河长制工作提出明确要求。中央作出全面推行河长制部署以来，水利部与联席会议各成员单位迅速行动、凝心聚力、通力协作，第一时间动员部署，精心组织宣传解读，制定印发实施方案，全面开展督导检查，密切跟踪进展情况，加强业务培训和经验交流，强化考核激励和监督问责，卓有成效开展工作，推动河长制工作取得重要阶段性成果，一些地区的河湖面貌明显改善，群众获得感、幸福感大幅上升，全社会关爱河湖、珍惜河湖、保护河湖的局面基本形成，中央提出到2018年年底前全面建立河长制的目标有望提前实现。

陈雷指出，党的十九大对坚持人与自然和谐共生、加快生态文明体制改革、建设美丽中国作出重大战略部署。2017年12月26日，中共中央办公厅、国务院办公厅联合印发《关于在湖泊实施湖长制的指导意见》，针对湖泊功能的重要性、生态的特殊性、问题的复杂性，系统提出加强湖泊管理保护的目标要求和任务措施，明确要求2018年年底前在湖泊全面建立湖长制。要坚持以习近平新时代中国特色社会主义思想为指导，认真贯彻落实党中央、国务院关于全面推行河长制、湖长制的各项决策部署，齐心协力、履职尽责，进一步加强河湖管理保护，切实把河长制、湖长制工作抓实做好。

陈雷就下一步工作作出安排部署。一要提高思想认识，进一步增强使命担当。从决胜全面建成小康社会、建设美丽中国的战略高度，深刻认识实施湖长制的特殊重要性，进一步增强落实湖长制改革任务的责任感和紧迫感，推动形成人与自然和谐发展的现代化建设新格局。二要压实工作责任，进一步发挥职能优势。各成员单位要加快研究制定在湖泊实施湖长制工作的相关配套措施，在政策、技术等方面给予地方有力指导和支持，推动湖长制各项工作全面实施。要抓好信息报送工作，动态跟踪各地落实河长制、湖长制任务的有关情况，总结提炼地方的好经验好做法。三要细化行动举措，进一步抓好任务落实。对照指导意见确定的目标任务，细化工作方案，强化工作举措，逐项压茬推进，确保落实到位。要按照职责分工，针对围垦湖泊、侵占水域、非法排污、违法养殖以及黑臭水体、垃圾堆放等，扎实开展清理整治和专项执法行动，严厉打击涉河湖违法违规行为，进一步规范河湖管理秩序。四要搞好监督检查，进一步强化激励问责。各成员单位要结合本领域具体业务工作，加强对地方落实河长制、湖长制工作的督促检查，掌握进展、发现问题、传导压力、推动工作，确保全面推行河长制、湖长制工作常态化、长效化。五要坚持统筹兼顾，进一步推进河长制工作。及时协调解决各地在推行河长制过程中出现的新情况、反映的新问题，结合中期评估结果，有针对性地指导和督促相关省份，补齐制度短板，加大工作力度，确保全面推行河长制工作的进度和质量。六要密切协作配合，进一步凝聚改革合力。各成员单位要相互支持、多方联动，并肩作战、同向发力，认真抓实抓好联席会议议定事项，着力构建齐抓共管、群策群力的工作格局。同时利用各种媒体和传播手段，加强新闻宣传和舆论引导，为河长制、湖长制工作营造良好氛围。

水利部总工程师刘伟平、总规划师汪安南，水利部有关司局主要负责人、联席会议办公室成员等出席会议。

（来源：水利部网站）

全面推行河长制工作部际联席会议第三次全体会议在京召开

2019年3月21日，全面推行河长制工作部际联席会议第三次全体会议在京召开，通报全面推行河长制湖长制工作总体进展情况，审议通过 2019 年部际联席会议工作要点。部际联席会议召集人、水利部部长鄂竟平主持会议并讲话，指出经过联席会议各成员单位的共同努力，河长制湖长制工作推进顺利，130 万名河长湖长上岗履职，强调各成员单位要齐心协力、分工合作，坚决推进河湖"清四乱"和水污染治理工作，管好盛水的"盆"，护好"盆"中的水。

鄂竟平指出：党中央、国务院领导高度重视全面推行河长制湖长制工作，去年先后 7 次对河湖管理保护工作作出重要批示。这项工作也越来越受到社会广泛关注。虽然河长制湖长制工作刚刚起步两年，但已经成为必须高度重视、必须下大力气做好的一项重点工作。

鄂竟平强调：当前很多河湖积弊深重、问题交织，特别是"四乱"问题和水污染问题突出，严重影响了生态环境。依靠河长湖长，清理乱占、乱采、乱堆、乱建等河湖"四乱"突出问题，治理水污染，是确保生态环境质量优良的有效途径。河长制湖长制工作已经开始从"有名"向"有实"转变，其中的要点是管好盛水的"盆"和护好"盆"中的水，要按照党中央、国务院的要求，坚决清理河湖"四乱"，治理水污染。

鄂竟平强调：实践充分证明，要想把河湖长制工作做好，必须靠各部门密切配合、协同发力。联席会议各成员单位要按照责权利相统一的原则，各负其责、各尽其职，形成合力、共同推进。

水利部副部长魏山忠通报全面推行河长制湖长制工作总体进展情况。农业农村部副部长于康震，交通运输部总工程师姜明宝，以及国家发展和改革委员会、财政部、自然资源部、生态环境部、住房城乡建设部、国家卫生健康委员会、国家林业和草原局等部际联席会议成员单位有关负责同志出席会议并发言。联席会议联络员、水利部有关司局和单位主要负责人参加会议。　　（来源：水利部网站）

| 成员单位的重要活动 |

【水利部】

1. 水利部等十部委联合召开视频会议动员部署全面推行河长制工作　2016 年 12 月 13 日，水利部、环境保护部、发展改革委、财政部、国土资源部、住房城乡建设部、交通运输部、农业部、卫生计生委、林业局联合召开视频会议，深入学习贯彻习近平总书记系列重要讲话精神，按照中央全面深化改革

领导小组第 28 次会议以及中共中央办公厅、国务院办公厅《关于全面推行河长制的意见》要求，总结交流各地河长制成功经验，动员部署全面推行河长制各项工作。水利部部长陈雷在会议讲话中强调，要更加紧密地团结在以习近平同志为核心的党中央周围，锐意进取、主动担当，攻坚克难、真抓实干，全面落实河长制各项任务，努力开创河湖管理保护工作新局面，为全面建成小康社会作出新的更大贡献。

国家发展改革委副主任张勇主持会议，环境保护部副部长赵英民、住房城乡建设部副部长倪虹讲话，财政部副部长胡静林、国土资源部副部长汪民、交通运输部副部长戴东昌、农业部副部长于康震、卫生计生委副主任王国强、国家林业局森林防火指挥部专职副总指挥马广仁、水利部副部长周学文在主会场出席会议。

陈雷指出，习近平总书记多次对生态文明建设作出重要指示，强调生态文明建设是"五位一体"总体布局和"四个全面"战略布局的重要内容，要求各地区各部门切实贯彻新发展理念，树立"绿水青山就是金山银山"的强烈意识，努力走向社会主义生态文明新时代。李克强总理指出，江河湿地是大自然赐予人类的绿色财富，必须倍加珍惜。江河湖泊是水资源的重要载体，是生态系统和国土空间的重要组成部分，是经济社会发展的重要支撑，具有不可替代的资源功能、生态功能和经济功能。全面推行河长制，是落实绿色发展理念、推进生态文明建设的内在要求，是解决我国复杂水问题、维护河湖健康生命的有效举措，是完善水治理体系、保障国家水安全的制度创新。地方各级党委政府作为河湖管理保护责任主体，各级水利部门作为河湖主管部门，要深刻认识全面推行河长制的重要性和紧迫性，切实增强使命意识、大局意识和责任意识，扎实做好全面推行河长制各项工作，确保如期完成党中央、国务院确定的目标任务。

陈雷强调，各地要结合本地实际，深入落实《意见》确定的加强水资源保护、水域岸线管理保护、水污染防治、水环境治理、水生态修复和涉河湖执法监管等六大任务，让人民群众不断感受到河湖生态环境的改善。一要确定河湖分级名录。要根据河湖自然属性、跨行政区域情况，以及对经济社会发展、生态环境影响的重要性等，抓紧提出需要由省级负责同志担任河长的主要河湖名录，督促指导各市县尽快提出需由市、县、乡级领导分级担任河长的河湖名录。大江大河流经各省、自治区、直辖市的河段，也要分级分段设立河长。二要注重加

强分类指导。对生态良好的河湖，要突出预防和保护措施，特别要加大江河源头区、水源涵养区、生态敏感区和饮用水水源地的保护力度；对水污染严重、水生态恶化的河湖，要强化水功能区管理，加强水污染治理、节水减排、生态保护与修复等。对城市河湖，要处理好开发利用与生态保护的关系，划定河湖管理保护范围，加大黑臭水体治理力度，着力维护城市水系完整性和生态良好；对农村河湖，要加强清淤疏浚、环境整治和水系连通，狠抓生活污水和生活垃圾处理，保护和恢复河湖的生态功能。三要着力强化统筹协调。河湖管理保护工作要与流域规划相协调，强化规划约束，既要一段一长、分段负责，又要树立全局观念，统筹上下游、左右岸、干支流，系统推进河湖保护和水生态环境整体改善，保障河湖功能永续利用，维护河湖健康生命。对跨行政区域的河湖要明晰管理责任，加强系统治理，实行联防联控。流域管理机构要充分发挥协调、指导、监督、监测等重要作用。

陈雷强调，要坚持把《意见》作为总依据、总遵循，全面抓好《意见》贯彻落实各项工作。一要把握总体要求，抓紧制订实施方案。各地要准确把握《意见》提出的指导思想、基本原则、组织形式和时间节点，按照工作方案到位、组织体系和责任落实到位、相关制度和政策措施到位、监督检查和考核评估到位的要求，抓紧制定工作方案，细化、实化工作目标、主要任务、组织形式、监督考核、保障措施等内容，明确各项任务的时间表、路线图和阶段性目标。二要坚持高位推动，抓紧落实组织机构。成立协调推进机构，加强组织指导、协调监督，研究解决重大问题，确保河长制的顺利推进、全面推行。抓紧明确本行政区域各级河长，以及主要河湖河长及其各河段河长，进一步细化、实化河长工作职责。在河长的组织领导下，抓紧提出河长制办公室设置方案，明确牵头单位和组成部门，搭建工作平台，建立工作机构。三要密切协调配合，建立健全配套制度。建立河长会议制度，协调解决推行河长制工作中的重大问题。建立部门联动制度，加强部门之间的沟通联系和密切配合。建立信息报送制度，动态跟踪全面推行河长制工作进展，定期通报河湖管理保护情况。建立工作督察制度，对河长制实施情况和河长履职情况进行督察。建立验收制度，按照工作方案确定的时间节点及时对建立河长制进行验收。四要加强依法管理，完善长效管理机制。各地要抓紧完善相关法规制度，完善行政执法与刑事司法衔接机制，划定河湖管理范围，加强水域岸线管理和保护，严格涉河建设项目和活动监管，持续组织开展河湖专项执法活动，坚决清理整治非法排污、设障、捕捞、养殖、采砂、采矿、围垦、侵占水域岸线等活动。强化日常巡查监管，对重点河湖、水域岸线进行动态监控，对涉河湖违法违规行为做到早发现、早制止、早处理。五要强化监督检查，严格责任考核追究。各地要对照《意见》以及工作方案，加强对河长制工作的督促、检查、指导，确保各项任务落到实处。抓紧制定考核办法，明确考核目标、主体、范围和程序，并将领导干部自然资源资产离任审计结果及整改情况作为考核的重要参考。实行生态环境损害责任终身追究制，对造成生态环境损害的，严格按照有关规定追究责任。建立河湖管理保护信息发布平台，接受社会和群众监督。六要抓好宣传引导，积极营造良好氛围。对全面推行河长制进行多角度、全方位的宣传报道，积极开展推行河长制工作的跟踪调研，不断提炼和推广各地在推行河长制过程中积累的好做法、好经验、好举措、好政策。充分利用报刊、广播、电视、网络、微信、微博、客户端等各种媒体和传播手段，加大河湖科普宣传力度，营造全社会关爱河湖、珍惜河湖、保护河湖的良好风尚。

张勇强调，全面推行河长制是党中央、国务院为加强河湖管理保护作出的重大决策部署，是中央交给我们的硬任务，必须抓实、抓好。各地、各有关部门要将本次会议情况向本地、本部门主要负责同志汇报，并及时传达到基层，切实把思想和认识统一到党中央、国务院的决策部署上来，把行动和举措统一到全面推行河长制的各项工作任务上来，全面推进河长制各项工作，切实加强河湖管理保护，确保中央文件精神落地生根、取得实效。

赵英民强调，全面推进河长制是党中央、国务院就推进生态文明建设和环境保护作出的一项重大制度安排。各地要按照全面推进河长制的要求，加快落实水污染防治行动计划，运用环境保护督察制度，实施以控制单元为基础的水环境质量目标管理，加大对水污染物排放的环境执法监管力度，完善流域环境监管和行政执法体制机制，全力打好水环境保护攻坚战和持久战。

倪虹强调，各地要以贯彻落实河长制为契机，加大城市黑臭水体治理力度，系统治理、综合施策，切实做到思想认识到位、领导责任到位、治理规划到位、资金保障到位、监督整改到位，确保顺利完成城市黑臭水体治理任务，坚决把中央关于全面推行河长制的决策部署落到实处。

会议确定，北京、天津、江苏、浙江、安徽、福建、江西、海南等已在全省（直辖市）范围内实施河长制的地区，要尽快按《意见》要求修订完善工作方案，2017年6月底前出台省级工作方案，力争2017年年底前制定出台相关制度及考核办法，全面建立河长制。其他省（自治区、直辖市）要在2017年年底前出台省级工作方案，2018年6月底前制定出台相关制度及考核办法，全面建立河长制。建立水利部会同环境保护部等相关部委参加的全面推行河长制工作部际协调机制，强化组织指导和监督检查，协调解决重大问题。水利部、环境保护部将在2017年年底对建立河长制工作情况进行中期评估，2018年年底对全面推行河长制情况进行总结评估。

会上，江西、江苏、浙江、重庆、广西、湖南、宁夏等省（自治区、直辖市）和北京市海淀区作了交流发言。水利部机关处以上干部、在京直属单位班子成员，环境保护部有关司局和单位负责同志，有关部委相关司局负责同志在主会场参加会议。各级水行政主管部门、环境主管部门及有关部门负责同志，水利部、环境保护部京外直属单位负责同志在分会场参加会议。 （来源：水利部网站）

2. 水利部举行全面建立河长制新闻发布会 2018年7月17日上午，水利部举行全面建立河长制新闻发布会。水利部党组书记、部长鄂竟平宣布，截至2018年6月底，全国31个省（自治区、直辖市）已全面建立河长制，提前半年完成中央确定的目标任务。他指出，河长制提前半年建立，充分说明党中央、国务院全面建立河长制的决策完全符合我国河湖实际情况，得到了广大人民群众的拥护；地方各级党委政府牢固树立"四个意识"，贯彻落实中央决策态度坚决、行动务实高效；中央有关部门通力合作，既各负其责，又合力推进。同时，要充分认识到，我国新时期治水主要矛盾发生了深刻变化，治水思路要随之转变，必须以河湖长制为有效抓手强化对经济、社会行为的监管，水利部将进一步大力推进河长制湖长制工作。鄂竟平部长还与周学文副部长一起回答了媒体记者的提问。

鄂竟平指出，中共中央办公厅、国务院办公厅印发《关于全面推行河长制的意见》一年多以来，河长制组织体系、制度体系、责任体系初步形成，已经实现河长"有名"。一是组织体系全面建立，百万河长上榜单。全国31个省（自治区、直辖市）共明确省、市、县、乡四级河长30多万名，其中省级河长402人，59位省级党委或政府主要负责同志担任总河长。29个省（自治区、直辖市）还将河长体系延伸至村，设立村级河长76万多名。全国31个省（自治区、直辖市）的省、市、县三级均成立河长制办公室。二是配套制度全部出台，规矩机制上线。

各地建立了河长会议制度、信息共享制度、信息报送制度、工作督察制度、考核问责与激励制度、验收制度等6项制度，还出台河长巡河、工作督办等配套制度，形成党政负责、水利牵头、部门联动、社会参与的工作格局。三是各级河长开始履职，党政领导上岗。截至目前，各省级河长已巡河巡湖926人次，市、县、乡级河长巡河巡湖210多万人次。有的河长针对河湖存在的突出问题，组织开展了河湖整治。水利部及时部署了入河排污口、岸线保护、非法采砂、固体废物排查、垃圾清除等一系列专项整治行动。四是社会共治正在形成，群众好评上升。各地涌现出一大批"乡贤河长""党员河长""记者河长"等民间河长、"河小青""河小禹"等巡河护河志愿服务队。很多河湖实现了从"没人管"到"有人管"、从"管不住"到"管得好"的转变，推动解决了一批河湖管理保护难题，河湖治理成效明显，人民群众的幸福感不断提升。

鄂竟平强调，目前，全面推行河长制工作进入了新阶段，新阶段的重要内涵是推动河长制从"有名"到"有实"转变，名实相副。水利部将认真贯彻落实党的十九大精神，以习近平新时代中国特色社会主义思想为指导，践行"节水优先、空间均衡、系统治理、两手发力"的治水思路，按照山水林田湖草系统治理的总体思路，会同有关部门与地方各级党委政府，细化实化并落实好河长制湖长制六大任务，聚焦管好"盆"和"水"，即管好河湖空间及其水域岸线、管好河湖中的水体，向河湖管理顽疾宣战。重点抓好以下工作：一是建立完善河湖档案。各地要摸清河湖现状，找准主要问题，建立"一河一档""一湖一档"，提出解决问题的"一河一策""一湖一策"，包括提出问题清单、目标清单、任务清单、措施清单、责任清单等5个清单，明确河湖治理保护的目标方向和具体措施。二是开展专项整治行动。水利部已于近日集中部署开展全国河湖"清四乱"（乱占、乱采、乱堆、乱建）专项行动、全国河湖采砂专项整治行动、水库垃圾围坝专项整治行动、长江干流岸线利用专项整治行动、长江经济带固体废物专项整治行动等一系列专项行动。下一步将督促各地深入开展专项行动，严厉打击涉河湖违法违规行为。三是开展河湖系统治理。水利部将督促各地以管好盛水的"盆"、保护"盆"里的水为核心，严格实行河湖水域空间管控，划定红线，禁止违法乱占岸线、水域空间；严格控制河湖水资源开发利用，落实最严格水资源管理制度，实行总量和强度双控，重点解决河湖管理保护界限不清和河湖水少、水脏的问题。四是夯实河长责任。水利部将通过加强河长制明察暗访，建立通报、约谈、举报、曝光等制度，督促各级河长履职尽责，真正做到守河有责、守河担责、守河尽责。五是建立长效机制。推动各地建立健全党政负责制为核心的河湖管理保护责任体系，建立完善流域统筹协调机制，探索建立上下游、干支流生态补偿机制，建立完善河湖管理保护法规制度和技术标准体系，推动实现河长治、湖长治。

鄂竟平指出，当今我国河湖面临四大突出问题——水旱灾害、水资源短缺、水环境污染、水生态损害，这些问题比过去任何一个时期都复杂。当前，随着经济社会的快速发展，我国治水的主要矛盾发生了深刻变化，治水思路要作出调整，要从改造自然、征服自然为主转变到以调整人的行为、纠正人的错误行为为主，强化对经济、社会行为的监管。水利部将积极适应这一重大转变，通过行政手段、法规手段和经济手段全面加强监管，确保经济社会发展不影响防洪安全、不影响水资源可持续利用、不损害水环境和水生态。全面推行河长制湖长制是加强监管的重要抓手，水利部将进一步下大力气推进各项工作，让河长制湖长制从"有名"更快更好地转变到"有实"。

发布会上，鄂竟平部长、周学文副部长就落实长江大保护，建立河长制长效机制，调动社会公众积极参与、全面推行河长制下步重点任务等方面问题，回答了记者提问。

水利部建设与管理司司长、河长办主任祖雷鸣主持发布会。

来自人民日报、新华社、光明日报、经济日报、中央人民广播电台、中央电视台、科技日报、中国日报、中国新闻社、人民网、新华网、新京报、澎湃新闻等13家媒体的记者参加了发布会。

（来源：水利部网站）

3. 水利部举行全面建立湖长制新闻通气会 2019年1月24日，水利部举行全面建立湖长制新闻通气会，副部长魏山忠出席。他指出，目前，全国已全面建立湖长制，按时完成了中央确定的目标任务。下一步要进一步夯实工作基础，推动河长制湖长制从"有名"到"有实"转变，做到名实相副。

魏山忠指出，一年多来，在各地各部门的共同努力下，湖长制体系逐步建立健全。组织体系方面，在1.4万个湖泊设立省、市、县、乡四级湖长2.4万名，其中，85名省级领导担任最高层级湖长；此外，还设立村级湖长3.3万名。制度体系方面，各地按照实施湖长制有关要求，进一步完善河长会议、信息共享、信息报送、工作督察、考核问责和激励、

验收等配套制度，增强了制度的针对性和有效性。责任落实方面，各地各部门将湖长制纳入河长制工作体系，统一部署安排，统一推进落实，统一检查考核。各级湖长召开湖长会议，实地巡湖调研，加强部门协调，务实开展河湖"清四乱"专项行动，因地制宜实施湖泊管理保护专项行动，着力改善湖泊面貌。湖泊面貌改善方面，在全面推行河长制的基础上，根据湖泊管理的特殊重要性，在湖泊实施湖长制，对湖泊进行更为严格、更有针对性的管理保护，取得初步成效，干净、整洁、生态、美丽的湖泊景象逐步显现，人民群众的获得感、幸福感不断提升。

魏山忠强调，全国已全面建立河长制湖长制。水利部将以习近平新时代中国特色社会主义思想为指导，全面贯彻党的十九大精神，认真践行"节水优先、空间均衡、系统治理、两手发力"的治水思路，按照山水林田湖草系统治理的总体思路，适应人民群众对水资源、水环境、水生态的新要求，围绕"调整人的行为、纠正人的错误行为"的治水新思路和"水利工程补短板、水利行业强监管"的水利改革发展总基调，坚持问题导向，因地制宜，分类施策，会同有关部门进一步加大工作力度，指导督促地方压实湖长职责，细化实化目标任务，聚焦管好"盆"和"水"，推动湖泊面貌持续改善。

魏山忠强调，河长制湖长制下一步有五个方面重点工作。一是紧紧盯住"务实"两字，精准发力，打好河湖"清四乱"攻坚战，2019年年底前基本完成集中清理整治。二是指导加快湖泊管理范围划定工作，科学编制河湖岸线保护利用规划、采砂管理规划，严格湖泊空间管控。三是坚持山水林田湖草系统治理，统筹协调湖泊与入湖河流的管理保护，建立"一湖一档"，编制"一湖一策"，对湖泊实施精细化、网格化管理和系统治理。四是建立完善河湖监管体系，健全常态化暗访机制，强化问题整改和责任追究，指导地方加强湖长考核和考核结果应用，进一步督促湖长履职尽责。五是按照全国水利"一张图"思路，进一步完善河湖管理信息系统，指导各地运用先进技术手段，打造智慧湖泊。

通气会上，魏山忠副部长就湖长制总体目标、激励考核机制建立、如何加强河湖监管等方面的问题，回答了人民日报、新华社、中央广播电视总台等媒体记者的提问。

（来源：水利部网站）

4. 水利部召开河湖管理工作会议 2019年3月26—27日，水利部在广州市召开河湖管理工作会议，总结2018年河湖管理工作，分析当前面临的形势，厘清工作思路，安排部署2019年重点工作。水利

部长鄂竟平作出批示。水利部副部长魏山忠出席会议并讲话。广东省副省长张光军出席会议并致辞。水利部总工程师刘伟平主持会议并作总结。

鄂竟平充分肯定2018年全国河湖管理工作，同时要求，2019年河湖管理工作要以习近平新时代中国特色社会主义思想为指导，按照"水利工程补短板、水利行业强监管"的改革发展总基调，把系统治理"盆"和"水"作为核心任务，把"清四乱"作为第一抓手，把划定河湖管理范围作为重要支撑，坚决打赢打好河湖管理攻坚战，全面推动河长制湖长制从"有名"向"有实"转变，持续改善河湖面貌，以优异成绩迎接新中国成立70周年。

魏山忠指出，2018年，各地各单位认真贯彻习近平总书记关于治水的重要论述，按照党中央、国务院的决策部署和水利部的工作安排全面推行河长制湖长制，实施专项行动向河湖顽疾宣战，强化暗访督查着力加强河湖监管，严肃追责问责压实河湖管理责任，完善体制机制狠抓队伍建设，河湖管理取得重要突破，河湖面貌持续向好。但"四乱"问题尚未基本消除，长效管理机制还未全面建立，今后还有不少顽瘴痼疾要治，还有不少"硬骨头"要啃。总体上看，河湖管理工作既有良好的外部环境，也存在前所未有的压力和挑战。我们要清醒地看到面临的新形势、新要求，恪尽职守，全力做好各项工作。

魏山忠强调，要认真学习领会鄂竟平部长批示精神，切实抓好贯彻落实。今后一段时期，是推进河长制湖长制从"有名"到"有实"的关键期，也是河湖管理能否取得实效、能否让人民群众满意的攻坚期。2019年河湖管理工作，要围绕河湖管理工作总体思路，以河长制湖长制为主线，着力在五个方面下功夫、出亮点。一是在推进河长湖长履职上下功夫，进一步完善相关工作制度、联防联控机制、考核机制，压紧压实河长责任和部门职责，真正做到守河有责、守河担责、守河尽责。二是在"清四乱"取得实效上下功夫，各地各单位要将"清四乱"作为推动河长制湖长制从"有名"到"有实"的第一抓手，作为今年河湖管理工作的重中之重，出实招、出狠招，集中力量打好攻坚战，确保在年底前基本完成集中清理整治任务。三是在推进长江大保护上下功夫，全面加快长江干流岸线利用项目清理整治进度，全面完成长江经济带1 376处固体废物清理整治，继续深入开展长江河道采砂专项整治。四是在夯实基础工作上下功夫，加快划定河湖管理范围，抓紧制定河道采砂管理条例、修订河道管理条例，全面启动岸线规划编制工作，高度重视河道采砂规划编制工作，继续建立完善"一河一档""一

河一策"。五是在智慧河湖监管上下功夫，各地各单位要加快推进智慧河湖建设，尽快提升河湖监管的现代化和信息化水平。

魏山忠强调，在河湖管理工作中要提高政治站位、狠抓工作落实、强化监督问责、强化示范激励、加强队伍建设、加强宣传引导，以更加坚定的信心、更加务实的作风，确保各项工作取得实实在在的成效，全力以赴打好河湖管理攻坚战，努力开创河湖管理工作新局面。

河湖管理司工作报告强调，各级河湖管理部门要将水利部党组部署和鄂竟平部长批示、魏山忠副部长讲话精神落到实处，围绕"水利工程补短板、水利行业强监管"总基调，聚焦"盆"和"水"，打好"三大战役"（河湖"清四乱"、长江岸线保护、河道采砂整治），用好"两大抓手"（河湖长制和暗访督查），强化"六大支撑"（划定河湖管理范围——基础支撑、岸线采砂规划——管理支撑、加快河湖立法——法律支撑、打造智慧河湖——科技支撑、强化宣传引导——舆论支撑、加强队伍建设——人才支撑），坚决打赢打好河湖管理攻坚战。

各流域机构，各省（自治区、直辖市）河长制办公室、水利（水务）厅（局）和新疆生产建设兵团水利局负责人，河湖管理相关部门负责人，水利部有关司局及直属单位负责人参加会议。

（来源：水利部网站）

5. 全国河湖"清四乱"专项行动视频总结会

2019年12月26日，水利部召开全国河湖"清四乱"专项行动视频总结会，全面总结专项行动成效，交流好经验好做法，对持续深入推进"清四乱"工作进行部署。水利部副部长魏山忠在主会场出席会议并作总结讲话，黑龙江、江苏、山东、河南、湖南、广东等6个省的省级党委、政府负责同志在分会场莅临会议并作交流发言。

2018年7月，水利部部署开展了全国河湖"清四乱"专项行动，对乱占、乱采、乱堆、乱建等河湖突出问题进行集中清理整治。一年多以来，水利部深入贯彻习近平生态文明思想，围绕"水利工程补短板、水利行业强监管"的水利改革发展总基调，将"清四乱"作为推进河长制湖长制"有名""有实"的第一抓手、作为水利行业强监管的标志性工作，精心部署、高位推动，鄂竟平部长多次主持研究并作出批示指示，亲自带队深入一线暗访督查，表明"清四乱"的坚定决心。魏山忠副部长多次主持召开全国的现场会、座谈会，赴基层调研督导，及时进行视频调度会商，督促清理整治进度和质量。地方党委政府高度重视，14个省份以总河长令部署

"清四乱"工作，还有不少省份党委、政府负责同志作出专门批示、召开河长会议予以部署，组织水利部门和相关部门扎实推进，解决了一大批侵占河湖、破坏河湖的"老大难"问题，办成了多年想办没有办成的事情，"清四乱"专项行动圆满完成既定任务，取得了明显成效。

魏山忠指出，在"清四乱"专项行动中，水利部和地方各级河长办、水行政主管部门多措并举、合力攻坚，通过制定政策标准、建立问题台账、实行销号制度、强化跟踪督办、加强暗访督查、接受社会监督、开展抽查核查、部门协同联动，确保专项行动取得实效。根据各省上报数据统计，截至2019年11月底，全国共清理整治河湖"四乱"问题13.4万个，其中，纳入水利部台账的规模以上河湖"四乱"问题5.6万个，已整改销号5.58万个，销号率99.7%。

中央纪委国家监委在"不忘初心、牢记使命"主题教育中专项整治漠视群众利益问题，明确由水利部牵头，会同有关部门开展纠正河湖"四乱"突出问题专项整治，将2 108个"四乱"问题纳入专项整治。水利部加强跟踪督导，会同有关部门对20个省份开展重点核查，部省两级对问题整改情况分别进行全覆盖核查。截至11月底，已完成整改销号1 931个。剩余问题中，119个问题完成阶段性整改，58个问题经相关省级政府或河长同意后延期整改，每个问题均明确了整改方案、完成时限以及责任单位、责任人，正在按照整改方案有序推进清理整治。

据各地统计，"清四乱"专项行动以来，全国共拆除违法建筑面积3 936万m²，清理非法占用河湖岸线2.5万km，清除河道内垃圾3 500多万t，清除围堤9 800多km，打击非法采砂船只9 100多艘，整治非法采砂点1万多个、非法砂石2 100多万m³，清除围网养殖近13万亩。通过清理整治，河湖面貌明显改善，行蓄洪能力得到提高，河湖水质逐步向好，损害河湖的行为得到有效遏制。同时，以案释法，起到了很好的警示作用，达到了调整人的行为、纠正人的错误行为的目的，依法保护河湖、共同关爱河湖的氛围逐步形成。

会议强调，各地要深入贯彻习近平新时代中国特色社会主义思想，践行习近平总书记"节水优先、空间均衡、系统治理、两手发力"的治水思路，围绕水利改革发展总基调，在"清四乱"专项行动基础上，保持久久为功的战略定力，以功成不必在我的精神境界和功成必定有我的历史担当，既谋划长远发展，更要干在当下，依托河长制湖长制平台，用好暗访督查和信息化两个重要手段，推进"清四乱"常态化、规范化和制度化，着力打造河畅、水清、岸绿、景美、人和的美丽河湖、健康河湖，让每条河流都成为造福人民的幸福河。

黑龙江、江苏、山东、河南、湖南、广东等6个省交流了本省"清四乱"专项行动的成效、经验和做法。

水利部有关司局、直属单位的负责同志在主会场参加会议；各流域管理机构负责同志，各省（自治区、直辖市）水利（水务）厅（局）和新疆生产建设兵团水利局有关负责同志在分会场参加会议。

（来源：水利部网站）

6. 水利部召开河湖管理工作视频会议　2020年4月27日，水利部在京召开河湖管理工作视频会议，总结2019年河湖管理工作，分析当前形势任务，理清工作思路，安排部署2020年重点工作，统筹疫情防控和经济社会发展，在常态化疫情防控中加强河湖管理，加快推进河湖治理体系和治理能力现代化，建设造福人民的幸福河。水利部部长鄂竟平专门作出批示。水利部副部长魏山忠出席会议并讲话。

鄂竟平在批示中充分肯定2019年河湖管理工作。他指出，全国河湖管理部门贯彻落实中央和部党组决策部署，狠抓河湖长制"有名""有实"，大力开展河湖"清四乱"、河道采砂整治等专项行动，河湖监管全面加强，河湖面貌明显改善，成绩来之不易，可喜可贺。

鄂竟平强调，2020年，河湖管理工作要以习近平新时代中国特色社会主义思想为指导，全面落实"节水优先、空间均衡、系统治理、两手发力"的治水思路，坚定不移践行"水利工程补短板、水利行业强监管"水利改革发展总基调，全面推进河湖长制"有名""有实"，强化河长湖长履职尽责，持续推进河湖"清四乱"常态化规范化法治化，抓好河道采砂综合整治，突出长江大保护、黄河治理与保护，加强暗访督查和激励奖惩，不断夯实河湖管理工作基础，全力推进河湖治理体系和治理能力现代化，推动河湖面貌持续好转，构建美丽河湖、健康河湖，努力让每条河湖都成为造福人民的幸福河湖。

魏山忠在讲话中指出，2019年，各地河长办和河湖管理部门重拳治理河湖乱象取得新成果，清理整治河湖"四乱"问题13.7万个，长江干流2 441个涉嫌违法违规岸线利用项目基本完成整治；长江经济带河湖管理范围内1 376处固体废物全部清零；河湖强监管实现新突破，建立河湖督查体系，开展面上督查和靶向式专项督查，覆盖全国所有设区市6 679条河流（段）、1 612个湖泊；河湖管理基础工作迈上新台阶，全国规模以上应划界河流、湖泊的

89％和97％完成河湖管理范围划定任务；河湖长制工作取得新进展，河湖面貌明显改善，人民群众获得感、幸福感、安全感持续增强。

魏山忠指出，我国经济社会发展进入新时代，河湖管理保护迎来新机遇，也面临新挑战，我们要准确把握新形势新要求，深刻领会习近平总书记系列重要讲话精神，切实把思想和行动统一到践行习近平生态文明思想和"节水优先、空间均衡、系统治理、两手发力"的治水思路上来，把新发展理念融入河湖管理的各环节，坚定不移践行水利改革发展总基调，充分认识河湖管理工作的复杂性和艰巨性，在常态化疫情防控中推动河湖管理工作迈向更高水平。

魏山忠强调，当前河湖长制正处于从"有名"到"有实"的关键期，全国河湖正处于从"集中治理"到"规范管理"的转折期，围绕河湖管理工作总体思路，今年要着力推进七个方面工作。一是着力推进河长制湖长制"有名""有实"，完善河长制湖长制组织体系，压紧压实河湖管护责任，加强考核评估与激励问责，开展示范河湖建设。二是着力推进河湖"清四乱"常态化规范化，准确把握清理整治的重点，确保清理整治的质量。三是着力推进长江大保护、黄河流域生态保护和高质量发展，抓紧完成长江岸线利用项目清理整治，全面开展黄河岸线利用项目专项整治，大力推进长江、黄河河道采砂专项整治。四是着力推进河道采砂综合整治，严格落实责任，加强协调联动，规范许可管理，合理利用砂石资源，维护河道采砂秩序。五是着力推进河湖管理监督检查，完善河湖督查制度，组织开展暗访督查，加强问题整改督办和政策研究。六是着力推进河湖管理基础工作，加快划定管理范围、编制相关规划，加强法规制度建设、宣传培训和智慧河湖建设。七是全面加强党的建设，提高政治站位，落实主体责任，强化纪律和作风建设。

会上，黑龙江、浙江、安徽、四川、青海等5省水利厅和黄河水利委员会作交流发言。

水利部总工程师刘伟平，中央纪委国家监委驻水利部纪检监察组负责人，水利部有关司局和单位负责人在主会场参加会议。各流域管理机构、京外有关直属单位、各省（自治区、直辖市）水利（水务）厅（局）和新疆生产建设兵团水利局负责人在分会场参加会议。 　　　（来源：水利部网站）

7. 水利部举行长江干流岸线利用项目清理整治新闻发布会　2020 年 11 月 11 日，水利部举行长江干流岸线利用项目清理整治新闻发布会，水利部副部长魏山忠介绍长江干流岸线利用项目清理整治有关情况，并与河湖管理司、长江水利委员会有关负责同志回答记者提问。

魏山忠说，近年来，水利部深入贯彻落实习近平新时代中国特色社会主义思想和习近平总书记关于推动长江经济带发展系列重要讲话精神，积极践行"水利工程补短板、水利行业强监管"水利改革发展总基调，会同有关部门指导督促沿江 9 省（直辖市）开展长江干流岸线利用项目清理整治工作，共腾退长江岸线 158km，拆除河道管理范围内违法违规建筑物 234 万 m^2，清除弃土弃渣 956 万 m^3，完成滩岸复绿 1 213 万 m^2，完成了既定目标，取得明显成效。

魏山忠介绍，水利部指导督促沿江 9 省（直辖市）深入开展自查，组织长江水利委员会开展重点核查，对长江干流溪洛渡以下 3 117km 河道、8 311km 岸线（含洲滩岸线）利用情况进行全面排查，摸清了 5 711 个岸线利用项目的基本情况。根据排查情况，组织地方依法围绕防洪安全、河势稳定以及饮用水水源、自然保护区、风景名胜区等生态敏感区的保护要求，逐项分析研判，确定 2 441 个岸线利用项目涉嫌违法违规。针对涉嫌违法违规问题，各地依法依规制定整改方案，明确整改措施和责任单位、责任人，按照拆除取缔、整改规范分类开展清理整治。依托河长制湖长制平台，压实河长湖长职责和属地责任，通过科学制定工作方案、强化跟踪督办、严格抽查复核、强化部门联动、发挥信息化作用等多种措施，确保清理整治工作取得实效。截至 2020 年 10 月，涉嫌违法违规的 2 441 个项目，已完成清理整治 2 414 个，整改完成率为 98.9％。其中，拆除取缔 827 个项目，整改规范 1 587 个项目。受新冠肺炎疫情、汛期汛情的影响以及涉及司法诉讼、民生保障等特殊情况，剩余 27 个未完成项目，经相关省级人民政府或省级河长同意后延期整改，每一个项目均制定了整改方案，明确了完成时限以及责任单位、责任人。

魏山忠表示，通过清理整治，目前长江干流河道更加畅通，岸线面貌明显改善，生态环境得到有效修复，取得显著的防洪效益、生态效益和社会效益；大大增强了社会各界对长江岸线保护的责任意识和参与意识，侵占长江岸线的行为得到有效遏制，共同保护好长江岸线的良好氛围逐步形成。下一步，水利部将充分依托河长制湖长制平台，进一步严格长江岸线空间管控，完善长江流域河湖管理长效机制，让长江成为造福人民的幸福河，为长江经济带高质量发展提供有力支撑。

来自人民日报、新华社、中央广播电视总台、光明日报、经济日报等 18 家媒体记者参加了发布会。

（来源：水利部网站）

【工业和信息化部】 2019 年 11 月 11 日，工业和信息化部组织召开京津冀工业节水交流会，交流京津冀地区工业节水先进做法和经验，推广一批适用于京津冀等重点区域的重大工业节水技术，指导地方和企业有效开展工业节水工作，提升京津冀地区工业用水效率。

（工业和信息化部）

【民政部】 党中央、国务院高度重视河长制湖长制表彰奖励工作。2020 年，民政部履行全国评比达标表彰工作协调小组办公室职能，支持水利部开展评比达标表彰活动。经中央批准，同意水利部开展一次"全面推行河长制湖长制先进集体、先进个人"表彰，表彰全面推行河长制湖长制工作先进集体 250 个、全面推行河长制湖长制工作先进工作者 348 名、全国优秀河湖长 350 名。

（民政部）

【司法部】 水污染防治法修改工作。2017 年 6 月 27 日，《全国人民代表大会常务委员会关于修改〈中华人民共和国水污染防治法〉的决定》已由第十二届全国人民代表大会常务委员会第二十八次会议通过，自 2018 年 1 月 1 日起施行。修改后的水污染防治法明确规定，省、市、县、乡建立河长制，分级分段组织领导本行政区域内江河、湖泊的水资源保护、水域岸线管理、水污染防治、水环境治理等工作。

（司法部）

【生态环境部】 （1）推动将河长制湖长制作为河湖管理保护的新机制纳入水污染防治法、长江保护法。2018 年，推动将河长制作为河湖管理保护的新机制纳入水污染防治法（修正案，2018 年 1 月 1 日实施）；2020 年，推动将河长制湖长制作为长江保护的重要机制纳入长江保护法（2021 年 3 月 1 日实施），为全面推行河长制湖长制提供法律保障。

（2）将河长制湖长制建立和落实情况纳入中央生态环境保护督察。自 2016 年起，将河长制湖长制建立和落实情况纳入中央生态环境保护督察。组织开展多轮中央生态环境保护例行督察、督察"回头看"以及长江经济带生态环境警示片现场调查拍摄，将相关地方党委、政府及有关部门贯彻落实河长制湖长制工作情况纳入督察和调查范畴，查实一大批围湖占湖、侵占河道水域岸线、拦坝筑汊、非法排污、非法养殖捕捞等涉湖涉河违法违规行为和失职失责问题，均已反馈地方落实整改，发挥了较好的

警示震慑作用，取得明显成效。

（3）推动河长制湖长制在城市黑臭水体治理中发挥实效。2018 年 9 月，经国务院同意，住房城乡建设部联合生态环境部印发《城市黑臭水体治理攻坚战实施方案》。根据实施方案要求，2018—2020 年，生态环境部联合住房城乡建设部，每年开展一次地级及以上城市黑臭水体整治环境专项行动，其中城市建成区内黑臭水体河长制落实情况是专项行动的一项重要检查内容，有力推动了地方党委政府各个部门以及社会各界形成齐抓共管的大格局。截至 2020 年年底，全国 295 个地级及以上城市（不含州、盟）2 914 个黑臭水体消除 98.2%，实现了地级及以上城市黑臭水体基本消除的目标。

（4）有序推进农村黑臭水体治理。落实《农村人居环境整治三年行动方案》对农村黑臭水体工作的总体要求，联合水利部、农业农村部印发《关于推进农村黑臭水体治理工作的指导意见》，编制印发《农村黑臭水体治理工作指南（试行）》，组织开展农村黑臭水体排查、方案编制、试点示范等工作，选取河北、辽宁、四川等 10 省份有代表性的县域，整县推进农村黑臭水体治理试点示范。建立农村黑臭水体整治国家监管清单，组织各地核实农村黑臭水体排查结果，将面积较大、群众反映强烈的 4 000 余个水体纳入国家监管清单，优先开展整治，实施"拉条挂账、逐一销号"。

（5）组织开展入河排污口排查整治工作。2019 年，在长江流域重庆、江苏开展入河排污口排查整治试点工作，组织实施了试点地区排查口一、二、三级排查和监测溯源工作。自 2020 年起，在试点工作基础上，组织对长江流域的四川、贵州、云南 3 省 4 市 14 县（区）168 乡（镇）1 492 家企业及赤水河干流、51 条一级支流和污染相对突出的 72 条中小支流实施拉网式入河排污口排查。创新采取"河流测水质、沿岸数排口、溯源查污染"的"体检式"排查模式，登记 4 881 个入河排污口，发现 1 742 个环境问题，基本摸清流域突出环境问题及成因。组织开展黄河干流上游和中游的宁夏、内蒙古等 5 省（自治区）19 个地（市）3 000km 岸线河段入河排污口排查，共发现各类入河排污口 4 000 多个。

（6）深入推进船舶污染物转移处置联合监管制度。配合交通运输部等部门印发《关于建立健全长江经济带船舶和港口污染防治长效机制的意见》，完善联合监管机制，推动船舶和港口污染防治能力全面提升。

（生态环境部）

【住房城乡建设部】 2018 年 9 月 30 日印发《城市

黑臭水体治理攻坚战实施方案》（建城〔2018〕104号），明确河湖长在城市黑臭水体治理中的责任。

（住房城乡建设部）

【交通运输部】　（1）健全长江经济带湖泊和港口污染防治长效机制，联合国家发展改革委、生态环境部、住房城乡建设部制定实施《关于建立健全长江经济带船舶和港口污染防治长效机制的意见》，持续强化船舶污染治理。

（2）推广运行长江经济带船舶水污染物联合监管与服务信息系统，推进船舶污染物接收转运处置联单管理电子化，信息系统用户数达22.9万，在线注册船舶8.3万艘，已覆盖长江经济带内河码头，基本覆盖到港中国籍营运船舶，长江经济带内河主要港口船舶污染物接收转运处置基本实现全过程联单闭环管理。促进港口码头船舶垃圾、生活污水、含油废水接收设施正常使用，助力洗舱站和水上绿色综合服务区建设与运营。　（交通运输部）

【农业农村部】

1. 2016年　2016年11月10日，根据《长江珍稀水生生物保护工程建设规划（2016—2030年）》，农业部和安徽省人民政府联合在安庆市长江夹江-西江水域开展长江江豚迁地保护行动，将8头江豚迁入安徽西江，建立人工种群。

2016年12月13日，农业部印发《长江江豚拯救行动计划（2016—2025）》。

2016年12月27日，农业部印发《关于赤水河流域全面禁渔的通告》（农业部通告〔2016〕1号），规定自2017年1月1日0时起，对赤水河流域实施为期10年的常年禁捕，为长江流域禁渔工作的全面展开提供经验。

2. 2017年　2017年3月2日，农业部在湖北省武汉市召开会议，专题部署长江流域水生生物保护区全面禁捕工作，切实加强长江水生生物资源和水域生态环境保护。

2017年6月6日，农业部组织开展第三届"全国放鱼日"同步增殖放流活动。全国31个省（自治区、直辖市）共举办大型增殖放流活动400余场，放流各类水生生物苗种超过50亿尾。全年共投入增殖放流资金9.8亿元，其中中央财政资金3.25亿元，共开展增殖放流活动2 143次，放流各类苗种404.6亿尾。

2017年6月23日，农业部与环境保护部联合发布《中国渔业生态环境状况公报（2016）》，公布2016年对江河湖海重点区域的120个重要渔业水域、49个国家级水产种质资源保护区、16个养殖池塘网箱等2 000余个监测站位、共计1 187.6万 hm² 监测总面积的水质、沉积物、生物等18项指标的监测情况。

2017年9月10日，农业部根据《国务院办公厅关于印发第二次全国污染源普查方案的通知》要求，组织实施第二次全国污染源普查农业污染源普查。开展种植业、畜禽养殖业、水产养殖业产排污调查监测，掌握农业污染产生排放状况，该项普查至2019年结束。

2017年12月10日，农业部印发《长江流域渔业生态公报（2016年度）》。

3. 2018年　2018年6月6日，农业农村部组织开展第四届"全国放鱼日"同步增殖放流活动。2018年全国内陆共投入增殖放流资金超过3.78亿元，放流各类淡水水产苗种和珍稀濒危物种超过105.78亿尾（只）。

2018年7月24日，农业农村部组织召开新闻发布会，于康震副部长公布长江江豚种群数量为1 012头，与2012年（1 040头）基本保持一致，快速下降趋势初步缓解。

2018年8月15日，农业农村部与生态环境部联合发布《中国渔业生态环境状况公报（2017）》，公布2017年对江河湖海重点区域的121个重要渔业水域、49个国家级水产种质资源保护区、21个养殖池塘（网箱）等共计1 152.4万 hm² 监测总面积的水质、沉积物、生物等18项指标的监测情况。

2018年12月28日，农业农村部印发《关于做好〈农业农村部关于调整长江流域专项捕捞管理制度的通告〉贯彻实施工作的通知》，严禁捕捞刀鲚、凤鲚及河蟹野外资源。

4. 2019年　2019年1月15日，农业农村部发布实施《关于实行海河、辽河、松花江和钱塘江等4个流域禁渔期制度的通告》，实现内陆七大重点流域和主要江河湖海休禁渔全覆盖。

2019年4月12日，农业农村部与生态环境部联合发布《中国渔业生态环境状况公报（2018）》，公布2018年江河湖海重点区域的121个重要渔业水域、49个国家级水产种质资源保护区、16个养殖池塘（网箱）等共计1 156.9万 hm² 监测总面积的水质、沉积物、生物等18项指标的监测情况。

2019年4月26日，农业农村部印发《关于长江水生生物保护暨长江禁捕工作协调机制有关安排的通知》，统筹协调推进长江水生生物保护总体工作和长江禁捕专项工作。

2019年5月15日，长江水生生物保护和禁捕工作协调机制工作小组会议暨长江流域渔业资源管理委员会工作会议在北京召开，由农业农村部牵头，国家发展改革委、公安部、财政部、人力资源社会保障部等10部委共同组成的长江水生生物保护暨长江禁捕工作协调机制正式成立运行。

2019年6月6日，农业农村部与广东省人民政府、香港特别行政区政府、澳门特别行政区政府联合在广东珠海举办"全国放鱼日"主会场暨粤港澳大湾区增殖放流活动。活动期间，全国各地共举办增殖放流活动近300场，增殖各类水生生物苗种约20亿尾。

2019年6月26日，农业农村部召开长江流域重点水域禁捕工作视频会议。

2019年9月26—27日，国家发展改革委、农业农村部在湖北省安陆市联合举办长江经济带中西部省份农业面源污染治理工作现场会，交流经验做法，部署安排长江经济带农业面源污染治理工作。

2019年11月18日，农业农村部印发实施《鼋拯救行动计划（2019—2035年）》，推进成立鼋保护联盟。

5. 2020年 2020年6月6日，农业农村部与山东省在烟台联合举办"全国放鱼日"现场放流活动。

2020年6月8日，生态环境部、国家统计局、农业农村部联合发布《第二次全国污染源普查公报》。第二次全国污染源普查的标准时点为2017年12月31日，时期资料为2017年度。农业污染源方面，涉及种植业的县（区）3 061个，水产养殖业的区县2 843个，畜禽养殖业的区县2 981个，入户调查畜禽规模养殖场37.88万个。2017年，农业源水污染物排放量为，化学需氧量1 067.13万t，氨氮21.62万t，总氮141.49万t，总磷21.20万t。与第一次全国污染源普查相比，我国粮食产量从5亿t增加到6.6亿t，肉蛋奶产量从1.2亿t增加到1.4亿t，水产养殖产量从3 100万t增加到4 700万t，粮食和重要农产品供给充足。与此同时，农业领域中的污染排放量明显下降，化学需氧量、总氮、总磷排放分别下降了19%、48%、25%。农业产量越来越高，排放的污染越来越少，绿色的底色越来越亮。

2020年6月28日，召开长江流域重点水域禁捕和退捕渔民安置保障工作推进电视电话会议。会议深入学习贯彻习近平总书记重要指示精神，贯彻落实党中央、国务院决策部署，进一步对长江流域重点水域禁捕和退捕渔民安置保障工作作出布置。中共中央政治局委员、国务院副总理胡春华出席会议并讲话。国务院有关部门负责同志在主会场参加会议，长江沿线有关省（直辖市）人民政府及相关部门负责同志，禁捕重点地（市）、县（市、区）人民政府负责同志等在分会场参加会议。安徽、江西、湖北、湖南省人民政府和农业农村部、市场监管总局、公安部负责同志发言。

2020年7月5日，农业农村部召开长江禁捕退捕工作视频调度会，对沿江10省（直辖市）工作进展情况进行调度分析，推动有关工作部署和政策措施落实落地。

2020年7月6日，农业农村部部长韩长赋主持召开长江水生生物保护暨长江禁捕工作协调机制会，研究部署加快推进长江禁捕退捕工作。

2020年7月30日，农业农村部与生态环境部联合发布《中国渔业生态环境状况公报（2019）》，公布2019年对江河湖海重点区域的112个重要渔业水域、48个国家级水产种质资源保护区、17个养殖池塘（网箱）等4 341个监测站位、共计1 280.1万hm²监测总面积的水质、沉积物、生物等18项指标的监测情况。

2020年12月16日，农业农村部长江流域渔政监督管理办公室会同生态环境部长江流域生态环境监督管理局、水利部长江水利委员会、交通运输部长江航务管理局等长江流域管理部门联合发布《长江流域水生生物资源及生境状况公报（2019年）》。

2020年12月22日，召开长江禁捕退捕工作推进电视电话会议。会议深入学习贯彻习近平总书记关于长江禁捕退捕工作的重要指示批示精神，贯彻落实党中央、国务院决策部署，总结工作开展情况，部署下一阶段重点工作任务。

2020年12月31日，长江流域重点水域十年禁渔全面启动活动在湖北省武汉市举行。中共中央政治局委员、国务院副总理胡春华出席活动并讲话。根据中央部署，从2021年1月1日0时起，长江流域重点水域开始实行10年禁渔。 （农业农村部）

【国家林草局】

1. 宣传"世界湿地日" 从2016年开始，每年2月2日开展"世界湿地日"宣传活动，结合"世界湿地日"主题，通过主流媒体和网络平台以及各种展览、校园宣传等活动，传播湿地生态功能和价值，增强社会保护湿地意识。从2019年开始，每年2月2日发布国际重要湿地生态状况白皮书，包括河流湖泊等湿地的分布和面积、水源补给、水质和水体富营养化等方面的指标，监测显示各国际重要湿地生态状况总体保持稳定。 （赵忠明 姬文元）

2. 指定国际重要湿地 2018年1月指定国际重

要湿地 8 处，包括：山东济宁南四湖湿地、甘肃盐池湾湿地、四川长沙贡玛湿地、湖北网湖湿地、吉林哈泥湿地、内蒙古大兴安岭汗马湿地、西藏色林错湿地、黑龙江友好湿地。2020 年 2 月指定国际重要湿地 7 处，包括：天津北大港、内蒙古毕拉河、黑龙江哈东沿江、江西鄱阳湖南矶、河南民权黄河故道、西藏扎日南木错及甘肃黄河首曲。截至 2020 年，我国共有国际重要湿地 64 处。（周瑞 胡昕欣）

3. 抓好湿地标准工作 组织开展了《湿地保护工程项目建设标准》（建标 196—2018）的研编工作，并于 2018 年获得住房城乡建设部批准发布，进一步规范了河流湖泊等湿地保护工程项目的审核、批准、设计和建设，为河流、湖泊等湿地保护修复提供科学的依据。 （赵忠明 姬文元）

4. 参加《湿地公约》第十三届缔约方大会 2018 年 10 月 21—29 日，由国家林业和草原局副局长李春良担任团长，外交部、生态环境部、水利部香港渔农自然护理署等部门和相关专家组成的中国代表团参加在阿联酋迪拜举办的《湿地公约》第十三届缔约方大会，143 个缔约方和 62 个政府间和非政府间组织的 1 360 名代表出席了会议。与会期间，代表团提交小微湿地决议并得到审议通过，成为公约决议在全球范围内执行；举办了主题为"中国湿地保护与恢复：城市湿地与小微湿地"的边会，湿地公约秘书长、湿地国际总裁、东亚—澳大利西亚迁飞路线伙伴关系执行总裁等要员以及来自 35 个国家和国际组织的代表出席了中国边会，中国湿地保护工作得到了与会成员国和国际组织的充分肯定。

5. 成功申办《湿地公约》第十四届缔约方大会 2019 年 6 月 26 日，经国务院批准并经公约常委会第 57 次会议审议通过，中国将举办第十四届缔约方大会。大会将于 2022 年 11 月 21—29 日在湖北省武汉市举办，这是我国首次承办公约缔约方大会。

（周瑞 胡昕欣）

┃署名文章┃

落实绿色发展理念 全面推行河长制河湖管理模式

水利部党组书记、部长 陈雷

习近平总书记主持召开中央全面深化改革领导小组第二十八次会议，审议通过《关于全面推行河长制的意见》。近日，中共中央办公厅、国务院办公厅联合印发该意见。这是贯彻新发展理念、建设美丽中国的重大战略，也是加强河湖管理保护、保障国家水安全的重要举措。我们要深入学习领会，着力抓好落实。

充分认识全面推行河长制的重大意义

江河湖泊是地球的血脉、生命的源泉、文明的摇篮，也是经济社会发展的基础支撑。我国江河湖泊众多，水系发达，流域面积 $50 km^2$ 以上河流共 45 203 条，总长度达 150.85 万 km；常年水面面积 $1 km^2$ 以上的天然湖泊 2 865 个，湖泊水面总面积 7.80 万 km^2。这些江河湖泊，孕育了中华文明，哺育了中华民族，是祖先留给我们的宝贵财富，也是子孙后代赖以生存发展的珍贵资源。保护江河湖泊，事关人民群众福祉，事关中华民族长远发展。

第一，全面推行河长制是落实绿色发展理念、推进生态文明建设的必然要求。习近平总书记多次就生态文明建设作出重要指示，强调要树立"绿水青山就是金山银山"的强烈意识，努力走向社会主义生态文明新时代。在推动长江经济带发展座谈会上，习近平总书记强调，要走生态优先、绿色发展之路，把修复长江生态环境摆在压倒性位置，共抓大保护、不搞大开发。《中共中央国务院关于加快推进生态文明建设的意见》把江河湖泊保护摆在重要位置，提出明确要求。江河湖泊具有重要的资源功能、生态功能和经济功能，是生态系统和国土空间的重要组成部分。落实绿色发展理念，必须把河湖管理保护纳入生态文明建设的重要内容，作为加快转变发展方式的重要抓手，全面推行河长制，促进经济社会可持续发展。

第二，全面推行河长制是解决我国复杂水问题、维护河湖健康生命的有效举措。习近平总书记多次强调，当前我国水安全呈现出新老问题相互交织的严峻形势，特别是水资源短缺、水生态损害、水环境污染等新问题愈加突出。河湖水系是水资源的重要载体，也是新老水问题体现最为集中的区域。近年来各地积极采取措施加强河湖治理、管理和保护，取得了显著的综合效益，但河湖管理保护仍然面临严峻挑战。一些河流特别是北方河流开发利用已接近甚至超出水环境承载能力，导致河道干涸、湖泊萎缩，生态功能明显下降；一些地区废污水排放量居高不下，超出水功能区纳污能力，水环境状况堪忧；一些地方侵占河道、围垦湖泊、超标排污、非法采砂等现象时有发生，严重影响河湖防洪、供水、航运、生态等功能发挥。解决这些问题，亟须大力推行河长制，推进河湖系统保护和水生态环境整体改善，维护河湖健康生命。

第三，全面推行河长制是完善水治理体系、保障国家水安全的制度创新。习近平总书记深刻指出，河川之危、水源之危是生存环境之危、民族存续之危，要求从全面建成小康社会、实现中华民族永续发展的战略高度，重视解决好水安全问题。河湖管理是水治理体系的重要组成部分。近年来，一些地区先行先试，进行了有益探索，目前已有8个省（直辖市）全面推行河长制，16个省（自治区、直辖市）在部分市县或流域水系实行了河长制。这些地方在推行河长制方面普遍实行党政主导、高位推动、部门联动、责任追究，取得了很好的效果，形成了许多可复制、可推广的成功经验。实践证明，维护河湖生命健康、保障国家水安全，需要大力推行河长制，积极发挥地方党委政府的主体作用，明确责任分工、强化统筹协调，形成人与自然和谐发展的河湖生态新格局。

准确把握全面推行河长制的任务要求

全面推行河长制，必须深入贯彻党的十八大、十八届三中、四中、五中、六中全会和习近平总书记系列重要讲话精神，牢固树立新发展理念，认真落实党中央、国务院决策部署，坚持"节水优先、空间均衡、系统治理、两手发力"，以保护水资源、防治水污染、改善水环境、修复水生态为主要任务，全面建立省、市、县、乡四级河长体系，构建责任明确、协调有序、监管严格、保护有力的河湖管理保护机制，为维护河湖健康生命、实现河湖功能永续利用提供制度保障。

全面推行河长制，要坚持生态优先、绿色发展，坚持党政领导、部门联动，坚持问题导向、因地制宜，坚持强化监督、严格考核。生态优先、绿色发展是全面推行河长制的立足点，核心是把尊重自然、顺应自然、保护自然的理念贯穿到河湖管理保护与开发利用全过程，促进河湖休养生息、维护河湖生态功能。党政领导、部门联动是全面推行河长制的着力点，核心是建立健全以党政领导负责制为核心的责任体系，明确各级河长职责，协调各方力量，形成一级抓一级、层层抓落实的工作格局。问题导向、因地制宜是全面推行河长制的关键点，核心是从不同地区、不同河湖实际出发，统筹上下游、左右岸，实行"一河一策""一湖一策"，解决好河湖管理保护的突出问题。强化监督、严格考核是全面推行河长制的支撑点，核心是建立健全河湖管理保护的监督考核和责任追究制度，拓展公众参与渠道，让人民群众不断感受到河湖生态环境的改善。

全面推行河长制，必须抓好以下重点工作。

第一，强化红线约束，确保河湖资源永续利用。

河湖因水而成，充沛的水量是维护河湖健康生命的基本要求。从各地的实践看，保护河湖必须把节水护水作为首要任务，落实最严格水资源管理制度，强化水资源开发利用控制、用水效率控制、水功能区限制纳污"三条红线"的刚性约束。要实行水资源消耗总量和强度双控行动，严格重大规划和建设项目水资源论证，切实做到以水定需、量水而行、因水制宜。要大力推进节水型社会建设，严格限制发展高耗水项目，坚决遏制用水浪费，保证河湖生态基流，确保河湖功能持续发挥、资源永续利用。

第二，落实空间管控，构建科学合理岸线格局。水域岸线是河湖生态系统的重要载体。从各地的实践看，保护河湖必须坚持统筹规划、科学布局、强化监管，严格水生态空间管控，塑造健康自然的河湖岸线。要依法划定河湖管理范围，严禁以各种名义侵占河道、围垦湖泊、非法采砂，严格涉河湖活动的社会管理。要科学划分岸线功能区，强化分区管理和用途管制，保护河湖水域岸线，对岸线乱占滥用、多占少用、占而不用等突出问题开展清理整治，确保岸线开发利用科学有序、高效生态。

第三，实行联防联控，破解河湖水体污染难题。人民群众对水污染反映强烈，防治水污染是政府义不容辞的责任。从各地的实践看，水污染问题表现在水中，根子在岸上，保护河湖必须全面落实《水污染防治行动计划》，实行水陆统筹，强化联防联控。要加强源头控制，深入排查入河湖污染源，统筹治理工矿企业污染、城镇生活污染、畜禽养殖污染、水产养殖污染、农业面源污染、船舶港口污染。要严格水功能区监督管理，完善入河湖排污管控机制和考核体系，优化入河湖排污口布局，严控入河湖排污总量，让河流更加清洁、湖泊更加清澈。

第四，统筹城乡水域，建设水清岸绿美好环境。良好的水生态环境，是最公平的公共产品，是最普惠的民生福祉。从各地的实践看，保护河湖必须因地制宜、综合施策，全面改善江河湖泊水生态环境质量。要强化水环境质量目标管理，建立健全水环境风险评估排查、预警预报与响应机制，推进水环境治理网格化和信息化建设。要强化饮用水水源地规范化建设，切实保障饮用水水源安全，不断提升水资源风险防控能力。要大力推进城市水生态文明建设和农村河塘整治，着力打造自然积存、自然渗透、自然净化的海绵城市和河畅水清、岸绿景美的美丽乡村。

第五，注重系统治理，永葆江河湖泊生机活力。山水林田湖是一个生命共同体。从各地的实践看，保护河湖必须统筹兼顾、系统治理，全面加强河湖生态修复，维护河湖健康生命。要依法保护自然河湖、湿地等水源涵养空间，在规划的基础上稳步实施退田还湖还湿、退渔还湖，着力保护河湖生物生境。要大力开展河湖健康评估，推进江河湖库水系连通，切实提高水生态环境容量。要积极推进建立生态保护补偿机制，加大江河源头区、水源涵养区、生态敏感区保护力度，对三江源区、南水北调水源区等重要生态保护区实行更严格的保护。加强水土流失预防监督和综合整治，建设生态清洁型小流域，着力构建河湖绿色生态廊道。

广泛凝聚保护河湖的强大合力

全面推行河长制是一项复杂的系统工程，必须强化组织领导、宣传发动和监督考核，广泛汇聚全社会力量，确保取得实实在在的成效。

第一，狠抓责任落实。各地要按照《关于全面推行河长制的意见》要求，抓紧编制符合实际的实施方案，健全完善配套政策措施。各省（自治区、直辖市）党委或政府主要负责同志要亲自担任总河长，省、市、县、乡要分级分段设立河长。各级河长要坚持守土有责、守土尽责，履行好组织领导职责，协调解决河湖管理保护重大问题，对跨行政区域的河湖明晰管理责任，协调上下游、左右岸实行联防联控。

第二，强化部门联动。河湖管理保护涉及水利、环保、发展改革、财政、国土、交通、住建、农业、卫生、林业等多个部门。各部门要在河长的组织领导下，各司其职、各负其责，密切配合、协调联动，依法履行河湖管理保护的相关职责。各级水利部门和流域管理机构在认真做好河长制有关工作的同时，要切实强化流域综合规划、防洪调度、水资源配置和水量调度等工作。

第三，构建长效机制。因地制宜设置河长制办公室，建立河长会议制度、信息共享制度、工作督察制度，定期通报河湖管理保护情况，协调解决河湖管理保护的重点难点问题，对河长制实施情况和河长履职情况进行督察。健全涉河建设项目管理、水域和岸线保护、河湖采砂管理、水域占用补偿和岸线有偿使用等制度，构建河湖管护长效机制。

第四，加强依法监管。健全河湖管理特别是流域管理法规制度，完善行政执法与刑事司法衔接机制，建立部门联合执法机制，落实河湖管理保护执法监管的责任主体、人员、设备和经费，依法强化河湖管理保护监管。强化河湖日常监管巡查制度，严厉打击涉河湖违法行为，切实维护良好的河湖管理秩序。

第五，严格考核问责。根据不同河湖存在的主要问题，实行差异化绩效评价考核，将领导干部自然资源资产离任审计结果及整改情况作为考核的重要参考。县级及以上河长负责对相应河湖下一级河长进行考核，考核结果作为地方党政领导干部综合考核评价的重要依据。实行生态环境损害责任终身追究制，对造成生态环境损害的，严格按照有关规定追究责任。

第六，引导公众参与。建立河湖管理保护信息发布平台，公告河长名单，通过设立河长公示牌、聘请社会监督员等方式，对河湖管理保护效果进行监督。加大新闻宣传和舆论引导力度，提高社会公众对河湖保护工作的责任意识和参与意识，营造全社会关爱河湖、珍惜河湖、保护河湖的浓厚氛围。

（《人民日报》2016 年 12 月 12 日第 15 版）

坚持生态优先绿色发展 以河长制促进河长治——写在二〇一七年世界水日和中国水周之际

水利部党组书记、部长 陈雷

今天是第二十五届"世界水日"，第三十届"中国水周"的宣传活动也同时拉开帷幕。联合国确定今年"世界水日"的宣传主题是"废水"，我国纪念"世界水日"和开展"中国水周"活动的宣传主题是"落实绿色发展理念，全面推行河长制"。

绿色是永续发展的必要条件，是人民对美好生活追求的重要体现。党的十八大以来，以习近平同志为核心的党中央高度重视绿色发展，把建设生态文明摆在实现中华民族伟大复兴中国梦的突出位置，做出一系列重大战略部署。习近平总书记多次强调，生态环境没有替代品，用之不觉、失之难存；保护生态环境就是保护生产力，改善生态环境就是发展生产力；要求各地区各部门切实贯彻新发展理念，树立绿水青山就是金山银山的强烈意识，努力走向社会主义生态文明新时代。水是生态系统的控制要素，河湖是生态空间的重要组成，水利是生态文明建设的核心内容。近年来，全国各地、各级水利部门积极践行绿色发展理念和"节水优先、空间均衡、系统治理、两手发力"的治水思路，全面落实最严格的水资源管理制度，大力实施水污染防治行动计划，积极开展水生态治理修复，加快完善现代水利基础设施网络，推动治水兴水管水迈入新阶段。

全面推行河长制，是推进生态文明建设的必然要求，是解决我国复杂水问题的有效举措，是维护河湖健康生命的治本之策，是保障国家水安全的制度创新，是中央作出的重大改革举措。习近平总书记主持召开中央全面深化改革领导小组第二十八次会议，审议通过《关于全面推行河长制的意见》。今年元旦，习近平总书记在新年贺词中特别强调，"每条河流要有'河长'了"。水利部会同有关部门狠抓贯彻落实，联合召开会议进行部署，制定印发《意见》实施方案，建立部际联席会议制度，开展全方位督导检查。各地党政主要领导高度重视，及时作出部署，亲自组织推动，目前31个省、自治区、直辖市和新疆生产建设兵团工作方案已经全部编制完成，20多个省份明确今年年底前全面建立河长制。总体看，全面推行河长制起步顺利、进展较快。

全面推行河长制任务重、要求高、责任大。我们要深入学习贯彻习近平总书记系列重要讲话精神，着力落实总书记关于"每条河流要有'河长'了"的号令，咬定维护河湖健康生命这一目标，抓住党政领导负责制这个关键，突出以问题为导向这个根本，全力以赴把这项工作抓实做好，确保2018年年底前在全国范围内全面建立河长制。

第一，提高思想认识，切实增强使命担当。习近平总书记深刻指出，河川之危、水源之危是生存环境之危、民族存续之危，强调保护江河湖泊，事关人民群众福祉，事关中华民族长远发展。江河湖泊是宝贵的绿色财富，是生存发展的珍贵资源。当前，我国新老水问题相互交织，一些河湖健康生命受到严重威胁。我们要从全面建成小康社会、实现中华民族永续发展的战略和全局高度，深刻认识加强河湖管理保护的重要性和紧迫性，切实增强使命感和责任感，深入贯彻落实中央决策部署，扎实做好全面推行河长制各项工作，推进河湖系统保护和水生态环境整体改善。

第二，落实领导责任，切实发挥河长职责。习近平总书记强调，党政主要负责同志是抓改革的关键，不仅要亲自抓、带头干，还要挑最重的担子、啃最硬的骨头。全面推行河长制核心是实行党政领导特别是主要领导负责制，是党政领导担当精神和责任意识的直接体现。山水林田湖是一个生命共同体，江河湖泊是流动的生命系统。河湖之病表现在水里，根子在岸上。解决河湖管理保护这个难题，必须实行"一把手"工程。各地要按照《意见》要求，抓紧明确省市县乡四级河长，建立党政主要领导挂帅的河长制责任体系。"河长"是一份沉甸甸的责任，担任河长必须立下军令状，做到重要情况亲自调研、重点工作亲自部署、重大方案亲自把关、关键环节亲自协调、落实情况亲自督导，真正做到守河有责、守河担责、守河尽责。

第三，树立问题导向，切实抓好河湖保护。《意见》以问题为导向，明确了保护水资源、防治水污染、改善水环境、修复水生态以及水域岸线管理保护、执法监督管理等主要任务。各地河湖自然禀赋不同，面临主要问题各异，必须坚持问题导向，从当地实际出发，因地制宜、因河施策、系统治理，统筹保护与发展、水上与岸上，着力解决河湖管理保护的突出问题。对生态良好的河湖，要突出预防和保护措施，强化水功能区管理，维护河湖生态功能；对生态恶化的河湖，要健全完善源头控制、水陆统筹、联防联控机制，加大治理和修复力度，尽快恢复河湖生态；对城市河湖，要划定管理保护范围，全面消除黑臭水体，连通城市水系，实现水清岸绿、环境优美；对农村河湖，要加强清淤疏浚、环境整治和清洁小流域建设，狠抓生活污水和生活垃圾处理，着力打造美丽乡村。

第四，强化监督检查，切实严格考核问责。强化监督检查，严格责任追究，是确保全面推行河长制工作落到实处、取得实效的重要保障。要建立河长制工作台账，明确每项任务的办理时限、质量要求、考核指标，加大督办力度，强化跟踪问效，确保各项工作有序推进、按时保质完成。要把全面推行河长制工作考核与最严格水资源管理制度考核有机结合起来，与领导干部自然资源资产离任审计有机结合起来，把考核结果作为地方党政领导干部综合考核评价的重要依据，倒逼责任落实。人民群众对河湖保护与改善情况最有发言权，要通过河湖管理保护信息发布平台、河长公示牌、社会媒体、社会监督员等多种方式，主动接受社会和公众监督。

第五，加强协调配合，切实凝聚工作合力。河湖管理保护涉及上下游、左右岸、干支流，涉及不同行业、不同领域、不同部门。各地要从全流域出发，既要一河一策、一段一长、分段负责，又要通盘考虑、主动衔接、整体联动。各部门要树立全局一盘棋观念，各司其职，各负其责，密切配合，协同推进。各地要抓好河长制办公室组建工作，充分发挥统筹协调、组织实施、督促检查、推动落实等重要作用，着力形成齐抓共管、群策群力的工作格局。要加大新闻宣传和舆论引导力度，提高社会公众对河湖保护管理工作的责任意识和参与意识，凝聚起全社会珍爱河湖、保护河湖的强大合力，以推行河长制促进河长治。

（《人民日报》2017年3月22日第10版）

以湖长制促进人水和谐共生

水利部党组书记、部长　陈雷

2017年11月20日，习近平总书记主持召开十九届中央全面深化改革领导小组第一次会议，审议通过《关于在湖泊实施湖长制的指导意见》（以下简称《意见》）。中共中央办公厅、国务院办公厅近日联合印发这一意见。这是以习近平同志为核心的党中央坚持人与自然和谐共生、加快生态文明体制改革做出的重大战略部署，是贯彻落实党的十九大精神、统筹山水林田湖草系统治理的重大政策举措，也是加强湖泊管理保护、维护湖泊健康生命的重大制度创新。我们要切实把思想和行动统一到中央决策部署和《意见》要求上来，进一步加强湖泊管理保护，推动形成人与自然和谐发展现代化建设新格局。

充分认识湖长制特殊重要性

2016年11月28日，中共中央办公厅、国务院办公厅印发《关于全面推行河长制的意见》以来，水利部会同有关部门协同推进，地方各级党委政府狠抓落实，省、市、县、乡四级30多万名河长上岗履职，河湖专项整治行动深入开展，全面推行河长制工作取得重大进展，河湖管护责任更加明确，很多河湖实现了从"没人管"到"有人管"、从"多头管"到"统一管"、从"管不住"到"管得好"的转变，生态系统逐步恢复，环境质量不断改善，受到人民群众好评。在全面推行河长制的基础上，针对湖泊自身特点和突出问题，中央专门制定出台在湖泊实施湖长制的指导意见，充分体现了党中央、国务院对湖泊管理工作的高度重视，充分彰显了湖泊生态保护在生态文明建设中的重要地位。我们要深刻认识实施湖长制的特殊重要性，切实增强落实湖长制改革任务的责任感和主动性。

充分认识湖泊功能的重要性。湖泊是水资源的重要载体，是江河水系、国土空间和生态系统的重要组成部分，具有重要的资源功能、经济功能和生态功能。全国现有水面面积1km²以上的天然湖泊2 865个，总面积7.8万km²，淡水资源量约占全国水资源量的8.5%。这些湖泊在防洪、供水、航运、生态等方面具有不可替代的作用，是大自然的璀璨明珠，是中华民族的宝贵财富，必须倍加珍惜、精心呵护。

充分认识湖泊生态的特殊性。与河流相比，湖泊水域较为封闭，水体流动相对缓慢，水体交换更新周期长，自我修复能力弱，生态平衡易受到自然和人类活动的影响，容易发生水质污染、水体富营养化，存在内源污染风险，遭受污染后治理修复难，对区域生态环境影响大，必须预防为先、保护为本，落实更加严格的管理保护措施。

充分认识湖泊问题的严峻性。长期以来，一些地方围垦湖泊、侵占水域、超标排污、违法养殖、非法采砂，造成湖泊面积萎缩、水域空间减少、水系连通不畅、水环境状况恶化、生物栖息地破坏，湖泊功能严重退化。虽然近年来各地积极采取退田还湖、退渔还湖等一系列措施，湖泊生态环境有所改善，但尚未实现根本好转，必须加大工作力度，打好攻坚战，加快解决湖泊管护突出问题。

充分认识湖泊保护的复杂性。湖泊一般有多条河流汇入，河湖关系复杂，湖泊管理保护需要与入湖河流通盘考虑、协调推进；湖泊水体连通，边界监测断面难以确定，准确界定沿湖行政区域管理保护责任较为困难；湖泊水域岸线及周边普遍存在种植养殖、旅游开发等活动，如管理保护不当极易导致无序开发；加之不同湖泊差异明显，必须因地制宜、因湖施策，统筹做好湖泊管理保护工作。

准确把握湖长制总体要求

实施湖长制，必须深入贯彻党的十九大精神，以习近平新时代中国特色社会主义思想为指导，牢固树立社会主义生态文明观，坚持节水优先、空间均衡、系统治理、两手发力，遵循湖泊的生态功能和特性，建立健全湖长组织体系、制度体系和责任体系，构建责任明确、协调有序、监管严格、保护有力的湖泊管理保护机制，为改善湖泊生态环境、维护湖泊健康生命、实现湖泊功能永续利用提供有力保障。

把坚持人与自然和谐共生作为基本遵循。党的十九大要求，必须树立和践行"绿水青山就是金山银山"的理念，坚持节约资源和保护环境的基本国策，像对待生命一样对待生态环境。实施湖长制，必须牢固树立尊重自然、顺应自然、保护自然的理念，处理好保护与开发、生态与发展、流域与区域、当前与长远的关系，全面推进湖泊生态环境保护和修复，还湖泊以宁静、和谐、美丽。

把满足人民美好生活需要作为目标导向。党的十九大强调，既要创造更多物质财富和精神财富以满足人民日益增长的美好生活需要，也要提供更多优质生态产品以满足人民日益增长的优美生态环境需要。要紧紧抓住人民群众关心的湖泊突出问题，坚持预防为主，标本兼治，持续提升湖泊生态系统质量和稳定性，进一步增强湖泊生态产品生产能力，不断增进人民群众的获得感和幸福感。

把落实地方党政领导责任作为关键抓手。党政领导担当履职是全面推行河长制积累的宝贵经验，也是落实湖长制改革举措的关键所在。要坚持领导带头、党政同责、高位推动、齐抓共管，逐个湖泊明确各级湖长，细化实化湖长职责，健全网格化管理责任体系，完善考核问责机制，落实湖泊生态环境损害责任终身追究制，督促各级湖长主动把湖泊管理保护责任扛在肩上、抓在手上。

把统筹湖泊生态系统治理作为科学方法。湖泊管理保护是一项十分复杂的系统工程。要充分认识湖泊的问题表现在水里、根子在岸上，加强源头控制，强化联防联控，统筹陆地水域、统筹岸线水体、统筹水量水质、统筹入湖河流与湖泊自身，增强湖泊管理保护的整体性、系统性和协同性。各部门要树立一盘棋观念，密切配合、协调联动，共同推进湖泊管理保护工作。

把鼓励引导公众广泛参与作为重要基础。在全面推行河长制工作的带动下，目前社会各界参与河湖管理保护的热情空前高涨。实施湖长制同样需要坚持开门治水，加大新闻宣传和舆论引导力度，建立湖泊管理保护信息发布平台，完善公众参与和社会监督机制，让湖泊管理保护意识深入人心，成为公众自觉行为和生活习惯，营造全社会关爱湖泊、珍惜湖泊、保护湖泊的浓厚氛围。

全面落实湖长制重点任务

《意见》明确要求2018年年底前全面建立湖长制。各地要加强组织领导，树立问题导向，强化分类指导，因湖施策开展专项行动，确保湖长制改革任务落地生根，推动湖泊面貌持续改善。

严格湖泊水域岸线管控，着力优化水生态空间格局。依法划定湖泊管理保护范围，严禁以任何形式围垦湖泊、违法占用湖泊水域岸线，从严管控跨湖、穿湖、临湖建设项目和各项活动，确保湖泊水域面积不缩小、行洪蓄洪能力不降低，生态环境功能不削弱。要强化湖泊岸线分区管理和用途管制，合理划分保护区、保留区、控制利用区和可开发利用区，严格控制岸线开发利用强度，实现节约集约利用，最大程度保持湖泊岸线的自然形态。

结合实施国家节水行动，着力抓好湖泊水资源节约保护。坚持以水定需、量水而行、因水制宜，实行湖泊取水、用水、排水全过程管理，从严控制湖泊水资源开发利用，切实保障湖泊生态水量。强化源头治理，加强湖区周边及入湖河流工矿企业、城镇生活、畜禽养殖、农业面源等污染防治，推动建立以水域纳污能力倒逼陆域污染减排的体制机制。落实污染物达标排放要求，规范入湖排污口设置管理，确保入湖污染物总量不突破湖泊限制纳污

能力。

推进湖泊系统治理与自然修复，着力提升生态服务功能。开展湖泊健康状况评估，系统实施湖泊和入湖河流综合治理，有序推进湖泊自然修复。加大对生态环境良好湖泊的保护力度，开展清洁小流域建设，因地制宜推进湖泊生态岸线建设、滨湖绿化带建设和沿湖湿地公园建设，进一步提升生态功能和环境质量。加快推进生态恶化湖泊治理修复，综合采取截污控源、底泥清淤、生物净化、生态隔离等措施，加快实施退田还湖还湿、退渔还湖，恢复水系自然连通，逐步改善湖泊水质。

健全湖泊执法监管机制，着力打击涉湖违法违规行为。建立健全多部门联合执法机制，完善行政执法与刑事司法衔接机制，依法取缔非法设置的入湖排污口，严厉打击废污水直接入湖和垃圾倾倒等违法行为，坚决清理整治围垦湖泊、侵占水域以及非法养殖、采砂、设障、捕捞、取用水等行为，集中整治湖泊岸线乱占滥用、多占少用、占而不用等突出问题。积极利用卫星遥感、无人机、视频监控等先进技术，实行湖泊动态监管，对涉湖违法违规行为做到早发现早制止早处理早恢复。

夯实湖泊保护管理基础工作，着力维护湖泊健康生命。科学布设入湖河流以及湖泊水质、水量、水生态等监测站点，收集分析湖泊管理保护的基础信息和综合管理信息，建立完善数据共享平台。组织制定湖泊名录，建立"一湖一档"，针对高原湖泊、内陆湖泊、平原湖泊、城市湖泊等不同湖泊的自然特性、功能属性和存在的突出问题，科学编制"一湖一策"方案，有针对性地开展专项治理行动，促进湖泊休养生息，让碧波荡漾的湖泊成为维护良好生态系统的重要纽带、提升人民生活质量的优美空间、展现美丽中国形象的生动载体。

（《人民日报》2018年1月5日第14版）

推动河长制从全面建立到全面见效
水利部党组书记、部长 鄂竟平

全面推行河长制是以习近平同志为核心的党中央从人与自然和谐共生、加快推进生态文明建设的战略高度作出的重大决策部署，是破解我国新老水问题、保障国家水安全的重大制度创新。一年多来，在党中央、国务院的坚强领导下，在各地各部门的共同努力下，河长制工作取得重大进展，提前半年实现全面建立河长制目标，河湖管理保护进入新阶段。站在新的起点，我们要坚持以习近平新时代中国特色社会主义思想为指导，牢固树立绿水青山就

是金山银山理念，坚持生态优先、绿色发展，强化政治责任、使命担当，着力解决河湖管理保护中存在的突出问题，持续发力，久久为功，推动河长制由全面建立转向全面见效，不断增强人民群众的获得感、幸福感、安全感。

全面建立河长制任务提前完成，河长制度优势初步显现

2016 年年底，中共中央办公厅、国务院办公厅印发《关于全面推行河长制的意见》，明确提出在 2018 年底全面建立河长制。习近平总书记在 2017 年新年贺词中发出"每条河流要有'河长'了"的号令。按照党中央、国务院安排部署，水利部会同有关部门多措并举、协同推进，地方各级党委、政府担当尽责、真抓实干，全国 31 个省（自治区、直辖市）在 2018 年 6 月底前全部建立河长制，比中央要求的时间节点提前了半年。

一是全面实现"见河长"。截至目前，全国省、市、县、乡四级工作方案全部印发实施，河长体系全面建立；省市县河长制办公室全部建立，配套制度全部出台。全国共明确省、市、县、乡四级河长 30 多万名，其中省级河长 402 人，59 名省级党政主要负责同志担任总河长，各地还因地制宜设置村级河长（含巡河员、护河员）76 万多名。

二是各级河长积极"见行动"。各地党政主要负责同志主动将河湖"老大难"问题作为自己的责任田，既挂帅又出征，带动各级河长履行巡河、管河、护河、治河职责。各地针对乱围乱堵、乱占乱建、乱采乱挖、乱倒乱排等老百姓关心的河湖突出问题，积极开展专项整治行动，有的集中整治非法采砂、非法码头，有的实施退圩还湖，有的开展"生态河湖行动""清河行动"，有的开展消灭"垃圾河""黑臭河"专项治理，收到明显成效。

三是河湖治理初步"见成效"。通过集中清理整治，一些河湖水域岸线逐步恢复，一些河湖基本消除黑臭脏现象，一些河湖水质明显提升，河畅、水清、岸绿的景象开始显现。同时，各地积极"开门治水"，推动河长制进企业、进校园、进社区，涌现出一批党员河长、企业河长、巾帼河长、河小青、河小禹等"民间河长"，有的地方还引导成立河湖保护志愿服务组织，形成河湖管理保护合力。

聚焦管好"盆"和"水"，推动河长制实现名实相符

当前，全面推行河长制取得了重要阶段性成果，但也要看到，河湖的许多问题具有长期性累积性，河湖管理保护中还存在不少薄弱环节，河湖生态环境总体上尚未发生根本改观，侵占河道、围垦湖泊、非法采砂、超标排放等违法违规行为仍然禁而未绝。有了河长只是万里长征第一步，让河长制充分发挥作用、切实维护河湖健康，还需要付出更加艰辛的努力。解决河湖问题，归纳起来就是要做好两个方面的管理保护工作：一要保护好盛水的"盆"，即对河道湖泊空间及其水域岸线的管理保护；二是保护好"水"，即对河湖水资源的管理保护。下一步，必须坚持问题导向，充分发挥河长制的制度优势，聚焦管好"盆"和"水"，统筹加强河湖水体和岸线空间管理，维护河湖生命健康，更好满足人民群众日益增长的优美生态环境需要。

一要严格河湖水域及岸线管理。依法划定河湖管理保护范围，实行涉河湖行为全过程监管，严禁修建围堤、建设阻水建筑物、种植高秆作物、设置拦河渔具、弃置矿渣泥土垃圾等行为，确保河湖水域面积不缩小，行洪蓄洪能力不降低，生态环境功能不削弱。严格水域岸线分区管理和用途管制，合理划分保护区、保留区、控制利用区和可开发利用区，实现岸线资源节约集约利用。

二要狠抓河湖水资源节约保护。坚持节水优先，大力实施国家节水行动，强化水资源消耗总量和强度指标控制，严格规划水资源论证、取水许可和用水定额管理，健全用水计量、水质监测和供用耗排监控体系，严控水资源开发利用强度，做到以水定需、量水而行、因水制宜。结合制订"一河一策""一湖一策"方案，开展河湖生态水量状况专项调查评价，合理确定不同来水情况下，河流主要控制断面生态水量（流量）及湖泊、水库、地下水体水位控制要求，保障河湖基本生态水量。

三要开展河湖专项整治行动。水利部已经开展了全国河湖采砂专项整治行动、水库垃圾围坝专项整治行动、长江干流岸线利用专项整治行动、长江经济带固体废物专项整治行动等四大专项行动。近日，又针对河湖管理存在的乱占、乱采、乱堆、乱建等突出问题，部署开展为期一年的"清四乱"行动。各地要针对老百姓反映强烈的突出问题，有针对性地开展专项整治行动，严厉打击涉河湖违法违规行为，促进河湖面貌根本改善。

四要加大日常巡查监管力度。建立河湖日常巡查监管制度，落实河湖管理、执法、巡查、保洁等相关人员，对涉河湖违法违规行为做到早发现、早处理，保持河湖畅通、堤岸整洁。科学布设河湖水量、水质、泥沙、水生态等监测站点，利用卫星遥感、无人机、视频监控等技术手段，及时掌握河湖及水域岸线变化情况，实行动态监管。依托河长制管理信息系统等平台，实现河湖基础数据、巡查监管情况、突发事件处理、督查考核评估等信息的互联互通和共享共用，提高河湖管理智能化水平。

持续发力、久久为功，确保河长制各项任务落地生根取得实效

今后一段时期，是河长制由全面建立转向全面见效、实现有名有实的关键期，是向河湖管理顽疾宣战、还河湖以健康美丽的攻坚期。我们要坚持以习近平新时代中国特色社会主义思想武装头脑、指导实践、推动工作，围绕美丽河湖建设，重点加强四方面工作，确保河长制各项任务落地落实。

一是压实河长责任。河长制的核心是责任制，是以党政领导特别是主要领导负责制为主的河湖管理保护责任体系。要将河长体系覆盖到老百姓认为的每一条河流，明确河长职责，压紧压实总河长对辖区内河湖管理保护的第一责任，盯住盯牢其他各级河长对相应河湖管理保护的直接责任，健全河湖管理队伍，形成党政牵头、部门协同、一级抓一级、层层抓落实的工作格局。

二是强化督导检查。督导检查是发现问题、解决问题的重要手段。要综合采用飞行检查、交叉检查、联合督查等方式，坚持明察暗访相结合、以暗访为主，及时深入了解各级河长履职和河湖管理保护的真实情况。对发现的突出问题，采取约谈、通报、在媒体公开曝光等方式，督促问题整改到位，推动各级河长把责任抓牢抓实。

三是严格考核问责。考核问责是压实责任的关键一招。要针对不同考核对象研究制定差异化考核办法，明确考核主体，量化考核指标，规范考核方式，强化考核结果应用，将考核结果作为地方领导干部综合考核评价和自然资源资产离任审计的重要依据。要建立健全责任追究制度，对于责任单位和责任人履职不力，存在不作为、慢作为、乱作为的，要发现一起、查处一起，严肃问责。

四是引导公众参与。满足人民群众对美丽河湖的期盼是全面推行河长制工作的出发点和落脚点。要将河湖面貌改善、人民群众满意作为检验工作实效的唯一标准，建立河湖管理保护信息发布平台，发动新闻媒体、社会公众等参与监督河长制工作。持续做好新闻宣传和舆论引导工作，让河湖管理保护意识深入人心，营造全社会关爱河湖、珍惜河湖、保护河湖的浓厚氛围。

（《人民日报》2018 年 7 月 17 日第 10 版）

形成人与自然和谐发展的河湖生态新格局

水利部党组书记、部长　鄂竟平

保护江河湖泊，事关人民群众福祉，事关中华民族长远发展。以习近平同志为核心的党中央从人与自然和谐共生、加快推进生态文明建设的战略高度，作出全面推行河长制湖长制的重大战略部署。中共中央办公厅、国务院办公厅 2016 年印发《关于全面推行河长制的意见》，2017 年印发《关于在湖泊实施湖长制的指导意见》。在各地各有关部门共同努力下，河长制湖长制在全国迅速推行，在实践中产生良好成效，为探索形成有中国特色的生态文明体制积累了宝贵经验。

一、全面推行河长制湖长制是习近平生态文明思想在治水领域的具体体现

习近平总书记多次强调，绿水青山就是金山银山，要像保护眼睛一样保护生态环境，像对待生命一样对待生态环境。全面推行河长制湖长制，创新河湖管理体制机制，破解复杂水问题，维护河湖健康生命，是习近平生态文明思想在治水领域的具体体现。

全面推行河长制湖长制是推进生态文明体制改革的重大举措。党的十九大报告明确提出，加快生态文明体制改革，牢固树立社会主义生态文明观，推动形成人与自然和谐发展现代化建设新格局。习近平总书记强调，要用最严格制度最严密法治保护生态环境，加快制度创新，强化制度执行，让制度成为刚性的约束和不可触碰的高压线。全面推行河长制湖长制，坚持党政同责，由各级党政负责同志担任河长，作为河湖治理保护的第一责任人，明确河湖治理主体和职责，同时严格考核问责，实行水安全损害责任终身追究制，对造成水安全损害的，严格按照有关规定追究责任，确保各项措施落地生根。河长制湖长制这一重大制度创新的效果已逐步显现。

全面推行河长制湖长制是破解我国复杂水问题的有力抓手。习近平总书记指出，河川之危、水源之危是生存环境之危、民族存续之危。当前，我国新老水问题交织，水资源短缺、水生态损害、水环境污染十分突出，水旱灾害多发频发。河湖水系是水资源的重要载体，也是新老水问题体现最为集中的区域。河湖管理保护涉及上下游、左右岸、不同行政区域和行业，十分复杂。全面推行河长制湖长制，由各级党政负责同志牵头抓总，能够调动多方力量，协调解决各类新老水问题。一方面，通过开展专项行动、集中治理，解决河湖乱占滥用、水体污染、围湖养鱼等突出问题；另一方面，以水资源水环境承载能力倒逼经济发展方式转变、产业结构调整，从根子上解决水资源短缺、用水效率不高、水污染及水生态损害等问题。同时，通过山水林田湖草系统治理，增强水源涵养能力，增加河湖和地下含水层对雨水径流的"吐纳"和"储存"能力，有利于减轻洪涝灾害，实现化害为利。

全面推行河长制湖长制是维护河湖健康生命的内在要求。习近平总书记指出，人与自然是生命共同体，人类必须尊重自然、顺应自然、保护自然。江河湖泊是自然生态系统的重要组成部分，河湖健康是人与自然和谐共生的重要标志。河湖包括"水"，即河流、湖泊中的水体，也包括盛水的"盆"，即河道湖泊空间及其水域岸线。全面推行河长制的水资源保护、水域岸线管理保护、水污染防治、水环境治理、水生态修复、执法监管等六大任务，归纳起来就是要做好"水"和"盆"两方面的管理保护，通过水陆共治、综合整治、系统治理，改善河湖生态环境、实现河湖功能永续利用。

全面推行河长制湖长制是更好满足优美生态环境需要的重要保障。习近平总书记指出，良好生态环境，是最公平的公共产品，是最普惠的民生福祉。新时代我国社会主要矛盾发生了变化，干净、整洁、优美的河湖生态环境成为群众更强烈的诉求和更美好的期盼。全面推行河长制湖长制的主要任务，都是针对当前群众反映比较强烈、直接威胁水安全的突出问题提出的。落实好这些主要任务，把群众身边的河湖治理好，才能提供更多优质生态产品，还给老百姓清水绿岸、鱼翔浅底的景象。

二、河长制湖长制制度优势逐渐显现

河长制作为因问题而生、由基层首创的河湖保护制度，自诞生之初就显示出强大的生机与活力。一年多来，水利部会同有关部门多措并举、强力推进，地方党委政府高位推进、狠抓落实，截至2018年6月，全国31个省（自治区、直辖市）已提前半年全面建立河长制，河长制的组织体系、制度体系、责任体系初步形成，全国河湖管理与保护局面发生可喜的变化。

河长湖长上岗履职。河湖保护任务能否落到实处，关键在各级党政河长湖长。目前，全国已有30多万名党政负责同志上岗到位，担任省、市、县、乡四级河长，很多省份还将河长体系延伸到村，设立村级河长（部分省份含巡河员）77万多名。各级河长既挂帅又出征，亲自动员部署、审定方案、巡河调研、解决难题。有的地方实行党政主要负责同志"双河长制"，有的地方层层签订责任书，明确河湖管理保护责任河段、目标任务。不少地方党政主要负责同志主动将问题突出的"老大难"河湖作为自己的"责任田"，形成"头雁效应"、发挥示范作用。

治水合力逐步形成。各地以河长制为平台，充分发挥河长的统筹协调作用。有的成立多部门联合作战指挥部，建立协作机制，形成各司其职、密切配合、齐抓共管的工作格局。有的实施"互联网＋河长制"行动计划，整合水利、环保、住建、国土等信息资源，构建掌上治水圈。有的实行河长＋警长＋督察长"三长治河"，设立河道警长、生态法庭，严厉打击涉河湖违法行为。流域管理机构积极发挥协调、指导、监督、监测作用，协调推进跨省河湖联防联治。

河湖整治相继启动。各地加快摸清河湖现状，建立河湖名录，制定一河（湖）一策方案，因地制宜开展河湖专项整治行动。不少地方集中治理断头河，沟通水系、活化水体，增强河湖自净能力。有的全面清理涉河湖违章建筑、阻水林木、垃圾渣土，维护河湖良好秩序。有的积极开展生态河湖、生态水系建设，河湖生态环境得到明显改善。

监督考核压实责任。各地将督查整改、激励问责作为压实责任的重要举措，不少地方还通过党委政府督查、人大政协监督、深改组专项督察，以及明察暗访、媒体曝光、电视问政等多种方式，监督河长履职、部门尽责。有的省份逐月考核点评、定期排序通报，对进度滞后的及时约谈督办。有的聘请社会监督员，建立投诉热线，实行网上举报，推动河长履职情况公开。有的省份树立"一县、一镇、一村"示范典型，对优秀河长、先进集体进行表彰，对履职不力的干部严肃问责。

全民参与社会共治。各地大力宣传普及河长制政策和相关知识，积极推进河长制进企业、进校园、进社区、进农村，涌现出一大批"党员河长""企业河长""乡贤河长"等民间河长和志愿者服务队。有的地方吸引社会资本参与水生态环境治理修复。有的地方将河长制与美丽乡村建设结合，纳入村规民约。总的看，河长制赢得广大群众的普遍支持，全社会共抓河湖保护的局面逐步形成。

全面推行河长制以来，很多河湖实现了从"没人管"到"有人管"、从"管不住"到"管得好"的转变。一些地方有效解决了长期以来损害群众健康的突出河湖生态环境问题，原来脏乱差的河湖变成老百姓休闲散步的亲水公园，得到群众的广泛认可。然而必须清醒地认识到，河湖问题的产生是长期累积形成的，彻底解决这些问题绝非一日之功。当前，全面推行河长制还存在一些薄弱环节：有的地方河长责任不落实、履职不到位，有的河湖突出问题整治力度不够，有的地方部门协同、区域联动机制尚未全面建立，有的地区技术力量薄弱、河湖管理手段比较落后等。这些问题需要我们在下一步工作中予以重点解决。

三、推动河长制湖长制各项任务落地见效

全面推行河长制湖长制是一项长期任务。今后一段时期，是河长制湖长制实现有名有实、名实相副的关键期，是向河湖管理顽疾宣战、还河湖以美丽的攻坚期。我们要坚持以习近平新时代中国特色社会主义思想为指引，贯彻落实"节水优先、空间均衡、系统治理、两手发力"治水方针，树立人与自然和谐共生的理念，把维护河湖健康作为重大政治责任抓实抓好，确保河长制湖长制取得实效，推动河湖生态环境实现根本好转，让干净、整洁、生态的河湖成为美丽中国的新名片。

落实河长湖长责任。河长制湖长制不是挂名制，而是责任田。在落实河长制湖长制任务阶段，需要统筹河湖生态保护与地区经济发展、统筹协调各部门动作步调、统筹协调河湖治理各项措施、统筹协调项目安排与资金配置。各级河长要继续履职尽责，当好河湖治理的"领队"，积极谋划、主动作为，真正做到守河有责、守河担责、守河尽责。

实施系统治理。各级河长湖长要坚持问题导向，牵头负责提出山水林田湖草系统治理的具体措施，编制"一河（湖）一策"方案，明确部门间、区域间的责任分工和各项任务完成的时间节点，开展系统治理。严格实行河湖水域空间管控，划定红线。严格控制河湖排污行为，核定河湖水体对污染物的承载能力，倒逼岸上各类污染源治理。

开展专项整治。针对河湖存在的问题，开展摸底调查，找准"病因"，对症下药。对河道非法采砂、岸线乱占滥用、河湖水体污染等突出问题，开展专项治理，集中力量解决一批，在短期内取得实效；对其他一些问题，要以钉钉子的精神，积小胜为大胜，逐步有序解决。水利部已部署开展全国河湖"清四乱"（乱占、乱采、乱堆、乱建）等一系列专项整治行动，旨在解决一批损害河湖健康的突出问题。各地也要针对河湖管理保护中存在的突出问题，组织开展专项整治行动。

强化河湖监管。健全监督考核机制，对河长制湖长制任务落实进行全过程跟踪监管，对不作为、慢作为的追责问责，对落实好的地区和个人给予奖励和激励。水利部建立了河长制明察暗访机制，重点暗访各级河长履职情况。建立社会公众监督渠道，对老百姓反映强烈或媒体曝光的河湖突出问题，约谈有关地方河长和河长制办公室负责人，向省级河

长通报，督促问题整改。县级及以上河长负责组织对相应河湖下一级河长进行考核，考核结果作为地方党政领导干部综合考核评价的重要依据，确保各级河长湖长在工作中把维护河湖健康放在经济社会发展的全局来考虑，综合施策，统筹推进，实现河湖面貌根本改观。

凝聚社会合力。坚持"开门治水"，引导和鼓励社会公众参与河湖治理，形成社会各方广泛参与的治水格局。因地制宜设立"党员河长""企业家河长""乡贤河长"等类型多样的"民间河长"，参与河道巡查、垃圾清理等工作。建立和完善公众参与平台，对河长制相关事项，明确公众参与的要求与程序，有效对接政府决策和公众诉求。创新河湖治理保护项目的融资、建设、管理模式，采取多种方式支持政府和社会资本合作项目。采用知识竞赛等宣传形式，提高群众对河长制湖长制的认知，把维护身边美丽河湖作为每个人的自觉行动，推动河长制湖长制落地生根、取得实效。

（《求是》2018 年第 16 期）

谱写新时代江河保护治理新篇章
水利部党组书记、部长 鄂竟平

习近平总书记在黄河流域生态保护和高质量发展座谈会上发表的重要讲话，站在实现中华民族伟大复兴的战略高度，深刻阐述了事关黄河流域生态保护和高质量发展的根本性、方向性、全局性重大问题，发出了"让黄河成为造福人民的幸福河"的伟大号召。习近平总书记的重要讲话思想十分深邃、内涵十分丰富、导向十分鲜明，蕴含了对治水规律的深刻揭示与科学把握，具有很强的政治性、思想性、理论性和指导性，不仅是黄河流域、与黄河有关的工作要认真遵循，全国其他流域、其他地区水利工作都要认真遵循。党的十九届四中全会明确提出，加强长江、黄河等大江大河生态保护和系统治理。当前，水利部门坚持把深入贯彻落实习近平总书记重要讲话精神与贯彻落实党的十九届四中全会精神、习近平总书记"节水优先、空间均衡、系统治理、两手发力"治水思路紧密结合起来，制定分工方案，狠抓任务落实，奋力谱写新时代江河保护治理新篇章。

深刻领会"让黄河成为造福人民的幸福河"的丰富内涵

习近平总书记发出的"让黄河成为造福人民的幸福河"的伟大号召，具有鲜明的时代特征、丰富的思想内涵、深远的战略考量，不仅告诉我们大江大河治理的使命是为人民谋幸福，大江大河治理的

定位事关中华民族的伟大复兴和永续发展千秋大计，还告诉我们大江大河治理的主要矛盾发生了重大变化，实现"幸福河"目标是贯穿新时代江河治理保护的一条主线。对于黄河而言，要抓住水沙关系调节这个"牛鼻子"，做到确保大堤不决口、确保河道不断流、确保水质不超标、确保河床不抬高。对于全国江河而言，要做到防洪保安全、优质水资源、健康水生态、宜居水环境，四个方面一个都不能少。

一是防洪保安全。就是要着眼保障江河长治久安，加快实施防汛抗旱水利提升工程，完善防洪减灾工程体系，提高江河洪水的监测预报和科学调控水平，全面提升水旱灾害综合防治能力。

二是优质水资源。就是要统筹生活、生产、生态用水需求，兼顾上下游、左右岸、干支流，通过强化节水、严格管控、优化配置、科学调度，为经济社会高质量发展提供优质的水资源保障。

三是健康水生态。就是要把河流生态系统作为一个有机整体，坚持山水林田湖草综合治理、系统治理、源头治理，坚持因地制宜、分类施策，统筹做好水源涵养、水土保持、受损江河湖泊治理等工作，促进河流生态系统健康。

四是宜居水环境。就是要通过部门、流域和区域的联防联控、共保共治，进一步加大对江河湖泊的监管力度，努力实现河畅、水清、岸绿、景美，打造人民群众的美好家园，建设美丽河湖。

准确把握"重在保护，要在治理"的战略要求

"重在保护，要在治理"是习近平总书记提出的具有方向性的战略要求。对水资源管理而言，"重在保护"是指，江河治理最重要的是生态保护，不能有水生态问题，水质不仅不能超标还应向好，水土流失不仅不能加重还应减轻，建成绿水青山；"要在治理"是指，江河治理最关键的是调整人的行为、纠正人的错误行为，遏制水资源过度开发利用、防治水污染。贯彻落实这一战略要求，当前要重点做好以下几项工作：

坚持落实节水优先。把节水作为解决水资源短缺问题的根本之策。制定不同区域不同行业节水标准，从严核定用水户取水规模。建立节水评价制度，使节水真正成为水资源开发、利用、保护、配置、调度的前提条件，推动各领域、各行业提高用水效率，形成节水型生产生活方式。

扎实推进合理分水。在合理确定生态用水的前提下，综合考虑人口、耕地、GDP和工业产值等要素开展江河水量分配，明确区域用水总量控制指标、江河流域水量分配指标，把可利用水量逐级分解到不同行政区域。当前要把确定河湖生态流量作为水资源保护的基础性工作，结合每条河湖实际，加快确定全国河湖生态流量，严格生态流量管控。

切实做到管住用水。加快建成全天候的实时动态水资源监测体系，将江河重要断面、重点取水口、地下水超采区作为主要监控对象，提升水资源开发利用的动态监测能力。加强对各行业、各领域取用水行为监管，纠正无序取用水、超量取用水、超采地下水、无计量取用水等行为。

全面加强河湖监管。深入推进河长制湖长制，落实各级河长湖长主体责任，发挥部门协同作用，推动河长制湖长制从"有名"向"有实"转变。抓紧划定河湖管理范围，强化水域、岸线空间管控与保护，严格规范采砂等涉水活动。健全水利监管体系，加强监督执法，大力整治侵占、破坏河湖的行为，持续开展河湖"清四乱"（乱占、乱采、乱堆、乱建）行动，管好"盛水的盆"和"盆里的水"。

扎实推进水土保持。以提高水土保持率为目标，实施分区防治、分类施策，坚持宜林则林、宜草则草，人工措施与自然修复相结合，科学布局淤地坝、坡耕地改造和封育保护，加强水土流失预防监督，严控人为新增水土流失。实施生态脆弱河流和重点湖泊生态修复，强化饮用水水源地保护，开展地下水超采综合治理，推动河湖生态系统持续向好。

认真落实"把水资源作为最大的刚性约束"的重要原则

习近平总书记明确指出，要把水资源作为最大的刚性约束，合理规划人口、城市和产业发展，坚决抑制不合理用水需求。这是经济社会发展的一条重要原则。"刚性约束"就是必须这么做，而不能那么做。对一个地区来说，可用水量就是"刚"，不能突破可用水量就是"刚性约束"；对一个行业来说，用水定额就是"刚"，把用水量控制在定额以内就是"刚性约束"。

落实最大刚性约束的核心要义是"以水而定"，促进经济社会"量水而行"。过去之所以造成水资源过度开发利用，根本上就是没有以水定需，而是以需定水。不能把水当作无限供给的资源，必须做到以水定需，也就是以水定城、以水定地、以水定人、以水定产，防止和纠正过度开发水资源、无序取用水等行为，倒逼发展规模、发展结构、发展布局优化，促进经济社会发展与水资源水生态水环境承载能力相协调。重点要做好三个方面工作：

研究明确各地可用水量。在全国可用水总量的框架下，统筹考虑自产水和外调水、调出区和调入区，明确各地可用水量的控制范围。按照确有需要、生态安全、可以持续的原则，在充分节水的前提下，研究谋划优化水资源配置的战略格局，确定能否调水、调多少水。

加快健全用水定额清单。按照务实管用、全面覆盖的原则，研究清楚不同区域条件下每个用水单位所需要的用水量，如一个人一年最高用水量、不同企业单位产值一年最高用水量，不同作物单位面积一年最高用水量，从而作为约束用水户用水行为的依据。

坚决落实以水定需要求。按照确定的可用水总量和用水定额，结合当地经济社会发展战略布局，研究提出每个区域城市生活用水、工业用水、农业用水的控制性指标，确保人口规模、经济结构、产业布局与水资源水生态水环境承载能力相适应。对水资源超载地区暂停审批建设项目新增取水许可，对临界超载地区暂停审批高耗水项目取水许可，坚决抑制不合理用水需求，真正做到以水定需、空间均衡。

（《人民日报》2019年12月5日第14版）

坚持节水优先　建设幸福河湖——写在2020年世界水日和中国水周之际

水利部党组书记、部长　鄂竟平

3月22日是第二十八届"世界水日"，第三十三届"中国水周"的宣传活动也同时拉开帷幕。联合国确定今年"世界水日"的宣传主题是"水与气候变化"，我国纪念"世界水日"和开展"中国水周"活动的宣传主题是"坚持节水优先，建设幸福河湖"。

党的十八大以来，以习近平同志为核心的党中央高度重视水利工作。习近平总书记多次就治水发表重要讲话、作出重要指示，明确提出"节水优先、空间均衡、系统治理、两手发力"的治水思路，对长江经济带共抓大保护、不搞大开发，黄河流域共同抓好大保护、协同推进大治理等作出重要部署，发出了建设造福人民的幸福河的伟大号召，为推进新时代治水提供了科学指南和根本遵循。

江河湖泊保护治理是关系中华民族伟大复兴的千秋大计。建设造福人民的幸福河湖，必须做好治水这篇大文章。我国地理气候条件特殊、人多水少、水资源时空分布不均，是世界上水情最为复杂、治水最具有挑战性的国家。立足水资源禀赋与经济社会发展布局不相匹配的基本特征，破解水资源配置与经济社会发展需求不相适应的突出瓶颈，这是我国长远发展面临的重大战略问题。我们必须深入学习领会、坚定不移贯彻落实习近平总书记关于治水工作的重要论述精神，牢牢把握调整人的行为、纠正人的错误行为这条主线，坚持把水资源作为最大的刚性约束，把水资源节约保护贯穿水利工程补短板、水利行业强监管全过程，融入经济社会发展和生态文明建设各方面，科学谋划水资源配置战略格局，促进实现防洪保安全、优质水资源、健康水生态、宜居水环境、先进水文化相统一的江河治理保护目标，建设造福人民的幸福河湖。

一是全面节水。水不是无限供给的资源，必须坚持节水优先，把节水作为水资源开发、利用、保护、配置、调度的前提，推动用水方式向节约集约转变。要明确节水标准，建立覆盖节水目标控制、规划设计、评价优先、计量计算的节水标准体系，完善覆盖不同农作物、工业产品、生活服务业的用水定额体系，作为约束用水行为的依据，推进节水落地。要实施节水评价，全面开展规划和建设项目节水评价，从严审批新增取水许可申请，从严叫停节水不达标的项目，推行水效标识、节水认证和信用评价，从源头把好节水关。要深化水价改革，建立反映水资源稀缺程度和体现市场供求、耗水差别、供水成本的多层次供水价格体系，适当拉大高耗水行业与其他行业用水的差价，实施农业水价综合改革，靠价格杠杆实现节水。要推广节水技术，建立产学研深度融合的节水技术创新体系，深入开展节水产品技术、工艺装备研究，大力推广管用实用的节水技术和设备，全面提高节水水平。要抓好节水载体，全面实施深度节水控水行动，大力推进农业节水增效、工业节水减排、城镇节水降损，总结推广合同节水做法，加快节水型机关和节水型高校建设，以县域为单元开展节水型社会达标建设，全面提高各领域各行业用水效率。

二是合理分水。一条江河上下游、左右岸都要用水，只有合理分水才能控制用水总量，才能避免过度开发利用，才能从总体上促进节水。要落实还水于河，坚持因地制宜、一河一策，加快确定全国河湖生态流量，编制生态流量保障重要河湖名录，完善重点河湖生态流量保障措施，严格生态流量管控，保障河湖健康生命。要落实分水到河，按照应分尽分原则，明确江河流域水量分配指标、区域用水总量控制指标、地下水水位和水量双控指标，把可用水量逐级分解到不同行政区域，明晰流域区域用水权益。要落实以水定需，针对不同的区域，按照确定的可用水总量和用水定额，结合当地经济社会发展战略布局，提出城市生活用水、工业用水、农业用水的控制性指标，真正实现以水定城、以水定地、以水定人、以水定产。

三是管住用水。实行最严格的水资源管理制度，必须把用水监管工作抓实抓细，把具体的取用水行为管住管好，实现从水源地到水龙头的全过程监管。要实现可监控，加快水资源监测体系建设，将江河重要断面、重点取水口、地下水超采区作为主要监控对象，完善国家、省、市三级重点监控用水单位名录，建设全天候的用水监测体系并逐步实现在线监测，强化监测数据分析运用。要实行严监管，加强水资源供用耗排等各环节监管，将用水户违规记录纳入全国统一的信用信息共享平台，纠正无序取用水、超量取用水、超采地下水、无计量取用水等行为。强化取水许可管理和水资源论证，完善对水资源超载、临界超载地区限批取水许可制度，全面推行取水许可电子证照。严格水资源管理监督检查，做好最严格水资源管理制度考核，充分发挥激励约束作用。

四是科学调水。促进"空间均衡"，既要在需求侧强化水资源刚性约束，也要在供给侧加强科学配置和有效管理。要在开展现状全国水资源开发利用程度评价，识别水资源开发利用过度、适度、较低流域和区域的基础上，坚持通盘考虑，分区施策，适度有序推进跨区域跨流域调水工程建设，为经济社会持续健康发展和重大国家战略实施提供水资源保障。要搞清楚能否调水，按照确有需要、生态安全、可以持续的原则，以调入区充分节水为前提，以保障经济社会高质量发展的刚性合理用水需求为导向，提出需要调水的区域名录及需水总量等。要搞清楚从哪调水，立足重大国家战略实施、流域区域经济社会发展和水资源实际条件，提出具有调水潜力的江河名录及可调水量，加强与国土空间规划的有机衔接，科学谋划全国水资源配置工程总体布局。要搞清楚怎么调水，按照"三先三后"的要求，深入做好调水工程论证和调水影响评价，综合考虑轻重缓急、技术经济可行性、调水综合效益等因素，实施一批标志性重大调水工程。

五是系统治水。建设幸福河湖是一项系统工程，必须统筹兼顾、系统施策。要统筹好"盛水的盆"和"盆里的水"，全力推动河长制湖长制从"有名"向"有实"转变，强化水域、岸线空间管控与保护，严格规范采砂等涉水活动，坚决整治侵占、破坏河湖的行为。协同推进山水林田湖草沙综合治理，加大水土流失治理和水生态保护修复力度，深入推进华北地下水超采综合治理，恢复受损生态。要统筹好除水害和兴水利，一方面加快实施防汛抗旱水利提升工程，紧盯超标准洪水和水库安全两大风险点，采取务实管用措施，扎实做好水旱灾害防御工作；另一方面充分发挥水利工程综合效益，加快完善城乡供水保障体系，如期全面解决建档立卡贫困人口

饮水安全问题。要统筹好行业力量和社会力量，在强化部门、流域区域联防联控、共保共治的同时，加强水文化建设，加大社会宣传力度，充分发挥"12314"水利监督服务举报平台作用，凝聚全社会节水爱水护水的强大力量。

（《人民日报》2020 年 3 月 23 日第 4 版）

建设人水和谐美丽中国
中共水利部党组

核心要点：

正确处理人与自然、人与水的关系，关乎人民群众福祉，关乎民族永续发展。必须牢固树立在水资源上过紧日子的思想，严守水资源、水环境、水生态红线，加快形成节约水资源、保护水环境、涵养水生态的空间格局、产业结构、生产方式和消费模式，推动绿色、循环、低碳发展，为子孙后代留下水清地绿的美好环境。

山水林田湖草是一个生命共同体，治水要统筹自然生态的各个要素，要用系统论的思想方法看问题。必须按照共抓大保护、不搞大开发的要求，统筹好水的资源功能、环境功能、生态功能，兼顾好生活、生产和生态用水。

加快水利建设、补齐补强水利短板，既利当前拉动需求、促进经济稳定增长，又利长远改善供给、增强发展后劲，具有很强的乘数效应、结构效应。必须牢牢把握我国区域发展总体战略，加快补齐补强水利基础设施短板，不断增加水利公共产品有效供给，着力提高水安全保障水平。

水利实践永无止境，改革创新永无止境。必须坚持解放思想、与时俱进、两手发力，用改革创新精神谋划水利发展这篇大文章，全面加大水利改革攻坚力度，加快完善水利发展体制机制，加快培育水利发展新动能，加快推进信息技术与水利融合发展，以改革推动和创新驱动，带动水治理体系和治理能力现代化。

党的十八大以来，以习近平同志为核心的党中央高度重视生态文明建设，作出一系列重大战略部署，带领全党全国各族人民努力开创社会主义生态文明新时代。水是生存之本、文明之源、生态之要。习近平总书记多次强调绿水青山就是金山银山，特别是就保障水安全发表重要论述，明确提出"节水优先、空间均衡、系统治理、两手发力"的治水思路。五年来，水利系统深入贯彻习近平总书记系列重要讲话精神和治国理政新理念新思想新战略，大力推进水利改革发展和水生态文明建设，治水思路

和水利发展方式加快转变，新老水问题加快破解，水治理体系和治理能力现代化加快推进，水安全保障水平得到明显提升，为经济社会持续健康发展提供了有力的水利支撑。

一、认真贯彻习近平总书记治水重要战略思想，走中国特色水利发展道路

习近平总书记系列重要讲话特别是关于治水管水兴水的重要战略思想，彰显了强烈的战略思维、辩证思维、系统思维、创新思维和底线思维，为推进水利改革发展提供了强大思想武器和科学行动指南，必须深入学习、全面贯彻、积极践行，努力走出一条有中国特色的水利发展道路。

始终坚持人与自然和谐相处，这是做好水利工作的重要原则。习近平总书记指出，人因自然而生，人与自然是一种共生关系，对自然的伤害最终会伤及人类自身。只有尊重自然规律，才能有效防止在开发利用自然上走弯路。要正确处理人与自然、人与水的关系，牢固树立在水资源上过紧日子的思想，严守水资源、水环境、水生态红线，加快形成节约水资源、保护水环境、涵养水生态的空间格局、产业结构、生产方式和消费模式，推动绿色、循环、低碳发展，为子孙后代留下水清地绿的美好环境。

牢牢把握统筹兼顾综合施策，这是做好水利工作的科学方法。习近平总书记强调，山水林田湖是一个生命共同体，治水要统筹自然生态的各个要素，要用系统论的思想方法看问题。必须按照共抓大保护、不搞大开发的要求，统筹好水的资源功能、环境功能、生态功能，兼顾好生活、生产和生态用水，协同推进水资源全面节约、合理开发、高效利用、综合治理、优化配置、有效保护和科学管理。

紧紧围绕促进经济持续健康发展，这是做好水利工作的关键所在。习近平总书记指出，随着我国经济社会不断发展，水安全中的老问题仍有待解决，新问题越来越突出、越来越紧迫。加快水利建设、补齐补强水利短板，既利当前拉动需求、促进经济稳定增长，又利长远改善供给、增强发展后劲，具有很强的乘数效应、结构效应。必须牢牢把握我国区域发展总体战略，紧紧围绕供给侧结构性改革，加快补齐补强水利基础设施短板，不断增加水利公共产品有效供给，着力提高水安全保障水平。

必须破解制约水利发展的突出矛盾，这是做好水利工作的内在动力。习近平总书记指出，惟改革者进，唯创新者强，唯改革创新者胜。水利实践永无止境，改革创新永无止境。必须坚持解放思想、与时俱进、两手发力，用改革创新精神谋划水利发展这篇大文章，全面加大水利改革攻坚力度，加快完善水利发展体制机制，加快培育水利发展新动能，加快推进信息技术与水利融合发展，以改革推动和创新驱动，带动水治理体系和治理能力现代化。

二、践行新时期水利工作方针，治水管水兴水工作取得重大进展

党的十八大以来，水利系统坚决贯彻习近平总书记系列重要讲话精神和治国理政新理念新思想新战略，努力践行新时期水利工作方针，大力推进水利改革发展和水生态文明建设，治水管水兴水工作取得重大进展。

坚持把节约集约用水作为革命性措施，水资源利用效率效益大幅提升。坚持以水定需、量水而行、因水制宜，把节水作为一项重大战略来抓。一是强化最严格水资源管理红线约束，将水资源开发利用控制、用水效率控制、水功能区限制纳污"三条红线"指标分解落实到省市县三级行政区，连续3年开展考核并向社会公布结果，全国万元GDP用水量和万元工业增加值用水量分别较2012年减少25.4％和26.8％。二是实施水资源消耗总量和强度双控行动，有序开展跨省江河流域水量分配，加快水资源承载能力监测预警机制建设，并在京津冀地区率先完成。三是全面推进节水型社会建设，实施全民节水行动和水效领跑者引领行动，把农业节水作为主攻方向，发展高效节水灌溉面积近1亿亩。

坚持把绿色发展要求贯穿水利工作始终，水生态文明建设成效明显。牢固树立生态优先、绿色发展理念，把人水和谐的理念贯穿和落实到水资源节约、保护、治理、配置、管理全过程。一是在水污染防治方面，落实水污染防治行动计划，推进重点流域水污染治理、良好湖泊生态保护，妥善处置重大突发水污染事件。2016年，重要江河湖泊水功能区水质达标率从2012年的63.5％提高至73.4％。二是在水环境保护方面，开展175个全国重要饮用水水源地安全保障达标建设，实施105个水生态文明城市试点建设和农村水环境综合治理，因地制宜推进河湖水系连通，构建循环通畅、丰枯调剂、蓄泄兼筹、多源互补的现代水网。三是在水生态修复方面，大力实施重点区域水土流失治理和生态清洁小流域建设，年均新增水土流失治理面积5.45万km²，整治坡耕地400万亩。加快地下水超采区综合治理，抓好生态脆弱河湖保护与修复，积极推进京津冀"六河五湖"综合治理和生态修复，加强长江经济带水生态空间管控，一些河湖水系重现绿色生机。

坚持把生态文明理念融入水利工程建设，绿色发展的水利基础不断夯实。严格落实生态环保措施，

有序推进水利基础设施建设。一是加快172项节水供水重大水利工程建设，为稳增长促改革调结构惠民生防风险作出重要贡献。二是打好农村饮水安全攻坚战，五年来解决2.5亿多农村人口饮水安全问题，大力实施农村饮水安全巩固提升工程。三是补齐补强防洪薄弱环节，推进大江大河重要蓄滞洪区建设，防洪减灾能力显著提高。四是大力加强农田水利建设，为保障国家粮食安全提供有力支撑。五是更加重视在水资源开发利用过程中减少对生态环境的影响，科学实施水利工程联合调度。

坚持把保障人民生命安全放在首要位置，防汛抗旱防台风取得全面胜利。面对近年洪涝干旱台风灾害多发并发重发的形势，超前部署、科学防控、有效应对，有力保障人民群众生命安全，最大程度减轻洪涝干旱台风灾害损失。一是成功抗御长江、太湖、东北三江等流域性大洪水、特大洪水以及局部严重洪涝灾害，主要损失指标大幅降低。二是科学防范北方冬麦区冬春旱和部分地区严重夏伏旱，保障旱区基本生活生产生态用水。三是全力应对台风灾害威胁，在多次防御强台风和超强台风过程中实现人员零伤亡。

坚持把全面深化改革创新作为战略任务，水利科学发展体制机制逐步完善。深入落实中央全面深化改革要求，积极推进水利体制机制改革，中央有明确要求的34项水利改革任务都得到较好落实。一是扎实做好全面推行河长制工作，大力推动建立覆盖省市县乡四级的河长体系，部分先行先试河长制的地区已取得明显成效。二是全面落实深化"放管服"改革部署，认真抓好水利行政审批制度改革，水利行政审批事项减少54％。三是积极推进水价水权水市场改革，稳步推进农业水价综合改革，有序推进水权水市场建设，开展水权交易试点、水流产权确权试点、水资源税改革试点和横向生态保护补偿试点。四是不断深化水利投融资体制改革，以公共财政资金为主，金融支持、社会投入等为补充的多渠道水利投入机制初步形成。

坚持把推进依法管水科学治水作为重要抓手，水利社会管理能力不断增强。强化法治保障和科技引领作用，加快推进水治理体系和治理能力现代化。一是大力推进依法治水管水，强化重点领域立法工作，全面推进水利综合执法，严厉打击涉水违法行为，维护良好水事秩序。二是加快完善水利规划体系，编制印发水利改革发展"十三五"规划，制定"一带一路"、京津冀协同发展、长江经济带发展等一批国家重大战略水利保障规划。完成第一次全国水利普查，填补了国情国力信息空白。三是深入实施科技兴水战略，着力提升水利科技创新能力。水利国际交流与合作不断深化，中国水利在国际上的影响力日益增强。

三、以习近平总书记系列重要讲话精神为指引，不断推进新时期水利工作健康发展

当前，全面建成小康社会进入决胜阶段，推进生态文明建设处于关键时期。水利系统肩负光荣使命、担当重大责任。我们将牢固树立新发展理念，始终坚持"绿水青山就是金山银山"的思想，积极践行新时期水利工作方针，为建设人水和谐美丽中国、实现"两个一百年"奋斗目标和中华民族伟大复兴中国梦提供坚实的水利支撑。

全面建设节水型社会。进一步落实最严格的水资源管理制度，大力实施水资源消耗总量和强度双控行动，积极开展节水增产、节水增效、节水降耗、节水减污等节水行动，着力促进水资源节约集约循环利用。

大力提升水环境质量。健全完善联防联控机制，严格水功能区监督管理，加强重点流域区域水环境治理，开展重要水源地安全保障达标建设，实行从水源地到水龙头全过程监管。

着力修复水生态系统。加快水土流失防治，推进生态脆弱河流生态修复，强化河湖水域岸线用途管制，严格地下水开发利用管控，统筹推进城乡水生态文明建设。

加快完善水设施网络。围绕供给侧结构性改革，加快节水供水重大水利工程建设、灾后水利薄弱环节建设、农田水利基础设施建设，构建江河湖库水系连通格局，发挥水利工程的支撑和带动作用。

扎实做好水灾害防治。坚持以防为主、防抗救相结合，坚持常态减灾和非常态救灾相统一，扎实做好防汛抗旱防台风工作，确保人民群众生命安全和城乡供水安全。

不断健全水治理机制。扎实做好全面推行河长制工作，协调推进水利投融资、农业水价、水利工程管理、水流产权确权等方面改革攻坚，全面加强依法治水管水和水利科技创新。

（《求是》2017年第17期）

为夺取双胜利提供坚实水利保障
中共水利部党组

新冠肺炎疫情发生以来，水利部党组坚决贯彻落实习近平总书记重要指示精神和党中央决策部署，坚持两手抓、两手硬，做到不添乱、多出力、做贡献，为夺取疫情防控和经济社会发展双胜利提供坚实水利保障。

在大战大考中守初心担使命

水利部党组把统筹推进疫情防控和水利改革发展作为重大政治任务，增强"四个意识"、坚定"四个自信"、做到"两个维护"，努力在大战大考中交出合格答卷。

坚决扛起政治责任。迅速成立党组主要负责同志任组长的应对疫情工作领导小组，召开 9 次党组会议、24 次领导小组会议，第一时间学习贯彻习近平总书记重要讲话精神和党中央、国务院决策部署，部署调度疫情防控和水利重点工作。部党组书记、部长鄂竟平始终坚守岗位、靠前指挥，部领导克服疫情影响带队督导防汛备汛和水利扶贫工作，各司局各单位主要负责同志提前结束假期返回岗位，切实做到守土有责、守土担责、守土尽责。

强化党建引领作用。把全面从严治党要求落实到疫情防控和复工复产全过程，在抗疫斗争中争创模范机关。部署开展第七轮巡视，聚焦疫情防控和水利政策措施落实强化政治监督。坚决破除形式主义官僚主义，对六个重点领域进行专项整治。严明疫情防控纪律，采取暗访、抽查等方式持续释放严防严控信号。建立"12314"举报平台，开辟了直通基层、直达群众的监管新渠道。

激励党员担当作为。组织动员各级党组织和广大党员以实际行动践行初心使命。很多党员主动放弃休假坚守岗位，57 名扶贫干部全部及时返回一线，滞留武汉人员成立临时党支部就地开展工作。位于湖北的长江委组织 846 名党员组成 127 个志愿服务队，3 036 名党员到社区报到，9 名同志火线入党。长江医院、黄河中心医院发起"全体党员战斗在岗位、冲锋在一线"倡议，一批集体和个人得到嘉奖。部直属机关 6 700 多名党员、干部积极响应党中央号召，捐款 126 万元。

强化疫情期间水安全保障

水利工作直接关系防洪安全、供水安全、粮食安全。疫情期间，水利部党组突出强化底线思维和风险意识，坚决守住水利风险防范底线。

全力抓好水旱灾害防御。今年，我国水旱灾害防御形势严峻。部党组坚持从最不利的情况出发，早动手、绷紧弦、强弱项、压责任，有序应对南方强降雨、云南等地干旱和北方河流凌汛，紧盯超标洪水、水库失事和山洪灾害三大风险。督促指导各地抓紧修复水毁工程，组织编制超标洪水防御预案，强化大型水库汛限水位监管和调度运用，落实小型水库"三个责任人"和"三个重点环节"，对 2 076 个县、1 万余名基层山洪灾害防御人员进行在

线培训，坚决防止疫情灾情叠加。

盯紧水利工程安全运行。严格落实水库大坝安全监管责任，对重点地区 1 000 座大中型水库和 1 000 处重要防洪闸开展多轮次抽查，督促地方强化值守巡查和调度运用，严禁擅自超蓄运行。三峡工程持续加大下泄保障沿江用水需求，今年以来累计发电量 200 亿多 kW·h、过闸货运量 4 000 多万 t。南水北调坚持防疫调水两不误，中线工程向沿线 20 多座大中城市、100 多座县市持续供水，保障了 6 000 多万人用水需求和沿线企业复工复产；东线一期工程已完成向山东调水 7.03 亿 m³。

强化农村饮水安全保障。针对疫情初期返乡群众滞留农村、部分水厂超负荷运行等情况，指导督促各地加强值班值守、水源保护和安全巡查。建立农村饮水安全分片联系机制，抽查 8 200 多处千人以上供水工程，靶向核查 2 200 多户贫困户用水状况，及时发现解决问题，全国农村供水总体平稳。湖北省 17 个市（州）组建 1 100 多个农村供水服务队，开展应急抢修 6 700 余次，有力保障了疫情期间农村供水安全。

确保农业春灌不误农时。密切跟踪土壤墒情和旱情发展，加强小浪底等水利工程调度，组织各地制定春灌供水计划，加强工程维修养护和渠系整治，推进灌区续建配套与节水改造，因地制宜为群众提供浇地服务，为夺取夏粮丰收提供保障。目前，各地春灌正在按计划有序开展，全国 263 处大型灌区累计灌溉农田 1.16 亿亩、引水 150 亿 m³。

全面推进水利补短板强监管

对标决胜全面建成小康社会和决战脱贫攻坚目标，围绕"六稳""六保"等重点任务狠抓落实，全面推进水利工程补短板、水利行业强监管。

坚决完成水利脱贫攻坚硬任务。深入学习贯彻习近平总书记在决战决胜脱贫攻坚座谈会上的重要讲话精神，先后召开水利扶贫和定点扶贫工作座谈会，把全面解决贫困人口饮水安全问题作为头号工程，强力推进工程运行管护，对四川凉山州和新疆伽师县挂牌督战，确保 2020 年 6 月底前贫困人口饮水安全问题全部解决。统筹抓好定点扶贫、片区联系、对口支援和革命老区水利帮扶工作，设立公益性岗位吸纳贫困人口参与监管、促进增收，助力地方如期打赢脱贫攻坚战。

推进水利建设全面复工达产。对在建重大水利工程实行清单管理、一项一策、挂图作战，指导地方压实疫情防控和安全生产责任，打通用工、运输、原材料供应等堵点，全面推动在建水利工程复工达产。截至目前，110 项在建重大水利工程已复工 107

项，现场建设人员累计到岗超过 12 万人，基本达到正常施工水平；大部分中小型水利工程复工率超过95％。一批工程按期实现重大阶段性目标，大藤峡水利枢纽实现下闸蓄水、试通航和首台机组发电，西藏湘河水利枢纽成功截流，珠江三角洲水资源配置工程首台盾构机始发。在建重大水利工程安全生产形势平稳，均未发生新冠肺炎疫情。

加快重大水利项目前期工作。对拟开工的重点水利项目逐项摸排，对项目地点、设计单位、项目法人、疫情分区开展"四图"叠加分析，分区分类精准推进。指导各地采用无人机、三维查勘系统等先进技术推进前期工作，通过在线申报、容缺审批等提高审查审批效率，及时分解下达水利资金和投资计划，用好专项债券、金融信贷等资金渠道，力争早开工、多开工。截至目前，重大水利工程已批复可研30项，黑龙江关门嘴子水库、海南天角潭水库等一批项目开工建设。

强化水资源和河湖监管。统筹抓好全面节水、合理分水、管住用水、科学调水、系统治水，深入落实国家节水行动方案，加快跨省江河流域水量分配，发布首批 41 条重点河湖生态流量保障目标，部署开展地下水管控指标划定和取水工程核查，组织对京津冀 21 条（个）河湖进行生态补水，开展 2020年河湖管理暗访检查，推进河湖"清四乱"常态化规范化，加快实现河湖长制"有名""有实""有能"，建设造福人民的幸福河湖。

（《求是》2020 年第 5 期）

五、政策文件

Government Documents

| 新修订或施行的法律法规、重要文件 |

中华人民共和国水污染防治法（1988 年 6 月 10 日中华人民共和国国务院令第 3 号发布 根据 2011 年 1 月 8 日《国务院关于废止和修改部分行政法规的决定》第一次修正 根据 2017 年 3 月 1 日《国务院关于修改和废止部分行政法规的决定》第二次修正 根据 2017 年 10 月 7 日《国务院关于修改部分行政法规的决定》第三次修正 根据 2018 年 3 月 19 日《国务院关于修改和废止部分行政法规的决定》第四次修正）

第一章 总 则

第一条 为了保护和改善环境，防治水污染，保护水生态，保障饮用水安全，维护公众健康，推进生态文明建设，促进经济社会可持续发展，制定本法。

第二条 本法适用于中华人民共和国领域内的江河、湖泊、运河、渠道、水库等地表水体以及地下水体的污染防治。

海洋污染防治适用《中华人民共和国海洋环境保护法》。

第三条 水污染防治应当坚持预防为主、防治结合、综合治理的原则，优先保护饮用水水源，严格控制工业污染、城镇生活污染，防治农业面源污染，积极推进生态治理工程建设，预防、控制和减少水环境污染和生态破坏。

第四条 县级以上人民政府应当将水环境保护工作纳入国民经济和社会发展规划。

地方各级人民政府对本行政区域的水环境质量负责，应当及时采取措施防治水污染。

第五条 省、市、县、乡建立河长制，分级分段组织领导本行政区域内江河、湖泊的水资源保护、水域岸线管理、水污染防治、水环境治理等工作。

第六条 国家实行水环境保护目标责任制和考核评价制度，将水环境保护目标完成情况作为对地方人民政府及其负责人考核评价的内容。

第七条 国家鼓励、支持水污染防治的科学技术研究和先进适用技术的推广应用，加强水环境保护的宣传教育。

第八条 国家通过财政转移支付等方式，建立健全对位于饮用水水源保护区区域和江河、湖泊、水库上游地区的水环境生态保护补偿机制。

第九条 县级以上人民政府环境保护主管部门对水污染防治实施统一监督管理。

交通主管部门的海事管理机构对船舶污染水域的防治实施监督管理。

县级以上人民政府水行政、国土资源、卫生、建设、农业、渔业等部门以及重要江河、湖泊的流域水资源保护机构，在各自的职责范围内，对有关水污染防治实施监督管理。

第十条 排放水污染物，不得超过国家或者地方规定的水污染物排放标准和重点水污染物排放总量控制指标。

第十一条 任何单位和个人都有义务保护水环境，并有权对污染损害水环境的行为进行检举。

县级以上人民政府及其有关主管部门对在水污染防治工作中做出显著成绩的单位和个人给予表彰和奖励。

第二章 水污染防治的标准和规划

第十二条 国务院环境保护主管部门制定国家水环境质量标准。

省、自治区、直辖市人民政府可以对国家水环境质量标准中未作规定的项目，制定地方标准，并报国务院环境保护主管部门备案。

第十三条 国务院环境保护主管部门会同国务院水行政主管部门和有关省、自治区、直辖市人民政府，可以根据国家确定的重要江河、湖泊流域水体的使用功能以及有关地区的经济、技术条件，确定该重要江河、湖泊流域的省界水体适用的水环境质量标准，报国务院批准后施行。

第十四条 国务院环境保护主管部门根据国家水环境质量标准和国家经济、技术条件，制定国家水污染物排放标准。

省、自治区、直辖市人民政府对国家水污染物排放标准中未作规定的项目，可以制定地方水污染物排放标准；对国家水污染物排放标准中已作规定的项目，可以制定严于国家水污染物排放标准的地方水污染物排放标准。地方水污染物排放标准须报国务院环境保护主管部门备案。

向已有地方水污染物排放标准的水体排放污染物的，应当执行地方水污染物排放标准。

第十五条 国务院环境保护主管部门和省、自治区、直辖市人民政府，应当根据水污染防治的要求和国家或者地方的经济、技术条件，适时修订水环境质量标准和水污染物排放标准。

第十六条　防治水污染应当按流域或者按区域进行统一规划。国家确定的重要江河、湖泊的流域水污染防治规划，由国务院环境保护主管部门会同国务院经济综合宏观调控、水行政等部门和有关省、自治区、直辖市人民政府编制，报国务院批准。

前款规定外的其他跨省、自治区、直辖市江河、湖泊的流域水污染防治规划，根据国家确定的重要江河、湖泊的流域水污染防治规划和本地实际情况，由有关省、自治区、直辖市人民政府环境保护主管部门会同同级水行政等部门和有关市、县人民政府编制，经有关省、自治区、直辖市人民政府审核，报国务院批准。

省、自治区、直辖市内跨县江河、湖泊的流域水污染防治规划，根据国家确定的重要江河、湖泊的流域水污染防治规划和本地实际情况，由省、自治区、直辖市人民政府环境保护主管部门会同同级水行政等部门编制，报省、自治区、直辖市人民政府批准，并报国务院备案。

经批准的水污染防治规划是防治水污染的基本依据，规划的修订须经原批准机关批准。

县级以上地方人民政府应当根据依法批准的江河、湖泊的流域水污染防治规划，组织制定本行政区域的水污染防治规划。

第十七条　有关市、县级人民政府应当按照水污染防治规划确定的水环境质量改善目标的要求，制定限期达标规划，采取措施按期达标。

有关市、县级人民政府应当将限期达标规划报上一级人民政府备案，并向社会公开。

第十八条　市、县级人民政府每年在向本级人民代表大会或者其常务委员会报告环境状况和环境保护目标完成情况时，应当报告水环境质量限期达标规划执行情况，并向社会公开。

第三章　水污染防治的监督管理

第十九条　新建、改建、扩建直接或者间接向水体排放污染物的建设项目和其他水上设施，应当依法进行环境影响评价。

建设单位在江河、湖泊新建、改建、扩建排污口的，应当取得水行政主管部门或者流域管理机构同意；涉及通航、渔业水域的，环境保护主管部门在审批环境影响评价文件时，应当征求交通、渔业主管部门的意见。

建设项目的水污染防治设施，应当与主体工程同时设计、同时施工、同时投入使用。水污染防治设施应当符合经批准或者备案的环境影响评价文件的要求。

第二十条　国家对重点水污染物排放实施总量控制制度。

重点水污染物排放总量控制指标，由国务院环境保护主管部门在征求国务院有关部门和各省、自治区、直辖市人民政府意见后，会同国务院经济综合宏观调控部门报国务院批准并下达实施。

省、自治区、直辖市人民政府应当按照国务院的规定削减和控制本行政区域的重点水污染物排放总量。具体办法由国务院环境保护主管部门会同国务院有关部门规定。

省、自治区、直辖市人民政府可以根据本行政区域水环境质量状况和水污染防治工作的需要，对国家重点水污染物之外的其他水污染物排放实行总量控制。

对超过重点水污染物排放总量控制指标或者未完成水环境质量改善目标的地区，省级以上人民政府环境保护主管部门应当会同有关部门约谈该地区人民政府的主要负责人，并暂停审批新增重点水污染物排放总量的建设项目的环境影响评价文件。约谈情况应当向社会公开。

第二十一条　直接或者间接向水体排放工业废水和医疗污水以及其他按照规定应当取得排污许可证方可排放的废水、污水的企业事业单位和其他生产经营者，应当取得排污许可证；城镇污水集中处理设施的运营单位，也应当取得排污许可证。排污许可证应当明确排放水污染物的种类、浓度、总量和排放去向等要求。排污许可的具体办法由国务院规定。

禁止企业事业单位和其他生产经营者无排污许可证或者违反排污许可证的规定向水体排放前款规定的废水、污水。

第二十二条　向水体排放污染物的企业事业单位和其他生产经营者，应当按照法律、行政法规和国务院环境保护主管部门的规定设置排污口；在江河、湖泊设置排污口的，还应当遵守国务院水行政主管部门的规定。

第二十三条　实行排污许可管理的企业事业单位和其他生产经营者应当按照国家有关规定和监测规范，对所排放的水污染物自行监测，并保存原始监测记录。重点排污单位还应当安装水污染物排放自动监测设备，与环境保护主管部门的监控设备联网，并保证监测设备正常运行。具体办法由国务院环境保护主管部门规定。

应当安装水污染物排放自动监测设备的重点排污单位名录，由设区的市级以上地方人民政府环境保护主管部门根据本行政区域的环境容量、重点水污染物排放总量控制指标的要求以及排污单位排放水污染物的种类、数量和浓度等因素，商同级有关部门确定。

第二十四条 实行排污许可管理的企业事业单位和其他生产经营者应当对监测数据的真实性和准确性负责。

环境保护主管部门发现重点排污单位的水污染物排放自动监测设备传输数据异常，应当及时进行调查。

第二十五条 国家建立水环境质量监测和水污染物排放监测制度。国务院环境保护主管部门负责制定水环境监测规范，统一发布国家水环境状况信息，会同国务院水行政等部门组织监测网络，统一规划国家水环境质量监测站（点）的设置，建立监测数据共享机制，加强对水环境监测的管理。

第二十六条 国家确定的重要江河、湖泊流域的水资源保护工作机构负责监测其所在流域的省界水体的水环境质量状况，并将监测结果及时报国务院环境保护主管部门和国务院水行政主管部门；有经国务院批准成立的流域水资源保护领导机构的，应当将监测结果及时报告流域水资源保护领导机构。

第二十七条 国务院有关部门和县级以上地方人民政府开发、利用和调节、调度水资源时，应当统筹兼顾，维持江河的合理流量和湖泊、水库以及地下水体的合理水位，保障基本生态用水，维护水体的生态功能。

第二十八条 国务院环境保护主管部门应当会同国务院水行政等部门和有关省、自治区、直辖市人民政府，建立重要江河、湖泊的流域水环境保护联合协调机制，实行统一规划、统一标准、统一监测、统一的防治措施。

第二十九条 国务院环境保护主管部门和省、自治区、直辖市人民政府环境保护主管部门应当会同同级有关部门根据流域生态环境功能需要，明确流域生态环境保护要求，组织开展流域环境资源承载能力监测、评价，实施流域环境资源承载能力预警。

县级以上地方人民政府应当根据流域生态环境功能需要，组织开展江河、湖泊、湿地保护与修复，因地制宜建设人工湿地、水源涵养林、沿河沿湖植被缓冲带和隔离带等生态环境治理与保护工程，整治黑臭水体，提高流域环境资源承载能力。

从事开发建设活动，应当采取有效措施，维护流域生态环境功能，严守生态保护红线。

第三十条 环境保护主管部门和其他依照本法规定行使监督管理权的部门，有权对管辖范围内的

排污单位进行现场检查，被检查的单位应当如实反映情况，提供必要的资料。检察机关有义务为被检查的单位保守在检查中获取的商业秘密。

第三十一条 跨行政区域的水污染纠纷，由有关地方人民政府协商解决，或者由其共同的上级人民政府协调解决。

第四章 水污染防治措施

第一节 一般规定

第三十二条 国务院环境保护主管部门应当会同国务院卫生主管部门，根据对公众健康和生态环境的危害和影响程度，公布有毒有害水污染物名录，实行风险管理。

排放前款规定名录中所列有毒有害水污染物的企业事业单位和其他生产经营者，应当对排污口和周边环境进行监测，评估环境风险，排查环境安全隐患，并公开有毒有害水污染物信息，采取有效措施防范环境风险。

第三十三条 禁止向水体排放油类、酸液、碱液或者剧毒废液。

禁止在水体清洗装贮过油类或者有毒污染物的车辆和容器。

第三十四条 禁止向水体排放、倾倒放射性固体废物或者含有高放射性和中放射性物质的废水。

向水体排放含低放射性物质的废水，应当符合国家有关放射性污染防治的规定和标准。

第三十五条 向水体排放含热废水，应当采取措施，保证水体的水温符合水环境质量标准。

第三十六条 含病原体的污水应当经过消毒处理；符合国家有关标准后，方可排放。

第三十七条 禁止向水体排放、倾倒工业废渣、城镇垃圾和其他废弃物。

禁止将含有汞、镉、砷、铬、铅、氰化物、黄磷等的可溶性剧毒废渣向水体排放、倾倒或者直接埋入地下。

存放可溶性剧毒废渣的场所，应当采取防水、防渗漏、防流失的措施。

第三十八条 禁止在江河、湖泊、运河、渠道、水库最高水位线以下的滩地和岸坡堆放、存贮固体废弃物和其他污染物。

第三十九条 禁止利用渗井、渗坑、裂隙、溶洞，私设暗管，篡改、伪造监测数据，或者不正常运行水污染防治设施等逃避监管的方式排放水污染物。

第四十条 化学品生产企业以及工业集聚区、

矿山开采区、尾矿库、危险废物处置场、垃圾填埋场等的运营、管理单位，应当采取防渗漏等措施，并建设地下水水质监测井进行监测，防止地下水污染。

加油站等的地下油罐应当使用双层罐或者采取建造防渗池等其他有效措施，并进行防渗漏监测，防止地下水污染。

禁止利用无防渗漏措施的沟渠、坑塘等输送或者存贮含有毒污染物的废水、含病原体的污水和其他废弃物。

第四十一条 多层地下水的含水层水质差异大的，应当分层开采；对已受污染的潜水和承压水，不得混合开采。

第四十二条 兴建地下工程设施或者进行地下勘探、采矿等活动，应当采取防护性措施，防止地下水污染。

报废矿井、钻井或者取水井等，应当实施封井或者回填。

第四十三条 人工回灌补给地下水，不得恶化地下水质。

第二节　工业水污染防治

第四十四条 国务院有关部门和县级以上地方人民政府应当合理规划工业布局，要求造成水污染的企业进行技术改造，采取综合防治措施，提高水的重复利用率，减少废水和污染物排放量。

第四十五条 排放工业废水的企业应当采取有效措施，收集和处理产生的全部废水，防止污染环境。含有毒有害水污染物的工业废水应当分类收集和处理，不得稀释排放。

工业集聚区应当配套建设相应的污水集中处理设施，安装自动监测设备，与环境保护主管部门的监控设备联网，并保证监测设备正常运行。

向污水集中处理设施排放工业废水的，应当按照国家有关规定进行预处理，达到集中处理设施处理工艺要求后方可排放。

第四十六条 国家对严重污染水环境的落后工艺和设备实行淘汰制度。

国务院经济综合宏观调控部门会同国务院有关部门，公布限期禁止采用的严重污染水环境的工艺名录和限期禁止生产、销售、进口、使用的严重污染水环境的设备名录。

生产者、销售者、进口者或者使用者应当在规定的期限内停止生产、销售、进口或者使用列入前款规定的设备名录中的设备。工艺的采用者应当在规定的期限内停止采用列入前款规定的工艺名录中

的工艺。

依照本条第二款、第三款规定被淘汰的设备，不得转让给他人使用。

第四十七条 国家禁止新建不符合国家产业政策的小型造纸、制革、印染、染料、炼焦、炼硫、炼砷、炼汞、炼油、电镀、农药、石棉、水泥、玻璃、钢铁、火电以及其他严重污染水环境的生产项目。

第四十八条 企业应当采用原材料利用效率高、污染物排放量少的清洁工艺，并加强管理，减少水污染物的产生。

第三节　城镇水污染防治

第四十九条 城镇污水应当集中处理。

县级以上地方人民政府应当通过财政预算和其他渠道筹集资金，统筹安排建设城镇污水集中处理设施及配套管网，提高本行政区域城镇污水的收集率和处理率。

国务院建设主管部门应当会同国务院经济综合宏观调控、环境保护主管部门，根据城乡规划和水污染防治规划，组织编制全国城镇污水处理设施建设规划。县级以上地方人民政府组织建设、经济综合宏观调控、环境保护、水行政等部门编制本行政区域的城镇污水处理设施建设规划。县级以上地方人民政府建设主管部门应当按照城镇污水处理设施建设规划，组织建设城镇污水集中处理设施及配套管网，并加强对城镇污水集中处理设施运营的监督管理。

城镇污水集中处理设施的运营单位按照国家规定向排污者提供污水处理的有偿服务，收取污水处理费用，保证污水集中处理设施的正常运行。收取的污水处理费用应当用于城镇污水集中处理设施的建设运行和污泥处理处置，不得挪作他用。

城镇污水集中处理设施的污水处理收费、管理以及使用的具体办法，由国务院规定。

第五十条 向城镇污水集中处理设施排放水污染物，应当符合国家或者地方规定的水污染物排放标准。

城镇污水集中处理设施的运营单位，应当对城镇污水集中处理设施的出水水质负责。

环境保护主管部门应当对城镇污水集中处理设施的出水水质和水量进行监督检查。

第五十一条 城镇污水集中处理设施的运营单位或者污泥处理处置单位应当安全处理处置污泥，保证处理处置后的污泥符合国家标准，并对污泥的去向等进行记录。

第四节 农业和农村水污染防治

第五十二条 国家支持农村污水、垃圾处理设施的建设，推进农村污水、垃圾集中处理。

地方各级人民政府应当统筹规划建设农村污水、垃圾处理设施，并保障其正常运行。

第五十三条 制定化肥、农药等产品的质量标准和使用标准，应当适应水环境保护要求。

第五十四条 使用农药，应当符合国家有关农药安全使用的规定和标准。

运输、存贮农药和处置过期失效农药，应当加强管理，防止造成水污染。

第五十五条 县级以上地方人民政府农业主管部门和其他有关部门，应当采取措施，指导农业生产者科学、合理地施用化肥和农药，推广测土配方施肥技术和高效低毒低残留农药，控制化肥和农药的过量使用，防止造成水污染。

第五十六条 国家支持畜禽养殖场、养殖小区建设畜禽粪便、废水的综合利用或者无害化处理设施。

畜禽养殖场、养殖小区应当保证其畜禽粪便、废水的综合利用或者无害化处理设施正常运转，保证污水达标排放，防止污染水环境。

畜禽散养密集区所在地县、乡级人民政府应当组织对畜禽粪便污水进行分户收集、集中处理利用。

第五十七条 从事水产养殖应当保护水域生态环境，科学确定养殖密度，合理投饵和使用药物，防止污染水环境。

第五十八条 农田灌溉用水应当符合相应的水质标准，防止污染土壤、地下水和农产品。

禁止向农田灌溉渠道排放工业废水或者医疗污水。向农田灌溉渠道排放城镇污水以及未综合利用的畜禽养殖废水、农产品加工废水的，应当保证其下游最近的灌溉取水点的水质符合农田灌溉水质标准。

第五节 船舶水污染防治

第五十九条 船舶排放含油污水、生活污水，应当符合船舶污染物排放标准。从事海洋航运的船舶进入内河和港口的，应当遵守内河的船舶污染物排放标准。

船舶的残油、废油应当回收，禁止排入水体。

禁止向水体倾倒船舶垃圾。

船舶装载运输油类或者有毒货物，应当采取防止溢流和渗漏的措施，防止货物落水造成水污染。

进入中华人民共和国内河的国际航线船舶排放

压载水的，应当采用压载水处理装置或者采取其他等效措施，对压载水进行灭活等处理。禁止排放不符合规定的船舶压载水。

第六十条 船舶应当按照国家有关规定配置相应的防污设备和器材，并持有合法有效的防止水域环境污染的证书与文书。

船舶进行涉及污染物排放的作业，应当严格遵守操作规程，并在相应的记录簿上如实记载。

第六十一条 港口、码头、装卸站和船舶修造厂所在地市、县级人民政府应当统筹规划建设船舶污染物、废弃物的接收、转运及处理处置设施。

港口、码头、装卸站和船舶修造厂应当备有足够的船舶污染物、废弃物的接收设施。从事船舶污染物、废弃物接收作业，或者从事装载油类、污染危害性货物船舱清洗作业的单位，应当具备与其运营规模相适应的接收处理能力。

第六十二条 船舶及有关作业单位从事有污染风险的作业活动，应当按照有关法律法规和标准，采取有效措施，防止造成水污染。海事管理机构、渔业主管部门应当加强对船舶及有关作业活动的监督管理。

船舶进行散装液体污染危害性货物的过驳作业，应当编制作业方案，采取有效的安全和污染防治措施，并报作业地海事管理机构批准。

禁止采取冲滩方式进行船舶拆解作业。

第五章 饮用水水源和其他特殊水体保护

第六十三条 国家建立饮用水水源保护区制度。饮用水水源保护区分为一级保护区和二级保护区；必要时，可以在饮用水水源保护区外围划定一定的区域作为准保护区。

饮用水水源保护区的划定，由有关市、县人民政府提出划定方案，报省、自治区、直辖市人民政府批准；跨市、县饮用水水源保护区的划定，由有关市、县人民政府协商提出划定方案，报省、自治区、直辖市人民政府批准；协商不成的，由省、自治区、直辖市人民政府环境保护主管部门会同同级水行政、国土资源、卫生、建设等部门提出划定方案，征求同级有关部门的意见后，报省、自治区、直辖市人民政府批准。

跨省、自治区、直辖市的饮用水水源保护区，由有关省、自治区、直辖市人民政府商有关流域管理机构划定；协商不成的，由国务院环境保护主管部门会同同级水行政、国土资源、卫生、建设等部门提出划定方案，征求国务院有关部门的意见后，报国务院批准。

国务院和省、自治区、直辖市人民政府可以根据保护饮用水水源的实际需要，调整饮用水水源保护区的范围，确保饮用水安全。有关地方人民政府应当在饮用水水源保护区的边界设立明确的地理界标和明显的警示标志。

第六十四条　在饮用水水源保护区内，禁止设置排污口。

第六十五条　禁止在饮用水水源一级保护区内新建、改建、扩建与供水设施和保护水源无关的建设项目；已建成的与供水设施和保护水源无关的建设项目，由县级以上人民政府责令拆除或者关闭。

禁止在饮用水水源一级保护区内从事网箱养殖、旅游、游泳、垂钓或者其他可能污染饮用水水体的活动。

第六十六条　禁止在饮用水水源二级保护区内新建、改建、扩建排放污染物的建设项目；已建成的排放污染物的建设项目，由县级以上人民政府责令拆除或者关闭。

在饮用水水源二级保护区内从事网箱养殖、旅游等活动的，应当按照规定采取措施，防止污染饮用水水体。

第六十七条　禁止在饮用水水源准保护区内新建、扩建对水体污染严重的建设项目；改建建设项目，不得增加排污量。

第六十八条　县级以上地方人民政府应当根据保护饮用水水源的实际需要，在准保护区内采取工程措施或者建造湿地、水源涵养林等生态保护措施，防止水污染物直接排入饮用水水体，确保饮用水安全。

第六十九条　县级以上地方人民政府应当组织环境保护等部门，对饮用水水源保护区、地下水型饮用水水源的补给区及供水单位周边区域的环境状况和污染风险进行调查评估，筛查可能存在的污染风险因素，并采取相应的风险防范措施。

饮用水水源受到污染可能威胁供水安全的，环境保护主管部门应当责令有关企业事业单位和其他生产经营者采取停止排放水污染物等措施，并通报饮用水供水单位和供水、卫生、水行政等部门；跨行政区域的，还应当通报相关地方人民政府。

第七十条　单一水源供水城市的人民政府应当建设应急水源或者备用水源，有条件的地区可以开展区域联网供水。

县级以上地方人民政府应当合理安排、布局农村饮用水水源，有条件的地区可以采取城镇供水管网延伸或者建设跨村、跨乡镇联片集中供水工程等方式，发展规模集中供水。

第七十一条　饮用水供水单位应当做好取水口和出水口的水质检测工作。发现取水口水质不符合饮用水水源水质标准或者出水口水质不符合饮用水卫生标准的，应当及时采取相应措施，并向所在地市、县级人民政府供水主管部门报告。供水主管部门接到报告后，应当通报环境保护、卫生、水行政等部门。

饮用水供水单位应当对供水水质负责，确保供水设施安全可靠运行，保证供水水质符合国家有关标准。

第七十二条　县级以上地方人民政府应当组织有关部门监测、评估本行政区域内饮用水水源、供水单位供水和用户水龙头出水的水质等饮用水安全状况。

县级以上地方人民政府有关部门应当至少每季度向社会公开一次饮用水安全状况信息。

第七十三条　国务院和省、自治区、直辖市人民政府根据水环境保护的需要，可以规定在饮用水水源保护区内，采取禁止或者限制使用含磷洗涤剂、化肥、农药以及限制种植养殖等措施。

第七十四条　县级以上人民政府可以对风景名胜区水体、重要渔业水体和其他具有特殊经济文化价值的水体划定保护区，并采取措施，保证保护区的水质符合规定用途的水环境质量标准。

第七十五条　在风景名胜区水体、重要渔业水体和其他具有特殊经济文化价值的水体的保护区内，不得新建排污口。在保护区附近新建排污口，应当保证保护区水体不受污染。

第六章　水污染事故处置

第七十六条　各级人民政府及其有关部门，可能发生水污染事故的企业事业单位，应当依照《中华人民共和国突发事件应对法》的规定，做好突发水污染事故的应急准备、应急处置和事后恢复等工作。

第七十七条　可能发生水污染事故的企业事业单位，应当制定有关水污染事故的应急方案，做好应急准备，并定期进行演练。

生产、储存危险化学品的企业事业单位，应当采取措施，防止在处理安全生产事故过程中产生的可能严重污染水体的消防废水、废液直接排入水体。

第七十八条　企业事业单位发生事故或者其他突发性事件，造成或者可能造成水污染事故的，应当立即启动本单位的应急方案，采取隔离等应急措施，防止水污染物进入水体，并向事故发生地的县级以上地方人民政府或者环境保护主管部门报告。环境保护主管部门接到报告后，应当及时向本级人民政府报告，并抄送有关部门。

造成渔业污染事故或者渔业船舶造成水污染事故的，应当向事故发生地的渔业主管部门报告，接受调查处理。其他船舶造成水污染事故的，应当向事故发生地的海事管理机构报告，接受调查处理；给渔业造成损害的，海事管理机构应当通知渔业主管部门参与调查处理。

第七十九条 市、县级人民政府应当组织编制饮用水安全突发事件应急预案。

饮用水供水单位应当根据所在地饮用水安全突发事件应急预案，制定相应的突发事件应急方案，报所在地市、县级人民政府备案，并定期进行演练。

饮用水水源发生水污染事故，或者发生其他可能影响饮用水安全的突发性事件，饮用水供水单位应当采取应急处理措施，向所在地市、县级人民政府报告，并向社会公开。有关人民政府应当根据情况及时启动应急预案，采取有效措施，保障供水安全。

第七章 法 律 责 任

第八十条 环境保护主管部门或者其他依照本法规定行使监督管理权的部门，不依法作出行政许可或者办理批准文件的，发现违法行为或者接到对违法行为的举报后不予查处的，或者有其他未依照本法规定履行职责的行为的，对直接负责的主管人员和其他直接责任人员依法给予处分。

第八十一条 以拖延、围堵、滞留执法人员等方式拒绝、阻挠环境保护主管部门或者其他依照本法规定行使监督管理权的部门的监督检查，或者在接受监督检查时弄虚作假的，由县级以上人民政府环境保护主管部门或者其他依照本法规定行使监督管理权的部门责令改正，处二万元以上二十万元以下的罚款。

第八十二条 违反本法规定，有下列行为之一的，由县级以上人民政府环境保护主管部门责令限期改正，处二万元以上二十万元以下的罚款；逾期不改正的，责令停产整治：

（一）未按照规定对所排放的水污染物自行监测，或者未保存原始监测记录的；

（二）未按照规定安装水污染物排放自动监测设备，未按照规定与环境保护主管部门的监控设备联网，或者未保证监测设备正常运行的；

（三）未按照规定对有毒有害水污染物的排污口和周边环境进行监测，或者未公开有毒有害水污染物信息的。

第八十三条 违反本法规定，有下列行为之一的，由县级以上人民政府环境保护主管部门责令改正或者责令限制生产、停产整治，并处十万元以上

一百万元以下的罚款；情节严重的，报经有批准权的人民政府批准，责令停业、关闭：

（一）未依法取得排污许可证排放水污染物的；

（二）超过水污染物排放标准或者超过重点水污染物排放总量控制指标排放水污染物的；

（三）利用渗井、渗坑、裂隙、溶洞，私设暗管，篡改、伪造监测数据，或者不正常运行水污染防治设施等逃避监管的方式排放水污染物的；

（四）未按照规定进行预处理，向污水集中处理设施排放不符合处理工艺要求的工业废水的。

第八十四条 在饮用水水源保护区内设置排污口的，由县级以上地方人民政府责令限期拆除，处十万元以上五十万元以下的罚款；逾期不拆除的，强制拆除，所需费用由违法者承担，处五十万元以上一百万元以下的罚款，并可以责令停产整治。

除前款规定外，违反法律、行政法规和国务院环境保护主管部门的规定设置排污口的，由县级以上地方人民政府环境保护主管部门责令限期拆除，处二万元以上十万元以下的罚款；逾期不拆除的，强制拆除，所需费用由违法者承担，处十万元以上五十万元以下的罚款；情节严重的，可以责令停产整治。

未经水行政主管部门或者流域管理机构同意，在江河、湖泊新建、改建、扩建排污口的，由县级以上人民政府水行政主管部门或者流域管理机构依据职权，依照前款规定采取措施、给予处罚。

第八十五条 有下列行为之一的，由县级以上地方人民政府环境保护主管部门责令停止违法行为，限期采取治理措施，消除污染，处以罚款；逾期不采取治理措施的，环境保护主管部门可以指定有治理能力的单位代为治理，所需费用由违法者承担：

（一）向水体排放油类、酸液、碱液的；

（二）向水体排放剧毒废液，或者将含有汞、镉、砷、铬、铅、氰化物、黄磷等的可溶性剧毒废渣向水体排放、倾倒或者直接埋入地下的；

（三）在水体清洗装贮过油类、有毒污染物的车辆或者容器的；

（四）向水体排放、倾倒工业废渣、城镇垃圾或者其他废弃物，或者在江河、湖泊、运河、渠道、水库最高水位线以下的滩地、岸坡堆放、存贮固体废弃物或者其他污染物的；

（五）向水体排放、倾倒放射性固体废物或者含有高放射性、中放射性物质的废水的；

（六）违反国家有关规定或者标准，向水体排放含低放射性物质的废水、热废水或者含病原体的污水的；

（七）未采取防渗漏等措施，或者未建设地下水

水质监测井进行监测的；

（八）加油站等的地下油罐未使用双层罐或者采取建造防渗池等其他有效措施，或者未进行防渗漏监测的；

（九）未按照规定采取防护性措施，或者利用无防渗漏措施的沟渠、坑塘等输送或者存贮含有毒污染物的废水、含病原体的污水或者其他废弃物的。

有前款第三项、第四项、第六项、第七项、第八项行为之一的，处二万元以上二十万元以下的罚款。有前款第一项、第二项、第五项、第九项行为之一的，处十万元以上一百万元以下的罚款；情节严重的，报经有批准权的人民政府批准，责令停业、关闭。

第八十六条　违反本法规定，生产、销售、进口或者使用列入禁止生产、销售、进口、使用的严重污染水环境的设备名录中的设备，或者采用列入禁止采用的严重污染水环境的工艺名录中的工艺的，由县级以上人民政府经济综合宏观调控部门责令改正，处五万元以上二十万元以下的罚款；情节严重的，由县级以上人民政府经济综合宏观调控部门提出意见，报请本级人民政府责令停业、关闭。

第八十七条　违反本法规定，建设不符合国家产业政策的小型造纸、制革、印染、染料、炼焦、炼硫、炼砷、炼汞、炼油、电镀、农药、石棉、水泥、玻璃、钢铁、火电以及其他严重污染水环境的生产项目的，由所在地的市、县人民政府责令关闭。

第八十八条　城镇污水集中处理设施的运营单位或者污泥处理处置单位，处理处置后的污泥不符合国家标准，或者对污泥去向等未进行记录的，由城镇排水主管部门责令限期采取治理措施，给予警告；造成严重后果的，处十万元以上二十万元以下的罚款；逾期不采取治理措施的，城镇排水主管部门可以指定有治理能力的单位代为治理，所需费用由违法者承担。

第八十九条　船舶未配置相应的防污染设备和器材，或者未持有合法有效的防止水域环境污染的证书与文书的，由海事管理机构、渔业主管部门按照职责分工责令限期改正，处二千元以上二万元以下罚款；逾期不改正的，责令船舶临时停航。

船舶进行涉及污染物排放的作业，未遵守操作规程或者未在相应的记录簿上如实记载的，由海事管理机构、渔业主管部门按照职责分工责令改正，处二千元以上二万元以下的罚款。

第九十条　违反本法规定，有下列行为之一的，由海事管理机构、渔业主管部门按照职责分工责令停止违法行为、处一万元以上十万元以下的罚款；造成水污染的，责令限期采取治理措施，消除污染，

处二万元以上二十万元以下的罚款；逾期不采取治理措施的，海事管理机构、渔业主管部门按照职责分工可以指定有治理能力的单位代为治理，所需费用由船舶承担：

（一）向水体倾倒船舶垃圾或者排放船舶的残油、废油的；

（二）未经作业地海事管理机构批准，船舶进行散装液体污染危害性货物的过驳作业的；

（三）船舶及有关作业单位从事有污染风险的作业活动，未按照规定采取污染防治措施的；

（四）以冲滩方式进行船舶拆解的；

（五）进入中华人民共和国内河的国际航线船舶，排放不符合规定的船舶压载水的。

第九十一条　有下列行为之一的，由县级以上地方人民政府环境保护主管部门责令停止违法行为，处十万元以上五十万元以下的罚款；并报经有批准权的人民政府批准，责令拆除或者关闭：

（一）在饮用水水源一级保护区内新建、改建、扩建与供水设施和保护水源无关的建设项目的；

（二）在饮用水水源二级保护区内新建、改建、扩建排放污染物的建设项目的；

（三）在饮用水水源准保护区内新建、扩建对水体污染严重的建设项目，或者改建建设项目增加排污量的。

在饮用水水源一级保护区内从事网箱养殖或者组织进行旅游、垂钓或者其他可能污染饮用水水体的活动的，由县级以上地方人民政府环境保护主管部门责令停止违法行为，处二万元以上十万元以下的罚款。个人在饮用水水源一级保护区内游泳、垂钓或者从事其他可能污染饮用水水体的活动的，由县级以上地方人民政府环境保护主管部门责令停止违法行为，可以处五百元以下的罚款。

第九十二条　饮用水供水单位供水水质不符合国家规定标准的，由所在地市、县级人民政府供水主管部门责令改正，处二万元以上二十万元以下的罚款；情节严重的，报经有批准权的人民政府批准，可以责令停业整顿；对直接负责的主管人员和其他直接责任人员依法给予处分。

第九十三条　企业事业单位有下列行为之一的，由县级以上人民政府环境保护主管部门责令改正；情节严重的，处二万元以上十万元以下的罚款：

（一）不按照规定制定水污染事故的应急方案的；

（二）水污染事故发生后，未及时启动水污染事故的应急方案，采取有关应急措施的。

第九十四条　企业事业单位违反本法规定，造成水污染事故的，除依法承担赔偿责任外，由县级

以上人民政府环境保护主管部门依照本条第二款的规定处以罚款，责令限期采取治理措施，消除污染；未按照要求采取治理措施或者不具备治理能力的，由环境保护主管部门指定有治理能力的单位代为治理，所需费用由违法者承担；对造成重大或者特大水污染事故的，还可以报经有批准权的人民政府批准，责令关闭；对直接负责的主管人员和其他直接责任人员可以处上一年度从本单位取得的收入百分之五十以下的罚款；有《中华人民共和国环境保护法》第六十三条规定的违法排放水污染物等行为之一，尚不构成犯罪的，由公安机关对直接负责的主管人员和其他直接责任人员处十日以上十五日以下的拘留；情节较轻的，处五日以上十日以下的拘留。

对造成一般或者较大水污染事故的，按照水污染事故造成的直接损失的百分之二十计算罚款；对造成重大或者特大水污染事故的，按照水污染事故造成的直接损失的百分之三十计算罚款。

造成渔业污染事故或者渔业船舶造成水污染事故的，由渔业主管部门进行处罚；其他船舶造成水污染事故的，由海事管理机构进行处罚。

第九十五条 企业事业单位和其他生产经营者违法排放水污染物，受到罚款处罚，被责令改正的，依法作出处罚决定的行政机关应当组织复查，发现其继续违法排放水污染物或者拒绝、阻挠复查的，依照《中华人民共和国环境保护法》的规定按日连续处罚。

第九十六条 因水污染受到损害的当事人，有权要求排污方排除危害和赔偿损失。

由于不可抗力造成水污染损害的，排污方不承担赔偿责任；法律另有规定的除外。

水污染损害是由受害人故意造成的，排污方不承担赔偿责任。水污染损害是由受害人重大过失造成的，可以减轻排污方的赔偿责任。

水污染损害是由第三人造成的，排污方承担赔偿责任后，有权向第三人追偿。

第九十七条 因水污染引起的损害赔偿责任和赔偿金额的纠纷，可以根据当事人的请求，由环境保护主管部门或者海事管理机构、渔业主管部门按照职责分工调解处理；调解不成的，当事人可以向人民法院提起诉讼。当事人也可以直接向人民法院提起诉讼。

第九十八条 因水污染引起的损害赔偿诉讼，由排污方就法律规定的免责事由及其行为与损害结果之间不存在因果关系承担举证责任。

第九十九条 因水污染受到损害的当事人人数众多的，可以依法由当事人推选代表人进行共同诉讼。

环境保护主管部门和有关社会团体可以依法支持因水污染受到损害的当事人向人民法院提起诉讼。

国家鼓励法律服务机构和律师为水污染损害诉讼中的受害人提供法律援助。

第一百条 因水污染引起的损害赔偿责任和赔偿金额的纠纷，当事人可以委托环境监测机构提供监测数据。环境监测机构应当接受委托，如实提供有关监测数据。

第一百零一条 违反本法规定，构成犯罪的，依法追究刑事责任。

第八章 附 则

第一百零二条 本法中下列用语的含义：

（一）水污染，是指水体因某种物质的介入，而导致其化学、物理、生物或者放射性等方面特性的改变，从而影响水的有效利用，危害人体健康或者破坏生态环境，造成水质恶化的现象。

（二）水污染物，是指直接或者间接向水体排放的，能导致水体污染的物质。

（三）有毒污染物，是指那些直接或者间接被生物摄入体内后，可能导致该生物或者其后代发病、行为反常、遗传异变、生理机能失常、机体变形或者死亡的污染物。

（四）污泥，是指污水处理过程中产生的半固态或者固态物质。

（五）渔业水体，是指划定的鱼虾类的产卵场、索饵场、越冬场、洄游通道和鱼虾贝藻类的养殖场的水体。

第一百零三条 本法自 2018 年 1 月 1 日起施行。

中华人民共和国河道管理条例（1984 年 5 月 11 日第六届全国人民代表大会常务委员会第五次会议通过 根据 1996 年 5 月 15 日第八届全国人民代表大会常务委员会第十九次会议《关于修改〈中华人民共和国水污染防治法〉的决定》第一次修正 2008 年 2 月 28 日第十届全国人民代表大会常务委员会第三十二次会议修订 根据 2017 年 6 月 27 日第十二届全国人民代表大会常务委员会第二十八次会议《关于修改〈中华人民共和国水污染防治法〉的决定》第二次修正）

第一章 总 则

第一条 为加强河道管理，保障防洪安全，发挥江河湖泊的综合效益，根据《中华人民共和国水法》，制定本条例。

第二条　本条例适用于中华人民共和国领域内的河道（包括湖泊、人工水道，行洪区、蓄洪区、滞洪区）。

河道内的航道，同时适用《中华人民共和国航道管理条例》。

第三条　开发利用江河湖泊水资源和防治水害，应当全面规划、统筹兼顾、综合利用、讲求效益，服从防洪的总体安排，促进各项事业的发展。

第四条　国务院水利行政主管部门是全国河道的主管机关。

各省、自治区、直辖市的水利行政主管部门是该行政区域的河道主管机关。

第五条　国家对河道实行按水系统一管理和分级管理相结合的原则。

长江、黄河、淮河、海河、珠江、松花江、辽河等大江大河的主要河段，跨省、自治区、直辖市的重要河段，省、自治区、直辖市之间的边界河道以及国境边界河道，由国家授权的江河流域管理机构实施管理，或者由上述江河所在省、自治区、直辖市的河道主管机关根据流域统一规划实施管理。其他河道由省、自治区、直辖市或者市、县的河道主管机关实施管理。

第六条　河道划分等级。河道等级标准由国务院水利行政主管部门制定。

第七条　河道防汛和清障工作实行地方人民政府行政首长负责制。

第八条　各级人民政府河道主管机关以及河道监理人员，必须按照国家法律、法规，加强河道管理，执行供水计划和防洪调度命令，维护水工程和人民生命财产安全。

第九条　一切单位和个人都有保护河道堤防安全和参加防汛抢险的义务。

第二章　河道整治与建设

第十条　河道的整治与建设，应当服从流域综合规划，符合国家规定的防洪标准、通航标准和其他有关技术要求，维护堤防安全，保持河势稳定和行洪、航运通畅。

第十一条　修建开发水利、防治水害、整治河道的各类工程和跨河、穿河、穿堤、临河的桥梁、码头、道路、渡口、管道、缆线等建筑物及设施，建设单位必须按照河道管理权限，将工程建设方案报送河道主管机关审查同意。未经河道主管机关审查同意的，建设单位不得开工建设。

建设项目经批准后，建设单位应当将施工安排告知河道主管机关。

第十二条　修建桥梁、码头和其他设施，必须按照国家规定的防洪标准所确定的河宽进行，不得缩窄行洪通道。

桥梁和栈桥的梁底必须高于设计洪水位，并按照防洪和航运的要求，留有一定的超高。设计洪水位由河道主管机关根据防洪规划确定。

跨越河道的管道、线路的净空高度必须符合防洪和航运的要求。

第十三条　交通部门进行航道整治，应当符合防洪安全要求，并事先征求河道主管机关对有关设计和计划的意见。

水利部门进行河道整治，涉及航道的，应当兼顾航运的需要，并事先征求交通部门对有关设计和计划的意见。

在国家规定可以流放竹木的河流和重要的渔业水域进行河道、航道整治，建设单位应当兼顾竹木水运和渔业发展的需要，并事先将有关设计和计划送同级林业、渔业主管部门征求意见。

第十四条　堤防上已修建的涵闸、泵站和埋设的穿堤管道、缆线等建筑物及设施，河道主管机关应当定期检查，对不符合工程安全要求的，限期改建。

在堤防上新建前款所指建筑物及设施，应当服从河道主管机关的安全管理。

第十五条　确需利用堤顶或者戗台兼做公路的，须经县级以上地方人民政府河道主管机关批准。堤身和堤顶公路的管理和维护办法，由河道主管机关商交通部门制定。

第十六条　城镇建设和发展不得占用河道滩地。城镇规划的临河界限，由河道主管机关会同城镇规划等有关部门确定。沿河城镇在编制和审查城镇规划时，应当事先征求河道主管机关的意见。

第十七条　河道岸线的利用和建设，应当服从河道整治规划和航道整治规划。计划部门在审批利用河道岸线的建设项目时，应当事先征求河道主管机关的意见。

河道岸线的界限，由河道主管机关会同交通等有关部门报县级以上地方人民政府划定。

第十八条　河道清淤和加固堤防取土以及按照防洪规划进行河道整治需要占用的土地，由当地人民政府调剂解决。

因修建水库、整治河道所增加的可利用土地，属于国家所有，可以由县级以上人民政府用于移民安置和河道整治工程。

第十九条　省、自治区、直辖市以河道为边界的，在河道两岸外侧各十公里之内，以及跨省、自治区、直辖市的河道，未经有关各方达成协议或者国务院水利行政主管部门批准，禁止单方面修建排水、阻水、引水、蓄水工程以及河道整治工程。

第三章　河道保护

第二十条　有堤防的河道，其管理范围为两岸堤防之间的水域、沙洲、滩地（包括可耕地）、行洪区，两岸堤防及护堤地。

无堤防的河道，其管理范围根据历史最高洪水位或者设计洪水位确定。

河道的具体管理范围，由县级以上地方人民政府负责划定。

第二十一条　在河道管理范围内，水域和土地的利用应当符合江河行洪、输水和航运的要求；滩地的利用，应当由河道主管机关会同土地管理等有关部门制定规划，报县级以上地方人民政府批准后实施。

第二十二条　禁止损毁堤防、护岸、闸坝等水工程建筑物和防汛设施、水文监测和测量设施、河岸地质监测设施以及通信照明等设施。

在防汛抢险期间，无关人员和车辆不得上堤。

因降雨雪等造成堤顶泥泞期间，禁止车辆通行，但防汛抢险车辆除外。

第二十三条　禁止非管理人员操作河道上的涵闸闸门，禁止任何组织和个人干扰河道管理单位的正常工作。

第二十四条　在河道管理范围内，禁止修建围堤、阻水渠道、阻水道路；种植高秆农作物、芦苇、杞柳、荻柴和树木（堤防防护林除外）；设置拦河渔具；弃置矿渣、石渣、煤灰、泥土、垃圾等。

在堤防和护堤地，禁止建房、放牧、开渠、打井、挖窖、葬坟、晒粮、存放物料、开采地下资源、进行考古发掘以及开展集市贸易活动。

第二十五条　在河道管理范围内进行下列活动，必须报经河道主管机关批准；涉及其他部门的，由河道主管机关会同有关部门批准：

（一）采砂、取土、淘金、弃置砂石或者淤泥；

（二）爆破、钻探、挖筑鱼塘；

（三）在河道滩地存放物料、修建厂房或者其他建筑设施；

（四）在河道滩地开采地下资源及进行考古发掘。

第二十六条　根据堤防的重要程度、堤基土质条件等，河道主管机关报经县级以上人民政府批准，可以在河道管理范围的相连地域划定堤防安全保护区。在堤防安全保护区内，禁止进行打井、钻探、爆破、挖筑鱼塘、采石、取土等危害堤防安全的活动。

第二十七条　禁止围湖造田。已经围垦的，应当按照国家规定的防洪标准进行治理，逐步退田还湖。湖泊的开发利用规划必须经河道主管机关审查同意。

禁止围垦河流，确需围垦的，必须经过科学论证，并经省级以上人民政府批准。

第二十八条　加强河道滩地、堤防和河岸的水土保持工作，防止水土流失、河道淤积。

第二十九条　江河的故道、旧堤、原有工程设施等，不得擅自填堵、占用或者拆毁。

第三十条　护堤护岸林木，由河道管理单位组织营造和管理，其他任何单位和个人不得侵占、砍伐或者破坏。

河道管理单位对护堤护岸林木进行抚育和更新性质的采伐及用于防汛抢险的采伐，根据国家有关规定免交育林基金。

第三十一条　在为保证堤岸安全需要限制航速的河段，河道主管机关应当会同交通部门设立限制航速的标志，通行的船舶不得超速行驶。

在汛期，船舶的行驶和停靠必须遵守防汛指挥部的规定。

第三十二条　山区河道有山体滑坡、崩岸、泥石流等自然灾害的河段，河道主管机关应当会同地质、交通等部门加强监测。在上述河段，禁止从事开山采石、采矿、开荒等危及山体稳定的活动。

第三十三条　在河道中流放竹木，不得影响行洪、航运和水工程安全，并服从当地河道主管机关的安全管理。

在汛期，河道主管机关有权对河道上的竹木和其他漂流物进行紧急处置。

第三十四条　向河道、湖泊排污的排污口的设置和扩大，排污单位在向环境保护部门申报之前，应当征得河道主管机关的同意。

第三十五条　在河道管理范围内，禁止堆放、倾倒、掩埋、排放污染水体的物体。禁止在河道内清洗装贮过油类或者有毒污染物的车辆、容器。

河道主管机关应当开展河道水质监测工作，协同环境保护部门对水污染防治实施监督管理。

第四章　河道清障

第三十六条　对河道管理范围内的阻水障碍物，按照"谁设障，谁清除"的原则，由河道主管机关提出清障计划和实施方案，由防汛指挥部责令设障者在规定的期限内清除。逾期不清除的，由防汛指挥部组织强行清除，并由设障者负担全部清障费用。

第三十七条　对壅水、阻水严重的桥梁、引道、码头和其他跨河工程设施，根据国家规定的防洪标准，由河道主管机关提出意见并报经人民政府批准，责成原建设单位在规定的期限内改建或者拆除。汛期影响防洪安全的，必须服从防汛指挥部的紧急处理决定。

第五章　经　　费

第三十八条　河道堤防的防汛岁修费，按照分级管理的原则，分别由中央财政和地方财政负担，列入中央和地方年度财政预算。

第三十九条　受益范围明确的堤防、护岸、水闸、圩垸、海塘和排涝工程设施，河道主管机关可以向受益的工商企业等单位和农户收取河道工程修建维护管理费，其标准应当根据工程修建和维护管理费用确定。收费的具体标准和计收办法由省、自治区、直辖市人民政府制定。

第四十条　在河道管理范围内采砂、取土、淘金，必须按照经批准的范围和作业方式进行，并向河道主管机关缴纳管理费。收费的标准和计收办法由国务院水利行政主管部门会同国务院财政主管部门制定。

第四十一条　任何单位和个人，凡对堤防、护岸和其他水工程设施造成损坏或者造成河道淤积的，由责任者负责修复、清淤或者承担维修费用。

第四十二条　河道主管机关收取的各项费用，用于河道堤防工程的建设、管理、维修和设施的更新改造。结余资金可以连年结转使用，任何部门不得截取或者挪用。

第四十三条　河道两岸的城镇和农村，当地县级以上人民政府可以在汛期组织堤防保护区域内的单位和个人义务出工，对河道堤防工程进行维修和加固。

第六章　罚　　则

第四十四条　违反本条例规定，有下列行为之一的，县级以上地方人民政府河道主管机关除责令其纠正违法行为、采取补救措施外，可以并处警告、罚款、没收非法所得；对有关责任人员，由其所在单位或者上级主管机关给予行政处分；构成犯罪的，依法追究刑事责任：

（一）在河道管理范围内弃置、堆放阻碍行洪物体的；种植阻碍行洪的林木或者高秆植物的；修建围堤、阻水渠道、阻水道路的；

（二）在堤防、护堤地建房、放牧、开渠、打井、挖窖、葬坟、晒粮、存放物料、开采地下资源、进行考古发掘以及开展集市贸易活动的；

（三）未经批准或者不按照国家规定的防洪标准、工程安全标准整治河道或者修建水工程建筑物和其他设施的；

（四）未经批准或者不按照河道主管机关的规定在河道管理范围内采砂、取土、淘金、弃置砂石或者淤泥、爆破、钻探、挖筑鱼塘的；

（五）未经批准在河道滩地存放物料、修建厂房或者其他建筑设施，以及开采地下资源或者进行考古发掘的；

（六）违反本条例第二十七条的规定，围垦湖泊、河流的；

（七）擅自砍伐护堤护岸林木的；

（八）汛期违反防汛指挥部的规定或者指令的。

第四十五条　违反本条例规定，有下列行为之一的，县级以上地方人民政府河道主管机关除责令其纠正违法行为、赔偿损失、采取补救措施外，可以并处警告、罚款；应当给予治安管理处罚的，按照《中华人民共和国治安管理处罚法》的规定处罚；构成犯罪的，依法追究刑事责任：

（一）损毁堤防、护岸、闸坝、水工程建筑物，损毁防汛设施、水文监测和测量设施、河岸地质监测设施以及通信照明等设施的；

（二）在堤防安全保护区内进行打井、钻探、爆破、挖筑鱼塘、采石、取土等危害堤防安全的活动的；

（三）非管理人员操作河道上的涵闸闸门或者干扰河道管理单位正常工作的。

第四十六条　当事人对行政处罚决定不服的，可以在接到处罚通知之日起十五日内，向作出处罚决定的机关的上一级机关申请复议，对复议决定不服的，可以在接到复议决定之日起十五日内，向人民法院起诉。当事人也可以在接到处罚通知之日起十五日内，直接向人民法院起诉。当事人逾期不申请复议或者不向人民法院起诉又不履行处罚决定的，由作出处罚决定的机关申请人民法院强制执行。对治安管理处罚不服的，按照《中华人民共和国治安管理处罚法》的规定办理。

第四十七条　对违反本条例规定，造成国家、集体、个人经济损失的，受害方可以请求县级以上河道主管机关处理。受害方也可以直接向人民法院起诉。

当事人对河道主管机关的处理决定不服的，可以在接到通知之日起，十五日内向人民法院起诉。

第四十八条　河道主管机关的工作人员以及河道监理人员玩忽职守、滥用职权、徇私舞弊的，由其所在单位或者上级主管机关给予行政处分；对公共财产、国家和人民利益造成重大损失的，依法追究刑事责任。

第七章　附　　则

第四十九条　各省、自治区、直辖市人民政府，可以根据本条例的规定，结合本地区的实际情况，制定实施办法。

第五十条　本条例由国务院水利行政主管部门负责解释。

第五十一条　本条例自发布之日起施行。

中共中央办公厅　国务院办公厅印发《关于全面推行河长制的意见》的通知（2016年11月28日　厅字〔2016〕42号）

各省、自治区、直辖市党委和人民政府，中央和国家机关各部委，解放军各大单位、中央军委机关各部门，各人民团体：

《关于全面推行河长制的意见》已经中央领导同志同意，现印发给你们，请结合实际认真贯彻落实。

河湖管理保护是一项复杂的系统工程，涉及上下游、左右岸、不同行政区域和行业。近年来，一些地区积极探索河长制，由党政领导担任河长，依法依规落实地方主体责任，协调整合各方力量，有力促进了水资源保护、水域岸线管理、水污染防治、水环境治理等工作。全面推行河长制是落实绿色发展理念、推进生态文明建设的内在要求，是解决我国复杂水问题、维护河湖健康生命的有效举措，是完善水治理体系、保障国家水安全的制度创新。为进一步加强河湖管理保护工作，落实属地责任，健全长效机制，现就全面推行河长制提出以下意见。

一、总体要求

（一）指导思想。全面贯彻党的十八大和十八届三中、四中、五中、六中全会精神，深入学习贯彻习近平总书记系列重要讲话精神，紧紧围绕统筹推进"五位一体"总体布局和协调推进"四个全面"战略布局，牢固树立新发展理念，认真落实党中央、国务院决策部署，坚持节水优先、空间均衡、系统治理、两手发力，以保护水资源、防治水污染、改善水环境、修复水生态为主要任务，在全国江河湖泊全面推行河长制，构建责任明确、协调有序、监管严格、保护有力的河湖管理保护机制，为维护河湖健康生命、实现河湖功能永续利用提供制度保障。

（二）基本原则。

——坚持生态优先、绿色发展。牢固树立尊重自然、顺应自然、保护自然的理念，处理好河湖管理保护与开发利用的关系，强化规划约束，促进河湖休养生息、维护河湖生态功能。

——坚持党政领导、部门联动。建立健全以党政领导负责制为核心的责任体系，明确各级河长职责，强化工作措施，协调各方力量，形成一级抓一级、层层抓落实的工作格局。

——坚持问题导向、因地制宜。立足不同地区不同河湖实际，统筹上下游、左右岸，实行一河一策、一湖一策，解决好河湖管理保护的突出问题。

——坚持强化监督、严格考核。依法治水管水，建立健全河湖管理保护监督考核和责任追究制度，拓展公众参与渠道，营造全社会共同关心和保护河湖的良好氛围。

（三）组织形式。全面建立省、市、县、乡四级河长体系。各省（自治区、直辖市）设立总河长，由党委或政府主要负责同志担任；各省（自治区、直辖市）行政区域内主要河湖设立河长，由省级负责同志担任；各河湖所在市、县、乡均分级分段设立河长，由同级负责同志担任。县级及以上河长设置相应的河长制办公室，具体组成由各地根据实际确定。

（四）工作职责。各级河长负责组织领导相应河湖的管理和保护工作，包括水资源保护、水域岸线管理、水污染防治、水环境治理等，牵头组织对侵占河道、围垦湖泊、超标排污、非法采砂、破坏航道、电毒炸鱼等突出问题依法进行清理整治，协调解决重大问题；对跨行政区域的河湖明晰管理责任，协调上下游、左右岸实行联防联控；对相关部门和下一级河长履职情况进行督导，对目标任务完成情况进行考核，强化激励问责。河长制办公室承担河长制组织实施具体工作，落实河长确定的事项。各有关部门和单位按照职责分工，协同推进各项工作。

二、主要任务

（五）加强水资源保护。落实最严格水资源管理制度，严守水资源开发利用控制、用水效率控制、水功能区限制纳污三条红线，强化地方各级政府责任，严格考核评估和监督。实行水资源消耗总量和强度双控行动，防止不合理新增取水，切实做到以水定需、量水而行、因水制宜。坚持节水优先，全面提高用水效率，水资源短缺地区、生态脆弱地区要严格限制发展高耗水项目，加快实施农业、工业和城乡节水技术改造，坚决遏制用水浪费。严格水功能区管理监督，根据水功能区划确定的河流水域纳污容量和限制排污总量，落实污染物达标排放要求，切实监管入河湖排污口，严格控制入河湖排污总量。

（六）加强河湖水域岸线管理保护。严格水域岸线等水生态空间管控，依法划定河湖管理范围。落实规划岸线分区管理要求，强化岸线保护和节约集约利用。严禁以各种名义侵占河道、围垦湖泊、非法采砂，对岸线乱占滥用、多占少用、占而不用等突出问题开展清理整治，恢复河湖水域岸线生态功能。

（七）加强水污染防治。落实《水污染防治行动计划》，明确河湖水污染防治目标和任务，统筹水上、岸上污染治理，完善入河湖排污管控机制和考核体系。排查入河湖污染源，加强综合防治，严格治理工矿企业污染、城镇生活污染、畜禽养殖污染、水产养殖污染、农业面源污染、船舶港口污染，改善水环境质量。优化入河湖排污口布局，实施入河湖排污口整治。

（八）加强水环境治理。强化水环境质量目标管理，按照水功能区确定各类水体的水质保护目标。切实保障饮用水水源安全，开展饮用水水源规范化建设，依法清理饮用水水源保护区内违法建筑和排污口。加强河湖水环境综合整治，推进水环境治理网格化和信息化建设，建立健全水环境风险评估排查、预警预报与响应机制。结合城市总体规划，因地制宜建设亲水生态岸线，加大黑臭水体治理力度，实现河湖环境整洁优美、水清岸绿。以生活污水处理、生活垃圾处理为重点，综合整治农村水环境，推进美丽乡村建设。

（九）加强水生态修复。推进河湖生态修复和保护，禁止侵占自然河湖、湿地等水源涵养空间。在规划的基础上稳步实施退田还湖还湿、退渔还湖，恢复河湖水系的自然连通，加强水生生物资源养护，提高水生生物多样性。开展河湖健康评估。强化山水林田湖系统治理，加大江河源头区、水源涵养区、生态敏感区保护力度，对三江源区、南水北调水源区等重要生态保护区实行更严格的保护。积极推进建立生态保护补偿机制，加强水土流失预防监督和综合整治，建设生态清洁型小流域，维护河湖生态环境。

（十）加强执法监管。建立健全法规制度，加大河湖管理保护监管力度，建立健全部门联合执法机制，完善行政执法与刑事司法衔接机制。建立河湖日常监管巡查制度，实行河湖动态监管。落实河湖管理保护执法监管责任主体、人员、设备和经费。严厉打击涉河湖违法行为，坚决清理整治非法排污、设障、捕捞、养殖、采砂、采矿、围垦、侵占水域岸线等活动。

三、保障措施

（十一）加强组织领导。地方各级党委和政府要把推行河长制作为推进生态文明建设的重要举措，切实加强组织领导，狠抓责任落实，抓紧制定出台工作方案，明确工作进度安排，到2018年年底前全面建立河长制。

（十二）健全工作机制。建立河长会议制度、信息共享制度、工作督察制度，协调解决河湖管理保护的重点难点问题，定期通报河湖管理保护情况，对河长制实施情况和河长履职情况进行督察。各级河长制办公室要加强组织协调，督促相关部门单位按照职责分工，落实责任，密切配合，协调联动，共同推进河湖管理保护工作。

（十三）强化考核问责。根据不同河湖存在的主要问题，实行差异化绩效评价考核，将领导干部自然资源资产离任审计结果及整改情况作为考核的重要参考。县级及以上河长负责组织对相应河湖下一级河长进行考核，考核结果作为地方党政领导干部综合考核评价的重要依据。实行生态环境损害责任终身追究制，对造成生态环境损害的，严格按照有关规定追究责任。

（十四）加强社会监督。建立河湖管理保护信息发布平台，通过主要媒体向社会公告河长名单，在河湖岸边显著位置竖立河长公示牌，标明河长职责、河湖概况、管护目标、监督电话等内容，接受社会监督。聘请社会监督员对河湖管理保护效果进行监督和评价。进一步做好宣传舆论引导，提高全社会对河湖保护工作的责任意识和参与意识。

各省（自治区、直辖市）党委和政府要在每年1月底前将上年度贯彻落实情况报党中央、国务院。

中共中央办公厅　国务院办公厅印发
《关于在湖泊实施湖长制的指导意见》的通知
（2017年12月26日　厅字〔2017〕51号）

各省、自治区、直辖市党委和人民政府，中央和国家机关各部委，解放军各大单位、中央军委机关各部门，各人民团体：

《关于在湖泊实施湖长制的指导意见》已经中央领导同志同意，现印发给你们，请结合实际认真贯彻落实。

为深入贯彻党的十九大精神，全面落实《中共中央办公厅、国务院办公厅印发〈关于全面推行河长制的意见〉的通知》（厅字〔2016〕42号）要求，进一步加强湖泊管理保护工作，现就在湖泊实施湖长制提出如下意见。

一、充分认识在湖泊实施湖长制的重要意义及特殊性

党的十九大强调，生态文明建设功在当代、利在千秋，要推动形成人与自然和谐发展现代化建设新格局。湖泊是江河水系的重要组成部分，是蓄洪储水的重要空间，在防洪、供水、航运、生态等方面具有不可替代的作用。长期以来，一些地方围垦湖泊、侵占水域、超标排污、违法养殖、非法采砂，造成湖泊面积萎缩、水域空间减少、水质恶化、生物栖息地破坏等问题突出，湖泊功能严重退化。在湖泊实施湖长制是贯彻党的十九大精神、加强生态文明建设的具体举措，是关于全面推行河长制的意见提出的明确要求，是加强湖泊管理保护、改善湖泊生态环境、维护湖泊健康生命、实现湖泊功能永续利用的重要制度保障。

同时，在湖泊实施湖长制具有特殊性：一是湖泊一般有多条河流汇入，河湖关系复杂，湖泊管理保护需要与入湖河流通盘考虑、统筹推进；二是湖泊水体连通，边界监测断面不易确定，准确界定沿湖行政区域管理保护责任较为困难；三是湖泊水域岸线及周边普遍存在种植养殖、旅游开发等活动，管理保护不当极易导致无序开发；四是湖泊水体流动相对缓慢，水体交换更新周期长，营养物质及污染物易富集，遭受污染后治理修复难度大；五是湖泊在维护区域生态平衡、调节气候、维护生物多样性等方面功能明显，遭受破坏对生态环境影响较大，管理保护必须更加严格。在湖泊实施湖长制，必须坚持问题导向，明确各方责任，细化实化措施，严格考核问责，确保取得实效。

二、建立健全湖长体系

各省（自治区、直辖市）要将本行政区域内所有湖泊纳入全面推行湖长制工作范围，到2018年年底前在湖泊全面建立湖长制，建立健全以党政领导负责制为核心的责任体系，落实属地管理责任。

全面建立省、市、县、乡四级湖长体系。各省（自治区、直辖市）行政区域内主要湖泊，跨省级行政区域且在本辖区地位和作用重要的湖泊，由省级负责同志担任湖长；跨市地级行政区域的湖泊，原则上由省级负责同志担任湖长；跨县级行政区域的湖泊，原则上由市地级负责同志担任湖长。同时，湖泊所在市、县、乡要按照行政区域分级分区设立湖长，实行网格化管理，确保湖区所有水域都有明确的责任主体。

三、明确界定湖长职责

湖泊最高层级的湖长是第一责任人，对湖泊的管理保护负总责，要统筹协调湖泊与入湖河流的管理保护工作，确定湖泊管理保护目标任务，组织制定"一湖一策"方案，明确各级湖长职责，协调解决湖泊管理保护中的重大问题，依法组织整治围垦湖泊、侵占水域、超标排污、违法养殖、非法采砂等突出问题。其他各级湖长对湖泊在本辖区内的管理保护负直接责任，按职责分工组织实施湖泊管理保护工作。

流域管理机构要充分发挥协调、指导和监督等作用。对跨省级行政区域的湖泊，流域管理机构要按照水功能区监督管理要求，组织划定入河排污口禁止设置和限制设置区域，督促各省（自治区、直辖市）落实入湖排污总量管控责任。要与各省（自治区、直辖市）建立沟通协商机制，强化流域规划约束，切实加强对湖长制工作的综合协调、监督检查和监测评估。

四、全面落实主要任务

（一）严格湖泊水域空间管控。各地区各有关部门要依法划定湖泊管理范围，严格控制开发利用行为，将湖泊及其生态缓冲带划为优先保护区，依法落实相关管控措施。严禁以任何形式围垦湖泊、违法占用湖泊水域。严格控制跨湖、穿湖、临湖建筑物和设施建设，确需建设的重大项目和民生工程，要优化工程建设方案，采取科学合理的恢复和补救措施，最大限度减少对湖泊的不利影响。严格管控湖区围网养殖、采砂等活动。流域、区域涉及湖泊开发利用的相关规划应依法开展规划环评，湖泊管理范围内的建设项目和活动，必须符合相关规划并科学论证，严格执行工程建设方案审查、环境影响评价等制度。

（二）强化湖泊岸线管理保护。实行湖泊岸线分区管理，依据土地利用总体规划等，合理划分保护区、保留区、控制利用区、可开发利用区，明确分区管理保护要求，强化岸线用途管制和节约集约利用，严格控制开发利用强度，最大程度保持湖泊岸线自然形态。沿湖土地开发利用和产业布局，应与岸线分区要求相衔接，并为经济社会可持续发展预留空间。

（三）加强湖泊水资源保护和水污染防治。落实最严格水资源管理制度，强化湖泊水资源保护。坚持节水优先，建立健全集约节约用水机制。严格湖泊取水、用水和排水全过程管理，控制取水总量，维持湖泊生态用水和合理水位。落实污染物达标排放要求，严格按照限制排污总量控制入湖污染物总量、设置并监管入湖排污口。入湖污染物总量超过水功能区限制排污总量的湖泊，应排查入湖污染源，制定实施限期整治方案，明确年度入湖污染物削减

量，逐步改善湖泊水质；水质达标的湖泊，应采取措施确保水质不退化。严格落实排污许可证制度，将治理任务落实到湖泊汇水范围内各排污单位，加强对湖区周边及入湖河流工矿企业污染、城镇生活污染、畜禽养殖污染、农业面源污染、内源污染等综合防治。加大湖泊汇水范围内城市管网建设和初期雨水收集处理设施建设，提高污水收集处理能力。依法取缔非法设置的入湖排污口，严厉打击废污水直接入湖和垃圾倾倒等违法行为。

（四）加大湖泊水环境综合整治力度。按照水功能区划确定各类水体水质保护目标，强化湖泊水环境整治，限期完成存在黑臭水体的湖泊和入湖河流整治。在作为饮用水水源地的湖泊，开展饮用水水源地安全保障达标和规范化建设，确保饮用水安全。加强湖区周边污染治理，开展清洁小流域建设。加大湖区综合整治力度，有条件的地区，在采取生物净化、生态清淤等措施的同时，可结合防洪、供用水保障等需要，因地制宜加大湖泊引水排水能力，增强湖泊水体的流动性，改善湖泊水环境。

（五）开展湖泊生态治理与修复。实施湖泊健康评估。加大对生态环境良好湖泊的严格保护，加强湖泊水资源调控，进一步提升湖泊生态功能和健康水平。积极有序推进生态恶化湖泊的治理与修复，加快实施退田还湖还湿、退渔还湖，逐步恢复河湖水系的自然连通。加强湖泊水生生物保护，科学开展增殖放流，提高水生生物多样性。因地制宜推进湖泊生态岸线建设、滨湖绿化带建设、沿湖湿地公园和水生生物保护区建设。

（六）健全湖泊执法监管机制。建立健全湖泊、入湖河流所在行政区域的多部门联合执法机制，完善行政执法与刑事司法衔接机制，严厉打击涉湖违法违规行为。坚决清理整治围垦湖泊、侵占水域以及非法排污、养殖、采砂、设障、捕捞、取用水等活动。集中整治湖泊岸线乱占滥用、多占少用、占而不用等突出问题。建立日常监管巡查制度，实行湖泊动态监管。

五、切实强化保障措施

（一）加强组织领导。各级党委和政府要以习近平新时代中国特色社会主义思想为指导，把在湖泊实施湖长制作为全面贯彻党的十九大精神、推进生态文明建设的重要举措，切实加强组织领导，明确工作进展安排，确保各项要求落到实处。要逐个湖泊明确各级湖长，进一步细化实化湖长职责，层层建立责任制。要落实湖泊管理单位，强化部门联动，确保湖泊管理保护工作取得实效。水利部要会同全面推行河长制工作部际联席会议各成员单位加

强督促检查，指导各地区推动在湖泊实施湖长制工作。

（二）夯实工作基础。各地区各有关部门要抓紧摸清湖泊基本情况，组织制定湖泊名录，建立"一湖一档"。抓紧划定湖泊管理范围，实行严格管控。对堤防由流域管理机构直接管理的湖泊，有关地方要积极开展管理范围划定工作。

（三）强化分类指导。各地区各有关部门要针对高原湖泊、内陆湖泊、平原湖泊、城市湖泊等不同类型湖泊的自然特性、功能属性和存在的突出问题，因湖施策，科学制定"一湖一策"方案，进一步强化对湖泊管理保护的分类指导。

（四）完善监测监控。各地区要科学布设入湖河流以及湖泊水质、水量、水生态等监测站点，建设信息和数据共享平台，不断完善监测体系和分析评估体系。要积极利用卫星遥感、无人机、视频监控等技术，加强对湖泊变化情况的动态监测。跨行政区域的湖泊，上一级有关部门要加强监测。

（五）严格考核问责。各地区要建立健全考核问责机制，县级及以上湖长负责组织对相应湖泊下一级湖长进行考核，考核结果作为地方党政领导干部综合考核评价的重要依据。实行湖泊生态环境损害责任终身追究制，对造成湖泊面积萎缩、水体恶化、生态功能退化等生态环境损害的，严格按照有关规定追究相关单位和人员的责任。要通过湖长公告、湖长公示牌、湖长 App、微信公众号、社会监督员等多种方式加强社会监督。

| 部际联席会议文件 |

水利部关于印发全面推行河长制工作部际联席会议相关文件的通知（2017 年 6 月 20 日　水建管函〔2017〕131 号）

国家发展改革委、财政部、国土资源部、环境保护部、住房城乡建设部、交通运输部、农业部、卫生计生委、国家林业局：

经全面推行河长制工作部际联席会议第一次全体会议审议通过，现将全面推行河长制工作部际联席会议工作规则、2017 年工作要点、办公室成员名单及第一次全体会议纪要印发给你们，请各成员单位按照职责分工切实做好全面推行河长制相关工作。

附件：1. 全面推行河长制工作部际联席会议第

附件1

全面推行河长制工作部际联席会议
第一次全体会议纪要

2017年5月2日上午，全面推行河长制工作部际联席会议第一次全体会议在北京召开。联席会议召集人、水利部部长陈雷主持会议并讲话，水利部副部长叶建春通报了全面推行河长制工作进展情况。会议审议通过了部际联席会议工作规则、办公室组成和2017年工作要点，对下一步重点工作进行了研究部署。联席会议成员单位成员、联络员或代表参加会议，水利部有关司局负责同志列席会议。

会议指出，全面推行河长制是一项重大制度创新，党中央、国务院高度重视。2016年10月11日，习近平总书记主持中央全面深化改革领导小组第28次会议，审议通过《关于全面推行河长制的意见》（以下简称《意见》），在今年的新年贺词中还特别指出"每条河流要有河长了"，多次叮嘱要把这件事情盯紧抓实，确保各项任务落地生根、取得实效。今年3月24日，总书记主持召开中央全面深化改革领导小组第33次会议，对中央改革办《关于全面推行河长制部署落实情况的督察报告》进行了审议。

会议认为，河长制工作总体起步顺利、进展较快、开局良好。《意见》出台以来，水利部会同联席会议各成员单位迅速行动、密切协作，第一时间动员部署，精心组织宣传解读，制定出台实施方案，全面开展督导检查，加大信息报送力度，建立部际协调机制。地方各级党委、政府和有关部门把全面推行河长制作为重大任务，主要负责同志亲自协调、推动落实，各省级工作方案已全部编制完成，其中30个省级工作方案已印发实施或经党委、政府审议通过，25个省份已明确省级总河长和主要河湖的省级河长。从督导检查、基层反馈和舆情监测情况看，人民群众对中央出台《意见》、加强河湖管理保护普遍赞誉有加，全社会河湖保护意识明显提高，部分地区河长制工作成效初显。

会议强调，全面推行河长制工作政策性强、时间紧、任务重、要求高，要深入贯彻落实习近平总书记重要指示精神，按照《意见》要求，充分利用部际联席会议机制，协调各地区各部门形成合力，切实把全面推行河长制工作抓实做好。一要切实加强工作指导。各成员单位要充分发挥业务优势，在方案编制、制度建设、标准确立、目标制定等方面给予地方有力指导。要督促指导地方相关部门结合当地实际，按照"一河一策"要求，将有关任务细化实化、落实到位。同时，要尊重基层首创，鼓励地方在落实《意见》精神的基础上，因地制宜探索创新河湖管理保护模式。二要着力强化督促检查考核。各成员单位要根据职责分工，建立工作台账，明确目标任务、时限要求和量化指标，对地方开展经常性督促检查，确保河长制任务落实到位。近期部际联席会议成员单位联合召开全面推行河长制工作视频会，督促各地进一步提高重视程度，压实工作责任，加快工作进度，确保工作质量；2017年年底组织对各地全面推行河长制进展情况开展中期评估，全力抓好《意见》落实工作。三要扎实开展专项整治行动。各成员单位要按照职责分工，针对侵占水域岸线、围垦湖泊、非法采砂、非法排污、破坏航道、非法养殖、电毒炸鱼以及城市黑臭水体、垃圾堆放等，开展清理整治和专项执法行动，严厉打击涉河湖违法违规行为。指导地方加大部门之间信息共享、定期会商、联合执法力度，统筹相关门执法职能和工作力量，共同维护良好的河湖管理秩序。四要协力抓好信息报送工作。水利部会同有关部门组织各地做好全面推行河长制进展情况信息报送工作，及时向中央改革办报送工作进展情况。各成员单位要通过调查研究、信息报送等方式，动态跟踪各地落实河长制任务的有关情况，总结提炼加强河湖管理保护的好经验好做法，并及时汇总到联席会议办公室。利用各种媒体和传播手段，加强新闻宣传，强化舆论引导，为河长制工作营造良好氛围。五要充分发挥联席会议作用。各成员单位要按照各自职责分工，积极研究全面推行河长制工作相关配套措施，落实联席会议议定事项，相互支持，密切配合，协调联动，发挥合力，共同推动河长制各项任务的全面实施。对推行河长制工作中遇到的重大问题要通过部际联席会议集中协调解决。联席会议办公室要充分发挥统筹协调、组织实施、督促检查、推动落实等作用，形成群策群力、齐抓共管的工作格局。

会议审议通过了《全面推行河长制工作部际联席会议制度工作规则》《全面推行河长制工作部际联席会议2017年工作要点》和《全面推行河长制工作部际联席会议办公室成员（联络员）名单》。会议要求，联席会议办公室要充分吸收采纳成员单位的意见，抓紧修改完善部际联席会议制度工作规则、2017年工作要点，再次征求各成员单位意见后印发实施。

出席人员：

水 利 部：陈 雷 叶建春 刘伟平
　　　　　祖雷鸣
国家发展改革委：范恒山 陈学斌
财 政 部：柯 凤 付 涛
国 土 资 源 部：凌月明 熊自力
环 境 保 护 部：李 蕾 余 渝
住房城乡建设部：倪 虹 章林伟
交 通 运 输 部：陈 健 邬志华
农 业 部：郭 睿
卫 生 计 生 委：常继乐 李筱翠
国 家 林 业 局：李春良 鲍达明

列席人员：

刘建明 陈茂山 汪安南 李 鹰 陈明忠
石秋池 牛志奇 侯京民 李激扬 段红东
王冠军

附件2

全面推行河长制工作
部际联席会议制度工作规则

第一条 为充分发挥全面推行河长制工作部际联席会议（以下简称"联席会议"）制度作用，强化部门沟通协作，全力推进河长制各项工作，根据《中共中央办公厅 国务院办公厅印发〈关于全面推行河长制的意见〉的通知》（以下简称《意见》）和《国务院办公厅关于同意建立全面推行河长制工作部际联席会议制度的函》，制定本规则。

第二条 联席会议主要职责是：按照党中央、国务院决策部署，指导各省（自治区、直辖市）制定、实施全面推行河长制的工作方案；监督、检查、总结、通报各地对《意见》及其配套措施的执行情况；协调解决河长制推行过程中的重大问题；完成党中央、国务院交办的其他事项。

第三条 联席会议由水利部、发展改革委、财政部、国土资源部、环境保护部、住房城乡建设部、交通运输部、农业部、卫生计生委、林业局等10个部门组成，水利部为牵头单位。

第四条 水利部会同各成员单位做好联席会议各项工作，充分发挥各部门作用，形成工作合力。联席会议成员单位应主动研究全面推行河长制工作中的有关问题，从落实绿色发展理念、推进生态文明建设的全局出发，充分协商，相互配合，积极推进河湖保护管理工作。

第五条 联席会议成员单位应按照职责分工，认真落实工作任务及联席会议议定事项，研究制定相关政策措施，主动提出工作建议，加强对各地全面推行河长制工作的指导、监督和检查。

第六条 联席会议由水利部主要负责同志担任召集人，其他各成员单位有关负责同志为联席会议成员。

第七条 联席会议办公室设在水利部，承担联席会议日常工作。水利部建设与管理司主要负责同志任办公室主任；联席会议设联络员，由各成员单位有关司局负责同志担任，联络员为办公室成员。

第八条 联席会议一般以会议方式议定事项。会议由召集人主持，联席会议全体成员参加，联络员列席，可视情况邀请其他相关部门参加。会议原则上每季度召开1次，根据工作需要，召集人可以提议召开会议；各成员可以提议召开会议，经召集人同意后召开。

会议的议事范围包括：

（一）统筹协调解决全面推行河长制工作中的重大问题；

（二）听取全面推行河长制工作进展情况报告；

（三）审议联席会议年度工作要点；

（四）落实党中央、国务院交办的其他有关事项。

第九条 联席会议对审议的事项应进行充分协商，达成共识。联席会议以纪要形式明确议定事项。会议纪要征求成员意见后，由召集人签发，水利部代章印发有关方面，重大事项按照程序报国务院。

第十条 联席会议成员及联络员因工作变动需要调整的，所在单位应及时告知联席会议办公室。

第十一条 联席会议办公室应加强对联席会议议定事项的跟踪督促，及时向各成员单位通报有关进展情况。

第十二条 本规则经联席会议第一次全体会议审议通过，由水利部代章印发，自印发之日起执行。

附件3

全面推行河长制工作部际联席会议
2017年工作要点

为贯彻落实《中共中央办公厅 国务院办公厅印发〈关于全面推行河长制的意见〉的通知》（以下简称《意见》），根据全面推行河长制工作部际联席会议制度要求和各成员单位职责，制定2017年工作要点如下：

一、加强工作指导

1. 指导督促各地抓紧制定全面推行河长制省、市、县、乡级工作方案；督促各地对工作方案质量和进度逐级把关。（水利部牵头，各成员单位配合）

2. 指导督促各地抓紧完善河长制组织体系建设，尽快建立河长制办公室。（水利部牵头，各成员单位配合）

3. 指导督促各地抓紧开展河长会议制度、信息共享制度、工作督察制度、监督考核制度等制度建设。（水利部牵头，各成员单位配合）

4. 指导各地湖泊实施河长制工作，出台有针对性的指导意见。（水利部牵头，相关成员单位配合）

5. 指导各地细化实化主要任务。（水利部牵头，各成员单位参加）

6. 督促各地落实"一河一策"要求，强化河长制实施分类指导。（水利部牵头，各成员单位参加）

7. 指导督促有条件的地区抓紧开展河长制任务实施工作。（水利部牵头，各成员单位参加）

8. 适时召开由部际联席会议成员单位参加的全面推行河长制工作视频会议，通报进展情况，部署下一步工作。（水利部牵头，各成员单位参加）

二、强化业务培训

9. 举办河长制工作培训班，并指导各地开展基层业务培训。（水利部）

10. 对各地全面推行河长制工作开展调研，针对河长制推行中出现的重大问题提出指导意见。（水利部牵头，相关成员单位参加）

11. 总结各地的好经验、好做法，供各地学习借鉴，并及时提供联席会议办公室。（水利部牵头，各成员单位参加）

三、加强监督检查和考核评估

12. 开展督导检查。（各成员单位）

13. 2017年年底组织对各地全面推行河长制工作进展情况开展中期评估。（水利部、环境保护部牵头，各成员单位参加）

14. 将全面推行河长制工作纳入最严格水资源管理制度考核。（水利部）

15. 将全面推行河长制工作纳入水污染防治行动计划实施情况考核。（环境保护部）

四、开展整治行动

16. 清理整治非法排污，整治黑臭水体。（环境保护部、住房城乡建设部、水利部、农业部、交通运输部）

17. 清理整治非法设障、采砂、采矿、围垦和侵占水域岸线、国际重要湿地。（水利部、国土资源部、交通运输部、林业局）

18. 清理整治非法捕捞、非法养殖。（农业部、水利部）

19. 开展深化河湖执法专项检查。（各相关成员单位）

20. 视情况适时开展部门联合执法。（各相关成员单位）

五、做好信息报送

21. 组织各地做好全面推行河长制进展情况信息报送工作。（水利部、环境保护部牵头，各成员单位参加）

22. 编发河长制工作简报。（水利部）

六、加强宣传工作

23. 充分利用报刊、广播、电视、网络、微信、微博、客户端等各种媒体和传播手段，深入释疑解惑，广泛宣传引导。（水利部牵头，各成员单位参加）

24. 督促各地向社会公告河长名单，树立公示牌，接受社会监督。（水利部）

附件4

全面推行河长制工作部际联席会议 办公室成员（联络员）名单

主任：

刘伟平　水利部建设与管理司司长

成员（联络员）：

陈学斌　发展改革委农经司副司长

柯　凤　财政部农业司副司长

熊自力　国土资源部地质环境司副司长

李　蕾　环境保护部水环境管理司副司长

章林伟　住房城乡建设部城市建设司副司长

苏　杰　交通运输部综合规划司副司长

祖雷鸣　水利部建设管理督察专员（正司级）

丁晓明　农业部渔业渔政管理局副巡视员

常继乐　卫生计生委疾病预防控制局监察专员

鲍达明　国家林业局湿地保护管理中心总工程师

水利部关于印发全面推行河长制工作部际联席会议第二次全体会议相关文件的通知

（2018年2月12日　水建管函〔2018〕30号）

国家发展改革委、财政部、国土资源部、环境保护部、住房城乡建设部、交通运输部、农业部、卫生计生委、国家林业局：

经全面推行河长制工作部际联席会议第二次全体会议审议通过，现将全面推行河长制工作部际联席会议第二次会议纪要、2018年工作要点和办公室成员名单印发给你们，请各成员单位按照职责分工切实做好全面推行河长制湖长制相关工作。

全面推行河长制工作部际联席会议
第二次全体会议纪要

2018年1月26日上午，全面推行河长制工作部际联席会议第二次全体会议在北京召开。联席会议召集人、水利部部长陈雷主持会议并讲话，水利部副部长周学文通报了全面推行河长制工作总体进展情况。会议审议了部际联席会议2018年工作要点，对下一步重点工作进行了研究部署。联席会议成员单位成员、联络员或代表参加会议，水利部有关司局负责同志列席会议。

会议指出，党中央、国务院高度重视全面推行河长制湖长制工作。习近平总书记先后3次主持中央深改组会议审议河长制意见、督查报告及湖长制指导意见，多次作出重要指示，叮嘱要把这件事情盯紧抓实。李克强总理对加强河湖管理保护多次作出重要批示，汪洋副总理专门听取汇报并研究部署工作。中央经济工作会议、中央农村工作会议对全面推行河长制工作提出明确要求。2017年12月26日，中共中央办公厅、国务院办公厅印发《关于在湖泊实施湖长制的指导意见》。

会议认为，全面推行河长制以来，水利部与联席会议各成员单位迅速行动、通力协作，第一时间动员部署，精心组织宣传解读，制定印发实施方案，全面开展督导检查，密切跟踪进展情况，加强业务培训和经验交流，强化考核激励和监督问责，推动河长制工作取得重要阶段性成果。目前，全国省、市、县、乡四级工作方案全部出台；全国共明确四级河长32万多名，其中省级河长336人，55名省级党政主要负责同志担任总河长；县级以上河长制办公室全部设立，配套制度全部出台。各省份将在2018年6月底前全面建立河长制，中央提出的2018年年底前全面建立河长制的目标有望提前实现。各级河长带头巡河履职，抓任务落实、抓专项行动、抓问题整治，一些地区河湖面貌明显改善。社会各界积极参与，民间河长不断涌现，全社会关爱河湖、保护河湖的局面逐步形成，河长制改革焕发出强大的生机活力。

会议强调，河长制湖长制工作中央高度重视、社会广泛关注，任务艰巨、责任重大。要坚持以习近平新时代中国特色社会主义思想为指导，认真贯彻落实党中央、国务院决策部署，齐心协力、履职尽责，进一步加强河湖管理保护，切实把河长制、

湖长制工作抓实做好。一要提高思想认识，进一步增强使命担当。要从决胜全面建成小康社会、建设美丽中国的战略高度，深刻认识实施河长制湖长制的特殊重要性，进一步增强落实改革任务的责任感和紧迫感，推动形成人与自然和谐发展的现代化建设新格局。二要压实工作责任，进一步发挥职能优势。各成员单位要充分发挥职能和业务优势，在政策、技术等方面给予地方有力指导和支持。水利部要会同有关部门，做好河长制湖长制进展情况信息编报工作，及时向中央改革办报送工作情况。三要细化行动举措，进一步抓好任务落实。各成员单位要对照湖长制目标任务，细化工作方案，强化工作举措，确保湖长制任务落实到位。要按照职责分工，针对围垦湖泊、侵占水域岸线、非法采砂、非法排污、违法养殖以及黑臭水体、垃圾堆放等，扎实开展清理整治和专项执法行动，严厉打击涉河湖违法违规行为。四要搞好监督检查，进一步强化激励问责。各成员单位要结合具体业务工作，加强对地方落实河长制湖长制工作的督促检查，确保全面推行河长制湖长制工作常态化、长效化。五要坚持统筹兼顾，进一步推进河长制工作。全面推行河长制工作已进入最关键时期，各成员单位要结合中期评估结果，按照职责分工，有针对性地指导和督促相关省份，及时整改中期评估反映的问题，确保全面推行河长制工作进度和质量。协调解决各地在工作中出现的新情况、反映的新问题，确保改革取得实实在在的成效。六要密切协作配合，进一步凝聚改革合力。各成员单位要认真抓实联席会议议定事项，相互支持、多方联动，并肩作战、同向发力，着力构建齐抓共管、群策群力的工作格局。联席会议办公室要主动加强与各成员单位的沟通衔接，及时通报有关情况，推动会议定事项落实。要加强新闻宣传和舆论引导，为河长制湖长制工作营造良好氛围。

会议审议通过了《全面推行河长制工作部际联席会议2018年工作要点》。要求联席会议办公室根据成员单位意见修改完善后印发实施。

出席人员：

水　利　部：陈　雷　周学文　刘伟平
　　　　　　汪安南　祖雷鸣
发 展 改 革 委：张　勇　陈学斌
财　政　部：柯　凤　吴程量
国 土 资 源 部：凌月明　熊自力
环 境 保 护 部：赵英民　李　蕾
住房城乡建设部：赵　晖　杨海英
交 通 运 输 部：陈　健　苏　杰

农　业　部：于康震　韩　旭
卫生计生委：常继乐　杨书剑
国家林业局：李春良　严承高
列席人员：

刘建明　陈茂山　李训喜　李　鹰　陈明忠
石秋池　杨昕宇　侯京民　刘志广　李激扬
刘六宴　蒲朝勇　李远华　许文海　李坤刚
杨得瑞　段红东　王冠军

全面推行河长制工作部际联席会议
2018 年工作要点

为贯彻落实中共中央办公厅、国务院办公厅《关于全面推行河长制的意见》《关于在湖泊实施湖长制的指导意见》，根据全面推行河长制工作部际联席会议工作规则和各成员单位职责，制定 2018 年工作要点如下：

一、总结部署河长制湖长制工作

1. 召开部际联席会议全体会议，通报全面推行河长制工作进展情况，贯彻中共中央办公厅、国务院办公厅《关于在湖泊实施湖长制的指导意见》精神，研究部署 2018 年工作。（水利部牵头，各成员单位配合）

2. 以部际联席会议的名义召开全国视频会议，贯彻落实中共中央办公厅、国务院办公厅《关于在湖泊实施湖长制的指导意见》精神，对实施湖长制工作进行动员部署。（水利部牵头，各成员单位配合）

二、组织开展专项行动

3. 组织开展入河湖排污口调查摸底和规范整治专项行动。（水利部牵头，有关部委配合）

4. 组织开展长江干流岸线保护和利用专项检查。（水利部、国土资源部、交通运输部、推动长江经济带发展领导小组办公室）

5. 组织开展全国河湖非法采砂专项整治行动。（水利部、国土资源部、交通运输部）

6. 组织开展非法排污清理整治。（环境保护部牵头，有关部委参加）

7. 继续组织实施城市黑臭水体治理。（住房城乡建设部、环境保护部、水利部、农业部）

8. 以生活污水处理、生活垃圾处理为重点，组织开展农村垃圾河、黑臭河整治行动，综合整治农村水环境。（住房城乡建设部、农业部、环境保护部、水利部、卫生计生委等）

9. 组织开展国家湿地公园建设专项监督检查。（国家林业局）

三、组织开展考核评估工作

10. 组织开展最严格水资源管理制度考核，继续将全面推行河长制湖长制工作纳入考核内容。（水利部牵头，有关部委参加）

11. 组织开展水污染防治行动计划实施情况考核，继续将全面推行河长制湖长制工作纳入考核内容。（环境保护部牵头，有关部委参加）

12. 探索建立河长制湖长制工作激励约束机制。（水利部、财政部）

13. 组织开展全面建立河长制工作中期评估，2018 年 1 月底前完成。（水利部、环境保护部）

14. 组织开展全面建立河长制工作总结评估，2018 年年底前启动评估工作。（水利部、环境保护部）

四、做好信息报送

15. 组织各地做好全面推行河长制湖长制信息报送工作。（水利部、环境保护部）

16. 编发河长制湖长制工作简报。（水利部）

五、开展监督检查

17. 组织开展全面推行河长制湖长制工作情况督导检查。（水利部、各成员单位）

六、深入基层调研

18. 组织开展调查研究，总结推广各地实施河长制湖长制工作的好做法、好经验，发挥典型示范带动作用。（水利部）

七、加强宣传工作

19. 充分利用报刊、广播、电视、网络、微信、微博、客户端等各种媒体和传播手段，及时报道各地典型经验和工作进展。（水利部、各相关成员单位）

20. "世界水日""中国水周"期间，结合主题活动，加大对河长制湖长制的宣传力度。（水利部）

八、健全完善长效机制

21. 指导各地健全完善长效机制，协调解决河湖管理保护的重点难点问题，保障河长制湖长制长期发挥作用取得实效。（水利部、各相关成员单位）

全面推行河长制工作部际联席会议
办公室成员（联络员）名单

主任：

　祖雷鸣　水利部建设与管理司司长

成员（联络员）：

　陈学斌　发展改革委农经司副司长

　柯　凤　财政部农业司副司长

　熊自力　国土资源部地质环境司副司长

　李　蕾　环境保护部水环境管理司副司长

　杨海英　住房城乡建设部城市建设司副司长

　苏　杰　交通运输部综合规划司副司长

　刘六宴　水利部建设与管理司副巡视员

韩　旭　农业部渔业渔政管理局副局长

常继乐　卫生计生委疾病预防控制局监察专员

鲍达明　国家林业局湿地保护管理中心总工程师

水利部关于印发全面推行河长制工作部际联席会议第三次全体会议相关文件的通知

（2019 年 3 月 28 日　水河湖函〔2019〕62 号）

发展改革委、财政部、自然资源部、生态环境部、住房城乡建设部、交通运输部、农业农村部、卫生健康委、林草局：

经全面推行河长制工作部际联席会议第三次全体会审议通过，现将全面推行河长制工作部际联席会议第三次会议纪要、2019 年工作要点印发给你们，请各成员单位按照职责分工切实做好全面推行河长制湖长制相关工作。

全面推行河长制工作部际联席会议 第三次全体会议纪要

2019 年 3 月 21 日上午，全面推行河长制工作部际联席会议第三次全体会议在北京召开。联席会议召集人、水利部部长鄂竟平主持会议并讲话，水利部副部长魏山忠通报了全面推行河长制湖长制工作总体进展情况。会议审议了部际联席会议 2019 年工作要点，对下一步重点工作进行了研究部署。联席会议成员单位成员、联络员或代表参加会议，水利部有关司局负责同志列席会议。

会议指出，党中央、国务院领导高度重视全面推行河长制湖长制，虽然刚刚起步两年，但越来越受到社会广泛关注。2018 年，中央领导多次对河湖管理保护突出问题作出重要批示，要求坚决纠正、坚决处理；水利部全年受理群众举报和媒体曝光的重大河湖问题明显增加。全面推行河长制湖长制工作已经成为必须高度重视、必须下大力气做好的一项重点工作。

会议通报了 2018 年河长制湖长制工作进展情况。一年来，部际联席会议各成员单位高度重视河长制湖长制工作，协调联动、密切配合、和抓落实，组织开展了城市黑臭水体治理、农村人居环境整治村庄清洁行动、全国河湖"清四乱"等全国性专项行动，以清理整治非法码头、干流岸线保护和利用项目、固体废物、入河排污口等主要内容的长江大保护专项行动，挂牌督办涉河涉湖重大违法违规案件，重拳治理河湖乱象，取得显著成效。

会议指出，在各地各部门的共同努力下，2018 年 6 月底全面建立河长制，2018 年年底全面建立湖长制，如期实现中央确定的阶段性目标任务。截至 2018 年 12 月底，全国 31 个省（自治区、直辖市）共明确省、市、县、乡四级河长湖长 30 多万名，设立村级河长湖长 90 多万名，其中省级河长湖长 409 人，60 位省级党委政府主要负责同志担任总河长，百万河长湖长榜上"有名"。各级河长湖长聚焦"盆"和"水"，积极开展巡河巡湖，找问题、抓督办、促整改，认真履行管河、治河、护河责任，推动河长制湖长制从"有名"到"有实"转变。全年省、市、县、乡四级河长湖长巡河巡湖 717 万人次，牵头解决了一批河湖管理难题，很多河湖实现了从"没人管"到"有人管"、"管不住"到"管得好"的转变，河湖面貌逐步转好，人民群众的获得感、幸福感、安全感明显增强。

会议强调，当前很多河湖积弊深重、问题交织，特别是乱占、乱采、乱堆、乱建等"四乱"问题和污染问题严重，严重影响了生态环境，北方河流、农村河湖问题尤为突出。从 2018 年下半年开始，全面推行河长制湖长制的工作要点已经从"有名"向"有实"转变，从"有名"向"有实"转变的要点是管好盛水的"盆"和护好"盆"中水，今后一个时期，管好盛水"盆"和护好"盆"中水的工作要点是清理河湖"四乱"和治理水污染。联席会议各成员单位要提高政治站位，按照党中央、国务院的要求，坚决清理河湖"四乱"和治理水污染。

会议明确，党中央、国务院全面推行河长制湖长制的初衷，就是由党政领导干部担任河长湖长，推动各部门加大工作力度，加强协调配合，形成河湖管理保护合力。两年多的实践证明，全面落实河长制湖长制任务，必须依靠部门协作。当前，已实现全国百万河长湖长"有名"，下一步，为推动河长制湖长制"有实"，联席会议各成员单位要坚决贯彻党中央、国务院决策部署，按照责任权利相统一的原则，各负其责、各司其职、齐心协力、分工合作，共同推动河长制湖长制落地生根见实效。

会议审议并通过了《全面推行河长制工作部际联席会议 2019 年工作要点》。

出席人员：

水　利　部：鄂竟平　魏山忠　祖雷鸣

发展改革委：李明传

财　政　部：柯　凤　丁丽丽

自然资源部：翟义青　闫宏伟

生态环境部：张　波　王　谦

住房城乡建设部：韩　煜　陈　玮

交通运输部：姜明宝　苏　杰

农 业 农 村 部：于康震　刘新中

卫 生 健 康 委：张　勇

林 　 草 　 局：鲍达明

列席人员：

耿六成　石春先　王爱国　杨昕宇　侯京民

杨得瑞　许文海　刘六宴　蔡　阳　沈凤生

段红东　由国文

全面推行河长制工作部际联席会议
2019 年工作要点

为贯彻落实中共中央办公厅、国务院办公厅《关于全面推行河长制的意见》《关于在湖泊实施湖长制的指导意见》，根据全面推行河长制工作部际联席会议工作规则和各成员单位职责，制定 2019 年工作要点如下：

一、总结部署工作

1. 召开部际联席会议全体会议，通报河长制湖长制工作进展情况，贯彻落实中共中央办公厅、国务院办公厅《关于全面推行河长制的意见》《关于在湖泊实施湖长制的指导意见》精神，研究部署 2019 年工作。（水利部牵头，各成员单位配合）

2. 制定印发部际联席会议 2019 年工作要点，部署河长制湖长制工作。（水利部牵头，各成员单位配合）

二、组织开展专项行动

3. 组织开展河湖"清四乱"专项行动，集中清理整治乱占、乱采、乱堆、乱建等河湖突出问题。（水利部牵头，各成员单位配合）

4. 贯彻落实乡村振兴战略和农村人居环境整治三年行动方案，组织开展农村人居环境整治村庄清洁行动，以"清洁村庄助力乡村振兴"为主题，做好"三清一改"（清垃圾、清塘沟、清畜禽粪污等农业面源污染物，改善农村人居环境）。（农业农村部牵头，生态环境部、住房城乡建设部、交通运输部、水利部、卫生健康委、林草局等有关部委参加）

5. 抓好《城市黑臭水体治理攻坚战实施方案》实施，以河长制湖长制为抓手，建立健全长效机制。（住房城乡建设部、生态环境部牵头，有关部委配合）

6. 以房前屋后河塘沟渠、排水沟等为重点实施清淤疏浚，采取综合措施恢复水生态，逐步消除农村黑臭水体。（生态环境部、水利部、住房城乡建设部、农业农村部）

7. 组织开展长江入河排污口排查整治试点工作。（生态环境部牵头，有关部委配合）

8. 认真贯彻落实中央扫黑除恶专项斗争决策部署，继续组织实施河湖执法 3 年工作方案，深入开展非法采砂中的扫黑除恶工作。（水利部牵头，有关部委配合）

9. 组织开展以打击"电鱼毒鱼炸鱼"等违法违规行为为主要内容的渔政专项执法行动，组织实施长江流域捕捞渔民退捕转产，加强禁捕管理。（农业农村部牵头，有关部委配合）

10. 组织开展长江干流岸线利用项目清理整治专项行动。（水利部牵头，发展改革委、自然资源部、生态环境部、住房城乡建设部、交通运输部、农业农村部、林草局按照职责分工负责）

三、夯实河长制工作基础

11. 指导各地依法划定河湖管理范围，落实河湖空间管制边界，制定实施用途管制规则。（水利部、自然资源部）

12. 加强国家重要湿地保护和管理，发布国家重要湿地名录。（林草局）

四、组织开展暗访督查和考核评估工作

13. 继续将河长制湖长制落实情况纳入中央生态环境保护督察，推动各地全面落实。将水污染防治行动计划实施情况纳入污染防治攻坚战成效考核，继续将全面推行河长制湖长制工作纳入考核内容。（生态环境部牵头，有关部委参加）

14. 按照国务院办公厅要求，制定《对河长制湖长制工作真抓实干成效明显地方进一步加大激励支持力度的实施办法》，研究提出拟纳入国务院大督查激励的省份名单。对每个激励省份进行通报表扬并在安排中央财政水利发展资金时适当倾斜。（水利部、财政部）

15. 组织开展全面推行河长制湖长制总结评估。统筹开展河湖长制工作暗访督查。组织开展最严格水资源管理制度考核，继续将全面推行河长制湖长制工作纳入考核内容。（水利部牵头，有关部委参加）

16. 指导各地将"清四乱"、打击"电鱼毒鱼炸鱼"、长江岸线清理整治等专项行动实施情况纳入河长制湖长制考核内容，推动各地抓好落实。（水利部牵头，有关部委参加）

五、加强基层调研和宣传工作

17. 深入调查研究，总结推广各地河长制湖长制工作的好做法、好经验。（水利部）

18. 充分利用各种媒体和传播手段，及时报道各地典型经验，营造良好舆论氛围。（水利部，各相关成员单位）

19. "世界水日""中国水周"期间，加大对河长制湖长制的宣传力度。（水利部）

20. 编发河长制湖长制工作简报。（水利部）

水利部关于印发全面推行河长制工作部际联席会议 2020 年工作要点的通知（2020 年 6 月 19 日　水河湖函〔2020〕81 号）

发展改革委、财政部、自然资源部、生态环境部、住房城乡建设部、交通运输部、农业农村部、卫生健康委、林草局：

经征求各成员单位意见，现印发全面推行河长制工作部际联席会议 2020 年工作要点，请各成员单位按照职责分工切实做好全面推行河长制湖长制相关工作。

全面推行河长制工作部际联席会议 2020 年工作要点

为贯彻落实中共中央办公厅、国务院办公厅《关于全面推行河长制的意见》《关于在湖泊实施湖长制的指导意见》，根据全面推行河长制工作部际联席会议工作规则和各成员单位职责，制定 2020 年工作要点如下：

一、聚焦盛水的"盆"，开展水域岸线整治

1. 深入推进河湖"清四乱"常态化规范化，持续开展乱占、乱采、乱堆、乱建等河湖"四乱"问题清理整治，坚决遏增量、清存量。（水利部牵头，有关成员单位配合）

指导地方环卫主管部门，配合做好河湖清理出的生活垃圾处理工作。（住房城乡建设部）

2. 组织对黄河干流及重要支流岸线利用项目进行全面排查和清理整治。以晋陕峡谷段为重点，组织开展黄河干流河道采砂专项整治，规范采砂管理秩序。（水利部牵头，有关成员单位配合）

3. 扎实推进长江岸线利用项目清理整治专项行动，组织沿江省份按期完成涉嫌违法违规岸线利用项目的清理整治任务。（水利部牵头，有关成员单位配合）

4. 加强长江河道采砂管理，强化日常巡查监管，加大非法采砂执法打击力度，维护长江河道采砂管理秩序。（水利部、交通运输部）

5. 继续推进长江经济带小水电清理整改。启动黄河流域省（自治区）小水电清理整治。（水利部牵头，有关成员单位配合）

6. 适时将长江经济带国土空间用途管制和纠错机制试点、大运河生态空间用途管制机制建立等经验推广运用到重要河湖生态保护工作中，逐步构建起一套适合我国国情的河湖流域国土空间用途管制制度体系。（自然资源部牵头，有关成员单位配合）

二、聚焦"盆"中的水，推进水生态水环境治理

7. 贯彻落实乡村振兴战略和农村人居环境整治三年行动方案，继续组织开展农村人居环境整治村庄清洁行动，以"干干净净迎小康"为主题，集中力量推进"三清一改"（清理农村生活垃圾、村内塘沟、畜禽养殖粪污等农业生产废弃物，改变影响农村人居环境的不良习惯），形成村庄清洁长效机制。（农业农村部牵头，有关成员单位配合）

8. 落实《城市黑臭水体治理攻坚战实施方案》要求，开展 2020 年城市黑臭水体整治环境保护专项行动，进一步压实河长湖长在城市河湖黑臭水体治理中的主体责任，形成防治反弹的长效机制。（住房城乡建设部、生态环境部牵头，有关成员单位配合）

9. 继续开展城镇污水处理设施补短板相关工作，加强污水处理设施建设项目储备，加大共性关键技术的研发创新力度，推进城镇节水和污水资源化利用工作。（发展改革委、住房城乡建设部牵头，有关成员单位配合）

10. 继续推动入河排污口排查整治试点工作。（生态环境部牵头，有关成员单位配合）

11. 继续推进河湖生态流量保障目标确定，加强重点河湖生态流量管理。（水利部牵头，有关成员单位配合）

12. 继续组织开展以打击"电鱼毒鱼炸鱼"等违法违规行为为主要内容的渔政专项执法行动。加快推进实施长江流域重点水域禁捕。（农业农村部牵头，有关成员单位配合）

三、强化执法监管，严格考核奖惩

13. 以查案办案结案为重点，打好河湖执法三年行动收官战，确保列入台账的水事违法陈年积案"清零"任务按要求完成。开展黄河流域水行政执法专项监督检查。（水利部）

14. 继续将河长制湖长制落实情况纳入中央生态环境保护督察，推动各地全面落实。（生态环境部牵头，有关成员单位配合）

15. 采取"四不两直"方式，组织开展河长制湖长制及河湖管理暗访检查，指导督促地方对暗访检查发现问题进行整改。（水利部）

16. 按照国务院办公厅要求，修订《对河长制湖长制工作真抓干成效明显地方进一步加大激励支持力度的实施办法》，对河长制湖长制工作推进力度大、河湖管理保护成效明显的地方进行激励，在分配年度中央财政水利发展资金时予以倾斜。（水利部、财政部）

四、加强调查研究，夯实工作基础

17. 深入开展河长湖长如何发挥作用、完善河长

制湖长制组织体系调查研究。（水利部牵头，各成员单位配合）

18. 指导各地依法划定河湖管理范围，落实河湖空间管制边界。（水利部、自然资源部）

19. 组织开展生活饮用水卫生标准修订工作。（卫生健康委牵头，有关成员单位配合）

20. 推进湿地保护与恢复，实施一批湿地保护修复工程，指定一批国际重要湿地，推进国际湿地城市认证。（林草局）

五、加强舆论宣传，引导公众参与

21. 组织开展"寻找最美河湖卫士""逐梦幸福河湖"活动，充分利用各种媒体和传播手段，大力宣传报道各地河长制湖长制典型经验，营造良好舆论氛围。（水利部牵头，有关成员单位配合）

22. "世界水日""中国水周"期间，加大对河长制湖长制的宣传力度。（水利部）

23. 组织编制河长制湖长制优秀案例，总结推广各地河长制湖长制工作的好做法、好经验。编发河长制湖长制工作简报。（水利部）

六、其他

24. 根据疫情防控情况，适时召开部际联席会议全体会议。（水利部牵头，各成员单位配合）

| 部际联席会议成员单位联合发布文件 |

水利部　环境保护部关于印发贯彻落实《关于全面推行河长制的意见》实施方案的函（2016 年 12 月 10 日　水建管函〔2016〕449 号）

各省、自治区、直辖市党委和人民政府，新疆生产建设兵团党委：

为贯彻落实《中共中央办公厅国务院办公厅印发〈关于全面推行河长制的意见〉的通知》（厅字〔2016〕42 号，以下简称《意见》），确保《意见》提出的各项目标任务落地生根、取得实效，水利部、环境保护部制定了《贯彻落实〈关于全面推行河长制的意见〉实施方案》，现函送你们，请在全面推行河长制工作中参考。

水利部　环境保护部贯彻落实《关于全面推行河长制的意见》实施方案

我国江河湖泊众多，水系发达，保护江河湖泊，事关人民群众福祉，事关中华民族长远发展。

习近平总书记作出重要指示，强调生态文明建设是"五位一体"总体布局和"四个全面"战略布局的重要内容，要求各地区各部门切实贯彻新发展理念，树立"绿水青山就是金山银山"的强烈意识，努力走向社会主义生态文明新时代。李克强总理批示指出，生态文明建设事关经济社会发展全局和人民群众切身利益，是实现可持续发展的重要基石。全面推行河长制，是党中央、国务院为加强河湖管理保护作出的重大决策部署，是落实绿色发展理念、推进生态文明建设的内在要求，是解决我国复杂水问题、维护河湖健康生命的有效举措，是完善水治理体系、保障国家水安全的制度创新。为贯彻落实《中共中央办公厅　国务院办公厅印发〈关于全面推行河长制的意见〉的通知》（厅字〔2016〕42 号，以下简称《意见》），确保《意见》提出的各项目标任务落地生根，取得实效，制定本实施方案。

一、总体要求

《意见》是加强河湖管理保护的纲领性文件，各地要深刻认识全面推行河长制的重要性和紧迫性，切实增强使命感和责任感，扎实做好全面推行河长制工作，做到工作方案到位、组织体系和责任落实到位、相关制度和政策措施到位、监督检查和考核评估到位，确保到 2018 年底前，全面建立省、市、县、乡四级河长体系，为维护河湖健康生命、实现河湖功能永续利用提供制度保障。

二、制定工作方案

各地要抓紧编制工作方案，细化工作目标、主要任务、组织形式、监督考核、保障措施，明确时间表、路线图和阶段性目标。重点做好以下工作：

（一）确定河湖分级名录。根据河湖的自然属性、跨行政区域情况，以及对经济社会发展、生态环境影响的重要性等，各省（区、市）要抓紧提出需由省级负责同志担任河长的主要河湖名录，督促指导各市、县尽快提出需由市、县、乡级领导分级担任河长的河湖名录。大江大河、中央直管河道流经各省（区、市）的河段，也要分级分段设立河长。

（二）明确河长制办公室。抓紧提出河长制办公室设置方案，明确牵头单位和组成部门，搭建工作平台，建立工作机制。

（三）细化实化主要任务。围绕《意见》提出的水资源保护、水域岸线管理保护、水污染防治、水环境治理、水生态修复、执法监管等任务，结合当地实际，统筹经济社会发展和生态环境保护要求，处理好河湖管理保护与开发利用的关系，细化实化工作任务，提高方案的针对性、可操作性。

（四）强化分类指导。坚持问题导向，因地制宜，着力解决河湖管理保护突出问题。对江河湖泊，要强化水功能区管理，突出保护措施，特别要加大江河源头区、水源涵养区、生态敏感区和饮用水水源地保护力度，对水污染严重、水生态恶化的河湖要加强水污染治理、节水减排、生态保护与修复等。对城市河湖，要处理好开发利用与保护的关系，维护水系完整性和生态良好，加大黑臭水体治理；对农村河道，要加强清淤疏浚、环境整治和水系连通。要划定河湖管理范围，加强水域岸线管理和保护，严格涉河湖建设项目和活动监管，严禁侵占水域空间，整治乱占滥用、非法养殖、非法采砂等违法违规活动。

（五）明确工作进度。各省（区、市）要抓紧制定出台工作方案，并指导、督促所辖市、县出台工作方案。其中，北京、天津、江苏、浙江、安徽、福建、江西、海南等已在全省（市）范围内实施河长制的地区，要尽快按《意见》要求修（制）订工作方案，2017年6月底前出台省级工作方案，力争2017年年底前制定出台相关制度及考核办法，全面建立河长制。其他省（区、市）要在2017年年底前出台省级工作方案，力争2018年6月底前制定出台相关制度及考核办法，全面建立河长制。

三、落实工作要求

要建立健全河长制工作机制，落实各项工作措施，确保《意见》顺利实施。

（一）完善工作机制。各地要建立河长会议制度，协调解决河湖管理保护中的重点难点问题。建立信息共享制度，定期通报河湖管理保护情况，及时跟踪河长制实施进展。建立工作督察制度，对河长制实施情况和河长履职情况进行督察。建立考核问责与激励机制，对成绩突出的河长及责任单位进行表彰奖励，对失职失责的要严肃问责。建立验收制度，按照工作方案确定的时间节点，及时对建立河长制进行验收。

（二）明确工作人员。明确河长制办公室相关工作人员，落实河湖管理保护、执法监督责任主体、人员、设备和经费，满足日常工作需要。以市场化、专业化、社会化为方向，加快培育环境治理、维修养护、河道保洁等市场主体。

（三）强化监督检查。各地要对照《意见》以及工作方案，检查督促工作进展情况、任务落实情况，自觉接受社会和群众监督。水利部、环境保护部将定期对各地河长制实施情况开展专项督导检查。

（四）严格考核问责。各地要加强对全面推行河长制工作的监督考核，严格责任追究，确保各项目标任务有效落实。水利部将把全面推行河长制工作纳入最严格水资源管理制度考核，环境保护部将把全面推行河长制工作纳入水污染防治行动计划实施情况考核。水利部、环境保护部将在2017年年底组织对建立河长制工作进展情况进行中期评估，2018年底组织对全面推行河长制情况进行总结评估。

（五）加强经验总结推广。鼓励基层大胆探索，勇于创新。积极开展推行河长制情况的跟踪调研，不断提炼和推广好做法、好经验、好举措、好政策，逐步完善河长制的体制机制。水利部、环境保护部将组织开展多种形式的经验交流，促进各地相互学习借鉴。

（六）加强信息公开和信息报送。各地要通过主要媒体向社会公告河长名单，在河湖岸边显著位置竖立河长公示牌，标明河长职责、管护目标、监督电话等内容。各地要建立全面推行河长制的信息报送制度，动态跟踪进展情况。自2017年1月起，各省（区、市）河长制办公室（或党委、政府确定的牵头部门）每两月将贯彻落实进展情况报送水利部及环境保护部，第一次报送时间为1月10日前；每年1月10日前将年度总结报送水利部及环境保护部。

四、强化保障措施

（一）加强组织领导。各地要加强组织领导，明确责任分工，抓好工作落实。建立水利部会同环境保护部等相关部委参加的全面推行河长制工作部际协调机制，强化组织指导和监督检查，研究解决重大问题。水利部、环境保护部将与相关部门加强沟通协调，指导各地全面推行河长制工作。

（二）强化部门联动。地方水利、环保部门要加强沟通，密切配合，共同推进河湖管理保护工作。要充分发挥水利、环保、发改、财政、国土、住建、交通、农业、卫生、林业等部门优势，协调联动，各司其职，加强对河长制实施的业务指导和技术指导。要加强部门联合执法，加大对涉河湖违法行为打击力度。

（三）统筹流域协调。各地河湖管理保护工作要与流域规划相协调，强化规划约束。对跨行政区域的河湖要明晰管理责任，统筹上下游、左右岸，加强系统治理，实行联防联控。流域管理机构、区域环境保护督查机构要充分发挥协调、指导、监督、监测等作用。

（四）落实经费保障。各地要积极落实河湖管理保护经费，引导社会资本参与，建立长效、稳定的河湖管理保护投入机制。

（五）加强宣传引导。各地要做好全面推行河长制工作的宣传教育和舆论引导。根据工作节点要求，精心策划组织，充分利用报刊、广播、电视、网络、微信、微博、客户端等各种媒体和传播手段，特别是要注重运用群众喜闻乐见、易于接受的方式，深入释疑解惑，广泛宣传引导，不断增强公众对河湖保护的责任意识和参与意识，营造全社会关注河湖、保护河湖的良好氛围。

水利部　公安部　交通运输部关于建立长江河道采砂管理合作机制的通知（2020年3月12日　水河湖〔2020〕37号）

水利部长江水利委员会，公安部长江航运公安局，交通运输部长江航务管理局，四川、重庆、湖北、湖南、江西、安徽、江苏、上海等省（直辖市）水利（水务）厅（局）、公安厅（局）、交通运输厅（局、委）：

《长江河道采砂管理条例》施行以来，水利部、公安部、交通运输部务实合作，共同打造了长江河道采砂总体可控、稳定向好的良好局面。当前，由于供需矛盾突出，砂价持续上涨，非法采砂反弹压力较大，长江河道采砂管理面临新的形势。为进一步提升管理水平，维护长江河道采砂管理秩序，水利部、公安部、交通运输部决定建立长江河道采砂管理合作机制（以下简称三部合作机制）。现将有关事项通知如下：

一、指导思想

以习近平新时代中国特色社会主义思想为指引，紧紧围绕统筹推进"五位一体"总体布局和协调推进"四个全面"战略布局，深入贯彻落实习近平总书记在深入推动长江经济带发展座谈会上的重要讲话精神，牢固树立生态优先、绿色发展理念，共抓大保护，不搞大开发，坚持惩防并举、疏堵结合、标本兼治，积极拓展长江河道采砂管理合作渠道，实现部门间优势互补，形成工作合力，共同维护长江河道采砂良好秩序，为助推经济社会发展提供支撑。

二、工作目标

水利部、公安部、交通运输部通过建立三部合作机制，实现共建共享、深度融合，使长江河道采砂管理沟通联系更加紧密，采运砂船舶监管力度进一步提升，行政执法与刑事司法衔接更加顺畅，对非法采运砂行为的高压严打态势进一步增强，确保长江河势稳定和航道稳定，保障防洪安全、通航安全和生态安全。

三、合作领域

（一）打击非法采砂行为。建立完善联合执法机制，针对重点江段、敏感水域或重点时段开展联合执法打击行动，持续保持对非法采砂的高压严打态势。健全信息沟通、案件移送等制度，完善行政执法与刑事司法衔接机制，有效实施《最高人民法院最高人民检察院关于办理非法采矿、破坏性采矿刑事案件适用法律若干问题的解释》（法释〔2016〕25号），依法严厉打击非法采砂犯罪行为，做好河道非法采砂中的扫黑除恶工作，确保长江河道采砂管理秩序稳定可控。

（二）加强涉砂船舶管理。进一步完善和落实长江河道砂石采运管理单制度、采砂船舶汛期集中停靠制度。建立完善涉砂船舶台账和从业人员动态数据库。建设长江采运砂船舶联合监管信息平台，实现涉砂船舶信息共享，推动涉砂船舶安装北斗终端，力争实现对此类船舶的24小时全程监控。依法查处证照不齐全的采运砂船舶、非法改装的"隐形"采砂船舶、非法码头以及违法运输砂石等行为，依法对航道内涉砂碍航船舶进行检查和查处。

（三）推进航道疏浚砂综合利用。水利部、交通运输部在推进长江航道疏浚砂综合利用试点的基础上，持续深化疏浚砂综合利用合作，共同研究出台长江疏浚砂综合利用指导意见。总结长江口、荆州太平口航道疏浚砂综合利用试点经验，在长江沿线逐步推广航道疏浚砂综合利用，指导地方在坚持政府主导原则下，合理利用河道砂石资源。

四、保障措施

（一）成立三部合作机制领导小组。水利部、公安部、交通运输部分管副部长任组长，下设领导小组办公室。领导小组办公室设在水利部河湖管理司，具体负责三部合作日常事务。水利部长江水利委员会、公安部长江航运公安局、交通运输部长江航务管理局进一步深化合作机制，落实相关任务，指导合作机制向基层延伸。沿江各地各级水利、公安、交通运输行政主管部门充分发挥各自职能优势，推进部门、区域联防联控，提升长江河道采砂监管合力。

（二）建立联席会议制度。水利部河湖管理司、公安部治安管理局、交通运输部水运局作为三方合作联系部门，具体负责组织合作事宜的沟通协调。三方定期或不定期召开联席会议，通报相关信息，研究、协调、解决长江河道采砂管理中的重大问题。若遇紧急情况，三方均可提议召开会议，商议对策措施。

（三）加强协同联动。水利部、公安部、交通运输部及水利部长江水利委员会、公安部长江航运公安局、交通运输部长江航务管理局要加强联动，适时组织开展联合专项打击或清江行动。沿江各地各级水利、公安、交通运输行政主管部门应结合实际开展深层次合作。各有关方面要充分利用现代技术手段，增进信息互通、资源共享，推进在采砂规划编制、案件查处、河道航道治理等方面高效合作。

水利部办公厅关于进一步加强河湖管理范围内建设项目管理的通知（2020年8月13日 办河湖〔2020〕177号）

各流域管理机构，各省、自治区、直辖市水利（水务）厅（局），新疆生产建设兵团水利局：

加强河湖管理范围内建设项目（以下简称涉河建设项目）管理，关系到防洪安全、河势稳定、生态安全，是全面推行河长制湖长制、加强河湖管理保护的重要内容。近年来，在河湖"清四乱"工作中，一些地方未批先建、违规审批涉河建设项目等问题不同程度存在，今年汛期，新闻媒体对一些违法违规涉河建设项目也有报道，引发社会各界广泛关注。为进一步加强涉河建设项目管理，依据《中华人民共和国水法》《中华人民共和国防洪法》《中华人民共和国河道管理条例》，现就有关要求明确如下：

一、总体要求

以习近平新时代中国特色社会主义思想为指导，全面贯彻党的十九大和十九届二中、三中、四中全会精神，积极践行"节水优先、空间均衡、系统治理、两手发力"的治水思路，紧紧围绕"水利工程补短板、水利行业强监管"水利改革发展总基调，坚持依法依规，严格河湖水域岸线管控，规范涉河建设项目行政许可和实施监管，健全源头预防、过程控制、损害赔偿、责任追究的管理体系，进一步推进涉河建设项目管理有序规范，为建设幸福河湖提供有力保障。各流域管理机构、地方各级水行政主管部门要高度重视涉河建设项目管理，完善制度标准，严格许可程序，加强实施监督，各省级河长制办公室要将清理整治违法违规问题作为河长制湖长制的重要任务，纳入日常工作和考核问责。

二、进一步规范涉河建设项目许可

（一）规范许可范围。在河湖管理范围内建设跨河、穿河、穿堤、临河的桥梁、码头、道路、渡口、管道、缆线等工程设施，要依法依规履行涉河建设项目许可手续。禁止在河湖管理范围内建设妨碍行洪的建筑物、构筑物，倾倒、弃置渣土。禁止围垦湖泊，禁止违法围垦河道。严禁超项目类别进行审批许可，不得以涉河建设项目名义许可尾矿库、永久渣场，不得以桥梁、道路、码头等为名，对开发建设房屋建筑、风雨廊桥、景观工程、别墅等进行许可。对光伏发电、风力发电等建设项目，要符合相关规划，进行充分论证，严格控制，严重影响防洪安全、河势稳定、生态安全的，不得许可。

（二）明确许可权限。各流域管理机构、地方各级水行政主管部门要按照规定的权限进行涉河建设项目许可，对许可行为的依法合规性负直接责任。各流域管理机构涉河建设项目许可权限由水利部确定，其他涉河建设项目许可权限由省级水行政主管部门确定，严禁越权许可。省级水行政主管部门要根据河湖重要程度、项目规模等情况，合理确定省级及以下地方水行政主管部门的许可权限，并指导监督市、县级水行政主管部门的许可工作。流域管理机构许可重要建设项目时，应征求有关省级水行政主管部门的意见，省级的许可文件应抄送有关流域管理机构备案。

（三）严格许可要求。各流域管理机构、地方各级水行政主管部门要依据相关法律法规、技术标准和规划，严格涉河建设项目许可，不仅要维护防洪安全、河势稳定，也要维护河湖空间完整、功能完好、生态安全。对于重要涉河建设项目，要告知建设单位组织编制专门的防洪评价报告，充分论证涉河建设项目对防洪的影响，以及涉河建设项目自身防洪安全。

（四）提高许可效率。各流域管理机构、地方各级水行政主管部门要按照精简、便民、高效的原则，规范审批流程，精简审批手续，依法依规向社会公开有关许可情况，接受社会监督。要主动与发展改革、交通运输等相关部门和建设单位沟通，在桥梁、港口、铁路等重大项目规划、前期立项等环节提前介入，将相关水法律法规、水利规划、防洪等要求落实到设计方案中。

三、切实加强涉河建设项目实施监管

（一）明确监管责任主体。各流域管理机构、地方各级水行政主管部门要按照"谁审批、谁监管"要求，在许可文件中，明确涉河建设项目监管责任单位和责任人，提出监管要求。

（二）加强项目实施监管。监管责任单位要强化事中事后监管，指导督促涉河建设项目按照批准的工程建设方案、位置界限、度汛方案等实施。加强对防洪补救措施的实施监管，防洪补救措施需与涉河建设项目主体工程同步实施，同步验收，同步投入使用。

（三）建立日常巡查制度。各流域管理机构、地

方各级水行政主管部门要建立健全河湖日常监管巡查制度，并结合水利工程巡查管护、防汛检查等工作，加强对涉河建设项目的巡查检查，对违法违规问题早发现、早处理。地方各级河长制办公室要提请河长在巡视时加强对涉河建设项目的巡查检查。河道管理单位或水利工程管理单位在日常巡查中，发现问题要立即制止，并及时报告有关水行政主管部门依法处理。

（四）加大行政执法力度。各流域管理机构、地方各级水行政主管部门要加强对涉河建设项目许可、建设等环节的监督，严厉查处违法侵占河湖的行为，对违法违规的责任主体要依法依规进行处罚，对有关责任单位和责任人要依法依纪严肃问责。同时，鼓励有条件的地方探索对涉河建设项目实施、防洪评价报告编制等实行信用管理，将存在未批先建、批建不符、弄虚作假等突出问题的市场主体纳入失信惩戒对象名单。

四、加强涉河建设项目管理的保障措施

（一）依法划定河湖管理范围。划定河湖管理范围是加强涉河建设项目管理的基础。有堤防的河湖，管理范围包括两岸堤防之间的水域、沙洲、滩地、行洪区和堤防及护堤地，堤防背水侧护堤地宽度，根据《堤防工程设计规范》（GB 50286—2013）规定，按照堤防工程级别确定，1 级堤防护堤地宽度为 30～20 米，2、3 级堤防为 20～10 米，4、5 级堤防为 10～5 米，大江大河重要堤防、城市防洪堤、重点险工险段的背水侧护堤地宽度可根据具体情况调整确定；无堤防的河湖，管理范围为历史最高洪水位或者设计洪水位之间的水域、沙洲、滩地和行洪区，历史最高洪水位或设计洪水位要根据有关防洪规划、技术规范和水文资料核定。各流域管理机构、地方各级水行政主管部门要严格依照相关法律法规，加快划定河湖管理范围，严禁为避让违法违规建设项目故意缩小河湖管理范围。

（二）落实岸线保护与利用规划约束。各流域管理机构、地方各级水行政主管部门要按照河湖岸线保护与利用规划编制指南要求，加快规划编制工作，突出保护优先，合理划分岸线保护区、保留区、控制利用区和开发利用区，明确分区管理和用途管控要求，并主动与发展改革、自然资源主管部门对接，将规划成果纳入发展规划和国土空间规划。要以河湖岸线保护与利用规划为依据严格涉河建设项目管理，与规划要求不符的，新建项目一律不得许可，已建项目要因地制宜、有计划地调整或退出。

（三）加强涉河建设项目信息化管理。各流域管理机构、各省级水行政主管部门要组织对管辖范围内的涉河建设项目进行排查，逐步建立完善涉河建设项目台账，并积极利用卫星遥感、视频监控、无人机等技术手段，动态采集河湖水域岸线、涉河建设项目变化情况，实行动态跟踪管理。要依托全国河长制湖长制管理信息系统，逐步将河湖岸线功能分区、涉河建设项目信息纳入"水利一张图"，推进信息化管理。

（四）广泛宣传涉河建设项目法规政策。各流域管理机构、地方各级水行政主管部门要通过报纸、电视、网络、新媒体、宣传册、讲座等多种方式，向河长湖长、有关行政主管部门、建设单位、设计咨询单位、施工企业、社会群众广泛宣传水法律法规和有关政策、涉河建设项目管理知识，要结合河湖"清四乱"常态化规范化，加大对违法违规典型案例的曝光和宣传力度，搭建公众知情平台，畅通公众知情渠道，提升全社会对加强涉河建设项目管理的理解和支持，推动形成知法守法、保护河湖的浓厚氛围。

发展改革委 工业和信息化部 公安部 财政部 自然资源部 生态环境部 住房城乡建设部 交通运输部 水利部 商务部 应急部 市场监管总局 统计局 海警局 铁路局关于印发《关于促进砂石行业健康有序发展的指导意见》的通知（2020 年 3 月 25 日 发改价格〔2020〕473 号）

各省、自治区、直辖市及计划单列市人民政府，新疆生产建设兵团：

为稳定砂石市场供应、保持价格总体平稳、促进行业健康有序发展，经国务院同意，现将《关于促进砂石行业健康有序发展的指导意见》印发你们，请认真组织落实。

关于促进砂石行业健康有序发展的指导意见

砂石是工程建设中最基本且不可或缺的建筑材料。长期以来，砂石主要由区域市场就近供应，总体处于供求平衡状态，价格保持基本稳定。经过多年大规模开采，天然砂石资源逐渐减少，近年来国内主要江河来沙量大幅下降，加之一些地方对砂石基础性重要性认识不足，行业整治工作简单粗放，没有统筹好"堵后门"和"开前门"的关系，企业数量产量明显减少，造成区域性供需短期失衡，价格大幅上涨，低质砂石进入市场，增加基建投资和重大项目建设成本的同时，影响工程建设进度并带来质量安全隐患，亟须采取措施妥善解决。为稳定砂石市场供应、保持价格总体平稳、促进行业健康有序发展，经国务院同意，现提出以下意见。

一、总体要求

以习近平新时代中国特色社会主义思想为指导，按照党中央、国务院决策部署，牢固树立和坚决践行新发展理念，充分发挥市场在资源配置中的决定性作用，更好发挥政府作用，切实落实地方政府主体责任，坚持先立后破，加快"开前门"和坚决"堵后门"并重，综合施策、多措并举，合理控制河湖砂开采，逐步提升机制砂石等替代砂源利用比例，优化产销布局，加快构建区域供需平衡、价格合理、绿色环保、优质高效的砂石产业体系，为基础设施投资建设和经济平稳运行提供有力支撑。

二、推动机制砂石产业高质量发展

（一）大力发展和推广应用机制砂石。加快落实《关于推进机制砂石行业高质量发展的若干意见》（工信部联原〔2019〕239号），统筹考虑各类砂石资源整体发展趋势，逐步过渡到依靠机制砂石满足建设需要为主，在规划布局、工艺装备、产品质量、污染防治、综合利用、安全生产等方面加强联动，加快推动机制砂石产业转型升级。（各省级人民政府，工业和信息化部、发展改革委、自然资源部、生态环境部、住房城乡建设部、交通运输部、水利部、应急部、市场监管总局、中国国家铁路集团有限公司）强化上下游衔接，加快建立并逐步完善机制砂石产品及应用标准规范体系，不断提高优质和专用产品应用比例。（工业和信息化部、住房城乡建设部、交通运输部、水利部、市场监管总局、中国国家铁路集团有限公司）

（二）优化机制砂石开发布局。统筹资源禀赋、经济运输半径、区域供需平衡等因素，积极有序投放砂石采矿权，支持京津冀及周边、长三角等重点区域投放大型砂石采矿权。在引导中小砂石企业合规生产的同时，通过市场化办法实现砂石矿山资源集约化、规模化开采，建设绿色矿山。（各省级人民政府，自然资源部、发展改革委、工业和信息化部、住房城乡建设部、交通运输部、水利部，中国国家铁路集团有限公司）加强资源富集地区和需求量大地区的衔接，沿主要运输通道布局一批千万吨级大型机制砂石生产基地，加强对重点地区的供应保障。引导联合重组，促进产业集聚，建设生产基地与加工集散中心，改进装卸料方式，减少倒装，有效改变"小、散、乱"局面。（各省级人民政府，工业和信息化部、发展改革委、自然资源部、交通运输部、中国国家铁路集团有限公司）

（三）加快形成机制砂石优质产能。加强土地、矿山、物流等要素保障，加快项目手续办理。引导各类资金支持骨干项目建设，推动大型在建、拟建机制砂石项目尽快投产达产，增加优质砂石供给能力。（各省级人民政府，工业和信息化部、发展改革委、自然资源部、生态环境部、交通运输部，中国国家铁路集团有限公司）对符合条件的已设砂石采矿权，支持和引导地方依法予以延续登记，并推动尽快恢复正常生产。鼓励暂未达到相关要求的厂矿进行升级改造，完善必要设施设备，具备条件的尽快复工复产。（各省级人民政府，自然资源部、生态环境部、水利部、应急部）

（四）降低运输成本。推进砂石中长距离运输"公转铁、公转水"，减少公路运输量，增加铁路运输量，完善内河水运网络和港口集疏运体系建设，加强不同运输方式间的有效衔接。推进铁路专用线建设，对年运量150万吨以上的机制砂石企业，应按规定建设铁路专用线。（各省级人民政府，交通运输部，中国国家铁路集团有限公司）

三、加强河道采砂综合整治与利用

（五）加强非法采砂综合治理。加强砂石行业全环节、全流程监管，及早发现问题隐患，完善管理制度规范。对无证采砂、不按许可要求采砂等非法采砂行为，保持高压态势，强化行刑衔接，加大打击力度。严格管控长江中下游采砂活动，严防河道非法采砂反弹，维护长江采砂秩序，确保长江健康。（各省级人民政府，水利部、公安部、生态环境部、交通运输部）

（六）合理开发利用河道砂石资源。加强行业指导，加快河道采砂规划编制，在保障防洪、生态、通航安全的前提下，合理确定可采区、可采期、可采量，鼓励和支持河砂统一开采管理，推进集约化、规模化开采。尽快清理不合理的禁采区和禁采期，调整不切实际片面扩大设置的禁采区，纠正没有法律依据实施长期全年禁采的"一刀切"做法。（各省级人民政府，水利部、生态环境部、交通运输部）

（七）加大河道航道疏浚砂利用。及时总结推广河道航道疏浚砂综合利用试点经验，推进河砂开采与河道治理相结合，建立疏浚砂综合利用机制，促进疏浚砂利用。（各省级人民政府，水利部、交通运输部）

（八）探索推进三峡库区等淤积砂开采利用。强化生态保护约束，加强顶层设计，加快探索三峡库区等开展水库淤积砂综合利用试点，努力增加资源供应。（各省级人民政府，水利部、交通运输部）

四、逐步有序推进海砂开采利用

（九）合理开采海砂资源。全面实施海砂采矿权和海域使用权联合招标拍卖挂牌出让，优化出让环节和工作流程。建立完善海砂开采管理长效机制。（有关省级人民政府，自然资源部）

（十）严格规范海砂使用。严格执行海砂使用标准，确保海砂质量符合使用要求。严格控制海砂使用范围，严禁建设工程使用违反标准规范要求的海砂。（有关省级人民政府，住房城乡建设部、交通运输部、水利部、市场监管总局、中国国家铁路集团有限公司）

五、积极推进砂源替代利用

（十一）支持废石尾矿综合利用。在符合安全、生态环保要求的前提下，鼓励和支持综合利用废石、矿渣和尾矿等砂石资源，实现"变废为宝"。（各省级人民政府，工业和信息化部、自然资源部、生态环境部、应急部）

（十二）鼓励利用固废资源制造再生砂石。鼓励利用建筑拆除垃圾等固废资源生产砂石替代材料，清理不合理的区域限制措施，增加再生砂石供给。（各省级人民政府，住房城乡建设部、发展改革委、工业和信息化部、生态环境部）

（十三）推动工程施工采挖砂石统筹利用。对经批准设立的工程建设项目和整体修复区域内按照生态修复方案实施的修复项目，在工程施工范围及施工期间采挖的砂石，除项目自用外，多余部分允许依法依规对外销售。（各省级人民政府，自然资源部、交通运输部、水利部）

（十四）积极推广钢结构装配式建筑。逐步提高钢结构装配式建筑在学校、医院、办公楼、写字楼等公共建筑中的应用比例，稳步推进钢结构装配式建筑在城镇住宅和农房建设中的推广应用。（住房城乡建设部、发展改革委、工业和信息化部）

六、进一步压实地方责任

（十五）明确责任主体。各地要落实属地管理责任，建立工作协调机制，明确牵头责任单位，加强部门协作，统筹做好促生产、保供应、稳价格、强监管等工作，保障工程建设和民生需要。（各省级人民政府）

（十六）确保重点工程项目需要。市场供应紧张、价格涨幅较大的地区，要针对性制定应急保供方案，切实采取有效措施，加强货源和运输调度的统筹协调，确保重点工程项目建设不受影响。（各省级人民政府）

（十七）切实保障防汛等应急用砂石。针对防汛抢险等应急用砂石，根据需要建立应急开采机制，制订应急方案，在严格执行方案要求、实行专砂专用的前提下，由地方政府统筹启动应急开采和保障

供应。（各省级人民政府）

（十八）营造良好环境。推进相关领域"放管服"改革，简化申请资料要件，优化工作流程，提高办事效率。（各省级人民政府）坚持一视同仁，积极吸引社会资本进入，允许和支持民营企业平等进入砂石矿山开采、河道采砂、海砂开采等行业，保护民营砂石生产企业合法权益。（各省级人民政府、工业和信息化部、自然资源部、水利部）

七、进一步加强市场监管

（十九）严厉查处违法违规行为。结合扫黑除恶专项斗争，依法严厉查处违法开采、非法盗采、违规生产、污染破坏环境、造假掺假等违法违规行为，以及建设工程违规使用海砂行为，严格追究相关单位与个人的责任。落实长江河道采运管理"四联单"制度，依法查处"三无"采砂船及非法改装、伪装、隐藏采砂设备的船舶。（各省级人民政府、公安部、工业和信息化部、自然资源部、生态环境部、住房城乡建设部、交通运输部、水利部、市场监管总局、中国海警局）

（二十）规范市场秩序。全面加强砂石质量抽查监管力度。（住房城乡建设部、市场监管总局按照各自职能共同负责）严厉打击互相串通、操纵市场价格、哄抬价格以及不正当竞争等违法违规行为，规范市场和价格秩序。（市场监管总局）

（二十一）加强进出口管理。从严管控砂石出口，合理引导市场主体扩大砂石进口规模。（商务部）

八、建立健全工作机制

（二十二）建立部门工作协调机制。加强部门联动，形成工作合力，建立砂石保供稳价工作协调机制，强化工作指导，定期会商研究相关问题。（发展改革委会同相关部门）

（二十三）加强监测预警和信息发布。加强砂石市场供应和价格监测预测预警，及时分析研判市场供求变化，每两个月调度一次全国砂石供求情况。及时发布砂石市场信息，积极引导市场主体及早做出反应，稳定市场预期。（发展改革委会同相关部门）

各地区要进一步提高认识，切实落实主体责任，把做好砂石保供稳价、促进行业健康有序发展提上重要议事日程，抓紧建立工作机制，制定实施方案，狠抓工作落实。有关职能部门要强化政策协调，加强工作指导，积极推动产业高质量发展。当前，要在科学做好新冠肺炎疫情防控工作前提下，结合工程项目有序复工复产进度，切实保障砂石市场供应和价格基本稳定。

工业和信息化部 发展改革委 科技部 财政部 环境保护部关于加强长江经济带工业绿色发展的指导意见（2017 年 6 月 30 日 工信部联节〔2017〕178 号）

上海市、江苏省、浙江省、安徽省、江西省、湖北省、湖南省、重庆市、四川省、云南省、贵州省工业和信息化、发展改革、科技、财政、环境保护主管部门：

为贯彻落实党中央、国务院关于长江经济带发展重大战略部署，保护长江流域生态环境，进一步提高工业资源能源利用效率，全面推进绿色制造，减少工业发展对生态环境的影响，实现绿色增长，现提出以下意见：

一、总体要求

深入学习党的十八大和十八届三中、四中、五中、六中全会精神，贯彻新发展理念，落实党中央、国务院关于长江经济带发展的战略部署，按照习近平总书记提出的"共抓大保护，不搞大开发"要求，坚持供给侧结构性改革，坚持生态优先、绿色发展，全面实施中国制造 2025，扎实推进《工业绿色发展规划（2016—2020 年）》，紧紧围绕改善区域生态环境质量要求，落实地方政府责任，加强工业布局优化和结构调整，以企业为主体，执行最严格环保、水耗、能耗、安全、质量等标准，强化技术创新和政策支持，加快传统制造业绿色化改造升级，不断提高资源能源利用效率和清洁生产水平，引领长江经济带工业绿色发展。

到 2020 年，长江经济带绿色制造水平明显提升，产业结构和布局更加合理，传统制造业能耗、水耗、污染物排放强度显著下降，清洁生产水平进一步提高，绿色制造体系初步建立。与 2015 年相比，规模以上企业单位工业增加值能耗下降 18%，重点行业主要污染物排放强度下降 20%，单位工业增加值用水量下降 25%，重点行业水循环利用率明显提升。全面完成长江经济带危险化学品搬迁改造重点项目。一批关键共性绿色制造技术实现产业化应用，打造和培育 500 家绿色示范工厂、50 家绿色示范园区，推广 5 000 种以上绿色产品，绿色制造产业产值达到 5 万亿元。

二、优化工业布局

（一）完善工业布局规划。落实主体功能区规划，严格按照长江流域、区域资源环境承载能力，加强分类指导，确定工业发展方向和开发强度，构建特色突出、错位发展、互补互进的工业发展新格局。实施长江经济带产业发展市场准入负面清单，明确禁止和限制发展的行业、生产工艺、产品目录。严格控制沿江石油加工、化学原料和化学制品制造、医药制造、化学纤维制造、有色金属、印染、造纸等项目环境风险，进一步明确本地区新建重化工项目到长江岸线的安全防护距离，合理布局生产装置及危险化学品仓储等设施。

（二）改造提升工业园区。严格沿江工业园区项目环境准入，完善园区水处理基础设施建设，强化环境监管体系和环境风险管控，加强安全生产基础能力和防灾减灾能力建设。开展现有化工园区的清理整顿，加大对造纸、电镀、食品、印染等涉水类园区循环化改造力度，对不符合规范要求的园区实施改造提升或依法退出，实现园区绿色循环低碳发展。全面推进新建工业企业向园区集中，强化园区规划管理，依法同步开展规划环评工作，适时开展跟踪评价。严控重化工企业环境风险，重点开展化工园区和涉及危险化学品重大风险功能区区域定量风险评估，科学确定区域风险等级和风险容量，对化工企业聚集区及周边土壤和地下水定期进行监测和评估。推动制革、电镀、印染等企业集中入园管理，建设专业化、清洁化绿色园区。培育、创建和提升一批节能环保安全领域新型工业化产业示范基地，促进园区规范发展和提质增效。

（三）规范工业集约集聚发展。推动沿江城市建成区内现有钢铁、有色金属、造纸、印染、电镀、化学原料药制造、化工等污染较重的企业有序搬迁改造或依法关闭。推动位于城镇人口密集区内，安全、卫生防护距离不能满足相关要求和不符合规划的危险化学品生产企业实施搬迁改造或依法关闭。到 2020 年，完成 47 个危险化学品搬迁改造重点项目。新建项目应符合国家法规和相关规范条件要求，企业投资管理、土地供应、节能评估、环境影响评价等要依法履行相关手续。实施最严格的资源能源消耗、环境保护等方面的标准，对重点行业加强规范管理。

（四）引导跨区域产业转移。鼓励沿江省市创新工作方法，强化生态环境约束，建立跨区域的产业转移协调机制。充分发挥国家自主创新示范区、国家高新区的辐射带动作用，创新区域产业合作模式，提升区域创新发展能力。加强产业跨区域转移监督、指导和协调，着力推进统一市场建设，实现上下游区域良性互动。发挥国家产业转移信息服务平台作用，不断完善产业转移信息沟通渠道。认真落实长江经济带产业转移指南，依托国家级、省级开发区，有序建设沿江产业发展轴，合理开发沿海产业发展带，重点打造长江三角洲、长江中游、成渝、黔中和滇中等五大城市群产业发展圈，大力培育电子信息产业、高端装备产业、汽车产业、家电产业和纺织服装产业等五大世界级产业集群，形成空间布局合理、区域分工协作、优势互补的产业发展新格局。

（五）严控跨区域转移项目。对造纸、焦化、氮肥、有色金属、印染、化学原料药制造、制革、农药、电镀等产业的跨区域转移进行严格监督，对承接项目的备案或核准，实施最严格的环保、能耗、水耗、安全、用地等标准。严禁国家明令淘汰的落后生产能力和不符合国家产业政策的项目向长江中上游转移。

三、调整产业结构

（六）依法依规淘汰落后和化解过剩产能。结合长江经济带生态环境保护要求及产业发展情况，依据法律法规和环保、质量、安全、能效等综合性标准，淘汰落后产能，化解过剩产能。严禁钢铁、水泥、电解铝、船舶等产能严重过剩行业扩能，不得以任何名义、任何方式核准、备案新增产能项目，做好减量置换，为新兴产业腾出发展空间。严格控制长江中上游磷肥生产规模。严防"地条钢"死灰复燃。加大国家重大工业节能监察力度，重点围绕钢铁、水泥等高耗能行业能耗限额标准落实情况、阶梯电价执行情况开展年度专项监察，对达不到标准的实施限期整改，加快推动无效产能和低效产能尽早退出。

（七）加快重化工企业技术改造。全面落实国家石化、钢铁、有色金属工业"十三五"规划，发挥技术改造对传统产业转型升级的促进作用，加快沿江现有重化工企业生产工艺、设施（装备）改造，改造的标准应高于行业全国平均水平，争取达到全国领先水平。推广节能、节水、清洁生产新技术、新工艺、新装备、新材料，推进石化、钢铁、有色、稀土、装备、危险化学品等重点行业智能工厂、数字车间、数字矿山和智慧园区改造，提升产业绿色化、智能化水平，使沿江重化工企业技术装备和管理水平走在全国前列，引领行业发展。

（八）大力发展智能制造和服务型制造。在长江经济带一定工作基础、地方政府积极性高的地区，探索建设智能制造示范区，鼓励中下游地区智能制造率先发展，重点支持中上游地区提升智能制造水平。加快在数控机床与机器人、增材制造、智能传感与控制、智能检测与装配、智能物流与仓储等五大领域，突破一批关键技术和核心装备。在流程制造、离散型制造、网络协同制造、大规模个性化定制、远程运维服务等方面，开展试点示范项目建设，

制修订一批智能制造标准。大力发展生产性服务业，引导制造业企业延伸服务链条，推动商业模式创新和业态创新。

（九）发展壮大节能环保产业。大力发展长江经济带节能环保产业，在重庆、无锡、成都、长沙、武汉、杭州、盐城、昆明等地重点推动节能环保装备制造业集群化发展，在江苏、上海、重庆等地不断提升节能环保技术研发能力及节能环保服务业水平，在上海临港、合肥、马鞍山和彭州等地加快建设再制造产业集聚区，着力发展航空发动机关键件、工程机械、重型机床等机电产品再制造特色产业。加强节能环保服务公司与工业企业紧密对接，推动企业采用第三方服务模式，壮大节能环保产业。

四、推进传统制造业绿色化改造

（十）大力推进清洁生产。按照《清洁生产促进法》，引导和支持沿江工业企业依法开展清洁生产审核，鼓励探索重点行业企业快速审核和工业园区、集聚区整体审核等新模式，全面提升沿江重点行业和园区清洁生产水平。在沿江有色、磷肥、氮肥、农药、印染、造纸、制革和食品发酵等重点耗水行业，加大清洁生产技术推行方案实施力度，从源头减少水污染。实施中小企业清洁生产水平提升计划，构建"互联网＋"清洁生产服务平台，鼓励各地政府购买清洁生产培训、咨询等相关服务，探索免费培训、义务诊断等服务模式，引导中小企业优先实施无费、低费方案，鼓励和支持实施技术改造方案。

（十一）实施能效提升计划。推动长江经济带煤炭消耗量大的城市实施煤炭清洁高效利用行动计划，以焦化、煤化工、工业锅炉、工业炉窑等领域为重点，提升技术装备水平、优化产品结构、加强产业融合，综合提升区域煤炭高效清洁利用水平，实现减煤、控煤、防治大气污染。在钢铁和铝加工产业集聚区，推广电炉钢等短流程工艺和铝液直供。积极推进利用钢铁、化工、有色、建材等行业企业的低品位余热向城镇居民供热，促进产城融合。

（十二）加强资源综合利用。大力推进工业固体废物综合利用，重点推进中上游地区磷石膏、冶炼渣、粉煤灰、酒糟等工业固体废物综合利用，加大中下游地区化工园区废酸废盐等减量化、安全处置和综合利用力度，选择固体废物产生量大、综合利用有一定基础的地区，建设一批工业资源综合利用基地。鼓励地方政府在沿江有条件的城市推动水泥窑协同处置生活垃圾。推进再生资源高效利用和产业发展，严格废旧金属、废塑料、废轮胎等再生资源综合利用企业规范管理，搭建逆向物流体系信息平台。

（十三）开展绿色制造体系建设。在长江经济带

沿江城市中，选择工业比重高、代表性强、提升潜力大的城市，结合主导产业，围绕传统制造业绿色化改造、绿色制造体系建设等内容，综合提升城市绿色制造水平，打造一批具有示范带动作用的绿色产品、绿色工厂、绿色园区和绿色供应链。推动长江经济带重点行业领军企业牵头组成联合体，围绕绿色设计平台建设、绿色关键工艺突破、绿色供应链构建，推进系统化绿色改造，在机械、电子、食品、纺织、化工、家电等领域实施一批绿色制造示范项目，引领和带动长江经济带工业绿色发展。

五、加强工业节水和污染防治

（十四）切实提高工业用水效率。在长江流域切实落实节水优先方针，加强企业节水管理，大力推进节水技术改造，推广国家鼓励的工业节水工艺、技术和装备，加快淘汰高耗水落后工艺、技术和装备，控制工业用水总量，提高工业用水效率。开展水效领跑者引领行动，引导和支持工业企业开展水效对标达标活动。强化高耗水行业企业生产过程和工序用水管理，严格执行取水定额国家标准，推动高耗水行业用水效率评估审查。实行最严格水资源管理制度考核，加强对高耗水淘汰目录执行情况的督促检查。

（十五）推进工业水循环利用。大力培育和发展沿江工业水循环利用服务支撑体系，积极推动高耗水工业企业广泛开展水平衡测试，鼓励企业采用合同节水管理、特许经营、委托营运等模式，改进节水技术工艺，强化过程循环和末端回用，提高钢铁、印染、造纸、石化、化工、制革和食品发酵等高耗水行业废水循环利用率。推进非常规水资源的开发利用，支持上海、江苏、浙江沿海工业园区开展海水淡化利用，推动钢铁、有色等企业充分利用城市中水，支持有条件的园区、企业开展雨水集蓄利用。

（十六）加强重点污染物防治。深入实施水、大气、土壤污染防治行动计划，从源头减少工业水、大气及土壤污染物排放。按行业推进固定污染源排污许可制度实施，依法落实企业治污主体责任，持证排污，按证排污。重点推进沿江干支流及太湖、巢湖、洞庭湖、鄱阳湖周边"十小"企业取缔、"十大"重点行业专项整治、工业集聚区污水管网收集体系和集中处理设施建设并安装自动在线监控装置，规范沿江涉磷企业渣场和尾矿库建设，推进工业企业化学需氧量、氨氮、总氮、总磷全面达标排放。加大燃煤电厂超低排放改造、"散乱污"企业治理、中小燃煤锅炉淘汰、工业领域煤炭高效清洁利用、挥发性有机物削减等工作力度，严控二氧化硫、氮氧化物、烟粉尘、挥发性有机物等污染物排放。加

强涉重金属行业污染防控，制定涉重金属重点工业行业清洁生产技术推行方案，鼓励企业采用先进适用生产工艺和技术，减少重金属污染物排放。

工业和信息化部　水利部　科技部财政部关于印发《京津冀工业节水行动计划》的通知（2019 年 9 月 12 日　工信部联节〔2019〕197 号）

北京市、天津市、河北省工业和信息化、水利、科技、财政主管部门，各有关单位：

现将《京津冀工业节水行动计划》印发给你们，请认真贯彻执行。

（联系电话：010－68205367）

附件：京津冀工业节水行动计划

京津冀工业节水行动计划

为贯彻落实党中央、国务院决策部署，推进华北地区地下水超采综合治理，全面提高工业用水效率，保障京津冀地区水资源和生态安全，促进区域经济社会高质量发展，制订本行动计划。

一、总体要求

坚持以习近平新时代中国特色社会主义思想为指导，全面贯彻党的十九大和十九届二中、三中全会精神，牢固树立新发展理念，坚持"节水优先、空间均衡、系统治理、两手发力"新时期治水方针，立足京津冀水资源条件，紧密结合区域经济结构调整和绿色发展需要，优化工业用水结构，实施工业节水技术改造，加强工业用水管理，完善标准和政策体系，不断提高工业用水效率和效益，努力形成集约高效、循环多元、智慧清洁的工业用水方式，加快构建与水资源承载力相适应的产业结构和生产方式，促进工业高质量绿色发展。

力争到 2022 年，京津冀重点高耗水行业（钢铁、石化化工、食品、医药）用水效率达到国际先进水平。万元工业增加值用水量（新水取用量，不包括企业内部的重复利用水量）下降至 10.3 立方米以下，规模以上工业用水重复利用率达到 93%以上，年节水 1.9 亿立方米。

二、主要任务

（一）调整优化高耗水行业结构和布局

1. 按照区域规划，调整产业结构。以水定产，继续严格控制京津冀钢铁、石化化工等高耗水行业新增产能。河北省、天津市推进钢铁去产能，产能分别控制在 2 亿吨以内和 1 500 万吨左右，加快推动城镇人口密集区不符合安全和卫生防护距离的危

险化学品生产企业搬迁改造，持续降低高耗水行业比重。鼓励各地严格常态化执法和强制性标准实施，建立市场化、法治化长效机制，依法依规淘汰落后产能。北京市严格落实《北京市工业污染行业生产工艺调整退出及设备淘汰目录（2017年版）》；河北省、天津市按照要求，落实高耗水工艺、技术和装备按期淘汰工作。

2. 坚持分类指导，优化产业布局。按照资源和环境承载能力，推动钢铁、石化化工等高耗水行业逐渐向沿海及区域外布局和转移，加大海水利用力度。鼓励医药、纺织、皮革、造纸等行业集聚发展，促进水的梯级利用和集中处理，培育一批节水标杆园区。鼓励焦化行业退出主城区，向煤化工基地、钢焦一体化园区聚集，促进企业间循环用水。优先发展国家鼓励的电子信息、节能环保等高附加值、高技术含量产业，降低高耗水行业比重。

（二）促进节水技术推广应用与创新集成

3. 推广一批先进成熟工艺、技术和装备。组织三省市及行业协会遴选一批适用于京津冀地区钢铁、石化化工等高耗水行业的先进成熟节水工艺、技术和装备，建立京津冀工业节水推广技术库并动态更新。近期，针对梯级利用水系统优化、转炉煤气干法除尘、石化化工循环水高效闭式冷却及节水消雾装备、皮革浸灰废液和铬鞣废液循环利用等重点技术，编制京津冀专项技术推广方案，组织召开现场推广会，开展节水技术进企业专项活动（支持京津冀推广的节水技术见附件1）。

专栏1：推广先进成熟节水技术

钢铁行业：冷轧废水处理回用技术、梯级利用水系统优化技术、转炉煤气干法除尘技术、焦化废水处理回用技术、烧结脱硫废水处理回用技术；

石化化工行业：循环水高效闭式冷却及节水消雾装备、纯碱生产用水平带式真空过滤机和干法加灰技术、聚氯乙烯离心母液水回用技术、烧碱蒸发二次冷凝水回用锅炉技术、草甘膦副产氯甲烷清洁回收技术；

食品行业：酒精生产浓醪发酵技术、高温密闭式蒸汽冷凝水回收技术、废水深度处理回用技术；

皮革行业：浸灰废液和铬鞣废液循环利用技术、超载转鼓或Y形染色转鼓等新型节水技术；

造纸行业：高浓筛选与漂白技术、置换压榨双辊挤浆机节水技术、纸机白水多圆盘分级与回用技术、造纸分级处理梯级利用集成节水技术；

纺织行业：小浴比间歇式染色、全自动筒子纱染色、数码喷墨印花技术、泡沫整理、针织物平幅印染等少水染整技术。

4. 推进工业节水技术攻关。支持京津冀工业节水技术创新项目列入国家重点研发计划；支持创建工业节水重点实验室，开展京津冀工业节水基础研究和应用基础、重大关键技术、产业共性技术的创新性研究，重点突破高含盐废水单质分盐、以其他热媒为媒介的蒸馏、污水洗涤、工业供用水管网智能优化控制及检漏等技术与装备的瓶颈；支持在三省市工业集聚的地下水超采区，围绕工业废水资源化循环利用，开展节水型社会创新试点的遴选、建设工作。

专栏2：重点攻关技术

高盐废水单质分盐技术；

高级氧化和膜处理耦合的污水回用技术；

以其他热媒为媒介的蒸馏技术；

环保型溶剂、干洗、离子体清洗等无水洗涤技术和设备；

工业供用水管网智能优化控制及检漏设备与技术；

新型高效换热器及冷换设备应用物理阻垢装置；

直立炉低水分熄焦装置；

浓盐水深度处理减排技术；

焦化废水深度处理回用技术；

轧钢废水深度处理回用技术。

（三）加强节水技术改造

5. 推进企业实施全方位节水技术改造，建设一批重点水效提升项目。推动京津冀年用水量超过10万立方米的企业自主开展专项节水诊断，围绕过程循环和末端回用，实施循环水回用、水梯级利用、废水处理再利用、用水智慧管理、供排水管网智慧检漏等技术改造，提升企业各环节用水效率和重复利用率。重点建设钢铁、石化化工行业循环水高效闭式冷却，酿酒行业循环冷却水零排放等水效提升项目（项目见附件2）。

6. 鼓励工业园区因地制宜实施节水技术改造，建设一批节水标杆园区。鼓励有条件的工业园区，统筹水处理及分质供水系统，进行水的梯级利用和集中处理，形成园区耦合用水系统。推动工业园区根据企业用排水水质特点及要求，指导企业间建立点对点串联用水系统，实现一水多用。重点建设一批水的梯级高效利用园区。

7. 加强工业节水改造服务能力建设，培育一批节水系统解决方案供应商。遴选、发布并支持一批优质的节水系统解决方案供应商，针对京津冀高耗水企业、工业园区提供专业化节水诊断、设计、改造、咨询等服务和整体解决方案。

（四）强化企业用水管理

8. 对规模以上工业企业进行用水统计监测，2020年实现年用水量1万立方米及以上的工业企业用水计划管理全覆盖。鼓励年用水量超过10万立方米的企业，设立水务经理，接受节水管理培训。推动年用水量20万立方米以上企业自愿开展管网漏损自查，对漏损供水管网进行升级改造。

9. 推动建立高用水企业、园区智慧用水管理系统，采用自动化、信息化技术和集中管理模式，实现取用耗排全过程的智能化控制与系统优化。推动一批大中型高用水企业、园区（年用水量20万立方米以上）建设智慧用水管理系统。

10. 进一步完善工业节水标准体系。统筹三省市工业行业取水定额地方标准，推动各行业向高标准对标，向国内、国际先进标准对标，加强节水标准的贯彻落实。利用工业节能与绿色发展标准专项，围绕京津冀制修订100项以上工业行业取水定额、节水型企业、用水计量、节水技术及评价等6标准（清单见附件3）。探索建立钢铁、石化化工行业分装置、分工序的取水定额标准体系。

11. 深化水效领跑者示范引领，建立一批节水标杆企业。会同有关部门，在京津冀地区针对钢铁、石化化工、纺织、食品等行业，建立水效领跑者评价指标，完善遴选、评审以及公示制度。重点培育一批水效领跑者企业和一批节水标杆企业，发挥示范引领效应，推进行业企业开展水效对标达标，构建节水协同推进机制。

（五）大力推进非常规水源利用

12. 鼓励利用海水、雨水和矿井水。支持京津冀沿海地区钢铁、石化化工、火电等行业直接利用海水作为循环冷却水，发展点对点海水淡化供水模式、海水淡化与自来水公司一体化运营模式。鼓励有条件的企业、园区建设屋顶雨水收集设施、地下雨水储存及综合利用设施。鼓励矿山附近的企业利用矿井水。重点建设一批海水淡化及综合利用项目。

13. 探索产城融合用水模式，加大推进再生水利用。借鉴先进工业园区再生水利用模式，推动三省市探索企业、园区将城市生活污水、再生水作为工业主要水源，减少企业新水取用量，缓解城市污水处理压力，形成产城融合用水新模式。重点建设一批产城融合用水项目。

三、保障措施

（一）加强组织领导。各级工业节水管理部门应加大京津冀区域工业节水工作统筹协调力度，充分

调动行业、科研院所及企业的积极性，分业指导、分步实施，扎实推动节水标准、技术改造和节水示范等工作开展，着力提升水资源利用效率，促进工业高质量绿色发展。

（二）加大政策支持。充分利用现有资金渠道，支持符合条件的工业节水示范项目，带动节水行动计划的落实。落实好节能节水环保专用设备企业所得税优惠政策以及《首台（套）重大技术装备推广应用指导目录》，调动企业节水积极性。鼓励金融机构为企业节水改造提供便捷、优惠的担保、信贷等绿色金融服务支撑。

（三）加强交流与宣传。积极推进三省市相关部门间交流，进一步扩大共识，实现优势互补，完善信息和资源共享机制。建立国内外交流合作机制，推进地区间、行业间和企业间的节水合作与交流。开展节水培训，强化企业节水意识，引导企业自觉开展工业节水工作。健全节水政策听证等公众参与制度，增强公众参与节水行动的积极性和自觉性。

附件：略

工业和信息化部 国家发展改革委 自然资源部 生态环境部 住房城乡建设部 交通运输部 水利部 应急部 市场监管总局 国铁集团关于推进机制砂石行业高质量发展的若干意见（2019年11月4日 工信部联原〔2019〕239号）

各省、自治区、直辖市及计划单列市、新疆生产建设兵团工业和信息化、发展改革、自然资源、生态环境、住房城乡建设、交通运输、水利、应急管理、市场监督管理部门，各铁路局集团公司及专业运输公司：

建设用砂石是构筑混凝土骨架的关键原料，是消耗自然资源众多的大宗建材产品。我国砂石年产量高达200亿吨，是世界最大的砂石生产国和消费国。随着天然砂石资源约束趋紧和环境保护日益增强，机制砂石逐渐成为我国建设用砂石的主要来源。目前，机制砂石生产已由简单分散的人工或半机械的作坊逐步转变为标准化规模化的工厂，但机制砂石行业还面临着质量保障能力弱、产业结构不合理、绿色发展水平低、局部供求不平衡等突出问题。为贯彻落实《国务院办公厅关于促进建材工业稳增长调结构增效益的指导意见》（国办发〔2016〕34号）和《建材工业发展规划（2016—2020年）》（工信部规〔2016〕315号），推进机制砂石行业高质量发展，现提出以下意见：

一、总体要求

（一）指导思想。以习近平新时代中国特色社会主义思想为指导，深入贯彻党的十九大和十九届二中、三中、四中全会精神，牢固树立和践行新发展理念，以供给侧结构性改革为主线，以质量和效益为中心，着力加强统筹布局，提升优质砂石供给能力，着力加强技术创新，提升产品质量保障能力，着力实施智能化改造，利用先进适用技术改变行业面貌，着力推动联合重组，优化产业结构，不断提高绿色发展和本质安全水平，实现产业现代化、集约化、规模化、标准化、生态化，引导机制砂石行业高质量发展。

（二）发展目标。到 2025 年，形成较为完善合理的机制砂石供应保障体系，产品质量符合 GB/T 14684《建设用砂》等有关要求，以 I 类产品为代表的高品质机制砂石比例大幅提升，年产 1 000 万吨及以上的超大型机制砂石企业产能占比达到 40%，利用尾矿、废石、建筑垃圾等生产的机制砂石占比明显提高，"公转铁、公转水"运输取得明显进展。万吨产品能耗（不含矿山开采和污水处理）以石灰石等软岩为原料的不高于 10 吨标煤，以花岗岩等中硬岩为原料的不高于 13 吨标煤，水耗达到相关要求，矿山建设、生产要符合 DZ/T 0316《砂石行业绿色矿山建设规范》。培育 100 家以上智能化、绿色化、质量高、管理好的企业。

二、多措并举保障市场供应

（一）统筹协调布局。根据"十四五"投资建设需要，统筹考虑矿产资源、市场需求、交通物流等因素，按照安全、环保、功能区等方面要求，科学规划、合理布局，建立国内合理的机制砂石供应体系，既保障供给，又防止"一哄而上"造成产能过剩。根据京津冀及周边、长三角、珠三角等重要城市群，以及中西部建设需要，合理投放砂石资源采矿权，支持大型项目加快建设，尽快形成新的优质产能，保障重点工程建设。各省在做好本地区规划平衡的同时，加强与其他省份的联动。推动贵州、安徽、江西、湖南、广西、河北等砂石资源丰富地区和需求量大地区的衔接，适应机制砂石大宗物料特点，沿主要运输通道布局一批超大型企业，形成若干大型生产基地。市、县区域合理布局服务当地的砂石加工基地或集散中心。

（二）拓展砂石来源。规范砂石资源管理，鼓励利用废石以及铁、钼、钒钛等矿山的尾矿生产机制砂石，节约天然资源，提高产业固体废物综合利用水平。根据建筑垃圾吸水率高等特点，鼓励生产满足海绵城市建设需要的砂石等产品。支持就地取材，利用开山、道路、隧洞、场地平整等建设工程产生的砂石料生产机制砂石，减少长距离运输外来砂石，满足建设需要。发展"互联网+砂石骨料"，构建机制砂石电子商务平台，完善支持服务体系，培育适合砂石产业的 O2O、C2B 等电商模式，实现砂石电子商务交易中的信息交流、市场交易、物流配送、支付结算、售后服务等功能。

（三）加强运输保障。推进机制砂石中长距离运输"公转铁、公转水"，减少公路运量，增加铁路运输量，完善内河水运网络和港口集疏运体系建设。在充分利用铁路专用线、城市铁路货场和岸线码头运输能力的同时，推进铁路专用线建设，对年运量 150 万吨以上的机制砂石企业，应按规定建设铁路专用线。有序发展多式联运，加强不同运输方式间的有效衔接，大力发展集装箱铁公联运，切实提高机制砂石运输能力。加快建设封闭式运输皮带廊道，逐步减少散货露天装卸量。利用信息化手段对砂石运输实现全程监管，构建绿色物流和绿色供应链。加强运输车辆检测，防止超限超载车辆出场（站）上路。

三、加快技术创新提高质量水平

（四）加快技术创新。整合行业创新资源，搭建行业技术创新和交流平台，建设创新中心，突破关键共性技术。以机制砂石的颗粒整形、级配调整、节能降耗、综合利用等关键技术和工艺为重点，鼓励技术创新和技术改造。加强装备、工艺与岩石匹配性研究开发，扩展可用母岩种类。加大对破碎、整形等关键装备研发投入，提高工艺装备的自动化、机械化程度。推广使用变频、智能控制等节能技术，袋式除尘等减排技术，以及尾矿综合利用技术。

（五）严格质量管控。强化企业主体责任，完善质量管理体系，加强过程质量控制，严格执行相关标准，鼓励企业建立检测中心，配备合格的质量检验设备和专业质检人员。依据原料品质实施分级利用，做到优质优用，提高砂石产品的成品率。对成品料分类或分仓储存。加强对原料的品质监测和控制能力，严格控制有害杂质含量。建立生产企业和应用企业质量联动机制，严格产品检验交接，确保出厂产品质量，鼓励企业建立产品质量追溯体系和产品质量档案制度。

（六）推进智能制造。推动大数据、人工智能、工业互联网等在机制砂石行业应用，提升自动化、智能化、网络化水平。建设集矿石破碎、粉尘收集、废水处理、物料储运、智能监控、环境检测等于一体的数字化、柔性化的智能工厂。以矿山三维仿真、矿石在线监测、生产自动配矿和车辆智能调度为重点，着力打造数字矿山。开发和推广适合砂石骨料行业的智能设备、控制系统、检测设备，利用信息化手段提高对砂石产品粒形、级配、产出率的控制能力。

四、优化产业结构促进产业融合

（七）推动联合重组。鼓励企业以资源、资本、技术、品牌、市场等为纽带，通过市场化法治化手段实施兼并重组，压减、改造机制砂石低效产能，提升产业集中度。培育打造管理先进、装备精良、质量可靠、本质安全、环境优美、品牌突出的跨区域砂石企业集团。支持企业开展技术、业态和商业模式创新，推进装备、建工、水泥、混凝土、物流等企业协同发展。

（八）促进产业集聚。加强砂石资源开发整合，推进机制砂石生产规模化、集约化，建设一批大型生产基地。鼓励发展砂石、水泥、混凝土、装配式建筑一体化的产业园区，发挥集聚效应，减少全产业链二次物流量。鼓励砂石企业向下游延伸产业链，发展预拌砂浆、砌块墙材、资源综合利用等产业，提升企业核心竞争力和综合效益。

（九）推进融合发展。坚持需求牵引和创新驱动相结合，促进机制砂石企业和下游用户紧密衔接，加快发展铁路、核电、水利等重点工程用高品质机制砂石，以及机场跑道、海洋工程、污水处理、耐磨地坪等特种砂石产品。推动机制砂石、生态农业、生态林业、生态酒店、生态旅游为一体的生态区建设，加快一二三产业融合发展。

五、推动绿色发展提升本质安全

（十）发展绿色制造。机制砂石企业要坚持绿色低碳循环发展，按照相关规范要求建设绿色矿山。生产线配套建设抑尘收尘、水处理和降噪等污染防治以及水土保持设施，对设备、产品采取棚化密封或其他有效覆盖措施，推进清洁生产，严控无组织排放，满足达标排放等环保要求。对工艺废水、细粉和沉淀泥浆等加强回收再利用，鼓励利用生产过程中的伴生石粉生产绿色建材，实现近零排放。提高设备整体能效、节水水平，降低单位产品的综合能耗、水耗，鼓励有条件的企业实施输送带势能发电、开展合同节水管理。

（十一）提升安全水平。落实企业安全生产主体责任，建立健全全员安全生产责任制和安全管理规章制度，推进企业安全生产标准化建设。严格执行安全生产和职业卫生"三同时"制度，采用先进工艺和本质安全型自动化装备，完善矿山开采、石料搬运和破碎、物料筛分和转运等工序的安全风险控制及职业病防护措施，从源头提升本质安全水平。

依法参加工伤保险和安全生产责任保险，履行企业社会责任。

（十二）推进综合整治。对正在开采的矿山，坚持"边开采、边治理"原则，切实履行矿山地质环境保护与土地复垦责任义务。对违反资源环境法律法规、规划，污染环境、破坏生态、乱采滥挖、无证开采的矿山，要依法停产整治或关闭，并追究其破坏生态环境相关责任。对废弃矿山，加大矿山环境治理修复力度，严禁以治理工程为名进行新的开采、造成新的生态破坏。加强生产、流通和使用等环节砂石的监督检查，依法查处假冒伪劣产品。

六、保障措施

（十三）依法加强管理。加强沟通配合，建立部门协调机制，在规划布局、工艺装备、产品质量、污染防治、节能降耗、节水减排、水土保持、综合利用、安全生产和履行企业社会责任等方面形成工作合力，推动机制砂石行业加快结构调整和转型升级。强化要素保障，支持大型骨干项目建设。运用综合标准依法淘汰排放、能耗、水耗、质量、安全等不达标的落后产能。

（十四）实施标准引领。加强机制砂石行业标准体系建设，围绕产品、装备、检测、环保、节能、安全等关键环节，建立国家标准、行业标准、地方标准、团体标准和企业标准协调配套的标准体系，推进砂石产品及生产装备标准化、系列化。强化砂石标准与混凝土、预制件等下游标准联动，围绕砂石行业高质量发展要求，推动制定高品质砂石标准。

（十五）优化发展环境。加强机制砂石行业运行监测分析，发布行业发展报告。发挥行业中介机构作用，加强行业自律，反映企业诉求，维护合法权益，增强社会责任，维护市场秩序。建立产业联盟，推动产学研合作，加强重大课题研究，开展技术交流和培训，促进技术创新。服务"一带一路"建设，推进国际交流合作，引导砂石行业技术装备走出去。

各地区要进一步提高认识，加强组织领导，建立工作协调机制，加强对本地区机制砂石行业的发展规划指导和监督管理。地方工业和信息化、发展改革、自然资源、生态环境、住房城乡建设、交通运输、水利、应急管理、市场监督、铁路运输等部门要按照工作职能，强化政策联动，开展联合执法，因地制宜协同营造有利于机制砂石行业健康可持续发展的环境，促进产业转型升级，推动行业高质量发展。

最高人民法院 最高人民检察院 公安部 农业农村部关于印发《依法惩治长江流域非法捕捞等违法犯罪的意见》的通知（2020 年12 月17 日 公通字〔2020〕17 号）

各省、自治区、直辖市高级人民法院、人民检察院、公安厅（局）、农业农村厅（局），解放军军事法院、军事检察院，福建省海洋与渔业局，新疆维吾尔自治区高级人民法院生产建设兵团分院、新疆生产建设兵团人民检察院、公安局、农业农村局：

为依法惩治长江流域非法捕捞等危害水生生物资源的各类违法犯罪，保障长江流域禁捕工作顺利实施，加强长江流域水生生物资源保护，推进水域生态保护修复，促进生态文明建设，根据有关法律、司法解释的规定，最高人民法院、最高人民检察院、公安部、农业农村部联合制定了《依法惩治长江流域非法捕捞等违法犯罪的意见》。现予以印发，请结合实际认真贯彻执行。在执行中遇到的新情况、新问题，请及时分别报告最高人民法院、最高人民检察院、公安部、农业农村部。

依法惩治长江流域非法捕捞等违法犯罪的意见

为依法惩治长江流域非法捕捞等危害水生生物资源的各类违法犯罪，保障长江流域禁捕工作顺利实施，加强长江流域水生生物资源保护，推进水域生态保护修复，促进生态文明建设，根据有关法律、司法解释的规定，制定本意见。

一、提高政治站位，充分认识长江流域禁捕的重大意义

长江流域禁捕是贯彻习近平总书记关于"共抓大保护、不搞大开发"的重要指示精神，保护长江母亲河和加强生态文明建设的重要举措，是为全局计、为子孙谋，功在当代、利在千秋的重要决策。各级人民法院、人民检察院、公安机关、农业农村（渔政）部门要增强"四个意识"、坚定"四个自信"、做到"两个维护"，深入学习领会习近平总书记重要指示批示精神，把长江流域重点水域禁捕工作作为当前重大政治任务，用足用好法律规定，依法严惩非法捕捞等危害水生生物资源的各类违法犯罪，加强行政执法与刑事司法衔接，全力摧毁"捕、运、销"地下产业链，为推进长江流域水生生物资源和水域生态保护修复，助力长江经济带高质量绿色发展提供有力法治保障。

二、准确适用法律，依法严惩非法捕捞等危害水生生物资源的各类违法犯罪

（一）依法严惩非法捕捞犯罪。违反保护水产资源法规，在长江流域重点水域非法捕捞水产品，具有下列情形之一的，依照刑法第三百四十条的规定，以非法捕捞水产品罪定罪处罚：

1. 非法捕捞水产品五百公斤以上或者一万元以上的；

2. 非法捕捞具有重要经济价值的水生动物苗种、怀卵亲体或者在水产种质资源保护区内捕捞水产品五十公斤以上或者一千元以上的；

3. 在禁捕区域使用电鱼、毒鱼、炸鱼等严重破坏渔业资源的禁用方法捕捞的；

4. 在禁捕区域使用农业农村部规定的禁用工具捕捞的；

5. 其他情节严重的情形。

（二）依法严惩危害珍贵、濒危水生野生动物资源犯罪。在长江流域重点水域非法猎捕、杀害中华鲟、长江鲟、长江江豚或者其他国家重点保护的珍贵、濒危水生野生动物，价值二万元以上不满二十万元的，应当依照刑法第三百四十一条的规定，以非法猎捕、杀害珍贵、濒危野生动物罪，处五年以下有期徒刑或者拘役，并处罚金；价值二十万元以上不满二百万元的，应当认定为"情节严重"，处五年以上十年以下有期徒刑，并处罚金；价值二百万元以上的，应当认定为"情节特别严重"，处十年以上有期徒刑，并处罚金或者没收财产。

（三）依法严惩非法渔获物交易犯罪。明知是在长江流域重点水域非法捕捞犯罪所得的水产品而收购、贩卖，价值一万元以上的，应当依照刑法第三百一十二条的规定，以掩饰、隐瞒犯罪所得罪定罪处罚。

非法收购、运输、出售在长江流域重点水域非法猎捕、杀害的中华鲟、长江鲟、长江江豚或者其他国家重点保护的珍贵、濒危水生野生动物及其制品，价值二万元以上不满二十万元的，应当依照刑法第三百四十一条的规定，以非法收购、运输、出售珍贵、濒危野生动物、珍贵、濒危野生动物制品罪，处五年以下有期徒刑或者拘役，并处罚金；价值二十万元以上不满二百万元的，应当认定为"情节严重"，处五年以上十年以下有期徒刑，并处罚金；价值二百万元以上的，应当认定为"情节特别严重"，处十年以上有期徒刑，并处罚金或者没收财产。

（四）依法严惩危害水生生物资源的单位犯罪。水产品交易公司、餐饮公司等单位实施本意见规定的行为，构成单位犯罪的，依照本意见规定的定罪量刑标准，对直接负责的主管人员和其他直接责任人员定罪处罚，并对单位判处罚金。

（五）依法严惩危害水生生物资源的渎职犯罪。对长江流域重点水域水生生物资源保护负有监督管理、行政执法职责的国家机关工作人员，滥用职权或者玩忽职守，致使公共财产、国家和人民利益遭受重大损失的，应当依照刑法第三百九十七条的规定，以滥用职权罪或者玩忽职守罪定罪处罚。

负有查禁破坏水生生物资源犯罪活动职责的国家机关工作人员，向犯罪分子通风报信、提供便利、帮助犯罪分子逃避处罚的，应当依照刑法第四百一十七条的规定，以帮助犯罪分子逃避处罚罪定罪处罚。

（六）依法严惩危害水生生物资源的违法行为。实施上述行为，不构成犯罪的，由农业农村（渔政）部门等依据《渔业法》等法律法规予以行政处罚；构成违反治安管理行为的，由公安机关依法给予治安管理处罚。

（七）贯彻落实宽严相济刑事政策。多次实施本意见规定的行为构成犯罪，依法应当追诉的，或者二年内二次以上实施本意见规定的行为未经处理的，数量数额累计计算。

实施本意见规定的犯罪，具有下列情形之一的，从重处罚：(1)暴力抗拒、阻碍国家机关工作人员依法履行职务，尚未构成妨害公务罪的；(2)二年内曾因实施本意见规定的行为受过处罚的；(3)对长江生物资源或水域生态造成严重损害的；(4)具有造成重大社会影响等恶劣情节的。具有上述情形的，一般不适用不起诉、缓刑、免予刑事处罚。

非法捕捞水产品，根据渔获物的数量、价值和捕捞方法、工具等情节，认为对水生生物资源危害明显较轻的，可以认定为犯罪情节轻微，依法不起诉或者免予刑事处罚，但是曾因破坏水产资源受过处罚的除外。

非法猎捕、收购、运输、出售珍贵、濒危水生野生动物，尚未造成动物死亡，综合考虑行为手段、主观罪过、犯罪动机、获利数额、涉案水生生物的濒危程度、数量价值以及行为人的认罪悔罪态度、修复生态环境情况等情节，认为适用本意见规定的定罪量刑标准明显过重的，可以结合具体案件的实际情况依法作出妥当处理，确保罪责刑相适应。

三、健全完善工作机制，保障相关案件的办案效果

（一）做好退捕转产工作。根据有关规定，对长江流域捕捞渔民按照国家和所在地相关政策开展退捕转产，重点区域分类实行禁捕。要按照中央要求，加大投入力度，落实相关补助资金，根据渔民具体情况，分类施策、精准帮扶，通过发展产业、务工就业、支持创业、公益岗位等多种方式促进渔民转产就业，切实维护退捕渔民的权益，保障退捕渔民的生计。

（二）加强禁捕行政执法工作。长江流域各级农业农村（渔政）部门要加强禁捕宣传教育引导，对重点水域禁捕区域设立标志，建立"护渔员"协管巡护制度，不断提高人防技防水平，确保禁捕制度顺利实施。要强化执法队伍和能力建设，严格执法监管，加快配备禁捕执法装备设施，加大行政执法和案件查处力度，有效落实长江禁捕要求。对非法捕捞涉及的无船名船号、无船籍港、无船舶证书的船舶，要完善处置流程，依法予以没收、拆解、处置。要加大对制销禁用渔具等违法行为的查处力度，对制造、销售禁用渔具的，依法没收禁用渔具和违法所得，并予以罚款。要加强与相关部门协同配合，强化禁捕水域周边区域管理和行政执法，加强水产品交易市场、餐饮行业管理，依法依规查处非法捕捞和收购、加工、销售、利用非法渔获物等行为，斩断地下产业链。要加强行政执法与刑事司法衔接，对于涉嫌犯罪的案件，依法及时向公安机关移送。对水生生物资源保护负有监管职责的行政机关违法行使职权或者不作为，致使国家利益或者社会公共利益受到侵害的，检察机关可以依法提起行政公益诉讼。

（三）全面收集涉案证据材料。对于农业农村（渔政）部门等行政机关在行政执法和查办案件过程中收集的物证、书证、视听资料、电子数据等证据材料，在刑事诉讼或者公益诉讼中可以作为证据使用。农业农村（渔政）部门等行政机关和公安机关要依法及时、全面收集与案件相关的各类证据，并依法进行录音录像，为案件的依法处理奠定事实根基。对于涉案船只、捕捞工具、渔获物等，应当在采取拍照、录音录像、称重、提取样品等方式固定证据后，依法妥善保管；公安机关保管有困难的，可以委托农业农村（渔政）部门保管；对于需要放生的渔获物，可以在固定证据后先行放生；对于已死亡且不宜长期保存的渔获物，可以由农业农村（渔政）部门采取捐赠捐献用于科研、公益事业或者销毁等方式处理。

（四）准确认定相关专门性问题。对于长江流域重点水域禁捕范围（禁捕区域和时间），依据农业农村部关于长江流域重点水域禁捕范围和时间的有关通告确定。涉案渔获物系国家重点保护的珍贵、濒危水生野生动物的，动物及其制品的价值可以根据国务院野生动物保护主管部门综合考虑野生动物的生态、科学、社会价值制定的评估标准和方法核算。

其他渔获物的价值，根据销赃数额认定；无销赃数额、销赃数额难以查证或者根据销赃数额认定明显偏低的，根据市场价格核算；仍无法认定的，由农业农村（渔政）部门认定或者由有关价格认证机构作出认证并出具报告。对于涉案的禁捕区域、禁捕时间、禁用方法、禁用工具、渔获物品种以及对水生生物资源的危害程度等专门性问题，由农业农村（渔政）部门于二个工作日以内出具认定意见；难以确定的，由司法鉴定机构出具鉴定意见，或者由农业农村部指定的机构出具报告。

（五）正确认定案件事实。要全面审查与定罪量刑有关的证据，确保据以定案的证据均经法定程序查证属实，确保综合全案证据，对所认定的事实排除合理怀疑。既要审查犯罪嫌疑人、被告人的供述和辩解，更要重视对相关物证、书证、证人证言、视听资料、电子数据等其他证据的审查判断。对于携带相关工具但是否实施电鱼、毒鱼、炸鱼等非法捕捞作业，是否进入禁捕水域范围以及非法捕捞渔获物种类、数量等事实难以直接认定的，可以根据现场执法音视频记录、案发现场周边视频监控、证人证言等证据材料，结合犯罪嫌疑人、被告人的供述和辩解等，综合作出认定。

（六）强化工作配合。人民法院、人民检察院、公安机关、农业农村（渔政）部门要依法履行法定职责，分工负责，互相配合，互相制约，确保案件顺利移送、侦查、起诉、审判。对于阻挠执法、暴力抗法的，公安机关要依法及时处置，确保执法安全。犯罪嫌疑人、被告人自愿如实供述自己的罪行，承认指控的犯罪事实，愿意接受处罚的，可以依法从宽处理；对于犯罪情节轻微，依法不需要判处刑罚或者免除刑罚的，人民检察院可以作出不起诉决定。对于实施危害水生生物资源的行为，致使社会公共利益受到侵害的，人民检察院可以依法提起民事公益诉讼。对于人民检察院作出不起诉决定、人民法院作出无罪判决或者免予刑事处罚，需要行政处罚的案件，由农业农村（渔政）部门等依法给予行政处罚。

（七）加强宣传教育。人民法院、人民检察院、公安机关、农业农村（渔政）部门要认真落实"谁执法谁普法"责任制，结合案件办理深入细致开展法治宣传教育工作。要选取典型案例，以案释法，加大警示教育，震慑违法犯罪分子，充分展示依法惩治长江流域非法捕捞等违法犯罪、加强水生生物资源保护和水域生态保护修复的决心。要引导广大群众遵纪守法，依法支持和配合禁捕工作，为长江流域重点水域禁捕的顺利实施营造良好的法治和社会环境。

生态环境部办公厅　住房城乡建设部办公厅关于开展 2018 年城市黑臭水体整治环境保护专项行动的通知（2018 年 4 月 12 日　环办水体函〔2018〕111 号）

各省、自治区、直辖市环境保护厅（局）、住房城乡建设厅（建委、城管委、水务局）、海南省水务厅：

为全面贯彻党的十九大精神，落实《水污染防治行动计划》确定的目标任务，加快推进城市黑臭水体整治工作，生态环境部、住房城乡建设部联合开展 2018 年黑臭水体整治环境保护专项行动（以下简称"专项行动"）。现将有关事项通知如下：

一、工作目标

以黑臭水体整治为重点，按照《2018 年黑臭水体整治环境保护专项行动方案》（以下简称《方案》，见附件 1）总体部署，督促各地加快补齐城镇环境基础设施短板，提升城镇水污染防治水平。

二、工作安排

从 2018 年 5 月开始，分批开展专项行动：

第一批：广东省、广西壮族自治区、海南省、湖南省、上海市、江苏省、安徽省、湖北省；

第二批：四川省、重庆市、云南省、贵州省、江西省、浙江省、福建省、山西省、山东省、北京市、天津市、河北省；

第三批：陕西省、甘肃省、青海省、宁夏回族自治区、内蒙古自治区、河南省、辽宁省、吉林省、黑龙江省、新疆维吾尔自治区、西藏自治区。

专项行动覆盖所有地级及以上城市，并将对以下城市进行重点检查：直辖市、省会城市和计划单列市（以下简称 36 个重点城市）；长江经济带 9 省地级市（每个省份不少于 2 个），其他省（区、市）地级市（每个省份不少于 1 个）。

具体时间、行程安排及各省（区、市）重点检查城市名单另行通知。

三、人员组成

专项行动工作组由各级生态环境和住房城乡建设部门有关人员及相关单位技术人员、行业专家等组成。

具体人员名单另行通知。

四、工作内容

（一）各省、自治区、直辖市

检查黑臭水体整治过程中，各省（区、市）相关部门在黑臭水体整治任务分解、制度建设和整治情况督导等方面的工作情况。

（二）地级及以上城市

1. 审核黑臭水体整治相关资料

针对黑臭水体整治的过程资料、疑似黑臭水体核实反馈情况进行审核。

2. 检查实质性措施落实情况

参照地方编制的整治方案内容，对地方采取的黑臭水体整治实质性措施进行现场检查。

3. 检查黑臭水体整治成效

通过开展现场公众调查、水质监测、检查河岸及河面状况等方式，确定是否符合基本消除黑臭水体的要求。

4. 检查企业和污水处理厂达标排放情况

检查向完成整治的黑臭水体直接排放废水的企业排污情况、污水处理厂达标排放情况。

五、工作流程

（一）听取各省（区、市）、36 个重点城市和抽查地级城市黑臭水体整治情况工作汇报；

（二）审核黑臭水体整治相关资料；

（三）开展现场督查，重点检查黑臭水体核实反馈、实质性措施落实、整治成效和企业及污水处理厂达标排放等四个方面。实质性措施检查包括控源截污、垃圾清理、清淤疏浚、生态修复等措施是否落实；整治成效检查包括公众满意度调查、水质监测、河面是否有大面积漂浮物、河岸是否有垃圾等。

六、有关要求

（一）自查工作。各地要根据《方案》的总体部署，按照《××省（自治区、直辖市）黑臭水体整治情况自查报告编制提纲》（见附件2）、《××省（自治区、直辖市）××市建成区黑臭水体整治情况自查报告编制提纲》（见附件3）要求，完成自查报告的编制工作。各市（包括直辖市）按照《建成区黑臭水体整治情况自查报告填报说明》（见附件4）在网上填报自查报告相关内容，纸件经市政府盖章确认后由省级环境保护、住房城乡建设部门汇总后报生态环境部、住房城乡建设部。各省（区、市）于 2018 年 5 月 5 日前完成填报和上报工作。

（二）联络员。各省（区、市）环境保护和住房城乡建设部门、海南省水务厅，36 个重点城市环境保护和黑臭水体整治牵头部门各明确一名联络员。联络员名单请于 2018 年 4 月 25 日前上报（联络员报名表见附件5）。

（三）材料准备。省、市两级相关部门按照《现场督查需提供资料清单》（见附件6）的要求做好准备，以每个黑臭水体为单位建立档案。现场检查如需其他证明材料，请做好配合工作。

（四）水质监测。地级及以上城市环境保护部门负责提供黑臭水体水质检测场所、仪器和试剂，配合专项行动监测人员开展现场水质采样、监测工作，并出具监测报告。

（五）入户调查。专项行动工作组随机指定不少于 100 人，由当地政府开展入户调查并汇总调查结果，工作组从已调查人口中随机抽取不少于 15 人进行回访，确认当地公众调查结果。

（六）接受举报。地级及以上城市黑臭水体整治牵头部门协助专项行动工作组在当地主要媒体上公开监督举报电话和公众举报微信公众号，对专项行动期间公众举报的内容进行核实，并将核实和处理结果报专项行动工作组。

（七）廉政要求。严格执行中央八项规定精神和党风廉政建设相关规定，不安排与专项行动无关的活动。

联系人：生态环境部 张佐、王谦

电话：（010）66103136、66556270

传真：（010）66556269

邮箱：ssyysc@mep.gov.cn

联系人：住房城乡建设部 赵晔、牛璋彬

电话：（010）58933160

传真：（010）58933542

邮箱：hmcs@mohurd.gov.cn

附件：1. 2018 年黑臭水体整治环境保护专项行动方案（略）

2. ××省（自治区、直辖市）黑臭水体整治情况自查报告编制提纲（略）

3. ××省（自治区、直辖市）××市建成区黑臭水体整治情况自查报告编制提纲（略）

4. 建成区黑臭水体整治情况自查报告填报说明（略）

5. 联络员报名表（略）

6. 现场督查需提供资料清单（略）

生态环境部办公厅 住房城乡建设部办公厅关于开展 2019 年城市黑臭水体整治环境保护专项行动的通知（2019 年 4 月 23 日 环办水体函〔2019〕409 号）

各省、自治区、直辖市生态环境厅（局）、住房城乡建设厅（建委、水务厅、水务局）：

为落实党中央、国务院决策部署和全国生态环境保护大会精神，按照《城市黑臭水体治理攻坚战实施方案》要求，进一步加快推进城市黑臭水体整治工作，督促各地加快补齐城市环境基础设施短板，提升城市水污染防治水平，生态环境部、住房城乡建设部联合开展2019年城市黑臭水体整治环境保护专项行动（以下简称专项行动）。现将有关事项通知如下。

一、工作目标

2019年，直辖市、省会城市、计划单列市黑臭水体治理效果得到进一步巩固提升，长江经济带地级城市建成区黑臭水体消除比例达到80%以上，全国地级城市建成区黑臭水体消除比例力争达到80%左右。

二、工作安排

按照排查、交办、核查、约谈、专项督察"五步法"要求，专项行动分阶段开展，并纳入生态环境部强化监督工作统筹安排。计划从2019年5月开始，重点对20个省（区）113个城市进行专项排查（城市名单见附件1）。具体时间和行程安排另行通知。

三、人员组成

专项行动工作组由各级生态环境和住房城乡建设部门有关人员及相关单位技术人员、行业专家等组成。

具体人员名单另行通知。

四、工作内容

（一）查阅资料。查看各省（区、市）相关部门在黑臭水体整治任务分解、督导等方面的工作情况，各城市污水管网、污水处理厂建设、运行等情况的书面材料。

（二）现场检查。根据地方编制的整治方案内容，对地方采取的黑臭水体整治实质性措施（控源截污、垃圾清理、清淤疏浚等）进行现场检查。

五、有关要求

（一）自查工作。各地要根据《2019年城市黑臭水体整治环境保护专项行动方案》（见附件2）的总体部署，按照《建成区黑臭水体整治情况自查报告填报说明》（见附件3）在网上填报自查报告相关内容，自动生成报告。纸质件经市政府盖章确认后由省级生态环境、住房城乡建设部门汇总后报生态环境部、住房城乡建设部。各省（区、市）于2019年5月5日前完成填报和上报工作。

（二）联络员。各省（区、市）生态环境和住房城乡建设部门，被排查城市生态环境和黑臭水体整治牵头部门各明确一名联络员。联络员名单请于2019年4月26日前上报（报名表见附件4）。

（三）材料准备。省、市两级相关部门按照《现场检查需提供资料清单》（见附件5）的要求做好准备，以每个黑臭水体为单位建立档案。现场检查如需其他证明材料，请做好配合工作。

（四）水质监测。地级及以上城市生态环境部门负责提供黑臭水体水质检测场所、仪器和试剂，配合专项行动监测人员开展现场水质采样、监测工作，并出具监测报告。

（五）廉政要求。严格执行中央八项规定及其实施细则精神和党风廉政建设相关规定，不安排与专项行动无关的活动。

联系人：生态环境部　刘科、王谦

电话：（010）66103187、66556270

传真：（010）66556236

邮箱：ssyysc@mee.gov.cn

联系人：住房城乡建设部　赵晔、牛璋彬

电话：（010）58933326

传真：（010）58933542

邮箱：hmcs@mohurd.gov.cn

附件：1. 专项排查城市名单（略）

　　　2. 2019年城市黑臭水体整治环境保护专项行动方案（略）

　　　3. 建成区黑臭水体整治情况自查报告填报说明（略）

　　　4. 黑臭水体整治联络员报名表（略）

　　　5. 现场检查需提供资料清单（略）

生态环境部办公厅　水利部办公厅　农业农村部办公厅关于推进农村黑臭水体治理工作的指导意见（2019年7月8日　环办土壤〔2019〕48号）

各省、自治区、直辖市生态环境、水利（务）、农业农村（农牧、农业）厅（局、委），新疆生产建设兵团生态环境、水利、农业农村局：

为贯彻党中央、国务院关于打好污染防治攻坚战的决策部署，落实《农村人居环境整治三年行动方案》提出的"以房前屋后河塘沟渠为重点实施清淤疏浚，采取综合措施恢复水生态，逐步消除农村黑臭水体"要求，推进农村黑臭水体治理，解决农村突出水生态环境问题，结合《农业农村污染治理攻坚战行动计划》主要任务，提出以下意见。

一、明确农村黑臭水体治理工作总体要求

（一）指导思想。以习近平新时代中国特色社会主义思想为指导，全面贯彻党的十九大和十九届二中、三中全会精神，认真落实党中央、国务院决策部署，以农村地区房前屋后河塘沟渠和群众反映强烈的黑臭水体为治理对象，选择典型区域先行先试，按照"分级管理、分类治理、分期推进"工作思路，从"查、治、管"三方面，深入推进农村黑臭水体治理，增强广大人民群众的获得感和幸福感，为全面建成小康社会打下坚实基础。

（二）基本原则

1. 突出重点，示范带动。以房前屋后河塘沟渠和群众反映强烈的黑臭水体为重点，狠抓污水垃圾、畜禽粪污、农业面源和内源污染治理。选择通过典型区域开展试点示范，深入实践，总结凝练，形成模式，以点带面推进农村黑臭水体治理。

2. 因地制宜，分类指导。充分结合农村类型、自然环境及经济发展水平、水体汇水情况等因素，综合分析黑臭水体的特征与成因，区域统筹、因河（塘、沟、渠）施策，分区分类开展治理。

3. 标本兼治，重在治本。坚持治标和治本相结合，既按规定时间节点实现农村黑臭水体消除目标，又从根本上解决导致水体黑臭的相关环境问题，建立长效机制，让黑臭水体长"制"久清。

4. 经济实用，维护简便。综合考虑当地经济发展水平、污水规模和农民需求等，合理选择技术成熟可靠，投资小、见效快、管理方便、操作简单、运行稳定、易于推广的农村黑臭水体治理技术和设施设备。

5. 村民主体，群众满意。强化农村基层党组织战斗堡垒和基层党员先锋模范作用，带领村民参与黑臭水体治理，保障村民参与权、监督权，提升村民参与的自觉性、积极性、主动性。

（三）主要目标。按照"摸清底数—试点示范—全面完成"三个阶段有序推进，逐步消除农村黑臭水体。到2020年，建立规章制度，完成排查，启动试点示范。到2025年，形成一批可复制、可推广的农村黑臭水体治理模式，加快推进农村黑臭水体治理工作。到2035年，基本消除农村黑臭水体。

二、组织开展农村黑臭水体排查识别

（一）制定标准规范。根据农村黑臭水体治理工作需求，在排查识别、制定方案、组织实施、监测评估、长效管理等方面，建立健全标准规范体系，制定《农村黑臭水体治理工作指南》。

（二）积极推进排查。各地以县级行政区为基本单元，开展农村黑臭水体排查，明确黑臭水体名称、地理位置、污染成因和治理范围等，建立名册台账。

三、推进农村黑臭水体综合治理

在实地调查和环境监测基础上，确定污染源和污染状况，综合分析黑臭水体的污染成因，采取控源截污、清淤疏浚、水体净化等措施进行综合治理。

（一）控源截污。要统筹推进农村黑臭水体治理与农村生活污水、畜禽粪污、水产养殖污染、种植业面源污染、改厕等治理工作，强化治理措施衔接、部门工作协调和县级实施整合，切实做到互促共进，从源头控制水体黑臭。

提高农村生活污水治理率。根据实际情况，采用污染治理与资源利用相结合、工程措施与生态措施相结合、集中与分散相结合的建设模式和处理工艺。在农村黑臭水体治理范围内，农村生活污水有条件纳入周边城镇污水管网的，可依托城镇污水处理厂进行集中处理。其他地区科学合理筛选农村生活污水治理实用技术和设施设备，采用适合本地区的污水治理技术和模式。

加强农村厕所粪污治理。因地制宜推进厕所粪污分散处理、集中处理或接入污水管网统一处理。对不具备规模化生活污水治理条件的地区，要重点抓好厕所粪污治理。以农牧循环、就近消纳、综合利用为主线，与农村庭院经济和农业绿色发展相结合，积极探索多种形式的粪污资源化利用模式。

加强畜禽粪污资源化利用。推广节水、节料等清洁养殖工艺，推行种养结合，鼓励还田利用，实现畜禽粪污源头减量和资源化利用。培育壮大畜禽粪污利用专业化、社会化组织，形成收集、储存、运输、处理和综合利用全产业链，积极探索规模以下畜禽养殖场户废弃物综合利用新模式。加大畜禽养殖场污染执法监管力度。

加强水产健康养殖。优化水产养殖空间布局，依法科学划定禁止养殖区、限制养殖区和养殖区。推进水产生态健康养殖模式，积极发展稻渔综合种养、大水面生态增养殖、工厂化循环水养殖等健康养殖方式。

推进种植业面源污染治理。因地制宜利用生态沟渠、自然水塘，建设生态缓冲带、生态沟渠、地表径流集蓄与再利用设施，有效拦截和消纳农田退水中各类有机污染物，净化农田退水和地表径流，防控农业面源污染物入河。

加强工业废水污染治理。严格执行国家产业政策和环保标准，鼓励农村地区发展无污染、少污染的行业和产品。按照"规范一批、治理一批、关停一批"的原则，引导符合条件的企业适当集中进入工业园区，对污染实行集中治理。依法依规淘汰污染严重和落后的生产项目、工艺、设备。加大农村工业企业污染排放监管力度，依法查处违法排污。

（二）清淤疏浚。综合评估农村黑臭水体水质和底泥状况，合理制定清淤疏浚方案并组织实施。严禁清淤底泥沿岸随意堆放，鼓励底泥无害化处理后资源化利用。对于有工业污染源排放的水体，妥善处理处置清淤底泥，属于危险废物的，交由有资质的单位进行安全处置。加强淤泥清理、排放、运输、处置的全过程管理，避免产生二次污染。

（三）水体净化。依照村庄规划，对拟搬迁撤并空心村和过于分散、条件恶劣、生态脆弱的村庄，鼓励通过生态净化消除黑臭水体。通过推进退耕还林还草还湿、退田还河还湖和水源涵养林建设，维持渠道、河道、池塘等农村水体的自然岸线，减少对农村自然河道的渠化硬化。在满足防洪和排涝要求的前提下，采用生态净化手段，有效去除污染物，促进农村水生态系统健康良性发展。因地制宜推进水体水系连通，增强渠道、河道、池塘等水体流动性及自净能力。严控以恢复水动力为由的调水冲污行为，严禁缺水地区通过水系连通引水营造大水面大景观行为。

四、开展农村黑臭水体治理试点示范

（一）确认试点示范区名单。各地择优推荐试点示范区名单（以县为单元），并提交《农村黑臭水体治理实施方案》。生态环境部、水利部、农业农村部会同有关部门组织确定试点示范区名单。2019—2020年，根据各地农村自然条件、经济发展水平、污染成因、前期工作基础等方面，筛选农村黑臭水体治理试点示范县30～50个。

（二）组织开展试点示范评估。建立评估管理机制，生态环境部会同水利部、农业农村部定期调度农村黑臭水体治理工作进展，开展农村黑臭水体治理试点示范督促指导，适时组织实施农村黑臭水体治理试点示范评估。

五、建立农村黑臭水体治理长效机制

（一）深入落实河长制湖长制。推动河长制湖长制体系向村级延伸。农村黑臭水体所在河湖的河长湖长要切实履行责任，调动各方密切配合，协调联动，推动农村河湖黑臭水体治理到位。

（二）建立监管监测机制。构建农村黑臭水体治理监管体系，生态环境部门在有基础、有条件的地区开展水质监测工作。坚持以用为本、建管并重，在规划设计阶段统筹考虑工程建设和运行维护问题，做到项目建设与工程管护机制同步设计、同步建设、同步落实。

（三）建立村民参与机制。强化村委会在农村黑臭水体工作中的责任，发挥村民主体地位，将农村黑臭水体治理要求纳入村规民约，调动乡贤能人参与黑臭水体治理工作，鼓励村民一事一议筹资筹劳，接受公众监督，提高群众参与度。

（四）强化运维管理机制。健全农村黑臭水体治理设施第三方运维机制，鼓励专业化、市场化治理

和运行管护。研究推行农村黑臭水体治理依效付费制度，健全绩效评价机制。

六、强化农村黑臭水体治理保障措施

（一）加强组织领导。完善中央统筹、省负总责、市县落实的工作推进机制。明确牵头责任部门、实施主体，提供组织和政策保障；做好上下衔接、域内协调和督促指导等工作；做好项目落地、资金使用、推进实施等工作，对实施效果负责。

（二）加大资金投入。建立地方为主、中央适当补助的政府投入体系，并向贫困落后地区适当倾斜。各地要加大投入力度，深化"以奖促治"政策，合理保障农村黑臭水体治理资金投入。支持依法合规发行政府债券筹集资金，用于农村黑臭水体治理。

（三）提升科技支撑。鼓励农村黑臭水体治理专家对治理的全过程、各环节提供技术支持，推荐实用技术目录，推广示范适用技术。定期对村民、基层管理和技术人员宣贯农村黑臭水体治理相关政策、技术模式与典型案例。

（四）强化监督考核。生态环境部会同水利部、农业农村部组织对农村黑臭水体治理进展及成效进行评估。有关结果纳入全国农村人居环境整治工作评估，与中央支持政策直接挂钩，并以适当形式向地方通报和社会公布。将农村黑臭水体治理纳入中央生态环保督察范畴，对治理工作推进不力并造成恶劣影响的，视情开展督察，依纪依法实施督察问责。

生态环境部办公厅 住房城乡建设部办公厅关于开展2020年城市黑臭水体整治环境保护专项行动的通知（2020年5月9日 环办水体函〔2020〕234号）

各省、自治区、直辖市生态环境厅（局），住房城乡建设厅（建委、水务厅、水务局）：

按照《城市黑臭水体治理攻坚战实施方案》要求，为统筹做好疫情防控和经济社会发展生态环保工作，坚决打赢城市黑臭水体治理攻坚战，生态环境部、住房城乡建设部（以下简称两部门）制定了《2020年城市黑臭水体整治环境保护专项行动方案》（以下简称《方案》，见附件1），计划开展2020年专项行动。现将有关事项通知如下。

一、工作目标

到2020年年底，直辖市、省会城市、计划单列市建成区黑臭水体治理成效进一步巩固提升；全国其他地级城市建成区黑臭水体消除比例达到90%以上。

二、工作安排

2020 年上半年，两部门对涉及黑臭水体消除比例低于 90%，卫星遥感识别疑似黑臭水体较多，公众举报信息集中，主城区下游国控断面水质较差，长江经济带生态环境警示片披露相关问题等 109 个城市（具体见附件 2）提出预警。请预警城市所属省级生态环境、住房城乡建设部门根据《方案》部署要求，结合当地疫情防控实际情况，采取有效措施对上述城市开展排查，督导帮扶各城市加快黑臭水体治理。下半年，结合统筹强化监督工作安排，两部门视情况对治理进展滞后、问题突出的城市开展核查。

三、工作内容

省级生态环境、住房城乡建设部门参照国家排查方式，通过资料查阅、现场巡河等方式，重点对污水收集处理、垃圾收集处理处置、内源治理、生态修复等方面进行检查，对预警城市进行指导帮扶和跟踪督导，并按要求形成相关城市黑臭水体排查报告上报两部门。对存在卫星遥感识别疑似黑臭水体、公众举报信息较多、主城区下游国控断面水质较差问题的城市，核实是否存在新的黑臭水体或黑臭反弹现象。

两部门将以污水垃圾收集处理处置、内源治理为重点，现场核查黑臭水体整治效果。

四、信息获取及报送

（一）卫星遥感识别疑似黑臭水体、公众举报信息详单和城市黑臭水体排查报告编制提纲，可通过"全国城市黑臭水体整治专项督查系统"下载，登录地址：http://dc.hcstzz.com：8001，用户名为各省份 6 位行政区划代码，默认初始密码为 123456。

（二）开展专项排查的省级生态环境、住房城乡建设部门于 2020 年 8 月 31 日前通过"全国城市黑臭水体整治专项督查系统"上传各城市排查报告电子件，纸质件由省级生态环境、住房城乡建设部门汇总后行文报两部门。

五、指导帮扶

两部门将以视频会方式组织开展省级专项排查培训，讲解排查要点及排查 App 使用说明等，具体时间另行通知；同时成立专家帮扶组，在线为各地现场排查提供技术支持。

请高度重视，加强帮扶指导，坚持问题导向、目标导向、结果导向，突出精准治污、科学治污、依法治污，确保完成城市黑臭水体治理目标任务。

联系人：生态环境部　刘科、杨科军
电话：（010）65645460、65645458
传真：（010）65645454
邮箱：ssyysc@mee.gov.cn

联系人：住房城乡建设部　赵晔、牛璋彬
电话：（010）58933326
传真：（010）58933542
邮箱：hmcs@mohurd.gov.cn
附件：1.2020 年城市黑臭水体整治环境保护专项行动方案（略）
　　　2. 预警城市名单（略）

住房城乡建设部　生态环境部关于印发城市黑臭水体治理攻坚战实施方案的通知（2018 年 9 月 30 日　建城〔2018〕104 号）

各省、自治区、直辖市人民政府，国务院有关部委、直属机构：

经国务院同意，现将《城市黑臭水体治理攻坚战实施方案》印发给你们，请认真贯彻落实。

城市黑臭水体治理攻坚战实施方案

2015 年国务院印发《水污染防治行动计划》以来，各地区各部门迅速行动，在治理城市黑臭水体方面取得积极进展，成效显著。为进一步扎实推进城市黑臭水体治理工作，巩固近年来治理成果，加快改善城市水环境质量，制定本方案。

一、总体要求

（一）指导思想。全面贯彻党的十九大和十九届二中、三中全会精神，以习近平新时代中国特色社会主义思想为指导，认真落实党中央、国务院决策部署和全国生态环境保护大会要求，把更好满足人民日益增长的美好生活需要作为出发点和落脚点，坚持生态优先、绿色发展，紧密围绕打好污染防治攻坚战的总体要求，全面整治城市黑臭水体，加快补齐城市环境基础设施短板，确保用 3 年左右时间使城市黑臭水体治理明显见效，让人民群众拥有更多的获得感和幸福感。

（二）基本原则。

系统治理，有序推进。坚持统筹兼顾、整体施策，全方位、全过程实施城市黑臭水体治理。坚持尊重自然、顺应自然、保护自然，统筹好上下游、左右岸、地上地下关系，重点抓好源头污染管控。坚持雷厉风行和久久为功相结合，既集中力量打好消除城市黑臭水体的歼灭战，又抓好长治久清的持久战。坚持从各地实际出发，遵循治污规律，扎实推进治理攻坚工作。

多元共治，形成合力。落实中央统筹、地方实施、多方参与的城市黑臭水体治理体制，上下联动，多措并举，确保工作顺利实施。强化城市政府主体责任，以全面推行河长制、湖长制为抓手，协调好跨区域权责关系；加强部门协调，住房城乡建设部、生态环境部会同有关部门协同联动，加强指导督促；调动社会力量参与治理，鼓励公众发挥监督作用。

标本兼治，重在治本。坚持治标和治本相结合，力戒形式主义，既严格按照《水污染防治行动计划》规定的时间节点实现黑臭水体消除目标，又通过加快城市环境基础设施建设、完善长效机制，从根本上解决导致水体黑臭的相关环境问题。

群众满意，成效可靠。坚持以人民为中心的发展思想，确保黑臭水体治理效果与群众的切身感受相吻合，赢得群众满意。对于黑臭现象反弹、群众有意见的，经核实重新列入城市黑臭水体清单，继续督促治理。

（三）主要目标。到 2018 年年底，直辖市、省会城市、计划单列市建成区黑臭水体消除比例高于 90%，基本实现长治久清。到 2019 年年底，其他地级城市建成区黑臭水体消除比例显著提高，到 2020 年年底达到 90% 以上。鼓励京津冀、长三角、珠三角区域城市建成区尽早全面消除黑臭水体。

二、加快实施城市黑臭水体治理工程

（一）控源截污。加快城市生活污水收集处理系统"提质增效"。推动城市建成区污水管网全覆盖、全收集、全处理以及老旧污水管网改造和破损修复。全面推进城中村、老旧城区和城乡接合部的生活污水收集处理，科学实施沿河沿湖截污管道建设。所截生活污水尽可能纳入城市生活污水收集处理系统，统一处理达标排放；现有城市生活污水集中处理设施能力不足的，要加快新、改、扩建设施，对近期难以覆盖的地区可因地制宜建设分散处理设施。城市建成区内未接入污水管网的新建建筑小区或公共建筑，不得交付使用。新建城区生活污水收集处理设施要与城市发展同步规划、同步建设。（住房城乡建设部牵头，国家发展改革委、财政部、生态环境部、自然资源部参与，城市人民政府负责落实。以下均需城市人民政府落实，不再列出）

深入开展入河湖排污口整治。研究制定排污口管理相关文件，对入河湖排污口进行统一编码和管理。组织开展城市黑臭水体沿岸排污口排查，摸清底数，明确责任主体，逐一登记建档。通过取缔一批、清理一批、规范一批入河湖排污口，不断加大整治力度。（生态环境部牵头，水利部、住房城乡建设部参与）

削减合流制溢流污染。全面推进建筑小区、企事业单位内部和市政雨污水管道混错接改造。除干

旱地区外，城市新区建设均实行雨污分流，有条件的地区要积极推进雨污分流改造；暂不具备条件的地区可通过溢流口改造、截流井改造、管道截流、调蓄等措施降低溢流频次，采取快速净化措施对合流制溢流污染进行处理后排放，逐步降低雨季污染物入河湖量。（住房城乡建设部牵头）

强化工业企业污染控制。城市建成区排放污水的工业企业应依法持有排污许可证，并严格按证排污。对超标或超总量的排污单位一律限制生产或停产整治。排入环境的工业污水要符合国家或地方排放标准；有特别排放限值要求的，应依法依规执行。新建冶金、电镀、化工、印染、原料药制造等工业企业（有工业废水处理资质且出水达到国家标准的原料药制造企业除外）排放的含重金属或难以生化降解废水以及有关工业企业排放的高盐废水，不得接入城市生活污水处理设施。组织评估现有接入城市生活污水处理设施的工业废水对设施出水的影响，导致出水不能稳定达标的要限期退出。工业园区应建成污水集中处理设施并稳定达标运行，对废水分类收集、分质处理、应收尽收，禁止偷排漏排行为，入园企业应当按照国家有关规定进行预处理，达到工艺要求后，接入污水集中处理设施处理。（生态环境部牵头，国家发展改革委、工业和信息化部、住房城乡建设部参与）

加强农业农村污染控制。强化农业面源污染控制，改善城市水体来水水质，严禁城镇垃圾和工业污染向农业农村转移，避免对城市建成区黑臭水体治理产生负面影响。加强畜禽养殖环境管理，加快推进畜禽养殖废弃物资源化利用，规模化畜禽养殖场应当持有排污许可证，并严格按证排污。总结推广适用不同地区的农村污水治理模式，加强技术支撑和指导，梯次推进农村生活污水处理，推动城镇污水管网向周边村庄延伸覆盖。积极完善农村垃圾收集转运体系，防止垃圾直接入河或在水体边随意堆放。（农业农村部、住房城乡建设部、生态环境部按职责分工负责）

（二）内源治理。科学实施清淤疏浚。在综合调查评估城市黑臭水体水质和底泥状况的基础上，合理制定并实施清淤疏浚方案，既要保证清除底泥中沉积的污染物，又要为沉水植物、水生动物等提供休憩空间。要在清淤底泥污染调查评估的基础上，妥善对其进行处理处置，严禁沿岸随意堆放或作为水体治理工程回填材料，其中属于危险废物的，须交由有资质的单位进行安全处置。（水利部牵头，生态环境部、住房城乡建设部、农业农村部参与）

加强水体及其岸线的垃圾治理。全面划定城市

蓝线及河湖管理范围，整治范围内的非正规垃圾堆放点，并对清理出的垃圾进行无害化处理处置，降低雨季污染物冲刷入河量，36个重点城市要在2018年底前完成。规范垃圾转运站管理，防止垃圾渗滤液直排入河。及时对水体内垃圾和漂浮物进行清捞并妥善处理处置，严禁将其作为水体治理工程回填材料。建立健全垃圾收集（打捞）转运体系，将符合规定的河（湖、库）岸垃圾清理和水面垃圾打捞经费纳入地方财政预算，建立相关工作台账。（住房城乡建设部、水利部、生态环境部、农业农村部、财政部按职责分工负责）

（三）生态修复。加强水体生态修复。强化沿河湖园林绿化建设，营造岸绿景美的生态景观。在满足城市排洪和排涝功能的前提下，因地制宜对河湖岸线进行生态化改造，减少对城市自然河道的渠化硬化，营造生物生存环境，恢复和增强河湖水系的自净功能，为城市内涝防治提供蓄水空间。（自然资源部、住房城乡建设部、水利部按职责分工负责）

落实海绵城市建设理念。对城市建成区雨水排放口收水范围内的建筑小区、道路、广场等运用海绵城市理念，综合采取"渗、滞、蓄、净、用、排"方式进行改造建设，从源头解决雨污管道混接问题，减少径流污染。（住房城乡建设部牵头，水利部参与）

（四）活水保质。恢复生态流量。合理调配水资源，加强流域生态流量的统筹管理，逐步恢复水体生态基流。（水利部牵头）严控以恢复水动力为理由的各类调水冲污行为，防止河湖水通过雨水排放口倒灌进入城市排水系统。（水利部、住房城乡建设部按职责分工负责）

推进再生水、雨水用于生态补水。鼓励将城市污水处理厂再生水、分散污水处理设施尾水以及经收集和处理后的雨水用于河道生态补水。推进初期雨水收集处理设施建设。（住房城乡建设部牵头，生态环境部、水利部参与）

三、建立长效机制

（一）严格落实河长制、湖长制。按照中共中央办公厅、国务院办公厅印发的《关于全面推行河长制的意见》《关于在湖泊实施湖长制的指导意见》要求，明确包括城市建成区内黑臭水体在内的河湖的河长湖长。河长湖长要切实履行责任，按照治理时限要求，加强统筹谋划，调动各方密切配合，协调联动，确保黑臭水体治理到位。（水利部牵头，生态环境部、住房城乡建设部参与）

加强巡河管理。河长湖长要带头并督促相关部门做好日常巡河，及时发现解决水体漂浮物、沿岸垃圾、污水直排口问题。有条件的地区可建立监控

设施，对河道进行全天候监督，着力解决违法排污、乱倒垃圾取证难问题。全面拆除沿河湖违章建筑，从源头控制污染物进入水体。严格执行污水排入排水管网许可制度，严禁洗车污水、餐饮泔水、施工泥浆水等通过雨水口进入管网后直排入河。（水利部、住房城乡建设部、生态环境部按职责分工负责）

（二）加快推行排污许可证制度。对固定污染源实施全过程管理和多污染物协同控制，按行业、地区、时限核发排污许可证，全面落实企业治污责任，加强证后监管和处罚。强化城市建成区内排污单位污水排放管理，特别是城市黑臭水体沿岸工业生产、餐饮、洗车、洗涤等单位的管理，严厉打击偷排漏排。对污水未经处理直接排放或不达标排放导致水体黑臭的相关单位和工业集聚区严格执法，严肃问责。2019年年底前，地级及以上城市建成区全面实现污水处理厂持证排污，其中，36个重点城市建成区污水处理厂提前一年完成并强化证后监管。（生态环境部牵头）

（三）强化运营维护。落实河湖日常管理和各类治污设施维护的单位、经费、制度和责任人，明确绩效考核指标，加大考核力度。严格城市生活污水处理设施运营监管，切实保障稳定运行。推进机械化清扫，逐步减少道路冲洗污水排入管网。定期做好管网的清掏工作，并妥善处理清理出的淤泥，减少降雨期间污染物入河。分批、分期完成生活污水收集管网权属普查和登记造册，有序开展区域内无主污水管道的调查、移交和确权工作，建立和完善城市排水管网地理信息系统。落实管网、泵站、污水处理厂等污水收集管网相关设施的运营维护管理队伍，逐步建立以5～10年为一个排查周期的管网长效管理机制，有条件的地区，鼓励在明晰事权和费用分担机制的基础上将排水管网管理延伸到建筑小区内部。推进城市排水企业实施"厂—网—河湖"一体化运营管理机制。（住房城乡建设部、水利部按职责分工负责）

四、强化监督检查

（一）实施城市黑臭水体整治环境保护专项行动。按照排查、交办、核查、约谈、专项督察"五步法"，形成以地方治理、省级检查、国家督查三级结合的专项行动工作机制。2018—2020年，生态环境部会同住房城乡建设部每年开展一次地级及以上城市黑臭水体整治环境保护专项行动。国务院有关部门排查形成问题清单，交办相关地方政府，限期整改并向社会公开，实行"拉条挂账，逐个销号"式管理；对整改情况进行核查，整改不到位的组织

开展约谈，约谈后仍整改不力的将纳入中央生态环境保护督察范畴，并视情组织开展机动式、点穴式专项督察。省级人民政府积极配合做好专项行动，对本行政区域内各城市加强督促、协调和指导，并因地制宜开展省级城市黑臭水体整治专项行动。各城市人民政府做好自查和落实整改工作。（生态环境部牵头，住房城乡建设部参与）

（二）定期开展水质监测。2018年底前，对已完成治理的黑臭水体开展包括透明度、溶解氧（DO）、氨氮（NH₃-N）、氧化还原电位（ORP）等4项指标在内的水质监测。省级生态环境部门指导本行政区域内地级及以上城市开展黑臭水体水质交叉监测，每年第二、三季度各监测一次，并于监测次季度首月10日前，向生态环境部和住房城乡建设部报告上一季度监测数据。（生态环境部牵头，住房城乡建设部参与）

五、保障措施

（一）加强组织领导。各地区各部门要深刻认识打好城市黑臭水体治理攻坚战的重要意义，进一步压实责任、强化举措、狠抓落实，确保本方案确定的各项任务按期落实到位。城市人民政府是城市黑臭水体治理的责任主体，要再次开展全面排查，核清城市建成区内黑臭水体情况，逐一建立健全并实施黑臭水体治理方案，明确消除时限，加快工程落地；要制定本城市黑臭水体治理攻坚战实施方案，年初确定年度目标、工作计划和措施，每季度向社会公开黑臭水体治理进展情况，年底将落实情况向上级人民政府住房城乡建设、生态环境部门报告。各城市实施方案须在2018年11月底前经省级人民政府同意后向社会公布。对于城市黑臭水体治理工作中涌现出的先进典型按照有关规定给予表扬奖励，坚持有为才有位，突出实践实干实效，让那些想干事、能干事、干成事的干部有机会有舞台。省级人民政府要将城市黑臭水体治理工作纳入重要议事日程，按照本方案要求将治理任务分解到各部门，明确职责分工和时间进度，建立符合当地实际的黑臭水体管理制度，每年年底向住房城乡建设部、生态环境部提交城市黑臭水体治理情况报告。住房城乡建设部、生态环境部等部门加强统筹协调，出台配套支持政策，会同相关部门指导和督促地方落实城市黑臭水体治理工作要求，并对治理目标和重点任务完成情况进行考核。（住房城乡建设部、生态环境部负责）

（二）严格责任追究。按照《中共中央国务院关于全面加强生态环境保护坚决打好污染防治攻坚战的意见》要求，落实领导干部生态文明建设责任制，严格实行党政同责、一岗双责。城市政府要把黑臭水体治理放在重要位置，主要领导是本行政区域第一责任人，其他有关领导班子成员在职责范围内承担相应责任，要制定城市黑臭水体治理部门责任清单，把任务分解落实到有关部门。地方各级人民政府住房城乡建设（水务）、生态环境部门要做好牵头，会同和督促有关部门做好工作，对于推诿扯皮、落实不力的，要提请同级人民政府进行问责；参与部门要积极作为，主动承担分配的任务，确保工作成效。将城市黑臭水体治理工作情况纳入污染防治攻坚战成效考核，做好考核结果应用。对在城市黑臭水体治理攻坚战中责任不落实、推诿扯皮、没有完成工作任务的，依纪依法严格问责、终身追责。（生态环境部牵头，住房城乡建设部、中央组织部参与）

（三）加大资金支持。地方各级人民政府要统筹整合相关渠道资金支持黑臭水体治理，加大财政支持力度，结合地方实际创新资金投入方式，引导社会资本加大投入，坚持资金投入同攻坚任务相匹配，提高资金使用效率。完善污水处理收费政策，各地要按规定将污水处理收费标准尽快调整到位，原则上应补偿到污水处理和污泥处置设施正常运营并合理盈利，加大污水处理费收缴力度，严格征收使用管理。在严格审慎合规授信的前提下，鼓励金融机构为市场化运作的城市黑臭水体治理项目提供信贷支持。按照依法合规、风险可控、商业可持续原则，探索开展治污设备融资租赁业务发展。推广规范股权、项目收益权、特许经营权、排污权等质押融资担保。（财政部、发展改革委、人民银行、银保监会、证监会、住房城乡建设部、生态环境部按职责分工负责）

（四）优化审批流程。落实深化"放管服"改革和优化营商环境的要求，结合工程建设项目行政审批制度改革，加大对城市黑臭水体治理项目支持和推进力度，在严格前期决策论证和建设基本程序的同时，对报建审批提供绿色通道。（发展改革委、自然资源部、住房城乡建设部、生态环境部按职责分工负责）

（五）加强信用管理。将从事城市黑臭水体治理的规划设计、施工、监理、运行维护的单位及其法定代表人、项目负责人、技术负责人纳入信用管理，建立失信守信红黑名单制度并定期向社会公布。（住房城乡建设部牵头、国家发展改革委参与）

（六）强化科技支撑。加强城市黑臭水体治理科研攻关和技术支撑，不断提炼实用成果，总结典型案例，推广示范适用技术和成功经验。针对城市黑臭水体治理过程中出现的技术问题，及时加强技术指导，制定指导性文件。（科技部、生态环境部、住

房城乡建设部按职责分工负责）

（七）鼓励公众参与。各地要做好城市黑臭水体治理信息发布、宣传报道、舆情引导等工作，限期办理群众举报投诉的城市黑臭水体问题，保障群众知情权，提高黑臭水体治理重大决策和建设项目的群众参与度。采取喜闻乐见的宣传方式，充分发挥微信公众号等新媒体作用，面向广大群众开展形式多样的宣传工作，引导群众自觉维护治理成果，不向水体、雨水口违法排污，不向水体丢垃圾，鼓励群众监督治理成效、发现问题，形成全民参与治理的氛围。（生态环境部、住房城乡建设部按职责分工负责）

中央农办　农业农村部等 18 部门关于印发《农村人居环境整治村庄清洁行动方案》的通知（2018 年 12 月 29 日　农社发〔2018〕1 号）

各省、自治区、直辖市和新疆生产建设兵团有关部门、机构：

为深入贯彻落实习近平总书记关于改善农村人居环境的重要指示精神，按照《农村人居环境整治三年行动方案》部署安排，聚焦农民群众最关心、最现实、最急需解决的村庄环境卫生难题，充分激发农民群众"自己的事自己办"的自觉，从老百姓身边的小事抓起，一件事情接着一件事情办，不断增强亿万农民群众的获得感幸福感，有力有序科学推进农村人居环境整治工作，决定联合组织开展村庄清洁行动，特制定本方案。

一、重要意义

改善农村人居环境，是以习近平同志为核心的党中央从战略和全局高度作出的一项重大决策，是实施乡村振兴战略的重点任务，事关全面建成小康社会，事关广大农民根本福祉，事关农村社会文明和谐。今年以来，各地区各部门认真贯彻落实党中央、国务院决策部署，按照《农村人居环境整治三年行动方案》要求，加强领导、强化协作、积极创新、狠抓落实，取得了新的进展和成效。同时，农村人居环境整治工作仍处于起步阶段，存在工作进展不平衡、内生动力激发不够、长效机制尚未形成、资金投入缺口较大、工作责任有待进一步压实等困难和问题。实施村庄清洁行动是推动农村人居环境整治的一项基础性工程，通过广泛动员各方力量、优化整合各种资源，集中整治农村环境脏乱差问题，将农村人居环境整治从典型示范转到全面推开上来，加快提升村容村貌、持续改善农村人居环境，建设好美丽宜居乡村。

二、行动目标

以"清洁村庄助力乡村振兴"为主题，以影响农村人居环境的突出问题为重点，动员广大农民群众，广泛参与、集中整治，着力解决村庄环境"脏乱差"问题，实现村庄内垃圾不乱堆乱放，污水乱泼乱倒现象明显减少，粪污无明显暴露，杂物堆放整齐，房前屋后干净整洁，村庄环境干净、整洁、有序，村容村貌明显提升，文明村规民约普遍形成，长效清洁机制逐步建立，村民清洁卫生文明意识普遍提高。

三、行动原则

——县级主抓、多方参与。坚持在省委、市委领导下，县（市、区）抓落实，强化县级党委和政府主体责任，明确县（市、区）、乡镇主要负责同志为"一线总指挥"，做好村庄清洁行动部署动员、督促指导、检查验收等工作。鼓励群团组织、社会力量等参与村庄清洁行动。

——村为单位、农民主体。坚持相信群众、依靠群众，以村为单位实施，村党组织书记是第一责任人，做好宣传发动、组织实施、监督检查等，组织动员农民群众自觉行动，培养形成维护村庄环境卫生的主人翁意识，主动投身村庄清洁行动，保持村庄内部清洁。

——因地制宜、分类实施。立足本地自然资源禀赋、经济社会发展水平等，合理设定行动目标，科学确定重点任务，不搞"一刀切"，不搞层层加码，杜绝形象工程、政绩工程。特殊贫困村和少数民族村可以缓搞或不搞。

——先易后难、循序渐进。学习推广浙江"千村示范、万村整治"工程经验，从农民自己动手能干、易实施、易见效的村庄环境卫生问题入手实施先行整治，坚持少花钱或花小钱办大事、办好事，达到干净、整洁、有序标准。在此基础上，稳扎稳打、渐次推进村庄环境整治。

——教育引导、移风易俗。坚持环境整改与转变观念相结合，加强宣传教育，积极倡导文明新风，引导农民群众转变观念，改变传统不良生活习惯，培养农民群众生态环境保护意识，倡导健康生活方式。

四、行动内容

针对当前影响农村环境卫生的突出问题，广泛宣传、群策群力，集中力量从面上推进农村环境卫生整治，掀起全民关心农村人居环境改善、农民群众自觉行动、社会各界积极参与村庄清洁行动的热潮，重点做好村庄内"三清一改"。

（一）清理农村生活垃圾。清理村庄农户房前屋后和村巷道柴草杂物、积存垃圾、塑料袋等白色垃圾、河岸垃圾、沿村公路和村道沿线散落垃圾等，解决生活垃圾乱堆乱放污染问题。

（二）清理村内塘沟。推动农户节约用水，引导农户规范排放生活污水，宣传农村生活污水治理常识，提高生活污水综合利用和处理能力。以房前屋后河塘沟渠、排水沟等为重点，清理水域漂浮物。有条件的地方实施清淤疏浚，采取综合措施恢复水生态，逐步消除农村黑臭水体。

（三）清理畜禽养殖粪污等农业生产废弃物。清理随意丢弃的病死畜禽尸体、农业投入品包装物、废旧农膜等农业生产废弃物，严格按照规定处置，积极推进资源化利用。规范村庄畜禽散养行为，减少养殖粪污影响村庄环境。

（四）改变影响农村人居环境的不良习惯。加强健康教育工作，广泛宣传卫生习惯带来的好处和不卫生习惯带来的危害，提高村民清洁卫生意识。建立文明村规民约，强化社会舆论监督，引导群众自觉形成良好的生活习惯，从源头减少垃圾乱丢乱扔、柴草乱堆乱积、农机具乱停乱放、污水乱泼乱倒、墙壁乱涂乱画、"小广告"乱贴乱写、畜禽乱撒乱跑、粪污随地排放等影响农村人居环境的现象和不文明行为。

各地在实施村庄清洁行动工作中，要按照有关规定就近妥善处置清理收集的垃圾、淤泥等污染物，相关部门做好农业生产废弃物、一般工业固体废物、危险废物和生活垃圾的处置工作，禁止随意焚烧、堆放垃圾和随意处理淤泥等，不得随意填埋河沟池塘等水域，防止出现次生问题和二次污染。各地可在完成"三清一改"规定动作的基础上，围绕《农村人居环境整治三年行动方案》，结合本地实际，开展"自选动作"，以问题为导向，有针对性地实施清除无保护价值的残垣断壁、开展村庄绿化美化等其他相关工作，深入推进农村人居环境整治。

五、组织实施

（一）工作部署。2019年1月开始在全国范围启动实施。各省（区、市）结合本地实际，制定行动方案。各县（市、区）制定具体工作方案，以行政村为单位建立工作台账，明确工作责任人。组织开展形式多样、内容丰富的宣传动员，营造良好社会氛围。

（二）明确标准。各省（区、市）根据本辖区农村人居环境实际，明确村庄清洁行动整治目标任务和整治标准。主要通过村级组织和农民群众自觉行动等形式解决村庄脏乱差问题，达到干净、整洁、有序的标准。各地也可根据实际情况，开展内容更为丰富的整治活动，达到环境改善、美丽宜居等标准。

（三）集中整治。开展村庄清洁行动，提升村容村貌，改善农村人居环境，既是当前工作，也是长期性任务。要结合各地实际，有重点组织开展各具特色的系列整治活动，推动农户养成良好卫生习惯。2019年要抓住新年春节、建国70年大庆等关键节点，对村庄环境卫生脏乱差问题进行集中整治。

（四）持续推进。坚持抓紧抓实、善作善成，阶段部署、滚动实施。针对突出问题，结合当地实际和民俗特点，由易到难，有序安排，扎实推动，促进村庄清洁工作常态化。鼓励有条件的地方对推进工作较好、完成质量较高的村庄，给予适当奖励。中央农办、农业农村部将联合有关部门对工作开展有力、整治效果突出的县（市、区）给予通报表扬，并在媒体上予以公布。将村庄清洁行动开展情况纳入农村人居环境综合评估考核。

六、保障措施

（一）加强组织领导。村庄清洁行动由中央农办、农业农村部牵头指导推动，各有关部门按照农村人居环境整治职责分工参与组织实施。各地要将此纳入党委政府重要议事日程，在各级农村人居环境整治相关领导小组的具体领导下，统筹推进村庄清洁行动各项任务。

（二）强化执行责任。县（市、区）党委政府主要负责同志要亲自部署、亲自动员、亲自推动，切实抓好组织实施工作。乡镇、村屯的党组织书记担任村庄"清洁指挥长"，负责辖区的村庄清洁行动。发挥村级党组织战斗堡垒作用、党员干部模范带头作用，发动群众、组织群众，确保各项整治任务落地见效。

（三）建立公开监督机制。建立群众事群众抓、群众参与、群众监督的机制，地方可设立公开电话或投诉信箱等，接受群众咨询、举报。对反映的问题及时进行核查和回应。

（四）多方力量参与。发挥工会、共青团、妇联等基层群团组织贴近基层、贴近群众的优势，积极发动群众参与。宣传一批示范县、示范村、示范户，发挥以点带面、辐射带动作用。

（五）构建长效机制。鼓励各地建立健全村庄公共环境保洁制度，推动形成民建、民管、民享的长效机制。鼓励各地进一步完善村规民约，明确村民维护村庄环境的责任和义务，实行"门前三包"制度，切实增强农民群众自觉性主动性，持续开展各项整治工作，确保村庄常年保持干净、整洁、有序。

鼓励各地结合美丽乡村建设、森林乡村创建等，激励引导农民群众主动爱护和维护环境卫生，培养良好卫生意识和文明生活习惯。

（六）及时调度情况。各地建立工作情况调度制度，加强督促检查，发现问题，及时推动解决。各省（区、市）每半年将工作进展情况报农业农村部农村人居环境整治工作推进办公室。

农业农村部、财政部、人力资源社会保障部关于印发《长江流域重点水域禁捕和建立补偿制度实施方案》的通知（2019 年 1 月 6 日　农长渔发〔2019〕1 号）

为贯彻党中央、国务院关于加强生态文明建设的决策部署，落实党的十九大"以共抓大保护、不搞大开发为导向推动长江经济带发展"的战略布局，根据 2017 年中央一号文件《率先在长江流域水生生物保护区实现全面禁捕》、2018 年中央一号文件《建立长江流域重点水域禁捕补偿制度》等要求，经国务院同意，日前印发了《国务院办公厅关于加强长江水生生物保护工作的意见》（以下简称《意见》），对各项保护政策措施提出了明确的工作任务和目标要求。

《意见》明确提出，推进重点水域禁捕，科学划定禁捕、限捕区域，加快建立长江流域重点水域禁捕补偿制度，引导长江流域捕捞渔民加快退捕转产，率先在水生生物保护区实现全面禁捕，健全河流湖泊休养生息制度，在长江干流和重要支流等重点水域逐步实行合理期限内禁捕的禁渔期制度，到 2020 年长江流域重点水域实现常年禁捕。

为贯彻落实上述决策部署和工作要求，农业农村部、财政部、人力资源社会保障部在深入调查研究和广泛征求意见的基础上，制定了《长江流域重点水域禁捕和建立补偿制度实施方案》（以下简称《方案》），经国务院领导同意，现印发你们，请结合工作实际，抓好贯彻落实。

长江流域重点水域禁捕和建立
补偿制度实施方案

为贯彻落实党的十九大精神，根据 2017 年中央一号文件《率先在长江流域水生生物保护区实现全面禁捕》、2018 年中央一号文件《建立长江流域重点水域禁捕补偿制度》和《国务院办公厅关于加强长江水生生物保护工作的意见》关于"健全河流湖泊休养生息制度"等部署要求，农业农村部、财政部、人力资源社会保障部会同有关部门研究制定了长江流域重点水域禁捕和补偿制度实施方案。

一、禁捕的必要性

长江是世界上水生生物多样性最为丰富的河流之一，也是维护我国生态安全的重要屏障。长期以来，受拦河筑坝、水域污染、过度捕捞、航道整治、挖砂采石、滩涂围垦等影响，长江水生生物的生存环境日趋恶化，生物多样性指数持续下降，珍稀特有物种资源全面衰退，白鱀豚、白鲟、长江鲥鱼等物种已多年未见，中华鲟、长江鲟、长江江豚等极度濒危，"四大家鱼"早期资源量比上世纪80年代减少了90%以上。近年来，长江渔业资源年均捕捞产量不足 10 万吨，仅占我国水产品总产量的0.15%。伴随渔业资源严重衰退，部分渔民为获取捕捞收益，使用"绝户网""电毒炸"等非法渔具渔法竭泽而渔，形成资源"公地悲剧"和渔民越捕越穷、资源越捕越少的恶性循环，与打赢脱贫攻坚战、全面建成小康社会的目标不相适应。

习近平总书记多次强调"要把修复长江生态环境摆在压倒性位置，共抓大保护，不搞大开发""要把实施重大生态修复工程作为推动长江经济带发展项目的优先选项"。十九大报告提出"实施重要生态系统保护和修复重大工程，优化生态安全屏障体系""健全耕地草原森林河流湖泊休养生息制度"。2018年中央一号文件提出"科学划定江河湖海限捕、禁捕区域""建立长江流域重点水域禁捕补偿制度"。实施长江流域重点水域禁捕是贯彻落实党中央、国务院一系列部署的重要措施，也是有效缓解长江生物资源衰退和生物多样性下降危机的关键之举。

二、指导思想和基本原则

（一）指导思想。以习近平新时代中国特色社会主义思想为指导，全面贯彻落实党的十九大报告和中央关于加强生态文明建设、共抓长江大保护和促进就业保障民生等方面决策部署，促进生态、生产、生活有机统一、共赢发展。把修复长江生态环境摆在压倒性位置，在长江流域重点水域实施有针对性的禁捕政策，有效恢复水生生物资源，有力促进水域生态环境修复。按照打赢脱贫攻坚战、全面建成小康社会的总体要求，努力促进退捕渔民就业创业，做好生活困难退捕渔民社会保障工作。

（二）基本原则。坚持保护优先，恢复生物资源。把长江流域重点水域禁捕作为落实保护优先、自然恢复为主方针的重要举措，作为实施重大生态修复工程的重要内容，作为巩固国家生态安全屏障体系的重要方面，切实保护水生生物资源，修复以生物多样性为指标的长江生态系统。

坚持以人为本，保障渔民利益。按照全面覆盖、突出重点、绩效导向、分类施策的理念，积极稳妥引导退捕渔民转岗就业创业，有效保障就业困难渔民基本生计，确保渔民退得出、稳得住、能小康。对符合条件的退捕渔民建档立卡，确保补奖资金足额到户、配套措施保障到人，切实加强财政资金绩效管理。

坚持地方为主，中央适当奖补。科学合理划分中央与地方事权，各省级人民政府承担禁捕工作主体责任，统筹各方力量，完善工作机制。充分衔接相关政策，整合相关资金，协调推进禁捕涉及的各方面工作。中央财政通过奖补的方式对地方工作予以适当支持。

坚持精准施策，科学统筹推进。针对不同区域不同情况分步实施，实行分类管理，合理确定退捕转产和禁捕管理目标任务和实施步骤，稳步扩大禁捕范围。充分赋予地方自主决策权，允许各地因地制宜、灵活施策。

三、禁捕实施

根据长江流域水生生物保护区、长江干流和重要支流除保护区以外的水域、大型通江湖泊除保护区以外的水域、其他相关水域四种情况，分类分阶段推进禁捕工作。

（一）长江水生生物保护区。2019年年底以前，完成水生生物保护区渔民退捕，率先实行全面禁捕，今后水生生物保护区全面禁止生产性捕捞。

（二）长江干流和重要支流。2020年年底以前，完成长江干流和重要支流除保护区以外水域的渔民退捕，暂定实行10年禁捕，禁捕期结束后，在科学评估水生生物资源和水域生态环境状况以及经济社会发展需要的基础上，另行制定水生生物资源保护管理政策。

（三）大型通江湖泊。大型通江湖泊（主要指鄱阳湖、洞庭湖等）除保护区以外的水域由有关省人民政府确定禁捕管理办法，可因地制宜一湖一策差别管理，确定的禁捕区2020年年底以前实行禁捕。

（四）其他水域。长江流域其他水域的禁渔期和禁渔区制度，由有关地方政府制定并组织实施。

禁捕期间，特定资源的利用和科研调查、苗种繁育等需要捕捞的，实行专项管理，具体办法由省级或国家渔业行政主管部门制定并组织实施。

四、补偿安排

退捕渔民临时生活补助、社会保障、职业技能培训等相关工作所需资金，主要由各地结合现有政策资金渠道解决。同时，中央财政采取一次性补助与过渡期补助相结合的方式对禁捕工作给予适当支持。

（一）一次性补助。中央财政一次性补助资金根据各省退捕渔船数量、禁捕水域类型、工作任务安排等因素综合测算，整体切块到各省市，由地方结合实际统筹用于收回渔民捕捞权和专用生产设备报废，并直接发放到符合条件的退捕渔民。

（二）过渡期补助。中央财政在禁捕期间安排一定的过渡期补助，资金根据禁捕工作绩效评价结果等相关因素以绩效评价奖励形式下达，由各省市统筹用于禁捕宣传员、提前退捕奖励、加强执法管理、突发事件应急处置等与禁捕直接相关的工作。其中，水生生物保护区过渡期为2019年和2020年，其他重点水域过渡期为2020年和2021年。

五、保障措施

（一）加强组织领导。中央有关部门和地方政府各司其职，有序推进禁捕各项工作。省级人民政府承担禁捕工作主体责任，建立健全党委或政府领导牵头、各相关部门参加的禁捕工作领导机构和推进机制，因地制宜制定省级实施方案，压实各级地方政府属地责任，切实加强审核把关，统筹协调推进本省区渔民退捕转产和禁捕后执法管理等各项工作。农业农村部门牵头做好渔民渔船调查摸底、补助对象资格和条件核实、禁捕安排等工作；财政部门牵头做好财政补助资金安排，并按规定做好审核拨付等工作；人力资源社会保障部门牵头做好退捕渔民就业及社会保障领域各项政策落实。

（二）完善配套政策。要加强对退捕渔民职业技能培训，加强创业指导培训和跟踪服务。将符合条件的退捕渔民按照规定纳入相应的社会保险覆盖范围。将符合享受最低生活保障条件的退捕渔民纳入当地最低生活保障范围。继续实施渔民上岸安居和农村危房改造等工程，保障退捕渔民住有所居。

（三）做好政策宣传。深入渔区广泛宣传禁捕的必要性和重大意义，向退捕渔民充分说明禁捕补偿制度和相关保障措施，提高社会公众知晓率和参与度，创造良好的思想基础和社会氛围。就相关工作方案充分征求广大渔民群众意见，保障渔民合法权益。充分预计和严格防范禁捕可能引发的不稳定因素，切实健全风险防控和应急处置预案。

（四）加强执法监管。提升水生生物资源保护执法管理能力，加强禁捕区域执法装备设施建设。吸收符合条件的退捕渔民协助开展巡查救护工作，充分发挥行业协会和公益组织作用，构建群管群护格局。严厉打击"电毒炸"等违法犯罪行为，坚决清理取缔"绝户网"和涉渔"三无"船舶。完善部门协作、流域联动、交叉检查等形式的合作执法和联合执法，增强流域性重点水域和交界水域管理效果。

（五）强化绩效考核。农业农村部、财政部、人力资源社会保障部制定专项绩效考核办法，会同有关部门对各省市渔民退捕、转产保障和禁捕管理等政策执行和任务落实情况进行绩效评价，建立激励约束机制。各省市人民政府要把长江禁捕作为落实"共抓大保护，不搞大开发"的约束性任务，纳入地方政府绩效考核和河长制等目标任务考核体系，对工作推进不力、责任落实不到位的地区、单位和个人依法依规问责追责。

农业农村部等 11 部委关于印发《〈国务院办公厅关于加强长江水生生物保护工作的意见〉任务分工方案》的通知（2019 年 4 月 22 日 农长渔发〔2019〕2 号）

长江流域各省、自治区、直辖市农业农村、发展改革、科学技术、公安、财政、人力资源社会保障、自然资源、生态环境、交通运输、水利、林草厅（局、委）：

为推进《国务院办公厅关于加强长江水生生物保护工作的意见》（国办发〔2018〕95 号，以下简称《意见》）各项政策措施贯彻落实，农业农村部会同发展改革委、科学技术部、财政部、公安部、人力资源社会保障部、自然资源部、生态环境部、交通运输部、水利部、林草局、三峡集团公司等部门和单位，研究确定了有关政策措施的分工安排和牵头单位，现印发你们参照执行。

各有关部门要高度重视，精心组织，根据分工方案认真抓好贯彻落实。牵头部门对分工任务负总责，其他部门要根据各自职能分工，大力配合、积极支持。落实相关政策需要增加参与单位的，请牵头部门商有关单位确定。对未列入本通知的任务，请各有关部门按照职责分工，认真抓好落实。

分工任务中，属于制度建设的，要抓紧研究，提出方案；属于项目实施的，要尽快制定具体落实方案和进度安排；属于原则性要求的，要认真调查研究，提出加强和推进有关工作的意见和措施。

附件

《国务院办公厅关于加强长江水生生物保护工作的意见》任务分工方案

为贯彻《国务院办公厅关于加强长江水生生物

保护工作的意见》（国办发〔2018〕95 号）各项政策措施，经研究，提出任务分工方案如下，请按照职责分工，加强协同配合，抓好工作落实。

一、开展生态修复

（一）实施生态修复工程。在重要水生生物产卵场、索饵场、越冬场和洄游通道等关键生境实施一批重要生态系统保护和修复重大工程；在闸坝阻隔的自然水体之间，通过灌江纳苗、江湖连通和设置过鱼设施等措施，满足水生生物洄游习性和种质交换需求。（牵头单位：水利部；配合单位：农业农村部、生态环境部、三峡集团公司；有关地方人民政府，因各项工作均需地方政府协同落实，以下不再重复）

（二）优化完善生态调度。深入研究长江干支流水库群蓄水及运行对长江水域生态的影响，开展基于水生生物需求、兼顾其他重要功能的统筹综合调度，最大限度降低不利影响；建立健全长江流域江河湖泊生态用水保障机制，明确并保障干支流江河湖泊重要断面的生态流量，维护流域生态平衡。（牵头单位：水利部；配合单位：农业农村部、三峡集团公司）

（三）科学开展增殖放流。完善增殖放流管理机制，科学确定放流种类，合理安排放流数量，加快恢复水生生物种群适宜规模；建立健全放流苗种管理追溯体系，严格保障苗种质量；加强放流效果跟踪评估，开展标志放流和跟踪评估技术研究；严禁放流外来物种，防范外来物种入侵和种质资源污染。（牵头单位：农业农村部；配合单位：财政部）

（四）推进水产健康养殖。加快编制养殖水域滩涂规划；加强水产养殖科学技术研究与创新，推广成熟的生态增养殖、循环水养殖、稻渔综合种养等生态健康养殖模式，推进养殖尾水治理；加强全价人工配合饲料推广，实现以鱼控草、以鱼抑藻、以鱼净水，修复水生生态环境，加强水产养殖环境管理和风险防控。（牵头单位：农业农村部；配合单位：自然资源部）

二、拯救濒危物种

（五）实施珍稀濒危物种拯救行动。实施以中华鲟、长江鲟、长江江豚为代表的珍稀濒危水生生物抢救性保护行动；在三峡库区、长江故道、河口、近海等水域建设一批中华鲟接力保种基地；开展长江鲟亲本放归和幼鱼规模化放流，推动实现长江鲟野生种群的重建和恢复；加强长江江豚栖息地保护，开展长江中下游长江江豚迁地保护行动；在有条件的科研单位和水族馆建设长江珍稀濒危物种人工驯养繁育和科普教育基地；加快提升中华鲟、长江江

豚等重点保护物种涉及的保护区等级。（牵头单位：农业农村部、林草局；配合单位：发展改革委、三峡集团公司）

（六）全面加强水生生物多样性保护。科学确定、适时调整国家和地方重点保护野生动物名录和保护等级；依法严惩破坏重点保护野生动物资源及其生境的违法行为；开展一批珍稀濒危物种人工繁育和种群恢复工程，全方位提升水生生物多样性保护能力和水平。（牵头单位：农业农村部、生态环境部、林草局；配合单位：发展改革委、公安部、财政部）

三、加强生境保护

（七）强化源头防控。强化国土空间规划对各专项规划的指导约束作用，增强水电、航道、港口、采砂、取水、排污、岸线利用等各类规划的协同性；加强对水域开发利用的规范管理；涉及水生生物栖息地的规划和项目应依法开展环境影响评价。（牵头单位：自然资源部；配合单位：发展改革委、生态环境部、交通运输部、水利部、农业农村部、林草局）

（八）加强保护地建设。在水生生物重要栖息地和关键生境建立自然保护区、水产种质资源保护区或其他保护地，优化调整保护地主体功能和空间布局，确定保护地功能区范围，合理规范涉保护地人类活动；强化水生生物重要栖息地完整性保护，对具有重要生态服务功能的支流进行重点修复。（牵头单位：林草局；配合单位：生态环境部、农业农村部、水利部）

（九）提升保护地功能。有关地方人民政府要依法落实各类保护地管理机构和人员，在设施建设和运行经费等方面提供必要保障；加强水生生物资源监测和水域生态监控能力建设，增强监管、救护和科普教育功能；持续开展专项督查检查行动，及时查处和有效防止水生生物保护地违法开发利用和保护职责不落实等问题。（牵头单位：生态环境部、林草局、农业农村部）

四、完善生态补偿

（十）完善生态补偿机制。建立健全生态补偿机制，支持水生生物重要栖息地的保护与恢复；科学确定涉水工程对水生生物和水域生态影响补偿范围，规范补偿标准，明确补偿用途；通过完善均衡性转移支付和重点生态功能区转移支付政策，加大对长江上游、重要支流、鄱阳湖、洞庭湖和河口等重点生态功能区生态补偿与保护的支持力度；加强涉水生生物保护区在建和已建项目督查；跟踪评估生态补偿措施落实情况，确保生态补偿措施到位，资源生态修复见效。（牵头单位：农业农村部、财政部、自然资源部；配合单位：生态环境部、水利部、林

草局）

（十一）推进重点水域禁捕。建立长江流域重点水域禁捕补偿制度；率先在水生生物保护区实现全面禁捕；健全河流湖泊休养生息制度，在长江干流和重要支流等重点水域逐步实行合理期限内禁捕的禁渔期制度。（牵头单位：农业农村部；配合单位：财政部、自然资源部、人力资源社会保障部、水利部）

五、加强执法监管

（十二）提升执法监管能力。加强立法工作，推动完善相关法律法规；加强执法队伍和装备设施建设，引导退捕渔民参与巡查监督工作；完善行政执法与刑事司法衔接机制，依法严厉打击严重破坏资源生态的犯罪行为；强化水域污染风险预警和防控，及时调查处理水域污染和环境破坏事故；健全执法检查和执法督察制度，严肃追究失职渎职责任。（农业农村部、生态环境部、公安部、交通运输部、水利部、林草局按职能分工负责）

（十三）强化重点水域执法。健全部门协作、流域联动、交叉检查等合作执法和联合执法机制；在长江口、鄱阳湖、洞庭湖等重点水域和问题突出的其他水域，定期组织开展专项执法行动，清理取缔各种非法利用和破坏水生生物资源及其生态、生境的行为；坚决清理取缔涉渔"三无"船舶和"绝户网"，严厉打击"电毒炸"等非法捕捞行为。（牵头单位：农业农村部、水利部；配合单位：公安部、生态环境部、交通运输部、水利部、林草局）

六、强化支撑保障

（十四）加大保护投入。鼓励和支持长江流域地方各级人民政府根据大保护需要，创新水生生物保护管理体制机制，加强对水生生物保护工作的政策扶持和资金投入；设立长江水生生物保护基金，鼓励企业和公众支持长江水生生物保护事业。（牵头单位：农业农村部；配合单位：交通运输部、水利部、三峡集团公司）

（十五）加强科技支撑。深化水生生物保护研究，加快珍稀濒危水生生物人工驯养和繁育技术攻关，开展生态修复技术集成示范；建设长江重要水生生物物种基因库和活体库；强化珍稀濒危物种遗传学研究，支持利用基因技术复活近代消失的水生生物物种的探索研究；支持以研究和保护为目的的开展鱼类网箱养殖、繁殖等工作，提升物种资源保护、保存和恢复能力。（牵头单位：农业农村部；配合单位：财政部、科技部、水利部）

（十六）提升监测能力。全面开展水生生物资源与环境本底调查，准确掌握水生生物资源和栖息地状况，建立水生生物资源资产台账；加强水生生物

资源监测网络建设，提高监测系统自动化、智能化水平；加强生态环境大数据集成分析和综合应用。（牵头单位：农业农村部、生态环境部；配合单位：自然资源部、水利部）

七、加强组织领导

（十七）严格落实责任。将水生生物保护工作纳入长江流域地方人民政府绩效及河长制、湖长制考核体系，进一步明确长江流域地方各级人民政府在水生生物保护方面的主体责任；根据任务清单和时间节点要求，定期考核验收。（牵头单位：农业农村部；配合单位：发展改革委、生态环境部、水利部）

（十八）强化督促检查。建立健全沟通协调机制，适时督查和通报相关工作落实情况，建立奖惩制度。（牵头单位：农业农村部；配合单位：生态环境部、林草局）

（十九）营造良好氛围。完善信息发布机制，定期发布长江水生生物和水域生态环境状况，接受公众监督，积极开展长江水生生物保护宣传。（牵头单位：农业农村部；配合单位：自然资源部、生态环境部、水利部）

中央农村工作领导小组办公室 农业农村部 生态环境部 住房城乡建设部 水利部 科技部 国家发展改革委 财政部 银保监会关于推进农村生活污水治理的指导意见
（2019 年 7 月 3 日　中农发〔2019〕14 号）

各省、自治区、直辖市和新疆生产建设兵团农业农村（农牧）厅（局、委），生态环境（环境保护）厅（局），住房和城乡建设厅（局、委），水利（水务）厅（局），科技厅（局、委），发展改革委，财政厅（局），银保监局：

为深入贯彻习近平总书记关于农村生活污水治理的重要指示精神，落实《农村人居环境整治三年行动方案》和深入学习浙江"千万工程"经验全面扎实推进农村人居环境整治会议有关要求，推进农村生活污水治理，补齐农村人居环境短板，加快建设美丽宜居乡村，提出以下意见。

一、重要意义

农村生活污水治理是农村人居环境整治的重要内容，是实施乡村振兴战略的重要举措，是全面建成小康社会的内在要求。习近平总书记多次作出重要指示，强调因地制宜做好厕所下水道管网建设和农村污水处理，不断提高农民生活质量。近年来，各地各有关部门认真贯彻落实中央部署要求，积极推动农村生活污水治理，取得了一定成效，对改善

农村生态环境、提升农民生活品质、促进农业农村现代化发挥了重要作用。但也要看到，农村生活污水治理仍然是农村人居环境最突出的短板，面临着思想认识和资金投入不到位、工作进展不平衡、管护机制不健全等问题。各地要充分认识农村生活污水治理的重要意义，把其作为一项重大民生工程抓紧抓实，切实提升农民群众获得感幸福感。

二、总体要求

以习近平新时代中国特色社会主义思想为指导，按照"因地制宜、尊重习惯，应治尽治、利用为先，就地就近、生态循环，梯次推进、建管并重，发动农户、效果长远"的基本思路，牢固树立和贯彻落实新发展理念，从亿万农民群众的愿望和需求出发，按照实施乡村振兴战略的总要求，立足我国农村实际，以污水减量化、分类就地处理、循环利用为导向，加强统筹规划，突出重点区域，选择适宜模式，完善标准体系，强化管护机制，善作善成、久久为功，走出一条具有中国特色的农村生活污水治理之路。

到 2020 年，东部地区、中西部城市近郊区等有基础、有条件的地区，农村生活污水治理率明显提高，村庄内污水横流、乱排乱放情况基本消除，运维管护机制基本建立；中西部有较好基础、基本具备条件的地区，农村生活污水乱排乱放得到有效管控，治理初见成效；地处偏远、经济欠发达等地区，农村生活污水乱排乱放现象明显减少。

三、基本原则

（一）因地制宜、注重实效。根据地理气候、经济社会发展水平和农民生产生活习惯，科学确定本地区农村生活污水治理模式。条件允许或对污水排放有严格要求的地区，可以采用建设污水处理设施的方法确保达标排放，其他地方要充分借助地理自然条件、环境消纳能力等重点推进农村改厕。条件较好的地区可以加快推进，脱贫攻坚任务重的市县能做则做、需缓则缓，不搞一刀切、齐步走。

（二）先易后难、梯次推进。坚持短期目标与长远打算相结合，综合考虑现阶段经济发展条件、财政投入能力、农民接受程度等，合理确定农村生活污水治理目标任务。既尽力而为，又量力而行。先易后难、先点后面，通过试点示范不断探索、积累经验，带动整体提升。

（三）政府主导、社会参与。农村生活污水治理设施建设由政府主导，采取地方财政补助、村集体负担、村民适当缴费或出工出力等方式建立长效管护机制。通过政府和社会资本合作等方式，吸引社会资本参与农村生活污水治理。

（四）生态为本、绿色发展。牢固树立绿色发展

理念，结合农田灌溉回用、生态保护修复、环境景观建设等，推进水资源循环利用，实现农村生活污水治理与生态农业发展、农村生态文明建设有机衔接。

四、重点任务

（一）全面摸清现状。对农村生活污水的产生总量和比例构成、村庄污水无序排放、水体污染等现状进行调查，梳理现有处理设施数量、布局、运行等治理情况，分析村庄周边环境特别是水环境生态容量，以县域为单位建立现状基础台账。

（二）科学编制行动方案。以县域为单位编制农村生活污水治理规划或方案，也可纳入县域农村人居环境整治规划或方案统筹考虑，充分考虑已有工作基础，合理确定目标任务、治理方式、区域布局、建设时序、资金保障等。顺应村庄演变趋势，把集聚提升类、特色保护类、城郊融合类村庄作为治理重点。优先治理南水北调东线中线水源地及其输水沿线、京津冀、长江经济带、珠三角地区、环渤海区域及水质需改善的控制单位范围内的村庄。注重农村生活污水治理与生活垃圾治理、厕所革命等统筹规划、有效衔接。

（三）合理选择技术模式。因地制宜采用污染治理与资源利用相结合、工程措施与生态措施相结合、集中与分散相结合的建设模式和处理工艺。有条件的地区推进城镇污水处理设施和服务向城镇近郊的农村延伸，离城镇生活污水管网较远、人口密集且不具备利用条件的村庄，可建设集中处理设施实现达标排放。人口较少的村庄，以卫生厕所改造为重点推进农村生活污水治理，在杜绝化粪池出水直排基础上，就地就近实现农田利用。重点生态功能区、饮用水水源保护区严禁农村生活污水未经处理直接排放。积极推广低成本、低能耗、易维护、高效率的污水处理技术，鼓励具备条件的地区采用以渔净水、人工湿地、氧化塘等生态处理模式。开展典型示范，培育一批农村生活污水治理示范县、示范村，总结推广一批适合不同村庄规模、不同经济条件、不同地理位置的典型模式。

（四）促进生产生活用水循环利用。探索将高标准农田建设、农田水利建设与农村生活污水治理相结合，统一规划、一体设计，在确保农业用水安全的前提下，实现农业农村水资源的良性循环。鼓励通过栽植水生植物和建设植物隔离带，对农田沟渠、塘堰等灌排系统进行生态化改造。鼓励农户利用房前屋后小菜园、小果园、小花园等，实现就地回用。畅通厕所粪污经无害化处理后就地就近还田渠道，鼓励各地探索堆肥等方式，推动厕所粪污资源化利用。

（五）加快标准制修订。认真梳理标准制修订情况，构建完善农村生活污水治理标准体系。根据农村不同区位条件、排放去向、利用方式和人居环境改善需求，按照分区分级、宽严相济、回用优先、注重实效、便于监管的原则，抓紧制修订本地区农村生活污水处理排放标准。加快研究制定农村生活污水治理设施标准，规范污水治理设施设计、施工、运行管护等。编制适合本地区的农村生活污水治理技术导则或规范，强化技术指导。

（六）完善建设和管护机制。坚持以用为本、建管并重，在规划设计阶段统筹考虑工程建设和运行维护，做到同步设计、同步建设、同步落实。做好工程设计，严把材料质量关，采用地方政府主管、第三方监理、群众代表监督等方式，加强施工监管、档案管理和竣工验收。简化农村生活污水处理设施建设项目审批和招标程序，保障项目建设进度。落实农村生活污水处理用电用地支持政策。明确农村生活污水治理设施产权归属和运行管护责任单位，推动建立有制度、有标准、有队伍、有经费、有督查的运行管护机制。鼓励专业化、市场化建设和运行管理，有条件的地区推行城乡污水处理统一规划、统一建设、统一运行、统一管理。鼓励有条件的地区探索建立污水处理受益农户付费制度，提高农户自觉参与的积极性。

（七）统筹推进农村厕所革命。统筹考虑农村生活污水治理和厕所革命，具备条件的地区一体化推进、同步设计、同步建设、同步运营。东部地区、中西部城市近郊区以及其他环境容量较小地区村庄，加快推进户用卫生厕所建设和改造，同步实施厕所粪污治理。其他地区按照群众接受、经济适用、维护方便、不污染公共水体要求，普及不同水平的卫生厕所。引导农村新建住房配套建设无害化卫生厕所，人口规模较大村庄配套建设公共厕所。

（八）推进农村黑臭水体治理。按照分级管理、分类治理、分期推进的思路，采取控源截污、垃圾清理、清淤疏浚、水体净化等综合措施恢复水生态。建立健全符合农村实际的生活垃圾收集处置体系，避免因垃圾随意倾倒、长年堆积、处理不当等造成水体污染。推进畜禽养殖废弃物资源化利用，大力推动清洁养殖，加快推进肥料化利用，推广"截污建池、收运还田"等低成本、易操作、见效快的粪污治理和资源化利用方式，实现畜禽养殖废弃物源头减量、终端有效利用。实施农村清洁河道行动，建设生态清洁型小流域，鼓励河湖长制向农村延伸。

五、保障措施

（一）加强组织领导。落实中央部署、省负总责、市县抓落实的农村生活污水治理机制。按照五级书记抓乡村振兴的要求，把农村生活污水治理纳入乡村振兴战略、作为重点任务优先安排。省级党委和政府对本地区农村生活污水治理工作负总责，建立健全工作推进机制，强化组织领导和政策保障。强化市县抓落实责任，做好项目落地、资金使用、推进实施、运行维护等工作。乡镇党委和政府具体负责组织实施。村党组织做好宣传发动、日常监督等，提升农民环境保护意识。理顺职责分工，明确农业农村部门牵头改善农村人居环境，生态环境部门具体抓好农村生活污水治理的工作职责。

（二）多方筹措资金。建立地方为主、中央补助、社会参与的资金筹措机制，加大对农村生活污水治理的投入力度，适度向贫困地区倾斜。中央财政安排资金支持农村生活污水治理和农村改厕。允许县级按规定统筹整合相关资金，加强资金使用监管，切实提高资金使用效益。鼓励地方政府发行专项债券支持农村生活污水治理。鼓励金融机构立足自身优势和风险偏好，在符合相关法律法规和风险可控、商业可持续的前提下，对农村生活污水治理项目提供信贷支持。规范运用政府和社会资本合作模式，吸引社会资金参与农村生活污水治理项目。发挥政府投资撬动作用，采取以奖代补、先建后补、以工代赈等多种方式，吸引各方人士通过投资、捐助、认建等形式，支持农村生活污水治理项目建设和运行维护。落实捐赠减免税政策和公益性捐赠税前扣除政策。

（三）加大科技创新。鼓励企业、高校和科研院所开展技术创新，研发推广适合不同地区的农村生活污水治理技术和产品。推动农村生活污水处理与循环利用装备开发，探索农村水资源循环利用新模式。鼓励具备条件的地区运用互联网、物联网等技术建立系统和平台，对具有一定规模的农村生活污水治理设施运行状态、出水水质等进行实时监控。

（四）强化督导考核。中央农办、农业农村部会同生态环境部等有关部门，配合国务院办公厅开展农村人居环境整治大检查，对措施不力、搞虚假形式主义、劳民伤财的地方和单位批评问责。落实国务院督查激励措施，对开展包括农村生活污水治理在内的农村人居环境整治成效明显的县予以奖励。将农村生活污水治理情况纳入第二轮中央生态环境保护督查范畴。推动环保监管力量进一步下沉到农村，做到城乡全覆盖，严禁未经达标处理的城镇污水进入农业农村。建立群众和社会监督机制，对群众反映强烈的重点问题，开展实地调查、分析原因、督促整改。

（五）广泛宣传发动。鼓励各地充分利用电视、广播、报刊、网络等媒体，结合村庄清洁行动、卫生县城创建、厕所革命等活动，采用群众喜闻乐见形式，大力开展农村生活污水治理宣传。发挥村党组织战斗堡垒作用、党员干部模范带头作用和妇联、共青团等贴近农村的优势，发动组织群众，积极参与农村生活污水治理。完善村规民约，倡导节约用水，引导农民群众形成良好用水习惯，从源头减少农村生活污水乱泼乱倒的现象。

国家林业局、国家发展改革委、财政部、国土资源部、环境保护部、水利部、农业部、国家海洋局关于印发《贯彻落实〈湿地保护修复制度方案〉的实施意见》的函（2017年5月11日　林函湿字〔2017〕63号）

各省、自治区、直辖市人民政府，新疆生产建设兵团：

为贯彻落实《国务院办公厅关于印发湿地保护修复制度方案的通知》（国办发〔2016〕89号，以下简称《制度方案》），确保《制度方案》提出的各项目标任务和政策制度落实到位、取得实效，国家林业局、国家发展改革委、财政部、国土资源部、环境保护部、水利部、农业部、国家海洋局研究制定了《贯彻落实〈湿地保护修复制度方案〉的实施意见》（见附件），现予印发。

附件

贯彻落实《湿地保护修复
制度方案》的实施意见

党的十八大以来，党中央、国务院就湿地保护作出了一系列决策部署。加快建立系统完整的湿地保护修复制度，是贯彻落实党中央、国务院关于湿地保护决策部署的内在要求，是落实绿色发展理念、推进生态文明建设的重要内容，是解决湿地保护突出问题、维护湿地健康的有效举措。为贯彻落实《国务院办公厅关于印发湿地保护修复制度方案的通知》（国办发〔2016〕89号，以下简称《制度方案》），确保《制度方案》提出的各项目标任务和政策制度落实到位、取得实效，制定本实施意见。

一、总体要求

《制度方案》是做好新时期湿地保护管理工作的

纲领性文件，各地要加强学习、深刻领悟建立完善湿地保护修复制度的关键性和紧迫性，扎实做好建立完善湿地保护修复制度工作，做到相关制度和政策措施到位、责任落实到位、监督检查和考核评估到位，确保到 2020 年，建立较为完善的湿地保护修复制度体系，为维护湿地生态系统健康提供制度保障。

二、制定工作方案

各地要围绕《制度方案》提出的目标任务，抓紧编制工作方案，细化实化目标任务，明确时间节点、责任主体、监督检查、保障措施。完善湿地分级管理体系、实行湿地保护目标责任制、健全湿地用途监管机制、建立退化湿地修复制度、健全湿地监测评价体系等制度框架，结合各自实际，抓紧制定湿地保护修复的具体制度，把《制度方案》提出的相关制度和政策转化为实实在在的政策措施和制度办法。

各地应于 2017 年年底前出台工作方案。

三、落实工作要求

要建立健全湿地保护修复工作机制，落实工作责任，确保《制度方案》顺利实施。

（一）完善工作机制。各地林业主管部门要会同有关部门建立湿地保护修复联席会议制度，协调解决落实湿地保护修复制度中的重点难点问题。要建立实时通讯制度，及时通报湿地保护修复的最新进展。要建立考核制度，对成绩突出的有关部门和单位进行表彰，对失职失责的严肃问责。

（二）强化监督检查。各地要严格按照本实施意见及工作方案进行监督检查，督促工作推进和任务落实，主动接受上级部门和群众监督。国家林业局将会同有关部门对各地湿地保护修复情况进行督导检查。

（三）严格考核问责。各地要加强对湿地保护修复的考核评估，严格责任追究，确保各项目标任务有效落实。要将湿地面积、湿地保护率、湿地生态状况等保护成效指标纳入本地区生态文明建设目标评价考核等制度体系，建立健全奖励机制和终身追责机制。

（四）加强创新总结。鼓励各级部门广泛跟踪调研，因地制宜，实事求是，不断提炼和总结湿地保护修复工作中的好经验、好政策，逐步完善湿地保护修复的体制机制，国家林业局将会同有关部门组织开展多种形式的经验交流，促进各地相互学习借鉴。

（五）加强信息公开和信息报送。各地要借助当地主要媒体及其他宣传途径，有效落实湿地名录社会公告，在重要湿地的显著位置竖立湿地标示牌，标明湿地面积、类型、四至范围、主要保护物种、

保护修复目标、主管部门和管理单位、举报电话等内容。各地要建立湿地保护修复信息报送制度，动态跟踪进展情况。从 2018 年起，各省、自治区、直辖市和新疆生产建设兵团林业主管部门每年 1 月 15 日前将本地湿地保护修复年度总结报国家林业局。

四、强化保障措施

（一）加强组织领导。建立国家林业局会同有关部门参加的湿地保护修复工作部际协调机制，研究解决重大问题，指导监督各地顺利推进湿地保护修复工作。各地要加强组织领导，明确责任分工，抓好工作落实。要建立地方湿地保护修复工作部门协调机制，落实好湿地保护修复的任务。

（二）落实经费保障。各地要合理保障湿地保护修复经费，鼓励与引导社会资本参与，形成政府投资、社会融资、个人投入等多渠道投入机制。

（三）加强宣传引导。各地要做好湿地保护修复工作的宣传教育和舆论引导。要根据重要工作节点，精心策划组织，充分利用各种宣传媒体，运用多种宣传形式，加大宣传科普力度，不断增强公众保护湿地的责任意识和参与意识，努力形成全社会保护湿地的良好氛围。

| 部际联席会议成员单位发布文件 |

水利部办公厅关于印发全面推行河长制工作督导检查制度的函（2017 年 1 月 24 日 办建管函〔2017〕102 号）

各省、自治区、直辖市党委办公厅、人民政府办公厅，新疆生产建设兵团办公厅：

为贯彻落实中共中央办公厅、国务院办公厅《关于全面推行河长制的意见》，加强对各地全面推行河长制工作的督导检查，确保 2018 年年底前全面建立河长制，我部制定了《水利部全面推行河长制工作督导检查制度》，现函送你们。请各地加快全面推行河长制的各项工作并配合我部做好督导检查工作。

水利部全面推行河长制工作督导检查制度

为贯彻落实《中共中央办公厅　国务院办公厅印发〈关于全面推行河长制的意见〉的通知》，加强对各地全面推行河长制工作的督导检查，确保 2018 年年底前全面建立河长制，特制定水利部全面推行河长制工作督导检查制度。

一、督导检查目的

全面、及时掌握各地推行河长制工作进展情况，指导、督促各地加强组织领导，健全工作机制，落实工作责任，按照时间节点和目标任务要求积极推行河长制，确保2018年年底前全面建立河长制。

二、督导检查内容

一是河湖分级名录确定情况。各省（自治区、直辖市）根据河湖的自然属性、跨行政区域情况以及对经济社会发展、生态环境影响的重要性等，提出需由省级负责同志担任河长的河湖名录情况，市、县、乡级领导分级担任河长的河湖名录情况。

二是工作方案制定情况。各省（自治区、直辖市）全面推行河长制工作方案制定情况、印发时间、工作进度、阶段目标设定、任务细化等情况。北京、天津、江苏、浙江、安徽、福建、江西、海南等已在全省（直辖市）范围内实施河长制的地区，2017年6月底前出台省级工作方案；其他省（自治区、直辖市）在2017年年底前出台省级工作方案。各省（自治区、直辖市）要指导、督促所辖市、县出台工作方案。

三是组织体系建设情况。包括省、市、县、乡四级河长体系建立情况，总河长、河长设置情况，县级及以上河长制办公室设置及工作人员落实情况；河湖管理保护、执法监督主体、人员、设备和经费落实情况；以市场化、专业化、社会化为方向，培育环境治理、维修养护、河道保洁等市场主体情况；河长公示牌的设立及监督电话的畅通情况等。

四是制度建立和执行情况。河长会议制度、信息共享和信息报送制度、工作督察制度、考核问责制度、激励机制、验收制度等制度的建立和执行情况。北京、天津、江苏、浙江、安徽、福建、江西、海南等已在全省（直辖市）范围内实施河长制的地区，力争2017年年底前制定出台相关制度及考核办法；其他省（自治区、直辖市）力争2018年6月底前制定出台相关制度及考核办法。

五是河长制主要任务实施情况。水资源保护、水域岸线管理保护、水污染防治、水环境治理、水生态修复、执法监管等主要任务实施情况；信息公开、宣传引导、经验交流等工作开展情况。

六是整改落实情况。中央和地方各级部门检查、督导发现问题以及媒体曝光、公众反映强烈问题的整改落实情况。

具体督导检查内容可根据督导检查地区河湖管理和保护的实际情况有所侧重。

三、组织形式和分工

由水利部领导牵头、司局包省、流域包片，水利部直属有关单位参加，对责任区域内各省（自治区、直辖市）推行河长制工作进行督导检查。水利部推进河长制工作领导小组办公室（以下简称"水利部河长办"）具体承担督导检查的协调工作。督导检查分工方案附后。

四、工作方式和相关要求

一是督导检查时间。水利部各司局对所负责的省（自治区、直辖市）进行4次督导检查，督导检查时间为2017年5月、10月，2018年5月、10月。各流域机构对责任区域内各省（自治区、直辖市）进行6次督导检查，督导检查时间由各流域机构根据所负责的省（自治区、直辖市）河长制实施情况自行确定。对进度滞后或存在需要协调解决问题的省（自治区、直辖市），可开展专项督导检查。

二是督导检查工作方式。督导检查工作实行组长负责制，组长由牵头司局、流域机构负责同志担任。督导检查采取座谈交流、实地查看等方式，具体包括听取省、市、县级河长制办公室或乡河长关于工作进展情况的汇报，与有关地方政府、部门和公众交流座谈，查阅地方推行河长制相关文件、资料，实地查看河湖现场等。督导检查地点以随机抽取确定为主。

三是督导检查报告及意见反馈。水利部各司局牵头、有关单位参加的分省督导检查结束后5个工作日内，牵头单位向水利部河长办提交督导检查报告，水利部河长办汇总后报水利部全面推进河长制工作领导小组。水利部河长办按一省一单方式，将督导检查发现的问题及相关意见和建议反馈有关省（自治区、直辖市）。各流域机构对包片的省（自治区、直辖市）督导检查结束后5个工作日内，将督导检查总报告报水利部河长办；10个工作日内，按一省一单方式将督导检查发现的问题及相关意见和建议反馈有关省（自治区、直辖市）河长办，并抄报水利部河长办。

水利部办公厅关于加强全面推行河长制工作制度建设的通知（2017年5月19日办建管函〔2017〕544号）

各省、自治区、直辖市人民政府办公厅，新疆生产建设兵团办公厅：

为贯彻落实党中央、国务院关于全面推行河长制的决策部署，建立健全河长制相关工作制度，据中共中央办公厅、国务院办公厅印发的《关于全面推行河长制的意见》（以下简称《意见》）《水利部环境保护部贯彻落实〈关于全面推行河长制的意见〉实施方案》（以下简称《实施方案》）要求，结合各地实践经验，水利部研究提出了全面推行河长制相关工作制度清单。请结合本地实际，抓紧建立完善河长制相关工作制度。现将有关事项通知如下。

一、尽快出台中央明确要求的工作制度

根据《意见》《实施方案》，各地需抓紧制定并按期出台河长会议、信息共享、工作督察、考核问责和激励、验收等制度。

（一）河长会议制度。主要任务是研究部署河长制工作，协调解决河湖管理保护中的重点难点问题，包括河长会议的出席人员、议事范围、议事规则、决议实施形式等内容。

（二）信息共享制度。包括信息公开，信息通报和信息共享等内容，信息公开，主要任务是向社会公开河长名单、河长职责、河湖管理保护情况等，应明确公开的内容、方式、频次等；信息通报，主要任务是通报河长制实施进展、存在的突出问题等，应明确通报的范围、形式、整改要求等；信息共享，主要任务是对河湖水域岸线、水资源、水质、水生态等方面的信息进行共享，应对信息共享的实现途径、范围、流程等作出规定。

（三）信息报送制度。需明确河长制工作信息报送主体、程序、范围、频次以及信息主要内容、审核要求等。

（四）工作督察制度。主要任务是对河长制实施情况和河长履职情况进行督察，应明确督察主体、督察对象、督察范围、督察内容、督察组织形式、督察整改、督察结果应用等内容。

（五）考核问责和激励制度。考核问责，是上级河长对下一级河长、地方党委政府对同级河长制组成部门履职情况进行考核问责，包括考核主体、考核对象、考核程序、考核结果应用、责任追究等内容，激励制度，主要是通过以奖代补等多种形式，对成绩突出的地区、河长及责任单位进行表彰奖励，应明确激励形式、奖励标准等。

（六）验收制度。主要任务是按时间节点对河长制建立情况进行验收，包括验收的主体、方式、程序、整改落实等。

二、积极探索符合本地实际的相关工作制度

在全面推行河长制工作中，一些地方探索实践河长巡查、重点问题督办、联席会议等制度，有力推进了河长制工作的有序开展。各地可根据本地实际，因地制宜，选择或另行增加制定出台适合本地区河长制工作的相关制度。

（一）河长巡查制度。需明确各级河长定期巡查

河湖的要求，确定巡查频次、巡查内容、巡查记录、问题发现、处理方式、监督整改等。

（二）工作督办制度。需明确对河长制工作中的重大事项、重点任务及群众举报、投诉的焦点、热点问题等进行督办的主体、对象、方式、程序、时限以及督办结果通报等。

（三）联席会议制度。强化部门间的沟通协调，需明确联席会议制度的主要职责、组成部门、召集人、部门分工、议事形式、责任主体、部门联动方式等。

（四）重大问题报告制度。就河长制工作中的重大问题进行报告，需明确向总河长、河长报告的事项范围、流程、方式等。

（五）部门联合执法制度。需明确部门联合执法的范围、主要内容、牵头部门、责任主体、执法方式、执法结果通报和处置等。

三、高度重视，切实加快河长制工作制度建设

建立完善的工作制度，是全面建立河长制的重要任务，是确保全面推行河长制落到实处、工作取得实效的重要保障。各地、各有关部门要高度重视，加强组织领导，明晰责任分工，细化工作任务，根据《意见》《实施方案》和本通知要求，明确本地必须建立的工作制度。同时，积极研究探索符合本地实际、有特色的河长制相关工作制度。

各地要尽快提出需制定出台的制度清单，明确各项制度出台的时间表，以及制度起草牵头部门和参加单位、审批部门、审批程序等，注重制度的实效性、可操作性，确保工作质量和进度。制度出台后，要着力抓好制度的组织实施，不流于形式，确保河长制工作抓实抓好、取得实效。

水利部办公厅关于开展长江非法采砂专项整治行动的通知（2017 年 9 月 1 日　办建管函〔2017〕1045 号）

长江水利委员会，重庆、四川、湖北、湖南、江西、安徽、江苏、上海省（直辖市）水利（水务）厅（局）：

为迎接党的十九大胜利召开，确保维护长江干流河道采砂管理良好秩序，经研究，水利部决定开展为期 2 个月的长江非法采砂专项整治行动。现将有关事项通知如下：

一、专项整治行动目的

根据《长江河道采砂管理条例》和《水利部关于加强长江河道采砂现场监管和日常巡查工作的通知》（水建管〔2013〕467 号，以下简称《通知》）

要求，进一步夯实长江采砂管理责任制，加强日常执法巡查，加大对非法采砂的打击力度，着力维护长江干流河道采砂管理总体可控的良好局面，切实保障长江河势稳定、防洪安全和通航安全。

二、专项整治行动时间

专项整治行动时间为2017年9—10月，按自查、重点抽查、整改落实三个阶段开展工作。

三、专项整治行动范围

专项整治行动范围为长江干流河道。

四、专项整治行动内容

（一）加强日常执法巡查。长江水利委员会（以下简称长江委）及沿江各地要按照《通知》要求，加强对长江河道采砂的日常巡查，加大巡查频次，特别是对非法采砂重点江段、敏感水域要逐一巡查，对违法违规采砂行为要做到早发现、早制止、早处理。

（二）严厉打击非法采砂。在加强日常巡查的基础上，沿江各地要采取明查与暗访结合、陆治与水打结合的方式，对非法采砂行为组织专项打击和集中整治，始终保持对非法采砂的高压严打态势，对非法采砂形成有力震慑，保障河道采砂有序可控。非法采砂涉嫌构成犯罪的，要依法追究刑事责任。对非法采砂活动反弹严重、屡打不绝的河段或水域，以及危害性大、性质恶劣的非法采砂案件，要实行挂牌督办，一抓到底。

（三）加强禁采期采砂船舶集中停靠监管。沿江各地要按照《通知》要求，加大采砂船舶集中停靠监管力度，确保采砂船舶按要求集中停靠。对擅自离开集中停靠点的采砂船舶，要依法进行查处。

五、专项整治行动组织安排

沿江各省（直辖市）水行政主管部门负责组织开展本行政区域内长江河道的专项整治行动，长江委负责组织开展省际边界重点河段的专项整治行动，水利部适时组成检查组进行重点抽查。

（一）自查阶段（2017年9月）。长江委和沿江各省（直辖市）水行政主管部门开展全面自查，特别是对2016年核查出的27个重点江段和敏感水域要逐一进行核查，检查采砂管理三级责任人落实情况、采砂船只管理情况、采砂许可管理情况、采砂管理制度建设情况、采砂执法队伍能力建设情况；摸清采砂管理现状、非法采砂现象，对发现的非法采砂活动要立即开展执法打击。9月25日前，沿江各省（直辖市）水行政主管部门将自查情况报送长江委，长江委审核汇总后于9月30日前报送水利部。

（二）重点抽查阶段（2017年10月）。根据自查情况，水利部将适时组织开展抽查工作，重点抽查

27个重点江段和敏感水域，以及各地自查发现问题的整改落实情况，抽查时间、抽查地点另行通知。长江委要加强对各地专项整治行动的指导和检查。

（三）整改落实阶段（2017年9—10月）。针对自查阶段发现的问题，各地要边查边改，制定整改方案，明确整改措施和责任人，确保问题整改落实到位。沿江各省（直辖市）水行政主管部门要对地方整改落实情况开展复查。对重点抽查阶段发现的问题，水利部将以一省一单方式印发相关省（直辖市）督促整改落实。10月25日前，沿江省（直辖市）水行政主管部门将专项整治行动发现问题的整改落实情况报送长江委，长江委汇总后于10月31日前报送水利部。

六、有关要求

（一）请沿江各省（直辖市）水行政主管部门高度重视专项整治行动，加强组织领导，认真落实各项工作安排，加强区域和部门间的沟通协作，做好新闻宣传和舆论引导工作，确保专项整治行动取得实效。长江委要加强组织协调，强化省际边界河段采砂监管执法。

（二）长江委和沿江各省（直辖市）水行政主管部门要制定专项整治行动实施方案，对各项工作安排进行细化，明确目标任务，制定具体措施，落实进度安排，明确责任单位和责任人，保障专项整治行动顺利进行。

（三）联系方式：水利部建设与管理司

李春明（010）63203224

叶　飞（010）63202817

水利部办公厅关于印发《河长制湖长制管理信息系统建设指导意见》《河长制湖长制管理信息系统建设技术指南》的通知（2018年1月12日　办建管〔2018〕10号）

各省、自治区、直辖市水利（水务）厅（局）、河长制办公室，新疆生产建设兵团水利局、河长制办公室：

为进一步推进和规范各地河长制湖长制管理信息系统建设，水利部组织信息中心编制了《河长制湖长制管理信息系统建设指导意见》和《河长制湖长制管理信息系统建设技术指南》，现印发给你们，请结合实际遵照执行。如有问题请与水利部信息中心联系。

联系人：赵凯

联系电话：010－63203118

附件1：河长制湖长制管理信息系统建设指导

意见

附件2：河长制湖长制信息管理系统建设技术指南

附件1

河长制湖长制管理信息系统
建设指导意见

河长制湖长制管理信息系统（以下简称系统）是支撑河长制湖长制管理工作的重要技术手段，随着河长制湖长制工作的开展，各地纷纷谋划和启动系统建设工作。为进一步推进和规范各地系统建设，加强互联互通，避免重复建设，充分发挥系统应用实效，制定本指导意见。

一、总体要求

（一）指导思想

深入贯彻落实党的十九大精神和习近平新时代中国特色社会主义思想，按照新时期水利工作方针，强化顶层设计，利用现有资源，明确中央与地方分工，建设统分结合、各有侧重、上下联通的系统，加强整合共享，实现应用协同，全面支撑各级河长制湖长制管理工作。

（二）基本原则

需求导向，功能实用。以全面推行河长制湖长制各项任务落实为目标，以各级河长、湖长、河长办实际工作管理需求为导向，以信息报送、信息展示发布、巡河管理、事件处理、督导检查、考核评估、公众监督等为应用，建设实用管用好用的系统。

统分结合，各有侧重。以水利部现有"水利一张图"为基础，开展系统基础数据建设。涉及中央和地方协同管理的功能由水利部组织统一开发，各省（自治区、直辖市）结合实际管理工作需要开发其他功能。

资源整合，数据共享。充分利用现有网络、计算、存储、数据库等水利信息化资源，实现与水资源管理、防汛抗旱指挥、水土保持、水利建设管理、水政执法等相关水利业务应用系统的数据共享。

标准先行，保障安全。制定系统相关管理办法与技术规范，保障水利部和各省（自治区、直辖市）系统贯通、系统与其他业务系统应用协同。加强安全体系建设和管理，确保系统安全稳定运行。

二、主要目标

在充分利用现有水利信息化资源的基础上，根据系统建设实际需要，完善软硬件环境，整合共享相关业务信息系统成果，建设河长制湖长制管理工作数据库，开发相关业务应用功能，实现对河长制湖长制基础信息、动态信息的有效管理，支持各级河长湖长履职尽责，为全面科学推行河长制湖长制提供管理决策支撑。

（一）管理范围全覆盖

系统应实现省、市、县、乡四级河长湖长对行政区域内所有江河湖泊的管理，并可支持村级河长湖长开展相关工作，做到管理范围全覆盖。

（二）工作过程全覆盖

系统可满足各级河长办工作人员对信息报送、审核、查看、反馈全过程，以及各级河长湖长和巡河员对涉河湖事件发现到处置全过程的管理需要，做到工作过程全覆盖。

（三）业务信息全覆盖

系统应实现对河湖名录、"四个到位"要求、基础工作、河长湖长工作支撑、社会监督、河湖管护成效等所有基础和动态信息的管理，做到业务信息全覆盖。

三、主要任务

系统建设任务主要包括建设管理数据库、开发管理业务应用、编制技术规范、完善基础设施等四个方面。

（一）建设河长制湖长制管理数据库

在"水利一张图"基础上，建设包括河流、湖泊、河长、湖长、河长办、工作方案和制度、"一河一策"等信息在内的基础信息数据库，以及包括巡河管理、考核评估、执法监督、日常管理等信息在内的动态信息数据库。

基础信息数据库由水利部和各省（自治区、直辖市）共同建设，水利部统一管理，服务于各级河长、湖长及河长办管理工作；动态信息主要由各省（自治区、直辖市）建设和管理，服务于水利部和各级管理工作。

（二）开发管理业务应用

河长制湖长制管理业务应用至少应包括信息管理、信息服务、巡河管理、事件处理、抽查督导、考核评估、展示发布和移动平台等八个方面。

水利部组织建设信息管理、信息服务、抽查督导、展示发布等业务应用，主要服务于水利部河长制湖长制管理工作，支持地方各级河长制湖长制管理工作；事件处理、巡河管理、考核评估、移动平台等业务应用主要由地方建设，相关结果信息汇总至水利部。

1. 信息管理

支持各级河长办对河长制湖长制基础信息和动态信息的报送及管理，主要包括河湖名录、河长、湖长、河长办、工作方案和制度、"一河一档""一河一策"、巡河管理、事件处置、督导检查、考核评估、项目跟踪、社会监督、河湖管护成效等信息,以及其他业务应用系统有关信息。

2. 信息服务

构建河长制湖长制信息服务体系,整合水资源管理、防汛抗旱指挥、水政执法、工程调度运行、水土保持、水事热线等水利业务应用,共享环境保护等相关部门数据,积极利用卫星遥感等监测信息,为各地河长湖长管理工作提供信息服务。

3. 巡河管理

支持各级河长、湖长和巡河员对巡查河湖过程进行管理,主要包括水体、岸线、排污口、涉水活动、水工建筑物等巡查内容,以及巡查时间、轨迹、日志、照片、视频、发现问题等巡查记录。

4. 事件处理

支持对通过巡查河湖、遥感监测、社会监督、相关系统推送等方式发现(接受)的涉河湖事件进行立案、派遣、处置、反馈、结案以及全过程的跟踪与督办。

5. 抽查督导

支持水利部和各级河长按照"双随机、一公开"原则开展督导工作,包括督导样本抽取、督导信息管理、督导信息汇总统计等。

6. 考核评估

支持县级及以上河长依据考核指标体系对相应河湖下一级河长湖长进行考核,对其在水资源保护、水域岸线管理保护、水污染防治、水环境治理、水生态修复和执法监管等方面的工作及其成果进行考核评估,并将考核评估结果汇总至上级,服务于上级的管理工作。

7. 展示发布

支持各级河长办对河长制湖长制基础信息和动态信息的查询和展示,采用表格、图形、地图和多媒体等多种方式展示。同时向社会公众发布工作进展和成效等信息,开展工作宣传,便于社会监督。

8. 移动平台

支持各级河长湖长在移动终端上进行相关信息查询、业务处理等;为各级河长、湖长和巡河员巡查河湖提供工具;通过 App 和微信公众号等方式为社会监督提供途径。

(三)编制技术规范

水利部出台系统相关技术规范,主要包括系统建设技术指南、河流(段)编码规则、河长制湖长制管理数据库表结构与标识符、系统数据访问与服

务共享技术规定、系统用户权限管理办法、系统运行维护管理办法等。各地参照执行并根据实际需要制定细则或相关制度。

(四)完善基础设施

根据系统建设需要,在充分利用现有信息化资源基础上,对网络、计算、存储等基础设施进行完善。按照网络安全等级保护要求,完善系统安全体系,严格用户认证和授权管理。

四、保障措施

(一)加强组织领导

切实加强组织领导和协调,明确部门及相关人员职责,建立协调机制。河长办和系统建设单位要加强需求交流,共同做好系统建设。

(二)保障建设资金

将系统建设及运行管理经费纳入年度预算,积极争取资金投入,保障系统建设和运行管理需要。

(三)做好运行管理

开展系统应用培训,建立健全信息报送制度、信息共享制度和系统运行管理制度,保障系统正常运行。

附件 2

河长制湖长制信息管理系统建设技术指南

一、总则

(一)编制目的

根据《中共中央办公厅 国务院办公厅印发〈关于全面推行河长制的意见〉的通知》(厅字〔2016〕42 号)精神,为全面推进和规范河长制湖长制管理信息系统建设,完善管理制度,提高管理水平,特制定本技术指南。

(二)适用范围

适用于全国各级河长制湖长制管理信息系统的设计、建设和运行管理等。

(三)编制依据与引用标准规范

《中共中央办公厅国务院办公厅印发〈关于全面推行河长制的意见〉的通知》(厅字〔2016〕42 号);

《关于在湖泊实施湖长制的指导意见》(厅字〔2017〕51 号);

水利部 环境保护部关于印发贯彻落实《关于全面推行河长制的意见》实施方案的函(水建管函〔2016〕449 号);

《国务院办公厅关于印发政务信息系统整合共享实施方案的通知》(国办发〔2017〕39 号);

《关于积极推进"互联网＋"行动的指导意见》（国发〔2015〕40号）；

《中华人民共和国行政区划代码》（GB/T 2260—2007）；

《县以下行政区划代码编制规则》（GB/T 10114—2003）；

《水利信息化资源整合共享顶层设计》（水信息〔2015〕169号）；

《水利部信息化建设与管理办法》（水信息〔2016〕196号）。

二、总体架构

（一）基本组成

河长制湖长制管理信息系统主要由基础设施、数据资源、应用支撑服务、业务应用、应用门户、技术规范和安全体系等构成，其逻辑关系见图2-1。

基础设施：是支撑河长制湖长制管理信息系统运行的主要软硬件环境。

数据资源：是河长制湖长制管理数据库，用来存储河长制湖长制相关的基础信息、动态信息以及其他业务应用系统共享的相关信息。

应用支撑服务：是河长制湖长制管理业务应用乃至其他相关业务应用共用的通用工具和通用服务，供开发河长制湖长制管理业务应用的调用。

业务应用：是河长制湖长制管理信息系统的主要内容，支撑河长制湖长制主要业务工作开展，主要包括信息管理、信息服务、巡河管理、事件处理、抽查督导、考核评估、展示发布和移动服务等。

业务应用门户：是包括河长制湖长制管理业务应用在内的所有业务应用门户，对于已经建立业务应用门户的单位只要将河长制湖长制管理业务应用纳入其中，不应另行建立河长制湖长制管理业务应用门户，对于还没有建立业务应用门户的单位应按照构建统一

的业务应用门户，也可服务于其他业务应用。

技术规范：是主要包括河流（段）编码规则、河长制湖长制管理数据库表结构与标识符、河长制湖长制管理信息系统数据访问与服务共享技术规定、河长制湖长制管理信息系统用户权限管理办法、河长制湖长制管理信息系统运行维护管理办法等内容。

安全体系：是主要包括物理安全、网络安全、主机安全、应用安全、数据安全和安全管理制度等内容。

（二）基础设施

各地河长制湖长制管理信息系统基础设施要根据各地实际情况建立，主要模式如下：

1. 利用现有计算资源池和存储资源池为该系统分配必要的计算资源和存储资源；

2. 充分利用现有基础设施资源，并做适当补充，实现计算资源动态调整和存储资源的按需分配；

3. 利用公有云租用计算资源和存储资源；

4. 建立相对独立的计算与存储环境。

（三）数据资源

有效利用现有数据资源，构建数据资源体系，与已建水利信息系统实现信息资源共享，为相关业务协同打下数据基础，主要要求如下：

1. 按照各地河流、湖泊、河长、湖长、河长办、工作方案、工作制度以及"一河一档""一河一策"要求，建设河长制湖长制基础数据库；

2. 按照巡河管理、事件处置、抽查督导、考核评估等河长制湖长制管理要求，建设河长制湖长制动态数据库。

（四）应用支撑服务

在面向服务体系架构（SOA）下，应用支撑服务主要提供通用工具和通用服务两类支撑服务，主要内容如下：

图2-1　河长制湖长制管理信息系统逻辑结构示意图

1. 通用工具主要有：企业服务总线（ESB）、数据库管理系统（DBMS）、地理信息系统（GIS）、报表工具等；

2. 通用服务主要有：统一用户管理、统一地图服务、统一目录服务、统一数据访问等。

（五）业务应用

河长制湖长制管理业务应用，在应用支撑服务支撑下，至少应支持以下主要业务：①信息管理、②信息服务、③巡河管理、④事件处理、⑤抽查督导、⑥考核评估、⑦展示发布、⑧移动服务等，需要其他相关业务应用信息的，应通过业务协同实现信息共享。

（六）业务应用门户

业务应用门户利用现有门户或构建新的应用门户，至少应实现单点登录、内容聚合、个性化定制等功能，并实现河长制湖长制管理业务工作待办提醒。

三、河长制湖长制管理数据库

（一）一般要求

河长制湖长制管理数据库是支撑河长制湖长制管理业务应用的基础，为了与其他业务应用之间实现信息共享和业务协同，数据库设计与建设应遵守以下要求：

1. 应采用面向对象方法，贯穿河长制湖长制管理数据库设计建设的全过程，实现河长制湖长制相关数据时间、空间、属性、关系和元数据的一体化管理；

2. 在全国范围内采用统一对象代码编码规则，确保对象代码的唯一性和稳定性，为各级河长制湖长制管理信息系统信息共享提供规范、权威和高效的数据支撑；

3. 在全国范围内采用统一的信息分类与代码标准，并针对每类对象及其相关属性，明确编码规则和具体代码；

4. 应按照河长制湖长制对象生命周期和属性有效时间设计全时空的数据库结构，保障各种信息历史记录的可追溯性。

河长制湖长制管理数据库的设计与建设按照以下方式完成：

1. 根据河长制湖长制管理业务需要梳理相关承载信息的对象，如河流（河段）、湖泊、行政区划、河长（总河长）、湖长、事件等；

2. 构建河长制湖长制管理业务相关对象、对象基础、对象管理业务、对象之间关系等信息；

3. 装载该地区（系统服务范围）相关对象基础信息，动态信息由河长制湖长制管理信息系统在运行过程中同步更新；

4. 与相关业务系统实现共享信息的自动同步更新，或采用服务调用方式相互提供数据服务。

（二）基础数据库

河长制湖长制基础数据库主要包括以下信息：

1. 河湖（河段）信息、行政区数据、河长（总河长）数据、湖长数据、遥感影像数据、国家基础地理数据等基本信息；

2. 联席会议以及成员、河长湖长树结构、河长办树结构等组织体系信息；

3. 工作方案、会议制度、信息报送制度、工作督察制度、考核问责制度、激励制度等制度体系信息；

4. "一河一档"的水资源动态台账、水域岸线动态台账、水环境动态台账、水生态动态台账等；

5. "一河一策"的问题清单、目标清单、任务清单、责任清单、措施清单，以及考核评估指标体系与参考值等。

（三）动态数据库

河长制湖长制动态数据库主要包括以下信息：

1. 巡河管理、事件处理等工作过程信息；

2. 抽查督导的工作方案、抽查样本、工作过程、检查结果等信息；

3. 考核评估指标实测值、考核评估结果等信息；

4. 社会监督、卫星遥感、水政执法等监督信息；

5. 水文水资源、水政执法、工程管理、水事热线等水利业务应用系统推送的信息，以及环境保护等部门共享的信息。

（四）属性数据库

河长制湖长制属性数据库建设要求如下：

1. 河长制湖长制对象表：用来按类存储系统内对象代码及生命周期信息；

2. 河长制湖长制对象基础表：用来按类存储系统内对象基础信息，用于识别和区别不同对象；

3. 河长制湖长制主要业务表：用来按类和业务存储管理河长制管理业务信息；

4. 河长制湖长制对象关系表：用来存储河长制对象之间的关系；

5. 河长制湖长制元数据库表：用来存储元数据信息。

（五）空间数据库

河长制湖长制空间数据主要包括遥感影像数据、基础地理数据、河长制湖长制对象空间数据、河长制湖长制专题图数据、业务共享数据等，主要内容与技术要求如下：

1. 遥感影像数据主要包括原始遥感影像、正射处理产品、河长制湖长制管理业务监测产品等；

2. 基础地理数据包括居民地及设施、交通、境界与政区、地名等内容；

3. 河长制湖长制对象空间数据主要包括行政区划、河流湖泊、河湖分级管理段、监督督察信息点等数据；

4. 河长制湖长制专题数据主要包括河长湖长公示牌、水域岸线范围等；

5. 业务共享数据主要包括水功能区、污染源、排污口、取水口、水文站（含水量水质监测）等；

6. 空间数据库采用 CGCS 2000 国家大地坐标系，坐标以经纬度表示，高程基准采用 1985 国家高程基准，地图分级遵循《地理信息公共服务平台电子地图数据规范》（CH/Z 9011—2011），地图服务以 OGC WMTS、WMS、WFS、WPS 等形式提供。

四、河长制湖长制管理业务应用

（一）一般要求

河长制湖长制管理业务应用应本着服务河长、湖长，服务河长制、湖长制及其六项主要任务和四项保障措施落实为宗旨，关注主要业务，加强业务协同，具体要求如下：

1. 河长制湖长制管理业务应用应围绕河长、湖长及其工作范围和实际需要开展工作，重点关注河长制湖长制管理主要业务，避免将其他业务应用纳入河长制湖长制管理信息系统，造成系统过于复杂和庞大；

2. 河长制湖长制管理业务应用主要开展信息管理、信息服务、巡河管理、事件处理、抽查督导、考核评估、展示发布、移动服务等；

3. 河长制湖长制管理业务应用开发应按照面向服务体系结构，将河长制湖长制管理主要业务开发形成服务组件，在应用支撑服务基础上，完成业务应用。

（二）信息管理

信息管理支持各级河长办对河长制湖长制基础信息和动态信息的管理，实现各种信息填报、审核、逐级上报，以表格、图示和地图等方式进行显示，并提供汇总、统计和分析功能，主要信息内容如下：

1. 河长制湖长制基础信息：河湖（河段）信息、行政区数据、河长（总河长）数据、湖长数据、遥感影像数据、国家基础地理数据等基本信息；联席会议以及成员、河长湖长树结构、河长办树结构等组织体系信息；工作方案、会议制度、信息报送制度、工作督察制度、考核问责制度、激励制度等制度体系信息，"一河一档"的水资源动态台账、水域岸线动态台账、水环境动态台账、水生态动态台账

等，"一河一策"的问题清单、目标清单、任务清单、措施清单、责任清单等信息以及考核评估指标体系与参考值。

2. 河长制湖长制动态信息：巡河管理、涉河事件处理等工作过程信息；考核评估指标实测值、考核评估结果等信息；抽查督导的工作方案、抽查样本、督导过程、抽查结果等信息；社会监督、卫星遥感、水政执法等监督信息；水文水资源、水政执法、工程管理、水事热线等水利业务应用系统推送的信息，以及环境保护等部门共享的信息。

（三）信息服务

信息服务整合水文水资源、防汛抗旱、水政执法、工程管理、水事热线等水利业务应用系统，共享环境保护等相关部门数据，积极利用卫星遥感监测信息，并会同河长制湖长制管理数据库，一同构建河长制湖长制信息服务体系，为各地提供所关注的各种信息，服务于河长制湖长制管理工作。

（四）巡河管理

巡河管理支持各级河长、湖长和巡查（湖）员对巡查河湖过程进行管理，主要包括巡查任务、范围、周期等巡查计划，水体、岸线、排污口、涉水活动、水工建筑物、公示牌等巡查内容，以及巡查时间、轨迹、日志、照片、视频、发现问题等巡查记录。

（五）事件处理

事件处理支持各级河长办对通过巡查河湖、督导检查、遥感监测、社会监督、相关系统推送等方式发现的涉河湖问题和事件进行立案、派遣、处置、反馈、结案以及全过程的跟踪与督办。

（六）抽查督导

抽查督导支撑水利部和各级河长对相关部门和下一级河长履职情况开展督导工作，抽查督导的主要内容包括河长制湖长制实施、河长湖长履职、责任落实、工作进展、任务完成等情况，主要提供以下功能：

1. 样本抽取：在所辖行政区范围内，按照"双随机、一公开"原则进行抽查督导样本的抽取；

2. 督导信息管理：对督导方案、督导过程和督导结果等信息进行录入和管理；

3. 督导信息汇总统计：对历次督导的成果信息进行汇总统计。

（七）考核评估

考核评估支持县级及以上河长依据考核指标体系对相应河湖下一级河长湖长进行考核，考核评估结果汇总至上级，服务于上级的管理工作。主要考核指标如下：

1. 水资源保护情况：水资源保护制度、用水量、用水效率、纳污量等；

2. 河湖水域岸线保护情况：河湖水域岸线保护制度、水面面积、河湖管理岸线范围及其土地利用、涉河湖建设项目等；

3. 水污染防治情况：水污染防治制度、饮用水水质、行政断面水质、工业与生活污水处理、黑臭水体等；

4. 水环境治理情况：水环境治理制度、面污染源、点污染源、垃圾清理、截污治理、水体垃圾清理（水生生物、动植漂浮物等）、清淤疏浚等；

5. 水生态修复情况：水生态修复制度、生态红线、水系联通、岸带植被环境、山林水生植物、水生生物、生态修复措施等；

6. 执法监管情况：水政执法制度、制度落实及其保障措施、部门联合执法、设施维修养护、水政执法案件处理等；

7. 河长制湖长制工作情况：巡河管理、社会监督处置、遥感监测信息处置、执法巡查信息处置等工作情况以及相应效果等。

（八）展示发布

展示发布对内以可视化方式提供相关信息展示，对社会公众提供河长制湖长制信息发布，为接受社会监督创造条件，主要内容要求为：

1. 采用表格、图形、地图和多媒体等多种方式为各级河长办提供河长制湖长制基础信息和动态信息的查询和展示。展示内容主要有河湖（河段）信息、工作方案、组织体系、制度体系、管护目标、责任落实情况、工作进展、工作成效、监督检查和考核评估情况等；

2. 向社会公众发布河长制湖长制管理工作信息，开展河长制湖长制管理工作宣传，发布内容主要有河湖（河段）信息、河长湖长信息、管护目标、工作动态、治河新闻公告等；

3. 接受社会监督，受理社会公众对于河长制湖长制工作开展情况及河湖治理问题的投诉与建议。

（九）移动服务

移动服务主要服务于移动环境下的信息采集和信息查询，主要功能如下：

1. 为各级河长湖长提供在移动终端上进行河长制湖长制相关信息的查询，主要包括河湖（河段）信息、管护目标、工作进展、工作成效、监督检查和考核评估情况等信息；

2. 为各级河长湖长提供在移动终端上进行河长制湖长制相关业务的处理，主要包括巡河管理、事件处理、考核评估等业务；

3. 为各级河长、湖长和巡河员巡查河湖提供工具，对巡查河湖过程进行记录，主要包括巡查时间、轨迹、日志、照片、视频、发现问题等内容；

4. 通过App和微信公众号等方式为社会监督提供途径，包括治河新闻公告推送、河长制湖长制信息查询、公众投诉建议等功能。

五、相关业务协同

（一）一般要求

河长制湖长制管理信息系统建设应根据信息化资源整合共享的原则，按照"大数据、互联网＋、云计算"等相关要求，充分共享、积极协同，要求如下：

1. 河长制湖长制管理信息系统应重点关注河长制湖长制管理业务应用，避免开展其他水利业务或其他部门应该进行的信息化建设，确有需要也要共建共享；

2. 河长制湖长制管理信息系统建设应积极开展与水文水资源、水政执法、工程管理、水事热线等信息系统对接，充分利用已有建设成果，共享河长制湖长制管理业务需要的信息。各地根据实际情况还可以与其他相关业务应用系统开展业务协同。

（二）水文水资源

河长制湖长制管理业务与水文水资源业务协同主要有以下几个方面：

1. 考核评估：利用水文水资源信息开展水资源保护、水环境治理、水生态修复等工作进展与实际效果的评估；

2. 对比分析：利用水文水资源信息评估水资源保护、水环境治理、水生态修复等工作成果，开展横向和纵向对比分析。

（三）水政执法

河长制湖长制管理业务与水政执法业务协同主要有以下几个方面：

1. 考核评估：利用水政执法信息对水域岸线管理保护和涉河湖执法监管等工作和情况进行评估；

2. 对比分析：利用水政执法信息评估水域岸线管理保护和涉河湖执法监管等工作成果，开展横向和纵向对比分析。

（四）工程管理

河长制湖长制管理业务与工程管理业务协同主要有以下几个方面：

1. 考核评估：利用工程管理信息对相关治理措施落实情况进行考核评估，强化工程措施过程管理；

2. 对比分析：利用工程管理信息评估相关治理措施成效，并开展横向和纵向对比分析。

（五）水事热线

河长制湖长制管理业务与水事热线业务协同主要有以下几个方面：

1. 信息获取与反馈：河长制湖长制管理业务从水事热线中获取相关信息，并有针对性开展治理工作，最后将处理结果反馈给事件相关人员，实现监督、处理和反馈的闭环管理；

2. 考核评估：利用水事热线提供信息对各级河长办、总河长、河长、湖长的工作情况和成果进行考核评估。

六、信息安全

（一）一般要求

河长制湖长制管理信息系统的信息安全建设应按照国家网络安全等级保护要求，开展定级备案、安全建设整改及测评工作。同时，信息安全应在原有网络安全基础上，进一步从物理安全、网络安全、主机安全、应用安全、数据安全等五个方面完善系统安全建设，并制定安全管理制度，构建网络安全纵深防御体系。

（二）物理安全

河长制湖长制管理信息系统应部署在具有防震、防风、防雨能力的机房；机房配有严格访问控制措施，同时配备防盗窃、防雷击、防火、防水、防静电、温湿度控制、电磁防护及电源等相关设备及工具。

（三）应用安全

河长制湖长制管理信息系统应用安全主要包括身份鉴别、访问控制、安全审计、剩余信息保护、通信完整性、通信保密性等方面。

1. 身份鉴别：采用专用的登录控制模块对用户进行身份标识和鉴别，对同一用户采用两种或两种以上组合的鉴别技术实现鉴别；

2. 访问控制：按照访问规则决定用户是否能对系统进行访问，限制用户数量，授予账户为完成任务所需的最小权限；

3. 安全审计：针对每个用户进行安全审计，对信息系统重要安全事件进行审计并记录；

4. 剩余信息保护：用户登出后，要释放或清除用户鉴别信息；

5. 通信完整性：为了防止数据在传输时被修改或破坏，信息系统应确保通信过程中的数据完整性；

6. 通信保密性：信息系统应利用密码技术进行会话初始化验证，并对通信过程中的整个报文或会话过程进行加密。

（四）主机安全

河长制湖长制管理信息系统主机安全主要包括身份鉴别、访问控制、安全审计、入侵防范、恶意代码防护、资源控制等方面。

1. 身份鉴别：对登录操作系统和数据库系统的用户进行身份标识和鉴别，对管理用户采用两种或两种以上组合技术进行鉴别，设置密码复杂度、口令定期更换及登录失败处理策略；

2. 访问控制：根据管理用户的角色分配权限，严格限制默认账户的访问权限，及时删除多余的、过期的账户；

3. 安全审计：对用户访问操作系统和数据库的行为进行审计并记录，审计记录应至少保存 6 个月；

4. 剩余信息保护：确保操作系统和数据库用户鉴别信息在被释放时得到完全清除，应确保系统内的文件、目录和数据库记录在被释放时得到完全清除；

5. 入侵防范：实时检测并记录对服务器进行入侵的行为，及时更新操作系统补丁，避免遭受漏洞攻击；

6. 恶意代码防范：主机应安装防恶意代码软件，并及时更新；

7. 资源控制：对主机的 CPU、硬盘、内存、网络等资源的使用情况进行实时监测，当系统可用资源降低到规定的最小值时报警。

（五）网络安全

河长制湖长制管理信息系统网络安全主要包括网络结构、入侵检测与防御及安全审计。

1. 网络结构：根据河长制湖长制管理信息系统的业务需求及业务重要性，为业务系统合理分配带宽，划分网段或 VLAN，通过防火墙等隔离手段将系统与其他业务区分开；

2. 入侵防范：部署入侵防护系统或者恶意代码检测系统，对网络数据包进行检测，对攻击行为、病毒木马、恶意代码实现防护预警；

3. 安全审计：部署网络安全审计系统，用于监视并记录网络中的各类操作，监测系统中存在的威胁，实时分析网络中发生的安全事件，并及早预警。

（六）数据安全

河长制湖长制管理信息系统数据安全主要包括数据完整性、数据保密性及数据备份和恢复。

1. 数据完整性：检测系统管理数据、鉴别信息和重要业务数据在传输和存储过程中的完整性，检测到完整性错误时采取必要的恢复措施；

2. 数据保密性：采用加密或其他措施，实现系统管理数据、鉴别信息和重要业务数据传输和存储保密性；

3. 数据备份和恢复：制订备份策略和定期数据备份机制，采用备份软件和数据库数据备份技术，保障数据安全。

（七）安全管理

河长制湖长制管理信息系统应根据《中华人民共和国网络安全法》《信息系统安全等级保护基本要求》制定河长制湖长制管理信息系统安全管理制度。主要包括安全管理制度、安全管理机构、人员安全管理、系统建设管理、系统运维管理及应急预案等。

1. 安全管理制度：制定安全管理制度，说明安全工作的总体目标、范围、原则和安全框架等；

2. 安全管理机构：设立专门的安全管理机构，对岗位、人员、授权和审批、审核和检查等方面进行管理和规范；

3. 人员安全管理：制定人员安全管理规定，在人员录用、离岗、考核、安全教育和培训、外部人员访问管理等方面制定管理办法；

4. 系统建设管理：在系统定级、安全方案设计、产品采购和使用、软件开发、工程实施、测试验收、系统交付等方面制定管理制度和手段；

5. 系统运维管理：在系统运维过程中应有环境、资产、介质、网络安全、系统安全、恶意代码防范、密码、变更、备份与恢复、安全事件、应急预案等方面的管理制度和规定；

6. 应急预案：制定信息安全应急预案，包括预案启动条件、应急处理流程、系统恢复流程、事后教育培训等内容。

七、其他要求

（一）部署方式

河长制湖长制管理信息系统应依据水利部出台的指导意见和技术指南进行建设。原则上水利部、31 个省（自治区、直辖市）及新疆生产建设兵团实现两级部署，支持五级（部、省、市、县、乡）应用。各级系统应参照中央开发的应用系统，在符合水利部、省、市、县各级系统互联互通、协同共享的基础上，结合各自业务需求进行定制开发。河长制湖长制管理信息系统部署方式见图 7-1。

系统软硬件分别部署在中央及各省级单位，乡级单位可通过网络直接访问省级平台进行数据上报，也可以进行数据的离线填报；县级单位对所属各乡镇的数据进行汇总、审核，以在线填报或本地编辑远程传输的方式上报；地市级单位对所属各县的数据进行汇总、审核，以在线填报或本地编辑远程传输的方式报送到省级；省级单位汇总审核全省数据，并通过远程传输的方式报送到水利部。

（二）河湖分级名录建设

已建河长制湖长制管理信息系统通过数据交换体系与水利部进行河湖分级名录的同步，未建河长制湖长制管理信息系统的地方按照以下步骤进行河湖分级名录的建设。

1. 水利部根据全国水利普查成果 45 203 条河流和 2 865 个湖泊，结合当前全国最新（2016）省、市、县、乡四级行政区划，将河流和湖泊，按照行政区划编制河湖分级初始名录；

2. 各地利用河长制湖长制管理信息系统，根据实际情况，对河湖分级初始名录进行复核，同时将初始名录之外的河流和湖泊在系统中进行标绘补登，并对村级河段进行标绘补登，形成新的河湖分级名录；

3. 水利部统一对河湖分级初始名录复核成果与各地标绘补登的河湖分级名录及其空间数据进行后处理，形成统一规范的全国河湖名录及其空间数据

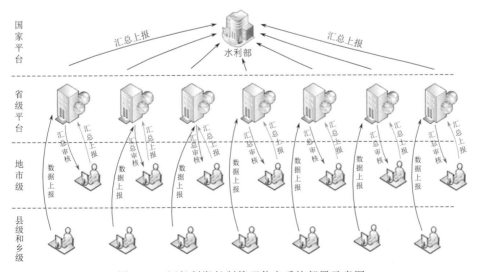

图 7-1 河长制湖长制管理信息系统部署示意图

成果，为后续河长制湖长制日常管理提供河湖基础数据。

（三）数据更新

河长制湖长制管理数据更新按照管理权限，逐级授权进行，主要要求如下：

1. 河湖分级名录按照"属地管理"的原则，由各地河长办通过河长制湖长制管理信息系统进行更新，再由水利部对更新的数据进行后处理，形成新的、统一规范的全国河湖名录；

2. 河长制湖长制基础数据和管理业务数据按照"属地管理"的原则，由各地河长办通过河长制湖长制管理信息系统进行管理和更新，并逐级审核上报。

（四）数据交换

各级河长制湖长制管理信息系统之间以及同级系统业务网与互联网区之间应注意处理好以下问题：

1. 应充分利用水利行业统一的数据交换体系等前提条件，在统一的数据交换体系下，根据河长制湖长制管理信息系统的数据交换需求，实现各级数据的填报、审核、汇总、上报、下发等流程；

2. 河长制湖长制管理信息系统的开发须实现业务网区与互联网区的数据交换，并严格禁止涉密信息在非涉密网中使用。

水利部办公厅关于印发《"一河（湖）一策"方案编制指南（试行）》的通知（2017 年 9 月 7 日　办建管函〔2017〕1071 号）

各省、自治区、直辖市河长制办公室，新疆生产建设兵团河长制办公室：

为深入贯彻中共中央办公厅、国务院办公厅印发的《关于全面推行河长制的意见》要求，指导各地做好"一河（湖）一策"方案编制工作，我部组织制定了《"一河（湖）一策"方案编制指南（试行）》，现印发给你们，供在组织编制"一河（湖）一策"方案时参考。由省级河长担任领导的河湖，"一河（湖）一策"方案经审定印发后请报送水利部一式两份。

各地在方案编制过程中，遇有问题和相关意见、建议，请及时反馈水利部。

联系人：

水利部建设管理司　李春明　刘江

电话：010 - 63203224　63202808

水利部水利水电规划设计总院　沈福新

电话：010 - 63206855

"一河（湖）一策"方案编制指南（试行）

为深入贯彻落实中共中央办公厅、国务院办公厅印发的《关于全面推行河长制的意见》（以下简称《意见》），指导各地做好"一河一策""一湖一策"方案编制工作，特制定本指南。

一、一般规定

（一）适用范围

本指南适用于指导设省级、市级河长的河湖编制"一河（湖）一策"方案。只设县级、乡级河长的河湖，"一河（湖）一策"方案编制可予以简化。

（二）编制原则

坚持问题导向。围绕《意见》提出的六大任务，梳理河湖管理保护存在的突出问题，因河（湖）施策，因地制宜设定目标任务，提出针对性强、易于操作的措施，切实解决影响河湖健康的突出问题。

坚持统筹协调。目标任务要与相关规划、全面推行河长制工作方案相协调，妥善处理好水下与岸上、整体与局部、近期与远期、上下游、左右岸、干支流的目标任务关系，整体推进河湖管理保护。

坚持分步实施。以近期目标为重点，合理分解年度目标任务，区分轻重缓急，分步实施。对于群众反映强烈的突出问题，要优先安排解决。

坚持责任明晰。明确属地责任和部门分工，将目标、任务逐一落实到责任单位和责任人，做到可监测、可监督、可考核。

（三）编制对象

"一河一策"方案以整条河流或河段为单元编制，"一湖一策"原则上以整个湖泊为单元编制。支流"一河一策"方案要与干流方案衔接，河段"一河一策"方案要与整条河流方案衔接，入湖河流"一河一策"方案要与湖泊方案衔接。

（四）编制主体

"一河（湖）一策"方案由省、市、县级河长制办公室负责组织编制。最高层级河长为省级领导的河湖，由省级河长制办公室负责组织编制；最高层级河长为市级领导的河湖，由市级河长制办公室负责组织编制；最高层级河长为县级及以下领导的河湖，由县级河长制办公室负责组织编制。其中，河长最高层级为乡级的河湖，可根据实际情况采取打捆、片区组合等方式编制。

"一河（湖）一策"方案可采取自上而下、自下而上、上下结合方式进行编制，上级河长确定的目标任务要分级分段分解至下级河长。

（五）编制基础

编制"一河（湖）一策"，在梳理现有相关涉水规划成果的基础上，要先行开展河湖水资源保护、水域岸线管理保护、水污染、水环境、水生态等基本情况调查，开展河湖健康评估，摸清河湖管理保护存在的主要问题及原因，以此作为确定河湖管理保护目标任务和措施的基础。

（六）方案内容

"一河（湖）一策"方案内容包括综合说明、现状分析与存在问题、管理保护目标、管理保护任务、管理保护措施、保障措施等。其中，要重点制定好问题清单、目标清单、任务清单、措施清单和责任清单，明确时间表和路线图。

问题清单。针对水资源、水域岸线、水污染、水环境和水生态等领域，梳理河湖管理保护存在的突出问题及其原因，提出问题清单。

目标清单。根据问题清单，结合河湖特点和功能定位，合理确定实施周期内可预期、可实现的河湖管理保护目标。

任务清单。根据目标清单，因地制宜提出河湖管理保护的具体任务。

措施清单。根据目标任务清单，细化分阶段实施计划，明确时间节点，提出具有针对性、可操作性的河湖管理保护措施。

责任清单。明晰责任分工，将目标任务落实到责任单位和责任人。

（七）方案审定

"一河（湖）一策"方案由河长制办公室报同级河长审定后实施。省级河长制办公室组织编制的"一河（湖）一策"方案应征求流域机构意见。对于市、县级河长制办公室组织编制的"一河（湖）一策"方案，若河湖涉及其他行政区的，应先报共同的上一级河长制办公室审核，统筹协调上下游、左右岸、干支流目标任务。

（八）实施周期

"一河（湖）一策"方案实施周期原则上为2～3年。河长最高层级为省级、市级的河湖，方案实施周期一般3年；河长最高层级为县级、乡级的河湖，方案实施周期一般2年。

二、方案框架

（一）综合说明

1. 编制依据

包括法律法规、政策文件、工作方案、相关规划、技术标准等。

2. 编制对象

根据"一般规定"中明确的编制对象要求，说明河湖名称、位置、范围等。其中：

以整条河流（湖泊）为编制对象的，应简要说明河流（湖泊）名称、地理位置、所属水系（或上级流域）、跨行政区域情况等。

以河段为编制对象的，应说明河段所在河流名称、地理位置、所属水系等内容，并明确河段的起止断面位置（可采用经纬度坐标、桩号等）。

编制范围包括入河（湖）支流部分河段的，需要说明该支流河段起止断面位置。

3. 编制主体

根据"一般规定"中明确的编制主体要求，明确方案编制的组织单位和承担单位。

4. 实施周期

根据"一般规定"的有关要求明确方案的实施期限。

5. 河长组织体系

包括区域总河长、本级河湖河长和本级河长制办公室设置情况及主要职责等内容。

（二）管理保护现状与存在问题

1. 概况

概要说明本级河长负责河湖（河段）的自然特征、资源开发利用状况等，重点说明河湖级别、地理位置、流域面积、长度（面积）、流经区域、水功能区划、河湖水质、涉河建筑物和设施等基本情况。

2. 管理保护现状

说明水资源、水域岸线、水环境、水生态等方面保护和开发利用现状，概述河湖管理保护体制机制、河湖管理主体、监管主体，日常巡查、占用水域岸线补偿、生态保护补偿、水政执法等制度建设和落实情况，河湖管理队伍、执法队伍能力建设情况等。对于河湖基础资料不足的，可根据方案编制工作需要适当进行补充调查。其中：

水资源保护利用现状。一般包括本地区最严格水资源管理制度落实情况，工业、农业、生活节水情况，河湖提供水源的高耗水项目情况，河湖取排水情况（取排水口数量、取排水口位置、取排水单位、取排水水量、供水对象等），水功能区划及水域纳污容量、限制排污总量情况，入河湖排污口数量、入河湖排污口位置、入河湖排污单位、入河湖排污量情况，河湖水源涵养区和饮用水水源地数量、规模、保护区划情况等。

水域岸线管理保护现状。一般包括河湖管理范围划界情况，河湖生态空间划定情况，河湖水域岸线保护利用规划及分区管理情况，包括水工程在内的临河（湖）、跨河（湖）、穿河（湖）等涉河建筑物及设施情况，围网养殖、航运、采砂、水上运动、旅游开发等河湖水域岸线利用情况，违法侵占河道、围垦湖泊、非法采砂等乱占滥用河湖水域岸线情况等。

河湖污染源情况。一般包括河湖流域内工业、农业种植、畜禽养殖、居民聚集区污水处理设施等情况，水域内航运、水产养殖等情况，河湖水域岸线船舶港口情况等。

水环境现状。一般包括河湖水质、水量情况，河湖水功能区水质达标情况，河湖水源地水质达标情况，河湖黑臭水体及劣Ⅴ类水体分布与范围等；河湖水文站点、水质监测断面布设和水质、水量监测频次情况等。

水生态现状。一般包括河道生态基流情况，湖泊生态水位情况，河湖水体流通性情况，河湖水系连通性情况，河流流域内的水土保持情况，河湖水生生物多样性情况，河湖涉及的自然保护区、水源涵养区、江河源头区、生态敏感区的生态保护情况等。

3. 存在问题分析

针对水资源保护、水域岸线管理保护、水污染、水环境、水生态存在的主要问题，分析问题产生的主要原因，提出问题清单。参考问题清单如下：

水资源保护问题。一般包括本地区落实最严格水资源管理制度存在的问题，工业农业生活节水制度、节水设施建设滞后、用水效率低的问题，河湖水资源利用过度的问题，河湖水功能区尚未划定或者已划定但分区监管不严的问题，入河湖排污口监管不到位的问题，排污总量限制措施落实不严格的问题，饮水水源保护措施不到位的问题等。

水域岸线管理保护问题。一般包括河湖管理范围尚未划定或范围不明确的问题，河湖生态空间未划定、管控制度未建立的问题，河湖水域岸线保护利用规划未编制、功能分区不明确或分区管理不严格的问题，未经批准或不按批准方案建设临河（湖）、跨河（湖）、穿河（湖）等涉河建筑物及设施的问题，涉河建设项目审批不规范、监管不到位的问题，有砂石资源的河湖未编制采砂管理规划、采砂许可不规范、采砂监管粗放的问题，违法违规开展水上运动和旅游项目、违法养殖、侵占河道、围垦湖泊、非法采砂等乱占滥用河湖水域岸线的问题，河湖堤防结构残缺、堤顶堤坡表面破损杂乱的问题等。

水污染问题。一般包括工业废污水、畜禽养殖排泄物、生活污水直排偷排河湖的问题，农药、化肥等农业面源污染严重的问题，河湖水域岸线内畜禽养殖污染、水产养殖污染的问题，河湖水面污染性漂浮物的问题，航运污染、船舶港口污染的问题，入河湖排污口设置不合理的问题，"电毒炸"鱼的问题等。

水环境问题。一般包括河湖水功能区、水源保护区水质保护粗放、水质不达标的问题，水源地保护区内存在违法建筑物和排污口的问题，工业垃圾、生产废料、生活垃圾等堆放河湖水域岸线的问题，河湖黑臭水体及劣Ⅴ类水体的问题等。

水生态问题。一般包括河道生态基流不足、湖泊生态水位不达标的问题，河湖淤积萎缩的问题，河湖水系不连通、水体流通性差、富营养化的问题，河湖流域内水土流失问题，围湖造田、围河湖养殖的问题，河湖水生生物单一或生境破坏的问题，河湖涉及的自然保护区、水源涵养区、江河源头区、生态敏感区生态保护粗放、生态恶化的问题等。

执法监管问题。一般包括河湖管理保护执法队伍人员少、经费不足、装备差、力量弱的问题，区域内部门联合执法机制未形成的问题，执法手段软化、执法效力不强的问题，河湖日常巡查制度不健全、不落实的问题，涉河涉湖违法违规行为查处打击力度不够、震慑效果不明显的问题等。

（三）管理保护目标

针对河湖存在的主要问题，依据国家相关规划，结合本地实际和可能达到的预期效果，合理提出"一河（湖）一策"方案实施周期内河湖管理保护的总体目标和年度目标清单。各地可选择、细化、调整下述供参考的总体目标清单。同时，本级河长负责的河湖（河段）管理保护目标要分解至下一级河长负责的河段（湖片），并制定目标任务分解表。

水资源保护目标。一般包括河湖取水总量控制、饮用水水源地水质、水功能区监管和限制排污总量控制、提高用水效率、节水技术应用等指标。

水域岸线管理保护目标。通常有河湖管理范围划定、河湖生态空间划定、水域岸线分区管理、河湖水域岸线内清障等指标。

水污染防治目标。一般包括入河湖污染物总量控制、河湖污染物减排、入河湖排污口整治与监管、面源与内源污染控制等指标。

水环境治理目标。一般包括主要控制断面水质、水功能区水质、黑臭水体治理、废污水收集处理、沿岸垃圾废料处理等指标，有条件地区可增加亲水生态岸线建设、农村水环境治理等指标。

水生态修复目标。一般包括河湖连通性、主要控制断面生态基流、重要生态区域（源头区、水源涵养区、生态敏感区）保护、重要水生生境保护、重点水土流失区监督整治等指标。有条件地区可增加河湖清淤疏浚、建立生态补偿机制、水生生物资源养护等指标。

（四）管理保护任务

针对河湖管理保护存在的主要问题和实施周期内的管理保护目标，因地制宜提出"一河（湖）一策"方案的管理保护任务，制定任务清单。管理保护任务既不要无限扩大，也不能有所偏废，要因地制宜、统筹兼顾，突出解决重点问题、焦点问题。参考任务清单如下：

水资源保护任务。落实最严格水资源管理制度，加强节约用水宣传，推广应用节水技术，加强河湖取用水总量与效率控制，加强水功能区监督管理，全面划定水功能区，明确水域纳污能力和限制排污总量，加强河湖排污口监管，严格入河湖排污总量控制等。

水域岸线管理保护任务。划定河湖管理范围和生态空间，开展河湖岸线分区管理保护和节约集约利用，建立健全河湖岸线管控制度，对突出问题排查清理与专项整治等。

水污染防治任务。开展入河湖污染源排查与治理，优化调整入河湖排污口布局，开展入河排污口规范化建设，综合防治面源与内源污染，加强入河湖排污口监测监控，开展水污染防治成效考核等。

水环境治理任务。推进饮用水水源地达标建设，清理整治饮用水水源保护区内违法建筑和排污口，治理城市河湖黑臭水体，推动农村水环境综合治理等。

水生态修复任务。开展城市河湖清淤疏浚，提高河湖水系连通性；实施退渔还湖、退田还湖还湿；开展水源涵养区和生态敏感区保护，保护水生生物生境；加强水土流失预防和治理，开展生态清洁型小流域治理，探索生态保护补偿机制等。

执法监管任务。建立健全部门联合执法机制，落实执法责任主体，加强执法队伍与装备建设，开展日常巡查和动态监管，打击涉河涉湖违法行为等。

（五）管理保护措施

根据河湖管理保护目标任务，提出具有针对性、可操作性的具体措施，明确各项措施的牵头单位和配合部门，落实管理保护责任，制定措施清单和责任清单。参考措施清单如下：

水资源保护措施。加强规模以上取水口取水量监测监控监管；加强水资源费（税）征收，强化用水激励与约束机制，实行总量控制与定额管理；推广农业、工业和城乡节水技术，推广节水设施器具应用，有条件地区可开展用水工艺流程节水改造升级、工业废水处理回用技术应用、供水管网更新改造等。已划定水功能区的河湖，落实入河（湖）污染物削减措施，加强排污口设置论证审批管理，强化排污口水质和污染物入河湖监测等；未划定水功能区的河湖，初步确定河湖河段功能定位、纳污总量、排污总量、水质水量监测、排污口监测等内容，明确保护、监管和控制措施等。

水域岸线管理保护措施。已划定河湖管理范围的，严格实行分区管理，落实监管责任；尚未编制水域岸线利用管理规划的河湖，也要按照保护区、保留区、控制利用区和开发利用区分区要求加强管控。加大侵占河道、围垦湖泊、违规临河跨河穿河建筑物和设施、违规水上运动和旅游项目的整治清退力度，加强涉河建设项目审批管理，加大乱占滥用河湖岸线行为的处罚力度；加强河湖采砂监管，严厉打击非法采砂活动。

水污染防治措施。加强入河湖排污口监测和整治，加大直排偷排行为处罚力度，督促工业企业全面实现废污水处理，有条件地区可开展河湖沿岸工业、生活污水的截污纳管系统建设、改造和污水集中处理，开展河湖污泥清理等。大力发展绿色产业，积极推广生态农业、有机农业、生态养殖，减少面源和内源污染，有条件地区可开展畜禽养殖废污水、沿河湖村镇污水集中处理等。

水环境治理措施。清理整治水源地保护区内排污口、污染源和违法违规建筑物，设置饮用水水源地隔离防护设施、警示牌和标识牌；全面实现城市工业生活垃圾集中处理，推进城市雨污分流和污水集中处理，促进城市黑臭水体治理；推动政府购买服务，委托河湖保洁任务，强化水域岸线环境卫生管理，积极吸引社会力量广泛参与河湖水环境保护；加强农村卫生意识宣传，转变生产生活习惯，完善农村生活垃圾集中处理措施等。有条件的地区可建立水环境风险评估及预警预报机制。

水生态修复措施。针对河湖生态基流、生态水位不足，加强水量调度，逐步改善河湖生态；发挥城市经济功能，积极利用社会资本，实施城市河湖清淤疏浚，实现河湖水系连通，改善水生态；加强水生生物资源养护，改善水生生境，提升河湖水生生物多样性；有条件地区可开展农村河湖清淤，解决河湖自然淤积堵塞问题；加强水土流失监测预防，推进河湖流域内水土流失治理；落实河湖涉及的自然保护区、水源涵养区、江河源头区、生态敏感区的禁止开发利用管控措施等。

（六）保障措施

1. 组织保障

各级河长负责方案实施的组织领导，河长制办公室负责具体组织、协调、分办、督办等工作。要明确各项任务和措施实施的具体责任单位和责任人，落实监督主体和责任人。

2. 制度保障

建立健全推行河长制各项制度，主要包括河长会议制度、信息共享制度、信息报送制度、工作督察制度、考核问责和激励制度、验收制度等。

3. 经费保障

根据方案实施的主要任务和措施，估算经费需求，说明资金筹措渠道。加大财政资金投入力度，积极吸引社会资本参与河湖水污染防治、水环境治理、水生态修复等任务，建立长效、稳定的经费保障机制。

4. 队伍保障

健全河湖管理保护机构，加强河湖管护队伍能力建设。推动政府购买社会服务，吸引社会力量参与河湖管理保护工作，鼓励设立企业河长、民间河长、河长监督员、河道志愿者、巾帼护水岗等。

5. 机制保障

结合全面推行河长制的需要，从提升河湖管理保护效率、落实方案实施各项要求等方面出发，加强河湖管理保护的沟通协调机制、综合执法机制、督察督导机制、考核问责机制、激励机制等机制建设。

6. 监督保障

加强同级党委政府督察督导、人大政协监督、上级河长对下级河长的指导监督；运用现代化信息技术手段，拓展、畅通监督渠道，主动接受社会监督，提升监督管理效率。

水利部办公厅关于印发《"一河（湖）一档"建立指南（试行）》的通知（2018 年 4 月 13 日　办建管函〔2018〕360 号）

各省、自治区、直辖市河长制办公室：

为深入贯彻中共中央办公厅、国务院办公厅印发的《关于全面推行河长制的意见》《关于在湖泊实施湖长制的指导意见》要求，我部组织制定了《"一河（湖）一档"建立指南（试行）》，现印发给你们，供各地建立"一河（湖）一档"时参考。

"一河（湖）一档"信息包括基础信息和动态信息两部分，请各地按照"先易后难、先简后全"的原则，抓紧完成基础信息填报，兼顾已有或易获取的动态信息填报，逐步完成动态信息，建立完整的河湖档案。

各地在组织建立"一河（湖）一档"过程中，遇有问题和相关意见、建议，请及时反馈水利部。

联系人：

水利部建设与管理司　刘江　付健

电话：010 - 63202808　63204542

水利部水利水电规划设计总院　沈福新

电话：010 - 63206855

邮箱：slbhzb@mwr.gov.cn

水利部办公厅关于开展全国河湖采砂专项整治行动的通知（2018 年 6 月 19 日　办建管函〔2018〕685 号）

各流域管理机构，各省（自治区、直辖市）水利（水务）厅（局）、河长办，新疆生产建设兵团水利局：

非法采砂严重影响河势稳定，威胁防洪安全、通航安全和生态安全。根据中央关于全面推行河长制湖长制的要求，各级河长、湖长负责牵头组织对非法采砂等突出问题依法进行清理整治。为深入贯彻落实党的十九大精神和习近平总书记系列重要讲话精神，以及近期中央领导同志有关指示，进一步加强河湖采砂管理，严厉打击非法采砂行为，切实维护河湖健康生命，经研究，自 2018 年 6 月 20 日起，水利部在全国范围内组织开展为期 6 个月的河湖采砂专项整治行动（行动方案见附件）。

本次专项整治行动包括调查摸底、执法打击和集中整治、建立长效机制等阶段，各省（自治区、直辖市）和新疆生产建设兵团水行政主管部门要在地方人民政府领导下，在河长、湖长的具体组织下，负责本行政区域内的河湖采砂专项整治，中央直管河道由流域管理机构联合有关省份实施。

2018 年 7 月 31 日前各地各有关单位完成调查摸底，10 月 31 日前完成执法打击和集中整治，7—12 月，水利部将组织开展督导检查、重点抽查。集中整治后，各地持续建立完善河湖采砂管理长效机制。

各级水行政主管部门和河长制办公室要按照本地人民政府和河长湖长的统一部署，协调组织各有关部门明确目标，落实责任，有力有序开展专项整治行动，确保专项整治达到预期效果，促进河湖采砂管理秩序依法有序可控。

水利部办公厅关于开展全国河湖"清四乱"专项行动的通知（2018 年 7 月 7 日　办建管〔2018〕130 号）

各流域管理机构，各省、自治区、直辖市水利（水务）厅（局）、河长制办公室，新疆生产建设兵团水利局：

为全面贯彻习近平新时代中国特色社会主义思想和党的十九大精神，落实中央领导同志重要批示精神，推动河长制湖长制工作取得实效，进一步加强河湖管理保护，维护河湖健康生命，经研究，水利部定于自 2018 年 7 月 20 日起，用 1 年时间，在全国范围内对乱占、乱采、乱堆、乱建等河湖管理保护突出问题开展专项清理整治行动（以下简称"清四乱"专项行动）。现将有关事项通知如下。

一、专项行动范围

"清四乱"专项行动范围为第一次全国水利普查流域面积 1 000 平方公里以上河流、水面面积 1 平方公里以上湖泊。其他河湖，由各地参照本文件精神自行组织开展。

全国河湖采砂专项整治、长江宜宾以下干流河道采砂专项整治、长江经济带固体废物清理整治、长江溪洛渡以下干流岸线保护和利用专项整治等，水利部已作出专门安排，请各地各有关单位按既定安排开展工作。

二、专项行动目标

全面摸清和清理整治河湖管理范围内乱占、乱采、乱堆、乱建等"四乱"突出问题，发现一处、清理一处、销号一处。2018 年年底前"清四乱"专项行动见到明显成效，2019 年 7 月 19 日前全面完成专项行动任务，河湖面貌明显改善。在专项行动基础上，不断建立健全河湖管理保护长效机制。

三、清理整治主要内容

以《水法》《防洪法》《河道管理条例》等法律法规，以及中共中央办公厅、国务院办公厅《关于全面推行河长制的意见》《关于在湖泊实施湖长制的指导意见》等重要文件为依据，对河湖管理范围内"四乱"问题进行清理整治。

乱占主要包括：围垦湖泊；未依法经省级以上人民政府批准围垦河道；非法侵占水域、滩地；种植阻碍行洪的林木及高秆作物。

乱采主要包括：河湖非法采砂、取土。

乱堆主要包括：河湖管理范围内乱扔乱堆垃圾；倾倒、填埋、贮存、堆放固体废物；弃置、堆放阻碍行洪的物体。

乱建主要包括：河湖水域岸线长期占而不用、多占少用、滥占滥用；违法违规建设涉河项目；河道管理范围内修建阻碍行洪的建筑物、构筑物。

四、组织实施

地方各级水行政主管部门在当地人民政府领导下，在河长、湖长组织下，牵头负责本行政区域"清四乱"专项行动的具体实施，协调有关部门分工协作、共同推进，确保专项行动达到预期效果。中央直管河湖"清四乱"专项行动纳入属地职责范围，流域管理机构要主动配合。专项行动期间，水利部将组织开展巡查暗访、重点抽查、专项督查，省级水行政主管部门和河长办公室要加强对市、县的督促检查。

五、行动步骤和进度安排

"清四乱"专项行动包括摸底调查、集中整治、巩固提升三个阶段，2018 年 7 月 20 日开始，2019 年 7 月 19 日全面完成。

（一）调查摸底（2018 年 7 月 20 日—9 月 20 日）

以县为单元开展地毯式排查，全面查清河湖"四乱"问题，逐河逐湖建立问题清单。在调查摸底阶段，对发现的违法违规问题要做到边查边改，及时发现、及时清理整治。

请各省（自治区、直辖市）、新疆生产建设兵团水行政主管部门在 9 月 30 日前将调查摸底情况以及附件 1、2 报送水利部。其中，附件 2 由县级水行政主管部门填写，省级水行政主管部门审核后以电子邮件报送水利部。

（二）集中整治（2018 年 9 月 21 日—2019 年 5 月 31 日）

针对调查摸底发现的问题，各地逐项细化明确清理整治目标任务、具体措施、部门分工、责任要求和进度安排，对照问题清单建立销号制度，确保问题清理整治到位。同时，对专项行动期间群众反映强烈或媒体曝光的河湖其他违法违规问题，各地应主动纳入专项行动整治范围。2019 年 5 月底前基本完成集中清理整治，其中，在 2018 年年底前要取得明显进展和成效。

请各省级水行政主管部门在 2019 年 6 月 10 日前将本省份集中整治情况报送水利部，对于确实难以按期整治到位的要说明原因，作出具体整改安排，明确完成时限。

（三）巩固提升（2019 年 6 月 1 日—7 月 19 日）

各地对"清四乱"专项行动实施情况开展全面核查，重点核查漏查漏报、清理整治不到位、整治后出现反弹等问题。对核查时仍存在的涉河湖违法违规行为，坚决依法整治。对整治不力的地方和部门，要督促加快进度，责令限期完成。

各地以"清四乱"专项行动为契机，按照全面推行河长制湖长制要求，进一步落实地方党政领导负责制为核心的河湖管理保护责任体系，落实属地管理责任，细化实化河长湖长职责。建立河湖巡查、保洁、执法等日常管理制度，落实河湖管理保护责任主体、人员、设备和经费，建立完善流域统筹协调和上下游、左右岸联防联控机制，加强河湖管理信息化建设，建立健全河湖管理保护长效机制。

请各升级水行政主管部门在 2019 年 7 月 31 日前将"清四乱"专项行动总结报告报送水利部。

六、工作要求

（一）务必高度重视。"清四乱"专项行动范围广、任务重、时间紧、要求高，各地各有关单位务必高度重视，加强组织领导，强化责任担当，采取有效措施扎实开展工作。各级河长制办公室要提请本级河长湖长切实履行好中央文件明确的工作职责，牵头组织对围垦湖泊、非法采砂、侵占河道等突出问题依法进行清理整治，协调解决重大问题。各省级水行政主管部门和河长制办公室要主动向省级总河长汇报，并积极指导市、县落实河长湖长主体责任，压实属地管理要求，指导督促各地落实好各阶段、各环节的工作任务。

（二）深入排查问题。各地各有关单位要全面细致摸底调查，做到横向到边、纵向到底，信息完整、问题准确，不留空白、不留死角，特别是对发现的"四乱"问题不得隐瞒不报。

（三）加强协同联动。各地各有关单位要依托河长制湖长制平台，加强部门协调联动，形成工作合力。对于跨行政区河湖，相关地方要积极主动对接，可按照下游协调上游、左岸协调右岸，湖泊水域面积大的协调水域面积小的原则，协同开展跨界水域专项行动。对于中央直管河湖，地方要主动落实属地管理责任，纳入本地整治范围。

（四）加强暗访明察。地方水行政主管部门和河长制办公室要对下级行政区域各阶段工作开展情况进行指导协调、督导检查、暗访明察。各流域管理机构要对本流域"清四乱"专项行动开展全过程跟踪检查，每个阶段均要做到暗访明察，并及时将相关情况报送水利部。根据专项行动进展情况，水利部将不定期组织开展暗访、飞检、抽查、重点检查，对发现的隐瞒不报、弄虚作假，以及不作为、慢作为、工作组织不力的，将约谈、通报、在媒体公开曝光有关地方、单位及其责任人，并视情况通报给有关省级河长，提请对相关责任人予以责任追究。各省级河长制办公室要将"清四乱"专项行动纳入河长制考核工作。

（五）建立月报制度。为及时掌握各地专项行动进展情况，自 2018 年 10 月 30 日起，请各省级水行政主管部门每月月底前填报附件 1 报送水利部。

请各省级水行政主管部门明确"清四乱"专项行动分管领导、责任处室与责任人、信息报送联系人，在 2018 年 7 月 31 日前将附件 3 报送水利部。

七、联系人及联系方式

水利部建设与管理司　李善德　刘　江

电话：（010）63202572　63202808

传真：（010）63204548

邮箱：hdc@ mwr.gov.en

附件：1. ＿＿＿省（自治区、直辖市）河湖"清四乱"专项行动统计表

2. ＿＿＿省（自治区、直辖市）（市、区）河湖"清四乱"问题清单

3. ＿＿＿省（自治区、直辖市）河湖"清四乱"专项行动责任人及联系人名单

水利部印发关于推动河长制从"有名"到"有实"的实施意见的通知（2018 年 10 月 9 日　水河湖〔2018〕243 号）

中共中央办公厅、国务院办公厅印发《关于全面推行河长制的意见》以来，各地各有关部门狠抓落实，截至 2018 年 6 月底，全国 31 个省（自治区、直辖市）全面建立河长制，每条河流都有了河长。目前，全面推行河长制已进入新阶段，为推动河长制尽快从"有名"向"有实"转变，从全面建立到全面见效，实现名实相副，提出以下实施意见。

一、总体要求

以习近平新时代中国特色社会主义思想为指导，践行"节水优先、空间均衡、系统治理、两手发力"的治水方针，按照山水林田湖草系统治理的总体思路，坚持问题导向，细化实化河长制六大任务，聚焦管好"盆"和"水"，将"清四乱"专项行动作为今后一段时期全面推行河长制的重点工作，集中解决河湖乱占、乱采、乱堆、乱建（以下简称"四乱"）等突出问题，管好河道湖泊空间及其水域岸线；加强系统治理，着力解决"水多""水少""水脏""水浑"等新老水问题，管好河道湖泊中的水体，向河湖管理顽疾宣战，推动河湖面貌明显改善。

二、管好盛水的"盆"

当前，各地要按照水利部的统一安排，用 1 年左右时间，集中开展全国河湖"清四乱"专项行动，做好调查摸底、集中整治、巩固提升等各阶段工作，建立"四乱"问题台账，发现一处、清理一处、销号一处，2019 年 7 月底前全面完成专项行动任务，坚决清除存量。在此基础上，再用半年左右时间进行"回头看"，力争 2019 年年底前还河湖一个干净、整洁的空间。

（一）清"乱占"。乱占是指围垦湖泊，未依法

经省级以上人民政府批准围垦河道，非法侵占水域、滩地，种植阻碍行洪的林木及高秆作物等行为。清理乱占行为的标准是：对于围湖造地、围湖造田的，要按照国家规定的防洪标准有计划地退地还湖、退田还湖，将违法建设的土堤、矮围等清除至原状高程，拆除地面建筑物、构筑物，取缔相关非法经济活动；对于非法围垦河道的，要限期拆除违法占用河道滩地建设的围堤、护岸、阻水道路、拦河坝等，铲平抬高的滩地，恢复河道原状；对于河湖管理范围内违法挖筑的鱼塘、设置的拦河渔具、种植的碍洪林木及高秆作物，应及时清除，恢复河道行洪能力。

（二）清"乱采"。乱采是指在河湖管理范围内非法采砂、取土等活动。对乱采滥挖行为清理整治的标准是：各地始终保持高压严打态势，逐河段落实政府责任人、主管部门责任人和管理单位责任人，许可采区实行旁站式监理，砂场布局规范有序，大型采砂船大规模偷采绝迹，小型船只零星偷采露头就打。要盯紧、管好采砂业主、采砂船只和堆砂场，对非法采砂业主，依法依规处罚到位，情节严重、触犯刑律的，坚决移交司法机关追究刑事责任；对非法采砂船只，坚决清理上岸，落实属地管理措施；对非法堆砂场，按照河湖岸线保护要求进行清理整治。各地要依照水法要求，划定禁采区、规定禁采期，并向社会公告。对许可采区，要严禁超范围、超采量、超功率、超时间开采砂石。要研究非法采砂活动的规律性，针对非法采砂流动性、游荡性强的特点，集中力量打运动战、歼灭战，坚决遏制非法采砂势头，确保河湖采砂依法、有序、可控。

（三）清"乱堆"。乱堆是指河湖管理范围内乱扔乱堆垃圾，倾倒、填埋、贮存、堆放固体废物，弃置、堆放阻碍行洪的物体等现象。清理整治乱堆问题，各地首先要梳理提出本行政区域内存在固体废物堆放、贮存、倾倒、填埋隐患的敏感河段和重点水域，建立垃圾和固体废物点位清单；在此基础上制定工作方案，对照点位清单，逐个落实责任，限期完成清理，恢复河湖自然状态。对于涉及危险、有害废物需要鉴别的，要主动向地方人民政府、有关河长汇报，主动协调、及时提交有关部门进行鉴别分类。

（四）清"乱建"。乱建是指违法违规建设涉河项目，在河湖管理范围内修建阻碍行洪的建筑物、构筑物等问题。清理乱建的基本要求是：各地要对河湖管理范围内建设项目进行全面排查、分类整治，对1988年《河道管理条例》出台后、未经水行政主管部门审批或不按审查同意的位置和界限建设的涉

河项目，应认定为违法建设项目，列入整治清单，分类予以拆除、取缔或整改；其中，位于自然保护区、饮用水水源保护区、风景名胜区内的违法建设项目，要严格按照有关法律法规要求进行清理整治。对涉河违法项目，能立即整改的，要立即整改到位；难以立即整改的，要提出整改方案，明确责任人和整改时间，限期整改到位。

"清四乱"是对各级河长的底线要求。各地要依据《水法》《防洪法》《河道管理条例》等法律法规规定和河长制工作相关要求，结合本地实际，制定本地区"清四乱"的具体标准。

三、护好"盆"中的水

当前，我国新老水问题交织，水资源短缺、水生态损害、水环境污染问题十分突出，水旱灾害多发频发。河湖水系是水资源的重要载体，也是新老水问题表现最为集中的区域。各地要坚持问题导向，因河湖施策，明确防范"水多"、防治"水少"、整治"水脏"、减少"水浑"的具体标准和底线要求，全面清理影响行洪安全和水生态、水环境的各类经济活动，从根子上解决当地突出水问题。

（一）防范"水多"。洪涝灾害频发始终是中华民族的心腹大患，而江河湖泊行洪调蓄能力减弱加剧了洪涝灾害的风险和损失。防范"水多"的基本要求，就是要确保常态下河湖水位不影响行蓄洪水；要组织实施河道防洪风险隐患和薄弱环节拉网式排查，摸清情况，消除隐患；要加强洪水监测预报，预留行洪空间；河流出现超警戒水位洪水时，要按照防御洪水方案做好防汛抗洪工作，保障人民生命安全。

（二）防治"水少"。"水少"问题主要表现在水资源过度开发利用，河湖生态保护目标不明，对生态需水考虑不够，生态流量管控措施不严，导致水域面积缩小，河道断流、湖泊干涸和地下水水位下降，河湖生态功能下降丧失。防治"水少"的基本要求是，合理确定河流主要控制断面生态水量（流量），提出湖泊、水库、地下水体水位控制要求，强化水资源配置，把用水指标落实到每条河流、每个区域，科学调度江河湖库水量，加强河湖生态流量（水量）保障情况监督管理。严格河湖取用水管理，加强水资源论证，强化水资源消耗总量和强度指标控制，对达到和超过取用水总量控制指标的地区，实施取水许可区域限批。做好华北地下水超采区综合治理，坚决遏制地下水过度开采，落实南水北调东中线一期工程受水区地下水压采要求，开展河湖地下水回补试点，加强地下水监测预警，防止出现新的地下水超采区。

（三）整治"水脏"。"水脏"问题主要表现在水质恶化、水体黑臭、水污染严重，成为经济社会发展的瓶颈制约。整治"水脏"，要明确河流主要控制断面水质目标和水功能区水质目标。各地要在河长的统一领导下，以河长制为平台，加强部门分工合作，河长办要提请河长督促相关部门按职责分工做好相关工作，严格落实河湖水域纳污容量、限制排污总量和污染物达标排放要求，继续下大力整治黑臭河、垃圾河，集中力量剿灭劣五类水体。要大力推行雨污分流，推进入河排污口规范整治，统筹治理工矿企业污染、城镇生活污染、畜禽养殖污染、水产养殖污染、农业面源污染、船舶港口污染，强化污染源源头严控、过程严管。要统筹山水林田湖草等生态要素，加大江河源头区、水源涵养区、生态敏感区保护力度，因地制宜实施江河湖库水系连通，促进水体流动和水量交换，恢复增加水体自净能力。

（四）减少"水浑"。"水浑"问题主要是水土流失和生态退化趋势没有根本性改变。减少"水浑"，关键要做好水土流失防治和水生态治理保护工作。要实施长江水库群联合调度，强化黄河调水调沙，开展不同水沙条件下河道冲淤特性研究和崩岸监测治理，减少泥沙对河床河势的影响，维护河势和岸线总体稳定。要推进坡耕地综合整治，加强东北黑土侵蚀沟治理和黄土高原塬面保护，强化长江黄河上中游、西南石漠化等重点区域水土流失治理，加快水土流失治理速度，有效减少入河湖泥沙总量。要将生产建设活动造成的人为水土流失作为监管的重点，及时精准发现人为水土流失违法违规行为，严格责任追究处罚，严控人为水土流失增量。

四、加强统筹协调

（一）加强流域内沟通协调。流域管理机构要充分发挥协调、指导、监督、监测作用，与流域内各省（自治区、直辖市）建立沟通协商机制，研究协调河长制工作中的重大问题，如跨省河湖的一河一策方案，区域联防联控、联合执法行动等；按照水利部统一要求，对地方河长制湖长制任务落实情况进行暗访督查，对水利部暗访发现问题整改进行跟踪督导；强化流域控制断面特别是省际断面的水量、水质监测评价，并将监测结果及时通报有关地方，作为评价河长制工作的重要依据。

（二）加强区域间联防联治。各区域间要加强沟通协调，河流下游要主动对接上游，左岸要主动对接右岸，湖泊占有水域面积大的要主动对接水域面积小的，积极衔接跨行政区域河湖管理保护目标任务，统筹开展跨行政区域河湖专项整治行动，探索

建立上下游水生态补偿机制，推动区域间联防联治。

（三）加强部门沟通协作。各地要细化部门分工，细化部门责任，细化工作标准，将河长制年度目标任务逐一分解落实到部门，制定可量化、可考核的工作目标要求，督促逐项任务明确责任人，推动各部门在河长的统一领导下，既分工合作，各司其职，又密切配合，形成合力。河长制办公室要做好组织、协调、分办、督办工作，落实河长确定的事项。各地要强化河长制办公室能力建设，配齐人员、设备和经费，满足日常工作需要。

五、夯实工作基础

（一）划定河湖管理范围。河道、湖泊管理范围，由有关县级以上地方人民政府划定，并向社会公布。各地要按照水法、防洪法、河道管理条例等法律法规规定，提请地方人民政府抓紧开展河湖管理范围划定工作；流域管理机构直接管理的河道、湖泊管理范围，由流域管理机构会同县级以上地方人民政府划定。各地要抓紧完成本行政区域内国有水管单位管理的河湖管理范围划定工作，已划定管理范围的河湖，要明确管理界线、管理单位和管理要求，规范设立界桩和标识牌。

（二）建立"一河一档"。在第一次全国水利普查的基础上，调查摸清本行政区域内全部河流的分布、数量、位置、长度（面积）、水量等基本情况，制定完善河湖名录；按照"先易后难、先简后全"的原则分阶段建立"一河一档"，2018 年 12 月底前收集河湖自然属性、河长信息等河湖基础信息，完成基础信息填报工作，同时，兼顾河湖水资源、水功能区、取排水口、水源地、水域岸线等动态信息，逐步完善"一河一档"。

（三）编制"一河一策"。坚持问题导向，按照系统治理、分步实施原则，明确河湖治理保护的路线图和时间表，提出问题清单、目标清单、任务清单、措施清单、责任清单，科学编制"一河一策"。省级领导担任河长的河流"一河一策"方案要在2018 年年底前全部编制完成，其他河流湖泊的"一河（湖）一策"方案要压茬推进。"一河（湖）一策"方案实施周期原则上 2～3 年，各地要及时动态调整。

（四）抓好规划编制。水利部将制定河湖岸线保护和利用规划、采砂管理规划的编制指南。各地要根据流域综合规划、流域防洪规划及水资源保护规划、岸线保护利用规划等重要规划，结合本地实际，科学编制相关规划，强化规划约束，让规划管控要求成为河湖管理保护的"红绿灯""高压线"，同时，疏堵结合、采禁结合，在保护岸线、河势稳定、行

洪航运安全的前提下，予以科学合理有序开发利用。对于有岸线利用需求的河湖，要编制河湖水域岸线保护利用规划，划定岸线保护区、保留区、控制利用区和可开发利用区，严格岸线分区管理和用途管制。对于有采砂管理任务的河湖，要编制河湖采砂规划。七大江河及其跨省主要支流的岸线规划和采砂规划，由有关流域管理机构商相关省级水行政主管部门，明确规划编制的主体和程序。

（五）推广应用大数据等技术手段。要加快完善河湖监测监控体系，积极运用卫星遥感、无人机、视频监控等技术，加强对河湖的动态监测，及时收集、汇总、分析、处理地理空间信息、跨行业信息等，为各级河长决策、部门管理提供服务，为河湖的精细化管理提供技术支撑。

六、落实保障措施

（一）建立责任机制。河湖最高层级的河长是第一责任人，对河湖管理保护负总责，市、县、乡级分级分段河长对河湖在本辖区内的管理保护负直接责任，村级河长承担村内河流"最后一公里"的具体管理保护任务。各地要结合本地实际，按照不同层级河长管辖范围，分类细化实化各级河长任务，明确河长履职的具体内容、要求和标准，将"清四乱"作为检验河湖面貌是否改善、河长是否称职的底线要求。水利部继续将全面推行河长制湖长制工作情况纳入最严格水资源管理制度考核，并在2018年年底组织开展全面推行河长制湖长制总结评估。各地要严格实施上级河长对下级河长的考核，将考核结果作为干部选拔任用的重要参考。要建立完善责任追究机制，对于河长履职不力，不作为、慢作为、乱作为，河湖突出问题长期得不到解决的，严肃追究相关河长和有关部门责任。

（二）建立督察机制。建立全覆盖的河长制督察体系，以务实管用高效为目标，明查暗访相结合、以暗访为主，不发通知、不打招呼、不听汇报、不用陪同，直奔基层、直插现场，采用飞行检查、交叉检查、随机抽查等方式，及时准确掌握各级河长履职和河湖管理保护的真实情况。对发现的突出问题，采取一省一单、约谈、通报、挂牌督办、在媒体曝光等多种方式，加大问题整改力度。对违法违规的单位、个人依法进行行政处罚，构成犯罪的，移交有关部门依法追究刑事责任，对有关河长、责任单位和责任人，进行严肃追责，做到原因未查清不放过、责任人员未处理不放过、责任人和群众未受教育不放过、整改措施未落实不放过。

（三）健全公众参与机制。各地制定河湖治理保护方案时，要充分听取社会公众和利益相关方的意见，对于群众反映强烈的突出问题，要优先安排解决。要加强对民间河长的引导，发挥民间河长在宣传治河政策、收集反映民意、监督河长履职、搭建沟通桥梁等方面的积极作用。水利部设立河长制监督电子信箱 hzjd@mwr.gov.cn，各地也要通过设立监督电话、公开电子信箱、发布微信公众号等方式，畅通公众反映问题的渠道，建立激励性的监督举报机制，调动社会公众监督积极性。各级河长制办公室设立的监督电话要保证畅通，对群众反映的问题要及时予以处理，群众实名举报的问题，要把处理结果反馈给举报人，一时难于解决的问题要做出合理解释。

（四）建立河湖管护长效机制。各地要建立健全法规制度，建立河湖巡查、保洁、执法等日常管理制度，落实河湖管理保护责任主体、人员、设备和经费，实行河湖动态监控，加大河湖管理保护监管力度。建立河湖巡查日志，对巡查时间、巡查河段、发现问题、处理措施等作出详细记录，对涉河湖违法违规行为做到早发现、早制止、早处理。

（五）加强宣传引导。在全面推行河长制工作中，涌现出很多典型经验和创新举措，特别是基层的好做法、好经验，水利部将从各地选择一批治理成效明显的典型河湖，打造河畅、水清、岸绿、景美的示范河湖，各地也要注重挖掘提炼，通过现场会、案例教学、示范试点等方式，予以总结推广，发挥示范带动作用。同时，要综合利用传统媒体以及微信公众号、客户端等新媒体，宣传各地河湖管理保护专项行动及取得的成效。对群众反映的、暗访发现的河湖突出问题和河长履职不到位等重大问题，一经核实，要主动曝光。水利部网站和微信公众号设立曝光台，各地也要设立曝光台，同时，要规范问题调查核实、问题曝光、问题处置、追责问责等工作程序，推动曝光问题整改落实。

水利部办公厅关于明确全国河湖"清四乱"专项行动问题认定及清理整治标准的通知（2018年11月2日　办河湖〔2018〕245号）

各流域管理机构，各省、自治区、直辖市水利（水务）厅（局）、河长制办公室，新疆生产建设兵团水利局：

2018年7月，水利部部署开展全国河湖"清四乱"专项行动，各地高度重视、全力推进，目前已基本完成调查摸底工作，全面进入集中整治阶段。为指导各地切实做好清理整治工作，我部研究制定了"清四乱"专项行动问题认定及清理整治标准，现将有关要求明确如下：

一、问题认定标准

（一）"乱占"问题

围垦湖泊；未依法经省级以上人民政府批准围垦河道；非法侵占水域、滩地；种植阻碍行洪的林木及高秆作物。

（二）"乱采"问题

未经许可在河道管理范围内采砂，不按许可要求采砂，在禁采区、禁采期采砂；未经批准在河道管理范围内取土。

（三）"乱堆"问题

河湖管理范围内乱扔乱堆垃圾；倾倒、填埋、贮存、堆放固体废物；弃置、堆放阻碍行洪的物体。

（四）"乱建"问题

水域岸线长期占而不用、多占少用、滥占滥用；未经许可和不按许可要求建设涉河项目；河道管理范围内修建阻碍行洪的建筑物、构筑物。

二、清理整治标准

（一）清理整治"乱占"

1. 对于围湖造地、围湖造田，按照国家规定的防洪标准有计划地退地还湖、退田还湖，将违法建设的土堤、矮围等清除至原状高程，拆除地面建筑物、构筑物，取缔相关非法经济活动。

2. 对于非法围垦河道，限期拆除违法占用河道及其滩地建设的围堤、护岸、阻水道路、拦河坝等，铲平抬高的滩地，恢复河道原状。

3. 对于河湖管理范围内违法挖筑的鱼塘、设置的拦河渔具、种植的碍洪林木及高秆作物，应及时清除，恢复河道行洪能力。

4. 对于河道管理范围内束窄河道、影响行洪安全和水生态、水环境的各类经济活动，应清理整治并恢复河道原状。

（二）清理整治"乱采"

1. 始终保持对非法采砂的高压严打，加强日常监管巡查，采砂秩序总体可控。大型采砂船大规模偷采绝迹，小型船只零星偷采露头就打。

2. 严格落实采砂管理责任制，逐河段落实政府责任人、主管部门责任人和管理单位责任人。

3. 按照《水法》要求，划定禁采区、规定禁采期，并向社会公告。许可采区实行旁站式监理，严禁超范围、超采量、超功率、超时间开采砂石。

4. 盯紧管好采砂业主、采砂船只和堆砂场。对非法采砂业主，依法依规处罚到位，情节严重、触犯刑律的，坚决移交司法机关追究刑事责任；对非法采砂船只，落实属地管理措施；对非法堆砂场，按照岸线保护要求进行清理整治。

（三）清理整治"乱堆"

1. 建立垃圾和固体废物堆放、贮存、倾倒、填埋点位清单。

2. 对照点位清单，逐个落实责任，限期完成清理，恢复河湖自然状态。

3. 对于涉及危险、有害废物需要鉴别的，主动向地方人民政府、有关河长汇报，主动协调、及时提交相关部门鉴别分类。

（四）清理整治"乱建"

1. 位于自然保护区、饮用水水源保护区、风景名胜区内的违法违规建设项目，严格按照有关法律法规要求进行清理整治。

2. 未经审批和批建不符的违法违规建设项目，对于其中符合岸线管控要求且不存在重大防洪影响的项目，由各地提出清理整治要求；其他项目由地方水行政主管部门督促项目业主组织提出论证报告，按涉河建设项目审批权限由有关水行政主管部门予以审查，评判是否影响防洪、是否符合岸线管控要求，明确是否拆除取缔或整改规范、是否需采取补救措施消除不利影响等。能立即整改的坚决整改到位，难以立即整改的需提出整改方案，明确责任人和整改时间，限期整改到位。

三、有关要求

1. 河湖"清四乱"专项行动是推动河长制从"有名"向"有实"转变的第一抓手，是水利行业强监管的重要内容，是对各级河长湖长和水行政主管部门履职尽责的底线要求，各地要进一步提高思想认识，加强组织领导，落实责任分工，务必务实推进，确保专项行动取得实效。

2. 请各省级水行政主管部门依据《水法》《防洪法》《河道管理条例》等有关法律法规要求，结合本地实际，抓紧制定出台本地区"清四乱"专项行动问题认定及清理整治具体标准，并于 2018 年 11 月 30 日前抄报水利部。

3. 联系人及联系方式

水利部河湖管理司　李善德　徐之青

电话：010 - 63202572、63203682

邮箱：anxian@mwr.gov.cn

水利部关于加快推进河湖管理范围划定工作的通知（2018 年 12 月 19 日　水河湖〔2018〕314 号）

各省、自治区、直辖市水利（水务）厅（局）、河长制办公室，新疆生产建设兵团水利局，各流域管理机构：

依法划定河湖管理范围，明确河湖管理边界线，是加强河湖管理的基础性工作，也是《水法》《防洪法》《河道管理条例》等法律法规作出的规定，更是中央全面推行河长制湖长制明确的任务要求。近年来，各地结合河长制湖长制工作积极划定河湖管理范围，取得了明显进展，但有的地方仍存在重视不够、进度滞后等问题，一些河湖管理范围边界不清，侵占河湖、破坏河湖问题时有发生，严重影响河湖生态空间管控。各地各有关单位要进一步提高思想认识，从深入贯彻习近平生态文明思想和维护国家水安全的政治高度，将划定河湖管理范围作为推动河长制从"有名"向"有实"转变的重要抓手，作为水利行业强监管的重要举措，作为全国河湖"清四乱"专项行动的基础工作，切实采取措施全面加快工作进度。现将有关事项通知如下。

一、明确工作目标

2020年年底前，基本完成全国河湖管理范围划定工作。其中，第一次全国水利普查流域面积 1 000 平方公里以上的河流、水面面积 1 平方公里以上的湖泊，省、市级党政领导担任河湖长的河湖，力争提前完成。管理任务较轻的农村河湖，可在2021年年底前基本完成；地处无人区的河湖，各地可根据管理需求，结合实际安排河湖管理范围划定工作。

二、认真开展划定工作

（一）明确责任主体

根据《水法》《防洪法》《河道管理条例》规定，由县级以上地方人民政府负责划定河湖管理范围，县级以上地方水行政主管部门商请相关部门开展具体划定工作。流域管理机构直接管理的河湖管理范围，由流域管理机构会同有关县级以上地方人民政府划定。

各地按照省负总责、分级负责的原则开展工作。省级负责统一部署和组织本行政区域河湖管理范围划定工作，省级水行政主管部门要提出操作性强的工作措施，明确工作目标、技术标准和进度要求等。省、市、县级按照河湖管理权限和属地管理职责要求，分级开展河湖管理范围划定工作。

中共中央办公厅、国务院办公厅印发的《关于全面推行河长制的意见》《关于在湖泊实施湖长制的指导意见》，明确将依法划定河湖管理范围作为河长制湖长制的主要任务。各级河长制办公室要积极提请、督促相关河长湖长履职尽责，提请省、市、县级总河长予以安排部署，协调解决经费落实、部门合作等重大问题，提请河湖最高层级河长湖长主动抓总负责所管辖河湖的管理范围划定工作，并将工作任务分解落实到各级各段河长湖长。

（二）依法依规划定

1. 依据法律法规和相关技术规范开展河湖管理范围划定工作。《防洪法》《河道管理条例》明确，有堤防的河湖，其管理范围为两岸堤防之间的水域、沙洲、滩地、行洪区和堤防及护堤地；无堤防的河湖，其管理范围为历史最高洪水位或者设计洪水位之间的水域、沙洲、滩地和行洪区。

2. 有堤防的河湖背水侧护堤地宽度，根据《堤防工程设计规范》（GB 50286—2013）规定，按照堤防工程级别确定，1级堤防护堤地宽度为30～20米，2、3级堤防为20～10米，4、5级堤防为10～5米，大江大河重要堤防、城市防洪堤、重点险工险段的背水侧护堤地宽度可根据具体情况调整确定。无堤防的河湖，要根据有关技术规范和水文资料核定历史最高洪水位或设计洪水位。

3. 划定的河湖管理范围，要明确具体坐标，并统一采用2000国家大地坐标系。

4. 河湖管理范围划定可根据河湖功能因地制宜确定，但不得小于法律法规和技术规范规定的范围，并与生态红线划定、自然保护区划定等做好衔接，突出保护要求。

（三）公告划定成果

河湖管理范围，由县级以上地方人民政府通过通知公告、网站、电视、报纸、手机短信、微信公众号等多种形式向社会公告。各地可在河湖显著位置设立公告牌，或在已有的河长公示牌上标注河湖管理范围信息，有条件的地区可埋设界桩。

（四）加强信息化管理

各地各有关单位要将河湖管理范围坐标逐一标注在第一次全国水利普查"水利一张图"上，并充分应用到河长制湖长制管理、河湖水域岸线空间管控、河湖监管执法及"清四乱"专项行动等工作中，为加强河湖管理提供信息化技术支撑。同时，地方各级水行政主管部门要加强与相关部门的沟通协调，实现河湖管理范围数据与"国土一张图"数据共享。

三、保障措施

（一）加强组织领导

各地各有关单位务必高度重视，依托河长制湖长制平台，切实加强组织领导，采取有效措施扎实推进河湖管理范围划定工作。县级以上地方水行政主管部门、河长制办公室要主动做好相关工作，积极向有关河湖长汇报，加强与有关部门沟通协调，形成工作合力，推进信息共享。各地要将河湖管理范围划定工作纳入河长制湖长制考核，强化激励问责。

（二）加强业务指导

河湖管理范围划定工作量大、政策性强、问题复杂，各地各有关单位要明确具体工作部门，落实责任人，必要时可抽调熟悉业务、政策的人员组建专班开展工作。省级水行政主管部门要及时掌握本行政区域河湖管理范围划定工作进展，同时，加大对市、县级的技术指导和培训力度，确保基层人员业务水平满足工作需要。

（三）加强舆论宣传

各地各有关单位要通过群众喜闻乐见的方式，广泛宣传河湖管理范围划定工作，普及河湖管理保护法律法规要求及相关知识，形成全社会支持、理解河湖管理范围划定工作的良好氛围。

自 2019 年起，请省级水行政主管部门于每年 7 月 10 日、12 月 30 日前报送河湖管理范围划定工作进展情况（见附件，略）。

水利部办公厅关于印发河湖岸线保护与利用规划编制指南（试行）的通知（2019 年 3 月 25 日　办河湖函〔2019〕394 号）

各流域管理机构，各省、自治区、直辖市水利（水务）厅（局），新疆生产建设兵团水利局：

为指导各地各有关单位做好河湖岸线保护与利用规划编制工作，我部组织制定了《河湖岸线保护与利用规划编制指南（试行）》（以下简称《指南》）。现印发给你们，并将有关要求明确如下。

一、高度重视规划编制工作

编制河湖岸线保护与利用规划，划定岸线功能分区，是中央全面推行河长制湖长制明确的重要任务，是加强岸线空间管控的重要基础，是推动岸线有效保护和合理利用的重要措施，对于保障河势稳定和防洪安全、供水安全、航运安全、生态安全具有重要意义。请各地各有关单位高度重视，根据《指南》要求并结合河湖岸线管理实际，抓紧组织开展河湖岸线保护与利用规划编制工作。

二、切实落实规划编制责任

河湖岸线保护与利用规划由流域管理机构和县级以上地方水行政主管部门负责组织编制。其中：长江、黄河等大江大河重点河段，太湖等重要湖泊，跨省重要支流和中央直管河段的岸线保护与利用规划由流域管理机构负责组织编制（河湖名录见附件）。其他河湖的岸线保护与利用规划由县级以上地方水行政主管部门负责组织编制。省级行政区内主要河湖、跨省重要河湖以及岸线保护地位重要的河湖，应由省级水行政主管部门组织编制。请各省级水行政主管部门抓紧研究制定区域内岸线保护与利用规划编制河湖名录，明确编制责任主体和完成时

间，2019 年 6 月 30 日前报送水利部。

三、严格履行规划审批程序

流域管理机构负责组织编制的岸线保护与利用规划，由流域管理机构征求有关省级人民政府意见后，报水利部批复实施。县级以上地方水行政主管部门负责组织编制的岸线保护与利用规划，征求上一级水行政主管部门意见后，由本级人民政府或本级人民政府授权水行政主管部门批复实施。其中，省级水行政主管部门组织编制的岸线保护与利用规划，征求有关流域管理机构意见后，由省级人民政府或省级人民政府授权水行政主管部门批复实施。

四、按时完成规划编制工作

珠江委要抓紧修改完善西江岸线保护和利用规划，在 2019 年 4 月底前报送水利部；有关流域管理机构要抓紧全面启动黄河、淮河、海河、松辽、太湖等流域岸线保护与利用规划编制工作，2019 年 12 月底前完成岸线利用现状调查等基础工作、提出规划初步成果，2020 年 5 月底前完成征求意见并将规划送审稿报送水利部。《指南》规划范围中提出的重要河湖岸线保护与利用规划，原则上要在 2021 年年底前编制完成。

五、充分发挥规划约束作用

请各地各有关单位切实做好岸线保护与利用规划实施工作，按照规划确定的岸线功能分区和管理要求，严格落实分区管理和用途管制。岸线利用项目建设必须符合规划要求，与规划要求不符的一律不得许可。各流域管理机构、地方各级水行政主管部门要将规划岸线分区成果标注在第一次国水利普查"水利一张图上"，并积极利用卫星遥感、无人机监控等技术手段加强岸线动态监控，不断提升岸线管理信息化水平。

各地各有关单位在《指南》执行过程中，如遇重大问题或有建议意见，请及时反馈水利部水利水电规划设计总院、水利部河湖管理司。

联系人及联系方式：

1. 水利部水利水电规划设计总院

康立芸　010 - 63206836

2. 水利部河湖管理司

孟祥龙　010 - 63206036

水利部关于印发《水利监督规定（试行）》和《水利督查队伍管理办法（试行）》的通知（2019 年 7 月 19 日　水监督〔2019〕217 号）

部机关各司局，部直属各单位，各省、自治区、直辖市水利（水务）厅（局），各计划单列市水利（水

务）局，新疆生产建设兵团水利局：

为加强水利监督管理和水利督查队伍管理，我部组织编制了《水利监督规定（试行）》和《水利督查队伍管理办法（试行）》，已经部长办公会议审议通过，现印发你单位，请遵照执行。

水利监督规定（试行）

第一章 总 则

第一条 为强化水利行业监管，履行水利监督职责，规范水利监督行为，依据《中华人民共和国水法》等有关法律法规和《水利部职能配置、内设机构和人员编制规定》等有关文件规定，制定本规定。

第二条 本规定所称水利监督，是指水利部、各级水行政主管部门依照法定职责和程序，对本级及下级水行政主管部门、其他行使水行政管理职责的机构及其所属企事业单位履行职责、贯彻落实水利相关法律法规、规章、规范性文件和强制性标准等的监督。

前款所称"本级"包括内设机构和所属单位。

第三条 水利监督坚持依法依规、客观公正、问题导向、分级负责、统筹协调的原则。

第四条 水利部统筹协调、组织指导全国水利监督工作。

流域管理机构依据职责和授权，负责指定管辖范围内的水利监督工作。

地方各级水行政主管部门按照管理权限，负责本行政区域内的水利监督工作。

第二章 范围和事项

第五条 水利监督包括：水旱灾害防御，水资源管理，河湖管理，水土保持，水利工程建设与安全运行，水利资金使用，水利政务以及水利重大政策、决策部署的贯彻落实等。

第六条 水利监督事项主要包括：

（一）江河湖泊综合规划、防洪规划；

（二）水资源开发、利用和保护；

（三）取水许可、用水效率管理；

（四）河流、湖泊水域岸线保护和管理，河道采砂管理；

（五）水土保持和水生态修复；

（六）跨流域调水、用水规划、水量分配；

（七）灌区、农村供水和农村水能资源开发；

（八）水旱灾害防御；

（九）水利建设市场、水利工程建设与安全运行、安全生产；

（十）水利资金使用和投资计划执行；

（十一）水利网络安全及信息化建设和应用；

（十二）地表水、地下水等水利基础设施监测、运行和管理；

（十三）水利工程移民及水库移民后扶持政策落实；

（十四）水政监察和水行政执法；

（十五）水利扶贫；

（十六）其他水利监督事项。

第三章 机构及职责

第七条 水利部成立水利督查工作领导小组，统筹协调全国水利监督检查，组织领导水利部监督机构。水利督查工作领导小组下设办公室（简称"水利部督查办"），指导水利部督查队伍建设和管理，承担水利督查工作领导小组交办的日常工作。

各流域管理机构成立相应的水利督查工作领导小组，下设办公室（简称"流域管理机构督查办"），组建流域管理机构督查队伍并承担相应职责。

本规定所称"水利部监督机构"是指水利部督查办，水利部具有相关职责的机关司局、事业单位、流域管理机构督查办、水行政执法等相关单位。

第八条 水利部水利督查工作领导小组职责：

（一）决策水利监督工作，规划水利监督重点任务；

（二）审定水利监督规章制度；

（三）领导水利督查队伍建设；

（四）审定水利监督计划；

（五）审议监督检查发现的重大问题；

（六）研究重大问题的责任追究；

（七）其他监督职责。

第九条 水利部督查办承担水利督查工作领导小组日常工作，具体职责：

（一）统筹协调、归口管理水利部各监督机构的监督检查任务；

（二）组织制定水利监督检查制度；

（三）指导水利督查队伍建设和管理；

（四）组织制定水利监督检查计划；

（五）履行第六条相关事项的监督检查；

（六）组织安排特定飞检；

（七）对监督检查发现问题提出整改及责任追究建议；

（八）受理监督检查异议问题申诉；

（九）完成领导小组交办的其他工作。

第十条　水利部机关各司局按照各自职责提出本业务范围内的监督检查工作要求，组织指导相关事业单位开展重点工作、系统性问题的监督检查，组织指导问题整改，对加强行业管理提出政策性建议。

第十一条　水利部所属相关事业单位，受机关司局委托承担监督检查工作，具体职责为：

（一）开展专项监督检查工作；

（二）核查专项问题、系统性问题的整改情况；

（三）汇总分析专项检查成果，对重点工作、系统性问题提出整改意见建议；

（四）配合水利部督查办开展监督检查工作。

第十二条　流域管理机构督查办履行以下职责：

（一）负责指定流域片区内综合性监督检查工作；

（二）配合水利部督查办开展片区内的监督检查工作；

（三）受委托核查发现问题的地方水行政主管部门、其他行使水行政管理职责的机构及其所属企事业单位对问题的整改，以及其上级主管部门对问题整改的督促情况。

第十三条　水利监督与水政监察、水行政执法相互协调、分工合作。水利督查队伍检查发现有关单位、个人等涉水活动主体违反水法律法规的，可根据具体情节联合开展调查取证工作，或移送水政监察队伍及其他执法机构查处。

第四章　程序及方式

第十四条　水利监督通过"查、认、改、罚"等环节开展工作，主要工作流程如下：

（一）按照年度计划制定监督检查工作方案；

（二）组织开展监督检查；

（三）对检查发现的问题提出整改及责任追究意见建议；

（四）下发整改通知，督促问题整改及整改核查；

（五）实施责任追究。

上述检查发现违法违纪问题线索移交有关执纪执法机关。

第十五条　水利监督检查通过飞检、检查、稽察、调查、考核评价等方式开展工作。

飞检，是水利监督检查主要方式。主要以"四不两直"方式开展工作。"四不两直"是指：检查前不发通知、不向被检查单位告知行动路线、不要求被检查单位陪同、不要求被检查单位汇报；直赴项目现场、直接接触一线工作人员。

检查、稽察，是针对某个单项或专题开展的监督检查，一般在检查前发通知，通知中明确检查时间、内容、参加人员，以及需要配合的工作要求等。

调查，是针对举报、某项专题或带有普遍性问题开展的专项活动，一般可结合飞检、检查、稽察、卫星遥感等方式方法或技术手段开展工作。调查要尽量减少对被调查单位正常工作的影响，但可要求被调查单位提供相关资料。

考核评价，是针对某个专项或综合性工作开展的年度或阶段性的考核工作，一般通过日常考核和终期考核相结合实施。日常考核可通过飞检、检查、稽察等方式进行，将检查结果作为终期考核依据；终期考核要汇总全过程、各方面成果进行考核。

第十六条　水利监督可采用调研方式辅助开展监督检查工作。

调研，是针对某项专题或系统性问题组织开展的专门活动，一般通过飞检、检查、稽察、调查发现问题，归纳提炼，确定题目，制定调研提纲及工作方案，组织开展调研。调研要对问题提出有针对性地解决方案。调研不对被调研单位提出批评或责任追究意见。

第十七条　水利监督检查依据相关工作程序、规定、办法等认定问题，并向被检查单位反馈意见。被检查单位对认定结果有异议的，可提交说明材料，向督查人员所属监督机构申诉，也可向上一级监督机构申诉。水利部监督机构应对被检查单位申诉意见进行复核并提出复核意见。必要时，可聘请第三方技术服务机构协助复核。

水利部督查办是申诉意见的最终裁定单位。

第十八条　被检查单位是监督检查发现问题的责任主体，该单位的上级水行政主管单位或行业主管部门是督促问题整改的责任单位。

第十九条　各级监督检查单位按照各自职责，依据相关规定，向被检查单位或其上级主管部门反馈意见、发整改意见通知、实施责任追究。

各被检查单位接到意见反馈、整改通知后，要制定整改措施，明确整改责任单位和责任人，组织问题整改，并将整改情况在规定期限反馈检查单位。被检查单位应同时将上述情况向上级主管部门报告。

第五章　权限和责任

第二十条　水利监督检查人员，在工作现场应佩戴水利督查工作卡，可采取以下措施：

（一）进入与检查项目有关的场地、实验室、办公室等场所；

（二）调取、查看、记录或拷贝与检查项目有关的档案、工作记录、会议记录或纪要、会计账簿、数码影像记录等；

（三）查验与检查项目有关的单位资质、个人资格等证件或证明；

（四）留存涉嫌造假的记录、企业资质、个人资格、验收报告等资料；

（五）留存涉嫌重大问题线索的相关记录、账簿、凭证、档案等资料；

（六）责令停止使用已经查明的劣质产品；

（七）协调有关机构或部门参与调查、控制可能发生严重问题的现场；

（八）按照行政职责可采取的其他措施。

第二十一条　监督检查应实行回避制度，工作人员遇有下列情况应主动向组织报告，申请回避：

（一）曾在被检查单位工作；

（二）曾与被检查项目相关负责人是同学、战友关系；

（三）与被检查项目相关负责人有亲属关系；

（四）其他应该回避的事项。

上述申请经组织程序批准后生效。

第二十二条　被监督检查单位要遵守国家法律法规，有义务接受水利部监督机构的监督检查，有责任提供与检查内容有关的文件、记录、账簿等相关资料，有维护本地区、本部门、本项目正当合法权益的权利，有对检查发现问题进行合理申辩的权利，有将与事实不符的问题向其他监督机构或纪检监察部门反映的权利，有因不服行政处罚决定申请行政复议或者提起行政诉讼的权利。

第二十三条　水利部监督检查工作接受社会监督，凡有检查问题定性不符合规定、督查人员违反工作纪律、检查工作有悖公允原则等情况，可向上级水利监督机构或有关纪检监察部门举报。

第六章　责　任　追　究

第二十四条　责任追究包括单位责任追究、个人责任追究和行政管理责任追究。按照第六条监督事项，水利部相关监督机构分别制定监督检查办法，明确不同类型项目监督检查方式及问题认定和责任追究。

第二十五条　责任追究包括对单位责任追究和对个人责任追究。

对单位责任追究，是根据检查发现问题的数量、性质、严重程度对被检查单位进行的责任追究，以及对该单位的上级主管单位进行的行政管理责任追究。

对个人责任追究，是对检查发现问题的直接责任人的责任追究，以及对直接责任人行政管理工作失职的单位直接领导、分管领导和主要领导进行的责任追究。

第二十六条　对单位的责任追究，一般包括：责令整改、约谈、责令停工、通报批评（含向省级人民政府水行政主管部门通报、水利行业内通报、向省级人民政府通报等，下同）、建议解除合同、降低或吊销资质等，并且按照国家有关规定和合同约定承担违约经济责任。

对个人的责任追究，一般包括：书面检讨、约谈、罚款、通报批评、留用察看、调离岗位、降级撤职、从业禁止等。

上述责任追究，按照管理权限由水利部监督机构直接实施或责成、建议有管理权限的单位实施。

第二十七条　水利部各级监督检查单位要根据不同类型项目，依据不同的监督检查办法，按照发现问题的数量、性质、严重程度，直接或责成、建议对责任主体单位实施责任追究；再根据责任追究的程度，建议对责任主体单位的直接责任人、直接领导、分管领导、主要领导实施责任追究。

一个地区或一个部门管理的多个项目，在一年内多次被追究责任，对该地区或该部门的上级主管部门进行行政领导责任追究，同时对该上级主管部门的直接领导、分管领导、主要领导实施相应的责任追究。

第二十八条　凡受到通报批评及以上责任追究的单位及个人，在水利部网站公示6个月，其责任追究记入信用档案，纳入信用管理动态评价。

第二十九条　对单位或个人通报批评以上责任追究，由水利部水利督查工作领导小组审定，由水利部按照管理权限直接实施或责成、建议相关单位实施。

第三十条　经水利部水利督查工作领导小组审定，对发现问题较多的地区或单位以及没有按照要求进行整改或整改不到位的地区或单位，暂停投资该地区或该单位已经批准建设的水利项目或停止、延缓审批新增项目。

第三十一条　经水利部水利督查工作领导小组审定，对问题较多且整改不到位的省（自治区、直辖市），根据问题严重程度，可向省（自治区、直辖市）人民政府通报；必要时，在部、省级联系工作时，直接通报有关情况。

第三十二条　对实施违法行为的单位、个人进行行政处罚，交有管辖权的水政监察队伍按照《中华人民共和国行政处罚法》《水行政处罚实施办法》等规定执行，同级或上级督查机构可按照本规定进行监督和督办。

第七章 附 则

第三十三条 地方各级水行政主管部门可参照本规定成立相应机构、制定相关制度。

第三十四条 本规定自颁布之日起施行。

水利督查队伍管理办法（试行）

第一章 总 则

第一条 为加强水利监督工作，规范水利督查队伍管理，提高监督能力和水平，依据有关法律法规和《水利监督规定》，制定本办法。

第二条 本办法适用于水利部水利督查队伍的建设和管理。

本办法所称水利督查队伍包括承担水利部督查任务的组织和人员。本办法所称督查，是指水利部按照法律法规和"三定"规定，对各级水行政主管部门、流域管理机构及其所属企事业单位等履责情况的监督检查。

第三条 水利督查队伍建设和管理坚持统一领导、严格规范、专业高效、权责一致的原则。

第二章 组 织 管 理

第四条 水利部水利督查工作领导小组负责领导水利督查队伍的规划、建设和管理工作。

第五条 水利部水利督查工作领导小组办公室（简称水利部督查办）负责统筹安排水利督查计划，组织协调水利督查队伍督查业务开展，承担交办的督查任务。

第六条 水利部各职能部门负责指导水利督查队伍相关专业领域业务工作，配合水利部督查办开展专项督查。

涉及查处公民、法人、其他组织水事违法行为，可能实施行政处罚、行政强制的，由水政执法机构依法实施。

第七条 部相关直属单位依据职责分工承担有关督查任务执行、督查工作实施保障等工作。

第八条 流域管理机构设立水利督查工作领导小组及其办公室，组建督查队伍，负责指定区域的督查工作。

第九条 水利督查队伍应建立健全责任分工、考核奖惩、安全管理、教育培训等规章制度。

第三章 人 员 管 理

第十条 从事水利督查工作的人员一般应为在职人员，须具备下列条件：

（一）坚持原则、作风正派、清正廉洁；

（二）有一定的工作经验，熟悉相关水利法律、法规、规章、规范性文件和技术标准等，并通过督查上岗培训考核；

（三）身体健康，能承担现场督查工作。

第十一条 水利督查人员上岗前的培训考核由水利部督查办具体负责。对培训考核合格的，统一发放水利督查工作证。

第十二条 水利督查人员每年应当接受培训。水利督查队伍应当制定年度培训计划，增强培训针对性，不断提高水利督查人员的政治素质和业务工作能力。

第十三条 水利督查人员执行督查任务实行回避原则，未经批准，不得督查与其有利害关系的单位（项目）。

第十四条 水利督查人员依法依规开展督查工作，各有关单位应积极配合。

第十五条 水利督查人员开展督查工作，应当遵守以下要求：

（一）禁止干预被检查单位的正常工作秩序；

（二）禁止违反规定下达停工、停产、停机等工作指令；

（三）禁止违反操作规程、安全条例擅自操作机械设备；

（四）禁止违反规定要求被检查单位超标准、超负荷运行设备；

（五）禁止违反规定擅自进入危险工作区；

（六）禁止篡改、隐匿检查发现的问题；

（七）禁止未经批准擅自向被检查单位或第三方泄露检查发现的问题或商业秘密；

（八）禁止受关系人请托，向被检查单位施加影响承揽工程、分包工程、推销或采购材料、产品等；

（九）禁止收受被检查单位礼品、现金、有价证券，参加有碍公务的旅游、宴请、娱乐等；

（十）禁止向被检查单位提出与检查无关的要求、报销费用或发生违反八项规定精神的其他行为。

第十六条 水利督查人员在督查工作中存在工作不负责、履职不到位等情况的，给予谈话、警告、通报批评、调离岗位、清除出督查队伍等处理；违犯党纪、政纪的，按照有关规定执行；涉嫌犯罪的，移送司法机关依法处理。

水利督查队伍人员管理负面清单及责任追究标准见附件。

第十七条 水利督查人员作出以下成绩，水利督查队伍可请请上级主管部门予以表彰：

（一）为保证安全、避免重大事故（事件）发生等作出突出贡献的；

（二）创新工作方式方法，显著提高督查质量和效率，受到上级认可并推行的；

（三）作出其他突出工作成绩的。

第四章　工作管理

第十八条　水利督查队伍应以法律、法规、规章、规范性文件和技术标准等为督查工作依据。

第十九条　水利督查队伍开展督查工作应坚持暗访与明查相结合，以暗访为主，工作过程实行闭环管理，应包括"查、认、改、罚"等环节。

第二十条　水利督查队伍可根据工作需要派出督查组，具体承担督查任务。督查组实行组长负责制，人员组成和数量根据实际任务情况确定。

第二十一条　水利督查队伍应根据具体督查任务，结合工作实际，制定督查方案。督查方案应包括督查内容、督查范围、分组分工、督查方法、时间安排、有关要求等。

第二十二条　水利督查人员应持证开展现场督查，并依据督查要求，坚持以问题为导向，按照问题清单开展检查，通过"查、看、问、访、核、检"等方式掌握实际情况。

第二十三条　水利督查人员开展现场督查，应按规定操作仪器设备，做好安全防护，保证人身、财产安全。

第二十四条　水利督查人员应客观完整保存、记录督查重要事项、证据资料，建立问题台账，发现问题应与被督查单位进行反馈。

第二十五条　水利督查队伍和督查人员应按要求及时提交督查信息或督查报告。督查信息和督查报告应事实清楚、依据充分、定性准确、文字精练、格式规范。

第二十六条　水利督查人员在督查中发现重大问题或遇到紧急情况时，应及时报告。

第二十七条　水利督查队伍应跟踪督促问题整改落实情况，适时开展复查。

第五章　工作保障

第二十八条　水利督查工作经费纳入预算管理。各水利督查队伍应根据年度工作目标、任务和工作计划，合理编制预算，纳入年度预算。

第二十九条　水利督查队伍开展工作应当保障工作用车，严格车辆管理，保证行车安全。

第三十条　水利督查队伍开展工作应当配备必要的工作装备和劳保防护用品等，保障督查工作安全高效。

第三十一条　水利督查队伍应合理设置相关服务设施，积极利用水利行业河道管理所、水文站点、执法基地等资源，为水利督查人员开展工作创造便利条件。

第三十二条　水利督查队伍应充分利用督查业务信息管理平台、终端等设备设施，通过督查业务各环节"互联网＋"管理方式，发挥支撑作用，实现问题精准定位、全程跟踪，提高督查工作实效。

第三十三条　水利督查队伍应按国家和水利部有关规定制定合理的工时考勤、加班加时等办法，给予水利督查人员与工作任务相适应的待遇保障，为水利督查人员办理人身意外伤害保险。

督查工作中发生住宿无法取得发票的，可按照财政部《关于印发〈中央和国家机关差旅费管理办法有关问题的解答〉的通知》（财办行〔2014〕90号）和《水利部办公厅关于转发财政部〈中央和国家机关差旅费管理办法〉的通知》（办财务〔2014〕32号）的有关规定执行。

第三十四条　水利督查队伍应加强应急管理，建立健全应急处置机制，落实应急措施，提高督查过程突发事件应对能力。

第三十五条　建立督查专家库的水利督查队伍，应制定专家管理办法，加强专家遴选、培训、考核等工作。

第六章　绩效管理

第三十六条　水利督查队伍督查工作绩效管理实行年度考核制，每年考核一次，年底前完成。

第三十七条　水利部督查办负责本级督查队伍、流域管理机构督查工作考核。流域管理机构负责所辖水利督查队伍督查工作考核，并将考核结果报水利部督查办核备。

第三十八条　考核实行赋分制，考核内容包括能力建设、监督检查、工作绩效、综合评价等。考核结果分为优秀、良好、合格、不合格四个等次。具体考核办法另行制定。

第三十九条　水利督查队伍有下列情况之一的，考核结果为不合格：

（一）督查工作组织存在过失导致较大及以上责任事故的；

（二）督查队伍受到违法违纪处理的。

第四十条　水利督查队伍有下列情况之一的，考核结果不得评为优秀等次：

（一）列入督办的督查事项未办结的；

（二）督查工作组织存在过失导致一般责任事故的；

（三）督查人员存在违法违纪行为的。

第四十一条 考核结果由水利部督查办负责汇总，报水利部水利督查工作领导小组审定后进行通报。考核结果纳入年度综合考评，作为干部任用、考核、奖惩的参考。

第七章 附 则

第四十二条 本办法自发布之日起施行。

水利部办公厅关于加快规划编制工作、合理开发利用河道砂石资源的通知（2019 年 9 月 16 日 办河湖函〔2019〕1054 号）

各流域管理机构，各省、自治区、直辖市水利（水务）厅（局），新疆生产建设兵团水利局：

河道砂石是河床的组成部分，也是重要的建筑材料。为合理开发利用河道砂石资源，规范河道采砂秩序，现就有关事项通知如下：

一、充分认识合理开发利用河道砂石资源的重要性

合理开发利用河道砂石，对于缓解建筑市场供需矛盾，促进经济社会发展意义重大。近年来，各地加强河道采砂管理，严厉打击非法采砂，有效遏制非法采砂乱象，有力维护了河道采砂秩序。但是，有的地方在采砂管理中不重视河道采砂规划、许可和日常监管，简单采取"一禁了之"的做法，片面搞"一刀切"，既没有管住非法采砂，又没有发挥河道砂石的资源功能，一定程度上也加大了采砂管理难度。各地要切实提高政治站位，从经济社会发展全局、大局出发，充分认识合理开发利用河道砂石的重要性，坚持疏堵结合，既严厉打击非法采砂，维护河势稳定，保护河道及生态安全；又在保证安全和生态的前提下，通过科学规划、有效监管，合理开发利用砂石资源。

二、加快编制河道采砂规划，为合理开发利用河道砂石资源提供科学依据

各地和各流域管理机构要加快组织编制河道采砂规划。河道砂石供需矛盾突出的地区，要全面摸清当地河砂总体情况及缺口底数，通过编制规划，合理确定可采区、可采期、可采量等，科学挖掘河砂潜力，积极盘活河砂存量。依法依规合理划定禁采区、规定禁采期，不得不切实际、片面扩大禁采区、长期全年禁采。

各流域管理机构组织编制或修编的重要江河湖泊采砂规划中，长江上游干流宜宾以下河道、黄河流域重要河段采砂规划，应在 2019 年 12 月 31 日前完成，其他流域相关河道采砂规划应在 2020 年 6 月

30 日前完成。各省级水行政主管部门也要组织指导各地加快推进相应的河道采砂规划编制工作，其中，各地上报、水利部公布的全国河道采砂管理重点河段、敏感水域，要在 2020 年 6 月 30 日前全部完成采砂规划编制，对于实行禁采的重点河段、敏感水域，也应在相应河流（段）采砂规划中予以明确。在 2020 年 12 月 31 日前，有采砂管理任务的河道要基本实现采砂规划全覆盖。

河道采砂规划编制，按照《水利部关于河道采砂管理工作的指导意见》（水河湖〔2019〕58 号）和《河道采砂规划编制规程》（SL 423—2008）相关规定执行。地方性法规对河道采砂规划编制、批准权限已有规定的，按地方性法规执行。

在河道采砂规划没有编制完成或批准前，确因防汛抢险、国家重点工程建设等急需应急用砂的，在确保河道及生态安全的前提下，县级以上地方人民政府水行政主管部门可编制河道采砂临时应急方案，方案要求实效，突出针对性、时效性和可操作性，主要包括可采区范围、深度、开采量、作业方式、堆砂场设置、河道修复及现场监管等内容，经上一级水行政主管部门同意，由本级人民政府批准后依法实施。河道采砂临时应急方案规定的开采期不超过 2020 年 6 月 30 日。

三、规范河道采砂管理，推动河道砂石资源有序开采

各地和各流域管理机构应以批准的规划为依据，按照管理权限依法许可河道采砂，按照国务院"简政放权、放管结合、优化服务"要求，优化简化办事流程，提供高效便捷服务。

加强事中事后监管，确保合理有序开采。要充分运用现代技术手段，加强对许可采区的现场监管，推行砂石采运管理单（四联单）等制度，强化砂石开采、运输、销售等各环节全过程监管，探索政府主导的统一经营管理模式。

将河道采砂与河道清淤疏浚、河道综合治理相结合。因地制宜，加大河道疏浚力度，推进疏浚砂综合利用。清淤疏浚、河道综合治理工程涉及开采河道砂石的，应在项目实施方案中明确河砂开采、堆放、处置等方案，相关部门要强化现场监管，确保严格按照实施方案实施。

四、加强组织领导，抓好责任落实

各地和流域管理机构要高度重视河道采砂管理工作，正确处理保护与开发的关系，坚持疏堵结合，要坚决杜绝"一禁了之"，也要防止"一放就乱"。要按照本通知要求，从组织编制河道采砂规划工作入手，立即进行部署，组织快编快审。要建立工作

台账，抓好责任落实，明确时间表、路线图、确保各项任务落实。要以河长制湖长制为抓手，全面落实河道采砂管理责任制，注重发挥好各级河长和相关部门的作用，形成工作合力。通过科学规划、规范许可、有效监管，推动河道砂石合理开发利用，在维护河湖健康生命的同时，有效缓解建筑市场砂石供需矛盾，促进地方经济社会发展。

水利部关于印发《河湖管理监督检查办法（试行）》的通知（2019 年 12 月 26 日　水河湖〔2019〕421 号）

各流域机构，各省、自治区、直辖市河长制办公室、水利（水务）厅（局），新疆生产建设兵团河长制办公室、水利局，各有关单位：

为加强和规范河湖监督检查工作，督促各级河长湖长和河湖管理有关部门履职尽责，依据法律法规及有关规定，我部制定了《河湖管理监督检查办法（试行）》，现予印发，请结合实际认真贯彻落实。

河湖管理监督检查办法（试行）

第一章　总　　则

第一条　为规范河湖监督检查工作，督促各级河长湖长和河湖管理有关部门履职尽责，全面强化河湖管理，持续改善河湖面貌，依据法律法规及有关规定，制定本办法。

第二条　本办法适用于水利部及其流域管理机构组织的河湖管理监督检查。地方各级河长制办公室、水行政主管部门依照法定职责开展河湖管理监督检查时参照执行。

第三条　河湖管理监督检查坚持务实、高效、管用原则，实行分级负责，按照经有关部门批准的年度督查计划依法依规开展。

第四条　水利部负责组织指导全国河湖管理监督检查工作。

水利部河长制湖长制工作领导小组办公室负责统筹协调、具体组织实施全国河湖管理监督检查工作。

流域管理机构根据职责和水利部授权，负责本流域或指定范围内的河湖管理监督检查工作。

地方各级河长制办公室、县级以上地方人民政府水行政主管部门负责组织本行政区域内河湖管理监督检查工作。

第五条　水利部每年组织流域管理机构开展常

规性河湖管理监督检查，对全国 31 个省（自治区、直辖市）的所有设区市实现全覆盖，对除无人区、交通特别不便地区以外的流域面积 1 000 平方公里以上河流、水面面积 1 平方公里以上湖泊实现全覆盖。

关于领导批示办理、群众举报调查、媒体曝光问题调查等专项调查或督查随机安排。

第六条　监督检查单位应当培养一支风过硬、责任心强、业务水平高、专业化、规范化的监督检查队伍。

监督检查单位及其工作人员应当依法依规履行监督检查职责，严格执行中央八项规定精神，严格执行有关回避制度，不得违规透露监督检查相关信息，不得干扰被检查地方和单位的正常工作秩序。

被检查地方和单位有义务接受并配合河湖管理监督检查。

第二章　监督检查内容

第七条　监督检查内容主要包括河湖形象面貌及影响河湖功能的问题、河湖管理情况、河长制湖长制工作情况、河湖问题整改落实情况等。

水利部根据河湖管理及河长制湖长制工作进展情况，确定水利部组织的监督检查年度重点。

第八条　河湖形象面貌及影响河湖功能的问题主要包括乱占、乱采、乱堆、乱建等涉河湖违法违规问题：

（一）"乱占"问题。围垦湖泊；未依法经省级以上人民政府批准围垦河道；非法侵占水域、滩地；种植阻碍行洪的林木及高秆作物。

（二）"乱采"问题。未经许可在河道管理范围内采砂，不按许可要求采砂，在禁采区、禁采期采砂；未经批准在河道管理范围内取土。

（三）"乱堆"问题。河湖管理范围内乱扔乱堆垃圾；倾倒、填埋、贮存、堆放固体废物；弃置、堆放阻碍行洪的物体。

（四）"乱建"问题。水域岸线长期占而不用、多占少用、滥占滥用；未经许可和不按许可要求建设涉河项目；河道管理范围内修建阻碍行洪的建筑物、构筑物。

（五）其他有关问题。未经许可设置排污口；向河湖超标或直接排放污水；在河湖管理范围内清洗装贮过油类或者有毒污染物的车辆、容器；河湖水体出现黑臭现象；其他影响防洪安全、河势稳定及水环境、水生态的问题。

第九条　河湖管理情况主要包括：

（一）河湖管理制度建立及执行情况，主要包括日常巡查维护制度、监督检查制度、涉河建设项目审批管理制度、河道采砂审批管理制度等。

（二）水域岸线保护利用情况，主要包括涉河建设项目审批管理是否规范，涉河建设项目监督检查是否到位。

（三）河道采砂管理情况，主要包括采砂管理责任制是否落实，河道采砂许可是否规范，采砂现场监管是否到位，堆砂场设置是否符合要求。

（四）河湖管理基础工作情况，主要包括河湖管理范围划定、水域岸线保护利用规划、采砂管理规划、河湖管理信息化建设等。

（五）河湖管理保护相关专项行动开展情况，涉河湖违法违规行为执法打击情况。

（六）河湖管理维护及监督检查经费保障情况。

（七）其他河湖管理情况。

第十条 河长制湖长制工作情况主要包括：

（一）河长制湖长制工作年度部署情况。

（二）河长湖长巡河（湖）调研、检查及发现问题处置情况。

（三）河长湖长牵头组织对侵占河道、围垦湖泊、超标排污、非法采砂、破坏航道、电毒炸鱼等突出问题依法进行清理整治情况。

（四）河长湖长协调解决河湖管理保护重大问题情况，明晰跨行政区域河湖管理责任，协调上下游、左右岸实行联防联控机制情况；部门协调联动和社会参与河长制湖长制工作情况。

（五）县级及以上河长湖长组织对相关部门和下一级河长湖长履职情况进行督导考核及激励问责情况。

（六）河长湖长组织体系情况，河长湖长公示牌设立情况；河长制办公室日常管理工作情况，组织、协调、分办、督办等职责落实情况。

（七）出台并落实河长制湖长制政策措施及相关工作制度情况；"一河（湖）一档"建立情况，"一河（湖）一策"编制及实施情况，河长制湖长制管理信息系统建设运行情况。

（八）其他河长制湖长制工作情况。

第十一条 河湖问题整改情况主要包括：

（一）党中央、国务院交办水利部或地方查处的河湖问题整改情况。

（二）水利部或地方党委政府领导批示查处的河湖问题整改情况。

（三）历次监督检查发现的河湖问题整改情况。

（四）媒体曝光的河湖问题整改情况。

（五）公众信访、举报的河湖问题整改情况。

（六）其他涉河湖问题整改情况。

第三章 监督检查方式与程序

第十二条 根据年度监督检查计划组织开展的河湖管理监督检查，主要采取暗访方式。媒体曝光、公众信访举报、上级单位交办、领导批示的河湖突出问题，可以采取暗访与明查相结合的方式开展专项调查、检查、督查等。

暗访应当采取"四不两直"方式开展，即检查前不发通知、不向被检查地方和单位告知行动路线、不要求被检查地方和单位陪同、不要求被检查地方和单位汇报，直赴现场、直接接触一线工作人员。

第十三条 河湖管理监督检查按照"查、认、改、罚"四个环节开展，实行闭环管理，主要工作流程如下：

（一）查。实地查看河湖面貌，拨打监督电话，查阅档案资料，问询河长湖长和相关工作人员，走访群众，填写检查记录，留取影像资料。充分运用卫星遥感、无人机无人船、视频监控等科技手段，提高监督检查效率和成果质量。

（二）认。监督检查结束后，监督检查单位应当及时通过河长制督查系统向被检查地方反馈发现问题情况，被检查地方对疑似问题作进一步调查核实，对认定结果有异议的，可提交佐证材料，由省级水行政主管部门在10个工作日内向监督检查单位申请复核。

（三）改。对确认为违法违规的问题，被检查地方按照整改标准和时限要求，及时组织对问题进行整改，按时报送整改结果。

（四）罚。有关地方依法依规对违法违规单位和个人给予处罚，对相关责任单位和责任人进行责任追究。

第十四条 监督检查单位应当制定监督检查工作方案，明确监督检查的目标、任务、范围、方法等；对监督检查人员进行相关政策、法律法规、技术标准、安全知识、纪律要求培训；及时保存监督检查中产生的文字、图片、影像等资料。

监督检查工作完成后，监督检查单位应当按要求及时向监督检查组织部门提交监督检查报告。

第四章 问题分类及处理

第十五条 河湖管理监督检查发现的问题，按照严重程度分为重大问题、较严重问题和一般问题。河湖管理监督检查发现问题严重程度分类表见附件1。

监督检查单位按前款规定对发现问题的严重程度进行初步认定。本办法未作出规定的，由监督检查单位根据实际情况依法依规对问题严重程度进行认定。

第十六条 水利部组织的常规性河湖管理监督检查发现的问题全部上传水利部河长制督查系统（http：//yymh.mwr.gov.cn），经有关各方核实认定后，按分类要求形成问题台账。

第十七条 水利部组织的常规性河湖管理监督检查，一般问题由监督检查单位通过河长制督查系统反馈问题清单，提示按时限要求组织整改。

能够立行立改的问题可现场反馈，同时上传至河长制督查系统。

第十八条 水利部组织的常规性河湖管理监督检查，较严重问题由实施检查的流域管理机构印发"一省一单"，及时向省级河长制办公室、水行政主管部门通报（通报内容应当载明问题所在河湖分级分段河长湖长），要求限期组织整改。

第十九条 水利部组织的常规性河湖管理监督检查，重大问题由水利部向有关地方发函，通报问题情况（通报内容应当载明问题所在河湖分级分段河长湖长），提出整改要求，抄送问题所在河湖最高层级河长湖长，并予以挂牌督办。

第二十条 被检查地方收到问题反馈或通报后，应及时组织对问题进行整改。能立行立改的问题要立即整改；不能按期完成整改的问题，要制定切实可行的整改计划，并按计划整改到位。

第二十一条 问题整改到位后，被检查地方应当及时上报整改结果。水利部组织的常规性河湖管理监督检查，一般问题，由省级河长制办公室或水行政主管部门通过河长制督查系统及时反馈整改结果；重大或较严重问题，应按整改通知要求，以正式文件向水利部或有关流域管理机构上报整改结果。

第二十二条 监督检查组织部门、监督检查单位收到整改结果反馈后，应及时组织进行核实，对于确已整改到位的问题予以销号；对于尚未整改到位的问题，责成相关地方继续整改。

第二十三条 水利部实行河湖管理监督检查年度通报制度。每年第一季度，在水利部网站和官方微信公众号通报上一年度全国河湖管理监督检查及问题整改情况。

第五章 责 任 追 究

第二十四条 责任追究对象主要包括涉河湖违法违规单位、组织和个人，河长、湖长，河湖所在地各级有关行业主管部门、河长制办公室、有关管理单位及其工作人员。

第二十五条 责任追究主体及方式：

（一）责令整改。由监督检查组织部门或监督检查单位按照第十七条、第十八条、第十九条规定责令被检查地方组织整改。

（二）警示约谈。对于河湖重大问题多、问题整改不力或整改不到位、较严重及以上问题反复出现的，由监督检查组织部门或委托相关单位约谈相关地方河长湖长、河长制办公室负责人、水行政主管部门负责人。

（三）通报批评。对于社会影响较大、性质恶劣的重大问题，由监督检查组织部门在一定范围内进行通报批评。

河湖管理监督检查发现问题责任追究分类见附件2、附件3。

第二十六条 被检查地方按照管理权限依法依规对涉河湖违法违规单位、组织和个人进行行政处罚，并追究责任。追究违法违规单位和组织的领导责任人、直接责任人的责任主要包括通报批评、停职、调整岗位、党纪政纪处分或解除劳动合同等。

针对河湖重大问题多、问题整改不力或整改不到位、较严重及以上问题反复出现的，监督检查组织部门或监督检查单位建议有关地方按照管理权限依法依规追究相关河长湖长，河长制办公室、有关行业主管部门、管理单位及其工作人员的管理责任。

第二十七条 受到警示约谈、通报批评的，由监督检查组织部门在其官方网站或微信公众号公示不少于1个月。

第二十八条 监督检查人员有违规违纪行为的，按照有关规定予以处理。

第六章 附 则

第二十九条 各地可结合本地实际，制定河湖管理监督检查的具体办法或实施细则。

第三十条 本办法由水利部负责解释。

第三十一条 本办法自印发之日起实施。

水利部办公厅印发《关于进一步强化河长湖长履职尽责的指导意见》的通知（2019年12月27日 办河湖〔2019〕267号）

各省、自治区、直辖市河长制办公室、水利（水务）厅（局），各流域管理机构：

为进一步强化河长湖长履职尽责，推动河长制湖长制尽快从"有名"向"有实"转变，促进河湖治理体系和治理能力现代化，持续改善河湖面貌，让河湖造福人民，水利部研究制定了《关于进一步强化河长湖长履职尽责的指导意见》，现印发给你们，请结合实际认真贯彻落实。

关于进一步强化河长湖长履职尽责的指导意见

为深入贯彻党的十九大和十九届二中、三中、四中全会精神，全面落实习近平总书记在黄河流域生态保护和高质量发展座谈会上的讲话精神，完善河长制湖长制组织体系，推动河长制湖长制从"有名"向"有实"转变，促进河湖治理体系和治理能力现代化，让每个河湖都成为造福人民的幸福河湖，根据中共中央办公厅、国务院办公厅《关于全面推行河长制的意见》《关于在湖泊实施湖长制的指导意见》精神，现就进一步强化河长湖长履职尽责提出如下意见。

一、充分认识河长湖长履职尽责对河长制湖长制落地见效的重要性

全面推行河长制湖长制，是以习近平同志为核心的党中央从加快推进生态文明建设、实现中华民族永续发展的战略高度作出的重大决策部署，是促进河湖治理体系和治理能力现代化的重大制度创新，是维护河湖健康生命、保障国家水安全的重要制度保障，也是党中央、国务院赋予各级河长湖长的光荣使命。

2018年年底前，全国江河湖泊已全面建立河长制湖长制，河长湖长体系全面形成，实现了河长制湖长制"有名"。推动河长制湖长制从"有名"向"有实"转变，促进河湖治理体系和治理能力现代化，持续改善河湖面貌和水生态环境，不断增强人民群众的获得感、幸福感和安全感，是当前及今后一段时期重要而艰巨的任务，需要各地各部门凝心聚力、攻坚克难、持续发力、久久为功。

河长制湖长制能否实现从"有名"向"有实"转变，能否真正落地见效，河长湖长履职担当是关键。各级河长湖长是河湖管理保护工作的领导者、决策者、组织者、推动者，要积极践行习近平生态文明思想，坚决贯彻党中央、国务院全面推行河长制湖长制决策部署，增强政治自觉和行动自觉，主动作为、担当尽责，当好河湖管理保护的"领队"，做到守河有责、守河担责、守河尽责。

二、明确各级河长湖长职责，解决好"干什么"的问题

根据中央要求，各级河长湖长负责组织领导相应河湖的水资源保护、水域岸线管理、水污染防治、水环境治理等工作；牵头组织对侵占河道、围垦湖泊、超标排污、非法采砂、破坏航道、"电毒炸"鱼等突出问题依法进行清理整治；协调解决河湖管理

保护中的重大问题，协调上下游、左右岸，对跨行政区域的河湖明晰管理责任，组织实施联防联控；对河湖管理保护工作相关部门和下一级河长湖长履职情况进行督导；对目标任务完成情况进行考核，强化激励问责。各级河长湖长在履行职责时可结合实际有所侧重。

（一）省级河长湖长。各省（自治区、直辖市）总河长对本行政区域内的河湖管理和保护负总责，统筹部署、协调、督促、考核本行政区域内河湖管理保护工作。省级河长湖长主要负责组织开展河湖突出问题专项整治，协调解决责任河湖管理和保护的重大问题，审定并组织实施责任河湖"一河（湖）一策"方案，协调明确跨行政区域河湖的管理和保护责任，推动建立区域间、部门间协调联动机制，对省级相关部门和下一级河长湖长履职情况及年度任务完成情况进行督导考核。

（二）市、县级河长湖长。市（州）、县（区）总河长对本行政区域内的河湖管理和保护负总责。市、县级河长湖长主要负责落实上级河长湖长部署的工作；对责任河湖进行日常巡查，及时组织问题整改；审定并组织实施责任河湖"一河（湖）一策"方案，组织开展责任河湖专项治理工作和专项整治行动；协调和督促相关主管部门制定、实施责任河湖管理保护和治理规划，协调解决规划落实中的重大问题；督促制定本级河长制湖长制组成部门责任清单，推动建立区域间部门间协调联动机制；督促下一级河长湖长及本级相关部门处理和解决责任河湖出现的问题、依法查处相关违法行为，对其履职情况和年度任务完成情况进行督导考核。

（三）乡级河长湖长。乡级河长湖长主要负责落实上级河长湖长交办的工作，落实责任河湖治理和保护的具体任务；对责任河湖进行日常巡查，对巡查发现的问题组织整改；对需要由上一级河长湖长或相关部门解决的问题及时向上一级河长湖长报告。

各地因地制宜设立的村级河长湖长，主要负责在村（居）民中开展河湖保护宣传，组织订立河湖保护的村规民约，对相应河湖进行日常巡查，对发现的涉河湖违法违规行为进行劝阻、制止，能解决的及时解决，不能解决的及时向相关上一级河长湖长或部门报告，配合相关部门现场执法和涉河湖纠纷调查处理（协查）等。

三、落实属地责任和部门责任，解决好"谁来干"的问题

河长制湖长制的核心是责任制，是以党政领导特别是主要领导负责制为主的河湖管理保护责任体系。河长制湖长制是加强河湖管理保护的工作平台，

不打破现行管理体制、不改变党政领导和部门职责分工。各地要切实落实河长湖长属地管理责任和相关部门责任，形成党政负责、水利牵头、部门协同、一级抓一级、层层抓落实的工作格局。

（一）河长湖长。总河长是本行政区域内河湖管理保护的第一责任人。湖泊最高层级湖长是所负责湖泊的第一责任人。各级河长湖长是责任河湖管理保护的直接责任人，要切实履职尽责。河长湖长工作岗位发生变化的，要做好工作衔接。同级河长制办公室要在继任河长湖长到岗后，及时更新河长公示牌相关信息，省级河长湖长变化情况报水利部备案，其他河长湖长变化情况报上一级河长制办公室备案，并在全国河长制湖长制信息管理系统中对相应河长湖长进行调整。

（二）河长制湖长制组成部门。各级河长制办公室要加强组织协调，督促河长制湖长制组成部门在河长湖长的统一指挥下，按照职责分工，各司其职，各负其责，齐抓共管，形成河湖管理保护合力。各级河湖主管机关要主动落实河湖管理主体责任，认真履行法律法规赋予的职责。

（三）河长制办公室。各级河长制办公室或河长湖长联系部门负责落实河长湖长确定的事项，做好河长湖长的参谋助手。河长制办公室要充分发挥组织、协调、分办、督办作用，牵头组织编制并督促实施"一河（湖）一策"方案，组织制定相关管理制度，组织开展宣传培训；对同级河长湖长交办事项及公众举报投诉事项进行分办、督办，对同级河长湖长在河湖巡查中发现的问题，督促相关部门或下一级河长湖长及时查处；具体承担对河长制湖长制落实情况的监督和考核。

（四）流域管理机构。流域管理机构要充分发挥协调、指导、监督、监测作用，与流域内各省（自治区、直辖市）建立沟通协商机制，搭建跨区域协作平台，研究协调河长制湖长制工作中的重大问题，开展区域联防联控、联合执法等，为各省（自治区、直辖市）总河长提供参考建议；按照水利部授权或有关要求，对有关地方河长制湖长制任务落实情况进行暗访督查并跟踪督促问题的整改落实；按照职责开展流域控制断面特别是省界断面的水量、水质监测评价，并将监测结果及时通报有关地方。

四、创新履职方式和工作方法，解决好"怎么干"的问题

各地要结合本地实际，在已有工作基础上，坚持务实、高效、管用原则，深入研究河长制湖长制工作规律，创新履职方式，增强工作实效，把河长湖长各项职责落到实处。

（一）探索有效工作方法

1.协调解决重大问题。各级河长湖长对所负责河湖要经常开展巡查，坚持问题导向和目标导向，掌握河湖管理状况，及时发现存在问题，协调解决影响河湖健康的突出问题。乡、村级河长湖长巡查河湖的重点是发现问题、解决问题，对于难以解决的问题，要及时向上一级河长湖长或相关部门报告。

2.实施"一河（湖）一策"。按照"一河（湖）一策"方案确定的问题清单、目标清单、任务清单、措施清单、责任清单，结合本地实际和阶段工作重点，确定河湖管理保护和治理的年度任务，组织相关地方和部门逐项落实。

3.组织专项整治。针对责任河湖存在的非法围垦、侵占河湖水域岸线和非法取水、排污、设障、捕捞、养殖、采砂、取土等突出问题，要组织专项整治或联合执法，集中力量在短期内予以解决；对于其他短期内难以解决的问题，要以钉钉子精神，按照轻重缓急，持续推进，逐个解决。

4.开展监督检查。各地要完善务实高效管用的督查制度，采取明查暗访相结合、以暗访为主的方式，开展常态化监督检查，及时掌握下级河长湖长和相关部门履职情况及河湖管护成效，跟踪督促问题整改。要充分借助党委督查、政府督查、纪检监察、人大政协监督等力量，开展专项督查或联合检查。要畅通公众反映问题渠道，建立有奖举报机制，调动社会公众监督积极性。要强化问题整改，并举一反三，采取有效措施，杜绝问题反弹。

5.严格考核奖惩。考核问责是压实责任的关键措施。各地要严格实施县级及以上河长湖长对下一级河长湖长的考核，将考核结果作为地方党政领导干部综合考核评价的重要依据。对于履职不力、不作为、慢作为、乱作为、河湖问题长期得不到解决的，要严肃追究相关河长湖长和部门责任；对于主动担当、履职尽责、全面推行河长制湖长制任务落实好、河湖管理保护成绩突出的地区和优秀河长湖长、相关部门及其工作人员，各地可结合实际按规定予以表彰或奖励。

（二）完善务实工作机制

1.河长湖长会议制度。主持召开河长湖长会议，贯彻落实上级河长湖长工作要求，协调解决重大问题，部署年度工作任务、"一河（湖）一策"实施、督查考核等重要事项。在部署河湖管理保护工作、发布重要文件或处置涉河湖突发事件时，县级及以上河长湖长可以通过签发意见、文件、法规或下达河长令等方式，将指令传达到同级相关部门和下级河长湖长。

2. 督办单制度。对上级督查检查、河长湖长河湖巡查调研、群众举报、媒体曝光等发现的问题，可以通过督办单、交办单、提示单、派工单等"一事一办"方式，交相关部门或下一级河长湖长办理，交办时要明确整改要求和完成时限等。

3. 河湖联防联控机制。跨行政区域河湖的协调衔接，河流下游要主动对接上游，左岸主动对接右岸，湖泊占有水域面积大的主动对接水域面积小的，在满足流域综合规划要求的前提下，协调明确河湖管护任务、工作进度、标准等。结合河湖实际，可探索建立相邻行政区域间的联合会商机制，提倡每位河长湖长"多走一公里"，设立联合河长湖长，统筹河湖管理保护目标，通过开展联合巡河、联合保洁、联合治理、联合执法、联合水质监测等，协同落实跨界河湖管理保护措施。

4. 突发事件应急处置机制。各级河长湖长对于所负责河湖发生的水资源、水环境、水生态等突发事件，要及时了解和掌握，督促有关部门及时处置，跟踪处置情况，并及时报告上一级河长湖长。

5. 河长湖长述职制度。各级河长湖长履职情况可纳入干部年度考核述职内容。各地可对河长湖长述职作出规定，述职内容应当包括所负责河湖的年度目标任务完成情况、个人履职情况等。上一级河长湖长应当对下一级河长湖长履职情况进行点评。河长湖长述职情况应在一定范围公开，接受监督。

五、强化考核和责任追究，解决好"干不好怎么办"的问题

各地要严格执行《党政领导干部考核工作条例》《中国共产党问责条例》，按照水利部《河湖管理监督检查办法》和本行政区域河长制湖长制考核问责制度，采取提醒、警示约谈、通报批评等方式，严格考核和责任追究，压实各级河长湖长和有关部门责任。

（一）提醒。对于未认真履行工作职责，河长制湖长制年度工作任务滞后，对群众反映强烈的突出问题处置不及时的河长湖长和相关部门，由上级河长湖长或河长制办公室进行提醒告知，提醒对象应在 15 个工作日内书面反馈整改落实情况。

（二）警示约谈。对于经提醒仍未整改、问题整改不力或整改不到位、问题反复出现的，年度考核等次为不合格或履行职责不力、未完成年度工作目标任务的，存在工作失误、区域内河湖发生重大水安全事故的，由上级河长湖长、河长制办公室或监督检查部门对相关地方河长湖长、河长制办公室负责人、主管部门负责人进行约谈。约谈可单独实施，也可邀请相关部门、纪检监察机关共同实施。

约谈对象应在 15 个工作日内书面反馈整改落实情况。

（三）通报批评。对于河长制湖长制工作严重滞后的，河长湖长履职严重不到位的，存在问题经提醒、警示约谈后仍未明显整改的，区域内河湖发生性质恶劣重大问题的，在督查考核等工作中发现存在瞒报、谎报行为的，由上级河长制办公室报同级河长湖长审定后，对有关地方河长湖长、河长制办公室负责人、主管部门负责人，在一定范围内进行通报。水利部组织的监督检查中发现的问题，由水利部或流域管理机构通报，通报对象应在 15 个工作日内书面反馈整改落实情况。警示约谈及通报批评情况，纳入河长制湖长制工作年度考核。

（四）提请问责。水利部将组织实施全国河湖管理监督检查，责令有关地方对涉河湖违法违规单位、组织和个人依法处理，提请有关地方对不作为、虚假作为的河长湖长以及有关部门、河长制办公室、有关管理单位及其工作人员进行问责。各级河长制办公室要与同级纪委监委建立问责交办机制，对于河湖重大问题多、问题整改不力或整改不到位的相应河长湖长和有关部门，按照有关规定，及时移交问题线索，由纪委监委依规依纪处理。

水利部办公厅关于深入推进河湖"清四乱"常态化规范化的通知（2020 年 3 月 4 日 办河湖〔2020〕35 号）

各流域管理机构，各省、自治区、直辖市河长制办公室、水利（水务）厅（局），新疆生产建设兵团水利局，各有关单位：

河湖"清四乱"是推动河长制湖长制"有名""有实"的第一抓手，是水利行业强监管的标志性工作。为深入推进河湖"清四乱"常态化、规范化，持续改善河湖面貌，现将有关要求明确如下。

一、进一步提高思想认识

2018 年 7 月以来，在各地的共同努力下，全国河湖"清四乱"专项行动圆满完成既定目标任务，集中清理整治取得明显成效。但我国河湖众多，侵占河湖、破坏生态等问题由来已久、积弊深重，"清四乱"任务仍然艰巨繁重。今后一段时期，是河长制湖长制实现"有名""有实"的关键期，也是建设美丽河湖、打造幸福河的攻坚期，地方各级河长制办公室、水行政主管部门以及各流域管理机构要坚持以习近平新时代中国特色社会主义思想为指导，全面贯彻党的十九大和十九届二中、三中、四中全会精神，深入落实"节水优先、空间均衡、系统治理、两手发力"的治水思路以及习近平总书记关于长江大保护、黄河流域生态保护和高质量发展的重要讲话精神，坚定不移践行水利改革发展总基调，以持之以恒、久久为功的战略定力，以造福人民、舍我其谁的责任担当，按照务实、高效、管用的原则，深入推进"清四乱"常态化、规范化，努力让每条河流都成为造福人民的幸福河。

二、落实属地责任

地方各级河长制办公室、水行政主管部门要将"清四乱"作为河长制湖长制的重要任务和河湖管理的日常工作，坚持省负总责、市县落实、水利牵头、部门协同，全面落实属地管理责任。中央直管河湖"清四乱"纳入属地职责范围，有关流域管理机构要主动配合地方做好清理整治工作。

各省级河长制办公室、水行政主管部门要提请省级河长湖长加强对"清四乱"工作的组织领导和安排部署，并指导市县将"清四乱"任务压实到每一位河长湖长、落实到每一级河长制办公室和水行政主管部门，形成层层抓落实的责任体系。地方各级河长制办公室、水行政主管部门要在当地人民政府领导下，在河长、湖长组织下，切实履职尽责，加强组织协调、强化跟踪督查、严格考核问责，积极协调有关部门共同推进，以更坚决的态度、更大的工作力度，确保"清四乱"取得实效。

三、深入自查自纠

各省级河长制办公室、水行政主管部门要组织市县深入开展自查自纠，坚决遏增量、清存量。"清四乱"整治范围由大江大河大湖向中小河流、农村河湖延伸，实现河湖全覆盖（无人区除外）。对于大江大河大湖，要突出整治涉河违建、非法围河围湖、非法堆弃和填埋固体废物等重大违法违规问题，要将长江、黄河、大运河等流域以及华北地下水超采区作为自查自纠的重中之重；农村河湖要围绕乡村振兴战略，着力解决垃圾乱堆乱放、违法私搭乱建房屋、违法种植养殖问题，推进农村人居环境改善。

地方各级河长制办公室、水行政主管部门要综合运用实地核查、日常巡查、遥感监测、群众举报等多种手段，全覆盖、拉网式全面排查"四乱"问题，不留空白、不留死角，不得发现问题隐瞒不报。要落实河湖管理单位和人员，完善巡河员队伍，加强河湖日常巡查，建立巡查日志，实行"四乱"问题定期报告制度。要积极组织水管单位结合工程管护开展河湖管护巡查，水管单位发现"四乱"问题要立即制止，并及时上报水行政主管部门。要建立问题台账跟踪督

办，其中，涉河违建、非法围河围湖等重大违法违规问题要逐项制定清单，并注明问题发生的时间。

2020年8月底前为各地自查自纠阶段。7月起，请各省级水行政主管部门在每月5日前将"四乱"问题台账报送水利部备核。

四、确保立行立改

地方各级河长制办公室、水行政主管部门要以更大的力度清理整治"四乱"问题，按要求扎实推进以往年度延期整改问题清理整治，加快完成以往暗访督查发现问题清理整治。对新发现问题、媒体曝光问题和群众举报问题，发现一处、整治一处，切实做到应改尽改、能改速改、立行立改，做到"四乱"问题动态清零。对于确实难以在当年年底前完成清理整治的历史遗留问题、重大问题，经省级河长湖长或省级人民政府同意后，可延期整改，但要明确整改措施、进度要求和责任单位、责任人。

地方各级河长制办公室、水行政主管部门以及各流域管理机构要严格管控新出现河湖"四乱"问题，坚决管住新增涉河违建、非法围河围湖等重大违法违规问题，防止已整治问题反弹、同类问题在同一河段（湖片）反复出现。对于乱堆乱扔垃圾、偷采盗采河砂等问题，做到及时发现、及时制止、及时处置。

五、不断规范管理

地方各级河长制办公室、水行政主管部门要依据《中华人民共和国水法》《中华人民共和国防洪法》《中华人民共和国河道管理条例》等法律法规，结合实际，进一步完善"四乱"问题清理整治标准，避免自由裁量权过大和随意性，提高针对性和可操作性。对于《中华人民共和国河道管理条例》施行前在河道管理范围内建设的项目、围河围湖的，也要逐项梳理，充分论证对防洪安全的影响，其中，对防洪有明显影响的，要依法依规消除不利影响；对防洪没有影响的，可统筹安排，结合城乡综合治理有计划地清理整治。对于河道内永久基本农田，要按照《自然资源部 农业农村部关于加强和改进永久基本农田保护工作的通知》（自然资规〔2019〕1号）要求，组织有序调整退出，一时难以退出的，要依法依规规范种植行为，确保防洪安全。

地方各级河长制办公室、水行政主管部门要依法依规开展清理整治，对违法违规、历史遗留、涉及群众生计等问题，区分问题性质、违法情况、破坏程度、发生时间、责任主体等分类制定清理整治意见，避免简单化、"一刀切"。同时，要根据违法违规情况，区分市场主体违法和地方政府部门违规审批。对违法违规问题，必须坚决整治到位，

严禁通过缩小河湖管理范围、制定政策"宽松软"、弄虚作假等手段规避整改。对历史遗留等情况复杂问题，要注重方式方法、科学处置、稳妥解决，维护社会稳定。

地方各级水行政主管部门、各流域管理机构要严格河道管理范围内建设项目和活动许可、监管，不符合法律法规规定、不符合岸线管控要求的一律不得许可，严防新出现未批先建、批建不符等问题。对于光伏电站、以风雨廊桥名义在桥上加盖房屋建筑和商铺等问题，要立足于从严保护河湖生态空间，不得以涉河建设项目许可一批了之。涉及违法违规审批、越权审批的有关责任单位和责任人，要依法依规严肃追责问责。

六、加强监督检查

各省级河长制办公室、水行政主管部门负责组织对本行政区域内河湖进行暗访督查，并指导市县全面开展暗访督查工作，建立上下联动的河湖暗访督查体系。要加强对市县的抽查复核，省级抽查比例不低于每年台账内问题总数的 30%，并覆盖全部市县（无人区、交通极为不便地区除外），其中，对涉河违建、非法围河围湖等重大违法违规问题清理整治要逐项复核销号。对抽查发现的整改不到位、虚假整改等问题，要紧盯及时整改到位。同时，各地要畅通信息渠道，通过举报电话、App、随手拍、电视问政等方式广泛接受社会监督。

水利部将继续加大面上督查、靶向式督查、卫星遥感监测力度，并借鉴巡视的做法，选取若干重点流域或区域开展进驻式专项督查，指导地方做好清理整治工作。对于各地正在自查自纠的河湖，水利部暗访督查发现的"四乱"问题，指导地方纳入台账管理。同时，结合暗访督查对各地"四乱"问题是否整改到位进行抽查，视情况选取重点区域、重要河湖实行全覆盖核查。

2020 年，对于"清四乱"专项行动中延期整改、整改不到位的问题，各省级河长制办公室、水行政主管部门要逐项复核销号，流域管理机构全覆盖抽查检查，确保按照整改方案清理整治到位。

七、明确激励问责

地方各级河长制办公室、水行政主管部门以及各流域管理机构要加强"清四乱"工作的激励问责，对于真抓实干、敢于动真碰硬、"清四乱"成效突出的有关单位和人员，要积极予以表扬或奖励。对于"四乱"问题长期得不到解决、重大问题隐瞒不报、清理整治弄虚作假的，要对有关责任单位和责任人严肃追责问责。对于 2019 年 1 月 1 日以后新出现涉河违建、非法围河围湖等重大违法违规问题的，要

按"顶风违建"予以处置，既处理事又处理人。对地方已完成自查自纠河湖，水利部暗访督查、媒体曝光、群众举报仍发现有台账外重大"四乱"问题的，要对问题隐瞒不报、整改不力、弄虚作假的责任单位和责任人进行追责问责。暗访督查情况作为中央层面对地方进行有关考评激励的重要内容。

八、夯实基础工作

地方各级河长制办公室、水行政主管部门以及各流域管理机构要加快划定河湖管理范围，2020 年年底前基本完成第一次全国水利普查名录内河湖（无人区的除外）划界工作，并由县级以上地方人民政府公告。按照《水利部办公厅关于印发河湖岸线保护与利用规划编制指南（试行）的通知》（办河湖函〔2019〕394 号）要求，加快编制河湖岸线保护与利用规划，其中，各省级水行政主管部门要力争在 2020 年年底前基本编制完成省级领导担任河长湖长的重要河湖岸线保护利用规划并按程序审批，2021 年年底前基本编制完成其他重要河湖岸线保护与利用规划。水利部将组织对各地河湖管理范围划定成果、岸线规划成果进行抽查检查。

九、推进智慧河湖监管

地方各级河长制办公室、水行政主管部门以及各流域管理机构要将信息化建设作为重要任务、纳入重要日程，充分利用卫星遥感、视频监控、无人机、App 等技术手段加强河湖管护，提高河湖监管的信息化、现代化水平。各省级水行政主管部门要利用全国"水利一张图"及河湖遥感本底数据库，及时将河湖管理范围划定成果、岸线规划分区成果、涉河建设项目位置信息上图，实现动态监管。

十、深入调查研究

地方各级河长制办公室、水行政主管部门以及各流域管理机构要全面梳理"清四乱"工作中的难点问题、共性问题、深层次问题，积极收集需要拿捏和研究的政策问题，密切关注社会和群众反映强烈的突出问题，认真研究，提出治标治本、管长远的对策措施，深入推进"清四乱"常态化规范化。同时，要注重收集清理整治的好经验好做法和典型案例，积极宣传推广。对于重大政策问题、典型案例，请及时报送水利部。

水利部办公厅关于组织开展黄河流域河道采砂专项整治的通知（2020 年 3 月 27 日　办河湖函〔2020〕202 号）

水利部黄河水利委员会，青海、四川、甘肃、宁夏、内蒙古、山西、陕西、河南、山东省（自治区）河

长制办公室、水利厅：

为深入贯彻落实习近平总书记在黄河流域生态保护和高质量发展座谈会上的重要讲话精神，进一步加强黄河流域河道采砂管理，规范河道采砂秩序，切实维护黄河流域河道安全，经研究，水利部决定组织开展黄河流域河道采砂专项整治。现将有关事项通知如下：

一、工作目标

以习近平生态文明思想为指导，按照黄河流域"共同抓好大保护，协同推进大治理"的总体要求，认真践行水利改革发展总基调，坚持惩防并举、疏堵结合、标本兼治，严厉打击非法采砂行为，坚决遏制流域内非法采砂乱象；规范合法采砂行为，提升河道采砂管理水平，确保流域内河道砂石有序开采；逐河段落实采砂管理责任，推动建立完善河道采砂管理长效机制，促进黄河采砂科学规范、有序可控，切实保障黄河河势稳定、防洪安全、供水安全、基础设施安全和生态安全。

二、整治范围

黄河干流，湟水、洮河、祖厉河、大黑河、窟野河、无定河、汾河、渭河、伊洛河、沁河、大汶河等重要支流。

黄河流域其他河道采砂整治，由流域各省（自治区）水行政主管部门参照本文件精神组织开展。

三、组织实施

按照中央全面推行河长制湖长制要求和属地管理原则，本次专项整治由水利部统筹指导、黄河水利委员会组织协调，省负总责、市县具体抓落实。各省（自治区）县级以上河长制办公室要主动提请各级河长牵头组织对本行政区域、责任河段非法采砂进行清理整治，协调解决重大问题，主动指导督促有关部门和下级河长履职尽责。县级以上水行政主管部门在本级政府的统一领导下，会同有关部门具体负责组织开展黄河流域河道采砂专项整治。流域管理机构直管河道采砂专项整治纳入属地职责范围，黄河水利委员会要加强协调、主动配合地方做好整治工作。水利部适时组织河湖保护中心等单位开展督导检查和重点抽查。

四、工作安排

黄河干流和重要支流有采砂管理任务的河道，要逐河段全面落实采砂管理县级以上河长、水行政主管部门、现场监管和行政执法4个责任人。各河段责任人名单经市级河长办签章后，由各省（自治区）水行政主管部门汇总并于4月20日前报黄河水利委员会，抄报水利部。黄河干流托克托至入海口，沁河紫柏滩至入黄口，大汶河戴村坝至东平湖入湖口，洛河故县水库库区及东平湖老湖区的河道采砂

管理4个责任人，由黄河水利委员会商地方予以明确，其中黄河干流晋陕峡谷段除地方责任人外，黄河水利委员会应逐段明确流域管理机构责任人。

以县为单元组织开展拉网式排查，所有河段、所有许可采区全覆盖，查清采砂管理现状和存在的问题，建立台账，实行销号制度。

一是查责任制落实情况。是否落实并公布黄河干流和重要支流采砂管理4个责任人名单，是否层层建立责任制和责任追究制，汇总采砂管理责任追究情况。

二是查规划编制、审批和执行情况。是否编制河道采砂规划，采砂规划的编制、审批是否合规。是否公告禁采区、禁采期。是否制定年度实施方案（计划）。汇总已批规划、年度实施方案（计划）、开采控制总量等情况，形成规划台账（见附件1，略）。

三是查采砂许可情况。是否以批准的规划为依据进行许可。采取什么方式许可。许可程序是否合法规范。汇总每个许可采区的位置、范围、深度、期限、许可总量和实际开采量等，形成许可台账（见附件2，略）。

四是查许可采区监管情况。采砂现场是否设立许可采砂场名称、开采方式、开采指标等明显标志。如何实施现场监管。是否落实现场监管人员。现场是否有计重计量措施、是否采取信息化等手段实施监控。许可的采砂船（挖掘机械）是否具有有效证件。采砂业主是否按许可要求进行采砂作业，是否存在超范围、超深度、超船数、超期限、超许可量等行为。是否按规定平整修复河道。

五是查违法违规采砂情况。是否定期开展日常巡查，巡查频次是多少。如何强化重点河段、敏感水域采砂管理。查清河道内采砂船、挖掘机械、运砂车辆数量。是否落实采砂船及机具管理措施。河道内是否存在非法堆砂、筛砂、洗砂和无证偷采盗采等问题。

按照自查自纠、边查边改的要求，完善河道违法违规采砂问题"查、认、改、罚"查处机制，确保河道违法违规采砂问题能够及时发现、准确认定、迅速整改、严肃问责。建立排查问题查处台账，实行销号管理，对违法违规采砂问题发现一起、查处一起、整改一起、销号一起。

对无证采砂、不按许可要求采砂等违法违规采砂行为，要组织有关部门坚决予以查处，依法采取行政处罚措施。及时移交问题线索，推进采砂入刑实践，落实好河道非法采砂中的扫黑除恶各项工作。对于禁采期、禁采区非法盗采行为从严从重予以查处。

对于许可采砂，要在采砂现场设置标识牌，载明河道采砂许可证相关事项，在采砂船（挖掘机械）明显位置悬挂采砂许可证副本。对于违法违规采砂问题严重的许可采区业主，依法吊销采砂许可证。

对未经批准擅自在河道管理范围内筛砂、洗砂、堆砂的，依法予以查处，责令停止违法行为，限期整改。对历史遗留砂坑、被破坏河床和河岸护坡（岸坡）进行整治、修复。对河道管理范围内严重影响环境、损害群众利益的违法违规砂石堆放、转运、销售场所，依法依规采取相应整治措施，并依法追究当事人责任。

全面自查和整改整治工作实行月报告制度。请各省（自治区）水行政主管部门于6月5日前将规划、许可、问题查处台账及专项整治情况汇总表报黄河水利委员会，抄报水利部。规划、许可、问题查处台账及汇总表实行动态更新、清单式管理，自6月起每月5日前报送。

对于黄河干流晋陕峡谷段等违法违规采砂活动易发多发河段，山西省、陕西省河长制办公室、水行政主管部门要以问题为导向，突出重点，组织开展专项打击和清理整治，并进行全过程跟踪检查、核查。对于未取得采砂许可的采砂船，结合实际依法采取严格管控措施，原则上不得在河道内滞留，坚决防止偷采盗采。对于许可采区，要落实责任人，强化现场管理措施，确保河道采砂依法规范有序。黄河水利委员会要加强指导，组织经常性检查，覆盖该河段所有县（市）的巡查检查每月不少于1次，视情况适时组织两省开展集中打击、联合执法行动，相关情况及时报告水利部。水利部将组织重点抽查、核查。

坚持清理整治与规范管理相结合，按照务实、高效、管用要求，在责任制落实、规范化管理等方面研究制定相关制度，推动建立黄河河道采砂管理长效机制。

一是完善河道采砂管理责任体系。按照全面推行河长制湖长制要求，对辖区内有采砂管理任务的河道逐河段落实河长、水行政主管部门、现场监管和行政执法责任人，建立健全河长统一领导、水利部门牵头、有关部门各司其职、社会各界共同参与的河道采砂管理联动机制。

二是强化规划许可管理。黄河流域有采砂管理任务的河道要实现采砂规划全覆盖。以规划为依据，采取招标等公平竞争的方式依法开展采砂许可。加强事中事后监管，落实现场管理责任人、日常监管措施及河道修复方案。积极推行统一开采管理模式，实行规模化、集约化、规范化开采。推进河道采砂

与河道治理相结合。鼓励河道疏浚砂综合利用。

三是强化日常监管。建立完善日常巡查监管制度。充分运用实时监控、卫星定位、无人机等信息化手段，提升监管效能。建立进出场计重计量、监控、登记等制度，加强许可采区现场监管。深化部门、区域联防联控机制，建立联合检查、联合执法、案件移交等制度，完善行政执法与刑事司法衔接机制。强化源头管控，根据年度采砂控制量合理确定采砂船数量，加强采砂船禁采期管理。

请各省（自治区）水行政主管部门于11月15日前将本次专项整治总结报黄河水利委员会，抄报水利部。黄河水利委员会汇总并进行全面总结，11月30日前报水利部。

五、工作要求

（一）提高政治站位。本次专项整治是贯彻落实习近平总书记在黄河流域生态保护和高质量发展座谈会上的重要讲话精神的重要举措，黄河水利委员会、流域各省（自治区）各级河长制办公室、水行政主管部门要切实提高政治站位，充分认识加强河道采砂管理、维护黄河流域河道采砂秩序的极端重要性和紧迫性，强化使命意识和责任担当，按照中央关于统筹推进新冠肺炎疫情防控和经济社会发展工作部署，采取切实有力措施有序推进，确保高质量完成专项整治各项任务。

（二）周密安排部署。各省（自治区）河长制办公室、水行政主管部门要抓紧制定实施方案，明确时间表、路线图和责任分工，组织专门力量开展河道采砂专项整治。排查工作要做到横向到边、纵向到底，不留空白、不留死角；整改措施要落实落细，确保到位。黄河水利委员会要加强组织协调，确保专项整治有力有序，取得成效。请黄河水利委员会和各省（自治区）水行政主管部门明确一位处级联络员，并将联系方式于4月6日前报水利部。

（三）加强协同联动。各省（自治区）各级河长制办公室、水行政主管部门要充分利用河长制湖长制工作平台，统筹上下游、干支流、左右岸，加强部门协调联动，统筹部门力量，分工负责、协调配合，联合开展执法打击和专项整治。针对跨行政区域河道，相关地方要主动对接，黄河水利委员会要加强指导协调，督促建立完善联防联控机制，协同开展流域专项整治。做好宣传舆论引导，及时回应社会关切。

（四）强化督导检查。各省（自治区）河长制办公室、水行政主管部门要将河道采砂专项整治纳入河长制考核，对督查检查发现责任不落实、整改整治不力的责任单位和责任人，要提请相关部门予以

追责问责。黄河水利委员会要组织开展全流域专项监督检查，不定期开展暗访巡查，做好动态跟踪和巡查督促，并运用卫星遥感比对等信息化手段，有针对性地开展督查督办。水利部适时组织跟踪督导和抽查检查，对问题多发地区进行重点督查，对突出问题挂牌督办，对整治工作推进不力、排查整改走过场、采砂管理秩序混乱的区域，将予以约谈、通报或公开曝光，并视情况通报给有关省级河长，提请对相关责任人予以责任追究。

六、联系方式

水利部河湖管理司

联系人：陈岩　胡忙全

电话：(010) 63202938　63202711

传真：(010) 63202952

邮箱：csgl@mwr.gov.cn

黄河水利委员会河湖局

联系人：孙彬

电话：(0371) 66024723

传真：(0371) 66022906

邮箱：22737836@qq.com

水利部河长办关于印发《河湖健康评价指南（试行）》的通知（2020 年 8 月 13 日第 43 号）

为深入贯彻落实中共中央办公厅、国务院办公厅印发的《关于全面推行河长制的意见》《关于在湖泊实施湖长制的指导意见》要求，指导各地做好河湖健康评价工作，水利部河湖管理司组织南京水利科学研究院等单位编制了《河湖健康评价指南（试行）》（以下简称《指南》），并于近日印发。

河湖健康评价是河湖管理的重要内容，是检验河长制湖长制"有名""有实"的重要手段，是各级河长、湖长决策河湖治理保护工作的重要参考。该《指南》结合我国国情、水情和河湖管理实际，基于河湖健康概念从生态系统结构完整性、生态系统抗扰动弹性、社会服务功能可持续性三个方面建立河湖健康评价指标体系与评价方法，从"盆"、"水"、生物、社会服务功能等 4 个准则层对河湖健康状态进行评价，有助于快速辨识问题、及时分析原因，帮助公众了解河湖真实健康状况，为各级河长湖长及相关主管部门履行河湖管理保护职责提供参考。

一、关于评价组织

河湖健康评价工作，由省、市、县级河长制办公室组织。河湖健康评价报告，报经同级河长、湖长同意后，可向社会公布。

二、关于评价单元

河流健康评价可以整条河流为评价单元，也可以省、市、县、乡级河长所负责的河段为评价单元；根据评价单元长度，一个评价单元可以划分为多个评价河段，通过分段评价后，综合得出评价单元的整体评价结果。湖泊健康评价原则上以整个湖泊为评价单元，可以通过分区评价后，综合得出湖泊的整体评价结果。同一省份内的跨行政区域湖泊，原则上由共同的上级河长制办公室组织健康评价；跨省级行政区域湖泊，有关省级河长制办公室组织评价后，由流域管理机构予以统筹。

三、关于评价指标

《指南》确定的河湖健康评价指标体系具有开放性，既可以采用全部指标进行综合评价，反映河湖健康总体状况，也可以选用准则层或指标层中的部分内容进行单项评价，反映河湖某一方面的健康水平。

四、关于结果运用

河湖健康评价结果，是有关河长、湖长组织领导相应河湖治理保护工作的重要参考。通过河湖健康评价，查找问题，剖析"病因"，研究提出对策，作为编制"一河（湖）一策"方案的重要依据。

水利部关于开展全面推行河长制湖长制先进集体、先进个人评选表彰工作的通知（2020 年 11 月 20 日　水河湖〔2020〕242 号）

发展改革委、公安部、财政部、自然资源部、生态环境部、住房城乡建设部、交通运输部、农业农村部、卫生健康委、林草局办公厅（办公室），水利部机关各司局、直属各单位，各省、自治区、直辖市及新疆生产建设兵团河长制办公室、水利（水务）厅（局）：

全面推行河长制湖长制是以习近平同志为核心的党中央作出的重大决策部署，是加快生态文明体制改革、建设美丽中国的重要战略举措。全面推行河长制湖长制 3 年多来，各地各部门按照山水林田湖草系统治理的总体思路，突出问题导向、目标导向和结果导向，坚持水岸同治，重拳治理河湖乱象，向河湖顽疾宣战，全国河湖管理保护发生可喜变化，人民群众的获得感、幸福感、认同感明显增强。特别是 2018 年以来，水利部部署开展全国河湖"清四乱"（乱占、乱采、乱堆、乱建）专项行动，一大批侵害河湖老大难问题得到整治，河湖行蓄洪能力大大提升，自然岸线逐步恢复，河湖水质稳步向好，河湖面貌明显改善。各地相继涌现出一大批敢于创新、勇于担当、尽职尽责的先进典型。为进一步调动广大干部职工的积极性，激励各级河（湖）长和广大河湖管理保护干部职工不忘初心、牢记使命，锐意进取、履职尽责，全面推动河长制湖长制从"有名"向"有实"转变，经中央批准，水利部决定评选表彰一批全面推行河长制湖长制先进集体和先进个人。现将有关事项通知如下。

一、评选范围和表彰名额

（一）评选范围

1. 全面推行河长制湖长制工作先进集体评选范围：各地水行政主管部门及其内设机构、直属单位，各地河长制组成部门（单位）及其内设机构、直属单位，各级河长制工作机构等所属处级（含）以下部门（单位）。水利部机关司局和直属单位内设从事河长制湖长制、河湖管理相关工作的处级（含）以下部门（单位）。全面推行河长制工作部际联席会议成员单位和其他推动河长制湖长制"有名""有实"的国务院有关部门（单位）所属处级（含）以下部门（单位）。

2. 全面推行河长制湖长制工作先进工作者评选范围：各地从事河长制湖长制、河湖管理及其相关工作的处级（含）以下在职干部职工。水利部机关司局和直属单位从事河长制湖长制、河湖管理及相关工作的处级（含）以下在职干部职工。全面推行河长制工作部际联席会议成员单位和其他推动河长制湖长制"有名""有实"的国务院有关部门（单位）处级（含）以下在职干部职工。

3. 全国优秀河（湖）长评选范围：全国县、乡级河（湖）长。

（二）表彰名额

此次评选表彰"全面推行河长制湖长制工作先进集体"250个，"全面推行河长制湖长制工作先进工作者"350名，"全国优秀河（湖）长"350名。其中，水利部机关司局、直属单位分配15个先进集体和25名先进工作者，国务院有关部门（单位）分配10个先进集体和10名先进工作者，其他名额均分配至各地，推荐名额按各地河湖管理工作有关单位和河湖管理相关人员、河（湖）长数量的比例综合考虑河长制湖长制工作任务和成效进行分配。

二、推荐对象条件

（一）先进集体评选条件

1. 全面贯彻习近平新时代中国特色社会主义思想和党的十九大精神，树牢"四个意识"，坚定"四个自信"，坚决做到"两个维护"，不折不扣贯彻落

实党中央决策部署，在思想上政治上行动上始终与党中央保持高度一致。

2. 领导班子严格落实管党治党责任，信念坚定、廉洁奉公、作风优良、团结有力，干部职工队伍勤政务实、清正廉洁、作风扎实、和谐进取，并在全面推行河长制湖长制、河湖管理保护工作方面取得优异成绩。

3. 2017年1月1日以来，领导班子成员无刑事案件及违法违纪情况，本单位（部门）未发生违规违纪等问题，无重大河湖水生态环境损害责任事故。

4. 2017年1月1日以来，本单位（部门）未发生产生较大影响的投诉或上访事件。

（二）先进工作者评选条件

1. 全面贯彻习近平新时代中国特色社会主义思想和党的十九大精神，树牢"四个意识"，坚定"四个自信"，坚决做到"两个维护"，不折不扣贯彻落实党中央决策部署，在思想上政治上行动上始终与党中央保持高度一致。

2. 模范遵守国家法律法规，热爱河湖管理保护事业，在河长制湖长制、河湖管理工作中，扎实工作、勇于创新、成绩显著。

3. 无违法违纪行为。

（三）优秀河（湖）长评选条件

1. 全面贯彻习近平新时代中国特色社会主义思想和党的十九大精神，树牢"四个意识"，坚定"四个自信"，坚决做到"两个维护"，不折不扣贯彻落实党中央决策部署，在思想上政治上行动上始终与党中央保持高度一致。

2. 县级河长在整治问题、监督检查、系统治理等河湖管理保护工作以及协调解决责任河湖重大问题等方面取得突出成绩的。乡级河长在河湖巡查、及时发现问题、整改问题和宣传引导等方面取得突出成绩的。

3. 模范遵守国家法律法规、牢记使命、精通业务、敢于担当、恪尽职守，在群众中有较高威信，处处发挥表率作用。

4. 无违法违纪行为。

三、评选程序

评选表彰工作坚持公开、公平、公正的原则，按照自下而上、逐级推荐、民主择优的方式进行，严格执行"两审三公示"制度。

1. 按照评选条件，拟推荐对象由所在单位民主推荐，并在本单位公示。

2. 拟推荐对象应经所在地县级以上河长制办公室自下而上逐级推荐。省级河长制办公室就推荐程序的规范性、推荐材料的真实性以及被推荐对象的

基本情况、事迹等进行审核，并将《推荐对象汇总表》、推荐对象基本情况和主要事迹等于 12 月 10 日前报送水利部。

3. 水利部对推荐材料进行初审后，省级河长制办公室负责将经初审同意后的推荐对象按照管理权限征求同级组织人事、纪检监察等部门意见，并在全省范围内组织公示。公示无异议后，将正式推荐材料于 12 月 25 日前报水利部。

正式推荐材料包括《全面推行河长制湖长制工作先进集体推荐审批表》《全面推行河长制湖长制工作先进工作者推荐审批表》《全国优秀河（湖）长推荐审批表》《全面推行河长制湖长制工作先进集体征求意见表》《全面推行河长制湖长制工作先进个人及全国优秀河（湖）长征求意见表》《全面推行河长制湖长制先进集体、先进个人评选表彰推荐对象汇总表》、先进事迹材料、公示报样等。正式推荐工作报告内容包括本地区推荐工作组织情况、推荐过程、推荐对象征求意见情况、在本地区公示情况、推荐意见等。先进事迹材料要求真实准确、内容翔实，反映工作以来的一贯表现和重点事迹，字数控制在 1 500 字以内。

4. 国务院有关部门按民主推荐程序提出推荐对象并公示后，征求本部门组织人事司局和驻部（局）纪检监察部门意见，12 月 25 日前报送推荐名单和推荐材料至水利部。水利部直属单位按民主推荐程序提出推荐对象并公示后，征求本单位组织人事和纪检监察部门意见，12 月 25 日前报送推荐名单和推荐材料。水利部机关局按民主推荐程序提出推荐对象后，12 月 10 日前报送推荐名单和推荐材料。

5. 水利部组织复审，根据需要征求相关方面意见并公示无异议后，按程序进行表彰。

所有推荐材料请同时报送纸质版和电子版。纸质版材料用 A4 纸打印，一式 3 份。电子版材料可报送光盘或发送邮件至 slbhzb@mwr.gov.cn。要严格按照填表说明填写相关表格，不得随意改变格式。

在推荐评选过程中，对推荐对象存在异议的，推荐地区和有关单位应认真调查，尽快提出处理意见。如果不及时反馈意见，将取消该推荐对象的评选资格。对于伪造身份、事迹材料骗取荣誉或未严格按照评选条件和规定程序推荐的单位或人选，经查实后撤销其评选资格，取消推荐名额。对于已授予先进集体、先进工作者或优秀河（湖）长称号的表彰对象，如发生违法违纪等行为，将撤销其所获称号，并收回奖牌、奖章、证书等。

四、奖励办法

（一）坚持精神奖励和物质奖励相结合，以精神奖励为主的原则。

（二）对先进集体授予奖牌和荣誉证书；对先进工作者、优秀河（湖）长授予奖章和荣誉证书。

联系方式：

水利部河湖管理司

联系人：铁梦雅　王竑

联系地址：北京市西城区白广路二条 2 号

邮政编码：100053

联系电话：(010) 63202801，63202715，
　　　　　　63202685（传真）

电子信箱：slbhzb@mwr.gov.cn

农业部关于赤水河流域全面禁渔的通告

（2016 年 12 月 27 日　农业部通告〔2016〕1 号）

为进一步贯彻落实党中央国务院《关于加快推进生态文明建设的意见》，共抓大保护，不搞大开发，更好地修复水域生态环境，根据《中华人民共和国渔业法》，我部决定在赤水河流域实施全面禁渔。现通告如下。

一、禁渔区

四川省合江县赤水河河口（E 105°50′37.17″，N 28°48′12.62″）以上赤水河流域全部天然水域。

二、禁渔期

2017 年 1 月 1 日 0 时起至 2026 年 12 月 31 日 24 时止，为期 10 年。

三、禁止类型

在规定的禁渔区和禁渔期内，禁止一切捕捞行为，严禁扎巢取卵，严禁收购、销售禁渔区渔获物。因养殖生产或科研调查等特殊需要采捕水生生物资源的，须经省级以上渔业行政主管部门批准。

赤水河流域各级渔业行政主管部门及其所属的渔政执法机构要在各级政府的领导下，联合相关部门，加大宣传，强化管理，确保禁渔工作的顺利开展。

违反《通告》的行为，由渔业行政主管部门及其所属的渔政执法机构根据《中华人民共和国渔业法》的相关条款予以处罚。

本通告自 2017 年 1 月 1 日起实施。

农业部关于率先全面禁捕的长江流域水生生物保护区名录的通告（2017 年 11 月 23 日 农业部通告〔2017〕6 号）

为贯彻习近平总书记"把修复长江生态环境摆在压倒性位置"系列重要讲话精神，落实党的十九大报告"以共抓大保护、不搞大开发为导向推动长

江经济带发展""健全耕地草原森林河流湖泊休养生息制度"和 2017 年中央 1 号文件"率先在长江流域水生生物保护区实现全面禁捕"等要求,切实保护长江水生生物资源,修复水域生态环境,根据《中华人民共和国渔业法》《中华人民共和国自然保护区条例》和《水产种质资源保护区管理暂行办法》有关规定,经商国务院有关部门和沿江各省、直辖市人民政府,决定从 2018 年 1 月 1 日起率先在长江上游珍稀特有鱼类国家级自然保护区等 332 个水生生物保护区(包括水生动植物自然保护区和水产种质资源保护区)逐步施行全面禁捕。

现将率先全面禁捕的长江流域水生生物保护区名录予以通告。通告发布后,新建立的长江流域水生生物保护区自行纳入名录,均施行全面禁捕。

附件:率先全面禁捕的长江流域水生生物保护区名录

附件

率先全面禁捕的长江流域水生生物保护区名录

水生动植物自然保护区

序号	保护区名称	省(直辖市)	行政区域
1	长江上游珍稀特有鱼类国家级自然保护区	云南省、贵州省、四川省、重庆市	云南省昭通市,贵州省毕节市、遵义市,四川省宜宾市、泸州市,重庆市永川区、江津区、九龙坡区
2	秦州珍稀水生野生动物国家级自然保护区	甘肃省	天水市
3	陕西略阳珍稀水生动物国家级自然保护区	陕西省	汉中市
4	陕西太白湑水河珍稀水生生物国家级自然保护区	陕西省	宝鸡市
5	陕西丹凤武关河珍稀水生动物国家级自然保护区	陕西省	商洛市
6	诺水河珍稀水生动物国家级自然保护区	四川省	巴中市
7	湖南张家界大鲵国家级自然保护区	湖南省	张家界市
8	长江天鹅洲白鱀豚国家级自然保护区	湖北省	荆州市
9	洪湖湿地国家级自然保护区	湖北省	荆州市
10	长江新螺段白鱀豚国家级自然保护区	湖北省	荆州市、咸宁市
11	咸丰忠建河大鲵国家级自然保护区	湖北省	恩施土家族苗族自治州
12	铜陵淡水豚国家级自然保护区	安徽省	铜陵市、池州市、芜湖市
13	牛栏江鱼类市级自然保护区	云南省	曲靖市
14	金沙江绥江段珍稀特有鱼类县级自然保护区	云南省	昭通市绥江县
15	康县大鲵省级自然保护区	甘肃省	陇南市
16	文县白龙江大鲵省级自然保护区	甘肃省	陇南市
17	汉王山东河湿地省级自然保护区	四川省	广元市
18	周公河珍稀鱼类省级自然保护区	四川省	眉山市、雅安市
19	天全珍稀鱼类省级自然保护区	四川省	雅安市
20	宝兴河珍稀鱼类市级自然保护区	四川省	雅安市
21	色曲河州级珍稀鱼类自然保护区	四川省	甘孜藏族自治州
22	乌江-长溪河鱼类省级自然保护区	重庆市	彭水苗族土家族自治县
23	三黛沟县级自然保护区	重庆市	酉阳土家族苗族自治县
24	合川大口鲶县级自然保护区	重庆市	合川区
25	七眼泉市级自然保护区	湖南省	张家界市

序号	保护区名称	省（直辖市）	行政区域
26	华容集城长江故道江豚省级自然保护区	湖南省	岳阳市
27	岳阳东洞庭湖江豚市级自然保护区	湖南省	岳阳市
28	黄盖湖中华鲟、胭脂鱼县级自然保护区	湖南省	岳阳市临湘市
29	西洞庭湖水生野生动植物县级自然保护区	湖南省	常德市汉寿县
30	竹溪万江河大鲵省级自然保护区	湖北省	十堰市
31	长江湖北宜昌中华鲟省级自然保护区	湖北省	宜昌市
32	梁子湖省级湿地自然保护区	湖北省	鄂州市
33	何王庙长江江豚省级自然保护区	湖北省	荆州市
34	咸宁市西凉湖水生生物自然保护区	湖北省	咸宁市
35	孝感市老灌湖水生动植物自然保护区	湖北省	孝感市
36	天门市橄榄蛏蚌市级自然保护区	湖北省	天门市
37	清江中上游水生野生动物市级自然保护区	湖北省	恩施土家族苗族自治州
38	三峡库区恩施州水生生物自然保护区	湖北省	恩施土家族苗族自治州
39	西陕大鲵省级自然保护区	河南省	三门峡市
40	潦河大鲵省级自然保护区	江西省	宜春市
41	铜鼓棘胸蛙省级自然保护区	江西省	宜春市
42	井冈山市大鲵省级自然保护区	江西省	吉安市
43	鄱阳湖长江江豚省级自然保护区	江西省	南昌市、上饶市、九江市、鹰潭市
44	鄱阳湖鲤鲫鱼产卵场省级自然保护区	江西省	南昌市、上饶市、九江市、鹰潭市
45	鄱阳湖银鱼产卵场省级自然保护区	江西省	南昌市、上饶市、鹰潭市
46	巢湖渔业生态市级保护区	安徽省	合肥市
47	岳西县大鲵市级自然保护区	安徽省	安庆市
48	安庆市江豚市级自然保护区	安徽省	安庆市
49	黄山大鲵市级自然保护区	安徽省	黄山市
50	宁国市黄缘闭壳龟县级自然保护区	安徽省	宣城市宁国市
51	金寨县大鲵县级自然保护区	安徽省	六安市金寨县
52	南京长江江豚省级自然保护区	江苏省	南京市
53	镇江长江豚类省级自然保护区	江苏省	镇江市
54	上海市长江口中华鲟自然保护区	上海市	上海市

水产种质资源保护区

序号	保护区名称	省（直辖市）	行政区域
1	滇池国家级水产种质资源保护区	云南省	昆明市
2	白水江特有鱼类国家级水产种质资源保护区	云南省	昭通市
3	程海湖特有鱼类国家级水产种质资源保护区	云南省	丽江市
4	白水江重口裂腹鱼国家级水产种质资源保护区	甘肃省	陇南市
5	永宁河特有鱼类国家级水产种质资源保护区	甘肃省	陇南市

序号	保护区名称	省（直辖市）	行政区域
6	嘉陵江两当段特有鱼类国家级水产种质资源保护区	甘肃省	陇南市
7	甘肃宕昌国家级水产种质资源保护区	甘肃省	陇南市
8	白龙江特有鱼类国家级水产种质资源保护区	甘肃省	甘南藏族自治州
9	太平河闵孝河特有鱼类国家级水产种质资源保护区	贵州省	铜仁市
10	马蹄河鲶黄颡鱼国家级水产种质资源保护区	贵州省	铜仁市
11	松桃河特有鱼类国家级水产种质资源保护区	贵州省	铜仁市
12	龙川河泉水鱼鳜国家级水产种质资源保护区	贵州省	铜仁市
13	印江河泉水鱼国家级水产种质资源保护区	贵州省	铜仁市
14	谢桥河特有鱼类国家级水产种质资源保护区	贵州省	铜仁市
15	锦江河特有鱼类国家级水产种质资源保护区	贵州省	铜仁市
16	龙底江黄颡鱼大口鲇国家级水产种质资源保护区	贵州省	铜仁市
17	乌江黄颡鱼国家级水产种质资源保护区	贵州省	铜仁市
18	舞阳河特有鱼类国家级水产种质资源保护区	贵州省	铜仁市
19	翁密河特有鱼类国家级水产种质资源保护区	贵州省	黔东南苗族侗族自治州
20	清水江特有鱼类国家级水产种质资源保护区	贵州省	黔东南苗族侗族自治州
21	六冲河裂腹鱼国家级水产种质资源保护区	贵州省	毕节市
22	油杉河特有鱼类国家级水产种质资源保护区	贵州省	毕节市
23	芙蓉江大口鲶国家级水产种质资源保护区	贵州省	遵义市
24	芙蓉江特有鱼类国家级水产种质资源保护区	贵州省	遵义市
25	马颈河中华倒刺鲃国家级水产种质资源保护区	贵州省	遵义市
26	龙江河光倒刺鲃国家级水产种质资源保护区	贵州省	黔东南州
27	龙江河裂鳆国家级水产种质资源保护区	贵州省	黔东南州
28	舞阳河黄平段黄颡鱼国家级水产种质资源保护区	贵州省	黔东南州
29	仪陇河特有鱼类国家级水产种质资源保护区	四川省	南充市
30	李家河鲫鱼国家级水产种质资源保护区	四川省	南充市
31	构溪河特有鱼类国家级水产种质资源保护区	四川省	南充市
32	蒙溪河特有鱼类国家级水产种质资源保护区	四川省	内江市
33	龙潭河特有鱼类国家级水产种质资源保护区	四川省	达州市
34	南河白甲鱼瓦氏黄颡鱼国家级水产种质资源保护区	四川省	广元市
35	清江河特有鱼类国家级水产种质资源保护区	四川省	广元市
36	硬头河特有鱼类国家级水产种质资源保护区	四川省	广元市
37	西河剑阁段特有鱼类国家级水产种质资源保护区	四川省	广元市
38	插江国家级水产种质资源保护区	四川省	广元市
39	焦家河重口裂腹鱼国家级水产种质资源保护区	四川省	巴中市
40	大通江河岩原鲤国家级水产种质资源保护区	四川省	巴中市
41	恩阳河中华鳖国家级水产种质资源保护区	四川省	巴中市

序号	保护区名称	省（直辖市）	行政区域
42	通河特有鱼类国家级水产种质资源保护区	四川省	巴中市
43	平通河裂腹鱼类国家级水产种质资源保护区	四川省	绵阳市
44	梓江国家级水产种质资源保护区	四川省	绵阳市
45	凯江国家级水产种质资源保护区	四川省	绵阳市
46	郪江黄颡鱼国家级水产种质资源保护区	四川省	遂宁市、德阳市
47	嘉陵江岩原鲤中华倒刺鲃国家级水产种质资源保护区	四川省	广安市
48	大洪河国家级水产种质资源保护区	四川省	广安市
49	渠江黄颡鱼白白甲鱼国家级水产种质资源保护区	四川省	广安市
50	渠江岳池段长薄鳅大鳍鳠国家级水产种质资源保护区	四川省	广安市
51	后河特有鱼类国家级水产种质资源保护区	四川省	达州市
52	巴河岩原鲤华鲮国家级水产种质资源保护区	四川省	达州市
53	岷江长吻鮠国家级水产种质资源保护区	四川省	眉山市、乐山市
54	濑溪河翘嘴鲌蒙古鲌国家级水产种质资源保护区	四川省	泸州市
55	消水河国家级水产种质资源保护区	四川省	南充市
56	嘉陵江南部段国家级水产种质资源保护区	四川省	南充市
57	镇溪河南方鲇翘嘴鱼白国家级水产种质资源保护区	四川省	自贡市
58	巴河特有鱼类国家级水产种质资源保护区	四川省	达州市
59	嘉陵江合川段国家级水产种质资源保护区	重庆市	合川区
60	长江重庆段四大家鱼国家级水产种质资源保护区	重庆市	巴南区、南岸区、江北区、渝北区、长寿区、涪陵区
61	浏阳河特有鱼类国家级水产种质资源保护区	湖南省	长沙市
62	汨罗江平江段斑鳜黄颡鱼国家级水产种质资源保护区	湖南省	岳阳市
63	东洞庭湖鲤鲫黄颡国家级水产种质资源保护区	湖南省	岳阳市
64	洞庭湖口铜鱼短颌鲚国家级水产种质资源保护区	湖南省	岳阳市
65	南洞庭湖大口鲶青虾中华鳖国家级水产种质资源保护区	湖南省	岳阳市
66	汨罗江河口段鲶国家级水产种质资源保护区	湖南省	岳阳市
67	东洞庭湖中国圆田螺国家级水产种质资源保护区	湖南省	岳阳市
68	湘江潇水双牌段光倒刺鲃拟尖头鲌国家级水产种质资源保护区	湖南省	永州市
69	湘江刺鲃厚唇鱼华鳊国家级水产种质资源保护区	湖南省	永州市
70	澧水源特有鱼类国家级水产种质资源保护区	湖南省	张家界市
71	沅水辰溪段鲌类黄颡鱼国家级水产种质资源保护区	湖南省	怀化市
72	沅水特有鱼类国家级水产种质资源保护区	湖南省	怀化市

序号	保护区名称	省（直辖市）	行政区域
73	耒水斑鳜国家级水产种质资源保护区	湖南省	郴州市
74	北江武水河临武段黄颡鱼黄尾鲴国家级水产种质资源保护区	湖南省	郴州市
75	淅水资兴段大刺鳅条纹二须鲃国家级水产种质资源保护区	湖南省	郴州市
76	洣水茶陵段中华倒刺鲃国家级水产种质资源保护区	湖南省	株洲市
77	湘江株洲段鲴鱼国家级水产种质资源保护区	湖南省	株洲市
78	澧水石门段黄尾密鲴国家级水产种质资源保护区	湖南省	常德市
79	沅水桃源段黄颡鱼黄尾鲴国家级水产种质资源保护区	湖南省	常德市
80	沅水桃花源段鲂大鳍鳠国家级水产种质资源保护区	湖南省	常德市
81	沅水鼎城段褶纹冠蚌国家级水产种质资源保护区	湖南省	常德市
82	沅水武陵段青虾中华鳖国家级水产种质资源保护区	湖南省	常德市
83	资水新邵段沙塘鳢黄尾鲴国家级水产种质资源保护区	湖南省	邵阳市
84	资水新化段鳜鲌国家级水产种质资源保护区	湖南省	娄底市
85	资江油溪河拟尖头鲌蒙古鲌国家级水产种质资源保护区	湖南省	娄底市
86	资水益阳段黄颡鱼国家级水产种质资源保护区	湖南省	益阳市
87	南洞庭湖银鱼三角帆蚌国家级水产种质资源保护区	湖南省	益阳市
88	南洞庭湖草龟中华鳖国家级水产种质资源保护区	湖南省	益阳市
89	湘江湘潭段野鲤国家级水产种质资源保护区	湖南省	湘潭市
90	湘江衡阳段四大家鱼国家级水产种质资源保护区	湖南省	衡阳市
91	永顺司城河吻鮈大眼鳜国家级水产种质资源保护区	湖南省	湘西土家族苗族自治州
92	龙山洗车河大鳍鳠吻鮈国家级水产种质资源保护区	湖南省	湘西土家族苗族自治州
93	西水湘西段翘嘴红鲌国家级水产种质资源保护区	湖南省	湘西土家族苗族自治州
94	安乡杨家河段短河鲶国家级水产种质资源保护区	湖南省	常德市
95	虎渡河安乡段翘嘴鲌国家级水产种质资源保护区	湖南省	常德市
96	澧水洪道熊家河段大口鲇国家级水产种质资源保护区	湖南省	常德市
97	武湖黄颡鱼国家级水产种质资源保护区	湖北省	武汉市
98	鲁湖鳜鲌国家级水产种质资源保护区	湖北省	武汉市
99	梁子湖武昌鱼国家级水产种质资源保护区	湖北省	武汉市、鄂州市
100	花马湖国家级水产种质资源保护区	湖北省	鄂州市
101	圣水湖黄颡鱼国家级水产种质资源保护区	湖北省	十堰市
102	堵河龙背湾段多鳞白甲鱼国家级水产种质资源保护区	湖北省	十堰市
103	丹江鲌类国家级水产种质资源保护区	湖北省	十堰市

续表

序号	保护区名称	省（直辖市）	行政区域
104	堵河黄龙滩水域鳜类国家级水产种质资源保护区	湖北省	十堰市
105	丹江口库区武当山水域王家河鲌类国家级水产种质资源保护区	湖北省	十堰市
106	汉江郧阳区翘嘴鲌国家级水产种质资源保护区	湖北省	十堰市
107	琵琶湖细鳞斜颌鲴国家级水产种质资源保护区	湖北省	随州市
108	漂水河黑屋湾段翘嘴鲌国家级水产种质资源保护区	湖北省	随州市
109	先觉庙漂水支流细鳞鲴国家级水产种质资源保护区	湖北省	随州市
110	府河支流徐家河水域银鱼国家级水产种质资源保护区	湖北省	随州市
111	大富水河斑鳜国家级水产种质资源保护区	湖北省	孝感市
112	汉江汉川段国家级水产种质资源保护区	湖北省	孝感市
113	汉北河瓦氏黄颡鱼国家级水产种质资源保护区	湖北省	孝感市
114	涢水翘嘴鲌国家级水产种质资源保护区	湖北省	孝感市
115	府河细鳞鲴国家级水产种质资源保护区	湖北省	孝感市
116	观音湖鳜国家级水产种质资源保护区	湖北省	孝感市
117	野猪湖鲌类国家级水产种质资源保护区	湖北省	孝感市
118	王母湖团头鲂短颌鲚国家级水产种质资源保护区	湖北省	孝感市
119	龙潭湖蒙古鲌国家级水产种质资源保护区	湖北省	孝感市
120	龙赛湖细鳞鲴翘嘴鲌国家级水产种质资源保护区	湖北省	孝感市
121	姚河泥鳅国家级水产种质资源保护区	湖北省	孝感市
122	西凉湖鳜鱼黄颡鱼国家级水产种质资源保护区	湖北省	咸宁市
123	墦河特有鱼类国家级水产种质资源保护区	湖北省	咸宁市
124	富水湖鲌类国家级水产种质资源保护区	湖北省	咸宁市
125	长江监利段四大家鱼国家级水产种质资源保护区	湖北省	荆州市
126	杨柴湖沙塘鳢刺鳅国家级水产种质资源保护区	湖北省	荆州市
127	淤泥湖团头鲂国家级水产种质资源保护区	湖北省	荆州市
128	洪湖国家级水产种质资源保护区	湖北省	荆州市
129	庙湖翘嘴鲌国家级水产种质资源保护区	湖北省	荆州市
130	牛浪湖鳜国家级水产种质资源保护区	湖北省	荆州市
131	崇湖黄颡鱼国家级水产种质资源保护区	湖北省	荆州市
132	南海湖短颌鲚国家级水产种质资源保护区	湖北省	荆州市
133	洈水鳜国家级水产种质资源保护区	湖北省	荆州市
134	王家大湖绢丝丽蚌国家级水产种质资源保护区	湖北省	荆州市
135	金家湖花鱼骨国家级水产种质资源保护区	湖北省	荆州市
136	红旗胡泥鳅黄颡鱼国家级水产种质资源保护区	湖北省	荆州市
137	东港湖黄鳝国家级水产种质资源保护区	湖北省	荆州市
138	长湖鲌类国家级水产种质资源保护区	湖北省	荆州市、荆门市

序号	保 护 区 名 称	省（直辖市）	行政区域
139	汉江钟祥段鳡鳤鯮鱼国家级水产种质资源保护区	湖北省	荆门市
140	汉江沙洋段长吻鮠瓦氏黄颡鱼国家级水产种质资源保护区	湖北省	荆门市
141	钱河鲶国家级水产种质资源保护区	湖北省	荆门市
142	惠亭水库中华鳖国家级水产种质资源保护区	湖北省	荆门市
143	南湖黄颡鱼乌鳢国家级水产种质资源保护区	湖北省	荆门市
144	沙滩河中华刺鳅乌鳢国家级水产种质资源保护区	湖北省	荆门市、宜昌市、襄阳市
145	清江宜都段中华倒刺鲃国家级水产种质资源保护区	湖北省	宜昌市
146	清江白甲鱼国家级水产种质资源保护区	湖北省	宜昌市
147	沮漳河特有鱼类国家级水产种质资源保护区	湖北省	宜昌市
148	汉江襄阳段长春鳊国家级水产种质资源保护区	湖北省	襄阳市
149	保安湖鳜鱼国家级水产种质资源保护区	湖北省	黄石市
150	猪婆湖花骨鱼国家级水产种质资源保护区	湖北省	黄石市
151	长江黄石段四大家鱼国家级水产种质资源保护区	湖北省	黄石市、黄冈市
152	太白湖国家级水产种质资源保护区	湖北省	黄冈市
153	策湖黄颡鱼乌鳢国家级水产种质资源保护区	湖北省	黄冈市
154	赤东湖鳊国家级水产种质资源保护区	湖北省	黄冈市
155	望天湖翘嘴鲌国家级水产种质资源保护区	湖北省	黄冈市
156	天堂湖鲌类国家级水产种质资源保护区	湖北省	黄冈市
157	金沙湖鲂国家级水产种质资源保护区	湖北省	黄冈市
158	上津湖国家级水产种质资源保护区	湖北省	石首市
159	胭脂湖黄颡鱼国家级水产种质资源保护区	湖北省	石首市
160	玉泉河特有鱼类国家级水产种质资源保护区	湖北省	神农架林区
161	五湖黄鳝国家级水产种质资源保护区	湖北省	仙桃市
162	汉江潜江段四大家鱼国家级水产种质资源保护区	湖北省	潜江市、天门市
163	丹江特有鱼类国家级水产种质资源保护区	河南省	南阳市
164	鸭河口水库蒙古红鲌国家级水产种质资源保护区	河南省	南阳市
165	鄱阳湖鳜鱼翘嘴红鲌国家级水产种质资源保护区	江西省	南昌市、上饶市
166	万年河特有鱼类国家级水产种质资源保护区	江西省	上饶市
167	信江特有鱼类国家级水产种质资源保护区	江西省	上饶市
168	定江河特有鱼类国家级水产种质资源保护区	江西省	宜春市
169	袁河上游特有鱼类（棘胸蛙）国家级水产种质资源保护区	江西省	宜春市
170	萍水河特有鱼类国家级水产种质资源保护区	江西省	萍乡市
171	芦溪棘胸蛙国家级水产种质资源保护区	江西省	萍乡市
172	德安县博阳河翘嘴鲌黄颡鱼国家级水产种质资源保护区	江西省	九江市

序号	保 护 区 名 称	省（直辖市）	行政区域
173	修水源光倒刺鲃国家级水产种质资源保护区	江西省	九江市
174	修河下游三角帆蚌国家级水产种质资源保护区	江西省	九江市
175	长江江西段四大家鱼国家级水产种质资源保护区	江西省	九江市
176	八里江段长吻鮠鳡国家级水产种质资源保护区	江西省	九江市
177	庐山西海鳜国家级水产种质资源保护区	江西省	九江市
178	太泊湖彭泽鲫国家级水产种质资源保护区	江西省	九江市
179	赣江源斑鳠国家级水产种质资源保护区	江西省	赣州市
180	琴江细鳞斜颌鲴国家级水产种质资源保护区	江西省	赣州市
181	濊水特有鱼类国家级水产种质资源保护区	江西省	赣州市
182	东江源平胸龟国家级水产种质资源保护区	江西省	赣州市
183	桃江刺鲃国家级水产种质资源保护区	江西省	赣州市
184	上犹江特有鱼类国家级水产种质资源保护区	江西省	赣州市
185	抚河鳜鱼国家级水产种质资源保护区	江西省	抚州市
186	宜黄棘胸蛙大鲵国家级水产种质资源保护区	江西省	抚州市
187	泸溪河大鳍鳠国家级水产种质资源保护区	江西省	鹰潭市
188	昌江刺鲃国家级水产种质资源保护区	江西省	景德镇市
189	赣江峡江段四大家鱼国家级水产种质资源保护区	江西省	吉安市
190	阊江特有鱼类国家级水产种质资源保护区	安徽省	黄山市
191	黄姑河光唇鱼国家级水产种质资源保护区	安徽省	黄山市
192	新安江歙县段尖头鱥光唇鱼宽鳍鱲国家级水产种质资源保护区	安徽省	黄山市
193	长江河宽鳍马口鱼国家级水产种质资源保护区	安徽省	六安市
194	城西湖国家级水产种质资源保护区	安徽省	六安市
195	万佛湖国家级水产种质资源保护区	安徽省	六安市
196	城东湖国家级水产种质资源保护区	安徽省	六安市
197	漫水河蒙古红鲌国家级水产种质资源保护区	安徽省	六安市
198	武昌湖中华鳖黄鳝国家级水产种质资源保护区	安徽省	安庆市
199	泊湖秀丽白虾青虾国家级水产种质资源保护区	安徽省	安庆市
200	长江安庆江段长吻鮠大口鲶鳜鱼国家级水产种质资源保护区	安徽省	安庆市
201	破罡湖黄颡鱼国家级水产种质资源保护区	安徽省	安庆市
202	花亭湖黄尾密鲴国家级水产种质资源保护区	安徽省	安庆市
203	嬉子湖国家级水产种质资源保护区	安徽省	安庆市
204	长江安庆段四大家鱼国家级水产种质资源保护区	安徽省	安庆市
205	淮河荆涂峡鲤长吻鮠国家级水产种质资源保护区	安徽省	蚌埠市
206	怀洪新河太湖新银鱼国家级水产种质资源保护区	安徽省	蚌埠市
207	焦岗湖芡实国家级水产种质资源保护区	安徽省	淮南市

序号	保 护 区 名 称	省（直辖市）	行政区域
208	淮河淮南段长吻鮠国家级水产种质资源保护区	安徽省	淮南市
209	登源河特有鱼类国家级水产种质资源保护区	安徽省	宣城市
210	青龙湖光倒刺鲃国家级水产种质资源保护区	安徽省	宣城市
211	徽水河特有鱼类国家级水产种质资源保护区	安徽省	宣城市
212	秋浦河特有鱼类国家级水产种质资源保护区	安徽省	池州市
213	黄湓河鳜虎青虾国家级水产种质资源保护区	安徽省	池州市
214	龙窝湖细鳞斜颌鲴国家级水产种质资源保护区	安徽省	芜湖市
215	池河翘嘴鲌国家级水产种质资源保护区	安徽省	滁州市
216	淮河阜阳段河橄榄蛏蚌国家级水产种质资源保护区	安徽省	阜阳市
217	故黄河砀山段黄河鲤国家级水产种质资源保护区	安徽省	宿州市
218	固城湖中华绒螯蟹国家级水产种质资源保护区	江苏省	南京市
219	长江大胜关长吻鮠铜鱼国家级水产种质资源保护区	江苏省	南京市
220	阳澄湖中华绒螯蟹国家级水产种质资源保护区	江苏省	苏州市
221	太湖银鱼翘嘴红鲌秀丽白虾国家级水产种质资源保护区	江苏省	苏州市
222	太湖青虾中华绒螯蟹国家级水产种质资源保护区	江苏省	苏州市
223	长漾湖国家级水产种质资源保护区	江苏省	苏州市
224	淀山湖河蚬翘嘴红鲌国家级水产种质资源保护区	江苏省	苏州市
225	太湖梅鲚河蚬国家级水产种质资源保护区	江苏省	苏州市、无锡市、常州市
226	宜兴团氿东氿翘嘴鲌国家级水产种质资源保护区	江苏省	无锡市
227	长荡湖国家级水产种质资源保护区	江苏省	常州市
228	滆湖国家级水产种质资源保护区	江苏省	常州市
229	滆湖鲌类国家级水产种质资源保护区	江苏省	常州市
230	白马湖泥鳅沙塘鳢国家级水产种质资源保护区	江苏省	淮安市
231	洪泽湖青虾河蚬国家级水产种质资源保护区	江苏省	淮安市
232	洪泽湖银鱼国家级水产种质资源保护区	江苏省	淮安市
233	高邮湖大银鱼湖鲚国家级水产种质资源保护区	江苏省	淮安市、扬州市
234	洪泽湖虾类国家级水产种质资源保护区	江苏省	淮安市、宿迁市
235	宝应湖国家级水产种质资源保护区	江苏省	扬州市
236	长江扬州段四大家鱼国家级水产种质资源保护区	江苏省	扬州市
237	射阳湖国家级水产种质资源保护区	江苏省	扬州市
238	邵伯湖国家级水产种质资源保护区	江苏省	扬州市
239	高邮湖河蚬秀丽白虾国家级水产种质资源保护区	江苏省	扬州市
240	洪泽湖秀丽白虾国家级水产种质资源保护区	江苏省	宿迁市
241	洪泽湖鳜国家级水产种质资源保护区	江苏省	宿迁市

序号	保护区名称	省（直辖市）	行政区域
242	骆马湖青虾国家级水产种质资源保护区	江苏省	宿迁市
243	骆马湖国家级水产种质资源保护区	江苏省	宿迁市、徐州市
244	长江扬中段暗纹东方鲀刀鲚国家级水产种质资源保护区	江苏省	镇江市
245	长江靖江段中华绒螯蟹鳜鱼国家级水产种质资源保护区	江苏省	泰州市
246	金沙湖黄颡鱼国家级水产种质资源保护区	江苏省	盐城市
247	长江如皋段刀鲚国家级水产种质资源保护区	江苏省	南通市
248	高邮湖青虾国家级水产种质资源保护区	江苏省	淮安市、扬州市
249	洪泽湖黄颡鱼国家级水产种质资源保护区	江苏省	宿迁市泗阳县
250	长江刀鲚国家级水产种质资源保护区	安徽省、江苏省、上海市	安徽省安庆市，江苏省南通市，上海市
251	漾弓江流域小裂腹鱼省级水产种质资源保护区	云南省	大理市
252	黎明河硬刺裸鲤鱼省级水产种质资源保护区	云南省	丽江市
253	复兴河裂腹鱼省级水产种质资源保护区	贵州省	遵义市
254	琼江翘嘴红鲌省级水产种质资源保护区	四川省	遂宁市
255	东河上游特有鱼类省级水产种质资源保护区	四川省	广元
256	嘉陵江南充段省级水产种质资源保护区	四川省	南充
257	龙溪河省级水产种质资源保护区	四川省	泸州
258	雅砻江鲈鲤长丝裂腹鱼省级水产种质资源保护区	四川省	甘孜藏族自治州
259	阿拉沟高原冷水性鱼类省级水产种质资源保护区	四川省	甘孜藏族自治州
260	渠水靖州段埋头鲤省级水产种质资源保护区	湖南省	怀化
261	上犹江汝城段香螺省级水产种质资源保护区	湖南省	郴州
262	松虎洪道安乡段瓦氏黄颡鱼赤眼鳟省级水产种质资源保护区	湖南省	常德
263	宣恩白水河大鲵省级水产种质资源保护区	湖北省	恩施土家族苗族自治州
264	牛山湖团头鲂细鳞鲴水产种质资源保护区	湖北省	武汉市
265	白斧池鳜省级水产种质资源保护区	湖北省	荆州市
266	中湖翘嘴鲌省级水产种质资源保护区	湖北省	荆州市
267	丰溪河花鱼骨省级水产种质资源保护区	江西省	上饶市
268	萍乡红鲫省级水产种质资源保护区	江西省	萍乡市
269	信江翘嘴红鲌省级水产种质资源保护区	江西省	上饶市
270	信江源黄颡鱼省级水产种质资源保护区	江西省	上饶市
271	白荡湖翘嘴红鲌省级水产种质资源保护区	安徽省	铜陵市
272	黄湖中华绒螯蟹省级水产种质资源保护区	安徽省	安庆市
273	旌德县平胸龟省级水产种质资源保护区	安徽省	宣城市

续表

序号	保护区名称	省（直辖市）	行政区域
274	淮河蚌埠段四大家鱼长春鳊省级水产种质资源保护区	安徽省	蚌埠市
275	城东湖芡实省级水产种质资源保护区	安徽省	六安市
276	夹溪河瘤拟黑螺放逸短沟蜷省级水产种质资源保护区	安徽省	黄山市
277	芡河鳜鱼青虾省级水产种质资源保护区	安徽省	亳州市
278	芡河湖大银鱼省级水产种质资源保护区	安徽省	蚌埠市

农业部关于实行黄河禁渔期制度的通告

（2018 年 2 月 8 日　农业部通告〔2018〕2 号）

为养护黄河水生生物资源、保护生物多样性、促进黄河渔业可持续发展和生态文明建设，根据《中华人民共和国渔业法》有关规定和《中国水生生物资源养护行动纲要》要求，我部决定自 2018 年起实行黄河禁渔期制度。现通告如下。

一、禁渔区

黄河干流；扎陵湖、鄂陵湖、东平湖等 3 个主要通江湖泊；白河、黑河、洮河、湟水、大黑河、窟野河、无定河、汾河、渭河、洛河、沁河、金堤河、大汶河等 13 条主要支流的干流河段。

二、禁渔期

每年 4 月 1 日 12 时至 6 月 30 日 12 时。

三、禁止作业类型

所有捕捞作业类型。

四、其他要求

（一）各省（自治区）可根据本地实际，在上述禁渔规定基础上，适当扩大禁渔区范围，延长禁渔期时间。

（二）在上述禁渔区和禁渔期内，因科学研究和驯养繁殖等活动需采捕黄河天然渔业资源的，须经省级以上渔业主管部门批准。

五、实施时间

本通告自 2018 年 4 月 1 日起实施。

农业农村部关于深入推进生态环境保护工作的意见

（2018 年 7 月 13 日　农科教发〔2018〕4 号）

各省、自治区、直辖市及计划单列市农业（农牧、农村经济）、畜牧、兽医、渔业厅（局、委、办），新疆生产建设兵团农业局：

为深入学习贯彻习近平总书记在全国生态环境保护大会重要讲话和会议精神，落实《中共中央、国务院关于全面加强生态环境保护　坚决打好污染防治攻坚战的意见》，进一步做好农业农村生态环境保护工作，打好农业面源污染防治攻坚战，全面推进农业绿色发展，推动农业农村生态文明建设迈上新台阶，提出如下意见。

一、切实增强做好农业农村生态环境保护工作的责任感使命感

各级农业农村部门要深入学习贯彻习近平生态文明思想，切实把思想和行动统一到中央决策部署上来，深入推进农业农村生态环境保护工作，提升农业农村生态文明。要深刻把握人与自然和谐共生的自然生态观，正确处理"三农"发展与生态环境保护的关系，自觉把尊重自然、顺应自然、保护自然的要求贯穿到"三农"发展全过程。要深刻把握绿水青山就是金山银山的发展理念，坚定不移走生态优先、绿色发展新道路，推动农业高质量发展和农村生态文明建设。要深刻把握良好生态环境是最普惠民生福祉的宗旨精神，着力解决农业面源污染、农村人居环境脏乱差等农业农村突出环境问题，提供更多优质生态产品以满足人民对优美生态环境的需要。要深刻把握山水林田湖草是生命共同体的系统思想，多措并举、综合施策，提高农业农村生态环境保护工作的科学性有效性。要深刻把握用最严格制度最严密法治保护生态环境的方法路径，实施最严格的水资源管理制度和耕地保护制度，给子孙后代留下良田沃土、碧水蓝天。

二、加快构建农业农村生态环境保护制度体系

贯彻落实中办国办印发的《关于创新体制机制推进农业绿色发展的意见》，构建农业绿色发展制度体系。落实农业功能区制度，建立农业生产力布局、耕地轮作休耕、节约高效的农业用水等制度，建立农业产业准入负面清单制度，因地制宜制定禁止和限制发展产业目录。

推动建立工业和城镇污染向农业转移防控机制，构建农业农村污染防治制度体系，加强农村人居环境整治和农业环境突出问题治理，推进农业投入品减量化、生产清洁化、废弃物资源化、产业模式生态化，加快补齐农业农村生态环境保护突出短板。

健全以绿色生态为导向的农业补贴制度，推动财政资金投入向农业农村生态环境领域倾斜，完善生态补偿政策。加大政府和社会资本合作（PPP）在农业生态环境保护领域的推广应用，引导社会资本投向农业资源节约利用、污染防治和生态保护修复等领域。加快培育新型市场主体，采取政府统一购买服务、企业委托承包等多种形式，推动建立农业农村污染第三方治理机制。

三、扎实推进农业绿色发展重大行动

推进化肥减量增效，实施果菜茶有机肥替代化肥行动，支持果菜茶优势产区、核心产区、知名品牌生产基地开展有机肥替代化肥试点示范，引导农民和新型农业经营主体采取多种方式积造施用有机肥，集成推广化肥减量增效技术模式，加快实现化肥使用量负增长。推进农药减量增效，加大绿色防控力度，加强统防统治与绿色防控融合示范基地和果菜茶全程绿色防控示范基地建设，推动绿色防控替代化学防治，推进农作物病虫害专业化统防统治，扶持专业化防治服务组织，集成推广全程农药减量控害模式，稳定实现农药使用量负增长。

推进畜禽粪污资源化利用，根据资源环境承载力，优化畜禽养殖区域布局，推进畜牧大县整县实现畜禽粪污资源化利用，支持规模养殖场和第三方建设粪污处理利用设施，集成推广畜禽粪污资源化利用技术，推动形成畜禽粪污资源化利用可持续运行机制。推进水产养殖业绿色发展，优化水产养殖空间布局，依法加强养殖水域滩涂统一规划，划定禁止养殖区、限制养殖区和养殖区，大力发展池塘和工厂化循环水养殖、稻渔综合种养、大水面生态增养殖、深水抗风浪网箱等生态健康养殖模式。

推进秸秆综合利用，以东北、华北地区为重点，整县推进秸秆综合利用试点，积极开展肥料化、饲料化、燃料化、基料化和原料化利用，打造深翻还田、打捆直燃供暖、秸秆青黄贮和颗粒饲料喂养等典型示范样板。加大农用地膜新国家标准宣贯力度，做好地膜农资打假工作，加快推进加厚地膜应用，研究制定农膜管理办法，健全回收加工体系，以西北地区为重点建设地膜治理示范县，构建加厚地膜推广应用与地膜回收激励挂钩机制，开展地膜生产者责任延伸制度试点。

四、着力改善农村人居环境

各级农业农村部门要发挥好牵头作用，会同有关部门加快落实《农村人居环境整治三年行动方案》，以农村垃圾、污水治理和村容村貌提升为主攻方向，加快补齐农村人居环境突出短板，把农村建设成为农民幸福生活的美好家园。加强优化村庄规划管理，推进农村生活垃圾、污水治理，推进"厕所革命"，整治提升村容村貌，打造一批示范县、示范乡镇和示范村，加快推动功能清晰、布局合理、生态宜居的美丽乡村建设。

发挥好村级组织作用，多途径发展壮大集体经济，增强村级组织动员能力，支持社会化服务组织提供垃圾收集转运等服务。同时调动好农民的积极性，鼓励投工投劳参与建设管护，开展房前屋后和村内公共空间环境整治，逐步建立村庄人居环境管护长效机制。

学习借鉴浙江"千村示范、万村整治"经验，组织开展"百县万村示范工程"，通过试点示范不断探索积累经验，及时总结推广一批先进典型案例。

五、切实加强农产品产地环境保护

加强污染源头治理，会同有关部门开展涉重金属企业排查，严格执行环境标准，控制重金属污染物进入农田，同时加强灌溉水质管理，严禁工业和城市污水直接灌溉农田。

开展耕地土壤污染状况详查，实施风险区加密调查、农产品协同监测，进一步摸清耕地土壤污染状况，明确耕地土壤污染防治重点区域。在耕地土壤污染详查和监测基础上，将耕地环境质量划分为优先保护、安全利用和严格管控三个类别，实施耕地土壤环境质量分类管理。

以南方酸性土水稻产区为重点，分区域、分作物品种建立受污染耕地安全利用试点，合理利用中轻度污染耕地土壤生产功能，大面积推广低积累品种替代、水肥调控、土壤调理等安全利用措施，推进受污染耕地安全利用。严格管控重度污染耕地，划定农产品禁止生产区，实施种植结构调整或退耕还林还草。扩大污染耕地轮作休耕试点，继续实施湖南长株潭地区重金属污染耕地治理试点。

六、大力推动农业资源养护

加快发展节水农业，统筹推进工程节水、品种节水、农艺节水、管理节水、治污节水，调整优化品种结构，调减耗水量大的作物，扩种耗水量小的作物，大力发展雨养农业。建设高标准节水农业示范区，集中展示膜下滴灌、集雨补灌、喷滴灌等模式，继续抓好河北地下水超采区综合治理。

加强耕地质量保护与提升，开展农田水利基本建设，推进旱涝保收、高产稳产高标准农田建设。推行耕地轮作休耕制度，坚持生态优先、综合治理、轮作为主、休耕为辅，集成一批保护与治理并重的技术模式。

加强水生野生动植物栖息地和水产种质资源保护区建设，建立长江流域重点水域禁渔补偿制度，加快推进长江流域水生生物保护区全面禁捕，加强珍稀濒危物种保护，实施长江江豚、中华白海豚、中华鲟等旗舰物种拯救行动计划，全力抓好以长江为重点的水生生物保护行动。大力实施增殖放流，加强海洋牧场建设，完善休渔禁渔制度，在松花江、辽河、海河流域建立禁渔期制度，实施海洋渔业资源总量管理制度和海洋渔船"双控"制度，加强幼鱼保护，持续开展违规渔具清理整治，严厉打击涉渔"三无"船舶。加强种质资源收集与保护，防范外来生物入侵。

七、显著提升科技支撑能力

要突出绿色导向，把农业科技创新的方向和重点转到低耗、生态、节本、安全、优质、循环等绿色技术上来，加强技术研发集成，不断提升农业绿色发展的科技水平。优化农业科技资源布局，推动科技创新、科技成果、科技人才等要素向农业生态文明建设倾斜。

依托畜禽养殖废弃物资源化处理、化肥减量增效、土壤重金属污染防治等国家农业科技创新联盟，整合技术、资金、人才等资源要素，开展产学研联合攻关，合力解决农业农村污染防治技术瓶颈问题。

印发并组织实施《农业绿色发展技术导则（2018—2030年）》，推进现代农业产业技术体系与农业农村生态环境保护重点任务和技术需求对接，促进产业与环境科技问题一体化解决。发布重大引领性农业农村资源节约与环境保护技术，加强集成熟化，开展示范展示，遴选推介一批优质安全、节本增效、绿色环保的农业农村主推技术。

八、建立健全考核评价机制

各级农业农村部门要切实将农业生态环境保护摆在农业农村经济工作的突出位置，加强组织领导，明确任务分工，落实工作责任，确保党中央国务院决策部署不折不扣地落到实处。深入开展教育培训工作，提高农民节约资源、保护环境的自觉性和主动性。

完善农业资源环境监测网络，开展农业面源污染例行监测，做好第二次全国农业污染源普查，摸清农业污染源基本信息，掌握农业面源污染的总体状况和变化趋势。紧紧围绕"一控两减三基本"目标任务，依托农业面源污染监测网络数据，做好省级农业面源污染防治延伸绩效考核，建立资金分配与污染治理工作挂钩的激励约束机制。

探索构建农业绿色发展指标体系，适时开展部门联合督查，对农业绿色发展情况进行评价和考核，压实工作责任，确保工作纵深推进、落实到位。坚持奖惩并重，加大问责力度，将重大农业农村污染问题、农村人居环境问题纳入督查范围，对污染问题严重、治理工作推进不力的地区进行问责，对治理成效明显的地区予以激励支持。

农业农村部关于调整长江流域专项捕捞管理制度的通告（2018年12月28日　农业农村部通告〔2018〕5号）

为贯彻《国务院办公厅关于加强长江水生生物保护工作的意见》，落实长江流域重点水域禁捕工作部署，保护长江流域水生生物资源，根据《中华人民共和国渔业法》有关规定，对长江流域专项捕捞管理制度进行调整，现通告如下。

自2019年2月1日起，停止发放刀鲚（长江刀鱼）、凤鲚（凤尾鱼）、中华绒螯蟹（河蟹）专项捕捞许可证，禁止上述三种天然资源的生产性捕捞。

原农业部2002年2月8日发布的《长江刀鲚凤鲚专项管理暂行规定》（农渔发〔2002〕3号）同时废止。未来上述资源的利用，根据资源状况另行规定。

农业农村部关于实行海河、辽河、松花江和钱塘江等4个流域禁渔期制度的通告（2019年1月15日　农业农村部通告〔2019〕1号）

为养护水生生物资源、保护生物多样性、促进渔业可持续发展和生态文明建设，根据《中华人民共和国渔业法》有关规定和《中国水生生物资源养护行动纲要》要求，我部决定自2019年起实行海河、辽河、松花江和钱塘江等4个流域禁渔期制度。现通告如下。

一、海河流域禁渔期制度

（一）禁渔区

滦河、蓟运河、潮白河、北运河、永定河、海河、大清河、子牙河、漳卫河、徒骇河、马颊河等主要河流的干、支流，位于上述河流之间独立入海的小型河流和人工水道，以及主要河流干、支流所属的水库、湖泊、湿地。

（二）禁渔期

每年5月16日12时至7月31日12时。

（三）禁止作业类型

除钓具之外的所有作业方式。

二、辽河流域禁渔期制度

（一）禁渔区

辽河及大凌河、小凌河和洋河水系。辽河包括西辽河、东辽河、辽河干流、西拉木伦河、老哈河、教来河、布哈腾河、招苏台河、清河、柴河、秀水河、柳河、绕阳河、浑河、太子河等支流，以及干、支流所属的水库、湖泊、湿地。

（二）禁渔期

每年5月16日12时至7月31日12时。

（三）禁止作业类型

除钓具之外的所有作业方式。

三、松花江流域禁渔期制度

（一）禁渔区

嫩江、松花江吉林省段和松花江三岔河口至同江段，以及上述江段所属的支流、水库、湖泊、水泡等水域。

（二）禁渔期

每年5月16日12时至7月31日12时。

（三）禁止作业类型

除钓具之外的所有作业方式。

四、钱塘江流域禁渔期制度

（一）禁渔区

钱塘江干流（含南北支源头）、支流及湖泊、水库。

（二）禁渔期

钱塘江干流统一禁渔时间为每年3月1日0时至6月30日24时。

钱塘江支流、湖泊、水库的渔业管理制度由省级渔业主管部门制定。

（三）禁止作业类型

除娱乐性游钓和休闲渔业以外的所有作业方式。

五、其他事项

（一）各省级渔业主管部门可根据本地实际，在上述禁渔规定基础上，制定更严格的禁渔管理措施。

（二）禁渔区和禁渔期内，因科学研究和驯养繁殖等活动需采捕天然渔业资源的，须经省级渔业主管部门批准。

（三）松花江、辽河、海河水库内和钱塘江千岛湖水域增殖渔业资源的利用和管理，可由省级渔业主管部门另行规定。

六、实施时间

本通告自2019年3月1日起实施。

农业农村部关于长江流域重点水域禁捕范围和时间的通告（2019年12月27日 农业农村部通告〔2019〕4号）

根据《中华人民共和国渔业法》《国务院办公厅关于加强长江水生生物保护工作的意见》（国办发〔2018〕95号）和《农业农村部 财政部 人力资源社会保障部关于印发〈长江流域重点水域禁捕和建立补偿制度实施方案〉的通知》（农长渔发〔2019〕1号）等有关规定，长江流域捕捞渔民按照国家和所在地相关政策开展退捕转产，重点水域分类实行禁捕，现将相应范围和时间通告如下。

一、水生生物保护区

《农业部关于公布率先全面禁捕长江流域水生生物保护区名录的通告》（农业部通告〔2017〕6号）公布的长江上游珍稀特有鱼类国家级自然保护区等332个自然保护区和水产种质资源保护区，自2020年1月1日0时起，全面禁止生产性捕捞。有关地方政府或渔业主管部门宣布在此之前实行禁捕的，禁捕起始时间从其规定。

今后长江流域范围内新建立的以水生生物为主要保护对象的自然保护区和水产种质资源保护区，自建立之日起纳入全面禁捕范围。

二、干流和重要支流

长江干流和重要支流是指《农业部关于调整长江流域禁渔期制度的通告》（农业部通告〔2015〕1号）公布的有关禁渔区域，即青海省曲麻莱县以下至长江河口（东经122°、北纬31°36′30″、北纬30°54′之间的区域）的长江干流江段；岷江、沱江、赤水河、嘉陵江、乌江、汉江等重要通江河流在甘肃省、陕西省、云南省、贵州省、四川省、重庆市、湖北省境内的干流江段；大渡河在青海省和四川省境内的干流河段；以及各省确定的其他重要支流。

长江干流和重要支流除水生生物自然保护区和水产种质资源保护区以外的天然水域，最迟自2021年1月1日0时起实行暂定为期10年的常年禁捕，期间禁止天然渔业资源的生产性捕捞。鼓励有条件的地方在此之前实施禁捕。有关地方政府或渔业主管部门宣布在此之前实行禁捕的，禁捕起始时间从其规定。

三、大型通江湖泊

鄱阳湖、洞庭湖等大型通江湖泊除水生生物自然保护区和水产种质资源保护区以外的天然水域，由有关省级渔业主管部门划定禁捕范围，最迟自2021年1月1日0时起，实行暂定为期10年的常年禁捕，期间禁止天然渔业资源的生产性捕捞。鼓励有条件的地方在此之前实施禁捕。有关地方政府或渔业主管部门宣布在此之前实行禁捕的，禁捕起始时间从其规定。

四、其他重点水域

与长江干流、重要支流、大型通江湖泊连通的其他天然水域，由省级渔业行政主管部门确定禁捕范围和时间。

五、专项（特许）捕捞

禁捕期间，因育种、科研、监测等特殊需要采集水生生物的，或在通江湖泊、大型水库针对特定渔业资源进行专项（特许）捕捞的，由有关省级渔业主管部门根据资源状况制定管理办法，对捕捞品种、作业时间、作业类型、作业区域、准用网具和捕捞限额等作出规定，报农业农村部批准后组织实施。专项（特许）捕捞作业需要跨越省级管辖水域界限的，由交界水域有关省级渔业主管部门协商管理。

在特定水域开展增殖渔业资源的利用和管理，由省级渔业主管部门另行规定并组织实施，避免对禁捕管理产生不利影响。

六、执法监督管理

在长江流域重点水域禁捕范围和时间内违法从事天然渔业资源捕捞的，依照《渔业法》和《刑法》关于禁渔区、禁渔期的规定处理。

长江流域各级渔业主管部门应当在各级人民政府的领导下，加强与相关部门协同配合，建立"护鱼员"协管巡护制度，加强禁捕宣传教育引导，强化执法队伍和能力建设，严格渔政执法监管，确保长江流域重点水域禁捕制度顺利实施。

各级渔业主管部门应当对在长江流域重点水域禁捕范围和时间内从事娱乐性游钓和休闲渔业活动进行规范管理，避免对禁捕管理和资源保护产生不利影响。

七、其他事项

本通告自 2020 年 1 月 1 日 0 时起实施。原《农业部关于调整长江流域禁渔期制度的通告》（农业部通告〔2015〕1 号）自 2021 年 1 月 1 日 0 时起废止，原通告规定的淮河干流河段禁渔期制度，在我部另行规定前继续按照每年 3 月 1 日 0 时至 6 月 30 日 24 时执行。

国家林业局关于修改《湿地保护管理规定》的决定（国家林业局令第 48 号）

《国家林业局关于修改〈湿地保护管理规定〉的决定》已经 2017 年 11 月 3 日国家林业局局务会议审议通过，现予公布，自 2018 年 1 月 1 日起施行。

局长　张建龙
2017 年 12 月 5 日

国家林业局决定对《湿地保护管理规定》作如下修改：

一、将第一条修改为："为了加强湿地保护管理，履行《关于特别是作为水禽栖息地的国际重要湿地公约》（以下简称"国际湿地公约"），根据法律法规和有关规定，制定本规定。"

二、将第二条中"野生植物的原生地"修改为"野生植物原生地"。

三、将第三条中"保护优先、科学恢复"修改为"全面保护、科学修复"。

四、将第五条第一款中的"爱鸟周"修改为"世界野生动植物日、爱鸟周"。

五、将第六条中"县级以上地方人民政府林业主管部门应当鼓励、支持公民、法人和其他组织"修改为："县级以上人民政府林业主管部门应当鼓励和支持公民、法人以及其他组织"。

六、将第十一条修改为："县级以上人民政府林业主管部门可以采取湿地自然保护区、湿地公园、湿地保护小区等方式保护湿地，健全湿地保护管理机构和管理制度，完善湿地保护体系，加强湿地保护。"

七、将第十二条修改为："湿地按照其生态区位、生态系统功能和生物多样性等重要程度，分为国家重要湿地、地方重要湿地和一般湿地。"

八、将第十三条修改为："国家林业局会同国务院有关部门制定国家重要湿地认定标准和管理办法，明确相关管理规则和程序，发布国家重要湿地名录。"

九、将第十四条修改为："省、自治区、直辖市人民政府林业主管部门应当在同级人民政府指导下，会同有关部门制定地方重要湿地和一般湿地认定标准和管理办法，发布地方重要湿地和一般湿地名录。"

十、将第十九条第一款、第二款中的"设立"修改为"建立"。

十一、将第二十一条修改为："国家湿地公园实行晋升制。符合下列条件的，可以申请晋升为国家湿地公园：

（一）湿地生态系统在全国或者区域范围内具有典型性，或者湿地区域生态地位重要，或者湿地主体生态功能具有典型示范性，或者湿地生物多样性丰富，或者集中分布有珍贵、濒危的野生生物物种；

（二）具有重要或者特殊科学研究、宣传教育和文化价值；

（三）成为省级湿地公园2年以上（含2年）；

（四）保护管理机构和制度健全；

（五）省级湿地公园总体规划实施良好；

（六）土地权属清晰，相关权利主体同意作为国家湿地公园；

（七）湿地保护、科研监测、科普宣传教育等工作取得显著成效。"

十二、删去第二十二条。

十三、将第二十三条改为第二十二条，修改为："申请晋升为国家湿地公园的，由省、自治区、直辖市人民政府林业主管部门向国家林业局提出申请。

国家林业局在收到申请后，组织论证审核，对符合条件的，晋升为国家湿地公园。"

十四、将第二十四条改为第二十三条，将第一款修改为："省级以上人民政府林业主管部门应当对国家湿地公园的建设和管理进行监督检查和评估。"

将第二款中的"因管理不善"修改为"因自然因素或者管理不善"。

十五、将第二十五条改为第二十四条，将"建立"修改为"设立"。

十六、删去第二十六条。

十七、将第二十八条、第二十九条改为第二十六条、第二十七条，将"县级以上地方人民政府"修改为"县级以上人民政府"。

十八、将第三十一条改为第二十九条，修改为："除法律法规有特别规定的以外，在湿地内禁止从事下列活动：

（一）开（围）垦、填埋或者排干湿地；

（二）永久性截断湿地水源；

（三）挖沙、采矿；

（四）倾倒有毒有害物质、废弃物、垃圾；

（五）破坏野生动物栖息地和迁徙通道、鱼类洄游通道，滥采滥捕野生动植物；

（六）引进外来物种；

（七）擅自放牧、捕捞、取土、取水、排污、放生；

（八）其他破坏湿地及其生态功能的活动。"

十九、将第三十二条改为第三十条，将第一款修改为："建设项目应当不占或者少占湿地，经批准确需征收、占用湿地并转为其他用途的，用地单位应当按照'先补后占、占补平衡'的原则，依法办理相关手续。"

将第二款中的"进行生态修复"修改为"限期进行生态修复"。

二十、增加一条，作为第三十二条："县级以上人民政府林业主管部门应当按照有关规定开展湿地防火工作，加强防火基础设施和队伍建设。"

二十一、删去第三十六条。

另外，条文顺序作相应的调整。

本决定自2018年1月1日起施行。

《湿地保护管理规定》根据本决定作相应修改，重新公布。

湿地保护管理规定

（2013年3月28日国家林业局令第32号公布
2017年12月5日国家林业局令第48号修改）

第一条 为了加强湿地保护管理，履行《关于特别是作为水禽栖息地的国际重要湿地公约》（以下简称"国际湿地公约"），根据法律法规和有关规定，制定本规定。

第二条 本规定所称湿地，是指常年或者季节性积水地带、水域和低潮时水深不超过6米的海域，包括沼泽湿地、湖泊湿地、河流湿地、滨海湿地等自然湿地，以及重点保护野生动物栖息地或者重点保护野生植物原生地等人工湿地。

第三条 国家对湿地实行全面保护、科学修复、合理利用、持续发展的方针。

第四条 国家林业局负责全国湿地保护工作的组织、协调、指导和监督，并组织、协调有关国际湿地公约的履约工作。

县级以上地方人民政府林业主管部门按照有关规定负责本行政区域内的湿地保护管理工作。

第五条 县级以上人民政府林业主管部门及有关湿地保护管理机构应当加强湿地保护宣传教育和培训，结合世界湿地日、世界野生动植物日、爱鸟周和保护野生动物宣传月等开展宣传教育活动，提高公众湿地保护意识。

县级以上人民政府林业主管部门应当组织开展湿地保护管理的科学研究，应用推广研究成果，提高湿地保护管理水平。

第六条 县级以上人民政府林业主管部门应当鼓励和支持公民、法人以及其他组织，以志愿服务、捐赠等形式参与湿地保护。

第七条 国家林业局会同国务院有关部门编制全国和区域性湿地保护规划，报国务院或者其授权的部门批准。

县级以上地方人民政府林业主管部门会同同级人民政府有关部门，按照有关规定编制本行政区域内的湿地保护规划，报同级人民政府或者其授权的部门批准。

第八条　湿地保护规划应当包括下列内容：

（一）湿地资源分布情况、类型及特点、水资源、野生生物资源状况；

（二）保护和合理利用的指导思想、原则、目标和任务；

（三）湿地生态保护重点建设项目与建设布局；

（四）投资估算和效益分析；

（五）保障措施。

第九条　经批准的湿地保护规划必须严格执行；未经原批准机关批准，不得调整或者修改。

第十条　国家林业局定期组织开展全国湿地资源调查、监测和评估，按照有关规定向社会公布相关情况。

湿地资源调查、监测、评估等技术规程，由国家林业局在征求有关部门和单位意见的基础上制定。

县级以上地方人民政府林业主管部门及有关湿地保护管理机构应当组织开展本行政区域内的湿地资源调查、监测和评估工作，按照有关规定向社会公布相关情况。

第十一条　县级以上人民政府林业主管部门可以采取湿地自然保护区、湿地公园、湿地保护小区等方式保护湿地，健全湿地保护管理机构和管理制度，完善湿地保护体系，加强湿地保护。

第十二条　湿地按照其生态区位、生态系统功能和生物多样性等重要程度，分为国家重要湿地、地方重要湿地和一般湿地。

第十三条　国家林业局会同国务院有关部门制定国家重要湿地认定标准和管理办法，明确相关管理规则和程序，发布国家重要湿地名录。

第十四条　省、自治区、直辖市人民政府林业主管部门应当在同级人民政府指导下，会同有关部门制定地方重要湿地和一般湿地认定标准和管理办法，发布地方重要湿地和一般湿地名录。

第十五条　符合国际湿地公约国际重要湿地标准的，可以申请指定为国际重要湿地。

申请指定国际重要湿地的，由国务院有关部门或者湿地所在地省、自治区、直辖市人民政府林业主管部门向国家林业局提出。国家林业局应当组织论证、审核，对符合国际重要湿地条件的，在征得湿地所在地省、自治区、直辖市人民政府和国务院有关部门同意后，报国际湿地公约秘书处核准列入《国际重要湿地名录》。

第十六条　国家林业局对国际重要湿地的保护管理工作进行指导和监督，定期对国际重要湿地的生态状况开展检查和评估，并向社会公布结果。

国际重要湿地所在地的县级以上地方人民政府林业主管部门应当会同同级人民政府有关部门对国际重要湿地保护管理状况进行检查，指导国际重要湿地保护管理机构维持国际重要湿地的生态特征。

第十七条　国际重要湿地保护管理机构应当建立湿地生态预警机制，制定实施管理计划，开展动态监测，建立数据档案。

第十八条　因气候变化、自然灾害等造成国际重要湿地生态特征退化的，省、自治区、直辖市人民政府林业主管部门应当会同同级人民政府有关部门进行调查，指导国际重要湿地保护管理机构制定实施补救方案，并向同级人民政府和国家林业局报告。

因工程建设等造成国际重要湿地生态特征退化甚至消失的，省、自治区、直辖市人民政府林业主管部门应当会同同级人民政府有关部门督促、指导项目建设单位限期恢复，并向同级人民政府和国家林业局报告；对逾期不予恢复或者确实无法恢复的，由国家林业局会商所在地省、自治区、直辖市人民政府和国务院有关部门后，按照有关规定处理。

第十九条　具备自然保护区建立条件的湿地，应当依法建立自然保护区。

自然保护区的建立和管理按照自然保护区管理的有关规定执行。

第二十条　以保护湿地生态系统、合理利用湿地资源、开展湿地宣传教育和科学研究为目的，并可供开展生态旅游等活动的湿地，可以设立湿地公园。

湿地公园分为国家湿地公园和地方湿地公园。

第二十一条　国家湿地公园实行晋升制。符合下列条件的，可以申请晋升为国家湿地公园：

（一）湿地生态系统在全国或者区域范围内具有典型性，或者湿地区域生态地位重要，或者湿地主体生态功能具有典型示范性，或者湿地生物多样性丰富，或者集中分布有珍贵、濒危的野生生物物种；

（二）具有重要或者特殊科学研究、宣传教育和文化价值；

（三）成为省级湿地公园2年以上（含2年）；

（四）保护管理机构和制度健全；

（五）省级湿地公园总体规划实施良好；

（六）土地权属清晰，相关权利主体同意作为国家湿地公园；

（七）湿地保护、科研监测、科普宣传教育等工作取得显著成效。

第二十二条　申请晋升为国家湿地公园的，由省、自治区、直辖市人民政府林业主管部门向国家林业局提出申请。

国家林业局在收到申请后，组织论证审核，对符合条件的，晋升为国家湿地公园。

第二十三条　省级以上人民政府林业主管部门应当对国家湿地公园的建设和管理进行监督检查和评估。

因自然因素或者管理不善导致国家湿地公园条件丧失的，或者对存在问题拒不整改或者整改不符合要求的，国家林业局应当撤销国家湿地公园的命名，并向社会公布。

第二十四条　地方湿地公园的设立和管理，按照地方有关规定办理。

第二十五条　因保护湿地给湿地所有者或者经营者合法权益造成损失的，应当按照有关规定予以补偿。

第二十六条　县级以上人民政府林业主管部门及有关湿地保护管理机构应当组织开展退化湿地修复工作，恢复湿地功能或者扩大湿地面积。

第二十七条　县级以上人民政府林业主管部门及有关湿地保护管理机构应当开展湿地动态监测，并在湿地资源调查和监测的基础上，建立和更新湿地资源档案。

第二十八条　县级以上人民政府林业主管部门应当对开展生态旅游等利用湿地资源的活动进行指导和监督。

第二十九条　除法律法规有特别规定的以外，在湿地内禁止从事下列活动：

（一）开（围）垦、填埋或者排干湿地；

（二）永久性截断湿地水源；

（三）挖沙、采矿；

（四）倾倒有毒有害物质、废弃物、垃圾；

（五）破坏野生动物栖息地和迁徙通道、鱼类洄游通道，滥采滥捕野生动植物；

（六）引进外来物种；

（七）擅自放牧、捕捞、取土、取水、排污、放生；

（八）其他破坏湿地及其生态功能的活动。

第三十条　建设项目应当不占或者少占湿地，经批准确需征收、占用湿地并转为其他用途的，用地单位应当按照"先补后占、占补平衡"的原则，依法办理相关手续。

临时占用湿地的，期限不得超过2年；临时占用期限届满，占用单位应当对所占湿地限期进行生态修复。

第三十一条　县级以上地方人民政府林业主管部门应当会同同级人民政府有关部门，在同级人民政府的组织下建立湿地生态补水协调机制，保障湿地生态用水需求。

第三十二条　县级以上人民政府林业主管部门应当按照有关规定开展湿地防火工作，加强防火基础设施和队伍建设。

第三十三条　县级以上人民政府林业主管部门应当会同同级人民政府有关部门协调、组织、开展湿地有害生物防治工作；湿地保护管理机构应当按照有关规定承担湿地有害生物防治的具体工作。

第三十四条　县级以上人民政府林业主管部门应当会同同级人民政府有关部门开展湿地保护执法活动，对破坏湿地的违法行为依法予以处理。

第三十五条　本规定自2013年5月1日起施行。

国家林业和草原局关于进一步做好湿地监督管理工作的通知（2019年12月25日林湿发〔2019〕118号）

各省、自治区、直辖市林业和草原主管部门，内蒙古、大兴安岭森工（林业）集团公司，新疆生产建设兵团林业和草原主管部门：

为深入贯彻习近平生态文明思想，推动落实《湿地保护修复制度方案》（国办发〔2016〕89号）有关要求，履行好林业和草原主管部门的职责，严厉打击侵占破坏湿地违法违规行为，根据有关规定，现就进一步做好湿地监督管理工作通知如下：

一、深刻认识加强湿地监督管理的意义

湿地具有涵养水源、净化水质、蓄洪防旱、调节气候和维护生物多样性等多种重要生态功能。保护湿地，对维护生态平衡，改善生态状况，实现人与自然和谐共生，促进经济社会可持续发展，建设美丽中国，具有十分重要的意义。但是，近年来，违法违规侵占破坏湿地的现象时有发生，加强湿地监督管理十分必要。

加强湿地监督管理，是贯彻落实习近平生态文明思想，践行"绿水青山就是金山银山"理念的必然要求，是适应新时代生态文明制度改革的迫切需要，也是执行有关法律法规规定和机构改革相关决定的职责所系。各级林业和草原主管部门要深刻认识加强湿地监督管理的重大意义，增强责任意识，提高履职能力，依法依规做好湿地监督管理工作。

二、依法明确湿地监督管理的范围

我国湿地保护普遍实行综合协调、分部门实施的管理体制，国家有关法律法规、地方性法规等分别就森林、草原、野生动植物、水、土地、矿产等自然资源和有关湿地生态环境领域的违法情形及执法监督等作出了规定。各级林业和草原主管部门要对照《国务院办公厅关于印发湿地保护修复制度方案的通知》、《湿地保护管理规定》（国家林业局令第48号）、《国家湿地公园管理办法》（林湿发〔2017〕150号）明确的禁止性行为，依据有关法律法规规定，结合本地湿地保护与开发利用及管理实际，明确湿地监管重点，提出监管事项清单，厘清监管或执法责任主体，依法依规组织开展监督管理。

根据当前湿地保护和开发利用的形势，重点对以下行为加强监督管理：非法围垦、填埋、占用湿地，擅自永久性排干湿地或截断湿地水源；在湿地内擅自挖沙、取土、非法采矿；违反规定向湿地排放污水，或倾倒有毒有害物质、废弃物、垃圾；擅自破坏野生动物栖息地和迁徙通道、鱼类洄游通道，非法猎捕野生动物，采集野生植物；违反规定在湿地内放牧、耕种、养殖、捕鱼；违反规定在自然保护区、湿地公园内建筑各种设施，或进行房地产、高尔夫球场等不符合主体功能定位的建设项目和开发活动。

三、广泛收集侵占破坏湿地的违法违规案件线索

各级林业和草原主管部门要及时掌握违法违规侵占破坏湿地的信息和案件线索。可通过设立举报信箱或电子邮箱、举报电话、在线举报平台等方式，鼓励和支持公众对侵占破坏湿地的行为进行举报。要密切关注各种媒体报道和舆情传播的侵占破坏湿地的信息；高度重视领导批示、上级机关批转、其他部门移交、公众举报的侵占破坏湿地的线索；充分用好各种专项行动发现的侵占破坏湿地的线索；通过日常巡护、巡查或检查工作发现侵占破坏湿地的线索；与社会公益组织和志愿者队伍开展合作，收集侵占破坏湿地的线索。

对各类侵占破坏湿地的线索，各级林业和草原主管部门要及时进行受理、登记，实行台账管理，为后续查处、跟踪、督办、报告等工作打好基础。要做好对举报人和提供线索的公民、组织的保护保密工作。

四、及时组织查处侵占破坏湿地的违法违规行为

林业和草原主管部门获得侵占破坏湿地的信息和线索后，要及时组织人员赴现场进行调查核实，并作出相应的处理。对法律法规已明确规定由县级以上地方人民政府林业和草原主管部门负责处罚的，林业和草原主管部门应当依法及时查处，并向线索来源方反馈查处结果。对依法应当由其他部门查处的，林业和草原主管部门应当及时向相关部门移交

违法违规线索，并跟踪了解其查处情况，同时向线索来源方反馈案件移交情况。

林业和草原主管部门在依法查处侵占破坏湿地案件的过程中，对拒不执行行政处罚决定的单位和个人，可以依法向人民法院申请强制执行；对涉嫌刑事犯罪的，应当移交公安等司法机关处理。针对造成湿地破坏和湿地生态环境损害的，林业和草原主管部门可以依法推动生态环境损害索赔，联合检察机关提起民事公益诉讼，或鼓励环境公益组织发起环境公益诉讼，要求相应的行为人承担湿地生态环境损害赔偿责任。

林业和草原主管部门在向其他依法应当履行查处职责的部门移交案件线索后，如有不受理的，可以向当地检察机关或纪检监察机关报告。

五、积极推动建立湿地联合执法与监管协作机制

林业和草原主管部门要主动会同自然资源、生态环境、水资源、农业农村、海洋等部门，建立湿地联合执法与监管协作机制，加强部门合作和信息交流，组织开展联合执法和专项执法行动，研究查处疑难复杂案件。要积极争取公安、检察、法院、纪检监察等机关在行刑衔接、司法救济、纪检监察等方面给予支持。

针对法律、行政法规、地方性法规、规章明确禁止但未规定相应处罚措施的行为，或因负有管理职责的单位管理不善造成湿地资源和生态环境破坏的，林业和草原主管部门要及时向本级人民政府报告。

特此通知。

国家林业和草原局公告（指定国际重要湿地）（2020年9月4日 2020年第15号）

为有效履行《关于特别是作为水禽栖息地的国际重要湿地公约》（以下简称《湿地公约》），根据《湿地公约》第二条第一款规定，我国于2020年2月3日指定天津北大港、河南民权黄河故道、内蒙古毕拉河、黑龙江哈东沿江、甘肃黄河首曲、西藏扎日南木错、江西鄱阳湖南矶等7处湿地为国际重要湿地，经《湿地公约》秘书处按程序核准已列入《国际重要湿地名录》，生效日期为指定日——2020年2月3日。

截至2020年9月，我国国际重要湿地数量达64处。

特此公告。

| 地方法规规章 |

浙江省河长制规定（2017 年 7 月 28 日浙江省第十二届人民代表大会常务委员会第四十三次会议通过）

第一条 为了推进和保障河长制实施，促进综合治水工作，制定本规定。

第二条 本规定所称河长制，是指在相应水域设立河长，由河长对其责任水域的治理、保护予以监督和协调，督促或者建议政府及相关主管部门履行法定职责、解决责任水域存在问题的体制和机制。

本规定所称水域，包括江河、湖泊、水库以及水渠、水塘等水体。

第三条 县级以上负责河长制工作的机构（以下简称河长制工作机构）履行下列职责：

（一）负责实施河长制工作的指导、协调，组织制定实施河长制的具体管理规定；

（二）按照规定受理河长对责任水域存在问题或者相关违法行为的报告，督促本级人民政府相关主管部门处理或者查处；

（三）协调处理跨行政区域水域相关河长的工作；

（四）具体承担对本级人民政府相关主管部门、下级人民政府以及河长履行职责的监督和考核；

（五）组织建立河长管理信息系统；

（六）为河长履行职责提供必要的专业培训和技术指导；

（七）县级以上人民政府规定的其他职责。

第四条 本省建立省级、市级、县级、乡级、村级五级河长体系。跨设区的市重点水域应当设立省级河长。各水域所在设区的市、县（市、区）、乡镇（街道）、村（居）应当分级分段设立市级、县级、乡级、村级河长。

河长的具体设立和确定，按照国家和省有关规定执行。

第五条 省级河长主要负责协调和督促解决责任水域治理和保护的重大问题，按照流域统一管理和区域分级管理相结合的管理体制，协调明确跨设区的市水域的管理责任，推动建立区域间协调联动机制，推动本省行政区域内主要江河实行流域化管理。

第六条 市、县级河长主要负责协调和督促相关主管部门制定责任水域治理和保护方案，协调和督促解决方案落实中的重大问题，督促本级人民政府制定本级治水工作部门责任清单，推动建立部门间协调联动机制，督促相关主管部门处理和解决责任水域出现的问题、依法查处相关违法行为。

第七条 乡级河长主要负责协调和督促责任水域治理和保护具体任务的落实，对责任水域进行日常巡查，及时协调和督促处理巡查发现的问题，劝阻相关违法行为，对协调、督促处理无效的问题，或者劝阻违法行为无效的，按照规定履行报告职责。

第八条 村级河长主要负责在村（居）民中开展水域保护的宣传教育，对责任水域进行日常巡查，督促落实责任水域日常保洁、护堤等措施，劝阻相关违法行为，对督促处理无效的问题，或者劝阻违法行为无效的，按照规定履行报告职责。

鼓励村级河长组织村（居）民制定村规民约、居民公约，对水域保护义务以及相应奖惩机制作出约定。

乡镇人民政府、街道办事处应当与村级河长签订协议书，明确村级河长的职责、经费保障以及不履行职责应当承担的责任等事项。本规定明确的村级河长职责应当在协议书中予以载明。

第九条 乡、村级和市、县级河长应当按照国家和省规定的巡查周期和巡查事项对责任水域进行巡查，并如实记载巡查情况。鼓励组织或者聘请公民、法人或者其他组织开展水域巡查的协查工作。

乡、村级河长的巡查一般应当为责任水域的全面巡查。市、县级河长应当根据巡查情况，检查责任水域管理机制、工作制度的建立和实施情况。

相关主管部门应当通过河长管理信息系统，与河长建立信息共享和沟通机制。

第十条 乡、村级河长可以根据巡查情况，对相关主管部门日常监督检查的重点事项提出相应建议。

市、县级河长可以根据巡查情况，对本级人民政府相关主管部门是否依法履行日常监督检查职责予以分析、认定，并对相关主管部门日常监督检查的重点事项提出相应要求；分析、认定时应当征求乡、村级河长的意见。

第十一条 村级河长在巡查中发现问题或者相关违法行为，督促处理或者劝阻无效的，应当向该水域的乡级河长报告；无乡级河长的，向乡镇人民政府、街道办事处报告。

乡级河长对巡查中发现和村级河长报告的问题或者相关违法行为，应当协调、督促处理；协调、督促处理无效的，应当向市、县相关主管部门，该水域的市、县级河长或者市、县河长制工作机构报告。

市、县级河长和市、县河长制工作机构在巡查中发现水域存在问题或者违法行为，或者接到相应报告的，应当督促本级相关主管部门限期予以处理或者查处；属于省级相关主管部门职责范围的，应当提请省级河长或者省河长制工作机构督促相关主管部门限期予以处理或者查处。

乡级以上河长和乡镇人民政府、街道办事处，以及县级以上河长制工作机构和相关主管部门，应当将（督促）处理、查处或者按照规定报告的情况，以书面形式或者通过河长管理信息系统反馈报告的河长。

第十二条　各级河长名单应当向社会公布。

水域沿岸显要位置应当设立河长公示牌，标明河长姓名及职务、联系方式、监督电话、水域名称、水域长度或者面积、河长职责、整治目标和保护要求等内容。

前两款规定的河长相关信息发生变更的，应当及时予以更新。

第十三条　公民、法人和其他组织有权就发现的水域问题或者相关违法行为向该水域的河长投诉、举报。河长接到投诉、举报的，应当如实记录和登记。

河长对其记录和登记的投诉、举报，应当及时予以核实。经核实存在投诉、举报问题的，应当参照巡查发现问题的处理程序予以处理，并反馈投诉、举报人。

第十四条　县级以上人民政府对本级人民政府相关主管部门及其负责人进行考核时，应当就相关主管部门履行治水日常监督检查职责以及接到河长报告后的处理情况等内容征求河长的意见。

县级以上人民政府应当对河长履行职责情况进行考核，并将考核结果作为对其考核评价的重要依据。对乡、村级河长的考核，其巡查工作情况作为主要考核内容，对市、县级河长的考核，其督促相关主管部门处理、解决责任水域存在问题和查处相关违法行为情况作为主要考核内容。河长履行职责成绩突出、成效明显的，给予表彰。

县级以上人民政府可以聘请社会监督员对下级人民政府、本级人民政府相关主管部门以及河长的履行职责情况进行监督和评价。

第十五条　县级以上人民政府相关主管部门未按河长的督促期限履行处理或者查处职责，或者未按规定履行其他职责的，同级河长可以约谈该部门负责人，也可以提请本级人民政府约谈该部门负责人。

前款规定的约谈可以邀请媒体及相关公众代表

列席。约谈针对的主要问题、整改措施和整改要求等情况应当向社会公开。

约谈人应当督促被约谈人落实约谈提出的整改措施和整改要求，并向社会公开整改情况。

第十六条　乡级以上河长违反本规定，有下列行为之一的，给予通报批评，造成严重后果的，根据情节轻重，依法给予相应处分：

（一）未按规定的巡查周期或者巡查事项进行巡查的；

（二）对巡查发现的问题未按规定及时处理的；

（三）未如实记录和登记公民、法人或者其他组织对相关违法行为的投诉举报，或者未按规定及时处理投诉、举报的；

（四）其他怠于履行河长职责的行为。

村级河长有前款规定行为之一的，按照其与乡镇人民政府、街道办事处签订的协议书承担相应责任。

第十七条　县级以上人民政府相关主管部门、河长制工作机构以及乡镇人民政府、街道办事处有下列行为之一的，对其直接负责的主管人员和其他直接责任人员给予通报批评，造成严重后果的，根据情节轻重，依法给予相应处分：

（一）未按河长的监督检查要求履行日常监督检查职责的；

（二）未按河长的督促期限履行处理或者查处职责的；

（三）未落实约谈提出的整改措施和整改要求的；

（四）接到河长的报告并属于其法定职责范围，未依法履行处理或者查处职责的；

（五）未按规定将处理结果反馈报告的河长的；

（六）其他违反河长制相关规定的行为。

第十八条　本规定自 2017 年 10 月 1 日起施行。

海南省河长制湖长制规定（2018 年 9 月 30 日海南省第六届人民代表大会常务委员会第六次会议通过，海南省人民代表大会常务委员会公告　第 14 号）

《海南省河长制湖长制规定》已由海南省第六届人民代表大会常务委员会第六次会议于 2018 年 9 月 30 日通过，现予公布，自 2018 年 11 月 1 日起施行。

海南省人民代表大会常务委员会

2018 年 9 月 30 日

第一条　为加强河湖管理保护，保障河长制、湖长制实施，根据有关法律法规，结合本省实际，制定本规定。

第二条　本省全面实行河长制、湖长制，明确河长、湖长河湖管理保护责任范围，实行一河一策、一湖一策，编制和实施河湖管理保护方案，构建责任明确、协调有序、监管严格、保护有力的河湖管理保护机制。

第三条　本规定所称河湖，包括江河、湖泊、水库、山塘、渠道等水体。

本规定所称河长制、湖长制，是指在相应河湖分级设立河长、湖长，负责组织、协调其责任范围内的河湖管理保护相关工作的体制和机制。

本规定所称河湖管理保护包括水资源保护、水域岸线管理、水域空间管控、水污染防治、水环境治理、水生态修复、执法监管等方面。

第四条　本省按照行政区域和流域建立河长、湖长体系。具体按照下列规定设立：

（一）省级设立总河长、总湖长、副总河长、副总湖长，河长、湖长；

（二）市县级设立总河长、总湖长、副总河长、副总湖长，河长、湖长，设区的市还应设立区级河长、湖长；

（三）乡、镇、街道级设立河长、湖长。

总河长兼任总湖长（以下简称总河湖长），副总河长兼任副总湖长（以下简称副总河湖长）。

根据实际需要，可以另行设立河长、湖长。

第五条　省级总河湖长是本省河湖管理的第一责任人，全面负责河湖管理保护的组织领导工作，协调解决河湖管理的重大问题。副总河湖长协助总河湖长工作。

省级总河湖长每年巡河湖不少于1次，省级副总河湖长每半年巡河湖不少于1次。

省级总河湖长组织检查、督促省级副总河湖长、河长、湖长及市县级总河湖长履职情况。

第六条　省级河长、湖长负责组织对其责任范围内河湖的管理保护工作，督促实施河湖管理保护方案，推动和督促建立跨市县协调联动机制，协调和督促解决河湖管理保护中涉及跨市县的上下游、左右岸等重大问题。

省级河长、湖长每半年巡河湖不少于1次。

省级河长、湖长检查、督促负责相应河段、湖区的市县级河长、湖长履职情况。

第七条　市县级总河湖长是本市县河湖管理的第一责任人，全面负责河湖管理保护的组织领导工作，协调解决河湖管理的重大问题。副总河湖长协助总河湖长工作。

市县级总河湖长每半年巡河湖不少于1次，市县级副总河湖长每季度巡河湖不少于1次。

市县级总河湖长组织检查、督促市县级副总湖长、河长、湖长及乡、镇、街道级河长、湖长履职情况。

第八条　市县（区）级河长、湖长负责组织对其责任范围内河湖或者河段、湖区的管理保护工作，组织实施河湖管理保护方案，组织、协调本级相关部门解决方案落实中的重大问题，推动和督促建立部门间联动协作机制，协调和督促解决河湖管理保护中涉及跨乡镇的上下游、左右岸等重大问题。

市县（区）级河长、湖长每季度巡河湖不少于1次。

市县（区）级河长、湖长检查、督促负责相应河湖或者河段、湖区的乡、镇、街道级河长、湖长履职情况。

第九条　乡、镇、街道级河长、湖长对其责任范围内河湖或者河段、湖区开展日常巡查，处理巡查发现的问题，组织河湖专管员或巡查员等相关人员重点排查侵占河道（湖面）、违法建筑、非法采砂、破坏航道、违法养殖、超标排污等突出问题，制止相关违法行为，并履行相关的报告职责。

乡、镇、街道级河长、湖长每月巡河湖不少于1次。

第十条　各级河长、湖长应当根据河湖管理保护方案列明的事项和要求，重点对河湖水质、岸线、排污口、非法采砂、垃圾倾倒、面源污染、涉水活动、临水建筑物等事项进行巡查。

第十一条　对通过巡查或者其他途径发现的问题，各级河长、湖长应当按照下列规定处理：

（一）属于自身职责范围或者应由本级人民政府相关部门处理的，应当及时处理或者组织协调和督促相关部门按照职责分工予以处理；

（二）依照职责应由上级河长、湖长或者上级人民政府相关部门处理的，提请上一级河长、湖长处理；

（三）依照职责应由下级河长、湖长或者下级人民政府相关部门处理的，移交下一级河长、湖长处理。

第十二条　河长、湖长发现下一级河长、湖长存在河湖水环境监管不严、执法不力，整治过程拖延、推诿以及其他不作为、乱作为等情形的，可以约谈下一级河长、湖长，提出限期整改要求。

同级政府相关部门存在不作为、乱作为等情形的，本级河长、湖长可以约谈相关部门负责人，提出限期整改要求。

第十三条　省和市县（区）应当建立健全保障

河长、湖长履职的相关工作机制。

第十四条 省和市县（区）设置相应的河长制、湖长制工作机构，承担河长制、湖长制日常实施工作。具体承担下列工作：

（一）督促、协调落实河长、湖长确定的事项；

（二）根据国家有关规定，组织编制河湖管理保护方案，报同级河长、湖长审定，并负责方案具体组织、协调、分办、督办等实施工作；

（三）协助河长、湖长做好巡河湖工作，准备相关巡查资料，协调安排相关检测事宜；

（四）开展河长制、湖长制宣传教育工作；

（五）其他应当承担的工作。

市县（区）及乡镇河湖管理保护方案，应当报省级河长制、湖长制工作机构备案。

第十五条 省和市县（区）应当通过报刊、政府网站等主要媒体和河长、湖长公示牌向社会公布各级河长、湖长名单和监督电话，接受社会监督。

河长、湖长公示牌应当在河湖岸边显著和特殊位置竖立，载明河长、湖长职责、河湖概况、管护目标、监督电话等内容。

各级河长、湖长相关信息发生变化的，应当在1个月内予以更新。

河湖管理保护有关信息应当依照规定向社会公布，接受社会监督。

第十六条 公民、法人和其他组织就河湖管理保护问题以及相关违法行为向河长、湖长投诉、举报的，应当如实记录，及时核实、处理，并向投诉、举报人反馈。

第十七条 省和市县人民政府应当建立健全河长制、湖长制管理信息系统，实现与水务、生态环境、自然资源等政务系统的数据共享，为河长制、湖长制工作及相关行政管理提供决策和信息化服务。

第十八条 市县（区）或者乡镇可以根据实际情况聘请村级河湖专管员或巡查员，对河湖进行日常巡查。

村级河湖专管员或巡查员协助乡、镇、街道级河长、湖长开展工作，接受乡、镇、街道级河长、湖长的领导和管理。

第十九条 鼓励和引导公民、法人或者其他组织积极参加河湖管理保护，自愿担任义务巡查员、社会监督员等，为河湖管理提供志愿服务。

第二十条 河长、湖长的考核按照国家和本省的有关规定执行。

第二十一条 河长、湖长违反本规定，有下列行为之一的，依照有关规定予以问责或给予相应

处分：

（一）未按规定进行巡查的；

（二）未按规定及时处理河湖管理保护问题的；

（三）未按规定组织实施河湖管理保护方案的；

（四）其他怠于履行河长、湖长职责的行为。

第二十二条 本省实施湾长制可以参照本规定执行。

第二十三条 本规定自2018年11月1日起施行。

江西省实施河长制湖长制条例（2018年11月29日江西省第十三届人民代表大会常务委员会第九次会议通过）

第一条 为了实施河长制湖长制，推进生态文明建设，根据《中华人民共和国水污染防治法》等法律、行政法规和国家有关规定，结合本省实际，制定本条例。

第二条 在本省行政区域内实施河长制湖长制适用本条例。

第三条 本条例所称河长制湖长制，是指在江河水域设立河长、湖泊水域设立湖长，由河长、湖长对其责任水域的水资源保护、水域岸线管理、水污染防治和水环境治理等工作予以监督和协调，督促或者建议政府及相关部门履行法定职责，解决突出问题的机制。

本条例所称水域，包括江河、湖泊、水库以及水渠、水塘等水体及岸线。

第四条 建立流域统一管理与区域分级管理相结合的河长制组织体系。

按照行政区域设立省级、市级、县级、乡级总河长、副总河长。

按照流域设立河流河长。跨省和跨设区的市重要的河流设立省级河长。各河流所在设区的市、县（市、区）、乡（镇、街道）、村（居委会）分级分段设立河长。

第五条 建立区域分级管理的湖长制组织体系。

按照行政区域设立省级、市级、县级、乡级总湖长、副总湖长，由同级总河长、副总河长兼任。跨省和跨设区的市重要的湖泊设立省级湖长。各湖泊所在设区的市、县（市、区）、乡（镇、街道）、村（居委会）分级分区设立湖长。

第六条 河长、湖长的具体设立和调整，按照国家和本省有关规定执行。

第七条 县级以上总河长、副总河长、总湖长、副总湖长负责本行政区域内河长制湖长制工作的总

督导、总调度,组织研究本行政区域内河长制湖长制的重大决策部署、重要规划和重要制度,协调解决河湖管理、保护和治理的重大问题,统筹推进河湖流域生态综合治理,督促河长、湖长、政府有关部门履行河湖管理、保护和治理职责。

乡级总河长、副总河长、总湖长、副总湖长履行本行政区域内河长制湖长制工作的督导、调度职责,督促实施河湖管理工作任务,协调解决河湖管理、保护和治理相关问题。

市、县、乡级总河长、副总河长、总湖长、副总湖长兼任责任水域河长、湖长的,还应当履行河长、湖长的相关职责。

第八条 省级河长、湖长履行下列主要职责:

(一)组织领导责任水域的管理保护工作;

(二)协调和督促下级人民政府和相关部门解决责任水域管理、保护和治理的重大问题;

(三)组织开展巡河巡湖工作;

(四)推动建立区域间协调联动机制,协调上下游、左右岸实行联防联控。

第九条 市、县级河长、湖长履行下列主要职责:

(一)协调解决责任水域管理、保护和治理的重大问题;

(二)部署开展责任水域的专项治理工作;

(三)组织开展巡河巡湖工作;

(四)推动建立部门联动机制,督促下级人民政府和相关部门处理和解决责任水域出现的问题,依法查处相关违法行为;

(五)完成上级河长、湖长交办的工作事项。

第十条 乡级河长、湖长履行下列主要职责:

(一)协调和督促责任水域管理、保护和治理具体工作任务的实施,对责任水域进行巡查,及时处理发现的问题;

(二)对超出职责范围无权处理的问题,履行报告职责;

(三)对村级河长、湖长工作进行监督指导;

(四)完成上级河长、湖长交办的工作事项。

第十一条 村级河长、湖长履行下列主要职责:

(一)开展责任水域的巡查,劝阻相关违法行为,对劝阻无效的,履行报告职责;

(二)督促落实责任水域日常保洁和堤岸日常维养等工作任务;

(三)完成上级河长、湖长交办的工作事项。

第十二条 县级以上河长、湖长应当定期组织开展巡河巡湖工作。省级河长、湖长每年带队巡河巡湖不少于一次,市级河长、湖长每半年带队巡河巡湖不少于一次,县级河长、湖长每季度带队巡河巡湖不少于一次。

乡级河长、湖长每月巡河巡湖不少于一次,村级河长、湖长每周巡河巡湖不少于一次。

第十三条 县级以上河长、湖长应当组织巡查下列事项:

(一)水资源保护,重点是水资源开发利用控制、用水效率控制、水功能区限制纳污制度是否得到落实;

(二)河湖岸线管理保护,重点是是否存在侵占河道、围垦湖泊、侵占河湖和湿地,非法采砂、非法养殖、非法捕捞,违法占用水域、违法建设、违反规定占用河湖岸线,破坏河湖岸线生态功能的问题;

(三)水污染防治,重点是排查入河湖污染源,工矿企业生产、城镇生活、畜禽养殖、水产养殖、船舶港口作业、农业生产等是否非法排污,污染水体;

(四)水环境治理,重点是是否按照水功能区确定的各类水体的水质保护目标对水环境进行治理;

(五)水生态修复,重点是是否在规划的基础上实施退田还湖、退田还湿、退渔还湖、恢复河湖水系的自然连通,是否进行水生生物资源养护、保护水生生物多样性,是否开展水土流失防治、维护河湖生态环境;

(六)执法监管,重点是是否建立健全部门联合执法机制,建立河湖日常监管巡查制度,实行河湖动态监管,落实执法监管责任主体、人员、设备和经费以及打击涉河湖违法行为,治理非法排污、设障、捕捞、养殖、采砂、采矿、围垦、运输、侵占岸线等活动的情况。

县级以上湖长除了应当组织巡查前款事项外,还应当组织巡查是否按照法律、法规规定,根据湖泊保护规划,划定湖泊的管理范围和保护范围,控制湖泊的开发利用行为,实施湖泊水域空间管控。

第十四条 对通过巡查或者其他途径发现的问题,县级以上河长、湖长应当按照下列规定处理:

(一)属于自身职责范围或者应当由本级人民政府相关部门处理的,应当及时处理或者组织协调和督促有关部门按照职责分工予以处理;

(二)依照职责应当由上级河长、湖长或者属于上级人民政府相关部门处理的,提请上一级河长、湖长处理;

(三)依照职责应当由下级河长、湖长或者属于下级人民政府相关部门处理的,移交下一级河长、湖长处理。

县级以上河长、湖长对通过巡查或者其他途径发现的问题，属于自身职责范围、现场可以处理的，可以现场督办有关单位整改问题；对需要本级人民政府相关部门处理的，可以采取发送督办函或者交办单的方式交办。本级人民政府相关部门应当依法办理。

第十五条　县级以上河长、湖长对责任水域的下一级河长、湖长工作予以指导、监督，对目标任务完成情况进行考核。

第十六条　县级以上人民政府应当设立河长制湖长制工作机构，主要负责河长制湖长制工作的组织协调、调度督导、检查考核等具体工作，履行下列职责：

（一）协助河长、湖长开展河长制湖长制工作，落实河长、湖长确定的任务，定期向河长、湖长报告有关情况；

（二）协调建立部门联动机制，督促相关部门落实工作任务，协助河长、湖长协调处理跨行政区域上下游、左右岸水域管理、保护和治理工作；

（三）加强协调调度和分办督办，组织开展专项治理工作，会同有关责任单位按照流域、区域梳理问题清单，督促相关责任主体落实整改，实行问题清单销号管理；

（四）组织开展河长制湖长制工作年度考核、表彰评选，负责拟定河长制湖长制相关制度，组织编制一河一策、一湖一策方案；

（五）开展河长制湖长制相关宣传培训等工作；

（六）总河长、副总河长、总湖长、副总湖长或者河长、湖长交办的其他任务。

县级以上人民政府应当为本级河长制湖长制工作机构配备必要的人员，河长制湖长制工作经费列入本级财政预算。

第十七条　县级以上人民政府应当将涉及河湖管理和保护的发展改革、公安、自然资源、生态环境、住房和城乡建设、交通运输、水利、农业农村、林业等相关部门列为河长制湖长制责任单位，并明确责任单位工作分工。各河长制湖长制责任单位应当按照分工，依法履行河湖管理、保护、治理的相关职责。

第十八条　县级以上总河长、副总河长、总湖长、副总湖长应当定期组织召开总河长、总湖长会议，研究、解决本行政区域内河长制湖长制工作重大问题。

县级以上河长、湖长根据需要应当适时组织召开河长、湖长会议，研究、解决责任水域河长制湖长制工作重大问题。

县级以上河长制湖长制工作机构应当适时组织召开河长制湖长制责任单位联席会议，研究、通报河长制湖长制相关工作。

第十九条　县级以上河长制湖长制工作机构应当建立河长制湖长制管理信息系统，实行河湖管理、保护和治理信息共享，为河长、湖长实时提供信息服务。

河长制湖长制责任单位应当按照要求向河长制湖长制工作机构提供并及时更新涉及水资源保护、水污染防治、水环境改善、水生态修复等相关数据、信息。

下级河长制湖长制工作机构应当向上级河长制湖长制工作机构及时报送河长制湖长制相关工作信息。

第二十条　县级以上河长制湖长制工作机构应当向社会公布本级河长、湖长名单。乡、村两级河长、湖长名单由县级河长制湖长制工作机构统一公布。

各级河长制湖长制工作机构应当在水域沿岸显著位置规范设立河长、湖长公示牌。公示牌应当标明责任河段、湖泊范围，河长、湖长姓名职务，河长、湖长职责，保护治理目标，监督举报电话等主要内容。

河长、湖长相关信息发生变更的，应当及时予以更新。

第二十一条　县级以上河长制湖长制工作机构应当根据工作需要，对河长制湖长制责任单位和下级人民政府河长制湖长制工作落实情况、重点任务推进落实情况、重点督办事项处理情况、危害河湖保护管理的重大突发性应急事件处置情况、河湖保护管理突出问题情况等进行通报。

第二十二条　县级以上河长制湖长制工作机构应当对河长制湖长制责任单位和下级人民政府河长制湖长制工作贯彻实施情况、任务实施情况、整改落实情况等进行督察督办。

第二十三条　县级以上人民政府应当建立公安、自然资源、生态环境、住房和城乡建设、交通运输、水利、农业农村、林业等多部门联合执法机制，加强日常监管巡查，依法查处非法侵占河湖岸线、非法排污、非法采砂、非法养殖、非法捕捞、非法围垦、非法填埋、非法建设和非法运输等行为。

第二十四条　县级以上河长制湖长制工作机构每年应当组织相关责任单位对下级人民政府河长制湖长制工作开展情况进行考核。

各级河长、湖长履职情况应当作为干部年度考核述职的重要内容。

县级以上人民政府应当将河长制湖长制责任单位履职情况，纳入政府对部门的考核内容。

第二十五条　县级以上人民政府应当按照有关规定和程序，对河长制湖长制工作成绩显著的集体和个人予以表彰奖励。

第二十六条　各地应当根据河流长度或者水域面积，聘请河湖专管员或者巡查员、保洁员，负责河湖的日常巡查和保洁。

市、县级人民政府应当统筹财政资金，采取政府购买等方式，对河湖专管、巡查、保洁等工作进行统一采购。

第二十七条　鼓励开展河湖保护志愿服务。鼓励制定村规民约、居民公约，对水域管理保护作出约定。鼓励举报水域违法行为。

第二十八条　每年3月22日至28日为河湖保护活动周。各级人民政府应当组织开展河湖保护主题宣传活动，发动全社会参与河湖保护工作。

第二十九条　县级以上河长制湖长制工作机构、河长制湖长制责任单位未按照规定履行职责，有下列情形之一的，本级河长、湖长可以约谈该部门负责人，也可以提请总河长、副总河长、总湖长、副总湖长约谈该部门负责人：

（一）未按照河长、湖长的督查要求履行日常监督检查或者处理职责的；

（二）未落实整改措施和整改要求的；

（三）接到属于河长制湖长制职责范围的投诉举报，未依法履行处理或者查处职责的；

（四）其他违反河长制湖长制相关规定的行为。

县级以上河长制湖长制工作机构、河长制湖长制责任单位有前款情形之一，造成水体污染、水环境水生态遭受破坏等严重后果的，对直接负责的主管人员和其他直接责任人员依法给予处分。

第三十条　各级河长、湖长未按照规定履行职责，有下列行为之一的，由上级河长、湖长进行约谈：

（一）未按照规定要求进行巡查督导的；

（二）对发现的问题未按照规定及时处理的；

（三）未按时完成上级布置专项任务的；

（四）其他怠于履行河长、湖长职责的行为的。

第三十一条　本条例第二十九条、第三十条规定的约谈可以邀请媒体及相关公众代表列席。约谈针对的主要问题、整改措施和整改要求等情况应当向社会公开。

约谈人应当督促被约谈人落实约谈提出的整改措施和整改要求，并由整改责任单位向社会公开整改情况。

第三十二条　本条例自2019年1月1日起施行。

吉林省河湖长制条例（2019年8月28日吉林省第十三届人民代表大会常务委员会第十次会议通过）

第一章　总　　则

第一条　为了加强河湖管理保护工作，落实河湖管理保护属地责任，健全河湖管理保护长效机制，落实绿色发展理念，推进生态文明建设，根据有关法律、法规和国家有关规定，结合本省实际，制定本条例。

第二条　本条例所称河湖长制，是指在相应河湖设立河长、湖长（以下统称河湖长），由河湖长对其责任河湖的水资源保护、水域岸线管理、水污染防治、水环境治理等管理保护工作予以组织领导、监督协调，督促或者建议政府及相关部门履行法定职责，解决其责任河湖管理保护存在问题的工作机制。

第三条　实施河湖长制应当坚持生态优先、绿色发展，分级负责、部门联动，问题导向、因地制宜，强化监督、依法追责的原则，构建责任明确、协调有序、监管严格、保护有力的河湖管理保护体系。

第四条　本省县级以上行政区域设立总河长，根据需要设立副总河长。

本省行政区域内所有河湖设立河长。流域面积20平方公里以上的河流、水面面积1平方公里以上的自然湖泊，以独立河湖为单位按行政区域分级分段设立河湖长；其他流域面积较小河流或者水面面积较小湖泊，根据管理保护需要，由市州、县（市、区）确定单独设立或者与其汇入河湖共同设立河湖长。

第五条　建立河湖管理保护的部门、区域协调联动机制，及时发现、制止和处理涉河湖违法违规行为，完善行政执法与刑事司法衔接机制。

第六条　推行河湖警长制，加强河湖治安管理和行政执法保障，严厉打击涉河违法犯罪行为。

第七条　建立全省河湖管理保护信息系统平台，实行河湖管理保护信息共享，受理河湖管理保护投诉、举报，推动利用遥感、航摄、视频监控等科技手段对河湖进行监控，提高河湖管理保护数字化水平。

第八条　县级以上人民政府应当将实施河湖长

制工作专项经费纳入年度财政预算，保障河湖长制实施。

第九条 县级以上人民政府应当对在河湖管理保护中做出突出贡献的单位和个人，给予表彰或者奖励。

第十条 各级人民政府应当做好实施河湖长制工作的宣传教育和舆论引导工作，加强河湖管理保护相关法律、法规的宣传普及，营造全社会共同参与河湖保护的良好氛围。

拓展公众参与渠道，鼓励公民、法人或者其他组织自愿开展或者参与河湖保护工作，鼓励开展河湖保护志愿服务。

第二章 组 织 机 构

第十一条 本省行政区域内建立省、市州、县（市、区）、乡（镇、街道）、村（居委会）五级河湖长组织体系。

松花江、嫩江、图们江、伊通河、饮马河、鸭绿江、辉发河、东辽河、拉林河、浑江十条主要江河及查干湖，设立省、市州、县、乡、村五级河湖长；其他跨市州及跨县（市、区）的河湖，设立市州、县、乡、村四级河湖长；不跨县（市、区）的河湖，设立县、乡、村三级河湖长。

作为行政区界的河湖，按照行政管辖范围，分别设立河湖长。

第十二条 各级总河长、副总河长、河湖长的确定依照国家和本省有关规定执行。

第十三条 省、市州、县（市、区）应当设置河长制办公室，负责协助本级总河长、副总河长、河湖长处理日常工作。

第十四条 县级以上人民政府根据需要，确定河湖长制成员单位，成员单位的主要负责人为本单位落实河湖长制工作的责任人。

第十五条 本省行政区域内河湖周边显著位置，应当设立河湖长公示牌，标明河湖长职责、每段河湖名称、起点、终点、管理保护边界或者面积，河湖长姓名及职务、联系方式、监督电话等内容。河湖长相关信息发生变更的，应当及时予以更新。

河湖长名单应通过本行政区域内主要媒体向社会公告，接受社会监督。

第三章 工 作 职 责

第十六条 总河长是本行政区域河湖管理保护的第一责任人，主要职责如下：

（一）负责全面领导本行政区域实施河湖长制工作，承担总督导、总调度职责；

（二）负责本行政区域实施河湖长制工作的组织领导、决策部署和监督检查；

（三）协调解决河湖管理保护中的重大问题；

（四）监督指导本级河湖长、河湖长制成员单位和下级总河长履行职责。

第十七条 省级河湖长主要职责如下：

（一）组织领导其责任河湖的管理保护工作，督促和协调解决其责任河湖管理保护中的重大问题；

（二）督促实施其责任河湖管理保护规划；

（三）明确跨行政区域河湖管理责任，协调上下游、左右岸实行联防联控；

（四）定期巡查其责任河湖；

（五）监督指导本级河湖长制成员单位和下级河湖长履行职责。

第十八条 市州、县级河湖长主要职责如下：

（一）组织领导其责任河湖的管理保护工作，组织对涉河湖违法违规问题开展清理整治，督促和协调解决其责任河湖管理保护中的问题；

（二）组织实施其责任河湖管理保护规划；

（三）明确本行政区域、跨行政区域河湖管理责任，组织建立部门、区域协调联动机制，定期会商、协调解决河湖管理保护中涉及跨县（市、区）、跨乡（镇、街道）的上下游、左右岸等问题；

（四）定期巡查其责任河湖；

（五）督促和协调本级河湖长制成员单位、下级河湖长及时解决和处理其责任河湖出现的问题、依法查处违法行为。

第十九条 乡级河湖长主要职责如下：

（一）督促和协调其责任河湖管理保护责任的落实，组织对涉河湖违法违规问题开展排查；

（二）对其责任河湖进行日常巡查，发现问题或者相关违法行为及时处理或者制止；需要上级河湖长、河湖长制成员单位解决和处理出现的问题、依法查处违法行为的，按照规定履行报告职责；

（三）加强与相关部门的联系，对相关部门河湖管理保护工作提出建议；

（四）对村级河湖长工作进行监督指导。

第二十条 村级河湖长主要职责如下：

（一）在村（居）民中开展河湖保护宣传；

（二）督促落实其责任河湖日常保洁、堤岸巡护、滩涂监管等工作；

（三）对其责任河湖进行日常巡查，制止相关违法行为；制止无效的，按照规定履行报告职责。

乡镇人民政府、街道办事处应当与村级河湖长约定前款规定的村级河湖长的职责、经费保障以及不履行职责承担的责任等事项。

第二十一条　在部署河湖管理保护工作以及处置涉河湖突发事件时，县级以上总河长、副总河长可以向同级河湖长、河湖长制成员单位以及下级总河长、河湖长下达总河长令，县级以上河湖长可以向同级河湖长制成员单位、下级河湖长下达河湖长令。

接到总河长令、河湖长令的总河长、河湖长以及相关单位应当立即执行，并将执行情况向下令的总河长、副总河长、河湖长报告。

第二十二条　河长制办公室主要职责如下：

（一）承担本行政区域实施河湖长制工作的组织协调、监督指导、检查考核等具体工作；

（二）具体负责组织编制并定期完善河湖管理保护规划；

（三）落实本级总河长、河湖长交办的事项，以及公众涉河湖举报事项的分办、交办、督办工作；

（四）协助河湖长协调处理跨行政区域河湖管理保护工作；

（五）受理下级河湖长对其责任河湖存在问题或者相关违法行为的报告，督促本级河湖长制成员单位及时处理或者查处；

（六）组织建立和应用河湖管理保护信息系统平台；

（七）为河湖长履行职责提供必要的技术支持；

（八）开展本行政区域实施河湖长制的宣传工作；

（九）本级总河长、河湖长确定的其他事项。

第二十三条　河湖长制成员单位应当依据各自职责，协同推进实施河湖长制的各项工作。

第二十四条　实行河湖长制会议制度，研究推进实施河湖长制的各项工作，协调解决河湖管理保护工作中的重点难点问题。

第二十五条　县级以上人民政府可以聘请社会监督员，对本级人民政府、河湖长及河湖长制成员单位履行河湖管理保护职责的情况进行监督。

第四章　巡查监管

第二十六条　各级河湖长应当按照规定的巡查周期和巡查事项，对其责任河湖进行巡查，对河湖管理保护工作进行督促和监督，并如实记载巡查情况。

第二十七条　县级以上河湖长在巡查中发现河湖管理保护存在问题或者相关违法行为，或者接到相应报告，应当督促本级相关河湖长制成员单位依

法予以处理或者查处；属于上级河湖长制成员单位职责范围的，应当提请上级河湖长督促相关河湖长制成员单位依法予以处理或者查处。

第二十八条　乡级河湖长对巡查中发现河湖管理保护存在问题或者相关违法行为，应当督促和协调处理；督促和协调处理无效的，应当及时向县级河湖长或者河长制办公室报告。

第二十九条　村级河湖长在巡查中发现河湖管理保护存在问题或者相关违法行为，应当督促处理或者制止；督促处理或者制止无效的，应当及时向该河湖的乡级河湖长或者乡镇人民政府、街道办事处报告。

第三十条　县级以上河湖长、河长制办公室应当及时将处理、查处结果反馈报告问题的河湖长。

第三十一条　县级以上人民政府应当组织对本行政区域河湖水系进行调查，明确河湖管理范围，并向社会公告。河湖管理范围界线由县级人民政府划定。

第三十二条　县级以上河长制办公室应当根据工作需要，对下一级河湖长制工作落实情况、重点任务推进情况和事项处理情况、河湖管理保护突出问题解决进展情况等进行通报，并根据需要向本级总河长及相关河湖长报告。

第三十三条　有关河湖长制成员单位应当加强日常联合监管巡查，依法查处非法侵占河湖水域岸线、排污、采砂、捕捞、围垦、建设等行为。

第三十四条　公民、法人和其他组织发现河湖生态环境保护存在问题时，有权向该河湖的河湖长或者河长制办公室投诉、举报。河湖长或者河长制办公室接到投诉、举报后应当及时处理，并将处理结果及时反馈投诉人、举报人。

第五章　考核问责

第三十五条　市州、县（市、区）人民政府每年应当向本级人民代表大会常务委员会报告本行政区域年度实施河湖长制工作情况。

市州、县（市、区）每年应当按照相关规定向上级报告本行政区域上年度实施河湖长制工作情况。

第三十六条　按照分级管理的原则，上级行政区域对下一级行政区域实施河湖长制工作，实行差异化考核评价。

第三十七条　河湖长制考核以乡级以上行政区域为单位，对实施河湖长制工作情况进行全面考核。考核结果作为地方领导干部综合考核评价及自然资源资产离任审计的依据。

河长制办公室负责考核的组织协调工作，统计

公布考核结果。河湖长制成员单位根据职责分工，承担相应的考核工作。

第三十八条 总河长可以对未履行职责或者履行职责不力的本级河湖长及河湖长制成员单位责任人、下级总河长进行约谈，提出限期整改要求。

河湖长可以对未履行职责或者履行职责不力的本级河湖长制成员单位责任人、下一级河湖长进行约谈，提出限期整改要求。

第三十九条 乡级以上河湖长有下列行为之一的，给予通报批评；造成严重后果的，根据情节轻重，依法给予相应处分：

（一）未按照规定履行职责，导致水质恶化、水环境和水生态遭受破坏的；

（二）未按照规定及时处理或者报告巡查发现的问题的；

（三）未按照规定及时处理投诉、举报的；

（四）其他怠于履行河湖长职责的行为。

村级河湖长有前款规定行为之一的，按照其与乡镇人民政府、街道办事处约定承担相应责任。

第四十条 河长制办公室、河湖长制成员单位有下列行为之一的，对相关责任人员给予通报批评；造成严重后果的，根据情节轻重，依法给予相应处分：

（一）未按照河湖长的要求履行处理、查处职责的；

（二）未落实约谈提出的整改要求的；

（三）未按照规定反馈处理、查处结果的；

（四）其他违反本条例相关规定的行为。

第六章　附　　则

第四十一条 本条例自颁布之日起施行。

辽宁省河长湖长制条例（2019 年 7 月 30 日　经辽宁省第十三届人民代表大会常务委员会第十二次会议审议通过，自 2019 年 10 月 1 日起施行）

第一条 为了落实河长湖长制，加强河湖管理、保护和治理，推进生态文明建设，根据《中华人民共和国水污染防治法》等有关法律、法规，结合本省实际，制定本条例。

第二条 在本省行政区域内实施河长湖长制适用本条例。

第三条 本条例所称河长湖长制，是指在各级行政区域设立总河长、总湖长（以下统称"总河长"），在河流、湖泊、水库、水电站设立河长、湖长、库长、站长（以下统称"河长"），由其领导、组织、协调本行政区域或者责任区的河湖管理、保护和治理工作的制度。

第四条 省、市、县（含县级市、区，下同）、乡（含镇，下同）人民政府以及街道办事处是河长湖长制工作的责任主体。

发展改革、住房城乡建设、农业农村、自然资源、交通运输、公安、财政、生态环境、水利、林业和草原等部门，按照各自职责做好河长湖长制相关工作。

第五条 省、市、县人民政府应当将河长湖长制工作专项经费纳入年度财政预算，保障河长湖长制实施。

第六条 省、市、县人民政府应当明确河长制办公室及其工作职责，配备工作人员。河长制办公室作为本行政区域河长湖长制工作的办事机构，协助本级总河长、河长处理日常工作。

河长制办公室履行下列职责：

（一）负责河长湖长制工作的组织协调、调度督导、检查考核和宣传培训；

（二）协调跨行政区域河湖的河长湖长制工作；

（三）完成本级总河长、河长交办事项及公众举报投诉事项的分办、督办工作；

（四）对本级总河长、河长在河湖巡查中发现的问题，督促河长制办公室成员单位及时查处；

（五）对下级河长制办公室进行工作指导；

（六）法律、法规和国家规定的其他职责。

河长制办公室成员单位由省、市、县人民政府根据需要确定，成员单位主要负责人为本单位落实河长湖长制工作的责任人。

第七条 建立省、市、县、乡、村（含居民委员会，下同）五级河长湖长制体系：

（一）按照行政区域全覆盖的原则，设立省、市、县、乡四级总河长，可以根据工作需要设立副总河长，配合总河长工作；

（二）按照流域与区域相结合的原则，设立省、市、县、乡、村五级河长；

（三）按照管理权限与区域相结合的原则，设立水库库长、水电站站长，由所在河流河长兼任。

总河长、河长的具体设立和调整，按照国家和省有关规定执行。

第八条 河长制办公室应当将本级总河长、河长名单向社会公布。乡、村河长名单由县河长制办公室公布。

河长制办公室应当组织有关部门在河湖岸边显

著位置设立河长公示牌，将河湖信息、河长信息、举报投诉电话进行公示并及时更新。

第九条 省、市、县公安机关应当明确河湖警长制办公室及其工作职责，加强河湖治安管理和行政执法保障，严厉打击涉河湖违法犯罪行为。

河湖警长制办公室履行下列职责：

（一）负责河湖警长制工作的组织协调、调度督导、检查考核和宣传培训；

（二）完成本级总警长、警长交办的事项；

（三）联系同级河长制办公室并配合其开展工作；

（四）法律、法规和国家规定的其他职责。

第十条 省、市、县总河长履行下列职责：

（一）领导本行政区域河长湖长制工作，协调解决河湖管理、保护和治理的重大问题；

（二）督促本级河长、政府有关部门和下级总河长履行职责；

（三）签发总河长令；

（四）法律、法规和国家规定的其他职责。

乡级总河长负责本行政区域河长湖长制工作，协调解决河湖管理、保护和治理的具体问题，督促乡、村河长履行职责。

第十一条 省、市、县河长履行下列职责：

（一）落实上级总河长、河长和本级总河长部署的工作，协调解决河湖管理、保护和治理的重大问题；

（二）组织编制、实施本责任区河湖管理、保护和治理规划、方案等；

（三）督促下级河长履行职责；

（四）法律、法规和国家规定的其他职责。

第十二条 乡河长履行下列职责：

（一）落实上级总河长、河长和本级总河长交办的事项；

（二）协调解决本责任区河湖管理、保护和治理的具体问题；

（三）落实河湖管理保护工作任务，对需要由上级政府及有关部门解决的问题及时报告；

（四）开展责任河湖巡查，对发现的问题或者相关违法行为，及时处理或者制止，不能处理或者制止无效的，按照规定履行报告职责；

（五）法律、法规和国家规定的其他职责。

第十三条 村河长履行下列职责：

（一）落实上级总河长、河长交办的事项；

（二）在村（居）民中开展河湖保护宣传，组织订立河湖保护的村规民约；

（三）督促落实责任河湖日常保洁和堤岸日常维护等工作；

（四）对发现的违法行为进行劝阻和制止，并及时上报；

（五）法律、法规和国家规定的其他职责。

第十四条 总河长、河长应当定期开展巡河，对发现的问题及时处理并如实记载：

（一）省级总河长每年不少于一次，市、县级总河长每半年不少于一次，乡级总河长每季度不少于一次；

（二）省级河长每半年不少于一次，市、县级河长每季度不少于一次，乡级河长每月不少于一次，村级河长每周不少于一次。

第十五条 总河长、乡级以上河长应当根据需要召开会议，研究推进实施河湖长制的各项工作，协调解决河湖管理保护工作中的重点难点问题。

河长制办公室应当根据需要召开会议，协调推进具体工作事项。

第十六条 省、市、县人民政府应当根据河湖管理权限，组织相关部门按照一河一策、一湖一策的原则编制本行政区河湖管理、保护和治理规划、方案，履行相关审批程序后组织实施；组织对本行政区域河湖情况进行调查，划定河湖管理保护范围，并设立界碑、界桩。

第十七条 省、市、县人民政府应当建立河湖巡查保洁机制，通过政府购买服务等方式，聘用河湖巡查员、保洁员，负责河湖的日常巡查和保洁；建设全省河长湖长制管理信息系统，运用现代信息技术手段加强监管、巡查、处置和考核；建立河湖保护联合执法机制，完善行政执法信息共享和工作通报制度。

第十八条 省、市、县、乡人民政府及有关部门应当加强工矿企业污染治理、城镇生活污水处理、畜禽养殖治理、乡村垃圾治理等，从源头防止河湖污染。

河长制办公室应当组织编制本级政府有关部门在河湖管理、保护和治理中的任务清单，并督促落实。

第十九条 省、市、县、乡人民政府应当加强河湖保护宣传教育和舆论引导，提高全社会对河湖保护工作的责任意识参与意识；聘请社会公众担任河湖监督员，鼓励和引导企业、公众担任志愿河长，参与河湖保护。

第二十条 任何单位和个人都有保护河湖的义务，并有权就发现的河湖保护问题向河长制办公室及有关部门投诉举报。

河长制办公室及有关部门应当建立投诉举报制

度，向社会公开举报电话、网址、通信地址等，对投诉举报依法处理并及时反馈。

第二十一条 省、市、县人民政府应当定期对本级河长制办公室成员单位及有关部门开展河湖管理、保护和治理工作进行督促检查。对工作不力的，予以通报批评；对河湖保护做出贡献的单位和个人，给予表彰。

第二十二条 省、市、县人民政府应当建立河长湖长制工作考核机制，对河长湖长制工作进行全面考核，并将考核结果作为领导干部综合考核评价以及自然资源资产离任审计的重要依据。

第二十三条 对未履行职责或者履行职责不力的，总河长应当约谈本级河长、河长制办公室成员单位及有关部门主要责任人、下级总河长；河长应当及时约谈本级有关部门主要责任人、下级河长；河长制办公室负责人可以约谈下级河长制办公室负责人。

第二十四条 乡级以上河长有下列行为之一的，给予通报批评；造成严重后果的，根据情节轻重，依法给予相应处分：

（一）未按照规定履行职责，导致水质恶化、水环境和水生态遭受破坏的；

（二）未按规定进行河湖巡查，或者对巡查发现的问题未按规定及时处理的。

村河长有前款规定行为之一的，按照其与乡镇人民政府、街道办事处的约定承担相应责任。

第二十五条 省、市、县人民政府有关部门、河长制办公室以及乡镇人民政府、街道办事处有下列行为之一的，对其直接负责的主管人员和其他直接责任人员给予通报批评，造成严重后果的，根据情节轻重，依法给予相应处分：

（一）未履行或者未按照要求履行河湖管理、保护和治理职责的；

（二）未按照总河长、河长要求依法履行处理或者查处职责的；

（三）未对约谈提出的问题进行整改的。

第二十六条 本条例自 2019 年 10 月 1 日施行。

福建省河长制规定（2019 年 9 月 4 日省人民政府第 37 次常务会议通过，2019 年 11 月 1 日起施行）

第一章 总 则

第一条 为了推进和保障河长制实施，促进生态文明建设，根据有关法律、法规，结合本省实际，

制定本规定。

第二条 本省行政区域内河长制工作适用本规定。本规定所称河长制，是指在相应水域设立河长，由其负责组织领导相应水域的管理和保护工作，建立健全以党政领导负责制为核心的责任体系，构建责任明确、协调有序、监管严格、保护有力的机制。本规定所称水域，包括江河、水库等水体。

第三条 本省全面推行河长制，其工作任务主要包括加强水资源保护、水域岸线管理保护、水污染防治、水环境治理、水生态修复、执法监管等。

第四条 县级以上人民政府有关部门应当按照各自职责依法加强对所辖水域的管理保护，落实河长制工作任务。

第五条 报刊、广播、电视、互联网等媒体应当开展水域管理保护的宣传教育，引导公民、法人或者其他组织积极参与水域管理保护和社会监督，营造全社会合力推进河长制工作的良好氛围。

第六条 鼓励社会力量以出资、捐资、科研、志愿行动等方式，参与河长制相关工作。对在河长制工作中作出突出贡献的单位和个人，县级以上人民政府应当按照有关规定予以表彰奖励。

第二章 管 理 体 制

第七条 本省按照行政区域和流域，在省、设区的市、县（市、区）、乡（镇、街道）分级分段建立四级河长体系。

第八条 省级河长负责组织领导全省河长制工作和相应水域的管理保护工作，协调解决重大问题，督促有关部门、下一级河长履行职责。设区的市、县级河长负责组织领导本行政区域内的河长制工作和相应水域的管理保护工作，协调解决突出问题，督促有关部门、下一级河长履行职责。乡级河长负责协调、督促、落实所辖水域的治理和管理保护工作。

第九条 省、设区的市、县（市、区）、乡（镇、街道）应当按照国家和本省有关规定设立河长制办公室（以下简称河长办）。河长办具体负责河长制组织实施的日常工作，履行下列职责：（一）开展综合协调、督导考核；（二）开展政策研究，制定实施河长制的具体管理规定；（三）组织建立河湖管理保护信息平台；（四）开展业务培训和技术指导；（五）组织开展河长制工作的宣传教育；（六）其他应当履行的职责。

第十条 县、乡两级根据所辖水域数量、大小

和任务轻重等实际情况按照有关规定招聘河道专管员，负责相应水域的日常协查及其情况报告，配合相关部门现场执法和涉河涉水纠纷调处等工作。县、乡两级可以通过政府购买服务的方式，将相应水域的日常巡查及其情况报告、保洁等相关工作委托专业化服务机构承担。

第十一条　各地应当按照国家和本省的有关规定开展生态环境领域综合执法，依法集中行使涉河涉水等生态环境领域的行政处罚权。鼓励各地完善生态环境资源司法联动机制，促进涉河涉水行政执法与刑事司法的衔接。

第三章　工作机制

第十二条　各级河长应当根据需要组织召开区域河长会议、流域河长会议，研究决定所辖区域或者水域河长制工作重大行动，协调解决水域管理保护重点难点问题。

第十三条　各级河长应当按照下列规定对相应水域开展巡查：（一）省级河长根据国家有关规定对水域进行巡查；（二）设区的市级河长每季度巡查不少于1次；（三）县级河长每月巡查不少于1次；（四）乡级河长每周巡查不少于1次。对水质不达标、问题较多的水域应当加密巡查频次。

第十四条　各级河长巡河时应当按照要求对所辖水域的水质、水环境、涉河工程、管理保护情况等事项进行巡查，如实记录巡查情况，建立巡查日志。巡查日志应当载明巡查的时间、地点、主要内容、发现的问题及处理情况等。

第十五条　乡级河长对巡查中发现的问题或者相关违法行为，应当协调、督促处理；协调、督促处理无效的，应当向该水域的县级河长或者县级河长办报告。县级以上河长对巡查中发现的问题以及其他水域管理保护的问题应当按照下列规定予以处理：（一）属于本级河长职责的，协调、督促本级人民政府有关部门按照职责分工予以处理；（二）属于下级河长职责的，督促下一级河长予以处理；（三）属于上级河长职责的，提请上一级河长协调处理。

第十六条　各级河长名单和监督电话应当通过报刊、政府网站等主要媒体和河长公示牌向社会公布，接受社会监督。河长公示牌应当在水域岸边显著位置设立，标明水域概况、河长姓名、职务及其职责，管护目标，监督电话等内容。各级河长相关信息发生变化的，应当及时予以更新。

第十七条　各级河长办应当建立健全河长制工作督导检查制度，对下一级河长制组织体系、水域管理保护以及河长、河长办、河道专管员履职等情况进行督导检查。对督导检查发现的问题，应当书面通报被督导检查单位；被督导检查单位应当按照要求及时整改，并在规定时限内报送整改情况。

第十八条　单位和个人有权对水域管理保护中存在的问题以及破坏水域生态环境的违法行为进行投诉、举报。各级河长办应当畅通举报渠道，有关部门应当按照职责分工及时受理并依法查处。对举报有功人员按照有关规定给予奖励。

第十九条　省级河长办应当建立河长制综合信息管理系统，相关主管部门和设区的市、县、乡级河长办应当建立涉河涉水信息共享机制。信息管理系统应当具备信息采集传输、综合查询、统计分析、实时监测和远程监控等基本功能。

第四章　考核与问责

第二十条　各级河长应当向上级河长进行年度述职。省、设区的市、县（市、区）应当建立河长制工作考评制度，制定河长年度考核考评和奖惩办法。考核内容包括组织体系、河长履职、水域治理、长效机制等方面。考核结果纳入政府绩效考评和领导干部自然资源资产离任审计。

第二十一条　设区的市、县、乡级河长违反本规定，有下列行为之一的，给予通报批评；造成严重后果的，根据情节轻重，依法给予处分：（一）未按照规定进行巡查；（二）对巡查发现的问题未按照规定及时处理；（三）未落实上级河长工作部署或者河长办督查提出的整改措施和整改要求；（四）其他未依法履职的行为。

第二十二条　县级以上人民政府及其有关部门、乡（镇）人民政府、街道办事处、各级河长办及其工作人员在河长制工作中滥用职权、玩忽职守、徇私舞弊的，对其直接负责的主管人员和其他直接责任人员依法给予处分；构成犯罪的，依法追究刑事责任。

第五章　附　则

第二十三条　本省湖长制工作参照本规定执行。

第二十四条　本规定自2019年11月1日起施行。

六、专项行动

Special Actions

| 联合开展的专项行动 |

【水利部联合开展的专项行动】

1. 水利部、交通运输部联合开展长江河道采砂管理专项检查　根据《水利部办公厅、交通运输部办公厅关于开展长江河道采砂管理专项检查的通知》（办河湖〔2018〕226号）部署要求，水利部、交通运输部派出3个联合检查组，由两部长江河道采砂管理合作机制领导小组办公室司局级干部带队，于9月18—21日分别对四川、重庆、湖北、湖南、江西、安徽、江苏、上海等8省（直辖市）长江干流河道开展采砂管理专项检查，保持对长江非法采砂高压严打态势，坚决防止长江非法采砂反弹。

2. 水利部、交通运输部联合公安部开展长江河道采砂清江行动　2019年3月28日，水利部、交通运输部组织召开长江河道采砂管理合作机制领导小组（扩大）会议，部署2019年长江采砂管理工作。根据工作需要，调整长江河道采砂管理合作机制领导小组组成人员。印发《长江河道采砂管理合作机制2019年度工作要点》。联合公安部开展统一清江、联合执法行动，将水利、交通两部合作机制予以延伸。

3. 在长江开展水利部、公安部、交通运输部三部联合检查　2020年，先后印发关于建立长江河道采砂管理合作机制、成立领导小组的文件及三部合作机制2020年度工作要点，明确合作领域和重点。6月9日，在南京召开水利部、公安部、交通运输部长江河道采砂管理合作机制领导小组（扩大）会议，对加强三部合作共抓长江大保护、加强长江河道采砂监督管理作出具体部署，魏山忠副部长主持会议并讲话。9月中下旬，开展三部联合检查，三部司局级干部带队。

（马彬彬）

【公安部联合开展的专项行动】　联合农业农村部开展打击长江流域非法捕捞专项整治行动。为认真贯彻落实习近平总书记重要指示批示精神，切实加强长江流域水生生物资源保护，2020年7月，公安部会同农业农村部下发了《打击长江流域非法捕捞专项整治行动方案》，组织开展了打击长江流域非法捕捞专项整治行动。全面开展对退捕渔民走访教育，严厉打击非法捕捞违法犯罪活动，严肃查处非法捕捞渔具制售行为。专项整治行动期间，牵头会同农业农村部先后召开2次"长江禁渔"专项工作部署推进会，通报了涉渔问题暗访有关情况，进一步压

实属地责任，部署落实核查整改。　（公安部）

【生态环境部联合开展的专项行动】　2018—2020年，生态环境联合住房和城乡建设部，每年开展一次地级及以上城市黑臭水体整治环境保护专项行动。

（生态环境部）

【住房城乡建设部联合开展的专项行动】　2018年以来，住房城乡建设部每年与生态环境部联合开展城市黑臭水体整治环境保护专项行动，将河长制湖长制落实情况作为重点检查内容。

截至2020年年底，地级及以上城市建成区基本消除城市黑臭水体，完成党中央、国务院的工作部署。

（住房城乡建设部）

【交通运输部联合开展的专项行动】

1. 配合水利部做好长江河道采砂管理

（1）完善长江河道采砂管理合作机制，在规范采砂规划、日常暗访巡查、联合执法等方面协同合作，坚决遏制非法采砂反弹。

（2）落实砂石采运"四联单"制度，规范长江河道采运砂秩序。联合水利部印发《关于进一步强化长江干线河道疏浚砂综合利用规范管理的通知》，规范疏浚砂综合利用工作。

2. 配合农业农村部做好长江流域禁捕退捕　部署加强长江流域商船携带渔网渔具管理，推进防范涉渔"三无"船舶跨地域流动，积极支持退捕渔民安置保障工作。

（交通运输部）

| 成员单位开展的专项行动 |

【水利部开展的专项行动】

1. 全面推行河长制湖长制工作督导检查　为贯彻落实中共中央办公厅、国务院办公厅《关于全面推行河长制的意见》，加强对各地全面推行河长制工作的督导检查，确保2018年年底前全面建立河长制，2017年1月，水利部印发《水利部全面推行河长制工作督导检查制度》。制度明确督导检查内容主要为河湖分级名录确定情况、工作方案制定情况、组织体系建设情况、制度建立和执行情况、河长制主要任务实施情况和整改落实情况，具体督导检查内容可根据督导检查地区河湖管理和保护的实际情况有所侧重。

水利部成立了以陈雷部长为组长的推进河长制

工作领导小组，建立了部领导牵头、司局包省、流域机构包片的督导检查机制。针对各地全面实施河长制的情况，水利部各司局对所负责的省（自治区、直辖市）进行 4 次督导检查，各流域机构对责任区域内各省（自治区、直辖市）进行 6 次督导检查。通过督导检查，掌握基层工作进展的实际情况，总结地方做法和经验，及时发现存在的问题，指导地方加快推进河长制工作。督导检查采取座谈交流、实地查看等方式，督导检查地点以随机抽取确定为主，并以"一省一单"的方式，对发现的问题提出整改要求。

2017 年 3 月、9 月各司局对所负责的省（自治区、直辖市）开展两次全面推行河长制工作督导检查，第一次督导检查重点关注五大问题：关于河长制的实施范围；各地全面建立河长制是否做到"工作方案到位、组织体系和责任落实到位、相关制度和政策措施到位、监督检查和考核评估到位"；各地对中央确定的河长制六大任务是否结合本地实际进行了细化实化，是否坚持问题导向，是否针对不同河流推行"一河一策""一湖一策"，对下一步工作如何开展是否有详细安排；关于河长办的设置；省际边界和跨行政区域河流的河长设置等。第二次督导检查主要内容包括 10 个方面：工作方案出台情况；组织体系和责任落实情况；相关制度和政策措施制定及执行情况；监督检查和考核评估情况；河长履职情况；河长制任务细化实化情况；各地好的做法和典型经验；存在的突出问题和困难；各项目标任务节点和下一步工作措施；有关工作建议。2018 年组织开展两轮河长制湖长制工作督导检查，派出 122 个暗访组，赴 31 个省（自治区、直辖市）所有地市级行政区进行全覆盖暗访督查，水利部领导带队暗访 3 次。

（魏雪艳）

2. 长江干流岸线利用项目清理整治　为推动长江经济带发展共抓大保护、不搞大开发，根据长江经济带发展领导小组办公室部署安排，水利部自 2017 年年底以来组织开展长江干流岸线保护和利用专项检查行动。专项检查行动范围涵盖长江溪洛渡以下干流河段，涉及四川、云南、重庆、湖北、湖南、江西、安徽、江苏和上海 9 个省（直辖市）的 3 117km 河道、8 311km 岸线。检查对象为长江干流已建、在建岸线利用项目，包括跨河、穿河、穿堤、临河的桥梁、码头、道路、渡口、管道、缆线、取水、排水等工程设施和涉及岸线利用的护岸整治工程、生态环境整治工程。检查重点是《长江岸线保护和开发利用总体规划》实施情况、长江干流岸线利用项目现状情况、长江干流岸线管理方面存在的

突出问题等。

在各省（直辖市）全面自查基础上，2018 年 3—4 月，水利部组织长江委派出 9 个重点核查工作组、42 个现场核查工作小组和 11 个精确测量工作小组，共计 200 余人，赴 9 个省（直辖市）开展全覆盖式重点核查。4 月下旬，水利部又会同自然资源部、交通运输部派出督导组对长江干流岸线保护和利用情况进行了现场重点抽查。根据排查情况，组织地方依法围绕防洪安全、河势稳定，以及饮用水水源、自然保护区、风景名胜区等生态敏感区的保护要求，逐项分析研判，确定 2 441 个岸线利用项目涉嫌违法违规。

截至 2020 年 10 月，涉嫌违法违规的 2 441 个项目，已完成清理整治 2 414 个，整改完成率为 98.9%。其中，拆除取缔 827 个项目，整改规范 1 587 个项目。剩余 27 个未完成项目，经相关省级人民政府或省级河长同意后延期整改，每一个项目均制定了整改方案，明确了完成时限及责任单位、责任人。

通过清理整治，长江干流河道更加畅通，岸线面貌明显改善，生态环境得到有效修复，取得显著的防洪效益、生态效益和社会效益；大大增强了社会各界对长江岸线保护的责任意识和参与意识，侵占长江岸线的行为得到有效遏制，共同保护好长江岸线的良好氛围逐步形成。

（宋康）

3. 长江经济带固体废物清理整治　为严厉打击固体废物倾倒长江等违法行为，2018 年 2 月，推动长江经济带发展领导小组办公室部署在长江经济带 11 个省（直辖市）开展固体废物大排查行动，行动包括存量排查、源头排查、运输排查、能力处置排查等 4 项内容。排查工作由沿江 11 个省（直辖市）负责，其中点位排查由水利部指导并督办。点位排查范围为 11 个省（直辖市）境内长江干流、主要支流及重点湖泊，有堤防的排查堤防以内（迎水侧）区域，无堤防的排查沿江、沿河、沿湖 100m 以内区域。

水利部高度重视长江经济带固体废物点位排查工作，2 月中旬明确点位排查范围和有关要求，指导 11 个省（直辖市）全面摸清排查范围内固体废物的堆放、储存、倾倒和填埋点。4 月初，在各省（直辖市）自查工作基础上，水利部组织沿江各省（直辖市）水行政主管部门，对各市、县排查范围内的固体废物堆放、储存、倾倒和填埋点位再次进行拉网式排查。4 月中旬起，水利部派出 11 个督导检查组分赴 11 个省（直辖市），对各地排查成果进行全面复核，在每个省（直辖市）随机选取 2 个设区市

（州）、2个县（市、区）进行实地核查检查，公开联系电话，接受社会监督举报，督促各地点位排查区域全覆盖、保障成果真实完整。此次在排查范围内共排查出固体废物堆放、储存、倾倒和填埋点位1 376处。

随后，水利部办公厅印发关于开展长江经济带固体废物清理整治的函，部署长江经济带11个省（直辖市）开展河湖管理范围内固体废物清理整治工作。文件要求，长江经济带11个省（直辖市）迅速对排查出的河道管理范围内的1 376处固体废物进行清理整治。截至2020年12月底，根据长江经济带11个省（直辖市）报送的点位排查及复核结果，已完成长江经济带固体废物清理整治任务。 （宋康）

4. 全国河湖采砂专项整治行动 为坚决打击河湖非法采砂，保障河势稳定、防洪安全、航运安全和生态安全，根据中央关于全面推行河长制湖长制的要求，以及中央领导同志有关指示精神，水利部定于2018年6月20日至12月31日组织开展全国河湖采砂专项整治行动，严厉打击非法采砂行为，清理整治非法堆砂场，维护河湖采砂管理正常秩序。建立以河长制湖长制为核心的采砂管理地方责任体系，严格规划、许可、监管、执法等关键环节的管理，不断健全河湖采砂管理长效机制。

各流域管理机构和各地水利部门严格贯彻落实全国河湖采砂专项整治行动，加大对全国2 000多处重点河段、敏感水域的日常巡查力度；对长江非法采砂开展统一清江、专项打击，处理违法采砂案件884起，形成有力震慑；对淮河干流罗山段滥采河砂、黄河干流晋陕峡谷段非法采砂等问题进行暗访调查和督导检查，部署安排专项整治；就河南鲁山非法采砂问题进行约谈，并向全国水利系统通报批评。 （马彬彬）

5. 全国河湖"清四乱"专项行动 2018年7月，水利部部署开展了全国河湖"清四乱"专项行动，对乱占、乱采、乱堆、乱建等河湖突出问题进行集中清理整治。将"清四乱"作为推进河长制湖长制"有名""有实"的第一抓手，作为水利行业强监管的标志性工作，精心部署、高位推动，鄂竟平部长多次主持研究并作出批示指示，亲自带队深入一线暗访督查，表明"清四乱"的坚定决心。魏山忠副部长多次主持召开全国的现场会、座谈会，赴基层调研督导，及时进行视频调度会商，督促清理整治进度和质量。地方党委政府高度重视，14个省份以总河长令部署"清四乱"工作，还有不少省份党委、政府负责同志作出专门批示、召开河长会议予以部署，组织水利部门和相关部门扎实推进，解决了一大批侵占河湖、破坏河湖的"老大难"问题，办成了多年想办没有办成的事情，"清四乱"专项行动圆满完成既定任务，取得了明显成效。

据各地统计，"清四乱"专项行动期间，全国共拆除违法建筑面积3 936万 m^2，清理非法占用河湖岸线2.5万 km，清除河道内垃圾3 500多万 t，清除围堤9 800多 km，打击非法采砂船只9 100多艘，整治非法采砂点1万多个、非法砂石2 100多万 m^3，清除围网养殖近13万亩。通过清理整治，河湖面貌明显改善，行蓄洪能力得到提高，河湖水质逐步向好，损害河湖的行为得到有效遏制。同时，以案释法，起到了很好的警示作用，达到了调整人的行为、纠正人的错误行为的目的，依法保护河湖、共同关爱河湖的氛围逐步形成。 （宋康）

6. 黄河岸线利用项目专项整治 2020年3月30日，水利部发布通知，开展黄河岸线利用项目专项整治。此举旨在深入贯彻落实习近平总书记在黄河流域生态保护和高质量发展座谈会上的重要讲话精神，切实加强黄河流域河湖岸线保护。

此次专项整治范围为龙羊峡以下黄河干流，湟水（含大通河）、洮河、大夏河、祖厉河、清水河（宁夏）、大黑河、黄甫川、窟野河、无定河、延河、汾河、渭河（含泾河）、伊洛河、沁河、金堤河、大汶河等重要支流，涉及山西、内蒙古、山东、河南、陕西、甘肃、青海、宁夏等8省（自治区）。

此次清理整治对象为河道管理范围内已建、在建岸线利用项目，包括跨河、穿河、穿堤、临河的桥梁、码头、道路、渡口、管道、缆线、取水、排水等工程设施，以及涉及岸线利用的生态环境整治工程等。

此次专项整治的目标是全面查清黄河干流和重要支流岸线利用现状，对排查出的违法违规岸线利用项目进行清理整治，推进建立健全加强黄河岸线管护长效机制的目标。

专项整治在工作安排方面按专项检查、清理整治两个阶段进行。专项检查要求在2020年4—9月实施，做到地方自查、重点核查、边查边改和规范整改。清理整治要求在2020年10月至2021年6月实施，做到清淤尽清、信息化管理。 （陈健）

7. 黄河流域河道采砂专项整治 为深入贯彻落实习近平总书记在黄河流域生态保护和高质量发展座谈会上的重要讲话精神，进一步加强黄河流域河道采砂管理，规范河道采砂秩序，切实维护黄河流域河道安全。2020年3月，水利部印发《水利部办公厅关于组织开展黄河流域河道采砂专项整治的通知》（办河湖函〔2020〕202号），部署开展黄河流域河道采砂专项整治行动。

黄河流域河道采砂专项整治行动对黄河干流、渭河等11条主要支流有采砂管理任务的河道，逐河段落实采砂管理县级以上河长、水行政主管部门、现场监管和行政执法4个责任人。黄委及沿黄山东、河南、山西、陕西、内蒙古、宁夏、甘肃、四川、青海等9省（自治区）开展拉网式排查，非法采砂发现一起、整治一起，实行台账管理，每月报送规划、许可、问题台账和专项整治汇总情况。5月中下旬，河湖司领导带队，赴黄河晋陕峡谷段、渭河进行检查，压实地方责任，对专项整治提出具体要求，对发现问题公开曝光。8月初，赴河南段开展调研，督促专项整治行动。6—9月，组织河湖中心、黄委进行暗访督查，"一省一单"督办，及时发现问题、督促整治问题，切实维护黄河流域采砂秩序。

黄委和流域省（自治区）按照专项整治行动要求，建立违法违规采砂问题查处台账，累计查处（制止）非法采砂行为278起，查处非法采砂船72艘、非法采砂挖掘机械83台，没收非法砂石16万t，行政处罚170人，移交公安机关追究刑事责任17人。黄委和流域省（自治区）保持非法采砂高压严打态势，有力促进了黄河流域河道采砂管理科学规范，黄河流域河道采砂秩序总体平稳可控、持续向好。

（马彬彬）

8. 水利部推进取用水管理专项整治行动 2020年7月31日，水利部以视频方式组织推进取用水管理专项整治行动，交流工作进展，开展技术培训，部署下一步工作。水利部副部长魏山忠出席并讲话，部有关司局和在京相关单位负责同志，各流域管理机构、各省级水行政主管部门分管负责同志和相关业务部门同志参加。长江水利委员会、黄河水利委员会、黑龙江省水利厅、山东省水利厅作了交流发言。

魏山忠指出，开展取用水管理专项整治行动，是贯彻落实习近平总书记关于治水工作重要论述的重要举措，是解决水资源过度开发利用问题的迫切需要，是提高水资源监管能力和水平的重要抓手。部党组对专项整治行动高度重视，将其作为水资源强监管，特别是管住用水的一项重要任务。行动方案印发以来，有关单位和地方迅速进行部署，高位推动工作，取得了阶段性进展。必须充分认识开展专项整治行动的重要意义，高度重视、精心组织、全力推动任务落实。

魏山忠要求，这次专项整治行动涉及范围广、工作任务重、时间要求紧，必须抓好行动部署，突出工作重点，强化协同配合，扎实推进各阶段工作，尽快摸清取水口的数量、合规性和监测计量现状，依法整治问题，规范取用水行为。一是全面组织登记。要把摸清取水口现状作为本次行动最主要的目的，把核查登记作为最重要的基础工作，明确登记范围、登记主体和登记方式，全面组织开展登记，做到一口一登、应登尽登。二是认真审核排查。要按照谁审批、谁审核的原则，加强部门协同配合，采取多种方式对登记信息质量进行审核，确保取水口信息真实、准确、可靠。三是做好整改提升。在分阶段推进工作的同时，要坚持边查边改，以未经批准擅自取水、监测计量不规范、未按许可规定条件取水等为问题重点，准确认定问题，分类实施整改，将问题整改贯穿始终。四是加强监督检查。检查重点是取水口是否全面登记、登记信息特别是监测计量信息是否准确，以及问题是否按要求进行整改。对行动组织不力的，将通过约谈、通报、问责等方式进行严肃处理。五是建立长效机制。要把取水口监管作为持续推进、常抓不懈的一项重要任务，以专项整治行动为契机，健全取水口动态更新和管理长效机制。

魏山忠强调，各地要把专项整治行动作为一项重要的政治任务来抓，切实提高站位，加强跟踪督促，加强技术支撑和各项工作保障，在做好常态化疫情防控的同时加快组织实施，按时保质完成行动任务。会议还介绍演示了取用水管理专项整治行动信息系统。

（来源：水利部网站）

9. 长江流域非法矮围专项整治 水利部2020年8月14日发出通知，开展长江流域非法矮围专项整治。要求各地对长江流域非法矮围进行全面排查，开展集中清理取缔。做到应清尽清，能清渐清，维护河湖水系通畅，切实推动长江流域禁捕工作取得实效。

通知明确，各级河长制办公室、水行政主管部门会同相关部门，坚持依法依规、从严从快，立行立改、边查边改，对照非法矮围台账开展集中清理取缔，排查发现一处、清理取缔一处，于2021年4月底前基本完成清理取缔。对于确实难以按期完成清理取缔的，由省级河长制办公室、水行政主管部门组织提出清理取缔方案，逐项明确具体措施、责任人、时间节点等，报经省级长江流域禁捕领导小组或省级河（湖）长同意后于2021年6月30日前报水利部备案。

通知要求建立长效机制。2021年6月30日以后，各级河长制办公室、水行政主管部门按照各级人民政府统一部署，在农业农村部门统筹协调下，结合河湖"清四乱"常态化规范化，持续推进非法矮围清理取缔有关工作，坚决杜绝已清理取缔矮围死灰复燃、新增非法矮围等情况。

通知强调，各级河长制办公室、水行政主管部门务必加强组织领导，坚持省总负责、市县抓落实的原则，在各级人民政府的领导下，积极会同农业农村、公安等部门组织非法矮围排查和清理取缔工作。长江水利委员会要加强对各地清理取缔工作的指导督促，组织开展重点抽查和暗访检查，发现问题及时督促整改。

通知还要求，各级水行政主管部门要加强水行政执法力度，各级河长制办公室要强化考核问责，将非法矮围清理取缔同长江流域禁捕、执法成效一同纳入河长制湖长制考核体系，对工作推进不力，排查瞒报漏报，清理取缔不到位甚至弄虚作假的，对相关责任单位和责任人依法依规严肃追责问责。水利部将把长江流域非法矮围清理取缔工作纳入河长制湖长制考核激励，对组织不力、执法不严、问题突出的地方进行通报、约谈。　　　（陈健）

10. 黄河流域完善河长制湖长制组织体系工作推进会　2020 年 8 月 20 日，水利部在山西省太原市召开黄河流域完善河长制湖长制组织体系工作推进会，水利部副部长魏山忠在会议上要求，沿黄 9 省（自治区）要进一步完善黄河流域河湖长制组织体系，推进黄河岸线利用项目清理整治和采砂专项整治，促进黄河流域河长制湖长制工作"有名""有实""有能"。黄河水利委员会与沿黄 9 省（自治区）签订流域统筹与区域协调合作备忘录。

魏山忠充分肯定黄河流域河湖长制工作。他指出，目前黄河流域河湖管护责任体系基本形成，协调联动机制初步建立，治理黄河乱象成效初步显现，河湖"强监管"不断实化，在法规制度、考核激励、监督检查等方面均出台有力举措，黄河流域"四乱"问题增量基本得到遏制，采砂秩序总体平稳向好，河湖面貌明显改善，人民群众获得感、幸福感、安全感持续增强。

魏山忠强调，要深入贯彻落实习近平总书记关于黄河流域生态保护和高质量发展系列重要讲话精神。一要充分认识黄河治理保护的极端重要性，从历史、政治、经济、生态的角度出发，深刻认识加强黄河治理保护的重要性；二要准确把握黄河治理保护的目标任务和基本原则，以河长制湖长制为抓手，着力管好盛水的"盆"，护好"盆"中的水；三要准确把握黄河治理保护存在的问题和差距，对标对表找问题、找差距，推动河湖管理工作上新台阶；四要准确把握黄河治理保护的思路措施，深入落实"节水优先、空间均衡、系统治理、两手发力"的治水思路，积极践行水利改革发展总基调，共同抓好大保护，协同推进大治理，加快推动河长制"有名""有实""有能"，让黄河成为造福人民的幸福河。

魏山忠强调，要加快完善河长制湖长制组织体系，强化河长履职，确保每条河湖有人管、管得住、管得好；强化流域统筹区域协调部门联动，分工协作，形成合力；探索设立巡河员、护河员、河道保洁员队伍，打通河湖管护"最后一公里"，实现河湖管护链条全覆盖；强化监督检查，严格落实各地的河长制湖长制考核制度，切实发挥考核"指挥棒"作用。

魏山忠对黄河流域河湖管理保护工作进行了部署。一是扎实开展黄河岸线利用项目专项整治，把握时间节点，确保整治质量，加强督导检查，确保按期保质完成清理整治任务。二是切实维护黄河流域河道采砂秩序，全力抓好黄河流域采砂专项整治，全面落实采砂管理责任，切实规范合法采砂，严厉打击非法采砂。三是加强河湖管理基础工作，加快划定河湖管理范围、明确河湖管控边界、强化规划约束，实现河湖空间管控；加强法规制度建设，建立长效机制；开展河湖健康评价，完善"一河（湖）一策"，加强智慧河湖建设，建立流域信息共享平台。

会前，魏山忠带队赴汾河、黄河大北干流调研了河长制及岸线整治、采砂管理等工作。黄河水利委员会和沿黄各省（自治区）水利厅负责同志，水利部有关司局及直属单位负责同志参加会议。

　　　　　　　　　　　　　　　　　　　（陈健）

11. 水资源管理司开展取用水管理专项整治行动调度工作　2020 年 11 月 10 日，水资源管理司以视频方式对取用水管理专项整治行动进行调度，总结交流前一阶段专项整治行动工作进展，部署推进下一步工作。本次调度工作由水资源管理司主持，水资源管理中心以及各流域管理机构、各省级水行政主管部门分管负责同志和相关业务部门同志参加。

会议指出，2020 年 5 月水利部部署启动专项整治行动以来，各流域管理机构和省级水行政主管部门高度重视、精心组织，克服新冠肺炎疫情影响，扎实推进各项工作，取得了阶段性进展。

会议强调，开展取用水管理专项整治行动，是水利部深入贯彻习近平总书记关于治水工作的重要论述精神，加快落实水利改革发展总基调，全面强化水资源监管的基础性工作。各流域管理机构和省级水行政主管部门必须进一步提高政治站位，强化责任担当，努力攻坚克难，确保按时保质完成任务。

一要加强组织领导。充分认识开展专项整治行动的重要性,加强组织领导,压实工作责任,强化工作保障,不折不扣完成各阶段工作任务。二要加快组织推进。核查登记工作,要坚持应尽登,加强排查审核,重点摸清取水口的数量、合规性和监测计量情况,确保登记信息全面、真实、准确。整改提升工作,要坚持问题导向,落实整改措施,重点推进未经批准擅自取水、监测计量不规范、未按规定条件取水等问题整改。三要强化监督检查。要采取不定期检查、"四不两直"等方式,加强检查督办,掌握工作进度,督促工作落实。要加大专项整治行动进展的通报力度,工作情况纳入最严格水资源管理制度考核。

会上,水资源管理中心通报了专项整治行动进展情况,长江委、黄委及四川省水利厅、黑龙江省水利厅、新疆维吾尔自治区水利厅等5家单位作了经验交流发言,青海省水利厅、云南省水利厅、山西省水利厅、陕西省水利厅等4家单位针对工作进度相对滞后的情况作了表态发言。

(来源:水利部网站)

【工业和信息化部开展的专项行动】 (1)大力推广应用工业节水技术装备。发布四批《国家鼓励的工业节水工艺、技术和装备目录》,在钢铁、石化、纺织、造纸、食品等重点行业公告共计371项先进适用技术装备,组织开展技术推广交流活动,引导企业实施技术改造,提升企业用水效率。

(2)持续完善工业节水标准体系。建立总体、钢铁、轻工、纺织等工业节水标准化工作组,推动建材、石化化工、非常规水利用等节水标准化工作组筹建,加快推动高耗水行业节水标准制修订。"十三五"以来,发布行业节水标准14项。遴选两批钢铁、石化化工、纺织印染、造纸、食品等行业水效领跑者共41家,推动行业企业对标达标。

(工业和信息化部)

【公安部开展的专项行动】 开展公安机关打击长江流域非法捕捞犯罪专项行动。公安部认真贯彻落实习近平总书记关于长江禁渔的、系列重要指示批示精神,于2020年7月印发了《公安机关打击长江流域非法捕捞犯罪专项行动工作方案》,指导部署沿江和恶长航公安机关开展为期三年的打击长江流域非法捕捞犯罪专项行动,重点将矛头对准顶风作案、气焰嚣张的犯罪团伙,采取超常规措施,集中开展破案攻坚,迅速侦破一批涉渔犯罪案件,坚决斩断非法捕捞、运输、销售地下产业链,坚决遏制长江流域非法捕捞犯罪活动。同时,公安部"长江大保护"工作专班实体化运作了专项行动举报中心,向社会公布了"长江禁渔"举报热线,24小时接受群众的举报并及时给予反馈。2020年专项行动开展以来,公安机关侦破非法捕捞类刑事案件9 611起,抓获犯罪嫌疑人1.4万余名,打掉犯罪团伙854个。

(公安部)

【农业农村部开展的专项行动】 (1)2016年。2016年3月1日,农业部在湖北省宜昌市和安徽省蚌埠市开展长江、淮河禁渔期同步执法活动,4月1日农业部在广东省广州市开展珠江禁渔期同步执法活动。9月25日,农业部会同江西省、湖南省人民政府在鄱阳湖、洞庭湖同步开展为期3个月的清理整治"绝户网"和非法捕捞联合执法行动。开展两江一河禁渔期同步执法行动期间,共组织统一检查行动1.3万次,参加检查船艇1.5万艘次,参加检查人员11.3万人次,查获违禁捕捞船2 552艘次,取缔违禁渔具9.3万顶(69.3万m),查处电捕鱼器具5 289台、毒鱼案件74起、炸鱼案件77起,行政处罚2 851人次、罚款293.1万元。

(2)2017年。2017年3月1日,农业部组织江苏、安徽渔业行政主管部门在江苏盱眙开展淮河干流同步禁渔执法行动。3月2日农业部在湖北武汉组织开展长江流域同步禁渔执法行动,期间组织各级渔政机构开展交叉执法检查。共组织统一检查行动1.9万次,参与检查车辆2.5万辆次、船(艇)2.1万艘次,参加检查人员16.3万人次,查获违禁捕捞船2 954艘次,取缔违禁渔具数量19.4万顶,查处电捕鱼器具4 879台、毒鱼案件55起、炸鱼案件16起,行政处罚3 114人次、罚款452.5万元。

2017年4月27日,农业部制定并印发《"亮剑2017"系列渔政专项执法行动方案》,开展以贯彻落实禁渔期制度、打击以"电鱼、毒鱼、炸鱼"等非法捕捞和无序放生等违法违规行为为主要内容的渔政专项执法行动。据不完全统计,专项行动期间共出动执法人员18万人次,开展执法检查2.6万次,查获违法捕捞案件6 152件,行政处罚3 124人,移送司法1 603人,没收涉渔"三无"船只715艘,取缔违禁渔具长度达142万m,查处电捕鱼器具4 909台。

(3)2018年。2018年2月24日,农业部印发《"中国渔政亮剑2018"系列专项执法行动方案》,开展以贯彻落实禁渔期制度、打击"电鱼毒鱼炸鱼"等非法捕捞和无序放生等违法违规行为为主要内容的渔政专项执法行动。据统计,专项行动期间全国各地共出动执法人员 67.70 万人次，查处电鱼案件 1.1 万余件，向公安机关移送涉嫌犯罪案件 1 917 件、涉案人员 2 671 名，没收电鱼器具 2.3 万台（套）。

（4）2019 年。2019 年 3 月 1 日，农业农村部会同江苏省农业农村厅在南京组织开展长江流域禁渔期执法行动启动活动，以长江渔政特编船队为依托，抽调相关省（直辖市）渔政执法人员参与巡航执法，先后在长江流域、珠江流域、淮河流域开展了 3 次巡航执法行动，联合地方渔政机构出动执法船艇上百艘次，出动渔政执法人员近千人次，严厉查处了禁渔期内各类非法捕捞行为。

2019 年 3 月 8 日，农业农村部印发《"中国渔政亮剑 2019"系列专项执法行动方案》，将打击电鱼纳入"亮剑 2019"十大渔政专项执法行动。支持中国绿发会反电鱼协作中心召开首届反电鱼大会。开通运营"中国渔政"微信公众号，及时推送打击电鱼活动专项行动工作动态，推动形成全社会支持参与打击电鱼活动的良好氛围。据统计，专项执法行动期间全国各地累计出动执法船艇 8.44 万艘次、执法人员 59.57 万人次，查处电鱼案件 8 292 件，向公安机关移送涉嫌犯罪案件 1 988 件、涉案人员 2 867 名，追究刑事责任 1 598 人次；收缴电鱼器具 1.52 万套，罚款 997.5 万元。

2019 年 3 月 18 日至 4 月 18 日农业农村部组织上海、江苏、浙江等省（直辖市）渔业主管部门开展打击长江口水域非法捕捞专项执法行动。共组织开展执法行动 1.11 万次，出动执法船艇 2.22 万艘次、车辆 3.23 万辆次、执法人员 17.44 万人次，查处违规案件 2 719 件（其中电鱼案件 1 579 件、毒鱼、炸鱼案件 32 件），行政处罚 2 671 人次；没收非法捕捞渔获物 7.42 万斤，收缴电捕鱼器具 1 876 套、取缔违禁渔具 8.77 万顶；罚款 271.14 万元。

（5）2020 年。2020 年 3 月 5 日，农业农村部印发《"中国渔政亮剑 2020"系列专项执法行动方案》，将打击电鱼和内陆水域非法捕捞等专项执法行动作为重要内容进行安排部署，纳入延伸绩效考核指标管理体系。同时紧扣长江"十年禁渔"目标任务，严厉打击长江非法捕捞违法违规行为。6—12 月期间，沿江渔政部门共查办违法违规案件 4 907 起，清理取缔涉渔"三无"船舶 2.3 万艘、违规网具 15.6 万张（顶），查获涉案人员 5 645 人、司法移送 1 769 人。

2020 年 4 月 8—22 日，农业农村部组织长江流域 14 省（直辖市）同步开展了非法捕捞清理整治专项执法行动，5 月 18 日—29 日，农业农村部组织江西、湖南两省分别在鄱阳湖、洞庭湖水域开展了为期 12 天的"清湖行动"。共清理取缔涉渔"三无"船舶 3.4 万艘、违规网具 26.7 万张（顶），查获非法捕捞案件 7 579 起，查获涉案人员 8 361 人，其中司法移送案件 1 757 件，司法移送 2 429 人。

（农业农村部）

七、数说河湖

Information About Rivers and Lakes in Digital Edition

【水资源量】

2016 年全国及各省级行政区水资源量

序号	省级行政区	降水量/mm	地表水资源量/亿 m³	地下水资源量/亿 m³	地下水与地表水资源不重复量/亿 m³	水资源总量/亿 m³	用水总量/亿 m³
	全 国	730	31 273.9	8 854.8	1 192.5	32 466.4	6 040.2
1	北 京	660	14.0	24.2	21.1	35.1	38.8
2	天 津	622.1	14.1	6.1	4.8	18.9	27.2
3	河 北	595.9	105.9	133.7	102.4	208.3	182.6
4	山 西	615.4	88.9	104.9	45.3	134.1	75.5
5	内蒙古	283.0	268.5	248.2	158.0	426.5	190.3
6	辽 宁	755.4	286.2	120.9	45.5	331.6	135.4
7	吉 林	731.1	420.7	154.7	68.2	488.8	132.5
8	黑龙江	564.2	720.0	285.9	123.7	843.7	352.6
9	上 海	1 566.3	52.7	11.3	8.4	61.0	104.8
10	江 苏	1 410.5	605.8	164	136.0	741.7	577.4
11	浙 江	1 953.8	1 306.8	255.5	16.5	1 323.3	181.1
12	安 徽	1 612.7	1 179.2	219.3	65.9	1 245.2	290.7
13	福 建	2 503.3	2 107.1	450.7	1.9	2 109.0	189.1
14	江 西	1 996.7	2 203.2	501.9	17.8	2 221.1	245.4
15	山 东	658.3	121.2	164.8	99.1	220.3	214
16	河 南	787.1	220.1	190.2	117.2	337.3	227.6
17	湖 北	1 423.4	1 468.2	313.6	29.8	1 498.0	282.0
18	湖 南	1 668.9	2 189.5	475.4	7.1	2 196.6	330.4
19	广 东	2 357.6	2 448.5	570.0	10.1	2 458.6	435.0
20	广 西	1 631.6	2 176.8	529.2	1.8	2 178.6	290.6
21	海 南	2 341.5	486.3	118.3	3.6	489.9	45.0
22	重 庆	1 236.8	604.9	112.3	0	604.9	77.5
23	四 川	921.3	2 339.7	593.6	1.2	2 340.9	267.3
24	贵 州	1 213.7	1 066.1	251.3	0	1 066.1	100.3
25	云 南	1 295.9	2 088.9	699.7	0	2 088.9	150.2
26	西 藏	611.6	4 642.2	1 028	0	4 642.2	31.1
27	陕 西	626.2	249.2	107.4	22.3	271.5	90.8
28	甘 肃	290.9	160.9	108.7	7.5	168.4	118.4
29	青 海	304.7	591.5	282.5	21.2	612.7	26.4
30	宁 夏	301.0	7.5	18.6	2.1	9.6	64.9
31	新 疆	229.6	1 039.3	610.4	54.1	1 093.4	565.4

（来源：《2016 年中国水资源公报》）

2017 年全国及各省级行政区水资源量

序号	省级行政区	降水量/mm	地表水资源量/亿 m³	地下水资源量/亿 m³	地下水与地表水资源不重复量/亿 m³	水资源总量/亿 m³	用水总量/亿 m³
	全　国	664.8	27 746.3	8 309.6	1 014.9	28 761.2	6 043.4
1	北　京	592.0	12.0	20.4	17.7	29.8	39.5
2	天　津	496.6	8.8	5.5	4.2	13.0	27.5
3	河　北	478.8	60.0	116.3	78.4	138.3	181.6
4	山　西	579.5	87.8	104.1	42.4	130.2	74.9
5	内蒙古	208.2	194.1	207.3	115.8	309.9	188
6	辽　宁	543.6	161.0	86.6	25.3	186.3	131.1
7	吉　林	595.9	339.8	133.3	54.5	394.4	126.7
8	黑龙江	526.6	626.5	273.2	116.0	742.5	353.1
9	上　海	1 195.5	27.8	9.2	6.2	34.0	104.8
10	江　苏	1 006.8	295.4	114.5	97.5	392.9	591.3
11	浙　江	1 556.2	881.9	204.3	13.4	895.3	179.5
12	安　徽	1 255	717.8	201	67.1	784.9	290.3
13	福　建	1 513	1 054.2	287.5	1.4	1 055.6	192
14	江　西	1 658.9	1 637.2	379.5	17.9	1 655.1	248
15	山　东	635.8	139.1	151.1	86.5	225.6	209.5
16	河　南	827.8	311.2	206.5	111.8	423.1	233.8
17	湖　北	1 309.5	1 219.3	319	29.5	1 248.8	290.3
18	湖　南	1 499.4	1 905.7	436.8	6.7	1 912.4	326.9
19	广　东	1 739.2	1 777	440.7	9.6	1 786.6	433.5
20	广　西	1 805.7	2 386	446.6	2	2 388	284.9
21	海　南	2 062.2	380.5	96.8	3.4	383.9	45.6
22	重　庆	1 275.3	656.1	116.1	0	656.1	77.4
23	四　川	941.4	2 466	607.5	1.2	2 467.1	268.4
24	贵　州	1 175.3	1 051.5	260.8	0	1 051.5	103.5
25	云　南	1 351.5	2 202.6	762	0	2 202.6	156.6
26	西　藏	631.7	4 749.9	1 086	0	4 749.9	31.4
27	陕　西	801.2	422.6	141.6	26.6	449.1	93
28	甘　肃	317.7	231.8	133.4	7.1	238.9	116.1
29	青　海	338.9	764.3	355.7	21.4	785.7	25.8
30	宁　夏	331.6	8.7	19.3	2.1	10.8	66.1
31	新　疆	192.4	969.5	587	49.1	1 018.6	552.3

（来源：《2017 年中国水资源公报》）

2018 年全国及各省级行政区水资源量

序号	省级行政区	降水量/mm	地表水资源量/亿 m³	地下水资源量/亿 m³	地下水与地表水资源不重复量/亿 m³	水资源总量/亿 m³	用水总量/亿 m³
	全 国	682.5	26 323.2	8 246.5	1 139.3	27 462.5	6 015.5
1	北 京	590.4	14.3	28.9	21.1	35.5	39.3
2	天 津	581.8	11.8	7.3	5.8	17.6	28.4
3	河 北	507.6	85.3	124.4	78.7	164.1	182.4
4	山 西	522.9	81.3	100.3	40.6	121.9	74.3
5	内蒙古	328.2	302.4	253.6	159.2	461.5	192.1
6	辽 宁	586.1	209.3	79.8	26.1	235.4	130.3
7	吉 林	672.9	422.2	137.9	59	481.2	119.5
8	黑龙江	633.3	842.2	347.5	169.2	1 011.4	343.9
9	上 海	1 266.6	32	9.6	6.7	38.7	103.4
10	江 苏	1 088.1	274.9	119.7	103.6	378.4	592
11	浙 江	1 640.2	848.3	213.9	17.9	866.2	173.8
12	安 徽	1 314.7	766.7	203.7	69.1	835.8	285.8
13	福 建	1 566.6	777	245.7	1.4	778.5	186.9
14	江 西	1 487.6	1 129.9	298.5	19.2	1 149.1	250.8
15	山 东	789.5	230.6	196.7	112.7	343.3	212.7
16	河 南	755	241.7	188	98.2	339.8	234.6
17	湖 北	1 072.2	825.9	257.7	31.1	857	296.9
18	湖 南	1 363.7	1 336.5	333.5	6.4	1 342.9	337
19	广 东	1 843.1	1 885.2	460.6	9.9	1 895.1	420.9
20	广 西	1 560	1 829.7	440.9	1.3	1 831	287.8
21	海 南	2 095.9	414.6	98	3.5	418.1	45.1
22	重 庆	1 134.8	524.2	104	0	524.2	77.2
23	四 川	1 050.3	2 951.5	635.1	1.2	2 952.6	259.1
24	贵 州	1 162.9	978.7	252.7	0	978.7	106.8
25	云 南	1 337.5	2 206.5	772.8	0	2 206.5	155.7
26	西 藏	619	4 658.2	1 105.7	0	4 658.2	31.7
27	陕 西	703	347.6	125	23.9	371.4	93.7
28	甘 肃	371.9	325.7	165.6	7.5	333.3	112.3
29	青 海	403.9	939.5	424.2	22.4	961.9	26.1
30	宁 夏	389.2	12	18.1	2.7	14.7	66.2
31	新 疆	186	817.8	497	41	858.8	548.8

（来源：《2018 年中国水资源公报》）

2019 年全国及各省级行政区水资源量

序号	省级行政区	降水量/mm	地表水资源量/亿 m³	地下水资源量/亿 m³	地下水与地表水资源不重复量/亿 m³	水资源总量/亿 m³	用水总量/亿 m³
	全 国	651.3	27 993.3	8 191.5	1 047.7	29 041	6 021.2
1	北 京	506	8.6	24.7	16	24.6	41.7
2	天 津	436.2	5.1	4.2	3	8.1	28.4
3	河 北	442.7	51.4	97.8	62.1	113.5	182.3
4	山 西	458.1	58.5	82.5	38.8	97.3	76
5	内蒙古	279.5	305.8	233.8	142.1	447.9	190.9
6	辽 宁	687.2	211.5	106.8	44.5	256	130.3
7	吉 林	679.3	437.4	156.1	68.7	506.1	115.4
8	黑龙江	728.3	1 305.7	413.6	205.8	1 511.4	310.4
9	上 海	1 389.2	40.9	10.4	7.4	48.3	100.9
10	江 苏	798.5	163	77.5	68.7	231.7	619.1
11	浙 江	1 950.3	1 303	253.7	18.5	1 321.5	165.8
12	安 徽	935.8	482.1	144.8	57.8	539.9	277.7
13	福 建	1 730.7	1 362.5	339	1.4	1 363.9	177.5
14	江 西	1 710	2 032.7	482.4	18.9	2 051.6	253.3
15	山 东	558.9	119.7	128.4	75.5	195.2	225.3
16	河 南	529.1	105.8	119.1	62.8	168.6	237.8
17	湖 北	893.5	583.4	217.3	30.3	613.7	303.2
18	湖 南	1 498.5	2 091.2	472.3	7.1	2 098.3	333
19	广 东	1 993.6	2 058.3	508.2	10	2 068.2	412.3
20	广 西	1 602.7	2 103.8	445	1.3	2 105.1	283.4
21	海 南	1 594.4	249.3	73	3	252.3	46.4
22	重 庆	1 106.8	498.1	98.5	0	498.1	76.5
23	四 川	953.2	2 747.7	616.2	1.1	2 748.9	252.4
24	贵 州	1 246.1	1 117	267	0	1 117	108.1
25	云 南	1 008	1 533.8	554.6	0	1 533.8	154.9
26	西 藏	596.3	4 496.9	1 037	0	4 496.9	32
27	陕 西	759.4	469.7	139.4	25.6	495.3	92.6
28	甘 肃	362.1	312.2	148.7	13.7	325.9	110
29	青 海	374	898.2	412.7	21.1	919.3	26.2
30	宁 夏	345.7	10.3	18.4	2.2	12.6	69.9
31	新 疆	174.7	829.7	508.5	40.5	870.1	587.7

（来源：《2019 年中国水资源公报》）

2020 年全国及各省级行政区水资源量

序号	省级行政区	降水量/mm	地表水资源量/亿 m³	地下水资源量/亿 m³	地下水与地表水资源不重复量/亿 m³	水资源总量/亿 m³	用水总量/亿 m³
	全　国	706.5	30 407	8 553.5	1 198.2	31 605.2	5 812.9
1	北　京	560	8.2	22.3	17.5	25.8	40.6
2	天　津	534.4	8.6	5.8	4.7	13.3	27.8
3	河　北	546.7	55.7	130.3	90.6	146.3	182.8
4	山　西	561.3	72.2	85.9	42.9	115.2	72.8
5	内蒙古	311.2	354.2	243.9	149.7	503.9	194.4
6	辽　宁	748	357.7	115.2	39.4	397.1	129.3
7	吉　林	769.1	504.8	169.4	81.4	586.2	117.7
8	黑龙江	723.1	1 221.5	406.5	198.5	1 419.9	314.1
9	上　海	1 554.6	49.9	11.6	8.7	58.6	97.5
10	江　苏	1 236	486.6	137.8	56.8	543.4	572
11	浙　江	1 701	1 008.8	224.4	17.8	1 026.6	163.9
12	安　徽	1 665.6	1 193.7	228.6	86.7	1 280.4	268.3
13	福　建	1 439.1	759	243.5	1.3	760.3	183
14	江　西	1 853.1	1 666.7	386	18.8	1 685.6	244.1
15	山　东	838.1	259.8	201.8	115.5	375.3	222.5
16	河　南	874.3	294.8	185.8	113.7	408.6	237.1
17	湖　北	1 642.6	1 735	381.6	19.7	1 754.7	278.9
18	湖　南	1 726.8	2 111.2	466.1	7.6	2 118.9	305.1
19	广　东	1 574.1	1 616.3	399.1	9.7	1 626	405.1
20	广　西	1 669.4	2 113.7	445.4	1.1	2 114.8	261.3
21	海　南	1 641.1	260.6	74.6	3	263.6	44
22	重　庆	1 435.6	766.9	128.7	0	766.9	70.1
23	四　川	1 055	3 236.2	649.1	1.1	3 237.3	236.9
24	贵　州	1 417.4	1 328.6	281	0	1 328.6	90.1
25	云　南	1 157.2	1 799.2	619.8	0	1 799.2	156
26	西　藏	600.6	4 597.3	1 045.7	0	4 597.3	32.2
27	陕　西	690.5	385.6	146.7	34	419.6	90.6
28	甘　肃	334.4	396	158.2	12	408	109.9
29	青　海	367.1	989.5	437.3	22.4	1 011.9	24.3
30	宁　夏	309.7	9	17.8	2.1	11	70.2
31	新　疆	141.7	759.6	503.5	41.4	801	570.4

（来源：《2020 年中国水资源公报》）

【河湖管理范围划定数量】

规模以上河湖管理范围划定工作进展情况汇总（截至 2020 年 12 月 31 日）

序号	省级行政区	河流（流域面积 1 000km² 及以上）	河流（流域面积 1 000km² 及以上）	湖泊（水面面积 1km² 以上）	湖泊（水面面积 1km² 以上）
		条　数		个　数	
		应划界	已公告	应划界	已公告
	全国合计	2 147	2 147	1 955	1 955
1	北　京	11	11	1	1
2	天　津	3	3	1	1
3	河　北	47	47	23	23
4	山　西	52	52	6	6
5	内蒙古	229	229	359	359
6	辽　宁	48	48	4	4
7	吉　林	62	62	151	151
8	黑龙江	120	120	253	253
9	上　海	1	1	11	11
10	江　苏	16	16	100	100
11	浙　江	26	26	57	57
12	安　徽	66	66	128	128
13	福　建	41	41	1	1
14	江　西	51	51	86	86
15	山　东	35	35	6	6
16	河　南	61	61	6	6
17	湖　北	61	61	231	231
18	湖　南	66	66	156	156
19	广　东	60	60	6	6
20	广　西	80	80	1	1
21	海　南	8	8	—	—
22	重　庆	42	42	—	—
23	四　川	150	150	29	29
24	贵　州	71	71	1	1
25	云　南	118	118	30	30
26	西　藏	13	13	7	7
27	陕　西	71	71	5	5
28	甘　肃	118	118	7	7
29	青　海	179	179	237	237
30	宁　夏	22	22	14	14
31	新　疆	154	154	31	31

续表

序号	省级行政区	河流（流域面积1 000km² 及以上）	河流（流域面积1 000km² 及以上）	湖泊（水面面积1km² 以上）	湖泊（水面面积1km² 以上）
		条　数		个　数	
		应划界	已公告	应划界	已公告
32	新疆生产建设兵团	42	42	4	4
33	黄　委	4	4	1	1
34	淮　委	7	7	2	2
35	海　委	12	12	—	—

（水利部河湖管理司）

规模以下河湖管理范围划定工作进展情况汇总（截至 2020 年 12 月 31 日）

序号	省级行政区	河流（流域面积50km² 以上、1 000km² 以下的河流）				
		条　数		长　度/km		
		应划界	已公告	应划界	已公告	占比
	全国合计	34 016	33 746	876 722	870 923	99.3%
1	北　京	114	112	2 712	2 689	99%
2	天　津	189	183	3 652	3 431	94%
3	河　北	1 322	1 322	33 908	33 908	100%
4	山　西	849	849	21 706	21 706	100%
5	内蒙古	2 631	2 631	73 579	73 579	100%
6	辽　宁	797	797	20 861	20 210	97%
7	吉　林	813	813	21 647	21 279	98%
8	黑龙江	2 762	2 760	68 142	68 142	100%
9	上　海	131	131	2 591	2 591	100%
10	江　苏	1 480	1 480	29 462	29 462	100%
11	浙　江	839	830	18 553	17 462	94%
12	安　徽	835	835	21 430	21 430	100%
13	福　建	699	699	18 923	18 923	100%
14	江　西	916	916	26 164	26 164	100%
15	山　东	988	988	26 095	26 095	100%
16	河　南	996	862	26 753	26 753	100%
17	湖　北	1 171	1 171	30 813	30 813	100%
18	湖　南	1 235	1 235	35 546	34 949	98%
19	广　东	1 151	1 151	28 967	28 967	100%
20	广　西	1 270	1 270	34 815	34 815	100%
21	海　南	189	157	5 270	5 270	100%
22	重　庆	468	468	11 000	11 000	100%
23	四　川	2 666	2 666	68 440	68 440	100%

序号	省级行政区	河流（流域面积 50km² 以上、1 000km² 以下的河流）				
		条　数		长　度/km		
		应划界	已公告	应划界	已公告	占比
24	贵　州	988	988	23 587	23 587	100%
25	云　南	1 977	1 960	46 756	46 756	100%
26	西　藏	123	123	3 879	3 879	100%
27	陕　西	1 013	950	27 821	25 238	91%
28	甘　肃	1 191	1 191	32 498	32 431	99.79%
29	青　海	3 318	3 318	85 960	85 960	100%
30	宁　夏	349	349	7 459	7 459	100%
31	新　疆	436	436	15 350	15 350	100%
32	新疆生产建设兵团	104	99	2 286	2 088	91%
33	淮　委	6	6	96	96	100%

（水利部河湖管理司）

【采砂规划编制完成数量】

全国采砂规划进展情况统计（截至 2020 年 12 月 31 日）

序号	省级行政区	应编制采砂规划数量	已编制采砂规划数量	占比
1	北　京	—	—	—
2	天　津	—	—	—
3	河　北	129	129	100%
4	山　西	73	73	100%
5	内蒙古	160	156	98%
6	辽　宁	262	262	100%
7	吉　林	29	29	100%
8	黑龙江	77	77	100%
9	上　海	1	1	100%
10	江　苏	2	2	100%
11	浙　江	3	3	100%
12	安　徽	24	24	100%
13	福　建	40	40	100%
14	江　西	47	47	100%
15	山　东	215	215	100%
16	河　南	74	74	100%
17	湖　北	4	4	100%
18	湖　南	53	53	100%
19	广　东	21	21	100%
20	广　西	54	54	100%

续表

序号	省级行政区	应编制采砂规划数量	已编制采砂规划数量	占比
21	海　南	26	26	100%
22	重　庆	1	1	100%
23	四　川	131	131	100%
24	贵　州	1	1	100%
25	云　南	584	584	100%
26	西　藏	292	261	89%
27	陕　西	113	100	88%
28	甘　肃	89	89	100%
29	青　海	47	47	100%
30	宁　夏	64	64	100%
31	新　疆	112	112	100%
32	长江委	2	2	100%
33	黄　委	1	1	100%
34	淮　委	1	1	100%
35	海　委	1	1	100%
36	珠　委	1	1	100%
37	松辽委	1	1	100%
38	太湖局	1	1	100%
合　计		2 728	2 688	99%

（水利部河湖管理司）

【地级以上城市饮用水水源优良水质（Ⅰ～Ⅲ类）断面比例】

2016—2020 年地级以上城市饮用水水源优良水质（Ⅰ～Ⅲ类）断面比例

年　份	2016 年	2017 年	2018 年	2019 年	2020 年
地级及以上城市饮用水水源	90.4%	90.5%	89.8%	92.0%	94.5%

（生态环境部）

【地表水优良水质（Ⅰ～Ⅲ类）断面比例】

2016—2020 年全国及各省级行政区地表水优良水质（Ⅰ～Ⅲ类）断面比例

序号	省级行政区	2016 年	2017 年	2018 年	2019 年	2020 年
	全国地表水	67.8%	67.9%	71.0%	74.9%	83.4%
1	北　京	36.0%	36.0%	56.0%	64.0%	68.0%
2	天　津	15.0%	35.0%	40.0%	50.0%	55.0%
3	河　北	40.5%	42.3%	51.4%	54.1%	66.2%
4	山　西	48.3%	55.2%	58.6%	55.2%	70.7%
5	内蒙古	50.0%	55.8%	53.8%	63.5%	69.2%
6	辽　宁	44.2%	52.3%	54.7%	62.8%	74.4%

续表

序号	省级行政区	2016 年	2017 年	2018 年	2019 年	2020 年
7	吉　林	60.4%	62.5%	60.4%	68.8%	83.3%
8	黑龙江	54.8%	59.7%	50.0%	66.1%	74.2%
9	上　海	70.0%	85.0%	90.0%	90.0%	100.0%
10	江　苏	68.3%	60.6%	69.2%	78.8%	87.5%
11	浙　江	88.3%	88.3%	93.2%	96.1%	98.1%
12	安　徽	67.0%	71.7%	75.5%	77.4%	87.7%
13	福　建	94.5%	90.9%	90.9%	92.7%	96.4%
14	江　西	93.3%	89.3%	92.0%	93.3%	96.0%
15	山　东	55.4%	39.8%	63.9%	66.3%	73.5%
16	河　南	53.2%	48.9%	63.8%	68.1%	77.7%
17	湖　北	72.8%	82.5%	86.0%	88.6%	91.2%
18	湖　南	90.0%	85.0%	90.0%	91.7%	93.3%
19	广　东	80.3%	77.5%	78.9%	85.9%	87.3%
20	广　西	96.2%	96.2%	96.2%	96.2%	100.0%
21	海　南	100.0%	100.0%	100.0%	100.0%	100.0%
22	重　庆	90.5%	90.5%	90.5%	97.6%	100.0%
23	四　川	72.4%	73.6%	88.5%	96.6%	98.9%
24	贵　州	85.5%	87.3%	96.4%	96.4%	98.2%
25	云　南	71.0%	74.0%	79.0%	78.0%	83.0%
26	西　藏	100.0%	100.0%	100.0%	100.0%	100.0%
27	陕　西	64.0%	60.0%	80.0%	78.0%	92.0%
28	甘　肃	92.1%	92.1%	94.7%	97.4%	100.0%
29	青　海	94.7%	94.7%	94.7%	100.0%	100.0%
30	宁　夏	66.7%	66.7%	80.0%	80.0%	93.3%
31	新　疆	89.4%	89.4%	93.6%	91.5%	91.5%

（生态环境部）

【国家水利风景区数量】

“十三五”期间新增国家水利风景区基本信息（2016—2020 年）

序号	省级行政区	景 区 名 称	依托河湖或水利工程	类型	批次	获批时间/年
1		邢台紫金山水利风景区	紫金山小流域水土保持示范区	水土保持型	16	2016
2	河北	保定易水湖水利风景区	安格庄水库	水库型	16	2016
3		邯郸广府古城水利风景区	永年洼湿地	湿地型	17	2017
4		张家口清水河水利风景区	清水河	城市河湖型	18	2018
5		运城亳清河水利风景区	亳清河	城市河湖型	18	2018
6	山西	长治后湾水库水利风景区	后湾水库	水库型	18	2018

序号	省级行政区	景 区 名 称	依托河湖或水利工程	类型	批次	获批时间/年
7		乌海市乌海湖水利风景区	乌海湖、黄河海勃湾水利枢纽工程	水库型	16	2016
8		包头南海湿地水利风景区	南海湿地	湿地型	17	2017
9	内蒙古	鄂尔多斯马颧沟神龙寺水利风景区	库布其沙漠十大孔兑壕庆河马颧沟治理和清洁小流域治理工作	水土保持型	17	2017
10		乌兰浩特洮儿河水利风景区	洮儿河	灌区型	18	2018
11		巴彦淖尔乌加河水利风景区	乌加河、红圪卜排水站	自然河湖型	18	2018
12		喀左龙源湖水利风景区	凌河	城市河湖型	16	2016
13	辽宁	铁岭凡河水利风景区	凡河	城市河湖型	16	2016
14		抚顺浑河城区水利风景区	浑河	城市河湖型	18	2018
15		兴隆台辽河鼎翔水利风景区	辽河	自然河湖型	18	2018
16		白城嫩江湾水利风景区	嫩江湾	湿地型	16	2016
17		大安牛心套保水利风景区	牛心套保水库	湿地型	16	2016
18		永吉星星哨水利风景区	星星哨水库	水库型	17	2017
19	吉林	通榆向海水利风景区	向海水库	湿地型	17	2017
20		临江鸭绿江水利风景区	鸭绿江	自然河湖型	17	2017
21		吉林新安水库水利风景区	新安水库	水库型	18	2018
22		长春双阳湖水利风景区	双阳水库	水库型	18	2018
23	黑龙江	哈尔滨长寿湖水利风景区	新城水库	水库型	17	2017
24		呼兰河口水利风景区	呼兰河	湿地型	17	2017
25		扬州古运河水利风景区	扬州古运河	城市河湖型	16	2016
26		南京玄武湖水利风景区	玄武湖	城市河湖型	16	2016
27		句容赤山湖水利风景区	赤山湖	自然河湖型	16	2016
28		宜兴竹海水利风景区	镜湖	水土保持型	16	2016
29		常州雁荡河水利风景区	雁荡河	城市河湖型	16	2016
30		(淮委) 骆马湖嶂山水利风景区	骆马湖	城市河湖型	16	2016
31	江苏	泰州凤城河水利风景区	凤城河	城市河湖型	17	2017
32		宜兴华东百畅水利风景区	马湖芥水库	水土保持型	17	2017
33		涟水五岛湖水利风景区	五岛湖	城市河湖型	17	2017
34		常州青龙潭水利风景区	青龙潭	城市河湖型	18	2018
35		泰州千垛水利风景区	东旺圩区、下官河、平旺湖、蜈蚣湖	自然河湖型	18	2018
36		徐州大沙河水利风景区	大沙河	自然河湖型	18	2018
37		宁波东钱湖水利风景区	东钱湖	城市河湖型	16	2016
38	浙江	乐清中雁荡山水利风景区	白石水库、钟前水库、黄坦坑水库等	水库型	16	2016

续表

序号	省级行政区	景区名称	依托河湖或水利工程	类型	批次	获批时间/年
39		永嘉黄檀溪水利风景区	金溪水库	水库型	16	2016
40		湖州吴兴太湖溇港水利风景区	太湖溇港	灌区型	17	2017
41		云和梯田水利风景区	浮云溪综合整治工程	水土保持型	17	2017
42	浙江	金华浦阳江水利风景区	浦阳江	城市河湖型	17	2017
43		金华浙中大峡谷水利风景区	五丈岩水库、三曲里水库等	自然河湖型	18	2018
44		衢州马金溪水利风景区	马金溪	自然河湖型	18	2018
45		嘉兴海盐鱼鳞海塘水利风景区	鱼鳞海塘和现代海塘	城市河湖型	18	2018
46		黟县宏村·奇墅湖水利风景区	宏村古村街水系、东方红水库	自然河湖型	16	2016
47		宿州新汴河水利风景区	新汴河	城市河湖型	16	2016
48		芜湖陶辛水韵水利风景区	陶辛圩	灌区型	16	2016
49		池州杏花村水利风景区	秋浦河、杏花联湖、谷潭湖等	自然河湖型	16	2016
50	安徽	金寨燕子河大峡谷水利风景区	丰坪水库	自然河湖型	16	2016
51		肥西三河水利风景区	三河	自然河湖型	17	2017
52		南陵大浦水利风景区	南陵县林都圩、浦西湖和池湖	自然河湖型	17	2017
53		祁门牯牛降水利风景区	红龙池水库、九龙池水库	自然河湖型	17	2017
54		铜陵天井湖水利风景区	天井湖	城市河湖型	18	2018
55		莆田九龙谷水利风景区	延寿溪	自然河湖型	16	2016
56		武平梁野山云礤溪水利风景区	云礤溪	自然河湖型	16	2016
57		宁德洋中水利风景区	七都溪	自然河湖型	16	2016
58		永春晋江源水利风景区	晋江东溪	自然河湖型	16	2016
59	福建	长汀水土保持科教园水利风景区	长汀县水土保持科教园	水土保持型	17	2017
60		宁德水韵九都水利风景区	霍童溪九都段	自然河湖型	17	2017
61		霞浦杨家溪水利风景区	杨家溪	自然河湖型	17	2017
62		寿宁西浦水利风景区	西浦溪	自然河湖型	18	2018
63		宁德霍童水利风景区	霍童溪霍童河段	自然河湖型	18	2018
64		泉州龙门湖水利风景区	龙门滩水库	水库型	18	2018
65		吉安青原禅溪水利风景区	青原溪	自然河湖型	16	2016
66		弋阳龙门湖水利风景区	龙门湖水库	水库型	16	2016
67	江西	石城琴江水利风景区	琴江	城市河湖型	17	2017
68		崇义客家梯田水利风景区	赤水小流域综合治理、良和小流域综合治理	水土保持型	17	2017

序号	省级行政区	景 区 名 称	依托河湖或水利工程	类型	批次	获批时间/年
69		德兴大茅山双溪湖水利风景区	双溪湖	水库型	17	2017
70	江西	宜春恒晖水利风景区	三兴水库	水库型	18	2018
71		抚州大觉山水利风景区	大觉山水库	水库型	18	2018
72		吉安峡江水利枢纽水利风景区	峡江水利枢纽工程	水库型	18	2018
73		莒南鸡龙河水利风景区	鸡龙河	城市河湖型	16	2016
74		金乡羊山湖水利风景区	羊山运河、羊山湖、葛山湖和羊山水土保持工程	水土保持型	16	2016
75	山东	禹城徒骇河水利风景区	徒骇河	城市河湖型	16	2016
76		莒县沭河水利风景区	沭河	城市河湖型	17	2017
77		青州阳河水利风景区	阳河	城市河湖型	17	2017
78		沂水县沂河水利风景区	沂河	城市河湖型	17	2017
79		德州大清河水利风景区	大清河	城市河湖型	18	2018
80		临沂沂沭河水利风景区	沂沭河	城市河湖型	18	2018
81		许昌曹魏故都水利风景区	许昌市生态水系连通	城市河湖型	16	2016
82		虞城响河水利风景区	响河	城市河湖型	16	2016
83		荥阳古柏渡南水北调穿黄水利风景区	南水北调中线穿黄工程、黄河	自然河湖型	17	2017
84	河南	林州太行平湖水利风景区	太行平湖	水库型	17	2017
85		南乐西湖生态水利风景区	南乐西湖	城市河湖型	17	2017
86		（黄委）长垣黄河水利风景区	黄河	自然河湖型	17	2017
87		济源沁龙峡水利风景区	河口村水库	水库型	18	2018
88		许昌鹤鸣湖水利风景区	鹤鸣湖	城市河湖型	18	2018
89		郑州龙湖水利风景区	郑东新区生态水系	城市河湖型	18	2018
90		黄冈白莲河水利风景区	白莲河	水库型	16	2016
91		宜昌百里荒水利风景区	柏家坪、普溪河小流域治理	水土保持型	16	2016
92		麻城明山水利风景区	明山水库	水库型	16	2016
93		武汉金银湖水利风景区	金银湖	城市河湖型	17	2017
94	湖北	蕲春大同水库水利风景区	大同水库	水库型	17	2017
95		武穴梅川水库水利风景区	梅川水库	水库型	17	2017
96		陆水水库水利风景区	陆水水库	水库型	17	2017
97		潜江田关岛水利风景区	东荆河、田关河	自然河湖型	18	2018
98		宜昌高岚河水利风景区	高岚河	自然河湖型	18	2018
99		十堰太和梅花谷水利风景区	竹山县霍河水土保持科技示范园	水土保持型	18	2018

序号	省级行政区	景 区 名 称	依托河湖或水利工程	类型	批次	获批时间/年
100		望城半岛水利风景区	沩水、望城区城市防洪工程	城市河湖型	16	2016
101		汝城热水河水利风景区	热水河	自然河湖型	16	2016
102		郴州四清湖水利风景区	四清水库	水库型	16	2016
103		涟源杨家滩水利风景区	孙水河、金盆水闸	自然河湖型	16	2016
104	湖南	芷江侗族自治县和平湖水利风景区	㵲水及城市防洪堤、和平电站、蟒塘溪电站	城市河湖型	17	2017
105		长沙洋湖湿地水利风景区	湘江、靳江河洋湖再生水厂、龙骨寺泵站	湿地型	17	2017
106		祁阳浯溪水利风景区	浯溪水电站、石洞源水库	自然河湖型	17	2017
107		株洲湘江风光带水利风景区	湘江及城市防洪工程	城市河湖型	18	2018
108		永州金洞白水河水利风景区	白水河	自然河湖型	18	2018
109		湛江鹤地银湖水利风景区	鹤地水库	水库型	16	2016
110	广东	广州花都湖水利风景区	新街河	城市河湖型	16	2016
111		佛山乐从水利风景区	东平水道	城市河湖型	18	2018
112		都安澄江水利风景区	澄江	自然河湖型	16	2016
113	广西	桂林灵渠水利风景区	灵渠	灌区型	17	2017
114		隆林万峰湖水利风景区	万峰湖	水库型	17	2017
115	海南	保亭毛真水库水利风景区	毛真水库	水库型	16	2016
116		海口美舍河水利风景区	美舍河	城市河湖型	17	2017
117	重庆	荣昌荣峰河水利风景区	荣峰河	城市河湖型	16	2016
118		丰都龙河谷水利风景区	龙河	自然河湖型	17	2017
119		西昌邛海水利风景区	邛海	自然河湖型	16	2016
120		泸州张坝水利风景区	长江	城市河湖型	16	2016
121		壤塘则曲河水利风景区	则曲河	自然河湖型	16	2016
122		南部红岩子湖水利风景区	红岩子湖	城市河湖型	16	2016
123		广安华蓥山天池湖水利风景区	天池湖水库	水库型	16	2016
124	四川	雅安陇西河上里古镇水利风景区	陇西河	自然河湖型	17	2017
125		南江玉湖水利风景区	玉堂水库	水库型	17	2017
126		遂宁观音湖水利风景区	观音湖	城市河湖型	17	2017
127		凉山安宁湖水利风景区	大桥水库	水库型	18	2018
128		广安天意谷水利风景区	向阳桥水库	自然河湖型	18	2018
129		巴中柳津湖水利风景区	柳津湖	城市河湖型	18	2018

序号	省级行政区	景 区 名 称	依托河湖或水利工程	类型	批次	获批时间/年
130	贵州	威宁草海水利风景区	草海、杨湾桥水库、玉龙水库	湿地型	16	2016
131		开阳清龙河水利风景区	清龙河	自然河湖型	16	2016
132		凯里清水江水利风景区	清水江	自然河湖型	17	2017
133		福泉洒金谷水利风景区	沙河、卫阻河、岔河、高车水库	城市河湖型	17	2017
134		贵定金海雪山水利风景区	独木河、合作水库、跃进水库、云雾湖	自然河湖型	17	2017
135		铜仁白岩河水利风景区	白岩河	水库型	18	2018
136		遵义茅台渡水利风景区	赤水河	城市河湖型	18	2018
137		黔南州雍江水利风景区	雍江	城市河湖型	18	2018
138	云南	双柏查姆湖水利风景区	查姆湖、小庙河水库	城市河湖型	17	2017
139		丘北纳龙湖水利风景区	纳龙湖、清平水库	水库型	17	2017
140		丽江鲤鱼河水利风景区	鲤鱼河	城市河湖型	18	2018
141		大姚蜻蛉湖水利风景区	永丰水库、蜻蛉湖、永丰湖	城市河湖型	18	2018
142		楚雄州青山湖水利风景区	青山嘴水库	水库型	18	2018
143	西藏	拉萨市拉萨河水利风景区	拉萨河	城市河湖型	16	2016
144	陕西	眉县霸渭关中文化水利风景区	渭河	自然河湖型	16	2016
145		岚皋千层河水利风景区	千层河	自然河湖型	16	2016
146		米脂高西沟水利风景区	龙头山水库	水土保持型	16	2016
147		延川乾坤湾水利风景区	黄河	自然河湖型	17	2017
148		西安渭河生态水利风景区	渭河	城市河湖型	17	2017
149		镇坪飞渡峡水利风景区	飞渡河	自然河湖型	17	2017
150		安康任河水利风景区	任河	自然河湖型	18	2018
151		西安曲江池·大唐芙蓉园水利风景区	唐曲江池遗址	城市河湖型	18	2018
152		西安护城河水利风景区	西安护城河	城市河湖型	18	2018
153	甘肃	肃南隆畅河风情线水利风景区	隆畅河	城市河湖型	16	2016
154		庆阳市庆阳湖水利风景区	庆阳湖	城市河湖型	16	2016
155		景电水利风景区	景泰川电力提灌工程	灌区型	17	2017
156	青海	玉树通天河水利风景区	通天河	自然河湖型	16	2016
157	宁夏	彭阳阳洼流域水利风景区	阳洼小流域综合治理	水土保持型	16	2016
158		银川黄河横城水利风景区	黄河	自然河湖型	17	2017
159	新疆	喀什吐曼河水利风景区	吐曼河	城市河湖型	18	2018

（水利部水利风景区建设与管理领导小组办公室）

【河湖类国家级水产种质资源保护区数量】

全国河湖类国家级水产种质资源保护区情况（2016—2020 年）

序号	公布批次	编号	保护区名称	所在地区
1	10	2107	辽宁浑河源细鳞鱼国家级水产种质资源保护区	辽宁
2	10	2225	吉林前郭查干湖蒙古鲌国家级水产种质资源保护区	吉林
3	10	2226	吉林前郭新庙泡特有鱼类国家级水产种质资源保护区	吉林
4	10	2227	吉林松花湖特有鱼类国家级水产种质资源保护区	吉林
5	10	2324	嫩江松花江三岔河口鲢翘嘴鲌国家级水产种质资源保护区	黑龙江
6	10	2325	乌苏里江（虎林段）特有鱼类国家级水产种质资源保护区	黑龙江
7	10	3232	洪泽湖鳜国家级水产种质资源保护区	江苏
8	10	3233	金沙湖黄颡鱼国家级水产种质资源保护区	江苏
9	10	3426	淮河阜阳段橄榄蛏蚌国家级水产种质资源保护区	安徽
10	10	3427	新安江歙县段尖头鳡光唇鱼宽鳍鱲国家级水产种质资源保护区	安徽
11	10	3428	故黄河砀山段黄河鲤国家级水产种质资源保护区	安徽
12	10	3625	宜黄县棘胸蛙国家级水产种质资源保护区	江西
13	10	3739	文昌湖赤眼鳟国家级水产种质资源保护区	山东
14	10	3740	清洋河三角鲂国家级水产种质资源保护区	山东
15	10	3741	麻大湖青虾中华绒螯蟹国家级水产种质资源保护区	山东
16	10	4118	洛河洛宁段乌苏里拟鲿瓦氏雅罗鱼国家级水产种质资源保护区	河南
17	10	4333	北江武水河临武段黄颡鱼黄尾鲴国家级水产种质资源保护区	湖南
18	10	4334	汨罗江河口段鲶国家级水产种质资源保护区	湖南
19	10	4335	湘江潇水双牌段光倒刺鲃拟尖头鲌国家级水产种质资源保护区	湖南
20	10	4336	汨罗江平江段斑鳜黄颡鱼国家级水产种质资源保护区	湖南
21	10	4417	浈江大刺鳅黄颡鱼国家级水产种质资源保护区	广东
22	10	5220	芙蓉江特有鱼类国家级水产种质资源保护区	贵州
23	10	5221	座马河特有鱼类国家级水产种质资源保护区	贵州
24	10	5405	墨脱德尔贡河特有鱼类国家级水产种质资源保护区	西藏
25	10	6119	黄河陕西韩城龙门段黄河鲤兰州鲇国家级水产种质资源保护区	陕西
26	10	6220	黄河白银区段特有鱼类国家级水产种质资源保护区	甘肃
27	10	6313	玉树州烟瘴挂峡特有鱼类国家级水产种质资源保护区	青海
28	10	6511	特克斯河特有鱼类国家级水产种质资源保护区	新疆
29	10	6512	喀依尔特河特有鱼类国家级水产种质资源保护区	新疆
30	11	1319	石家庄中山湖日本沼虾、黄颡鱼国家级水产种质资源保护区	河北
31	11	2228	吉林锦江特有鱼类国家级水产种质资源保护区	吉林
32	11	3234	高邮湖青虾国家级水产种质资源保护区	江苏
33	11	3235	洪泽湖黄颡鱼国家级水产种质资源保护区	江苏
34	11	3511	顺昌县麻溪半刺厚唇鱼国家级水产种质资源保护区	福建
35	11	3742	光明湖红嘴鲌国家级水产种质资源保护区	山东

序号	公布批次	编号	保护区名称	所在地区
36	11	3743	青云湖寡齿新银鱼国家级水产种质资源保护区	山东
37	11	3744	沂南汶河马口鱼国家级水产种质资源保护区	山东
38	11	5222	龙江河光倒刺鲃国家级水产种质资源保护区	贵州
39	11	5223	龙江河裂腹鱼国家级水产种质资源保护区	贵州
40	11	5224	舞阳河黄平段瓦氏黄颡鱼国家级水产种质资源保护区	贵州
41	11	6221	甘肃华亭县秦岭细鳞鲑国家级水产种质资源保护区	甘肃

注　1. 公布时间：第 10 批 2016 年，第 11 批 2017 年。

　　2. 所在河湖及主要保护对象见保护区名称。

（农业农村部）

【国家级自然保护区数量】

国家级自然保护区名录（2016—2020 年）

省　份	保护区名称	批建时间/年	所在行政区
辽宁省	辽宁楼子山国家级自然保护区	2016	朝阳市喀左县
吉林省	吉林通化石湖国家级自然保护区	2016	通化市通化县
黑龙江省	黑龙江北极村国家级自然保护区	2016	大兴安岭地区漠河市
	黑龙江碧水中华秋沙鸭国家级自然保护区	2016	伊春市带岭区
	黑龙江翠北湿地国家级自然保护区	2016	伊春市五营区
	黑龙江公别拉河国家级自然保护区	2016	黑河市爱辉区
安徽省	安徽岳西古井园国家级自然保护区	2016	安庆市岳西县
福建省	福建峨嵋峰国家级自然保护区	2016	三明市泰宁县
江西省	江西森林鸟类国家级自然保护区	2016	上饶市婺源县
河南省	河南高乐山国家级自然保护区	2016	南阳市桐柏县
湖北省	湖北巴东金丝猴国家级自然保护区	2016	恩施州巴东县
广西壮族自治区	广西银竹老山资源冷杉国家级自然保护区	2016	桂林市资源县
贵州省	贵州佛顶山国家级自然保护区	2016	铜仁市石阡县
西藏自治区	西藏麦地卡湿地国家级自然保护区	2016	那曲市嘉黎县
陕西省	陕西丹凤武关河珍稀水生动物国家级自然保护区	2016	商洛市丹凤县
	陕西黑河珍稀水生野生动物国家级自然保护区	2016	西安市周至县
新疆维吾尔自治区	新疆伊犁小叶白蜡国家级自然保护区	2016	伊犁哈萨克自治州伊宁县
	新疆霍城四爪陆龟国家级自然保护区	2016	伊犁哈萨克自治州霍城县
黑龙江省	黑龙江七星砬子东北虎自然保护区	2017	佳木斯市桦南县
	黑龙江黑瞎子岛自然保护区	2017	佳木斯市抚远市
	黑龙江岭峰国家级自然保护区	2017	大兴安岭地区漠河市
	黑龙江盘中国家级自然保护区	2017	大兴安岭地区塔河县

续表

省　份	保护区名称	批建时间/年	所在行政区
黑龙江省	黑龙江平顶山国家级自然保护区	2017	哈尔滨市通河县
	黑龙江乌马河紫貂国家级自然保护区	2017	伊春市乌马河区
浙江省	浙江安吉小鲵国家级自然保护区	2017	湖州市安吉县
江西省	江西南风面国家级自然保护区	2017	吉安市遂川县
湖北省	湖北崩尖子国家级自然保护区	2017	宜昌市长阳土家族自治县
	湖北大老岭国家级自然保护区	2017	宜昌市夷陵区
	湖北五道峡国家级自然保护区	2017	襄阳市保康县
四川省	四川白河国家级自然保护区	2017	阿坝藏族羌族自治州九寨沟县
西藏自治区	西藏玛旁雍错湿地国家级自然保护区	2017	阿里地区普兰县
陕西省	陕西摩天岭国家级自然保护区	2017	汉中市留坝县
甘肃省	甘肃多儿国家级自然保护区	2017	甘南藏族自治州迭部县
新疆维吾尔自治区	新疆阿尔泰科克苏湿地国家级自然保护区	2017	阿勒泰地区阿勒泰市
	新疆温泉新疆北鲵国家级自然保护区	2017	博尔塔拉蒙古自治州温泉县
山西省	山西太宽河国家级自然保护区	2018	运城市夏县
辽宁省	辽宁五花顶国家级自然保护区	2018	葫芦岛市绥中县
吉林省	吉林头道松花江上游国家级自然保护区	2018	白山市抚松县
	吉林园池湿地国家级自然保护区	2018	延边朝鲜族自治州安图县
	吉林甑峰岭国家级自然保护区	2018	延边朝鲜族自治州和龙市、安图县
黑龙江省	黑龙江细鳞河国家级自然保护区	2018	鹤岗市东山区
	黑龙江朗乡国家级自然保护区	2018	伊春市铁力市
	黑龙江仙洞山梅花鹿国家级自然保护区	2018	齐齐哈尔市拜泉县
四川省	四川南莫且湿地自然保护区	2018	阿坝藏族羌族自治州塘县
贵州省	贵州大沙河国家级自然保护区	2018	遵义市道真县
陕西省	陕西红碱淖国家级自然保护区	2018	榆林市神木市

（国家林业和草原局）

【国家湿地公园数量】

国家湿地公园名录（2016—2020年）

序号	省份	湿地公园名称	所在行政区	批准年度
1	天津	天津蓟县州河国家湿地公园	蓟县	2016
2		天津下营环秀湖国家湿地公园	蓟县	2016
3	河北	河北任县大陆泽国家湿地公园	任县	2016
4		河北卢龙一渠百库国家湿地公园	卢龙县	2016
5		河北滦平潮河国家湿地公园	滦平县	2016
6	山西	山西怀仁口泉河国家湿地公园	怀仁县	2016
7		山西左权清漳河国家湿地公园	左权县	2016

序号	省份	湿地公园名称	所在行政区	批准年度
8	内蒙古	内蒙古达拉特旗乌兰淖尔国家湿地公园	达拉特旗	2016
9		内蒙古巴林左旗乌力吉沐沦河国家湿地公园	巴林左旗	2016
10		内蒙古科左后旗胡力斯台淖尔国家湿地公园	科尔沁左翼后旗	2016
11		内蒙古扎赉特绰尔托欣河国家湿地公园	扎赉特旗	2016
12		内蒙古柴河固里国家湿地公园	柴河林业局	2016
13		内蒙古乌奴耳长寿湖国家湿地公园	乌奴耳林业局	2016
14		内蒙古莫力达瓦巴彦国家湿地公园	莫力达瓦旗	2016
15		内蒙古南木雅克河国家湿地公园	鄂伦春自治旗	2016
16		内蒙古红花尔基伊敏河国家湿地公园	红花尔基林业局	2016
17		内蒙古呼伦贝尔银岭河国家湿地公园	牙克石（免渡河林业局）	2016
18		内蒙古集宁霸王河国家湿地公园	集宁区	2016
19		内蒙古满洲里霍勒金布拉格国家湿地公园	满洲里市	2016
20		内蒙古绰尔雅多罗国家湿地公园	绰尔林业局	2016
21	辽宁	辽宁义县大凌河国家湿地公园	义县	2016
22		辽宁盘锦辽河国家湿地公园	兴隆台	2016
23	吉林	吉林四平架树台湖国家湿地公园	双辽市（农垦）	2016
24		吉林敦化秋梨沟国家湿地公园	敦化市（林业局）	2016
25	黑龙江	黑龙江哈尔滨阿什河国家湿地公园	道外区	2016
26		黑龙江大庆黑鱼湖国家湿地公园	萨尔图区	2016
27		黑龙江碾子山雅鲁河国家湿地公园	碾子山区	2016
28		黑龙江黑河坤河国家湿地公园	爱辉区	2016
29		黑龙江兰西呼兰河国家湿地公园	兰西县	2016
30		黑龙江八五八小穆棱河国家湿地公园	虎林市	2016
31		黑龙江大海林二浪河国家湿地公园	大海林林业局	2016
32		黑龙江十八站呼玛河国家湿地公园	十八站林业局	2016
33	江苏	江苏东海西双湖国家湿地公园	东海县	2016
34		江苏兴化里下河国家湿地公园	兴化市	2016
35		江苏金坛长荡湖国家湿地公园	金坛区	2016
36	浙江	浙江浦江浦阳江国家湿地公园	浦江县	2016
37	安徽	安徽庐阳董铺国家湿地公园	庐阳区	2016
38		安徽肥东管湾国家湿地公园	肥东县	2016
39		安徽巢湖半岛国家湿地公园	巢湖市	2016
40		安徽潜山潜水河国家湿地公园	潜山县	2016
41		安徽颍泉泉水湾国家湿地公园	颍泉区	2016
42		安徽淮北中湖国家湿地公园	相山区	2016
43		安徽蒙城北淝河国家湿地公园	蒙城县	2016

序号	省份	湿 地 公 园 名 称	所在行政区	批准年度
44	江西	江西莲花莲江国家湿地公园	莲花县	2016
45		江西崇义阳明湖国家湿地公园	崇义县	2016
46		江西大余章水国家湿地公园	大余县	2016
47		江西全南桃江国家湿地公园	全南县	2016
48		江西万安湖国家湿地公园	万安县	2016
49	山东	山东成武东鱼河国家湿地公园	成武县	2016
50		山东日照西湖国家湿地公园	东港区	2016
51		山东博山五阳湖国家湿地公园	博山区	2016
52		山东高密胶河国家湿地公园	高密市	2016
53		山东兰陵会宝湖国家湿地公园	兰陵县	2016
54		山东乐陵跃马河国家湿地公园	乐陵市	2016
55	河南	河南鹿邑惠济河国家湿地公园	鹿邑县	2016
56		河南南乐马颊河国家湿地公园	南乐县	2016
57		河南汝州汝河国家湿地公园	汝州市	2016
58	湖北	湖北广水徐家河国家湿地公园	广水市	2016
59		湖北十堰郧阳湖国家湿地公园	郧阳区	2016
60		湖北阳新莲花湖国家湿地公园	阳新县	2016
61		湖北监利老江河故道国家湿地公园	监利县	2016
62		湖北嘉鱼珍湖国家湿地公园	嘉鱼县	2016
63		湖北十堰泗河国家湿地公园	茅箭区	2016
64	湖南	湖南麻阳锦江国家湿地公园	麻阳苗族自治县	2016
65		湖南永顺猛洞河国家湿地公园	永顺县	2016
66		湖南零陵潇水国家湿地公园	零陵区	2016
67		湖南汉寿息风湖国家湿地公园	汉寿县	2016
68		湖南长沙洋湖国家湿地公园	湘江新区	2016
69		湖南中方溪水国家湿地公园	中方县	2016
70		湖南嘉禾钟水河国家湿地公园	嘉禾县	2016
71		湖南祁阳浯溪国家湿地公园	祁阳县	2016
72		湖南临澧道水河国家湿地公园	临澧县	2016
73	广东	广东花都湖国家湿地公园	花都区	2016
74		广东开平孔雀湖国家湿地公园	开平市	2016
75		广东阳东寿长河国家湿地公园	阳东区	2016
76		广东新会小鸟天堂国家湿地公园	新会区	2016
77		广东四会绥江国家湿地公园	四会市	2016
78		广东连南瑶排梯田国家湿地公园	连南瑶族自治县	2016
79		广东深圳华侨城国家湿地公园	南山区	2016

序号	省份	湿 地 公 园 名 称	所在行政区	批准年度
80	广西	广西全州天湖国家湿地公园	全州县	2016
81		广西灌阳灌江国家湿地公园	灌阳县	2016
82		广西贺州合面狮湖国家湿地公园	八步区	2016
83		广西昭平桂江国家湿地公园	昭平县	2016
84		广西忻城乐滩国家湿地公园	忻城县	2016
85		广西合山洛灵湖国家湿地公园	合山市	2016
86		广西兴宾三利湖国家湿地公园	兴宾区	2016
87	海南	海南三亚河国家湿地公园	三亚市	2016
88	重庆	重庆合川三江国家湿地公园	合川区	2016
89		重庆綦江通惠河国家湿地公园	綦江区	2016
90	四川	四川江油让水河国家湿地公园	江油市	2016
91		四川沙湾大渡河国家湿地公园	沙湾区	2016
92		四川炉霍鲜水河国家湿地公园	炉霍县	2016
93		四川巴塘姊妹湖国家湿地公园	巴塘县	2016
94		四川渠县柏水湖国家湿地公园	渠县	2016
95	贵州	贵州望谟北盘江国家湿地公园	望谟县	2016
96		贵州册亨北盘江国家湿地公园	册亨县	2016
97		贵州贵阳百花湖国家湿地公园	观山湖区	2016
98		贵州独山九十九滩国家湿地公园	独山县	2016
99		贵州台江翁你河国家湿地公园	台江县	2016
100		贵州修文岩鹰湖国家湿地公园	修文县	2016
101		贵州玉屏舞阳河国家湿地公园	玉屏侗族自治县	2016
102		贵州黄果树国家湿地公园	黄果树风景名胜区	2016
103		贵州印江车家河国家湿地公园	印江土家族苗族自治县	2016
104	云南	云南保山青华海国家湿地公园	隆阳区	2016
105		云南泸西黄草洲国家湿地公园	泸西县	2016
106		云南兰坪箐花甸国家湿地公园	兰坪白族普米族自治县	2016
107		云南江川星云湖国家湿地公园	江川区	2016
108	西藏	西藏贡觉拉妥国家湿地公园	贡觉县	2016
109		西藏那曲夯错国家湿地公园	那曲市	2016
110		西藏日喀则江萨国家湿地公园	桑珠孜区	2016
111		西藏边坝炯拉错国家湿地公园	边坝县	2016
112	陕西	陕西汉阴观音河国家湿地公园	汉阴县	2016
113		陕西西安田峪河国家湿地公园	周至县	2016
114		陕西凤翔雍城湖国家湿地公园	凤翔县	2016
115		陕西耀州沮河国家湿地公园	耀州区	2016

续表

序号	省份	湿 地 公 园 名 称	所在行政区	批准年度
116		陕西镇坪曙河源国家湿地公园	镇坪县	2016
117	陕西	陕西礼泉甘河国家湿地公园	礼泉县	2016
118		陕西石泉汉江莲花古渡国家湿地公园	石泉县	2016
119		甘肃临洮洮河国家湿地公园	临洮县	2016
120	甘肃	甘肃景泰白墩子盐沼国家湿地公园	景泰县	2016
121		青海刚察沙柳河国家湿地公园	刚察县	2016
122	青海	青海贵南茫曲国家湿地公园	贵南县	2016
123		青海甘德班玛仁拓国家湿地公园	甘德县	2016
124		青海达日黄河国家湿地公园	达日县、甘德县	2016
125		新疆叶城宗朗国家湿地公园	叶城县	2016
126		新疆察布查尔伊犁河国家湿地公园	察布查尔	2016
127		新疆特克斯国家湿地公园	特克斯县	2016
128	新疆	新疆阜康特纳格尔国家湿地公园	阜康市	2016
129		新疆吐鲁番艾丁湖国家湿地公园	高昌区	2016
130		新疆伊犁雅玛图国家湿地公园	伊宁县	2016
131		新疆照壁山国家湿地公园	乌鲁木齐县 （乌鲁木齐板房沟分局）	2016
132		新疆生产建设兵团第七师胡杨河 国家湿地公园	130 团	2016
133	新疆生产建设兵团	新疆生产建设兵团第二师恰拉湖 国家湿地公园	31 团	2016
134		新疆生产建设兵团第十师丰庆湖 国家湿地公园	187 团	2016
135		河北蔚县壶流河国家湿地公园	蔚县	2017
136	河北	河北涿鹿桑干河国家湿地公园	涿鹿县	2017
137		河北阳原桑干河国家湿地公园	阳原县	2017
138	山西	山西泽州丹河国家湿地公园	泽州县	2017
139		山西榆社漳河国家湿地公园	榆社县	2017
140		内蒙古正镶白旗骏马湖国家湿地公园	正镶白旗	2017
141	内蒙古	内蒙古霍林郭勒静湖国家湿地公园	霍林郭勒市	2017
142		内蒙古清水河县浑河国家湿地公园	清水河县	2017
143		内蒙古满归贝尔茨河国家湿地公园	满归林业局	2017
144	辽宁	辽宁文圣太子河国家湿地公园	文圣区	2017
145	吉林	吉林洮南四海湖国家湿地公园	洮南市	2017
146		黑龙江穆棱雷锋河国家湿地公园	穆棱市	2017
147	黑龙江	黑龙江爱辉刺尔滨河国家湿地公园	爱辉区	2017
148		黑龙江加格达奇甘河国家湿地公园	加格达奇林业局	2017

序号	省份	湿 地 公 园 名 称	所在行政区	批准年度
149	浙江	浙江绍兴鉴湖国家湿地公园	越城区	2017
150		安徽合肥巢湖湖滨国家湿地公园	包河区	2017
151	安徽	安徽怀宁观音湖国家湿地公园	怀宁县	2017
152		安徽来安池杉湖国家湿地公园	来安县	2017
153	福建	福建政和念山国家湿地公园	政和县	2017
154		福建建宁闽江源国家湿地公园	建宁县	2017
155		江西瑞金绵江国家湿地公园	瑞金市	2017
156		江西吉水吉湖国家湿地公园	吉水县	2017
157	江西	江西峡江玉峡湖国家湿地公园	峡江县	2017
158		江西抚州凤岗河国家湿地公园	高新区	2017
159		江西抚州廖坊国家湿地公园	临川区、金溪县、南城县	2017
160		江西广昌抚河源国家湿地公园	广昌县	2017
161		山东莒县沭河国家湿地公园	莒县	2017
162	山东	山东滨州小开河国家湿地公园	开发区	2017
163		山东临朐弥河国家湿地公园	临朐县	2017
164		河南舞钢石漫滩国家湿地公园	舞钢市	2017
165	河南	河南鄢陵鹤鸣湖国家湿地公园	鄢陵县	2017
166		河南禹州颍河国家湿地公园	禹州市	2017
167		河南梁园黄河故道国家湿地公园	梁园区	2017
168		湖北老河口西排子湖国家湿地公园	老河口市	2017
169	湖北	湖北随州淮河国家湿地公园	随县	2017
170		湖北秭归九畹溪国家湿地公园	秭归县	2017
171	湖南	湖南江永永明河国家湿地公园	江永县	2017
172		广东惠州潼湖国家湿地公园	仲恺高新区	2017
173		广东南海金沙岛国家湿地公园	南海区	2017
174	广东	广东三水云东海国家湿地公园	三水区	2017
175		广东珠海横琴国家湿地公园	横琴新区	2017
176		广东台山镇海湾红树林国家湿地公园	台山市	2017
177		海南昌江海尾国家湿地公园	昌江黎族自治县	2017
178	海南	海南海口五源河国家湿地公园	秀英区	2017
179		海南海口美舍河国家湿地公园	龙华区	2017
180		海南陵水红树林国家湿地公园	陵水黎族自治县	2017
181	云南	云南昆明捞鱼河国家湿地公园	滇池国家旅游度假区	2017
182		云南梁河南底河国家湿地公园	梁河县	2017
183	西藏	西藏错那拿日雍措国家湿地公园	错那县	2017
184		西藏班戈江龙玛曲国家湿地公园	班戈县	2017

序号	省份	湿地公园名称	所在行政区	批准年度
185	西藏	西藏巴青约雄措高山冰缘国家湿地公园	巴青县	2017
186		西藏丁青布托湖国家湿地公园	丁青县	2017
187		陕西永寿漆水河国家湿地公园	永寿县	2017
188		陕西华州少华湖国家湿地公园	华州区	2017
189	陕西	陕西华阴太华湖国家湿地公园	华阴市	2017
190		陕西泾阳泾河国家湿地公园	泾阳县	2017
191		陕西蒲城洛河国家湿地公园	蒲城县	2017
192	宁夏	宁夏银川黄河外滩国家湿地公园	滨河新区	2017
193		新疆策勒达玛沟国家湿地公园	策勒县	2017
194	新疆	新疆焉耆相思湖国家湿地公园	焉耆回族自治县	2017
195		新疆博乐博尔塔拉河国家湿地公园	博乐市	2017
196		新疆生产建设兵团第四师木扎尔特国家湿地公园	昭苏县（74团）	2017
197	新疆生产建设兵团	新疆生产建设兵团第十四师胡木旦国家湿地公园	昆玉市（224团）	2017
198		新疆生产建设兵团第二师玉昆仑湖国家湿地公园	且末县（37团）	2017
199	江苏	江苏盐城大纵湖国家湿地公园	盐都区	2020
200	浙江	浙江嘉兴运河湾国家湿地公园	秀洲区	2020
201	江西	江西南丰潭湖国家湿地公园	南丰县	2020

（国家林业和草原局）

八、典型案例

Typical Cases

| 北京市 |

示范河湖颜值扮靓古都新韵
——凉水河（经开区段）以河长制
为抓手推动幸福河湖建设

北京市凉水河经开区段全长 5.4km，围绕"江河安澜的行洪道、水清岸绿的生态道、融入自然的休闲道、科技共享的智慧道"四大定位，建成了责任体系明确、制度体系完善、基础工作扎实、管理保护有效、空间管控严格、管护成效明显的示范河湖，充分展现了"河畅、水清、岸绿、景美、人和"的河流面貌，为周边居民提供了良好的生活环境和接近自然的休憩空间。

2020 年，凉水河（经开区段）通过水利部海河水利委员会的验收，成为全国首批 18 个示范河湖之一，也是华北地区唯一的入选河湖，经开区再树"全国标杆"。如今凉水河以更加靓丽的姿态展现在我们面前，实现了建成"江河安澜的行洪道、水清岸绿的生态道、融入自然的休闲道、科技共享的智慧道"的目标，成为全国河湖管理及河长制湖长制工作的"样板"。水体主要指标已经达到地表 IV 类水标准，部分河段的主要指标已经达到地表 III 类水标准，经开区内其他 4 条河道的水质也正在从地表 V 类水向 IV 类水提升，真正实现了"碧水穿城"。

河道周边改造提升形成 80～400m 不等的滨河景观带，面积约 117hm²。种植法桐、玉兰、早园竹等大乔木、花灌木、地被花卉，种植密度为 30 株/亩，绿化覆盖率达到 90%，形成以植物外形特征为主题的多个专类观赏区。示范河段采用"生态治河"理念，利用绿地的位置优势，建设了生态友好型的岸坡，为岸上的植物生长创造了有利条件。根据生态调查报告显示，凉水河最新出现了 7 种鱼类、17 种鸟以及 6 个沉水植物物种，还出现了只能在净水中存活的蝌蚪群、米虾以及蜻蜓幼虫，凉水河水生态系统正在不断建立与完善，生物多样性正在不断丰富。

凉水河全线建设了亲水步道，实现"一走到底"。骑行路及健步路将公园内的重要景观节点串连起来，观景台、休憩驿站、钓鱼点等便民休闲设施满足了市民亲水需求，如今已成为服务市民生活、展现城市历史与现代魅力的一道亮丽风景线。

公园的智能化管理让游人真正体会到智能公园的便利性。示范河段河道治理、整治结合海绵城市理念，采用人工湿地技术、河道净化技术、雨洪利用技术等集成创新；滨河公园设置智慧座椅、智慧路灯、智慧垃圾桶、智能凉亭、智慧卫生间、智慧跑道、自动花粉监测设备、智能安防巡检机器人等智能设备，建立智能体系，实现智能化管理，让民众真正体会到智慧河道的科技化和便利化。示范段还建立了视频监控系统和智慧管控系统。视频监控系统覆盖河道岸线、重要水工设施、排水口、滨河公园，实现全天候 24 小时监控，发现问题及时通知河长办或属地解决。

（汤博）

| 天津市 |

治水而为　绘出津南美丽画卷
——天津市津南区贯彻落实河长制
湖长制推动河湖治理现代化

2018 年以来，津南区咸水沽镇通过河长巡河与群众交流，以及公众号、微信群等渠道，收集了很多困扰群众的疑难问题，海河故道公园历史遗留"四乱"问题、岸线水面垃圾及河水异味都是群众反映比较强烈的疑难问题。为了创建老百姓认可的最美河湖，区河（湖）长办进一步统一思想、提高认识，动员全区上下坚定信心、真抓实干，全力以赴打赢打好"岸线保护、环境卫生、水质保障"三大攻坚战。

河道风光

一、百分百完成"清四乱""清河"专项行动，河湖岸线得到有力保障

海河故道公园建成于全面落实河湖长制之前，因为管理主体不清，管理措施未落实，形成了管理真空期，导致固有问题还没有解决，新发问题又接踵而至，形成新老"四乱"问题叠加的态势。这些新老"四乱"非常突兀地置于海河故道景观带内，与周边景观格格不入，形成鲜明反差，严重影响游园的休闲体验，休闲群众对此意见非常大。

为解决"四乱"问题，津南区 2018 年打响了河湖岸线"四乱"整治专项行动，2019 年打响了"清河"专项行动。区级总河湖长靠前指挥，各镇街级河长牢牢盯住海河故道历史遗留"四乱"问题不放手，以坚决有力的态度，狠抓海河故道河湖环境卫生问题整治。通过为期 3 个月的专项整治，海河故道堤岸、水面垃圾不见了。同时，咸水沽镇进一步完善了海河故道长效管护机制，科学管控水生内源污染。伴随着海河故道水质的不断改善，又出现了菹草大规模爆发式生长的问题，严重影响了海河故道水生态，对河湖水体产生了负面影响。为了应对水草惹的麻烦，咸水沽镇科学管控，集中力量清整，最大限度控制菹草生长，通过人工干预，让水生植物帮忙不添乱。通过堤岸、水面、水中全方位管护，海河故道水环境质量得到了显著改善，专项整治取得了阶段性成果。

工作人员清理河道漂浮物

二、百分百完成年度合流制改造任务，陆源污染得到有效遏制

3.5km 长的海河故道公园，周边社区密集，居民日常休闲都来这里。春夏时节，公园里游人一整天往来不断。然而，由于镇域内存在雨污合流和排污管道混接错接等情况，遇到规模降雨，雨水混同生活污水排入河道，水质恶化。

为了解决海河故道周边陆源污染问题，津南区河

（湖）长办牵头，水务、住建、生态环境等部门协调推动的海河故道公园生态修复工程正式启动，针对合流制区域、混接错接等问题进行集中整治。区水务局对海河故道公园旁的米兰雨水泵站收水范围雨污水管网进行全面排查，并对发现的 25 处混接错接点进行改造；区住建委对红旗路合流制区域进行改造。区水务局还对区域雨污水进行统筹调度，将米兰雨水泵站雨水调度至其他路径处置。通过一系列综合整治，汛期"黑龙"入河问题从根本上解决了，群众享受到了水清岸绿的舒适环境。

咸水沽镇合流制改造施工现场

实践证明，以"河长制"构建"河长治"，必须建立健全河湖、沟渠、坑塘长效管护机制，建立以问题为导向的河湖巡查，落实河湖管理保护责任主体、人员、设备和经费，落实河湖动态监控，不断提升河湖管理信息化现代化水平，实现标本兼治、系统治理。海河故道已构建起"人防＋技防"立体防控体系：一是构建起了河道智能巡检系统，实现了巡查人员、视频监控点位、智能手持巡检终端的三个全覆盖，形成了实时反映、动态跟踪、联通共享、功能齐全的河道智能管理信息化平台。二是采购多台热成像无人机和水下机器人，采用无人机、水下机器人巡河排查的科技手段协助河湖长巡河。通过无人机、水下机器人等先进科技设备的辅助，大大扩展了排查深度及巡查广度，实现了巡河技术的多元化，推动河湖管护全升级。

"白鸥翼语清波上，黄鸟双飞绿树间。"随着"水"文章不断做深做透，绿色屏障的延伸拓展，津南区各条河流池塘正不断变清、变美，城市颜值与人居环境因此不断提升。城缘水而建，景与水交融，津南区发展空间进一步拓展，人气商气正日益兴旺。扮靓水环境，生态环境正成为最普惠的民生福祉，绘就新时代的津沽风情画，曾经旧号"小江南""鱼

米之乡"的津南区正快步走在复归的路上。

〔天津市津南区河（湖）长制办公室〕

| 河北省 |

河北省邯郸市复兴区全方位
打造"醉美"沁河

沁河属海河流域、子牙河水系，是横贯邯郸市东西的一条排洪泄沥河流，其中邯郸市复兴区段长约 30.6km，流经 8 个乡镇（街道）36 个村（社区），是复兴区的"母亲河"。

2018 年起，复兴区组织实施沁河源生态文化旅游片区建设，打响"四乱"整治百日攻坚战，利用 100 天时间拆除散乱污企业 1 100 余家，拆除河库周边各类违建 270 余处，实现了全域违建清零。按照"五湖连珠·一带碧水映邯郸、九曲沁河·二十里风景画廊"设计思路，确立以生态性、自然性、野趣性、乡土性为基调对沁河进行高标准设计和治理，生态修复中，保留了原有的古树林木，保留了河流的原生形态和自然流势，融田园、村庄、河流、公园为一体，形成"山水林田湖、村在景中、人在画中"的生态田园景象。在建设过程中，区级总河长和沁河三级河长全员参与、一线督导，解决项目实施中的重点难点问题。2020 年 9 月全面完工，历经三年投资 3.2 亿元，清淤 15.3 万 m^3，拆违 38 万 m^2，植树 5 万多棵，绿化 2.3 万亩，治理河道 12km，主要建设有沁河人家、桃源杏雨、槐香柳韵、阡陌田园、汀兰飞鸿、泉水叮咚等 10 处景观节点。依托沁河，沿线打造省级美丽乡村 11 个。

按照"政府主导、社会投资、企业参与"模式，全力推进治水管水工作。一是推进市场化运营。采取招标、承包等形式，吸引社会资本打造休闲康养产业，并负责相应河段运营管护。二是推进全员化维护。按照"共建、共享、共管"的理念，发动沿河群众积极参与河湖整治，全域实行水域环境整治常态化。复兴区出台了河道环境举报奖惩制度和全域水环境整治日巡查、周抽检、月评比工作制度，对各级河长、河道保洁员实行严格奖惩，将每月评比结果计入年终考核。引导群众共同参与水环境保护管护，打造水美乡村，保持良好的水生态环境，营造爱水护水的良好社会氛围。三是推进景区化发展。复兴区共有 41 个村，其中有 37 个村依河而建，在具体工作中紧紧依托村庄河道的自然风貌，深度

开发农旅融合产业，丰富旅游业态，建设美丽乡村，助力乡村振兴，形成"山水林田湖、村在景中、人在画中"的生态田园景象。

（张伟芳）

| 山西省 |

保护"三晋母亲河" 再现"锦绣太原城"
——以河长制湖长制再掀太原市河湖管理新高潮

"襟四塞之要冲，控五原之都邑"，龙城太原是一座有着 2 500 多年历史的文化古城。黄河的第二大支流汾河由北向南贯穿全市，与其东西九条支流形成"一水中分、九水环绕"的自然格局，曾是明代诗人张颐笔下"中流轧轧橹声轻，沙际纷纷雁行起"的汾河晚渡盛景。然而，随着经济社会的快速发展，长期的过度开发和建设使得全市河湖出现管理保护失调的局面，特别是汾河这条曾以灌溉舟楫之利造福三晋大地的"母亲河"，曾一度"有河无水、有水皆污"；城区"九河"全部成为黑臭水体的聚集地，全市水环境面貌每况愈下。

"绝不以牺牲环境为代价换取一时的经济增长。""绿水青山就是金山银山！"十八大以来，党中央将生态文明建设提升到前所未有的高度，以全面推行河长制湖长制为契机，谱写全国"水文章"。太原市委、市政府主要领导亲自挂帅担任总河长总湖长，成立全面推行河长制工作领导小组和办公室，建立市、县、乡、村四级体系，健全各项工作制度。总河长湖长多次靠前指挥、履职尽责，深入问题所在地进行现场办公与巡查指导，以"一河（湖）一策""一河（湖）一档"为"病例"，对症下药、科学决策。从"九河治"到"汾河清"，一幅"河畅、水清、岸绿、景美"的锦绣太原城画卷正在市民面前徐徐展开。

万木并秀、波光旖旎。如今的太原汾河景区宛若一条玉带穿城而过，再不见"河干水枯、行人掩鼻"的满目疮痍。1998 年起，太原陆续启动四期"治汾"，累计综合治理长度 43km，总面积约 20km²，横跨桥梁 24 座，总蓄水量 3 000 万 m^3。景区内共有树木花卉品种 230 余类，鸟类从最初的四五种增加至 156 种。人水相亲，一步一景，时隔多年之后，汾河重现"汾水晚渡"盛景。

汾河的水清了，岸绿了，位于市区的"九河"治理自然也不甘落后。短短两年时间内，太原市投入 258 亿元开展"九河"综合治理工程，完成河道改造约 80km，建成快速路 150 余 km，不仅改善了

市区路网结构、提高了防洪标准、还消除了河道黑臭水体，汾河水质显著提升。

在开展重点河道综合治理工程的同时，太原市通过不断创新体制机制、开展各项专项行动，逐一突破治理难点，充分发挥了河长制湖长制在水生态建设方面的制度优势。

一是建立河长制湖长制合署办公制度，抽调成员单位业务骨干集中办公，缩短河湖管理保护问题"分办—交办—督办"工作流程时间，打造高效协作平台。同时创新行政执法与刑事司法衔接，联合检察、公安部门印发《太原市"携手清四乱保护河湖生态"百日会战行动方案》《太原市公安局打击水污染犯罪工作实施方案》，为进一步完善河湖监管、打击涉水违法事件提供有力司法保障。

二是开展劣V类水体治理攻坚及"清四乱"等专项行动。2020年年初，太原市下达全面消除劣V类水体的总攻坚令，吹响全面"治水"总冲锋号。一方面从"水"入手，改善城镇污水收集处理能力。改造雨污合流管网 82.4km，新建污水管网104.7km，配套实施 7 座污水处理厂提标改造工程，同时，整治排污口 440 个，严禁未达标水直排汾河，管好"进盆的水"；另一方面聚焦"盛水的盆"，全面清理河湖陈年积弊、推进"四乱"整改。行动开展期间共清理阻水作物 580.5 亩，清理违章房屋 3.7万 m²、桥梁 11 座，整治"乱堆"26.4 万 m³。其中，北沙河作为"九河"之一，多年来被附近村民杨某等以开发农业项目为名擅自占用，违法侵占行洪断面约 32 亩。当地政府及相关部门多次劝导、勒令禁止与行政处罚，但屡教不改。"清四乱"专项整治行动开展以来，各级河长高度重视该问题，协同市人民检察院成立专案组立案督办。于 2019 年 4 月依法将嫌疑人抓捕归案，该处问题圆满解决。

短短几年内，通过太原市的系统治理与科学决策，这座古韵老城经历了一次又一次地涅槃，这得益于河长制湖长制的制度优势，更是太原市委、市政府决心"铁腕治污"的必然结果。从"污水横流"到"百尺清潭"，随着生态文明理念的不断深入，"三晋母亲河"的蜕变必将更加绚丽夺目！

（韩银文 史碧娇）

| 内蒙古自治区 |

践行河长制 护好家乡河

自河（湖）长制工作开展以来，阿拉善盟以习近平生态文明思想为指导，认真贯彻落实习近平总书记关于内蒙古重要批示指示精神，始终铭记"生态是额济纳的生命，黑河是额济纳的血脉"这一根本观点，将用好弥足珍贵的黑河水、护好额济纳人赖以生存的母亲河、筑牢祖国北疆生态安全屏障作为全部工作的出发点或落脚点，强化工作举措和责任落实。以"河（湖）长制"为抓手，严格落实河长制六大任务，积极采取"集中调水、分区轮灌"等切实有效的办法，努力扩大草场灌溉面积，延长河道浸润时间、范围，有效补充沿河区域地下水。额济纳旗绿洲生态持续好转，进入额济纳水量明显增加，东居延海实现连续 16 年不干涸，林草覆盖度大幅提高，生物多样性不断增加，产业结构得到优化调整，初步实现了人与自然和谐共生的良好局面。

在内蒙古自治区党委、政府，阿拉善盟委、行署的共同努力下，进入额济纳旗水量逐年增加。2018 年，全体干部职工克服了种种困难，连续奋战一个月，采取拦河筑坝、疏通渠道等措施，使干涸600 余年的黑河古河道成功通水，周边地区濒临枯死的天然植被得到了抢救性保护。

阿拉善盟额济纳旗的生态文明建设取得显著成效，得到了国家有关部门的高度认可和中央各大媒体的广泛关注。2017 年在水利部组织的"寻找最美家乡河"大型主题评选活动中，额济纳河作为全国唯一入围的旗县级河流，荣获优秀组织奖；人民日报、新华社、中央电视台、经济日报和光明日报等多家媒体组成的"黑河调水生态行"采访组采访报道黑河流域调水成效和额济纳生态恢复成果。2018年，《人民日报》报道《调水十八年，戈壁现碧波——居延海回来了》，中央电视台、内蒙古电视台以及各大门户网站纷纷报道额济纳绿洲与生态恢复的巨大变化。2019 年，为庆祝黑河统一调度 20 年，协同黄委黑河流域管理局出版《筑梦黑河》电视纪录片、《画意黑河》画册、《见证黑河》图书，全面深刻反映了黑河流域水资源统一管理与水量调度奋斗历程，并配合中央电视台制作播出专题片《复活的居延海》，引起社会各界的广泛关注和热评；水利部在山东东营组织召开江河流域水资源管理会，现场播放了黑河水量统一调度 20 年专题片，并就黑河水量统一调度成功经验面向全国进行总结推广。2020 年，《人民日报》13 版刊发头题文章《黑河调水，让这里连续 16 年不干涸——居延海 漾清波》，充分肯定了生态调水实施以来额济纳东居延海湿地修复与保护成效。

（范国军）

| 辽宁省 |

提升水治理体系和治理能力现代化水平
建设美丽锦绣之州
—— 锦州市坚持高位推动，"三河共治"成效显著

锦州市全面贯彻落实中央决策部署，把提升水治理体系和治理能力现代化水平，全力打造"水清、岸绿、河畅、景美"的锦绣之州，作为全面推行河长制的一条主线。

近年来，辽宁省锦州市委市政府以河长制为抓手，纵深推进水生态治理，发挥小凌河、女儿河、百股河三条河流绕城的自然条件，通过"三河共治"，努力打造惠及锦城百姓的交通带、文化带、生态带、旅游带、休闲带，打造"水清、岸绿、景美"的生态宜居锦州城市。

"三河共治"工程包括小凌河综合治理工程、女儿河治理工程和百股河治理工程，其中锦州市小凌河右岸综合治理工程治理范围为小凌河右岸紫荆村灌渠首至北凌拦河坝段，河段长约24.24km。河道疏浚范围为小凌河紫荆村灌渠首坝下2km至北凌拦河坝，河道全长约22.24km，疏浚宽度137m；工程布置险工护岸工程6处，于小凌河右岸小凌河紫荆村灌渠首至北陵拦河坝之间河段，总长11.92km。女儿河治理工程分三部分进行，治理河长10km：第一部分南岸生态修复已于2018年12月开工建设并完成；第二部分王宝山段水生态综合治理工程总投资2.31亿元，东起凌西大街女儿河桥，西至大外环高架桥，治理河道3.6km，新建护岸工程3.6km、排水闸和生态壅水坝各1座，完成相关水域的水生态保护与修复工程，新建生态景观带状公园4.2km；第三部分右岸滨河路即将开工建设。锦州市百股河流域水系连通及生态修复工程分为一标段生态修复工程和二标段水系连通工程。水系连通建设内容为新建加压泵站1座、铺设5.7km输水管道；生态修复工程建设内容为23km河道内采取防渗措施，新建34道拦河堰，沿河生态缓冲带及湿地景观绿化。形成水面面积约34万m²，绿化总面积24.8万m²。

"三河共治"工程已基本完成，该项目产生了巨大的生态效益、社会效益和经济效益。通过河道治理提高防洪标准，保障了两岸人民生命财产安全，减少洪水灾害的经济损失，确保工程长期发挥效益。通过生态景观建设和滨河路网工程，畅通了城市南北的交通，建成以东湖公园为主的两岸带状公园，为人们休闲运动、健身养生提供场地。同时，锦州市河长制办公室开展了巡河、排污口整治、河湖"清四乱"及垃圾清理专项行动、退耕（林）还河生态封育以及联合执法等重要河湖治理保护工作，通过建立严格的河长负责制，监督落实到位，河道环境明显改善，往日河道断流、满城飞沙的景象不复存在。如今水清、岸绿、河畅换新颜，重现锦州八景之"凌河烟雨""锦水回纹"的美丽景色，生态宜居锦州建设迈出新步伐。

江河湖泊具有重要的资源功能、生态功能和经济功能，是生态系统和国土空间的重要组成部分。落实绿色发展理念，必须把河湖管理保护纳入生态文明建设的重要内容，作为加快转变发展方式的重要抓手，全面推行河长制，促进经济社会可持续发展。

（高阳）

| 吉林省 |

给河道"雇保姆"强公益促扶贫

生态公益岗位是生态扶贫中的一项重要政策和

小凌河锦州段

实践创新。吉林市永吉县结合生态公益岗职能和脱贫攻坚要求，统筹出台具体办法，在实践和探索中，总结出了一些经验和做法，既解决了贫困户就业的问题，又破解了河道清洁管理的难题，开创了双赢的可喜局面。

一、背景情况

实施河长制之前，由于多方面原因，永吉县水生态环境破坏问题日益突出，特别是河道清洁管理不到位，群众反映强烈。为破解这个问题，永吉县河长制办公室联合县就业局，结合省就业局《关于同意永吉县人力资源和社会保障局开发灾后临时性公益岗位申请的批复》的规定，以生态公益岗位建设的形式聘用河道保洁员。

二、主要做法

（一）设立生态公益岗位，兼顾扶贫助困。岗位对象选择倾向贫困家庭和低收入家庭，同时注重公平公开和社情民意。2018—2020年，共招聘保洁员288人，发放工资1 260余万元。此举，既增加了贫困家庭收入，也实现了每段河道有人看、有人管。

（二）开展岗前培训，强化岗位监督。各乡镇负责河道保洁员岗前培训工作，各村级河长负责河道保洁员日常管理工作，县河长办、就业局负责定期对河道保洁履职情况开展走访检查，通过"培训＋监督"，确保了队伍的工作能力和河道保洁的效果。

（三）延伸岗位职责，营造浓厚氛围。河道保洁员在管理好自己所辖河段的同时，还积极在村屯中开展宣传工作，号召大家养成良好的爱护环境的习惯，不仅成为河道的保护者，还成为了保护环境的宣传者。

三、经验启示

（一）政府的决心决定群众的信心。永吉县政府高度重视河道保洁管理工作，在财政吃紧的情况下，千方百计拿出专项资金设置生态公益岗位。2020年9月永吉遭遇特大暴雨，河道中虽然水流汹涌，但是并没有出现过去常见的柴草垛、垃圾堆等漂浮物，洪水顺利通过永吉大桥。实践证明，治理河道要未雨绸缪，政府的举动就像一根"撬棍"，用最小的投入，赢得了最大的社会影响力，换来了市民信心的提振和水系的长治久安。

（二）定岗才能定心，定责才能出效。通过永吉县创建河道保洁长效机制的实践可以看出，因为有了岗位和收入，受聘的河道保洁员责任心和自主能动性显著增强。反观个别觉悟不高、责任心不强的基层河长，只是把河道治理工作当成副业，直接影响了河道治理的水平。所以，在精神和物质上都给予相关工作人员一些肯定，符合最基本的人性和一般发展规律。

（三）注重"木桶原理"思维，建立长效机制。以往在开展河道治理工作中，由于责任界限不清，任务分工不明，出现上游不净、下游难清的情况。为解决这一问题，永吉县在生态公益岗位设计上做了长期规划，建立和落实考核机制，明确目标和任务，并逐步实现由数量上的保障向质量上的提升过渡，形成稳定持续长效的管理和保障机制。

（刘金宇）

｜黑龙江省｜

省级河长推动河道内历史村屯整体搬迁

鸡西市城子河区永丰乡新华村四组、五组位于穆棱河北岸，是20世纪20年代开荒形成的村落。1967年，穆棱河拦河大坝建成后，村民被拦在行洪区内；2019年，鸡西遭遇30年不遇大洪水，整个新华村被淹，村民财产遭受重大损失。新华村情况引起省、市高度重视，2020年5月，穆棱河省级河长沈莹副省长到穆棱河巡河调研时，提出要彻底解决新华村四、五组居民在河道内生活问题，保障百姓生命财产安全。鸡西市委、市政府高度重视，全面落实省总河湖长1号令要求，主要领导担任搬迁领导小组组长，深入基层看情况、问进展、现场办公，区委、区政府全力以赴，组织16名处级干部，抽调200名工作人员，组建8个征收组，成立搬迁指挥部，直接下沉到征收一线，多方筹措资金5 300万元，多措并举，攻坚克难，仅用97天，就一次性将新华村四组、五组369户693名村民，从穆棱河主河道内整体迁出，从平房到楼房，从行洪灾区到花园新区，彻底解决了困扰50多年的"老大难"问题，让百姓"忧居"变安居。此次拆除建筑物5.3万m^2，行洪通道更加顺畅，在2020年降水较大的情况下，没有发生主河道挤占水域现象，基本实现了"河畅、水清、岸绿、景美、人和"的目标。

（谭振东）

｜上海市｜

苏州河环境综合整治

（1）基本情况：苏州河，又称吴淞江，发源于东太湖瓜泾口，于外白渡桥汇入黄浦江，全长

125km，上海境内干流总长 53.1km，苏州河水系面积 855km²，东连黄浦江，南接淀浦河，西与江苏省交界，北到蕴藻浜。由于苏州河横穿上海市区，随着人口增多和工业发展，1920 年水质出现黑臭，1978 年上海境内河道全部遭受污染，1990 年前后黑臭加剧，严重影响两岸居民正常生产生活和上海城市形象。

（2）环境整治：中央和上海历届市委、市政府都十分重视苏州河的治理工作，1993 年上海合流污水治理一期工程投入运行，对苏州河水质改善带来积极的影响。1998 年开始的苏州河环境综合整治工程集水利、防汛、市政排水、截污、治污、环卫、绿化等为一体，整治工作取得显著成效，苏州河干流和主要支流基本消除黑臭，水环境面貌得到较大程度改观，水环境质量明显提升。苏州河环境综合整治一期工程（1998—2002 年）完成截污治污、综合调水、底泥疏浚、曝气复氧、两岸整治和梦清园一期等 10 项工程，河道水体黑臭和两岸环境逐步得到改善。二期工程（2003—2008 年）完成苏州河沿岸市政泵站雨天放江量削减工程、中下游水系截污工程、上游黄渡地区污水收集系统工程、河口水闸工程、梦清园二期工程、两岸绿化工程、环卫设施建设和改造工程和西藏路桥改造等 8 项工程，进一步改善了苏州河干流水质，使干流主要水质指标稳定达到国家 V 类水标准，主要支流基本消除黑臭，建成苏州河内环线以内滨河景观廊道。三期工程（2007—2011 年）完成苏州河市区段底泥疏浚和防汛墙改建工程、苏州河水系截污治污工程、苏州河青浦地区污水处理厂配套管网工程、苏州河长宁区环卫码头搬迁等 4 项工程，实现了苏州河干流下游水质与黄浦江水质同步改善，苏州河支流水质与苏州河干流水质同步改善，提高了苏州河防汛安全标准，为苏州河生态系统的进一步修复创造了条件。苏州河环境综合整治一、二、三期工程实现了预定的阶

段目标，当前正在实施的四期工程（2018 年开工）将全面提升苏州河水系的水环境质量，实现两岸贯通，并在沿岸建成多个供市民健身休闲和娱乐的绿地景观。

（3）整治成效：随着苏州河环境综合整治工程的实施，苏州河水系及其沿岸区域发生了根本性的变化，以满足人的幸福感为中心，展现苏州河健康美丽、安全流畅、生态环保、水清景美、人文彰显、管护高效、人水和谐的美好场景，同时带来巨大的社会、经济、旅游、文化、环境和生态效益，彰显上海"城市，让生活更美好"！

苏州河与黄浦江交界处的河口水闸

（李珍明）

江苏省

江苏盐城：村级工作站打通
河长治河"最后一公里"

盐城地处江苏里下河地区，境内河网密布，纵横交错，彰显出鲜明的水乡特色。然而，近年来由于农村公共服务体系的不完善，农村水环境一直难以得到有效提升。围绕农村河道水环境治理难题，盐城市以河长制为抓手，注重从基层抓起，完成了"一河一长、一河一牌、一河一档、一河一策"等基础工作，实现河长制责任全覆盖。2019 年试点启动村级河长站点建设，打通了河长治河"最后一公里"，取得明显成效。

1. 成立了一个责任明确的站点。2019 年，盐城市全面推行河长制领导小组出台《关于村级河长工作的指导意见》，提出设立村级河长工作站（室），为村级河长会商环境整治工作、协调水事矛盾、通报工作情况、展示工作成效提供平台。射阳县洋马

苏州河沿岸步道

镇贺东村等 5 个村（居）在全省率先设立"村级河长工作站"，目前该县 15 个镇（区）已建立 16 个村级河长工作站；东台市已经设立 18 个"村级河长工作站"，形成村级河长工作平台镇（区）全覆盖。东台市围绕"场地规范化、队伍稳定化、办公信息化、制度科学化、台账档案化"的标准，依托原有的村委会活动室，将相关制度和工作站成员表、职责分工等信息上墙公示，陈列河道清单、巡河工作台账。

2. 整合了一支治水管水的队伍。村级河长工作站由村书记担任站长，村委会委员、村民小组长以及村级河长为成员，负责日常巡查、巡河监督，聘请村民担任河道保洁员，及时发现、劝阻和处置水面漂浮物、河岸垃圾及偷排偷倒等问题，宣传河道管理保护的法律法规和相关政策。射阳县通过开展"三个一"示范行动（建立一个村级河长工作站、制定一条村规民约、设立一支管护队），全县 2 000 余名村组干部和网格员纳入河长制与河湖巡查体系，整合了一支覆盖全县乡村的基层治水管水队伍。

3. 构建了一个群众互动的平台。村级河长工作站通过公开河道治理信息，搭建了一个河长、群众之间交流的平台，有效地加强与群众的互动。东台、射阳等地整合各村资源，动员老党员干部、乡贤及调解工作室、志愿服务站等人员参与共建共治共享。悠悠碧水绕村郭，河塘蝶变展新颜。随着各个村级河长工作站的建立和运行，基层河长的履职能力得到了极大提升，持续向好的水环境不仅助推了射阳县洋马镇的旅游业发展，一些后进村纷纷转变为"水美乡村""旅游示范村""农业特色村"，同时也带动了很多村民致富，充分体现了"幸福河湖"的经济效益和社会效益。

（张建华　童国华）

| 浙江省 |

美丽河湖治理典型案例——松阴溪

松阴溪是松阳县境内最大河流，为瓯江上游的主要一级支流，发源于遂昌县垵口乡桂洋村的北园，流经遂昌、松阳、莲都三地，东注大溪，全长 120km，其中松阳县境内长 60.5km。作为松阳人民的母亲河，松阴溪河道弯曲，河床变迁，流向不定，局部堤段遇到大洪水有溃决的危险，导致洪灾频繁。近年来，松阳县为彻底解决松阴溪水患，修复河道

生态环境，以全线建设美丽河湖为总目标，着力解决松阴溪突出问题，切实将其优质的生态资源转化为绿色发展新动能，构建集生态、休闲、旅游于一体独具田园松阳韵味的"松阴溪品牌"。

治理后的松阴溪鸟类成群

一是坚持安全为主、生态并行。由于松阴溪贯穿县城，治理措施在保证工程防洪安全的基础上，又需注重景观要求，为此专门采用复合式断面结构治理。为防止松阴溪出现"渠化"，尽量采用当地天然块石、卵石等材料进行堤防建设，天然材料应用长度占比达到 90% 以上。通过抛石基础护脚，在抛石间隙填种水生植物绿化，在亲水平台和挡墙之间采用干砌石及绿化护坡，并在护脚以上保留老堤。通过一系列治理，松阴溪保留原河道平面形式，最大限度减少了人为痕迹，营造更好的水生态环境，吸引了素有"鸟类大熊猫"之称的中华秋沙鸭、白鹤等国家保护鸟类前来栖息繁衍。

松阴溪沿岸风光

二是推行专业维养、产业升级。松阳县将河道堤防绿化养护和保洁工作以管养分离的模式面向市场发包给专业园林养护公司和保洁单位，保障了松阴溪堤防安全运行。同时，在松阴溪全面禁止河道采砂的基础上，积极引导当地群众加快利用松阴溪生态资源实

现转产转业。截至目前,在松阴溪畔累计建成水利博物馆、蚕桑博物馆等高品质博物馆4家,青龙堰、京梁堰等景观节点10余处,农家乐、渔家乐应运而生,松阴溪沿岸已成为农村产业兴旺的致富带。凭借松阴溪优质的生态资源禀赋和深厚的人文底蕴,成功招引广东大鲵产业综合园、新加坡三文鱼产业园等一批生态产业项目落地,有效带动乡村旅游发展,助力百姓增收。同时,精心选址,建设红糖、白老酒、油豆腐等一批全县域乡村生态博物馆(工坊),推动石仓白老酒、油豆腐等一批以优质水源为核心竞争力的农产品成功转化为旅游地商品。

松阳县水文化公园

三是挖掘、展示、传承水文化。松阳水利人结合新的时代条件,积极转变治水思路,将水文化挖掘与展示融入水利工程建设,与松阴溪相关的古堰、古庙、古桥、摩崖石刻等水文化历史遗迹得到进一步保护,松阴溪畔传统的农耕文明得到进一步复活,推动了松阳县域水文化传承保护和开发利用。结合松阴溪风景区的建设,投资5 788万元建成占地面积3.5万m²,集水利博物馆、堰湖公园、景观科普电站、堤闸于一体的县级水文化公园,并对全县水利相关实物进行征集,统一在水文化公园集中展示。　　(梁彬)

蚌埠市开展河湖保护宣传活动
——突出"三个注重" 扎实开展河湖保护宣传

近年来,蚌埠市突出"三个注重",扎实开展河湖保护宣传。

注重典型带动。在《蚌埠日报》头版长年开设

每月一期的《美丽河湖我守护》专栏,大力宣传基层河湖长保护河湖的先进事迹和典型做法,让身边的典型人物带动身边的人一起保护河湖。根据真实人物创作的《水生》,荣获第三届"守护美丽河湖"全国短视频公益大赛一等奖。

注重特色打造。联合市委宣传部、蚌埠广播电视台打造县级河湖长户外科普访谈专题栏目《我当河湖长》,组织全市47个县级河湖长出镜述职、问政,社会反响较好。怀远县"河湖长+检察长"行政公益诉讼案,入选最高人民检察院"公益诉讼守护美好生活"专项监督活动典型案例,达到"办理一案、治理一片、教育社会面"的效果。

蚌埠市打造《我当河湖长》户外科普
访谈专题栏目

注重公众参与。引导社会组织、学生、民间河长等社会各界广泛参与河湖宣传、保护志愿服务活动,累计开展志愿服务活动300多次,参加人员27 000多人,散发宣传材料40 000多张,清理各类垃圾100多t。同时,通过聘请义务监督员"你来提,我来办"、设立举报投诉电话"你来问,我来办"、随手拍"你来拍,我来办"等方式,多角度曝光河湖保护中存在的问题,营造浓厚的舆论氛围。

　　(陈森林)

示范河湖引领　打造幸福河湖
——福建省莆田市以木兰溪创建示范河湖
引领幸福河湖建设

发源于戴云山脉的木兰溪,是福建省"五江一溪"之一、闽中最大河流,横贯莆田全境并独流入

海，是莆田人民的母亲河。

木兰溪以溪命名，却是一条桀骜不驯的河流，历史上水旱灾害频发。受集水面积大、流程短、落差大、下游地势低洼、河道弯曲等影响，木兰溪极易发生洪灾。每逢汛期，农田房屋时常受淹，企业选址避之不及，群众流离失所甚至背井离乡，导致百姓安危受困，经济发展受限，城市兴盛受阻。

1999年12月，习近平总书记在闽工作期间，亲自擘画、亲自推动木兰溪整治工程。此后，历经20多年坚持，莆田不仅彻底结束了福建全省设区市中唯一"洪水不设防城市"的历史，更向着实现全流域安全生态、绿色发展、产城融合发展、人与自然和谐共生目标迈进，书写了美丽中国生态文明建设的生动样本。

莆田的河湖长制工作一直走在福建省甚至全国前列。2014年、2017年相继出台《莆田市河长制实施方案》《莆田市全面推行河长制工作方案》，围绕监测吹哨、管养报到，升级优化组织体系，探索"管人＋管河＋管事"智慧河长监管、"地方＋高校＋最美家乡河联盟"产学研绿色发展等模式，打造"河畅、水清、岸绿、景美、人和、民富"的健康河湖、美丽河湖、幸福河湖。

2019年11月，木兰溪入选水利部首批示范河湖建设名单。

2020年3月，水利部高度肯定了莆田市委市政府坚持变害为利、造福人民的目标要求，一张蓝图绘到底，以木兰溪全流域系统治理为统揽，加快水利改革发展，打造了全国生态文明建设的木兰溪样本，为新时代治水提供了可资借鉴。

2020年12月，福建省委书记尹力在莆田调研时强调，要深入学习贯彻习近平生态文明思想，牢记习近平总书记当年提出"变害为利、造福人民"的重要要求，坚持一张蓝图绘到底，让木兰溪成为造福当地人民的幸福河。

（任晓月）

｜江西省｜

萍乡市湘东区萍水河湘东段流域
生态综合治理案例

萍乡市位于江西省西部，地处赣湘交界。2016年以来围绕萍水河开展流域生态综合治理，贯通萍水河麻山至城区黄花桥，形成的20km生态廊道成为"产业兴旺、生态宜居、乡风文明、治理有效、生活富裕"的示范带。

一是建立长效机制，责任到位形成合力。充分发挥河湖长制作用，河长负责、部门协同、全民参与，在治理中坚持做到"四定"形成长效机制；成立湘东区萍水河河道综合整治工程建设指挥部，由区委书记、总河长任总指挥长，区长任第一副总指挥长，沿线乡镇及各相关部门负责人为成员，制定任务清单，确保责任落实到人；就完成的时限、标准等内容，以问题为导向，定期召开项目推进会、调度会，整合各类资源，协调解决项目建设过程中出现的各类问题，做到高位推动、精细管理。

二是贯彻生态理念，统筹布局提升品位。在流域综合治理做到"六结合"：与城镇化推进相结合，促进生态流域生态治理建设；与产业发展相结合，助推一三产业相融合，大力发展乡村旅游产业；与人居环境改善相结合，全面提升当地环境指数，打造休闲、观光、度假为一体的生态新区；与水环境整体提升相结合，彻底改善流域水环境，初步建立可靠的水安全体系、健康的水生态体系、特色的水景观与水文化体系；与赣湘合作相结合，共同治理萍水河，恢复"黄金水道"；与全面推行河湖长制工作相结合，全力打造河湖长制样本。

壶山兰水（蔡昊　摄）

三是落实资金保障，主动作为多方谋划。实施中不等不靠，主动作为，争取中央及省级各项专项资金、引进社会资本、采取 PPP、申请银行贷款等模式谋划整合资金。流域治理资金以本级投入为主占比 71%，上级投入为辅占比 29%，累计投入资金较以往增长 20 倍以上。

四是建设幸福河湖，振兴乡村共享红利。修复了萍水河麻山段陈家湾、湖光山色、桃园溪径北岸、善洲古桥等湿地，充分利用"山、水、林、田、湖"等景观元素，打造出"麻山画境，萍水十景"；实施麻山河麻山段河道治理项目，麻山幸福村获批国家 AAAA 景区，实现生态与旅游同步发展；依托腊市河，打造一条"会呼吸的河"，以绿色生态建设为基础，走出一条生态农业发展新路。流域生态综合治理项目实施后，水域环境得到有效改善，江西省与湖南省交界处金鱼石国控断面水质由原来的劣Ⅴ类提升至现在的Ⅲ类或Ⅱ类。

（邹勇）

| 山东省 |

沂河示范河湖建设情况

2018 年年底，水利部拟在全国范围内开展示范河湖建设，临沂市将获得全国首批最美家乡河之一的沂河作为申报对象向省水利厅提出申请。2019 年 11 月，水利部正式下发《关于开展示范河湖建设的通知》（办河湖〔2019〕226 号），提出为深入贯彻落实党的十九大精神和习近平生态文明思想，推动河长制湖长制从"有名"全面转向"有实"，持续改善河湖面貌，水利部决定开展示范河湖建设，形成治水效果明显、管护机制完善、可复制可推广的一批典型案例，沂河被列入全国首批 18 个示范河湖建设名单。

临沂市委、市政府高度重视沂河示范河湖建设工作，以临沂市水生态文明城市建设试点领导小组办公室为班底，组织有关人员编制了《临沂市沂河示范河湖建设实施方案》，选取沂河蒙河口至祊河口段（28.5km），利用一年时间，对示范段进行提升打造，打造成责任体系完善、制度体系健全、基础工作扎实、管理保护规范、水域岸线空间管控严格、河道管护成效明显的智慧河道。

一、不断创新河道管护体制机制

一是河道综合管护新模式。沂沭河水利管理局负责河道堤防工程日常监管及涉河工程监督管理；临沂市城市管理综合服务中心负责滨河景区绿化建设管理和维护；临沂市水利局负责直管闸坝工程运行管理和维护；兰山区、河东区按要求实施属地管理。二是水旱灾害防御新模式。成立了临沂市水利工程防汛抗旱指挥部，沂沭河局、水利局、气象局、水文局成员单位协同高效、精准研判、科学调度，河道枢纽工程和大中型水库联合调度，经受了"8·14"大洪水检验。三是流域与区域洪水调度一体化模式。实现沂沭河防御洪水方案与地方闸坝联合调度方案相融合，达到流域洪水调度一体化，成功抗御了沂沭泗地区 1960 年以来最大洪水（10 900m³/s）。

二、不断完善治理及管护新模式

一是梯级拦蓄开发，水系连通补源。在保障防洪安全的前提下，通过梯级建坝拦蓄，增加生态供水量，水系连通达到干流补充支流，形成北方城市水循环利用模式。二是优化调度配置，高效利用资源。在防洪保安全的前提下，优化配置地表水资源，制定一系列联合调度制度，最大限度发挥沂沭河水资源的综合效益，实现沂沭河流域水资源的空间优化配置。三是创新治理工艺，分散治理点源。采用集中处理和分散污水处理相结合的方式，探索实践了应用"分布式一体化小型污水处理设备"处理分散污水新工艺，解决了区域点源污水处理难题。

三、不断挖掘河流特色文化

结合临沂特色红色文化、悠久历史文化和先进现代水文化，通过增绿色、造蓝色、染红色，构建"融入自然、品位文化、共享健康"的景观与休闲游憩长廊，实现红色文化传承、历史文化继承，打造现代水文化，带给人们更多获得感，幸福感，安全感。

通过一年的建设，沂河示范段建设成"河畅、水清、岸绿、景美、人和"的示范河湖，实现了"防洪保安全、优质水资源、健康水生态、宜居水环境、先进水文化"的目标，成为人民群众满意的幸福河，为全国北方河湖管理及河长制工作提供样板。

（刘汉民）

| 河南省 |

洛阳市伊洛河示范河湖建设实践

1. 统筹系统治理。按照"高位推动、规划引领、综合施策、功能复合"的总体思路，出台《洛阳市新时代大保护大治理大提升治水兴水行动方案》，编制《水资源综合利用规划》等 12 项专项规划，谋划建设水生态治理项目 457 个，投资规模达 943 亿元，以山水林田湖草系统治理带动引领洛阳市经济社会高质量发展。

2. 依法管理保护。2020 年 7 月 31 日，河南省十三届人大常委会第十九次会议表决通过《洛阳市城市河渠管理条例》，对城市河渠的建设、保护和管理作出了明确规定，为保障城市防洪安全、改善城市河渠环境、维护河湖健康生命、发挥城市河渠综合功能和效益、促进城市生态文明建设提供了法律支撑和法制保障。

3. 创新"三长联动"。率先推出"河长＋检察长＋警长"联动机制，构建了以党政河长为主体，以司法河长、企业河长、民间河长为补充的"1＋3"河长制工作体系。建立了日常巡查报告制度、联动协作配合制度、联席会议制度和警示教育制度，成立"河长＋检察长＋警长"协调联动办公室，强化行政执法、刑事司法和检察监督有效衔接，有力打击涉水违法行为。

4. 完善"五五四"机制。河长巡河、暗访排查、视频监测、群众举报、舆情监控"发现问题五渠道"，向市级河长及助理单位，市级警长、检察长、市直相关职能部门，县级第一总河长、总河长和副总河长，县（区）河长办"交办问题五同时"，问题整改、打击违法、人员问责、长效机制建立"整改问题四到位"，极大推动了问题及时发现和有效解决。

5. 建立生态补偿机制。出台《洛阳市 2020 年水环境质量生态补偿办法》，充分贯彻落实"谁污染、谁赔偿、谁治理、谁受益"以及"目标导向、奖优罚劣"的原则，调动各县区实施流域综合治理，起到显著效果。

6. 健全专职管护队伍。市委机构编制委员会批准重新组建洛阳市河渠管理处，明确其承担城市区河道管理维护职责，负责日常管理工作。2020 年落实伊洛河养护经费 403.5 万元，通过劳务外包，聘用保安、保洁人员近 400 名，确保示范河湖有人管、管得好、管得住。

7. 打造"人防＋技防"模式。依托蓝天卫士系统，构建市、县两级视频监控平台，实现重点河段视频监控全覆盖；采用无人机手段对全市河湖进行智能化巡检，并通过大数据智能分析计算，自动识别问题坐标、规模和性质；打造市级智慧河湖平台，实现河湖管护全天候，反馈"零延迟"。

8. 坚持以水彰文化。坚持以水惠民、增进民生福祉，建设沿河数十公里的洛浦公园、伊水游园、202 座河洛书苑书香浓郁，273 个城市游园星罗棋布，15 分钟"生态圈""阅读圈""健身圈"基本形成，人与自然和谐共生的生态宜居之城近悦远来、令人向往。

（洛阳市河长制办公室）

｜湖北省｜

推动"四全"治理　再现东湖辉煌

东湖是中国最大的城中湖，首批国家级风景名胜区，武汉市重要水源地；周边高校林立，基地众多，西有水果湖省级行政中心，北有青山工业区及其配套生活区，南有东湖新新技术开发区；整个流域总面积 132.71km^2。2019 年 4 月，东湖获评"长江经济带最美湖泊"，是唯一入选的城中湖。同年 11 月，东湖入围全国示范河湖建设名单。两年多来，通过一系列示范建设工程，形成了一批治水效果明显、管护机制完善、可复制可推广的经验做法。

（1）"三长联动"，全天候治湖。主要是推动东湖的官方湖长、民间湖长、数据湖长"三长联动"，协同推进东湖的岸上湖内综合治理工作，实现城中湖资源的共治共护和共建共享。围绕发挥民间湖长作用，专门制定《武汉民间河湖长管理办法（试行）》《东湖民间湖长制工作制度》，建立健全了城中湖治理保护公众参与机制，推动了民间力量的有序参与和有效发挥作用。充分利用大数据和物联网优势，发挥"数据湖长"作用，完善河湖水质水量监测监控系统，落实入河湖排口"身份证"数据管理制度，充分运用遥感影像、无人机、视频监控、无人水下航行器等科技手段，实现东湖湖内和周边的全天候动态监控。

（2）条块配合，全流域推进。针对以往东湖治理"点未成线、线未成面"造成的治理漏洞此起彼伏、治理效果前功尽弃的问题，全面启动实施东湖水环境综合治理规划，打破行政区划界线和部门职能边际，以流域水系为单位，按照"水陆兼顾、江湖统筹、系统治理"的思路，采取截污控污、内湖清淤、水系连通、生态修复、监控监管等综合措施，同步推进，同步考核，较好地实现了攻坚克难逐个突破，步步为营持续提升。

（3）精细落责，全过程管控。首创以东湖子湖及分区网格为单元开展巡湖工作的做法，细化东湖属地管理责任区，推进湖泊无死角管护。针对东湖周边 500 余个排口，根据排口尺寸、位置重要性等要素进行分级，不同级别的排口明确不同的巡查、修复以及水质水量管控要求。采取水域分区管控的办法，推进水域功能细化，落实分区管理责任。探索构建排污总量控制制度，强化对排污总量的分区分单位可考核监督，避免了以往有总量没分量难以落责的问题。

（4）拓宽思维，全方位创新。创新采用了一系列具有东湖特色的项目和技术。包括：以近百公里绿道为牵引推进城市绿心建设，着力解决水生态品质、水生态承载力等问题，推进湖泊生态与产业、空间、民生、城建的融合协调发展，塑造城湖共生实践典范。引进海绵城市理念，在建设沿湖绿道时打造"形美、吸水、净水"等综合功能，吸引国内外多位专家专程来汉进行绿道考察调研，学习东湖绿道建设管理经验。2018年，《武汉东湖绿道实施规划》项目组参加第54届国际城市与区域规划师大会，并领取国际城市与区域规划师学会颁发的"规划卓越奖"，这一奖项是国际规划界最高奖项。

（华平）

| 湖南省 |

湖南省湘潭市全力推进民间河长队伍建设

2017年6月，在湘潭市河长制工作委员会指导下，湘潭生态环境保护协会筹备启动"民间河长"项目，以县市区（园区）为单位，招募1250名民间河长，成立8个民间河长中队，组织开展河流巡查、宣传、保护、监督等活动，有效提升了民众爱河护河的积极性，营造出全民爱河护河的浓厚氛围。

（1）民间河长项目，沿河一公里招募市民、村民担任民间河长，充分利用业余时间在责任河段巡查，发挥了"信息员、监督员、宣传员、清洁员"的作用。他们来自各行各业，有参与环境监督多年的湘江守望者、环保热心人士，在本区域已经形成了一定的号召力和影响力。同时，还吸纳沿河企业（团体）加入进来，推动企业（团体）履行环境保护、河流保护的社会责任，从源头上减少污染。

（2）4年来，除在各县市区成立民间河长中队外，在岳塘区、高新区、雨湖区、九华经开区成立"民间河长工作站"，民间河长利用这一平台，共同探讨在巡河监督检查中遇到矛盾和困难。坚持示范引领，动员更多民众参与巡河护河，先后培育了张一彬、文曼林、章超群、刘建强等20余名受到省市级激励表彰的优秀民间河长，"三不怕的九零后民间

河长"张一彬的事迹还被《人民日报》报道，引起了很好的社会反响。

（3）2020年，累计开展"河长制六进""世界水日"主题宣传活动、净滩活动等43场，动员8000余名市民参加，发放河长制宣传资料30000余份，为河长制宣传进学校、进企业、进农户、进入寻常百姓家做出贡献，广大市民的爱河护河理念不断增强。

（4）湘潭市河长办创新制定民间河长招募规定、民间河长管理办法、民间河长工作制度等制度规定，指导规范民间河长开展志愿服务工作。同时，适当给予巡河激励，建立民间河长"周巡查"机制，畅通民间河长举报渠道，充分运用湘潭市河长制微信巡查举报平台，加强民间河长与官方河长之间的信息共享和沟通互动，2020年，全市1250名民间河长累计巡河并发布巡查日志12589篇，累计举报、处理各类河湖问题308例，民间河长巡河护河成常态。

（5）2020年，湘潭市民间河长由民间河长对官方河长、职能部门处理举报问题等履职情况进行打星评价，并纳入党委政府的日常绩效考核体系中，实现社会公众对官方河长和职能部门的监督。另一方面，每季度按照市河长办要求，利用无人机、电子水系图等新手段重点深入乡村暗访河湖"四乱"现象以及河湖水资源保护、水环境治理等重点任务落实情况，制作暗访视频，列入每季度河长办主任会议播放内容，促进河湖"四乱"问题整治，提升河湖管护水平。

（潘文秀）

| 广东省 |

建设"四个河流"，打造"四个示范"，
让韩江秀水长清
——韩江潮州段成功创建全国首批示范河湖

广东韩江是全国首批"最美家乡河"，韩江潮州段是全国首批示范河湖。习近平总书记视察广东时强调"要抓好韩江流域综合治理，让韩江秀水长清"。广东省深入贯彻习近平生态文明思想，积极践行"绿水青山就是金山银山"理念，以把韩江建成"水质稳定优良的河流、留住情感的河流、水资源科学合理调度的河流、体现山水林田湖草系统治理的河流""四个河流"为目标，着力打造水生态保护修复的示范、水文化传承弘扬的示范、水资源分配调度的

示范、河长制流域区域协同管理的示范"四个示范"，努力让韩江秀水长清，成为造福人民的幸福河。

一、建设水质稳定优良的河流，打造水生态保护修复的示范

强化流域管理保护立法，制定出台《广东省韩江流域水质保护条例》《广东省东江西江北江韩江流域水资源管理条例》《潮州市韩江流域水环境保护条例》《潮州市凤凰山区域生态环境保护条例》，为流域河长制湖长制推行和流域综合治理提供法律保障。强化流域统筹、区域联动，广东省韩江流域管理局与流域各市签订《关于加强韩江流域水质保护工作合作备忘录》，共同推动流域水质保护合作；每年实施两次全流域集中"清漂"大行动，确保河湖水面清洁。韩江潮州段水质稳定保持Ⅱ类及以上，实现了"五个百分之百达标"，即国考断面、水功能区、跨市交接断面、饮用水水源水质达标率以及水质优良率皆为100％。

二、建设留住情感的河流，打造水文化传承弘扬的示范

韩江流域充分挖掘潮汕、客家、华侨、红色等文化特色，建设以"韩江潮客文化长廊"为主题的特色碧道。建成纪念粤东"左联"文化人的红色之旅——南粤"左联"之旅，打造广东万里碧道的示范工程。潮州市建成韩江展示馆、广东河长制宣传通廊，创作原创歌曲《Loving you 韩江》、护水文化白皮书、韩江水文化系列丛书等创新性宣传作品，广泛传播韩江文化。大力弘扬护水文化，连续17年举办韩江徒步节，每年选聘一批韩江民间河长，动员社会力量参与流域管护。广东省韩江流域管理局流域四市团市委、河长办共同签订《"韩江母亲河"志愿保护合作共识》。潮州市将每月10日定为"各级河长巡河日"。

三、建设水资源科学合理调度的河流，打造水资源分配调度的示范

韩江流域通过制定实施韩江流域水量调度方案、枯水期水量调度计划，对流域"7个水库＋3个水电站＋6个水闸"的骨干水量调度工程体系实施水资源统一精细化调度。2020年，韩江流域遭遇历史罕见旱情，通过实施流域水资源统一精准调度，韩江潮安站生态流量保证率从2019年的94％提高至2020年的96％，确保了流域供水安全和生态安全。通过实施流域水量分配、生态流量管理、水资源统一调度和取用水总量控制，韩江流域逐渐形成"水利部珠江委统筹跨省，省水利厅与省韩江流域管理局协调跨市，各市县落实辖区"的水资源分配调度格局。

四、建设体现山水林田湖草系统治理的河流，打造河湖长制流域区域协同管理的示范

广东省韩江流域通过实施"流域＋区域"统筹协调机制，完善流域与区域间的协同管理。2009年起，韩江流域建立实施水资源管理联席会议机制。2018年《共建"最美家乡河"韩江合作框架协议》正式签订，建立以统筹部署河湖长制信息通报与资源共享、联合执法和相互监督、快速应对突发事件、有效化解矛盾纠纷为主要内容的流域河长制湖长制联席会议机制，构建了"流域统筹、区域协同、部门联动"的工作格局。

（姜传隆 彭思远 翁浩）

| 广西壮族自治区 |

广西桂林：全力呵护"世界的宝贝"漓江

漓江是桂林人民的"母亲河"，也是桂林山水之"魂"。近年来，桂林市深入贯彻习近平总书记关于广西工作和桂林发展的重要指示精神，积极践行绿色发展理念，科学、系统地保护漓江流域生态环境，不断健全生态环境保护长效管理机制，在保护好漓江流域自然生态景观资源和喀斯特世界自然遗产资源的同时，努力把桂林建设成为山水林田湖草沙生命共同体。

一是建立考核机制，强化督查考核。桂林市政府与各部门和县区政府签订环境保护目标责任状。将城镇和工业园区污水处理设施建设与改造、畜禽养殖污染、城市截污和黑臭水体整治、饮用水水源规范化建设、农村环境综合整治、水环境风险防控等水污染防治任务，纳入对各市直单位和县区的"环境保护目标责任制考核"，强化督查考核。

二是加强基础设施建设，截断城市污染源。近年来，桂林市大力加强基础设施建设。目前已完成漓江（城市段）369个老旧小区市政管网改造，逐步实现城中村、老旧城区和城乡接合部污水管网全覆盖、全收集、全处理；漓江流域工业集聚区均已完成集中式污水处理设施建设并安装在线监控设备，与生态环境部门联网；道光河、灵剑溪、南溪河三条黑臭水体已基本消除黑臭，桂林市成功争取到国家城市黑臭水体治理示范城市4亿元资金支持。

三是全面落实依法治污，严格控制河湖污染源。桂林市全面贯彻落实《中华人民共和国水污染防治法》，严厉查处和打击环境违法行为。全市江河湖库"清四乱"专项行动共排查核实河湖"四乱"问题90个，核对卫星遥感发现的疑似"四乱"线索174条，均完成处理，整改销号率100％；拆除漓江沿岸各类违法建筑，约5万 m²；迁移上岸漓江城市段161艘住家船，妥善安置112户渔民；漓江干流游览排筏从5 000余张压缩至1 210张；整治毁林垦荒点189处；划定禁养限养红线，关闭迁移漓江沿岸养殖场1 120家；彻底清理青狮潭水库、漓江干流城市段、桃花江等水域网箱养鱼；投入农村环境保护专项资金7.95亿元，对漓江流域农村环境进行综合治理，共建设农村集中式污水处理设施731套；投入资金7 675.4万元，通过取缔搬迁、工程建设、水源地调整等多种措施，全面完成33个市级、49个县级饮用水水源地环境问题的清理整治。

四是以"河长制"为抓手，强化地表水水质监管。河长制实施以来，桂林市以"河长制"为抓手，强化地表水水质监管。对标对表《水利部河湖管理监督检查办法》对全市范围内河湖"四乱"问题进行"全覆盖、无死角"排查整治，"清四乱"专项行动见到明显成效，江河湖库面貌明显改善。

近年来，桂林市水环境质量持续改善，成为了八桂大地青山常在、清水长流的典型代表。漓江干流国控断面水质长期稳定达到国家考核Ⅱ类水质要求，漓江下游桂江出境断面水质也达到Ⅱ类水质。在生态环境部公布的2020年度国家地表水考核断面水环境质量状况地级市排名中，桂林市高居第二名。

（彭国栋）

｜海南省｜

保护绿水青山就是守护村民的"金饭碗"
儋州市创新村企合作采砂新模式
构建多赢新格局

2019年6月，儋州市委、市政府践行"绿水青山就是金山银山"理念，创新性地提出"政府引导，集体主导，市场运作，群众监督，收益共享"村企合作开采河砂新模式，构建保护优良生态、保证财政收入、保障村民利益、保育集体经济多赢新格局。保护绿水青山就是守护村民的"金饭碗"。据统计，儋州合法开采河砂29.21万 m³，统一销售河砂27.81万 m³，收入5 373.59万元，上缴税收751万元，发放收益分红及生态补偿费1 096万元。

儋州市委主要负责人多次深入海头镇调研珠碧江非法采砂情况，组织有关部门联合整治非法采砂，坚决打击非法采砂者的嚣张气焰。砂石资源是国有矿产，必须规范办理开采手续，对开采砂石场地选址，需科学论证，科学经营，合理规划采砂点，满足全市用砂需求，保护好绿水青山生态环境。

整治乱采河砂　保护生态环境

近年来，随着儋州市开发建设的加速，河砂开采管理成为政府重点难点工作之一，特别是河砂价格一度高涨到每立方米300多元。受利益驱使，全市多地出现非法采砂现象，导致国有矿产资源大量流失，破坏河流生态环境。珠碧江从海头镇入海，珠碧江下游海头镇段河床宽阔，优质河砂资源丰富，2019年之前，一度非法采砂现象严重，破坏珠碧江下游河床、河岸的生态环境。

海头镇海岛村村委会枫根村位于珠碧江下游地区，珠碧江从村边穿过，优质河砂河床宽达400多 m，河床大面积裸露，采砂成本低，成为非法采砂重灾区之一。枫根村河段河砂长期被黑恶势力把持，盗采滥挖现象严重，破坏河流生态环境，超载运砂车辆损坏出村道路、桥梁。非法采砂还导致河岸连续垮塌，近些年河床加宽了几十米。

近两年来，儋州市委、市政府严厉打击非法采砂。通过成立儋州市公安局生态警察支队，联合市有关执法部门，以"零容忍"的高压态势，全面打击各种违法采砂、洗砂犯罪活动，揪出背后"保护伞"，先后侦破刑事案件10宗，打掉犯罪团伙1个，抓获11名犯罪嫌疑人。

儋州市委、市政府建立整治非法采砂长效机制。"推行'政府引导、集体主导、市场运作、群众监督、收益共享'村企合作开采河砂新模式，按照'统一监管，统一运输，统一堆放，统一经营'原则，开采和销售河砂。"在全市范围内规划一批合法采砂点，定点开采，以保护生态为前提，以发展壮大村集体经济为目标，严格控制开采总量，做到河砂保护性开发。笔者在枫根村河段看到，村企合作的采砂点采完砂后，把河床整理得像球场一样平整，在离河岸四五十米的河床筑起一道斜坡砂堤，种草绿化，既修复河流生态，又保护河岸。

村企合作开采　统一经营河砂

2019年5月，市政府挂牌出让海头镇海岛村的岛村、枫根村、珠江村等自然村河段采砂权，由采砂点3个自然村分别组建农民专业合作社，竞买河砂开采权。

为解决资金投入难题，儋州市政府指定市属国资企业、市乡村振兴投资开发有限公司，与采砂点所在村农民专业合作社联合开采和统一经营河砂。由公司垫付竞买采砂权、建设河砂堆场等资金，河砂销售总收入扣除总成本后的全部利润，归采砂点所在村农民专业合作社、村委会集体共享。

村企合作开采河砂新模式,保护河砂资源可持续开采。儋州乡投矿产资源开发有限公司受 3 家村合作社委托,严格按照时间节点开采河砂。监理方和采砂点所在村的集体监督小组严格监督开采河砂范围和深度,不越界开采,避免超采超挖导致河床水土流失。这也减少了运输河砂对沿路村庄生态环境的损坏、对群众生活的影响,河砂内部转运做到"安全管控,统一运输"。河砂内部转运车辆严禁超载超速,按规定时间和路线运输河砂。

村企合作开采河砂新模式,规范了市场经营,稳定了河砂市场价格。开采现场实行 24 小时值守和监管,做到"规范管理,统一堆放"。开通微信公众号预约平台"儋州砂石市场",线上申购,线下购砂,做到"严格程序,统一经营",河砂价格也由原来的每立方米 300 多元降到 186 元。

守护青山绿水 坐拥金山银山

守护青山绿水,坐拥金山银山,儋州市枫根村村民捧上了"金饭碗"。62 岁村民吴焕召一家 8 口人,其中 2 个老人、2 个小孩没有劳动力。"我老了,干不动体力活。从去年 10 月到今年 6 月,村里合作社每个月都有河砂分红,我家分红 3.2 万元。现在党和政府治砂治得好,群众获益多,我们非常满意。"

枫根村是儋州市现有 3 个采砂点中规模最大的一个,从 2019 年 9 月至 2020 年 5 月,累计开采、销售河砂 15.53 万 m^3,收入 3 020.29 万元,上缴税收 423 万元,发放收益分红及生态补偿费 699 万元,其中收益分红 466 万元,由村合作社自主分配,村民人均分红 4 025 元。

村企合作开采河砂新模式,通过"河砂利益共享",引导村集体和村民积极参与可持续性开采河砂,保护河流生态环境。"不仅增强村民合法采砂的法律意识,还提高村民自觉参与打击非法采砂的主动性,村民自觉成为河流生态环境保护人员,群策群力,防止盗采、乱采河砂,有效保护河砂资源。"吴云说,目前分红的只是一部分利润,结算后,所有利润归村集体。注重培养村集体开采、经营河砂的能力,为村集体独自开采河砂打好基础。引导村集体用好生态环境补偿资金、收益分红,用一部分资金发展效益高的产业项目,培育和壮大村集体经济,防止分光吃光,为当地村庄实施乡村振兴战略、村民奔小康提供产业保障。

村企合作开采河砂新模式,增加了就业岗位,使村民在家门口就业。开采、经营河砂给当地村民提供约 120 个就业岗位,月工资为 2 000～5 000 元不等,增加村民稳定工资收入。　　(胡志华)

| 重庆市 |

重庆市创新探索跨界河流联防联控

川渝两地历史同脉、水系同源、地理同位、经济同体,流域面积 50 km^2 以上的跨界河流有 81 条,流经 100 多个地市和区县,河流总长度 1 万多 km,相当于地球周长的 1/4,最终注入长江汇入三峡水库。为了深入贯彻党中央、国务院关于推动成渝地区双城经济圈建设的重大战略部署,构建上下游、左右岸、干支流协调联动的河流管理保护机制,2020 年,重庆市与四川省在全国首创成立跨省河长制联合推进办公室,深化跨界河流联防联控,被评为"基层治水十大经验"。

川渝跨界河流——琼江

一是省市抓共建。与四川省签订《成渝地区双城经济圈水利合作备忘录》《川渝跨界河流联防联控合作协议》,发布《川渝跨界河流管理保护联合宣言》,协同立法加强嘉陵江流域生态环境保护,联合召开河长制工作联席会议,建立横向生态补偿、突发水污染事件联防联控、河长定期联席会商等联合机制。

二是基层抓共管。琼江省级河长开展联合巡河,推动两地市、区县各级务实合作,签署合作协议 94 个,分级联合开展濑溪河、琼江等流域巡查检查、会商决策。大足区与四川安岳县签订《河库警长制领域战略合作协议》,双方河道警长共享信息、联合巡查。合川区与四川武胜县两地 7 个乡镇签订协议,共同投资超 3 亿元实施南溪河流域水环境综合整治工程。

三是流域抓共治。50 条重要跨界河流所在市、区县共同编制、联动实施"一河一策",共同谋划绘制跨界河流水系图,联合开展整治污水"三排"、河道"清四乱"专项行动,整改突出问题 511 个,联合实施铜钵河流域水环境治理、水生态修复项目 57 个。

四是示范抓共建。启动跨界河流琼江示范河湖建设,共同编制印发《琼江流域水生态环境保护川渝联防联治三年行动计划》,明确污染防治、污水治理等 4 大类共 39 个项目,推动琼江流域"一体化"治理,打造跨界河流治理样板。　　　(王敏)

| 四川省 |

邛海示范河湖

邛海位于凉山彝族自治州西昌市,为四川省第二大淡水湖泊,属长江流域雅砻江水系,现水域面积约 34km²,流域面积 308km²,属半封闭性湖泊,是西昌城区饮用水水源地。

主要示范创新成果:一是颁布实施《邛海保护条例》,为邛海保护提供了制度保障。二是建立州、市共管机制,通过实行整乡成建制行政区划调整,实现流域统一治理与管理。三是规划引领、科学施策,编制完成了邛海生态环境保护、入湖河流治理、西岸、东北岸、南岸控制详规等 10 余项高标准综合治理规划,山水林田湖草同步治理,分期稳步推进,从上游源头解决河湖淤积、污染等问题。四是坚持问题导向,针对围垦、养鱼、污染、"四乱"等突出问题,采取了"只出不进,只拆不建"的强制性保护措施,从根源上解决河湖空间管护难题。全面实施邛海"三退三还工程"(退田还湖、退渔还湖,退房还湖),对邛海周边五乡一镇村民 9 000 余户 3.8 万余人实施了搬迁,恢复湿地 2 万亩并建成三大主题湿地,恢复流域林地面积 38 万余亩,恢复水生植被 8 000 余亩。2017—2019 年,邛海水质保持在 Ⅲ 类以上,长期稳定在 Ⅱ 类,湿地、湖泊、植被等景观资源丰富,岸带植被覆盖率高达 89.2%。

通过系统治理和示范河湖建设实施,邛海已建设成为国家水利风景区、全国最大的城市湿地,并成为带动周边、上下游产业发展和地区综合经济实力的核心要素,实现了水生态健康和地区经济社会良性协调发展,形成了可推广、可复制的河湖建设

示范引领经验。　　　　　　　　　(谢尚坤)

| 贵州省 |

都匀市三江堰水生态修复与治理

都匀市三江堰生态修复工程是都匀市"水生态文明"建设重点项目,集环保功能、水生态治理功能、城市景观功能于一体的水生态工程。工程主要包括库区及茶园河、杨柳街河、摆楠河清淤疏浚工程,河道水生态系统建设工程和三江堰拦河坝工程三大部分。

三江堰地处茶园河、杨柳街河、摆楠河交汇处,由于上游水土流失严重,致使河床抬高、淤堵严重,加上杨柳街河流域受到张家山、菠萝冲、老都匀-铁冲矿区酸性高铁矿井废水的影响,水体含铁量严重超标,常年呈黄褐色,被称为"小黄河"。工程利用筑坝拦污工程手段,形成缓流区,通过坝体拦截含 Fe^{3+} 离子污染物的矿泥沉淀,对"小黄河"进行治理,并利用水生植物保护生物的多样性,消除污染,净化杨柳街河水质,改善水体质量,恢复水体生态功能。

工程于 2015 年 5 月启动建设,2017 年 12 月底全部建成。工程建成后,使流淌 20 年之久的杨柳街"小黄河"在城区主河道入口处得到有效治理,对剑江河水质起到净化改善作用,提高河道的抗洪能力,同时为城市居民提供一个远离喧嚣、与自然对话的活动空间,改善生活环境,提高人民群众健康水平及生活质量,促进都匀市旅游服务业的发展。

(蔡国宇)

| 云南省 |

大理州洱海

洱海是云南省第二大高原湖泊,属澜沧江—湄公河水系,流域面积 2 565km²,湖面面积 252km²,水量 29.59 亿 m³。洱海湖岸线全长 129km,南北长 42km,东西宽 3～9km,最大水深 21.3m,平均水深 10.8m,流域总人口 86 万人。

大理州深入学习贯彻习近平生态文明思想,牢记习近平总书记"一定要把洱海保护好"的殷殷嘱

托，像保护眼睛一样保护洱海，以打造"健康湖泊、绿色流域"为目标，围绕"保水质、防蓝藻"两大任务，推动生态文明改革系统集成、保护治理工作协同高效，以超常规举措完成环湖截污、"三库连通"、环湖客栈关停、环湖生态搬迁、生态廊道建设等洱海保护治理"八大攻坚战"目标任务，实现从"一湖之治"向"流域之治"彻底转变，推进洱海流域绿色转型发展，加快向"生态之治"转变。2020年，洱海全湖水质实现7个月Ⅱ类、5个月Ⅲ类，国控断面水质评价为优。

1. 打响环湖截污攻坚战。建成10座污水处理厂、28座村落污水处理设施，设计日处理规模为20.3万 m³、3 400km管网，9.99万座农户庭院化粪池，覆盖洱海流域内12个镇（街道）431个自然村的截污治污体系。

2. 打响生态搬迁攻坚战。对沿湖1 806户群众实施生态搬迁，腾退土地建成129km环湖生态廊道，构筑起一道绿色生态屏障，实现了"人退湖进""人水和谐"。

3. 打响矿山整治攻坚战。彻底关停46座非煤矿山，搬迁3座水泥厂，全面完成了采矿区生态修复。

4. 打响农业面源污染治理攻坚战。实行"三禁四推"，削减大蒜种植面积12.36万亩，推行绿色化种植30万亩，关停46个规模养殖场，将奶牛存栏从10万头减少到3万头，有效削减了面源污染负荷。

5. 打响河道治理攻坚战。完成344km河道生态化治理工程，全面消除27条主要入湖河道Ⅴ类及以下水体，建成"三库连通"清水直补工程，累计向洱海补水超2.2亿 m³。

6. 打响环湖生态修复攻坚战。完成海东面山绿化10万亩，建成环湖湿地3.72万亩、各类库塘307座，流域森林覆盖率提高了3个百分点。

7. 打响水质改善提升攻坚战。组建国内一流专家咨询团队，建成覆盖"天、空、地、水"的数字洱海监管服务平台，实现监测数据、专家意见与行政决策深度融合，系统施策，有效遏制了水质下滑趋势。

8. 打响过度开发建设治理攻坚战。重新编制国土空间规划，将大理市城乡开发面积从188km²调减到148km²，人口规模从105万调减到86万；颁布《洱海保护管理条例》等11个地方性法规，将洱海流域划分为一、二、三级保护区，严格管控开发建设行为。

（李红宇）

| 西藏自治区 |

守护一方碧水
——西藏自治区河长制湖长制工作推进情况小记

初夏时，沿着拉萨河边，水清河畅、碧波荡漾，河岸两旁垂柳依依，水鸟嬉戏……一幅山水相依、人水和谐的美丽画卷徐徐展开。

"得益于近年来持续推进的河长制湖长制工作，一改拉萨河边一到枯水期就垃圾遍地的现象，我也更愿意到河边散步、游玩了。"拉萨市市民扎西拉姆说。

近年来，西藏自治区（以下简称"西藏"）通过分级设立河湖长共14 747名，以推动河湖长制"有名""有实""有能"为主线，把河湖管理保护纳入生态文明建设重要内容，作为加快美丽西藏建设重要内容，河湖长制组织体系不断健全、法规制度更加完善、执法监管有力有效、基础工作不断夯实、专项行动扎实有效，确保了西藏河清湖净。

自西藏全面推行河长制湖长制工作以来，各级河湖长开展巡河两万多次，并且实现了河道、湖泊、水库等各类流域全覆盖，辖区内245条（个）河湖均有专人管护，水质100%达标。

此外，强化入河排污口调查摸底，以及河道采砂、"清四乱""白色污染"等专项整治行动，有效保护了水环境。同时，还开展了雅鲁藏布江等20余条（个）河流（湖泊）的生态保护与修复，取得显著成效。

高度重视——工作有"靠山"
自中央作出全面推行河长制重大决策部署以来，自治区党委、政府高度重视，把全面推行河长制工作作为事关国家重要生态安全屏障建设、事关各族群众民生福祉、事关西藏长治久安和高质量发展的重要工作来推进，组建了高规格的全面推行河长制工作领导小组，由自治区党委书记吴英杰担任组长。同时，由自治区党委书记吴英杰、自治区政府主席齐扎拉共同担任自治区总河长。

凡事预则立不预则废。2020年，自治区党委书记、总河长吴英杰主持召开西藏自治区全面推行河长制工作领导小组和自治区级河湖长会议，总河长吴英杰和齐扎拉共同签发《关于进一步强化河长湖长履职尽责的实施意见》，履职尽责、科学谋划重点工作。

自治区人民政府还印发了《西藏自治区级河长

湖长巡河办法（试行）》等，与四川、云南、青海3省签订合作协议，与云南省联合开展两次巡河巡查活动，有力促进上下游信息互通、河湖共管，构建责任明确、协调有序、监管严格、保护有力的跨界河流联防联控联治机制。

2020年，西藏各级河长湖长积极开展巡查调研工作10万余人次。组建61 465名水生态保护和村级水管员队伍，做好河湖生态环境保护工作。

狠抓基础——河湖治理有"绝招"

基础不牢、地动山摇。为推进河湖治理工作，西藏自治区坚持抓实抓细举措落实，打通管水治水"最后一公里"。

西藏共设立22名自治区级河湖长、213名地市级河湖长、1 533名县（区）级河湖长、5 421名乡镇级河湖长、6 747名村（居）级河湖长，将工作延伸至村（居）一级。

——将整治范围由大江大河向中小河流、农村河湖延伸，实现河湖全覆盖，推进河湖"清四乱"常态化规范化。仅2020年，西藏排查"四乱"问题99个，销号率为100％，清理非法占用河道岸线8.45km，清理非法采砂点3个，清理非法砂石量100余m³，拆除违法建筑1 210m²，清除各类垃圾5 700余t。

——通过强化采砂规划刚性约束、严格许可审批管理、加强日常监督等手段，严厉打击破坏河湖生态环境等行为，维护河湖生态健康。西藏自治区印发了《西藏自治区水利厅关于加强河道采砂管理工作的指导意见》，编制完成56个河道采砂管理重点河段、敏感水域的采砂规划。

——按照分级负责的原则，地市、县（区）共投入资金1.2亿元全面开展河湖管理范围划定及岸线保护与利用规划编制工作，21条自治区级主要河湖管理范围划定及岸线利用与规划编制工作全部完成，7地市已全部完成400条河湖管理范围划定初步成果，并向社会通告。

全面治理——水生态变成"致富源"

初夏时节，高原雨水充沛，正是植树种绿的好时节。拉萨市墨竹工卡县水利局工程师强巴介绍说，县域内拉萨河沿岸的国土绿化，能加强流域生态保护与修复，同时也能美化环境。

截至目前，自治区已完成营造林146万亩，退牧还草659万亩。继续在长江上游实施天然林保护工程，管护面积达1 915万亩，落实中央财政森林生态效益补偿政策，纳入补偿的公益林达15 169万亩，水生态正悄然变成"致富源"。

当第一缕阳光穿过雅拉香波雪山，山南市桑日

县绒乡程巴村村民扎桑和乡亲们来到了家门口的苗圃果园基地。桑日县旭日千亩苗圃果园基地位于雅鲁藏布江畔，是该县打造的重点绿色富民产业。"这里原来是一片荒坡，依靠着雅鲁藏布江丰裕的水量，我们投资开发苗圃，形成自然的良性循环。"基地负责人巴桑达瓦介绍，2018年以来，该基地已带动近百人实现稳定脱贫。

流域内大江大河源头及流经区域水源涵养林、水土保持林得到持续有效保护的同时，河湖水生态环境也得到了持续改善。

2020年，西藏全年落实治理水土流失面积293km²，完成141个集中式饮用水水源地保护区的划定，农村饮水安全工程水质检测基本达到全覆盖。

与此同时，西藏采取用水监督检查、规范论证审批、专项整治等多种方式加强水资源管理，完成近5 000个取水口核查登记，稳步推进50余条河流流域综合规划编制及审批。同时，支持县城污水处理设施建设，推动污水处理设施建设全覆盖。开展农牧区房前屋后河塘沟渠的清淤疏浚，共清理垃圾近2万t。

西藏自2018年建立河湖长制以来，不断强化水资源保护，加快推进水污染防治，河畅、水清、岸绿、景美的生态新格局正在逐渐形成。

（摘自《西藏日报》 李梅英）

| 陕西省 |

陕西省水利厅拍摄微电影《护河女使者》

2018年11月，陕西省水利厅自编自导拍摄微电影《护河女使者》，故事改编自安康市旬阳县双河镇群众黄正侠和朱先萍的真实事迹。被聘用的护河员黄正侠是单亲母亲，为了护河工作忽略了对女儿的照顾，后在义务护河员朱先萍的帮助下，使女儿理解了护河员母亲的工作以及保护河湖、保护水源、保护水生态环境的重要性。影片以纪实手法，讲述了安康市在实施河长制过程中以河长制工作为中心，结合脱贫攻坚、推进河湖管理、加强"八进"宣传、加大执法力度、设立公益岗位并优先聘用贫困户、保障参与护河群众人身安全等一系列创新举措，展现了良好的干群关系，树立了正直的干部群众形象，为进一步推进河长制工作提供了良好的舆论氛围。影片于2019年在全国首届"守护美丽河湖——推动

电影拍摄现场 1

电影拍摄现场 2

河（湖）长制从'有名'到'有实'"微视频公益大赛中获得优秀奖。 （王伟）

| 甘肃省 |

武威市天祝县河湖管护经验做法

武威市天祝藏族自治县开展美丽河湖"3895"行动。

"3"——县级抓河湖，乡镇盯溪流，全民护绿水。

"8"——常态化巡查，开展清理非法排污口、水面漂浮物、河岸垃圾、非法采砂、河湖行洪障碍物、违法违规建筑物专项行动；系统化治理，践行"山水林田湖草是生命共同体"理念，加快小流域综合治理项目建设进度，修复流域生态环境；立体化监控，实施天祝县河流湖库立体化防控巡查及智能监测预警分析系统项目，构建天空、地面相协同的巡查监管体系；法治化管护，开展"携手保护母亲河"专项行动，加大同检察、公安部门协作力度，严厉打击各

类涉水违法行为；有序化利用，严守水资源开发利用控制、用水效率控制、水功能区限制纳污"三条红线"，推进节水行动；社会化监督，加大微信公众平台、监督举报电话、网络信箱、河湖长公示牌等监督平台宣传和运用，积极动员全社会参与河湖溪流生态环境监督；全民化参与，对河湖长制进行多角度、全方位的宣传教育和舆论引导，讲好爱护河湖故事，形成河湖治理文化，每周组织开展清河护河志愿者活动；综合化考评，将河湖长制纳入领导班子和领导干部政绩考核内容，严格对照考核办法对乡镇进行考核，强化结果运用，倒逼责任落实。

"9"——责任不空转，进一步细化河流划段分治责任，对有堤防的河流标明责任人及责任范围，无堤防河流按坐标起始位置明确责任人及责任范围；采砂不违规，按照河道采砂规划，严厉查处违规采砂、超范围采砂行为；公示不落后，建立河湖长公示牌内容动态更新机制，确保公示牌公示内容全面、准确；暗管不入河，加强入河排污口监管，加大私设暗管、水渠排污行为查处力度；垃圾不乱倒，健全河湖垃圾巡查清理长效机制，加大日常河湖巡查频次；岸线不破损，积极争取维修养护资金，对破损岸线及时进行修复，保证河道安全畅通；水质不超标，开展农药、化肥使用零增长减量化治理行动，加强畜禽养殖密集区畜禽粪便污水集中处理利用，加强工业园区污水处理厂运行监管，严格入河排污口审批监管，确保河湖水质健康；护区不违建，对河湖管理范围内的各类建筑手续进行摸底排查，督促整治整改，依法依规拆除河道禁养区养殖小区；流域不遗漏，将所有河流干支溪流、湖泊纳入巡查监管范围，确保河流保护监管全覆盖、无遗漏。

"5"——实现"河畅、水清、岸绿、景美、人和"河湖治理目标。 （席德龙 谢兵兵）

| 青海省 |

数说青海省河长制湖长制工作

青海是黄河、长江、澜沧江等大江大河发源地，素有"三江之源""中华水塔"之称，是我国重要的生态安全屏障，生态地位特殊而重要，被党中央赋以重任、寄厚厚望。2017年以来，青海省委、省政府牢记习近平总书记殷殷嘱托，树牢源头意识，扛起干流担当，以深化河长制湖长制工作为抓手，守

护好江河水系，提升治理水平，当好河湖健康守护人，切实担负起维护生态安全，保护好三江源、保护好"中华水塔"的政治责任和历史使命。

（1）高规格强化河湖长制责任落实。建立了由省委书记、省长担任总河湖长，3位副省长分别担任省管12条河道、4个湖泊、11座水库责任河湖长，省水利厅、省生态环境厅主要负责同志兼任省河长制湖长制办公室主任，省水利厅1名副厅长兼任专职副主任，市（州）、县党政主要负责同志担任地区总河湖长、负责同志任责任河湖长的责任体系。截至2020年年底，省委、省政府多次听取河长制湖长制工作汇报，研究部署推动工作落实，并取得成效。省级双总河湖长主持召开全省河长制湖长制工作会议3次，责任河湖长主持召开河长制湖长制专题会议3次，并签发总河湖长令2次，黄河湖长令2次，致信（函）对河长制湖长制工作进行安排部署，逐级压实工作责任、层层传导压力，多措并举，确保各级河长制湖长制工作有力、有序、有效推进。

（2）高密度组建河湖管理保护队伍。省、市（州）、县（市、区）、乡（镇、街道）、村（社区）五级按照党政同责的要求，建立河长制湖长制组织体系，省、市（州）、县三级设立河长制湖长制办公室54个，全省配备河湖长6 723名，河湖管护员15 980名，实现了全省所有河长湖长全覆盖。制定实施《青海省推进村级公益性岗位规范管理实施方案》，解决管护员工资待遇。各乡（镇、街道）、村和社区部分党员、群众、志愿者自发成立了马背河湖长、僧侣河湖长、校园河湖长、企业河湖长等形式多样，具有青海特色的民间湖湖管护队伍。

（3）高层次构建河湖管护制度体系。《青海省实施河长制湖长制条例》颁布实施，从法规层面明晰了河长制湖长制的工作原则、责任主体、职能职责、工作任务、考核奖惩等内容。规范了河湖长会议、厅际联席会议、河湖长述职、河湖长巡查、考核奖惩等10余项工作制度，并将河长制湖长制工作常态化纳入省对市（州）经济社会发展考核指标体系，制度刚性约束全面凸显。各项河湖管护工作有法可依，为全面推进河长制湖长制工作奠定了坚实的法治基础。

（4）高标准强化河湖生态空间管控。完成水利普查名录内3 518条河流、242个湖泊管理范围划定和成果审核工作，并经各地政府向社会进行了公告。同步在12条重要河流约6 700km河段埋设界桩2.7万余个、设立公告牌600余处。河湖"清四乱"实现常态化规范化管理。截至2020年年底，全省累计排查整改河湖"四乱"问题1 472项，取缔非法采砂

点46处，整改违规利用岸线建设项目41项。水环境得到有效治理，重要江河湖泊水功能区水质达标率为100%，长江、澜沧江干流水质保持Ⅰ类。黄河干流水质保持Ⅱ类及以上。湟水流域水质持续改善，出省断面Ⅳ类水质达标率为100%。县级及以上集中式饮用水水源地水质保持Ⅲ类及以上。全省河湖生态空间管控更加规范有序。

（申德平）

｜宁夏回族自治区｜

宁夏银川市"携手清四乱保护母亲河"系列宣传活动

2019年1月，银川市启动"携手清四乱　保护母亲河"专项行动，为增强广大群众保护黄河意识，加快整改销号工作进程，开展"携手清四乱　保护母亲河"系列宣传活动。一是问题现场宣传，拉开专项行动系列宣传序幕。在问题现场对涉事企业及个人进行《中华人民共和国水法》《中华人民共和国防洪法》等法律法规的普及宣传教育，帮助树立黄河保护观念。二是活动现场宣传，掀起"携手清四乱　保护母亲河"宣传高潮。在"3·22世界水日""4·26检察开放日"等活动日采取设立咨询台，发放宣传册、宣传日用品等方式，向市民普及河湖

银川市人民检察院工作人员对银新干沟
近年来治理情况开展调研

"四乱"危害、公益诉讼常识及保护黄河的重要意义。三是新闻媒体宣传，提升"携手清四乱，保护母亲河"宣传高度。组织银川日报、银川电视台等新闻媒体，聚焦"四乱"问题，在电视台播出新闻报道4次，在报纸刊登新闻报道7篇。2020年11月11日，最高检新闻办联合自治区、市检察院以"宁夏检察之智助力黄河之治"为主题，聚焦专项行动

"回头看"工作，开展第 50 次"走近一线检察官"微直播活动，活动再登微博要闻热搜榜，阅读量增加 2 000 万。银川市"携手清四乱，保护母亲河"系列宣传活动开展以来，全市 85 件"四乱"问题整改全部如期销号，有力地维护了黄河母亲河生命健康。

（赵少勇）

| 新疆维吾尔自治区 |

天池换新颜

天山天池，古称"瑶池"，是新疆昌吉州境内唯一一个实施湖长制的自然高山湖泊，处在三工河谷中山带的群山密林之中。天池湖三面环山，湖面面积约 5km²，是国务院首批公布的 5A 级风景名胜景区。多年来，通过一系列示范建设工程，形成了一批治水效果明显、管护机制完善、可复制可推广的经验做法。

一是健全管理机制，保障河湖长责任落实。成立了以市委书记、市长为组长、总河（湖）长的河湖长制领导机构，制定出台《阜康市实施湖长制实施方案》《三工河天池湖示范河湖综合治理实施方案》，完善天池湖湖长组织体系，配备河湖水域协管员、巡查员、卫生员、联络员，落实湖长巡查制度，明确近期、中期、远期治理目标和举措，常态化开展巡河湖工作，保证巡查频次和巡查质量，有力推动了天池湖水生态治理各项工作落细落实。

二是加强源头整治，推进天池湖可持续发展。强化对博格达水源地及生态安全屏障保护，严禁未经审批人员进入博格达峰区域；投入 1 700 余万元，新购置 4 艘纯电动游船替代原柴油动力游船，扎实做好新能源改造工作；在天池湖建设污水收集处理中转站、增购污水拉运车，加大频次开展污水运送；投资 4 200 万元建设天池湖下游三工河污水管网连线并网收集工程，将三工河沿线 258 户旅游度假村、3 家旅游企业接入城市污水管网，解决了河谷污水排放问题。

三是实施生态工程，提升水污染治理能力。投资 5 000 万元实施天池淤沙治理工程，建设拦砂坝、梯田沉沙池，净化天池水质，改善天池南岸的生态环境和景观效应；实施三工河谷天池景区禁牧围栏项目，建设围栏 62.5km，饮水池 8 座，管护站 8 座，进一步巩固禁牧成果；投资 9 000 万元实施天池下游三工河沿线防洪与水景融合工程，实现水治理、水生态双赢。

四是强化生态综合整治，用心守护水美家园。近十年来，天山天池景区累计投入近 10 亿元，实施了天然林保护工程、地质灾害治理、湿地保护、封山育林育草、人工造林、淤沙治理、河谷流域水体整治、环境综合整治、禁牧等生态项目；持续巩固 40 万亩草场禁牧和天然林保护成果，实施造林 800 亩，植被恢复 116 亩，充分发挥森林植被涵养水源、净化水质作用；先后拆除了天池海西站等天池湖周边和邻河餐饮点，有效治理污染源头。

五是坚持依法依规管理，加强水域岸线管理保护。完成《天池湖岸线保护与利用规划报告》编制及批复，依法划定河湖管理范围，设立界桩，做到界限清、责任明，持续开展天池湖控断面的水质监测，定期组织人员对天池湖、东小天池、西小天池水域内出现的绿藻、水上漂浮物进行清理打捞，水环境安全持续巩固提升，为维护河湖健康生命、实现河湖功能永续利用奠定坚实基础。

如今的天池湖，再也没有肆意进入的羊群，没有随意丢弃的垃圾，没有乱砍滥伐的树木，这里有的是雪山，是森林，是碧水，是绿地，是繁花，是纯粹与和谐的美。

（曹铁军）

九、流域河湖管理保护

Management and Protection of Rivers and Lakes in River Basins

| 长江流域 |

【流域概况】

1. 自然地理 长江发源于青藏高原的唐古拉山主峰各拉丹冬雪山西南侧,干流全长约 6 300km,自西向东流经青海、西藏、四川、云南、重庆、湖北、湖南、江西、安徽、江苏、上海等 11 个省(自治区、直辖市)后注入东海,支流延展至贵州、甘肃、陕西、河南、浙江、广西、广东、福建等 8 个省(自治区)。

长江流域位于北纬 24°30′～35°45′、东经 90°33′～122°25′之间,西以芒康山、宁静山与澜沧江水系为界,北以巴颜喀拉山、秦岭、大别山与黄河、淮河水系相接,南以南岭、武夷山、天目山与珠江和闽浙诸水系相邻。流域面积约为 180 万 km^2,占全国总面积的 18.75%。流域形状东西长、南北短、中部宽、两端窄。东西直线距离逾 3 000km,南北宽度除江源和长江三角洲地区外,一般均在 1 000km 左右。

长江干流宜昌以上为上游,长 4 504km,流域面积约为 100 万 km^2,大多属峡谷河段,江面狭窄;宜昌至湖口段为中游,长 955km,流域面积约为 68 万 km^2,河道坡降变小,水流平缓,枝城以下沿江两岸均筑有堤防,并与洞庭湖、鄱阳湖等众多大小湖泊相连;湖口以下至长江入海口为下游,长 938km,流域面积约为 12 万 km^2,沿岸有堤防保护,水深江阔,水位变幅较小,通航能力大,大通以下河段受潮汐影响。

长江流域水资源较丰沛,多年平均年水资源总量为 9 958 亿 m^3,占我国水资源总量的 35%。干流宜昌站、汉口站、大通站多年平均年径流量分别为 4 340 亿 m^3、7 060 亿 m^3 和 8 910 亿 m^3,多年平均年入海水量为 9 190 亿 m^3(不含淮河入江水量)。

2. 河流概况 长江流域水系发育,共有集水面积 50 km^2 以上河流 10 741 条(含山地河流 9 440 条、平原水网河流 1 301 条),总长度为 35.80 万 km。其中,集水面积 100 km^2 以上河流 5 276 条,总长度为 25.85 万 km;集水面积 1 000 km^2 以上河流 464 条,总长度为 8.86 万 km;集水面积 1 万 km^2 以上河流 45 条,总长度为 3.09 万 km。集水面积超过 8 万 km^2 的一级支流有雅砻江、岷江、嘉陵江、乌江、湘江、沅江、汉江、赣江等共 8 条。

长江流域近 95% 的河流集水面积在 50～1 000 km^2 之间,88.1% 的河流长度小于 50km。河流条数较多的省份分别为四川、湖南、湖北,共有跨省界河流 458 条。

3. 湖泊概况 长江流域湖泊众多,常年水面面积 1 km^2 及以上的湖泊共计 805 个(含淡水湖 748 个、咸水湖 55 个、盐湖 2 个),水面总面积为 1.76 万 km^2。其中,常年水面面积 1～10 km^2 的湖泊有 663 个,占流域湖泊总数的 82%;常年水面面积 10 km^2 及以上的湖泊有 142 个,水面总面积为 1.56 万 km^2;常年水面面积 100 km^2 及以上的湖泊有 21 个,水面总面积为 1.199 万 km^2。水面面积排名前五的湖泊分别是鄱阳湖(2 978 km^2)、洞庭湖(2 579 km^2)、太湖(2 341 km^2)、巢湖(774 km^2)、滇池(299 km^2)。

湖泊主要分布在长江干流水系、洞庭湖水系、鄱阳湖水系、太湖水系。湖泊数量较多的省级行政区是湖北省、湖南省、青海省,其中跨省湖泊有 25 个,主要包括泸沽湖、牛浪湖、黄盖湖、龙感湖、太泊湖、石臼湖、固城湖等。

(许全喜 陈剑池 戴明龙)

【河长制湖长制工作】

2016 年以来,长江委贯彻习近平生态文明思想,按照党中央、国务院及水利部关于河长制湖长制工作部署,发挥流域管理机构的协调、指导、监督、监测等作用,助推各地河长制湖长制"有名""有实""有能"。全面推行河长制湖长制以来,长江委开展了大量工作,长江流域河湖面貌明显改善。

1. 相关制度与协作机制建立 自 2017 年以来,长江委先后制定并印发《长江水利委员会关于推进长江流域(片)全面推行河长制工作指导意见》(长建管〔2017〕440 号)、《长江水利委员会利用河湖长制平台加强流域涉水事务管理工作方案(暂行)》(办建管〔2018〕115 号)等文件;代水利部起草《长江流域省级河湖长联席会议机制》。于 2017 年召开长江流域(片)河长制湖长制工作会议,加强了流域统筹与区域协作,促进了流域管理与河长制湖长制工作深度融合。

2. 河湖管理监督检查 根据水利部安排,依托河长制湖长制平台,长江委完成全国河湖"清四乱"专项行动,推进河湖"清四乱"常态化、规范化,组织对责任片区西藏、四川、重庆、湖北、湖南、江西等 6 个省(自治区、直辖市)开展 4 轮次河湖管理监督检查,共暗访河湖 2 200 多个,新发现问题 500 多个,对新发现的问题以"一省一单"形式指导督促地方进行整改;开展河湖"清四乱"抽查检查,检查复核以往乱占、乱采、乱堆、乱建"四乱"问题 1 500 多个，共督促各地完成问题整改近 10 000 个。

3. 河湖突出问题专项整治　2019 年，组织对长江经济带 11 个省（直辖市）1 376 处固体废物清理整治情况进行现场抽查，抽查点位 222 处，并督促各地完成固体废物清理及河湖滩地复绿工作。2019—2020 年，累计派出 10 多个调研组对长江经济带生态环境警示片涉及水域岸线的 22 个突出问题进行现场调研督导，截至 2020 年年底，已有 20 个问题全部完成整改。

4. 河湖划界成果抽查复核　长江委收集整理 19 个省（自治区、直辖市）长江流域（片）河湖管理范围划定成果，并在长江委"水利一张图"系统中进行上图；截至 2020 年年底，上图河湖数量达 1.23 万条（个）。组织近 40 名技术骨干，对河湖管理范围划定成果进行抽查复核，共抽查复核各类河湖 2 740 条（个），发现疑似问题点位 720 处。以"一省一单"形式反馈各省（自治区、直辖市）水行政主管部门，并督促地方进行复核与整改。

5. 其他相关工作　依据流域相关规划，长江委复核省级河湖及跨省湖泊"一河（湖）一策"50 余项。组织完成江西省北潦河、湖北省东湖、湖南省浏阳河等 3 个国家级示范河湖建设验收工作。基于长江委"水利一张图"，初步建立长江流域河长制湖长制信息管理系统。

（张细兵　冯兆洋　涂声亮　李善德）

【水资源保护】　2016—2020 年，长江委积极践行"节水优先、空间均衡、系统治理、两手发力"的治水思路，围绕"合理分水、管住用水、科学调水"工作目标，组织实施流域取水工程（设施）核查登记，持续推进跨省江河流域水量分配，不断加强水资源动态管控，规范取水许可审批及管理，全面推进流域水资源管理保护工作取得新成效。

1. 取水许可管理

（1）取水工程（设施）核查登记。长江委率先组织流域 19 个省（自治区、直辖市）核查长江流域（不含太湖流域）已建、在建各类取水工程（设施）25.98 万个，登记其中 17.5 万个已建且未报废的取水工程（设施）的基础信息，建立 19.2 万个取水工程（设施）基本信息库，完成退出类、整改类近 8 万个问题整改。

（2）取水许可审批。长江委组织修订完成《长江水利委员会实施取水许可制度细则》。组织审查规划水资源论证报告 5 个；批复取水许可申请 160 个；颁发取水许可证 197 个；批复延续取水申请 195 个，

并换发取水许可证；截至 2020 年年底，保有取水许可证 379 套。建立取水许可审批项目跟踪管理制度，实现审批项目事中事后监管全覆盖。2020 年颁发首张国家级取水许可电子证照。

（3）水资源管理和节约用水监督检查。长江委配合水利部组织完成西藏、四川、重庆、湖北、湖南和江西等 6 个省（自治区、直辖市）各年度水资源管理和节约用水监督检查；截至 2020 年年底，完成《长江经济带沿江取水口排污口和应急水源地布局规划》调整的 23 个取水口"回头看"现场回访核实工作。

2. 水资源监控能力建设　长江委完成国家水资源监控能力建设项目长江流域项目一期、二期建设，并通过水利部验收。

3. 水资源信息发布　长江委逐年发布《长江流域和西南诸河水资源公报》《长江泥沙公报》；自 2018 年 8 月起，按月发布《长江流域重要控制断面水资源监测通报》。

4. 江河流域水量分配　长江委全力推进 4 批共 23 条跨省江河流域水量分配工作，其中前 3 批共 9 条获国家发展改革委或水利部批复；新一批 14 条跨省河流水量分配方案通过审查，修改完善后报送水利部审核；组织编制《长江流域已批复水量分配方案部分断面最小下泄流量优化调整方案》，征求相关省级水行政主管部门意见后报送水利部。指导流域内四川、云南、重庆等 9 个省（直辖市）开展省内跨地市河流水量分配工作；配合水利部协调上海、安徽、西藏等 15 个省（自治区、直辖市）"十四五"时期用水总量和用水效率目标。

5. 水量调度管理

（1）分类实施重点河流水量调度管理。2020 年，长江委组织编制并印发汉江、嘉陵江、乌江、牛栏江 4 个流域水量调度方案，并分别于 2015 年、2018 年、2020 年开始组织编制并印发实施年度水量调度计划，严格区域用水总量控制和断面下泄流量（水量）管理；对赤水河、沱江、岷江等分别于 2020 年开始组织编制并印发实施年度水量分配方案，以取用水总量控制为重点实施水量调度管理；对金沙江中游河段梯级电站、大渡河等分别于 2016 年、2018 年组织审查并印发实施年度水量调度计划，以断面最小下泄流量为重点实施水量调度管理。通过重点河流年度水量调度管理，落实河湖主要控制断面保障责任主体，规范"电调服从水调"管理秩序。

（2）重点工程水量调度。长江委批复或函复乌东德、白鹤滩、两河口、瀑布沟等近 80 个蓄水计划和调度方案。2020 年 12 月以来，组织实施德泽水库

应急供水调度，累计向昆明市供水 4.75 亿 m³，其中滇池补水 3.41 亿 m³、昆明市应急供水 1.34 亿 m³，有效保障昆明市 600 万人民群众的生活和生产用水。

（3）水资源调配协调机制建立。长江委会同水利、航运、电力等部门和主要工程运行管理单位，探索建立跨区域、跨行业、跨部门的河流水量调度协商工作机制。先后在汉江、乌江等召开专题会议，进一步规范调度秩序，落实调度责任，严格调度管理。

（4）水资源动态管控。2017 年 6 月以来，长江委依托长江流域水资源动态管控平台，围绕"实时监测、滚动预警、联合响应、适时管控、综合评估"，实施流域内重要断面最小下泄流量监测监督管理。截至 2020 年年底，238 个断面纳入实时管控，通过电话问询、座谈协调、现场督导等措施，对最小下泄流量不达标的断面开展预警处置并跟踪督办，日均最小流量达标率在 90% 以上的有 222 个，有效保障河流湖泊合理流量和水位。

（唐纯喜）

【水域岸线管理保护】 2016 年以来，长江委贯彻党中央、国务院及水利部关于河湖岸线管理保护工作的决策部署，落实习近平总书记关于长江大保护系列重要讲话精神，围绕共抓长江大保护总体要求，发挥河湖管理体系工作合力，岸线管理保护工作取得实效，促进了岸线资源的严格保护、依法管理和科学利用。

1. 岸线保护与利用规划 按照推动长江经济带发展领导小组办公室和水利部工作部署，长江委牵头编制完成《长江岸线保护和开发利用总体规划》，2016 年 9 月由水利部、国土资源部联合印发。规划河道总长 6 768km，岸线总长 17 394km，涉及云南、四川、重庆、贵州、湖北、湖南、江西、安徽、江苏、上海等 10 个省（直辖市）。按照岸线自然状况和岸线保护与利用需求，划分岸线保护区、保留区、控制利用区和开发利用区等四类岸线功能区，其中岸线保护区和岸线保留区长度合计占比达到 65%，充分体现保护优先理念。该规划印发后，长江委多措并举推进规划落地生效，组织召开共抓长江大保护暨规划实施座谈会，积极开展宣贯；主动指导各省（直辖市）编制实施方案，确保规划管控要求全面落实；在涉河建设项目许可工作中，按照规划确定的岸线功能分区及其管控要求，严格落实分区管理和用途管制。同时，加强对支流岸线保护与利用规划的复核，截至 2020 年年底，完成澜沧江、嘉陵江等 25 个河湖岸线保护与利用规划报告的

复核工作。

2. 涉河建设方案审批许可 按照有关法律法规规定及《长江经济带发展负面清单指南（试行）》《长江岸线保护和开发利用总体规划》管控要求，长江委在涉河建设项目审批工作中，加强对自然保护区、水产种质资源保护区、饮用水水源地等生态敏感区的保护，严格执行涉河建设项目洪水影响评价制度，在保障防洪安全、河势稳定前提下，推动流域经济社会高质量发展。2017—2020 年，共组织完成涉河建设项目洪水影响评价报告专家评审 460 余项，完成涉河建设项目审批 450 余项。

3. 许可项目事中事后监管 依据《国务院关于加强和规范事中事后监管的指导意见》（国发〔2019〕18 号）、《河道管理范围内建设项目管理的有关规定》等相关规定，长江委积极开展涉河建设项目事中事后监管工作。2016 年 12 月，长江委成立综合执法队伍，负责委内行政许可决定实施情况的监督管理工作，率先开展"双随机、一公开"监管试点。2017—2020 年，通过许可项目监督检查和综合执法检查，共检查涉河建设项目 1 600 多个。

4. 长江干流岸线利用项目清理整治 根据推动长江经济带发展领导小组办公室和水利部部署，长江委会同沿江 9 个省（直辖市），分省（直辖市）自查、重点核查、清理整治 3 个阶段，开展长江干流岸线保护和利用项目专项检查行动。核查长江溪洛渡以下干流 3 117km 河道、8 311km 岸线（含洲滩岸线）范围内岸线利用项目 5 711 个，确定涉嫌违法违规项目 2 441 个，建立项目台账系统；先后分 6 轮次，共派出 160 个工作组，对 3 545 个项目进行现场重点核查，对 1 738 个项目进行现场复核，印发 5 份"一省一单"，督促各地对发现的问题进行整改，编制总结报告报送水利部。截至 2020 年年底，已完成整改 2 414 个，完成率为 98.9%；累计腾退长江岸线约 158km，拆除河道管理范围内各类建筑物约 234 万 m²，清除弃土弃渣约 956 万 m³，完成滩岸复绿约 1 213 万 m²，水域岸线面貌明显改善。

（王驰 陈辉 申康 周晖）

【水污染防治】

1. 入河排污口核查与规范化试点建设 2017 年，长江委联合太湖流域管理局对长江经济带 11 个省（直辖市）及长江流域非经济带 8 个省（自治区）规模以上入河排污口开展为期 1 个月的现场核查，共调查规模以上入河排污口 6 092 个，提出在排污厂区外、入河前设置采样明渠段，设立入河排污口标志牌，安装水量及视频在线监控，选取安徽省东

至广信农化有限公司、东至普洛康裕制药有限公司和湖北省武汉市蔡甸区石洋污水处理厂3个入河排污口开展规范化试点建设。

2. 入河排污口布局整治和整改提升　为加快推进长江经济带沿江取水口排污口和应急水源布局规划实施，长江委印发《〈长江经济带沿江取水口排污口和应急水源布局规划〉近期实施项目清单的函》（长水保函〔2017〕14号），提出长江经济带11个省（直辖市）入河排污口整治任务清单，明确整治要求。为配合规划实施，长江委大力推动长江经济带11个省（直辖市）在《长江经济带沿江取水口排污口和应急水源布局规划》基础上编制省级实施方案，有效推进规划贯彻落实。

3. 机构改革后入河排污口设置管理指导　2019年，根据《水利部办公厅关于印发加强长江入河排污口整改提升督导工作方案的通知》（办资源〔2017〕192号）要求和工作安排，长江委对四川省和贵州省有关区（县）涉及"长江上游珍稀特有鱼类国家级保护区"的7个入河排污口（四川省5个、贵州省2个）整改情况开展督导检查，实地检查7个入河排污口整改措施落实情况，查勘污水处理厂运行、原有入河排污口封堵、水质自动监测、中水回用、迁建入河排污口等情况。

4. 水污染防治协作机制　长江委贯彻落实《生态环境部　水利部关于建立跨省流域上下游突发水污染事件联防联控机制的指导意见》（环应急〔2020〕5号）文件精神，提高长江流域突发水污染事件应急处置能力。2020年12月，长江委与长江流域生态环境监督管理局签署《长江流域跨省河流突发水污染事件联防联控协作机制》。该协作机制就双方开展长江流域跨省河流突发水污染事件中的联系协作、信息共享、研判预警、协同应对、深化合作等方面进行明确，在突发水污染事件应急处置期间根据需要，共享必要的水质和水文监测资料、应急处置情况、应急水量调度情况等相关信息，为科学精准调度和拦污控污等应急工作做好支撑。

5. 突发水污染事件应急监测　2020年新冠肺炎疫情期间，长江委对长江中下游有关河段和丹江口库区等地水质应急加密监测，在原来常规指标的基础上增加余氯和生物毒性等疫情特征指标。2020年4月底，长江委对位于湖北省十堰市竹溪县境内鄂坪水库开展水华事件应急监测。在藻类生长敏感期开展丹江口水库水生态状况补充监测，在汉江中下游开展水质应急监测。　　　（邱凉　蔡金洲　胡兴坤）

【水环境治理】　长江委推进长江经济带生态环境警

示片涉及水利问题整改，建立与地方水行政主管部门工作联系机制，通过电话沟通、现场督导检查等方式定期督促地方按计划实施整改，跟踪最新整改进展情况，动态更新台账报水利部，全力推进整改工作落实，促进水环境问题标本兼治。

1. 饮用水水源地安全保障达标评估　长江委对长江流域（片）221个全国重要饮用水水源地开展安全保障达标评估，每年对不低于15%的水源地从水量、水质、保护、监控和管理等方面进行现场检查评估，掌握流域水源地基本情况，建立饮用水水源地问题台账，提出重要饮用水水源准入及退出《全国重要饮用水水源地名录》的管理意见。各饮用水水源地安全保障达标总体良好，均已划定保护区并报省级人民政府批准实施，2020年83.9%水源地等级评定为优，16.1%的水源地等级评定为良，70%以上水源地一级保护区实现全封闭管理，85%的水源一级保护区、二级保护区内没有与供水设施和保护水源无关的建设项目。

2. 典型河段水华治理　长江委开展丹江口水库及汉江中下游水生态环境调查，重点调查丹江口水库水源区不同土地利用类型、水土保持措施、坡度和作物类型的氮、磷等指标的分布特征和水土流失带来的氮、磷等的流失情况，丹江口水库消落带淹没状态时总氮和总磷的输出特征，深入研究丹江口水库及汉江中下游水生态环境变化规律、藻类的生长规律，提出消落带污染控制对策，通过调控水力条件拟制水华的调控技术。

3. 水利血防治理研究　长江委通过物理模型试验和数值模拟，研究不同流量条件下旋流排螺装置流速特性及排螺效果、不同水力条件下钉螺溢出的风险，以及避免钉螺随漂浮物向下游扩散技术。修编《水利血防技术规范》（SL 318—2011），对水利血防规划、水利血防工程设计、水利血防工程施工管理、水利血防工程运行管理等进行全面规范，为中国水利血防的工程设计和实施提供重要技术依据。

　　　（吴敏　邓志民　金海洋）

【水生态修复】

1. 水生态监测与评价　长江委组建长江流域水生态监测中心，组织流域有关省（自治区、直辖市）水行政主管部门，对长江中游、长江口、赤水河和汉江等水域持续开展水生态监测，对长江流域干流和4条重要一级支流开展定性生境评价，对289个调查河段生境状况开展调查评价；会同长江流域渔政监督管理办公室等单位编制《长江流域水生生物资源及生境状况公报》。

2. 河湖生境保护与修复　长江委开展长江中下游水系连通恢复试点研究，提出以长江中游涨渡湖为示范区域，开展江湖阻隔生态通道恢复工程建设，以解决江湖阻隔面临的生态问题，形成可在长江中下游推广应用的技术成果和实践样板，推动长江中下游河湖连通性恢复及水生态保护与修复。在三峡后续规划修编工作中，长江委提出三峡水库库区干流构建库周健康稳定的生态系统、提升支流水生态功能、改善长江中下游河湖生态环境等 3 项生态环境改善建议措施。2020 年，长江委在丹江口库区开展年度首批鱼类增殖放流，共放流青鱼、草鱼、鲢鱼、鳙鱼、三角鲂、黄尾密鲷、黄颡鱼等 7 种优质鱼苗 82 万尾。

3. 生态调度试验　长江委建立以三峡水库为核心的流域梯级水库群生态调度模式。2011 年开始，三峡水库连年开展促进长江中下游四大家鱼繁殖的生态调度试验，四大家鱼自然繁殖对生态调度形成的人工洪峰有积极的响应。溪洛渡水库、向家坝水库、三峡水库自 2017 年开始开展联合生态调度，连续 11 年的生态调度试验结果表明，流域水工程生态调度对促进以四大家鱼为代表的产漂流性卵鱼类自然繁殖效果明显。2020 年开始，长江委实施三峡库区产黏沉性卵鱼类繁殖的生态调度试验，控制三峡水库水位在生态试验期间的变幅，典型支流鲤、鲫等代表鱼类均出现产卵孵化高峰，提高产黏沉性卵鱼类的早期存活，促进相关鱼类繁殖。自 2017 年起，长江委多次组织实施操作溪洛渡、乌东德水库叠梁门实现分层取水的试验，减轻高坝深库对下游河道水温的影响，为宜宾—江津河段产黏沉性卵鱼类（达氏鲟、胭脂鱼等）创造接近天然的水温条件，促进产卵繁殖。

4. 科技支撑　长江委攻克多种珍稀特有鱼类物种保护技术，破解中华鲟、圆口铜鱼、中国结鱼等 20 多种珍稀特有鱼类人工繁育技术难题。建设三峡珍稀特有水生动物种质资源库活体库和基因库，中华鲟子二代基本具备繁殖条件，收集保存 146 种水生动物的遗传资源样本 13 万余份。

（陈力　刘宏高　易燃）

【执法监管】　长江委贯彻习近平法治思想、习近平总书记关于治水工作重要讲话指示批示和推动长江经济带发展系列重要讲话精神，严格落实《中华人民共和国长江保护法》，进一步发挥流域管理机构职能，严格依法行政，加强长江生态环境保护，全面推动长江经济带高质量发展。

1. 水行政执法制度体系建设　长江委贯彻落实《中华人民共和国水法》《中华人民共和国防洪法》《中华人民共和国长江保护法》《长江河道采砂管理条例》等水法律法规，及时修订水行政执法工作规范、行政执法自由裁量权等配套法规制度 12 项。全面推行行政执法公示制度、执法全过程记录制度、重大执法决定法制审核制度，不断拓展公示载体，提高执法的"能见度"和"透明度"，规范执法流程，做到执法全过程留痕和可回溯管理，并明确法制审核标准和范围。

2. 行政执法监督　长江委严格依法履职，重点加强长江干流与三峡水库、丹江口水库、陆水水库、皂市水库及洞庭湖和鄱阳湖的执法检查，保持长江干流省际交界水域非法采砂的高压严打态势，强化行政执法监督，做好违法违规项目跟踪督办，运用通报、约谈、问责等多种行政措施，找到"严格执法"和"人性化管理"的平衡点，推进严格规范公正文明执法。督办整改河南南阳某公司非法填库、安徽望江某公司非法占用岸线、江苏南京某公司无证取水等一批违法违规项目。2016—2020 年，长江委共立案查处水事违法案件 13 起，没收违法所得、罚款共计 204.85 万元。处理各类信访举报案件 70 起。

3. 执法联动、司法协作机制建设　长江委探索建立流域区域相结合、多部门协作的联合执法机制，建设长江采运砂船舶联合监管信息平台，建立丹江口水库"1+3+5"联席会议制度，在流域和重点区域与公安、交通运输、农业农村、生态环境等部门建立执法联动，完善行政执法与刑事司法衔接机制。向湖北省高级人民法院推荐生态环境专家，向湖北省人民检察院出具生态损害专家意见。

4. "互联网+监管"推行　长江委大力推进水行政执法平台建设应用，实现执法事项、执法流程、执法依据、执法文书、裁量基准、执法监督、执法信息公示等要素的标准化、信息化，以科技创新提高执法效能。印发《长江委水行政许可监管办法（试行）》，统筹许可监管事项，实施清单式管理，及时跟踪项目建设动态，健全以取水许可"双随机、一公开"监管和涉河建设项目重点监管为基本手段的监管模式。依托卫片解译、信息共享、大数据筛查等新技术，建立跨区域、跨行业、线上线下协同的联合监管，提高监管的智慧化、精细化和监管效率。利用自动监测监控、卫星遥感、无人机巡查等执法信息数据汇集，提高执法信息分析应用能力和流域水事活动监管效率，对违法违规问题做到早发现、早制止、早处理。连续 3 年开展取水许可与水利部批准的水土保持方案项目的双随机抽查，抽查

并公示项目 294 个，保持河道管理范围内在建项目全覆盖监管。　　（章周　刘前隆　刘平刚　向继红）

【水文化建设】　长江水文化是长江文化的重要组成部分。2020 年，长江委贯彻习近平总书记关于社会主义文化建设系列重要论述精神，落实水利部推动水文化建设部署，有力推进长江水文化建设。

1. 顶层设计　2020 年年初，长江委提出"文化塑委"战略，作为长江委新时期发展战略之一。成立以长江委主任马建华为组长的全委推进水文化建设领导小组，负责落实水利部关于水文化建设的决策部署。制定《中共长江委党组关于文化塑委和推进长江水文化建设的指导意见》（长党〔2020〕38 号），发布水文化建设工作要点。多次召开主任办公会议、水文化建设专题会议进行研讨，并督促有关工作落实。筹备成立长江水文化中心，打造长江委开展水文化建设的开放性平台。开展《长江水文化建设规划》和《长江委"文化塑委"规划》编制工作，并将相关内容分别纳入《长江流域（片）"十四五"水安全保障规划》和《长江委"十四五"发展改革规划》。组织开展水文化课题研究，提出加强水文化建设的措施与建议。

2. 遗产保护　根据水利部安排，长江委组织参与水利部水文化遗产保护和利用相关课题研究，长江水利水电开发集团（湖北）有限公司承担完成《水文化遗产保护和利用规划》编制导则研究、全国重点文物保护单位黄陵庙文化遗产保护利用咨询等事项。截至 2020 年年底，长江委长江档案馆共梳理保护治江历史档案、水利古籍文献善本等共计百万卷。

3. 载体建设

（1）水情教育基地、水利风景区、展览馆建设。截至 2020 年年底，长江委拥有 3 个国家水情教育基地（三峡试验坝陆水水利枢纽工程、丹江口水利枢纽工程、长江文明馆）、3 个国家水利风景区（丹江口大坝水利风景区、丹江口松涛水利风景区、陆水水库水利风景区）、3 个全国中小学生研学实践教育基地（丹江口工程展览馆、长江博物馆、长江文明馆）、3 个特色展厅（长江展览厅、长江档案馆展厅、特藏室）。其中，长江文明馆由武汉市政府联合长江委、武汉大学兴建，是全国首家以长江流域文明为展示主题的博物馆，被评为国家一级博物馆。

（2）精神文明单位创建。截至 2020 年年底，长江委拥有"全国文明单位"5 家、"全国水利文明单位"11 家。

（3）宣传平台建设。截至 2020 年年底，长江委拥有《长江年鉴》《人民长江报》《人民长江》等 8 个报刊、"长江水利网"等 33 个网站、"长江水利"等 39 个微信公众号。其中，研究宣传水文化的专业刊物《水文化》杂志取得正式刊号。持续巩固长江委报、网、台、刊、展、史志、音像及出版等媒体平台建设，探索建立全媒体传播体系，合力打造媒体融合"长江品牌"。

4. 试点建设　长江委开展长江水文站点文化提升改造。其中，汉口水文站"百年老站"完成第一期文化提升改造项目；宜昌、沙市、城陵矶等水文站点文化提升改造项目相继启动。推进汛江口水库、江垭水库、皂市水库等在文化旅游消费领域的拓展探索，其中汉江集团与中青旅控股股份有限公司合作打造"水源文旅"研学品牌。启动汉江流域水文化建设试点，制定《推进汉江水文化建设实施方案》，发掘丹江口水利枢纽、南水北调中线渠首等已建水利工程和其他在建水利工程的文化内涵和文化价值，结合节水型社会、汉江岸线生态保护、引江补汉等工程建设，推进水工程综合效益和水工程文化内涵品位的提升，致力于打造长江水文化建设示范样本。

5. 系列活动　长江委开展成立 70 周年系列活动，在做好新冠肺炎疫情常态化防控的前提下，全面完成 15 个大项 23 个分项的工作任务。其中，长江委治江 70 周年专题片《盛世治江·万里锦绣——治江伟业七十年回眸》等累计点击量达 10 万次；《画梦长江》《长江之子郑守仁》等一系列新书出版，《治江七十周年先进人物简册》《流金岁月·长江巨变》《长江委委情教育读本》等一批编印书籍面世；"长江之春"艺术节、主题征文和书法、美术、摄影展览等一系列文化体育活动有序开展；长江展览厅、治江七十年档案展、长江委宣传片和宣传画册等一批单位形象宣传任务相继完成。

6. 宣传教育　长江委坚持"守正创新讲好长江故事"，加强与主流媒体联系与协作；开展"水文化进社区""水文化进校园"等宣传交流活动，获评"2020 年全国科普日活动优秀组织单位"；开展"保护河湖生态志愿者行动"，获得第五届中国青年志愿服务项目大赛金奖。截至 2020 年年底，长江委官方微信公众号"长江水利"最高单篇点击量逾 10 万人次，"学习强国"长江号单篇最高阅读量达 650 余万次。　　（张兆松　万茜婷）

【信息化工作】　2016 年以来，长江委通过夯实数字河湖基础和强化河湖管理与信息化深度融合等方式，实现流域河湖管理信息化工作从无到有的突破，并按智慧水利的总体要求持续探索智慧河湖管理的新途径。

1. 数字河湖基础建设 为进一步开展智慧流域建设，支撑河湖管理业务工作，长江委整合形成"水利一张图"河湖管理专题，将河湖管理相关的管控要求、管理范围和管理对象全部数字化并上图。截至 2020 年，整合长江流域（片）19 个省（自治区、直辖市）约 33 万个河湖管理对象相关数据资源，其中包括河湖水系、河长湖长、岸线功能分区、水功能区划、采砂规划、水土保持规划、河湖管理范围、水库、取水口、入河排污口、涉河建设项目、洲滩民垸、地表水水源地等。

2. 河湖管理与信息化深度融合 长江委以"水利一张图"为基础，先后建设长江干流岸线利用项目台账系统、长江流域取水工程（设施）核查登记系统、长江中下游洲滩民垸基本情况填报系统、长江流域水土保持监督管理信息系统，为长江干流溪洛渡以下河湖管理范围涉河项目核查、长江流域取水工程（设施）核查登记、水利部批准生产建设项目的日常监管及长江流域防洪规划修编等工作提供基础信息，并为流域河湖管理监督检查、河湖"清四乱"抽查检查、岸线保护和利用专项检查、非法矮围清理整治检查、生态环境警示片涉及河湖岸线问题调研等河湖监管行动提供信息化支撑服务。

3. 智慧河湖管理探索 长江委依托移动互联网、云计算、大数据等相关技术，探索协同监管、智能解译、自动研判的智慧河湖管理新途径。建设长江干流砂石采运管理单信息系统，实现采砂管理从纸质单据到全流程信息化管理的转变，开启砂石采运"电子身份证"监管新模式；依托人工智能技术，探索涉河地物的遥感影像自动解译技术，并在建筑物、码头、养殖网箱等 6 类地物目标的自动识别技术上取得初步成果；依托规则引擎，探索涉河建设项目违规行为自动研判技术探索，具备对批建不符、未批先建等违规行为的自动研判能力。

（杨鹏　杨欢　刘莉芳）

| 黄河流域 |

【流域概况】 黄河是中华民族的母亲河，也是中国的第二大河，孕育了光辉灿烂的华夏文明。黄河发源于青藏高原巴颜喀拉山北麓的约古宗列盆地，流经青海、四川、甘肃、宁夏、内蒙古、山西、陕西、河南、山东 9 省（自治区），在山东省东营市垦利区注入渤海。干流河道全长 5 687km，落差 4 480m，流域面积 81.3 万 km²（包括内流区、沙珠玉河），流域人口 1.1 亿人，耕地 0.163 亿 hm²。根据 1956—2000 年系列水资源调查评价，黄河流域年水资源总量为 647.0 亿 m³，多年平均河川天然年径流量为 534.8 亿 m³，相应年径流深 71.1mm。

黄河按地理位置及河流特征划分为上、中、下游，从黄河河源到内蒙古托克托县的河口镇为上游，干流河道长 3 472km，流域面积 42.8 万 km²；从河口镇到河南郑州桃花峪为中游，干流河道长 1 206km，流域面积 34.4 万 km²；桃花峪以下至入海口为下游，河长 786km，流域面积 2.3 万 km²。

黄河是世界上输沙量最大、含沙量最高的河流。1919—1960 年人类活动影响较小，基本可代表天然情况，三门峡站实测多年平均年输沙量约 16 亿 t，其中粗泥沙（$d > 0.05$mm）约占总沙量的 21%，其淤积量约为下游河道总淤积量的 50%。

黄河流域位于北纬 32°10′～41°50′、东经 95°53′～119°05′之间，西起巴颜喀拉山，东临渤海，北抵阴山，南达秦岭，横跨青藏高原、内蒙古高原、黄土高原和华北平原 4 个地貌单元，地势西部高、东部低，由西向东逐级下降。黄河流域大部位于干旱半干旱地区，生态环境脆弱，水土流失严重，是我国生态脆弱区分布面积最大、脆弱生态类型最多的流域之一。

黄河流域是我国重要的经济地带，黄淮海平原、汾渭平原、河套灌区是农产品主产区，粮食和肉类产量占全国 1/3 左右。黄河流域又被称为"能源流域"，煤炭、石油、天然气和有色金属资源丰富，煤炭储量占全国一半以上，是我国重要的能源、化工、原材料和基础工业基地。

（魏青周　张超）

【河长制湖长制工作】 2016—2020 年，黄委和黄河流域 9 省（自治区）按照党中央、国务院关于全面推行河湖长制的决策部署，贯彻落实习近平生态文明思想和黄河流域生态保护和高质量发展重大国家战略，不断完善河湖长制组织体系，持续加强河湖岸线空间管控，探索创新河湖管理保护长效机制，深入推动河湖"清四乱"常态化、规范化，持续推进"幸福河"建设，推动河湖长制"有名""有实""有能"，促进河湖面貌明显改善、水生态水环境持续向好，河湖长制和河湖管理保护工作取得了显著成效。

1. 河湖长制组织体系 黄河流域 9 省（自治区）按照"属地管理、党政负责"的原则，全面建立了省市县乡村五级河湖长体系，截至 2020 年年底，共设立河湖长 99 551 名、省级党委、政府主要负责同志全部担任双总河长；四川、山西、山东省提升河长办主任规格，省政府分管领导担任省河长办主任，青海、内蒙古、山西、陕西、河南、山东省级河长办主要成员单位实现联合办公；大部分巡（护）河员纳入公益性岗位，打通了河湖管护"最后一公里"。

2. 流域统筹区域协调　2017 年，黄委和青海、四川、甘肃、宁夏、内蒙古、山西、陕西、河南、山东、新疆等 10 省（自治区）及新疆生产建设兵团河长办建立黄河流域（片）省级河长制办公室联席会议制度，每年组织召开一次联席会议；2020 年 8 月，黄委和流域 9 省（自治区）在山西太原签订《黄河流域河湖管理流域统筹与区域协调合作备忘录》；2020 年 7 月，青海、四川、甘肃 3 省建立《黄河上游水源涵养区生态环境保护司法协作机制》；2020 年，甘肃省政府与四川省政府签署《甘川两省跨界流域水污染联防联控框架协议》，甘肃省河长办分别同陕西、宁夏、四川、青海等省（自治区）河长办签订跨省界河流联防联控联治合作协议；青海省河长办同四川省河长办签订跨省界河流联防联控联治合作协议，陕西省河长办同四川省河长办签订跨省界河湖联防联控联治合作协议。

3. 河湖管理保护联防联控机制　流域各省（自治区）充分发挥河湖长制平台作用，持续加强部门协同合作，建立完善河湖管理保护联防联控机制。宁夏、甘肃、内蒙古、陕西、河南、山东等省（自治区）建立"河长＋检察长＋警长"联动机制；河南省构建"河长＋互联网"的"智慧河湖"监控平台，积极探索党建助力河长新机制；甘肃省建立河湖管理保护联系包抓制度；山东、河南、山西等省河长办分别联合本省高法、检察院、公安厅、河务局等，建立了一系列保障黄河流域生态保护和高质量发展、促进河湖管理保护、加强公益诉讼和司法服务方面的协作机制。

4. "携手清四乱　保护母亲河"专项行动　2018 年 12 月至 2019 年 8 月，在最高人民检察院和水利部共同领导下，由黄委、河南省河长办、省检察院发起，流域 9 省（自治区）各级河长办、检察院共同参与开展了"携手清四乱　保护母亲河"专项行动，严厉打击了涉河湖"四乱"顽疾，创建了全国首个流域性河湖管理和司法保护衔接平台。截至 2019 年 7 月底，9 省（自治区）依法清理整治河道内"四乱"问题 8 000 余个、清理非法侵占河道 4 324km、清理污染水域面积 600hm²、拆除违法建筑 320 万 m²、清理建筑和生活垃圾 150 余万 t。其

中，检察机关共受理河长办移交问题线索 2 339 件，立案 1 097 件，发出检察建议 1 029 件，提起行政公益诉讼 10 件。双方协同行动共督促清理非法侵占河道 1 937km，清理污染水域面积 114hm²，拆除违法建筑 80.8 万 m²，清理建筑和生活垃圾 138.7 万 t。

5. 黄河"清河行动"　2019 年 7—9 月，黄委组织开展黄河"清河行动"，对黄河干流及重要支流河湖管理范围内"四乱"突出问题和取水口、排污口进行排查整治。黄委及委属单位组建 49 个外业调查工作小组共 200 余人，行程 33 万余 km，排查点位 1 万余个。认定乱占、乱采、乱堆、乱建等"四乱"突出问题 1 351 个，其中，重大问题 28 个，严重问题 208 个，一般问题 1 115 个；核查认定取水口 1 383 个，其中 875 个取水口办理了取水许可证，508 个取水口未办理取水许可证；认定排污口 409 处，有许可证的 137 处，无证的 272 处。

6. 全国首批示范河湖建设　2020 年，黄委按照《水利部办公厅关于开展示范河湖建设的通知》《示范河湖建设验收导则（试行）》要求，针对 3 条黄河流域全国首批建设示范河流（甘肃省石羊河、宁夏回族自治区渝河和河南省伊洛河）的不同特点分别施策，指导 3 个省（自治区）水利厅开展示范河流建设。11 月组织 4 家委属单位成立验收组，对 3 条示范河流建设进行了验收，通过实地查看、查阅资料、问题质询、集体讨论等方式进行了严格评定，3 条河流均通过示范河湖建设验收。（魏青周　张超）

【水资源保护】

1. 地下水保护与超采区监管

(1) 2020 年 5 月，水利部组织开展全国重点区域地下水超采治理与保护方案编制工作，其中黄委负责黄河流域（片）鄂尔多斯台地、汾渭谷地、黄淮地区、河西走廊、天山南北麓及吐哈盆地等 5 个重点区域地下水超采治理与保护方案编制，2020 年 6 月、7 月、11 月、12 月，黄委分别组织对汾渭谷地、天山南北麓及吐哈盆地、河西走廊、鄂尔多斯台地涉及的典型区域超采治理情况进行调研，按要求完成编制，成果纳入全国重点区域超采治理与保护方案报告。

(2) 2020 年水利部下发《水利部关于黄河流域水资源超载地区暂停新增取水许可的通知》（水资管〔2020〕280 号），对黄河流域水资源超载地区实施暂停新增取水许可。按照通知，黄河流域共有 62 个县级行政区存在地下水超载，其中 42 个县级行政区存在浅层地下水超采，5 个县级行政区存在深层承压水

超采，22个县级行政区存在山丘区地下水过度开采，7个县级行政区同时存在2种类型的超采。

2. 饮用水水源保护与管理

（1）2016—2020年，黄河流域逐年度开展黄河流域（片）重要饮用水水源地安全保障达标建设评估。按照水利部下发《关于印发全国重要饮用水水源地名录（2016年）的通知》（水资源函〔2016〕383号），黄河流域（片）共有重要饮用水水源地90个。其中，青海7个，甘肃11个，宁夏6个，内蒙古7个，山西9个，陕西15个，河南10个，山东12个，新疆13个。

（2）2018年2月，水利部办公厅印发《关于进一步明确全国重要饮用水水源地安全保障达标建设年度评估工作有关要求的通知》（办资源函〔2018〕204号），要求流域机构结合年度水资源管理专项监督检查等日常监管工作，强化流域内全国重要饮用水水源地的现场抽查评估，3～5年完成全覆盖。截至2020年年底，黄河流域（片）已累计完成73个全国重要饮用水水源地的现场抽查评估。

（3）2020年，黄河流域（片）选取内蒙古、陕西、河南、山东4省（自治区）8个水源地为典型水源地，评估水源地管理与保护现状，识别水源地现状主要存在问题和未来保护及管理需求，探索水源地名录准入与退出管理研究。

3. 水资源节约与保护

（1）根据水利部统一部署，黄委组织有关部门和单位，持续开展水资源管理和节约用水监督检查，提出"一省一单"整改建议，落实黄河流域（片）用水定额监督检查，编制建筑业用水定额，进一步压实节水目标责任和主体责任，规范用水行为，促进用水效率提高。

（2）2020年，黄委印发《黄委关于进一步加强规划和建设项目节水评价工作的通知》（黄节保〔2020〕325号），要求建立节水评价登记台账及登记制度，认真参与规划和建设项目节水评价技术审查，提出节水评价明确意见。明确以节水评价落实为抓手，强化事前监管，坚持把好节约用水关口，持续推进规划和建设项目节水评价工作走向规范和深入。

（邓敬一）

【水域岸线管理保护】 2016—2020年，黄河流域持续加强河湖岸线管理保护工作，依法划定直管河道管理范围，扎实开展黄河流域重要河道岸线保护利用规划和重要河段河道采砂管理规划编制，大力推进黄河岸线利用项目专项整治和直管河道采砂专项整治，岸线管控基础得到不断夯实。

1. 黄委直管河道管理范围划定 2017年起，黄委持续推进黄河流域直管河道管理范围划界工作，稳步提升流域河湖管理和水域岸线管控水平。按照第一次全国水利普查名录内河湖划界工作任务安排，至2020年8月，黄河大北干流25个县（市）及禹门口以下79个水管单位河道管理范围划界政府公告工作全部完成，划界河道长度共计3012km，其中大北干流河道620km，禹门口以下干流河道1852km，渭河河道388km，沁河河道122km，大汶河河道30km，以及东平湖库区665.44km²和花果山库区0.41km²。

2. 黄河流域重要河道岸线保护与利用规划 2019年2月，黄委启动《黄河流域重要河道岸线保护与利用规划》（以下简称《岸线规划》）编制工作，12月完成《岸线规划》报告初稿。2020年5月黄委科技委组织对《岸线规划》进行咨询，6月发文征求流域各省（自治区）水利厅意见，9月通过水利部水利水电规划设计总院审查，11月按照水利部要求再次发文征求流域各省（自治区）人民政府意见，12月形成《岸线规划》复审稿报水利部。《岸线规划》现状水平年2018年，规划水平年2030年，规划范围为黄河干流龙羊峡至入海口河段，包括东平湖和入海备用流路，重要支流的渭河下游、伊洛河（洛阳老城至黑石关）、沁河下游、大清河（戴村坝至马口闸），以及窟野河、黄甫川、泾河等省际界河段，河道总长度4582.3km，岸线总长度12147.35km。对水域岸线进行分区规划，科学划定"两线"（临水边界线、外缘边界线）、"三区"（保护区、保留区和控制利用区）。

3. 黄河流域重要河段河道采砂管理规划 2019年12月，黄委组织编制完成《黄河流域重要河段河道采砂管理规划（2020—2025年）》（以下简称《采砂规划》）并上报水利部。2020年3月和6月，配合水规总院对规划进行了两次审查。水利部在征求自然资源部、生态环境部、交通运输部、农业农村部和林草局意见并达成一致后，于11月11日对《采砂规划》进行批复。11月17日，黄委河湖局根据《水利部流域管理机构直管河段采砂管理办法》第五条规定，按照水利部批复的《采砂规划》，在黄河网上将黄河流域重要河段禁采区和禁采期进行公告。

4. 黄河岸线利用项目专项整治 2020年4月起，黄委开展黄河岸线利用项目专项整治工作，督促指导青海、甘肃、宁夏、内蒙古、山西、陕西、河南、山东等8省（自治区）河长办按专项整治时间进度开展地方自查。8月中旬，8省（自治区）按要求完成了专项整治地方自查工作。9月，黄委组织

22 个核查工作组共 77 人对地方自查情况进行现场核查，工作遍及 8 个省（自治区）、58 个市（州）、245 个县（区），项目涉及黄河干流和 16 条重要支流岸线 8 000 余 km，核查黄委许可项目 1 861 个，覆盖率 100%，抽查地方许可项目 1 607 个，抽查比例占地方许可项目总数的 78.74%。经核查，黄河龙羊峡以下干流及 16 条重要支流最终确认岸线利用项目 6 342 个，其中拆除取缔类 58 个，规范整改类 1 585 个，其他类 4 699 个。10 月，黄河岸线利用项目专项整治进入清理整治阶段。

5. 黄河流域河道采砂专项整治　2020 年，黄委开展黄河流域河道采砂专项整治工作。专项整治期间，共督报采砂管理台账 300 份；收集视频、影像资料 1 300 余份；5—10 月共派出暗访督查组 18 组次，对沿黄 9 省（自治区）黄河干流及 11 条重要支流河道采砂进行监督检查指导，暗访督查采取卫星遥感比对、无人机视频和激光雷达测量、实地查勘、现场询问等方式进行，共发现违法违规采砂等 107 个问题。其中，山西 40 个，陕西 33 个，甘肃 16 个，内蒙古 9 个，四川 7 个，青海 2 个。针对发现的问题，暗访督查组及时与相关县（市）交换意见，并向有关省区进行通报，提出整改意见。

（魏青周　张超）

【水污染防治】　（1）2017 年，黄委向黄河流域青海、甘肃、宁夏、内蒙古、陕西、山西、河南、山东等 8 省（自治区）下发《黄河流域"一河一策"编制水资源与水生态保护意见》（黄办函〔2017〕140~149 号）。1 月 18 日，山西省运城市新绛县发生粗苯罐车坠河事故，污染物进入黄河一级支流汾河。原黄河流域水资源保护局迅速开展应急监测和预测预报，以明传电报（黄护办电〔2017〕9 号）将应急工作情况上报黄委，妥善处置和应对。

（2）2018 年 4 月 9 日，泾河支流汭河袁家庵水文站附近柴油车翻车入河，大量柴油进入汭河。原黄河流域水资源保护局迅速开展应急监测，完成了预测预报及措施建议等应急处置工作。

（3）黄委管理权限内的入河排污口设置审查和监督管理、黄河流域水功能区纳污能力和限制排污总量方案制定职责由原黄河流域水资源保护局承担；2018 年国务院机构改革后，改由生态环境部黄河流域生态环境监督管理局承担。2020 年 9 月 18 日，黄委与生态环境部黄河流域生态环境监督管理局签署《黄河流域突发水污染事件联防联控协作框架协议》；双方将在黄河流域突发水污染事件处置中加强协作，在信息通报、研判预警、应对处置、联合执法、技术交流等方面强化合作。

2018 年 5 月，原黄河流域水资源保护局开展黄委入河排污口调查摸底和规范整治专项行动，全面摸清现状，重点查找入河排污口布局、监督管理、制度建设等方面存在的问题，提出流域入河排污口优化布局指导意见与重点入河排污口监管名录，建立黄河流域入河排污口台账并绘制黄河流域入河排污口"一张图"，编制《委管入河排污口核查总报告》，并上报水利部。9 月，原黄河流域水资源保护局印发《入河排污口设置验收管理规定》（黄护管〔2018〕17 号）。

（徐晓琳）

【水环境治理】　2016—2020 年，黄委坚持生态优先、绿色发展，在开展黄河下游生态调度的基础上，自 2017 年起实施下游生态流量调度，2020 年首次开展全流域生态调度，将生态调度范围由下游和河口地区扩展至全干流和重点支流，由河道内扩展到河道外，较好地保障了河道内和河道外生态用水，促进了流域生态保护。

（1）2016 年，按照国务院发布的《水污染防治行动计划》要求，黄委编制《黄河下游生态流量调度试点工作实施方案》（以下简称《实施方案》），明确了黄河下游生态控制断面及各断面不同时段应满足的生态流量指标。2017—2019 年连续三年开展黄河下游生态流量调度试点工作，之后转入正常调度。4—6 月黄河下游生态用水关键期，花园口、高村、利津等生态控制断面流量均达到了《实施方案》规定的指标。其中，2018—2020 年利用黄河水情较好的有利条件，塑造了敏感期维持黄河下游生态廊道功能 2 600~4 000 m³/s 的流量过程。

（2）根据水利部有关开展重点河湖生态流量（水量）保障工作的安排部署，2019 年、2020 年黄委先后分两批完成了黄河干流、大通河、渭河、无定河、洮河、北洛河和伊洛河等 7 条河流 15 个主要控制断面的生态流量保障目标研究确定工作，并同步开展生态流量保障监管工作，构建黄河流域生态流量监管平台，实现生态流量实时监控、在线预警。各断面生态流量达标情况良好，有效保障了河道内基本生态用水。

（3）根据水利部安排部署，按照"全面核查，依法整治"等原则，黄委自 2020 年 5 月开始，启动黄河流域（片）取用水管理专项整治行动，组织开展黄委管理范围内取水口核查登记，督促指导省（自治区）开展工作，对流域（片）105.6 万个取水口进行了核查登记，并对青海、甘肃、宁夏、内蒙古、陕西、新疆及新疆生产建设兵团 2 273 个取水

口进行现场监督检查。 　　　　（柴婧琦　曹倍）

【水生态修复】

1. 河湖健康评估

（1）黄河流域 2010—2012 年开展了黄河小浪底至利津河段和小浪底水库河湖健康评估一期试点，2013 年在黄河小浪底至利津河段开展延续性监测与评估工作，2015—2016 年开展了黄河内蒙古河段和乌梁素海健康评估二期试点，2017 年开展了黄河小北干流河段健康评估，2018 年开展了黄河北干流河段健康评估，2019 年开展了黄河龙羊峡至刘家峡河段健康评估，2020 年开展了黄河黑山峡河段健康评估工作。

（2）根据 2020 年全国水利工作会议"开展河湖健康评价体系研究"要求，黄委在《河湖健康评估技术导则》（SL/T 793—2020）、《河湖健康评价指南（试行）》指标体系基础上，参考历次黄河流域重要河湖健康评估结果，以黄河干流源头至利津河段（不含干流水库湖泊）为范围，梳理分析不同河段指标的适用性，以黄河典型河情特征为依据，综合黄河流域生态保护和河湖管理要求，适当增减具有黄河特色的指标，分析不同指标在不同河段的适用性和范围，初步构建黄河健康评估指标体系。

2. 生态补水调度保障河道外重点地区生态用水

（1）2018—2020 年，黄河连续三年丰水年，黄委充分利用水情较好的有利时机，在分配可供水量的基础上，专门增加分配了河道外生态补水。2018—2019 年度分配 20 亿 m³，2020—2021 年度分配 37 亿 m³。

（2）实施重点区域应急生态补水。2018—2020 年，黄委利用凌汛期、灌溉间歇期、伏秋汛期向乌梁素海生态补水 18.34 亿 m³，通过生态补水加快水体置换，持续改善乌梁素海水生态环境。2016—2020 年，黄委为支持华北地区地下水超采综合治理和白洋淀生态环境改善，利用河南渠村、山东位山、潘庄、李家岸等多线路实施引黄入冀调水 42.77 亿 m³；2017—2020 年，结合调水调沙向黄河三角洲自然保护区生态补水 3.48 亿 m³，其中 2020 年利用防御大洪水实战演练时机，大规模、全方位实施河口三角洲生态补水 1.55 亿 m³，首次补水进入自然保护区核心区刁口河区域。

（3）实施丰水条件下的沙漠生态补水。2018—2020 年，累计向库布齐沙漠补水 1.49 亿 m³，向乌兰布和沙漠补水 3.69 亿 m³，向腾格里沙漠补水 957 万 m³，沙漠腹地形成一定面积的生态湿地，构成沙水相连的生态自然格局。

　　　　（邓敬一　柴婧琦　曹倍）

【执法监管】

1. 河湖执法三年攻坚战　2018—2020 年，黄委按照《水利部关于进一步加强河湖执法工作的通知》（水政法〔2018〕95 号）要求，认真组织开展河湖执法三年攻坚战，严厉打击各类涉水违法活动。各级水政监察队伍严格落实行政执法"三项制度"，明确执法主体，压实目标任务，建立实施违法案件执法台账制度、跟踪销号制度、责任追究制度和水事违法案件上报"直通车"制度，在直管河道实行日常巡查与专项检查、机动巡查与定点检查"两结合"，实现河道巡查全覆盖，全面掌握河湖涉水活动情况。有效处置了柳林孟门镇护岸工程、吴堡县拐上古渡码头、郑州法莉兰童话王国、开封四季美示范农业园等重大水事违法案件。加强行政执法与刑事司法衔接，积极推动非法采砂入刑，30 起采砂案件涉案人员追究了刑事责任。依法制止查处各类水事违法行为 9 000 余起，其中立案查处水事违法案件 1 600 余起，拆除违法建筑 301 万 m²，结案率达 95%。依法调处省际水事矛盾 5 起，调处率 100%。依法审理 4 件行政复议案件，没有发生被纠错的情形。

2. 陈年积案"清零"　2016—2020 年，黄委按照消存量、遏增量、提质量的原则，运用挂牌督办、通报批评和约谈问责等多种方法，解决了一批违法护岸工程、桥梁、滨河公园、农家乐等老大难问题。派出复核组对列入水利部陈年积案台账的 22 件案件逐一进行现场复核，案件于 2020 年 6 月底全部结案。其中最为典型的是济南黄河盖家沟母亲河公园违法建案，具有查处历时长、项目投资大、规模大、影响广等特点。建设方打着弘扬黄河文化的幌子，在济南黄河盖家沟滩区建设母亲河公园，基层河务局水政监察人员多次进行了现场制止和立案查处，但建设方边认罚边继续违规建设，先后建成了庙宇、牌坊、假山、饭店、桥梁、围堤等行洪障碍物，形成了渣土山。山东河务局成立工作专班，压实工作责任，建立四级执法联动机制，共下达《责令停止水事违法行为通知书》18 份、《责令限期改正通知书》13 份、《水行政处罚决定书》5 份。经过不懈努力，历时 10 余年，促成河务、司法、国土、环保、公安等多部门联合执法，违法建筑物和渣土山于 2019 年全部拆除。

3. 采砂专项整治　2016—2020 年，黄委贯彻落实水利部办公厅关于开展全国河湖采砂专项整治行动的工作部署，认真组织开展委管河段河湖采砂专项整治工作，各级开展整治行动 400 余次，出动执法人员 3 600 余人次，出动车辆 1 000 余台次，清理非法采砂船 520 余只。同时，结合水利部河湖执法检查、"清四乱"工作部署，对流域内有关省（自治区）河道采砂整治工作开展了督导检查，会同山西、陕西两省水利厅对黄河大北干流河段开展采砂专项整治，依法取缔采砂场 600 余个，清除采砂船 1 200 余只，黄河河道采砂管理秩序明显好转。与山西、陕西两省联合印发《黄河大北干流晋陕河段河道采砂管理工作指导意见》，明确了大北干流河段采砂管理事权，落实了监管责任。组织编制了《黄河大北干流晋陕河段采砂管理规划总体方案》，为黄河大北干流河段采砂管理提供依据。

4. 扫黑除恶斗争　2016—2020 年，黄委认真落实中央和水利部开展扫黑除恶专项斗争的工作部署，向公安机关移交案件线索 38 起。选派 4 名同志参加中央政法委扫黑除恶督导检查及"回头看"工作，受到全国扫黑办高度肯定，3 人受到通报表扬，1 人被评为全国扫黑除恶先进个人。
　　　　　　　　　　　　　　　　　（张硕）

【水文化建设】

1. 习近平总书记对黄河文化建设作出重要指示　2019 年 9 月 17 日，习近平总书记专程来到黄河博物馆，走进展厅参观展览，了解黄河流域文明发展、水患治理、生态保护等的历史变迁。9 月 18 日，习近平总书记在黄河流域生态保护和高质量发展座谈会上发表重要讲话。

2. 系统谋划黄河文化建设　2020 年，黄委参与"水利纳入《黄河流域生态保护和高质量发展规划纲要》"等水利部、文化和旅游部、河南省有关规划编制，制订《黄委党组保护传承弘扬黄河文化工作方案》，构建立体化黄河文化保护传承弘扬工作体系。

3. 加强黄河博物馆建设　2016 年，黄河文化研究与交流中心在黄河博物馆挂牌成立。2019 年，黄河博物馆加入国际水博物馆联盟。2020 年，黄河博物馆将馆藏国家一级文物"郑工合龙处碑"移至展厅，建设数字黄河博物馆。2016—2020 年，黄河博物馆累计接待游客 39.4 万人次，获得省部级及以上荣誉称号 5 个。

4. 推进黄河国家博物馆建设　2020 年 2 月，黄委与郑州市建立工作机制，成立推进黄河国家博物馆建设工作专班，编制《黄河国家博物馆建设方案纲要（草案）》《黄河国家博物馆展陈框架（草案）》，多次组织专家咨询，初步确定馆名、功能定位、选址、建设规模等事项。2020 年 7 月，确定最终设计方案。

5. 推进治黄工程与黄河文化深度融合　2016—2020 年，黄委各级以黄河水文化为治黄工程提档升级，建成国家水利风景区 22 家、水利部"治黄工程与黄河文化融合示范案例"4 处、水利部"水工程与水文化有机融合案例"3 处，设立"水文公众开放日"。开展黄河水工程文化保护评估标准研究，推动黄河文化品牌建设，构建工程与文化融合长效机制。

6. 讲好黄河故事　2016—2020 年，结合人民治黄 70 年、中华人民共和国成立 70 周年等重要节点，统筹开展治黄宣传与黄河文化建设工作，举办"黄河文明与中华民族伟大复兴"专家座谈会，组织"因河而美、美丽灌区"等宣传活动，摄制《天赐古贤 龙腾乾坤》《薪火传承》等专题片，编纂《黄河故事·治理篇》等黄河文化丛书，联合中央主流媒体推出《黄河这一百年》《大河潮涌谱新篇》等视频，配合做好国家广电总局重点选题《黄河人家》《黄河安澜》等电视片拍摄工作。
　　　　　　　　　　　　　　　　　（只茂伟）

【信息化工作】

1. 黄河水政巡查监控系统　2017 年 1 月 1 日，黄河水政执法巡查监控系统正式投入执法运行。该系统的投入运行为各级水政监察队伍执法巡查、执法办案提供了现代化技术支撑，实现了黄委总队与直属总队、支队、大队四级远程执法的实时监控与调度、监督管理与高效的执法信息管理与应用，为及时协调处置水事案件提供了有力保障，也为突发水事件应急响应提供了高效的技术支撑。

2. "黄河一张图"　2016 年，黄委党组提出"六个一（黄河一张图、一个数据库、一站式登录、一目了然监管、一竿子到底、一个单位来管）"信息化重点工作，至 2020 年，黄委信息化已初步形成了"大平台、大数据、大系统"的格局，为更深度的信息资源整合及河湖管理工作打下了必要基础。"黄河一张图"在"水利一张图"基础上，搭建完成黄委统一的地理信息服务平台和服务门户，集成了水利部的河流、湖泊、测站、水闸、堤防等 20 余类数据资源；整合了流域取水口、排污口、雨量站、水库、桥梁、视频点等 40 余类地理空间数据，刘家峡至入海口 2 700 多 km 的河道高清遥感影像，重要水文站和涵闸的视频数据。在此基础上，开发河湖监管服务等专题，为水旱灾害防御、水资源管理、河湖管理等工作提供了有力支撑。

3. "清河行动"管理平台　2019 年，黄委按照黄河"清河行动"要求，打造"清河行动"管理平台，组织精干技术力量全力以赴推进疑似"四乱"

问题遥感解译整理。管理平台实现了对"清河行动"全过程信息采集、入库、上图以及实时工作进度等信息的管理与展示。移动 App 为现场工作组的清查工作提供了便捷高效的技术支撑与信息支持，具备现场定位、信息采集处理和详情属性填报等功能，检验了信息化与河湖监管工作结合的成效，为"清河行动"提供强力支撑。　　　　　　　（王彤琪）

| 淮河流域 |

【流域概况】　　淮河流域地处我国东中部，位于北纬 $30°55'\sim36°20'$、东经 $111°55'\sim121°20'$ 之间，面积约 27 万 km^2，西起桐柏山、伏牛山，东临黄海，南以大别山、江淮丘陵、通扬运河和如泰运河与长江流域接壤，北以黄河南堤和沂蒙山脉与黄河流域毗邻。流域内以废黄河为界分为淮河和沂沭泗河两大水系，面积分别为 19 万 km^2 和 8 万 km^2。淮河流域西部、南部和东北部为山丘区，面积约占流域总面积的 1/3，其余为平原（含湖泊和洼地）。

淮河发源于河南省桐柏山，由西向东流经河南、湖北、安徽、江苏等 4 省，主流在江苏扬州三江营入长江，全长 1 018km，总落差 200m。淮河干流洪河口以上为上游，洪河口至洪泽湖出口中渡为中游，中渡以下至三江营为下游。淮河上游河道比降大，中下游比降小，干流两侧多为湖泊、洼地，支流众多，主要支流有洪河、沙颍河、史河、淠河、涡河、怀洪新河等，整个水系呈扇形羽状不对称分布。淮河下游主要有入江水道、入海水道、苏北灌溉总渠、分淮入沂水道和废黄河等出路。沂沭泗河水系位于流域东北部，由沂河、沭河、泗运河组成，均发源于沂蒙山区，主要流经山东、江苏两省，经新沭河、新沂河东流入海。两大水系间有京杭运河、分淮入沂水道和徐洪河沟通。

淮河流域河流湖泊资源丰富，其中，流域面积 50km² 及以上的河流 2 483 条，流域面积 100km² 及以上的河流 1 266 条，流域面积 1 000km² 及以上的河流 86 条，流域面积 10 000km² 及以上的河流 7 条；水面面积 1km² 及以上的湖泊 68 个，水面面积 10km² 及以上的湖泊 27 个，水面面积 100km² 及以上的湖泊 8 个，水面面积 1 000km² 及以上的湖泊 2 个。

淮河流域地处我国南北气候过渡带，北部属于暖温带半湿润季风气候区，南部属于亚热带湿润季风气候区。流域内天气系统复杂多变，降水量年际变化大，年内分布极不均匀。流域多年平均年降水量为 878mm（1956—2016 年系列，下同），北部沿黄地区为 600～700mm，南部山区可达 1 400～1 500mm。汛期（6—9 月）降水量约占年降水量的 50%～75%。流域多年平均年水资源总量为 812 亿 m³，其中地表水资源量为 606 亿 m³，占水资源总量的 75%。　　　　　　　（周正涛）

【河长制湖长制工作】

1. 组织机构　　成立以淮委主要负责同志为组长的淮委推进河湖长制工作领导小组，2017—2020 年，每年年初召开淮委推进河湖长制工作领导小组会议，研究部署年度河湖长制工作任务。每年下半年组织召开淮河流域推进河湖长制工作会议，贯彻落实中央和水利部有关政策精神，总结河长制湖长制工作经验成效，分析面临的新形势新任务新要求，研究部署下阶段重点工作。沂沭泗局各级管理单位全面融入地方各级河长制湖长制组织体系，沂沭泗局为江苏、山东两省河长办成员单位，直属局、基层局分别为所在区域的市、县级河长制工作机构成员单位。

2. 制度建设　　印发淮委全面推行河长制工作方案和督导检查、会议、信息报送等 6 项制度办法。

3. 协作机制　　2020 年 8 月，淮委与河南、安徽、江苏、山东、湖北等 5 省河长办、水利厅共同签署《淮河流域河湖长制工作沟通协商机制议事规则》并印发实施，建立了"流域机构＋省级河长办"河长制湖长制协作机制。沂沭泗局与山东省河长办在"清四乱"专项行动中形成"联合认定、联合督导、联合验收、联合销号"的工作推进机制。南四湖局联合江苏、山东两省边界市（县）建立了"水事纠纷联协、防汛安全联保、湖水资源联调、非法采砂联打、整治违建联动"的五联机制，形成"流域统筹协调＋区域联合整治"模式。

4. 监督检查

（1）河长制实施情况检查。2017—2018 年，派出 100 余人次，对安徽、江苏、山东 3 省河长制实施情况进行督导检查，向水利部报送 8 份督导检查报告，向 3 省河长办、水利厅印发了 17 份督导检查意见。

（2）漠视侵害群众利益"四乱"问题督办核实。2019 年 9—11 月，派出 80 余人次，对河南、安徽、江苏、山东 4 省纳入中央纪委国家监委漠视侵害群众利益专项整治的"四乱"问题开展 3 次督办核实，督促全部 120 个"四乱"问题完成整改销号。

（3）水利部暗访江苏、山东两省问题督办核实。2019 年 7—8 月，派出 60 余人次，对水利部暗访发现的江苏、山东两省 189 个问题开展督办核实。

（4）河湖管理监督检查。2019—2020 年，派出 46 个督导组，对安徽、江苏、山东 3 省 45 个设区市 254 个县（区）开展 4 轮河湖管理监督检查工作，发现并通过水利部河湖管理督查系统下发"四乱"问题 1 065 个，其中 150 个较严重问题还以"一省一单"方式印发安徽、江苏、山东 3 省河长办、水利厅，截至 2020 年年底 1 040 个问题已完成整改销号。

5. 河湖"清四乱" 2018 年水利部部署开展"清四乱"专项行动开展以来，沂沭泗局组织开展 6 轮沂沭泗直管河湖（以下简称"直管河湖"）"四乱"问题排查，建立问题台账并分级报送省市县河长办。连续召开 10 次"清四乱"专项行动推进会，全力配合地方做好直管河湖存在问题清理整治工作，推动解决了沂河国际赛马场、中运河"三里人家"住宅小区、南四湖省界小码头群、骆马湖凡客酒吧街等一批社会影响较大、群众关注度较高的"四乱"问题，拆除面积近 23 万 m²。截至 2020 年年底，直管河湖共清理整治"四乱"问题 4 921 个，列入全国"清四乱"专项行动的 881 个"四乱"问题已全部完成整改销号。

6. 采砂管理

（1）采砂规划。2020 年 6 月，编制完成《淮河流域重要河段河道采砂管理规划（2021—2025 年）》并报送水利部，12 月底，规划通过水利部组织的审查。

（2）责任体系。2016—2020 年，每年年初完成直管河湖重点河段、敏感水域现场核查、调整工作，明确淮河流域采砂管理重要河段、敏感水域"四个责任人"近 400 人，报送水利部并经公布后，在河段现场设置公示牌。

（3）打击非法采砂。2018 年 6 月 21 日，水利部联合河南、安徽、江苏、山东 4 省人民政府在安徽蚌埠召开淮河河道采砂专项整治工作会议，部署开展淮河河道采砂专项整治工作。2018 年，淮委会同河南省水利厅完成淮河干流河南罗山段和鲁山县沙河、荡泽河 2 个非法采砂问题调查督办工作。2019 年，完成淮干临淮岗上游非法采砂、河南省淮滨息县段航道整治疏浚砂利用等 6 个问题的调查督办工作。2018—2020 年，组织开展直管河湖采砂整治行动 479 次，出动执法人员 2 372 人次、执法车辆 566 辆次、执法船只 44 艘次，查获非法采砂船只 25 艘、非法采砂车辆及机具 205 台。

（4）省界采砂监管联合机制。2020 年 9 月 28 日，协调安徽省明光市、五河县和江苏省盱眙县、泗洪县 4 市（县）水行政主管部门联合签署《淮河干流苏皖省界河段采砂管理协议》，建立了江苏、安徽两省界河段采砂管理联防联控机制。

（5）采砂管理巡查。2016—2020 年，每年组织开展淮河干流省界河段、直管河湖采砂管理巡查检查，向湖北、安徽、江苏、河南 4 省水利厅和沂沭泗局印发巡查整改意见，督促整改规范，巩固采砂管理良好局面。

7. 水量水质监测 2016—2020 年，对流域 51 个省界断面、南水北调输水干线 28 个断面和 442 个地下水井等开展水质监测。2016—2020 年，对南水北调东线一期工程省际段开展水量监测；2019—2020 年，对流域 39 个省界断面开展水量监测。2018 年 5 月，印发淮河流域重要跨省湖泊（第一批）水量、水质水生态监测方案，自 2018 年 6 月起，定期开展南四湖、高邮湖出入湖河流水量、水质水生态监测工作，并及时向水利部和安徽、江苏、山东 3 省河长通报监测成果。

8. 幸福河湖建设 2020 年，从方案编制、建设实施、中期指导、组织验收全流程跟踪指导临沂市沂河、徐州市大沙河丰县段、黄山市新安江屯溪段 3 个国家级示范河流建设工作，12 月完成水利部组织的验收。直管河湖韩庄运河台儿庄段、沭河莒县段也顺利通过美丽示范河湖省级验收。

9. 水利风景区 2016 年 6 月，骆马湖嶂山水利风景区通过水利部验收，获得国家水利风景区称号。

（周炜翔　孙云茜　马莹）

【水资源保护】

1. 节水行动

（1）用水定额管理。从 2016 年起，组织开展河南、安徽、山东 3 省用水定额评估，提出"一省一单"评估意见，指导各省用水定额修编工作。2020 年，完成对豫皖鲁 3 省用水定额监督检查，核查用水定额制（修）订及其执行情况。

（2）县域节水型社会达标建设复核。2018—2020 年，完成 3 批 131 个县级行政区复核及 5 个第一批达标县"回头看"工作，河南、安徽、江苏、山东 4 省全部提前完成了 2022 年县域节水型社会达标建设目标。

（3）节水评价。印发《关于进一步做好节水评价工作的通知》，明确规范节水评价工作机制，建立节水评价台账，严把项目审查关，2019—2020 年，完成 25 个规划和建设项目节水评价。

（4）节约用水监督管理。推动节水载体建设，2020 年完成豫皖鲁 3 省报水利部登记备案的 1.2 万余个节水载体复核。开展水资源管理与节约用水监督检查，推动流域各级地方水行政主管部门、相关管理单位、取用水户依法履行管理职责和义务，为实行最严格水资源管理制度考核提供依据。

（5）节水型机关建设。2019年，组织完成对河南、安徽、山东3省水利厅节水机关的验收。2019年12月初，淮委节水机关建设通过水利部验收。2020年10月底，完成对沂沭泗局节水机关建设验收。2020年12月，向水利部报备的淮委系统21家具备条件的单位全部通过节水机关建设验收。

2. 合理分水

（1）跨省江河水量分配。2016年7月，沂河、沭河流域水量分配方案获水利部批复；2017年6月，淮河水量分配方案获国家发展改革委、水利部联合批复；2018年1月，沙颍河、史灌河、洪汝河、涡河流域水量分配方案获水利部批复；2020年11月，水利部印发奎濉河、包浍河、新汴河流域水量分配方案；高邮湖（含白塔河）、池河、狮河、竹竿河水量分配方案通过水规总院审查。

（2）跨省河流水资源调度。2018—2019年，组织编制完成淮河、沙颍河、涡河、洪汝河、史灌河水量调度方案并进行修改完善。2020年，印发沂河、沭河、沙颍河、涡河、洪汝河、史灌河水量调度方案（试行）和沂河、沭河、沙颍河、史灌河2020—2021年度水量调度计划，编制完成淮河水量调度方案并报送部审查。

（3）南水北调东线一期工程水量调度。每年9月底前，组织编制完成南水北调东线一期工程年度水量调度计划并报水利部批复实施，认真开展省际段水量监督性监测和取水口门巡查，编发信息简报，保障水量调度工作有序实施。2016—2020年，累计向山东省调水约41.26亿 m^3。

（4）水资源承载能力。2016—2018年，组织开展淮河流域水资源承载能力监测预警机制建设，科学评价淮河流域各县域水资源承载状况及承载能力；经商各省水行政主管部门，2020年1月，印发2020年淮河流域县域水资源承载能力控制指标，明确了流域各县域用水总量控制指标和地下水开采量指标。

3. 管住用水

（1）取水许可审批及管理。2018年，组织开展沂沭泗直管区取水许可规范化管理，对取水许可进行清查整顿，形成直管区取水许可清查台账。截至2020年年底，淮委共保有有效取水许可证272个，其中沂沭泗直管区240个。2020年，淮委取水许可电子证照正式启用，12月，颁发了淮委第一张取水许可电子证照。加强取水许可审批事中事后监管，2018年以来，对2家企业违法取水行为进行了行政

处罚，对多家企业违法违规行为出具整改通知书，督促按要求完成整改。

（2）取水工程（设施）核查登记。2018年，组织开展南四湖取水工程（设施）核查，共核查南四湖取水口门299处；开展淮河、沂河、沭河、沙颍河、史灌河、涡河、洪汝河等7条跨省河流第一批重点取水口名录和台账建设，形成流域取水口"一口一账"。2020年，组织完成淮委权限范围内取水口核查登记，淮委审批的270个取水项目全部通过审核；全面完成淮河流域取水工程（设施）核查登记，共核查登记取水项目11.4万个，取水工程（设施）160.7万个。

（3）最严格水资源管理制度考核。2016—2020年，参与流域相关省最严格水资源管理制度考核，采取"四不两直"方式，围绕水资源管理和节约用水重点工作进行监督检查，并提出"一省一单"相关成果作为考核的重要依据。国务院审定的"十三五"期末实行最严格水资源管理制度考核结果，安徽、江苏、山东3省考核等级为优秀，并获国务院办公厅通报表扬。

（4）国家水资源监控能力二期建设。2016年，正式启动淮委国家水资源监控能力建设项目（2016—2018年）建设工作，2018年底，各项建设任务全部完成，2020年9月顺利通过水利部验收。通过淮委国控项目一期、二期建设，初步建成了较为完善的流域级水资源监测体系和监控平台，基本形成与实行最严格水资源管理制度相适应的监控能力。

4. 生态流量监管

（1）试点河湖生态流量（水位）。2016—2018年，将淮河流域纳入第一批和第二批水量分配方案的7条跨省河流（淮河干流、洪汝河、沙颍河、涡河、史灌河、沂河、沭河）和3个重要湖泊（洪泽湖、骆马湖、南四湖）作为开展生态流量（水位）试点的河湖，确定了7条跨省河流14个控制断面内不同时段生态流量指标和3个湖泊4个最小生态水位指标，并提出了平水年份、枯水年份和特枯年份生态流量（水位）日满足程度控制指标。

（2）试点河湖水量水质水生态监测评估。2018年，在试点河湖范围内组织开展了水量、水质和水生态监测，共设置流量（水位）监测断面18个，水质监测断面18个，7河1湖（南四湖）水生态监测断面38个。根据流量（水位）监测数据分析，7条河流共计13个控制断面中，除涡河亳州断面生态流量日满足程度有所下降外，其他断面均呈稳定或改善趋势。3个湖泊控制水位站2017年、2018年日满

足程度均为100%，能够稳定达标。

（3）重点河湖生态流量目标确定和保障方案编制。完成《淮河区生态流量保障重点河湖名录》编制，淮河流域共有33条（个）河湖入选全国生态流量重点河湖名录。完成淮河流域第一、二批重点河湖（淮河干流、沙颍河、史灌河、洪汝河、涡河、沂河、沭河、骆马湖、南四湖）生态流量目标确定和保障方案编制。9条（个）重点河湖17个断面生态流量（水量、水位）目标已由水利部印发。

（4）生态流量试点跟踪评估。2019—2020年，组织对生态流量（水位）试点7条跨省河流（淮河干流、洪汝河、沙颍河、涡河、史灌河、沂河、沭河）和3个重要湖泊（洪泽湖、骆马湖、南四湖）进行逐日监控，为应对沙颍河流域严重旱情，实施两次调水，改善了沙颍河周口断面以下水生态状况。

5. 水功能区监督管理 2016—2018年，组织流域5省水利部门开展394个重要江河湖泊水功能区和47条跨省河流51个省界断面水质监测，依法向流域5省人民政府通报淮河流域重要水功能区和省界断面水质状况。2019年5月，淮河流域生态环境监督管理局揭牌组建，原水利部门水功能区管理相关职能移交生态环境部。2019年6月，淮委成立水资源节约与保护处，负责参与编制水功能区划和指导入河排污口设置管理工作。

6. 入河排污口监管

（1）入河排污口设置审批。2016—2018年，依法受理和准予淮南首创第一污水处理厂二期扩建工程等4个入河排污口设置，组织完成蚌埠市第三污水处理厂等2个入河排污口验收，批复临沂润泽水务有限公司等3个入河排污口并纳入监管范围。

（2）入河排污口核查及纳污量通报工作。2016—2018年，每年组织完成淮河流域及山东半岛重要入河排污口的核查和入河排污量监测，掌握全流域入河排污总量及重要水功能区纳污量变化情况，并向流域各省人民政府通报入河排污量。

（3）重要入河排污口监督监测和管理。2016—2018年，对流域内重点入河排污口开展监督监测2 597个（次），对江苏省沭阳县庙西河混合入河排污口、新沂市酒厂1号工业入河排污口等24起超标排污情况进行了通报。

（4）入河排污口专项检查。2016—2018年，组织对河南、安徽、山东3省开展入河排污口专项检查，检查结果作为年度最严格水资源管理制度考核各省评分的重要依据。

（5）机构改革后入河排污口监督管理。2019年起，生态环境部淮河流域生态环境监督管理局（以下简称"淮河流域局"）受理并准予沭阳城区污水处理厂尾水导流工程入河排污口设置。同时，结合生态环境部对流域突出水环境问题独立调查要求，开展入河排污口监督监测，将存在问题交办地方生态环境部门或县级人民政府。并按照"入河排污口查、测、溯、治"工作要求，参与长江和渤海入河排污口的排查工作。 （周炜翔 张文杰 刘呈玲）

【水域岸线管理保护】

1. 规划编制 2020年5月，完成淮河流域重要河道岸线保护与利用规划报告，8月正式报送水利部。

2. 涉河建设项目管理

（1）涉河建设项目许可。2016—2020年，许可批复涉河建设项目345项，其中直管河湖管理范围内许可批复项目180项，水行政许可满意率达100%，对维护河湖管理秩序、保障防洪安全、推动流域经济社会高质量发展发挥了积极重要的作用。

（2）涉河建设项目事中事后监管。2016—2020年，每年组织流域各省开展涉河建设项目监督检查，对检查中发现的问题向建设单位发文通报，责令限期整改，并以"一省一单"的形式汇总发送各省河长办、水利厅，较严重问题通过水利部河湖长制督查系统下发。组织开展直管河湖遗留问题清理专项行动，截至2020年年底，已推动48处问题启动整改工作，直管河湖涉河建设项目管理秩序得到良好改善。

（3）涉河建设项目规章制度。代水利部编制了《河道管理范围内建设项目防洪评价报告编制导则》《河道管理范围内建设项目审查技术标准》，制订了《淮委涉河建设项目管理办法》。

3. 河湖管理范围划界 2017—2020年，连续4年组织开展中央直属水利工程确权划界工作，完成直管范围961km河道、2座湖泊、1 729km堤防、27座控制性枢纽闸站管理范围划定工作。苏鲁两省7个地市27个县（区）政府已全部完成公告；直管河湖管理范围划界电子数据成果已分别参与到全国"水利一张图"与淮河流域"一张图"建设。

（周炜翔 于骁义 胡涛）

【水污染防治】

1. 流域水污染防治协作 2016—2018年，组织重点地区环保部门开展水污染信息会商交流，搭建水质水污染信息沟通平台，加强上下游和部门之间沟通协作。按照淮河流域水环境保护协作机制协议，联合生态环境部华东督察局联合对宿迁市、枣庄市、淮安市等地入河排污口开展监督监测，协调推进水资源保护与水污染防治工作。为贯彻落实《生态环境部 水利部关于建立跨省流域上下游突发水污染事件联防联控机制的指导意见》，2020年5月12日，淮委与淮河流域局建立淮河流域跨省河流上下游突发水污染事件联防联控协作机制。该协作机制明确双方将围绕预防和应对跨省流域上下游突发水污染事件，在"信息共享、会商预警、应对处置、加强协作"等方面开展更加广泛深入的合作，包括共享跨省河流省界断面水情、工情、水质等实时监测数据，及时通报水质异常情况，共同开展水污染联合会商预警，加强突发水污染事件的应对协作等内容。

2.水污染联防及应急处置　2016—2019年，组织开展淮河水污染联防，对河南、安徽两省257家重点企业实施污染限排，对沙颍河槐店闸、泉河李坟闸等进行了16次防污调度，安全下泄流量约107亿 m³，淮河干流水质基本保持在Ⅲ类。完成南水北调东线工程韩庄运河总氮情况异常、洪泽湖水污染、江苏响水"3·21"爆炸事故、"5·29"京杭运河高邮段原油运输船泄漏事故等突发事件调查监测工作。2020年6月4日，参加2020年淮河流域跨省河流上下游突发水污染事件联防联控会商，会议分析了淮河流域跨省河流突发水污染事件的特点及成因，研判了当前联防联控面临的严峻形势，对汛期淮河流域跨省河流突发水污染发出了预警信息。　　　　　（周炜翔）

【水环境治理】

1.重要饮用水水源地安全保障达标建设评估　2016年，现场检查河南、安徽、江苏、山东等4省淮河流域重要饮用水源地安全保障达标建设工作情况和成效，淮河流域20个全国重要饮用水水源地2015年度安全保障等级均为优。2017—2020年，组织完成2016—2019年度淮河流域57个重要饮用水水源地安全保障达标建设检查和评估工作。

2.重要饮用水水源地抽查　2016—2020年，每年重点抽查水量水质不达标及上年度评估存在问题的水源地和关注地方应急备用水源地建设情况，推动重要饮用水水源地安全保障达标建设，切实保障饮水安全。　　　　　　　　　　　（刘呈玲）

【水生态修复】

1.河湖健康评估　2016—2020年，先后完成南湾水库、沂河、南四湖、骆马湖、史灌河健康评估工作，并编制完成健康评估报告。

2.水生态文明城市建设　2016—2018年，组织开展淮河流域水生态文明城市建设指导、检查、评估、验收等工作。2018年，淮河流域两批14个试点城市全部通过验收。

3.水土流失综合治理　2016—2020年，组织开展河南、安徽、山东（含青岛市）等3省57个项目县（市、区）2类91个国家水土保持重点工程督查和两个贫困县发现问题整改"回头看"专项检查，督促各地加快工程建设进度，按时完成年度水土流失治理任务。

4.水土保持预防监督

(1)监督检查。2016—2020年，组织开展水利部批准水土保持方案在建生产建设项目监督检查，累计对60个（次）项目进行现场检查，对150个（次）项目进行发函检查，督促建设单位依法履行水土保持法定义务；组织或参加了17个项目水土保持设施验收，对8个项目水土保持设施自主验收进行核查；编印年度《淮河流域及山东半岛区域部批大型生产建设项目水土保持方案落实情况监督检查公报》，通过淮委门户网站向社会公布，接受社会监督。

(2)监督执法。2019年，组织开展安徽、江苏两省长江经济带生产建设项目水土保持监督执法专项行动，督促两省依法严肃查处"未批先建""未验先投""不依法履行水土流失防治义务"等水土保持违法违规项目557个；跟踪督促水利部挂牌督办江苏省两个未批先建和安徽省一个未验先投生产建设项目违法违规行为查处。

(3)履职督查。2019—2020年，组织开展安徽、江苏、山东3省生产建设项目水土保持监管履职督查，对3个省级、9个市级、9个县级水行政主管部门水土保持监管履职情况和21个生产建设项目水土保持方案落实情况进行现场检查，指导并督促各级水行政主管部门切实履行水土保持监管职责。

5.水土保持监测管理　2016—2020年，组织开展淮河流域国家级水土流失重点防治区动态监测工作，完成淮河流域4个国家级水土流失重点防治区49个县 7.86万 km² 水土流失监测，不同土壤侵蚀类型区4个典型监测点和4条小流域年度水土流失观测，完成《中国水土保持公报》淮河流域（片）资料收集、汇总与上报工作。完成对安徽、江苏、山东、湖北4省省级年度水土流失动态监测成果复核工作。　　　　　（周炜翔　曹斌挺）

【执法监管】

1.制度办法　制定出台淮河水利委员会河道采砂、重大水事违法案件处置管理办法等9项制度。

2.联合执法机制　2018年，沂沭河局与连云港市水利局联合开展执法行动共同召开采砂管理联席会议，建立沂沭河地区跨省界打击非法采砂联合执法机制。

3. 执法检查　2016—2017年，先后开展直管河湖水行政执法监督检查、淮河流域深化河湖专项执法检查、水资源执法检查等5项执法检查工作。2018—2019年，组织开展淮河流域河湖执法督查工作，完成9起挂牌督办典型水事违法案件整改工作。2020年，组织开展河湖陈年积案"清零"行动，协调江苏、山东两省河长办、水利厅共同推进整改，截至2020年8月，淮委本级和直管河湖范围内86起陈年积案全部完成整改结案，结案率达100%。

4. 日常巡查　沂沭泗直管河湖落实"基层局日常巡查、直属局定期检查和沂沭泗局不定期抽查"三级巡查要求，健全"监控、督查、通报"三项机制，形成"3+3"的监督检查模式。

（海潇　韦东海　李成龙）

【水文化建设】

1. 重要图书出版　配合完成《淮河流域水文化遗产要录》《一条大河波浪宽》等4本图书出版工作。

2. 重要影像资料　配合《国家记忆》栏目组完成《一定要把淮河修好》纪录片的制作。拍摄制作《长淮壮歌　盛世华章》等9部宣传片。

3. 治淮陈列馆升级改造　2020年8—10月完成治淮陈列馆升级改造，建成淮河流域三维数字沙盘、黄河夺淮线路电子挂盘、淮河保护治理历程、淮河保护治理成就、淮河文化、淮委机构沿革等板块内容。

4. 工程建设文化　依托治淮工程，打造了一批集观光、娱乐、休闲、度假或科学、文化、教育活动于一体的国家水利风景区，如宿州新汴河水利风景区、淮河临淮岗工程水利风景区、骆马湖嶂山水利风景区、沂河刘家道口水利枢纽风景区等。

5. 重要展览　聚焦新中国治淮成就举办《辉煌七十载　筑梦幸福河》《承百年薪火　谱统管华章》等5个展览；围绕治淮重点工作举办《淮河流域第一批跨省河流水量分配成就展》《用心河湖监管　守护幸福淮河》等6个展览。

（周炜翔　张雪洁）

【信息化工作】

1. 河湖基础数据整合与共享　2018年，完成淮河流域片2 483条河流、74座湖泊水利对象建模，采用物理集中与逻辑集中相结合的方式，建成了涵盖河流、湖泊等水利要素的中心数据库。建设淮河"水利一张图"应用系统，实现了对淮河流域片河湖水利对象的查询展示和统计分析。2020年，在淮河"水利一张图"建设成果基础上，完成南四湖、骆马湖、沂河、沭河、中运河、新沂河、汤河、韩庄运河、伊家河、邳苍分洪道、分沂入沭水道11条（座）直管河湖划界成果处理与上图展示。

2. 智慧河湖建设　2020年，印发《智慧淮河总体实施方案》，积极探索河湖管理智能应用。围绕河湖长制、水域岸线管理、河道采砂监管、水土保持监测监督治理等重点需求，建立和完善河湖长制管理信息系统，强化江河湖泊长效保护与动态管控能力。

（邱梦凌　郝建）

| 海河流域 |

【流域概况】　（1）自然地理。海河流域位于北纬35°～43°、东经112°～120°之间，西与黄河流域接界，北与内蒙古高原内陆河流域接界，南界黄河，东临渤海。行政区划包括北京、天津两市，河北省绝大部分，山西省东部，山东、河南两省北部，辽宁省及内蒙古自治区的一部分，流域总面积32.06万km^2，总人口约1.4亿人，占全国人口总数的11%。流域地势西北高、东南低，高原和山地占59%，平原占41%，降水时空分布严重不均，多年平均年降雨量527mm，平均年水资源总量327亿m^3，是中国东部降水最少的地区。

（2）河湖概况。海河流域主要由海河、滦河、徒骇马颊河三大水系组成，其中海河水系包括蓟运河、潮白河、北运河、永定河、大清河、子牙河、漳卫河、黑龙港及运东地区等河系，流域面积23.51万km^2；滦河水系之滦河发源于内蒙古高原，流域面积4.59万km^2，冀东沿海诸河指滦河下游两侧单独入海的32条河流，流域面积0.97万km^2；徒骇马颊河水系由徒骇河、马颊河、德惠新河及滨海诸小河等平原河流组成，流域面积2.99万km^2。海河流域流域面积50km^2及以上河流（包括平原河流和混合河流）2 214条；流域面积100km^2及以上河流575条；流域面积1 000km^2及以上河流59条；流域面积5 000km^2及以上河流14条；流域面积10 000km^2及以上河流8条。海河流域常年水面面积1km^2及以上湖泊9个，水面总面积约278km^2；常年水面面积10km^2及以上湖泊3个，水面总面积260km^2；常年水面面积100km^2及以上湖泊1个，水面总面积 107km²；特殊湖泊 19 个。

（3）海委直管工程概况。海委直属工程包括 3 座水库，其中岳城水库、潘家口水库为大（1）型，大黑汀水库为大（2）型；各类水闸 55 座，其中大型水闸 20 座，中型水闸 8 座，小型水闸 24 座，船闸 3 座。直属堤防 1 553.82km，包括漳河 201.02km，卫河 362.35km，卫运河 320.80km，岔河 85.01km，减河 95.73km，漳卫新河 300.55km，南运河 50.33km，共产主义渠 88km，岔河嘴防洪堤 10km，陈公堤 23km，海河下游堤防 17.02km。

（赵亮亮　谭杰　刘慧）

【河长制湖长制工作】

1. 健全河长制工作体系　2017 年 3 月 24 日，海委成立推进河长制工作领导小组，领导小组由委主任任组长、相关委领导任副组长，领导小组涵盖办公室、规划计划处、水政水资源处、财务处、人事处、建设与管理处、水土保持处、农村水利处、科技外事处、防汛抗旱办公室、安全监督处、漳卫南运河管理局、引滦工程管理局、海河下游管理局、海河流域水资源保护局、水文局 16 个部门和单位。领导小组下设办公室，明确由海委建设与管理处牵头负责日常组织、协调工作。委办公室、水政水资源处、水保处为办公室成员，配合做好相关日常工作。立足协调、指导、监督、监测工作定位，研究制定了《海委全面推行河长制工作方案》，明确提出了落实联防联控、加强水资源管理与保护等 10 个方面 32 项具体任务，每一项任务均明确了牵头部门和配合部门。海委直属各管理局根据单位实际，成立了相应的领导小组，进一步加强组织领导，确保任务落实到位。

2018 年，海委印发《海委 2018 年推进河长制湖长制工作要点》《海委关于加强海河流域河湖管理工作安排》《海委贯彻落实〈水利部关于推动河长制从"有名"到"有实"的实施意见〉工作方案》等文件，进一步明确目标任务，落实责任分工，强化保障措施，推动流域片河长制湖长制落地生效。建立了河湖管理周报制度，每周梳理河湖管理工作并报告海委主要负责人和分管负责人。对天津、河北、河南等地省级河道"一河一策"方案进行了研究并提出了指导意见。截至 2018 年年底，流域片各地全面建立了湖长制，各级河长湖长上岗履职，以河长制湖长制为平台的治水合力逐步形成。

2018 年年底，海河流域各地全面建立河长制湖长制河长组织体系。据统计，海河流域涉及北京市、天津市、河北省、山西省、河南省、山东省、内蒙古自治区和辽宁省等 8 个省（自治区、直辖市）33 个设区市 318 个县，共设置河湖长约 86 850 名。

2019 年 11 月 20 日，海委在山东省德州市组织召开海河流域推进河长制湖长制工作座谈会，全面总结 2019 年海河流域河湖长制工作情况，交流河湖长制落实、河湖"清四乱"工作的经验和做法，共商协作强化流域河湖监管。海委副主任翟学军主持会议并讲话，水利部河长办副主任、河湖司河湖长制工作处处长李春明到会指导，北京市、天津市、河北省、山西省、河南省、山东省河长办负责人和水利（水务）厅（局）河湖管理和保护主管部门负责人，海委机关有关部门负责人，委直属各管理局分管负责人及相关部门负责人参加会议。

2020 年 8 月，海委组织流域内北京、天津、河北、山西、河南、山东、内蒙古等 7 省（自治区、直辖市）河湖长办联合印发了《海河流域河长制湖长制联席会议制度》，深入贯彻《关于全面推行河长制的意见》和《关于在湖泊实施湖长制的指导意见》，全面落实《水利部办公厅印发关于进一步强化河长湖长履职尽责指导意见的通知》要求，明确了成员组成、会议组织、议事事项、会议纪要及落实等具体内容，构建了"工作联络畅通、问题协商到位、信息互通共享、区域联动发展"四位一体的跨区域协作平台，为推动流域管理与区域管理有机结合，切实推进流域河湖长制工作取得实效奠定了基础。

（魏广平　赵亮亮　曹鹏飞）

2. 河湖督查暗访　2017 年，根据《水利部办公厅关于印发全面推行河长制工作督导检查制度的函》要求，海委制定印发《海委全面推行河长制工作督导检查方案》，建立了由委领导牵头的督导工作机制，先后于 4 月、9 月和 12 月，分别由委领导带队，派出 12 组 48 人次对京津冀晋四省市全面推行河长制工作进行了督导检查，并将督导检查发现的问题按照"一省一单"形式督促有关地方整改，切实推进各地河长制工作任务落实。

2018 年，按照流域机构职责定位和工作要点，海委制定《海河流域片 2018 年河长制湖长制督导检查工作方案》，建立了明察暗访机制，海委领导带队深入暗访督查，全面加强流域河湖监督检查。2018 年，共派出 3 批 33 个组共 83 人次，对京津冀晋河长制湖长制实施情况开展了 1 轮专项督查和两轮明察暗访，共发现各类问题 289 个，报水利部以"一省一单"反馈各地整改落实。5 月，海委领导分别带队对北京市、天津市、河北省、山西省河长制湖长制工作开展督导检查，督促各地细化实化河长制六大任务落实；7 月派出 11 个组对流域省际边界河道河长制落实情况进行了第一轮暗访；8—9月派出7个组对北京市、天津市、河北省开展了第二轮暗访。2018年6月，组织对太湖流域片的河长制湖长制落实情况进行了暗访。

2019年，按照水利部关于河湖管理督查的统一部署，海委制定《海河流域片2019年河湖管理督查工作实施方案》，累计派出15个组122人次，分别于2019年5月和9月开展了两轮河湖管理督查，综合运用卫星遥感、全国河长制湖长制管理信息系统等信息技术，全覆盖督查北京、天津、河北、山西4省（直辖市）22个设区市126个规模以上河湖、242个规模以下河湖。两轮督查共发现河湖"四乱"问题309个，全部上报全国河长制湖长制管理信息系统，按省份建立了问题整改督办台账，督促相关地方河长办抓好整改落实并跟踪督办。对其中51个较严重问题，以"一省一单"督促相关地方河长办抓好整改落实，对其中1个重大问题派出工作组跟踪督办，推动河湖长制工作见实效。

2020年4月，海委组织召开专题会议动员部署2020年海河流域片河湖管理督查工作，明确任务分工和工作要求，并举办海委河湖监管工作培训班，对50余名参加河湖管理督查人员进行业务培训，制定并实施《海委河湖管理监督检查工作细则》《海委河湖管理督查实用手册》《海委河湖管理督查廉政工作提醒单》。2020年5—10月，海委组织2轮次33组次115人次（15组次由局级干部带队），采取"四不两直"方式对北京、天津、河北、山西、内蒙古等省（自治区、直辖市）（海河流域部分）25个设区市183个规模以上河湖实现全覆盖暗访督查，累计抽查河段湖片914个，复查2019年暗访发现问题82个，提前并超额完成年度目标任务。对该年度督查发现的293个问题实行清单管理并持续跟踪督办，流域河湖"四乱"问题整治取得实效。2020年3月，对河北、山西两省2019年度河湖管理督查的40个未整改到位问题，发函通报相关省级河长办并跟踪督办。结合两轮河湖管理督查，对2019年"清四乱"延期整改的105个问题进行全覆盖抽查，对2020年自查自纠台账内296个已整改销号问题进行认真复核，确保问题整改落实到位。

（魏广平 赵亮亮 曹鹏飞）

3.督导检查涉河湖重大事件 2018年7月17日，海委主任王文生召开主任办公会专题研究部署加强流域河湖管理工作。按照主任办公会要求，制定印发《海委关于加强海河流域河湖管理工作安排》。认真履行流域河湖管理职责，先后对大沙河垃圾堆放、潮河滦平段侵占河道等5起涉河湖违法事件进行了调查核实、督促整改，先后16次开展重大河湖违法事件整改情况现场督导。

2019年，持续跟踪督导群众反映强烈或媒体曝光的河湖重大问题，先后派出20组72人次对大沙河非法采砂、永定河违建等9起涉河湖重大事件跟踪督导，向各级河长湖长传递压力，推动增强"守土"意识和履职自觉。认真落实水利部强化河湖工作要求，先后派出21组57人次开展了华北地下水超采区河道清理整治、洋河和潮白河流域"四乱"问题等暗访督查工作，推动流域河湖面貌明显改善。

2019年10月下旬，按照水利部统一部署，海委先后派出6组29人次，对纳入中央纪委国家监委"不忘初心、牢记使命"主题教育专项整治方案的614个河湖突出问题逐一进行现场核查，并对112个地方台账内河湖"四乱"问题整改落实情况进行了抽查。11月和12月，海委作为水利部第七工作组，对北京市和山东省的17个河湖"四乱"突出问题和河湖长制工作落实情况进行重点核查。针对检查发现的问题，督促相关河长提高思想认识、切实履职尽责、加快工作进度，严格按照"四乱"认定标准进行清理整治，确保问题按期整改落实到位。推动直属各管理局主动融入相应地方河湖长制组织体系，联合地方水务、公安等部门开展河湖督查，解决直管河库管理保护重点难点问题。

2020年，持续跟踪督导涉河湖重大事件，全年派出10组30人次参加现场督导检查。其中3组6人次对桑干河非法采砂等两起媒体曝光、社会反响强烈的重大事件进行督导；派出4组15人次，开展河北省进驻式暗访督查，完成大清河、赵王新河等6条河道104个问题整改情况全面复核，抽查复核河北省自查自纠台账问题2 105个，发现问题21个并反馈整改意见；派出3组9人次，对冀晋蒙进驻式暗访督查发现的173个问题以及山西省2020年河湖管理督查发现的1个重大问题，现场督导整改落实并持续跟踪督促。2020年11月，海委成立验收专家组，对北京市凉水河经济开发区段示范河湖建设进行验收，验收专家组开展了现场检查，听取了北京市水务局全国示范河湖建设初验工作情况汇报、北京市经济技术开发区管委会建设情况汇报并查阅复核了初步验收评分情况及初步验收意见落实情况，同意其示范河湖建设通过验收。

（魏广平 赵亮亮 曹鹏飞）

【水资源保护】

1.生态流量保障 2019年，完成白洋淀、七里海（西海）2个重点湖泊的生态水位保障实施方案编制工作，对照方案对白洋淀、七里海（西海）2019年生态水位达标情况进行了评估。依托海河流域水资源监控平台初步建立了生态流量（水量）监控模块，具备在线监控功能。

2020年，完成白洋淀、七里海生态水位目标2020年度达标评估，两湖泊考核期内旬均水位均达标。编制完成永定河、滦河生态水量保障实施方案并上报水利部，两河流生态水量保障目标已由水利部印发。

（马欢）

2. 华北地区地下水超采综合治理 2019年，开展华北地区地下水超采综合治理河湖生态补水相关工作，2019年实现河湖生态补水34.9亿 m^3，完成计划补水量22.1亿 m^3 的158%，协助水利部开展2020河湖生态补水方案编制工作。启动京津冀地下水超采区评价成果省界复核协调工作。

2020年，完成京津冀河湖生态补水信息逐月汇总复核工作，22个计划补水河湖2020年共实施生态补水44.23亿 m^3，完成计划补水目标33.2亿 m^3 的133%。配合水利部开展2021年河湖生态补水方案编制工作；配合水利部完成京津冀地下水超采区评价工作。

（马欢 王守辉）

【水域岸线管理保护】

1. 涉河建设项目行政许可审批 海委认真落实水利"放管服"改革要求，依法依规开展涉河建设项目防洪评价审批事项等行政许可工作，2016—2020年共准予许可110项，不予许可1项。2020年8月，印发《海委河道管理范围内建设项目工程建设方案审查专家库管理办法》，组建了160余人的评审专家库，规范了评审专家库的管理和使用，强化了许可审批技术支撑能力。

落实行政许可"高效便民服务"的要求，主动优化压减许可前期各个环节的办理时限。对涉及雄安新区建设、京津冀协同发展的重点项目坚持靠前服务，压茬推进许可流程，大幅压减项目审批时间，有力支持国家重大战略的落实和流域经济社会的发展。

此外，海委联合河道主管机关每年组织专项检查，持续加强涉河建设项目事中事后监管，强化风险隐患排查，对已批复的在建涉河建设项目工程现场开展检查，针对检查过程中发现的各类问题，要求各单位进一步采取强有力措施，督促有关单位及时整改，确保河道行洪安全。

（曹鹏飞）

2. 编制《海河流域重要河道岸线保护与利用规划》 编制河湖岸线保护与利用规划，划定岸线功能分区，是全面推行河长制湖长制明确的重要任务。2018年

10月，海委报送水利部《关于报批海河流域重要河道、河口岸线保护和利用管理规划等两项前期工作项目任务书的请示》（海河计〔2018〕22号）。2018年11月，水利部水利水电规划设计总院（以下简称"水规总院"）在北京召开会议，对项目任务书进行了审查，提出了审查意见。2019年2月，水利部正式批复《海河流域重要河道岸线保护与利用规划项目任务书》（水规计〔2019〕43号），明确了规划范围和规划水平年，确定了主要任务和主要工作内容，核定了相关工作经费。

《海河流域重要河道岸线保护与利用规划》的规划水平年为2030年，覆盖了北三河系、永定河系、大清河系、海河干流、漳卫河系共 1 421.4km 河道 2 864.8km 岸线。海委于2019年6月完成招投标工作，规划编制中标单位分别为中水北方勘测设计研究有限公司、海委科技咨询中心、海委水资源保护科学研究所和天津市龙网科技发展有限公司。2019年8月，海委组织召开《海河流域重要河道岸线保护与利用规划》编制启动会暨工作大纲审查会，规划编制单位汇报了前期工作成果，北京、天津、河北、山东、河南5省（直辖市）水利（务）厅（局）有关部门、单位负责人，委直属有关管理局、委机关有关部门负责人参会，海委副主任翟学军主持会议，海委总工梁凤刚任审查组组长组织审查。2019年10月，海委印发了《海河流域重要河道岸线保护与利用规划工作大纲》。海委按照工作大纲节点要求，加快推进规划编制工作，于2019年年底将规划报告初步成果报送部河湖司。2020年5月完成征求意见稿，征求流域各省（直辖市）水行政主管部门意见，6月组织召开技术审查会，后征求了各省（直辖市）政府及水规总院意见，于8月报送水利部。当年10月，水规总院组织对该规划进行审查，各相关单位的专家、代表参加审查。

（曹鹏飞）

3. 配合编制《大运河河道水系治理管护专项规划》 为充分挖掘大运河丰富的历史文化资源，保护好、传承好、利用好大运河这一宝贵遗产，根据《大运河文化保护传承利用规划纲要》要求，按照水利部、交通部印发的《大运河河道水系治理管护专项规划工作方案》安排，2019年5月，海委会同水规总院、中交水规院赴北京、天津、河北、山东、河南5省（直辖市），就大运河海河流域段河道水系治理管护现状开展现场调研，完成大运河海河流域段河道水系治理管护调研报告。2019年7—8月，海委先后两次组织规划编制专班工作人员，配合水规总院开展规划集中编制工作。2019年12月，海委组织编制完成《海河流域大运河道水系治理管护方

案》，并配合水规总院编制形成《大运河河道水系治理管护专项规划（初稿）》。　　（曹鹏飞）

4.编制《漳河干流河道采砂管理规划（2021—2025年）》　按照《水利部关于漳河干流河道采砂管理规划（2021—2025年）项目任务书的批复》（水规计〔2019〕179号），海委负责组织编制《漳河干流河道采砂管理规划》。该规划于2019年8月完成招标工作，中标单位为中水北方勘测设计研究有限公司。按照水利部要求，2019年年底，海委组织完成《漳河干流河道采砂管理规划（2021—2025年）》初步成果。2020年，完成《漳河干流河道采砂管理规划（2021—2025年）》规划编制工作，于6月征求了流域相关水行政主管部门意见，并组织召开海委审查会，完成规划送审稿报部。8月，水利部水规总院组织审查，并将审查意见报部。　（曹鹏飞）

5.编制《北运河旅游通航总体方案》　为落实《大运河河道水系治理管护规划》，2020年，海委根据水利部工作部署，按照"坚持生态安全、绿色发展理念，把握规划引领、深度融合要求，突出因地制宜、远近结合特色"的原则，在相关省（直辖市）北运河旅游通航前期工作基础上，依据京津冀大运河文化保护传承利用规划、实施方案，于7月组织编制完成《北运河旅游通航总体方案》并报部河湖司。2020年8月初，根据水利部刘伟平总工要求和水利部有关司局（单位）、交通运输部、有关省（直辖市）反馈意见，对实施方案修改完善，于10月底报部。　　　　　　　　　　（曹鹏飞）

6.直属水利工程确权划界　2016年，在开展水利工程管理范围划界试点基础上，海委组织编制了《海委2017—2019年直属水利工程划界三年实施方案》，有计划、分步骤地开展划界工作，完成测绘416 247.33亩，界桩制安22 138根，标识牌制安1 272块，为工程管理和保护范围内管理活动奠定了基础。　　　　　　　　　　　　　（刘慧）

7.推动海委直管河道管理范围划定公告　2019年，根据水利部河湖管理范围划定公告工作部署，海委组织开展直管12条河流（含河口）管理范围划定公告工作。2019年12月，向天津、河北、山东、河南4省（直辖市）印发《海委关于请协助开展流域内中央直管河道管理范围划定公告工作的函》（海河湖函〔2019〕036号），积极协调相关省市河长办配合开展公告工作。海委直属各管理局明确责任、任务到人，并按月统计上报工作进度，于2020年6月底前完成全部971.24km直管河道管理范围划定公告任务。按照水利部河湖司《关于抓紧推进河湖管理范围划定成果上图的函》通知，扎实开展直管河湖管理范围划界上图工作，督促各直属管理局加快管理范围划定公告进度，及时提交工作成果，于2020年6月底前完成上图工作任务，为"全国水利一张图"建设提供了数据支撑。　（曹鹏飞）

【水污染防治】　2020年，坚持落实节假日重大突发水污染事件零报告制度，疫情期间实行突发水污染事件每日零报告。规范突发水污染事件应对程序，提出海委直管工程应对突发水污染事件指导意见，组织各直属管理局制订了突发水污染应对预案。贯彻落实《生态环境部 水利部关于建立跨省流域上下游突发水污染事件联防联控机制的指导意见》，海委与生态环境部海河流域北海海域生态环境监督管理局签署《海河流域跨省河流突发水污染事件联防联控协作机制框架合作协议》，组织海委水文局水文水资源勘测中心与生态环境部海河流域北海海域生态环境监督管理局生态环境监测与科学研究中心签署《共同推进海河流域水生态环境监督管理合作框架协议》。　　　　　　　　（王守辉）

【水环境治理】

1.饮用水水源保护　2019年，抽查流域20个重要饮用水水源地安全保障达标建设情况并进行了评估，编制抽查评估报告上报水利部。组织编制《海河流域重要饮用水水源地水质月报》12期。组织开展潘大水库水源安全隐患问题排查，并梳理责任、深研措施，编制完成《海委关于潘家口大黑汀水库水源保护工作的报告》和《潘家口、大黑汀水库水源保护建议方案》上报水利部。对潘大水库及其周边污染情况进行联防联查，组织引滦沿线水质监测，编发《引滦水质简报》12期。

2020年，抽查流域32个重要饮用水水源地安全保障达标建设情况，占流域重要饮用水水源地总数的58%，探索使用了无人机等信息化手段，编制抽查评估报告并上报水利部。加强潘大水库饮用水水源保护工作，坚持问题导向、分类施策，提出采取措施改善水质、综合整治水源安全隐患、促进联合保护潘大水库水源等三方面8项具体措施，明确了相关责任部门（单位）、目标要求及时间节点等，并列入海委督办事项印发实施。开展了潘大水库周边各县水源保护相关工作调研，向天津市提出了加强潘大水库周边引滦上下游横向生态补偿的建议。组织引滦沿线水质监测，编发《引滦水质简报》12期。

　　　　　　　　　　　　　（王守辉）

2.地下水水质监测　2019年，完成流域565个地下水测站水质监测工作，根据监测和评价结果，海河流域 565 个地下水测站（5 个地下水测站无水）水质达到或优于Ⅲ类的有 228 个，占 40.4%，水质劣于Ⅲ类的有 332 个，占 58.8%，主要超标项目为总硬度、钠、溶解性总固体、氟化物、硫酸盐等。

（马欢 王守辉）

【水生态修复】 2018 年 12 月 14 日，海委，北京、天津、河北、山西 4 省（直辖市）水利（水务）厅（局）及永定河流域投资有限公司六方在津共同签署《永定河生态用水保障合作协议》（以下简称《协议》）。《协议》是在京津冀协同发展、推动生态文明建设的大背景下，落实"节水优先、空间均衡、系统治理、两手发力"的治水思路，以流域为单元签署的首个跨省生态用水保障合作协议。《协议》以永定河综合治理与生态修复为依托，通过强化节水、充分利用再生水和适当调水等措施增加河道生态水量，逐步提高永定河水资源环境承载力，标志着永定河流域各省市在落实《永定河综合治理与生态修复总体方案》（以下简称《方案》），加强永定河流域水量统一调度，实现生态用水配置任务和生态水量目标方面迈出实质性步伐。

2019 年、2020 年海委落实《方案》和《协议》，制定并印发永定河年度调度实施方案，分春、秋两季向永定河集中输水。截至 2020 年年底，永定河生态水量调度成效显著，生态修复取得新突破，永定河通水河段长达 737km，北京段实现全线通水，官厅水库以上桑干河实现全年不断流，其他河段有水时间明显增长。补水河段水质明显好转，沿河地下水水位显著回升。

（孙蓉）

【执法监管】

1. 河道管理专项执法检查活动 2016 年 5 月，海委及其直属管理局联合天津市水务局、河北省水利厅开展了以海委直管河道管理、特定河段涉河建设项目为重点的河道管理专项执法检查活动。通过检查发现了部分河道管理机构存在机构设置不尽合理、涉河建设项目监管薄弱等问题，为强化河道管理和涉河建设项目管理明确了下一步工作重点。

（解文静）

2. 海河流域河湖执法检查活动

（1）2017 年，根据《水利部关于开展河湖执法检查活动的通知》（水政法〔2017〕112 号）精神，海委以全面贯彻落实河长制为契机，精心安排，周密部署，深入开展海河流域河湖执法检查活动。2017 年，海委系统共出动水政监察人员 5 274 人次、车辆 1 491 辆次、船艇 40 航次，对直管范围进行拉网式排查和全面巡查，对流域重点地区加密巡查频次，巡查河道线路总长度为 6.81 万 km，巡查水域面积 5 622km^2，巡查监管对象 767 个，现场制止违法行为 41 次。同时，针对重点工作任务进行专项执法检查，组织开展了直管水库（水工程）安全检查、河道管理专项检查、河道采砂联合执法、重点跨省河流联合检查、入海河口执法检查、入河排污口执法检查等活动。通过河湖专项执法检查活动的开展，切实加强了流域内河湖监督管理，维护了海委直管范围良好的水事秩序。

（2）2018 年，根据《水利部关于进一步加强河湖执法工作的通知》（水政法〔2018〕95 号）要求，海委制定了 3 年河湖执法工作方案，紧紧把握全面建成河湖长制契机，精心安排，周密部署，以委直管河道（水库）、委审批权限范围内涉河建设项目、取水项目、水工程项目、蓄滞洪区非防洪建设项目、入河排污口项目等，以及水利部审批水土保持方案的生产建设项目为重点，开展了一系列执法检查活动，加大河湖监管与执法力度，依法查处各类水事违法行为，切实推动河长制从"有名"向"有实"转变。河湖专项执法检查活动期间，海委先后组织开展了委直管河道管理专项执法检查、委直管水库安全执法检查、委发证取用水户专项监督检查、直管河口管理专项执法工作，并联合地方水行政主管部门开展了海河流域片河湖"清四乱"专项行动跟踪检查河湖采砂专项整治行动、水功能区及入河排污口监督检查和水利部审批水土保持方案的生产建设项目水土保持检查等执法活动。2018 年，海委系统共出动水政监察人员 4 431 人次、车辆 935 车次，对委直管范围开展拉网式排查和全面巡查，巡查河道线路总长度为 6.26 万 km，巡查水域面积 5 322km^2，巡查监管对象 931 个。各执法单位对管辖范围内重点水事违法案件和水事纠纷隐患登记造册，并对"四乱"问题进行全面梳理，建立台账，做到巡查安排心中有数，执法工作有的放矢，基本实现对委直管范围全面巡查检查。

（解文静）

3. 海河流域河湖执法督查工作 2018 年，为推进年度河湖执法检查工作取得实效，按照《水利部办公厅关于开展 2018 年河湖执法督查工作的通知》（办政法函〔2018〕914 号）要求，9 月初，海委向流域内各省（自治区、直辖市）水利（水务）厅（局）和委直属各管理局印发《海河流域 2018 年河湖执法督查工作方案》（海政资函〔2018〕22 号），对 2018 年度海河流域河湖执法督查工作进行安排部署。9—10 月，对委直管范围的河流、湖泊、水库和大清河水系（含白洋淀）、滦河水系执法工作组织开展情况进行了督查。

海委充分发挥流域机构社会管理职能，落实"强监管"工作要求，采取明察暗访等多种方式，在海委直管范围和大清河（含白洋淀）、滦河（含潘家口、大黑汀水库）河系及潮河滦平段开展执法督查11次，累计派出督查人员29余人次，督查了北京、河北、天津3省（直辖市）的房山、滦平、涿州、涞水、涞源、易县、定兴、容城、安新、承德、迁西、滦县、滨海新区等县（市、区），以及海委直属的漳卫南运河管理局、引滦工程管理局、海河下游管理局、漳河上游管理局的19个基层单位，督查水事违法案件（项目）31件（项），其中海委直管范围内21件（项），河北省10件（项）。督察组现场查看河道及堤防、水库、水闸等水利工程，检查水事违法行为查处和整改现场，查阅基层水政监察队伍执法巡查记录、执法文书等，重点督查违法案件执法文书卷宗、河湖"清四乱"专项行动和河湖采砂专项整治行动落实等情况，摸排出河湖管理"四乱"和违法排污等问题20余处，有力地推动了督查区域河湖执法活动的深入开展。

为推进重大水事违法案件查处，海委严格执行重大水事违法案件挂牌督办制度，对2起水事违法案件——河北省涞水县明阳商品混凝土有限公司在南拒马河满金峪村河段右侧河道管理范围内违法建设厂区案件和山东省德州市锦绣川风景区办公室在岔河东方红路桥下违法建设管理房案件进行挂牌督办。海委挂牌的2件督办案件全部按期完成了整改任务，已予以销号。　　　　　　　　（解文静）

4. 河湖违法陈年积案"清零"行动

（1）2019年，组织开展河湖违法陈年积案"清零"行动和河北、山西两省河湖执法及陈年积案"清零"行动调研。印发《海委河湖违法陈年积案"清零"行动工作方案》，全面梳理排查委系统陈年积案12件，对所有案件进行了全覆盖督查和持续跟踪，逐案制定查处和整改方案，持续推动案件查处。截至2019年12月底，办结案件6件。协助水利部开展了河北井陉县侵占河道、大沙河非法采砂、永定河北京段侵占河道等违法案件查处工作。按照水利部要求，组织开展了河北、山西两省河湖执法及陈年积案"清零"行动调研，形成调研报告报送水利部政策法规司。

（2）2020年，全面完成海委直管河湖违法陈年积案"清零"行动工作任务。先后12次赴现场进行督导检查，圆满完成海委直管河湖12件陈年积案查处整改工作，实现了直管河湖陈年积案"清零"目标，彻底打赢了海委系统河湖执法三年攻坚战。海委系统2020年度立案查处水事违法案件9件，结案19件（含2019年遗留的10件），实现了海委系统所有案件"清零"。采取明察暗访、查看案卷资料和现场检查相结合的方式，复核北京、天津、河北、山西4省（直辖市）及海委系统共53件案件，就案件查处中存在的问题向执法主体进行了反馈，同时将复核结果上报水利部。　（解文静）

5. 联合执法工作

（1）打击漳河非法采砂行动。2016年，海委漳卫南局邯郸河务局、岳城管理局、临漳河务局联合河北省邯郸市公安局、邯郸市漳河公安分局、磁县政府、漳河生态园区管委会和河南省安阳市政府等，多次组织开展漳河采砂联合执法行动，对盗采、夜间偷采等非法采砂行为依法予以严厉打击。据统计，2016年度共清除河道内违法板房4处，扣押砂场铲车10辆，筛砂机5台，拆除非法采砂和石料加工企业23家。2017年，漳卫南运河管理局所属邯郸河务局、临漳河务局等协调地方公安、水利等部门组织开展打击漳河河道采砂取土专项整治活动，采取暂扣机械设备、拆除经营房屋等方式严厉打击了漳河非法采砂行为。

（2）潘家口、大黑汀水库网箱清理。潘家口、大黑汀水库库区内网箱养鱼的无序发展严重影响了水库大坝等泄洪设施安全运行，构成重大安全隐患。2016年10月，海委引滦局会同河北省宽城满族自治县、兴隆县和迁西县人民政府对潘、大水库网箱进行全面清理。据统计，截至2016年12月底，两库共清理网箱养鱼4 273.65万kg，改善了水库水质，保障了天津、唐山两市供水安全。

（3）京津冀省际边界河流联合执法行动。为进一步加强对京津冀省际边界河流的监管和执法，充分发挥海委和京津冀各级水行政主管部门水政机构及水政监察队伍的合力优势，海委在与京津冀水行政主管部门协商达成一致后，2019年7月15日，制定印发《京津冀省际边界河流水行政联合执法与巡查制度（试行）》（以下简称《联合执法制度》）。9月6日，海委在天津组织召开京津冀省际边界河流联合执法巡查暨纠纷预防座谈会，充分研讨省际水事纠纷预防调处体制机制建设，全面部署开展2019年度京津冀省际边界河流联合执法巡查工作，标志着《联合执法制度》由"有名"向"有实"转变。10月下旬，海委会同北京市、天津市、河北省水利（水务）厅（局）按照《联合执法制度》和工作方案安排，组织开展了京津冀省际边界河流水行政联合执法机制建立以来的第一次联合执法巡查，分别派出2个联合执法巡查组对永定河、拒马河、滦河和蓟运河等省际边界河流的4个重点区域进行联合执法巡查，督促各地解决历史遗留水事违法问题。从巡查总体情况来看，北京、天津、河北3省（直辖市）各级水行政主管部门高度重视水行政执法工作，积极开展河湖违法陈年积案"清零"行动，河湖"四乱"问题大幅度减少，省际边界河流管理秩序明显改善，并保持和谐稳定。

2020年7—8月，海委会同北京市、天津市、河北省水利（水务）厅（局）组成3个联合执法巡查组，对永定河、潮白新河、拒马河和泃河等省际边界河流的4个重点区域进行了联合执法巡查。按照本年度联合执法巡查工作部署，海委海河下游局联合北京、河北两省市水利（水务）部门，对永定河官厅水库周边、拒马河张坊应急供水工程和北拒马河河道非法采砂等情况开展执法巡查；引滦局联合京津两市水务部门，对泃河北京、天津两省界河段，特别是天津市蓟州区杨庄截潜工程运行情况开展执法巡查，并联合天津市、河北省水利（水务）部门对潮白新河 G205 国道老安甸大桥河段开展执法巡查。对于现场发现的问题，联合执法巡查组分别协调有关部门予以解决。

（4）其他联合执法检查活动。2017年，借助河长制建设平台，通过联合执法、监督检查等方式，海委与地方相关部门加强信息共享与沟通交流，联合有关地方政府及其公安、水利等部门，开展10余次联合执法检查活动。海委联合北京市水务局和河北省水利厅对香河县北运河曹店橡胶坝水毁修复工程施工围堰阻水案件进行了多次执法检查，督促香河县在主汛期前彻底拆除了所有阻水围堰，确保了北运河行洪安全；漳卫南局所属大名河务局联合地方有关部门对管辖范围内地方违章建筑进行了全面摸排，开展水法规宣传和解释说服工作，组织清除堤防违建 3.6 万余 m²；海河下游管理局联合天津市滨海新区水上派出所等相关部门及时制止了独流减河河口违法施工行为；漳河上游管理局与河北涉县水利局等相关单位联合执法，拆除了河北田家嘴村改建水电站的机房。通过联合执法工作，海委加强与地方政府及其有关部门的合作，进一步完善了联合执法机制，明晰了联合执法流程，形成了执法合力，确保执法决定落实到位。

2018年，海委及其直属各管理局加强与地方水行政主管部门联系，建立联合执法机制。海委各级水政监察队伍联合地方政府水行政主管部门查处了一批非法采砂、修筑鱼塘等水事违法案件，拆除违章建筑，提升了水行政执法工作威慑力。漳卫南局海兴水政监察大队联合海兴县政府制定了砂场清剿行动方案，成立了由河务、环保、交通、税务、国土等 10 个相关部门组成的联合执法小组，共清理砂石料 3 000 余 m³，拆除违章临建 600 余 m²、地磅 2 台，对所有砂场出入道路进行挖沟断交。海河下游管理局针对独流减河河口违法围堤码头开展专项执法，8 月初独流减河防潮闸水政监察支队及时移交涉黑涉恶线索，联合马棚口边防派出所开展执法行动，并积极向地方河长办反映问题进展。通过持续推动与联合执法工作，天津市滨海新区防指正式向违法主体下达了限期拆除通知书，有关工作有序推进。

（解文静）

【水文化建设】 海委认真贯彻落实水利部关于加快推进水文化建设有关部署要求，委党组创新提出"政治强委、人才强委、科技强委、文化强委"的"四个强委"战略，将水文化建设放在突出位置，高位推动、细化部署，紧密结合流域和海委工作实际，扎实推进各项水文化建设工作开展。

1. 大运河文化传承保护 开展大运河文化宣传。在门户网站、微信公众号开设"大运河文化"宣传专题，深入贯彻习近平总书记关于大运河保护、传承、利用的重要指示精神，积极发布有关历史文化信息及海委工作进展成效。海委漳卫南局积极参与推进大运河文化带建设，协调清河县政府设立专项资金，于 2019 年启动大运河文化长廊项目，多维度打造七彩运河主题文化景观和 5km 文化长廊，目前已完成 18.89km 的堤顶路面硬化，项目仍在建设中；结合卫运河"四乱"问题整治工作，助推故城县政府依托运河文化遗产和运河文化故事资源，建设完成集绿色生态、休闲娱乐、文化传播于一体的故城运河风情公园；结合四女寺枢纽北进洪闸除险加固工程建设项目，在规划、设计、建设中融入水文化元素，并依据四女寺枢纽作为全国重点文物保护单位和大运河德州段上重要节点工程的特点，配建四女寺枢纽文物陈列展示馆，建设四女寺法治文化广场。

（薛程 杨婧）

2. 水利枢纽文化宣传保护 充分发挥船闸、水闸的水文化科普宣传作用，先后建设完成杨柳青水文站"百年历史展室"、独流减河防潮闸水闸文化展示馆、四女寺枢纽文物陈列展示馆和独流减河防潮闸管理处、四女寺法治文化广场两个水情教育基地。

（薛程 杨婧）

3. 水利风景区建设 以水利工程资源为优势，培育发展了漳卫南运河水利风景区、潘家口水利风景区，并分别于 2004 年、2005 年被评为国家水利风景区。经过 10 多年的建设与管理，两风景区逐步成为由水利工程元素、资源风景元素和水文化元素组

成的综合性风景区域。　　　　　（薛程　杨婧）

4. 水文化宣传出版　积极落实"文化强委"战略，通过海委门户网站、微信公众号积极开展水文化宣传，开设《文化强委》《海河流域治水之当月大事》等多个专题，推出涉及引黄济津、流域防汛抗旱等多期宣传报道。编纂出版《水利部海河水利委员会志》《漳河水文化概览》等水文化图书，积极推进《四女寺枢纽工程志》编纂工作。　（薛程　杨婧）

【信息化工作】

1. 信息化顶层设计　2020 年 3 月，印发《海委2020 年网信工作要点》。2020 年 8 月，海委印发《海委"十四五"水利网信建设实施方案》，从顶层谋划海河流域河湖管理信息化建设，扩充河湖数据资源，搭建智慧河湖架构，加固河湖管理信息安全防线，全面统筹已建、在建、待建项目，形成了河湖管理、工程管理、水资源管理、水土保持管理等协同发力的统一管理格局。

2. 智慧河湖建设　2020 年 2 月，海委对表对标水利部智慧水利建设要求，启动《智慧海河总体方案》编制工作。2020 年 7 月，海委印发《智慧海河总体方案》，深度融合包括河湖管理、水资源管理与集约节约利用、防汛抗旱等水利各项业务，利用大数据、云计算、人工智能等先进技术创新推动水利现代化发展，以河长制湖长制为抓手，主要进行河湖监管、河道采砂及水域岸线管理，提高对河湖管理事件的监管水平和处置效率，为全面建设清洁型、生态型河湖提供支撑。加强河湖业务与洪水业务相关联，切实发挥河湖水域岸线对防洪安全的屏障作用。

3. 海委网信基础"六大工程"建设　2020 年 7 月，海委正式启动建设"基础设施云、统一数据库、统一业务门户、海委一张图、统一身份鉴别体系和统一网络安全防护体系"六大工程。建成后将实现包括河湖管理在内的多业务平台整合统一，数据库融合共享，身份认证统一安全的信息化、智慧化水利业务综合管理。构建河湖管理数字化场景，切实保障流域河湖监管全覆盖，利用高新技术手段及时发现涉水违法违规行为并高效处理，有效解决河道违法行为取证难、执法难的问题。

| 珠江流域 |

【流域概况】

1. 历史沿革　按照 2009 年水利部《关于印发

《珠江水利委员会主要职责机构和人员编制规定》的通知》（水人事〔2009〕646 号），珠江委为水利部派出的流域管理机构，在珠江流域片（珠江流域、韩江流域、澜沧江以东国际河流、粤桂沿海诸河和海南省区域内）依法行使水行政管理职责，为具有行政职能的事业单位。工作范围涉及云南、贵州、广西、广东、湖南、江西、福建、海南等 8 省（自治区）及港澳地区，总面积 65.43 万 km²（国内）。

（黄小兵）

2. 河流水系　珠江流域片所属河流包括珠江、韩江、澜沧江以东国际河流、粤桂沿海诸河和海南省诸河。珠江是我国七大江河之一，由西江、北江、东江和珠江三角洲诸河组成，西江、北江、东江汇入珠江三角洲后，经虎门、蕉门、洪奇门、横门、磨刀门、鸡啼门、虎跳门和崖门八大口门入注南海，形成"三江汇流、八口出海"的水系特点，流域面积 45.37 万 km²，其中我国境内面积 44.21 万 km²。西江为珠江流域的主流，发源于云南省曲靖市乌蒙山余脉马雄山东麓，自西向东流经云南、贵州、广西、广东 4 省（自治区），分别由南盘江、红水河、黔江、浔江和西江等河段组成，至广东省佛山市三水区的思贤滘与北江汇合后流入珠江三角洲网河区，全长 2 075km，流域面积 35.31 万 km²，主要支流有北盘江、柳江、郁江、桂江及贺江等。北江发源于江西省信丰县石碣小茅山，涉及湖南、江西、广东 3 省，至广东省佛山市三水区的思贤滘与西江汇合后流入珠江三角洲网河区，全长 468km，流域面积 4.67 万 km²，较大的支流有武水、连江、绥江、滃江、潖江等。东江发源于江西省寻乌县桠髻钵山，由北向南流入广东，至东莞市石龙镇汇入珠江三角洲网河区，全长 520km，流域面积 2.7 万 km²，较大的支流有安远水、新丰江、西枝江等。珠江三角洲诸河包括西北江思贤滘以下和东江石龙以下河网水系和入注珠江三角洲的流溪河、潭江、增江、深圳河等中小河流，香港、澳门特别行政区在其范围内，流域面积 2.68 万 km²。韩江的主流为梅江，发源于广东省紫金县和陆河县交界的七星嶂，与汀江汇合后称韩江，进入三角洲网河区后分北溪、东溪、西溪出海，全长 468km，流域面积 3.01 万 km²，较大的支流有石窟河、梅潭河等。广东、广西两省（自治区）沿海诸河流域面积在 1 000km² 以上的河流有黄冈河、榕江、练江、龙江、螺河、黄江、漠阳江、鉴江、九洲江、南渡河、遂溪河、南流江、钦江、茅岭江和北仑河等。海南岛及南海各岛河流众多，其中流域面积在 3 000km² 以上的河流有南渡江、昌化江和万泉河。红河是我国西南部主要国际河流之一，发源于云南省巍山彝族回族自治县哀牢山东麓，在河口县城流出国境进入越南，流域面积11.3 万 km²，其中我国境内面积 7.6 万 km²。主要支流有李仙江、藤条江、南溪河、盘龙河、南利河等。

（韩亚鑫　裴少锋）

3. 地形地貌　珠江流域片地势北高南低，西高东低，总趋势由西北向东南倾斜。北部有南岭、苗岭等山脉，西有横断山脉，东有莛瑙山脉，西南有云开大山、十万大山等山脉环绕。按地貌组合特点，珠江流域片分为横断山脉、云贵高原区、云贵高原斜坡区、中低山丘陵盆地区、三角洲平原区等 5 个地貌区。西部为云贵高原，东部和中部丘陵、盆地相间，东南和南部为三角洲冲积平原。地貌以山地、丘陵为主，约占总面积的 82%；平原、盆地较少，约占总面积的 16%；其他约占总面积的 2%。

（黄小兵）

4. 水文水资源　珠江流域片地处热带、亚热带季风气候区，气候温和，雨量丰沛。多年平均气温在 14～22℃，多年平均相对湿度 70%～80%。平均年降水量为 1 530.4mm，年内降水多集中在 4—9 月，约占全年降水量的 80%。珠江流域片平均年水资源总量为 5 190.7 亿 m³，水资源较丰沛，但时空分布不均。水资源年内分配与降水基本一致，主要集中在汛期，4—9 月水资源量占全年的 70%～90%。水资源地区分布东西差异大，南北差异小，自东向西逐渐递减，沿海地区多于内地，山地多于平原。

（钟黎雨）

5. 经济社会状况　珠江流域片涉及 8 省（自治区）60 市（州）及香港、澳门特别行政区，土地总面积 57.91 万 km²，占国土总面积的 6.0%。2020年常住人口数 2.08 亿人（其中珠江流域 1.5 亿人），占全国总人口数的 14.7%。GDP 合计 15.18 万亿元（其中珠江流域 12.26 万亿元），占国内生产总值的 14.9%；工业增加值 4.84 万亿元（其中珠江流域 4.06 万亿元）。流域片总体上经济发展不平衡，中西部地区经济较为落后，红柳江区经济水平最低；东部沿海一带经济较发达，东江和珠江三角洲区的人均 GDP 高于珠江片区平均水平，其中珠江三角洲区经济是最具活力和投资吸引力的区域。随着“一带一路”倡议、粤港澳大湾区、北部湾城市群、海南自贸港等国家区域战略的加快推进，流域经济发展会更加活跃。

（高薇）

6. 河流湖泊　珠江流域片流域面积大于 1 000km² 的河流有 190 多条，分属珠江流域、韩江流域、粤东和粤西沿海诸河、桂南沿海诸河、海南岛及南海各岛诸河和红河水系，以珠江为最大；流域面积 100km² 以上的河流有 1 700 多条，流域面积 50km² 以上的河流有 3 300 多条。珠江流域片常年水面面积大于 1km² 的湖泊有 21 个，其中较大的高原湖泊均位于云南省境内，主要有抚仙湖、杞麓湖、异龙湖、星云湖、阳宗海等 5 个；常年水面面积小于 1km² 的湖泊有 153 个。

（黄小兵）

【河长制湖长制工作】　2016—2020 年，珠江委以习近平生态文明思想为指导，深入贯彻落实党中央、国务院关于全面推行河长制湖长制的重大决策部署，充分履行水利部赋予的“指导、协调、监督、监测”职责，推动流域片河长制湖长制落地生根并持续强化河长制湖长制，指导督促流域各级河长湖长及河长办切实履职尽责，重拳整治河湖乱象，有效解决了一大批河湖保护治理突出问题。流域江河湖泊面貌发生了历史性变化，人民群众获得感、幸福感、安全感显著增强，为促进地区经济社会发展全面绿色转型、实现高质量发展提供了有力支撑，河长制湖长制工作成效较为显著。

1. 河长制湖长制建立　2017 年，成立珠江委推进河长制工作领导小组，制定印发《推进珠江流域片全面建立河长制工作方案》《珠江委责任片全面推行河长制工作督导检查制度》，组织召开珠江流域片推进河长制工作座谈会，对云南、贵州、广西、广东、海南 5 省（自治区）开展全面推行河长制工作督导检查。2018 年，对云南、贵州、广西、广东、海南 5 省（自治区）开展全面推行河长制湖长制工作督导检查，推动流域片 5 省（自治区）河长制湖长制全面建立。截至 2020 年，流域内共有河湖长 12 万多人，其中省级河湖长 51 名，地市级河湖长 400多人，区（县）级河湖长 3 700 多人，乡镇级河湖长 2.4 万人，村级河湖长 9.1 万人。

（陈龙）

2. 河湖监管队伍　2018 年，为指导督促流域责任片各省（自治区）全面建立河长制湖长制，成立了初期的河湖督查队伍。近年来，随着流域河长制湖长制从有名有实向有能有效地持续推进，珠江委不断强化督查队伍力量，完善督查人员装备，形成了以委河湖处主导，监督处、政法处配合，西江流域管理局、珠江水利科学研究院、技术中心、水文局为技术支撑，采用卫星遥感、无人机、督查系统进行督查的多梯级、多专业、多人员的现代化、专业化督查队伍。

（韩亚鑫）

3. 协作机制　2020 年，在深入实地调研、充分沟通交流、广泛征集意见的基础上，联合生态环境部珠江流域南海海域生态环境监督管理局，广东、福建、江西 3 省及相关 5 市河长制办公室，共同建立韩江省际河流河长协作机制，制定并印发《韩江省际河流河长协作机制规则》，组织召开协作机制会议预备会议，统筹推进韩江省际河流跨区域、跨部门联保共治，协调解决韩江省际河流管理保护重大事宜。　　　　　　　　　（阮启明　周舜轩）

4.监督检查

（1）河湖管理督查。2018年，派出28个暗访督查组115人次，对云南、贵州、广西、广东、海南5省（自治区）382个河段的河湖长履职情况、"清四乱"及采砂等河湖专项行动开展情况、河湖管理保护成效、"一河（湖）一策"编制等河长制湖长制实施情况进行督导检查，形成督查报告15份。2019年，派出71个暗访督查组191人次，对云南、贵州、广西、广东、海南5省（自治区）开展河湖管理暗访督查，共检查1238个河段湖片，发现760个问题。派出32个督查组86人次，对云南、贵州、广西、广东4省（自治区）300个纳入中央纪委国家监委专项整治的河湖"四乱"突出问题整改情况进行督查，对尚未完成整改的问题建立台账，并跟踪督促地方整改落实。2020年，派出132个暗访督查组377人次，对责任片云南、贵州、广西、广东、海南5省（自治区）开展了河湖管理暗访督查，共检查1348个河段湖片，发现555个问题。派出22个检查组47人次，对云南、贵州、广西、海南4省（自治区）上报的449个已销号的自查自纠河湖"四乱"问题进行抽查。

（2）突出"四乱"问题清理整治。2019年，依法对柳江河段12栋"水上别墅"、港湾人家饭店项目拆除工作进行现场办督。2020年，通过挂牌督办、警示约谈、现场指导等方式，推动广东省中山市围垦河道、广西壮族自治区百色市弃渣乱堆、云南省文山壮族苗族自治州围网养殖等流域内一大批重大河湖"四乱"问题整改。　　　　（赵翌初　陈雨菲）

5.基础工作

（1）水功能区监测方案。2016年2月和10月，分别编制完成《2016年珠江重要江河湖泊水功能区监测方案》和《2017年珠江重要江河湖泊水功能区监测方案》，明确了重要水功能区监测主体、监测断面位置、监测频次及监测项目，为水功能区限制纳污红线考核奠定了基础。

（2）水文服务实施方案。2019年5月，编制完成《珠江流域片水文服务河长制湖长制工作实施方案》（珠水水函〔2019〕244号），并上报水利部。

（3）一河（湖）一策。2018年，指导、督促云南、贵州、广西、广东、海南5省（自治区）开展"一河（湖）一策"方案编制工作，并对各省（自治

区）提交成果进行审核，提出反馈意见，加强方案与流域规划的统筹协调。　　　（牛娜　韩亚鑫）

6.示范河湖验收　2020年，按照水利部安排部署，跟踪指导广东省韩江潮州段、福建省莆田市木兰溪两个示范河湖的建设工作，并按要求圆满完成了示范河湖建设验收工作。　　　　　　（阮启明）

【水资源保护】　2016—2020年，珠江委有序开展跨省江河流域水量分配工作，分批制定重要河湖生态流量保障目标，并针对已批复水量分配方案和生态流量保障目标的重要跨省江河开展水量调度工作，保障流域用水安全；取用水管理专项整治行动取得阶段性成果，进一步提升水资源管理能力和水平，为新阶段水利高质量发展提供水资源管理有力支撑。

1.相关规划　2016年5月，印发《珠江水资源保护"十三五"计划》（水源监管〔2016〕38号），提出"十三五"期间水资源保护工作开展的总体思路、工作目标和主要任务，并对工作任务进行了逐项分解，明确了时间节点和责任主体。2017年12月，编制完成《珠江水资源保护规划（2016—2030年）》并上报水利部，2018年1月通过水利部审查。　　　　（牛娜　崔凡　姜海萍）

2.水资源刚性约束　2019年，做好节约用水顶层设计，印发《珠江委落实〈国家节水行动方案〉工作方案》，推动形成多部门节水合力。2020年，形成阶段成果，报送《珠江委2020年落实国家节水行动方案工作总结》至水利部，2017—2020年，完成流域3621项现行的农业、工业、服务业及生活用水定额全面评估，提出评估意见，有效提升水资源节约集约利用水平和管理效能，落实了水资源最大刚性约束。　　　　　　　　　（陈春燕）

3.水量分配　根据水利部要求，分三批组织开展12条跨省江河流域水量分配工作。2016年7月，第一批韩江、东江、北江、黄泥河、北盘江等5条跨省江河流域水量分配方案获得水利部批复；2018年1月，第二批柳江水量分配方案获水利部批复；2020年8月，西江流域水量分配方案获国家发展改革委和水利部联合批复；2020年12月，第三批九洲江、罗江、黄华河、谷拉河、六硐河（含曹渡河）5条跨省江河流域水量分配方案通过水利部水规总院审查，水利部组织征求地方人民政府和中央有关部门意见。　　　　　　　　　　（罗星）

4.生态流量监管　2018年，组织开展珠江河湖生态水量研究，针对珠江20个重要河湖控制断面生态水量进行分析计算，提出管理目标、保障措施与管理对策。自2019年起，分三批共27条重点河湖

开展生态流量保障目标确定工作。2020年4月，第一批韩江、东江、北江、黄泥河、北盘江、柳江等6条重点河流生态流量保障目标获得水利部批复；2020年11月，制定印发第一批6条重点河流生态流量保障实施方案，并报水利部备案。2020年12月，第二批西江干流、南盘江、桂江、贺江、右江、郁江、东安江、大宁河、杨梅河、义昌江、恭城河以及抚仙湖等12个重点河湖生态流量保障目标获得水利部批复。

2020年6月以来，编制了河湖生态流量监督检查工作方案，以明察暗访方式开展东江、韩江等6条河13个控制断面生态流量监督检查，组织实施生态流量监测月报，及时向水利部报告达标情况，针对连续不达标断面迅速启动原因核查和必要处置。7月启动实施监控短信日报，每日9时将前日各控制断面达标情况短信发送委领导、相关业务人员，发现数据异常第一时间展开核查。8月建成运行珠江委生态流量监控平台，创新建成珠江委"短信日报＋监管平台＋月报"生态流量监督检查体系，实现珠江流域第一批13个控制断面生态流量24小时在线监控，探索建立了数据传输异常即刻联络核查，连续不达标状况迅速核查处置的精准靶向监督模式。

（罗星　杨健）

5. 水量调度　2016—2020年，珠江委主要针对已批复水量分配方案和生态流量保障实施方案的河流开展水量调度工作。2018年12月，制定并印发实施黄泥河、东江（石龙以上）流域水量调度方案；2019年9月和11月，分别制定并印发实施韩江流域水量调度方案和北江流域水量调度方案；2020年4月和10月，分别制定并印发实施柳江流域水量调度方案和北盘江流域水量调度方案。2018—2020年，根据水利部统一部署，结合珠江流域实际，按照调度期不同，每年分批次制定并下达跨省河流水量调度年度调度计划。2019—2020年，连续两年枯水期，针对韩江流域的雨水情及供用水的严峻形势，根据流域来水预测、水库蓄水及用水需求，编制枯水期水量调度计划，滚动优化调度方案，多次下达棉花滩、长潭等骨干水库动态调度指令，有力保障韩江流域城乡生活生产供用水安全和河流生态系统健康。

2016—2020年，珠江委根据《珠江枯水期水量调度预案》，汛末开展骨干水库汛末蓄水工作，并每年编制年度的珠江枯水期水量调度实施方案，根据实施方案开展枯水期水量调度工作；调度过程中，根据水库蓄水情况、河道来水情况、珠江河口咸潮情况和降雨、来水预测情况，滚动优化调度方案，累计向澳门供水2.03亿 m^3、珠海供水4.81亿 m^3、保障了澳门、珠海等大湾区供水安全。

（罗星　周少良）

6. 监督检查　2017年2月，组织对珠江三角洲地区设置审批的5个重点入河排污口进行监督检查，并会同佛山市水行政主管部门组成联合检查组，对佛山市部分重点入河排污口进行抽查。2017年7—10月，会同广西水利厅和梧州市、黔西南州水行政主管部门组成联合检查组，分别对桂粤、黔桂省界缓冲区规模以上入河排污口进行复核督查，并现场检查了南宁电厂等11家单位的废污水处理设施运行及入河排污口排污情况。2017年11月，对云南、贵州、广东、广西、海南5省（自治区）的入河排污口设置、饮用水水源地管理与保护、地下水超采治理情况开展了专项监督检查。2018年2—5月，会同赣州市、郴州市及玉林市水行政主管部门组成联合检查组，对东江源区、武水源区及九洲江桂粤缓冲区部分重点入河排污口进行了现场复核。2018年4月，联合广西、广东两省（自治区）的水利、环保部门，组织开展罗江桂粤缓冲区水环境治理联合调研。2018年10—11月，选取了贵港市黔江桂平水源地、开平市大沙河水库水源地等30个重要水源地开展现场抽查工作。

（牛娜）

7. 取水口专项整治　2020年，按照《水利部关于印发取用水管理专项整治行动方案的通知》（水资管〔2020〕79号）要求，珠江委多措并举，积极推进取用水管理专项整治行动。成立了专项工作组和技术小组，明确了工作任务和要求，建立了例会制度和月报、周报制度，按时间节点倒排工作进度，定期组织研讨，及时解决疑难问题，保证工作顺利推进。同时编制了工作方案和技术手册，开展委内技术培训，采取分组包片的形式，做到全覆盖，应登尽登。全年共派出64个检查组158人次，抽查60个区（县）1585个取水口，超额完成水利部下达的年度工作任务。

（罗星）

8. 水源地安全保障达标建设　2016年10月，编制完成《珠江流域（片）国家重要饮用水水源地安全保障达标建设2011—2015年检查评估总结报告》，对达标建设开展五年来的工作成效与经验等进行了系统总结。2016年12月，完成2016年度珠江流域水源地安全保障达标建设评估工作。2017年4—8月，会同相关省（自治区）水行政主管部门，对列入《全国重要饮用水水源地名录（2016年）》的36个水源地进行了2017年度安全保障达标建设检查评估。2018年9—10月，会同相关省（自治区）水行政主管部门，对列入《全国重要饮用水水源地名录（2016年）》的35个水源地进行了2018年度安全保障达标建设检查评估。2019 年 6 月 10—11 日，参加水利部水资源管理中心组织召开的《2018 年度全国重要饮用水水源地安全保障达标建设检查评估报告》研讨会，并在会后配合水利部水资源管理中心完成了《2018 年度全国重要饮用水水源地安全保障达标建设检查评估报告》珠江流域水源地评估结果复核。2019 年 8 月 16 日，组织召开了"珠江流域全国重要饮用水水源地安全达标建设 2019 年度现场抽查工作启动暨培训会议"。2020 年 7 月，启动全国重要饮用水水源地安全保障达标建设抽查评估，派出 13 个工作组 47 人次赴 5 省（自治区）41 个水源地，以"四不两直"方式开展暗访检查，通过遥感宏观判别、无人机实地巡航排查、人工定点监测等技术手段开展抽查检查，提前完成抽查评估工作。2020 年 11 月 4—6 日，在海南海口组织举办 2020 年珠江流域全国重要饮用水水源地安全保障达标建设培训。

（蓝璇　张舒　崔凡）

9. 协作机制　2016 年 9 月，云南省、贵州省、广西壮族自治区、广东省跨省（自治区）河流水资源保护与水污染防治协作机制成立会议在广州召开，协作机制的成员单位由珠江委、珠江流域水资源保护局和云南、贵州、广西、广东 4 省（自治区）生态环境厅、水利厅组成，会议审议通过并共同签署了《滇黔桂粤跨省（自治区）河流水资源保护与水污染防治协作方案》，成立了协作机制领导小组、办公室和联络员机构。2017 年 12 月，在云南曲靖召开组织召开了 2017 年云南省、贵州省、广西壮族自治区、广东省跨省（自治区）河流水资源保护与水污染防治协作机制工作会议。2018 年 11 月，在贵州贵阳组织召开了 2018 年云南省、贵州省、广西壮族自治区、广东省跨省（自治区）河流水资源保护与水污染防治协作机制工作会议。2019 年 12 月 6 日，2019 年珠江流域云南省、贵州省、广西壮族自治区、广东省、海南省跨省（自治区）水资源保护协作会议在广西南宁召开。会议充分肯定了 2019 年云南、贵州、广西、广东、海南 5 省（自治区）水资源保护工作成效，通报了珠江流域水资源保护与监测工作进展，分析了当前面临的新形势和重点任务。2020 年 11 月，与生态环境部珠江流域南海海域生态环境监督管理局共同签署《珠江流域跨省河流突发水污染事件联防联控协作机制》，双方共同商议，建立跨省河流突发水污染事件协作联系制度，就信息通报、应急协作、联合执法、深化交流等多项事务深化合作；探索建立联合执法检查机制，组织开展跨省河流联合执法巡查，督促跨省河流水生态环境

整治，预防跨省河流突发水污染事件发生。

（赵颖　崔凡）

10. 技术支撑　2016—2020 年，每年完成了出入珠江三角洲 13 个主要控制断面共 17 条测验垂线的枯、丰水期同步水文测验工作。2016—2020 年，珠江流域 24 个省界、1 个跨界水文站、1 个重要饮用水水源地监测站相续完工，以上站点填补了珠江委在重要区域水文监测空白，加强了珠江委对省界、跨界重点监控断面水量水质的实时监控能力。2020 年 6 月 16—25 日，开展珠江三角洲及河口同步洪水期水文测验，本同步水文测验范围为西江高要、北江石角和东江博罗以下至珠江河口区，除监测水位、流量、含氯度和泥沙等水文要素外，时隔 21 年首次开展水质、水生态同步监测。

（郑新乾　吴昰驹　张珂成）

11. 科技成果　2016—2020 年，在水资源保护领域荣获省部级科技奖 3 项。2017 年，"珠江流域骨干水库-闸泵群综合调度关键技术研究"获大禹水利科学技术奖一等奖；2019 年，"地表水-地下水联合调度关键技术"获广西科学技术奖二等奖；2020 年，"珠江河口复杂咸潮运动机理及抑咸关键技术"获中国大坝工程学会科技进步奖一等奖。　（程中阳）

【水域岸线管理保护】　2016—2020 年，珠江委以习近平总书记"节水优先、空间均衡、系统治理、两手发力"的治水思路和有关治水的重要讲话精神为遵循，认真贯彻落实水利部党组决策部署，全面加强河湖管理，狠抓河湖暗访检查，强化河湖空间管控，加大河湖管理基础工作力度，高效高质完成了流域河湖岸线管理保护工作。

1. 水域岸线管理　珠江委在涉河建设项目审批工作中，简化审批流程、规范审批程序，2016—2020 年共出具水行政许可决定书 72 项，其中 2016 年 11 项，2017 年、2018 年 13 项，2019 年 18 项，2020 年 17 项。进一步强化事中事后监管，利用遥感摸查、无人机复查、现场核查等手段开展日常监测，对已许可项目开展施工放样验线测量复核。　（姜沛）

2. 河湖管理规划　2017—2020 年，水利部相继批复实施《北盘江流域综合规划》《南盘江流域综合规划》《贺江流域综合规划》《郁江流域综合规划》等，为进一步加强流域综合管理提供了依据和遵循。2019 年 11 月，水利部印发实施《珠江-西江经济带岸线保护与利用规划》，划分了岸线保护区、保留区、控制利用区及开发利用区等 4 类功能区，分别占比 22.8%、52.8%、21.9%、2.5%。对岸线功能区、岸线边界线分别提出了相应的管控要求和保障

措施。2017年以来，组织编制完成《珠江中下游重要河道规划治导线报告》，规划范围为珠江委审查权限的重点干流河段，包括西江、北江、东江中下游和珠江三角洲主干河道，划定河道洪水治导线、中水治导线，并提出管理意见，经批准后将作为加强河道管理和保护，指导河道治理，规范各类水事活动，确保河势稳定、防洪安全和水生态安全，促进地区经济社会高质量发展的基本依据。2019年以来，组织编制完成《珠江流域重要河段河道采砂管理规划（2021—2025年）》，合理划定规划期采砂分区，明确年度采砂控制总量及分配规划，全面加强河道采砂监管，作为珠江流域河道采砂管理的重要依据。

（裴少锋 白岩）

3. 河湖划界 2020年，珠江委组织技术力量对流域片全部规模以上河湖（流域面积 1 000km² 以上河流、水面面积 1km² 以上湖泊）管理范围逐河逐湖、逐段逐片进行核实，共复核213条河流、19个湖泊，发现存在降低设计洪水标准划定河道管理范围，未划定河道管理范围线、避让建筑物，河道管理范围线偏离河道，缩窄河道管理范围，不以干堤而以民堤划定河道管理范围等突出问题，以"一省一单"方式向流域片各省（自治区）水行政主管部门进行了反馈，并指导督促各省（自治区）对河湖管理范围划定成果问题进行整改。

（叶荣辉）

4. 监督检查 2016—2020年，组织对珠江委已批复涉河建设项目抽查复核，开展现场验线测量，核查建设项目是否按照批准的工程建设方案、位置界限、防治与补救措施等进行实施。2019年4月，通过卫星遥感对珠江流域片主要河流的涉河建设项目进行了监测，并开展现场复核工作。

（白岩）

5. 技术支撑

(1) 河口岸线观测技术。珠江河口野外科学观测平台（一期）建设，经一年多试运行合格后通过竣工验收正式投入使用。开展二期7个浮标站建设，三期拟建设10个浮标站，届时将实现珠江河口野外原型观测范围全覆盖。

(2) 河湖岸线动态监管关键技术。建立河湖岸线"空天地一体化"立体感知、智能识别与动态监测体系，快速获取河湖岸线和水文水质变化信息，并搭建了河湖岸线动态监管云服务共享平台，实现了河湖岸线分类检索、在线分析、动态监管、现状判定、影响分析与评估、综合评定等。该技术广泛应用于当前河长制湖长制"清四乱"、排污口核查、监督执法等工作中。

（陈高峰）

【水污染防治】 2016—2020年，珠江委高度重视水

污染防治工作，加强区域水污染防治技术研发，对流域内水污染应急事件，快速响应，高效处理，为流域供水安全提供保障。

1. 监督检查 2017年9月7日，西江磨刀门水道发生乙酸乙酯罐车倾覆泄漏事故，及时组织开展了应急监测工作。2019年，媒体报道龙门水库与佛子湾水库饮用水水源地保护区内存在农村生活面源污染问题，6月1—3日，根据水利部水资源管理司《关于开展玉林市龙门、佛子湾水库以及南流江饮用水水源地现场调查的通知》，珠江委暗访小组开展了龙门水库、佛子湾水库以及南流江干流新码头段饮用水水源地暗访调查，并向水利部上报调查情况，同时通报广西水利厅、生态环境厅进行核查整改。2019年7—8月，根据《水利部办公厅关于开展城市黑臭水体治理清淤疏浚情况调研的通知》（办河湖函〔2019〕836号）的要求，开展了对云南、广东两省城市黑臭水体治理清淤疏浚情况调研工作。2019年10月16日，联合玉林水文中心对兰科玉林市陆川县北部工业集中区东段3号的广西兰科新材料科技有限公司的爆炸事故对周边水源的影响状况进行了现场核查，并做好相关应急处置工作。2020年3月1日，联合生态环境部珠江局组成核查组，开展汀江闽粤省界断面水质异常核查，编制应急处置预案，并将情况上报水利部，通报福建省龙岩市河长办、抄送福建省河长办进行核查、处置、督办整改，积极沟通协调生态环境部珠江流域局，共享相关数据，共同做好事件处置。

（郑宁 崔凡）

2. 技术支撑 2019年9月3日，依托自立科技项目"水绵打捞船设备研发项目"研发的"水体收割收集多功能一体机"设备，在佛山市南海区正式投入运行，实现了集水面漂浮物收集、水绵打捞、水草修剪、智能控制、防盗、太阳能发电等功能多样化和设备控制模式多元化。

（陈高峰）

3. 科技成果 2016—2020年，在水污染防治领域有2项技术成果列入水利先进实用技术重点推广指导目录。"多廊道生态过滤污水处理技术"列入2016年度水利先进实用技术重点推广指导目录；"一种适用于感潮内河水系排污口污水的原位生态修复方法及系统"列入2018年度水利先进实用技术重点推广指导目录。

（程中阳）

【水环境治理】 2016—2020年，珠江委为保障流域水安全，开展饮用水水源地水质监测工作，研究申请一批水环境技术专利，并在实际治理中得到应用。

1. 水质监测方案 2020年1月，按照《水利部办公厅关于做好饮用水水源地水质监测工作的通知》

（办水文〔2019〕214号）要求和任务分工，珠江委编制并印发了《珠江委关于印发饮用水水源地水质监测工作方案的通知》（珠水节水〔2020〕021号）。2020年6月3日，印发了《珠江委饮用水水源监督性监测实施方案》，创新建立集"遥感-无人机-人工"为一体的监督性监测技术体系，通过遥感解译宏观判别，联合无人机巡航排查，结合丰水期、枯水期人工定点监测，对粤港澳大湾区全国重要饮用水水源地实施监督性监测全覆盖。　（薛瑛　张舒）

2. 技术支撑　针对珠江三角洲地区的水体特点及监测需求，从数据获取、处理、模型构建等方面研究了一列技术及产品，包括：珠三角水质遥感反演系统，可以快速地实现水质遥感的流程化处理，适用于高分系列、资源系列、哨兵数据等多源遥感数据，同时还具有处理遥感应用中大气校正、水体提取的功能。珠江口水表盐度遥感反演系统，主要功能包括：常用多光谱遥感影像读取（含GF、ZY-3、HJ、Landsat系列）；影像拉伸显示；辐射定标，大气校正，水域提取；水表盐度反演；输出用于数值模拟的水表盐度初始场。　　（陈高峰）

3. 科技成果　2016—2020年在水环境治理领域荣获省部级科技奖4项，国家发明专利授权1项，2项技术成果列入水利先进实用技术重点推广指导目录。2016年，"珠江水质生物监测与评价技术"获大禹水利科学技术奖二等奖。2017年，"河湖淤泥理化脱水及复合固化处置技术"获大禹水利科学技术奖二等奖；"微量有毒有机污染物在线监测技术研究及应用"获大禹水利科学技术奖三等奖。2020年，"贵州高原水库藻类群落演变机理、调控技术及应用"获大禹水利科学技术奖三等奖。2020年4月，"基于水动力控系统的城市河涌水质净化方法"获得发明专利。"感潮河网闸泵调度的水环境改善技术"列入2017年度水利先进实用技术重点推广指导目录，"水上收割收集多功能一体机"列入2020年度水利先进实用技术重点推广指导目录。　　　　　　（程中阳）

【水生态修复】　2016—2020年，珠江委继续推进水生态文明城市建设，推进县域节水型社会达标建设，启动实施西江干流鱼类繁殖期水量调度，完善水流生态保护补偿项目流域补偿方案编制，调查西江水资源、水环境和水生生物，并根据需求，对水生态修复技术进行研究。

1. 生态调度　2019年4—6月，启动实施西江干流鱼类繁殖期水量调度（试验）工作，5月28日至6月2日实施生态调度，逐日对西江干流9个重要断面流量过程进行滚动预报，累计发布相关水情简报4期。　　　　　　　　　　（杜勇）

2. 水生态文明建设　2017年6月，在云南普洱举办水生态文明建设知识交流培训班。2018年7—12月，完成流域内玉溪、黔南州、玉林、桂林、珠海、惠州、琼海等7个第二批水生态文明试点城市建设评估验收。2018—2020年，分批次完成云南、贵州、广西、广东、海南5省（自治区）85个县（区）县域节水型社会达标建设复核，落实"节水优先"方针，推动破解水资源水环境水生态制约问题。

　　　　　　　　　　　（袁国清　牛娜）

3. 生态补偿　2018年12月，完成水流生态保护补偿项目流域补偿方案编制专题，并通过水规总院专题验收。　　　　　　　　（葛晓霞）

4. 监督检查

（1）水土流失综合治理监督检查。2016年，派出5个督查组分别对云南、贵州、广西、广东、海南5省（自治区）20个项目县（市、区）实施的国家水土保持重点工程进行督查。2017年6月、11月，分别对云南、贵州、广西、广东、海南5省（自治区）20个项目县2016年国家水土保持重点工程开展两次督查。2018年，完成2017年云南、贵州、广西、广东4省（自治区）水土保持目标责任制、水土保持监测和水土保持信息化工作等3项重点任务的考核。2018年10月，分别对云南、广西、广东、海南5省（自治区）11个项目县2018年国家水土保持重点工程建设情况进行督查。2019年4月，完成云南、贵州两省4个贫困县2016—2018年国家水土保持重点工程督查发现问题整改情况抽查，并对尚未整改完成的问题提出了具体的整改建议。2019年10—11月，分别对云南、贵州、广西、广东和海南5省（自治区）13个县（市、区）的17个项目2018年、2019年国家水土保持重点工程项目建设情况进行督查。2020年，派出5个督查组，对云南、贵州、广西、广东和海南5省（自治区）13个县（市、区）2019年、2020年国家水土保持重点工程项目建设情况进行督查。

（2）水土保持预防监督。2016年，对云南、贵州、广西、广东、海南5省（自治区）21个大中型生产建设项目开展了现场监督检查，并对流域内17个在建的生产建设项目进行了发文检查。2017年2月，对2016年珠江流域部管生产建设项目水土保持方案实施情况进行了公告。对云南、贵州、广西、广东、湖南、海南6省（自治区）的21个部管生产建设项目水土保持方案实施情况进行了现场监督检查，对17个项目进行了书面检查，实现了珠江流域在建部管生产建设项目全覆盖监督检查。2018年2

月，对 2017 年珠江流域部管生产建设项目水土保持方案实施情况进行了公告。对云南、贵州、广西、广东、湖南、海南 6 省（自治区）的 19 个部管生产建设项目水土保持方案实施情况进行了现场监督检查，对 18 个项目进行了书面检查，对 22 个完工未验收项目进行了督促验收。2019 年，组织开展了水利部批复的生产建设项目水土保持方案落实情况监督检查，全年对 35 个在建生产建设项目进行了现场检查或书面检查；对 14 个完建未验收的项目进行督促验收；对云南、贵州两省长江经济带生产建设项目水土保持监督执法专项行动开展了现场核查和督导工作。2019 年 3 月，进行了 2018 年珠江流域部管生产建设项目水土保持方案实施情况公告。2019 年 8—9 月，完成了广西、广东两省（自治区）2019 年度各级水利部门批复的水土保持方案的实施情况和省、市、县三级水行政主管部门的履职情况的督查工作。2020 年，派出 5 个督查组，对云南、贵州、广西、广东、海南 5 省（自治区）2020 年度生产建设项目水土保持监督管理情况开展督查，共计完成 5 个省级水行政主管部门，10 个市、县级水行政主管部门，12 个省、市、县级审批水土保持方案在建生产建设项目的现场督查。对云南、贵州、广西、广东、海南 5 省（自治区）12 个大中型生产建设项目开展了现场监督检查，对 17 个项目采用书面检查的方式开展检查，并对已完工尚未开展水土保持设施验收的 18 个项目进行督促验收。

（3）水土流失动态监测。2016—2020 年，持续开展珠江流域（片）国家级水土流失重点预防区和重点治理区水土流失动态监测。2018—2020 年，开展广东、广西、贵州、云南、江西、湖南等省（自治区）水土流失动态监测工作，查清了水土流失分布位置、类型、强度；其中，在珠江委组织下，2018 年水保站以援藏方式协助西藏自治区水利厅完成了 96.25 万 km² 的动态监测任务，确保了西藏自治区水利厅如期保质完成年度水土流失动态监测任务，实现了西藏水土流失动态监测全覆盖。

（4）生产建设项目水土保持"天地一体化"监管。2016—2020 年，应用生产建设项目水土保持"天地一体化"监管技术，支撑珠江委与贵州、广东、广西、江西、福建、湖南、西藏、江苏等省（自治区）或相关地市水行政主管部门，完成生产建设项目水土保持监管工作。2018—2020 年，连续 3 年支撑水利部完成全国水土保持遥感监管工作。

（谢莉 尹斌）

5. 技术支撑

（1）水质生物监测。2018 年 4—5 月，在长洲水利枢纽过鱼通道开展了 2 次过鱼效果监测，首次使用水下机器人对鱼道的过鱼效果进行了直观性的数据采集；5 月，在右江鱼梁航运枢纽首次应用自行研发的射频（RFID）跟踪系统对鱼道中的鱼类进行监测。

（2）水土保持生态治理。2020 年，编制完成《广东省水土保持生态治理设计指南（试行）》，为广东省水土保持生态治理提供技术支撑。

（3）流域资源环境与生物多样性。与其他单位联合申报的 2019 年度国家科技基础资源调查专项——"西江流域资源环境与生物多样性综合科学考察"，获科技部正式批复立项。该项目的实施能够摸清西江流域水资源水环境与水生生物本底现况，获取较为权威、系统的基础数据，通过建立西江流域水资源水环境基本信息库、水生生物标本库、物种信息库，构建数据共享平台，实现科技资源开放共享。

（谭细畅 靳高阳 胡惠方 陈高峰）

6. 科技成果 2016—2020 年，在水生态修复领域荣获省部级科技奖 3 项，国家发明专利授权 7 项，8 项技术成果列入水利部水利先进实用技术重点推广指导目录。2016 年，"南方湖库富营养化发生机制与生态修复调控技术"获大禹水利科学技术奖二等奖；2019 年，"流域水生态系统综合调控关键成套技术及应用"获中国产学研合作创新成果奖一等奖；2020 年，"生产建设项目水土保持'天地一体化'监管关键技术研究与应用"获大禹水利科学技术奖三等奖。2016 年 2 月，"有毒有机污染水体的过滤装置""河流入海口气泡抑咸方法"获得发明专利。2017 年 11 月，"一种适于感潮内河水系排污口污水的原位生态修复方法及系统和应用"获发明专利。2018 年 2 月，"一种测定水中的有机污染物的装置和方法"获发明专利。2019 年 5 月，"一种不影响河涌水流特性的原位生物强化处理装置和系统及工法"获发明专利。2019 年 8 月，"一种水生态修复装置、系统及修复方法"获发明专利。2020 年 3 月，"湖库清淤后生态修复系统""生态清淤集成系统"获发明专利。"水土保持监督管理信息移动采集系统 V1.0""珠江水质生物监测与评价技术"列入 2018 年度水利先进实用技术重点推广指导目录，"多级强化水体自净及水力调控的水处理工艺技术""微量有毒有机污染物在线监测技术""生产建设项目水土保持信息化监管系统"列入 2019 年度水利先进实用技术重点推广指导目录，"基于土壤侵蚀变化量的水土保持治理成效评价技术""生产建设项目水土保持信息化监管系统""农村水电站生态流量动态监管系统"列入 2020 年度水利先进实用技术重点推广指导目录。 （程中阳）

【执法监管】 2016—2020 年，珠江委持续推进《珠江水量调度条例》（以下简称《条例》）立法进程，强化水利政策研究顶层设计，全面做好部门规章和规范性文件清理工作；通过开展对水政监察人员的清理，积极推进水政监察队伍专职化；健全体制，加强水政执法基础配套设施等工作，切实完善执法体系建设；坚持常态化开展河湖巡查与执法检查。

1. 建章立制

（1）《条例》。2016 年，对《条例》草案进行修改与完善；召开《条例》专家咨询及讨论会。2018年 12 月，政策法规司主持召开工作会，对《条例》立法进行专题研究。2019 年，"起草完成《条例》（送审稿）"被列为水利部督办事项。立法成果材料于 4 月底报送水利部。2019 年 9 月 23 日，《条例》通过水利部召开的部长专题办公会。2019 年 10 月，珠江委与香港、澳门特区有关部门就《条例》立法的相关内容进行了充分的探讨交流并形成了座谈纪要。2019 年 12 月，组织完成了《条例》立法社会稳定风险评估报告并上报水利部。2020 年，向政法司提请将《条例》纳入 2020 年度立法工作计划。

（2）其他法规。2017 年，开展《珠江河口管理办法》和有关规范性文件的清理工作。2019 年，发布施行《珠江委行政执法公示制度（试行）》《珠江委行政执法全过程记录制度（试行）》《珠江委重大执法决定法制审核制度（试行）》《珠江水利委员会行政规范性文件合法性审核制度》。2020 年，编制《珠江水量调度执行程序和粤港澳大湾区水量调度协商制度研究报告》《珠江委水利政策研究项目规划(2021—2025 年)》《珠江委水法规建设规划（2020—2025 年)》，制定《珠江委水行政监督检查责任制度》《珠江委水政监察装备配置及使用管理办法》《珠江流域水行政联合执法巡查制度（试行）》，修订了《珠江水利委员会查处水事案件程序规定》，开展《百色水库管理办法》立法调研，提请将《右江百色库区管理办法》《韩江水量调度管理办法》《珠江河口管理条例》《西江大藤峡库区管理办法》纳入部立法规划。 （陈冬奕 肖桂秋）

2. 执法队伍建设 2016 年，根据《水利部办公厅关于组织开展流域机构水政监察人员清理工作的通知》要求，组织开展水政监察人员摸底排查、清理工作。组织开展珠江委水政监察员业务培训，邀请水利部政策法规司和湘潭大学法学院的专家、学者，就行政审批制度改革和行政执法中的行政强制进行专题授课。2017 年，对珠江委水政监察人员和证件情况进行梳理汇总，建立台账，申请办理、补

发、注销相关水政监察证件。2018 年，开展水政监察队伍专职化论证和调研工作，研究制定并向水利部上报水政监察队伍建设方案。2019 年，根据机构改革的情况，着手对水政监察队伍进行调整，开展水政监察人员水政监察证件注销和更新工作，进一步完善水政监察总队及各分支机构的架构与职责。开展了以水行政执法为主题的水政监察员业务培训。2020 年，开展水政执法人员教育培训，邀请委常年法律顾问进行专题授课，以涉及水利业务的行政诉讼案例为切入点，详细解读行政法实务。 （吕树明）

3. 执法体系建设 2016 年，按照水利部和广东省关于"七五"普法规划的部署和要求，制定并印发《珠江委水利法治宣传教育第七个五年规划》，为开展"七五"普法工作提供行动指南。成立珠江委"七五"普法工作领导小组。开展遥感监测系统、水政监察管理信息系统、执法案件统计系统整合工作，补充完善相关数据库。2017 年，完成 2013 年水政基础设施建设项目的竣工验收，做好 2014—2017 年水政基础设施项目的实施和验收准备工作，跟进 2018年水政基础设施项目前期工作。2018 年，完成2014—2017 年水政监察基础设施建设项目竣工验收，完成 2013—2018 年水政基础设施建设规划实施情况后评估，提出下一步规划需求。2020 年，编制完成《珠江流域水政监察基础设施建设（三期）可行性研究报告》。推进水行政执法管理工作平台建设，加大遥感、无人机、视频监控、移动终端等信息化监管手段在发现、制止、查处水事违法行为中的应用力度。 （黎嘉）

4. 执法监管 2016 年，开展贵港电厂、广东中山嘉明横门电厂等 10 多个项目的水资源管理制度落实情况监督检查。开展深圳、珠海及江门市涉水建设项目专项执法检查。开展广西黔江和郁江河段，云南红河干流、支流藤条江河湖管理专项执法检查。按照《水利部办公厅关于印发推行"双随机、一公开"监管工作方案的通知》（办政法〔2016〕204号），对开展执法事项"双随机、一公开"监管工作进行专题讨论和部署，提出了 2017 年监管工作执法事项的清单，建立检查对象名录库和执法检查人员名录库，编制实施细则。2017 年，开展珠江河口、主要干流和重要水库的河湖执法检查，完成对广东、广西河湖执法情况抽查。制定并印发《珠江委关于印发贯彻全国深化简政放权放管结合优化服务改革电视电话会议重点任务分工方案》。2018 年，派出 6 个工作组分赴滇黔桂粤琼五省（自治区）及珠江河口开展河湖执法及督查工作。利用卫星遥感，对珠江流域重点河段、河口和库区进行全面排查巡查，共巡查河

道约 3 500km，巡查监管对象 200 多个，出动执法人员 300 多人次，维护了正常的水事秩序。2019 年，出动执法人员 192 多人次，出动车辆 20 辆次；巡查河道约 192km，水域面积 1 440km²，巡查监管对象 90 个；现场制止 5 个。制定《珠江委关于河湖违法陈年积案"清零"行动工作方案》《珠江委河湖违法陈年积案查处方案》，积极有序开展河湖违法陈年积案"清零"工作。此外，联合广东省水利厅、广东省海洋与渔业厅对珠江河口管理范围内涉水建设项目开展执法检查，各单位执法人员协作配合，取得了良好成效，为今后开展联合执法提供了经验。2019 年 3 月，开展长江经济带生产建设项目水土保持监督执法专项行动，对云南、贵州开展现场督查。2019 年 12 月 10 日，联合广西壮族自治区河长办、柳州市人民政府依法对柳江河段涉河违法建筑拆除工作进行现场督办。2019 年 12 月 11 日，联合广东水利厅，开展了西江干流广西梧州至广东肇庆段的巡河执法工作。2019 年 12 月 17—18 日，联合广西相关水行政主管部门开展百色库区执法巡查，现场指导工作开展。2020 年，出动执法人员 1 050 人次、车辆 385 辆次、船只 32 航次，巡查河道长度 115 458km，水域面积 11 870km²，监管对象 2 543 个；现场制止违法行为 48 次。开展第三批次遥感监测排查，初步排查出疑似违法建设项目或水工程项目 75 处，并对部分项目进行现场复核。对上报水利部的 10 宗水事违法案件强化督促整改落实，案件全部按要求完成整改"清零"，共拆除河道管理范围内违法建筑物共约 4.6 万 m²，清理水域内堆渣填土约 67 万 m³。2020 年 4—5 月，组成 2 个调研组，对海南、广西两省（自治区）陈年积案"清零"行动情况进行调研。2020 年 4—7 月，组成 9 个工作组，对贵州、广西、广东、海南 4 省（自治区）的 10 个市（州）、19 个县（市、区）的 184 宗案件进行抽查复核。开展取水许可检查和涉水执法检查项目"双随机、一公开"监管工作，先后 3 次组织参加水利部组织的 2020 年度水利工程建设监理单位和甲级质量检测单位"双随机、一公开"抽查，共对云南、贵州、广东、海南、重庆等 5 省（直辖市）的 17 家单位开展抽查。派员参加水利部和司法部的工作组，对山西省 4 个市、8 个县（市、区）以及黄委在晋单位开展案件抽查复核，完成 30 个疑似违法问题和已结案案件的野外复核，形成成果提交水利部政法司。

（马灿）

【水文化建设】 2016—2020 年以来，珠江委立足流域水利实际，扎实推进水文化宣传教育工作，积极组织"引进来、走出去"水情教育活动，大力强化节水、爱水、惜水、护水意识，带动社会公众共建幸福珠江；有力提升水文化宣传水平，与主流媒体、地方媒体、行业媒体协同联动，专题宣传亮点纷呈；不断丰富水文化宣传形式和内容，创新水文化宣传产品，传播效力显著增强，为珠江水利改革发展营造了良好的舆论氛围。

1. 水情教育 2016 年 5 月 25 日，开展水情教育"走进校园"活动，向华阳小学、龙口西小学分别赠送《百问江河》《滴滴传奇》等一批水情教育读本和水利公益电视片等音像资料。2017 年 3 月，珠江水利大厦一楼公众开放区正式建成开放，助力打造以幸福珠江为主要目的的公益性科普教育基地。依托公众开放区开展水情教育，组织华阳小学高年级学生百余人参观学习，并发放《水之问》读本。2018 年 3 月，依托公众开放区开展以节水为主题的水情教育活动，组织广州华阳小学、龙口西小学多个班次学生到开放区参观学习。2019 年 3—4 月，依托公众开放区开展节水主题宣传活动，邀请广州华阳小学、五一小学师生及社会各界人士来访参观。联合广州市龙口西小学、华阳小学、小北路小学、南宁市清川小学分别开展"坚持节水优先 推进绿色珠江建设"校园科普教育活动。2020 年 11—12 月，依托公众开放区，联合信息时报社邀请 30 多名小记者开展"走进母亲河"宣教活动。 （陈光存）

2. 水事专题 2016 年 5—6 月，与中央人民广播电台华夏之声联合出品《我们的珠江》十集系列广播节目，该节目围绕"绿色珠江——绿源、绿廊、绿网、绿景"四大格局，选取云南、贵州、广西、广东及香港、澳门等地具有代表性、全局性的水利工作进行采访报道。2018 年 11 月，以"绿色珠江"为主题，与水利部宣传教育中心联合开展"美丽中国·水视角"公益摄影宣传活动，组织作家、摄影家、记者到流域云南、广西、广东等地进行现场创作，生动全面展现"绿源、绿廊、绿网、绿景"四大格局，并甄选作品印制"生态优先 绿满珠江"宣传画册，弘扬珠江水文化。2018 年 12 月，"建设绿色珠江宣传教育活动"荣获 2018 年第四届中国青年志愿服务项目大赛节水护水志愿服务与水利公益宣传教育专项赛铜奖。2019 年着力打造"五个一"专题宣传，即一部宣传片、一系列专题展、一系列媒体宣传、一个专栏、一本专刊，全方位多角度展现珠江水利改革发展取得的成就。一部宣传片：《守护绿色珠江 共建美丽湾区》，通过高清航拍影像、档案视频图片和优质动画效果，以防洪安全、供水安全、生态安全为主线，全面展示珠江治理保护取得的成就，充分展现珠江水利人励精图治、奋发有为的精神面貌。一系列专题展：以图文并茂方式，制作珠江水利改革发展、大藤峡工程、百色水利枢纽、珠江水利委员会、珠江水利科学研究院水利科技成果、珠江设计公司发展成果等5个专题展览86块展板，在线上线下同步展出。一系列媒体宣传：在中国水利报刊发《守护绿色珠江 共建美丽湾区——新中国成立70年珠江水利改革发展成就综述》《珠江委：栉风沐雨著华章》等报道，在中国水利杂志刊发《风雨华夏70载 潮起珠江谱新篇》；在珠江水利网开设《风雨华夏70载、潮起珠江40年》专栏，设置综合报道、系列图片展、图说成就等栏目，多角度宣传珠江水利改革发展的生动实践。一本专刊：《人民珠江》杂志出版《珠江委成立40周年特辑》，选取刊发文章20篇，全面展示流域水利科技亮点。2019年12月，总结宣传15年水量调度工作成效，策划制作《千里送清泉 砥砺续华章》专题展览和微信公众号图文。水利部官微刊发《你知道澳门回归祖国20年，但你或许不知道这件事已经做了60年》，中国水利网刊发《有你真好，引以为"澳"》，中国水利报刊发《水润莲开 情满珠江——珠江枯水期水量调度15周年回眸》。中新社、新华社、南方日报、澳门日报、澎湃新闻等媒体多次刊发转载《珠江枯水期水量调度15周年 千里送清泉滋养澳门》《澳门甘霖│内地澳门供水合作：从千里应急调水到常态化保障》等报道。2020年11月，联合中国水利报社开展"幸福珠江行"采访活动，前往广西桂平、梧州，广东珠海、佛山、广州等地，深入水利工程现场，访问水库移民、沿岸百姓和水利专家，宣传流域水旱灾害防御、枯水期水量调度、粤港澳大湾区水安全保障等工作，展现水利助力珠江流域人民共建美好家园、共享幸福生活的生动实践。人民日报、中新社、中国网、南方日报、羊城晚报、中国水利报等10余家媒体参加，刊发《如何保障粤港澳大湾区水安全？珠江委这样谋划》等整版头条报道20余篇。 （袁建国 张媛）

【信息化工作】 2016—2020年，不断落实落细智慧河湖管理要求，开展珠江流域河湖管理信息化顶层设计，建立完善珠江流域水资源监控系统和河湖督查系统，不断完善河湖动态监管技术，为流域河湖管理监督检查提供必要的信息基础和有力的技术支撑。

1. 信息化顶层设计 2019—2020年，编制完成《珠江委网络安全和信息化顶层设计》《珠江委"十四五"网信建设实施方案》，从顶层谋划珠江流域河湖管理信息化，构建河湖管理数字化场景，扩展河湖管理保护专业模型，覆盖河湖管理督查的查、认、改、罚全过程。2020年12月，编制完成《智慧珠江工程可行性研究报告》并报送水规总院审查，为进一步提升流域河湖管理能力奠定了前期工作基础。

（甘郝新 何虹）

2. 水资源监控 2016—2019年，在完成国家水资源监控能力建设项目（2012—2014年）基础上，完成国家水资源监控能力建设项目（2016—2018年）建设，基本建成比较完善的珠江流域水资源监控系统。通过与水利部、流域内相关省（自治区）水资源监控管理信息平台的互联互通，提高了珠江流域取用水、水功能区、重要饮用水水源地以及大江大河省界断面的水量与水质监测能力，完善了水资源监控管理信息平台功能，深化了水资源管理业务应用。

（甘郝新 何虹）

3. 河湖督查 2019年9月，珠江委河湖督查平台开发完成并上线运行。平台包含PC应用和移动应用两部分，PC应用主要用于后台管理和权限控制，移动应用主要用于现场督查。检查过程中可实时拍照、录音、录像和记录现场问题，检查完成后可对检查结果进行统计、上报并生成多维度报表。珠江委河湖督查平台有效简化了督查过程，规范了督查流程，提高了督查工作效率。 （甘郝新 何虹）

4. 河湖动态监管 2019—2020年，河湖"天地一体化"动态监管技术研发完成并投入使用。该技术是基于多尺度遥感、GIS、移动App、无人机、空间定位、快速测绘、互联网、多媒体等技术应用的信息化集成，可实现对河湖督查问题的快速发现、准确定位和动态监管。

（陈高峰）

5. 科技成果 2016—2020年，在水文和水土流失监测、洪涝监测智能化等领域获中国专利优秀奖2项、国家发明专利授权6项，12项技术成果列入水利部水利先进实用技术重点推广指导目录。2016年，声波水位计装置获第18届中国专利优秀奖。2017年，声波雨量计装置获第19届中国专利优秀奖。2017年3月，"无人测控船及无人测控系统"获发明专利。2018年10月，"一种线性调频连续波雷达水位遥测装置及方法""一种水土保持综合治理土壤侵蚀变化量实时定量监测方法"获发明专利。2018年12月，"一种自记式不同含沙量水流流速测定装置及测定方法"获发明专利。2020年3月，"高精度监测的水位仪"获发明专利。2020年5月，"城市内涝积水监测方法、装置、设备及存储介质"获发明专利。"ZJ.YDJ-01型水联网智能遥测终端机""水利工程动态监管系统"列入2016年度水利先进实用技术重点推广指导目录，"声波式遥测水位计 DW. YWS - 1"
列入 2017 年度水利先进实用技术重点推广指导目
录，"DW. YJS - 1 型声波遥测雨量计""水下地形智
能勘测船"列入 2018 年度水利先进实用技术重点推
广指导目录，"ZJ. LDSWJ - 01 型雷达水位计""水
位流速流量监测一体化装置""采砂动态监管系统"
"农村水电站生态流量动态监管系统"列入 2019 年
度水利先进实用技术重点推广指导目录，"一体化内
涝监测设备""水利工程动态监管系统 V1.0""珠江
流域片枯季遥感旱情监测系统"列入 2020 年度水利
先进实用技术重点推广指导目录。　　　　（程中阳）

| 松花江、辽河流域 |

【流域概况】

1. 自然地理　松辽流域地处我国东北部，行政
区划包括黑龙江省、吉林省、辽宁省和内蒙古自治
区东部三市一盟以及河北省承德市的一部分，流域
总面积 123.5 万 km^2。流域地貌特征为西、北、东
三面环山，南临黄海、渤海，中南部为广阔的辽河
平原和松嫩平原，东北部为三江平原，山地与平原
之间为丘陵过渡地带，以河流为界与俄罗斯、朝鲜、
蒙古接壤。

2. 河流水系　松辽流域分为松花江、辽河两大
水系，主要有松花江、额尔古纳河、黑龙江、乌苏
里江、绥芬河、图们江、辽河、鸭绿江以及独流入
海河流等。松花江北源嫩江，河长 1 370km；松花
江南源，河长 958km。两江于三岔河口汇合后称松
花江干流，河长 939km。流域面积 55.5 万 km^2，流
经内蒙古、黑龙江、吉林 3 省（自治区）。辽河发源
于河北省境内七老图山脉的龙头山，全长 1 345km，
流域面积 22.1 万 km^2，流经河北、内蒙古、吉林、
辽宁 4 省（自治区）。松辽流域国境界河总长
5 200km，中国侧流域面积 39.8 万 km^2，包括额尔
古纳河、黑龙江、乌苏里江、绥芬河、图们江、鸭
绿江等 15 条国际河流和 3 个国际界湖。独流入海河
流 60 余条，流域面积 6.1 万 km^2。第一次全国水利
普查流域面积 1 000km² 以上河流 321 条、1km² 以
上湖泊 552 个。

3. 气候水文　松辽流域处于北纬高空盛行西风
带，有明显的大陆性季风气候特点，为温带大陆性
气候，春季干燥多风，夏秋温湿多雨，冬季严寒漫
长，降水年际变化很大，且连续丰枯交替发生。流
域多年平均年水资源总量 1 953 亿 m^3，占全国水资

源总量的 7%，其中地表水资源量 1 642 亿 m^3，地下
水 669 亿 m^3，地表水与地下水不重复量为 311 亿 m^3。
地表水可利用量为 730 亿 m^3，平原区地下水可开采
量 314 亿 m^3。松辽流域人均、亩均年水资源量为
1 615m^3、416m^3，分别为全国平均值的 79% 和
26%。流域水资源时空分布不均，降水主要集中在
6—9 月，多年平均年降水量为 300～1 200mm，2/3
年水资源量为汛期径流量。在空间分布上，松花江
流域相对丰富，辽河流域短缺，周边国境界河水资
源量较内陆河流丰富。

4. 社会经济　松辽流域是我国重要的重工业、
石油、粮食、木材基地，在国民经济发展中占有举
足轻重的地位。流域内耕地面积 3 127 万 hm^2，占
全国总耕地面积的 26.1%，拥有世界三大黑土区之
一的东北平原黑土带。三江平原、松嫩平原和辽河
平原地势平坦，土质肥沃，具有良好的农业开发条
件，粮食产量占全国的 25%。流域总人口 1.2 亿人，
地区生产总值近 6 万亿元，形成以哈尔滨市、长春
市、沈阳市、大连市为核心的松嫩平原经济圈和辽
中南经济圈，以辽河平原、松嫩平原和三江平原为
中心的粮食生产基地。　　　　　　　　　　（侯琳）

【河长制湖长制工作】

1. 河湖长制工作组织体系　2017 年 3 月，成立
松辽委推进河长制工作领导小组和技术协调小组，
研究解决推行河长制工作重点难点问题；2018 年 4
月，更名为松辽委推进河长制湖长制工作领导小组
和技术协调小组，调整组成人员。

2. 河长制工作部署　2017 年 4 月，召开松辽委
河长制工作推进会暨专题讲座，部署松辽委推行河
长制重点工作，围绕河长制工作方案制定、督导检
查、监督监测等方面开展专题辅导。2017 年 5 月，
印发《松辽委全面推进河长制工作方案》，明确推行
河长制工作总体要求、工作目标、组织领导、主要
任务及保障措施。

3. 河长制协作机制　2017 年 8 月，制定《松辽
流域省级河长制办公室联席会议制度》，协调解决河
长制工作中存在的问题；组织在吉林省长春市召开
松辽流域河长制工作推进会，会议通报内蒙古、辽
宁、吉林、黑龙江 4 省（自治区）推行河长制工作
情况，交流研讨推行河长制工作经验，推动流域河
长制工作顺利开展。

4. 河长制中期评估核查　2018 年 1 月，参加
水利部、环境保护部联合组织开展的全面建立河长
制工作中期评估核查工作，完成核查报告上报水
利部。

5. "一河（湖）一策"方案编制协调指导 2018 年 2—4 月，开展松辽流域省际边界湖泊现状和省际边界河流"一河一策"方案编制情况调查，梳理省际边界河流名录。2018 年 5 月，召开流域省界河湖"一河（湖）一策"方案编制工作座谈会，交流方案编制工作经验，明确方案编制原则和要求，制定《松辽流域省界河湖联系人通讯录》，加快推进流域省界河湖"一河（湖）一策"方案编制及审批工作。

6. 河湖长制督导检查 2017 年 3 月，制定《松辽委全面推行河长制工作督导检查制度》，明确全面推行河长制工作督导检查目的、内容、时间安排、工作方式等。2017—2018 年，先后 5 次赴流域 4 省（自治区）开展河长制实施情况督导检查；2018 年 6 月，牵头完成对湖南、广东、广西、海南 4 省（自治区）河长制实施情况暗访督查。检查前均编制《松辽委推行河长制湖长制工作督导检查方案》，明确检查工作要求，检查结束后均印发"一省一单"督导检查意见，督促指导有关地方河长制工作落实，促进流域 4 省（自治区）2018 年年底全面建立河湖长体系。

7. 示范河湖验收 按照《水利部办公厅关于开展示范河湖建设的通知》（办河湖〔2019〕226 号）要求，2020 年 11 月，编制松花江佳木斯段（黑龙江省）示范河湖验收工作方案，组织召开验收会议并通过验收，在流域内打造全国示范河湖建设样板。

8. 直管水库河长制工作 指导察尔森水库管理局成立推进河长制工作领导小组、制定工作方案，梳理库区管理保护问题纳入地方"一河（湖）一策"方案，完成水库划界确权项目建设；指导嫩江尼尔基水利水电有限责任公司编制《尼尔基公司推进河长制工作任务分工表》，明确推进河长制工作目标任务。完成察尔森水库和尼尔基水库河道管理范围划定工作。

9. 河湖长制宣传培训 2017 年 4 月，在松辽水利网站开设《松辽流域全面推行河长制湖长制》专题网页，总结提炼各地好的经验和做法，推动河长制湖长制工作信息共享。2017—2018 年，赴太湖局和江苏省、江西省以及长江委、珠江委调研河长制工作情况 2 次，学习交流流域机构和地方经验做法。2016—2020 年赴流域有关省（自治区）和定点扶贫地区进行 5 次辅导培训，交流河湖督查重点、"清四乱"典型案例、涉河项目管理等，推动河湖长制工作落实。

（徐志国 尹斯琦）

【水资源保护】

1. 水资源刚性约束 明确地表水、地下水可用水量管控指标，推动建立覆盖省、市、县的流域区域可用水量管控指标体系。严格建设项目水资源论证和取水许可管理，2016—2020 年共受理取水许可申请 46 项，批复取水许可 67 项，开展 76 项取水工程验收，完成 97 项取水许可证核发、延续及换发工作，发挥水资源在项目建设布局中的刚性约束作用，抑制不合理用水需求。

2. 主要跨省江河水量分配 先后启动松辽流域 18 条跨省江河流域水量分配工作，已有 16 条跨省江河流域水量分配方案获得国家批复，霍林河和浑江 2 条跨省江河水量分配方案均已通过水利部技术审查待批。

3. 生态流量（水量）管理 制定印发松花江南源和东辽河生态流量保障实施方案。编制完成松花江干流（佳木斯以上）等 10 条重要跨省江河生态流量保障实施方案，相应河流生态流量（水量）保障目标由水利部批复。联合生态环境部松辽流域生态环境监督管理局完成 2 次重要河流生态流量（水量）保障情况监督检查，全面推动生态流量（水量）管理落地生效。

4. 取水口专项整治行动 2020 年，组织对省、市、县三级水行政主管部门 1 021 名相关人员进行技术培训，完成 1 113 个取水口现场监督检查和省（自治区）成果复核，完成松辽流域取用水管理专项整治行动核查登记工作。全面梳理排查审批权限河道内用水和非常规水源等其他用水户，实现松辽委审批权限内 171 个取用水户整改提升工作全覆盖，建立问题整改台账，督促 3 个取用水户完成问题整改，有效规范取用水行为。

5. 内蒙古西辽河流域"量水而行"监管 2020 年成立松辽委西辽河"量水而行"领导小组，制定监管方案和年度任务清单，开展 5 批次水资源管理专项监督检查和 3 批次河湖管理检查，实现内蒙古西辽河流域 19 个县级行政区监督检查全覆盖；组织召开西辽河流域"量水而行"以水定需研讨会、工作推进会，推动强监管纵向延伸。开展内蒙古西辽河平原区地下水控制管理分区划分等 5 项专题研究，为落实强监管工作提供科学支撑。积极推动西辽河水资源统一调度，内蒙古自治区通过组织实施 2 次水量调度，共向西辽河干流河道下泄生态水量 3 700 万 m^3，首次实现西辽河干流近 20 年来生态流量下泄。

6. 节水顶层设计 指导流域各省（自治区）建立用水效率控制指标体系。在重要跨界河流综合规划、水量分配以及各类专项规划中，科学设定各项用水指标。强化用水定额管理，对辽宁、吉林、黑龙江省行业标准用水定额及其应用执行情况进行全面评估，提出修订意见，扎实推进三省用水定额整改提升。

7. 节水型社会建设 以县域为单元，大力推动流域节水型社会建设，辽宁、吉林、黑龙江3省113个县（市、区）建成节水型社会建设达标县（市、区），完成了2020年北方各省40%以上县级行政区达到节水型社会标准的建设目标。积极探索流域农业节水管理，深入各省（自治区）调研，开展松辽流域农业节水对策研究。高质量完成松辽委机关及委直属事业单位节水机关建设。加大节水宣传教育力度，在"世界水日""中国水周"等重要节点，举办短视频展示、绘画、海报设计大赛和志愿服务等节水护水宣传系列活动。

8. 节水"全过程"监管 2016—2020年，开展节水方面的各类监督检查6次，涉及33个地级市、70个县级行政区，辽宁、吉林、黑龙江3省地级市覆盖率约92%。"事前"严格执行节水评价制度，从源头把好节水关，做好节水评价登记和对地方节水评价工作的检查指导；"事中"以钢铁生产、宾馆、高校等用水大户为重点，着力加强计划用水和用水定额管理指导；"事后"积极配合做好节水考核，开展节约用水监督检查。

9. 饮用水水源地安全保障 组织开展松辽流域48个全国重要饮用水水源地安全保障达标建设抽查评估，系统总结水源水量、水质、监控、管理等方面存在的问题，形成5份年度评估报告上报水利部，确保流域全国重要饮用水水源地三年一轮抽查全覆盖。开展松辽流域41个地级以上城市193个饮用水水源地基本情况调查，组织重要缺水城市饮用水水源水量安全保障评估。结合2019年水资源管理和节约用水监督检查工作，完成辽宁、吉林、黑龙江3省6个全国重要饮用水水源监督检查，有力规范地方各级人民政府和相关管理单位依法履职。

（郭映 季叶飞 胡俊）

【水域岸线管理保护】

1. 重要河道岸线保护与利用规划 2018年编制《松辽流域重要河道岸线保护与利用规划任务书》，2019年1月通过水利部批复。2019年7—11月，赴流域相关省（自治区）15个市（县），开展现场查勘、基础资料收集和河道地形测量等前期基础工作。2020年3—8月，编制完成《松辽流域重要河道岸线保护与利用规划》，经过技术咨询、征求流域各省（自治区）人民政府意见后报水利部待批。岸线规划范围为嫩江干流那都里河口至三岔河口段、松花江南源干流丰满水库坝下至三岔河口段、松花江干流三岔河口至哈尔滨市段、老哈河干流省际界河段、东辽河干流二龙山水库坝下至福德店段、辽河口盘锦市段；河道总长度2 021.78km，岸线总长度4 409.46km，划分了保护区、保留区、控制利用区和开发利用区，长度分别为1 461.93km、1 728.10km、1 062.93km和156.50km。2019年11月，对黑龙江省松花江等16个河湖岸线保护与利用规划成果提出反馈意见。

2. 重要河段河道采砂管理规划 2018年11月，编制《松花江、辽河重要河段河道采砂管理规划任务书（2021—2025年）》，2019年6月通过水利部批复。2020年5—9月，编制完成《松花江、辽河重要河段河道采砂管理规划（2021—2025年）》，经过技术咨询、征求流域各省（自治区）人民政府意见后报水利部待批。规划范围为嫩江那都里河口至三岔河口段、松花江干流丰满以下至三岔河口段、松花江三岔河口至拉林河口段、东辽河二龙山水库坝下至福德店段、老哈河叶赤铁路桥至赤通铁路段、拉林河磨盘山水库坝下至河口段、洮儿河苏林至洮儿河大桥河段；规划60个可采区面积33.41km^2，13个禁采河段长746.3km，可采区和禁采区以外的区域设定为保留区。2018—2019年，对流域河湖采砂专项整治行动开展情况进行督导检查，对黑龙江省松花江等12条河流采砂规划成果提出反馈意见。

3. 河湖管理监督检查 2019—2020年，派出63个工作组次共211人次，运用河湖管理督查系统、河湖遥感平台、无人机等，对内蒙古、辽宁、吉林、黑龙江4省（自治区）43个设区市1 716个河湖的2 653个河段湖片进行暗访督查，发现"四乱"问题713个，通过河湖管理督查系统下发问题并跟踪整改，实现了流域1 000km^{2}以上河流和1km^{2}以上湖泊督查全覆盖。对流域4省（自治区）河湖"清四乱"专项整治排查的22 945个问题进行跟踪督导，2019年10—11月，对纳入"不忘初心、牢记使命"主题教育中专项整治的823个问题进行书面督查和现场暗访抽查，对纳入纠正河湖"四乱"突出问题专项整治的374个问题开展重点核查；2020年11月，对"清四乱"专项行动延期整改的30个问题进行全覆盖检查，促进流域4省（自治区）2020年年底完成问题整改率达99.9%。2020年11月，对水利部"清四乱"进驻式暗访督查发现辽宁省和内蒙古自治区（松辽流域片）的142个问题进行跟踪督导，对流域4省（自治区）2020年自查自纠的3 238个"四乱"问题进行抽查检查。2016—2020年，对领导批示、群众举报、媒体报道等发现的11个重点"四乱"问题调查核实，持续改善流域河湖面貌。

4. 涉河建设项目管理 2016—2020年，依法依规受理涉河建设项目洪水影响评价类审批申请128项，准予水行政许可128项，并在松辽水利网进行公示；开展2次涉河项目审批许可情况调研，会同流域各级水行政主管部门开展9次涉河建设项目联合执法检查，实地察看河湖现场40余处，对6项不满足批复要求的建设项目下达整改通知并跟踪整改落实。2017年11月，开展涉河建设项目影响防治与补救措施研究，提出典型补救措施方案。2018年11月，完成松花江吉林市段桥梁工程冲刷深度计算成果验证分析研究，为涉河桥梁项目审批提供参考依据。2019年10月，梳理松辽委直管河段湖片和水利部授权审查河段内建设项目情况，提出审查权限修改建议上报水利部。

（潘望 蒋美彤）

【水污染防治】

1. "三个清单"监管 实行水功能区、入河排污口和重要饮用水水源地"三个清单"管理，将流域21%的水功能区、40%规模以上入河排污口和全国48个重要饮用水水源地纳入重点监管范围。围绕落实最严格水资源管理制度的水功能区限制纳污红线，制定流域重要水功能区水质达标考核名录和评价技术细则，完成年度水功能区限制纳污红线考核和指标核算，协助开展水功能区限制纳污红线考核。开展省界缓冲区巡查和重要入河排污口水质水量监督性监测，完成流域入河排污口调查摸底与规范整治专项行动督导检查，印发流域入河排污口年度监测计划，编制入河排污口优化布设指导意见。执行省界水质会商通报制度，及时向有关省（自治区）通报水质超标情况，督促指导有关省（自治区）改善流域水质状况。

2. 重大突发水污染事件处置 2020年3月28日，黑龙江省伊春市鹿鸣矿业有限公司尾矿库4号溢流井发生泄漏，尾矿砂进入依吉密河（呼兰河一级支流），引发重大生态环境事件。为及时有效应对事故，按照水利部党组指示，松辽委保质高效完成污染团前进跟踪预测、污染处置现场协助指导等工作任务，累计组织6次会商，编报事故情况日报13期、总结和分析报告3份，为水利部了解掌握事态变化和指挥决策提供了重要依据。为减轻事故对水环境造成的影响，组织开展应急处置工作分析和呼兰河流域水污染事故影响评估工作，联合黑龙江省水利厅编制完成《"3·28"伊春鹿鸣矿业尾矿库泄漏事故应急处置工作分析报告》《依吉密河、呼兰河干流水生态评估工作方案》《依吉密河、呼兰河干流"3·28"伊春鹿鸣矿业尾矿库泄漏事故影响评估

报告》。

3. 水污染防治能力建设 建成突发水污染应急移动业务应用平台和水资源应急管理系统，实现水污染应急信息和监测数据网络共享，以及应急接警、预警响应到预警结束全过程数字化管理。做好突发水污染事件应急值守和季度、重大节假日零报告工作，组织开展年度突发水污染事件应急演练和应急处置培训。修订《松辽委应对突发水污染事件应急预案》，制定《松辽委应对重大突发水污染事件工作办法》，根据机构改革实际情况，与生态环境部松辽流域生态环境监督管理局签订《松辽流域跨省河流突发水污染事件联防联控协作框架协议》，联合开展松辽流域汛期跨省（自治区）突发水污染事件会商，共同分析研判流域水生态环境风险。

4. 黑臭水体治理清淤疏浚调研 2019年8月，赴辽宁、吉林、黑龙江3省开展城市黑臭水体治理清淤疏浚情况调研，现场踏勘了9个具有代表性的黑臭水体治理清淤疏浚项目，指导地方科学实施清淤疏浚，改善河流生态环境。

（胡俊 徐志国）

【水环境治理】

1. 松辽水系保护领导小组工作 组织召开松辽水系保护领导小组第八次工作会议和各支流水系污染防治工作会议，印发《"十三五"时期松辽水系保护工作指导意见》《松辽水系保护领导小组工作规则》《松辽水系保护领导小组专家咨询委员会章程》，进一步加强对重要支流水功能区、入河排污口、饮用水水源地巡查工作的指导。与原环保部东北督察中心建立合作机制，增强部门联动，联合开展执法检查和巡查，流域水资源保护与水污染防治工作不断融合。

2. 流域水环境监测 全面加强流域水功能区监管，对89个水功能区监测断面、20个国境界河监测断面和452个地下水监测点进行年度水质监测及评价，实现流域省界缓冲区监测全覆盖，开展省界等重要断面水质状况月度会商，按月发布《松辽流域省界缓冲区及其他重要水功能区水资源质量状况通报》，为水资源保护管理和考核提供重要依据。构建以流域中心为核心，以分中心、自动监测站、共建共管实验室为支撑的水环境监测网络，全面完成11个分中心"七项制度"考核，强化共建共管实验室和水质自动站运行管理。

3. 水环境治理基础工作 2018年，编制完成《松花江区水资源保护规划（2016—2030年）》《辽河区水资源保护规划（2016—2030年）》，系统规划设计未来一段时期的流域水资源保护工作。完成流

域部分省界及重要水功能区断面界碑和水质监测断面标识碑设立。开展嫩江重要省界缓冲区融冰期水质监督性监测工作调研，实地巡查省界河段沿岸生态环境状况，初步分析融冰期水质安全隐患。探索开展浑江流域藻类监测工作。

（胡俊）

【水生态修复】

1. 河湖健康评估　2016—2020 年，开展流域河湖健康评估，调查监测河湖健康状况，分析河湖健康问题，提出河湖保护对策，编制完成松花江干流（三岔河口至同江）、辽河干流（福德店至双台子河口）、嫩江（南翁河口至尼尔基水库坝址）、诺敏河干流、呼伦湖 5 个河湖健康评估报告，逐步形成松辽流域重要河湖健康状况台账。

2. 水生态文明城市建设　全面完成流域两批 11 个水生态文明城市试点建设验收，包括第一批的辽宁省大连市、丹东市，吉林省吉林市，黑龙江省哈尔滨市、鹤岗市；第二批的吉林省长春市、延边朝鲜族自治州、白城市，辽宁省铁岭市，黑龙江省牡丹江市，内蒙古自治区呼伦贝尔市。在铁岭市、大连市等地开展水生态文明城市试点建设工作调研，加大经验总结和推广力度，充分发挥试点建设对流域水生态文明建设的辐射和带动作用。

3. 水生态修复与补偿　开展水生态修复有关规划及科研工作，编制诺敏河、绰尔河等 8 条重要支流、国境界河规划环评及辽河口综合整治规划环评等。推进松辽流域水资源承载能力监测预警机制建设，编制地级和县域行政区水质要素评价报告。完成公益性行业科研项目松花江流域河湖连通特征及修复技术研究、水利部"948"项目水生态风险监控系统技术引进以及松原地区地下水特征污染物风险评价、大兴安岭山区典型河流背景值研究等科研工作，为促进流域水生态保护与修复提供技术支撑。编制完成松辽流域水流生态保护补偿方案、石头口门水库生态补偿方案，为流域生态补偿机制建立提供支撑。

4. 水土流失治理　编制完成《东北黑土区侵蚀沟治理专项规划（2016—2030 年）》《东北黑土区侵蚀沟综合治理技术指南》。开展东北黑土区水土保持复式地埂技术研发与应用、黑土地保护与水土流失治理评估调研等调查与研究工作。完成 6 个国家级重点防治区 88.77 万 km² 的水土流失动态监测工作，并汇总松辽流域监测成果。组织国家水土保持重点工程督查 7 次，对流域 4 省（自治区）73 个县 99 个项目实施情况进行督查，提出问题 147 个，规范工程建设实施。督促部管生产建设项目建设单位落实水土流失防治主体责任，连续 5 年实现监管全覆盖，累计书面检查项目 436 个、现场检查项目 97 个、无人机技术调查项目 74 个，推进 34 个项目完成水土保持设施验收。2018—2020 年，连续 3 年发布生产建设项目水土保持方案实施情况公告。2019—2020 年，连续 2 年开展辽宁、吉林、黑龙江生产建设项目水土保持监管履职督查，规范地方水行政主管部门的监管工作。

（胡俊　韩祖光）

【执法监管】

1. 队伍建设　按照水利部工作部署，以提升执法能力和信息化水平为重点，组织实施松辽委水政监察基础设施建设项目，购置水政监察船 3 艘，建设水行政执法码头 1 座、执法趸船 2 艘、重点区域实时监控工程 1 项、执法巡查监控工程 1 项、遥感遥测监控工程 1 项。组织编制《松辽委水政监察队伍执法能力建设规划（2020—2025 年）》，编制完成《松辽委水政监察基础设施建设（三期）可行性研究报告》。制定松辽委行政执法"三项制度"，修订松辽委行政执法文书，推行统一文书格式，为严格规范流域执法不断夯实制度基础。适时开展水政监察执法人员清理工作，调整水政监察人员队伍，核发证件，杜绝无证执法。每年定期举办松辽委依法行政培训班，加强业务培训，提高水政执法人员业务能力，并将培训范围扩展至流域 4 省（自治区），促进提升流域水政执法工作水平。

2. 执法监管　制定年度水行政执法工作计划，开展执法活动，自 2017 年水行政执法统计直报系统启用以来，平均每年巡查河道长度 7 976km、巡查水域面积 2 029km²、巡查监管对象 300 余个、出动执法人员 631 人次、车辆 191 台次、船只 38 航次、现场制止违法行为 37 次，切实强化行政许可的后续监督管理，完善执法监督检查的长效机制。加大水事违法行为查处力度，对察尔森水库库区内 3 起违法修建建筑物的水事违法行为立案查处，拆除违法建筑物 3 000 余 m²，有效震慑库区违法建设及其他水事违法行为。2019 年 9 月，开展河湖执法及陈年积案"清零"行动，采取"四不两直"方式，对流域 4 省（自治区）8 个市 29 件案件进行专题调研和抽查复核，督促各地扎实开展水行政执法工作。

3. 法制宣传　全面推动"谁执法谁普法"普法责任制落实，坚持全员普法，把普法融入到依法治水管水工作的各环节和全过程。组织制定印发《松辽委法制宣传教育第七个五年规划》和年度普法依法治理工作要点，在"国家宪法日""宪法宣传周""安全生产月"等重要时间节点，利用网络媒体、微信集赞、创意短视频等形式，开展普法主题教育活动，面向松辽委职工和社会公众进行广泛宣传，努力营造良好法制舆论氛围。

（张鹤）

【水文化建设】

1. 水利科普宣传　充分利用"世界水日""中国水周""中国科普周""宪法日"等重要宣传契机，组织志愿者深入社区、走上街道、走进学校，开展水利科普宣传等各类公益活动，受到社会公众广泛欢迎。

2. 关爱山川河流系列活动　组织青年职工走近嫩江、黑龙江，深入了解尼尔基水利枢纽、卡伦山水文站等水利工程，充分发挥青年主力军的带动引领作用，推动全社会增强保护好、利用好流域江河的思想自觉和行动自觉。

3. 节水护水志愿服务行动　组织干部职工投身节水护水志愿服务行动，在2020年第五届中国青年志愿服务项目大赛中，松辽委"新时代护水人"活动项目荣获大赛银奖。

4. 最美水利人　松辽委水文局（信息中心）任宝学同志荣获第一届、第二届"最美水利人提名奖"，先进事迹得到广泛宣传，激发了广大干部职工的使命感和责任感，在松辽委形成"学好人、做好人"的良好氛围。

5. 母亲河保护　开展"保护母亲河"系列生态公益活动，2017年，参加团中央联合环境保护部、水利部等多部委组织的第八届"母亲河奖"，松辽委志愿服务队荣获"绿色团队奖"荣誉称号。

（王勇　赵可）

【信息化工作】

1. 涉河项目管理系统　2016年3月，开展松辽流域省（自治区）边界河流审查范围界定项目建设，对跨省（自治区）河流勘查确界和边界河流审查范围界定，进行现场勘查调查，绘制流域图及省界区域图；开发松辽流域省（自治区）边界河流查询系统，录入准予许可的河道管理范围内建设项目信息，实现河流基本信息与各类涉河建设项目数据的查询、分析、统计功能，夯实河湖信息化管理基础。

2. 取水许可信息化　2020年12月，开展取水许可证照电子印章申领、人员身份认证、公文交换系统升级等工作，向内蒙古大雁矿业集团有限责任公司颁发首张取水许可电子证照，松辽流域取水许可审批进入数字化电子证照时代。

3. 松辽委"水利一张图"　2019年启动松辽委"水利一张图"系统开发工作，已将河湖管理范围、重要河道岸线保护与利用规划、采砂规划、涉河建设项目审批、监督检查等河湖管理业务和空间数据纳入松辽委"水利一张图"的建设内容，系统建成后将提升松辽流域河湖管理信息化能力。

（徐志国　郭映　刘媛媛）

| 太湖流域 |

【流域概况】

1. 自然概况　太湖流域及东南诸河（以下简称"太湖流域片"）地处我国东南部，总面积28.2万km²，行政区划涉及江苏省、浙江省、上海市、福建省、安徽省、台湾省等省（直辖市）。太湖流域位于长江三角洲南翼，北抵长江，东临东海，南滨钱塘江，西以天目山、茅山等山区为界，行政区划分属江苏省、浙江省、上海市、安徽省，面积3.69万km²。流域内河流纵横交错，水网如织，湖泊星罗棋布，是典型的平原水网地区。水面积5551km²，约占15%，其中太湖水面积2341km²。河道总长约12万km，河道密度每平方公里3.3km，水面面积1km²以上的湖泊有123个。东南诸河位于我国东南沿海地区，包括浙江省大部分地区（不含鄱阳湖水系和太湖流域）、福建省的绝大部分地区（不含韩江流域）、安徽省黄山市、宣城市的部分地区和台湾省，面积24.5万km²（以下内容不包含台湾省）。区域内地貌特征以山地、丘陵为主。河流众多，一般源短流急，独流入海，流域面积1000km²以上的主要有钱塘江、闽江、椒江、瓯江、甬江、晋江、九龙江等河流。

2. 社会经济　2020年，太湖流域片总人口15777万人，占全国总人口的11.2%；地区生产总值（GDP）189208亿元，占全国GDP的18.6%；人均GDP 12.0万元。其中太湖流域总人口6755万人，占全国总人口的4.8%；地区生产总值99978亿元，占全国GDP的9.8%；人均GDP 14.8万元，是全国人均GDP的2.1倍。

（李昊洋　邓越）

【河长制湖长制工作】

1. 指导流域片河湖长制工作　2016年12月，太湖局印发《关于推进太湖流域片率先全面建立河长制的指导意见》（太管建管〔2016〕252号），明确流域片率先全面建立河长制的工作要求、总体目标和主要任务。2017年6月印发《太湖流域片河长制"一河一策"编制指南》（太管建管〔2017〕116号），

2017 年 7 月印发《关于深化太湖流域片湖泊河长制工作的指导意见》（太管建管〔2017〕145 号），2018 年 8 月印发《太湖流域片河长制湖长制考核评价指标体系指南》（太管建管〔2018〕145 号），在不同阶段为流域片各地全面推行河湖长制工作提供具体指导。2020 年 6 月，太湖局会同江苏省、浙江省、上海市河长办联合向长三角生态绿色一体化发展示范区青浦、吴江、嘉善两区一县印发《关于进一步深化长三角生态绿色一体化发展示范区河湖长制　加快建设幸福河湖的指导意见》（太湖河湖〔2020〕86 号），提出建立联合河长制、打造跨界样板河湖等新目标，全面深化河湖长制组织体系、进一步协同落实河湖长制各项任务等新举措，为示范区打造河湖长制示范标杆、加快建设幸福河湖提供指导。

2. 建立太湖淀山湖湖长协作机制　2018 年 11 月，太湖局联合江苏省、浙江省在江苏省宜兴市召开太湖湖长协作会议，建立太湖湖长协作机制，对跨省湖泊湖长协作开展了先行探索。水利部副部长魏山忠，江苏省级、浙江省级太湖湖长等出席会议。2019 年 12 月，联合江苏省、浙江省、上海市（以下简称"两省一市"）在浙江省长兴县召开太湖淀山湖湖长协作会议，将位于长三角生态绿色一体化示范区核心区域的流域第二大省际湖泊淀山湖纳入跨省湖泊湖长协作范畴，拓展建立了太湖淀山湖湖长协作机制。水利部副部长魏山忠，江苏省级、浙江省级太湖湖长，江苏省级、上海市级淀山湖湖长等出席会议。太湖淀山湖湖长协作机制由江苏省级、浙江省级太湖湖长，江苏省级、上海市级淀山湖湖长以及太湖局主要负责同志共同担任召集人，长三角区域合作办公室、两省一市河长办、沿湖地区及主要出入湖河道河湖长共同参与，统筹推进太湖、淀山湖及其主要出入湖河道和周边陆域的综合治理和管理保护，促进跨区域、跨部门重大问题的解决。协作机制下设办公室，由太湖局和两省一市河长办共同组成，承担日常工作，由两省一市河长办实行轮值，每年一换。截至 2020 年年底，协作机制已实现常态化运作，推动落实了跨界河湖协同治理、联合"清四乱"、水环境综合治理信息共享、水生植物（蓝藻、水葫芦等）联合防控等一批治理管护任务。

3. 开展河湖长制交流宣传

(1) 流域性交流平台。2017—2020 年，太湖局先后组织召开 7 次流域片河长制现场交流会，不同地区、不同层级的河湖长及河长办人员参加会议，总结经验、交流体会，一大批经验做法得到推广。

(2) 知识竞赛及社会实践。2017 年 6—7 月，太湖局联合江苏省、浙江省、上海市、福建省、安徽

省河长办举办"太湖杯"河长制知识网络竞赛，近 3 万人参与答题；7—8 月联合清华大学等高校开展大学生暑期社会实践，发动青年投身志愿服务，宣传河湖长制，太湖流域片关注河湖长制、爱水护水的氛围愈发浓厚。

(3) 编制宣传材料。2018 年 3 月太湖局发布《太湖流域片率先全面建立河长制》蓝皮书，以及《全面推行河长制湖长制——太湖流域片在行动》宣传册，2019 年 1 月出版《河长制湖长制实务——太湖流域河长制湖长制解析》工具书。

（王逸行　邓越）

【水资源保护】

1. 加强水量分配管理

(1) 江河流域水量分配。2018 年，太湖局完成太湖、新安江等跨省江河流域水量分配，明确流域内太湖、望虞河、太浦河等重要河湖河道内、外分配水量，督促指导地方将水量分配方案逐级分解至市、县。开展太湖、新安江流域年度水量分配和调度计划管理。

(2) 生态流量（水位）管控。2019 年，太湖局全面启动跨省江河湖泊生态流量（水位）管控工作。2020 年，印发太湖、黄浦江、新安江生态流量（水位）保障实施方案，会同相关省级水行政主管部门、地方人民政府和枢纽工程管理单位开展生态流量（水位）保障协商协作，推动建立了日监测、月评估、年考核、应急处突的生态流量管控工作模式。

(3) 取用水管理。2019—2020 年，太湖局组织完成太湖流域片取用水管理专项整治行动，对 1 666 个取水工程进行现场抽查检查，制作完成核查登记"一张图"，全面摸清取水工程"家底"，实现太湖流域片取水户登记管理全覆盖，绘制流域取水工程"一张图"。优化取用水管理服务，采用"视频会议＋企业承诺"方式对直管取水户开展水资源论证审查、节水评价、取水设施核验、延续取水评估等工作，切实为企业减负。2020 年 10 月印发《取水许可管理内部工作规定》（太湖办发〔2020〕26 号），建立健全太湖局取用水管理制度体系。

(4) 最严格水资源管理制度考核。太湖局完成2016—2020 年最严格水资源管理制度考核监督检查工作，助推浙江省、江苏省"十三五"实行最严格水资源管理制度，成绩突出获国务院通报表扬。

2. 推进节水型社会建设

(1) 县域节水型社会达标建设。2018—2020 年，太湖局累计完成 128 个县域节水型社会达标建设复核及"回头看"，及时约谈不达标县区，指导督促问

题整改，总结归纳县域节水型社会达标建设经验做法和典型模式，分类指导县域节水型社会达标建设，助推江苏省、浙江省、上海市提前两年完成国家节水行动方案要求的 2022 年目标任务。

（2）节水载体复核。2020 年，太湖局完成江苏省、浙江省、上海市、福建省 9 870 个省级节水载体复核，完善节水载体名录库。

（3）节水型机关（单位）建设。太湖局先后荣获国家公共机构水效领跑者、国家节约型公共机构示范单位、水利行业节水机关、上海市节水型单位等称号。太湖局水文局（信息中心）、事业中心成功创建上海市节水型单位，太湖局苏州管理局成功创建水利行业节水机关。

3. 严格节水标准评估和节水评价

（1）用水定额评估。2019—2020 年太湖局完成江苏省、浙江省、上海市、福建省用水定额周期修订成果动态评估，持续完善节水标准体系，及时将评估意见报部。2020 年创新开展江苏省、浙江省、上海市用水定额一致性评估，促进经验交流和借鉴，指导推动区域用水定额制修订。

（2）节水评价。2019 年太湖局建立节水评价登记台账制度，累计完成 4 个规划和建设项目节水评价审查，规范节水评价。2020 年 3 月编制印发《开展规划和建设项目节水评价工作方案》（太湖办发〔2020〕11 号），规范节水评价审查。

（孙志　徐进　王潇潇　赵晓晴）

【水域岸线管理保护】

1. 岸线规划　2016—2018 年，太湖局组织江苏省、上海市及所属苏州市、青浦区等地方水利和交通部门开展《太湖流域淀山湖岸线利用管理规划》编制工作，划定了淀山湖岸线边界线及岸线功能区，提出了保护管控要求，规划成果于 2018 年 12 月上报水利部。2019—2020 年，组织江苏省、浙江省、上海市及所属苏州市、无锡市、常州市、湖州市、嘉兴市、青浦区等地方水利和交通部门开展《太湖流域重要河湖岸线保护与利用规划》编制工作，划定了太湖、太浦河、望虞河岸线边界线及岸线功能区，提出了保护管控要求，规划成果于 2020 年 10 月上报水利部并通过审查。

2. 涉河建设项目审批及监管　2016—2020 年，太湖局共审批了 23 个涉河建设项目。每年均对已批涉河建设项目开展日常监管和专项督查，发现问题及时要求建设单位整改，加强跟踪督办，维护良好水域岸线利用秩序。2018 年 3 月印发《关于进一步加强涉河建设项目监督检查的意见》（太管建管

〔2018〕43 号），进一步明确太湖局内部监督检查要求。2019 年 9 月印发《关于细化京杭运河等省际边界河道管理范围内建设项目审批范围的通知》（太湖河湖〔2019〕178 号），进一步明确有关省际边界或跨省河道太湖局审查范围。

3. 河湖管理监督检查　2018 年，太湖局组织开展河长制暗访工作，对浙江省、上海市、福建省进行暗访督查。2019—2020 年，逐年组织对浙江省、上海市、福建省开展河湖管理监督检查工作，检查范围覆盖所有设区市和规模以上河湖（流域面积 1 000km² 以上的河流、水面面积 1km² 以上的湖泊），对发现的河湖问题加强督办和指导整改。

4. 太湖、太浦河、望虞河"清四乱"情况跟踪检查　2018 年，太湖局组织对太湖、太浦河、望虞河等流域重要河湖"清四乱"工作开展跟踪检查，形成疑似"四乱"问题清单，通报相关省（直辖市）河长办。2019—2020 年，每年均开展 2 轮跟踪检查，指导督促清单内问题整改。

5. 河湖"四乱"问题重点核查抽查　2019 年 11 月，太湖局组织对江苏省、江西省河湖台账内"四乱"问题整改情况开展重点核查，共核查 31 个问题。2020 年 12 月，组织对浙江省、上海市、福建省上报的自查自纠河湖"四乱"问题开展抽查，共抽查 202 个问题，发现的整改不到位问题，经督促后已整改到位。

6. 重点河湖问题现场调查　2016—2020 年，太湖局会同相关地方水行政主管部门，先后赴浙江省玉环市、诸暨市、温岭市、义乌市，福建省福清市，安徽省黄山市等地对群众举报、媒体曝光的问题进行现场调查核实，督促指导问题整改。2019—2020 年，持续跟踪督促长江经济带生态环境警示片中涉及太湖流域的 6 个问题的整改。

（王啸天　李昊洋　邓越　姚星）

【水污染防治】

1. 加强重要河湖及水功能区管理

（1）重要河湖水量水质同步监测。2016—2020 年，太湖局逐月组织开展太湖、淀山湖、元荡等以及 22 条主要入太湖河道和省界河流水质水量同步监测，编发太湖流域重要水体水资源监测报告。

（2）水功能区水质监测、评价及资料整编。2016 年，太湖局编制印发《太湖流域与东南诸河水功能区水质监测及评价工作方案》，指导省（直辖市）水文部门进一步加强水质监测，实现太湖流域及东南诸河全国重要水功能区全覆盖监测。

（3）水功能区资料整编。2016—2018 年，太湖

局组织开展太湖流域与东南诸河水功能区年度水质监测与资料整编，太湖流域 108 个重点水功能区水质达标率由 2016 年的 56.5% 上升至 2018 年的 66.7%［根据《地表水资源质量评价技术规程》（SL 395—2007）进行评价，参评水质指标 20 项］，380 个重要江河湖泊水功能区水质达标率由 2016 年的 63.4% 上升至 2018 年的 82.0%（以高锰酸盐指数、氨氮两项指标评价）。

2. 加强入河排污口管理 2016—2018 年，太湖局每季度组织开展入河排污口监督性监测，编制发布《太湖流域重要入河排污口监督性监测简报》。2016 年参与编制《长江经济带沿江取水口、排污口和应急水源布局规划》，后由水利部印发。2017 年，会同长江委开展长江经济带入河排污口专项检查，对太湖流域片范围内江苏省、浙江省、上海市和安徽省约 1 500 个规模以上入河排污口开展现场核查。核定规模以上入河排污口 857 个，并完成重点复查 25 个。2018 年 1 月和 7 月，组织完成江苏省、浙江省、上海市长江入河排污口整改提升第一轮、第二轮督导工作。

2018 年国务院机构改革后，相关职能划转至生态环境部。2019—2020 年，生态环境部组织开展了长江入河排污口排查整治专项行动，江苏、浙江、上海两省一市组织对长江干流及主要支流两侧岸线向陆地一侧延伸 2km、太湖湖堤轴线外延 2km 范围内排污口开展排查整治。同时，两省一市生态环境部门和生态环境部太湖流域东海海域生态环境监督管理局按照《关于做好入河排污口和水功能区划相关工作的通知》（环办水体〔2019〕36 号）要求，做好入河排污口设置管理工作。

3. 跨省河湖突发水污染事件联防联控 2016—2017 年，针对太浦河、红旗塘水质异常等情况，太湖局及时启动应急响应，组织开展现场调查、应急监测和调度，保障饮用水源地供水安全。2017 年 8—9 月、2020 年 6 月，为缓解太湖贡湖水体异常现象，组织实施引江济太应急调水，保障贡湖重要水源地供水安全。2020 年 7 月，与生态环境部太湖流域东海海域生态环境监督管理局签订了《太湖流域跨省河湖突发水污染事件联防联控协作机制》，研究制定了《应对突发水污染事件工作方案》（太湖办发〔2020〕21 号）。

4. 推进省际边界地区水葫芦联合防控 2018—2020 年，太湖局牵头协调组织江苏省、浙江省、上海市省、市、县有关水利（水务）厅（局）和河长办，上海市的绿化和市容管理局，共同开展省际边界地区水葫芦联合防控工作，建立了源头防治、末端

严防、过程监管、规范处置和联防联控的工作机制。每年 10 月下旬至 11 月上旬，牵头开展"清剿水葫芦，美化水环境"联合整治专项行动，连续 3 年实现了中国国际进口博览会期间"两个确保"的工作目标（确保黄浦江中心城区段、苏州河不出现水葫芦，米市渡断面以上和主要来水支流不出现水葫芦聚集现象；确保苏沪、浙沪省际边界主要河道、湖泊不出现成片水葫芦向下游输移现象）。

（成新 吴亚男）

【水环境治理】

1. 保障饮用水水源安全

（1）太湖流域与东南诸河区全国重要饮用水水源地安全保障达标建设评估。2016—2020 年，按照水利部力争 3～5 年实现一轮抽查全覆盖的工作要求，太湖局每年选取部分太湖流域与东南诸河区全国重要饮用水水源地开展 109 项全指标监督性监测，定期组织开展太湖、太浦河重要饮用水水源地水质、水生态监测。编报完成年度《太湖流域与东南诸河区全国重要饮用水水源地安全保障达标建设评估报告》和《"十二五"期间太湖流域片全国重要饮用水水源地安全保障达标评估报告》。太湖流域与东南诸河区 39 个全国重要饮用水水源地评估分数稳中有升，2018—2020 年评定等级全部为优。

（2）太湖流域重要饮用水水源安全风险管控。太湖局持续完善太浦河水资源保护省际协作机制，太湖和太浦河等重要饮用水水源地水量保证、水质合格，主要水质指标保持稳定，太湖连续 13 年实现国务院确定的安全度夏"两个确保"目标（确保饮用水安全、确保不发生大面积水质黑臭），太浦河连续 3 年未发生水源地水质异常事件。

2. 配合完成太湖流域水环境综合治理总体方案修编 2019 年 5 月，太湖局配合国家发展改革委、中国国际工程咨询有限公司开展太湖流域水环境综合治理实施情况评估工作，编制完成《太湖流域水环境综合治理总体方案（2013 年修编）实施情况咨询评估报告》。2020 年，开展太湖流域水环境综合治理总体方案（水利部分）修编工作，并配合国家发展改革委、中国国际工程咨询有限公司编制《太湖流域水环境综合治理总体方案（2021—2035 年）》。

3. 推进太湖流域重大水利工程建设 国务院批复的《太湖流域水环境综合治理总体方案》确定的流域水环境综合治理 21 项骨干工程，2016—2020 年，新孟河延伸拓浚工程、望虞河西岸控制工程、太湖流域水资源监控与保护预警系统、环湖大堤后续工程（含东太湖综合整治后续）、吴淞江工程（上海段）等

5 项工程开工建设，杭嘉湖地区环湖河道整治工程、太嘉河工程、扩大杭嘉湖南排工程、平湖塘延伸拓浚工程、苕溪清水入湖河道整治工程、望虞河西岸控制工程、新孟河延伸拓浚工程、新沟河延伸拓浚工程、太湖流域水资源监控与保护预警系统等 9 项工程陆续完工并投入使用。吴淞江（江苏段）整治工程可研、望虞河拓浚工程可研、太浦河后续工程总体方案编制完成，并已经水利部审查。截至 2020 年年底，流域水环境综合治理 21 项骨干工程中，17 项已完工，2 项在建，2 项正在推进前期工作，流域水环境综合治理骨干水利工程体系逐步完善。

4. 推动太湖流域水环境综合治理信息共享　2018 年 11 月长三角一体化发展上升为国家战略以来，太湖局率先打破信息壁垒，牵头推进太湖流域水环境综合治理信息共享工作。2019 年 5 月，在长三角区域大气污染防治协作小组第八次工作会议暨长三角区域水污染防治协作小组第五次工作会议期间，太湖局与江苏省、浙江省、上海市水利（水务）、生态环境厅（局）等共同签署了《太湖流域水环境综合治理信息共享工作备忘录》；9 月组织召开联席会议，研究制定了信息管理办法和平台维护制度；11 月，信息共享平台正式上线运行。平台首度实现了太湖流域水位、流量、水质、藻类、污染物排放量等 10 余类跨区域、跨部门涉水信息协同共享，成为"长三角水协作信息联通的首次破冰"。

（徐海洋　吴亚男）

【水生态修复】

1. 指导退渔（田）还湖规划编制　2019 年 11 月，太湖局印发《关于宜兴市太湖竺山圩退圩还湖专项规划审查意见》（太湖规计〔2019〕238 号）。2020 年 2 月，江苏省人民政府以《关于宜兴市太湖竺山圩退圩还湖专项规划的批复》（苏政复〔2020〕15 号）批复该规划。2020 年 6 月，江苏省水利厅印发《关于宜兴市太湖竺山圩退圩还湖工程实施方案的批复》（苏水河湖〔2020〕11 号）。

2. 推动城乡水生态文明建设试点　2016—2018 年，太湖局先后完成两批次 12 个全国水生态文明城市建设试点的专家评估和行政验收工作（第一批分别为苏州市、无锡市、湖州市、宁波市和青浦区，第二批分别为温州市、嘉兴市、丽水市、衢州市、莆田市、南平市和闵行区）。2020 年，根据水利部安排组织完成对浙江省、福建省、海南省水系连通及农村水系综合整治试点县建设项目的督查工作。

3. 开展河湖健康评估　2016—2019 年，太湖局会同江苏省、浙江省、上海市水利（水务）厅

（局），逐年编制并发布太湖健康状况报告。2020 年，会同江苏省、浙江省、上海市水利（水务）厅（局）、河长办，以及中国科学院南京地理与湖泊研究所，共同研究完善太湖流域河湖健康评估体系，并编制太湖健康状况报告。2020 年，探索开展长三角生态绿色一体化发展示范区"一河三湖"（太浦河、汾湖、淀山湖、元荡湖）水生态评估，并编制淀山湖健康状况报告。

4. 开展水生植物监测　2016—2020 年，太湖局综合运用卫星遥感、视频监控、人工巡查等多种手段，开展太湖蓝藻水华和水生植物监测，及时掌握太湖蓝藻水华发生情况，并于 2020 年首次实现蓝藻水华与水生植物同步解析，逐年编制《太湖蓝藻水华与水生植物遥感调查报告》。持续完善太湖蓝藻水华短期预报模型，提高预报精度。2020 年 5 月，编制印发《应对太湖蓝藻水华工作方案》（太湖办发〔2020〕23 号）。

5. 推动水土流失治理　2016—2020 年，太湖局逐年开展流域片各省（直辖市）国家水土保持重点工程督查，现场督查 28 个项目县 38 个工程，2018 年开展 13 个工程"图斑精细化"监管。指导推动创建了 12 个国家水土保持示范县和生产建设项目。2018 年 1—2 月完成浙江省、上海市、福建省水土保持重点任务考核。2018 年 1 月印发《关于加快太湖流域片生态清洁小流域建设的指导意见》（太管水土〔2018〕22 号），推动流域片水土流失治理提质增效。至 2020 年年底，流域片水土流失率全国最低。

6. 开展人为水土流失监管　2016—2020 年，太湖局逐年开展部管生产建设项目全覆盖跟踪检查，2018 年完成 48 个项目"天地一体化"监管。2020 年 5 月，与流域片各省级水行政主管部门联合印发《太湖流域片部管生产建设项目水土保持协同监管办法》（太湖水保〔2020〕65 号），明确流域区域职责分工，完善协同监管程序，为首个流域区域联合出台的水土保持协同监管制度。2016—2020 年，逐年开展浙江省、福建省、上海市水土保持监管履职情况督查。2018 年完成长三角经济圈核心区 1.92 万 km^2 生产建设项目遥感监管。2018—2019 年完成长江经济带流域片内水土保持监督执法专项行动。

（吴亚男　徐海洋　臧贵敏　成新）

【执法监管】

1. 制度建设　2019 年 10 月，太湖局制定执法公示等"三项制度"实施方案。2020 年 1 月，完善太湖局执法制度体系，制定执法事项清单，建立水行政处罚裁量基准，修订职权分解、行政许可、水

事巡查检查 3 项工作制度，明确了执法职责分工、行政许可实施和水事巡查检查程序。同年 9 月，梳理《太湖流域管理条例》（以下简称《条例》）权责事项，编制权责清单并报水利部；12 月，制定太湖局行政执法工作规定，明确执法行为规范和执法资格证件、装备、案卷、考核等管理制度。

2. 流域区域协同执法 2016 年 5—12 月，太湖局会同江苏省、浙江省水政监察总队开展《条例》执法联合巡查，与江苏省水利厅开展太湖片执法会商，推进执法合作。2017 年 3—8 月，组织历时 5 个月的拉网式排查及流域与区域联合巡查。12 月，组织召开流域区域执法联席会议，协调推进重点案件查处。2019 年 9 月，牵头推动跨省联动执法，指导协调苏州市、湖州市联合行动，拆除江苏省、浙江省边界长期存在的渔民违法建筑 12 座；11 月，召开太湖流域江苏区域水行政执法联合巡查联席会议。

3. 重要河湖问题执法 2016—2020 年，太湖局依法查处太湖流域 4 起违法案件。2016 年 11 月中旬，立案查处并首次以涉嫌违反《治安管理处罚法》将 104 国道案件移送公安部门，持续督办并处以罚款 30 万元，2019 年 12 月下旬验收通过整改工程并结案。

4. 河湖专项执法及执法监督 2018 年 7 月，太湖局制定河湖执法行动方案（2018—2020 年），明确责任分工，将 10 余起重点案件列入执法行动方案名录，印发流域江苏省、浙江省、上海市河长办及水利（水务）厅（局）敦促查处。2019—2020 年，实施河湖违法陈年积案"清零"行动，2019 年自查案件实现"清零"，2020 年推动流域内完成陈年积案"清零"。作为水利部第九检查组完成对江苏省、浙江省河湖执法检查活动抽查。开展长江经济带违法项目等调查核实。2020 年 4—8 月，开展浙江省、上海市、福建省 13 个县（区）34 起案件"清零"抽查复核，跟踪促成 9 起案件整改；10—11 月，参加司法部、水利部黄河流域联合执法督查，完成甘肃省、青海省专项执法监督。

5. 河湖执法能力建设 2016—2020 年，太湖局逐年开展人员资格、证件审核管理、基层案件办理业务指导，以及以案释法、旁听庭审等培训活动。持续完善水政执法监控系统并推广应用。2019—2020 年，设立太湖局法律顾问接待室，为行政许可、政务公开、案件查处等提供法律咨询服务。2016—2020 年，逐年开展水政监察基础设施建设（二期），完成年度建设任务。2020 年 11 月，完成水政监察基础设施建设（二期）竣工验收。2020 年 9 月，水政监察基础设施建设（三期）可行性研究报告通过水

利部水规总院审查。

（付丹阳）

【水文化建设】

1. 筹建太湖水文化建设协作委员会、太湖水文化馆建设与管理委员会 2020 年，太湖局牵头，组织江苏省、浙江省、上海市及环太湖主要城市水利部门，筹建太湖水文化建设协作委员会，统筹推进太湖流域水文化建设。太湖局、苏州市人民政府、江苏省水利厅、苏州市吴中区人民政府、苏州市水务局、吴中区水务局、太湖水文化馆管理处、苏州太湖旅游发展集团有限公司共同筹建太湖水文化馆建设与管理委员会，统筹推进实施太湖水文化馆建设和管理工作。

2. 2018 年出版《太湖志》 《太湖志》综述了太湖流域水资源、河湖水系特征及变迁，着重记述了 1984 年太湖局成立至 2010 年流域综合治理、开发、利用、保护与管理工作，以及工程建设与管理、防洪除涝、水资源管理与保护等重点史实，对水利发展与改革各阶段的成就和经验教训进行记述。

3. 2020 年出版《太湖流域治水历史及其方略概要》 该书较为详尽地梳理了太湖及其周边主要水系的自然历史演变过程，总结回顾了流域治水历程，分析了不同历史时期的主要治水方略，并结合当代治水实践，梳理了流域治水理念的传承与发展脉络。

4. 建设太湖治理展示馆 2020 年，以太浦闸工程为载体，基本建成太湖治理展示馆，围绕"防洪保安全、优质水资源、健康水生态、宜居水环境、先进水文化"五要素，展陈了前言（建馆意义）、流域基本概况、古近代治水历史、现代治水成就以及展望未来 5 个部分内容。

5. 建设太湖水文化馆 2020 年 10 月，水利部魏山忠副部长主持召开部长专题办公会研究太湖水文化馆筹建有关工作，会议同意太湖水文化馆建设工作，明确要求水文化馆由太湖局和苏州市人民政府共建共管。同年 10 月下旬，太湖局与苏州市政府签订《太湖水文化馆共建共管协议》，明确太湖水文化馆的定位、功能和组织领导方式，联合流域内江苏省、浙江省和上海市，组织开展太湖水文化馆的建设筹备工作。

（武亚琪）

【信息化工作】

1. 太湖流域"水利一张图"建设 2018—2020 年，太湖局组织建设了太湖流域"水利一张图"，在集成流域片 103 980 条河流、901 个湖泊、1 113 个面状水库数据，以及各级行政区划、居民点、交通基础设施等信息的基础上，形成了 19 张专题图，实

现流域内多源、多尺度、多时空、多结构的要素图层数据整合。基本建成了集地图、数据、服务等资源于一体的综合地图资源平台和共享交互平台，形成了为太湖局及相关用户提供基础底图和水利专题图层服务的能力。

2. 太湖局河湖管理（河湖长制）信息系统建设　2019年，太湖局基本建成太湖局河湖管理（河湖长制）信息系统框架，设置水域岸线管理以及监督检查等功能模块，收集、整理、存储了河长制湖长制相关文件，太湖、望虞河、太浦河岸线边界线及功能区等数据，对太湖局批复的涉河建设项目以及发现的太湖、太浦河、望虞河"四乱"问题进行全过程跟踪管理。

3. 太湖流域水政执法监控系统建设　2020年，太湖局基本建成太湖流域水政执法监控系统，通过水政监察基础设施建设项目实施，持续完善水政监察遥感遥测监控、重点区域实时监控、水政监察巡查上报App、水政执法巡查监控等应用模块，搭建了数据看板，基本满足了遥感遥测、重点区域实时监控、移动执法巡查、任务管理、人员装备管理等全过程执法信息化业务需求。截至2020年年底，通过该系统，执行了367条巡查任务，上报了82件事件，所有水政监察员和执法装备实现信息化管理。

4. 太湖流域水资源保护系统建设　2019年，太湖局基本建成太湖流域水资源保护系统。系统基于太湖流域"水利一张图"，集成了太湖流域重要饮用水水源、重要省界水体（太湖、望虞河、太浦河、淀山湖、元荡等）及监测断面、22条主要入太湖河道、194口国家地下水监测井、614个水功能区的水质、藻类等监测、调查信息，以及重要水体蓝藻、水草、水葫芦等水生态视频监控、卫星遥感解译信息，实现了水质、水生态信息的统计、分析、管理、评价等功能。　　　　（王奇　戴逸聪　杨珊蓉　张莹）

十、地方河湖管理保护

Management and Protection of Regional Rivers and Lakes

| 北京市 |

【河湖概况】

1. 河流基本情况 北京市全部位于海河流域，流域面积 10km² 及以上的河流共计 425 条，河流总长度 6 413.72km。北京市河流分布在蓟运河水系 42 条、潮白河水系 138 条、北运河水系 110 条、永定河水系 75 条、大清河水系 60 条。其中：蓟运河北京境内流域面积 1 282km²，主河道长 54.15km；潮白河北京境内流域面积为 5 552km²，主河道长 259.50km；北运河北京境内流域包含北运河、温榆河两个流域，其中温榆河流域面积 2 518km²，河长为 97.50km，北运河流域面积 1 729km²，河长为 40.49km；永定河北京境内流域面积 3 152km²，主河道长 172.16km；大清河北京境内流域面积 2 177km²，河长为 43.98km。　　　　（田坤）

2. 湖泊基本情况 北京市共普查湖泊 41 个，分别位于东城区、西城区、朝阳区、丰台区、海淀区、房山区和大兴区 7 个区，湖泊水面面积共计 6.88km²，全部为淡水湖，最大湖泊是位于海淀区的昆明湖，水面面积为 1.31km²。　（王槿妍）

3. 水量情况 2020 年，北京市平均年降雨量为 560mm，比 2019 年降雨量 506mm 多 11%，比多年平均年降雨量 585mm 少 4%。全市地表水资源量为 8.25 亿 m³，地下水资源量为 17.51 亿 m³，水资源总量为 25.76m³，比多年平均水资源总量 37.39 亿 m³ 少 31%。全市入境水量为 6.61 亿 m³，比多年平均入境水量 21.08 亿 m³ 少 69%；出境水量为 15.66 亿 m³，比多年平均出境水量 19.54 亿 m³ 少 20%。南水北调中线工程全年入境水量为 8.82 亿 m³。全市 18 座大中型水库年末蓄水总量为 31.39 亿 m³。全市平原区年末地下水平均埋深为 22.03m，与 2019 年同期相比，水位回升 0.68m，储量增加 3.5 亿 m³。与 2015 年同期相比，累积回升 3.72m，储量增加 19 亿 m³。随着北京市不断加大地下水管控力度，多年来地下水水位连续下降的趋势得到遏止，从 2016 年起连续五年回升。　　　　（戴岚）

4. 水质情况 2020 年，北京市地表水体监测断面高锰酸盐指数年均浓度值为 4.08mg/L，氨氮年均浓度值为 0.34mg/L，较 2015 年分别下降 47.1% 和 94%。其中，Ⅰ～Ⅲ 类水质河长占监测总长度的 63.8%，Ⅳ 类、Ⅴ 类水质河长占监测总长度的 33.8%，较 2015 年分别增加 15.8 个和 26.3 个百分点；劣 Ⅴ 类水质河长占监测总长度的 2.4%，较

2015 年减少 42.1 个百分点。国家考核北京市的 25 个地表水断面中，Ⅰ～Ⅲ 类水体断面比例 68%，较 2015 年增加了 44 个百分点，无劣 Ⅴ 类断面，较 2015 年减少了 52 个百分点。密云水库等集中式地表水饮用水水源水质持续符合国家要求，地下水水质总体保持稳定，超额完成了"十三五"国家考核目标任务。　　　　（冯恺）

5. 水利工程基本情况 北京市现有水库 83 座，总库容 93.73 亿 m³。其中，大型水库 4 座，中型水库 17 座，小型水库 62 座。规模以上（5m³/s）水闸 532 座，其中，大中型水闸 76 座，小型水闸 456 座。堤防工程 1 479.44km。　　　　（康凯）

【重大活动】 2017 年 7 月 24 日，北京市委书记、市总河长蔡奇到平谷区督导检查河长制工作，提出治水要从治村抓起、保水要从保绿抓起、节水要从种植抓起、管水要从沿岸抓起。

2017 年 7 月 28 日，北京市水务局协同北京市人民政府新闻办公室组织召开北京市河长制新闻发布会，向社会发布和解读《北京市进一步全面推行河长制工作方案》。中央电视台、人民日报、北京电视台、北京日报、光明日报等 36 家媒体参加了此次新闻发布会。

2017 年 8 月 1 日，北京市召开全面推进河长制工作电视电话会议，北京市委副书记、代市长陈吉宁，市委副书记景俊海出席。会上，景俊海宣读了市级河长名单，北京市委书记蔡奇，市委副书记、代市长陈吉宁任市总河长，其他 15 位市领导分别担任市副总河长、主要水库和河湖水系的市级河长。

2017 年 8 月 4 日，北京市委书记、市总河长蔡奇实地调研密云水库蓄水和保水情况，提出上游保水、库区保水、护林保水、依法保水、政策保水。

2017 年 9 月 20 日，北京市河长制办公室组织召开第一次成员单位工作会，听取了本市河长制工作进展情况和下一步工作计划情况汇报，通报了《市纪委市监委关于对本市落实河长制开展监督检查情况的报告》，审议通过了会议、巡查、督导检查、信息报送、信息共享、验收办法等六项制度。

2017 年 9 月 28—29 日，北京市委副书记、市副总河长景俊海，北京市副市长、市副总河长卢彦带队赴海淀、丰台、朝阳现场拉练检查河湖水环境综合治理及河长制落实情况，并主持召开河长制工作现场推进会。

2017 年 12 月 1 日，十二届北京市委全面深化改革领导小组召开第五次会议，听取《北京市河长制工作督察报告》，指出河长制是治水责任制，也是长

效工作机制。要突出管水、治水、护水三个环节，管水要重点增强乡镇一级专业力量，治水要有截污治污工程措施并列入年度项目盘子，护水要靠发动群众，形成上下同责、专群结合、全社会参与的格局。北京市委书记蔡奇，市委副书记、代市长陈吉宁，市委副书记景俊海出席会议。

2018 年 6 月 1 日，北京市召开 2018 年河长制湖长制电视电话培训会，邀请水利部发展研究中心和北京市环保局围绕全面推进河长制湖长制、水污染防治工作进行培训。北京市河长制办公室成员单位，市纪委市监委，市检察院负责同志在市政府主会场出席会议。16 个区及所属乡镇、北京经济技术开发区管委会、市水务局设立分会场。区、乡镇、村级河长，市、区河长制办公室，各水管单位的相关负责同志及有关工作人员，共计 6 000 余人参加此次培训。

（卓子波）

【重要文件】 （1）2017 年 7 月 13 日，《北京市水务局关于印发〈北京市优美河湖评选管理办法〉的通知》（京水务建管〔2017〕153 号）。

（2）2017 年 7 月 17 日，《北京市水务局　北京市环保局关于印发〈北京市黑臭水体整治效果评估细则（试行）〉的通知》（京水务排〔2017〕122 号）。

（3）2017 年 7 月 19 日，《中共北京市委办公厅　北京市政府办公厅关于印发〈北京市进一步全面推进河长制工作方案〉的通知》（京办字〔2017〕12 号）。

（4）2017 年 7 月 24 日，《北京市机构编制委员会关于同意设置北京市河长制办公室有关事项的批复》（京编委〔2017〕23 号）。

（5）2017 年 7 月 24 日，《北京市机构编制委员会办公室关于同意市水务局增设河长制工作处的函》（京编办行〔2017〕186 号）。

（6）2017 年 7 月 27 日，《北京市水务局关于印发北京市河长信息公示牌设置标准的通知》（京水务建管〔2017〕180 号）。

（7）2017 年 9 月 20 日，《北京市公安局关于印发〈落实"河长制"加强河湖管理保护的工作方案〉的通知》（京公环食药旅字〔2017〕1293 号）。

（8）2017 年 10 月 1 日，《北京市公安局　北京市水务局关于河湖管理和保护联动执法机制的意见》（京公环食药旅字〔2017〕1347 号）。

（9）2017 年 11 月 17 日，《北京市河长制办公室关于印发〈北京市河长制"一河一策"方案编制指南（试行）〉的通知》（京河长办〔2017〕36 号）。

（10）2017 年 12 月 7 日，《关于印发〈北京市人民检察院　北京市水务局关于协同推进水环境水生态水资源保护工作机制的意见〉的通知》（京检发〔2017〕249 号）。

（11）2017 年 12 月 13 日，《北京市水务局　北京市环境保护局关于建立水环境联合执法检查工作机制的通知》（京水务法〔2017〕141 号）。

（12）2018 年 1 月 18 日，《北京市公安局　北京市水务局关于规范市区两级联合执法警务站建设的通知》（京公环食药旅字〔2018〕37 号）。

（13）2018 年 5 月 18 日，《北京市河长制办公室关于印发〈北京市 2018 年度优美河湖考核评定实施方案〉的通知》（京河长办〔2018〕55 号）。

（14）2018 年 5 月 21 日，《关于开展"清河行动"的通知》（北京市总河长令 2018 年第 1 号）。

（15）2018 年 8 月 9 日，《北京市水务局关于开展河湖"清四乱"专项行动的通知》（京水务河〔2018〕5 号）。

（16）2018 年 9 月 4 日，《北京市河长制办公室关于印发〈北京市在湖泊实施湖长制工作的实施方案〉的通知》（京河长办〔2018〕92 号）。

（17）2018 年 10 月 24 日，《北京市河长制办公室关于印发〈北京市河（湖）长职责（试行）〉等 3 项工作制度的通知》（京河长办〔2018〕97 号）。

（18）2018 年 11 月 30 日，《北京市水务局关于明确全市河湖"清四乱"专项行动问题认定及清理整治标准的通知》（京水务河〔2018〕9 号）。

（19）2019 年 1 月 11 日，《北京市河长制办公室关于印发〈关于完善水环境保护执法联动工作机制的意见〉的通知》（京河长办〔2019〕3 号）。

（20）2019 年 3 月 30 日，《关于开展 2019 年度"清河行动"的通知》（北京市总河长令 2019 年第 1 号）。

（21）2019 年 4 月 11 日，《北京市河长制办公室关于印发〈小微水体专项整治工作方案〉的通知》（京河长办〔2019〕19 号）。

（22）2019 年 5 月 23 日，《北京市河长制办公室关于印发〈北京市优美河湖考核评定办法（2019 年度）〉的通知》（京河长办〔2019〕21 号）。

（23）2019 年 12 月 24 日，《关于印发〈京津冀河（湖）长制协调联动机制〉的通知》[北京市河长制办公室、天津市河（湖）长制办公室、河北省河湖长制办公室]。

（24）2020 年 3 月 25 日，《北京市水务局关于印发河长制湖长制工作奖补资金项目管理暂行办法细则的通知》（京河长办〔2020〕13 号）。

（25）2020 年 4 月 1 日，《北京市河长制办公室关于深入推进河湖"清四乱"常态化规范化的通知》（京河长办〔2020〕14号）。

（26）2020年4月10日，《关于开展2020年度"清河行动"的通知》（北京市总河长令2020年第1号）。

（27）2020年4月28日，《北京市河长制办公室关于印发〈北京市引导市民安全文明游河专项行动工作方案〉通知》（京河长办〔2020〕18号）。

（28）2020年10月16日，《北京市河长制办公室关于印发〈北京市优美河湖考核评定办法（2020年度）〉的通知》（京河长办〔2020〕41号）。

（卓子波）

【地方政策法规】

1. 地方法规　2018年3月，修订后的《北京市水污染防治条例》第五条规定：本市市、区、乡镇（街道）建立河长制，分级分段组织领导本行政区域内河流、湖泊的水资源保护、水域岸线管理、水污染防治、水环境治理等工作。

2019年7月，修订后的《北京市河湖保护管理条例》第六条规定：市、区、乡镇、街道建立河长制，分级分段组织领导本行政区域内河流、湖泊的水资源保护、水域岸线管理、水污染防治、水环境治理等工作。本市河湖保护管理工作实行目标责任制和考核评价制度，上级人民政府应当加强对下级人民政府河湖保护管理工作落实情况的监督。

（卓子波）

2. 地方标准　2019年9月29日，发布《北京市河湖水系及水利工程标识标牌设置导则》。

2019年12月26日，发布《北京市河道分级管理维护作业标准（试行）》。

2020年3月25日，发布《水生生物调查技术规范》（DB11/T 1721—2020）。

2020年3月25日，发布《水生态健康评价技术规范》（DB11/T 1722—2020）。

【专项行动】

1. 清管行动　2019年，为持续打好"碧水攻坚战"，保障汛期防洪排涝安全，有效解决初期雨水冲刷携带污染物进入河湖造成的环境污染问题，北京市水务局3—5月在全市范围内组织开展了"清管行动"，针对中心城区、城市副中心、新城等重点区域以及重点河段汇水区范围内的雨污水管线，集中开展了清理整治和专项执法工作。专项行动累计清掏污染物3.4万 m³。经过2019年4月24日、5月17日、5月26日三次降雨检验，入河污染物较往年大幅减少，河湖水面无明显漂浮垃圾，初步实现了雨季"污染物不入河湖、水面无漂浮垃圾、水体不黑臭"的工作目标，为2019年"一带一路"国际合作高峰论坛圆桌峰会、世界园艺博览会、亚洲文明对话大会等重大活动提供了良好的水环境保障。

2020年，制度化巩固推进"清管行动"，源头治理，提前启动雨污错接混接排查整治；扩大清掏范围，从中心城区、城市副中心、新城、乡镇的公共雨水设施延伸到居住小区、机关大院、各类学校校园、医院以及企事业单位等专用雨水设施；加大违法案件查处力度，与北京市公安局环境食品药品和旅游安全保卫总队、环境监察、城管执法、属地乡镇（街道）等单位加强联合执法，形成城市排水设施违法使用处罚的高压态势，呈现出更早时间、更大范围、更大力度的特点。此次行动累计清掏污染物4.3万 m³，清掏的污染物总量较2019年增加26%，进一步减少污染物进入河湖。2020年5月21日下午15：00—17：00，全市发生短时强降雨天气（城区降雨量为15mm）。经巡查后发现，雨水口（雨箅子）排水畅通，河面无明显漂浮物垃圾。"清管行动"在"城市血管"清理中切实发挥了作用，有效减少了污染物进入城市河湖，为2020年全国"两会"提供了良好的水环境保障。

（华正坤）

2. 河湖专项执法　2017—2020年，北京市水务局连续开展河湖专项执法，严厉打击各类涉河湖环境违法行为，维护首都良好的水环境管理秩序。围绕社会关注的河湖乱占、乱建、乱排、乱倒、乱捕、乱种等热点难点问题，加强河湖监督管理，强化市区两级执法联动，加大执法检查力度，健全完善河湖执法巡查体系，联合公安、检察机关积极推进"两法衔接"，严肃查处各类水事违法犯罪行为，形成河湖水环境保护高压态势。

（赵洋）

3. 预防河湖水域溺水专项治理行动　2017年，针对野泳、钓鱼现象较多的水坑、塘坝等区域加强管理，采取增设警示标志，配备应急救生设施，增加巡查、看护和执法频次，加大对野泳行为劝导力度，预防河湖水域溺水事件发生。

（赵洋）

4. 引导市民安全文明游河专项行动　2020年4月印发《北京市引导市民安全文明游河专项行动工作方案》，首次在全市范围内开展引导市民安全文明游河专项行动，市有关部门、各区、有关单位及时分析研判易发生不文明及违法违规等问题的河湖，组织开展集中执法检查，及时向社会公布不文明及违法违规的游河行为，利用广播、新媒体、悬挂横幅等形式，加大宣传力度。"五一""端午""十一"假期期间，累计约有300万市民在热点河湖周边赏游。（卓子波）

【河长制湖长制体制机制建立运行情况】 全面建立四级河长责任体系，设立市、区两级总河长、副总河长，在永定河、潮白河、密云水库等15个流域设立市级河长，各河湖所在区、乡镇（街道）、村均分级分段设立河长。设置市、区、乡镇（街道）河长制办公室，市、区水行政主管部门主要领导担任同级河长制办公室主任，把公安、城管、园林等20多个单位作为市、区两级河长制办公室的成员单位，多部门协同治水。制定市、区河长制工作方案以及会议、巡查、监督、考核等配套制度，明确各级河长主要工作职责，推动各级河长履职尽责。推进市区两级审计机关在领导干部自然资源资产离任审计中，将河长制落实情况纳入对相关部门、相关区域的审计重点内容。2017年将各区河长制工作落实情况纳入市级环保督察，加强对破坏生态环境问题的责任追究。

（卓子波）

【河湖健康评价】 开展河湖健康评价，形成对五大水系重要水源地、湿地、河湖水系全覆盖的水生态监测站网体系。2016—2020年，连续开展水生态监测及健康评价工作，从水生态健康综合指数看，密云水库、怀柔水库等重点监测水体水生态健康状况呈持续向好态势。其中，2020年典型水体水生态监测共布设66个站点，涵盖48个水体，包括怀柔水库、密云水库等8个水库，圆明园福海、昆明湖等12个湖泊，白河大关桥、永定河三家店等7个山区河段，南护城河龙潭闸、通惠河高碑店闸等21个平原河段。监测结果显示，48个典型水体全部处于健康和亚健康等级，健康综合指数在72.55～95.95之间。其中处于健康等级的水体43个，占89.6%；处于亚健康等级的水体5个，占10.4%。处于健康等级的水体占比较上年上升16.2%。

（宿敏）

【"一河（湖）策"编制和实施情况】 北京市河长制办公室组织制定了《北京市河长制"一河一策"方案编制指南（试行）》。自2017年指导全市各流域和16个区滚动编制年度和三年"一河一策"方案，并组织实施。

（田坤）

【水生态空间管控规划】 2020年1月15日，在前期试点基础上，北京市水务局印发《北京市水务局关于开展水生态空间管控规划和水要素规划编制工作的通知》（京水务规〔2020〕3号）和《北京市河湖等水生态空间划定及管控规划技术指导（试行）》，正式启动北京市、区两级水生态空间管控规划编制工作。明确水生态空间管控规划是在管理范围、保护范围基础上，对现状河流等水域空间进行细化分区为"五线五区"，其中"五线"指五条水域岸线边界线，包括临水控制线、设计洪水淹没线、上开口线、管理范围线和保护范围线；"五区"指由五线划分形成的水域岸线功能区，包括河道主流区、滩地淹没区、滩地保护区、岸线管理区、岸线保护区。在水生态空间划定的基础上，根据国土空间规划调查资料，摸清各分区内现状用地情况，建立不同功能区内的用地情况等空间基础台账，并分析功能区范围内各类用地的关系，提出各类开发利用活动对水生态空间的占用和扰动的管控要求，形成一套空间划定成果、一本空间基础台账、一张空间底图、一套管控对策。同年，北京市水务局组织开展了永定河、潮白河、北运河、清河等市管河流的水生态空间管控规划编制，各区水务局组织开展区管试点河流规划编制工作。

（杨振宁）

【水资源保护】

1. 水资源刚性约束　深入研究水资源经济社会循环规律，制定出台《关于建立完善水资源"取供用排"统筹协同监管机制的实施意见》，构建水资源取、供、用、排协同管理，发挥水资源刚性约束作用。"十三五"期间，北京市严格落实最严格水资源管理制度，加强用水总量和用水强度"双控"，在全市经济总量增长44%的情况下，2020年用水总量40.61亿m^3，低于国家确定的46.58亿m^3目标。万元国内生产总值用水量由15.42m^3下降到11.25m^3，累计降低27%，农田灌溉水利用系数由0.71提高到0.75。

（王振宇）

2. 节水行动　贯彻落实国家节水行动，经北京市政府常务会、市委常委会审定通过，2020年10月9日中共北京市委生态文明建设委员会印发实施了《北京市节水行动实施方案》（京生态文明委〔2020〕5号），从总量强度双控、农业节水增效、公共服务降损、绿化节水限额、工业节水减排、建筑节水控量、教育节水引导、非常规水挖潜、节水载体创建和科技创新引领等十个方面提出了26项具体措施，引导全社会科学用水，带动全社会建立节水型生产生活方式、促进水与经济社会协调发展。

（贾晓丽）

3. 生态流量监管　按照《水利部关于做好河湖生态流量确定和保障工作的指导意见》和重点河湖生态流量保障目标工作要求，结合北京市各河道湖泊生态水量保障能力现状，2020年，确定了北护城河、清河、十三陵水库、昆明湖为北京市第一批生态流量保障重点河湖名录，并组织相关单位制定生态水量保障实施方案，全面保障生态流量。为加快永定河全流域自然生态恢复，在国家发展改革委、水利部和山西、河北等省支持下，自 2019 年起，开始实施万家寨引黄向永定河生态补水。2019 年，官厅水库全年向下游生态补水 3.4 亿 m^3，境内永定河 76％河段、约 130km 河道实现"有水的河"，40 年来山峡段首次不断流。2020 年，北京市在总结 2019 年生态补水工作的基础上，统筹永定河流域调度安排和北京段综合治理与生态修复工程需要，组织实施春、秋、冬三季补水。全年官厅水库向永定河北京段补水总量 3.2 亿 m^3，永定河北京段时隔 25 年再次实现全线通水。

（王振宇）

4. 全国重要饮用水水源地安全达标保障建设 积极开展水源地安全保障达标建设各项工作，对纳入全国重要饮用水水源地名录的 8 个水源地开展安全保障达标建设评估，评估结果全部合格，其中 7 个水源地评分为优。

（王振宇）

5. 取水口整治 按照水利部的统一部署，北京市水务局制定印发《北京市取用水管理专项整治行动实施方案》。北京市人民政府主管副秘书长主持召开"落实最严格水资源管理制度做好取用水管理专项整治行动部署会"，全面启动取用水管理专项整治行动。通过召开新闻通报会，在《北京日报》《北京晚报》《北京青年报》《新京报》等传统媒体以及形式多样的自媒体等渠道发布《致全市取水户一封信》，加大全社会宣传动员力度。截至 2020 年年底基本完成全市取水口登记工作，登记审核率达到 100％。

（王振宇）

6. 水量分配现状和规划 积极配合水利部海河水利委员会做好跨省河流水量分配工作。自 2011 年水利部组织开展全国主要江河流域水量分配工作以来，北京市积极参与海委拒马河、蓟运河、潮白河和北运河等 4 条河流的水量分配方案工作。

（王振宇）

【水域岸线管理保护】

1. 河湖管理范围划界情况 按照水利部要求，2019 年北京市水务局组织各相关区完成全市规模以上河湖（流域面积 1 000km² 以上的河流、水面面积 1km² 以上的湖泊）管理范围划定和公告，包括河流 11 条 [沟河、潮白河、潮河、温榆河、北运河、妫水河、永定河（山峡以下段）、琉璃河、黑河、汤河，怀河（怀柔水库以上段）]，湖泊 1 个（昆明湖）。2020 年，北京市水务局组织各相关区完成全市 102 条规模以下河流（列入全国水利普查成果，流域面积 50～1 000km²），全国水利普查名录以外 213 条

河流、18 个湖泊（流域面积 50km² 以下河流，水面面积 1km² 以下湖泊）的管理保护范围划定和公告。

（杨振宁）

2. 四乱整治情况 自 2018 年，北京市将"清河行动"与河湖"清四乱"专项行动相结合，开展岸线综合整治，深入推进河湖"清四乱"常态化规范化。截至 2020 年年底，累计整治"四乱"台账问题 1 418 个，清理乱堆 200 万 m^3、乱建 93.1 万 m^2。

（卓子波）

【水污染防治】

1. 排污口整治 在完善制度方面，印发《入河排污口分类分级管控技术指南和入河排污口设置审批通知》，按照"查、测、溯、治、管"思路，推动建立"水环境-入河排口-污染源"精细化管理体系。在清理整治方面，在 2020 年完成全市第二次全国污染源普查排查的 751 个排污口整治的基础上，统筹推进全市入河排污口清理整治工作。在项目实施方面，争取中央资金支持朝阳、丰台、房山、大兴、通州等区入河排污口整治管理，确保工作顺利推进。

（赵博生）

2. 工矿企业污染 组织全市开展污水处理厂、重金属排放单位，COD、氨氮排放量较大行业和废水未纳入市政管网企业等涉水行业专项执法检查。

（赵博生）

3. 城镇生活污染 坚持源头防控、溯源治污、系统治理和综合整治，切实把保护改善水环境质量放在突出位置，不断扩大水环境容量空间。2016 年起，针对城镇地区管网建设短板、农村地区污水治理问题，实施第二个三年治污行动，重点推进解决城乡接合部地区、重要水源地村庄和民宿旅游村污水治理问题。2019 年又接续实施第三个三年治污行动，以合流管网溢流污染和面源污染治理、农村污水收集处理、小微水体整治为重点，推进水环境治理由城镇地区向农村地区延伸，由解决集中点源污染向分散点源和削减面源污染延伸，由黑臭水体治理向小微水体整治延伸，由注重工程建设向更加注重运行管理转变，着力补短板、强监管，持续改善水环境质量。"十三五"期间，全市新建再生水厂 26 座，升级改造污水处理厂 8 座，万吨以上污水处理厂处理能力达到 688 万 m^3/d，全市污水处理率提高到 2020 年的 95％，城镇地区基本实现了污水全收集、全覆盖、全处理。

（张祎）

4. 畜禽养殖污染 北京市政府办公厅印发《北京市推进畜禽养殖废弃物资源化利用工作方案》（京政办发〔2018〕24 号），建立了由北京市农业

农村部门、北京市生态环境部门牵头，相关部门参与的畜禽养殖废弃物资源化利用工作协调机制，严格落实畜禽规模养殖环评制度、健全畜禽养殖污染监管制度、落实属地管理和规模养殖场主体责任制度，将畜禽养殖污染防治从"重治理"向"重利用"转变，促进种养循环农业发展。市、区农业农村部门监督指导养殖场建立畜禽粪污资源化利用台账，充分利用农业农村部规模养殖场直联直报信息系统做好资源化利用情况跟踪监测和监督检查。2020年年底，全市规模养殖场粪污处理设施装备配套率达到100%，畜禽粪污综合利用率达到95.02%。

（黄斌）

5. 农业面源污染　以节肥、节药为重点，持续推进种植业污染防治，通过推广应用有机肥和农作物病虫害绿色防控产品、开展测土配方施肥和统防统治等措施，推进化肥农药减量增效，初步构建农膜及农药包装废弃物回收处理机制。2020年全市化肥使用量（折纯）约2.6万t，比2017年的3.95万t下降34%，测土配方施肥技术推广覆盖率达到98%，化肥利用率提高到40.7%；全市化学农药总用量（折百）约340t，比2017年的498.79t下降32%，农药利用率提高到45.02%，主要农作物绿色防控覆盖率提高到72.1%，主要农作物病虫害专业化统防统治覆盖率51.88%；农膜回收率达到88%。　（黄斌）

6. 船舶港口污染防治　印发《北京市地方海事局关于建立船舶污染物接收转运及处置机制的通知》（京海事发〔2017〕23号），建立船舶污染物接收、转运、处置监管联单制度，船舶垃圾严格"船上储存、交岸接收处置"。编制并发布《安全生产等级评定技术规范 第42部分：水域游船单位》（DB11/T 1322.42—2017），并向全市全部游船单位进行宣贯，明确老旧船舶淘汰标准，依法严格淘汰老旧船舶。依法依规淘汰和停用全部汽柴油动力游船，运营游船均使用清洁能源动力。"十三五"期间，北京市共淘汰老旧船舶60余艘，改造新能源船舶5艘，新建165艘，运营船舶更新率达到100%。　（刘猛）

【水环境治理】

1. 饮用水水源规范化建设　在水源地监管方面，开展地表饮用水水源地环境保护专项行动，通过"精准调度、逐一销号"制度，完成生态环境部对北京市60个挂账问题的整改。在水源地调查评估方面，每年滚动实施10个市级、30个区级、400余个农村饮用水水源地的年度体检，针对发现问题及时督促整改。在饮用水信息公开方面，联合水务、卫健部门按季度向社会公开市、区两级饮用水水质状

况信息，保障人民群众饮水安全的知情权，同时推进农村饮用水信息公开。在加强农村饮水安全保障方面，组织开展包括"千吨万人"在内的饮用水水源保护区划定和优化工作。

（赵博生）

2. 黑臭水体治理　自2015年以来，北京市通过截污治污、清淤疏浚、水系循环、生态修复等综合措施，完成了全市共计142条669km黑臭水体的整治。朝阳区萧太后河等一批河道实现水质还清和景观提升，建立了常态化监测预警体系，纳入了河湖长制管理范围，实现长治久清，成为市民休闲健身的理想场所。

（张祎）

3. 小微水体治理　结合农村人居环境整治和美丽乡村建设，加强小微水体日常管护，开展综合整治，累计整治小微水体727条。将小微水体纳入河长制管理体系，推行规范化管理。组织开展小微水体自查，并将小微水体整治纳入北京市委生态文明委专项督察。建立小微水体公示牌制度，设置小微水体公示牌1 172块。

（卓子波）

4. 农村水环境整治　北京市建立农村人居环境整治长效管护机制，明确管护标准，保障管护资金，全市3 000多个村纳入村庄环境管护长效机制保障，落实了保洁队伍和工作经费，市级每年安排管护资金约18亿元。因地制宜推进村生活垃圾源头减量、分类收运和资源化利用工作，完成1 500个生活垃圾分类示范村创建，生活垃圾得到处理的村庄比例从95%提高到99%以上。推动厕所革命，开展农村公厕达标改造，13个涉农区有农村公厕8 199座，完成改造2 526座。全市农村污水处理设施覆盖率达到50%，无害化卫生户厕覆盖率提高到99.2%。截至2020年年底，全市1 806个村的生活污水得到有效治理，全市农村污水收集处理能力明显提升。

（黄斌　张祎）

【水生态修复】

1. 生物多样性保护　持续推进京冀生态水源保护林建设，全市新建和恢复湿地1.1万hm^2，注重生态功能和生物多样性，落实"乡土、长寿、食源、抗逆、美观"的苗木要求，常绿树与落叶乔木栽植比例达到4∶6，优良乡土树种比例达到80%以上。

（刘舒民）

2. 生态补偿机制建立　有效实施密云水库上游潮白河流域水源涵养区横向生态保护补偿机制；深入研究官厅水库上游永定河流域水源保护横向生态补偿机制，提出水量、水质、泥沙并重的补偿政策体系。

（田坤　张满富）

3. 生态清洁型小流域　北京市以小流域为单元，

以"清水下山、净水入河入库"为目标,按照山水林田湖草一体化保护的理念,重点在山区建设生态清洁小流域,2016—2020 年间完成《北京市水土保持规划》确定的 2 000km² 建设任务。2018—2020 年北京市每年开展水土流失动态监测,成果显示,2020 年全市水土流失面积 2 085.7km²,与 2018 年相比减少了 227.67km²,减幅 9.84%。水土流失状况呈现面积、强度"双下降"。

(宿敏)

【执法监管】 将河长制写入《北京市水污染防治条例》和《北京市河湖保护管理条例》,通过完善法规实现河道砂石禁采等重大水务管理制度法制化、规范化。建立"河长＋警长＋检察长"工作机制,强化行政执法与刑事司法的有效衔接。实体化运行 20 个河湖管理警务站,定期研究会商、互通情况、联勤联动。建立水环境保护联合执法工作机制,推动北京市各有关部门形成执法工作合力。2017—2020 年期间,水务、生态环境、城管、公安等部门共查处水事违法案件 4.77 万条件,罚款 1.27 亿余元,办理涉水违法犯罪案件 285 起,拘留 462 人。

(田坤)

【水文化建设】

1. 大运河文化 2018—2019 年,北京市水务局开展了"大运河文化带源头——白浮泉域周边水文地质勘察及补给路径研究"项目,论证了白浮泉复涌条件,提出了白浮泉复涌方案。2020 年,印发《北京市水务局落实〈北京市大运河文化保护传承利用五年行动计划(2018—2022 年)〉分工方案》,推动历史水系保护和北运河游船通航等工作,启动了北运河甘棠闸、榆林庄船闸建设,推进北运河游船通航。

2. "三山五园"地区历史水系 开展"三山五园"地区历史水系恢复规划研究,挖掘历史水系的文化内核,加快推进"三山五园"地区玉泉山片区河湖水系恢复。

(杨振宁)

3. 水务爱国主义教育基地 高位推动爱国主义教育基地筹建,以密云水库建成 60 周年为契机,组织密云水库、官厅水库、十三陵水库管理处筹建、申报北京市爱国主义教育基地。截至 2020 年年底,十三陵水库、密云水库、官厅水库已分别被昌平区、密云区、延庆区授予区级爱国主义教育基地称号。重点提升现有爱国主义教育基地,南水北调团城湖明渠广场已于 2018 年被北京市委宣传部命名为北京市爱国主义教育基地,展陈和现场参观主要展示南水北调工程规划建设历程和工程效益发挥情况,凸显"饮水思源、节水惜水教育"主题。推动创建国家水情教育基地,梳理北京市水务系统现有各类教育基地,推荐、指导北京自来水博物馆成功申报第四届全国水情教育基地。继北京节水展馆、槐房再生水厂之后,自来水博物馆成为北京市第三家全国水情教育基地。

(巢坚)

【信息化工作】

1. 北京市河长制信息系统 2017 年,北京市启动河长制管理信息系统建设。该系统包括工作平台、重点督办、信息服务、事件处置、重点任务、日常监督、巡查管理、遥感监测、信息采集共计九部分功能模块。该系统可以对河长制相关信息进行查询,实现了河长巡河、事件处置等全流程管理,有效支撑了北京市河长制工作。

(刘春阳)

2. "北京河长"App 2017 年,北京市启动"北京河长"App 建设工作。2018 年,"北京河长"App 正式上线使用。"北京河长"App 主要为北京市各级河长巡河履职量身定制,河长巡河时,打开"北京河长"App,即可使用河长巡河、上报问题等功能,同时"北京河长"App 还为各级河长提供了河长制相关业务信息查询。"北京河长"App 包括河长巡河、问题上报、问题统计、河长名录、河湖名录、重点任务、日常监督、考核断面、历史巡查、在线河长、排行榜、通知公告、水环境侦察兵、游河人数、雨水情等共计 15 个功能模块,为北京市各级河长巡河履职,发挥河长治水管水作用,提升首都水环境质量,提供了有力的支撑保障。

(刘春阳)

3. 智慧河湖 实施"水环境侦察兵"系统示范工程,对全市主要国家考核断面、入河排水口、污水处理站等 100 处监测点水质进行实时监测,对发现的问题点位分析研判后,分送各责任主体研究解决。在城市河湖、京密引水渠试点和凉水河部分河段实施视频集控与河湖智能巡查系统技术,通过视频智能识别违法和不文明行为,进行精准管控。开发上线河湖热点区域人口流动热力图,根据游客量助力精准部署管理力量,第一批 37 条段河湖已实现实时游河人数统计。

(刘春阳)

4. 智慧水务 2020 年,北京市水务局开展智慧水务顶层设计工作。编制《北京市智慧水务 1.0 社会循环和自然循环物联网建设设计方案》《北京市智慧水务 1.0 总体设计方案(2021—2023 年)》,并推动试点项目,为北京市智慧水务建设奠定了基础。

(杨振宁)

｜天津市｜

【河湖概况】

1. 河湖数量　2020年，天津市河长制纳管一级河道56条段（19条）、二级河道184条段（156条）、沟渠7 539条段，坑塘及景观水体20 282个；湖长制纳管109处水域，包括水库23座、湿地4处、开放式景观湖81个、天然湖泊1个，总面积50 366.7hm²。

2. 水量　天津市属于暖温带半湿润大陆性季风型气候，多年平均年降水量为575mm，全市多年平均年地表水资源量10.65亿m³，地下水资源量5.9亿m³，扣除重复计算量后，全市水资源总量为15.69亿m³。

3. 水质　"十三五"期间，天津市共设置20个地表水国控断面。2016年全市地表水优良水体和劣Ⅴ类水体比例分别为15％、55％，2017年分别为35％、40％，2018年分别为40％、25％，2019年分别为50％、5％，2020年全市地表水优良水体达到55％、劣Ⅴ类水体比例为0。2020年，8条国控入海河流实现由2017年全部为劣Ⅴ转变为全部消劣。

4. 水务工程　2016年，天津市水务建设项目完成投资71.54亿元，完成水务工程项目法人组建备案92项、开工备案27项，按照水利部要求完成2016年度天津市乙级水利工程质量检测单位资质审批工作。2017年，天津市水务建设项目完成投资46.98亿元，完成项目法人备案45项、开工备案26项。2018年，天津市水务建设项目完成投资44.56亿元，完成水务工程项目法人组建备案15项、开工备案13项。2019年，天津市水务建设项目完成投资65.62亿元，完成水务工程项目法人组建备案18项、开工备案3项。2020年，天津市水务建设项目完成投资44.75亿元，完成22项项目法人组建书面报告接收，11项开工备案初审，项目法人验收计划、竣工抽样检测、设计变更等备案初审17项。

［天津市河（湖）长制办公室］

【重大活动】

1. 2016年重大活动　1月8日，天津市河长办对中心城区16名优秀社会监督员进行表彰，进一步推动水环境社会监督机制建设。

2. 2017年重大活动　5月11日，中共天津市委办公厅、天津市人民政府办公厅印发《天津市关于全面推行河长制的实施意见》（津党厅〔2017〕46号）。

2017年11月15日至2018年12月，天津市河长办组织开展为期1年的河湖水环境"大排查、大治理、大提升"行动。

3. 2018年重大活动　1月11—16日，水利部核查组赴天津市开展河长制湖长制中期评估。

5月2日至7月31日，天津市河长办组织开展全面"挂长"专项排查行动。

7月2日至8月2日，天津市河长办组织开展为期1个月的河湖坑塘清河专项整治行动。

8月开始，在天津市范围内组织实施河湖"清四乱"专项行动。

12月25日，中共天津市委办公厅、天津市人民政府办公厅印发《天津市关于全面落实湖长制的实施意见》（津党厅〔2018〕116号）。

12月31日，43条（座）市管河湖"一河（湖）一策"方案正式印发实施。

4. 2019年重大活动　3月4日，天津市河（湖）长制工作领导小组印发《天津市关于推动河（湖）长制从有名到有实的实施方案》。

4月22日至7月31日，天津市河（湖）长办组织在全市范围内开展"百日清河（湖）行动"。

4月26日，天津市河（湖）长制工作领导小组会议以现场办公会的形式在静海区召开。

5月22—28日，水利部核查组赴天津市开展河湖长制总结评估。

6月26日，天津市河（湖）长办印发《天津市河（湖）长制协调联动指导意见》（津河长办〔2019〕104号）。

8月4日，天津市总河湖长、市长张国清签发2019年第1号总河（湖）长令《关于进一步深入开展河湖长巡河湖行动的决定》，压实河湖长职责，将全面落实河湖长制工作纳入市有关部门、各区全面从严治党主体责任清单。

9月12日，天津市水务局、市公安局组织召开打击涉河湖领域违法犯罪专项行动部署会。

12月3日，天津市全面实行市、区、乡镇（街道）三级"双总河湖长"。

12月24日，北京市河长办、天津市河（湖）长办、河北省河湖长办联合印发《京津冀河（湖）长制协调联动机制》。

5. 2020年重大活动　2月12日，天津市河（湖）长办印发关于贯彻落实《水利部关于进一步强化河长湖长履职尽责的指导意见》的通知。

3月30日，天津市河（湖）长办组织开展"优秀河长　最美河湖"评选表彰工作。

4月20日至9月30日，天津市河（湖）长办组织开展为期4个月的河湖坑塘清河专项整治行动。

6月12日，天津市河（湖）长制工作领导小组会议召开。

6月22日，天津市检察院、市河（湖）长办印发《关于充分发挥检察公益诉讼职能协同推进河（湖）长制工作的意见》。

7月24日，天津市总河湖长李鸿忠、张国清签发2020年第1号总（湖）长令《关于深入推进河湖"清四乱"常态化规范化的决定》，坚持"去存量、遏增量"，将"清四乱"清理整治范围延伸至农村河湖、实现全覆盖，通过持续清理整治、推进规范化管理、强化监督检查，形成河湖"清四乱"常态化规范化管理机制。

10月20日，天津市河（湖）长办印发《天津市河（湖）长"向群众汇报"工作方案》。

10月22—30日，天津市河（湖）长办开展河湖长制督导检查。

12月4日，天津市河（湖）长办授予乔柏林等42人"优秀河长"称号；对海河中心城区段等16条（段、座）河湖授予"最美河湖"称号。

〔天津市河（湖）长制办公室〕

【重要文件】 2017年，天津市河长办印发《天津市河长制信息报送制度》《天津市河长制信息共享制度》《天津市河长制验收制度》《天津市河长制工作联络员制度》《天津市河长制专家咨询制度》《天津市河长制督察督办制度》《天津市河长制社会监督制度》《天津市河长制新闻宣传制度》及《天津市河长制会议制度》《天津市河长制考核办法（试行）》《天津市河长制工作责任追究暂行办法》《天津市河长制奖励办法》等13项工作制度。

2018年，天津市河长办印发《天津市河长制湖长制暗查暗访工作制度》《天津市河长制湖长制有奖举报管理办法》《天津市河长制湖长制市级社会义务监督员聘任与管理办法》《天津市河（湖）长制考核办法（试行）实施细则》。

2019年，天津市河（湖）长办修订印发《天津市河（湖）长制工作责任追究暂行办法》《天津市河（湖）长制考核办法》《天津市河（湖）长制考核奖补办法》《天津市河（湖）长制考核办法实施细则》。

2020年天津市河（湖）长办修订印发《天津市河（湖）长会议制度》。

〔天津市河（湖）长制办公室〕

【地方政策法规】

1. 法规

2016年，天津市人大常委会通过《天津市湿地保护条例》。

2016年，天津市第十六届人民代表大会第四次会议通过《天津市水污染防治条例》，2017年12月、2018年11月、2020年9月三次修正。

2017年，天津市人民政府办公厅出台《天津市湿地保护修复工作实施方案》（津政办函〔2017〕151号）和《天津市湿地生态补偿办法（试行）》（津政办函〔2017〕160号）。

2017年，天津市委、市政府印发《天津市湿地自然保护区规划（2017—2025年)》。

2018年11月21日，《天津市实施〈中华人民共和国水法〉办法》根据天津市第十七届人民代表大会常务委员会第六次会议《关于修订〈天津市消费者权益保护条例〉等四部地方性法规的决定》修正。

2018年9月29日，《天津市河道管理条例》根据天津市第十七届人民代表大会常务委员会第五次会议《关于修改部分地方性法规的决定》修正，2018年12月14日，根据天津市第十七届人民代表大会常务委员会第七次会议《关于修改〈天津市植物保护条例〉等三十二部地方性法规的决定》再次修正。

2019年，天津市第十七届人民代表大会第二次会议通过《天津市生态环境保护条例》。

2019年，天津市生态环境局等14部门印发《关于印发〈天津市生态环境损害赔偿制度改革实施方案〉配套文件的通知》（津环规范〔2019〕2号）。

2. 规范标准 2018年，天津市环境保护局和天津市市场和质量监督管理委员会联合出台《污水综合排放标准》（DB12/356—2018）。

2019年，天津市生态环境局与天津市市场监督管理委员会联合出台《农村生活污水处理设施水污染物排放标准》（DB12/889—2019）。

3. 政策性文件 2017年，天津市委、市政府印发《天津市湿地自然保护区规划（2017—2025年)》。

2017年，天津市发展和改革委员会出台《市发展改革委关于印发天津市"十三五"生态环境保护规划的通知》（津发改规划〔2017〕335号）。

2020年，天津市人民政府出台《关于实施"三线一单"生态环境分区管控的意见》（津政规〔2020〕9号）。 〔天津市河（湖）长制办公室〕

【专项行动】 2017—2018年，天津市开展大排查、大治理、大提升"三大行动"，集中清理4 780处问题。

2018年，天津市全面完成水利部部署的入河排污口专项排查整治、河湖"清四乱"等专项行动目标任务。结合天津市实际，开展全面"挂长"专项行动，排查出未"挂长"开放水体（沟渠、景观水体、坑塘）7 086个，全部完成"挂长"；排查了234个小型封闭水体（喷泉、消防池等），全部明确了管理责任单位，加强管护，保障环境卫生清洁清整。围绕河湖垃圾问题，开展河湖坑塘清河专项行动，排查解决问题1 658处。强化执法监管，陆续开展"春雷""清源"等专项执法行动，严肃查处暗渠违法占压等重大水事违法案件。围绕河湖突出问题，全市各区、乡镇（街道）也自行组织专项行动，区级单独部署专项行动42次，乡镇（街道）级单独部署专项行动157次。

2019年，开展河湖"清四乱"专项行动，完成水利部规定流域面积1 000km^{2}以上河流、水面面积1km^{2}以上湖泊的230项"四乱"问题清理整治，同时举一反三，全面清整一、二级河道及水面面积1km^{2}以上湖泊、水库、海堤"四乱"问题；坚持问题导向，有针对性地开展非法放生整治、百日清河（湖）、水污染源执法等专项行动，全力保护水生态环境。

2020年，天津市各区河（湖）长办与公安机关、检察院建立"河长＋警长＋检察长"工作机制，市检察院与市河（湖）长办联合开展专项行动，印发了《天津市人民检察院、天津市河（湖）长制办公室关于开展河湖水生态环境和水资源保护专项行动的实施方案》的通知，共摸排相关公益诉讼案件线索111件，立案监督110件，向相关行政机关制发诉前检察建议并收到整改回复84件。着力解决疫情期间河湖反弹问题，有针对性地开展"健康大运河""碧水"专项执法、"护河2020"专项执法、"百日清河湖"等专项行动，集中清理整治了一批河湖"四乱"问题，打击了一批涉水违法行为。

〔天津市河（湖）长制办公室〕

【河长制湖长制体制机制建立运行情况】

1. 河长制湖长制组织体系建立情况　2017年、2018年天津市委办公厅、市政府办公厅先后联合印发《天津市关于全面推行河长制的实施意见》《天津市关于全面落实湖长制的实施意见》，市、区两级成立了河（湖）长制工作领导小组，主要由组织、宣传、发展改革、工业和信息化、公安、财政、规划资源、生态环境、城市管理、农业农村、水务、交通运输、应急等相关部门及地方党委、政府组成，下设河（湖）长制办公室负责河湖长制日常组织推动协调工作。2019年市、区、乡镇（街道）设立三级双总河湖长，市、区、乡镇（街道）、村设立四级

河湖长。全市56条段一级河道、184条段二级河道、7 539条段沟渠、1个天然湖泊、81个建成区开放景观湖、27个水库湿地、20 282个坑塘及景观水体全部纳入河湖长制管理，所有水域全面"挂长"。

2. 河长制湖长制工作机制建立运行情况　截至2020年，天津市制定出台河湖长制会议、考核、督察督办、责任追究、暗查暗访、有奖举报、社会监督员管理等15项制度，建立了考核评价、部门联动、奖惩问责、社会监督等4项工作机制，并结合河湖管护实际对各项机制进行完善。2019年，天津市委、市政府将河湖长制督导检查纳入全年计划，并将河湖长制纳入市级绩效考评。市河（湖）长办在全市实行月度与年度相结合的河湖长制考核，每年对各区开展督导检查，每月不定期跨级暗查暗访，发现问题全市通报，对考核排名靠后的河湖长进行约谈，对市级考核排名靠前的区给予资金奖补。同时，制定河湖长制协调联动指导意见明确工作流程，与北京市、河北省建立京津冀三地跨界河湖长制管理协调联动机制，在全市建立"河长＋警长＋检察长"工作机制。2020年，市河（湖）长办在全市推行河湖长"向群众汇报"工作，每季度开展民意调查并将结果纳入月度成绩，每年组织开展"优秀河长　最美河湖"评选表彰，充分发挥示范引领作用，激励基层河湖长主动履职尽责。

〔天津市河（湖）长制办公室〕

【河湖健康评价】　按照2011年水利部印发的《关于做好全国重要河湖健康评估（试点）工作的函》要求，天津市2012—2018年，每年安排市级财政预算资金，选择1～2个重点河湖开展健康评估试点工作，相继完成蓟运河、潮白新河、永定新河、北运河、七里海、海河、于桥水库、独流减河等8个河湖的健康评估，基本掌握了河流、湖泊和湿地等不同类型河湖的健康状况，归纳总结了适合天津市河湖特点的指标体系和评价方法。

2019年，天津市每年对上述重点河湖开展第二轮健康评估工作，通过与第一轮评估结果对比，系统掌握河湖管理、治理、保护等工作成效及健康状况变化规律，为"一河（湖）一策"修编工作提供数据支持。　　〔天津市河（湖）长制办公室〕

【"一河（湖）一策"编制和实施情况】　2018年，天津市印发实施43条（座）市管河湖和290条（座）区管河湖"一河（湖）一策"方案。方案通过分析河湖管护现状，追溯问题源头，结合规划和河湖管护实际，合理制定2018—2020年间的河湖治理

目标清单和措施清单，按照职责权限将管理、巡查、执法、监督考核等工作分解到各相关部门。市、区河（湖）长办通过将"一河（湖）一策"纳入河湖长年度主要任务的方式，推动方案的逐步落实，截至2020年年底全市地表水优良水体达到55%、劣Ⅴ类水体比例为0，超额完成了方案中制定的工作目标任务。　　　　　［天津市河（湖）长制办公室］

【水资源保护】

1. 水资源刚性约束

（1）坚持以水定需，落实"以水定城、以水定地、以水定人、以水定产"，强化规划水资源论证和建设项目节水评价制度，坚决遏制不合理用水需求。

（2）合理配置水源，统筹外调水、地表水、地下水、再生水等水源可供水量，综合考虑水量、水质、价格成本等因素，合理安排全市及各区生活、生产、生态用水，自2020年起每年印发全市供水计划，指导各区合理利用水资源。

（3）严格取用水监管，自2020年起实施用水统计调查制度，建立用水统计名录库，组织开展各类水源取水量统计核算，以此为基础开展水资源公报编制工作。

（4）健全完善实行最严格水资源管理制度考核体系，制定印发考核办法及考核细则，确定"十三五"期间用水总量、万元地区生产总值取水量、万元工业增加值取水量、节水灌溉面积覆盖率、水功能区水质达标率考核指标，并逐年对各区进行考核，全市用水总量和用水效率指标得到有效控制，水资源管理和节约用水管理水平不断提升。2020年，全市用水总量控制在27.82亿 m^3。

2. 节水行动　按照国家部委要求，2019年，经天津市人民政府同意，天津市水务局、天津市发展改革委联合印发《天津市节水行动实施方案》，明确了今后一段时期天津市节水工作主要目标、主要任务及责任分工，指导全市节水工作统筹开展。建立国家、市、区三级重点监控用水单位名录，重点加强监督管理；持续推进节水型载体系列创建，9个区达到县域节水型社会标准，节水型企业（单位）、小区覆盖率分别达到51.14%和41.76%；2020年，全市万元国内生产总值用水量19.75 m^3，万元工业增加值用水量10.7 m^3，农田灌溉水利用系数达到0.72，再生水利用率达到42%，主要节水指标继续保持全国先进水平。

3. 生态流量监管　2019年，配合海委，会同市规划自然局、宁河区政府有关部门，组织编制了《七里海生态水量保障实施方案》，提出七里海湿地

生态水量目标，制定生态水量调度方案、生态水量监测方案与预警机制，保障七里海湿地生态安全和健康稳定发展；明确生态水量保障责任主体与考核要求以及相应保障措施，为保障七里海生态水量监管提供依据。全年利用潮白新河上游来水向七里海湿地补水0.6亿 m^3。

2020年，编制完成洪泥河、七里海湿地（东）、龙凤河故道生态水位目标及其保障方案，经专家审查修改后报水利部备案。印发《七里海生态水量保障实施方案》，督促宁河区切实加强监管保障工作，全年利用潮白新河上游来水向七里海湿地补水0.41亿 m^3，七里海湿地（西）全年考核期内生态水位全部达标。

4. 全国重要饮用水水源地安全达标保障评估　天津市全国重要水源地为于桥-尔王庄饮用水水源地。根据水利部要求，2018年，天津市水务局印发《关于做好全市重要饮用水水源地安全保障工作的通知》（津水资〔2018〕19号），启动为期3年的重要饮用水水源地安全保障达标工作。2018—2020年，逐年按要求完成了于桥-尔王庄饮用水水源地安全保障达标建设自评估，并上报评估报告。2020年，经水利部海委海河流域2020年度重要饮用水水源地安全保障达标建设抽查评估，达到合格标准。

5. 取水口专项整治　2020年，天津市开展取用水管理专项整治行动，在全市范围内组织开展取水口核查登记，摸查取水口数量及取水现状，并在此基础上开展整改提升工作，对有问题的取水口分类施策推动整改，依法规范取用水行为。

6. 水量分配　2020年在流域水量分配方案尚未批复的情况下，天津市先行开展了境内主要河流水量分配工作，并选取蓟运河为试点，制定蓟运河水量分配实施方案，探索建立适合天津市河流实际情况、具有可操作性的河流水量分配运行机制。

［天津市河（湖）长制办公室］

【水域岸线管理保护】

1. 河湖管理范围划界　按照《中华人民共和国水法》《中华人民共和国防洪法》《中华人民共和国河道管理条例》等法律法规、有关技术标准和《水利部关于加快推进河湖管理范围划定工作的通知》（水河湖〔2018〕314号）要求，天津市对第一次全国水利普查中3条规模以上河流、183条规模以下河流及1个湖泊进行了划界。按照水利部部署和相关法规、技术标准，组织技术力量逐河逐湖对3条规模以上河流、183条规模以下河流及1个湖泊的管理范围进行复核。根据调研情况以及各区河湖管理范

围划定工作实际情况，第一次全国水利普查名录内河湖管理范围（无人区除外）划定工作已基本完成，形成《天津市河湖管理范围划定成果复核报告》，复核成果同步上传至水利部河湖遥感平台。

2. 河湖"清四乱"整治 2018—2019 年，天津市实施河湖"清四乱"专项行动，共完成整治问题 3 773 项。

2020 年，推动"清四乱"常态化规范化。以双总河湖长令形式签发深入推进河湖"清四乱"常态化规范化的决定，坚持"去存量、遏增量"，将"清四乱"清理整治范围延伸至农村河湖、实现全覆盖，通过持续清理整治、推进规范化管理、强化监督检查，形成河湖"清四乱"常态化规范化管理机制，全年自查自纠"四乱"问题 1 770 项，其中乱占问题 257 项、乱堆问题 747 项、乱建问题 766 项。

〔天津市河（湖）长制办公室〕

【水污染防治】

1. 入河排污口监管 "十三五"期间，组织完成清水河道行动入河排污口专项治理工程工作，治理 141 个入河排污口。编制印发《进一步加强入河排污口监督管理工作的实施方案》，建立入河排污口定期监测、巡查、等一系列监管制度，进一步规范入河排污口设置审批和信息公示工作。对规模以上入河排污口开展水质、水量监测统计。完成全市提标改造城镇污水处理厂入河排污口设置审批工作。

自 2017 年起，天津市持续开展独流减河入河排污口水质监测排名，将入河排污口的治理责任进一步分解到街镇，定期发布水质通报，督促实施水环境治理，有效提升了独流减河沿线入河排污口的排水水质。

2. 工矿企业污染防治 "十三五"期间，天津市深化工业污染防治，采取关停一批、迁入园区一批、接入污水处理厂一批、升级改造一批等方式，分类整治"散乱污"企业 2.2 万家；完成 60 家市级以上工业集聚区污水集中治理设施建设，并安装在线监测系统。

3. 畜禽养殖污染防治 2018 年，天津市纳入农业农村部整省（直辖市）推进畜禽粪污资源化利用 7 个试点省（直辖市）。主要治理模式为规模养殖场堆肥处理、规模以下养殖集中处理、粪污还田利用、种养循环发展。对照《国务院办公厅关于加快推进畜禽养殖废弃物资源化利用的意见》，到 2020 年年底全国规模畜禽养殖粪污处理设施配套率达到 95%，畜禽粪污综合利用率达到 75%，天津市于 2019 年底提前一年完成治理任务，规模畜禽养殖粪污处理设

施配套率达到 100%，畜禽粪污综合利用率达到 86.51%；截至 2020 年年底，畜禽粪污综合利用率达到 90%。截至 2020 年年底，累计完成 2 921 家规模畜禽养殖场粪污治理工程建设，新建或提升 24 个畜禽粪污集中处理中心、20 个商品有机肥（农家肥）处理中心，打造 10 个绿色循环畜产品基地和 210 个种养结合循环示范场。

〔天津市河（湖）长制办公室〕

【水环境治理】

1. 饮用水水源保护 2018 年，天津市完成全部 10 个地级及以上集中式饮用水水源保护区划定。2019 年，在全国率先完成 46 个农村"千吨万人"饮用水水源保护区划定，将水源地依法保护纳入法制化轨道，并全部设立饮用水水源保护区标识牌，确保水源地保护"界限清"。

2. 黑臭水体治理 2016—2020 年，按照国家"水十条"及住房城乡建设部相关要求和标准，天津市在建成区范围内，共排查出 26 条黑臭水体。截至 2020 年年底，已全部完成治理工程和整治效果评估，均达到国家"长治久清"标准，黑臭水体消除率达到 100%。

2019 年，组织各区排查出农村黑臭水体 567 条，截至 2020 年年底，567 条全市域黑臭水体治理主体工程全部完工、消除黑臭现象。

3. 农村污水处理设施监测 2019—2020 年，天津市组织各涉农区每年开展农村生活污水处理设施监督性监测，连续两年开展全市农村生活污水处理设施运行维护管理抽查抽测工作，并将抽查中发现的问题通报相关区政府，确保立整立改。

〔天津市河（湖）长制办公室〕

【水生态修复】

1. 生态补偿机制 按照《天津市湿地自然保护区规划（2017—2025 年）》和《天津市湿地生态补偿办法》，天津市财政对宁河区七里海湿地和武清区大黄堡湿地自然保护区核心区、缓冲区流转集体土地实施每年每亩补偿 500 元的生态补偿，列入天津市财政年度预算，使生态保护工作惠及当地群众，有效促进湿地保护与发展。

2. 水土流失治理 2016—2020 年，天津市通过实施京津风沙源治理二期工程和市级水土保持生态治理工程，新增水土流失治理面积 51km²（其中 2016 年 11.7km²，2017 年 5.05km²，2018 年 7.67km²，2019 年 11.59km²，2020 年 15km²），建成

生态清洁型小流域 2 条,水土流失治理成效显著。

(刘一诺)

3. 引滦入津上、下游横向生态补偿 2016 年,天津市、河北省正式实施引滦流域跨界水环境补偿试点,首轮试点为期三年(2016—2018 年),主要用于潘家口、大黑汀流域及引滦输水沿线的生态环境保护和污染防治项目。2019 年 12 月,津冀两省市签署引滦入津上下游横向生态补偿二期协议,补偿范围包括河北省唐山市和承德市相关县(市、区),实施年限为 2019—2021 年。通过生态补偿,引滦入津水质状况稳步改善,2 个跨界断面濡河桥和沙河桥水质类别均从 2016 年的 Ⅳ 类上升为 2020 年的 Ⅲ 类及以上,于桥水库水质稳定达到 Ⅲ 类水平。

4. 地表水区域补偿 2018 年起,天津市制定实施《天津市水环境区域补偿办法》,按月对各区水环境质量进行考核排名,并根据排名实施财政奖惩,最高奖惩额度 140 万元,以此倒逼各区推进水功能区水环境治理。 [天津市河(湖)长制办公室]

【执法监管】 2016—2020 年期间,天津市水务局累计组织开展执法巡查 12 391 次,立案查处水事违法案件 151 起,结案 145 起,罚款 130.4 万元,征缴代履行费用 58.16 万元。围绕保护于桥水库水源地、供水安全、河道行洪安全、水工程设施运行和水生野生动物保护等内容,组织开展"春雷""护河""碧水"等专项执法行动,累计出动执法人员 2 000余人次,执法车辆 500 余辆次,治理违法点位 800余处。精准完成各项执法攻坚任务。全力打好河湖执法三年行动收官战,完成 26 件陈年积案"清零"任务,结案率 100%。积极推进生态损害赔偿案件处置进度,紧盯排水领域重点案件。执法办案机制不断健全完善,与公安部门共同研究制定《水政监察总队与公安水务治安分局联合联动工作机制》和《关于加强水行政执法与刑事司法衔接的工作规定》,推动"行刑衔接"制度落实落地。通过出台《天津市水政监察总队立案审查工作规程》、建立"立案双查"制度、报请局长办公会出具《行政处罚案件流程签署授权委托书》等方式,完善内部工作流程,提高执法效率。

(王志强 刘静 任冬)

【水文化建设】

1. 天津节水科技馆 天津节水科技馆坐落于天津市西青区大寺工业园内,布展面积 1 800m²,由序厅和四个展区组成。通过融科学性、知识性、趣味性于一体的展览,介绍了水的特性、水资源状况及分布、大型水利工程概况、节水技术及应用、家庭节水窍门、天津节水工作开展情况等内容,突出"水是生命之源"的主题。2010 年 3 月开馆,截至2020 年年底已累计接待参观游客 30 余万人,先后被评为国家水情教育基地、全国中小学节水教育社会实践基地、全国科普教育基地、天津市科普教育基地、天津市文明单位、天津市水务局青年文明号,是中国水利博物馆联盟成员单位,天津市自然科学博物馆学会理事单位,在全国范围内具有一定的知名度和社会影响力。近年来,节水科技馆打造了"流动节水馆校园行""节水教育基地结对共建""节水宣传进社区""V 水视觉"等品牌活动,受到社会各界广泛好评。与央视新闻、中央电台、北京电台、天津电视台、天津电台等多家媒体合作,进一步扩大了影响力。创建了"节水课堂"微信公众号,宣传节水政策、节水法规、节水知识、节水文化等内容,并开展"我眼中的节水"漫画征集、节水知识竞赛等活动。

2. 武清永定河故道国家湿地公园 天津武清永定河故道国家湿地公园位于天津市武清区黄庄街,是生态型社会公益性建设项目,地域范围主要包括龙凤河故道、永定河故道及其两岸人工湿地,总面积约 249hm²。经过实施保护与修复工程,共完成河道清淤 4 万 m³、生态补水 200 万 m³、植被恢复约 4万 m²;安装界碑 7 个、界桩 35 个,设立各类宣教展览牌 120 余块。2019 年 12 月,通过国家林草局验收,正式成为"国家湿地公园",充分展现了城水相依、人水相亲的河流湿地文化。

3. 杨柳青大运河国家文化公园 按照习近平总书记关于保护传承利用大运河的重要指示精神和天津市委、市政府决策部署,2019 年,西青区委、区政府启动杨柳青大运河国家文化公园规划设计,邀请全球顶级设计大师参与,广泛听取知名专家学者意见建议,形成概念规划设计方案,并经天津市委、市政府审议通过。公园总体占地面积 187hm²,共分为历史名镇、元宝岛、文化学镇等 3 个板块。通过再现历史肌理、表现市井画境、发现未来价值,贯彻落实大运河保护传承利用的理念,深入挖掘杨柳青年画文化、运河文化、民俗文化、赶大营文化等文化 IP(intellectual property,知识产权),策划"让世界沉浸在杨柳青年画里"文旅主题,把杨柳青大运河国家文化公园打造成为文化传承的载体、文化建筑的胜地、文化交流的平台、文化消费的场所和市民乐活的家园,成为大运河上闪亮的"明珠"。

4. 陈官屯镇运河博物馆 陈官屯镇运河博物馆是天津市第一家以大运河为主题的博物馆,坐落在天津市静海区陈官屯镇中心区,津浦铁路西 120m

处。展馆占地面积 2 900m²，馆藏实用面积
1 772m²，总投资 1 000 万元，共分为序厅、千年古
韵、运河流翠、两岸风俗、古城崛起、跨越发展、
奔向未来 7 个部分，收藏文物 1 500 余件，展出图
片 260 多幅、雕塑 50 尊、浮雕 160m²。全馆以运河
为主线，从各个方面，以不同的表达形式反映了自
夏朝退海成陆形成本埠，到现在 4 000 余年全部历
史中的每一个重要的节点和精彩的片段，再现了陈
官屯镇 2 000 多年辉煌的历史和运河文化内涵。

（姚春宇　苗镇）

5. 复兴河北岸城市绿道公园　复兴河北岸城市
绿道公园，依复兴河北岸而建，总长度 3.9km，面
积 16.55 万 m²。公园内部乔灌木整齐划一，花卉五
彩缤纷，篮球场依河而建，老式月台、信号灯杆、
站台上林立的人形雕塑、3D 墙绘火车头、标注了历
史性事件的锈板以及各式机车演变贴画都体现了该
地域原有的铁路文化元素，形成水清、岸绿、景美
的生态景观，已成为推动河西区生态建设、打造活
力空间、融合各类活动场景的重要举措。

〔天津市河（湖）长制办公室〕

【信息化工作】

1. 河长制微信公众平台开发　2017 年 12 月，
启动河长制微信公众平台开发项目，2018 年 12 月，
河长制微信公众平台开发通过竣工验收。主要建设
内容包括申请微信公众号、软件功能开发。包含津
沽河长模块、公众参与模块、新闻动态模块、系统
管理模块。微信公众号的运行，一方面面向社会公
众宣传河长制业务知识，引导社会公众共同参与河
湖库渠的管理工作；另一方面接受社会公众的监督
举报。

2. 河长制信息管理平台开发　2018 年，天津市
水务局组织建设了天津市河长制信息管理平台（以
下简称"平台"），总投资 214 万余元，于 2019 年
12 月竣工验收。该平台以河长制湖长制工作管理范
围全覆盖、工作过程全覆盖、业务信息全覆盖为目
标，涵盖了河湖库渠基础信息管理、月度考核、河
长巡河、督查督办、暗查暗访、社会监督等多项功
能，用户涉及全市各级河长湖长和河（湖）长办、
相关业务部门及社会监督员等 6 000 多用户，基本
实现河长湖长巡河巡湖的轨迹化管理，考核评价、
督导检查、信息报送的痕迹化管理，实现河湖名录、
河长湖长等信息的数据化管理，做到河长制湖长制
相关工作处置全流程追踪，各类河长制湖长制信息
数据能够快速检索和统计分析。通过平台应用，进
一步强化河长湖长履职监督管理，提高了河长制湖

长制工作效率，为河长制湖长制实现从"有名"到
"有实"打下坚实基础。

〔天津市河（湖）长制办公室〕

｜河北省｜

【河湖概况】　河北省境内河流地跨三个流域，即辽
河、海河和内流区诸河流域，三个流域细分为 11 个
水系，即辽河水系、辽东湾西部沿渤海诸河水系、
滦河及冀东沿海诸河水系、北三河水系、永定河水
系、大清河水系、子牙河水系、黑龙港及运东地区
诸河水系、漳卫河水系、徒骇马颊河水系、内蒙古
高原东部内流区。根据第一次全国水利普查，河北省
50km² 以上河流 1 386 条，河流总长度 40 916.4km。
其中，按流域划分，海河流域 1 315 条、辽河流域 38
条、内流区诸河 33 条；按水系划分，辽河水系 31
条，辽东湾西部沿渤海诸河水系 7 条，滦河及冀东沿
海诸河水系 291 条，北三河水系 154 条，永定河水
系 131 条，大清河水系 271 条，子牙河水系 186 条，
黑龙港及运东地区诸河水系 244 条，漳卫河水系 32
条，徒骇马颊河水系 6 条，内蒙古高原东部内流区
33 条；按跨界类型划分，跨省河流 290 条，跨市河
流 122 条，跨县河流 500 条，县域内河流 474 条；
按流域面积划分，流域面积 1 000km² 以上河流 95
条，200～1 000km² 河流 212 条，50～200km² 河流
1 079 条；按河流类型划分，山地河流 649 条，平原
河流 709 条，混合河流 28 条。根据第一次全国水利
普查成果，河北省列入普查名录的湖泊共计 30 个，
其中，常年水面面积 10km² 以上湖泊 5 个，1km² 以
上湖泊 23 个，特殊湖泊 7 个。按流域划分，海河流
域 6 个，内流区诸河流域 24 个；按水系划分，滦河
及冀东沿海诸河水系 3 个，大清河水系 1 个，黑龙
港及运东诸河水系 2 个，其余湖泊均位于内蒙古高
原东部内流区水系。河北省在册水库 1 027 座，总
库容 120.26 亿 m³。大型枢纽 10 座，中型水闸 261
座。"十三五"期间，河北省共设有 74 个地表水国
考断面，在省委、省政府的坚强领导下，省生态环
境厅坚持以习近平生态文明思想为指导，充分发挥
职能作用，加强组织协调，稳扎稳打推进碧水保卫
战，圆满完成国家下达的目标任务。根据生态环境
部考核结果，2020 年，地表水水质优良（Ⅰ～Ⅲ类）
断面比例为 66.2%，优于年度目标 17.5 个百分点；
劣Ⅴ类水体断面全部消除，优于年度目标 25.7 个百
分点。"十三五"期间，地表水水质优良（Ⅰ～Ⅲ

类）断面比例累计提升 27 个百分点，劣 V 类水体断面比例累计消除 43.2 个百分点，河北省水生态环境质量显著改善。 （戴群英 张丽晶 简鹏刚）

【重大活动】 2018 年 5 月 30 日，河北省委、省政府召开全省防汛抗旱暨河长制湖长制工作会议，省委书记王东峰、省长许勤出席会议并作重要讲话，省委副书记赵一德主持会议。会议通报了 2017 年河长制工作考核验收情况，分析了全面推行河长制湖长制面临的形势与任务，对 2018 年全省河长制湖长制工作进行了安排部署。

2019 年 5 月 25 日，河北省九届省委第 154 次常委会议审议通过《2019 年河湖长制重点工作推进方案》（冀河办〔2019〕23 号），明确了采砂整治、违建治理、垃圾清理、水污染防治、蓄水补水、信息化建设等六项河湖治理年度重点任务及年度工作路线图。

2020 年 7 月 14 日，河北省委书记、省级总河湖长王东峰主持召开 2020 年度省级总河湖长会议，听取全省河长制湖长制工作情况汇报，审议责任部门组成、考核、问责等制度文件，对落实河长制湖长制、加强河湖管理保护作出部署。

2019 年 4 月 23—26 日，在江苏省南京市河海大学举办"全省提升河长湖长履职能力专题培训班"。全省 14 个地市、28 个县（区）的 21 名市级河长湖长、23 名县级总河湖长和各市河长办主要负责同志参加。培训紧紧围绕贯彻中央实行河长制湖长制重大决策部署，聚焦破解河北省河湖突出问题，依托河海大学学科优势和最新理论实践成果以及江苏省推行河长制湖长制先进经验，安排了政策解读、河湖综合治理技术讲解、现场观摩、交流讨论等环节，收效良好。 （张倩）

【重要文件】 2017 年 3 月 1 日，中共河北省委办公厅、河北省人民政府办公厅印发《河北省实行河长制工作方案》（冀办字〔2017〕6 号），明确河北省全面推行河长制湖长制总体要求、基本原则、工作目标、组织体系、主要任务、保障措施等 6 个方面内容。要求结合自然河系与行政区域，构建覆盖全省河湖的河长制，全面建立省、市、县、乡四级河长制管理体系。提出加强水资源保护、加强河湖水域岸线管理保护、加强水污染防治、加强水环境治理、加强水生态修复、加强执法监管等 6 项主要任务。

2017 年 3 月 11 日，河北省住房城乡建设厅印发《河北省城市（县城）黑臭水体整治专项行动方案》（冀建城〔2017〕13 号），在全省范围内开展黑臭水体整治专项行动。

2018 年 5 月 6 日，中共河北省委办公厅、河北省人民政府办公厅印发《河北省贯彻落实〈关于在湖泊实施湖长制的指导意见〉实施方案》（冀办字〔2018〕40 号），明确在湖泊实施湖长制的总体要求、湖长体系、湖长职责、责任分工、主要任务和保障措施等，要求落实党委、政府的湖泊管理保护主体责任，在河长制已对全省河湖全覆盖的基础上，对湖泊进一步健全湖长体系，明确湖长职责，将实施湖长制纳入全面推行河长制工作体系。

2017 年 11 月 10 日，中共河北省委办公厅、河北省人民政府办公厅印发《河北省河长制省级会议制度(试行)》《河北省河长制信息共享制度(试行)》《河北省河长制考核奖惩办法(试行)》（〔2017〕-41），构建了省级河长会议、信息共享和考核奖惩工作制度。

2018 年 7 月 3 日，河北省检察院、河北省河湖长制办公室印发《关于协同推进全省河（湖）长制工作的意见的通知》（冀检联〔2018〕7 号），创新构建协同推进河长制工作机制，搭建起河湖管理行政执法与刑事司法有效衔接的平台。

2018 年 7 月 29 日，中共河北省委办公厅、河北省人民政府办公厅印发《河北省河长制湖长制主要任务责任分工方案》（〔2018〕-25），将河湖长制主要任务进行细化分解，首次明确了年度工作目标、成果形式和责任主体，进一步压实各级各部门责任。

2018 年 8 月 19 日，河北省河湖长制办公室印发《河北省河（湖）长制工作督查督办制度（试行）》和《河北省河（湖）长巡查工作制度（试行）》（冀河办〔2018〕16 号），规范河湖长制督导检查、河湖长巡查工作，督促各级河湖长履职，促进各项任务落地落实。

2018 年 12 月 26 日，河北省生态环境厅印发《河北省碧水保卫战三年行动计划（2018—2020 年)》（冀水领办〔2018〕123 号），提出以水环境质量改善为核心，重点突出五大区域，深入推进水污染防治。通过高质量的水污染治理、水生态修复、水资源保护"三水共治"，为京津冀协同发展提供有力的水生态环境支撑。

2019 年 4 月 23 日，河北省人民政府办公厅印发加强河道采砂管理工作方案的通知，方案提出加强河道采砂管理的基本原则，明确政府、河湖长和相关部门的采砂监管责任，坚持统筹河道采砂与整治，构建规划科学、开采有序、监管有效、整治有力的采砂管理秩序。

2020 年 4 月 29 日，河北省河湖长制办公室印发《河北省河湖长制挂牌督办办法》（冀河办〔2020〕

12 号），从组织实施、督办对象、督办情形、实施程序、办理要求、解除程序、追责问责等方面，对河湖长制挂牌督办工作进行了规范。

2020 年 8 月 21 日，中共河北省委办公厅、河北省人民政府办公厅印发《河北省落实河湖长制考核问责制度》（冀办〔2020〕30 号），明确了落实河湖长制考核问责工作机制，提出了对市县乡党委、政府和雄安新区党工委、管委会及市、县、乡、村四级河长湖长的考核内容、责任追究方式及相应的追责问责情形。

2020 年 9 月 14 日，河北省人民政府办公厅印发河北省严格管控河道采砂工作方案的通知，方案明确严控采砂总体要求和基本原则，提出严格清单管理、严密组织实施、严打非法采砂等工作措施。

（张倩　吕健兆　何萍）

【地方政策法规】　2020 年 1 月 11 日，《河北省河湖保护和治理条例》经河北省十三届人民代表大会第三次会议审议通过，自 3 月 22 日开始施行。该条例的出台进一步完善了河北省生态保护法规体系，为加强河湖治理保护、改善河湖生态环境、维护河湖生态健康提供了重要的法制遵循。

2020 年 9 月 24 日，《河北省人民代表大会常务委员会关于加强滦河流域水资源保护和管理的决定》经河北省十三届人大常委会第十九次会议审议通过，并于即日生效。从滦河流域的管理体制、资金保障、各方监督、分区保护、生态补偿、水资源管理、水污染防治和水生态保护等方面着力，强化措施，做出规定。

2017 年 1 月 1 日《河北省湿地保护条例》（以下简称《湿地保护条例》）正式实施，为河北省湿地保护提供了强有力的法律支撑。河北省严格执行《湿地保护条例》规定，遵循保护优先、科学恢复、合理利用、可持续发展的原则，持续加大对湿地的保护修复力度，湿地功能和生态环境质量得到显著提高。

（李洁　张倩　李硕）

【专项行动】　2017—2020 年，河北省水利厅联合省公安厅、省交通运输厅等相关部门，每年集中组织开展打击河道非法采砂"飓风行动"，累计查处河道非法采砂行政案件 1 356 起，处罚 1 395 人，罚款786.57 万元，全省河道非法采砂乱象得到有效遏制。2018—2020 年，河北省生态环境厅连续开展了碧水2018、碧水 2019、碧水 2020 环境执法专项行动，组织对涉水排放企业开展执法检查。全省各级生态环境部门共检查涉水工业企业（点位）51 963 家次，

发现环境问题 6 525 个，其中，立行立改 5 417 个，移交当地政府处理 525 个，立案处罚违法案件 566件，移交公安机关 17 件，有效减少和遏制了涉水环境违法行为对生态环境的损害，保障了水环境质量持续改善。

（吕健兆　徐言）

【河长制湖长制体制机制建立运行情况】

1. 体制建立运行情况　河长制湖长制推行以来，河北省全面建立完善了党政领导负责、部门联动、区域协调、公众参与的河长制湖长制体制。

（1）河湖长组织体系全面建立。按照"河湖全覆盖"原则，构建了党政主要领导任双总河湖长、其他党政领导分级分段分片担任河长湖长的组织体系，截至 2020 年年底全省共有省、市、县、乡、村五级河长湖长 4.7 万余名。

（2）河长制湖长制责任部门不断完善。省、市、县三级全部明确了河湖长制责任部门。省级层面，2017 年印发《河北省实行河长制工作方案》、2018年印发《河北省贯彻落实〈关于在湖泊实施湖长制的指导意见〉实施方案》，对河长制湖长制责任部门进行明确，确定了省委组织部等 26 个单位为省级河长制湖长制责任部门。

（3）河长湖长体系持续加强。在省、市、县、乡、村五级河长湖长组织体系全部建立的基础上，不断探索强化河长湖长体系。探索建立"河湖长＋检察长""河湖长＋警长"机制，选聘民间河长、巡河护河员，培育壮大志愿者队伍，河长制湖长制体系得到有益补充和完善。

2. 机制建立运行情况　国家要求的河长会议、信息共享、信息报送、工作督查、考核问责与激励验收等六项基础制度全部出台。在此基础上，围绕压实各方责任、加强协调联动、强化督导考核，建立健全一系列符合地方特点的工作制度，建立起了保障河长制湖长制落地落实的"四梁八柱"。

（1）河长湖长履职工作机制。先后出台了省级会议制度、河长名单公告制度、河长湖长巡查制度、基层河长湖长履职细则等制度规范，明确河长职责，细化履职内容，对河湖长履职尽责提供制度约束。同时，依托河长制信息平台对河湖长巡河情况进行实时记录，并将相关情况纳入年度考核。

（2）部门协同工作机制。河北省委办公厅、省政府办公厅印发《河北省河湖长制主要任务责任分工方案》，河北省河湖长制办公室印发《关于明确河北省省级河湖长制责任部门及职责分工的通知》（冀河办〔2020〕26 号），与省检察院联合印发《关于协同推进全省河（湖）长制工作的意见》，构建河长湖

长领导、部门协同参与的工作体系，推动省级河长制湖长制责任部门协同推进河湖管理任务落实。

（3）联防联控工作机制。北京、天津、河北三省（直辖市）河（湖）长制办公室联合印发《京津冀河（湖）长协调联动机制》，推动形成河长湖长主导、属地负责、分级管理、协同治理的河湖管理保护工作格局，落实区域间河湖管理联防联控。在省级推动落实联防联治基础上，廊坊市、唐山市与北京市、天津市相关区（县）建立跨界河流联防联控机制，进一步明晰管理责任，实现流域统筹，强化跨界河流管理保护。

（4）督查考核工作机制。河北省委办公厅、省政府办公厅印发《河北省河湖长制考核问责制度》，河北省河湖长制办公室先后印发河长制湖长制督查督办制度和挂牌督办制度，督查考核问责工作机制不断健全。推动各级党委政府、河长湖长、河长办及相关责任部门落实责任，推动工作。

（5）社会参与工作机制。印发《关于推行"民间河（湖）长"的指导意见》（冀河办〔2020〕42号），明确聘任民间河长湖长的基本条件、选聘流程、主要任务和禁止行为等，规范社会力量参与河湖管理保护工作，强化社会监督管理。　　（张倩）

【河湖健康评价】　2020年11月5日，按照水利部河长办印发《关于印发〈河湖健康评价指南（试行）〉的通知》（第43号）要求，河北省河湖长制办公室印发《关于组织开展河湖健康评价工作的通知》（冀河办〔2020〕34号），要求省、市、县三级河长办按照"分级负责、试点先行、逐步推进"的原则，组织开展河湖健康评价工作。为加强对各地评价工作的技术指导，河北省河湖长制办公室紧密结合河北实际，组织编制了《河北省河湖健康评价技术大纲（试行）》（冀河办〔2021〕38号），进一步细化完善评价指标和标准，为全省河湖健康评价工作提供技术依据。共选取设省级河长湖长的河湖和设市、县河长湖长的代表性河湖211条（个）作为评价对象，其中设省级河长湖长的所有河湖全部纳入评价范围。　　（彭帅）

【"一河（湖）一策"编制和实施情况】　2018年，按照《河北省实行河长制工作方案》《河北省贯彻落实〈关于在湖泊实施湖长制的指导意见〉实施方案》和水利部《"一河（湖）一策"方案编制指南（试行）》要求，河北省组织省、市、县三级河长办按照"分级组织、逐级细化、属地负责、梯次推进"的原则开展"一河（湖）一策"编制工作，累计编制"一河（湖）一策"3 633册，其中省级13册、市级231册、县级 3 389册。"一河（湖）一策"以问题为导向，在深入河湖现场开展基本情况调查的基础上，结合国家、省、市相关规划计划，提出2018—2020年河湖水域岸线管理、水污染防治、水环境治理、水生态修复和执法监管等方面目标任务，明确河湖管理保护问题清单、目标清单、任务清单、责任清单和措施清单，并经河长湖长审定后印发。为保证"一河（湖）一策"方案切实取得实效，省级组织第三方定期对省级"一河（湖）一策"落实情况进行评估，评估结果按比例纳入年度考核。截至2020年年底，全省各级"一河（湖）一策"全部实施完成。　　（彭帅）

【水资源保护】

1. 节水行动　河北省深入贯彻习近平总书记"节水优先、空间均衡、系统治理、两手发力"的治水思路，落实国家节水行动。2019年，河北省水利厅会同省发展和改革委员会印发《河北省节水行动实施方案》（冀水节〔2019〕25号），明确2020年和2022年主要目标，提出总量强度双控、农业节水增效、工业节水减排、城镇节水降损、重点地区节水开发五大重点行动，实行政策制度推动、市场机制创新两类改革举措，提出加强组织领导、完善财税政策、拓展融资模式、强化科技支撑4项保障措施。2020年，为确保实现《河北省节水行动实施方案》确定的工作目标，省政府办公厅印发《河北省推进全社会节水工作十项措施》，明确强化组织领导、适水农业发展、工业节水减排、城镇节水降损、水资源刚性约束等10项推进节水工作具体措施。2020年河北省万元国内生产总值用水量为51.6m^3，较2017年下降14.7%；万元工业增加值用水量为15.2m^3，较2017年下降20.0%。

2. 生态流量监管　按照水利部印发《关于做好河湖生态流量确定和保障工作的指导意见》（水资管〔2020〕67号）要求，河北省水利厅结合流域水资源条件，统筹生产、生活、生态用水，大力推进重点河湖基本生态水量保障工作，先后编制印发了衡水湖、滹沱河、青龙河3个重点河湖的基本生态水量保障实施方案，分别确定了3个重点河湖的基本生态水量保障目标和监测预警方案，明确了基本生态水量保障、监管责任主体与考核要求，压实各级政府和部门责任。同时，将河湖基本生态水量保障目标落实情况纳入年度河长制湖长制重点工作推进方案，与落实河长制湖长制工作同安排、同部署、同考核，进一步强化调度管理和监测预警，加大督导检查力度，确保如期实现重点河湖基本生态水量保障目标。

3. 全国重要饮用水水源地安全达标保障评估 组织重要饮用水水源地达标建设，每年组织全省重要饮用水水源地管理单位按照达标建设要求开展自评估工作，形成河北省全国重要饮用水水源地安全保障达标建设评估年度报告报送水利部。配合海委开展重要饮用水水源地抽查工作，按照"水量保证、水质合格、监控完备、制度健全"安全保障达标建设评估要求，配合海河水利委员会对重要饮用水水源地水量、水质、监控和管理等情况进行实地抽查；对抽查发现的问题，积极组织整改，按时完成各项整改任务，确保符合饮用水水源地安全保障达标建设要求。

4. 水量分配 按照水利部印发《关于梳理跨市江河流域水量分配工作的通知》（办资管〔2020〕200号）要求，河北省水利厅积极行动，抓紧推进，首先选取青龙河、洺河、潴龙河、瀑河4条重点跨市河流，开展水量分配方案编制工作。2020年5月，招标确定青龙河、洺河、潴龙河（含沙河）、瀑河4条跨市河流水量分配方案编制技术承担单位，6月签订委托合同，7月完成工作大纲的编制、审查，8—11月，组织技术承担单位开展了资料调查、现场调研和水量分配方案编制工作，12月形成水量分配方案初步成果，并组织水规总院、海委和河北省有关单位的专家对方案进行了评审，通过了审查。

（辛雪莉 王健 耿东现）

【水域岸线管理保护】

1. 河湖管理范围划界 按照水利部印发《关于加快推进河湖管理范围划定工作的通知》（水河湖〔2018〕314号）要求，河北省认真部署，迅速行动，制定并印发了《河北省河湖管理范围划界指南》（冀水河湖〔2019〕22号），明确了河道、湖泊的管理范围划定准则。截至2020年12月，完成河道划界1367条、湖泊划界23个，并按要求将划界成果由各市、县人民政府统一公告。

2. 岸线保护与利用规划 按照水利部办公厅印发《关于印发河湖岸线保护与利用规划编制指南（试行）的通知》（办河湖函〔2019〕394号）要求，2019年6月10日，河北省水利厅印发《关于做好河湖岸线保护与利用规划编制工作的通知》（冀水河湖〔2019〕50号），明确省水利厅负责编制滦河大黑汀水库至入海口、潴龙河、滹沱河岗南水库至献县枢纽、南运河第三店至冀津界、滏阳新河、滏阳河艾辛庄枢纽至献县枢纽、子牙河献县枢纽至冀津界、子牙新河献县枢纽至阎辛庄、南拒马河北河店至新盖房枢纽、白沟河、滹东排河、南排河等12条河道岸线保护与利用规划的编制工作，同时要求各地抓紧研究确定市、县负责编制岸线保护与利用规划的河湖名录，并明确完成时间。截至2020年年底，河北省水利厅负责编制的12条河道岸线保护与利用规划已全部编制完成并通过审查。

3. "四乱"整治 根据《水利部办公厅关于开展全国河湖"清四乱"专项行动的通知》（办建管〔2018〕130号）和《水利部办公厅关于明确河湖"清四乱"专项行动问题认定及清理整治标准的通知》（办河湖〔2018〕245号）要求，河北省水利厅于2018年7月31日、11月27日印发《河北省河湖"清四乱"专项行动方案》（冀水建管〔2018〕143号）和《河北省河湖"清四乱"专项行动问题认定及清理整治标准》（冀水建管〔2018〕229号），在全省范围内开展河湖"四乱"清理整治专项行动，明确清理整治范围及四乱认定及清理整治标准。自2018年8月至2020年年底，共排查整治河湖"四乱"问题26 798个。

（戴群英）

【水污染防治】 强化入河排污口监管，深入开展排查整治、溯源建档，每季度更新河北省入河排污口清单，定期监测、按月通报，持续推进全省已登记审批的入河排污口规范化建设。在城镇污染治理上，加快推进污水集中处理设施建设和城市排水管网雨污分流改造，狠抓城市黑臭水体整治，11个设区市建成区48条黑臭水体全部完成整治。在工业污染治理上，集中治理工业集聚区水污染，深入推进工业园区落实污水集中治理要求，全面加强企业污水源头排放管控。在畜禽养殖污染和农业面源污染治理上，强化种植养殖业污染治理、废弃物资源化利用和生态保护，农药化肥施用量连续5年实现负增长，畜禽规模场粪污处理设施装备配套率达到100%，农作物秸秆、农膜等农业生产废弃物得到高效回收利用，建立耕地分类管控清单，受污染耕地安全利用率达到国家要求。2020年8月，获生态环境部农业农村污染攻坚战全国通报表扬；9月，在农业农村部农业面源污染防治攻坚战延伸绩效考核中名列全国第一，被评为"开展污染治理攻坚战延伸绩效管理优秀单位"。在港口和船舶污染治理上，制定《河北省船舶污染事故应急预案》（冀政办字〔2020〕103号），提升船舶污染应急反应机制的科学性和全面性；加强港口和船舶污染物接收运转及处置设施建设，强化靠港船舶污染物接收转运处置联合监管。

（简鹏刚 黄桂美）

【水环境治理】

1. 饮用水水源规范化建设 严格依法划定饮用水水源保护区，截至 2020 年年底，河北省累计划定集中式饮用水水源保护区 1 051 个，总面积 1.27 万 km^2。

2. 黑臭水体治理 河北省住房城乡建设厅会同河北省生态环境厅强力推进城市黑臭水体排查、整治，设区市共排查出 48 条城市黑臭水体，县（市、区）共排查出 45 条城市黑臭水体，全部列入省级台账清单，组织相关市（县）每季度报送工作进展。截至 2019 年年底，93 条城市黑臭水体已全部完成整治，消除黑臭，提前完成国家确定的工作任务，有效改善了城市水环境，水体周边居民满意度明显提升。2018 年以来，河北省住房城乡建设厅与省生态环境厅联合组织开展多轮城市黑臭水体排查、整治效果评估和"回头看"专项行动等，进一步巩固黑臭水体整治成效，防范黑臭反弹。邯郸市、衡水市分别成功入选第一批、第三批国家黑臭水体治理示范城市，累计获得国家补助资金 9 亿元，顺利实现各项绩效目标。

3. 农村水环境整治 2018 年 9 月、12 月，河北省生态环境厅对全省辖区内所有村庄生活污水治理情况进行基础调查、再核实。2019 年 2 月 3 日印发《河北省农村生活污水治理行动计划》（冀水领办〔2019〕5 号），2019 年 11 月 11 日印发《河北省农村生活污水治理技术导则（试行）》（冀环土壤〔2019〕523 号）。经过三年行动，河北省农村生活污水治理率由 2018 年的 11% 提升到 2020 年年底的 28%，生活污水乱排乱倒基本得到有效管控。为持续深入推进"十四五"农村生活污水治理，2020 年 9 月 29 日制定印发《河北省农村生活污水治理工作方案（2021—2025 年）》，明确到 2025 年，全省农村生活污水治理率达到 45% 以上，农村黑臭水体基本消除，全面建立完善农村生活污水治理长效运维管理机制。

（冯亚平 何萍 张钊兴）

【水生态修复】

1. 退田还湖还湿 2017 年以来，河北省持续加大湿地保护修复力度，实施了多处重要湿地退耕还湿、湿地生境恢复、湿地植物栽植、鸟类栖息地恢复、科研监测、科普宣教等工作。其中，在白洋淀开展了唐河、府河、孝义河入淀河口退耕还湿和藻苲淀退耕还淀生态湿地恢复工程，通过湿地保护修复，净化入淀水质，白洋淀区域生态功能和生物多样性逐步恢复。

2. 生物多样性保护 为动态监测跨流域生态补水对受水区水生生物的影响，自 2019 年起，河北省生态环境厅对白洋淀及周边区域组织开展了水生生物多样性本底调查及监测，动态掌握水生生物种类及其变化情况、系统分析水生生物物种迁移对受水区水生生物的影响，防止不同生物区系水生动植物随生态补水进入河北省内，对重要湿地生态系统造成破坏。通过三年的监测，白洋淀生物多样性指数和均匀度指数逐年提高。

3. 生态补偿机制 为切实保护密云水库和引滦入津上游流域水源涵养区生态环境，保障北京、天津水源安全，促进京津冀生态环境保护协同发展，河北省积极推动建立流域上下游横向生态保护补偿机制。2017 年 6 月和 2019 年 12 月，河北省人民政府分别与天津市人民政府签订引滦入津上下游横向生态补偿一期、二期协议；2018 年 11 月，与北京市签订密云水库上游潮白河流域水源涵养区横向生态保护补偿协议。河北省与北京、天津两市按照"成本共担、效益共享、合作共治"的原则，建立协作机制，分别多次召开联席会议，共同开展工作调研、联合执法和联合监测，加强上下游生态环境联防联控。截至 2020 年年底，累计到位潮白河流域生态补偿金 19.8 亿元，引滦入津生态补偿金 20 亿元，全部用于支持承德、张家口和唐山市相关县（市）实施水环境治理与生态修复项目，有力促进了流域水环境质量的大幅提升。

4. 水土流失综合治理 河北省坚持"预防为主，保护优先，全面规划，综合治理"的水土保持工作方针，全面贯彻落实水土保持法，不断加强水土保持生态环境建设。2017 年 10 月 13 日，河北省人民政府批复实施《河北省水土保持规划（2016—2030 年）》（冀政字〔2017〕35 号），各市（含定州、辛集市）及有水土流失治理任务的重点县（市、区）全部完成水土保持规划编制，并经政府批复实施，水土保持规划为开展水土流失预防和治理工作提供了指导和技术支撑。2017—2020 年，河北省依托国家水土保持重点工程、京津风沙源治理二期工程水利项目、坡耕地水土流失综合治理工程等，重点在太行山、燕山和坝上重要生态功能区、重要饮用水水源地上游、革命老区和雄安新区上游山区、北京冬奥会张家口赛区及沿线水土流失区域，开展以小流域为单元的山水林田路村综合治理，促进了生态经济的良性循环，改善了项目区群众生产生活条件。统筹发展改革、财政、农业农村、生态环境、自然资源、林业草原等部门生态项目投入，引导社会力量积极参与水土流失治理，建设梯田 194.4km²，栽植水土保持林 3 068.1km²、经济林 1 059.9km²，种草 290km²，封禁治理 3 327.1km²，其他措施治理 670km²，总计新增水土流失治理面积 8 609.5km²，通过实施各项水土保持措施，构建水土流失综合防治体系，有效控制了土壤侵蚀，保护了土地资源，减轻了泥沙淤积和风沙危害，提高了防灾减灾能力，增强了区域自然修复和涵养水源能力，生态环境得到进一步恢复和改善。经估算，4 年间，河北省水土流失面积减少 2 400km²，新增保土能力 1 291.4 万 t，增产粮食 726.3 万 kg，受益贫困人口 22.9 万人。

5. 生态清洁小流域　河北省围绕密云水库上游潮白河流域、雄安新区上游等重要水源地，有序推进生态清洁小流域建设。2018 年年底，省水利厅印发《河北省生态清洁小流域建设规划（2019—2025 年）》（冀水保〔2018〕123 号）。保定市、石家庄市编制完成雄安新区上游生态清洁小流域工作方案，并指导上游范围内的行唐、灵寿、涞源、曲阳等 9县编制生态清洁小流域建设方案。2017—2020 年，河北省建成生态清洁小流域 53 条，治理水土流失面积 856.5km²，完成投资 50 643.3 万元。

（李硕　赵璠　马磊　张波　张子元）

【执法监管】　2018—2020 年，按照《水利部关于进一步加强河湖执法工作的通知》（水政法〔2018〕95号）要求，河北省水利厅组织开展了河湖执法三年攻坚战。此次行动采取及时动员部署、全面巡查排查、依法严查实处、严格督察督办、强化普法宣传等措施，重点打击非法侵占河湖、非法采砂、非法取水、违法涉河建设、违法设障、人为造成水土流失和破坏水利工程等违法行为。三年中，全省河湖执法累计巡查河道 209.01 万 km，水域面积 10.73万 km²，监管对象 3 011 个，共出动执法人员 45.03万人次，车辆 15.5 万次，船只 3 431 万次，现场制止违法行为计 3 011 起，立案查处 2 881 起，行政处罚罚款 4 507.65 万元，河湖执法工作取得了明显成效，全省河湖管理秩序呈现积极向好的态势。

为进一步巩固深化近年来河湖执法成果，按照水利部《关于印发河湖违法陈年积案"清零"行动实施方案的通知》（水政法〔2019〕147 号）要求，2019 年 5 月至 2020 年 11 月，河北省水利厅组织开展了河湖违法陈年积案"清零"行动。行动中，河北省水利厅坚持问题导向、目标导向、结果导向，制定工作方案，周密安排部署，强化调度督导，盯住每一个陈年积案，压实各级责任，依法依规查处整改非法侵占河湖、非法采砂、非法取水和违法涉河建设等违法行为。通过这次行动共清查出 55 件陈年积案，涉及 8 个市、21 个区（县），55 件积案已于 2020 年 4 月全部结案。

2019 年，河北省全面建立河道采砂管理责任制。对全省有砂河道逐级逐段落实采砂管理县、乡、村河长，行政主管部门，现场监管和行政执法"四个责任人"；向社会公告，并建立"四个责任人"培训、检查、考核制度。2019 年、2020 年，结合打击河道非法采砂"飓风行动"，河北省水利厅会同省公安厅、省交通运输厅等部门组成联合工作组，对各地河道采砂执法监管情况进行督导检查，对检查发现的问题以"一市一单"形式向被检查单位下发督办通知并限期整改到位。

（滕志遥　吕健兆）

【水文化建设】　积极推进水利博物馆建设。2019 年年初，保定市依托清河道署——中国现存唯一一座保存较为完整的清代水利衙门古建筑群，筹备建设保定水利博物馆项目，以"弘扬水利精神、传承水利文化"为宗旨，着手打造"华北第一、国内一流"的水利博物馆，展示古今保定水利卓越成就。博物馆于 2020 年 10 月布展完毕，分序厅区、古代水利展区、近现代水利展区、新时代水利展区、室外互动区、青少年节水教育展区、清河道展区等 7 个展区。博物馆在大量使用图片展板和实物原件的基础上，采用沙盘、模型、多媒体演示、场景陈列、沉浸体验、互动装置等辅助展项，丰富陈列形式，创新布展手段，普及水情教育，提升科学素养。同时，图文并茂、形象生动地展示清河道治水理念、治水方法与治水成就，突出治水精神、治水人物、治水事迹、治水贡献。保定水利博物馆被水利部办公厅、共青团中央办公厅、中国科协办公厅设立为第四批国家水情教育基地，也是河北省唯一一处国家水情教育基地。

（徐新蒲）

【信息化工作】

1. "水利一张图"　2019 年，河北省着力推进信息资源整合共享，推动信息技术与水利业务深度融合，开始实施河湖管理范围划界工作，为推动工作开展，河北省水利厅组织构建了"河北省河湖管理范围划界平台"，可提供划界测量数据上传、审核、数据查询及统计分析管理、图层控制、地图工具、用户管理等服务，为"水利一张图"提供了技术基础。2020 年河北省水利厅根据《水利部关于印发水利网信水平提升三年行动方案（2019—2021 年）

的通知》（水信息〔2019〕171号）中的水利大数据治理服务行动要求，初步建成河北省水利数据中心，整合、完善水利数据，建立共治共享体系，开展水利大数据分析，强化遥感技术应用，支撑水利综合决策和强监管应用，实现"水利一张图"的应用，全面支撑防汛、水资源、河湖管理等工作。在全国"水利一张图"的基础上，将河北省流域分布图、河湖划界图、河道治理与采砂管控数据、河道径流能力数据、闸涵数据、供水线路、机井数据、部分防洪工程布置数据以及水文监测站等空间数据纳入"一张图"中。结合河湖智能视频监控系统，实现"水利视频一张网"的应用；结合河道防洪治理、水库、闸涵的现状及风险隐患数据，实现河北省"防洪治理一张图"；结合河湖生态、水质及排污状况、砂石资源等数据，实现河北省水生态安全专题图；结合南水北调配套工程、引黄等输水线路，实现河北省供水安全专题图。整合河北省水利厅相关业务系统，梳理河道水情信息、各主要河湖检测断面信息、河流流域信息、河道信息、河流生态流量核算报告、取水量监测设备信息、机井信息、雨水情信息等26类180余万条数据，按照"一数一源"的原则，对现有数据源及数据库建设现状进行分析，构建水利行业的数据模型，业务数据集中存储，构建共享体系，打破数据壁垒，实现资源的共治共享。按照基础数据和业务数据两个维度进行数据资源规划，深度分析数据价值，形成对水利业务应用和管理决策过程的支持。

2. 河湖卫星遥感监测　2019年9月，河北省重要河湖卫星遥感动态监测项目正式启动，通过对高分系列及资源三号系列卫星影像预处理并校正后叠加河道管理范围对河北省设省级河湖长河湖、生态补水河道、白洋淀上游河道等33条重要河湖和160条具有砂石资源河道进行动态监测。项目实施以来，解析监测影像总面积102万km²，单条河流影像数据716份，覆盖河流影像总面积10万km²，发现疑似"四乱"图斑9947个，实地复核行程5.2万km，抽查复核问题2201个，组织地市对疑似"四乱"图斑进行了全面核查，推动解决河湖典型突出问题2312个。

（戴群英　张成哲　武海龙）

| 山西省 |

【河湖概况】

1. 河流　山西省境内流域面积50km²标准以上

的河流有902条，河流总长度达38307km，其中省级河长责任河流有汾河、桑干河（御河）、滹沱河、漳河、沁河、潇河（含太榆退退水渠）、文峪河、涑水河、三川河、湫水河、唐河、沙河等12条河流。汾河流域面积39721km²，干流全长716km；桑干河在省界以上干流总长338km，山西省内流域面积为15076km²；御河干流全长77km，山西省境内面积2612km²；滹沱河山西段干流长度324km，省内流域面积14038km²；漳河在山西境内河道长度为226km，山西省境内流域面积15884km²；沁河流域总面积13532km²，山西省境内面积12304km²，山西省境内长363km；涑水河全长200.55km，流域面积约5774.4km²；潇河河道总长147km，流域总面积4064km²；文峪河主河道长160km，流域面积4050km²；三川河河道长174.9km，流域面积4161.4km²；湫水河河道总长122km，流域面积1989km²；唐河山西境内长93km，山西境内流域面积2190km²；沙河山西省境内全长65km，流域面积1216km²。

（陈生义）

2. 湖泊　山西省水域面积大于1km²湖泊有6个（不含城市公园内的湖），分别为晋阳湖、圣天湖、伍姓湖、硝池滩、鸭子池、盐湖。

晋阳湖位于山西省太原市南端金胜镇南阜村，原名牛家营湖，是山西省最大的内陆人工湖，也是华北地区最大的人工开挖湖。20世纪50年代初由人工开挖而成，作为太原市第一热电厂的蓄水池使用，1957年牛家营湖扩建为水库，并由西干渠引入汾河水，更名为晋阳湖。湖面南北长2990m，东西宽1700～2000m，湖水面积5.65km²，蓄水量约1500万m³，湖底高程为773.00～775.90m，最大水深4m，最浅处1.5m，平均水深2.2m，水位高程常年约778.00m。目前，晋阳湖作为太原市陆生生态系统和水域生态系统的重要资源，在优化水生态空间布局、防洪、供水、维持生物多样性等方面发挥着重要作用，是"一湖点睛"山水格局的有机构成。

圣天湖位于山西省芮城县陌南镇柳湾村的黄河之滨，地处黄河金三角旅游区核心位置。圣天湖景区原名"胜天湖水库"，地势整体呈西北高东南低，海拔在316～520m之间。景区规划面积7.71km²，其中水域面积4km²。圣天湖是一处河道变迁遗迹性的湿地，分为内湖和外湖，内湖最高水位是319.4m，最低水位是318.2m。外湖最高水位317m，最低水位为315m。圣天湖景区相对高差200余m，光照充足，雨量适宜，地貌多样，空气清新，物种丰富。湖内栖息着238种鸟类、147种湿地植物和52种鱼类资源，堪称我国北方少有的湿地野生动植物基因库。2017年12月通过国家AAAA级旅游景区验收。2019年6月被中国林业产业联合会确定为全国"森林康养基地试点建设单位"；8月承办了中华人民共和国第二届青年运动会铁人三项比赛。

伍姓湖位于永济市城东，距城边1.5km。地理坐标：东经110°29′22″、北纬34°53′32″。涑水河、姚暹渠、湾湾河及中条山沟峪的水流，均汇入伍姓湖，该湖是涑水河下游平川区的主要天然水域，在一定程度上起着调节运城至永济洼地的地表水和地下水的功能，是涑水河流域的主要蓄洪排碱及地下水潜流排泄地。总容量为1 900万m³。伍姓湖的防洪按20年一遇洪水标准设计。根据蓄水量确定蓄水工程的等别为Ⅳ等，主要建筑物级别为4级，次要建筑物级别为5级。

盐湖位于运城市中心城区南部，与中条山平行，呈东西狭长形态，包含盐湖、汤里滩、鸭子池、硝池滩、北门滩五大水域，是运城千百年来形成的巨大历史奇观、文化奇观、自然奇观。盐湖水面面积97km²（不包括北门滩），流域面积785.07km²，总库容10 300万m³（不包括盐池）。区域内盐硝矿产储量6 134万t，有盐角草、盐地碱蓬等特色植物资源30余种，火烈鸟、白天鹅、反嘴鹬等特色动物资源150余种，盐湖大盐、黑泥等国家地理标志产品2个，凤凰谷、九龙山等森林公园2处，还有卤虫、盐藻等特色微生物。

西塬湖水库原名硝池滩，位于运城市西南20km处的盐湖区解州镇。呈封闭蚕豆形，汛期缓洪、泄洪，非汛期可调蓄城市排水，属涑水河流域。水库坝址以上流域面积306.37km²（其中农田面积178.56km²，水库水面面积14km²，中条山北麓冲沟面积101.54km²，运城市主城区面积12.27km²），库区东西长约5km，南北宽约4.2km，最大水面面积17.5km²。

鸭子池位于汤里滩与盐池之间，流域面积24.9km²，埝顶高程332.86m，最大库容1 600万m³。历史上鸭子池是盐湖东端的最后一道防洪设施，同时也是盐化生产的淡水储备区，以保证盐湖夏季用水之需。随着城市的东扩北移，该滩区除了保护盐池的防洪安全外，还是东部污水处理后中水的蓄存地。

（杜建明）

3. 河流水质 2019年，汾河入黄口庙前村断面退出劣Ⅴ类水质，实现了"一泓清水入黄河"，桑干河固定桥、利仁皂，涑水河张留庄等多年污染严重的国考断面先后退出劣Ⅴ类，在省直部门、各市县共同努力下，全省水环境质量恶化趋势基本扭转，形成持续向好态势。特别是2020年1—6月，历史上污染严重的汾河流域水质取得历史性改善，劣Ⅴ类国考断面全部退出，向党中央和省委、省政府交出一份满意答卷，习近平总书记以"沧桑巨变"充分肯定了汾河治理成绩。2020年，山西省58个地表水国考断面中，优良水质断面41个（占比70.7%），同比增加9个，较国家考核目标多9个；劣Ⅴ类水质断面全部退出，同比减少12个，较国家考核目标少8个，创历年最优，水环境质量改善显著。

（李昉梅）

2016—2020年山西省河流水质情况见表1。

表1　　　　　　　　　　2016—2020年山西省河流水质情况

序号	断面名称	所在水体	2016年	2017年	2018年	2019年	2020年
1	汾河水库出口	汾河	Ⅱ	Ⅱ	Ⅱ	Ⅱ	Ⅰ
2	上兰	汾河	Ⅱ	Ⅱ	Ⅱ	Ⅰ	Ⅰ
3	温南社	汾河	劣Ⅴ	劣Ⅴ	劣Ⅴ	劣Ⅴ	Ⅳ
4	固定桥	桑干河	劣Ⅴ	劣Ⅴ	劣Ⅴ	Ⅳ	Ⅳ
5	册田水库出口	桑干河	劣Ⅴ	劣Ⅴ	Ⅳ	Ⅳ	Ⅳ
6	宣家塔	南洋河	Ⅳ	Ⅳ	Ⅲ	Ⅲ	Ⅲ
7	利仁皂	御河	劣Ⅴ	劣Ⅴ	Ⅳ	Ⅳ	Ⅳ
8	洗马庄	壶流河	Ⅴ（断流）	断流	—	—	Ⅲ
9	南水芦	唐河	Ⅲ	Ⅲ	Ⅲ	Ⅲ	Ⅲ
10	杜里村	潴龙河	Ⅱ	Ⅱ	Ⅱ	Ⅰ	Ⅲ
11	闫家庄大桥	滹沱河	Ⅱ	Ⅱ	Ⅱ	Ⅲ	Ⅲ
12	白羊墅	桃河	劣Ⅴ	劣Ⅴ	劣Ⅴ	劣Ⅴ	Ⅲ

序号	断面名称	所在水体	2016 年	2017 年	2018 年	2019 年	2020 年
13	地都	绵河-冶河	劣Ⅴ	Ⅱ	Ⅱ	Ⅲ	Ⅱ
14	龙头	沁河	Ⅱ	Ⅱ	Ⅱ	Ⅱ	Ⅱ
15	刘家庄	清漳河	Ⅱ	Ⅱ	Ⅱ	Ⅱ	Ⅰ
16	北寨	浊漳南源	劣Ⅴ	Ⅴ	Ⅳ	Ⅳ	Ⅳ
17	小岭	浊漳河		Ⅲ	Ⅲ	Ⅲ	Ⅲ
18	王家庄	浊漳河		Ⅲ	Ⅱ	Ⅱ	Ⅱ
19	关河水库出口	浊漳北源		Ⅱ	Ⅱ	Ⅱ	Ⅱ
20	后湾水库出口	浊漳西源		Ⅱ	Ⅱ	Ⅱ	Ⅱ
21	司徒桥	绛河		Ⅲ	Ⅱ	Ⅱ	Ⅳ
22	拴驴泉	沁河		Ⅱ	Ⅱ	Ⅱ	Ⅱ
23	张峰水库出口	沁河		Ⅱ	Ⅱ	Ⅰ	Ⅰ
24	后寨	丹河		Ⅱ	Ⅲ	Ⅱ	Ⅰ
25	杀虎口	苍头河		Ⅱ	Ⅱ	Ⅱ	Ⅱ
26	东榆林水库出口	桑干河		Ⅲ	Ⅱ	Ⅲ	Ⅲ	Ⅱ
27	王庄桥南	汾河	劣Ⅴ	劣Ⅴ	劣Ⅴ	劣Ⅴ	Ⅳ
28	郝村	潇河		Ⅲ	Ⅳ	Ⅳ	Ⅲ	Ⅲ
29	王寨村	松溪河	Ⅰ	Ⅱ	Ⅰ	Ⅰ	Ⅰ
30	庙前村	汾河	劣Ⅴ	劣Ⅴ	劣Ⅴ	Ⅳ	Ⅳ
31	龙门	黄河	Ⅳ	Ⅲ	Ⅲ	Ⅲ	Ⅱ
32	风陵渡大桥	黄河	Ⅲ	Ⅲ	Ⅱ	Ⅲ	Ⅲ
33	三门峡水库	三门峡水库	Ⅳ	Ⅲ	Ⅲ	Ⅲ	Ⅲ
34	南山	小浪底水库	Ⅲ	Ⅲ	Ⅲ	Ⅲ	Ⅲ
35	张留庄	涑水河	劣Ⅴ	劣Ⅴ	劣Ⅴ	Ⅴ	Ⅴ
36	上亳城	亳清河	Ⅲ	Ⅱ	Ⅱ	Ⅱ	Ⅱ
37	碛塄	黄河	Ⅱ	Ⅱ	Ⅱ	Ⅱ	Ⅱ
38	河西村	汾河	Ⅱ	Ⅱ	Ⅱ	Ⅱ	Ⅱ
39	梵王寺	桑干河	Ⅳ	Ⅲ	Ⅳ	Ⅴ	Ⅲ
40	代县桥	滹沱河	Ⅱ	Ⅱ	Ⅱ	Ⅱ	Ⅱ
41	定襄桥	滹沱河	Ⅳ	Ⅳ	Ⅴ	Ⅴ	Ⅳ
42	南庄	滹沱河	Ⅱ	Ⅱ	Ⅱ	Ⅱ	Ⅱ
43	陈家营	牧马河	Ⅲ	Ⅲ	Ⅳ	Ⅳ	Ⅲ
44	坪上桥	清水河	Ⅱ	Ⅱ	Ⅱ	Ⅰ	Ⅰ
45	上平望	汾河	劣Ⅴ	劣Ⅴ	劣Ⅴ	劣Ⅴ	Ⅳ
46	西曲村	浍河	劣Ⅴ	劣Ⅴ	劣Ⅴ	劣Ⅴ	Ⅴ
47	黑城村	昕水河	Ⅳ	Ⅳ	Ⅳ	Ⅳ	Ⅱ
48	曲立	岚河	劣Ⅴ	劣Ⅴ	劣Ⅴ	Ⅴ	Ⅲ
49	北峪口	文峪河	Ⅲ	Ⅱ	Ⅱ	Ⅱ	Ⅰ
50	南姚	文峪河	劣Ⅴ	劣Ⅴ	劣Ⅴ	劣Ⅴ	Ⅳ

续表

序号	断面名称	所在水体	2016 年	2017 年	2018 年	2019 年	2020 年
51	桑柳树	磁窑河	劣Ⅴ	劣Ⅴ	劣Ⅴ	劣Ⅴ	Ⅳ
52	柏树坪	黄河	Ⅱ	Ⅲ	Ⅱ	Ⅱ	Ⅱ
53	裴家川口	岚漪河	Ⅳ	Ⅲ	Ⅱ	Ⅱ	Ⅱ
54	碧村	蔚汾河	Ⅳ	Ⅳ	Ⅴ	Ⅴ	Ⅳ
55	碛口	湫水河	Ⅳ	Ⅳ	Ⅳ	Ⅴ	Ⅳ
56	西崖底	三川河	Ⅳ	Ⅳ	Ⅲ	Ⅴ	Ⅲ
57	两河口桥	三川河	劣Ⅴ	Ⅴ	劣Ⅴ	劣Ⅴ	Ⅳ
58	裴沟	屈产河	Ⅳ	Ⅴ	Ⅳ	劣Ⅴ	Ⅲ

4. 水利工程 汾河上已修建有 2 座大型水库（汾河水库和汾河二库），总库容为 86 600 万 m³；修建大中型水闸 4 座，其中大型水闸 2 座，中型水闸 2 座；修建大型灌区 2 个，中型灌区 56 个；修建 5 级以上堤防 1 118.9km。

桑干河上已修建有 2 座水库，其中大型水库 1 座（册田水库），库容 58 000 万 m³，中型水库 1 座（东榆林水库），总库容 4 820 万 m³；修建中型水闸 2 座；修建大型灌区 2 个，中型灌区 27 个；修建 5 级以上堤防 8.4km。

滹沱河上已修建有 1 座中型水库（下茹越水库），库容 2 869 万 m³；修建大型灌区 1 个，中型灌区 26 个；修建 5 级以上堤防 247.4km。

漳河上已修建有 11 座水库，总库容 82 135 万 m³，其中大型水库 3 座（关河水库、后湾水库和漳河水库），库容 71 330 万 m³；中型水库 3 座（恋思水库、石匣水库和双峰水库），库容 8 202 万 m³；小型水库 5 座（漳源水库、景村水库、梁家湾水库、西湖水库和南湖水库），库容 2 603 万 m³，修建中型灌区 15 个；修建 5 级以上堤防 189km。

沁河上已修建有 2 座水库，总库容 41 156 万 m³，其中大型为张峰水库，库容 39 400 万 m³，中型为和川水库，库容 1 756 万 m³；修建中型灌区 10 个；修建 5 级以上堤防 80.5km。

涑水河上已修建有 4 座水库，总库容 6 804 万 m³，其中中型 2 座（吕庄水库和上马水库），库容 6 247 万 m³，小型 2 座（陈村峪水库和杨家园水库），库容 556 万 m³；修建中型灌区 6 个；修建 5 级以上堤防 297.6km。

唐河上已修建有 1 座小（1）型水库（唐河水库），总库容 998.8 万 m³；修建中型灌区 4 个；修建 5 级以上堤防 210m。　　　　　　　　（尚海浪）

【重大活动】

1. 全省"两山七河一流域"生态保护与修复工作推进会 为贯彻习近平生态文明思想，落实习近平总书记视察山西重要讲话重要指示，按照山西省委十一届十次全会部署，2020 年 8 月 19 日，全省"两山七河一流域"生态保护与修复工作推进会在太原召开，山西省委书记楼阳生出席并讲话。省长林武主持会议。省领导罗清宇、张吉福、廉毅敏、王成、李正印、李晓波出席，副省长贺天才作工作情况汇报。2020 年，山西省委书记楼阳生还多次专题研究推进"五湖"（晋阳湖、漳泽湖、云竹湖、盐湖、伍姓湖）生态保护与修复工作，全省域谋划生态文明建设大格局。

2. 全省黄河（汾河）流域水污染治理攻坚暨河长制湖长制工作会议 2020 年 1 月 18 日，山西省人民政府召开全省黄河（汾河）流域水污染治理攻坚暨河长制湖长制工作会议。省长、省总河长林武出席并讲话。林武强调要深入学习贯彻习近平总书记"三篇光辉文献"精神，全面落实习近平生态文明思想，按照山西省委"四为四高两同步"总体思路和要求，咬定政府工作报告确定的生态环保硬指标硬任务，全面落实河长制湖长制，细化举措，全力攻坚，确保 6 月底前汾河流域国考断面水体全面消除劣Ⅴ类，之后稳定达标，力争实现全省地表水国考断面年底全部退出劣Ⅴ类，向党中央和全省人民交出合格答卷。

3. 河长制湖长制考核工作 2020 年，山西省年度目标责任考核领导小组办公室将河长制湖长制列入了对各市年度目标责任专项考核内容，从加强水资源管理和保护、加强水域岸线管理和保护、加强水污染防治、加强水环境治理、加强水生态修复和加强执法监管 6 个方面明确了 27 项河长制湖长制年度重点工作任务。突出日常考核和差异化考核，一市一方案，一季一通报，按照年度重点工作任务，制定了河长制湖长制工作考核方案，确定了6类36项考核内容。统筹安排季度日常考核和年终考核，再报请山西省河长制办公室主任、副省长王成同意后，有序推进各项考核任务。

4. 省河长制湖长制暨水利项目建设推进视频会　2020年10月15日，山西省副总河长（省总湖长）、副省长王成出席省河长制湖长制暨水利项目建设推进视频会，强调要完善河长制湖长制组织体系，扎实做好河湖管理工作，压实责任推进水利项目投资建设。常态化规范化开展河湖"清四乱"，规范黄河干流河道采砂秩序，专项整治黄河流域岸线利用项目，抓紧编制规模以上河湖岸线利用规划。

5. 全省河长制工作暨"四乱"问题整治常态化规范化推进会　2020年4月14日下午，山西省水利厅召开全省河长制工作暨"四乱"问题整治常态化、规范化推进会议，对山西省"四乱"问题整治工作和近期河长制湖长制工作进行安排部署。山西省水利厅副厅长白小丹主持会议并讲话。会上观看了吕梁市无人机巡河调查视频专题片，吕梁、太原、晋城三市分别作交流发言。山西省水利厅河湖处、河长处、驻厅纪检组分别做了工作安排。

6. 黄河（汾河）流域水污染治理攻坚任务调度会　2020年5月19日，山西省水污染防治工作领导小组办公室召开黄河（汾河）流域水污染治理攻坚任务调度会。省河长制办公室副主任、生态环境厅厅长、水污染防治工作领导小组办公室主任潘贤掌主持会议并讲话。会议要求加大用水管控特别是无序取水管控力度，加快重点工程建设进度。尤其对工业企业废水雨水混排、初期雨水直排等问题，坚决查处环境违法行为，守住生态保护底线，维护生态环境安全。要按照省委、省政府部署要求，强化污染源治理，强化汛期排水管控，强化流域水污染联防联控，强化部门协同治理，凭实绩说话，用结果检验，确保汾河流域国考断面6月底前全面消除劣Ⅴ类，实现"汾河水量丰起来、水质好起来、风光美起来"，再现"汾河流水哗啦啦"，重现"人说山西好风光"，为山西省"在转型发展上率先蹚出一条新路来"作出积极贡献。

7. 全省"五湖"生态保护与修复工作推进会　2020年6月15日，山西省河长制办公室召开"五湖"生态保护与修复工作推进会，省河长制办公室副主任、水利厅厅长常建忠出席会议并讲话，副厅长白小丹主持会议。太原、晋中、长治、运城市负责人介绍了"五湖"生态保护与修复工作进展情况、存在问题和下一步工作计划。山西省自然资源厅、生态环境厅、住房和城乡建设厅、林业和草原局、万家寨水务控股集团有限公司负责人做了交流发言。太原市、晋中市、长治市、运城市分管市领导和市水利局主要负责人，"五湖"管理单位负责人，山西省自然资源厅、生态环境厅、住房城乡建设厅、林业和草原局、万家寨水务控股集团有限公司负责人，山西省水利厅总规划师及有关处室主要负责人参加会议。

8. 全省"治水监管百日行动"动员视频会　2020年6月19日，"治水监管百日行动"动员视频会在太原召开。山西省河长制办公室副主任、水利厅厅长常建忠出席会议并讲话，副厅长白小丹主持会议，厅领导王兵、陈博、王贵平、李力、张建中、李乾太出席会议，省高级人民法院副院长翟瑞卿、省检察院检察委员会专职委员李彦、省公安厅治安管理总队队长李泽清应邀出席会议。会上，李力宣读了"治水监管百日行动"方案，厅规计、运管、河长、河湖、监督5个处室负责人分别作了表态发言。会议紧扣"水利工程补短板、水利行业强监管"的水利改革发展总基调，紧紧围绕水利中心工作，动员部署"治水监管百日行动"工作，深入查找水利监管领域问题和不足，全力推进整改，不断加强水利行业监管，为全省水利高质量发展提供保障。

9. 全省"两山七河一流域"生态保护与修复工作推进会　2020年8月19日，山西省"两山七河一流域"生态保护与修复工作推进会在太原召开，省总河长、省委书记楼阳生出席并讲话。会议要求，要深入贯彻落实习近平总书记视察山西重要讲话重要指示，弘扬右玉精神，久久为功，始终把"两山七河一流域"生态保护与修复的重大责任扛在肩上、落到实处。①忠实践行"两山理论"；②编制好专项规划；③开展环境突出问题专项治理；④用市场化方式实施工程项目；⑤强化生态自然修复功能；⑥把水制约变成水保障水支撑；⑦以制度创新推进生态保护修复治理；⑧做强环保科研和环保产业；⑨统筹提高城镇化率与生态脆弱地区人口萎缩化管理；⑩加强组织领导。

10. 黄河流域完善河长制湖长制组织体系工作推进会　2020年8月20日，黄河流域完善河长制湖长制组织体系工作推进会在山西省召开，水利部副部长魏山忠出席会议并讲话，水利部有关司（局）、黄河水利委员会，沿黄9省（自治区）水利厅（局）负责同志参加会议。魏山忠强调，要扎实做好河湖管理保护重点工作。

（1）扎实开展黄河岸线利用项目的专项整治，把握时间节点，确保整治质量，加强督导检查。

（2）切实维护黄河流域河道的采砂秩序。要全力抓好黄河流域采砂的专项整治，全面落实采砂管理责任，切实规范合法采砂，严厉打击非法采砂。

（3）加强河湖管理基础工作。要加快划定河湖管理范围，明确河湖管控边界；要强化规划约束，实现河湖空间管护；要加强法规制度建设，建立长效机制，加快修订制定河道管理条例；要开展河湖健康评价，完善"一河一策"；要加强"智慧河湖"建设，建立流域信息共享平台，实现信息、资源共享。会上，黄委与沿黄9省（自治区）水利厅签署《黄河流域河湖管理流域统筹与区域协调合作备忘录》。

11. "关爱山川河流，保护母亲河"全河联动志愿服务暨公益宣传活动启动仪式　2020年9月18日上午，在黄河岸边的临县高家塔村毛泽东东渡黄河登岸广场，"关爱山川河流，保护母亲河"全河联动志愿服务暨公益宣传山西分会场活动启动仪式举行。本次活动主会场设在河南郑州，由中央文明办和水利部联合主办，黄河流域9省（自治区）联动，山西分会场活动由山西省直文明委、省水利厅主办。省直文明委常务副主任、省直工委副书记魏爱军出席并致辞，省水利厅副厅长、厅直机关党委书记白小丹出席并讲话。启动仪式上，志愿者代表宣读"关爱山川河流、保护母亲河"倡议书；临县小学生代表进行"初心守护母亲河"宣誓；参会领导向志愿者分队授旗；全体参会人员集中观看学习了贯彻落实习近平总书记"9·18"重要讲话精神山西水利成果视频；出席会议领导和志愿者代表现场签名。启动仪式后，还举办了"学习路上""亲河·少年有为"两项活动。志愿者代表和小学生参观了林家坪水文站，科普了水文测报、防汛抢险、节约用水等知识。　　　　　　　　　　　　　（郭强）

【重要文件】

1. 《山西省全面推行河长制实施方案》　2017年4月14日，中共山西省委办公厅、山西省人民政府办公厅印发《山西省全面推行河长制实施方案》（晋办发〔2017〕20号），山西省河长制全面建立。

2. 《山西省湖长制实施方案》　2018年6月11日，中共山西省委办公厅、山西省人民政府办公厅印发《山西省湖长制实施方案》（晋办发〔2018〕30号），山西省湖长制全面建立。

3. 《关于进一步深化河湖长制改革的工作方案》2019年2月2日，中共山西省委办公厅、山西省人民政府办公厅印发《关于进一步深化河湖长制改革的工作方案》（晋办发〔2019〕31号），山西省河长制湖长制工作进一步加强。

4. 《山西省黄河（汾河）流域水污染治理攻坚方案》　2020年3月19日，山西省政府以晋政办发〔2020〕19号文件印发《山西省黄河（汾河）流域水污染治理攻坚方案》。方案确定黄河（汾河）流域水污染治理攻坚目标为：2020年6月底前，汾河流域国考断面全面消除劣Ⅴ类，之后稳定达标；2020年年底前，力争黄河流域国考断面全面消除劣Ⅴ类。

5. 《汾河流域生态景观规划（2020—2035年）》2020年4月10日，山西省政府办公厅印发《汾河流域生态景观规划（2020—2035年）》（晋政办发〔2020〕25号）。汾河流域生态景观规划布局是以河流为纽带，实施源头区保护，通过对河流自然形态的修复及两岸的水生态空间管控、种植结构调整、绿色产业导入，构建"一源、两路、三线、四区、五带、多节点"的河流生态景观空间布局。预期通过5~10年左右工程治理，再通过5年左右的维护、培育和持续监管，将建成水利长廊、生态长廊、文旅长廊，形成山水相依、林泉相伴的"三晋幸福河"。

6. 《山西省建制镇生活污水处理设施建设三年攻坚行动实施方案》　2020年11月19日，山西省政府印发《山西省建制镇生活污水处理设施建设三年攻坚行动实施方案》（晋政办发〔2020〕90号）。

7. 《山西省城镇排水管网雨污分流改造四年攻坚行动方案》　2020年12月22日，山西省政府印发《山西省城镇排水管网雨污分流改造四年攻坚行动方案》（晋政办发〔2020〕105号）。　（郭强）

【地方政策法规】　（1）山西省水资源管理条例。1982年10月29日山西省第五届人民代表大会常务委员会第十七次会议批准，根据1994年9月29日山西省第八届人民代表大会常务委员会第十一次会议通过的《关于修改第十九条第一款的决定》修正，2007年12月20日山西省第十届人民代表大会常务委员会第三十四次会议修订。

（2）山西省实施《中华人民共和国水土保持法》办法。1994年7月21日山西省第八届人民代表大会常务委员会第十次会议通过，根据1997年12月4日山西省第八届人民代表大会常务委员会第三十一次会议通过的关于修改《山西省实施〈中华人民共和国水土保持法〉办法》的决定修正，2015年7月30日山西省第十二届人民代表大会常务委员会第二十一次会议修订。

（3）山西省河道管理条例。1994 年 7 月 21 日山西省第八届人民代表大会常务委员会第十次会议通过，1994 年 7 月 21 日公布 1994 年 10 月 1 日起施行。

（4）山西省水工程管理条例。1990 年 11 月 16 日山西省第七届人民代表大会常务委员会第十九次会议通过。

（5）山西省泉域水资源保护条例。山西省第八届人民代表大会常务委员会第三十次会议于 1997 年 9 月 28 日通过，自 1998 年 1 月 1 日起施行；2010 年 11 月 26 日，山西省第十一届人民代表大会常务委员会第二十次会议通过了修改《山西省泉域水资源保护条例》的决定，该决定自公布之日起实施。

（6）山西省抗旱条例。2011 年 5 月 27 日山西省第十一届人民代表大会常务委员会第 23 次会议通过。

（7）山西省节约用水条例。山西省第十一届人民代表大会常务委员会第三十二次会议于 2012 年 11 月 29 日通过，自 2013 年 3 月 1 日起施行。

（8）山西省汾河流域生态修复与保护条例。2017 年 1 月 11 日山西省第十二届人民代表大会常务委员会第三十四次会议通过，自 2017 年 3 月 1 日起施行。

（9）山西省人民代表大会常务委员会关于加强汾河、沁河、桑干河源区保护的决定。2006 年 9 月 28 日山西省第十届人民代表大会常务委员会第二十六次会议通过。

（10）山西省社会资金建设新水源工程办法。经 2007 年 3 月 21 日省人民政府第 98 次常务会议通过，自 2007 年 5 月 10 日施行。

（11）山西省水污染防治条例。2019 年 7 月 31 日山西省第十三届人民代表大会常务委员会第十二次会议通过。

（12）山西省地方标准《污水综合排放标准》（DB14/1928—2019）。

（13）山西省地方标准《农村生活污水处理设施水污染物排放标准》（DB14/726—2019）。　（王锦华）

【专项行动】

1. 汾河流域水污染专项整治　针对汾河流域违法排放、违规倾倒、非法挖砂等不法行为泛滥、严重威胁河湖生态安全的情况，2017 年 10 月 24 日，山西省人民检察院印发了《全省检察机关开展办理涉汾河流域水污染案件专项工作方案》，组织开展专项整治监督活动。专项活动以高检院挂牌督办太原

市小店区流涧村水污染案件线索和汾河入黄河断面水污染案件线索入手，太原、忻州、吕梁、晋中、临汾、运城等地检察机关仔细摸排、努力办案，共发现汾河流域水污染行政公益诉讼线索 117 件，立案 107 件，发出诉前检察建议 107 份，行政机关回复并整改完成 92 件，向人民法院提起公益诉讼 4 件，移交公安刑事立案查处 2 人（法院均已作出有罪判决）。　　　　　　　　　　（邓勇）

2. 饮用水水源地保护专项活动　2018 年 3 月 10 日，山西省人民检察院印发《关于开展饮用水水源保护区污染防治公益诉讼专项活动实施方案》，组织全省检察机关开展为期 1 年的专项监督活动，重点排查饮用水水源一、二级保护区设置排污口、河道采砂、网箱养殖等污染水体违法行为，集中整治饮用水水源地环境污染问题。专项活动共发现涉饮用水水源保护领域线索 315 件，立案 292 件，发出诉前检察建议 292 件，有关部门回复整改 226 件；共督促治理恢复被污染应县北河种水源地、唐家湾水库、阳城县集中式饮用水水源地等水源地面积 995 亩，搬迁或关停养殖场 19 个。　　　　（苗静静）

3. "携手清四乱、保护母亲河"专项活动　2018 年 12 月 7 日，山西省人民检察院参加了由高检院和水利部共同牵头组织的"携手清四乱、保护母亲河"专项活动启动仪式，并签署了《郑州宣言》。2019 年 1 月 17 日，山西省检察院会同省河长制办公室部署开展"携手清四乱、保护河湖生态"百日会战行动，并联合印发《"携手清四乱、保护河湖生态"百日会战行动方案》。通过专项整治行动，共发现线索 659 件，立案 652 件，发出公告及诉前检察建议 631 件，行政机关整改 240 件，提起刑事附带民事诉讼 4 件，判决 4 件。万荣县办理的汾河河道管理范围内违法建设破坏生态环境案入选高检院发布的"携手清四乱、保护母亲河"典型案例。

（邓勇）

4. 采砂整治　按照《水利部关于开展全省河湖采砂专项整治行动的通知》（办建管函〔2018〕685 号）要求，2018 年 6 月 20 日开始，山西省组织开展为期 6 个月的河道采砂专项整治行动。围绕人、船、砂三个要素，以及规划、许可、日常监管、执法打击等四个环节，对河湖采砂进行专项整治。建立起完善的河道采砂管理长效机制，规范河道采砂秩序，维护河道生态，保障河道行洪安全。　（陈生义）

5. 清河专项行动　2019 年 4 月，为改善河流面貌，确保河道行洪安全，对流域面积 50km² 以上河流和有堤防的其他沟（渠）道集中开展了"清河专项行动"。累计清理阻水林木及高秆作物 2 688 亩，

清理违章建筑 10 万 m², 清理非法采砂 102 处, 清淤量 191 万 m³, 清理垃圾等违章堆积物 269 万 m³。

（陈生义）

6. 打击环境污染犯罪"清水蓝天"专项行动
为有效遏制环境污染犯罪, 维护全省环境安全, 保障人民群众身体健康, 2016—2017 年, 山西省公安厅在全省范围内开展严厉打击环境污染违法犯罪"清水蓝天"专项行动, 重点打击汾河流域涉水资源污染, 非法排放、倾倒、处置危险废物违法等犯罪。专项行动期间, 共立案侦办污染环境刑事案件 112 起, 抓获涉案人员 129 人。 （王永青）

7. 打击破坏生态环境违法犯罪"2018 利剑斩污"专项行动
为深入贯彻落实全国生态环境保护大会精神, 严厉打击破坏生态环境违法犯罪行为, 2018 年山西省公安厅在全省部署开展打击破坏生态环境违法犯罪"利剑斩污"专项行动, 重点打击在河道和饮用水水源保护区等区域违法排放、倾倒危险废物, 造成地表水或地下水严重污染的违法犯罪行为。专项行动期间, 共立案侦办破坏生态环境刑事案件 468 起, 抓获涉案人员 482 人。 （王永青）

8. 打击黄河流域水污染违法犯罪专项行动
为贯彻落实习近平总书记关于黄河流域生态保护和高质量发展的重要讲话重要指示精神, 2019 年山西省公安厅部署开展打击黄河流域水污染违法犯罪专项行动, 重点打击黄河流域沿岸企业及黑窝点偷排偷放危险废物, 造成水污染的违法犯罪案件。专项行动期间, 共侦破污染环境刑事案件 113 起, 抓获犯罪嫌疑人 509 人, 涉案金额 3 695 万余元。

（周瑞敏）

9. "昆仑"行动
为认真贯彻落实公安部集中打击食药环犯罪"昆仑"行动会议精神, 依法严厉打击环境资源突出犯罪行为, 2019 年、2020 年山西省公安厅在全省公安机关部署开展"昆仑"行动, 重点打击污染环境、非法采矿、危害野生动植物资源、盗伐林木等自然资源领域的违法犯罪行为。专项行动期间, 共侦破破坏生态环境刑事案件 442 起, 抓获犯罪嫌疑人 1 650 人, 涉案金额 36.59 亿余元。

（周瑞敏）

10. "七河一流域"入河排污口整治暨严厉打击水污染犯罪专项行动
为贯彻落实习近平生态文明思想, 进一步排查整治"七河一流域"入河排污口的非法排污, 严厉打击水污染犯罪, 2020 年山西省公安厅在全省部署开展"七河一流域"入河排污口整治暨严厉打击水污染犯罪专项行动, 重点打击汾河、桑干河、滹沱河、漳河、沁河、涑水河、大清河及汾河流域沿岸等重点区域的水污染违法犯罪。专项行动期间, 共侦破污染环境刑事案件 91 起, 抓获犯罪嫌疑人 463 人, 涉案金额 3 389 万余元。

（周瑞敏）

11. "防治黄河水污染 助力高质量发展"公益诉讼专项活动
2020 年 3 月, 山西省人民检察院印发《关于开展防治黄河水污染 助力高质量发展公益诉讼专项活动实施方案》, 组织领导山西省检察机关充分发挥行政、民事、刑事附带民事公益诉讼检察职能, 督促环境保护、水行政等主管部门依法全面履行监督管理职责, 预防、控制和减少水环境污染, 推动实现黄河流域（山西段）水生态系统有效治理。专项行动为期 1 年, 共发现涉及黄河水污染线索 823 件, 立案 780 件, 发出诉前检察建议 567 件, 督促治理恢复被污染水源地面积 83.54 亩, 清理污染和非法占用的河道 155.8km, 清理被污染水域面积 192.2 亩。 （苗静静）

12. 打击涉危险废物污染环境违法犯罪专项行动
为认真贯彻落实习近平总书记两次视察山西重要讲话重要指示精神, 落实山西省委、省政府关于坚决打好污染防治攻坚战的部署。2020 年山西省公安厅部署开展打击涉危险废物污染环境违法犯罪专项行动, 重点打击向河道偷排偷放、违法处置危险废物等违法犯罪。专项行动期间, 共侦破污染环境刑事案件 63 起, 抓获犯罪嫌疑人 356 人, 涉案金额 2 271 万余元。 （周瑞敏）

13. 扫黑除恶专项斗争中涉及打击破坏生态环境领域违法犯罪的情况
坚持推进扫黑除恶专项斗争与打击破坏生态环境领域违法犯罪相结合, 坚决打击破坏生态环境的黑恶势力, 特别是 2018 年和 2019 年山西省公安厅相继组织指挥打掉了以陈鸿志为首的黑社会性质组织和以李增虎为首的黑社会性质组织。以陈鸿志为首的黑社会性质组织为谋取非法利益, 非法越界开采煤炭资源, 严重破坏了国家资源和生态环境, 造成不可估量的损失；以李增虎为首的黑社会性质组织非法圈地上千亩, 大肆进行非法采砂活动, 导致大量耕地被毁被占、灌溉设施报废、地下水系损坏, 对当地生态环境造成了严重破坏。两案的成功破获, 有力震慑了犯罪分子嚣张气焰, 维护了当地生态环境安全。 （尚胜云）

【河长制湖长制体制机制建立运行情况】

1. 河长制湖长制体制建立
2017 年 4 月, 山西省委办公厅、省政府办公厅印发《山西省全面推行河长制实施方案》的通知（晋办法〔2017〕20 号）, 成立由山西省委、省政府主要领导担任组长的山西省全面推行河长制工作领导小组。成员由山西省发展改革委、省水利厅、省生态环境厅等16个厅局相关负责人担任。山西省委、省政府主要领导担任省总河长，分管水利工作的副省长担任省副总河长。省管主要河流和黄河山西段分别由省领导担任省河长。市、县、乡设本级总河长，按照行政区域内河流分级分段设立市、县、乡、村河长，山西省五级河长制体系全面建立。

2018年6月，山西省委办公厅、省政府办公厅印发《山西省湖长制实施方案》的通知（厅字〔2018〕30号），将实施湖长制的领导职责纳入山西省全面推行河长制工作领导小组职责。山西省政府分管水利工作的副省长担任省总湖长。跨县级行政区域的湖泊由市级负责同志担任湖长，市、县、乡按照行政区域分级分区设立湖长，山西省四级湖长制体系全面建立。

2. 河湖长＋N　2018年、2019年，山西省相继印发《全省公安机关全面推行河湖警长制工作方案》（晋公通字〔2018〕97号）《关于进一步深化全省公安机关河湖警长制有关工作的通知》（晋公传发〔2019〕6号），建立起省、市、县、乡四级"河湖长＋警长"体系。各级河湖警长接受同级河湖长和上级河湖警长的双重领导，统筹本辖区的警力、治安辅助力量，严厉打击各类破坏河湖生态环境等违法犯罪活动，切实维护河湖水域治安秩序。2020年共侦办涉水刑事案件8起，抓获犯罪嫌疑人30人，办理行政案件9起，行政拘留14人。

3. 持续开展全省河湖长制工作三年提升行动　各级河湖长、巡河湖员及河湖警长、检察长累计巡河达90万人次，推动解决了一大批涉河湖治理保护重点难点问题。持续完善"河湖长＋河湖长助理＋巡河湖员"体系，推行"河湖长交接班"制度，及时调整河湖长并在政府网站向社会公告；全面开展"一河一策"修编工作，对河湖进行健康评价；建立"山西省全面推行河湖长制工作厅际联席会议制度"，制定厅际联席会议工作规则。　（杜建明）

4. 强化执法监管　山西省人大常委会连续三年对汾河流域生态修复与保护条例贯彻实施情况开展执法检查，将河湖长履职、河长制湖长制任务完成情况作为重点内容检查督导。山西省河长制办公室制定实施打击涉河湖违法行为联勤联动工作机制。全省落实9 862名巡河湖员，实现了所有河湖全覆盖，及时发现、及早处置各类涉河湖问题。

5. 强化考核激励　将河长制湖长制工作纳入各市年度目标绩效专项考核。突出日常考核和差异化考核，一市一方案、一季一通报，以季度通报促整

改，以年终考核评先进。落实河湖长述职报告制度，下级河长湖长向上级河湖长书面述职，上级河长湖长对下级河长湖长进行评价。确定差异化考核细则。对考核成绩后两名的市通报批评，对成绩优秀的市、县予以资金奖励，两年共奖励市、县近1 000万元，做到问责激励两端发力。

6. 强化教育宣传　围绕提升河长湖长履职能力，2020年，省、市、县共举办培训249班次，累计培训16 169人次；大力开展河长制湖长制宣传，制作《河湖水清山西美》公益宣传片，在山西卫视滚动播放，各市均制作了河长制湖长制宣传片在当地媒体播放；多渠道公布水利部"12314"监督举报电话、山西省河长制办公室有奖举报电话和河长制微信公众号，畅通群众监督渠道，全年受理并办结各类涉河湖问题举报46起；"民间"河长、"志愿者"河长、"环保小河长"队伍不断壮大，全社会治河护河意识不断增强。

7. 河湖治理新成效　2020年，山西省58个地表水国考断面中，优良水质断面增加9个、达到41个，劣Ⅴ类水质断面全部退出，水环境质量创近年最优。汾河流域国考断面6月全部退出劣Ⅴ类，并保持稳定达标，实现"一泓清水入黄河"。

8. 河长制湖长制评估　2020年年初，依据水利部《关于印发对河长制湖长制工作真抓实干成效明显地方进一步加大激励支持力度实施办法的通知》（水河湖〔2020〕10号）要求，对山西省2019年度河长制湖长制工作进行了评估，对河长制湖长制工作推进力度大且成效明显的朔州市、晋中市、吕梁市3市和20个县（市、区）给予激励460万元。　（郭强）

【河湖健康评价】　2020年8月，水利部河长办印发《河湖健康评价指南（试行）》（第43号）。河湖健康评价是河湖管理的重要内容，是检验河长制湖长制"有名""有实"的重要手段，是各级河长、湖长决策河湖治理保护工作的重要参考。该项目已列入2021年计划中，预计8月底前编制完成。　（房国强）

【"一河（湖）一策"编制和实施情况】　省、市、县级"一河一档""一河一策"编制工作已经编制完成，部分市级河流"一河一策"方案印发实施。
　（郭强）

【水资源保护】

1. 节水行动　为贯彻落实党的十九大和习近平主席"3·14"讲话精神，大力推动全社会节水，全面提升水资源利用效率，2019年12月山西省政府印

发了《国家节水行动山西实施方案》（晋政发〔2019〕26号）。按照山西省政府要求，11个地（市）先后印发了国家节水行动实施方案细则，建立了各市节约用水工作联席会议制度。2020年5月25日，山西省节约用水工作厅际联席会议第一次全体会议召开，提出了今后一个阶段节水工作的主要措施和工作方案，成为发展节水的纲领性文件。国家节水行动方案提出的2020年度阶段目标任务已经完成，逐步形成委、办、厅、局按照节水行动方案及分工齐抓共管抓节水局面。

（张晨煜）

2. 全省用水数量　2020年，全省总用水量72.78亿m³，比2016年减少2.75亿m³，减少3.64%。按水源分：地表水39.55亿m³，地下水27.74亿m³，其他水源5.49亿m³，分别比2016年增加0.1%、减少12.38%、增加26.2%。按用途分：农业用水量41.01亿m³，工业用水量约12.39亿m³，生活用水量14.58亿m³，生态用水量4.80亿m³，分别比2016年减少12.2%、减少4.3%、增加15.4%、增加47.7%。

2016年，全省总用水量75.53亿m³。按水源分：地表水39.51亿m³，地下水31.66亿m³，其他水源4.35亿m³；按用途分：农业用水量46.70亿m³，工业用水量约12.95亿m³，生活用水量12.63亿m³，生态用水量3.25亿m³。

（沈丽峰）

3. 水资源刚性约束　完成国务院对山西省政府2016—2020年每年度最严格水资源管理考核工作；制定山西省《山西省实行最严格水资源管理制度考核工作实施细则》，开展了省政府对市政府2016—2020年年度水资源管理考核工作。即完成全省用水总量、用水效率、水功能区三条红线指标。

印发《关于"十三五"水资源消耗总量和强度双控行动方案的通知》（晋水资源〔2017〕307号）和《关于开展规划水资源论证试点工作的通知》（晋水资源〔2017〕71号），不断加强最严格水资源管理制度体系建设。

依据《山西省泉域边界范围及重点保护区》（晋政函〔1998〕137号）划定的泉域边界范围及重点保护区，编制完成全省19处岩溶大泉泉域及重点保护区范围的拐点坐标地理信息图。

编制《山西省县域水资源承载能力评价及2019年度预警方案》，对全省各县级行政区水资源承载能力进行评估。

（杜永鑫）

4. 生态流量监管　2020年编制完成沁河水生态水环境监测方案。提出了汾河、沁河、滹沱河（山西段）、桑干河（山西段）、浊漳河、浊漳南源、浊漳西源等7条河流生态流量的控制断面及目标，并

报水利部备案。

2020年，在汾河流域已建28处水量监测站的基础上，启动汾河太原段取用水监测站建设，新建晋源、小店、清徐16户35个取用水监测点，新建汾河太原段两个水量监测断面（汾河干流柴村桥上游400m铁路桥下、核心区2号坝）。已建汾河水量监测断面涵盖了忻州-太原、太原-晋中、晋中-临汾、临汾-运城等市界断面，霍州-洪洞、尧都-襄汾等县界断面及惠济河、文峪河入汾口、汾河入黄口等断面，各监测断面实现了在线监测，为及时提供流量预警提供了基础。

（沈丽峰）

5. 全国重要饮用水水源地达标保障评估　每年进行13处全国重要饮用水水源地（其中3处地表水饮用水水源地）达标保障自评估，报水利部备案，并每月向水利部报送水质监测结果。

（沈丽峰）

6. 水量分配　2017年山西省政府以"晋政发〔2017〕38号"印发了《山西省水资源全域化配置方案》。2020年对全域化配置方案进行修订，修订方案已编制完成初稿，山西省水利厅科学技术委员会也进行了论证，目前正在修改完善。每年年初将用水计划分解下达到各市。

2019年开展黄河干流及汾河、沁河等黄河一级支流的耗水指标细化工作，编制了《山西省黄河干支流耗水指标细化方案》。

2019年开展了沁河流域跨省水量分配的工作。同时，积极配合海委推进了滹沱河、清漳河、浊漳河、卫河4条河流的水量分配工作。

组织编制完成了《山西省地下水管控指标确定报告》。

（沈丽峰）

7. 取用水专项整治　2020年，依据《关于转发取用水管理专项整治行动方案的通知》（晋水资源便〔2020〕20号）文件要求，制定了《山西省取用水管理专项整治行动实施方案》，举办了全省水资源管理能力提升培训班（取用水监督管理工作培训），组织各市按要求填报取用水管理专项整治行动（取水口核查登记）基础数据。截至2020年年底，全省共登记了取水口114 448个，其中：在建和已建取水口112 614个，已报废取水口1 834个。涉及项目数量32 082个，其中：地表水取水口5 131个，取水量39.59亿m³；地下水取水口107 483个，取水量30.48亿m³。

（潘垣臻）

8. 水质检测　设有省级水环境监测中心1处，地（市）水环境监测分中心9处。

（沈丽峰）

【水域岸线管理保护】

1. 河湖岸线保护与利用规划　2019年11月，

完成了省级领导担任河长的 14 条河流的岸线保护与利用规划，并完成了各县（市）负责编制的规模以上河湖岸线保护与利用规划。　　　　（陈生义）

2. 河湖管理范围划界　2020 年 11 月，山西省完成划界及公告河流 908 条（含流域面积 50km² 以下河流），完成划界及公告河长为 29 291km；水面面积 1km² 以上湖泊 6 个，全部完成划界及公告任务。　　　　　　　　　　　　（陈生义）

3. "四乱"整治　2018 年完成摸底调查工作，共发现问题 1 571 处，整改销号 720 处。其中：乱占 281 处，整改销号 50 处；乱采 69 处，整改销号 51 处；乱堆 829 处，整改销号 501 处；乱建 338 处，整改销号 92 处。

2019 年累计排查发现河湖"四乱"问题 2 323 处，整改销号 2 313 处，整改率为 99.6%。

2020 年分 5 个批次开展了河湖"四乱"问题整改，分别是黄委清河行动 175 处，进驻式暗访督查发现问题 273 处，河湖"清四乱"常态化规范化自查发现的问题（截至 9 月）938 处，黄河飞检的问题 267 处，水利部河长制暗访 2020 年发现的问题 100 处，除 50 处问题需要备案延期外，其他均已完成整改。

（陈生义）

【水污染防治】

1. 城镇生活污染防治　截至 2020 年，山西省城镇污水处理厂总设计处理能力达到 488.4 万 m³/d，较 2018 年处理能力提高 33%；实施污水处理厂提标改造，山西省污水处理厂三项指标均达到地表水 V 类标准；指导污水处理厂提高运行管理水平，推行"一厂一策"和"一指标一策"方案，确保山西省城镇污水处理厂稳定达标运行。　　　　（何杰）

2. 全省排污口整治　2019 年 7—10 月，开展了山西省违法排污大整治"百日清零"专项行动，集中向违法排污行为"亮剑"，以"零容忍"的态度，铁腕扫污，精准治理。

2020 年 3 月，召开黄河流域及其他入河排污口排查整治工作电视电话会，研究出台《山西省黄河流域及其他入河排污口排查整治方案》。各市共排查入河排污口 3 064 个（除汾河外），初步完成整治 3 012 个，完成率为 98.3%，有力促进污染减排。

（宋宇杰）

3. 全省水污染专项执法清零行动　2020 年 3—5 月，开展为期三个月的专项执法清零行动，整治黄河（汾河）流域城镇污水处理厂和入河排污口违法违规问题 299 个；4—6 月，聚焦重点河流断面开展水污染治理攻坚驻市定点帮扶行动，帮助各市解决

影响断面水质的突出水环境问题。在党中央"不忘初心、牢记使命"主题教育总结大会上，习近平总书记专门指出，山西向屡禁不止的环境问题开刀，获得群众点赞。　　　　　　　　　　　（宋宇杰）

4. 汾河流域排污口整治　2019 年，拉网式排查汾河流域 2 039 个入河排污口，保留 1 124 个实施规范化管理，2020 年 3 月起逐月监测，对外通报，达标率稳步上升，同时，以生态环境部将汾河流域作为黄河流域入河排污口排查整治试点地区为契机，对汾河流域入河排污口再复核、再排查、再整治，促使后续管理工作进一步落细落实。　　（宋宇杰）

5. 畜禽粪污资源化利用　2017 年，山西省委、省政府印发《山西省畜禽粪污处理和资源化利用工作方案（2017—2020 年）》（晋政办发〔2017〕158 号），确定了畜禽粪污资源化利用工作总体思路和 2017—2020 年各年度目标，明确了有关部门重点工作任务，进一步压实了各级工作责任。4 年来，山西省利用中央和省级资金约 6 亿元投入畜禽粪污资源化利用，累计扶持 3 000 多个规模养殖场配套建设粪污处理设施，扶持建设有机肥处理中心和大型沼气处理中心 30 多个；在高平县、泽州县、太谷区、应县、山阴县、阳城县、榆次区 7 个县（区）实施畜禽粪污资源化利用整县推进项目，示范引领全省畜禽粪污资源化利用；在全国率先出台 5 个畜种规模养殖粪污资源化利用设施建设规范，为养殖场建设提供依据；在全国率先出台种养结合、全量还田利用规范，出台设施农业生产施用沼渣沼液方面的 4 个地方标准，指导畜禽粪污沼渣沼液还田。截至 2020 年年底，全省畜禽粪污综合利用率和规模养殖场粪污处理设施配套率分别达到 77% 和 95%，按期完成国家和山西省政府目标任务。

（左丽峰）

6. 化肥减量增效　2016 年以来，山西省按照"增产施肥、经济施肥、减量施肥"的理念，坚持化肥减量与增效并重，生产与生态统筹，重点突破与整体推进相结合，聚焦重点发力，强化组织领导，加强宣传引导和技术指导，多措并举，扎扎实实开展好化肥减量增效工作。根据山西省统计局公开发布的统计数据，2016 年全省化肥使用量为 117.07 万 t（纯养分），2017 年全省化肥使用量为 112.00 万 t（纯养分），2018 年全省化肥使用量 109.61 万 t（纯养分），2019 年全省化肥使用量 108.41 万 t（纯养分），2020 年全省化肥使用量 107.41 万 t（纯养分）。自 2016 年以来持续实现了化肥使用量负增长，圆满完成了工作目标任务。

（赵嘉祺）

7. 农药减量增效　2016 年，山西省农业厅印发《山西省到 2020 年农药使用量零增长行动方案》（晋

农植保发〔2016〕3 号），明确到 2020 年全省种植农药使用量实现零增长。五年来，农药减量工作围绕农业供给侧结构性改革这条主线，以农业绿色高质量发展为引领，重点创建了一批高标准绿色防控示范基地，集中推广了一批农药减量增效技术，遴选培育了一批病虫统防统治新型服务主体，深入开展了一批科学安全用药技术培训，实现"到 2020 年农药使用量实现零增长"目标。据统计局数据，2016—2020 年全省农药使用量持续下降，分别为 3.06 万 t、2.88 万 t、2.65 万 t、2.53 万 t、2.49 万 t，2020 年较 2016 年减少 18.63％。 （沈晓强）

8. 水产养殖污染防治　组织开展山西省国家级水产健康和生态养殖示范区创建示范活动，不断建立和完善水产养殖生产监管制度、适合本地特点的生态健康养殖模式和优质养殖水产品质量安全保障体系。2020 年创建全国水产绿色健康养殖"五大行动"骨干基地 10 个；确定"五大行动"省级推广基地 17 个，其中生态健康养殖模式基地 6 个、养殖尾水治理模式基地 3 个、养殖用药减量模式基地 6 个、新品种试验基地 2 个。 （王毅欣）

9. 船舶码头污染防治　自河长制机制体制建立以来，为切实增强生态环境保护意识，充分发挥"河湖长＋检察长"工作机制优势，以"七河""五湖""大泉"生态保护与修复为牵引，运用法治思维和法治方式开展河湖保护工作，提升交通运输领域河湖治理保护水平。重点加强船舶码头水污染控制以及公路跨越河流和湖泊的生态保护，统筹兼顾、综合施策，切实解决损害群众利益的河湖突出问题，保护河湖自然生态。对历次督查、巡视或媒体发现、群众举报的问题，列出问题清单、整改清单，按照应改尽改、能改速改、立行立改的原则，采取有效措施，开展整治工作，做到发现一处、整改一处。 （苏慧杰）

【水环境治理】

1. 农村生活污水治理　印发《山西省农村生活污水处理技术指南》（DB14/T 727—2020）《山西省农村生活污水处理设施运行管理办法（试行）》（晋环土壤〔2020〕65 号），全力推进沿汾、沿黄农村生活污水治理。截至 2020 年年底，山西省共有 18 922 个村，其中 2 225 个村完成了生活污水治理，农村生活污水治理率为 11.8％。 （武亚川）

2. 黑臭水体治理　2020 年联合住房城乡建设部门开展了城市黑臭水体整治环境保护专项行动，对重点或疑似黑臭水体进行复查复核，对晋中、运城、吕梁等黑臭水体消除进展滞后的地市进行现场督导，

限期销号。"十三五"期间完成全省农村黑臭水体排查工作。截至 2020 年年底，各市上报共排查出 397 个农村黑臭水体，其中 196 个纳入国家监管清单。地级以上城市建成区发现的 75 条黑臭水体已全部整治完成，基本实现"长治久清"。 （李昉梅）

3. 饮用水水源保护　提请山西省政府委托各市政府批复乡镇级水源保护区划分事宜，截至 2020 年年底，全面完成全省 232 个"千吨万人"（实际日供水千吨或服务万人以上）饮用水水源保护区划定任务。 （徐敏敏）

【水生态修复】

1. 中小河流生态修复　2018 年共下达生态建设项目 39 个，总投资 8.93 亿元，其中，中央资金 6.11 亿元，省级资金 2.82 亿元。

2019 年汾河百公里中游示范区、桑干河生态治理、其他重要支流及中小河流治理等项目全年完成河道生态治理投资 13.7 亿元。

2020 年共下达中央资金 3.8 亿元，涉及 20 个中小河流治理项目。 （陈生义）

2. 水土流失治理　2016—2020 年，山西省委、省政府带领全省人民，努力践行"绿水青山就是金山银山"理念，深入贯彻习近平总书记视察山西重要讲话、黄河流域生态保护和高质量发展重要讲话及重要批示指示精神，科学规划，系统治理，实施了小流域综合治理、坡耕地水土流失综合治理、黄土高原塬面保护、淤地坝除险加固等一系列水土保持重点工程。充分发挥重点工程示范带动作用，引导全社会力量参与水土保持生态建设，同时持续强化人为水土流失监管，五年共治理水土流失面积 17 947.24 km²。经测算，所实施的水土保持措施可以减少土壤流失量 7 260.92 万 t，增产粮食 3.27 亿 kg，增加经济效益 17.55 亿元。

3. 生态清洁型小流域　在靠近村庄、水域的地区，以小流域为单元，统一规划，综合治理，各项措施遵循自然规律和生态法则，与当地景观、环境相协调，在防治水土流失、减少面源污染的同时，兼顾人居环境改善。2016—2020 年，山西省建设生态清洁型小流域 12 条，初步实现当地生态环境良性循环，并有效促进经济结构转变和产业升级，助力经济社会可持续发展。 （蒋洁）

4. 生态补偿机制建立　2019 年 12 月，颁布实施《关于建立省内流域上下游横向生态保护补偿机制的实施意见》（晋财建二〔2019〕195 号）；2020 年 12 月，颁布实施《汾河流域上下游横向生态补偿

机制试点方案》（晋财建二〔2020〕162号）。

（杜建明）

5. 生物多样性　2017年将金钱豹、褐马鸡、黑鹳和原麝列为山西省"四大旗舰物种"。它们既是国家一级保护野生动物，也是山西省环境质量的指示物种，它们的分布区扩大和种群数量的稳步增长，说明了山西整体生态环境的向好。同时，通过对这4个物种的针对性保护，也撑起了4支巨大的保护伞，使得这4个物种栖息地范围内的其他众多物种得到有效保护，整体保护效能提高。

2019年，完成了山西省第二次陆生野生动物资源调查。2012—2019年共完成了山西省7个地理单元132个目标物种、196个1万hm²样方、2 156条样线、2万多km调查路线的外业调查和内业整理与报告编写工作。结合山西省第二次陆生野生动物资源调查结果，提出山西省生物廊道、候鸟迁徙通道。山西省现有纵向西部吕梁山和东部太行山"两纵"生物廊道，横向雁门关山脉、原平北到宁武、太原阳曲、太岳山脉、高平到沁水、中条山脉六大横向通道。根据多年的候鸟迁徙、越冬期调查发现水鸟在山西省已形成了"L"形和"人"字形两条迁徙路线，其中沿黄河流域由北向南形成了"L"形迁徙路线，另外从大同桑干河-汾河流域、雁门关滹沱河-清漳河-浊漳河至河北的两条线路形成了"人"字形迁徙路线。

2020年1月，为了给保护管理部门出台鹤类资源保护政策和措施提供科学依据，开展了越冬鹤类同步调查。重点在河津至万荣沿黄河的湿地、芮城县圣天湖、运城市盐池及鸭子池开展同步调查。调查中发现的物种主要包括灰鹤、大天鹅、小天鹅、赤麻鸭、斑嘴鸭、鹊鸭、绿头鸭、绿翅鸭、红头潜鸭、琵嘴鸭、普通鸬鹚、小鹏鹚、黑颈鹏鹚、白骨顶等水鸟。此次调查还发现了种群数量超过300只的灰鹤越冬种群。

根据山西省第二次陆生野生动物资源调查最新数据，山西省人民政府于2020年12月21日公布施行《山西省重点保护野生动物名录》，共收录野生动物165种。

（张晋华）

6. 山水林田湖草系统治理　深化山水林田湖草系统治理，加快推进汾河百公里中游示范区、汾河中上游山水林田湖草生态修复等重点项目，全力抓好治水、调水、改水、节水、保水"五策丰水"。

7. 退田还湖　按照国家保护耕地红线政策，严禁耕地非农化的要求，退田还湖方面工作没有具体内容。2019年国家开展耕地保护督察工作以来，通报山西省有关耕地占用案例正在整改中。　（房国强）

【执法监管】

1. 黄河干流山西段综合督导　围绕非法采砂、违规建筑、非法取水、非法排污、侵占河道等涉河湖问题，利用无人机对黄河干流山西段进行遥感监测。截至2020年12月上旬，共发现267个问题，完成整改218个，整改率为81.6%。未完成整改的49个问题要求沿黄4市制定了整改方案。

2. 重点河湖区域督导　按照山西省水利厅"治水监管百日行动"总体安排，2020年山西省水利厅河长处会同河湖处对11个市区域内重点河湖督导督查，累计发现问题46个，完成整改43个、整改率为93.5%。

（杨小萌）

3. 重点难点问题督办、分办　2020年全年共对56起河湖重点难点问题实行督办、分办，特别是对黄河吕梁、临汾段40起非法采砂问题进行了督办，有力打击了非法采砂活动，推动解决了一批涉河湖问题。

4. 黄河流域违法排污专项执法清零行动　2020年3月23日，山西省生态环境厅召开全省黄河流域违法排污专项执法清零行动视频会议，对违法排污专项执法清零行动进行安排部署。此次清零行动的重点是城镇生活污水处理厂和入河排污口规范化管理，通过明察暗访等方式，严肃查处违法违规行为，确保城镇生活污水处理厂稳定达标排放和入河排污口规范化管理。山西省生态环境厅明确了11个方面的清零内容，共涉及33个国考断面、86个城镇生活污水处理厂和49个入河排污口。　（郭强）

【水文化建设】

1. 黄河水文化建设　2020年4月山西省水利厅启动山西省黄河流域生态保护和高质量发展水利专项规划编制工作，省水利厅规划计划处编制了《山西省黄河流域生态保护和高质量发展水利专项规划工作大纲》，其中特别列出分项规划——《传承弘扬黄河水文化规划》。《传承弘扬黄河水文化规划》提出在山西黄河水文化主体区构建"黄河干流水文化带、黄河流域水文化带"的两大空间及多种类型的水利文化发展格局。围绕全面提升水利文化建设能力，推进水利文化智慧化发展这一主线。包括黄河流域水利工程博物馆、黄河流域汾河文化博览苑、黄河流域水文化主题公园，经匡算规划期共计投资约26.83亿元。汾河二库国家水利风景区已建立水情教育基地，并入选国家水利风景区高质量发展典型案例名单；汾河水库水利风景区、大禹渡黄河水利风景区、龙门水利风景区等也列入黄河水文化重点工程项目中。

（杨小萌）

2. 昌源河国家湿地公园　昌源河国家湿地公园位于晋中市祁县县城东部，依托祁县的母亲河——昌源河而建，北起贾令镇贾令桥，南至来远镇东鱼沟口，河道绵延 36km，总面积 948hm²，其中湿地面积 488hm²。湿地公园分湿地保育区、恢复重建区、宣教展示区、合理利用区、管理服务区 5 个区域，突出主题性、自然性和生态性三大特点，是以河流湿地、沼泽湿地和人工库塘湿地及其生物多样性为基本资源特征，以底蕴深厚的历史人文景观和湿地生态文化为特色，集饮用水水源地、湿地生态系统、黑鹳等重点野生动物及栖息地保护，生态休闲体验等功能为一体的国家湿地公园，为北方干旱缺水地区建设湿地公园、推进生态建设树立了一面旗帜。

（晋中市河长制办公室）

3. 漳泽湖"五湖""十景"

（1）神农湖。面积约 34.5hm²，紧邻科创园区，为周边居住区及科教区市民提供休憩、观赏、亲子活动、科普等场所。

（2）浔龙湖。面积约 9hm²，服务于周边酒店、科普教育基地，同时也是展现湿地文化元素的重要场所。

（3）迎宾湖。面积约 19.5hm²，作为迎宾大道旁重要的人工湿地湖，不仅展示入城口湿地风貌特征，更为两岸湖滨商业街区提供休憩、观赏的场所。

（4）八音湖。面积约 31.5hm²，为文创区重要的人工湿地湖。名称来源于上党民俗文化八音会。不仅服务于文化创意小镇，更是展现湿地文化元素的重要场所。

（5）望月湖。面积约 26hm²，与太行西街尽头神农馆遥相呼应，为周边商业、星级酒店、市民提供展现神农文化的场所。

（6）漳江春渡。源自上党区古八景"漳江春渡"。据旧志载，唐玄宗为潞州别驾时曾巡游至此，正直春光明媚之际，渡河时有赤鲤腾跃，古人题咏曰：城郭抱江斜，春流漾浅沙。扣舷人度曲，喷沫浪生花。归牧依残照，征帆落晚霞。红尘纷扰攘，羡此泛仙槎（［清］襄垣知县李廷芳）。

（7）曲岸流霞。清乾隆版《潞安府志》载：溪在县北关，泉发于岚山之腹，丈许即伏，至溪始出焉。溪上杂树交映，云垂烟接，水则器尘不染，一清自如。古人题咏曰：古渡漳河水浊流，清泉阁外一泓幽。密阴交树潭光落，静影幽空雨气浮。晓日烟花藏远野，秋风菽黍灌平畴。别来江上扁舟好，假日溪边感旧游（［清］程大夏）。

（8）壁头怀古。遗址地表上散布着大量的陶片，其面积约 3 万 m²。1956 年调查发现，壁头村村西断壁上暴露有灰色泥质夹砂绳纹和蓝纹陶片，采集到鬲口沿、鼎足、石斧、石镰、石刀等人类生活用品和石制生产工具，为新石器时代龙山文化类型。

（9）十里风荷。源自武乡县古十景——东沼风荷。清乾隆版《武乡县志》载：东沼即城东莲花池。入夏盛开，红英满目，香风扑面，观者如云。古人题咏曰：青草池塘水自移，天光云影浸涟漪。三千宫女拥罗盖，十二阑干映玉肌。露滴花心红霭霭，风吹水面绿差差。采莲声过鸳鸯浦，乱若清香醉客知（［明］张五美）。

（10）月印龙潭。源自上党区古八景。据旧志载，黑龙潭潭小而深，"时见有黑龙起伏，故名。又有无色鱼，取之即病，居民以为神物，不敢戏。逢旱祷雨甚灵"。中秋月色，上下相印，宛如合璧。古人题咏曰：信有神龙跃淼漫，倒卿月影幻奇观。冰轮泻出金轮彩，水镜装成玉镜寒。狡兔多情窥蟏蜓，流蟾着意傍螭蟠。请看帝命为霖雨，净洗星河透一丸（［清］蔡履豫）。

（11）漳水拖蓝。浊漳河南源由长子县入上党区北部，境内流长约 10km。旧志称其"与蓝水合处，清浊不淆，如玉带长拖，顺流数里"。古人题咏曰：何人误拟浊漳名，禹贡当年纪至衡。波绕鸠山常自净，源分鹿谷本来清。春风荇藻鱼梭跃，秋月芦花雁自横。更共蔚蓝天一色，教人思染一襟盈（［清］蔡履豫）。

（12）漳泽烟雨。源自长子县古八景"莲塘烟雨"。据旧志载，每降雨，池面烟雾蒙蒙，弥漫延伸。古人题咏曰：城南数亩小银塘，恰喜莲开君子乡。细雨每看飘碧浪，轻烟时见霭红妆。霞蒸水面阴云睹，锦绽风前齐景凉。试向楼头垂眼望，恍疑帝女在龙堂（［清］刘樾）。

（13）漳源泻碧。源自长子古八景。漳源即浊漳河南源，在县城西发鸠山东山脚下。名为浊漳，却不吐黄汤浊水，而是清泉淙淙，碧水翻波。古人题咏曰：漳河一碧漾涟漪，孰溯源头月涌时。揪出深山人罕到，灵通大海鸟先知。宫亭覆处天光隐，石窦喷来水色齐。不向鉴塘看注泻，休将清浊浪题诗（［清］刘樾）。

（14）漳泽晚翠。源自屯留区古八景"玉溪晚翠"。寺院坐北向南，原为四合院布局。南为天王殿，北为大佛殿。寺院内外，苍松翠柏，林木掩隐。寺院前面，玉溪河蜿蜒曲折流淌而过，如同玉带一般绵绵盘绕，古有屯留八景之一的"玉溪晚翠"之美称。古人题咏曰：祇树林中落照明，玉溪处处翠烟生。塔依绿水千寻迥，山衬红霞一抹轻。草色侵龛还带雨，萝阴挂月正初晴。苍松深锁清虚院，白鹤孤骞影欲横（［清］赵廷煦）。

（15）绛河春涨。绛河发源于盘秀山、瓮城山，由西向东，横贯全县，流长80余km汇入漳泽水库。流经县城北的一段，历为人们游览休憩之处，春来碧波荡漾，鱼鳞相趣，垂柳飘拂，美景如画，旧志称其为"绛河春涨"。古人题咏曰：惊看水到喜渠成，众壑争趋绛水行。两岸沙平连野猪，片帆影动绕孤城。霞烘浪底红泉涌，月满湾头紫气横。更有小萝庵可憩，坐来风静钓丝轻（［清］赵廷煦）。

（长治市河长制办公室）

【信息化工作】

1. 河长制湖长制信息化工作 按照打造"智慧河湖长"工作要求，山西省开发建设了全省河长制湖长制管理信息系统。该系统通过"省建平台、三级应用"的运作方式，以河长制信息管理 PC 端、App 移动端和河长制微信公众号 3 个入口、1 个河长制信息管理平台和多个数据库为一体，由省、市、县三级河长制办公室及相关成员单位具体管理应用，将日常巡河湖、问题督办、情况通报、责任落实、管理统计分析等纳入信息化平台管理，推动河长制湖长制信息化工作。通过运行，基本实现了河道管理信息静态展现、动态管理、常态跟踪，为落实河长制湖长制工作的目标管理、任务督办、绩效考核搭建了平台，为各级河长湖长、工作人员、巡查人员履职提供信息化管理手段，初步构建了"大数据＋河长制湖长制"管理新模式。 （郭强）

2. 水利一张图 山西"水利一张图"平台作为水利数据能力中心项目建设的重要内容，现已开发完成平台的计算机端和移动端搭建工作，实现山西水利基础数据和实时数据对接上图功能。确立了山西水利多源数据融合技术路线，搭建"全省水利数据资源池"架构。完成水利数据管理中心模块搭建，实现数据管理、汇集、分析等功能。已完成山西水利数据的初步汇聚，可以实现水利地图、河长制湖长制、农村水利、水资源监测、水库、水雨情、气象等水利业务功能，可以为水利行业提供信息查询、实时数据监测、决策分析等服务功能。 （邱青春）

｜内蒙古自治区｜

【河湖概况】

1. 河湖数量

（1）河流情况。内蒙古自治区地域辽阔、河流众多。流域面积 50km² 以上河流 4 087 条，总长度 14.47 万 km；流域面积 100km² 及以上河流 2 408 条，总长度 11.35 万 km；流域面积 1 000km² 及以上河流 296 条，总长度 4.26 万 km；流域面积 10 000km² 以上河流 40 条，总长度 1.47 万 km。河流分外流和内流两大水系，大兴安岭、阴山和贺兰山是内外流水系的主要分水岭。外流水系主要由黄河、辽河、嫩江、海河、滦河和额尔古纳河等 6 个水系组成，流域面积 61.37 万 km²，占全自治区总面积的 52.5%，主要汇入鄂霍次克海和渤海。内流水系主要河流有乌拉盖河、昌都河、锡林郭勒河、塔布河、艾不盖河、额济纳河等，流域面积 11.66 万 km²，占全自治区总面积的 9.9%。无流区分布于深居内陆的荒漠地区，面积 43.94 万 km²，占全自治区面积的 37.5%。河流数量东部多于西部，山地丘陵多于高原。

（2）湖泊情况。内蒙古自治区湖泊星罗棋布，共有 655 个湖泊。由于气候干旱，降水量少，蒸发强烈，所造就的湖泊大型的少，中小型的多，淡水湖少，咸水湖或盐湖居多。根据湖泊所处地理位置和湖泊成因不同，除呼伦湖、乌梁素海是外流湖，其余湖泊绝大多数为内陆湖泊，呈区域性分布，主要靠大气降水直接补给或有少量河川径流和地下泉水补给。全自治区水面面积 1 000km² 以上湖泊 1 个，100～1 000km² 湖泊 3 个，10～100km² 湖泊 33 个，1～10km² 湖泊 284 个，1km² 以下湖泊 334 个。常年性有水湖泊 227 个，常年干涸湖泊 88 个（位于无人荒漠戈壁区的 60 个，农田或村庄区的有 28 个）。

2. 水量

（1）降水量。内蒙古自治区降水量时空分布极不均匀，年内降水量主要集中在汛期 6—9 月份，年降水量空间分布趋势是由东向西逐渐递减。2020 年全自治区平均年降水量 311.2mm，折合降水总量 3 599.39 亿 m³，较 2019 年增加 11.3%，较多年平均值增加 10.3%，属平水年份。

（2）水资源总量。2020 年全自治区水资源总量 503.93 亿 m³，其中，地表水资源量 354.19 亿 m³，折合年径流深 30.6mm，较 2019 年增加 15.8%，较多年平均值减少 12.9%，地下水资源量 243.94 亿 m³，较 2019 年偏多 4.4%，较多年平均值增加 3.3%，地下水与地表水资源间重复计算量 94.20 亿 m³。全自治区水资源总量较 2019 年偏多 12.5%，较多年平均值偏少 7.7%。全自治区人均水资源量为 2 097m³。2020 年，自治区黄河干流入境水量 450.10 亿 m³，出境水量 360.94 亿 m³，黄河内蒙古段干流耗用水量 49.23 亿 m³。截至 2020 年，全自治区大中型水库蓄水总量 27.03 亿 m³。

（3）供用水量。2020 年全自治区各水源工程总供水量 194.41 亿 m³，其中，地表水水源供水量 105.71 亿 m³，地下水水源供水量 81.56 亿 m³，其他水源供水量 7.12 亿 m³。全自治区总用水量 194.41 亿 m³，其中，生态环境用水量 29.41 亿 m³。

3. 水质

（1）河流。内蒙古自治区共有 71 个"十三五"国控重点流域河流水质监测断面，涉及黄河、辽河、松花江、海河以及西北诸河流域。2020 年 12 月实际监测 47 个断面中，Ⅰ～Ⅲ类水质断面比例 85.1%；Ⅳ类水质断面比例 12.8%；劣Ⅴ类水质断面 1 个，占监测断面的 2.1%。与 2016 年同期相比，Ⅰ～Ⅲ类水质断面比例提升 14.9 个百分点；Ⅴ类水质断面清零，劣Ⅴ类水质断面比例下降 10.7 个百分点。河流水质状况总体有所好转。

（2）湖库。内蒙古自治区共有 8 个"十三五"国控重点流域湖库水质监测点位，涉及呼伦湖（2 个点位）、贝尔湖（1 个点位）、察尔森水库（2 个点位）和乌梁素海（3 个点位）。呼伦湖、贝尔湖和察尔森水库属松花江流域，乌梁素海属黄河流域。2020 年 12 月，察尔森水库和乌梁素海水质均为Ⅲ类，水质状况有所好转；呼伦湖和贝尔湖水质为劣Ⅴ类，类别不变。

4. 水利工程　截至 2020 年，内蒙古自治区现有水库 505 座，大多建于 20 世纪 60—70 年代，其中，大型水库 15 座，中型水库 89 座，小型水库 401 座。

（李美艳　范国军）

【重大活动】　2018 年 8 月 15 日，内蒙古自治区总河湖长暨河长制湖长制电视电话会议召开。会议由自治区党委副书记、自治区主席、自治区总河湖长布小林主持并讲话，自治区副主席、自治区级河湖长艾丽华、张韶春出席会议，自治区副主席、自治区副总河湖长李秉荣通报了全自治区河长制湖长制工作情况。会议以视频形式开到苏木乡镇一级。

2019 年 8 月 8 日上午，内蒙古自治区党委、政府召开 2019 年度全自治区总河湖长会议暨河长制湖长制工作推进会议。自治区党委书记、自治区第一总河湖长李纪恒出席会议并讲话，自治区主席、自治区总河湖长布小林主持会议，通报了全自治区河长制湖长制工作情况。会议以视频会议方式开到盟市一级。自治区领导林少春、张院忠、艾丽华、段志强、李秉荣出席会议。

2020 年 6 月 28 日，内蒙古自治区党委书记、自治区第一总河湖长石泰峰主持召开全自治区总河湖长会议暨河长制湖长制工作推进会议，自治区主席、自治区总河湖长布小林出席会议并讲话，强调要认真贯彻落实中央关于全面推行河长制湖长制的决策部署，着力解决突出问题，持续改善河湖面貌，为打造水清河美的内蒙古作出应有贡献。自治区副总河湖长林少春、李秉荣，有关河湖长马学军、艾丽华、包钢出席会议。

（刘颖）

【重要文件】　（1）内蒙古自治区党委办公厅、自治区人民政府办公厅关于印发《内蒙古自治区全面推行河长制工作方案》的通知（厅发〔2017〕12 号）。

（2）内蒙古自治区水利厅关于做好全面推行河长制有关工作的通知（内水建〔2017〕3 号）。

（3）内蒙古自治区水利厅关于建立河长制工作进展情况信息报送制度的通知（内水建〔2017〕107 号）。

（4）内蒙古自治区水利厅关于印发河长制工作督导检查制度的通知（内水建〔2017〕118 号）。

（5）内蒙古自治区水利厅关于印发河长制信息共享制度的通知（内水建〔2017〕119 号）。

（6）内蒙古自治区水利厅关于抓紧构建各级河长体系的通知（内水建〔2017〕120 号）。

（7）内蒙古自治区水利厅关于印发《苏木乡镇级河长制工作方案编制指导意见》的通知（内水建〔2017〕124 号）。

（8）内蒙古自治区河长制办公室关于印发河长公示牌规范设置指导意见的通知（内河长办〔2017〕2 号）。

（9）内蒙古自治区河长制办公室关于认真贯彻落实水利部 2017 年第一次全国河长制工作月推进会议精神的通知（内河长办〔2017〕3 号）。

（10）内蒙古自治区河长制办公室关于印发《内蒙古自治区河长制工作考核办法》的通知（内河长办〔2017〕6 号）。

（11）内蒙古自治区河长制办公室关于印发内蒙古自治区河长会议制度（试行）的通知（内河长办〔2017〕7 号）。

（12）内蒙古自治区河长制办公室转发水利部办公厅关于明确全面建立河长制总体要求的通知（内河长办〔2017〕8 号）。

（13）内蒙古自治区河长制办公室关于印发河长制工作督察制度的通知（内河长办〔2017〕9 号）。

（14）内蒙古自治区河长制办公室关于做好河长制工作方案和工作制度整编工作的通知（内河长办〔2017〕14 号）。

（15）内蒙古自治区河长制办公室关于做好一河一策实施方案编制工作的通知（内河长办

〔2017〕15 号）。

（16）内蒙古自治区河长制办公室关于印发基层河长巡查制度（试行）的通知（内河长办〔2017〕36 号）。

（17）内蒙古自治区总河湖长令（2018 年第 1 号）。

（18）内蒙古自治区党委办公厅、自治区人民政府办公厅关于印发《内蒙古自治区实施湖长制工作方案》的通知（厅发〔2018〕4 号）。

（19）内蒙古自治区河长制办公室关于印发《自治区主要河湖一河一策实施方案》的通知（内河长办〔2018〕1 号）。

（20）内蒙古自治区河长制办公室关于印发《开展湖泊调查工作》的通知（内河长办〔2018〕5 号）。

（21）内蒙古自治区河长制办公室关做好"一河（湖）一档"建立工作的通知（内河长办〔2018〕12 号）。

（22）内蒙古自治区河长制办公室关于印发《内蒙古自治区河长制办公室工作规则》的通知（内河长办〔2018〕13 号）。

（23）内蒙古自治区河长制办公室关于做好《"五河三湖"岸线利用管理保护规划》编制工作的通知（内河长办〔2018〕15 号）。

（24）内蒙古自治区河长制办公室关于印发《内蒙古自治区 2018 年河长制湖长制工作要点》的通知（内河长办〔2018〕16 号）。

（25）内蒙古自治区河长制办公室关于分级编制《湖泊名录》的通知（内河长办〔2018〕24 号）。

（26）内蒙古自治区河长制办公室、内蒙古自治区人民检察院、内蒙古自治区公安厅关于印发《内蒙古自治区河湖水行政执法与刑事司法衔接工作办法》的通知（内河长办〔2018〕53 号）。

（27）内蒙古自治区河长制办公室、内蒙古自治区人民检察院关于对河湖"四乱"问题实行"一问题两单制"的通知（内河长办〔2019〕12 号）。

（28）内蒙古自治区水利厅关于进一步做好河湖管理范围划定工作的通知（内河湖〔2019〕18 号）。

（29）内蒙古自治区水利厅关于做好河湖岸线保护与利用规划编制工作的通知（内河湖〔2019〕19 号）。

（30）关于印发《内蒙古自治区 2019 年河长制湖长制工作要点的通知》（内蒙古自治区总河湖长令 2019 年第 1 号）。

（31）关于印发《内蒙古自治区全面推行河长制湖长制三年行动方案（2019—2021 年）》的通知（内蒙古自治区总河湖长令 2019 年第 2 号）。

（32）内蒙古自治区河长制办公室、内蒙古自治

区自然资源厅、内蒙古自治区水利厅关于印发《内蒙古自治区规范河道采砂的指导意见》的通知（内河长办〔2019〕24 号）。

（33）内蒙古自治区河长制办公室、内蒙古自治区自然资源厅、内蒙古自治区水利厅关于印发《内蒙古自治区 2019 年河湖采砂专项整治行动方案》的通知（内河长办〔2019〕38 号）。

（34）内蒙古自治区河长制办公室关于印发《内蒙古自治区 2019 年河长制湖长制工作考核细则》的通知（内河长办〔2019〕47 号）。

（35）内蒙古自治区水利厅关于开展《内蒙古自治区河湖管理条例》立法调研的通知（内河湖〔2019〕17 号）。

（36）关于印发《内蒙古自治区 2020 年河长制湖长制工作要点》的通知（内蒙古自治区总河湖长令 2020 年第 2 号）。

（37）内蒙古自治区河长制办公室关于开展 2020 年河湖管理保护"春季"行动的通知（内河长办〔2020〕7 号）。

（38）内蒙古自治区河长制办公室关于组织开展黄河流域河道采砂专项整治工作的通知（内河长办〔2020〕8 号）。

（39）内蒙古自治区河长制办公室关于深入推进河湖"清四乱"常态化规范化的通知（内河长办〔2020〕13 号）。

（40）内蒙古自治区河长制办公室关于做好新一轮"一河一策""一湖一策"实施方案编制工作的通知（内河长办〔2020〕14 号）。

（41）内蒙古自治区河长制办公室、内蒙古自治区人民检察院关于印发《2020 年全区河湖治理"秋季"行动方案》的通知（内河长办〔2020〕27 号）。

（42）内蒙古自治区河长制办公室关于进一步做好黄河岸线利用专项整治工作的通知（内河长办〔2020〕35 号）。　　　　　　　　　　　　（赵文贵）

【地方政策法规】　（1）出台《关于加强地下水生态保护和治理的指导意见》（内政办发〔2018〕52 号）。

（2）修正《内蒙古自治区水土保持条例》（2018 年修正）。

（3）修正《内蒙古自治区农业节水灌溉条例》（2020 年修正）。

（4）出台《内蒙古自治区水污染防治条例》（2020 年实施）。　　　　　　　　（赵文贵　杜妹敏）

【专项行动】

1. 采砂专项整治　为全面贯彻落实中央、内蒙

古自治区关于扫黑除恶专项斗争的重大决策部署，开展好水利行业扫黑除恶重点领域专项整治行动，2019年内蒙古自治区河长制办公室、内蒙古自治区自然资源厅、内蒙古自治区水利厅联合制定印发了《内蒙古自治区2019年河湖采砂专项整治行动方案》的通知（内河长办〔2019〕38号）。2020年开展采砂整治出动9903人次，巡查河道45257.14km，查处（制止）非法采砂行为137起，没收非法砂石3.016万t，查处非法采砂船5艘、非法挖掘机械115台；处罚案件108件、人员92人，其中，行政处罚案件88件、处罚人员88人，刑事处罚案件20件、处罚人员4人。

2. 黄河流域采砂专项整治 2020年4月13日，内蒙古自治区河长制办公室印发《关于组织开展黄河流域河道采砂专项整治工作的通知》（内河长办〔2020〕8号），以县（区、旗）为单元对黄河干流和重要支流以及其他各级支流河道开展拉网式排查，严厉打击非法采砂行为，坚决遏制黄河流域内非法采砂乱象，规范河道采砂，切实保障黄河河势稳定、防洪安全、供水安全、基础设施安全和生态安全。黄河流域河道采砂专项整治行动共出动巡查人员2384人次，累计巡查河道8827.3km，查处（制止）非法采砂行为12起。

3. 河湖"清四乱"行动 为推进河湖"四乱"问题清理整治常态化、规范化、制度化，2020年内蒙古自治区河长制办公室组织开展全自治区河湖管护"春季""秋季"行动。"春季"行动中，全自治区共排查出"四乱"问题803个，已全部整改完成。为强化全自治区河湖管理保护和执法监督工作，落实依法治水，推进河湖水行政执法与刑事司法的有效衔接，形成河湖管护合力，推动河长制湖长制"见实效"、河湖公益诉讼见"疗效"，9月1日，内蒙古自治区河长制办公室与自治区人民检察院联合开展《2020年全区河湖治理"秋季"行动方案》，针对河湖"四乱"、采砂、违法排污、重大敏感问题等方面开展重点整治，"秋季"行动共排查河湖"四乱"问题883个，已全部整改完成。2020年河湖执法巡查83646km，巡查水域面积12906km²，巡查监管对象6415个，出动执法人员19043人次，出动执法车辆6173辆次，现场制止违法行为209次，有效打击涉河湖违法行为，维护水法律法规的权威。

（李美艳 张景裕）

【河长制湖长制体制机制建立运行情况】 2017年5月24日，内蒙古自治区党委办公厅、政府办公厅以厅发〔2017〕12号文印发《内蒙古自治区全面推行河长制工作方案》，各级党委、政府高度重视，积极落实，于2017年年底全面建立了自治区、盟（市）、旗（县）、乡（镇）四级河长制体系。2018年8月3日，内蒙古自治区党委办公厅、政府办公厅以厅发〔2018〕4号文印发了《内蒙古自治区实施湖长制工作方案》，进一步完善了自治区河湖长体系，明确全自治区河湖长体系为双总河湖长，自治区党委书记担任第一总河湖长，政府主席担任总河湖长，自治区党委副书记、负责水利工作的自治区副主席担任副总河湖长，5位自治区级领导分别担任黄河、西辽河、嫩江、额尔古纳河、黑河等5条自治区主要河流的河长，以及呼伦湖、乌梁素海、岱海、居延海等4个重点湖泊的湖长，各盟（市）、旗（县）、乡（镇）党政主要领导均担任总河湖长，分管领导担任河长、湖长，严格落实河湖管护属地责任。全自治区每条河流设立河长，每个湖泊设立湖长，同时，将河长制湖长制组织体系延伸到嘎查村，进一步织密了河湖管护网，全自治区每条河流、每个湖泊都有了河湖长，实现了河湖管护链条全覆盖，打通河湖管护"最后一公里"。

（赵文贵）

【河湖健康评价】 按照《中办、国办〈关于在湖泊实施湖长制的指导意见〉的通知》（厅字〔2017〕51号）及自治区河长制湖长制工作方案，为摸清自治区重要河湖健康状态，分析河湖存在问题，因地制宜提出有效的河湖治理保护措施，提升湖泊生态功能和健康水平。自2019年以来，内蒙古自治区连续开展自治区重点湖泊的健康评估工作。

截至2020年，自治区共开展了呼伦湖、乌梁素海、岱海、居延海4个重点湖泊的湖泊健康评估工作，其中2020年对岱海和居延海2个湖泊进行了湖泊健康评估。评估经费由自治区财政安排解决。评估工作按照《河湖健康评估技术导则》（SL/T 793—2020）和《水利部河长办关于印发〈河湖健康评价指南（试行）〉的通知》（第43号）要求，结合湖泊特点、现状生态环境状况和监测资料，从湖泊水文水资源、物理结构、水质、生物及社会服务功能等方面，选取有针对性的指标进行评价，判定湖泊健康状况，查找剖析河湖"病因"，提出治理对策，为其他同类型湖泊治理恢复提供参考和借鉴。2020年，科研单位结合岱海、居延海两个湖泊的实际状况及环境特征，从"盆"、"水（包括水量、水质）"、生物及社会服务功能四大方面建立各自的健康评估指标体系，对岱海、居延海的健康状况进行了评估。

【"一河（湖）一策"编制和实施情况】 2017年内蒙

古自治区开始组织编制"一河（湖）一策"实施方案（以下简称"方案"）。方案的编制以现行法律法规、政策文件、河长制湖长制工作方案、河湖已有规划、技术标准等为依据，结合河湖实际情况，围绕水资源保护、河湖水域岸线管理保护、水污染防治、水环境治理、水生态修复、执法监管等主要任务，着力解决河湖管理保护的突出问题，做到了目标任务可量化、可监测、可评估、可考核。

"一河一策"实施方案以整条河流或河段为单元编制；"一湖一策"原则上以整个湖泊为单元编制。方案由盟（市）级、旗（县、市、区）级、苏木乡（镇）级河长制办公室负责组织编制。最高层级河长为盟（市）级领导的河湖，由盟（市）级河长制办公室负责组织编制；最高层级河长为旗（县、市、区）级领导的河湖，由旗（县、市、区）级河长制办公室负责组织编制；最高层级河长为苏木乡（镇）领导的河湖在旗（县、市、区）级河长制办公室的指导下编制。其中，河长最高层级为苏木乡（镇）级或人迹罕至地区的河湖，可根据实际情况简化实施方案编制内容，采取打捆、片区组合等方式编制。方案采取"自上而下、自下而上、上下左右结合"的方式编制。方案实施周期原则上为 2～3 年。盟（市）级的实施周期一般为 3 年，旗（县）级、苏木乡（镇）级的实施周期一般为 2 年。方案由同级河长审定后实施，并报上一级河长制办公室备案。若河湖涉及其他行政区的，应先报共同的上一级河长制办公室审核，统筹协调上下游、左右岸、干支流目标任务。

（宋薇 赵文贵）

【水资源保护】

1. 强化水资源刚性约束

（1）严格监管，强化水资源刚性约束。严控取水"增量"，坚决抑制不合理的用水需求。针对西辽河流域地下水超采状况，内蒙古自治区政府对该地区 2020 年新增高标准农田建设项目规模进行了压缩和调整。严格执行《行业用水定额》（DB15/T 385—2020），要求新改扩建项目用水指标须达到先进值，缺水地区达到领跑值。2019 年以来，共对 7 个节水评价不符合要求的项目取水许可暂缓审批。

（2）完善计量设施，全面掌握用水情况。要求生活和工业年取地表水 20 万 m^3（地下水 10 万 m^3）以上取用水户，新增取水必须同步自行建设取用水在线监测设施并传输到水资源管理系统。重点完善了农业灌溉用地下水计量体系，2020 年安排 1.14 亿专项资金在全自治区范围推广农业灌溉用地下水"以电折水"工作，通过建立不同区域动态水-电关

系，完成后基本实现内蒙古自治区农业用水计量全覆盖，为全面掌握用水量奠定基础。

（3）推进水权制度改革，优化水资源配置。积极推进水权转让和交易制度改革。组织开展了黄河流域盟（市）内和盟（市）间水权转让和交易试点，建立了内蒙古自治区水权交易平台。

（4）强化超采治理，保障生态用水。全自治区 33 个超采区中有 30 个已达到治理目标并销号。对"十二五"期间新增 18.06 万眼灌溉机电井和 339 家违规取用水企业进行了集中整治，违规取用地下水问题得到有效整治。建立了内蒙古自治区地下水水位变化情况通报制度，按季度将超采区、"一湖两海"、西辽河流域和察汗淖尔流域等重点区域地下水水位变化情况通报各盟（市）政府，对连续 4 个季度地下水水位下降的超采区所在盟（市）政府实行"黄牌预警"。

2. 打好深度节水控水攻坚战

（1）落实国家节水行动方案。建立了节水厅际联席会议制度，制定了内蒙古自治区节水行动方案。分年度制定印发了内蒙古自治区节水行动计划及水利系统节约用水工作要点及重点工作任务清单。截至 2020 年年底，完成了 45 个县（区、旗）的县域节水型社会达标建设。

（2）加大农业、工业、城镇节水力度。会同自治区农牧厅、工信厅及住房城乡建设厅等多个部门，推动农业、工业、城镇节水工艺改进，提高用水效率。加强计划用水、定额用水、计量监测等管理措施，实现用水精准管控，进一步落实"节水优先"。

（3）加强水利行业节水载体建设。开展了高耗水行业节水型企业、节水型高校、水利行业节水型单位等节水载体建设。截至 2020 年年底，内蒙古自治区 5 个行业规模以上高耗水行业 35 家企业全部建成节水型企业，7 所高校建成节水型高校，40 个自治区级、盟（市）级、旗（县）级具备独立物业管理条件的水利机关全部建成节水型单位。

（4）加大节水宣传力度。利用现代新媒体围绕"世界水日""中国水周""全国科普日"等关键节点进行节水宣传，开展"节水内蒙古，我们在行动"系列宣传活动。对所有建成县域节水型社会的旗（县）开展"县委书记谈节水"宣传工作，扩大节水宣传，营造社会节水氛围。

3. 生态流量监管 2017 年，内蒙古自治区率先在黄河主要支流大黑河开展生态流量管控试点工作，与自治区生态环境厅联合印发实施《大黑河生态流量试点实施方案》（内水资〔2019〕111 号）。2020 年建立了全自治区重点河湖生态流量（水量）保障

名录库，拟分批分级确定生态流量（水量）目标并开展保障工作。配合水利部和流域机构完成了大凌河、雅鲁河等8条跨省河流水量分配及生态流量保障方案编制。批复了自治区范围内4条跨盟（市）河流水量分配及3个湖泊、1条河流生态流量（水量）保障方案并组织实施。

4. 持续开展重要饮用水水源地安全达标保障评估工作

（1）出台了《内蒙古自治区饮用水水源保护条例》，并于2018年1月1日起施行，进一步完善了饮用水水源保护制度，明确了相关部门责任，为推进该项工作提供了有力的制度保障。

（2）按照原环保部等10部委《水污染防治行动计划实施情况考核规定》的要求，根据近几年评估结果和盟（市）实际情况，编制了《内蒙古自治区重要饮用水水源地安全保障达标建设实施方案》（内水资〔2019〕164号），印发各盟（市）组织实施。

（3）持续推进重要饮用水水源地安全保障达标建设工作。内蒙古自治区水利厅、生态环境厅、住房城乡建设厅建立了重要饮用水水源地安全保障达标建设联合评估工作机制，连续6年开展了现场抽查和评估工作。年度评估成果按要求及时报送水利部，评估结果、存在问题及要求及时反馈盟（市）政府，并纳入自治区对盟（市）人民政府最严格水资源管理制度考核中。

5. 水量分配 2020年内蒙古自治区配合水利部完成了大凌河、雅鲁河等17条跨省河流水量分配，完成自治区范围内8条跨盟（市）河流水量分配。对自治区内流域面积1 000km²以上的或其他重点河流进行梳理，建立全自治区跨旗县水量分配名录库，督促指导各盟（市）逐步分批开展跨旗（县）水量分配，进一步明确地表水水资源开发利用"上限"，为落实水资源刚性约束提供有力抓手。

（王海玲　王海燕）

【水域岸线管理保护】

1. 河湖管理范围划界 截至2020年年底，内蒙古自治区完成第一次全国水利普查名录内河湖规模以上（流域面积1 000km²以上河流、水面面积1km²以上湖泊）河流271条、湖泊367个，规模以下河流2 806条的划界工作，并组织对无人区的1 010条河流、61个湖泊进行核定。河湖管理范围划定工作的完成夯实了河湖水域岸线空间管控的基础。

2. 河湖"四乱"整治 针对长期以来存在的破坏河湖的乱占、乱采、乱堆、乱建等"四乱"问题，开展规范化常态化整治。2020年内蒙古自治区河长制办公室以部署开展河湖管理保护"春季"行动为抓手，推动全自治区各地加大河湖"四乱"清理整治力度，全自治区共排查出"四乱"问题803个，并全部完成整改。全自治区共清理河道乱占0.3km，各类垃圾206.9万t，平整河道长度约3km，处置非法倾倒59起、非法围垦6起；拆除非法建筑1.14万m²；疏浚河道约161km，清淤65万m³，美化河湖岸线近518km，整治入河排污口1处，处理河湖违法案件22起。同年9月，与自治区人民检察院联合开展《2020年全区河湖治理"秋季"行动方案》，针对河湖"四乱"、采砂、违法排污、重大敏感问题等方面开展重点整治。

3. 河湖采砂管理 依托河长制湖长制强化采砂管理，将采砂管理工作纳入各级河长的职责范围，作为内蒙古自治区河长制湖长制年度考核的重要内容之一。根据文件要求，对全自治区有采砂管理任务的河道逐级逐段落实采砂管理4个责任人（采砂管理责任人、行政管理责任人、现场管理责任人和行政执法责任人）。

4. 采砂规划编制 截至2020年年底，内蒙古自治区共编制采砂规划161个，规划开采控制总量66 430.50万t，许可采砂点249个，许可采砂量7 980.30万t，实际采砂量537.35万t。完成黄河干流和重要支流以及其他各级支流采砂规划的编制和审批工作（不包括黄河干流），并由县级以上政府进行批复和公示。其许可采区共56个，黄河干流和重要支流7个，其他各级支流49个；许可采砂总量2 855.37万t，其中黄河干流和重要支流37.8万t，其他各级支流2 817.57万t；实际采砂量52.95万t，黄河干流和重要支流14.8万t，其他各级支流38.15万t。

（李美艳）

【水污染防治】

1. 排污口整治 严格入河湖排污口监管，开展入河湖排污口调查，建立入河湖排污口台账。加强河湖跨界断面、主要交汇处、重点水域的水量、水质和环境等监测工作，强化突发水污染处置应急监测措施。

2. 工矿企业污染 2020年，全自治区64个自治区级以上工业园区全部完成废水集中处理设施建设任务，并对依托城镇污水处理厂处理废水的园区开展了可行性评估。

3. 城镇生活污染 截至2020年年底，全自治区已建成并运行城镇污水处理厂108座，污水收集管网14 300km，再生水管网2 205km，平均负荷率为79.2%，再生水利用率达到37.3%。

4. 农业面源污染 2020年全自治区化肥农药使用量继续保持"负增长",测土配方施肥790.4万hm²,技术覆盖率为91.7%,废弃农膜回收率达到80%以上,推广绿色防控面积310.67万hm²,专业化统防统治面积294万hm²。

5. 畜禽养殖污染 有序实施畜禽养殖粪污资源化利用,2020年内蒙古自治区畜禽粪污综合利用率和规模养殖场粪污处理设施装备配套率分别达到86.58%和98.17%,分别超过国家2020年目标任务11.58个百分点和3.17个百分点。1 770个大型规模养殖场已经全部完成配套任务。

（李美艳）

【水环境治理】

1. 饮用水水源规范化建设 内蒙古自治区生态环境厅对全自治区水环境质量形势和水污染防治攻坚战重点任务完成情况以"一市一单"印发预警函,拉条挂账,督促整改。组织12个盟（市）编制完成"十四五"重点流域水生态环境保护要点,并逐一调研了解,2020年1—10月,全自治区52个地表水国控考核断面优良比例69.2%,劣Ⅴ类断面比例1.9%,均达到年度约束性指标要求。2020年完成对1 591个乡（镇）级及以下集中式饮用水水源地基础信息系统数据审核,全自治区列入《水十条》考核的42个地级城市集中式饮用水水源地水质达标率为81%,达到考核目标要求。

2. 黑臭水体治理 2020年,内蒙古自治区住房和城乡建设厅组织开展全自治区城市黑臭水体整治专线行动,遏增量,防反弹,重点对呼和浩特、包头、赤峰市元宝山区现场督导,截至12月底,全自治区13个城市黑臭水体达到国家"长治久清"的目标要求。

3. 农村水环境整治 2020年4月1日,内蒙古自治区生态环境厅、农牧厅、住房城乡建设厅联合印发了《农村生活污水处理设施污染物排放标准》（DBHJ/001—2020）。开展农村黑臭水体调查并建立台账,2020年共完成355个村环境综合整治。

（李美艳）

【水生态修复】

1. 退田还湖还湿 按照内蒙古自治区湿地管理办法,2020年全自治区批复建立5处自治区湿地公园,公布16处自治区重要湿地,继续抓好53处国家湿地公园的规范化建设,开展"绿盾2020"暨自然保护区执法检查,对自治区主要河流湖泊自然保护区进行集中整治。2020年还新增水土流失综合治理面积61.6万hm²。推进哈素海、达里湖、东居延

海等重点湖泊治理工作。2020年,编制完成《哈素海生态修复与综合治理规划（2020—2025年）》,完成了600余亩鱼池退出工作,清淤土方77万m³;向东居延海流域全年补水3 030万m³,实现东居延海连续16年不干涸。2020年达里湖计划推进7个生态项目,总投资1.26亿元,截至2020年年底,完成4项,正在实施3项,累计完成投资2 375万元。制定《察汗淖尔生态保护和修复方案》,提出流域2025年地下水用水总量控制指标,并分解到旗（县）和用水行业。"水改旱"1.56万hm²,封停灌溉机电井2 245眼,二季度察汗淖尔湿地周边地下水水位较上年同期回升1.71m,商都县平均水位回升0.71m,治理效果初步显现。

2. 生态补偿机制建立 为探索建立黄河流域生态补偿机制,按照内蒙古自治区政府办公厅要求,2020年7月自治区水利厅会同生态环境厅、财政厅组成调研组,赴安徽、浙江两省,就河流上下游地区生态补偿以及国家对河流上下游地区生态补偿相关政策、做法,对新安江流域生态保护补偿机制等工作进行了专题调研,形成了调研报告,报送自治区政府办公厅。根据内蒙古自治区黄河流域生态保护和高质量发展生态补偿工作要求,自治区水利厅配合财政厅开展了黄河流域横向生态补偿机制协议、生态补偿指标拟定工作。

3. 水土流失治理（生态清洁型小流域） 2017—2020年,按照《内蒙古自治区水土保持规划（2016—2030年）》确定任务和目标,以水土保持目标责任考核为抓手,以国家水土保持重点工程为支撑,结合退耕还林还草等重大生态保护和修复工程,统筹山水林田湖草系统治理,构建水土流失防治体系,突出抓好黄河流域水土流失综合防治工作,加快自治区水土流失治理进度。内蒙古自治区水土保持重点工程包括:国家水土流失重点治理工程、淤地坝除险加固工程、坡耕地综合治理工程和东北黑土区侵蚀沟综合治理工程。2017—2020年累计治理小流域113条,治理水土流失面积2 217km²,其中包括清洁小流域62条,治理侵蚀沟902条,淤地坝除险加固189座。截至2020年,内蒙古自治区累计综合治理水土流失321.6万hm²。

（李美艳　赵晶晶）

【执法监管】 内蒙古自治区一些地区在开展河长制工作中因地制宜,创新工作思路,加强体制机制建设,形成了一些可复制可推广的好做法和好经验。

1. 建立跨区域管护协调机制 建立了跨区域管理协调机制,与黑龙江、辽宁、宁夏、甘肃等省（自治区）签订了跨省（自治区）河流保护协调合作

机制或联防联控合作协议，推动与河北省建立跨区域河湖管理保护协调合作机制。

2. 因地制宜创新河湖保护工作　"绿色"和"草原"是内蒙古的名片，锡林郭勒盟创新工作思路，针对河流、湖泊已划分到牧户的实际，按照"尊重历史，照顾现实"原则，创新"河湖长＋农牧户"的管护模式，政府与草场内有流经河流或分布有湖泊的农牧民签订《河湖管护协议》，因地制宜形成河湖长和农牧民共同保护河湖的工作格局，农牧民像爱护自己的草场一样爱护河湖。呼伦贝尔市结合地域特点建立了"河湖长＋企业"的工作体系，由地方党政领导和林业企业领导共同担任河长，结合林区"森防"工作，由森林管护人员同时担任义务巡河员开展河湖保护工作。

3. "线上管理"加强河湖管理保护　积极推进"河湖长制＋互联网"工作模式，提升工作效率和水平，强化河湖管护。

（赵文贵）

【水文化建设】　黄河水利文化博物馆位于内蒙古巴彦淖尔市临河区河套湿地公园。占地面积35 000m²，展陈面积3 500m²，博物馆东西全长230m。博物馆北墙装饰为中国目前最大的原石浮雕，由东向西展现了大禹治水和秦汉以来灌区的重大历史断面。中间门斗上雕刻的是博物馆的标识，既是龙的形状，又是黄河的走势与河套灌区水系图。

黄河水利文化博物馆展陈内容有三大主题，即黄河水利文化是华夏文化的核心、河套水利文化是河套文化的核心、河套水利事业是河套人民精神家园的核心。展厅编排布设三部分：辉煌灿烂的黄河水利文化、开拓进取的河套灌区和薪火传承的"总干"精神。共展出文物828件，水利古籍文献1 000多套，还应用大量声、光、电等信息化技术生动再现历史场景。

黄河水利文化博物馆分馆——中小学节水科技展厅，位于水务大楼一楼，占地面积10 000m²，展陈面积500m²，于2016年1月26日正式向社会免费开放。展厅内设置"水的世界""水与农业""水与生活""水的畅想""水梦启航"5个栏目，共9个展位，27件模型和24个巨型条幅，分别展示水资源状况、水力学原理、农业节水技术、生活节水小窍门、水资源开发利用等内容。展厅外，主要展示河套灌区重大历史断面《秦汉移民》《晚清开发》《民国怒涛》《新型灌区》大型石雕，记载河套灌区发展历史的汉白玉《水务大楼题记》，河套灌区水务一体化的锻铜浮雕。还利用网络、视频等手段，对著名高校、科研院所、高新技术企业的水利前沿科技成果进行远程实景传输和视频对话，努力实现教育资源共享。

（姜姝婷）

【信息化工作】　2018年年底，内蒙古自治区建设了全自治区河长制湖长制综合管理信息平台，完成河长通（巡河通）App、微信公众号和PC端的开发任务，并正式上线运行。

（赵文贵）

｜辽宁省｜

【河湖概况】　辽宁省内河流分属辽河、松花江和海河三大流域，流域面积10km²以上的河流3 565条，其中10～50km²溪河2 720条，50～1 000km²小型河流797条，1 000～5 000km²中型河流32条，5 000km²以上大型河流16条；常年水面面积1km²以上湖泊4个。多年平均（1956—2020年系列）年水资源总量341.79亿m³，其中，地表水资源302.49亿m³，地下水资源124.68亿m³，重复计算量为85.38亿m³。2020年全省86个地表水监测断面中，I～Ⅲ类水质断面比例为74.4%，Ⅳ类比例为22.1%，Ⅴ类比例为2.3%。辽宁省共有水库760座，总库容182.2亿m³。其中大型水库30座，总库容152亿m³；中型水库76座，总库容21亿m³；小型水库654座，总库容9.2亿m³。水闸1 455座，其中大型49座，中型186座，小型1 020座；橡胶坝200座；堤防工程11 878.44km，其中1级堤防737.3km，2级堤防1 566.3km，3级堤防482.19km，4级堤防2 343.39km，5级堤防6 749.26km。

（王兵）

【重大活动】　（1）2017年3月21日，辽宁省政府新闻办公室举行《辽宁省实施河长制工作方案》新闻发布会，省水利厅负责同志介绍《方案》内容，并回答记者提问。

（2）2017年11月28日，辽宁省政府分管领导主持召开全面推行河长制工作联席会议，细化各成员单位责任分工，安排部署下步重点工作。

（3）2018年7月10日，辽宁省政府召开全面建立河长制湖长制新闻发布会，宣布全面建立五级河长和四级河道警长体系，设立三级河长制和警长制办公室。

（4）2018年9月18日，辽宁省河长制办公室召开全面推行河长制工作第2次联席会议，会议听取全省河长制工作开展总体情况和各有关部门工作任务完成情况的汇报，安排部署下步重点工作。

（5）2019年5月5日，辽宁省委、省政府召开辽河流域综合治理动员大会，部署打好辽河流域综合治理攻坚战，以更高的标准建设美丽河湖。辽宁省委书记陈求发、省长唐一军出席会议并讲话。

（6）2019年7月30日，辽宁省人大召开《辽宁省河长湖长制条例》新闻发布会，介绍立法背景和主要内容。

（7）2019年8月20日，辽宁省副省长、省河长制办公室主任主持召开省河长制办公室暨辽河流域综合治理工作领导小组办公室会议，调度河长制湖长制及辽河流域综合治理工作进展，安排部署下步工作。

（8）2020年3月25日，辽宁省副省长、省河长制办公室主任主持召开全省水利工作暨全省河长制办公会议，部署2020年水利和河长制重点任务。

（9）2020年4月16日，辽宁省委副书记、省长唐一军主持召开省政府第78次常务会议，要求各级河长进一步强化履职尽责，推进美丽河湖建设，打赢水污染防治攻坚战。

（10）2020年6月29日，辽宁省委书记、省总河长陈求发主持召开省委常委会会议，学习河长制湖长制有关文件，研究部署辽宁省贯彻落实工作。2020年6月30日，辽宁省副省长、省河长制办公室主任主持召开全省河长制湖长制暨河湖管理工作推进电视电话会议，安排部署《辽宁省总河长令》（第2号令）贯彻落实工作，进一步推动全省河长制湖长制和河湖管理工作深入开展。

（11）2020年8月11日，辽宁省省长、省总河长刘宁主持召开辽河流域综合治理暨总河长会议，部署推进辽河流域生态保护和高质量发展工作，并研究决定设立河长制奖励基金。　　　　（徐德伟）

【重要文件】　2017年2月11日，《辽宁省人民政府办公厅关于印发〈辽宁省实施河长制工作方案〉的通知》（辽政办发〔2017〕30号）；2017年7月6日，《中共辽宁省委办公厅　辽宁省人民政府办公厅关于设立四级总河长、河长和设置三级河长制办公室有关事项的通知》（辽委办发〔2017〕40号）；2017年10月9日，《辽宁省人民政府办公厅关于建立辽宁省全面推行河长制工作联席会议制度的通知》（辽政办〔2017〕64号）；2017年10月11日，《辽宁省人民政府办公厅关于印发〈辽宁省河长制工作管理办法（试行）〉的通知》（辽政办发〔2017〕114号）。

2018年2月8日，《中共辽宁省委办公厅　辽宁省人民政府办公厅关于印发〈辽宁省河长制实施方

案〉的通知》（厅秘发〔2018〕4号）；2018年2月27日，《辽宁省人民政府办公厅关于印发辽宁省全面推行河长制考核办法的通知》（辽政办发〔2018〕6号）；2018年9月14日，《辽宁省人民政府办公厅关于印发辽宁省集中式饮用水水源地保护攻坚战实施方案的通知》（辽政办发〔2018〕39号）；2018年9月14日，《辽宁省人民政府办公厅关于印发〈辽宁省重污染河流治理攻坚战实施方案〉的通知》（辽政办发〔2018〕40号）；2018年10月12日，省总河长签发《全面实施建设美丽河湖三年行动计划　全面开展"五级"河长巡河行动》（辽宁省总河长令第1号）。

2019年4月30日，《中共辽宁省委办公厅　辽宁省人民政府办公厅关于印发〈辽河流域综合治理总体工作方案〉的通知》（厅秘发〔2019〕18号）；2019年5月6日，《中共辽宁省委　辽宁省人民政府关于成立辽河流域综合治理工作领导小组的通知》（辽委〔2019〕33号）；2019年12月28日，《辽宁省人民政府办公厅关于进一步加强辽河流域生态修复工作的通知》（辽政办〔2019〕42号）。

2020年2月3日，《辽宁省人民政府关于印发辽河流域综合治理与生态修复总体方案的通知》（辽政发〔2020〕5号）；2020年4月15日，省总河长签发《贯彻落实〈辽宁省河长湖长制条例〉　全力推进美丽河湖建设》（辽宁省总河长令第2号）；2020年7月14日，《辽宁省人民政府办公厅关于印发〈辽宁省"大禹杯（河湖长制）"竞赛考评方案〉的通知》（辽政办〔2020〕19号）；2020年8月31日，《辽宁省人民政府办公厅关于对落实有关重大政策措施真抓实干成效明显地区进一步加大激励支持力度的通知》（辽政办〔2020〕30号）；2020年9月16日，《中共辽宁省委办公厅　辽宁省人民政府办公厅关于印发〈省（中）直有关单位生态环境保护工作责任清单〉的通知》（辽委办字〔2020〕19号）。

（李慧　高萌）

【地方政策法规】

1. 法规性文件　2017—2020年，辽宁省出台涉河涉水地方性法规5个。2017年11月30日，辽宁省第十二届人大常委会审议通过《辽宁省环境保护条例》《辽宁省生活饮用水卫生监督管理条例》，自2018年2月1日起施行；2018年11月28日，辽宁省第十三届人大常委会审议通过《辽宁省水污染防治条例》《辽宁省节约用水条例》，自2019年2月1日起施行；2019年7月30日，辽宁省第十三届人大常委会审议通过《辽宁省河长湖长制条例》，自2019

年 10 月 1 日起实施。

2. 规范标准 2017—2020 年，辽宁省颁布实施涉河涉水相关工作标准、技术规范 15 个。其中，2017 年 11 月 3 日，辽宁省河长制办公室印发《辽宁省河湖管理与保护范围划定通则》（辽河长办〔2017〕2 号）、《辽宁省"一河一策"治理及管理保护方案编制通则》（辽河长办〔2017〕3 号）；2017 年 12 月 29 日，辽宁省河长制办公室印发《辽宁省全面建立河长制验收实施细则》（辽河长办〔2017〕8 号）。2018 年 3 月，辽宁省环境保护厅印发《辽宁省农村生活污水处理技术指南（试行）》（DB21/T 2943—2018）；2018 年 5 月 21 日，辽宁省环境保护厅、辽宁省高级人民法院、辽宁省人民检察院、辽宁省公安厅印发《辽宁省环境保护行政执法与刑事司法衔接工作实施办法》（辽环发〔2018〕48 号）。2019 年 9 月，辽宁省生态环境厅印发《辽宁省农村生活污水处理设施水污染物排放标准》（DB21/3176—2019）；2019 年 12 月 16 日，辽宁省水利厅、辽宁省高级人民法院、辽宁省人民检察院、辽宁省公安厅印发《辽宁省水行政执法与刑事司法衔接工作实施办法（试行）》（辽水合〔2019〕20 号）。2020 年 6 月 24 日，辽宁省河长制办公室印发《辽宁省河道生态封育工作档案建设管理实施细则》（辽河长办〔2020〕32 号）；2020 年 7 月 6 日，辽宁省河长制办公室印发《辽宁省入河排污口规范整治实施指导意见》（辽河长办〔2020〕38 号）；2020 年 10 月 19 日，辽宁省绿色农业技术中心印发《2020 年化肥减量增效技术指导意见的通知》（辽绿农技〔2020〕42 号）。

3. 政策文件 2017—2020 年，辽宁省出台了河长制湖长制及河湖管理保护政策性文件 36 个。其中，2017 年 8 月 11 日，辽宁省水污染防治工作领导小组办公室印发《辽宁省河流水质限期达标实施方案》（辽水防办发〔2017〕3 号）。2018 年 2 月 12 日，辽宁省河长制办公室印发《辽宁省全面推行河长制建设美丽河湖三年行动计划（2018—2020 年）》（辽河长办〔2018〕5 号）；2018 年 5 月 17 日，辽宁省公安厅印发《关于设立四级河道警长和设置三级河道警长制办公室有关事项的通知》（辽公通〔2018〕131 号）；2018 年 9 月 13 日，辽宁省生态环境厅、辽宁省住房城乡建设厅印发《全省城市黑臭水体整治环境保护专项行动工作方案》（辽环发〔2018〕79 号）。2019 年 4 月 15 日，辽宁省生态环境厅、辽宁省农业农村厅印发《辽宁省农业农村污染治理攻坚战实施方案》（辽环发〔2019〕16 号），2019 年 9 月 20 日，辽宁省河长制办公室印发《关于

建立河湖治理保护相关行政机关执法协作机制的意见》《关于建立河长制办公室与河湖警长办工作协作机制的意见》（辽河长办〔2019〕50 号）；2019 年 12 月 5 日，辽宁省水利厅印发《辽宁省节水行动实施方案》（辽水合〔2019〕18 号）。2020 年 3 月 2 日，辽宁省辽河流域综合治理工作领导小组办公室印发《辽河流域综合治理责任落实清单》（辽河综治办〔2020〕2 号）；2020 年 7 月 14 日，吉林省河长制办公室、辽宁省河长制办公室印发《建立跨省流域治理保护工作协调合作机制的通知》（吉河办联〔2020〕33 号）；2020 年 9 月 1 日，辽宁省水利厅印发《辽宁省 2020 年河湖长制工作真抓实干成效明显地方激励实施方案》（辽水办〔2020〕172 号）；2020 年 12 月 8 日，辽宁省辽河流域综合治理工作领导小组办公室印发《辽河流域水污染治理攻坚战实施方案》《辽河流域生态修复实施方案》《辽河流域监督执法实施方案》《辽河流域绿色发展实施方案》（辽河综治办〔2020〕5 号）。 （高萌 李慧）

【专项行动】 2016 年，辽宁省公安厅、水利厅联合开展打击盗采水资源专项行动，有效解决水资源乱采问题。2017 年，辽宁省辽河凌河保护区公安部门开展打击整治涉水违法犯罪系列专项行动，涉及河道生态封育、防洪安全、采砂管理、水污染防治等多方面内容。2018 年，辽宁省生态环境厅开展地下水环境保护和纳污坑塘整治专项行动，严厉打击向坑塘排放、倾倒污染物等环境违法行为；省水利厅开展第一次全面推行河长制湖长制及入河排污口摸底调查和规范整治专项行动，全面摸清入河排污口现状，清理整顿各类违法设置的入河排污口；省公安厅、水利厅联合开展打击整治涉河涉水违法犯罪专项行动和扫黑除恶专项行动，为护河、治水提供良好的治安环境；省水利厅、公安厅联合开展"清网护渔"专项整治行动，有效治理辽河非法捕鱼乱象。2019 年，辽宁省水利厅、公安厅联合开展全省打击河道非法采砂专项行动，促进采砂行业健康有序发展；农业农村厅开展"千村美丽、万村整洁"专项行动，涉及水环境治理、农村卫生厕所普及、大中型灌区设施改造、高标准农田建设等 5 个方面；省住房城乡建设厅等 5 部门共同开展城镇污水处理提质增效三年专项行动，解决污水直排、工业废水不达标等问题，完善和提升城市污水处理系统能力。2020 年，辽宁省人民政府开展"重实干、强执行、抓落实"专项行动，将全面推行河长制工作纳入其中；省农业农村厅开展"中国渔政亮剑 2020"辽宁省系列专项执法行动，严格落实辽河流域禁渔期管

理制度。2018—2020 年，辽宁省水利厅连续三年开展河湖"清四乱"专项行动，对在河道管理范围内乱占、乱采、乱堆、乱建等违法违规行为进行清理，加强河湖管理保护。2018 年、2020 年辽宁省生态环境厅、住房城乡建设厅联合开展城市黑臭水体整治专项行动，排查 5 个预警城市，抽查完成黑臭水体治理的 6 个城市，提升城镇水污染防治水平。

（石文峰　王博）

【河长制湖长制体制机制建立运行情况】　2017 年以来，辽宁省河长制湖长制体制机制全面建立，为河长制湖长制从"有名""有责"向"有能""有效"转变奠定了基础。

1. 五级河长湖长和四级河湖警长体系　根据《辽宁省实施河长制工作方案》《辽宁省河长制实施方案》等要求，建立省、市、县、乡、村五级河长湖长体系。其中，按照行政区域全覆盖的原则，设立省、市、县、乡四级总河长和副总河长；按照流域与区域相结合的原则，设立省、市、县、乡、村五级河长；按照管理权限与区域相结合的原则，设立水库库长、水电站站长，由所在河流河长兼任；截至 2020 年年底，全省设立五级河长、湖长 18 768 名。在省级层面，由省委书记、省长共同担任省总河长；由任省委常委的副省长和分管水利、生态环境工作的副省长担任省副总河长；按照流域与区域相结合的原则，划分八大水系，分别由 8 位副省长担任省级河长。建立省、市、县和派出所四级河湖警长，实现与省、市、县、乡四级总河长和河长"一对一"全配套，截至 2020 年年底，全省共设立河湖警长 6 078 名。设立省、市、县三级河长制办公室，设在同级水行政主管部门，承担河长制组织实施具体工作，其中省河长制办公室设在省水利厅，主任由省政府分管水利的副省长担任。

2. 河长制及河湖治理保护协作机制　强化河湖治理保护区域协作，2020 年，辽宁省分别与吉林省、内蒙古自治区建立跨省流域治理保护工作协调合作机制。强化水行政执法与司法衔接，2019 年，辽宁省水利厅、省高级人民法院、省检察院、省公安厅共同建立水行政执法与刑事司法衔接机制，省河长制办公室与省河湖警长制办公室共同建立河湖治理保护行政机关执法协作机制。

3. 河长制湖长制考核激励机制　从 2020 年开始，将河长制湖长制考核、"大禹杯"竞赛考评合并为"大禹杯（河湖长制）"竞赛考评，作为全省水利工作唯一的综合性考评。2020 年 8 月，辽宁省政府将"对河湖长制工作推进力度大、河湖管理保护

成效明显的市、县（市、区），给予一定资金奖励"列为 30 项督查激励措施之一，并根据各市得分排名情况，遴选出 3 个市、3 个县（市、区）进行激励。

（陈颖　李蔚海）

【河湖健康评价】　2015 年，辽宁省水利厅以浑河、太子河等重点河流为试点组织开展了河湖健康评价工作，完成"五河、四库、一湖"评价工作，评价河流长度 1 022.58km。其中，"五河"为浑河、太子河、社河、海城河、牤牛河，"四库"为大伙房水库、石佛寺水库、葠窝水库、棋盘山水库，"一湖"为卧龙湖。采用的评价指标体系为《全国河湖健康评估指标、标准与方法》（办资源〔2010〕484 号）及《全国河湖健康评估指标、标准与方法》〔办资源〔2011〕223 号），形成《辽宁省典型河湖（库）健康调查评价报告》。

（马宁）

【"一河（湖）一策"编制和实施情况】　2017 年，启动"一河（湖）一策"方案（2018—2020 年）编制工作。2018 年，编制完成全省流域面积 10km² 以上 3 536 条河流"一河（湖）一策"方案，其中省河长制办公室编制完成流域面积 5 000km² 以上河流和跨省、市河流及市际界河 232 条，各市河长制办公室编制完成重点河流 276 条、水库 80 座，各县河长制办公室编制完成重点河流 3 350 条、水库 500 座。2020 年 4 月，启动新一轮"一河（湖）一策"（2021—2023）方案编制工作。

（马宁）

【水资源保护】

1. 水资源刚性约束　2017 年，辽宁省水利厅等 11 部门印发《辽宁省"十三五"实行最严格水资源管理制度考核工作实施方案》（辽水合〔2017〕16 号）。截至 2020 年年底，辽宁省年度用水总量控制在 129.34 亿 m³，万元地区生产总值用水量为 51.5m³，万元工业增加值用水量为 21.3m³，农田灌溉水利用系数达到 0.592，万元地区生产总值用水量和万元工业增加值用水量比 2015 年分别下降 21.68% 和 28.09%。2016 年，辽宁省人民政府印发《辽宁省"十三五"封闭地下水取水工程总体方案》（辽政办发〔2016〕84 号），实施压采地下水行动，调整了地下水水资源费征收标准和水利工程供水价格，规范取用地下水行为秩序，推动全省地下水实现依法管理、有序开发、合理利用和有效保护。

2. 节水行动　推进各类节水载体建设，截至 2020 年年底，40 个县（市、区）达到县域节水型社会达标建设标准，并通过国家验收；辽宁省水利

厅引领创建完成 29 个水利行业节水机关、12 所节水型高校和 98 个省直机关、45 个省直事业单位节水型公共机构，省直机关建成率达到 100%，省直事业单位建成率达到 50%；开展提档升级节水宣传教育活动。

3. 生态流量监管　2018 年，编制完成《辽宁省生态用水调度方案（2018—2020 年）》，明确了 17 个生态用水控制断面和基本生态需水量、适宜生态需水量；2019 年 12 月 1 日起组织大伙房、观音阁等大型水库实施生态放水，实现冰冻期单独泄放生态水量新突破。辽宁省水利厅印发了 7 条省内重点河流生态流量保障目标，编制完成保障实施方案。2016—2020 年，省直水利工程累计泄放生态水量达 27.0 亿 m³。

4. 全国重要饮用水水源地安全达标保障评估　2016—2019 年，辽宁省开展监测的 54 个地级及以上城市集中式饮用水水源地中，水源水质达到或优于Ⅲ类的比例分别为 88.9%、90.7%、92.5%、94.4%。2020 年，辽宁省国家考核的饮用水水源调整为 46 个（在用 45 个、备用 1 个），其中 45 个在用水源水质达到或优于Ⅲ类的比例为 97.8%。

5. 取水口专项整治　2020 年 7 月，启动辽宁省取水口专项整治行动工作，共排查登记取水户 2.96 万个、取水口（门）17.6 万个。已登记的取水口年度取水总量达 98.81 亿 m³。完成了全省非农取水口整改提升工作。

6. 水量分配　2020 年，组织编制 14 条跨市河流水量分配方案；编制了地下水管控指标确定报告，明确各县（市、区）地下水用水量、地下水水位控制指标、逐年增长的非常规水用水量等指标。

（王天一　王博）

【水域岸线管理保护】

1. 河湖管理范围划界　2018 年，启动全省河湖管理范围划定工作；2019 年，完成 48 条流域面积 1 000km² 以上河流划界任务，划定河道长度 19 579km；2020 年，完成 845 条流域面积 50km² 以上河流划界任务，划定河道长度 27 858km。开展浑河、小凌河水流自然资源确权登记工作。

2. 河湖"清四乱"　2018 年，组织开展河湖"清四乱"专项行动，排查河湖"四乱"问题 2 044 个，完成清理整治 1 226 个，清除河道垃圾及其他固体废弃物 161 万 m³；2019 年，集中清理整治河湖"四乱"问题 2 232 个；2020 年，集中清理整治河湖"四乱"问题 1 631 个。

3. 河道采砂管理　2018 年，办理河道采砂许可证 203 件，许可采量 309 万 m³，征收采砂权出让价款 3 811 万元，确定涉砂重点河流 78 条、重点河段 218 段；2019 年，办理河道采砂许可证 152 件，许可采砂量 389 万 m³，征收采砂权出让价款 6 391 万元，落实河道采砂重点河段、敏感水域 73 处；2020 年，办理河道采砂许可证 146 件，许可采砂量为 432 万 m³，征收采砂权出让价款 8 146 万元，落实河道采砂重点河段、敏感水域 92 处。

（薛宇峰　杨斌斌　张鹏）

【水污染防治】

1. 排污口整治　2017 年，关闭入河排污口 50 个。2018 年，关闭入河排污口 33 个。2019 年，启动入河排污口排查，完成流域面积 10km² 以上 3 565 条河流现场排查，排查入河排污口近 6 万个，对超过 7 万个排放源与排放口进行了溯源关联并形成台账；完成辽宁省"十四五"国控断面优化设置工作，启动辽河流域干支流上 25 个水质自动监测站建设。2020 年，溯源关联后确定入河排污口 9 812 个，对流域面积 50km² 以上河流的 1 051 个重点排污口开展了监测，组织排污单位按照"一口一档""一口一策"原则开展整治。

2. 工矿企业污染防治　2016 年，组织开展"十小"污染水环境企业排查取缔工作，截至 2020 年年底，累计取缔"十小"企业 106 家；组织开展工业聚集区水污染专项整治工作，对超标的污水处理厂实施挂牌督办。截至 2020 年年底，辽宁省 80 个省级及以上工业集聚区已全部建成污水集中处理设施，并安装自动在线监控装置。

3. 城镇生活污染防治　2016—2020 年，累计完成 56 座城镇污水处理厂提标改造；新（扩）建城镇污水处理厂 23 座，新改扩建污水管网 540km；累计削减城镇污水处理厂化学需氧量 17 265.12 t、氨氮 14 426 t；累计完成 69 座城镇污水处理厂污泥处理处置达标改造。全省 143 座城镇污水处理厂平均运行负荷率约为 82%，城市、县城污水处理率均达到 95% 以上；88 个重点镇中 68 个具备污水收集处理能力。

4. 畜禽养殖污染防治　2016—2020 年，开展 30 个畜禽粪污资源化利用整县推进项目建设，实现辽宁省畜牧大县全覆盖；开展畜禽粪污资源化利用典型技术模式总结研究、集成推广；完成 44 个涉农大县区域内粪污土地承载力测算，推进畜牧业供给侧结构性改革，引导畜禽养殖业向环境容量大的地区转移。

5. 水产养殖污染防治　2016—2020 年，全省国家级水产健康养殖示范场 350 余个，示范面积达 64.5 万亩，开展淡水渔业资源增殖放流 213.16 亿单位，稻渔综合种养面积达到 6.67 万 hm²；发布辽宁省 14 个市级养殖水域滩涂规划，全部完成养殖水域滩涂规划发布工作。

6.农业面源污染防治 2016—2020 年，持续推进化肥农药使用量零增长行动，完成 55 个县测土配方施肥基础工作、10 个县果菜有机肥替代化肥试验示范、4 个县黑土地保护利用试点、3 个县肥料包装废弃物回收处理试点；推广应用生物防治、理化诱控等化学防治替代技术，高效低毒低残留农药及高效植保机械。

7.船舶港口污染防治 2016—2020 年，沿海 6 市未发现冲滩拆解作业行为；沿海 6 市均印发实施《船舶污染事故应急预案》《防治船舶及其有关作业活动污染海洋环境应急能力建设规划》，建立并运行船舶污染物接收、转运和处置联合监管制度；内陆 8 市发布《内河船舶污染物接收转运和处置联单制度及监管制度》。2020 年，完成国际航行船舶压载水系统现场检查 13 次，取样检测 21 次。

（陈溢春 鲁旭鹏 李鲤）

【水环境治理】

1.饮用水水源规范化建设 2016—2020 年，200 个"千吨万人"及以上水源保护区全部完成划定及勘界立标，累计设置一级保护区隔离防护设施 1 651km。完成"千吨万人"以上水源地一级保护区内畜禽养殖、网箱养殖及生产经营企业全部退出，消除污染物直排现象；二级保护区内生产经营企业基本退出或关停。累计建设县级以上集中饮用水水源水质自动监测设施 14 个、视频监控设施 57 套，建立"辽宁省水源信息管理系统"。12 个城市建设了应急备用水源，具备联网供水条件。完成 142 处地级及以上城市、县级城市集中式饮用水水源的评估工作，评估分值大于 90 分，其中 133 处完成规范化建设。

2.黑臭水体治理 2016 年，辽宁省 11 个城市共排查确定城市建成区黑臭水体 61 条。2017 年，排查增加 9 条城市建成区黑臭水体。截至 2019 年年底，70 条城市建成区黑臭水体全部完成整治，整治长度 379.08km，完成率为 100%。2020 年，通过省级初见成效评估。

3.农村水环境整治 2019 年，开展"千村美丽、万村整治"专项行动，完成 16.8 万户农村改厕，实施 656 个省级美丽示范村建设，整治非正规垃圾堆放点 870 处，农村生活垃圾处置体系覆盖

88.7% 的村。截至 2020 年年底，新增完成 2 771 个村环境综合整治；595 个村建设了农村生活污水集中收集处理设施，农村生活污水治理率由 2015 年的 5% 提高到 2020 年的 18.1%。

（孙宁 李日芳 李慧）

【水生态修复】

1.退田还湖还湿 自 2011 年起对辽河、大小凌河、浑河、太子河等重要河流实施退田还河生态封育，截至 2020 年年底，退田还河生态封育面积 9.07 万 hm²，其中辽河流域 7.52 万 hm²，凌河流域 1.46 万 hm²，浑太河流域 0.09 万 hm²。

2.生物多样性保护 2016—2020 年，辽宁省累计完成人工造林 45.4 万 hm²、封山育林 27.67 万 hm²、森林抚育 27.67 万 hm²；推动实施县级政府全面落实保护发展森林资源目标责任制，有效保护天然林和公益林 464.93 万 hm²；在 17 处国家湿地公园和保护区实施湿地保护与恢复项目 40 个，新建湿地公园 6 处。全省河湖生物多样性持续恢复，2020 年，辽河封育区监测到鱼类 51 种、鸟类 118 种、植物 400 种。

3.生态补偿机制建立 2016 年，建立健全生态保护补偿机制，在多渠道筹措资金的基础上，加大生态保护补偿力度，统筹各类补偿资金，探索综合性补偿办法，建立横向生态保护补偿机制。2020 年，从健全资源开发补偿制度、优化排污权配置、完善水权配置、健全碳排放交易制度、发展生态产业、完善绿色标识、推广绿色采购等方面，推进市场化、多元化生态保护补偿机制建设。

4.水土流失治理 2016—2020 年，辽宁省完成新增水土流失治理面积 8 982km²，其中，水利部门完成省以上治理面积 2 519km²；实施重点区域小流域水土流失综合治理（控制）面积 2 369km²；实施坡耕地综合治理面积 150km²；完成侵蚀沟综合治理 1 685 条。重点治理区实现水土流失面积强度"双下降"。

5.生态清洁型小流域 2016—2020 年，辽宁省开展生态清洁型小流域建设试点 13 项，其中建设城郊生态经济小流域 6 个、水源区域生态经济小流域 7 个。 （李富伟 张洁怡 韩冰 孙男 冯双霞）

【执法监管】

1.案件查处 2016 年，全省查处水事违法案件 531 件，立案 509 件，结案 498 件，罚款 396.07 万元。2017 年，全省查处水事违法案件 376 件，立案 369 件，结案 315 件，罚款 763.2 万元。2018

年，全省查处水事违法案件 426 件，立案 365 件，结案 368 件，罚款 812.7 万元。2019 年，全省查处水事违法案件 602 件，立案 531 件，结案 518 件，罚款 950.5 万元。2020 年，全省查处水事违法案件 619 件，立案 504 件，结案 554 件，罚款 783.5 万元。

2. 河湖日常监管　2018—2020 年，省、市、县、乡、村五级河长累计巡河 138.8 万余人次，发现和解决涉河涉水问题 8 000 余个。2018 年，市、县、乡、村四级河长共 20 715 人，巡河 166 410 次；省级河长 8 人，巡河 20 次；省总河长 2 人，巡河 3 次。其中，6 月 13 日，省委书记、省总河长陈求发巡查辽河、浑河营口段及盘锦段；5 月 15 日，省长、省总河长唐一军巡查辽河沈阳段、盘锦段；7 月 4 日，省长、省总河长唐一军巡查太子河辽阳段及葠窝水库。

2019 年，市、县、乡、村四级河长共 20 161 人，巡河 589 078 次；省级河长 8 人，巡河 17 次；省总河长 2 人，巡河 2 次。其中，3 月 25—26 日，省长、省总河长唐一军围绕辽河流域治理保护工作，沿辽河干流源头至入海口全程实地踏勘调研。

2020 年，市、县、乡、村四级河长共 19 425 人，巡河 632 583 次；省级河长 8 人，巡河 20 次；省总河长 2 人，巡河 4 次。其中，6 月 15 日，省委书记、省总河长陈求发巡查浑河沈阳市河段；7 月 12 日，省长、省总河长刘宁巡查辽河沈阳市段；7 月 14 日，省长、省总河长刘宁巡查浑河沈阳市段；9 月 20 日，省长、省总河长刘宁巡查辽河铁岭市新调线大桥段。

（李京双　张巍　李成元）

【水文化建设】

1. 水文化创建　发掘和宣传水利工程文化底蕴，推动辽河公园、太子河公园、辽中蒲河国家湿地公园、盘锦辽河湿地公园等沿河公园，喀左龙源湖水利风景区、浑河水利风景区、大凌河水利风景区等多处水利名胜风景区建设，汤河水库、大伙房水库、关门山水库等多座水库风景区建设。在铁岭市建立辽河博物馆，展示辽河流域历史、文化、政治、生态、污染防治等方面情况，辽河博物馆 2017 年荣获"辽宁省科学技术普及基地"称号。

2. 水文化宣传　2016 年 11 月，通过参与全国水利风景区博览会，宣传辽宁水利风景区建设成就。2018 年，沈阳市河长制办公室在中国水利水电出版传媒集团与水利部宣传教育中心联合主办的"守护美丽河湖——推动河（湖）长制从'有名'到'有实'"微视频公益大赛中，四段参赛视频分别获得最佳组织奖、二等奖、优秀奖、网络人气奖。2019

年 11 月，辽宁省水利厅参加以"牢记使命、兴水为民——中国水利 70 年"为主题的中国水博览会，制作了宣传展台，发放宣传册 300 余本；在"世界水日"和"中国水周"期间，利用传统媒体、新媒体及数字技术、网络技术等开展节水宣传、知识竞赛等活动，普及水知识，宣传水文化；开展防灾减灾宣传活动，调动公众参与防灾减灾的积极性和主动性，提升公众应急避险和自救互救能力。各市河长制办公室通过悬挂横幅、画报等方式走进社区、乡镇，加强河湖保护宣传教育和舆论引导；通过微信、微博等现代化媒体宣传河长制工作；2020 年，盘锦市"幸福河湖"水治理体系和治理能力建设纳入水利部主编的《全面推行河长制湖长制典型案例汇编》；阜新市河长制办公室成立飞行河长志愿者团队，邀请摄影家协会的无人机航拍爱好者对河湖环境开展义务巡查，同时也用镜头记录河湖环境改善情况。

（张云　陈媛媛）

【信息化工作】　推动辽宁省河湖长制管理信息系统建设，采取"全省统筹、分级负责、各有侧重、同步实施"的原则，省级与市（县）级分别建设，并实现国家、省级、市级平台的互联互通。建立了流域面积 10km² 以上河流、湖泊、水库等河长制管理数据库，开发了河长巡河 App，系统构建信息服务、巡河管理、事件处理、抽查督导、考核评估等河长制应用模块，支撑河长制业务管理，提升河长制业务办公能力，提高河湖管理和保护工作效能。

（果海威　陈颖）

┃吉林省┃

【河湖概况】

1. 河湖数量　吉林省地处松辽平原腹地，是东北三省唯一横跨松花江、辽河流域的省份，更是河源省份。全省河流众多，分属松花江、辽河、鸭绿江、图们江、绥芬河等五大水系，其中松花江、辽河为全国七大江河，鸭绿江和图们江为中朝界河。吉林是东北的"水塔"，长白山更是松花江、鸭绿江、图们江的发源地，润泽白山松水，素有"三江源"的美誉。吉林省河流总长度约 3.2 万 km，河流和湖泊水面面积为 26.55 万 hm²。其中，水面面积 1km² 以上的自然湖（泡）152 个，流域面积 20km² 以上的河流 1 633 条，流域面积 50km² 以上的河流 912 条，流域面积

100km² 以上的河流 495 条，流域面积 200km² 以上的河流 250 条。

2. 水量 吉林省属中度缺水省份，水资源总量不足、时空分布不均，东部地区分布全省72.2%的水资源量，开发利用程度不到10%；中西部地区水资源占有量为27.8%，开发利用程度已过70%。吉林省多年平均年降水量为609.1mm，年水资源总量为398.83亿 m³，在全国居第20位。2020年，全省平均年降水量769.1mm（折合水量为 1 441.28 亿 m³），较多年均值增加26.3%，属丰水年。全年水资源总量为 586.15 亿 m³，其中地表水资源量504.80亿 m³，地下水资源量169.45亿 m³（重复计算量为88.10 亿 m³）。2020年，全省总供水量为117.75 亿 m³，以地表水供水为主，占总供水量的67.5%。2020年，全省总用水总量为117.75 亿 m³，农田灌溉用水量最多，占总用水量的65.3%；生态环境用水量次之，占9.7%。

3. 水质 2020年，全省重点流域48个国家考核断面（点位）全部达到或优于国家水质考核目标，所有断面均达到或优于Ⅳ类标准，26个断面水质得到提升，其中优良水体比例由60.4%提高到83.3%，高于国家考核比例目标20.8个百分点，劣Ⅴ类水体比例由18.75%逐步至全部消除，低于国家考核比例目标4.2个百分点。

4. 水利工程 "十三五"期间累计落实水利投资669亿元，全面推动防洪减灾、供水保障、水生态保护修复等水利工程建设。特别是2020年落实投资131亿元，推动中部城市引松供水、西部河湖连通等纳入国家172项节水供水重大水利工程的7个项目基本完工，特别是作为"一号工程"的吉林大水网前期工作取得阶段性进展，全省水利工程"补短板"提速提质。截至2020年年底，全省建成注册水库 1 492 座，5级及以上堤防长度达 8 389km。

（刘金宇）

【重大活动】

1. 省委全面深化改革领导小组会议 2017年4月12日，吉林省委全面深化改革领导小组第29次全体会议审议通过了《吉林省全面推行河长制实施工作方案》，省委组织部等部门为省级河长制成员单位。

2. 省总河长会议

（1）第一次会议。2018年4月8日，吉林省召开省级总河长会议，省长景俊海主持会议，省委书记巴音朝鲁出席会议并讲话。会议听取了2017年全省河长制工作情况和2018年工作安排、辽河流域河长制工作落实情况和辽河水污染防治工作情况，研究讨论了相关文件。

（2）第二次会议。2019年4月19日，吉林省召开省级总河长会议，省长景俊海主持会议，省委书记巴音朝鲁出席会议并讲话。会议审议通过了《吉林省2019年河湖长制工作要点》《吉林省2019年河湖长制考核评分细则》《吉林省省级河长制成员单位考核通报办法》等文件。

（3）第三次会议。2020年4月2日，吉林省召开省级总河长会议，省长景俊海主持会议，省委书记巴音朝鲁出席会议并讲话。会议审议通过了《吉林省2020年河长制湖长制工作要点》《吉林省2020年河长制湖长制考核细则》《吉林省创建美丽河湖实施方案及评定办法》等文件。

3. 省人大常委会会议 2019年3月28日，吉林省第十三届人民代表大会常务委员会第十次会议审议通过了《吉林省河湖长制条例》。2019年8月1日，吉林省第十届人民代表大会常务委员会第二十二次会议通过了《吉林省辽河流域水环境保护条例》。2020年11月27日，吉林省第十三届人民代表大会常务委员会第二十五次会议审议通过《吉林省生态环境保护条例》。

（刘金宇）

【重要文件】

1. 吉林省委、省政府重要文件 2016年11月16日，吉林省人民政府办公厅印发《关于健全生态补偿机制的实施意见》（吉政办发〔2016〕78号）。2017年1月24日，中共吉林省委办公厅、吉林省人民政府办公厅印发《关于印发〈吉林省开展领导干部自然资源资产离任审计实施方案〉的通知》（吉厅字〔2017〕3号）；2017年5月2日，中共吉林省委办公厅、吉林省人民政府办公厅联合印发《吉林省全面推行河长制实施工作方案》（吉办发〔2017〕16号）；2017年11月8日，中共吉林省委办公厅、吉林省人民政府办公厅联合印发《吉林省河长制工作考核问责办法》（吉办发〔2017〕36号）；2017年12月24日，吉林省人民政府办公厅印发《关于贯彻落实湿地保护修复制度方案的实施意见》（吉政办发〔2017〕80号）。2018年5月15日，中共吉林省委办公厅、吉林省人民政府办公厅联合印发《关于印发〈吉林省农村人居环境整治三年行动方案〉的通知》（吉办发〔2018〕16号）；2018年6月1日，中共吉林省委办公厅、吉林省人民政府办公厅联合印发《吉林省关于完善湖长制的实施意见》（吉厅字〔2018〕19号）；2018年7月27日，吉林省人民政府办公厅印发《关于印发吉林省城市黑臭水体治理三年攻坚作战方案的通知》（吉政办发〔2018〕27号）；2018年8月9日，吉林省人民政府办公厅印发《吉林省饮用水水源地保护三年攻坚作战方案的通知》（吉政办发〔2018〕29号）；2018年9月7日，中共吉林省委、吉林省人民政府联合印发《关于全面加强生态环境保护坚决打好污染防治攻坚战的实施意见》（吉发〔2018〕33号）；2018年12月28日，中共吉林省委办公厅、吉林省人民政府办公厅印发《吉林省辽河流域水污染综合整治联合行动方案》（吉办发〔2018〕22号）；2018年12月30日，吉林省人民政府办公厅印发《关于印发〈吉林省重点流域劣五类水体专项治理和水质提升工程实施方案（2019—2020年）〉的通知》（吉政办发〔2018〕56号）。2019年8月9日，中共吉林省委办公厅、吉林省人民政府办公厅联合印发《深入推进辽河流域治理工作的意见》（吉办发〔2019〕33号）；2019年10月11日，吉林省人民政府办公厅印发《关于印发吉林省辽河流域国土空间规划（2018—2035年）的通知》（吉政办函〔2019〕111号）。

2. 省总河长令　2019年5月17日，吉林省总河长签署吉林省总河长令（第1号）《关于坚决打好河湖"清四乱"攻坚战的决定》，旨在进一步加强河湖管理保护，维护河湖健康生命。2020年6月5日，吉林省总河长签署吉林省总河长令（第2号）《关于进一步深化河长制湖长制全面强化全省河湖管理的决定》，切实维护河湖健康生命，守护好吉林"碧水清波"。

3. 成立组织机构文件　2017年5月31日，吉林省机构编制委员会印发《关于省水利厅增设河长制工作处的批复》（吉编行字〔2017〕139号）。

4. 跨省协作文件　2020年7月14日，吉林省河长制办公室、辽宁省河长制办公室印发《关于建立跨省流域治理保护工作协调合作机制的通知》（吉河办联〔2020〕33号）。2020年9月8日，吉林省河长制办公室、黑龙江省河湖长制办公室印发《关于建立跨省流域治理保护工作协调合作机制的通知》（吉河办联〔2020〕42号）。

5. 河长制成员单位重要文件　2017年1月12日，吉林省财政厅、吉林省环境保护厅联合印发《关于印发〈吉林省水环境区域补偿实施办法（试行）〉〈吉林省水环境区域补偿工作方案（试行）〉的通知》（吉财建〔2017〕28号）；2017年4月5日，吉林省环境保护厅、吉林省水利厅联合印发《关于印发〈2017年吉林省河道清洁整治工作方案〉的通知》（吉环发〔2017〕8号）。2019年1月11日，吉林省生态环境厅、吉林省农业农村厅联合印发《关于印发吉林省农业农村污染治理攻坚行动方案的通

知》（吉环发〔2019〕1号）；2019年3月9日，吉林省财政厅、吉林省生态环境厅、吉林省住房城乡建设厅制定《吉林省重点流域水污染治理专项资金管理办法》（吉财建〔2019〕182号）；2019年8月8日，吉林省公安厅、吉林省水利厅联合印发《吉林省公安机关和水利部门协作配合工作实施办法》（吉公办字〔2019〕57号）。2020年1月22日，吉林省生态环境保护工作领导小组办公室印发《关于印发〈畅通信访渠道解决生态环境信访问题实施方案〉的通知》（吉环领办〔2020〕3号）；2020年3月23日，吉林省生态环境厅、吉林省农业农村厅等8部门联合印发《吉林省推进农村生活污水治理行动方案》（吉环发〔2020〕3号）；2020年5月9日，吉林省财政厅、吉林省生态环境厅联合印发《关于印发〈吉林省水环境区域补偿办法〉〈吉林省水环境区域补偿实施细则〉的通知》（吉财资环〔2020〕342号）；2020年5月26日，吉林省河长制办公室、中共吉林省委宣传部联合印发《关于加强河长制湖长制宣传工作的意见》（吉河办联〔2020〕19号）；2020年7月13日，吉林省河长制办公室、吉林省人力资源和社会保障厅联合印发《关于开展河长制湖长制工作表扬的通知》（吉河办联〔2020〕32号）；2020年9月11日，吉林省公安厅印发《吉林省公安机关河湖警长制工作细则（试行）》。　　　　（刘金宇）

【地方政策法规】

1. 地方法规　2018年1月22日，吉林省人大常委会发布第105号公告《吉林省城镇饮用水水源保护条例》；2019年3月28日，吉林省第十三届人民代表大会常务委员会发布第16号公告《吉林省河湖长制条例》；2019年8月1日，吉林省第十三届人民代表大会常务委员会发布第31号公告《吉林省辽河流域水环境保护条例》；2020年11月27日，吉林省第十三届人民代表大会常务委员会第二十五次会议审议通过《吉林省生态环境保护条例》。

2. 地方标准　2019年12月25日，吉林省地方标准《用水定额》（DB22/T 389—2019）正式发布，该标准对原定额中145个行业581种产品定额值进行了修订。　　　　　　　　　　（刘金宇）

【专项行动】

1. 清河行动　2017年，吉林省深入开展河道清洁行动，全省累计清运河道垃圾258万m³，清掉非法采砂场549处，清除河道内违章建筑1735处，清理超标排污禽畜养殖1141处。2017年11月10日，吉林省河长制办公室印发《吉林省今冬明春河

道清洁整治专项行动工作方案》（吉河办〔2017〕17号），再次要求各地开展为期 4 个月（2017 年 12 月 1 日至 2018 年 3 月 30 日）的今冬明春河道清洁整治专项行动，确保垃圾倾倒不反弹。2018—2019 年，吉林省持续开展清河行动。其中，2018 年清运河道垃圾 172.8 万 m³，清理非法采砂场 222 处，清除违章建筑 1 061 处；2019 年清理农村生活垃圾 309 万 t、畜禽粪污等农业生产废弃物 1 533 万 t，努力保持河道清洁。

2. 河湖"清四乱"专项行动 吉林省河长制办公室分别于 2018 年 7 月和 2020 年 8 月印发《吉林省河湖"清四乱"专项行动方案》《关于常态化规范化开展河湖"清四乱"工作的意见》（吉河办〔2020〕21 号），对河湖"清四乱"工作提出明确要求，吉林省委书记、省长以省总河长名义分别于 2019 年、2020 年两次签发总河长令，就河湖"清四乱"工作作出重要部署。2018 年 7 月至 2019 年 12 月，完成纳入水利部台账的流域面积 1 000km² 以上 64 条河流、水面面积 1km² 以上 152 个湖泊 7 994 个"四乱"问题的清理整治任务。2020 年，在巩固专项行动成果的基础上，全省"清四乱"整治范围由规模以上河流向中小河流、农村河湖延伸，河湖垃圾问题做到动态清零，清理整治河湖"四乱"问题 643 个。

3. "雷霆护水"专项执法行动 2020 年 3 月，吉林省水利厅、吉林省公安厅联合印发《"雷霆护水"专项执法行动实施方案》，从 5 月 1 日起至 10 月 31 日在全省范围内开展专项执法行动，累计出动执法人员 29 157 人次，出动执法车辆 10 396 台次、执法船艇 280 航次，查办河湖生态环境安全行政案件 21 起，行政处罚 21 人；侦破刑事案件 213 起，抓获犯罪嫌疑人 382 人，涉案金额 9 000 余万元。

4. "中国渔政亮剑"系列专项执法行动 吉林省认真组织开展"中国渔政亮剑"系列专项执法行动，其中，2019 年查办 62 件涉渔违规违法案件，松花江和辽河首次全流域禁渔；2020 年查办涉渔违规违法案件 85 件，查获涉案人员 96 人。

5. 河道采砂专项整治行动 2018—2020 年，吉林省河长制办公室、吉林省水利厅先后印发 9 份河道采砂指导性文件。2018 年，开展全省河道采砂专项整治行动，清理非法采砂 222 处；2019 年，开展集中整治"砂霸"问题专项行动，清除非法采砂船只 532 艘、违法建筑 360 处，作出行政处罚 114 件；2020 年，查处非法采砂案件 231 起。　（刘金宇）

【河长制湖长制体制机制建立运行情况】

1. 河湖长组织体系 吉林省建立省、市、县、乡、村五级河长体系，省级总河长由省委书记和省长共同担任，副总河长由省委、省政府分管领导担任，松花江等"十河一湖"设省级河长湖长，分别由包括 7 名省委常委在内的 11 位省委、省政府领导担任。省委组织部、省委宣传部等 20 个部门为省级河长制成员单位，省河长制办公室设在省水利厅，办公室主任由副省长担任，常务副主任由省水利厅厅长担任，副主任由省水利厅、省生态环境厅、省住房城乡建设厅分管同志担任，承担河长制组织实施具体工作，落实河长确定的事项。各地参照省里模式组建了相应的河长制组织体系。截至 2020 年年底，共设立省级总河长 2 名，副总河长 2 名，省级河长湖长 11 名；县级以上设立总河长、副总河长 341 名，各级河长湖长 18 118 名。其中，河长 6 939 名，湖长 1 025 名（自然湖泊湖长 960 名、水库湖长 65 名）。所有河长湖长均在各级主要媒体公告。

2. 省级河湖 吉林省确定了由省级领导担任河湖长的河流 10 条、湖泊 1 个，分别为松花江、嫩江、图们江、鸭绿江、浑江、东辽河、伊通河、饮马河、辉发河、拉林河，查干湖。

3. 河湖警长制 吉林省公安厅在全省公安机关组织实施河湖警长制，截至 2020 年年底，共设立河湖警长 3 906 人。2019 年，各级河湖警长巡河巡湖 1.1 万人次，出动警力 2.5 万人次，查办破坏河湖环境案件 335 起，抓获违法犯罪嫌疑人 458 人；2020 年，各级河湖警长巡河巡湖 8 770 次，排查制药、印染等各类企业单位 2 560 家，建立基础档案 146 册，发现犯罪线索 70 余条，并全部落地查办。

4. 河长制办公室 吉林省组建了省、市、县三级河长制办公室，设在同级人民政府水行政主管部门，主要承担河长制湖长制的组织、协调、分办、督办等工作，主任全部由同级党委或政府副职领导担任，水利、生态环境、农业农村、住建、林草、交通运输、公安、财政、司法等相关部门为成员单位，有的地方将司法、检察、监察部门列为成员单位，在更大层面上形成合力。截至 2020 年年底，全省 86 个县级以上河长制办公室，批复河长办工作人员 355 人，实际到位 643 人，其中专职人员 288 人。

5. 河长制湖长制度体系 吉林省在全部出台国家要求的河长制省级会议、信息报送、信息共享、督办督察、省级验收及考核问责办法 6 项制度基础上，还制定了日常监管巡查制度及《省河长办工作规则》，其中，《吉林省河长制工作考核问责办法》（吉河办〔2017〕7 号）以吉林省委办公厅、省政府办公厅名义联合印发（其余 5 项经 2 位总河长同意，以省河长办名义印发），并向中央报备。另外，省里还出台了健全生态保护补偿机制的实施意见、生态环境保护工作职责规定、水环境区域补偿实施办法、领导干部自然资源资产离任审计实施方案等政策措施。全省93个市（州）、县（市、区）全部出台了国家要求的6项制度，共制定707项配套制度，特别是很多市（县）建立了上下游、左右岸、干支流等跨界河湖联防联控机制。

6. 河长制湖长制考核激励 2017—2020年，吉林省逐年对各市（州）落实河长制湖长制工作情况开展考核，考核结果作为评价市（州）领导班子及领导干部政绩和表彰奖励的重要依据。2020年，省政府建立了河长制湖长制工作通报表扬正向激励机制，每3年对河长制湖长制有突出贡献的集体和个人进行通报表扬。

（刘金宇）

【河湖健康评价】 2019年8月至2020年12月，开展查干湖氟化物本底值专题研究，采集并检测分析样品1 300余个，获得实验数据20 000余个，初步得出了区域内土壤盐碱化程度加重以及水体中pH值较高可能是水体中氟化物浓度增高的主要原因之一的结论；2019年6月至2020年12月，开展查干湖底泥问题专题研究，初步分析了底栖动物对底泥吸附、解析主要污染物的规律，同时复核了底泥对重金属吸附及解析的规律。

（刘金宇）

【"一河（湖）一策"编制和实施情况】 从2017年5月开始，吉林省各级河长办积极开展河湖基础信息和存在问题调查工作，省级投资4 819万元编制省级"十河一湖""一河（湖）一策"。省级"十河""一河一策"2018年经各省级河长签发实施后，有力地指导和推动了"十河"治理保护工作科学有序开展，2019—2020年，结合工作实际，对省级"十河""一河一策"进行了修订并印发实施。查干湖"一湖一策"经中共吉林省委办公厅、吉林省人民政府办公厅印发实施后，遇到了复杂问题，2019年5月，吉林省人民政府又组织包括中国工程院院士在内的12名专家，再次对查干湖治理保护方案进行把脉会诊，开展了对查干湖"一湖一策"的修订工作，分近、远期明确查干湖治理保护3大类18项任务、22项措施、27项工程。截至2020年年底，市级编制"一河一策"186个、"一湖一策"5个；县级编制"一河一策"1 774个、"一湖一策"152个。

（刘金宇）

【水资源保护】

1. 水资源刚性约束 吉林省严格实行最严格水资源管理制度，"十三五"期间，制定印发《吉林省落实"十三五"水资源消耗总量和强度双控行动工作方案》（吉水节联〔2017〕98号），建立了覆盖省、市、县三级的双控指标控制体系；编制出台《吉林省节水行动实施方案》（吉水资联〔2019〕334号）和《吉林省县域节水型社会达标建设技术指南》，开展了县域节水型社会达标建设评估；以县级行政区为单元，明确地下水取用水总量、水位、监测井密度、取用水计量率和灌溉用机井密度等5项管控指标及相应的管控措施，实现地下水水量、水位双控管理。全省初步构建完成了区域、流域协调，地表水、地下水全方位控制的"水资源刚性约束"体系。"十三五"期末（2020年），万元国内生产总值用水量较2016年下降22.9%（2016年可比价），万元工业增加值用水量较2016年下降60.2%（2016年可比价），农田灌溉水利用系数从2016年的0.571提高到0.602。

2. 重要江河流域生态补水 2018年，开展了东辽河流域冬季枯水期生态补水。于2018年12月以1.45m³/s（12月至次年3月）的流量对东辽河二龙山水库下游进行生态补水，累计补水量900万m³，二龙山水库坝下断面及王奔断面生态基流得到有效保障，为北方高寒地区冬季枯水期生态基流保障积累了宝贵经验。2019年，完成东辽河、伊通河、饮马河流域大型水库生态应急补水泄放计划，根据各流域控制性工程的供水任务和供水能力，进一步完善3个流域的应急生态补水方案，指导长春市和四平市开展伊通河、饮马河和东辽河生态补水，2019年全年实现生态补水2.01亿m³，对改善区域水生态环境起到了积极作用。2020年，按照水利部要求，根据各流域控制性工程的供水任务和供水能力，进一步明确了松花江（三岔河口以上）、东辽河、伊通河、饮马河、辉发河和查干湖等省内重点河流（湖泊）主要断面的生态需水保障目标。同时配合水利部松辽委明确了嫩江、拉林河、牡丹江、西辽河等跨省江河的生态需水保障目标及责任。建立东辽河、伊通河、饮马河重点断面生态流量监测和通报机制，实现生态补水工作常态化。2020年3个流域生态补水达到5.28亿m³，较2019年增加163%。

3. 水量分配 推进重要江河水资源调度及水量分配，印发松花江、辉发河、伊通河、饮马河等4条江河水量分配方案；积极推进跨省、跨地区江河流域水量分配，2016年以来配合水利部松辽委完成了涉及吉林省松花江、松花江干流、东辽河、西辽河、辽河干流、嫩江、拉林河、牡丹江、洮儿河等9

条跨省江河水量分配工作。积极推进省内跨市（州）江河水量分配，完成了松花江、伊通河、饮马河、辉发河、东辽河、西辽河、嫩江、拉林河等8条江河水量分配。

4. 饮用水水源地安全保障　"十三五"期间，吉林省组织各地制定了饮用水水源限期达标规划，在多次开展污染源排查的基础上，建立污染源管控清单；组织各地在水源一级保护区人类活动频繁区域安装隔离防护围栏，在保护区交通穿越路段、航道设置警示牌，在水源周边设立宣传牌；每月组织市级生态环境监测部门对地级城市饮用水水源开展一次常规水质监测，每年度组织一次全指标（地表水109项、地下水93项）水质监测，特殊时段开展加密监测。通过一系列措施的协同推进，2019年，17处地级及以上城市饮用水水源水质达标率为100%，比2018年提高47.1个百分点；2020年，扣除长春市石头口门水库受台风不可抗力因素影响导致10月总磷出现异常值外，其余全部达标。2020年，全面完成33个"千吨万人"规模农村集中式饮用水水源保护区划定工作，完成水源保护区划定1 930处。

5. 取用水专项整治行动　2020年，吉林省印发《吉林省取用水管理专项整治行动实施方案》（吉水资函〔2020〕37号），以县级行政区为单元，全面启动取用水管理专项整治行动。在取水工程核查登记工作中，建立了技术交流和督导机制，随时解答工作中遇到的问题，按月调度工作进展。共计调查取水项目2.14万个，涉及取水口19.14万个。

（刘金宇）

【水域岸线管理保护】

1. 河湖"四乱"整治　吉林省委书记、省长以省总河长名义分别于2019年、2020年两次签发总河长令，就河湖"清四乱"工作作出重要部署。总河长令下达后，各地政府，各级河长湖长积极响应，河湖管护工作得到有效加强。吉林省河长制办公室开展多轮河湖"清四乱"专项督导检查，对存在问题的河段属地政府和责任河长，下发督办单限期进行整改。吉林省水利厅成立由3名厅级干部任组长的暗访小组，每组配备1台摄像机、2架无人机，并建立"暗访专班＋厅局长直通车"制度，持续推进问题整改。对督导检查中发现的重点问题，通过一县一单、约谈、挂牌督办、媒体曝光等多种方式督促问题整改，以追责问责倒逼责任落实。同时，注重创新监管手段，通过无人机航拍监测疑似问题，检验整改成效，形成立体化全方位监控态势。截至2020年年底，全省共清理整治河湖"四乱"问题

8 637个。

2. 河湖管理范围划界　吉林省专题部署河湖管理范围划界工作，2019年，完成规模以上63条主要河流及144座湖泊管理范围划定工作。2020年，完成流域面积20 km²以上1 602条河流管理范围划定工作。县级以上地方人民政府通过多种形式向社会公告划定成果，在河湖显著位置设立公告牌，或在已有的河湖长公示牌上标注河湖管理范围信息。

3. 岸线保护与利用规划编制　吉林省严格落实规划岸线分区管理要求，省级争取项目资金397.5万元，开展"七河一湖"岸线保护与利用规划编制（松花江、嫩江、东辽河岸线保护与利用规划由松辽委编制）。截至2020年年底，完成查干湖规划编制任务，划定了岸线保护区、保留区、限制开发区、开发利用区。

4. 采砂规划编制　吉林省河长制办公室多次召开全省河道采砂管理工作推进会议，推进全省河道采砂规划、年度计划编制、审批进度。2018年全省共发放采砂许可证254个，许可采量458万m³，涉及8个市（州）、16个县（市、区）。2019年审查梅河口市、松原市2个地区的五年采砂规划，全省共发放采砂许可证108个，许可采量386.45万m³，涉及6个市、9个县（市）。2020年全省累计发放河道采砂许可证156个，总许可采量739.34万m³，共涉及7个市（州）、18个县（市）。

（刘金宇）

【水污染防治】

1. 水质自动监测站　"十三五"期间，吉林省共建设水环境质量自动监测站点127个，其中国控站点55个、省控站点72个，基本覆盖了吉林省重点湖泊、地级以上城市集中式饮用水水源地、重点流域跨省界、市界、县界断面。监测指标主要包括五参数（水温、pH值、溶解氧、电导率和浊度）、氨氮、高锰酸盐指数、总磷、总氮，部分湖库水站增加叶绿素和藻密度。监测频次为五参数每1小时监测1次，氨氮、高锰酸盐指数、总磷、总氮等指标每4小时监测1次。

2. 排污口整治　2019年4月，吉林省生态环境保护工作领导小组办公室印发了《吉林省入河排污口排查整治实施方案的通知》；2019年11月，吉林省生态环境厅印发了《吉林省入河排污口整治指导意见》；2020年8月，吉林省生态环境厅印发了《关于开展入河排污口再排查再整治工作的通知》。2019年，全省各地采取智能科学技术、辅助无人机航拍、人工巡查等多种方式对岸上岸下进行了拉网式排查，

经过两轮的排查，全省共排查出企事业排污口、污水处理设施排污口、城镇雨洪排口、农田退水排口、其他排口等五类排口共计 5 133 个，在监测、溯源的基础上，按照"一口一策"的原则及拆除一批、规范一批、整治一批的思路，各地确定需要整治的入河排污口 1 655 个。截至 2020 年 12 月底，各地全部上报整治完成，整治完成率达 100％。

3. 工矿企业污染防治　2017 年 3 月，吉林省环境保护厅、吉林省经济合作局印发《关于推进经济技术、高新技术和出口加工区等各类开发区环境基础设施建设的通知》(吉环发〔2017〕5 号)。每月通过"水十条"调度系统调度各地工业集聚区污水集中处理设施建设进展，每季度下发完成情况通报。针对建设进展缓慢的工业集聚区，2018 年 4 月，吉林省环保厅印发《吉林省环境保护厅关于对未完成污水处理设施建设任务的工业集聚区实行区域限批的通知》(吉环函〔2018〕140 号)，对未完成污水集中处理设施的 14 个省级工业园区实行区域限批。截至 2020 年 12 月底，全省 107 个工业集聚区，全部建成了污水集中处理设施。

4. 城镇生活污染防治　吉林省先后印发《吉林省城镇污水处理提质增效实施方案》(吉建联发〔2019〕14 号)、《城市(县城)生活污水处理厂规范化运行技术指南》(吉建函〔2019〕643 号)、《关于加强建制镇生活污水处理设施运行维护管理工作的通知》、《关于进一步加强辽河流域建制镇生活污水处理设施建设工作的通知》等多个政策和技术指导文件，全省共建成投运 68 座城市生活污水处理厂，全部达到一级 A 或以上排放标准；全省 426 个建制镇有 198 个生活污水处理设施建设完成，实现重点镇及重点流域周边常住人口 1 万人以上建制镇和辽河流域 3 000 人以上建制镇生活污水得到有效治理。

5. 畜禽养殖污染防治　吉林省累计建设 53 个区域性粪污处理中心，升级改造 1 968 个规模养殖场，建成 1 894 个村屯畜禽粪污收集点。全省畜禽粪污综合利用率达 85％以上，规模养殖场粪污处理设施装备配套率达 90％以上，完成了国家规定任务。

6. 农业面源污染防治　吉林省按照《农作物病虫害防治条例》和《农作物病虫害测报规范》要求，加强水稻稻瘟病、玉米大斑病、玉米螟、水稻二化螟、黏虫，特别是草地贪夜蛾等重大病虫害监测力度，2018—2020 年开展生物及性信息素防治水稻二化螟和水稻飞防试点等绿色防控和统防统治 1 000 多万亩。吉林省积极响应农业农村部在全国启动实施农药零增长行动，农药使用量连续多年实现负增长，2020 年农药使用量同比下降 2.24％，农药使用率达

到 40.6％。2020 年在"两河一湖"流域示范推广高效精量喷头农药精准施药技术 1 000 余万亩次。

7. 船舶港口污染防治　吉林省持续加强老旧船舶管理，淘汰超龄船舶，鼓励引导新能源和清洁能源船舶的使用，全省使用清洁能源的电力船舶已达 33 艘。

　　　　　　　　　　　　　　　(刘金宇)

【水环境治理】

1. 饮用水水源规范化建设　2017 年，吉林省水利厅、省住房城乡建设厅、省卫生和计划生育委员会联合印发《吉林省加强饮用水水源保护和管理工作方案》，要求县级城镇集中式饮用水水源地都要开展饮用水水源地安全保障达标建设。2018 年，吉林省水利厅组织 13 个列入《全国重要饮用水水源地名录(2016 年)》的饮用水水源地完成水源地安全保障达标建设规划编制和报批工作，并配合原吉林省环境保护厅联合制定印发《吉林省集中式饮用水水源地环境保护专项行动实施方案》(吉环发〔2018〕7 号)，完成地级以及以上城市水源地 118 个环境问题整改。2019 年，完成 84 个县级城市饮用水水源地环境问题整改，提前 3 个月完成国家要求的整改任务。2020 年，组织 13 个列入《全国重要饮用水水源地名录(2016 年)》的饮用水水源地根据前期编制的规划，开展饮用水水源地安全保障达标建设评估工作。经过评估，13 个水源地基本完成了水源地安全保障达标建设。

2. 黑臭水体治理　吉林省先后制定了《吉林省城市黑臭水体治理三年攻坚作战方案》(吉政办发〔2018〕27 号)、《吉林省黑臭水体整治技术导则》、《关于做好全省城市黑臭水体成效巩固和推进长治久清有关工作的函》等多个政策技术文件，为黑臭水体治理提供了有效技术支撑和强有力政策保证。全省地级城市黑臭水体治理成效明显，长春市、辽源市、四平市分别成功入选全国一、二、三批城市黑臭水体治理示范城市，共获得 13 亿元奖补资金，形成良好区域示范效应。

3. 农村水环境整治　2016 年，吉林省环境保护厅印发《关于下达吉林省"十三五"农村环境综合整治任务的通知》(吉环农字〔2016〕17 号)，吉林省制定"十三五"完成 2 472 个村的目标。2019 年，吉林省生态环境厅印发《关于下达 2019—2020 年农村环境综合整治工作任务的通知》(吉环土壤字〔2019〕5 号)，对农村环境整治收口工作进行再部署。"十三五"期间，吉林省共完成 2 705 个建制村农村环境整治工作，与国家计划相比完成率

245.9％，与全省计划相比完成率109.4％。

（刘金宇）

【水生态修复】

1. 水源涵养林 2018年，吉林省建设1.94万亩水源涵养林，统筹实施松花江流域综合整治、生物多样性保护、海绵城市等重点生态工程建设，积极推动实施东北虎豹国家公园体制试点，持续加大生态修复力度。2019年，全省完成省级"十河一湖"流域林业用地内建设1.38万亩水源涵养林，实现了辽河河道全面退耕并建成4.03万亩沿河植被缓冲带、隔离带。2020年，全省完成省级"十河一湖"流域林业用地内水源涵养林建设3 610亩，完成行洪区林木清理280亩。

2. 水生生物资源养护 2017—2020年，持续实施水生生物资源养护行动，开展水生生物增殖放流，累计放流细鳞鲑、花羔红点鲑、大麻哈鱼、鲢等水生生物近亿尾；同时，严格执行休禁渔制度，每年印发禁渔通告，在松花江、辽河、鸭绿江等全省各主要江河、湖泊、水库实施为期2.5个月的禁渔期，禁止娱乐性垂钓之外所有的作业方式。

（刘金宇）

【执法监管】

1. 专项、联合执法 充分发挥各级河湖警长作用，紧盯涉水涉环违法犯罪行为，加强各类风险要素管控，推进联合执法检查常态化。2019年，全省公安系统会同有关部门开展"昆仑"执法行动，查办破坏河湖环境案件335起，抓获违法犯罪嫌疑人458人。2020年，吉林省公安厅联合省水利厅集中开展打击违法违规取用地表水及偷采盗采地下水资源和违法侵占河湖、非法采砂等违法行为的"雷霆护水"行动，累计出动执法人员29 157人次，出动执法车辆10 396台次、执法船艇280航次，查办河湖生态环境安全行政案件21起，行政处罚21人；破获刑事案件213起。2017—2020年，每年开展"中国渔政亮剑"吉林省系列专项执法，累计出动渔业执法人员39 900余人次，查办各类涉渔违法案件600多起。2018—2020年，持续开展污染防治攻坚战生态环境监管执法。

2. 河湖日常监管 2017—2020年，吉林省将河长制湖长制专项督查纳入省级"督检考"范围，中国人民政治协商会议吉林省委员会、中共吉林省委督查室、吉林省人民政府督查室及吉林省生态环境厅、省住房城乡建设厅、省公安厅、省水利厅、省农业农村厅、省林业和草原局等部门均开展有关专项督查。

（刘金宇）

【水文化建设】 长春水文化生态园共划分为水生态活力区、历史文化博览区、文创办公区、城市活力嘉年华、艺术文化中心等5大功能区，整个园区共铺设森林栈道总长1 760m。长春水文化生态园以水文化为基调，蕴含浓厚的文化氛围，凸显保护与开发并重的重建项目。其中，北露沉淀池水域面积8 900m²，最深处水深可达6m，在保留历史原貌的基础之上增添了人性化的景观设计。在两侧设计了水上栈道，让市民更好地观水赏景。到了冬季池面结冰还可以供参观的游人休闲娱乐。雨水花园是将公园雨水引导到沉淀池，通过逐级过滤与水生植物净化，生动再现水净化处理的流程，并形成层叠的雨水花园景观。同时，结合新建的休闲建筑，让市民在品味历史文化、得到水生态启迪教育的同时，有游憩服务配套。古树名木广场设计围绕古树设置了圆形休息长椅、趣味性砂石场地、林间禅意台，使古树林下空间得到了充分利用。

（刘金宇）

【信息化工作】

1. 河长制湖长制专业信息系统 吉林省河长制湖长制专业信息系统按省、市、县三级河长办和河长制成员单位应用分级制定，围绕实现河长湖长指挥作战、河长制成员单位及河长办信息报送及共享等功能，设计了信息管理、事件处理、监测管理、考核评估等9大模块，特别是将河湖水资源分区、水质断面、河湖长责任、问题台账、河湖动态监管等专题纳入了"一张图"，实现了河长湖长"挂图作战"等目的。2019年12月10日，该系统正式启动运行，上线运行后，各级河长办积极组织开展应用培训工作，实现了当地河长湖长和有关人员能够熟练使用信息系统，同时，积极组织开展本辖区内河湖名录、河长湖长名录、"一河（湖）一策"及其他基础信息核对工作，并严格执行保密有关规定，确保信息系统中数据真实、准确。

2. "水利一张图" 在信息系统基本功能开发的基础上，深度开发了系统"水利一张图"专题服务，主要包含吉林省水系图、问题台账专题图、航拍专题图、黑臭水体专题图、"清四乱"专题图、工业聚集区专题图。2020年，收集、处理、上图2 144个点位坐标，丰富了系统使用功能，提高了系统使用效率。

3. 巡河App 吉林省按省、市、县、乡、村五级河长湖长，以及省、市、县三级河长制成员单位和河长办应用分级制定，依托智能化手机为河长湖长巡河湖、河长制成员单位和河长办河湖督查提供移动工作平台，能够及时记录巡河湖或督查情况，确保河湖长巡河湖记录的真实性；对发现问题能够按《吉林省河湖长制工作投诉举报分类处理流程办法》明确的部门职责进行分类流转，并监督及时解决问题；开发了离线巡河湖功能，实现了巡河湖、河湖督查范围的全覆盖。2019 年 12 月 10 日，该 App 正式启动运行；2020 年，全省各级河长湖长利用手机 App 巡河巡湖累计 37.42 万人次。

（刘金宇）

其他。生态公益岗位是生态扶贫中的一项重要政策和实践创新。吉林市永吉县结合生态公益岗职能和脱贫攻坚要求，统筹出台具体办法，在实践和探索中，总结出了一些经验和做法，既解决了贫困户就业的问题，又破解了河道清洁管理的难题，开创了双赢的可喜局面。

实施河长制之前，由于多方面原因，永吉县水生态环境破坏问题日益突出，特别是河道清洁管理不到位，群众反映强烈。为破解这个问题，永吉县河长制办公室联合县就业局，结合省就业局《关于同意永吉县人力资源和社会保障局开发灾后临时性公益岗位申请的批复》的规定，以生态公益岗位建设的形式聘用河道保洁员。

（1）设立生态公益岗位，兼顾扶贫助困。岗位对象选择倾向贫困家庭和低收入家庭，同时注重公平公开和社情民意。2018—2020 年，共招聘保洁员 288 人，发放工资 1 260 余万元。此举，既增加了贫困家庭收入，也实现了每段河道有人看、有人管。

（2）开展前岗培训，强化岗位监督。各乡镇负责河道保洁员岗前培训工作，各村级河长负责河道保洁员日常管理工作，县河长办、就业局负责定期对河道保洁履职情况开展走访检查，通过"培训＋监督"，确保了队伍的工作能力和河道保洁的效果。

（3）延伸岗位职责，营造浓厚氛围。河道保洁员在管理好自己所辖河段的同时，还积极在村屯中开展宣传工作，号召大家养成良好的爱护环境的习惯，不仅成为河道的保护者，还成为了保护环境的宣传者。

（刘金宇）

| 黑龙江省 |

【河湖概况】

1. 河湖数量　黑龙江省有松花江、黑龙江、乌苏里江、绥芬河四大水系。有流域面积 50km² 及以上河流 2 881 条，总长度为 9.21 万 km。其中，流域面积 100km² 及以上河流 1 303 条，流域面积 1 000km² 及以上河流 119 条，流域面积 10 000km² 及以上河流 21 条。有兴凯湖、大龙虎泡、镜泊湖、连环湖和五大连池等常年水面面积 1km² 及以上湖泊 253 个，水面总面积为 3 037km²。其中，常年水面面积 10km² 及以上湖泊 42 个，常年水面面积 100km² 及以上湖泊 3 个，常年水面面积 1 000km² 及以上湖泊 1 个。

2. 水量　黑龙江省水资源存在时空分布不均、年内年际变化较大的规律，呈现"四少四多"的特点：春季少，夏秋季多；腹地少，过境多；平原区少，山丘区多；发达地区少，欠发达地区多。2020 年，全省平均年降水量 723.1mm，折合水量为 3 276.43 亿 m³，比多年平均值多 35.6%，位居 1956 年以来的第 2 位，属丰水年份。2020 年，全省地表水资源量 1 221.43 亿 m³，比多年平均值多 79.3%；地下水资源量 406.49 亿 m³，比多年平均值多 41.7%；水资源总量 1 419.94 亿 m³，比多年平均值多 75.2%，地表水资源与地下水资源重复计算量为 207.98 亿 m³。2020 年，全省总用水量 314.13 亿 m³，其中，农田灌溉用水量 271.48 亿 m³，林牧渔畜用水量 6.89 亿 m³，工业用水量 18.53 亿 m³，城镇公共用水量 2.46 亿 m³，居民生活用水量 12.45 亿 m³，生态与环境补水用水量 2.32 亿 m³。

3. 水质　2020 年 1—12 月，黑龙江省 62 个国控地表水考核断面中，水质优良（Ⅰ～Ⅲ类）断面比例为 74.2%，Ⅳ类水质占 24.2%，Ⅴ类水质占 1.6%。与 2016 年同期相比，Ⅰ～Ⅲ类水质断面比例提升 19.4 个百分点，劣Ⅴ类水质比例下降 1.6 个百分点。

4. 水利工程　截至 2020 年 12 月 31 日，黑龙江省已建成水库 898 座，总库容 288.32 亿 m³，其中大（1）型 3 座、大（2）型 26 座、中型 101 座、小（1）型 455 座、小（2）型 313 座。全省已建成水电站 72 座，总装机容量 40.28 万 kW，其中大型 1 座、中型 3 座、小（1）型 13 座、小（2）型 55 座。全省已建成泵站 1 028 座，其中大型 7 座、中型 72 座、小（1）型 640 座、小（2）型 309 座。全省已建成水闸 4 392 座，其中大（1）型 1 座、大（2）型 6 座、中型 134 座、小（1）型 321 座、小（2）型 3 930 座。全省堤防总长度达到 15 440km，其中 1 级堤防 223km、2 级堤防 1 879km、3 级堤防 1 256km、4 级堤防 5 874km、5 级堤防 4 785km、5 级以下堤防 1 423km。全省灌区数量达到 678 处，其中万亩以上灌区 389 处、50 万亩以上灌区 3 处、30 万～50 万亩灌区 24 处、10 万～30 万亩灌区 23

处、5万~10万亩灌区68处、1万~5万亩灌区271处、2000~10000亩灌区289处。 （谭振东）

【重大活动】

1. 省委全面深化改革领导小组会议 2017年5月22日，黑龙江省委书记、省委全面深化改革领导小组组长张庆伟主持召开省委全面深化改革领导小组第十八次会议，审议《黑龙江省实施河长制工作方案（试行）》。

2. 省总河湖长会议

（1）第一次会议。2017年9月4日，黑龙江省召开省总河长会议，省委书记张庆伟主持会议，省长陆昊出席会议。会议审议并原则通过《黑龙江省河长会议制度》《黑龙江省河长制信息共享制度》《黑龙江省河长制信息报送制度》《黑龙江省河长制工作督导检查制度》《黑龙江省河长制工作考核制度》《黑龙江省河长制工作验收制度》。

（2）第二次会议。2018年6月26日，黑龙江省召开省总河湖长会议，省委书记张庆伟主持会议，省长王文涛出席会议。会议审议并原则通过《黑龙江省河湖长制工作督办制度》《黑龙江省河湖长巡查制度》《黑龙江省河湖长制举报受理制度》。

（3）第三次会议。2018年11月28日，黑龙江省召开省总河湖长会议，省委书记张庆伟主持会议，省长王文涛出席会议。会议审议并原则通过《黑龙江省集中整治河湖突出问题行动方案》和《黑龙江省人民检察院、黑龙江省河长制办公室关于协同推进全省河湖长制工作的意见》。

（4）第四次会议。2019年9月19日，黑龙江省召开省总河湖长会议，省委书记张庆伟主持会议，省长王文涛出席会议。会议审议并通过《关于进一步完善河湖长制工作的意见》和《关于加快全省河湖管理范围划界的决定》。

（5）第五次会议。2020年7月3日，黑龙江省召开省总河湖长会议，省委书记张庆伟主持会议，省长王文涛出席会议。

3. 省人大常委会会议 2020年10月20—22日，黑龙江省第十三届人民代表大会常务委员会第二十一次会议在哈尔滨召开，会议听取和审议了《黑龙江省人民政府关于河湖长制落实情况的报告》。 （谭振东）

【重要文件】

1. 黑龙江省委、省政府重要文件 2017年2月24日，中共黑龙江省委、黑龙江省人民政府印发《关于设立黑龙江省省总河长、省级河长和市级河长的通知》（黑委〔2017〕12号）；2017年2月28日，中共黑龙江省委、黑龙江省人民政府印发《关于成立黑龙江省推行河长制工作领导小组的通知》（黑委〔2017〕13号）；2017年3月13日，中共黑龙江省委办公厅、黑龙江省人民政府办公厅印发《关于加强河长组织体系建设的通知》（黑办发〔2017〕8号）；2017年3月22日，中共黑龙江省委办公厅、黑龙江省人民政府办公厅印发《黑龙江省五级河长体系架构方案》（黑办发〔2017〕11号）；2017年6月30日，中共黑龙江省委办公厅、黑龙江省人民政府办公厅印发《黑龙江省实施河长制工作方案（试行）》（厅字〔2017〕34号）；2018年3月1日，中共黑龙江省委、黑龙江省人民政府印发《关于调整黑龙江省省级河湖长的通知》（黑委〔2018〕25号）；2018年6月30日，中共黑龙江省委办公厅、黑龙江省人民政府办公厅印发《黑龙江省在湖泊实施湖长制工作方案（试行）》（厅字〔2018〕31号）；2019年12月6日，中共黑龙江省委办公厅、黑龙江省人民政府办公厅印发《关于进一步完善河湖长制的意见》（厅字〔2019〕151号）。

2. 省总河湖长令 2018年12月25日，黑龙江省委书记张庆伟、省长王文涛签署黑龙江省总河湖长令（第1号）《关于印发〈黑龙江省集中整治河湖突出问题行动方案〉的通知》；2019年9月25日，黑龙江省委书记张庆伟、省长王文涛签署黑龙江省总河湖长令（第2号）《关于加快全省河湖管理范围划界的决定》；2020年5月14日，黑龙江省委书记张庆伟、省长王文涛签署黑龙江省总河湖长令（第3号）《关于印发〈黑龙江省取用水管理专项整治行动方案〉的通知》。

3. 成立组织机构文件 2017年3月21日，黑龙江省机构编制委员会印发《关于加强河长制工作调整省水利厅职责和机构编制有关事项的通知》（黑编〔2017〕32号）；2017年6月20日，黑龙江省机构编制委员会印发《关于为省水利厅核增副厅级领导职数的通知》（黑编〔2017〕74号）。

4. 跨省（自治区）协作文件 2020年9月8日，吉林省河长制办公室、黑龙江省河湖长制办公室印发《关于建立跨省流域治理保护工作协调合作机制的通知》（吉河办联〔2020〕42号）；2020年9月24日，黑龙江省河湖长制办公室、内蒙古自治区河长制办公室印发《关于建立跨省流域治理保护工作协调合作机制的通知》（黑河办字〔2020〕29号）。

5. 河长制湖长制成员单位重要文件 2017年10月26日，黑龙江省公安厅印发《全省公安机关实施河道警长制工作方案》（黑公传发〔2017〕536号）；

2018年8月27日，黑龙江省公安厅印发《全省公安机关实施湖泊警长制工作方案（试行）》（黑公食药环侦〔2018〕3号）；2018年12月13日，黑龙江省人民检察院、黑龙江省河长制办公室印发《关于协同推进全省河湖长制工作的意见》（黑检会〔2018〕13号）；2019年3月18日，黑龙江省河长制办公室、黑龙江省人民检察院、黑龙江省公安厅印发《松花江流域生态环境公益保护典型案例》（黑河办字〔2019〕14号）；2019年8月30日，黑龙江省河长制办公室、黑龙江省人民检察院、黑龙江省公安厅、黑龙江省水利厅印发《关于严厉打击河湖管理范围内非法修筑围堤的紧急通知》（黑河办字〔2019〕34号）；2019年9月12日，黑龙江省河长制办公室、黑龙江省水利厅印发《黑龙江省河湖"四乱"整改工作实施方案》（黑河办字〔2019〕36号）；2019年10月16日，黑龙江省河长制办公室、黑龙江省生态环境厅、黑龙江省住房城乡建设厅、黑龙江省农业农村厅、黑龙江省水利厅印发《河长制湖长制工作任务问题分类及指标体系》（黑河办字〔2019〕43号）；2019年10月31日，黑龙江省河湖长制办公室、黑龙江省教育厅印发《关于在各级各类学校开展河长制湖长制宣传教育"八个一"活动的通知》（黑河办字〔2019〕46号）；2020年3月9日，黑龙江省河湖长制办公室、黑龙江省水利厅印发《关于贯彻落实〈河湖管理监督检查办法（试行）〉的通知》（黑河办字〔2020〕2号）；2020年3月25日，黑龙江省公安厅印发《关于进一步加强河湖警长制工作的意见》（黑公传发〔2020〕114号）；2020年4月3日，黑龙江省河湖长制办公室、黑龙江省水利厅印发《关于深入推进全省河湖"清四乱"常态化规范化的通知》（黑河办字〔2020〕9号）；2020年5月12日，黑龙江省水利厅、黑龙江省公安厅、黑龙江省人民检察院印发《黑龙江省"亮剑护河"联合执法专项行动实施方案》（黑水发〔2020〕48号）。

（谭振东）

【地方政策法规】

1. 法规

（1）黑龙江省水土保持条例。2017年12月27日，黑龙江省第十二届人民代表大会常务委员会第三十七次会议通过《黑龙江省水土保持条例》。该条例包括总则、规划、预防、治理、监测和监督、法律责任、附则共7章54条。

（2）黑龙江省河道管理条例。2018年6月28日，黑龙江省第十三届人民代表大会常务委员会第四次会议对《黑龙江省河道管理条例》进行了第四

次修正。修正后的条例包括总则、河道管理、工程及林草管理、防汛、奖励和惩罚、附则共6章34条。

（3）黑龙江省节约用水条例。2018年10月26日，黑龙江省第十三届人民代表大会常务委员会第七次会议通过《黑龙江省节约用水条例》。该条例包括总则、用水管理、节水措施、保障措施、法律责任、附则共6章50条。

2. 标准

（1）用水定额。2017年2月20日，黑龙江省质量技术监督局发布了黑龙江省地方标准《用水定额》（DB23/T 727—2017）。该标准对农林牧渔业、工业、建筑业、服务业和生活用水定额作了相应规定。

（2）河长制"一河（湖）一档"信息普调技术规程。2018年2月9日，黑龙江省水利厅、黑龙江省测绘地理信息局联合发布了黑龙江省地方标准《河长制"一河（湖）一档"信息普调技术规程》（DB23/T 2092—2018）。该标准对基础数据、数据处理要求、专题数据实体处理、"一河（湖）一档"普调信息统计、"一河（湖）一档"图件编制、"一河（湖）一档"信息普调文档命名原则等作了相应规定。

（谭振东）

【专项行动】

1. 清河行动 2017年10月27日，黑龙江省河长制办公室以黑河办字〔2017〕13号文印发《黑龙江省清河行动实施方案》，开展工矿企业及工业聚集区水污染、城镇生活污水、畜禽养殖污染、农业化学肥料和农药零增长、农村生产生活垃圾及生活污水、船舶港口污染、侵占河湖水域及岸线、非法采砂、非法设置入河湖排污口、渔业资源保护等10个专项整治行动。截至2017年12月31日，全省清除违法建筑物1 246处，整顿河道非法采砂场332处，关闭入河排污口108处，疏浚河道5 305km，清理河道垃圾133.9万 m^3，清理河滩地3 733 hm^2。

2. 河湖"清四乱"专项行动 2018年7月19日，黑龙江省水利厅以黑水发〔2018〕219号文印发《黑龙江省河湖"清四乱"专项行动方案》，部署河湖"清四乱"专项行动，并于2018年12月25日以省总河湖长令（第1号）印发《黑龙江省集中整治河湖突出问题行动方案》，对河湖"清四乱"专项行动进行再部署。2019年，先后开展河湖"清四乱"专项行动"百日攻坚战"和河湖"清四乱"重点难点问题集中歼灭战。截至2020年12月31日，共清理整治河湖"四乱"问题1.7万余个。

3. "亮剑护河"联合执法专项行动 2020年5

月12日，黑龙江省水利厅、黑龙江省公安厅、黑龙江省人民检察院以黑水发〔2020〕48号文联合印发《黑龙江省"亮剑护河"联合执法专项行动实施方案》，对水资源管理、河湖岸线管理、涉河湖违法犯罪、河湖生态环境公益保护等4个方面任务进行部署。截至2020年10月31日，全省累计巡河15 025次，巡湖1 614次，检查监管对象3 082个，巡查河道长度达8.36万km，出动执法人员27 694人次，出动执法船艇105次，出动执法车辆9 068台次，现场制止违法行为1 017次，查处违法案件378件，查处违法人员357人。

4. 取用水管理专项整治行动　2020年5月14日，黑龙江省以省总河湖长令（第3号）印发《黑龙江省取用水管理专项整治行动方案》，对取用水管理整治和三江平原地下水超采综合治理工作进行部署。截至2020年12月31日，全省共计核查登记取水口32.8万处，提前2个月完成核查登记任务。通过开展工程换水、控灌节水、休耕停水的"三水"共治措施，2020年，三江平原地区形成地下水压采能力31亿 m^3 以上，全省地下水用水量满足国家2020年控制指标131.3亿 m^3 的要求。

5. 河湖采砂专项整治行动　2018年3月13日，黑龙江省水利厅以黑水发〔2018〕76号文印发《黑龙江省自然保护区内河道采砂问题整改工作方案》，指导全省开展自然保护区内河道采砂管理工作。2018年4月4日，黑龙江省水利厅以黑水发〔2018〕93号文印发《关于开展河道采砂涉黑涉恶专项整治行动的通知》，指导全省开展涉黑涉恶专项整治行动，打击涉黑涉恶采砂违法行为，净化采砂市场。2018年6月22日，黑龙江省水利厅以黑水发〔2018〕190号文印发《哈牡哈佳铁路客运专线沿线河道采砂清理整治行动工作方案》，清理平整铁路沿线安全管理范围内违法砂堆。2018年6月28日，黑龙江省水利厅以黑水发〔2018〕195号文印发《黑龙江省河湖采砂专项整治行动方案》，部署安排全省河湖采砂专项整治行动。通过一系列专项整治，自然保护区内河道采砂全部关停，铁路安全管理范围内采砂得到有效根治。全省共清理平整砂堆465处，424.46万 m^3，清理采砂机具310台套，清理采砂管理房屋201处。

（谭振东）

【河长制湖长制体制机制建立运行情况】

1. 河长湖长组织体系　黑龙江省建立了以党政主要领导负责制为核心的省、市、县、乡、村五级河长湖长组织体系，党政领导班子成员全部担任同级河长湖长，市、县两级总河长包抓包管本辖区内规模最大、问题最多、治理难度最大、与百姓福祉关系最为密切的河湖管理保护工作。截至2020年12月31日，共设立省、市、县、乡、村五级河长湖长23 095名。其中，省总河长湖长2名，省级河长湖长15名，市级河长湖长173名，县级河长湖长1 787名，乡级河长湖长7 701名，村级河长湖长13 417名。各级河长湖长名单全部向社会公布，分级设置河长湖长公示牌1.63万块。

2. 省级河湖　黑龙江省确定了由省级领导担任河湖长的河流14条、湖泊2座，分别为黑龙江、乌苏里江、松花江、嫩江、呼兰河、牡丹江、挠力河、倭肯河、汤旺河、穆棱河、讷谟尔河、乌裕尔河、通肯河、拉林河、兴凯湖、五大连池。

3. 河湖警长制　为贯彻落实全面推行河长制湖长制决策部署，黑龙江省公安厅在全省公安机关组织实施河湖警长制，设置省、市、县、乡四级河湖警长，各级河湖警长是所辖河湖保护工作中落实公安机关工作任务的主要责任人，负责维护河湖水域治安秩序、打击破坏环境资源犯罪等工作。截至2020年12月31日，共设立省、市、县、乡四级河湖警长2 026人。

4. 河湖长制办公室　黑龙江省组建了省、市、县三级河湖长制办公室，常设同级水行政主管部门，主要承担河长制湖长制的组织、协调、分办、督办等工作，主任全部由同级党委或政府副职领导担任，水利、生态环境、农业农村、住房城乡建设、林草、交通运输、公安、财政、司法等相关部门为成员单位。截至2020年12月31日，共设置省、市、县三级河湖长制办公室143个，乡级设置河长制湖长制工作部门361个，全省从事河长制湖长制工作人员1 118人。

5. 河湖长制作战指挥部　2019年11月13日，黑龙江省成立了以省政府分管副省长任总指挥、省政府分管副秘书长和省水利厅、省生态环境厅、省住房城乡建设厅、省农业农村厅厅长任副总指挥的黑龙江省河湖长制作战指挥部，市、县两级同步成立作战指挥部，采取挂图作战、按表督办的方式，重点推进落实河长制湖长制"六大任务"。

6. 河长制湖长制制度体系　截至2020年12月31日，黑龙江省共出台了9项制度，分别是河长会议制度、河长制信息共享制度、河长制信息报送制度、河长制工作督导检查制度、河长制工作考核制度、河长制工作验收制度、河长制湖长工作督办制度、河长湖长巡查制度、河长制湖长制举报受理制度。

7. 河长制湖长制考核激励　2017—2020年，黑龙江省逐年对各市（地）落实河长制湖长制工作情况开展考核，在省委对市（地）经济社会发展主要责任指标考评中，将"全面落实河长制湖长制改革情况"作为"重要领域关键环节改革"考评的重要指标项，考核结果作为评价市（地）领导班子及领导干部政绩和表彰奖励的重要依据。2019 年、2020 年黑龙江省河长制湖长制工作连续两年获得国务院督查激励，累计获得激励资金 7 000 万元。全省 7 个先进集体、12 名先进工作者、14 名优秀河长湖长荣获水利部表彰。

（谭振东）

【河湖健康评价】 2017—2020 年，黑龙江省先后开展讷谟尔河、山口水库、蚂蚁河、呼兰河、倭肯河、松花江等河流（水库）的健康评价工作。在水利部河长办《河湖健康评价技术指南（试行）》和《河湖健康评估技术导则》（SL/T 793—2020）的基础上，结合黑龙江省实际，制定了《黑龙江省河湖健康评价技术指南（试行）》，细化了不同类型河湖的评价指标体系，优化了岸带植被覆盖度的测算方法、河段划分方法以及生态基流满足程度、河流纵向连通指数的计算方法，增加了水土保持率、取水口规范化管理程度评价指标。河湖健康评估工作严格依据评价标准开展，主要包括对河湖水文、水功能区监测、水环境监测数据及水资源利用、林地湿地、水土保持等数据资料进行整编分析，对河湖岸带状况、水生生物开展现场调查，对主要支流进行水质监测分析，对河湖岸线植被覆盖度、湿地面积变化进行探测遥感解译分析，进而全面分析河湖健康状况，提出影响河湖健康状况的问题和对策建议。

（谭振东）

【"一河（湖）一策"编制和实施情况】 2017 年 11 月 20 日，黑龙江省河长制办公室以黑河办字〔2017〕16 号文印发《黑龙江省"一河（湖）一策"方案编制细则》，要求县级以上河湖分级分段编制"一河（湖）一策"方案，现状水平年选取 2017 年，实施周期为 2018—2020 年。截至 2018 年年底，全省编制"一河（湖）一策"方案 3 317 个，其中，经省级河长湖长审定，印发实施了黑龙江、乌苏里江、兴凯湖、呼兰河、挠力河、五大连池、倭肯河、汤旺河、牡丹江、穆棱河、拉林河、讷谟尔河、通肯河、松花江、乌裕尔河、嫩江等 16 条（座）省级河长湖长负责河湖的"一河（湖）一策"方案，围绕"水资源保护、水域岸线管理保护、水污染防治、水环境治理、水生态修复、执法监管"等六大任务，制定了"问题清单、目标清单、任务清单、措施清单、责任清单"等五个清单，明确了 2020 年以前河湖治理的任务书、时间表和路线图，并配套建立了

"一河（湖）一档"。2020 年 3 月 31 日，黑龙江省河湖长制办公室印发《关于开展"一河（湖）一策"方案（2021—2023 年）编制工作的通知》（黑河办字〔2020〕7 号），要求各级在全面总结上一阶段"一河（湖）一策"方案实施成效的基础上，滚动编制"一河（湖）一策"方案（2021—2023 年），并同步更新、完善"一河（湖）一档"。截至 2020 年 12 月 31 日，完成 16 条（座）省级河长湖长负责河湖的"一河（湖）一策"方案的初稿编制工作。

（谭振东）

【水资源保护】

1. 水资源刚性约束 黑龙江省严格实行最严格水资源管理制度，建立了以省政府分管副省长任总召集人、省政府分管副秘书长和省水利厅厅长任召集人、17 个部门为成员的黑龙江省政府实行最严格水资源管理和节约用水工作联席会议制度。逐年对市（地）人民政府（行署）实行最严格水资源管理制度情况进行考核，考核结果作为对市（地）人民政府（行署）主要负责人和领导班子综合考核评价的重要依据。"十三五"期间，黑龙江省实行最严格水资源管理制度考核结果均为良好等次。"十三五"期末（2020 年），全省用水总量为 314.13 亿 m^3，万元地区生产总值用水量、万元工业增加值用水量分别比 2015 年下降 27%、31.8%，农田灌溉水利用系数为 0.612 4。

2. 生态流量监管 2020 年 12 月 5 日，黑龙江省人民政府以黑政函〔2020〕96 号文批复倭肯河、乌裕尔河、穆棱河、梧桐河、挠力河、讷谟尔河等 6 条重点河流生态流量保障方案。指导市、县级水行政主管部门开展辖区内重点河流生态流量目标确定工作，截至 2020 年 12 月 31 日，完成 28 条市、县级重点河流生态流量保障方案编制和批复任务。

3. 全国重要饮用水水源地安全达标保障评估 2018 年 1 月 5 日，黑龙江省水利厅以黑水发〔2018〕9 号文印发《黑龙江省全国重要饮用水水源地安全保障达标规划（2017—2020 年）》。2020 年，组织开展了磨盘山水库水源地等 13 个全国重要饮用水水源地安全保障达标自评估，自评估等级全部为优，综合情况较好，评估分数 90 分及以上的水源地较 2019 年增加 3 个。

4. 水量分配 2016 年 12 月 30 日，黑龙江省人民政府以黑政函〔2016〕134 号文批复牡丹江流域（黑龙江省）、讷谟尔河流域、乌裕尔河流域、双阳河流域的水量分配方案。2020 年 3 月 5 日，黑龙江省人民政府以黑政函〔2020〕14 号文批复松花江干流流域（黑龙江省）、嫩江干流流域（黑龙江省）、

倭肯河流域、挠力河流域、梧桐河流域、穆棱河流域、汤旺河流域、呼兰河流域的水量分配方案，水量分配方案的实施情况纳入最严格水资源管理制度考核。指导市级水行政主管部门开展跨县河流水量分配工作，截至2020年12月31日，完成34条跨县重点河流水量分配方案编制和批复任务。

5. 节水行动　2017年6月2日，黑龙江省水利厅以黑水发〔2017〕157号文印发《县域节水型社会达标建设工作实施方案（2017—2020年）》。2019年12月5日，黑龙江省水利厅、黑龙江省发展改革委以黑水发〔2019〕238号文联合印发《黑龙江省节水行动实施方案》，确定了2020年、2022年和2035年的主要工作目标，提出了6项重点行动、21项工作任务，明确了2项深化用水体制机制改革措施。截至2020年12月31日，全省共55个县开展了县域节水型社会达标建设。2019年12月31日，黑龙江省水利厅节水机关建设通过水利部验收。2020年12月31日，完成全省53个水利行业节水机关建设工作。2019—2020年，开展省级规划和建设项目节水评价审查32个。　　　　　　　　　　（谭振东）

【水域岸线管理保护】

1. 河湖"四乱"整治　黑龙江省以省总河湖长令（第1号）专题部署河湖"清四乱"专项整治行动，先后开展河湖"清四乱"专项行动"百日攻坚战"和河湖"清四乱"重点难点问题集中歼灭战，集中清理整治了一批非法采砂、私设围堤、违法建筑等问题，河湖面貌不断改观。截至2020年12月31日，共清理整治河湖"四乱"问题1.7万个。

2. 河湖管理范围划界　黑龙江省以省总河湖长令（第2号）专题部署河湖管理范围划界工作，严格水生态空间管控，依法划定河湖管理范围。截至2020年12月31日，完成2 881条流域面积50km²以上河流、253个常年水面面积1km²以上湖泊的管理范围划界任务，划界总长度达9.21万km。

3. 岸线利用与保护规划编制　黑龙江省严格落实规划岸线分区管理要求，部署开展河湖水域岸线利用与保护规划编制工作。截至2020年12月31日，完成1 237段有规划需求河流（湖泊）的水域岸线利用与保护规划编制任务，划定了岸线保护区、保留区、限制开发区、开发利用区。

4. 采砂规划编制　黑龙江省严格落实河长、行政主管部门、现场监管部门、行政执法部门四个责任人采砂管理职责，部署开展河道采砂规划编制工作。截至2020年12月31日，完成了有采砂管理任务的82段河流的河道采砂管理规划编制任务。　（谭振东）

【水污染防治】　2016年1月10日，黑龙江省人民政府以黑政发〔2016〕3号文印发《黑龙江省水污染防治工作方案》。省级逐年制定年度水污染防治重点工作实施计划，分解落实"水十条"年度目标和重点工作。成立了以省政府分管副省长任组长、省政府分管副秘书长和省生态环境厅厅长任副组长、22个部门为成员的黑龙江省（松花江流域）水污染防治工作领导小组，建立了生态环境、住建、农业农村、水利等多部门联合推进水污染防治工作机制。逐年对各市（地）水环境质量目标完成情况和水污染防治重点工作完成情况进行考核，并于2019年将水污染防治考核纳入污染防治攻坚战统一考核。对省级河湖设置69个河长制湖长制水质监测断面，定期开展例行监测，每月形成水质监测报告。

1. 排污口整治　2019年4月29日，黑龙江省生态环境厅以黑环函〔2019〕191号文印发《黑龙江省嫩江流域排污口排查整治工作方案》。2020年10月，黑龙江省环境科学研究院编制完成《黑龙江省松花江干流入河排污口排查项目实施方案》。截至2020年12月31日，嫩江流域完成348个入河排污口排查工作，松花江干流入河排污口排查工作按照实施方案有序推进。

2. 工矿企业污染防治　2018年7月5日，黑龙江省环境保护厅以公告〔2018〕2号文印发《关于开展钢铁、石化、淀粉、屠宰及肉类加工行业排污许可证管理工作的公告》。2019年2月14日，黑龙江省生态环境厅以公告〔2019〕1号文印发《关于开展畜禽养殖、乳品制造等14个行业排污许可证管理工作的公告》。2020年2月10日，黑龙江省生态环境厅以黑环办发〔2020〕14号文印发《黑龙江省固定污染源排污许可清理整顿和2020年排污许可发证登记工作实施方案》，部署相关行业排污许可证管理工作。截至2020年12月31日，全省共计完成排污许可发证和登记33 421家，基本实现固定污染源排污许可全覆盖。2016年10月20日，黑龙江省环境保护厅以黑环函〔2016〕344号文印发《工业集聚区水污染治理工作实施计划》，部署省级及以上工业园区集中式污水处理设施建设工作。截至2020年12月31日，72个省级及以上工业园区集中式污水处理设施覆盖率达到97.2%，其中70个工业园区已建成或依托集中式污水处理设施，对集贤经济开发区、鹤岗经济开发区等2个工业园区实行限批。

3. 城镇生活污染防治　2018年9月13日，黑龙江省人民政府办公厅以黑政办规〔2018〕54号文印发《黑龙江省城镇生活垃圾治理能力提升三年行动方案（2018—2020年）》。2019年7月25日，黑龙江省住房城乡建设厅、黑龙江省生态环境厅、黑龙江省发展改革委以黑建基〔2019〕8号文联合印发《黑龙江省城镇污水处理提质增效三年行动实施方案（2019—2021年）》。截至2020年12月31日，全省城市生活污水收集率达到62%，城市和县城生活污水处理率分别达到95.98%和94.48%。

4. 畜禽养殖污染防治　2016年3月22日，黑龙江省环境保护厅、黑龙江省畜牧兽医局以黑环函〔2016〕67号文联合印发《关于划定畜禽禁养区和依法关闭或搬迁禁养区内规模化养殖场（小区）养殖专业户工作的通知》。截至2020年12月31日，全省划定禁养区2 725个，禁养区面积达6.15万km²，依法关闭或搬迁禁养区内规模化养殖场（小区）176个。2017年12月26日，黑龙江省人民政府办公厅以黑政办规〔2017〕77号文印发《黑龙江省畜禽养殖废弃物资源化利用工作方案》。建立了以省政府分管副省长任总召集人、12个部门为成员的黑龙江省畜禽养殖废弃物资源化利用联席会议制度。截至2020年12月31日，全省规模化养殖场粪污处理设施装备配套率达到97%，全省畜禽粪污综合利用率达到80.1%，比2017年分别提高35个百分点和11个百分点。

5. 水产养殖污染防治　2019年7月30日，黑龙江省农业农村厅、黑龙江省生态环境厅等11个部门以黑农厅联发〔2019〕306号文联合印发《关于加快推进水产养殖业绿色发展的实施意见》。2020年8月10日，黑龙江省农业农村厅、黑龙江省生态环境厅、黑龙江省林业和草原局、黑龙江省水利厅以黑农厅联发〔2020〕192号文联合印发《黑龙江省大水面生态渔业发展规划》。截至2020年12月31日，全省共创建国家级水产健康养殖示范场170家，稻渔综合种养面积达到110万亩。

6. 农业面源污染防治　2016年11月2日，中共黑龙江省委办公厅、黑龙江省人民政府办公厅以黑办发〔2016〕45号文印发《关于深入推进农业"三减"行动的实施意见》。2017年3月21日，黑龙江省农业委员会以黑农委函〔2017〕119号文印发《2017年全省农业"三减"技术指导意见》。2018年4月30日，黑龙江省人民政府办公厅以黑政办规〔2018〕26号文印发《关于加强农业面源污染防治的实施意见》。建立了以省政府分管副省长任总召集人、省政府分管副秘书长任召集人、6个部门为成员的黑龙江省农业"三减"行动联席会议制度。截至2020年12月31日，全省已完成测土配方施肥技术覆盖面积2.16亿亩次（含农垦），全省农用化肥使

用量（折纯）较2015年减少12.2%。全省农作物病虫监测点数量达到2 200个，累计更换节药喷头64.4万套，农药使用量（商品量）较2015年减少26.8%，农药包装废弃物回收率达70.9%。

7. 船舶港口污染防治　2017年12月29日，黑龙江海事局、黑龙江省环境保护厅、黑龙江省住房城乡建设厅、黑龙江省交通运输厅以黑海事〔2017〕407号文联合印发《黑龙江省船舶污染物接收、转运、处置联单制度和联合监管制度（试行）》，落实污染物闭环管理措施。黑龙江海事局在落实河长制湖长制部署上，配套建立了省局、分支局、海事处三级"河（湖）道监督长制"，与省、市、县三级河长制湖长制相衔接，制定了海事版"一河一策"，即《黑龙江海事局"一河一策"监管方案》，针对黑龙江、松花江、乌苏里江、嫩江、兴凯湖、镜泊湖等"四江两湖"制定监管及应急策略。黑龙江省交通运输厅组织相关市（地）制定《港口和船舶污染物接收转运及处置设施建设方案》，推进港口码头污染物接收、转运及处置设施建设。截至2020年12月31日，全省在运营的港口码头船舶污染物接收设施覆盖率和接收设施及转运设施有效衔接覆盖率均达到100%。

（谭振东）

【水环境治理】

1. 饮用水水源规范化建设　2019年2月27日，黑龙江省生态环境厅以黑环发〔2019〕41号文印发《黑龙江省集中式饮用水水源地保护攻坚战实施方案》，对集中式饮用水水源保护区规范化建设和环境综合整治、饮用水水源地风险防控与应急能力建设、饮用水水源保护区环境执法监管等任务进行部署。截至2020年12月31日，完成43个县级以上（含县级）地表型水源地保护区208个环境问题整治。

2. 黑臭水体治理　2018年12月29日，黑龙江省住房城乡建设厅、黑龙江省生态环境厅以黑建函〔2018〕776号文联合印发《黑龙江省城市黑臭水体治理攻坚战实施方案》。2019年5月23日，黑龙江省生态环境厅、黑龙江省住房城乡建设厅以黑环发〔2019〕103号文联合印发《黑龙江省城市黑臭水体水质交叉监测工作方案》。截至2020年12月31日，全省44个地级及以上城市建成区黑臭水体全部完成治理，治理总长度为94km。

3. 农村水环境整治　2018年8月7日，中共黑龙江省委办公厅、黑龙江省人民政府办公厅以黑办发〔2018〕45号文印发《黑龙江省农村人居环境整治三年行动实施方案（2018—2020年）》。成立了以

省长任组长、省委副书记和分管副省长任副组长、22 个部门为成员的黑龙江省农村人居环境整治专项小组。逐年制定农村改厕实施方案，持续推进农村"厕所革命"，农村卫生厕所普及率不断提高。2019 年 8 月 27 日，黑龙江省生态环境厅、黑龙江省市场监督管理局联合发布《农村生活污水处理设施水污染物排放标准》(DB 23/2456—2019)，指导农村生活污水源头治理。截至 2020 年 12 月 31 日，全省农村生活污水处理率达到 12.5%。 （谭振东）

【水生态修复】

1. 退田还湖还湿 2017 年 10 月 27 日，黑龙江省人民政府办公厅以黑政办规〔2017〕61 号文印发《黑龙江省湿地保护修复工作实施方案》。2019 年 5 月 10 日，为适应机构改革，经省政府同意，黑龙江省林业和草原局以黑林草规〔2019〕10 号文印发重新制定的《黑龙江省湿地保护修复工作实施方案》。"十三五"期间重点在三江平原、松嫩平原和松花江沿岸重点生态功能区开展退耕还湿，截至 2020 年 12 月 31 日，累计完成退耕还湿面积 34.79 万亩。

2. 生物多样性保护 2018 年 3 月 5 日，黑龙江省人民政府办公厅以黑政办规〔2018〕15 号文印发《关于加强野生鱼类资源保护的意见》。2018 年 7 月 25 日，黑龙江省农业委员会以黑农委规〔2018〕19 号文印发《黑龙江省水生野生动物保护管理办法》。落实国家层面松花江流域禁渔期制度，禁渔范围扩大到嫩江、松花江三岔河口至同江段及其所属支流、水库、湖泊、水泡等水域，禁渔期延长至 77 天。2017—2020 年，持续开展"渔政亮剑"系列专项执法行动，截至 2020 年 12 月 31 日，全省共清理违法网具渔具 4.2 万件（套）、涉渔"三无"船舶 1 098 艘，查处涉渔案件 752 起。2016—2020 年，持续开展水生生物增殖放流活动，截至 2020 年 12 月 31 日，全省累计放流各种鱼类苗种 5.8 亿尾。

3. 生态补偿机制建立 2016 年 12 月 16 日，黑龙江省财政厅、黑龙江省环境保护厅以黑财规审〔2016〕38 号文联合印发《黑龙江省穆棱河和呼兰河流域跨行政区界水环境生态补偿办法》。2017 年 12 月 28 日，黑龙江省财政厅、黑龙江省环境保护厅以黑财建〔2017〕272 号文联合印发《黑龙江省讷谟尔河和倭肯河流域跨行政区界水环境生态补偿办法（试行）》。穆棱河、呼兰河、讷谟尔河、倭肯河等 4 个流域全面建立水环境生态补偿机制。截至 2020 年 12 月 31 日，上述 4 个流域总计扣缴生态补偿金 16 640.9 万元，补偿 18 618.4 万元。

4. 水土流失治理 2016 年 7 月 18 日，黑龙江省人民政府以黑政函〔2016〕77 号文批复《黑龙江省水土保持规划（2015—2030 年）》。2019 年 1 月 18 日，黑龙江省人民政府办公厅以黑政办发〔2019〕8 号文印发《黑龙江省水土保持目标责任考核评估办法（试行）》。省委将伊春市、黑河市、大兴安岭地区的水土保持工作纳入市（地）经济社会发展主要责任指标考评体系，成立了以分管副省长任组长、省政府分管副秘书长和省水利厅主要负责人任副组长、7 个部门为成员的省政府考评工作领导小组。逐年对各市（地）水土保持工作进行考核，初步形成了政府主导、部门联动、全社会参与的工作格局。"十三五"期间，实施了坡耕地水土流失综合治理、东北黑土区侵蚀沟治理等水土保持重点工程建设，下达投资 6.58 亿元，治理水土流失面积 619km²、侵蚀沟 1 161 条。 （谭振东）

【执法监管】

1. 联合执法 2019 年 4 月 22 日，黑龙江省河长制办公室、省人民检察院、省公安厅、省水利厅联合召开全省河湖"清四乱"专项行动和松嫩两江干流围堤整治推进会议，推动解决河湖"清四乱"重点难点问题。2020 年 5 月 12 日，黑龙江省水利厅、省公安厅、省人民检察院共同开展"亮剑护河"联合执法专项行动，省、市、县三级同步启动，历时约 6 个月，共查处违法案件 378 件，查处违法人员 357 人。

2. 河湖日常监管 2018—2020 年，黑龙江省将河长制湖长制专项督查纳入省级"督检考"范围，省委办公厅、省政府办公厅、省公安厅、省生态环境厅、省住房城乡建设厅、省交通运输厅、省水利厅、省农业农村厅、省林草局、省检察院、省测绘地理信息局、黑龙江海事局等部门成立联合督导组，深入 13 个市（地）督导检查河长制湖长制落实情况，累计下达"一市（地）一单"问题 672 个，其中，2018 年 280 个、2019 年 237 个、2020 年 155 个。2019—2020 年，黑龙江省河湖长制办公室委托省测绘地理信息局、省水利科学研究院开展省级河长制湖长制暗访检查，累计发现问题 2 157 个，全部督办解决。 （谭振东）

【水文化建设】 铁力市河湖长制主题公园主要由铁甲河景观公园和呼兰河滨河健康主题公园两部分组成。

1. 铁甲河景观公园 该公园纵贯铁力市城区，全长 6km，铁甲河上游修建了 5 个人工湖，种植了

10 余种易于净化水体的水生植物，并通过雨污分流、多次曝气等措施确保河水得到有效净化，水质达到Ⅲ类，成为一条能够自适应生态循环"会呼吸"的河。该公园以历史文化脉络为节点，自西向东展现了金源文化、渤海文化、五大营史实、闯关东史实、林区创业史实和生态可持续教育等内容。四个关联景园分别命名为瞻古望今园（知行足下）、畅想园、奋进园、智慧园，按照时间顺序展现铁力发展历程。景园之间由生态步道贯通，运用叙事及实物布置景观节点，徜徉着铁甲河的流淌，如同播放胶片一样缓缓展现铁力史实。

2. 呼兰河滨河健康主题公园　该公园位于铁力市城南的呼兰河畔，全长 1.6km。该公园以"河湖健康"为主题，绘就了呼兰河"河畅、水清、岸绿、景美、人和"的河湖画卷。建设了河长制湖长制主题大型景观展墙、三组大型宣传语亮化字、一组书法题字造型石、一组篆刻印章造型景观等美化设施，将传统的书法篆刻艺术与城市文化有机结合起来，让市民在享受河长制湖长制带来福祉的同时，增强爱水护水的意识，提升对河长制湖长制工作的知晓度和参与度，丰富业余文化生活，尽情享受"小城大世界、山水自然国"的美丽景致。　（谭振东）

【信息化工作】

1. 河长制湖长制管理信息系统　2018 年 12 月 15 日，黑龙江省河长制湖长制管理信息系统正式上线运行。在黑龙江省水利厅官网开发河长制湖长制专栏，与黑龙江省河长制湖长制微信公众号部分专栏同步更新，并为省、市、县三级河湖长制办公室及成员单位和五级河长湖长提供电脑 PC 端和手机 App 移动端专业应用系统，搭建了集网站显示、信息平台、移动 App 和微信公众号"四位一体"的河长制湖长制管理信息系统。按照《水利部办公厅关于印发〈河长制湖长制管理信息系统建设指导意见〉〈河长制湖长制管理信息系统建设技术指南〉的通知》（办建管〔2018〕10 号），开发了信息管理、信息服务、河长巡河、事件处理、抽查督导、考核评估、展示发布、移动服务等基本功能。

2. "水利一张图"　在黑龙江省河长制湖长制管理信息系统基本功能开发的基础上，深度开发了系统"水利一张图"专题服务，主要包含黑龙江省水系图、省市级河长湖长责任划分图、省级河湖河长湖长组织框架图、河湖水质监测断面分布图、省级河湖问题台账销号作战图，丰富了系统使用功能，提高了系统使用效率。

3. 巡河 App　2018 年 12 月 15 日，黑龙江省河长湖长巡河 App 上线运行，为 2 万余名河长湖长提供巡河工具。巡河 App 主要包括河湖名录、河长巡河、事件处理、巡河统计、指令下达和公众反馈等六项功能。支持离线巡河，解决没有网络信号区域巡河问题。支持线上交办事件，根据事件性质分配和成员单位职能设置了事件处置权限，灵活交办事件，实现无纸化办公，缩短事件处理流程和处理时间。利用黑龙江省河长制湖长制管理信息系统可以对河长巡河情况进行统计，并借助事件处理功能监控河长巡河履职情况和事件处理情况。　（谭振东）

其他。2019 年 9 月 25 日，黑龙江省河湖长制办公室以黑河办字〔2019〕40 号文印发《关于充分发挥民间河湖长作用的通知》，明确民间河湖长含义及义务，严格规范聘用民间河长湖长条件，积极营造社会各界和群众共同关心、支持、参与和监督河湖管理保护工作的良好氛围，增强全社会环境保护意识，凝聚全社会治水合力。截至 2020 年 12 月 31 日，全省聘用民间河长湖长 6 000 余人。

2019 年 10 月 31 日，黑龙江省河湖长制办公室、黑龙江省教育厅以黑河办字〔2019〕46 号文联合印发《关于在各级各类学校开展河长制湖长制宣传教育"八个一"活动的通知》，开展以"打造一块宣传主阵地、发放一封倡议书、开展一次专题活动、开展一次主题班会、开展一次专题讲座、开展一次问卷答题、布置一篇课外作业、组建一支志愿者队伍"为主题的河长制湖长制宣传教育"八个一"活动，鼓励引导全省各级各类学校学生关心关爱河湖，共同保护家乡河湖，共建美丽龙江。　（谭振东）

｜上海市｜

【河湖概况】

1. 河湖数量　上海地处长江、太湖流域下游，属于平原感潮河网地区，大陆片河流主要属于黄浦江流域，纵横交错。截至 2020 年年底，全市共有河道（湖泊）47 446 条（个），其中河道 42 237 条、湖泊 42 个、其他河道（公园、绿地、小区或单位内自管的河道）5 167 条，全市河湖面积共 640.93km²，河湖水面率为 10.11%。2016—2020 年上海市河湖基本情况详见表 1。

表1 　　　　　　　　　　　2016—2020 年上海市河湖基本情况

年份	河道/条	湖泊/个	其他河道/条（个）	总计/条（个）	河湖面积/km²	河湖水面率/%
2016	43 424	40	5 170	48 634	616.52	9.72
2017	43 253	39	5 047	48 339	620.98	9.79
2018	43 104	41	5 043	48 188	628.85	9.92
2019	42 246	41	5 045	47 332	632.79	9.98
2020	42 237	42	5 167	47 446	640.93	10.11

（蒋国强　徐芳）

2. 水量　2020 年全市平均年降水量为 1 554.6mm，折合降水总量为 98.57 亿 m³。2020 年上海市年地表年径流量为 49.88 亿 m³，地下水资源量为 11.64 亿 m³，本地水资源总量为 58.57 亿 m³。2020 年通过黄浦江松浦大桥断面年平均净泄流量为 639m³/s，年净泄水量为 201.8 亿 m³。2020 年长江徐六泾水文站年平均流量为 36 700m³/s，年净泄水量为 11 620 亿 m³。2016—2020 年上海市水资源量情况见表2。

表2 　　　　　　　　　　　2016—2020 年上海市水资源量情况

类 别	2016 年	2017 年	2018 年	2019 年	2020 年
平均年降水量/mm	1 566.3	1 195.5	1 266.6	1 389.2	1 554.6
地表年径流量/亿 m³	52.66	27.76	32.03	40.94	49.88
地下水资源量/亿 m³	11.31	9.19	9.62	10.36	11.64
本地水资源总量/亿 m³	61.02	34.00	38.70	48.35	58.57
松浦大桥站平均净泄流量/（m³/s）	618	542	605	595	639
松浦大桥站年净泄水量/亿 m³	194.9	171	190	187.7	201.8
徐六泾站年平均流量/（m³/s）	34 000	32 000	26 700	28 900	36 700
徐六泾站年净泄水量/亿 m³	10 750	10 090	8 420	9 114	11 620

（毛兴华）

3. 水质　2016—2020 年，上海市地表水环境质量总体呈明显改善趋势。2020 年，259 个主要河流断面水质优良（达到或优于Ⅲ类，下同）比例为 74.1%，无劣Ⅴ类断面；其中，20 个国考断面水质优良比例为 100%。与 2016 年相比，259 个主要河流断面水质优良比例上升 57.9 个百分点，劣Ⅴ类断面比例下降 34.0 个百分点；其中，国考断面水质优良比例上升 25.0 个百分点，劣Ⅴ类断面比例下降 10.0 个百分点。　　　　　　（何冰洁）

4. 水利工程　至 2020 年年底，全市共有水利工程设施 2 837 座（详见表3），其中市管 25 座、区管 338 座、镇管 2 442 座、其他（非水务部门管理）32 座；涉及全市 16 个行政区、14 个水利控制片（除太浦河泵站于苏州市吴江区外）。全市共有圩区水利工程设施 2 148 座，均属镇管设施，涉及全市 8 个行政区、12 个水利控制片，控制 309 个圩区排涝面积 13.66 万 hm²。黄浦江和苏州河堤防岸段 2 170 段，长度为 604.85km。其中，公用岸段 1 231 段，长度 363.98km；非经营性专用岸段 595 段，长度 158.36km；经营性专用岸段 344 段，长度 82.51km。防汛通道闸门 1 249 扇，潮拍门 251 个，堤防管理保护范围内标志牌 2 366 个。

表3 　2016—2020 年上海市水利工程设施基本情况

年份/年	总计/座	市管/座	区管/座	镇管/座	其他/座
2016	2 310	22	294	1 898	96
2017	2 395	22	294	1 983	96
2018	2 568	22	294	2 156	96
2019	2 846	25	305	2 496	20
2020	2 837	25	338	2 442	32

（沈利峰　王佳　毛煜文）

【重大活动】

1.2016年有关河长制会议情况 11月15日,上海市委书记韩正主持市委全面深化改革领导小组第十五次会议,会议审议通过《关于本市全面推行河长制的实施方案》,贯彻落实中央全面深化改革领导小组第二十八次会议关于全面推行河长制的要求部署,要求在本市江河湖泊全面实行河长制,到2017年年底,实现全市河湖河长制全覆盖,全市河道基本消除黑臭,水域面积只增不减,水质有效提升。11月22日,韩正召开全市城乡中小河道综合整治电视电话会议,部署落实全市中小河道综合整治工作。

2.2017年有关河长制会议情况 3月22日,上海市副市长、市副总河长陈寅带队调研浦东新区唐镇水环境治理情况,并召开"上海市纪念第二十五届'世界水日'暨贯彻国家'水十条'城乡中小河道综合整治现场会"。4月25日,上海市市长、市总河长应勇调研闵行区中小河道整治工作,并召开全市城乡中小河道综合整治暨河长制现场推进会。8月18日,上海市市长、市总河长应勇主持召开市政府常务会议,审议通过苏州河环境综合整治四期工程总体方案。

3.2018年有关河长制会议情况 3月21日,上海市市长、市总河长应勇主持召开市政府常务会议,审议通过《关于进一步完善河长制、落实湖泊湖长制的实施方案》。5月21日,上海市市长、市总河长应勇主持召开市政府常务会议,研究贯彻落实中央领导在全国生态环境保护大会上的重要讲话精神。会议指出,要坚持"绿水青山就是金山银山"的理念,全面推动绿色发展;深入实施《水污染防治行动计划》,深化中小河道整治,打赢蓝天保卫战。8月31日,上海市委、市政府召开全市河长制工作电视电话会议。市委书记李强首次以"总河长"身份出席会议并作重要讲话。李强强调,全面推行河长制,要以钉钉子精神推动上海水环境实现根本性好转。9月8日,上海市副市长、市副总河长、市河长办主任时光辉召开市河长办(扩大)会议,推进落实市领导在全市河长制工作电视电话会议上的重要指示。10月16日,上海市副市长、市副总河长、市河长办主任时光辉主持召开市河长办第二次主任(扩大)会议,研究完善河长制工作机制,通报大督查发现的问题,研究下阶段水环境治理工作。12月30日,上海市委、市政府举行"苏州河环境综合整治四期工程全面开工"仪式,市委书记、市总河长李强宣布开工。

4.2019年有关河长制会议情况 1月18日,上海市委常委、副市长、市河长办主任陈寅主持召开2019年市河长办第一次主任(扩大)会议,总结2018年河长制工作,研究2019年河长制工作要点。3月26日,上海市委、市政府召开全市河长制湖长制工作电视电话会议,市委书记李强、市长应勇对全市治水工作进行再动员、再部署、再推进。12月,上海市副市长、市副总河长汤志平、市政府副秘书长、市河长办第一副主任黄融多次召开专题会议,研究部署部分排水系统道路积水问题整改、《上海市节水行动实施方案》编制、吴淞江川沙河段工程建设、区区界河芦胜河整治等工作,持续推进河长制湖长制各项任务落到实处。

5.2020年有关河长制会议情况 4月21日上午,上海市副市长、市副总河长汤志平召开2020年市河长办第一次主任会议,总结2019年河长制工作,研究部署2020年重点工作。6月4日,上海市委书记、市总河长李强,市长、市总河长龚正组织召开全市河长制湖长制工作会议,部署下阶段河长制湖长制工作。9月23日,上海市市长、市总河长龚正主持召开市政府常务会议。会议原则同意《上海市防洪除涝规划(2020—2035年)》。9月22日,上海市副市长、市副总河长汤志平主持召开"迎国庆、迎进博"市容环境整治部署会,并实地察看了黄浦南苏州路、长宁城运中心、普陀曹杨环浜等现场。10月21日上午,吴淞江工程(上海段)新川沙河段举行开工活动,上海市委书记、市总河长李强宣布工程开工,市长、市总河长龚正开工仪式。11月14日,上海市市长、市总河长龚正调研苏州河中心城区42km岸线公共空间贯通工作并指出,要深入贯彻落实习近平总书记考察上海和在浦东开发开放30周年庆祝大会上的重要讲话精神,积极践行"人民城市人民建,人民城市为人民"重要理念。12月4日,上海市委书记、市总河长李强主持召开市委常委会,会议传达了推动长江经济带发展领导小组会议精神,研究了推进长江经济带上海段生态环境问题整改工作。12月7日上午,上海市市长、市总河长龚正主持召开市政府常务会议,会议传达了推动长江经济带发展领导小组会议精神,要深入学习领会习近平总书记对长江经济带的战略指引,进一步提高政治站位,全力以赴推进长江经济带上海段环保问题整改工作。

(金叶汶 刘炎)

【重要文件】 2016年12月3日,上海市人民政府办公厅转发市水务局、市环保局制定的《关于加快本市城乡中小河道综合整治的工作方案》的通知(沪府办〔2016〕94号)。明确到2017年年底实现全市中小河道基本消除黑臭,水域面积只增不减,水质有效提升、人居环境明显改善、公众满意度显著提高，为 2020 年全市基本消除丧失使用功能的水体（劣于Ⅴ类）打好基础。

2017 年 1 月 20 日，中共上海市委办公厅、上海市人民政府办公厅印发《关于本市全面推行〈河长制湖长制的实施方案〉的通知》（沪委办发〔2017〕2 号）。按照"党政同责"和"一岗双责"要求，建立更加严格、清晰的河湖管理分级责任体系。实施方案从组织体系、工作任务、组织保障及考核问责等方面明确了本市河长制建设的主要内容。

2017 年 12 月 21 日，上海市人民政府办公厅转发市水务局制订的《苏州河环境综合整治四期工程总体方案》的通知（沪府办〔2017〕80 号）。总体方案对照国家水污染防治行动计划和上海建设卓越的全球城市的要求，明确了"到 2020 年，苏州河干流消除劣Ⅴ类水体；到 2021 年，支流全面消除劣Ⅴ类水体"的整治目标。届时，苏州河干流堤防工程将实现全面达标、航运功能得到优化、生态景观廊道基本建成，形成大都市的滨水空间示范区，水文化和海派文化的开放展示区，人文休闲的自由活动区，为最终实现"安全之河、生态之河、景观之河、人文之河"的愿景奠定基础。

2018 年 4 月 29 日，中共上海市委办公厅、上海市人民政府办公厅印发《关于进一步深化完善河长制 落实湖泊湖长制的实施方案》（沪委办发〔2018〕17 号）。实施方案充分结合本市河长制工作，将湖长制纳入河长制工作体系，建立市、区、街道乡镇三级湖长体系。实施方案提出加强湖泊水污染防治和水环境治理、加强湖泊水域空间管控、加强湖泊岸线管理保护、加强湖泊水资源保护、加强湖泊水生态修复、加强湖泊执法监督等六个方面任务。

2018—2020 年，上海市河长制办公室每年印发年度河长制湖长制工作要点，明确年度工作任务，不断提升河长履职尽责能力，压实河长责任，切实推进河长制六大任务，力争打好碧水保卫战，实现河湖水环境质量只升不降，增强人民群众的获得感和幸福感。其中，2018 年 2 月 8 日印发《2018 年度河（湖）长制工作要点》（沪河长办〔2018〕7 号），2019 年 2 月 22 日印发《2019 年河长制湖长制工作要点》（沪河长办〔2019〕6 号），2020 年 4 月 26 日印发《2020 年河长制湖长制工作要点》（沪河长办〔2020〕23 号）。　　　　　　　　（潘登）

【地方政策法规】

1. 地方性法规

（1）2016 年 2 月 23 日，上海市第十四届人大常委会第二十七次会议通过《关于修改〈上海市河道管理条例〉等 7 件地方性法规的决定》，于 2016 年 3 月 1 日起施行。将《上海市河道管理条例》第二十七条第二款修改为："确因建设需要填堵河道的，建设单位应当委托具有相应资质的水利规划设计单位进行规划论证，并报市人民政府批准。"

（2）2017 年 11 月 23 日，上海市第十四届人大常委会第四十一次会议通过《关于修改本市部分地方性法规的决定》，于 2017 年 12 月 1 日起施行。将《上海市防汛条例》第二十五条第一款修改为："建设跨河、穿河、穿堤、临河的桥梁、码头、道路、渡口、管道、缆线、排（取）水等工程设施，应当符合防汛标准、岸线规划、航运要求和其他技术要求，不得危害堤防安全、妨碍行洪畅通；其工程建设方案未经有关水行政主管部门根据前述防汛要求审查同意的，建设单位不得开工建设；涉及航道的，按照《上海市内河航道管理条例》的规定办理审批手续。"将《上海市河道管理条例》第十八条修改为："河道管理范围内的建设项目，建设单位应当按照河道管理权限，将工程建设方案报送市水行政主管部门或者区河道行政主管部门审核同意。未经市水行政主管部门或者区河道行政主管部门审核同意的，建设单位不得开工建设。"

（3）2017 年 11 月 23 日，上海市第十四届人大常委会第四十一次会议通过《上海市水资源管理若干规定》，于 2018 年 1 月 1 日起施行。围绕最严格水资源制度管理要求，明确水资源论证制度，建立取水总量控制指标体系，健全全过程供水安全保障体系，制定用水效率指标体系，完善河长制体系，加强水功能区限制纳污管理，提高河道综合整治要求。

（4）2018 年 11 月 22 日，上海市第十五届人大常委会第七次会议通过《关于修改本市部分地方性法规的决定》，于 2019 年 1 月 1 日起施行。将《上海市河道管理条例》第二十条修改为："河道管理范围内的建设项目，按照国家有关法律、法规，进行竣工验收，并应当服从市水行政主管部门或者河道行政主管部门的安全管理。"将第四十四条修改为："违反本条例第十八条、第十九条、第三十条第一款规定，由市水务执法总队或者区河道行政主管部门责令其停止施工，限期改正或者采取其他补救措施，并可处一千元以上五万元以下的罚款。"

（5）2018 年 12 月 20 日，上海市第十五届人大常委会第八次会议通过《关于修改〈上海市供水管理条例〉等九件地方性法规的决定》，于 2019 年 1 月 1 日起施行。将《上海市河道管理条例》第二十四条删去，取消河道临时使用许可证制度。

2. 政府规章

（1）2018年1月4日，上海市政府公布《关于修改〈上海市公墓管理办法〉等9件市政府规章的决定》，于2018年1月4日起施行。将《上海市水闸管理办法》第十七条、第十九条第一款第（七）项删去。

（2）2018年12月7日，上海市政府公布《关于修改〈上海市民防工程建设和使用管理办法〉等5件市政府规章的决定》，于2019年1月10日起施行。将《上海市取水许可和水资源费征收管理实施办法》第八条第二款、第三款修改为："下列取水许可申请，除国家规定由流域管理机构审批的外，由市水务管理部门负责审批：（一）公共供水取水及以长江和黄浦江为水源的日取水量在2万m³以上（含2万m³）的地表取水许可申请；（二）地下水取水许可申请。"

（郑逸）

【专项行动】 2016年上海市水务局组织启动《长江中下游干流河道采砂规划（2016—2020年）上海段实施方案》编制工作，2017年11月20日上报市政府，2018年1月4日经上海市政府批准后印发实施（沪水务〔2018〕21号）。

2019年10月16日，上海市河长办印发《关于进一步加强本市长江河道采砂管理工作的实施方案》（沪河长办〔2019〕52号），明确长江河道采砂管理市区两级河长责任，压实水行政主管部门、现场监管部门、水行政执法部门责任，落实海事、航道、公安、交通（码头）、市场监管、司法行政等部门职责分工，加快谋划采砂船舶集中停靠点建设事宜。

2016—2020年，上海市充分发挥河长制平台优势，落实政府行政首长负责制和河长责任制，分解压实各级责任。坚持保护优先原则，强化规划刚性约束。严格许可审批管理，加强事中事后监管，5年共审批长江河道采砂许可35件，许可采砂量2 749.75万m³。严厉打击非法采砂，逐步常态化开展夜间执法，加密执法频次，始终保持高压态势，5年中执法立案数量及罚款额逐年增加，共立案查处106件，罚款1 118.525万元。强化省际联合，开展上海、江苏边界采砂常态化联合执法，确保边界水域和谐稳定。深化部门协作，加强与公安、海事、航道等水上执法部门合作，并在行刑衔接上取得新突破，2018年移送公安刑事立案2起，2019年向公安部门移送涉黑线索2件。2016—2020年长江河道采砂许可及执法情况见表4。

表4 2016—2020年长江河道采砂许可及执法情况

年　度	2016	2017	2018	2019	2020
许可审批事项/件	7	4	10	10	4
许可采砂量/万m³	1 060.3	1 070.88	417.52	168.55	32.5
立案查处/件	7	11	16	30	42
罚款额/万元	77	124.075	159.75	362.8	394.9

（刘杰）

【河长制湖长制体制机制建立运行情况】 2017年6月8日，上海市河长制办公室印发《关于印发〈上海市河长制河长会议制度（试行）〉〈上海市河长制信息报送和共享制度（试行）〉〈上海市河长制工作督察制度（试行）〉〈上海市河长制考核问责制度（试行）〉的通知》（沪河长办〔2017〕8号）。2018年9月19日，上海市河长制办公室印发《关于印发〈上海市河长办会议制度〉的通知》（沪河长办〔2018〕45号）。建立了会议、信息报送和共享、督查、考核问责等制度。

2017年10月13日，上海市河长制办公室印发《关于印发〈上海市河长制工作验收办法（试行）〉〈上海市河长巡河工作制度（试行）〉的通知》（沪河长办〔2017〕16号），建立河长制工作验收办法和河湖长巡河制度。

2018年7月12日，上海市河长制办公室印发《关于开展首批上海市河长制标准化街镇建设的实施方案》（沪河长办〔2018〕27号）。2020年6月30日，上海市河长制办公室印发《关于继续开展上海市河长制标准化街镇建设的实施方案》（沪河长办〔2020〕36号）。2020年7月20日，上海市河长制办公室印发《关于印发〈上海市村（居）河长工作站建设指导意见〉的通知》（沪河长办〔2020〕40号）。2018年起，上海将河长制工作体系延伸到村居一级，建立健全市—区—街镇三级河长办及市—区—街镇—村居四级河长体系，并以河长制标准化街镇和村居河长工作站建设为抓手，持续加强街镇、村居两级河长制工作机构能力建设，打通河长制"最后一公里"，做实做细治水"神经末梢"。

2018 年 7 月 16 日，上海市河长制办公室印发《关于印发〈上海市河长制湖长制约谈办法（试行）〉的通知》（沪河长办〔2018〕28 号），进一步压实河长责任。

2019 年 4 月 22 日，上海市河长制办公室印发《关于印发〈关于鼓励社会参与、增设民间河（湖）长的指导意见〉的通知》（沪河长办〔2019〕17 号），要求各区、街镇组织选聘民间河长，提供治水建议，参与治水监督，当好巡查员、宣传员、参谋员、联络员、示范员"五员"。

2020 年 1 月 13 日，上海市河长制办公室印发《关于转发〈河湖管理监督检查办法（试行）〉〈关于进一步强化河长湖长履职尽责指导意见〉的通知》（沪河长办〔2020〕2 号），进一步强化河长湖长履职尽责，督促河湖管理有关部门加强和规范河湖监督检查工作，推动河长制湖长制尽快从"有名"向"有实"转变。 （潘登）

【河湖健康评价】

1. 编制《上海市河湖健康评估指南》 2019 年，启动研究"典型河湖健康评估及指南编制"，结合上海自身河网水系特点与河湖管理工作重点，以全面性、普适性、简便性、实用性为原则，编制《上海市河湖健康评估指南》并通过评审。《上海市河湖健康评估指南》由评估对象、评估指标体系、调查评估方法、赋分评估、附件等五部分组成，指标体系涵盖了水文水动力、滨岸带状况、水环境质量、水生态状况、社会服务功能等多方面，是河湖生态系统状况与社会服务功能状况的综合反映。

2. 开展河湖健康调查与评估 2019 年，选取三条代表性河流开展了河湖健康调查与评估试点：静安区徐家宅河作为中心城区代表性河道；青浦区千步泾作为郊区人工型代表性河道；青浦区谢庄港（原利群港段）作为郊区自然型代表性河道。评估结果显示，徐家宅河、千步泾、谢庄港 3 条河道均处于亚健康状态，徐家宅河的水文水动力、滨岸带、水生态，以及千步泾、谢庄港的水质、滨岸带和水生态有待进一步改善。

【"一河（湖）一策"编制和实施情况】 2017 年以来，上海市先后组织开展"56＋11"条黑臭河道、1 864 条中小河道、苏四期支流河道、18 894 条消除劣Ⅴ类河道、226 条骨干河道、188 条省（市）界河等河道的"一河（湖）一策"编制工作，具体情况如下。

（1）上海市水务局于 2017 年 1 月组织编制完成《上海市建成区 56 条黑臭河道"一河一策"整治方案》。后根据环保督察的要求，补充了 11 条河道"一河一策"整治方案。

（2）上海市河长制办公室组织各区分 3 批编制完成 1 864 条（471 条、692 条、701 条）城乡中小河道"一河一策"整治方案。

（3）上海市河长制办公室于 2017 年 6 月下发《关于印发〈苏州河支流水环境综合整治方案编制工作大纲〉的通知》（沪河长办〔2017〕6 号），各区均编制完成综合整治方案，并完成全市汇总报告。

（4）上海市河长制办公室印发《关于印发〈上海市河湖关于消除劣Ⅴ类"一河一策"方案编制工作大纲〉的通知》（沪河长办〔2018〕8 号），要求各区组织编制消除劣Ⅴ类 18 894 条"一河一策"方案，编制完成"一镇一本""一区一本"及"全市一本"。

（5）2018 年，启动全市骨干河道及省（市）界河"一河一策"方案编制工作，先期完成市领导担任河长的 10 条河道"一河一策"方案编制工作，16 个行政区骨干河道"一河一策"也相继编制完成。省（市）界河"一河一策"于 2019 年通过验收，在省（市）界河"一河一策"报告的基础上报送送长三角生态绿色一体化发展示范区跨省河湖治理材料。

上海市"一河（湖）一策"编制坚持问题导向，立足不同河湖的具体情况，聚焦精准性、可操作性、实效性，在河道整治实施过程中发挥了重要作用。

（卢智灵 李珍明 蔡至旨 闫莉）

【水资源保护】

1. 水资源刚性约束 "十三五"期间，上海市深入实行最严格水资源管理制度，全面实施国家节水行动，贯彻落实水资源刚性约束制度。围绕服务长江经济带发展、长江三角洲区域一体化发展、上海自贸试验区临港新片区等国家战略，印发《上海市节水行动实施方案》，严格水资源消耗总量与强度"双控"制度，聚焦取用水管理专项整治行动整改提升工作，持续强化水资源开发利用监管，严格落实地下水管控指标和各项保护措施，实现取水许可电子证照推广应用，全力推进黄浦江上游水源地原水系统建设和供水水质提升，不断提升水资源利用效率和行业监管能力，有效地促进了全市经济社会可持续发展。 （顾珏蓉）

2. 节水行动 "十三五"期间，上海市用水总量基本保持平稳，2020 年万元 GDP 用水量和万元工业增加值用水量分别较"十二五"末下降 38.7% 和 35.8%。为贯彻落实习近平总书记重要讲话精神和党中央、国务院决策部署，全面推进上海市节水工作，2019 年年底，上海市水务局、上海市发展改革委联合印发《上海市节水行动实施方案》，明确农业节水减排、工业节水增效、城乡节水降损等重点任务，同步建立上海市节约用水工作联席会议制度，进一步巩固了高位推动各领域节水行动的工作局面。

（刘潇潇）

3. 全国重要饮用水水源地安全达标保障评估 每年从"水量保证、水质合格、监控完备、制度建设"等方面，对列入全国重要饮用水水源地的青草沙、陈行、黄浦江上游（金泽）水源地，开展安全保障达标建设年度评估，结果均达标。（顾珏蓉）

4. 取水口专项整治 根据《水利部办公厅关于做好长江流域取水工程（设施）核查登记整改提升工作的通知》（办资管〔2020〕12 号）要求，2020 年 6 月上海市水务局根据取水工程（设施）核查登记工作方案，正式启动专项整改工作，结合流域管理机构抽查中发现的 39 个问题，制订整改工作方案和整改工作提示，组织落实整改工作，截至 2020 年 11 月 30 日，全部完成问题整改。

5. 水量分配 2016 年，组织开展上海市"十三五"实施最严格水资源管理制度考核指标分解方案的编制，2019 年开展基于河湖生态流量（水位）控制的跨区重点河湖水量分配方案研究，探索河网地区河道水量分配。（黄大宏）

6. 生态流量监管 2020 年，落实跨省重点河湖生态流量保障工作。配合流域管理机构完成黄浦江和淀山湖、元荡等重要断面生态流量（水位）保障实施方案编制，并以监测预警为核心，按要求开展断面流量（水位）监测上报和评估。探索感潮河网地区生态水位管控。因地制宜研究水利控制片生态水位管控指标，统筹考虑水资源调度和生态环境用水需求，研究确定上海市重点河道生态水位保障目标，为平原河网地区科学确定生态水位提供支撑。

（王淼）

【水域岸线管理保护】

1. 河湖管理范围划定 完成长江（上海段）、市管河道 33 条段和 15 个区河湖管理范围划定。

（1）市管河道 33 条段和 15 个区河湖管理范围划定 2019 年 3 月，上海市水务局印发《关于加快本市河湖管理范围划定工作的通知》（沪水务〔2019〕253 号），随文下发《上海市河湖管理范围划

定技术方案》。上海市共划定市管河湖管理范围 33 条段，854.62km；划定区管及以下河湖管理范围 43 073 条段，27 923.34km。其中，市管河湖管理范围陆域侧为河口线外侧不小于 6m；静安区、徐汇区等 11 区区管及以下河湖管理范围为河口线外侧不小于 6m；崇明区、嘉定区等 4 区依据不同河道等级河湖管理范围为河口线外侧 3～10m 不等。

（2）长江（上海段）管理范围划定 2020 年 2 月，上海市人民政府办公厅转发市水务局制定的《关于长江（上海段）管理范围的规定的通知》（沪府办〔2020〕10 号），长江（上海段）划界范围起点为沪苏边界，终点为 50 号灯标（其中南侧大陆线为南汇嘴）。长江（上海段）的管理范围包括水域和陆域两部分。水域是指长江大堤内坡脚线之间的区域（上海行政区范围）；对有随塘河的，陆域是指长江大堤内坡脚至随塘河边缘的护堤地；对无随塘河的，陆域是指长江大堤堤内坡脚外侧 20m 护堤地；河湖管理范围线原则上划至支河口第一个水工建筑物。

（卢智灵　李珍明）

2. "四乱"整治 2018 年 8 月，上海市河长办印发《关于开展上海市河湖"清四乱"专项行动的通知》（沪河长办〔2018〕31 号），在规模以上河湖：长江和黄浦江、淀山湖、北湖、滴水湖、元荡、蕰藻浜和明珠湖（简称"两江六湖"）开展"清四乱"专项行动，对两江六湖的"四乱"问题开展地毯式摸排。

2019 年 2 月，上海市河长办印发《关于开展上海市河湖管理范围内"三违一堵"情况调查和整治专项行动的通知》（沪河长办〔2019〕5 号），在全市规模以下河道开展"三违一堵"专项行动。截至 2019 年 12 月底，全市共摸排出规模以上河湖"四乱"问题 68 个，规模以下河湖"四乱"问题 445 个，截至 2019 年年底全部完成整改。

2020 年 4 月，上海市河长办印发《关于深入推进上海市河湖"清四乱"常态化规范化的通知》（沪河长办〔2020〕17 号），"清四乱"整治范围由"两江六湖"等规模以上河湖向上海市各级河湖延伸，实现河湖全覆盖（其他河湖除外）。2020 年全市共摸排出"四乱"问题 360 个，截至 2020 年年底全部完成整改。

（蒋国强　徐芳）

【水污染防治】

1. 排污口整治 2019 年 7 月，上海市生态环境局印发《关于做好过渡期入河排污口设置审批工作的通知》（沪环水〔2019〕161 号），明确申请材料、受理范围、职责分工、审批流程等各项要求，指导

各区做好入河排污口的设置审批工作，实现审批工作有序衔接、平稳过渡。

2019年配合生态环境部，对浦东新区、宝山区、崇明区沿长江干流两岸2km范围开展长江入河排污口排查工作。

2019年至2020年12月底，上海市生态环境部门共批复同意3个新改扩建排污口项目，均为城镇污水处理厂改扩建排污口，并将全市规模以上入河排污口列入年度生态环境监测工作计划，定期开展监测和溯源工作。 （蒋明）

2. 工矿企业污染防治 2017年1月17日，原上海市环保局印发《城乡中小河道及水质国考、市考断面周边工业企业整治工作方案》（沪环保自〔2017〕24号），深入推进全市河道周边工业企业污染治理，将河道两岸1km范围内存在环境风险隐患的企业全部纳入整治。

2017年，完成3125家企业治理任务。2018年，对2012条（段）河道周边115家企业实施截污纳管或关停调整。2019年完成122家工业企业整治。2020年起，结合排污许可证执法检查，持续加强对河道周边工业、企业的执法监管。 （何冰洁）

3. 畜禽养殖污染防治 2016—2020年，上海市以"生态优先、规模适度、布局合理、循环发展"为指导，坚持种养结合，将畜牧产能向粮菜主产区和环境容量大的适度养殖区转移，实现畜禽粪污就近就地利用。支持重点区和企业新建、改扩建规模化畜禽养殖场，推动畜禽养殖基地项目建设、落地。上海市一批畜牧业落后产能被坚决淘汰，畜牧业结构布局加快优化，以种定养、以田定畜、农牧循环的格局逐渐形成。

2016年2月14日，上海市人民政府印发《关于同意〈上海市养殖业布局规划（2015—2040年）〉的批复》（沪府〔2016〕17号）。2016年9月5日，上海市人民政府印发《关于印发〈上海市现代农业"十三五"规划〉的通知》（沪府发〔2016〕72号）。2018年2月13日，上海市人民政府印发《关于印发〈上海市畜禽养殖废弃物资源化利用实施方案〉的通知》（沪府办〔2018〕12号）。2018年5月28日，上海市人民政府印发《关于印发〈上海市都市现代绿色农业发展三年行动计划〉的通知》（沪府办发〔2018〕21号）。

4. 水产养殖污染防治 2018年6月，上海市水产办公室印发《上海市水产养殖绿色生产操作规程（试行）》（沪水产办〔2018〕34号），明确水产养殖绿色生产环节的各项工作要求，在全市推行节能减排的水产养殖绿色生产方式。2019年7月，上海市

水产技术推广站联合上海市环境科学研究院印发《上海市水产养殖尾水排放操作规程（试行）》，明确水产养殖尾水达标排放相关要求。至2020年，上海市共有490家水产养殖场实施水产养殖绿色生产，实现按规程生产面积达11.28万亩，覆盖率达72%；尾水治理改造面积6万余亩。同时加强源头管控，规范水产养殖投入品使用，试点水产养殖节水减药减排技术，降低对外围环境的影响。

5. 农业面源污染防治 2015年4月，上海市农业农村委制定印发《上海市化肥和化学农药减量工作方案》（沪农委〔2015〕92号）。2016—2020年，冬季绿肥和深耕累计面积达到577万亩，累计推广商品有机肥近150万t，推广专用配方肥943万亩次，推广缓释肥93.6万亩次，推广杀虫灯、黄板、性诱剂等绿色防控技术286万亩次，累计推广机械化种植同步侧深施肥作业面积10.5万亩，完成5万亩次水肥一体化任务；完成29个园艺场蔬菜废弃物综合利用示范点建设，示范点区域范围内蔬菜废弃物综合利用率达到100%，产品100%符合食品安全国家标准或农产品质量安全行业标准；新增资源化利用面积1.5万亩，新增蔬菜废弃物处理量约3.75万t。 （蔡萌）

6. 船舶港口污染防治 2017年12月，上海市交通委制定《上海港船舶和港口污染物接收、转运及处置设施建设方案》，推进建立健全船舶污染物接收转运处置全流程的监管联动制度。2019年6月，上海市交通委、市发改委和市财政局联合发布《上海市港口岸电建设方案》。2020年3月，上海市交通委制定《上海市400总吨以下内河船舶生活污水环保改造实施方案》。2020年3月，上海市交通委、海事部门联合印发《上海市港口和船舶岸电管理办法实施细则》，强化船舶安装和使用岸电的监管，加大海事执法力度，切实提高岸电使用率。2020年5月，上海市政府常务会议审议通过《上海港船舶和港口污染突出问题整治方案》。2020年6月，上海市交通委会同市生态环境局联合印发《关于落实第二轮中央生态环境保护督察整改要求开展全市码头企业环境综合整治工作的通知》（沪交港函〔2020〕432号）。2018—2020年，全面完成400总吨以下船舶的环保改造工作；实现50%以上的集装箱、客滚、邮轮、3000吨级以上客运和5万吨级以上干散货专业化泊位应具备向船舶供应岸电的能力。 （陶家伟）

【水环境治理】

1. 饮用水水源规范化建设 2016—2020年，持续加强上海市四大集中式饮用水水源地（青草

沙、陈行、东风西沙以及黄浦江上游）规范化建设，提高水源地抗污染风险能力。全面清理水源一级保护区内与供水设施和保护水源无关的建设项目，基本落实一级保护区封闭式管理。依据对水源地环境隐患的影响大小，逐步落实水源二级保护区内各类污染源的专项整治工作。2016—2017年完成黄浦江上游水域浮吊船舶清退整治，2017年完成水源二级保护区内排污口调整关闭，2018年起在完成国家规要求的基础上，自我加压全面推进水源二级保护区内工业企业的关闭清拆，共完成528家工业企业的关闭清拆，从源头上消除了水源保护区内严重污染水源的生态环境安全隐患。印发《上海市净水行动实施方案（2018—2020年）》，重点聚焦水源地污染防治以及生态提升试点等工作，通过最严格的管控措施保障市民的饮水安全。经过努力，上海市四大集中式饮用水水源地水质自2018年起每月均稳定达到或优于Ⅲ类水标准，水质达标率为100%。

（孟智奇）

2. 消除黑臭水体 2016年，上海市委书记韩正开展"不打招呼的调研"，强调持之以恒补齐生态环境短板，提出"下决心打好水环境攻坚战"，要求到2017年年底中小河道基本消除黑臭，水域面积只增不减。全市通过实施控源截污、河道整治、长效管理、执法监督等措施，经水质监测和公众评议，到2017年年底完成1864条段中小河道整治并基本消除黑臭。

2018年起，上海市委、市政府以"苏四期"工程为引领，以河长制为抓手，市委书记李强和市长应勇共同担任总河长，全面启动本市1.88万条劣Ⅴ类水体治理工作，通过建立通报曝光机制，明确考核验收标准。市政府与区政府签订《河长制工作重点目标责任书（2018—2020年）》，完善水质监测体系，在全市上下共同努力下，到2020年年底，全市基本消除劣Ⅴ类水体。

（王梦寒）

3. 农村水环境治理 2016年以来，为有效推进农村生活污水治理工作，先后出台了项目管理办法、设施运行维护管理办法、出水水质标准等规范性文件，完善了农村生活污水治理的政策制度体系。上海市委、市政府高度重视农村生活污水治理工作，连续4年将农村生活污水治理工作列为市政府实事项目，并纳入法规文件《上海市排水与污水处理条例》中，从行业监管、运维管理等方面进一步完善了农村生活污水治理政策法规体系。

2016—2020年，全市完成农村生活污水治理约40万户，村治理率达到81%。农村生活污水治理工作的开展，有效减少了农村地区污水直排现象，切

实削减了入河污染物，改善了农村人居环境。

（翁晏呈）

【水生态修复】

1. 退田还湖还湿 2017年12月18日，上海市人民政府印发《关于印发〈上海市湿地保护修复制度实施方案〉的通知》（沪府办〔2017〕74号），明确"先补后占、占补平衡"的管理原则，严格执行湿地面积总量控制，推进湿地保护和修复。2017年2月8日，上海市财政局、市发展改革委、市农业农村委、市绿化市容局、市环保局等5个部门联合印发《市对区生态补偿转移支付办法》（沪财预〔2017〕3号），正式将自然保护区、上海市级重要湿地等湿地区域纳入市对区生态补偿转移支付范围。2019年1月21日，上海市绿化市容局、市规资局、市生态环境局、市水务局、市农业农村委、市发展改革委、市交通委等7个部门联合印发《上海市湿地名录管理办法（暂行）》（沪绿容〔2019〕28号），发布了上海市第一批市级重要湿地名录，包括青浦淀山湖等13块湿地，明确湿地分级分类管护。

2016—2020年，配套开展崇明东滩5个中央财政湿地生态修复项目，总计投资1800万元，清除外来入侵种互花米草，种植海三棱藨草，项目实施区域内生境明显改善；完成"崇明东滩互花米草生态控制与鸟类栖息地优化工程"，优化面积共计24.2km²；开展青浦蓝色珠链湿地修复项目课题研究，积极探索湖泊湿地修复路径，取得初步成果。

（孙凯博）

2. 生物多样性保护 2016—2020年，核定长江退捕渔船192艘、长江退捕渔民194名，实现捕捞证100%回收、捕捞渔船100%拆解、捕捞网具100%销毁、渔民社会保障100%覆盖、有意愿渔民100%转产就业的"5个100%"退捕目标，长江（上海段）实现"四清四无"目标。投入各类增殖放流资金9688万余元，在长江上海段、淀山湖、黄浦江上游、杭州湾上海沿岸等重要渔业水域放流各类苗种6.69亿余尾（只）；建成长江口海洋牧场示范区14.4km²，被农业农村部公布为国家级海洋牧场示范区（第二批）。累计救护中华鲟、大鲵、江豚等各类水生野生动物2281尾（只）。2020年5月14日，上海市人民代表大会常务委员会审议通过《上海市中华鲟保护管理条例》，并于2020年6月6日起实施。2020年长江口浮游植物多样性指数评价结果为良好，浮游动物多样性指数评价结果为中等，底栖动物27种；黄浦江上游鱼类生物多样性总体高于下游市区断面，鱼类多样性指数为1.27～1.85，

评价结果为一般；苏州河着生生物和底栖生物近 10 年来整体呈上升趋势，鱼类种数由 2012 年的 21 种提升到 2019 年的 45 种；淀山湖的鱼类种数由 2006 年的 23 种提升到 2020 年的 37 种。　（蔡萌　何冰洁）

3. 水土流失治理　2017 年 7 月 29 日，上海市人民政府印发《关于同意〈上海市水土保持规划（2015—2030 年）〉的批复》（沪府〔2017〕70 号）。2017 年 11 月 15 日，上海市水务局印发《关于印发〈上海市水土保持管理办法〉的通知》（沪水务规范〔2017〕2 号）。2017 年 12 月 8 日，上海市水务局印发《关于同意〈上海市水土保持信息化工作实施计划（2017—2018 年）〉的批复》（沪水务〔2017〕1426 号）、《关于同意〈上海市水土保持监测实施方案（2017—2020 年）〉的批复》（沪水务〔2017〕1427 号）。2019 年 10 月 30 日，上海市水务局印发《关于印发〈生产建设项目水土保持方案审批办事指南〉〈生产建设项目水土保持方案审批办事指南（告知承诺方式）〉的通知》（沪水务〔2019〕1215 号）。2020 年 1 月 21 日，上海市水务局修订并印发《上海市水土保持管理办法》。

2016—2020 年，上海市共计实施城乡中小河道综合整治 1 864 条段 1 756km，累计完成 202km 中小河道边坡修整和岸坡绿化、290km 河道护岸新建、1.4 万 km 河道轮疏、7 867 hm² 农田林网和河道防护林建设，自然水土流失显著降低；审批水土保持方案 1 407 项，涉及水土流失防治责任面积 85.33km²。

2018 年，上海市完成了崇明区水土保持"天地一体化"区域监管示范工作。2019—2020 年，上海市运用卫星遥感和无人机等信息技术手段，完成水利部和上海市加密监管发现的 3 018 个疑似违法违规图斑的现场复核工作，共认定违法违规项目 803 个，整改完成率 99% 以上。2020 年，上海市对已审批且开工的生产建设项目实施全覆盖检查，共检查 844 项，督促落实水土流失防治主体责任。　（赵杰）

4. 生态补偿机制建立　2019 年 12 月 27 日，上海市生态环境局、市财政局联合制定《上海市流域横向生态补偿实施方案（试行）》（沪环水〔2019〕251 号）。2019—2020 年，上海市流域横向生态补偿资金合计安排 8.97 亿元（其中区级资金 6.4 亿元、市级引导资金通过中央水污染防治资金安排 2.57 亿元）。市内流域横向生态补偿机制的实施，在推动落实各区治水属地责任、实现各区水环境治理合作共赢等方面发挥了积极作用。　（孟智奇）

5. 生态清洁小流域建设　2019 年，上海市水务局启动生态清洁小流域相关研究工作。2020 年 5 月 14 日，上海市河长办印发《关于推进生态清洁小流域建设规划工作的通知》（沪河长办〔2020〕25 号），将青浦区金泽镇莲湖村和金山区漕泾镇水库村命名为"上海市首批生态清洁小流域建设示范点"，为上海市生态清洁小流域建设提供示范引领。2020 年，上海市水务局指导各区推进生态清洁小流域建设工作，各区河长办相继完善并印发了区级生态清洁小流域建设规划和 45 个街镇生态清洁小流域实施方案。2020 年 11 月 27 日，《上海市生态清洁小流域建设规划（2021—2035 年）》通过专家审查。　（赵杰）

【执法监管】

1. 河湖日常监管　上海坚持全面推进依法治国战略，践行人民城市重要理念，落实中央关于生态文明建设的总体要求及市委、市政府、局党政的重要决策部署，聚焦水生态、水资源、水安全等河湖重点领域加大专项执法力度。强化排水水质监测、无证排水、雨污混接、排水设施保护等常态监管，严打非法采砂，加大河湖执法力度，促进河道水环境持续好转。落实最严格水资源管理制度，加强供水执法保障，成功应急处置多起供水设施损坏事故。

2016—2020 年，上海市水务局执法总队执法巡查 13 504 次、35 993 人次，立案 966 件，罚款 6 197.18 万元。其中，2016 年执法巡查 2 457 次、6 541 人次，立案 158 件，罚款 433.24 万元；2017 年执法巡查 2 473 次、6 522 人次，立案 273 件，罚款 2 250.27 万元；2018 年执法巡查 2 534 次、6 639 人次，立案 176 件，罚款 1 195.12 万元；2019 年执法巡查 2 451 次、7 477 人次，立案 155 件，罚款 1 294.06 万元；2020 年执法巡查 3 589 次、8 814 人次，立案 204 件，罚款 1 024.50 万元。

2. 联合执法　建立完善"市区联手、专业联合、部门联治、条块联动"工作机制，汇聚多方监管合力，提升城市治理能力水平。每年召开上海市采砂执法联席会议，形成采砂执法监管合力，有力打击违法行为。2016 年，上海市水务局执法总队与市城管执法局执法总队签订《关于加强执法协作的工作方案》；与市生态环境局执法总队签订《关于加强执法协作的工作意见》。2019 年，上海市河长办印发关于进一步加强上海市长江河道采砂管理工作的实施方案，要求建立河长挂帅、水利牵头、部门协同、社会参与的采砂管理联动机制；上海市水务局与江苏省水利厅签订《长江苏沪界段采砂管理合作备忘录》。2020 年，上海市海洋局与国家海警局直属一局签订《执法合作协议》。同年，上海市水务局执法总队成立督查支队，根据市河长办的委托开展对各区的水务督查工作，开展黑臭水体整治、河湖"清四乱"及执法监管等重点督查，推动属地责任落实。

（秦佳）

【水文化建设】

1. 水文化科普教育场馆 2004年7月，位于上海市普陀区的苏州河梦清园环保主题公园建成开园。2006年11月，上海自来水科技馆重新改造开放，该科技馆前身系2003年建设的自来水行业历史展示场馆。2009年，上海东区水质净化厂（排水展示馆）被列为"上海市科普教育基地"，用作科普教育与实验，该净化厂始建于1923年。

2. 水利遗迹 2018年6月，位于上海市松江区的广富林文化遗址开园。2012年12月，位于上海市延长西路的元代水闸遗址博物馆开馆。 （孟鑫）

【信息化工作】 2017年，中共上海市委办公厅、上海市人民政府办公厅印发《关于本市全面推行河长制的实施方案》，上海市河湖信息化工作启动。

2018年11月13日，上海市水务局完成上海市河长制工作平台的建设，建设了河长工作模块（即"上海河长"App）、河长办管理模块（即"上海市河长办工作管理平台"）、公众服务模块（即微信公众号、门户网站、市民云等渠道），以及上海河湖随行模块（即"上海河湖"App），将全市7781名河长纳入管理平台，基本实现"各级河长一管到底、河湖管理一网协调、河道要素一目了然、社会公众一键参与"的目标。

2019年11月9日，在上海市河长制工作平台的基础上，上海市水务局完成"上海市河长制工作平台（二期）"的建设，新增河长管理功能、河湖管理功能、水质监测管理功能，建设了河长制督查模块，逐步聚合各类水务专业系统，并向区级平台提供河长制数据服务接口，完成阶段性的本市工作进展、河长等信息的上报，基本实现了与外部系统数据的互联互通，满足了上海市河长办的业务需求。

2020年10月20日，上海市水务局完成上海城市运行管理和应急处置水务专题系统——河长制湖长制平台的建设，建设了河湖长制、水利设施以及地图三个板块，在城市运行大屏中基本实现全市河长湖长信息、年度巡河、水质情况及水闸泵站等统计信息的展示。

2020年11月10日，在上海市河长制工作平台的基础上，上海市水务局完成上海市河长制工作平台（2020升级改造）的建设，进一步完善了上海市河长制工作平台中河长办管理模块、河长工作模块

及上海河湖模块的升级改造，优化了工作流程，加强各部门之间的联动性，提高工作效率，同时新增了河长制工作常态数据分析功能，充分发挥系统应用实效，不断升级工作体系。 （沈建刚）

江苏省

【河湖概况】

1. 河流、湖泊基本情况 江苏地处长江、淮河两大流域下游，分属长江、太湖、淮河、沂沭泗四大水系，长江横穿东西，京杭运河纵贯南北，境内地势低平，河湖众多，河湖水域面积1.72万km²，占全省面积的16.9%。全省乡级以上河道2万多条，其中723条河道列入省骨干河道名录，总长2.07万km。骨干河道包括33条流域性河道、123条区域性骨干河道、567条跨县及县域重要河道；列入省湖泊保护名录的湖泊154个，其中省管湖泊28个，湖泊水域总面积6958km²。

2. 河湖水量、水质基本情况 2020年江苏省地表水资源量486.61亿m³，其中淮河流域263.18亿m³、长江流域94.58亿m³、太湖流域128.85亿m³。全省重点水功能区水质达标率为93.5%，县级以上集中式饮用水水源地水质全面达标。

3. 水利工程 截至2020年年底，江苏省建有骨干河道堤防4.96万km，大中型水闸492座，大中型泵站409座，各类在册水库947座（其中大型水库6座、中型水库43座），水电站36座。农村供水工程147处，塘坝17.6万面。

（刘仲刚 胡颖 赵勇）

【重大活动】

1. 2017年

（1）3月2日，江苏省委办公厅、省政府办公厅印发《关于在全省全面推行河长制的实施意见》。

（2）6月7日，江苏省政府办公厅印发《关于成立江苏省河长制工作领导小组的通知》。

（3）7月17日，江苏省政府召开全面推行河长制工作电视电话会议，贯彻党中央、国务院和江苏省委、省政府关于全面推行河长制的重大决策。

（4）9月6日，江苏省河长制工作领导小组召开会议，研究部署河长制重点工作。

（5）10月9日，江苏省政府召开新闻发布会，发布《江苏省生态河湖行动计划（2017—2020年）》。

（6）12月22日，江苏省河长办完成对13个设

区市全面建立河长制工作的省级正式验收。

（7）12 月 27 日，江苏省政府召开新闻发布会，宣布江苏省全面建立河长制。

2. 2018 年

（1）5 月 22 日，江苏省委办公厅、省政府办公厅印发《关于加强全省湖长制工作的实施意见》。

（2）6 月 15 日，江苏省委办公厅、省政府办公厅公布省级总河长、省级河长的名单。

（3）8 月 1 日，江苏省委常委会召开会议，江苏省委书记、省长共同部署全省河湖长制工作。

（4）11 月 19 日，江苏、浙江建立国内首个跨省湖长协商协作机制共治太湖。

3. 2019 年

（1）5 月 15 日，江苏省委书记与省长两位省级总河长共同发布《省总河长令》（2019 年第 1 号），在全省部署开展碧水保卫战、河湖保护战。

（2）5 月 16 日，江苏省河长制工作领导小组召开全省河湖长制工作暨河湖违法圈圩和违法建设专项整治推进会。

（3）9 月 3 日，发布江苏省首届“最美基层河长”“最美民间河长”推选结果。

4. 2020 年

（1）1 月 19 日，发布《生态河湖状况评价规范》。

（2）4 月 20 日，编制完成并印发《河湖长公示牌设置规范（试行）》。

（3）4 月 22 日，发布江苏河长制 LOGO。

（4）12 月 9 日，印发《关于开展 2017—2020 年全省河湖长制工作评估的通知》。

（5）12 月 30 日，江苏省河长制工作领导小组召开会议部署幸福河湖建设。

（6）12 月，编写的《江苏河长制样本》由河海大学出版社出版。　　　　　　　　（王嵘）

【重要文件】

（1）江苏省委办公厅、江苏省政府办公厅印发《关于在全省全面推行河长制的实施意见》的通知（苏办发〔2017〕18 号），2017 年 3 月 2 日。

（2）江苏省政府印发《关于印发〈江苏省生态河湖行动计划（2017—2020 年）〉的通知》（苏政发〔2017〕130 号），2017 年 10 月 9 日。

（3）江苏省委办公厅、江苏省政府办公厅印发《关于加强全省湖长制工作的实施意见》的通知（苏办〔2018〕22 号），2018 年 5 月 22 日。

（4）江苏省委办公厅、江苏省政府办公厅印发《关于在全省开展河湖违法圈圩和违法建设专项整治工作的通知》（苏办发电〔2018〕94 号），2018 年 12 月 10 日。

（5）江苏省河长制工作领导小组印发《关于印发〈全省河湖长制工作高质量发展指导意见〉的通知》（苏河长〔2019〕2 号），2019 年 12 月 26 号。

（6）江苏省河长制工作办公室印发《关于印发〈全省河湖“三乱”专项整治行动方案〉的通知》（苏河长办〔2017〕23 号），2017 年 9 月 19 日。

（7）江苏省河长办印发《关于充分发挥河湖长制作用 助力长江流域禁捕退捕工作的通知》（苏河长办〔2020〕29 号），2020 年 8 月 17 日。

（8）江苏省河长办印发《关于全力做好水葫芦清理处置工作的意见》（苏河长办〔2020〕34 号），2020 年 10 月 21 日。

（9）江苏省河长办印发《关于充分发挥河湖长制作用，进一步加强跨界河湖协调共治的通知》（苏河长办〔2020〕38 号），2020 年 11 月 19 日。

（10）江苏省河长办、省黑臭水体整治办印发《关于进一步加强城市建成区河道基层河长巡河工作的通知》（苏河长办〔2019〕61 号），2019 年 12 月 9 日。

（11）江苏省打好防治污染攻坚战指挥部印发《关于印发〈江苏省城镇污水处理提质增效精准攻坚“333”行动方案〉的通知》（苏污防攻坚指办〔2020〕1 号），2020 年 2 月 19 日。

（12）江苏省生态环境厅、省农业农村厅、省发展改革委印发《关于印发〈江苏省农业农村污染治理攻坚战实施方案〉的通知》（苏环办〔2019〕268 号），2019 年 8 月 1 日。

（13）水利部太湖流域管理局、江苏省河长办、浙江省河长办、上海市河长办印发《关于印发〈进一步深化长三角生态绿色一体化发展示范区河湖长制加快建设幸福河湖的指导意见〉的通知》（太湖河湖〔2020〕86 号），2020 年 6 月 19 日。

（14）江苏省河长办印发《关于进一步加强河湖长制宣传工作的通知》（苏河长办〔2019〕49 号），2019 年 8 月 2 日。

（15）江苏省河长办印发《关于印发〈江苏河长制热线 96082 工作规则〉的通知》（苏河长办〔2020〕21 号），2020 年 6 月 4 日。

（16）江苏省河长办印发《关于进一步压实乡村河长责任加强农村河道长效管护的意见》（苏河长办〔2020〕31 号），2020 年 9 月 30 日。

　　　　　　　　（尹宏伟　金大伟）

【地方政策法规】　2017 年 9 月 24 日，江苏省人大常委会审议通过《江苏省河道管理条例》，2018 年 1

月1日正式实施，该条例率先将"全面实行河长制"入法，为江苏省实施河长制、加强河湖管理保护提供了法制保障。先后制定和修订的《江苏省湖泊保护条例》《江苏省水库管理条例》《江苏省水污染防治条例》《江苏省农村水利条例》等10多件地方性法规，制定和修订《江苏省水域保护办法》等系列配套规章，都将河长制入法；江苏省政府公布《江苏省骨干河道名录》《江苏省湖泊保护名录》，江苏省政府办公厅印发《江苏省农村河道管护办法》，明确农村河道全面落实河长制。

2017年1月1日起，扬州市开始实施《扬州市河道管理条例》，在全省率先将全面落实河长制写入地方性法规；2017年9月，南通市出台《南通市水利工程管理条例》也将河长制写入其中；泰州市率先在全省进行河长制专项立法，起草制定了《泰州市河长制条例》。

出台生态河湖示范建设、水域岸线管理、河湖巡查管控等一系列指导意见，印发《生态河湖状况评价规范》（DB32/T 3674—2019）《湖泊水生态监测规程》（DB32/T 3202—2017）、《关于印发畜禽粪污资源化利用相关技术规范的通知》（苏农牧〔2019〕40号）等系列省级地方标准，编制生态河湖示范建设技术指南。

（万汉峰　季俊杰）

【专项行动】

1. 采砂整治　2017年以来，江苏省狠抓长江河道采砂管理，年均出动执法人员4万人次、执法船艇5 000航次，共拆解"三无"采砂船344艘，非法采砂发案率逐年降低，杜绝规模性非法采砂行为，总体形势可控。实施洪泽湖、骆马湖及石梁河水库等其他河湖库采砂专项整治，连续开展"利剑""双清零"等专项整治行动，共出动执法人员近5万人次，执法车辆7 000台次，执法船艇5 000余艘次，共拆解洪泽湖、骆马湖水域非法采砂船1 846条，拆解石梁河水库非法采砂船1 805条、采砂机具214套、砂场103座，拆除违法建筑13万 m²，"两湖"及石梁河水库零盗采、非法采砂船零滞留"双清零"目标进一步巩固。

2. 生态河湖建设　2017年10月，江苏省政府印发《江苏省生态河湖行动计划（2017—2020年）》，实施生态河湖建设。截至2020年年底，累计建设幸福河湖、生态河湖、示范河湖2 353条。重点河湖生态优良率提升到80%以上，建成9个国家级水生态文明城市，试点数量全国第一；建成农村生态河道1 000条、生态清洁小流域81个、水美乡村1 820个。太湖水环境综合治理连续13年实现

国务院"两个确保"目标，洪泽湖住家船、餐饮船整治实现"两年任务一年基本完成"。徐州市大沙河丰县段成功创建水利部首批示范河湖。

（董万华　刘仲刚）

【河长制湖长制体制机制建立运行情况】　成立江苏省河长制工作领导小组，办公室设在省水利厅。省、市、县、乡等四级河长办全部挂牌办公，河长湖长履职规范、督察制度、会议制度、信息报送制度、数据信息共享制度、考核办法等基础性制度健全，工作经费纳入同级财政预算。先后出台《全省河湖长制工作高质量发展指导意见》《关于充分发挥河湖长制作用助力长江流域禁捕退捕工作的通知》《关于充分发挥河湖长制作用　进一步加强跨界河湖协同共治的通知》，持续完善河湖长制体制机制。制定《河长公示牌规范》省级地方标准，设立江苏省河长制热线"96082"，规范社会公众监督渠道。先后会同太湖局和浙江省河长办、上海市河长办建立太湖淀山湖湖长协作机制，与淮委和安徽、河南、山东等省河长办建立淮河流域河长制湖长制沟通协商机制。全省各地在实践中因地制宜、蓬勃创新的"河长制＋"机制，有效增强了河长制湖长制工作效能。苏州市吴江区与浙江省湖州市秀洲区跨界联合河长制入选"中国改革2020年度典型案例"。2019年无锡、苏州建立望虞河联合河长制，2020年无锡、湖州建立太湖蓝藻防控协作机制。

（任伟刚　刘洋　顾永）

【河湖健康评价】　江苏省累计制定发布28个主要河湖（库）生态水位（流量），持续逐年开展全省主要河湖生态状况评估，组织各设区市全面开展重点河湖生态状况评估。2020年，34条流域性骨干河道、11个省管湖泊生态优良率为84.44%。

（曹宏飞　胡颖　蒋燕华）

【"一河（湖）一策"编制和实施情况】　2017年4月，江苏省河长办启动开展省级河长相应的28条河"一河一策"编制，于2018年12月印发实施；2019年组织开展省级湖长相应的6个湖泊"一湖一策"编制，于2020年6月编制完成。省级河长湖长相应河湖名录包括：淮河干流江苏段、淮河入江水道、高邮湖、邵伯湖、白马湖、宝应湖、洪泽湖、骆马湖、徐洪河、京杭运河苏北段、淮河入海水道、苏北灌溉总渠、泰州引江河、通榆河、沭河、新沭河、新沂河、沂河、分淮入沂、微山湖、里下河腹部地区湖泊湖荡、长江江苏段、秦淮河、苏南运河、太浦河、新孟河、新沟河、滆湖、望虞河、太湖、长

荡湖、固城湖、石臼湖、淀山湖。13 个设区市共编制并实施市级河长湖长相应河湖 283 条（个）、县级河长湖长相应河湖 2 639 条（个）和乡级河长湖长相应河湖 14 814 条（个）"一河（湖）一策"。

（曹宏飞　胡颖　蒋燕华）

【水资源保护】　江苏省研究确定 28 个重点河湖生态水位，提前超额完成水利部下达任务。按照"一河（湖）一策"的要求，编制河湖生态水位保障实施方案。全面建立省、市、县三级行政区域用水总量控制指标，批复淮河、太湖等 7 河 2 湖水量分配方案，完成长江、高邮湖等 8 河 2 湖跨省河湖水量分配，13 个设区市完成 20 条（个）跨县河湖水量分配工作。率先完成全省范围的取水工程核查登记，核查登记 14 499 个取水项目。完成 22 个国家重要饮用水水源地安全保障达标建设任务，县级以上集中式饮用水水源地率先实现达标建设、双源供水、长效管护三项全覆盖。率先实现城乡供水一体化，城乡居民用水实现同源、同网、同质、同服务，农村供水入户率达 98% 以上。

2019 年 8 月 8 日，江苏省编制印发《江苏省节水行动实施方案》，省级建立了以分管副省长为组长的联席会议机制，13 个设区市出台实施细则。加强用水总量和强度双控，建立健全省、市、县三级行政区域双控指标体系。将万元国内生产总值用水量作为约束性指标纳入全省高质量发展考核指标体系，截至 2020 年年底，累计有 604 个项目履行节水评价，覆盖率达到 100%。印发第 5 轮林牧渔业、工业、服务业和生活用水定额修订成果，以及新一轮农业灌溉用水定额，严格用水定额使用管理。建立国家、省、市三级重点监控用水单位名录。全省累计有 43 个县（市、区）完成国家级县域节水型社会达标建设，提前超额完成国家下达的目标任务。持续开展节水型载体创建，创建各类节水型载体 377 个。实施"水效领跑者"行动，32 家企业、机构和单位被评为国家、省级水效领跑者。推出新型节水财税政策，联合江苏省财政厅、南京银行、杭州银行在江苏全省推出"节水贷"业务，列入"2019 全国水利十大新闻候选名单"。　（胡颖　吴以柱）

【水域岸线管理保护】

1. 河湖管理范围划界　截至 2020 年年底，实现国普河道、在册水库、大中型灌区划界全覆盖，累计划定河道 2 159 条、湖泊 145 个（含非省在册的 8 个国普湖泊）、水库 940 座、大中型灌区 258 个，划定河湖库管理（保护）范围面积 1.74 万

km²、河湖管理范围线长度 8.47 万 km，灌区管理范围线长度 2.40 万 km，进一步加密河湖与水利工程划界矢量"一张图"，积极推动了划界成果在数字河湖、河长制湖长制、河湖空间功能区划及管理等应用。

2. "两违三乱"整治专项行动　2017 年 9 月，江苏省河长制工作办公室印发《全省河湖"三乱"专项整治行动方案》，组织开展全省河湖"三乱"专项整治行动，专项整治在河湖管理范围内乱占、乱建、乱排等问题。2018 年 12 月，江苏省委、省政府办公厅印发《关于在全省开展河湖违法圈圩和违法建设专项整治工作的通知》，部署开展河湖"两违"专项整治工作。针对 727 条骨干河道、137 个省管湖泊、49 座大中型水库，累计排查出"两违"项目 15 830 个，省级下达 1 250 个重点河湖"三乱"整治项目，各地自行排查的"三乱"问题 21 404 个，"两违三乱"问题专项整治完成率为 99.9%。全省共清理非法占用河道岸线 416km、拆除违法建筑近 250 万 m²，清除非法网箱养殖 8 700 多亩。常态化、规范化开展"清四乱"专项整治，全面按时保质完成水利部下达的 2 050 个"清四乱"问题。

（吴嘉裕　刘仲刚　董万华）

【水污染防治】

1. 排污口整治　2019 年下半年，先后完成长江入河排污口一、二、三级排查工作，共发现疑似排污口 17 452 个，占沿江 11 省（直辖市）的 1/4。在泰州市试点基础上，全面启动长江入河排污口监测、溯源工作，截至 2020 年年底，沿江 8 市共采样监测 6 578 个排污口，占实际排口数的 41.5%。对 1.7 万个排口全部进行溯源，对 400 余个来水复杂或水质异常的排口开展了重点溯源，对溯源发现的 1 739 个排口进行核减，最终确认全省长江入河排污口数量调整为 15 720 个。

2. 工矿企业污染防治　印发《江苏省省级及以上工业园区污水处理设施整治专项行动实施方案》，开展全省省级以上工业园区污水处理设施整治专项行动。按照"应发尽发"要求，提前完成排污许可证发放登记工作，共发证 3.8 万家，登记 26 万家。狠抓"散乱污"企业排查整治，全省关停取缔 5.7 万多家。更新《江苏省化学工业主要水污染物排放标准》《太湖地区城镇污水处理厂及重点工业行业主要水污染物排放限值》，进一步收严工业企业及化工集中区废水处理厂的水污染物排放限值。制订《化工园区（集中区）企业废水特征污染物名录库筛选确认指南（试行）》，为从常规水污染物控制向特征

物水污染物管控转变提供强力技术支撑。全省 17 座尾矿库均按期完成 2020 年年底阶段性整治目标任务。

3. 生活污染防治 截至 2020 年年底，江苏省建成投运城镇污水处理厂 915 座，城镇污水处理能力达 1 990 万 m³/d，城市（县城）污水处理率达 96.37%；乡镇污水处理设施基本实现全覆盖。建成污泥处理处置设施 130 余座，实现污泥无害化处置，其中污泥焚烧处理比例达 60%。县以上城市污水处理厂全部达到一级 A 排放标准，其中太湖流域城镇污水处理厂全面达到太湖地区排放标准，各地因地制宜建设尾水生态湿地，进一步净化城镇污水处理厂出水，提高出水生态安全性。

4. 畜禽养殖污染、水产养殖污染、农业面源污染防治 率先开展畜禽粪污资源化利用整省推进，全省畜禽粪污综合利用率达 97%。实施水产绿色健康养殖技术推广"五大行动"，大力推进池塘生态化改造。扎实开展千村万户百企化肥农药减量增效行动，2020 年全省化肥、农药使用量比 2015 年分别下降 12.3%、15.9%。开展中央农作物秸秆综合利用重点县（试点）项目建设，全省秸秆综合利用率达 95% 以上。加快推进废旧农膜和农药包装废弃物回收处置工作，废旧农膜回收率达 87.2%。全面高质量推进长江流域重点水域禁捕退捕工作，长江干流江苏段及秦淮河等重要支流和石臼湖等通江湖泊暂定实行 10 年禁捕；34 个国家级、省级水生生物保护区实行常年禁捕。举办"全国放鱼日""生态修复司法专场"等渔业增殖放流活动，放流区域实现长江江苏段和主要湖泊、近岸海域等重点水域全覆盖。

5. 船舶港口污染防治 成立打好交通运输污染防治攻坚战指挥部，统筹谋划交通运输污染防治具体工作。印发《江苏省长江经济带船舶和港口污染突出问题整治工作方案的通知》（苏交执法〔2020〕85 号），以长江江苏段为重点，深入推进港口码头自身环保设施建设。沿江和内河具备码头生产生活污水自处理能力的企业有 719 家，实现码头生产生活污水纳管的企业有 573 家，散货码头实现中水回用的企业有 497 家。完成船舶污染物接收转运处置设施建设，建成船舶垃圾接收设施 5 762 套、生活污水接收设施 2 544 套、含油污水接收设施 2 212 套，实现了"应建尽建"。配备移动接收车 123 辆、移动接收船 144 艘，做到船舶垃圾、生活污水、含油污水接收设施的全覆盖。完成沿江洗舱站建设工作。

（朱滨 许天啸 张怡 邱效祝）

【水环境治理】

1. 饮用水水源地规范化建设 修订江苏省饮用水水源地安全保障规划，对入河排污口和取水口布局不合理的水源地进行调整，形成安全保障程度更高的水源地布局。建立长效管护标准化建设机制，规范水源地名录核准和注销，建立"一地一档"。建成跨部门的水源地信息共享平台，每月发布水源地水文情报；全省地级以上城市全部建有应急备用水源地或实现双源供水，满足应急条件下 7 天以上的供水能力。

2. 城市黑臭水体治理 全力推进城市黑臭水体治理，至 2019 年年底，江苏省设区市和太湖流域县级城市建成区黑臭水体基本消除，提前一年完成国家目标任务。截至 2020 年年底，全省累计整治城市黑臭水体 542 个，整治长度达 1 000 余 km，投入资金 150 多亿元，整治河道两侧排水口 5 000 余个，敷设截污管道 800 余 km，整治"小散乱"排水户 3 000 余个，建设改造沿岸绿化和滨水空间 300 万 m² 以上，整治效果得到群众广泛认可。构建"组织领导、政策保障、技术支撑、督查考核、长效管理"五位一体的工作体系，省级建立黑臭水体整治工作联席会议制度，统筹推进黑臭水体整治。出台《江苏省城市黑臭水体整治行动方案》（苏政办发〔2016〕44 号）、《江苏省"两减六治三提升"专项行动实施方案》（苏政办发〔2017〕30 号）、《江苏省城市黑臭水体治理攻坚战实施方案》（苏政办发〔2018〕106 号）、《江苏省城市黑臭水体整治实施方案编制大纲》（苏建城〔2016〕309 号）等系列文件，委托第三方定期开展调查和水质检测，实行"月报告、季通报、年考核"制度，印发《关于加强全省城市黑臭水体整治长效管理工作的通知》（苏水整治办〔2019〕9 号）和《关于进一步加强城市建成区河道基层河长巡河工作的通知》（苏河长办〔2019〕61 号），发挥河长制湖长制作用，强化技术指导和长效管护。

3. 农村水环境整治 围绕构建"互通互联、引排通畅、水清岸洁、生态良好"的现代河网水系，全省累计完成投资 96 亿元，疏浚农村河道土方 6 亿 m³，农村河道的引排能力明显提升，水质条件持续改善。

（胡颖 许天啸 蒲永伟）

【水生态修复】

1. 退田（圩）还湖 首创退圩还湖综合治理，18 个退圩还湖规划获省政府批复，规划恢复 893km² 湖泊水域，15 个退圩还湖项目开工建设。在水空间恢复方面，通过退圩还湖综合治理累计恢复湖泊水域 171km²，清除非法圈圩 372 处、面积 7.9 万亩；累计修复省管湖泊生态岸线约 500km，洪泽湖、太湖、长荡湖等近岸带水生植物逐步恢复，湖泊生境持续好转。在水环境改善方面，省管湖泊总氮含量总体呈逐年下降趋势，总磷含量总体保持稳定，水功能区水质达标率呈上升趋势。

2. 生物多样性保护　严格执行《江苏省水生生物增殖放流工作规范》，2020 年举办"全国放鱼日""生态修复司法专场"等渔业增殖放流活动，放流区域实现长江江苏段、江苏省主要湖泊、江苏近岸海域等重点水域全覆盖。加强水生生物资源保护与管理，全面高质量推进长江流域重点水域禁捕退捕工作，严格执行《农业农村部关于长江流域重点水域禁捕范围和时间的通告》（农业农村部通告〔2019〕4 号），长江干流江苏段，滁河、水阳江、秦淮河等重要支流和石臼湖等通江湖泊暂定实行 10 年禁捕；34 个国家级、省级水生生物保护区实行常年禁捕。

3. 水土流失治理、生态清洁小流域建设　实施 45 个国家水土保持重点工程小流域综合治理项目，完成水土流失综合治理面积 497km²，总投资 44 153 万元，全省面上综合治理水土流失面积 934km²。制定实施《江苏省生态清洁小流域建设规划（2016—2020）》《生态清洁型小流域建设管理办法》（苏水农〔2017〕13 号），建立健全生态清洁小流域以奖代补机制，规范生态清洁小流域建设管理程序，2017—2020 年省级财政共投入 5 650 万元奖补 66 个省级生态清洁小流域建设，奖补标准与投资规模逐年提高。生态清洁小流域建设显著改善了流域内水土流失状况，提升了人居环境质量。

4. 生态补偿机制建立　根据江苏省政府办公厅《江苏省水环境区域补偿实施办法（试行）》（苏政办发〔2013〕195 号），持续开展全省水环境区域"双向"补偿，优化完善工作方案，进一步倒逼地方政府加快推进各项环境整治和监管工作。2018 年 12 月，苏皖两省签订了《安徽省人民政府江苏省人民政府关于建立长江流域横向生态保护补偿机制的合作协议》，实行滁河陈浅断面跨区域生态补偿，2019—2020 年江苏省累计补偿安徽省 4 000 万元。充分体现了上下游自主协商、"受益者付费"和共保联治的效能，极大地调动了流域上下游地区积极性，共同推动流域上下游的生态环境保护和治理。

（刘仲刚　王凯　蒲永伟　朱滨）

【执法监管】

1. 联合执法　不断完善巡查发现、挂牌督办、舆论监督、约谈追责等综合执法机制。结合开展扫黑除恶专项斗争，向公安机关移送涉黑涉恶线索 151 条，受到中央扫黑除恶专项斗争领导小组办公室通报表扬。加强以基地标准化提升、装备系列化配置、巡查信息化保障、队伍规范化管理、机制常态化建立为主线的执法能力建设，共建成水行政执法基地 38 座，配备各型执法船艇 32 艘，对重点河湖实现无人机或视频巡查监控。

2. 河湖日常监管　深入开展岸线综合整治，对长江、徐洪河等重点河湖，优化整合生产岸线、保护提升生活岸线、整治修复生态岸线。总结推广洪泽湖网格化管理成功经验，推动重要河湖构建"全面覆盖、层层履职、段格到底、人员入格、责任定格"的巡查网络体系。推进陈年结案"清零"行动，共办结 136 件重大陈年积案，维护了河湖生态空间。常态化开展 26 个流域性河湖水域岸线遥感监测，提高处置效率和监管水平；整体推动 21 个流域性河湖水生态监测，为河湖科学治理、系统治理提供基础数据。开展长荡湖、白马湖流域系统监测和综合分析，探索河湖生态修复、流域监管、资源保护内在规律，为加强河湖日常监管提供技术支撑。

（董万华　刘仲刚）

【水文化建设】

1. 运河文化公园　成立大运河文化带建设研究院，搭建智库平台。率先出台《关于促进大运河文化带建设决定》（江苏省人大常委会 2019 年第 25 号公告），率先编制完成《江苏省大运河国家文化公园建设保护规划》，制定印发文化遗产保护传承、文化价值阐释弘扬、生态长廊建设、河道水系治理管护、现代绿色航运建设、文化旅游融合发展等 6 个省级专项规划和 11 个地方实施规划。大运河沿线拥有国家水情教育基地 6 家、省级以上水利风景区 165 家。运河最美水地标评选活动，荣获团中央和水利部宣传类大赛金奖。

2. 河长制主题公园　引导河长制主题公园建设，立足"高点规划、合理布局，突出主题、彰显特色，挖掘文化、注重内涵，以人为本、寓教于乐"，发挥其集科普、旅游、休闲、教育等综合性"窗口"宣传作用。2017 年 8 月，江苏省首家河长制主题公园——灵龙湖河长制主题公园在盐城市滨海县建成，截至 2020 年 12 月，全省已建成 30 座河长制主题公园，有 162 座主题公园启动施工。

3. 河湖文化博物馆　国内首座集文物保护、科研展陈、社会教育为一体的现代化综合性运河主题博物馆——扬州中国大运河博物馆正式建成，博物馆由展馆、内庭院、馆前广场、大运塔和今月桥等 5 部分组成，全流域、全时段、全方位展示大运河的前世今生。征集到从春秋至当代反映运河主题的各类文物展品 1 万多件（套），展现了唐、宋、元、明、清历代河道变化，见证了大运河的变迁。以"寻找大运河江苏记忆"为主题，开展最美运河地标推选、寻找大运河江苏记忆抖音挑战赛、运河水故事进校园等活动，构建运河地标水情教育新阵地，着力讲好水文化故事、展示水风景魅力、传播水生态价值。全省各地被评选出的江都水利枢纽等 40 个最美水地标目录和全部照片悉数收录入《江苏年鉴（2018）》。

（曹瑛　程瀛　周倪凯）

【信息化工作】

1. 智慧河湖、水利一张图　依托江苏省水利信息网络，开发河湖资源管理、水利工程管理、河湖巡查、省级河长制管理信息系统、新孟河数字孪生等应用系统，完善补充全省 33 条流域性河道、12 个省管湖泊、3 个市际湖泊和 49 座大中型水库的空间信息，建设省中心运行环境和河湖集中监控会商系统，改善市（县）分中心硬件功能，形成"框架统一、数据共享、分级管理、注重实用"的河湖资源与水利工程管理系统，提升了河湖数字化、信息化管理水平。

2. 河长制信息系统　江苏省级河长制湖长制微信公众号于 2017 年 8 月正式上线运行，省级河长制管理信息系统于 2020 年 12 月基本建成，系统包括综合展示、河长制"一张图"服务、巡河管理、问题处理、协同办公、智能分析、河长公示牌管理、水域岸线整治等应用功能。

（刘仲刚　曹帅　张希文）

｜浙江省｜

【河湖概况】

1. 河湖数量　浙江省地处我国东南沿海，省内河流纵横、河网湖泊星罗棋布，自北向南有苕溪、运河、钱塘江、甬江、椒江、瓯江、飞云江和鳌江八大水系及浙江沿海诸河水系。钱塘江、甬江、椒江、瓯江、飞云江、鳌江独流入海，苕溪流入太湖。尚有杭嘉湖平原、萧绍宁平原、温黄平原、温瑞平原、瑞平平原等五大平原河网。全省河道总长度 14.1 万 km，其中流域面积 50km^2 以上河流为 856 条，长度 2.2 万 km；流域面积 1 万 km^2 以上的河流有钱塘江、瓯江、新安江。全省水面面积 0.5km^2 以上的湖泊为 86 座。

2. 水量　2020 年，全省平均降水量 1 701.0mm，较 2019 年降水量偏少 12.6%，较多年平均年降水量偏多 4.8%。2020 年，全省水资源总量 1 026.60 亿 m^3，较 2019 年水资源总量偏少 22.9%，较多年平均年水资源总量偏多 5.2%，产水系数 0.58，产水模数 98.0 万 m^3/km^2。2020 年，全省地表水资源量 1 008.79 亿 m^3，较 2019 年地表水资源量偏少 23.2%，较多年平均地表水资源量偏多 5.1%。地表径流的时空分布与降水量基本一致。2020 年，全省地下水资源量 224.45 亿 m^3，地下水与地表水资源不重复计算量 17.80 亿 m^3。

3. 水质　2020 年，221 个省控断面达到或优于Ⅲ类水质断面比例为 94.6%，较 2015 年提升 21.7 个百分点；县级以上集中式饮用水水源达标率 100%，较 2015 年提升 15 个百分点；2017 年全面消除劣Ⅴ类断面，提前 3 年完成国家下达的消劣任务。"十三五"期间，化学需氧量和氨氮排放总量分别削减 25.2% 和 21.3%，完成国家下达任务。

4. 水利工程　截至 2020 年年底，浙江省共有水库 4 296 座，总库容 448 亿 m^3。其中，大型水库 34 座，总库容 373 亿 m^3；中型水库 159 座，总库容 47 亿 m^3；小型水库 4 103 座，总库容 28 亿 m^3。共有 5 级以上堤防（含海塘）长度 10 262.4km，其中，1 级堤防 108.2km，2 级堤防 603.6km，3 级堤防 965km，4 级堤防 6 987km，5 级堤防 1 598.6km。共有标准海塘 1 904.6km，其中，1 级海塘 160.4km，2 级海塘 242.4km，3 级海塘 1 020.5km，4 级海塘 342.2km，5 级海塘 139.1km。共有规模以上水闸 2 353 座，其中，大型水闸 14 座，中型水闸 349 座，小型水闸 1 990 座。共有规模以上泵站 707 座，其中，大型泵站 14 座，中型泵站 85 座，小型泵站 608 座。共有规模以上闸站 1 041 座，其中，大型闸站 11 座，中型闸站 74 座，小型闸站 956 座。

（何斐）

【重大活动】

1. 2016 年重大活动

（1）1 月 28 日，浙江省治水办（河长办）对 102 名优秀基层河长予以通报表扬。

（2）2 月 24 日，省长李强调研绍兴"五水共治"工作。他强调，要继续深入推进"五水共治"，再掀治水工作新高潮，以水环境的持续改善提升江南水乡的整体竞争力。

（3）2 月 29 日，浙江省"五水共治"工作会议召开，省委书记夏宝龙在会上强调，全省上下要坚定不移地把"五水共治"全面推向"十三五"，坚定朝着"决不把脏乱差、污泥浊水、违章建筑带入全面小康"的目标强力推进、奋勇前进、高歌猛进。

会议表彰了2015年度全省"五水共治"工作优秀市（县）、先进集体和先进个人，并颁发大禹鼎。

（4）4月20日，全国水环境综合整治现场会在金华市浦江县召开，浙江省副省长熊建平介绍浙江省"五水共治"工作情况，环保部部长陈吉宁出席会议并作重要讲话。

（5）5月24日，浙江省"五水共治"工作领导小组第三次会议暨省委省政府美丽浙江建设领导小组第一次会议召开。浙江省委书记夏宝龙强调，要全面落实既定部署，坚定打好转型升级系列组合拳，坚决打赢治水攻坚战、巩固战、持久战，着力补齐生态环境短板，努力开辟"两山"实践新境界。

（6）5月26日，浙江省副省长熊建平主持召开钱塘江流域河长制工作座谈会。要求以河长制为抓手，进一步完善河长制管理信息系统，在规范化、标准化、信息化上下功夫，扎实推进治水向纵深发展，让钱塘江一江清水长流。

（7）8月14日，浙江省省长车俊在桐庐召开钱塘江水环境保障现场会。

2.2017年重大活动

（1）2月6日，浙江省委、省政府召开全省剿灭劣Ⅴ类水工作会议，部署开展剿灭劣Ⅴ类水行动，进一步深化落实河长制，全面推进"五水共治"工作。省委书记、省人大常委会主任、省"五水共治"工作领导小组组长夏宝龙出席会议并讲话。省委副书记、省长、省"五水共治"工作领导小组组长车俊主持会议。省政协主席乔传秀、省委副书记袁家军以及其他副省级以上领导，省直单位副厅级以上领导干部出席会议。

（2）2月9日，浙江省副省长、省治水办（河长办）主任熊建平组织召开剿灭劣Ⅴ类水工作专题会议，贯彻落实全省剿灭劣Ⅴ类水工作会议精神，浙江省农办、省环保厅、省建设厅、省水利厅、省农业厅等部门负责人参加会议。

（3）2月14日，浙江省政协主席乔传秀赴嵊州市围绕政协全力助推省委、省政府剿灭劣Ⅴ类水决策部署开展调研。

（4）2月14至15日，浙江省政协副主席王建满率督查组到温州督查剿灭劣Ⅴ类水工作。

（5）2月16日，浙江省委副书记、曹娥江省级河长袁家军赴绍兴市上虞区调研曹娥江流域水环境治理情况。

（6）2月20日，浙江省人大常委会党组书记、副主任王辉忠主持召开主任会议，部署开展剿灭劣Ⅴ类水专项监督。

（7）3月1日，浙江省"五水共治"领导小组印

发《关于设立省总河长并调整部分省级河长的通知》（浙治水办发〔2017〕1号），经省委、省政府主要领导同意，决定由省委书记夏宝龙和省长车俊担任省总河长。

（8）3月8日，浙江省委办公厅、省政府办公厅印发《关于全面深化落实河长制进一步加强治水工作的若干意见》（浙委办发〔2017〕12号）。

（9）3月20日，浙江省委建设平安浙江领导小组和省五水共治领导小组会议在杭州召开，浙江省委书记、省人大常委会主任夏宝龙，省委副书记、省长车俊出席会议并讲话。

（10）3月22日，浙江省召开剿灭劣Ⅴ类水誓师大会，省委书记、省人大常委会主任夏宝龙出席，省委副书记、省长车俊主持会议，乔传秀、袁家军及其他副省以上领导与省直单位副厅以上领导干部出席会议。夏宝龙在会上强调，进一步深化"河长制"，完善统筹协调，坚决干净彻底地剿灭劣Ⅴ类水，坚决打赢劣Ⅴ类水剿灭战，坚定不移将"五水共治"推向纵深，以实际行动打造美丽中国的浙江样板。

（11）7月28日，浙江省十二届人大常委会第四十三次会议审议通过《浙江省河长制规定》，将于2017年10月1日颁布实施，成为全国第一部河长制地方立法。

（12）8月8日，浙江省副省长、省治水办主任熊建平主持召开钱塘江流域河长制工作座谈会。

（13）8月24日，《今日浙江》杂志社、浙江省公共政策研究院、浙江大学公共政策研究院共同主办的第四届浙江省公共管理创新案例评选活动颁奖仪式在浙江省人民大会堂举行，浙江省河长办选报的"治水创举河长制"案例在评选中荣获特别贡献奖。

（14）9月29日，浙江省人大法制委员会、浙江省人大环境与资源保护委员会、浙江省治水办（河长办）联合召开《浙江省河长制规定》颁布实施新闻发布会。

（15）12月28日，全国首家河长学院——浙江河长学院在浙江水利水电学院成立。

3.2018年重大活动

（1）1月18日，浙江省治水办（河长办）召开水利部、环保部对浙江省河长制工作中期评估复核反馈会，评估工作组组长朱威反馈评估复核情况，浙江省政府副秘书长傅晓风参加会议。

（2）4月4日，各设区市治水办（河长办）主任会议在杭州召开，浙江省副省长陈伟俊主持会议并讲话，省治水办（河长办）主任、副主任，各设区

市治水办（河长办）主任、常务副主任参加会议。

（3）4月4日，水利部河长制湖长制督导检查汇报会在省水利厅召开。

（4）5月8日，浙江省美丽浙江建设领导小组会议在杭州召开，浙江省委书记车俊主持并作重要讲话，浙江省治水办（河长办）汇报有关2017年度"五水共治"（河长制）工作情况和考核情况等。

（5）5月10日，浙江省委办公厅、省政府办公厅印发《关于成立和调整部分省委议事协调机构的通知》，将浙江省委、省政府美丽浙江领导小组、省"五水共治"工作领导小组、省大气和土壤污染防治工作领导小组的职责整合，组建省美丽浙江建设领导小组，下设生态文明示范创建办公室、"五水共治"（河长制）办公室、大气污染防治办公室、土壤和固体废物污染防治办公室，实行实体化运作。

（6）6月5日，浙江省生态环境保护大会暨中央环保督察整改工作推进会召开，浙江省委书记车俊、省长袁家军出席会议并讲话，对获得"五水共治"工作银鼎和铜鼎的11个市、45个县（市、区）授予"大禹鼎"。

（7）7月4日，浙江省委办公厅、省政府办公厅印发《关于深化湖长制的实施意见》（浙委办发〔2018〕43号），决定在全省实施湖长制，建立五级湖长体系，并将水库纳入湖长制管理。

（8）7月30—31日，浙江省政协副主席、省级河长陈小平巡查飞云江。

（9）8月29—30日，浙江省人大常委会副主任、省级河（湖）长李学忠巡查苕溪流域、太湖。

（10）9月27日，绍兴市治水办（河长办）发布全国首个河长制湖长制地方标准——《河长制工作规范》（DB3306/T 015—2018）和《湖长制工作规范》（DB3306/T 016—2018）。

（11）9月27日，浙江省人大常委会副主任、省级河长史济锡巡查运河。

（12）9月28日，浙江省政协副主席、省级河长周国辉巡查瓯江。

（13）10月8日，全国政协调研浙江省河长制湖长制工作，浙江省政协副主席周国辉陪同调研。

（14）10月31日，浙江省副省长、省级湖长彭佳学巡查千岛湖。

（15）11月9日，浙江省委副书记、省级河长郑栅洁巡查曹娥江。

（16）11月13日，浙江省副省长彭佳学巡查钱塘江河长制工作。

（17）11月16日，钱塘江河长制工作座谈会在杭州召开。浙江省副省长彭佳学出席会议并讲话。

（18）11月20—21日，浙江省委书记、省总河长车俊调研检查千岛湖临湖综合整治工作。

（19）12月11—12日，浙江省省长、省总河长袁家军检查千岛湖临湖地带综合整治工作。

4.2019年重大活动

（1）3月13—15日，浙江省政协副主席、瓯江省级河长周国辉赴丽水调研瓯江流域环境综合治理工作，并召开座谈会。

（2）4月1日，浙江省治水办（河长办）召开主任会议，浙江省副省长彭佳学主持并讲话。浙江省治水办（河长办）汇报2018年度工作情况和2019年主要工作安排，2018年度全省"五水共治"（河长制）工作考核结果和2019年度考核办法。

（3）4月19日，浙江省委、省政府召开美丽浙江建设领导小组会议。浙江省委书记、省美丽浙江建设领导小组组长车俊主持并讲话。浙江省省长袁家军，省委常委、省委秘书长陈金彪，省人大常委会副主任李学忠，副省长彭佳学，省政协副主席周国辉出席。浙江省副省长、省美丽浙江建设领导小组副组长彭佳学汇报全省深化美丽浙江建设（生态文明示范创建行动计划）和"五水共治"（河长制）工作情况。

（4）5月7日，国务院办公厅印发通报，对2018年落实打好三大攻坚战和实施乡村振兴战略、深化"放管服"改革、推进创新驱动发展、持续扩大内需、推进高水平开放、保障和改善民生等有关重大政策措施真抓实干、取得明显成效的省、市（州）、县（市、区、旗）予以督查激励。其中，浙江省河长制湖长制工作推进力度大、河湖管理保护成效明显，得到国务院督查激励，在安排2019年中央财政水利发展资金时适当倾斜，并给予5 000万元资金奖励。

（5）5月13日，浙江省高质量建设美丽浙江暨高水平推进"五水共治"大会在杭州召开。浙江省委书记车俊在会上强调，各级各部门要深入贯彻落实习近平生态文明思想，始终保持战略定力，进一步强化使命担当和责任担当，以更高的站位、更严的标准，久久为功抓落实、合心聚力上台阶，巩固已有成果，解决短板问题，奋力开辟美丽浙江建设新境界。浙江省委副书记、省长袁家军主持。

（6）5月16日，中组部"五水共治"案例编写组调研浙江省"五水共治"历年开展情况。《"五水共治"助推高质量发展——浙江省全面推进生态治水》已纳入中央组织部"贯彻落实习近平新时代中国特色社会主义思想、在改革发展稳定中攻坚克难的生动案例"编选内容。

（7）7月25日，浙江省人大常委会副主任、京杭运河省级河长史济锡率队巡查京杭运河湖州段。浙江省交通运输厅主要领导，省公安厅、生态环境厅、建设厅、水利厅、农业农村厅分管领导，杭州、嘉兴、湖州的市、县（市、区）领导参加。

（8）8月26—27日，浙江省政协副主席、飞云江省级河长陈小平巡查飞云江，并主持召开飞云江河长制工作座谈会。浙江省治水办、生态环境厅、建设厅、水利厅分管领导，飞云江流域各设区市市级河长、县级和部分乡镇河长和有关负责人参加会议。

（9）10月8日，浙江省委副书记郑栅洁巡查曹娥江，并召开河长制工作会议。

（10）10月11—13日，由中央网信办网络新闻信息传播局、水利部办公厅主办，中央网络媒体赴浙江省绍兴开展"美丽河湖"采访活动，人民网、新华网、中国网、央视网等14家中央网络媒体参加。

（11）11月13日，京杭运河省级河长、浙江省人大常委会副主任史济锡赴嘉兴开展巡河调研。

（12）11月13日，京杭运河省级河长、浙江省人大常委会副主任史济锡赴嘉兴开展巡河调研。

（13）11月20—21日，新华社、《中国青年报》、《中国水利报》、《浙江日报》等省内外主流媒体，赴金华、衢州、丽水等地，聚焦美丽河湖建设和农村饮用水达标提标行动，开展民生实事专题采风活动。

（14）12月27日，首届"水秀浙江"五水共治文艺汇演在德清举行。浙江省副省长、省治水办（河长办）主任、钱塘江省级河长彭佳学，省政协副主席、飞云江省级河长陈小平，省政协副主席、瓯江省级河长周国辉，省政府副秘书长蒋珍责，以及省治水办（河长办）及其成员单位有关负责人，湖州市、德清县有关领导，全省治水战线干部职工、河湖长和群众代表，共1 500余人现场观看演出。副省长彭佳学为叶诗文、徐传化颁发浙江治水公益大使聘书。

5.2020年重大活动

（1）3月31日，习近平总书记到西溪国家湿地公园，就西溪湿地保护利用情况进行考察调研。

（2）4—9月，浙江省治水办（河长办）联合杭州亚组委举行迎接杭州亚运会倒计时两周年系列活动之"绿水青山大联动"活动。

（3）5月26—27日，浙江省政协副主席、瓯江流域省级河长周国辉带队赴温州、丽水调研瓯江流域治水工作，并主持召开瓯江流域河长制工作会议。

（4）6月2—3日，浙江省副省长、钱塘江省级河长陈奕君赴杭州市调研钱塘江、千岛湖河长制工作。

（5）6月3日，由浙江省高院牵头组织的"保护

母亲河　我们在行动"第一次钱塘江流域环境资源司法协作会议，在钱江源头开化县举行。

（6）6月5日，第49个"六五"世界环境日，浙江省人民检察院、省水利厅、省生态环境厅、省治水办（河长办）联合召开守护"美丽河湖"专项行动部署电视电话会议。

（7）7月22日，浙江省人大常委会副主任、京杭运河省级河长史济锡带队调研京杭运河沿线，并组织召开座谈会。

（8）8月14日，绿水青山就是金山银山——"两山"之路15年大型图片展在浙江展览馆开幕。

（9）8月15日，浙江省"高水平建设新时代美丽浙江推进大会"在安吉县余村召开。浙江省委书记车俊、生态环境部党组书记孙金龙出席会议并讲话。浙江省委副书记、省长袁家军发布《深化生态文明示范创建，高水平建设新时代美丽浙江规划纲要（2020—2035年）》。浙江省政协主席葛慧君出席，浙江省委副书记郑栅洁主持。

（10）8月15日，浙江省委、省政府在安吉举行"'绿水青山就是金山银山'理念提出十五周年理论研讨会"。浙江省委副书记、省长袁家军主持。

（11）9月30日，水利部、全国总工会、全国妇联联合印发《关于"寻找最美河湖卫士"活动结果的通报》（水河湖〔2020〕210号），浙江省秦红波入选"十大最美河湖卫士"，李勤爱入选"巾帼河湖卫士"。

（12）12月9日，浙江省人大常委会副主任、苕溪流域省级河长李学忠带队赴湖州市调研苕溪流域水环境治理工作。苕溪流域省级河长联系部门浙江省发展改革委和省治水办（河长办）、省生态环境厅、省建设厅、省水利厅等有关部门负责人，以及湖州市、杭州市临安区和湖州市南太湖新区、长兴县等苕溪流域相关市、县（区）负责人陪同调研。

（王巨峰）

【重要文件】　（1）中共浙江省委、浙江省人民政府关于全面实施"河长制"进一步加强水环境治理工作的意见（浙委发〔2013〕36号）。

（2）中共浙江省委办公厅、浙江省人民政府办公厅关于进一步深化河长制工作的通知（浙委办传〔2016〕44号）。

（3）中共浙江省委办公厅、浙江省人民政府办公厅关于全面深化落实河长制进一步加强治水工作的若干意见（浙委办发〔2017〕12号）。

（4）中共浙江省委办公厅、浙江省人民政府办公厅印发《关于深化湖长制的实施意见》的通知

（浙委办发〔2018〕43号）。　　　　（王巨峰）

【地方政策法规】　（1）浙江省"五水共治"工作领导小组办公室、浙江省河长制办公室印发《关于印发〈浙江省全面深化河长制工作方案（2017—2020年）〉的通知》（浙治水办发〔2017〕39号）。

（2）浙江省"五水共治"工作领导小组办公室、浙江省河长制办公室印发《关于印发〈浙江省河长制工作督察制度〉的通知》（浙治水办发〔2017〕61号）。

（3）浙江省"五水共治"工作领导小组办公室、浙江省河长制办公室印发《关于印发〈浙江省河长巡查工作细则〉的通知》（浙治水办发〔2017〕65号）。

（4）浙江省"五水共治"工作领导小组办公室、浙江省河长制办公室印发《关于印发〈浙江省河（湖）长设置规则〉（试行）的通知》（浙治水办发〔2018〕13号）。

（5）浙江省美丽浙江建设领导小组"五水共治"（河长制）办公室印发《关于全面推进河（湖）长制提档升级工作的通知》（浙治水办发〔2020〕1号）。

（6）浙江省水利厅印发《关于加快推进河长制水利工作的通知》（浙水河〔2017〕1号）。

（7）浙江省水利厅印发《关于印发〈浙江省水利厅贯彻落实河长制工作实施方案〉的通知》（浙水河〔2017〕5号）。　　　　（王巨峰）

【专项行动】　2018年以来，浙江省每年按期公布河道采砂管理重点河段、敏感水域采砂管理河长、行政主管部门、现场监管部门和行政执法部门4个责任人名单。为加强采砂日常监管，每年开展采砂执法巡查保持在10 000人次以上，及时排除隐患，打击非法采砂行为。为有序指导浙江省砂石行业健康有序发展，2020年12月3日，浙江省发展改革委、省水利厅等15单位联合印发《省发展改革委等15单位关于促进我省砂石行业健康有序发展的通知》（浙发改价格〔2020〕376号）。　　　　（罗正　梁彬）

【河长制湖长制体制机制建立运行情况】　2013年11月，浙江省全面推行河长制，2014年1月成立了省河长制办公室，与生态省领导小组办公室合署。2016年年底，河长制办公室与"五水共治"办公室合署，成立省美丽浙江建设领导小组"五水共治"（河长制）办公室，简称浙江省治水办（河长办）。浙江省各市、县（市、区）参照省里模式，均成立治水办（河长办），统筹推进"五水共治"和河长制湖长制工作。截至2020年年底，全省共有各级河长湖长51 733名，其中省级河长湖长6名，市级河长湖长264名，县级河长湖长2 149名，乡级河长湖长13 399名，村级河长湖长35 915名，实现了水域全覆盖。浙江省委、省政府主要负责同志担任全省总河长，省委、省人大、省政府、省政协6位省领导分别担任省内跨设区市重要河流（湖泊）曹娥江、钱塘江（含千岛湖）、苕溪（含太湖浙江段）、运河、瓯江、飞云江省级河长湖长，水利厅、生态环境厅、发展改革委、交通运输厅、建设厅、农业农村厅为省级河长湖长的联系部门，协助河长湖长开展河长制工作。

2017年10月1日，浙江省正式颁布实施《浙江省河长制规定》，成为全国第一部河长制地方立法。同时，在制定出台《浙江省河长会议制度》《浙江省河长制信息化管理及信息共享制度》等6项国家要求的制度建设任务基础上，出台《浙江省河（湖）长设置规则（试行）》《河长公示牌规范设置指导意见》《浙江省基层河长巡查规定》《浙江省河长制管理信息化建设导则》《浙江省河长制"一河（湖）一策"方案编制指南》等制度和规范性文件。

（王巨峰）

【河湖健康评价】　2017—2020年，浙江省级开展试点河湖的健康评价工作，完成曹娥江干流、黄泽江、新昌江、长乐江、永安溪、马金溪、东苕溪、灵山港龙游段、长山河等共计474km河流的健康评价工作。对东钱湖、温瑞塘河、凤凰湖、蠡山漾等总面积55km²的湖漾开展健康评价。

除省级层面外，地方上从自身河湖治理与管理需要，进行了一些有益的探索与实践。湖州市德清县，提出了适用于当地中小河流的一套评价指标和方法体系，2018年选取200条河湖作为体检对象，剖析河道存在的健康问题并提出相应的整治提升方案。2019年、2020年持续开展一年一检，以点带面推进全县水环境健康大检查。

（汪馥宇）

【"一河（湖）一策"编制和实施情况】　2017年5月，浙江省治水办（河长办）制定印发《浙江省"一河（湖）一策"编制指南（试行）》（浙治水办发〔2017〕26号），县级及以上河长湖长责任河湖全部编制完成"一河（湖）一策"实施方案（2017—2020年）。2020年9月，浙江省治水办（河长办）布置开展新一轮"一河（湖）一策"编制工作，实施年限为2021—2023年。各地结合"十四五"规划，以"建设造福人民的幸福河"为目标开展编制。

（梁彬）

【水资源保护】

1. 水资源刚性约束 "十三五"期间，浙江省贯彻落实"节水优先、空间均衡、系统治理、两手发力"的治水思路，深入落实最严格水资源管理制度，建立健全省、市、县三级行政区管控指标体系，实行水资源管理双控行动。2020 年，全省用水总量 163.9 亿 m^3，连续 6 年实现零增长；万元地区生产总值用水量、万元工业增加值用水量分别较 2015 年下降 37.1%、50.1%，处于全国先进水平；全国重要江河湖泊水功能区水质达标率为 97.5%，达历史新高。完善水资源管理制度体系，先后出台《浙江省取水许可和水资源费征收管理办法》《浙江省水资源条例》等法规，修订发布《浙江省用（取）水定额（2019）》等标准。强化目标责任制考核，将用水指标纳入市级领导班子和领导干部推动高质量发展综合绩效考核、生态文明建设示范市县创建和实行最严格水资源管理制度考核指标体系，推动党委政府节水目标责任制落实。

2. 节水行动 实施国家节水行动，制定印发《浙江省节水行动实施方案》（浙政办发〔2020〕27 号），发布实施《浙江省用（取）水定额（2019 年）》（浙水资〔2020〕8 号），开展节水标杆引领行动，遴选出 164 个节水标杆单位，建成各类省级节水载体 4 638 个，其中 4 家企业入选国家"水效领跑者"，52 个机关单位通过水利行业节水机关建设验收，3 批共计 75 个县（市、区）完成县域节水型社会达标建设省级验收，达标完成率 93%。2020 年，全省用水总量为 163.94 亿 m^3，较 2019 年减少 1.85 亿 m^3；万元地区生产总值用水量为 25.4m^3，较 2019 年下降 4.5%；万元工业增加值用水量为 15.8m^3，较 2019 年下降 15.0%。农田灌溉水有效利用系数提高至 0.602。

（汪馥宇）

3. 水量分配及生态流量监管 按照水利部"能分尽分，再难也得分"要求，加快推进浙江省内跨行政区流域水量分配工作。2020 年年底，经商各设区市政府，省水利厅组织制定《瓯江流域水量分配方案》和《钱塘江流域水量分配方案》，经浙江省政府同意后印发实施。杭州、宁波、温州、湖州、绍兴、金华、衢州、台州和丽水等市水行政主管部门经各市人民政府同意，分别制定并印发分水江、甬江、鳌江、西苕溪、曹娥江、武义江、常山港、椒江、松阴溪等流域水量分配方案，在保障生态流量基础上，确定了流域水资源开发利用上限。组织完成钱塘江、瓯江、甬江等重点河湖主要控制断面生态流量保障目标确定工作，按照"一河一策"原则，制定生态流量保障实施方案，进一步明确了生态流量保障要求。

4. 重要饮用水水源地安全保障达标建设 依法依规开展水源地管理保护工作，加强横向协同、纵向联动，会同浙江省生态环境厅、住房城乡建设厅等相关部门，强化水源地保护和监管，建立健全长效管理机制，保障全省人民群众饮水安全。2020 年，公布了 94 个浙江省县级以上集中式饮用水水源地名录，实行饮用水水源地名录管理，建立健全水源地动态调整制度，严格水源地准入和退出管理。2018 年，印发《关于开展重要饮用水水源地安全保障达标评估的通知》（浙水保〔2018〕38 号），组织实施县级以上集中式饮用水水源地安全保障达标建设，开展年度达标评估工作，评估结果在"浙江发布""浙江新闻"等主流媒体上予以公布。组织地方水利部门按照管理权限，确定公布农村饮用水水源地名录，完成 676 个日供水规模 200t 以上、1 000 t 以下的农村饮用水水源地保护范围划定工作，并设立界标和警示标志。

5. 取水口专项整治 2019 年 4 月，浙江省率先在太湖流域和长江流域开展取水工程（设施）核查登记工作，累计登记入库取水工程 17 307 个。2020 年 6 月，完成太湖流域和长江流域取水工程（设施）核查登记整改提升，完成整改取水项目 1 069 个，清理取水项目 67 个。2020 年 5 月，印发《关于开展取用水管理专项整治行动的通知》（浙水资〔2020〕10 号），在全省范围内开展取用水管理专项整治行动，重点排查引调水工程情况和工商企业、城镇和农村供水、农业灌区、农业养殖业等领域的取水行为，针对核查登记发现问题，依法分类实施整治。12 月底，全面完成取水口核查登记工作，共登记取水口 36 636 个。其中，长江流域（含太湖）登记取水口 17 307 个，东南诸河流域登记取水口 19 329 个。

（梁彬）

【水域岸线管理保护】

1. 河湖管理范围划界 至 2020 年年底，浙江省完成 95 561 条河道共 14.17 万 km 的河道管理范围划界，县级以上人民政府均予批复并公布，共批复文件 299 份。全国水利普查名录河湖、县级及以上河道划界标志牌和界桩累计设置 71 372 个。全省 95 县（市、区）全部完成水域调查。

2. "四乱"整治 2018 年 7 月，浙江省水利厅办公室转发《水利部办公厅关于开展全国河湖"清四乱"专项行动的通知》（浙水办河〔2018〕7 号），在全省范围组织开展对乱占、乱采、乱堆、乱建等河湖管护突出问题的专项清理整治行动。通过暗访、无人机航拍等方式，共排查发现河湖"四乱"问题 1 987 个，于 2019 年年底前全部销号整改；2020 年 4 月，浙江省水利厅联合浙江省治水办（河长办）转发《水利部办公厅关于深入推进河湖"清四乱"常态化规范化的通知》（浙水河湖〔2020〕4 号），通过地方自查、省级暗访、卫星遥感、无人机航拍等方式，共排查发现问题 401 个，跟踪处理中央环保督察信访件 114 件，开展涉水违建别墅排查整治 33 宗，对应问题于 2020 年年底前全部销号，清理非法占用岸线 54.9km，拆除违法建筑 3.1 万 m^2，清理非法采砂点 29 处。

（罗正）

【水污染防治】

1. 工矿企业污染防治　"十三五"期间，浙江省先后实施"清三河""剿灭劣Ⅴ类""美丽河湖"建设三项行动。共清理垃圾河 6 500km、黑臭河 5 100km，水体黑、臭等感官污染基本消除。全面开展"污水零直排区"建设，累计建成"污水零直排"工业园区（工业集聚区）558 个、镇（街道）759 个。整治"散乱污"企业 11.8 万余家，淘汰落后和过剩产能涉及企业 9 503 家。

2. 城乡生活污染防治　2017 年全面完成城镇污水处理厂一级 A 提标改造，2018 年开展污水处理提质增效行动。2016—2020 年，浙江省新增污水处理能力 396 万 t/d，新建（改造）污水管网 1.2 万 km。完成 9 415 个城镇生活小区"污水零直排区"创建。浙江省 93.1% 的村已建有处理设施，建成各类农村生活污水处理设施 55 732 个（日处理能力 170 万 t），设施出水达标率为 70.1%。2020 年浙江省城市、县城污水处理率分别为 97.69% 和 97.34%，相比 2016 年分别提升 5.74 和 9.6 个百分点。深入推进农村生活污水治理管理服务系统建设，实现省、市、县、镇、村联网。结合浙江省城市地下管线整治行动，构建全省地下管线智慧监管平台，依托数字化手段，逐步建立城镇污水处理设施常态化监督机制。

3. 船舶港口污染防治　印发《浙江省船舶与港口污染防治专项规划》（浙交〔2018〕119 号），明确到 2020 年船舶与港口污染防治工作的主要目标。深入推进船舶排放控制区政策实施，实现船舶排放控制区全覆盖。开展港口作业扬尘治理，截至 2020 年年底，沿海港口堆场建成防尘网 31.15km。开展内河码头整治专项行动，码头整治累计关停码头 830 座，提升码头 614 座。内河 400 总吨以上船舶生活污水处置设施于 2019 年年底全部达标。2017 年以来，率先开展新建 100～400 总吨内河货船安装生活污水柜和现有船舶的改造工作，浙江省管内河辖区

正常登记营运的 5 980 艘 100～400 总吨货船改造任务全部完成。加大港口接收设施建设力度，截至 2020 年年底，全省（含沿海）累计建成含油污水储存池 1 039 个、收集站（垃圾桶）4 113 个、生活污水储存池 825 个，并配备 146 艘接收船对船舶污染物实行流动接收。

（何斐）

4. 畜禽养殖污染防治　部署开展存栏 1 000 头以上规模养殖场设施改造提升，其中存栏 5 000 头以上的 316 家设施改造提升工作，列入省政府十大民生实事。设施改造后，污水产生量由每日头均 10kg 减到 6kg 左右。截至 2019 年年底，浙江省累计创建省级美丽牧场 1 209 家，建成 1 个国家级、26 个省级畜牧业绿色发展示范县。2020 年全省高标准启动建设"六化"万头以上生态美丽牧场 157 家，建成投产 100 家，新增产能超 780 万头。畜禽规模养殖场粪污处理设施设备装备配套率达到 98% 以上（其中猪牛养殖场达到 100%），大型规模养殖场粪污处理设施设备装备配套率达到 100%。　（王巨峰）

5. 水产养殖污染防治　全面部署健康养殖创建行动，先后印发《浙江省渔业健康养殖示范创建实施方案》（浙农渔发〔2019〕10 号）、《加快推进水产养殖绿色发展实施意见》（浙农渔发〔2019〕12 号），以绿色、健康为导向，以健康养殖示范创建为载体，纵深推进水产养殖绿色发展。截至 2020 年年底，建成国家级渔业健康养殖示范县 6 个、省级 14 个，建成国家级水产健康养殖示范场 294 家、省级 655 家，规模以上水产养殖场养殖尾水零直排率达 67.1%。

（何斐）

6. 农业面源污染防治　2015 年，印发《浙江省化肥减量增效实施方案》和《浙江省农药减量实施方案》（浙农科发〔2015〕2 号），各地部署开展化肥农药减量及测土配方施肥工作。2018 年，浙江省委省政府两办印发《关于再创体制机制新优势高水平推进农业绿色发展的实施意见》（浙委办发〔2018〕64 号），明确提出到 2020 年化肥农药减量目标。2020 年全省化肥（折纯量）和化学农药使用量（商品量）分别为 69.61 万 t 和 3.66 万 t，分别比 2015 年减 20.46% 和 35.22%。2018 年，在主要流域附近，率全国之先创新建设农田氮磷生态拦截沟渠系统。截至 2020 年年底，在环境敏感区域已累计布局建设农田氮磷生态拦截沟渠系统 402 条，覆盖农田 28.2 万亩。据水样监测对比，总氮、总磷可分别减排 20%～30%，有效净化农田排水及地表径流。2019 年，部署开展实名制购买、定额制施用"肥药两制"改革。2020 年浙江省政府办公厅印发《关于推行化肥农药实名制购买定额制施用的实施意见》

（浙政办发〔2020〕52号），截至2020年年底，培育404家省级"肥药两制"改革示范农资店，全部安装"肥药两制"改革数字化管理系统和刷脸、刷卡等智能装备，建立真实、完整、准确的电子台账和主体信息并联网上传；全省培育4761家"肥药两制"改革试点主体，推行化肥农药定额制施用制度，进一步夯实定额制实践基础。　　　（王巨峰）

【水环境治理】

1. 饮用水水源地规范化建设　浙江省持续深化"五水共治"碧水行动，不断加强饮用水水源保护工作，修订《浙江省饮用水水源保护条例》，印发《进一步加强我省集中式饮用水水源地生态环境保护工作的通知》（浙环函〔2020〕89号）、《关于公布浙江省县级以上饮用水水源地名录（2020年）的通知》（浙水资〔2020〕5号）、《关于开展国控断面和县级以上饮用水水源环境状况排查分析的通知》（浙环便函〔2020〕405号）等文件，按照国家技术规范的要求，高标准推进饮用水水源保护区规范化建设。"十三五"期间，浙江省在完成全部94个县级以上饮用水水源保护区划分和规范化建设的基础上，推进423个"千吨万人"及其他乡镇级饮用水水源保护区划分工作。组织淳安县开展饮用水水源保护区（千岛湖）矢量图电子勘界定标工作。开展94个县级以上饮用水水源环境状况排查和有机污染物全指标分析，组织各地编制饮用水水源"一源一策"保护方案，并建立数据库。2020年，浙江省县级以上饮用水水源水质达标率首次达到100%。　　　（何斐）

2. 黑臭水体治理　2015年年底，根据住房城乡建设部和生态环境部《城市黑臭水体整治工作指南》的要求，全省共梳理排查出6条黑臭水体（杭州市余杭区赭山港、金华市婺城区回溪、金华市婺城区水电浃、台州市椒江区庆丰河、舟山市定海区新河、丽水市莲都区五一溪）。截至2017年年底，6条黑臭水体全部整治完成。2018年生态环境部、住房城乡建设部专项行动督查组对杭州、宁波、金华、台州4个市开展黑臭水体整治环境保护专项督查，督查结果未发现黑臭水体。2019年生态环境部、住房城乡建设部对浙江省开展的第一轮统筹强化监督现场检查中，浙江省城市黑臭水体实现了零发现。2020年8月，6条黑臭水体全部被住房城乡建设部认定为"长治久清"。　　　（王巨峰）

3. 农村水环境整治　围绕畜禽粪污，按照定点、定量、定时目标，创建绿色循环体。2016年以来，浙江省新建绿色循环体215个，新增或扩建储液池15.2万m³，新增就地消纳管网58.8万m。2020

年，全省粪污资源化利用率90%。围绕死亡动物，提升改造现有无害化集中处理厂，并在浙北、浙中和浙南新建5套移动应急病死动物无害化处理组合设备。围绕秸秆，主攻秸秆综合利用七大主推技术，以及秸秆换肥等收贮运模式，截至2020年年底，全省农作物秸秆综合利用率达到96.35%，比2015年提高6.64个百分点。围绕农药废弃包装物，着力在源头完善网格化管理，在末端打通无害化处置堵点。2016—2020年，全省累计回收农药废弃包装物2.15万t，无害化处置2.13万t，回收率达90%。

　　　（何斐）

【水生态修复】

1. 建立绿色发展财政省级奖补机制和主要污染物排放财政收费制度　实现钱塘江流域干流横向生态补偿全覆盖，持续实施新安江流域跨省生态补偿。建立长三角区域水污染防治协作机制，完善跨界环境处置和应急联动协调机制。推进环境监管能力建设和生态环境数字化转型，跨行政区域河流交接断面全面实现水质自动监测。

2. 水土流失治理　坚持山水林田湖草系统治理，注重水土保持工程与民生需求相结合，将人居环境改善、饮用水水源保护、面源污染防治、乡村全域土地综合整治与生态修复、美丽河湖建设等融入水土流失治理体系，以重要生态系统、江河源头、饮用水水源地为重点，大力实施封育和生态修复，严格垦造耕地管理保护，加快钱塘江源头区域山水林田湖草生态保护修复工程试点建设。"十三五"期间完成水土流失治理2406km²，实施国家、省级水土保持工程治理面积806km²。组织开展重点工程效益评价和水土保持措施体系研究，出台地方标准《水土流失综合治理技术规范》（DB33/T 2166—2018），综合施策，科学治理。　　　（王巨峰）

3. 生物多样性　2020年5月，浙江省生态环境厅、省农业农村厅、省水利厅印发《浙江省水生生物多样性保护实施方案》（浙环函〔2020〕106号）。"十三五"期间，浦阳江（浦江县段）作为河流型湿地每年开展生态地面监测。2019年起，浦阳江作为长江经济带唯一河流型试点水体，持续开展了上仙屋、湄池和浦阳江口三个国控断面的水生生物试点监测工作。上述监测均以大型底栖动物的调查和评价为重点。"十三五"期间千岛湖出境断面水质持续保持Ⅰ类，鉴定出浮游植物196种（属）、浮游动物79种（属）、鱼类107种（属）。同时，浙江省持续推进"一打三整治"，截至2020年年底全省累计取缔涉渔"三无"船（筏）1.8万多艘，清理海洋禁用及违规渔具104万多张（顶）、没收违禁渔获物630万多kg，查处违法违规案件1.7万多起，其中移送司法案件931起、3 287人。　　　　　（汪馥宇）

【执法监管】　2017年以来，浙江省水利厅每年抽检河湖不少于600条（含湖泊），无人机巡查河道累计超过5 000km。2019年1月，浙江省人民政府审议通过《浙江省水域保护办法》（省政府令375号），强化水域保护立法；2020年4月17日，浙江省水利厅印发《关于进一步明确浙江省水域管理职责的通知》（浙水河湖〔2020〕6号）文件，为各地探索建立了区域联防联治新模式，全力推进水域调查、河湖管理范围划定、河湖"清四乱"常态化规范化、岸线保护利用规划等工作奠定基础。2020年10月22日，浙江省水利厅编印《浙江省重要水域划定工作规程（试行）》，就重要水域划定公布工作进行部署，明确全省重要水域划定对象、内容、技术成果要求和工作程序。探索区域联防联治新模式，指导杭州市、绍兴市、嘉兴市等地创新实践流域共治，通过签署协作框架协议、完善机制、共议对策等形式，建立定期会商、应急协同等常态化工作机制，打破交界区域联防联治瓶颈。　　　　（罗正）

【水文化建设】

1. 杭州市拱墅区大运河亚运公园　运河亚运公园位于拱墅区申花单元内，东至学院北路，西至丰潭路，南至申花路，北至留祥路。公园内净用地面积约为46.71hm²。公园建设了河湖缓冲带，通过设置下凹式绿地、雨水花园、透水铺装等海绵城市技术将进入景观水体的雨水通过蓄水模块、透水铺装过滤后流进周边河流，既能净化水流又能防止水土流失。此外，雨水回收系统通过设置人工湖及蓄水模块既可以削减雨水洪峰，也可以回用雨水，净化人工湖水质，让公园内部具备内涝防治的"海绵"功能。公园整体建筑风格彰显中国气派、江南韵味、拱墅特色，明确"亚运的、全民的"定位，保证亚运赛事各项要求和赛后全民运动需求。

2. 杭州市拱墅区上塘古运河景区　上塘河景区充分挖掘古运河优越的生态环境资源和丰富的历史人文资源，依托运河水系和环半山景观带，打造"一街、一廊、一秀"。"一街"即上塘古运河街区，整合上塘河沿岸5万余m²的房产，打造数字化、年轻化、艺术化的标杆性文旅新生活产业街区；"一廊"即山水运动休闲连廊，提升改造塘河西岸约8km游步道、绿化带，以上塘河为纽带，南通世界文化遗产中国大运河实现"水水相通"，北连半山国家森林公园实现"山水相连"。"一秀"即"如梦上塘"夜游秀，以"行进式表演、沉浸式观演"的方式演绎上塘河"七运十三景"，让观众领略别样的水文化盛宴。

3. 湖州市长兴县河长馆　河长馆位于长兴县龙山街道兴国商务楼1号楼，展示馆占地面积1 000m²，展厅面积990m²，同时配套长兴县芦圻漾河长工作站和渚山村水环境综合治理示范区两个现场教学点，年均参观学习人数超5万人次。展示馆挂牌"国家水情教育基地""浙江省河湖长学院现场教学基地""浙江省生态文明干部学院绿色发展分院现场教学基地"，是河长制水情教育重要窗口。展示馆于2018年6月7日开馆，水利部部长鄂竟平出席开馆仪式并揭牌。

4. 金华市浦江县治水主题馆　金华市浦江治水主题馆是浦阳江国家湿地公园重要的组成部分，位于县城西南浦阳江上的翠湖湿地公园，占地面积4 700m²。场馆展陈分设5个部分，分别是水之殇、水之治、水之谋、水之变和水之美，涵盖了治污、防洪、排涝、节水、供水等6大主题内容。

馆内通过多媒体交互技术的呈现、体验场所的搭建、模拟演示景观的造景，全面、系统地展示县域治水历程与成果，打造了虞宅新光、杭坪薛家、大畈上河、白马嵩溪等一批网红村。展陈内容记录浦江荣获浙江治水最高奖项"大禹鼎"金鼎，第十届中华环境优秀奖，并荣登联合国"地球卫士奖"颁奖舞台，入选全国首批生态文明建设示范县等荣誉，使参观者直观感受到推进治水付出的巨大努力、成果的来之不易、环境天翻地覆的改善，以及水资源、分类资源的重要性。展馆还设有5D电影院，人随景移，增强了互动感、体验感。

5. 衢州市信安湖　信安湖位于浙江省衢州市柯城区境内，由衢州市信安湖管理中心管理，是衢州的城市河湖型水利风景区，2006年年底塔底水利枢纽工程建成。景区规划面积15.22km²，水域面积6.2km²，是衢州的城市阳台和会客厅，市民休闲健身的首选地。湖畔建有衢州水利党建文化展示厅，展馆面积895.27m²，由水利党建馆、五水共治馆、信安魅力馆、乌引精神馆、铜水精神馆、水利科普馆等组成，是全省首个水岸一体党建综合体。2012—2020年，衢州市先后投入20.66亿元，对信安湖国家水利风景区范围内的54.5km滨水空间实施提升改造，形成125.24万m²的滨水绿廊、50km的环湖绿道。《衢州市信安湖保护条例》使信安湖成为省内首个立法保护的河湖。

信安湖内文物古迹众多，人文历史悠久，环湖范围有全国重点文保单位 2 处，省级文保单位 2 处，市级文保单位 11 处，文保点 33 处。信安湖集多种水工建筑于一体，以景区为纽带，气势恢宏的水利枢纽、厚重古朴的老城风韵、绿色生态的花园式景观，展现了衢州这座滨水城市的风貌。信安湖 2011 年荣膺第十一批国家水利风景区称号，2018 年高分入选"浙江省十大运动休闲湖泊"，环信安湖绿道入选"浙江省首届最美绿道"。以信安湖为载体的云游信安湖、"樱"你而美摄影大赛、体育大会等活动，形式多样，特色鲜明；信安湖水上观光游，以"一条红船"将党建文化展示厅、沿线景点遗址相串联，成为全省乃至全国都负有盛名的水文化红色教育网红 IP，夜游信安湖、杭衢游轮游精品旅游线路得到广大群众喜爱。

6. 衢州市江山市治水主题公园 江山市治水主题公园坐落于江山城北核心区块，地处江山高铁站与东方文华酒店之间，被誉为"城市会客厅"。公园占地 2.2 万 m^2。公园依托原有的河流、植栽和硬质铺装，公园呈现了多种风貌，设有主广场、漫步区、观景区、亲水区、休闲活动区等 5 大区域。围绕治水、护水的主题精神，公园精心布置大禹塑像、分子式雕塑、溯源亭等 12 处系列景观，造型设计融治水文化、现代园林艺术于一体，与周边的现代风格建筑相得益彰。

江山市治水主题公园作为衢州地区占地面积最大的治水主题公园，是大型户外开放式治水宣传教育阵地，呈现出了水环境治理成效和人水和谐之美，是一道具有治水文化底蕴和现代休闲意义的风景线，也是江山治水工作标志性成果。

7. 丽水市松阳县水文化公园 浙江省丽水市松阳县水文化公园坐落于县城郊水南街道，占地面积 3.5 万 m^2，水域面积 1.2 万 m^2，总建筑面积 5 500m^2（含电站），展陈面积 1 984m^2。园内设有水利博物馆、白沙水利枢纽、多媒体放映厅、公共课堂、堰湖公园等区块，综合了科普、教育、研学、收藏、保护和交流等功能，是松阴溪国家水利风景区和 4A 级旅游景区的重要节点之一，也是展示松阳人民治水历程和智慧、科普水文化知识的重要场所。公园分别以"杯水之源、治污不易、滴水无价"等不同主题展示宣传治水内容。

松阳县水文化公园综合了堰、闸、湖、堤、电站等不同的水利工程，是浙江省内唯一一个县级水利博物馆。公园所在松阴溪获"2018 年长江经济带最美河流""浙江省最美乡河"等称号。在公园里，游客可以了解到松阳水系概况、古堰文化、自力更生治水文化、水事文化、先民治水管水智慧、节约用水科普、现代水利建设及规划、水环境普法、水力发电等知识。

8. 台州市临海市灵湖公园 灵湖公园位于临海新城中部，湖区建设累计投资超 13 亿元，成为当地极具人气的城市公园。公园面积达 4.7km^2，水面达 1.2km^2，平均水深 3.5～4m，水质常年维持在 Ⅱ 类水标准，是台州最大的生态人工湖，也是临海大田平原防洪排涝治理的关键性工程之一。公园以灵湖为中心，有西台帆影、西洋览胜、灵江锁钥、临湖邀月、柳堤春晓、龙盘樱海、湖心琼岛、曹家水肆、湖畔留踪等"九大核心景点"。公园有效改变大田平原水利条件，增强灵湖分洪、滞洪、泄洪、排涝等治水功能，消除了城市水患。公园通过生态修复、城市修补，恢复湖光山色、莺啼鹭飞的生态之美，极大改善临海市区水生态系统和生态环境，城市与自然和谐共生。

灵湖已从单一功能的水利工程，向综合功能承载的城市公园转变。灵湖公园于 2017 年荣获中国人居环境范例奖，2018 年获评国家 4A 级旅游景区。

（王恺）

【信息化工作】 2016 年开展"水利一张图"建设，通过融合浙江省自然资源厅的基础测绘数据与水利行业各类专题数据，以 1∶2 000 空间数据为主体，构建了水利行业的地理空间数据库。根据水利行业需求，突出呈现水系、水利专题等要素，完成全省统一的"水利一张图"。搭建水利行业地图平台，建立以地图为核心的信息共享和服务模式，实现了全省水利空间数据资源的共享应用。

2015 年开始河长制湖长制管理平台的开发工作，2017 年 9 月正式投入运行。2019 年，结合河长制工作提档升级，对原浙江省河长制湖长制管理平台进行了升级，2020 年 2 月开始运行，围绕"河湖一张图、信息一平台、服务一体系"要求，实现河湖基本信息全覆盖，河湖长组织体系全面展示，河湖长履职全程监管、河湖状况实时监控，公众参与充分体现，考核积分动态展现。

（梁彬）

| 安徽省 |

【河湖概况】

1. 河湖数量

（1）河流概况。安徽省流域面积 50km^2 以上河流 901 条，总长度 2.94 万 km。安徽省分为淮河流域（含废黄河及以北复新河安徽段）、长江流域、新安江流域（含龙田河、分水江），其中淮河流域67 288.49km²（含淮河 66 623.4km²，废黄河365.4km²，沂沭泗复兴河299.69km²），共 419 条河流，安徽省内长度 14 139km；长江流域 66 699km²（含直接入鄱阳湖、太湖），共 437 条河流，安徽省内长度 13 669km；新安江流域 6 186.9km²（含新安江 6 016.1km²，龙田河 79.7km²，分水江 91.1km²），共45 条河流，安徽省内长度 1 594km。

（2）湖泊概况。安徽省列入水利普查常年水面面积 1km² 以上湖泊 128 个，均为淡水湖泊，水面面积 3 505km²，主要分布在沿江、沿淮地区、沿淮淮北塌陷区、城市规划区，大部分湖泊出口建闸控制。其中，淮河流域 44 个，长江流域 84 个。

2. 水量

（1）"十三五"期间降水量。"十三五"期间，安徽省年平均降水量 1 356.8mm，降水量年内分布不均匀。"十三五"期间三个流域年平均降水量分别为：淮河流域 1 059.1mm，长江流域 1 588.1mm，新安江流域 2 049.6mm。

（2）"十三五"期间水资源量。"十三五"期间，安徽省年平均水资源总量 937.23 亿 m³，其中年平均地表水资源量 867.91 亿 m³，年平均地下水资源量 199.46 亿 m³，地下水资源量与地表水资源量不重复量 69.32 亿 m³，人均水资源量为 1 499.33m³。

3. 水质 "十三五"期间，安徽省地表水总体水质状况有所好转，Ⅰ～Ⅲ类水质断面（点位）的比例上升 6.7 个百分点，劣Ⅴ类水质断面（点位）实现清零，下降 6.7 个百分点。省辖长江流域（不含巢湖流域）、淮河流域Ⅰ～Ⅲ类水质断面比例分别上升 8.6、20.2 个百分点；新安江流域总体水质状况持续保持优；巢湖水质有所好转，水质类别保持稳定，主要污染物总氮、总磷浓度有所下降，环湖河流水质状况有所好转，Ⅰ～Ⅲ类水质断面的比例上升 7.4 个百分点。

4. 水利工程 截至 2020 年年底，安徽省在册的水库 5 741 座，其中大型 15 座、中型 110 座、小型 5 616 座。根据堤防水闸基础信息数据库数据统计，安徽省共有过闸流量 5m³/s 及以上水闸 4 218 座，其中，大型水闸 68 座、中型水闸 344 座、小型水闸 3 806 座。安徽省 5 级及以上堤防总长度 2.1 万 km，其中 1 级堤防 1 100km、2 级堤防 1 625km。

（黄祚继）

【重大活动】 2017 年 5 月 15 日下午，安徽省省级总河长第一次会议在合肥召开。安徽省委书记、省级总河长李锦斌出席会议并讲话，省委副书记、省长、省级总河长李国英主持会议。

2018 年 4 月 8 日，安徽省省级总河长第二次会议在合肥召开。安徽省委书记、省级总河长李锦斌主持会议并讲话，省委副书记、省长、省级总河长李国英出席会议。

2018 年 7 月 13 日，安徽省全面推行河长制湖长制工作推进会在合肥召开。安徽省副省长张曙光出席会议并讲话，省政府副秘书长刘卫东主持会议。

2019 年 3 月 19 日，安徽省省级总河长第三次会议在合肥召开。安徽省委书记、省级总河长李锦斌主持会议并讲话，省委副书记、省长、省级总河长李国英出席会议。

2020 年 3 月 18 日，安徽省省级总河长第四次会议在合肥召开。安徽省委书记、省级总河长李锦斌主持会议并讲话，省委副书记、省长、省级总河长李国英出席会议。

（张九鼎）

【重要文件】 （1）2016 年 12 月 13 日，安徽省水利厅、省发展改革委等 10 部门印发《安徽省实行最严格水资源管理制度年度考核工作方案》（皖水资源〔2016〕137 号）。

（2）2016 年 12 月 20 日，安徽省水利厅、省发展改革委印发《安徽省"十三五"水资源消耗总量和强度双控工作方案》（皖水资源〔2016〕145 号）。

（3）2017 年 3 月，中共安徽省委办公厅、安徽省人民政府办公厅印发《安徽省全面推行河长制工作方案》（厅〔2017〕15 号）。

（4）2017 年 4 月 7 日，安徽省河长制办公室印发《关于实行全面推行河长制工作信息简报、信息专报和工作通报的通知》（皖水管函〔2017〕482 号）。

（5）2017 年 6 月 3 日，安徽省河长制办公室印发《安徽省全面推行河长制省级河长会议制度（试行）》《安徽省全面推行河长制工作督察制度（试行）》《安徽省全面推行河长制 2017 年度省级考核验收办法》（皖河长办〔2017〕10 号）。

（6）2017 年 7 月 6 日，安徽省全面推行河长制办公室印发《关于规范河长公告和河长公示牌设置工作的通知》（皖河长办〔2017〕15 号）。

（7）2017 年 8 月 31 日，安徽省全面推行河长制办公室印发《关于规范河长公示牌电话设置工作的补充通知》（皖河长办〔2017〕19 号）。

（8）2017 年 10 月 16 日，安徽省全面推行河长制办公室印发《安徽省全面推行河长制信息共享制度（试行）》（皖河长办〔2017〕31 号）。

（9）2017 年 10 月 31 日，安徽省级巢湖河长制工作领导小组办公室印发《安徽省级巢湖河长制工作方案》（皖巢湖河长办〔2017〕5号）。

（10）2017年11月7日，安徽省级巢湖河长制工作领导小组办公室印发《安徽省级巢湖河长制四项工作制度》（皖巢湖河长办〔2017〕6号）。

（11）2017年12月8日，印发《关于加强全面推行河长制投诉举报办理工作的意见》（皖河长办〔2017〕48号）。

（12）2017年12月29日，安徽省全面推行河长制办公室印发《关于加强全面推行河长制投诉举报办理工作的意见》（皖河长办〔2017〕48号）。

（13）2018年1月10日，安徽省全面推行河长制办公室印发《关于全面推行"民间河长"工作的意见》（皖河长办〔2018〕4号）。

（14）2018年1月22日，印发《关于公布安徽省湖泊保护名录（第一批）的通知》（皖水管〔2018〕11号）。

（15）2018年5月2日，中共安徽省委办公厅、安徽省人民政府办公厅印发《关于在湖泊实施湖长制的意见》（厅〔2018〕30号）。

（16）2018年7月24日，印发《关于开展河湖"清四乱"专项行动的通知》（皖水管函〔2018〕1188号）。

（17）2018年9月5日，中共安徽省委办公厅、安徽省人民政府办公厅印发《关于调整省级河长、湖长的通知》（厅〔2018〕47号）。

（18）2018年12月28日，安徽省全面推行河长制办公室印发《关于进一步加强河（湖）长巡河工作的指导意见》和《全面推行河（湖）长制省级暗访工作制度（试行）》（皖河长办〔2018〕64号）。

（19）2019年3月14日，安徽省全面推行河长制办公室印发《关于对全面推行河湖长制真抓实干成效明显地方进一步加大激励支持力度实施办法》（皖河长办〔2019〕9号）。

（20）2019年6月3日，安徽省全面推行河长制办公室印发《关于调整省级河长会议成员单位及工作职责的通知》（皖河长办〔2019〕13号）。

（21）2020年2月3日，安徽省河长制办公室印发《转发水利部办公厅关于进一步强化河长湖长履职尽责的指导意见的通知》（皖河长办〔2020〕3号）。

（22）2020年6月29日，安徽省全面推行河长制办公室印发《关于调整巢湖高邮湖焦岗湖省级湖长的通知》（皖河长办〔2020〕11号）。

（23）2020年11月30日，印发《关于协同推进"河（湖）长+检察长"工作机制的意见》（皖检会〔2020〕9号）。

（张静波）

【地方政策法规】

1. 法规

（1）2016年9月30日，安徽省人民代表大会常务委员会发布公告（第49号），安徽省第十二届人民代表大会常务委员会第三十三次会议通过了《安徽省饮用水水源环境保护条例》，自2016年12月1日起施行。

（2）2017年7月28日，安徽省人民代表大会常务委员会发布公告（第57号），安徽省第十二届人民代表大会常务委员会第三十九次会议通过了《安徽省湖泊管理保护条例》，自2018年1月1日起施行。

（3）2017年11月17日，安徽省人民代表大会常务委员会发布公告（第66号），安徽省第十二届人民代表大会常务委员会第四十一次会议修订，现将修订后的《安徽省环境保护条例》公布，自2018年1月1日起施行。

（4）2018年11月23日，安徽省人民代表大会常务委员会发布公告（第8号），安徽省第十三届人民代表大会常务委员会第六次修订，现将修订后的《安徽省淮河流域水污染防治条例》公布，自2019年1月1日起施行。

（5）2019年5月24日，安徽省人民代表大会常务委员会发布公告（第13号），安徽省第十三届人民代表大会常务委员会第十次会议通过了《安徽省淠史杭灌区管理条例》，自2019年8月19日起施行。

2. 规范（标准）

（1）2016年5月23日，发布《徽州新聚落生活污水生态处理技术导则》（DB34/T 5053—2016）。

（2）2016年5月23日，发布《徽州传统聚落景观水体保护与修复技术导则》（DB34/T 5051—2016）。

（3）2017年9月16日，发布《安徽省入河排污口监督管理实施细则》（皖水资源〔2017〕91号）。

（4）2017年11月13日，发布《巢湖河湖环境卫生管理导则（试行）》《巢湖河道生态护岸及清淤管理导则（试行）》（皖巢湖河长办〔2017〕8号）。

（5）2018年4月16日，发布《生活饮用水源水中多溴联苯醚的测定气相色谱-串联质谱法》（DB34/T 3100—2018）。

（6）2019年2月1日，发布《水生态文明城市评价准则》（DB34/T 3321—2019）。

（7）2019年11月26日，发布《安徽省示范河湖建设评分标准（试行）》。

（8）2019 年 12 月 25 日，发布《安徽省行业用水定额》（DB34/T 679—2019）。

（9）2019 年 12 月 25 日，发布《农村生活污水处理设施水污染物排放标准》（DB34/T 3527—2019）。

（10）2020 年 11 月 27 日，发布《河长制决策支持系统　第 1 部分：数据库设计规范》（DB34/T 3735—2020）。

（11）2020 年 11 月 27 日，发布《河长制决策支持系统　第 2 部分：数据资源共享规范》（DB34/T 3735.2—2020）。

3. 政策性文件

（1）2017 年 6 月 3 日，印发《安徽省全面推行河长制省级河长会议制度（试行）》《安徽省全面推行河长制工作督察制度（试行）》《安徽省全面推行河长制 2017 年度省级考核验收办法》（皖河长办〔2017〕10 号）。

（2）2017 年 10 月 16 日，印发《安徽省全面推行河长制信息共享制度（试行）》（皖河长办〔2017〕31 号）。

（3）2017 年 12 月 20 日，印发《安徽省水权交易管理实施办法（暂行）》（皖水资源函〔2017〕1937 号）。

（4）2018 年 11 月 2 日，印发《巢湖流域河流水质目标控制体系》（皖巢湖河长〔2018〕3 号）。

（5）2018 年 12 月 28 日，印发《关于进一步加强河（湖）长巡河工作的指导意见》和《全面推行河（湖）长制省级暗访工作制度（试行）》（皖河长办〔2018〕64 号）。

（6）2019 年 3 月 14 日，印发《关于对全面推行河湖长制真抓实干成效明显地方进一步加大激励支持力度实施办法》（皖河长办〔2019〕9 号）。

（7）2019 年 8 月 16 日，印发《安徽省突出生态环境问题整改验收销号管理办法（试行）》（安环委〔2019〕1 号）。

（8）2019 年 8 月 30 日，印发《安徽省河道非法采砂砂产品价值和危害防洪安全认定办法》（皖水河湖函〔2019〕728 号）。

（刘影慧）

【专项行动】

1. 采砂管理　"十三五"期间，淮河干流安徽段拆解取缔非法采砂船只 1 342 艘；长江干流安徽段已拆解取缔非法采砂船只 719 艘。2016 年，建设执法基地 25 个，配置执法船（艇）50 余艘、执法车 30 余辆，实施执法 100 余次。2017 年，查处非法采砂案件 811 起，提请政法机关判处非法采砂入刑案 5

起。长江滩地堆砂场全部清除并采取复绿措施。2018 年与江苏省水利厅联合开展淮河省际边界打击非法采砂执法行动，查处非法采砂案件 1 165 起。2019 年安徽省水利厅将采砂管理纳入对市水行政主管部门改革发展目标绩效考核体系，纳入全面推行"河长制"工作的考核内容，落实采砂管理行政首长负责制，查处非法采砂案件 410 件。2020 年，在长江设置集中停靠点 14 处并安装视频监控。督促指导有关市、县做好内河采砂规划编制和清淤砂利用工作，全省已批复内河采砂规划 41 个。

2. 河湖"清四乱"　2018 年开始实施河湖"清四乱"专项行动，制定《安徽省河湖"清四乱"专项行动实施方案》和《安徽省河湖"清四乱"专项行动问题认定及清理整治标准》（办河湖〔2018〕245 号），指导督促各地对调查摸底发现的违法违规问题，立行立改、边查边改。经过 2018 年、2019 年两年的集中攻坚，安徽省共清理整治"四乱"1 044 处、清理非法占用河道岸线 564.9km，清除河湖垃圾 52.8 万 t，清除非法网箱养殖 1.73 万 m²，拆除违章建房 20 万 m²，打击非法采砂船只 1 935 艘，清理非法砂石 20.12 万 m³，河湖"四乱"突出问题得到有效遏制，河湖面貌明显改善。

3. "清江清河清湖"　2020 年 12 月 11 日，安徽省委书记李锦斌、省长李国英共同签发省总河长令，部署"清江清河清湖"专项行动，着力清理整治河湖乱占、乱建、乱堆、乱采、乱排、乱捕等危害河湖健康生命的突出问题。2020 年年底，各地已排查整治各类问题点位 446 个。

4. 长江干流岸线保护和利用专项检查　2017 年 12 月，组织开展了长江干流岸线保护和利用专项检查行动，全面查清长江干流岸线利用现状，清理整顿违法违规占用岸线行为，建立长江干流岸线利用项目台账及长效管理机制。2018 年 10 月，根据国家推动长江经济带发展领导小组办公室《长江干流岸线利用项目清理整治工作方案》要求，按照依法合规、分类施策的原则对检查发现的涉嫌违法违规的 303 个项目（扣除重复后为 275 个）进行清理整治。截至 2019 年年底，完成了应拆除取缔的 50 个项目中 49 个项目的拆除取缔工作（其中铜陵市枞阳舟洋船厂项目经水利部同意后保留），完成位于生态敏感区的 118 个项目以及不符合涉河建设方案许可规定的 135 个项目（其中 28 处位于生态敏感区）的整改工作。

5. 长江经济带固体废物大排查　2018 年，组织开展了长江经济带固体废物大排查行动。安徽省境内长江干流、沿江 19 条主要支流及 14 个重点湖泊共排查固废点位 127 个，形成点位清单，及时报送水利部；指导督促沿江各市倒排时间、挂图作战。截至 2018 年 7 月 15 日，127 个点位已全部完成清理整治工作。

6. 水利行业扫黑除恶专项斗争 2018 年以来，安徽省各级水利部门共摸排移送涉黑涉恶违法犯罪线索 505 条，协助政法机关共打掉涉水黑恶组织 30 个、破获刑事案件 189 起，刑拘犯罪嫌疑人 775 人，判刑 360 人。安徽省水利厅荣获"2019 年度全国扫黑除恶专项斗争先进单位"称号。

（马龙）

【河长制湖长制体制机制建立运行情况】 安徽省委书记李锦斌、省长李国英，不仅担任省级总河长，还分别担任长江和淮河干流的省级河长，长江、淮河、新安江沿线均调整由党委、政府主要负责人担任河长。省、市均发布总河长令，高位推动河长制工作任务落实。全省共设立河长 5.3 万名、湖长 2 779 名。各级河长湖长通过河长会议、督查、巡河等方式认真履职，每年巡河超过百万人次。搭建工作平台，省、市和 133 个县（市、区、开发区）设立了河长制办公室，制定了 1 548 条（个）河湖的一河（湖）一策。各级设立了 24 小时举报电话，群众向河长湖长反映的河湖问题，能够及时得到妥善处理。

（汪振宁）

【河湖健康评价】 水利部河长办于 2020 年 8 月印发《河湖健康评价指南（试行）》第 43 号，就开展河湖健康评价作出安排。安徽省高度重视，将开展河湖健康评价作为科学制定新一轮"一河（湖）一策"、精准实施河湖系统治理的重要基础工作，作为检验河长制湖长制实施成效的技术依据和手段，认真研究部署，抓好贯彻落实。2020 年年底，省级启动开展 12 条（个）河湖健康评价工作。各地按省河长办要求，启动 105 条（个）设立市级以上河长湖长的河湖的康评价工作。

（赵佳）

【"一河（湖）一策"编制和实施情况】 2017 年 4 月初，启动长江、淮河、新安江干流和巢湖省级"一河（湖）一策"实施方案编制工作。经省级河长审定，2017 年 9 月印发实施省级长江干流和巢湖实施方案，10 月印发实施淮河和新安江干流实施方案。市、县两级实施方案编制工作全面启动，截至 2019 年年底，1 548 项"一河（湖）一策"全部编制完成并经河长湖长审定后印发。

（赵佳）

【水资源保护】

1. 水资源刚性约束 安徽省印发《关于进一步加强规划水资源论证工作的意见》（皖水资源〔2016〕26 号）、《关于印发〈安徽省"十三五"水资源消耗总量和强度双控工作方案〉的通知》（皖水资源〔2016〕145 号）、《安徽省实行最严格水资源管理制度年度考核工作方案》等政策文件，部署省级最严格水资源管理制度工作。完成国家对安徽省 2020 年度实行最严格水资源管理制度考核目标任务。在国家对省实行最严格水资源管理制度考核中，2017 年、2020 年安徽省均获得优秀等次，并受到国务院通报表扬。

2. 节水行动 安徽省水利厅、省发展改革委、省住房城乡建设厅联合印发《安徽省节水型社会建设规划（2016—2020 年）》，明确"十三五"期间节水目标和任务。制定全省县域节水型社会达标建设工作方案并报送水利部，印发《安徽省县域节水型社会达标建设实施方案编制大纲（试行）》，26 个县先后启动节水型社会达标建设实施方案编制工作，20 个县完成审查审批工作。编制印发了《国家节水行动安徽省实施方案》（发改环资规〔2019〕695 号），建立节约用水部门协调机制，推进各项任务实施。

3. 生态流量监管 经安徽省政府同意，《省水利厅印发关于印发安徽省重点河湖生态流量（水位）控制目标的通知》（皖水资管〔2020〕95 号），明确安徽省史河、潩河等 15 条重点河湖生态流量（水位）保障目标，超额完成水利部下达的工作任务。编制 18 条重点河湖生态流量保障实施方案，明确监测、预警、调度和管理责任。持续开展河湖生态流量监测、预警、调度、评估等工作。配合做好水利部组织开展的生态流量专题调研。

4. 全国重要饮用水水源地安全达标保障评估 加强饮用水水源地保护，安徽省水利厅水资源处组织各市对饮用水水源地开展专项检查，检查情况报市政府和省有关部门备案，完善水源地核准和安全评估制度，统筹取排水口优化布局和规范设置，省、市两级全面启动取排水口及应急水源布局规划编制，基本编制完成《安徽省重要河流取水口排污口和应急水源地布局规划》，按照"水量保证、水质合格、监控完善、制度健全"总体要求，完成国家重要饮用水水源地安全保障达标建设评估工作。

5. 取水口专项整治 印发并实施《关于整合建设项目水资源论证和取水许可行政审批的通知》（皖水资源函〔2016〕902 号），修订完善省、市两级用水单位重点监控名录，以县为单元推进取用水户规范化建设，按照"一户一档"要求建立电子档案。开展长江和新安江流域取水工程（设施）核查登记与整改提升工作。对照水利普查取水工程名录，共计排查取水工程 16 000 余处，依规登记取水工程（设施）4 734 处。淮河流域已完成取水口核查登记，建档入库取水口超 23 个万。取水许可电子证照在全国率先完成应用推广工作。截至 2020 年年底，安徽省完成 6 058 份取水许可电子证照核发工作，所有存量纸质取水许可证全部转化为电子证照，取水许可实现一网通办。

6. 水量分配 将年度用水总量控制指标分配到市级行政区和主要用水行业，将全省"十三五"水资源消耗总量与强度主要控制指标分配到市、县级行政区；配合水利部淮委完成洪汝河、颍河、史河、涡河、包浍河、新汴河、奎濉河等跨省河流水量分配工作，配合水利部太湖局开展新安江流域、太湖流域水量分配。围绕分水目标推进河湖水量分配，全省完成新安江、滁河、青弋江、水阳江等 32 条跨市河湖水量分配工作，实现跨市河流水量分配全覆盖。安徽省第一个水权制度改革试点——六安市金安区水权确权试点工作通过验收。启动新安江流域水权确权工作，完成《安徽省新安江流域水权确权实施方案》。

(徐国敏)

【水域岸线管理保护】

1. 河湖管理范围划界 根据《水利部关于加快推进河湖管理范围划定工作的通知》（水河湖〔2018〕314 号）要求，2019 年 3 月，安徽省全面启动河湖管理范围划定工作。安徽省相继印发了划界技术指南及技术要点和成果公告指导意见，开展了情况调查，制定完善了实施方案，组织多次业务培训，积极推进划界工作，截至 2020 年 11 月底，列入水利普查的 901 条河流、128 个湖泊划界成果由县级以上人民政府批准并公告，规模以上 68 条河流、128 个湖泊划界成果完成上图，并形成矢量数据，省、市、县三级共享，为河湖"四乱"问题清理整治提供了重要的数据支撑。

2. "四乱"整治 自 2017 年开始，先后实施了一系列清理整治河湖突出问题行动。开展长江干流岸线清理整治行动，沿江共依法拆除非法码头、船舶修造点等 230 余个，释放岸线 40 余 km。开展固体废物排查整治行动，共清理整治河湖固体废物点位 1 160 个。开展长江干流岸线利用项目清理整治行动，完成了 303 个利用项目的拆除取缔或整改规范。开展河湖"清四乱"专项行动，并深入推进河湖"清四乱"常态化规范化，清理问题点位 1 385 个，全省清理非法占用河道岸线 1 071.46km，清除河湖垃圾 55.53 万 t，清除非法网箱养殖 1 165.74

万 m^2，清理非法砂石 33.97 万 m^3，拆除违章建房 23.57 万 m^2。

(马龙)

【水污染防治】

1. 排污口整治 2019 年印发《长江入河排污口排查整治工作方案》和《长江排污口排查监测方案》，全覆盖排查、监测和溯源长江干流排口，确定排污口数量和点位，监测监控水质。截至 2020 年年底，对长江干流 4 558 个排口实施全覆盖排查、监测和溯源，完成长江一级、二级支流 1.35 万余 km^2 排查范围无人机航测，确定 691 个排污口，对其中 97 个工业企业排污口安装联网了自动监控设备并设置水质监测断面，基本实现长江干流入河排污口水质监测监控，全面启动长江一级、二级支流入河排污口排查、监测和溯源。

2. 工矿企业污染 开展工业园区污水集中处理设施整治。省级以上工业园区已全部建成污水集中处理设施，排查发现问题已全部完成整治。全省共核发排污许可证 11 960 张。组织对全省 130 个开发区、24 个省级以下化工聚集区、13 226 家工业企业、808 家化工企业进行全面排查，重点检查环评审批验收手续、污染防治措施落实、固体废物管理等情况，对于发现的问题建立问题清单，制定整改方案，依法推进整治工作。

3. 城镇生活污染 出台《"十三五"安徽省城镇污水处理及再生利用设施建设规划》《"十三五"安徽省城镇生活垃圾无害化处理设施建设规划》。截至 2020 年年底，全省建成并投入运行的城市及县城生活污水处理厂 154 座，污水日处理能力达 964.45 万 m^3。长江、淮河和新安江流域城市污水处理厂出厂水执行一级 A 标准，巢湖流域沿线城市出水执行《巢湖流域城镇污水处理厂和工业行业主要污染物排放限值》（DB34/ 2710—2016）标准，提前超额实现"十三五"规划目标。

4. 畜禽养殖污染 "十三五"时期，先后组织实施了 25 个国家级整县推进项目和 58 个省级整县推进项目，基本上实现了全省县域全覆盖。2020 年安徽省畜禽粪污综合利用率 80% 以上，比全国平均水平高出 5 个百分点，2020 年创设商品有机肥推广应用试点政策，省财政统筹安排 1.2 亿元资金，在 44 个县（区）推广利用畜禽粪污转化的商品有机肥 60 万 t，推动构建畜禽养殖废弃物资源化利用循环经济发展的新体系。2020 年博览会共签约畜禽养殖废弃物资源化利用项目 35 个，累计签约金额 128 亿元，同比增长 111%。

5. 水产养殖污染 印发《关于加快推进水产养

殖业绿色发展的实施意见》（皖农渔〔2019〕95号），组织开展国家级水产健康养殖示范创建，累计创建全国渔业健康养殖示范县2个（巢湖市、当涂县），国家级水产健康养殖示范场519家。组织开展"两鱼两药"专项整治行动，严厉打击鳜鱼、乌鳢养殖生产中违法使用硝基呋喃类药物、孔雀石绿等违禁物质行为；开展水产养殖"用药减量"行动和规范用药科普下乡活动，加强《兽药管理条例》等法律法规和《水产养殖用药明白纸》宣传，加强水产品质量安全抽检工作，国家水产品产地检测合格率达98%以上。

6. 农业面源污染　"十三五"以来，累计推广测土配方施肥面积5.74亿亩次，推广配方肥745万t，应用面积3.89亿亩次。2020年，安徽省推广测土配方施肥技术面积达到1.22亿亩次，主要农作物测土配方施肥技术覆盖率达90.4%，比2015年增加15.3个百分点。据统计，2020年化肥使用量较2015年减少14.4%，较2016年减少11.3%，实现连续6年负增长。2020年小麦、玉米、水稻三大粮食作物化肥利用率达40.4%，比2015年提高6个百分点，比2016年提高4.2个百分点。粮食品种结构得到优化，普及了应用配方肥，推广缓释肥料、有机无机复混肥、生物肥、水溶肥等新型肥料。2020年，配方肥施用占比达到53%，比2015年提高14.6个百分点；推广新型肥料面积1200万亩次，有机肥使用面积约3200万亩次，绿肥面积近200万亩，施肥结构进一步优化。

7. 船舶港口污染防治　"十三五"期间，安徽省发布《港口和船舶污染物接收、转运、处置设施建设方案》，各市建设任务在2020年11月底前全部完成，全省283座码头的船舶垃圾、生活污水、含油污水接收设施已全部覆盖。各市排查上报的224座非法码头于2017年全部取缔拆除，共释放长江岸线45km，2018年完成拆除区域的复绿工作或恢复自然岸坡。2017年2月，印发《关于开展打击无证经营码头专项整治行动的通知》（皖交运函〔2017〕62号），在全省开展打击无证经营码头专项整治行动，共取缔拆除941座无证经营码头（含砂场），规范提升47座码头，改造为公务码头2座，共释放岸线62km。2020年，全省累计接收船舶污染物1.7万t，检查进港船舶7.06万艘次，查处偷排超排60艘次。

（闫文娟）

【水环境治理】

1. 饮用水水源规范化建设　全力保障饮用水水源安全，修订出台《安徽省饮用水水源环境保护条例》，印发《安徽省饮用水水源地保护攻坚战实施方案》《关于进一步加强集中式饮用水水源地规范化建设和管理的意见》等，持续加强饮用水水源保护区环境问题排查、整治，基本完成县级以上饮用水水源地规范化建设和备用水源地建设，1263个"千吨万人"饮用水水源保护区完成划定。扣除地质因素影响，县级及以上集中式饮用水水源水质保持稳定。完成4300个村环境整治任务及成效评估。实现乡镇政府驻地和省级美丽乡村中心村生活污水处理设施建设全覆盖，对日处理污水20t以上的农村污水处理设施实施季度监测，建立全省农村黑臭水体清单，开展农村黑臭水体整治试点。

2. 黑臭水体治理　实施黑臭水体治理控源截污、内源治理、生态修复、补水活水、长效管理五大工程，建立定期检测、巡查，落实河长制等长效管控机制，截至2020年年底，全省设区市建成区231个黑臭水体完成治理、消除黑臭，全面完成国家水污染防治计划考核任务。

3. 农村水环境整治　农村人居环境整治三年（2018—2020年）行动期间，全省农村改厕共256.89万户，农村卫生厕所普及率达到85%，其中一类县无害化卫生厕所普及率达到90%，二类县卫生厕所普及率达到85%，长效管护机制逐步建立。

（李爱香）

【水生态修复】

1. 退田还湖还湿　"十三五"期间，全省共计退耕还湿12.5万m^2，拆除围网约1000万m，修复湿地30万m^2。

2. 生物多样性保护　2018年12月29日，安徽省人民政府办公厅印发《关于加强长江（安徽）水生生物保护工作的实施意见》（皖政办〔2018〕60号）。出台地方标准《安徽省水生动物增殖放流技术规范》（DB34/T 1005—2009），安徽省农业农村厅、安徽省财政厅、安徽省人力资源和社会保障厅印发《关于安徽省长江流域重点水域禁捕和建立补偿制度实施方案的通知》（皖农渔〔2019〕96号）。各地严格依照《水生生物增殖放流管理规定》，强化增殖放流苗种种质、质量、数量监管，2016年以来，全省放流水生生物26亿尾，为保护生物多样性、改善水域生态环境、促进渔业可持续发展发挥重要作用。安徽湿地生境类型众多，为湿生、水生生物物种创造了丰富的栖息生境。不仅物种数量多，而且有很多是中国所特有，具有重大的科研价值和经济价值。

（1）湿地植物。安徽省湿地维管束植物共有676种，隶属于95科302属。

（2）湿地动物。安徽省湿地区域是安徽省脊椎动物最为集中的分布地之一，多种湿地脊椎动物类群包含省内大部分种类。

3. 生态补偿机制建立

（1）湿地生态补偿机制。为支持湿地保护与恢复，中央财政从2014年开始开展湿地生态效益补偿试点工作。安徽省升金湖国家级自然保护区纳入国家湿地生态效益补偿试点范围。"十三五"期间，中央财政安排升金湖国家级自然保护区湿地生态效益补偿资金6 278万元。湿地生态效益补偿支出主要用于对候鸟迁飞路线上的重要湿地因鸟类等野生动物保护造成损失的补偿。在中央财政的大力支持下，升金湖湿地得到有效恢复和修复，保护面积有所扩大，湿地生态服务功能日益提升。

（2）水生态补偿机制。2017年印发《安徽省地表水断面生态补偿暂行办法》，2018年安徽、江苏两省在长江流域滁河建立省际生态补偿机制，2019年印发《沱湖流域上下游横向生态补偿方案》《进一步推深做实新安江流域生态补偿机制的实施意见》（皖政办秘〔2019〕82号），报送《新安江流域水环境保护治理工作的调研报告》。截至2020年年底，"十大工程"建设累计完成投资27.8亿元，新安江水质稳定达标，第三轮新安江流域生态补偿试点圆满收官。2020年起草《新安江-千岛湖生态补偿试验区建设方案》，新安江流域生态补偿机制相关职能全部移交至省推动新安江-千岛湖生态补偿试验区建设领导小组办公室。

4. 水土流失治理（生态清洁小流域）　2016年12月，印发《关于〈安徽省水土保持规划（2016—2030年）〉的批复》（皖政秘〔2016〕250号）。2017年5月，发布《关于划定省级水土流失重点预防区和重点治理区的通告》（皖政秘〔2017〕94号），划定省级水土流失重点预防区13 432km²、省级水土流失重点治理区2 244km²。2016—2020年，安徽省水土流失治理投资约20.89亿元，完成新增水土流失治理面积3 182.34km²，是治理面积最大的5年，占《全国水土保持规划（2015—2030年）》目标任务1 942km²的164%，生态修复和重点预防保护面积2 738.73km²，共减少土壤流失量514.42万t。根据2020年水土流失动态监测成果，全省水土流失面积为12 039.21km²。

（王春林）

【执法监管】

1. 河湖执法　全面推行水行政执法"三项制度"，严格规范公正文明执法。2016—2020年，安徽省共查处水事违法案件9 403件，结案9 000件，

结案率为95.71%。制定《安徽省河湖执法工作方案（2018—2020年）》，以创建"无违"河湖为目标，坚持有违必查、有查必果，严厉打击河湖违法行为，加大河湖管控力度。制定《安徽省河湖违法陈年积案"清零"行动实施方案》，开展河湖违法陈年积案"清零"行动，巩固和拓展河湖执法成果。

2. 联合执法　在石臼湖等3个跨省湖泊、菜子湖等5个跨市重点湖泊全面建立联合湖长制联动机制，在滁河、西淝河等16条跨界河流建立联合河长制，召开联席会议，共商对策，推进联合巡查执法。与相邻省份的市、县间共签订联合打击非法采砂等协议20多份。通报200个跨市水文水质监测结果，及时提醒河长湖长，推动上下游合力治水。

3. 河湖日常监管　贯彻落实《全面打造水清岸绿产业优美丽长江（安徽）经济带长江干流安徽段岸线管护工作实施方案》"禁新建"要求，落实长江岸线分区管控，强化河湖岸线保护和节约集约利用，严格审查审批涉河建设项目，加强项目的事中事后监管，多次组织开展在建涉河建设项目度汛情况检查，对发现的问题进行现场督办整改。2016—2020年，省级以上水利部门审批涉河建设项目236个，其中安徽省水利厅审批95个。

（谢磊）

【水文化建设】

1. 安丰塘文化研究　安徽省水利厅围绕安丰塘开展系列文化研究，完成"安丰塘沙盘模型"、《芍陂历代诗文集》、《芍陂纪事》嘉庆本复制、《安丰塘志》、《安丰塘古水利工程研讨会论文集》等。安丰塘，古名芍陂，地处淮河中游南岸，位于寿县古城南30km处，是中国历史上最古老的大型蓄水灌溉工程，据《安丰塘志》载，芍陂为春秋时期（公元前613年至前591年）楚令尹孙叔敖所建，距今已有2 600多年。安丰塘几经兴废，古塘初创时号"灌田万顷"，总库容达1.71亿m³，到1949年蓄水量仅1 700万m³。淠史杭综合利用工程兴建后，经过不断加固完善，安丰塘蓄水量近1亿m³，灌溉农田近70万亩，成为淠史杭灌区一座中型反调节水库。因其历史悠久，1988年被国务院列为全国重点文物保护单位，2015年被国际灌排委员会列为世界灌溉工程遗产，2016年被列入中国重要农业文化遗产名录。安丰塘景区现有古建筑孙公祠，其内收集了各类有关塘史的碑碣和文献，以及环塘绿堤、老庙集、碑亭、芍陂亭、长寿岛等景点。

2. 大别山水库志编撰　根据安徽省政府2020年第52号文件要求，拟定大别山水库群（佛子岭、梅山、龙河口、响洪甸和磨子潭五大水库）志书编撰

工作计划和实施计划，开展 4 个志书承编单位编撰业务培训，切实解决编撰工作中的实际问题，截至 2020 年年底，各承编单位进入条目编写阶段。

（李小林）

【信息化工作】

1. "水利一张图" 安徽省水利信息化省级共享平台是以国家智慧水利建设指导意见为原则，以水利行业数据特点和业务需求为主线，在云平台和国产化分布式数据库基础上，建成了"水利一张图"、一个大数据中心、一个综合应用门户和一体化安全防护体系，为全省水利业务系统提供统一认证、数据共享、地图服务等公共基础服务。其中"水利一张图"作为安徽省水利信息化省级共享平台项目的重要组成部分，整合了全省水利时空数据，集成全境 1∶10 000、部分重点大坝 1∶1 000 的多种比例尺矢量数据，全境 0.5～2.1m 分辨率多时相高分辨率遥感影像。目前已整合了 36 类 30 万个水利对象，完成所有水利对象实体数据的整编上图，形成了以国家基础、水利基础和水利专题等三大类空间数据类型为基础的省级水利一张图空间数据资源体系。

2. 河长 App 安徽省河长制决策支持系统河长通自 2018 年 12 月运行以来，作为全省河长制湖长制工作的信息化工具，服务全省各级河长湖长、河长办履职尽责，提升河长制工作效率。河长通 App 主要功能是服务于河长湖长、河长办的日常工作需要，为河长湖长和河长办的业务处理提供河湖的综合展示、信息查询、信息管理和任务管理等功能，并服务于河长湖长的巡河和事件流转处置，组织推进重点项目的实施。目前，全省各级河长湖长、河长办使用人数 43 954 名（按河段统计），湖长 2 274 名（按湖片统计），使用用户达到 37 783 名。通过河长通 App 上报问题 10 775 件，巡河次数 230 万次。

3. 智慧河湖

（1）安徽省河长制决策支持系统。安徽省河长制决策支持系统 2018 年 11 月基本建成，2018 年 12 月正式上线运行，系统包含河长制业务工作、信息管理、信息服务、河长履职、事件处理、抽查督导等河长制业务服务平台。通过"河长制一张图"，可以全面展现全省河湖的总体概况，实现对水资源、水环境和河湖岸线变化预警等数据信息的展现。系统实现了安徽省河湖智慧化管理新模式，为全省 5 万名河长湖长提供先进可靠的信息系统支撑，全面提升了安徽省河湖管理保护信息化水平。

（2）安徽省河湖管理信息系统。2017 年 12 月基本建成，2019 年 4 月正式上线运行，采用天地图作为底图，实现与水利部、安徽省自然资源厅"国土一张图"、县（市）水利部门的共享，并在使用过程中不断充实完善。系统主要提供全省河湖库基本情况，流域、水系、市、县、重要指标、跨界分类汇总数据，最新的卫星图片，历史上不同时期的卫星图片，河湖管理范围划定成果图上勾绘情况，河湖库名录，主要河湖库简介、相关规范性文件下载等服务，为辅助做好河湖管理各项工作打下了坚实的基础。

（顾雯）

| 福建省 |

【河湖概况】

1. 河湖数量 福建河流纵横、水系密布、自成体系，除赛江发源于浙江、汀江流入广东外，其余河流都发源于境内，独流入海，源短流急。全省流域面积 50km² 以上河流共有 740 条，总长度为 24 629km；流域面积 100km² 及以上河流 389 条，总长度 18 051km；流域面积 1 000km² 及以上河流 41 条，总长度为 5 697km；流域面积 10 000km² 及以上河流 5 条，总长度为 1 719km。较大河流有闽江、九龙江、晋江、汀江、赛江和木兰溪等"五江一溪"，其中，闽江长 562km，流域面积 6.1 万 km²，是东南沿海地区流域面积最大的河流，约占福建省土地面积的一半；九龙江河长 285km，流域面积 1.47 万 km²；晋江河长 182km，流域面积 0.56 万 km²；汀江河长 285km，流域面积 0.9 万 km²；赛江河长 162km，流域面积 0.55 万 km²；木兰溪河长 105km，流域面积 0.17 万 km²。由于福建独特的自然地理条件和湖泊成因等条件限制，福建湖泊较小，常年水面面积 1.0km² 及以上湖泊仅 1 个，为泉州市龙湖，水面面积 1.53km²。

2. 水量 2020 年福建省主要江河中，闽江（福建部分）、九龙江、汀江、晋江、赛江（交溪）（福建部分）、木兰溪流域年降水量分别为 1 618.8mm、1 351.5mm、1 470.9mm、1 178.2mm、1 345.1mm、1 307.1mm，与多年平均值相比，偏少 5.7% ～23.4%；闽江（福建部分）、九龙江、汀江、晋江、赛江（交溪）（福建部分）、木兰溪的地表水资源量分别为 435.43 亿 m³、73.57 亿 m³、50.42 亿 m³、27.40 亿 m³、29.12 亿 m³、7.24 亿 m³。其中闽江的地表水资源量最多，占全省主要江河总量的 69.9%。

3. 水质 2020 年，福建省江河水生态、水环境持续向好，在江河径流量较 2019 年减少 46% 情况下，12 条主要河流、小流域Ⅰ～Ⅲ类优质水比例分别为 97.9%、95.4%，上升 0.7%、2.7%；55 个地表水国考断面Ⅰ～Ⅲ类水质比例 94.5%，高出全国平均水平 12.5%；县（市）集中式饮用水水源地水质达标率为 100%。

4. 水利工程

（1）2017 年度。完成 3 个国家节水供水重大水利项目、33 个"五江一溪"防洪工程、11 个中型水库项目、5 座大中型病险水库除险加固项目、1 座大型水闸除险加固项目、30 个新一轮中小河流治理项目、66 座水库常态化除险加固、公益性水利工程维修养护、108 座水库大坝安全鉴定以及中小河流治理重点县综合整治等重点水利工程建设项目。

（2）2018 年度。完成 4 个节水供水重大水利项目、10 个中型水库工程、56 座病险水库除险加固项目、35 个"五江一溪"防洪工程和 50 条中小河流治理等重点水利工程建设。

（3）2019 年度。完成 4 个节水供水重大水利工程、7 个中型水库工程、30 个"五江一溪"防洪工程、91 条中小河流治理、95 项安全生态水系建设项目、3 个江河湖库水系连通工程、8 个高水高排工程等重点水利工程建设。

（4）2020 年度。完成节水供水重大水利工程、中型水库、"五江一溪"防洪工程、中小河流治理、安全生态水系等各类水利建设项目共 258 项，包括 3 个节水供水重大水利工程、9 个中型水库工程、14 个"五江一溪"防洪工程、179 条中小河流治理、53 项安全生态水系建设。

（林铭）

【重大活动】

2017 年 2 月 27 日，福建省总河长、省长于伟国主持召开了省、市、县、乡、村五级全面推行河长制动员部署视频会，发出了"六全四有"总动员，要求河长制湖长制工作要做到组织体系全覆盖、保护管理全域化、履职尽责要全周期、问题整治要全方位、社会力量要全动员、考核问责要全过程，有专人负责、有监测设施、有考核办法、有长效机制。

2018 年 5 月 8 日，福建省总河长、省委书记于伟国，省长唐登杰召开福建省河长制工作会议，总结回顾 2017 年以来全面推行河长制工作，部署 2018 年河长制各项工作。会议要求必须以人民为中心，深刻领会绿色发展的新理念，准确把握河长制工作的新部署，始终紧扣美丽福建的新要求；必须以问题为导向，污染要有效控制，水质要持续提升，环境要不断改善；必须以创新为引领，围绕系统治理

求突破，围绕推进落实求突破，围绕经验推广求突破；必须以统筹为抓手，调动起各方力量，整合好各类资源，运用好各种技术。

2018 年 5 月 13 日，福建省总河长、省长唐登杰现场查看了闽江干流福州段河道治理、两岸截污、河面保洁等工作，详细了解了闽江福州段的水系概况、水质现状和水资源量、河道采砂以及水口水库水葫芦打捞保洁等情况，现场听取了福州市内河治理、"一河一清单"方案、截污治污工作进展、闽江入河排污口调查等汇报。他强调，要像保护眼睛、对待生命一样呵护闽江水系，让闽江两岸的绿水青山成为一道亮丽的风景线。治水就是要让水质好起来，福州市要按照省委、省政府的统一部署，开展好全面消除劣Ⅴ类及黑臭水体、全面整治入河排污口、全面推进落实生态下泄流量、全面开展清河行动等四个专项整治行动，让群众看到实实在在的成效；要把闽江两岸的规划统起来，统筹做好闽江两岸和相关支流的水土保持、安全生态水系建设、河道综合治理、截污控污、巡查保洁等工作，同时加大宣传引导力度，让河湖管理保护成为社会公众的生活习惯和自觉行为，让闽江这条福建人民的母亲河永葆青春活力，造福福建人民。

2020 年 7 月 30 日，全省河长制湖长制工作推进会召开，福建省委书记、省总河长于伟国出席会议并讲话。省委副书记、代省长、省总河长王宁主持会议。于伟国指出，党的十八大以来，以习近平同志为核心的党中央高度重视治水工作，习近平总书记多次发表重要讲话、作出重要指示批示，为推进新时代治水提供了科学指南和根本遵循。要深入学习贯彻，深刻认识河长制湖长制的本质是责任制，河长湖长就是肩负护水治水重大责任的"施工队长"，进一步提升政治站位，以坚定的政治自觉和强烈的责任担当，挑起护水治水的"担子"，以实际工作成效增强"四个意识"、做到"两个维护"。于伟国强调，2020 年是实现河长制湖长制工作阶段目标的决胜之年，必须紧盯目标任务、全面综合施策，把河湖保护管理各项工作抓紧抓实抓细抓到位。要围绕"清四乱"、畅水流、提水质、护水源等重点，全力攻坚突破，确保河湖乱占乱采乱堆乱建专项整治、农村水电站改造提升、小流域综合整治、水源地污染治理等工作取得扎实成效。要全面强化各类水污染源头管控，严控面源污染、生活污染、工业污染，继续大力治理黑臭水体，推动水环境质量持续改善。要全面推进山水林田湖草生态保护修复，按照"重在保护、要在治理"要求，传承创新木兰溪治理模式，按时保质完成好"闽江流域山水林田

湖草生态保护修复"等试点项目。要坚持以"机制活"为牵引,不断夯实责任落实机制,建立健全绿色发展机制,探索推进全域治理机制,努力形成更多可复制可推广的"福建经验",不断提升河湖治理体系和治理能力现代化水平。要深入学习贯彻习近平生态文明思想,坚决扛起河湖保护管理"施工队长"的责任,全面提升水环境治理工作水平,努力让八闽河湖成为造福人民的幸福河湖。于伟国要求,各级党委和政府要始终坚持人民至上、生命至上,坚决克服麻痹思想、侥幸心理,坚持防台风和防旱两手抓,坚持预防预备和应急处突相结合,采取更加有力措施,切实做好防汛救灾各项工作,确保人民生命财产安全。

(林铭)

【重要文件】 2017 年 2 月 27 日,福建省委办公厅、省政府办公厅印发实施《福建省全面推行河长制实施方案》(闽委办发〔2017〕8 号),提出了以更高的要求、更严的标准、更实的举措全面推行河长制,先行先试,实现组织体系全覆盖、保护管理全域化、履职尽责全周期,做到有专人负责、有监测设施、有考核办法、有长效机制,进一步构建责任明确、协调有序、监管严格、保护有力的河流保护管理机制,维护河流健康生命,实现河流功能永续利用,为"再上新台阶、建设新福建"提供支撑保障。

2018 年 9 月 1 日,福建省委办公厅、省政府办公厅印发实施《关于在湖泊实施湖长制的实施意见》(闽委办发〔2018〕16 号),明确福建省所有湖泊实施湖长制全覆盖,建立健全以党政领导负责制为核心的省、市、县、乡四级河湖长体系,落实属地管理责任,把在湖泊实施湖长制纳入河长制工作体系,把河流、湖泊、水库、山塘等所有水域都纳入管理范畴,逐个湖泊明确湖长,确保湖区所有水域都有明确的责任主体,小微水体库塘可按片设置湖长,实现湖长制与河长制的有机衔接、无缝融合。

(林铭)

【地方政策法规】 2017 年 7 月 21 日,福建省第十二届人民代表大会常务委员会第三十次会议通过了《福建省水资源条例》,明确全面推行河长制,建立健全省、市、县、乡河长体系,率先把河长制从改革实践提升到法规层面。

2019 年 9 月 4 日,福建省人民政府第 37 次常务会议审议通过了《福建省河长制规定》,自 2019 年 11 月 1 日起施行,标志着福建省河长制工作从改革实践提升到了法规层面,为治理保护河湖水系、打造"八闽幸福河"提供了法律保障。规定分为 5 章24 条,对河长制管理体制、工作机制、河长巡河、考核问责等提出明确要求,全面推行河长制过程中形成的设立河道专管员、行政执法与刑事司法衔接等好经验好做法也被写入法规。

2018 年 12 月 27 日,《福建省行业用水定额》(DB35/T 772—2018)发布,并于 2019 年 4 月 1 日实施。该标准共采集重点用水大户用水数据 11 170家,调取县域高耗水行业用水数据 1 148 家,收集各类用水样本 4 461 个,修订和新增产品定额值 295个;新修订的定额涵盖农业、工业、服务业及建筑业、居民生活用水四部分,共计 707 项产品用水定额,构建起覆盖各个领域、定额标准近千种的用水定额标准体系。

(林铭)

【专项行动】 2017 年,重点开展了河道行洪障碍、城市黑臭水体、生猪养殖污染专项整治,清理河道违章建筑 1 040 处、弃土弃渣 646 处、洗砂制砂 388处;推进城市黑臭水体清理 86 条,完工 82 条,占年度任务的 122.39%;整治小流域 60 条,51 条水质得到明显提升;关闭拆除禁养区养殖场(户)1.23 万处,关闭可养区存栏 250 头以下养殖场(户)6 850 家、250 头以上养殖场(户)4 138 家,标准化改造 3 759 家。

2018 年,重点开展了入河排污口核查、劣 V 类小流域和黑臭水体、河湖"清四乱"、水电站生态下泄流量专项整治,核实入河排污口 10 016 个;整治小流域 82 条,消除劣 V 类小流域 59 条,87 条黑臭水体整治效果不断巩固提升;3 805 座改造了泄流设施,2 199 座安装了监控装置,317 座有序退出;拆除涉河违章建筑 67 万 m²,清除弃土弃渣 313 万 m³,打捞河漂垃圾 284 万 m³,取缔非法采砂堆砂场1 018 处。

2019 年,重点开展了河湖"清四乱"、小水电生态改造、饮用水水源地专项整治、小流域水质提升等四个攻坚战,并结合扫黑除恶专项斗争,严厉打击河道非法采砂。摸排整治河湖"四乱"问题 2 056个、县级水源地问题 252 个,清理超规划网箱养殖5.23 万 m²、河湖建筑和生活垃圾 4.27 万 t,拆除涉河违法建筑 1.01 万 m²、违规种植大棚 781 亩;推进6 522 座小水电站生态改造,5 897 座改造了泄流设施,5 679 座安装了监控装置,584 座有序退出;实施 82 条小流域综合治理项目,52 条小流域水质实现跨类别提升;压减采砂许可证 47%,取缔非法采砂点和堆砂场 544 处,没收船舶车辆 171 艘(辆),拆解设备 256 套,立案处罚 218 件。

2020年，组织开展饮用水水源地整治、小流域水质提升、河湖"清四乱"、水电站生态改造等攻坚行动，深入开展入河排污口、废弃矿山、水产养殖等整治，整治饮用水水源地环境问题144个、小流域43条、"四乱"问题2 918个、超规划网箱养殖21.2万 m^2；打击非法采砂324处，采砂许可证压缩至23本下降86%，实际开采量210万 m^3 下降50%；整治入河排污口8 431个、废弃矿山125处；完成740条50km^2 以上河流管理范围划定。（林铭）

【河长制湖长制体制机制建立运行情况】

1. "河长河长办＋河道专管员" 福建省委书记、省长担当总河长，3位副省长担任副总河长兼任主要流域河长，市、县、乡党政主要负责同志全部担任河长；河流湖泊分级分段设河湖长，省、市、县、乡设河长办，村级设河道专管员，形成省、市、县、乡、村五级穿透，河流湖泊山塘水库全覆盖的河湖长组织架构。福建截至2020年年底有河长7 530名、湖长1 074名，设有河长办1 179个、专职人员5 120人。

2. "'六全四有'＋年度报告" 按照"组织体系全覆盖、保护管理全域化、履职尽责全周期、问题整治全方位、社会力量全动员、考核问责全过程"的要求，大胆探索、先行先试，河湖治理保护做到"有专人负责、有监测设施、有考核办法、有长效机制"。将河长制湖长制工作纳入各级党政效能考核、环保责任制和领导干部自然资源资产离任审计，每年逐级开展党委政府年度报告和河长年度述职。

3. "总设计师＋施工队长" 福建各级河湖长始终把推行河长制湖长制作为重大政治任务和政治责任，既当总设计师建机制抓队伍，又当施工队长发现问题解决问题。省级河长每年召开河长制湖长制会议，统一部署河湖治理保护任务，深入一线巡河查河，督导协调重大问题。市、县、乡河湖长深入推进河湖治理保护，研究管河治河"施工图"，安排"施工进度"。福建各级河湖长累计巡河28.6万人次，协调解决问题13.8万个。

4. 河长办实体运作 针对"九龙治水"各自为战的弊端，依托河长办建立协调调度平台，统一部署、统一检查、统一监测、统一评价。通过集中办公，福建省水利厅、福建省生态环境厅各抽调1位副厅长担任专职副主任，10个部门选派人员到河长办挂职，把力量整合起来；通过联席会议，研究解决重大问题，明确目标任务，把工作统筹起来；通过立法规范，赋予河长办协调、指导、监督、通报、

约谈等职责，把作用激发出来。

5. 各部门分工协作 以县域为单元在全国率先实施综合治水试验，通过河长牵头整合涉水资金集中发力，部门联动分工落实各计其功，组织3批次12个试验县开展全域治理、综合改革，全省累计整合资金304.7亿元，生态治理河流5 416km，打造了一批河湖治理样板，探索了一批可复制的治水经验。以流域为载体组织上下游系统治理，闽江、九龙江流域开展山水林田湖草生态保护修复攻坚战，敖江流域全面推进矿山生态修复；建立了流域生态司法保护协作和闽粤浙赣流域联防联控机制，全省12条主要流域全面落实生态补偿机制，累计投入补偿资金70.55亿元。

6. 一张网集成共享 聘请12 987名河道专管员，与水文、水政监察、生态网格等队伍联动，实现了河道日常巡查全覆盖。全面划定了河道管理范围，整合补齐水质交接断面2 551处，实现了市、县、乡水质交接断面监测全覆盖，明晰了管理权责。建成河长制信息平台，推广无人机巡河、卫星遥感监测，建设河湖视频探头2 360个，汇聚涉河信息35类10亿条，实现了河湖可视、指令可达、工作可控。

（林铭）

【"一河（湖）一策"编制和实施情况】 成立了福建省河湖健康研究中心，制定了省级河湖健康评价标准，2019年、2020年连续2年发布《河湖健康蓝皮书》，对全省179条流域面积200km^2 以上流和21座大型水库进行了"健康体检"，健康合格率为100%。

以县为单元，编制"一河（湖）一档一策"，10个设区市（含平潭）、84个县（市、区）全部完成编制，摸清了河湖本底，建立了河湖档案，制定了治理方案并动态更新。

（林铭）

【水资源保护】 2017年福建省政府印发《关于下达"十三五"期间水资源管理"三条红线"各地控制目标的通知》（闽政文〔2017〕114号），将"三条红线"控制指标分解至各设区市（含平潭），随后各地将指标进一步分解至县（市、区）。2020年启动地下水管控指标确定工作，进一步完善用水总量指标管控体系。

2017年福建省政府办公厅印发了《福建省十三五水资源消耗总量和强度双控行动实施方案》（闽政办〔2017〕114号），制定了用水总量和用水效率控制具体目标和十项重点工作任务；加大省级节水型机关建设力度，累计建成69家。2018年开展县域节

水型社会达标建设工作，全面开展永春、龙海、新罗等第一批 8 个县（市、区）县域节水型社会达标建设；完成《福建省行业用水定额》修订工作并正式实施。2019 年持续完善节水规章制度，福建省水利厅联合省发展改革委印发了《福建省落实国家节水行动方案》（闽水资源〔2019〕4 号）；福建省水利厅等 5 部门印发了《关于深入推进高校节约用水工作的通知》（闽水资源〔2019〕3 号）；福建省水利厅印发《关于福建省水利厅本级审查审批的规划和建设项目节水评价的工作方案》（闽水函〔2019〕543 号）。2020 年累计完成 24 个县域节水型社会达标建设，建成福建工程学院等 9 所节水型高校，具备独立物业管理条件的漳州等 4 个设区市水利局和永泰等 40 个县（市、区）水利局全部建成节水型机关；福建工程学院合同节水项目入选"十三五"践行水利改革发展总基调典型案例，并参选全国基层治水十大经验；参与研究的"高校（小区）节水智能管控机制、技术与装备"荣获 2020 年度大禹水利科学技术奖科技进步奖一等奖。

完成全省 12 条重要流域生态流量管控目标核定，并建立监测预警机制。

2017—2020 年，每年开展 17 个国家重要饮用水水源地安全保障达标建设自评估，每月按时向水利部报送水质人工监测数据，2019 年起实时向水利部报送水质自动监测数据。

2019 年，福建省水利厅印发《关于开展长江流域取水工程设施核查登记工作的通知》，在南平市、三明市启动取水工程核查试点。2020 年 2 月，福建省水利厅印发《福建省长江流域取水工程（设施）核查登记工作整改提升实施方案》，组织试点县发现问题进行整改；7 月份印发了《关于开展取用水管理专项整治行动的通知》，对全省取水口整治工作进行全面部署。

2020 年协助长江委和太湖流域管理局开展跨省的赣江、信江、交溪、建溪流域水量分配；完成省内跨地级市的闽江、九龙江、敖江、韩江等 4 条江河流域水量分配。　　　　　　　　（林铭）

【水域岸线管理保护】　划定河道岸线蓝线 6 744km；全省 41 条流域面积 1 000km² 以上和 184 条 50km² 以上的河流、1 个 1km² 以上的湖泊，划定了管理范围。

2017—2020 年共拆除涉河违建 99 万 m²，取缔非法采砂堆砂场 2 013 处。　　　　　　　（林铭）

【水污染防治】

1. 排污口整治　2018 年福建省水利厅联合省河长办、省污染源普查办公室、省生态环境厅、省住房城乡建设厅等部门制定了《福建省入河排污口调查摸底和规范整治专项行动实施方案》，共同推进入河排污口调查摸底和规范整治工作；福建省水利厅印发《福建省入河排污口设置布局规划》，为优化入河排污口设置布局提供重要依据；组织编制了《福建省入河排污口规范整治方案》，规范入河排污口设置，强化入河排污口监督管理。2019 年实施入河排污口大排查大整治，深入推进全省 10 016 个入河排污口排查整治和水功能区管理工作，推动完成 5 292 个入河排污口整改，实现监测全覆盖，全部信息数据接入省生态云平台，与河长制平台互联共享。

2. 工矿企业污染防治　2017 年全面推进"水十条"，制定实施《福建省水污染防治 2017 年度计划》，全年完成投资 86 亿元，推进 142 个项目建设，完成造纸等 6 大行业清洁化技术改造、福州及厦门市建成区基本消除黑臭水体、古田县石材加工集中区转产关停、全省可养区内生猪规模养殖场（存栏 250 头以上）标准化改造等年度重点任务。

3. 城镇生活污染防治　2017—2020 年福建省完成市、县生活污水管网新建改造 6 787km，完成 68 座市、县生活污水处理厂新扩建项目建设。全省新增乡镇生活污水管网 3 219km，完成 192 个乡镇生活垃圾转运系统提升，有 87 个县（市、区）以县域为单位捆绑打包乡镇生活污水治理实施市场化，有 69 个县（市、区）以县域为单位捆绑打包农村生活垃圾治理实施市场化，提升运行水平。

4. 畜禽养殖污染防治

（1）2017 年畜禽养殖污染防治情况。福建省共关闭拆除生猪养殖场（户）2.33 万家，削减生猪 544.5 万头。全面完成关闭拆除禁养区内生猪养殖场（户）和可养区内未限时完成改造或改造后仍不能达标排放的生猪养殖场（户）任务。完成可养区规模以下生猪养殖户标准化改造 2 872 家，完成可养区内生猪规模养殖场标准化改造 6 210 家。所有生猪养殖场（户）全面完成改造升级，实现达标排放或零排放。全省畜禽粪污综合利用率已达 75%，位居全国前列。

（2）2018 年畜禽养殖污染防治情况。全国畜禽粪污资源化利用现场会在漳州市召开，胡春华副总理对福建在推进畜禽养殖废弃物资源化利用、提高农业资源综合利用率等方面探索出许多成功经验给予充分肯定。实施畜禽粪污资源化利用整县推进项目 17 个，投入财政资金 2.42 亿元。全省畜禽粪污综合利用率达 83%，规模养殖场粪污处理设施装备配套率达 93%，大型规模养殖场粪污处理设施装备配套率达100%。全省畜禽粪污资源化利用工作获得农业农村部专项评估优秀等次。

（3）2019年畜禽养殖污染防治情况。福建省人民政府办公厅出台《福建省畜禽粪污资源化利用整省推进实施方案（2019—2020年）》（闽政办〔2019〕9号），福建省农业农村厅印发《贯彻落实福建省畜禽粪污资源化利用整省推进实施方案》（闽农综明传〔2019〕61号）。实施畜禽粪污资源化利用整县推进项目17个，投入财政资金2.12亿元，出台《福建省生态农业专项资金管理办法》。整省推进畜禽粪污资源化利用工作列入福建省委深改委重点突破改革事项。"异位发酵床处理畜禽粪污"技术获全国农牧渔业丰收奖一等奖，"人工智能＋沼液资源化利用"技术列入数字福建"百项人工智能深度应用场景"项目。全省畜禽粪污综合利用率达88%，规模养殖场粪污处理设施装备配套率达97%，大型规模养殖场粪污处理设施装备配套率达100%。全省畜禽粪污资源化利用工作获得农业农村部专项评估优秀等次。

（4）2020年畜禽养殖污染防治情况。实施畜禽粪污资源化利用整县推进项目17个，投入财政资金2.83亿元。总结推广畜禽粪污肥料化利用和基质化利用、沼液还田（林）利用、牛粪发酵回用、鸡粪无污染燃烧发电等模式。全省畜禽粪污综合利用率达90%，规模养殖场粪污处理设施装备配套率达100%。

5. 水产养殖污染防治

（1）清退河湖超规划水产养殖。2017—2020年年底，福建共清退超规划淡水养殖网箱93万 m^2，淡水流域超规划养殖网箱全面完成清退。

1）2017年清退情况。清退超规划淡水养殖网箱42.26万 m^2（其中福州市闽江流域闽侯段清退6.85万 m^2，漳州市南一水库清退23.90万 m^2，泉州市涌溪、东固水库清退 4 320 m^2，三明市水口、街面水库清退8.20万 m^2，龙岩市万安、白沙水库清退2.88万 m^2）。

2）2018年清退情况。清退超规划淡水养殖网箱19.51万 m^2（其中漳州市南一水库清退1.18万 m^2，泉州市东固水库清退0.54万 m^2，三明市街面水库清退11.83万 m^2，南平市漳湖水域清退5万 m^2，龙岩市万安—白沙水库清退0.81万 m^2，宁德市霍童溪清退0.15万 m^2）。

3）2019年清退情况。清退超规划淡水养殖网箱5.23万 m^2（其中，福州市闽侯县闽江流域竹岐段清退0.23万 m^2、南平市延平区樟湖水域清退5万 m^2）。

4）2020年清退情况。清退闽江水口库区局部水域超规划养殖26.69万 m^2。

（2）开展养殖尾水综合治理。福建已因地制宜在各地探索建立鱼菜共生、生物链治水·靶向珍珠养殖、工厂化循环水养殖尾水处理技术模式、"沉淀池＋海马齿生态浮岛"尾水生态处理模式等10多种养殖尾水综合治理技术模式并示范推广，以鳗鱼养殖场为主要对象认定规模以上淡水养殖主体213家，其中已有超过200家企业已建或在建尾水处理设施。

6. 农业面源污染

（1）开展化肥减量增效行动。2017年明确了到2020年全省农用化肥使用量减少10%。在浦城、上杭、仙游、南安、诏安、宁化、霞浦7个县（市）开展耕地质量提升和化肥减量增效示范创建，全省化肥使用量比2016年度减少6.07%。2018年在闽侯、南安等40个县示范推广及辐射带动商品有机肥，在闽清、连城等40个县示范推广紫云英绿肥，在浦城、长汀等36个县实施稻田秸秆还田，全省推广测土配方施肥技术 2 278万亩次，化肥使用量比2017年度减少4.8%。2019年全省化肥使用量比上年度减少4.04%。2020年全省化肥使用量比2019年度减少5.14%。

（2）开展农药减量控害行动。2017年统防统治推广应用面积 1 208.36万亩次，农药使用量比2016年减少5.81%。2018年统防统治推广应用面积 1 208.36万亩次，全省农药使用量比2017年减少5.8%。2019年统防统治推广应用面积 1 465.64万亩次，农药使用量比2018年减少7.46%。2020年统防统治推广应用面积 1 545.88万亩次，农药使用量比2019年减少5.09%。

7. 船舶港口污染防治 2018年，加快老旧船舶更新改造，拆解"三无"船舶50艘。2019年，依法淘汰、拆解老旧船舶77艘。2020年，福建省港口码头已全部完成船舶污染物接收设施建设，通过第三方累计接收、转运生活垃圾 5 744t、生活污水11 484t、含油污水 74 602t、化学品洗舱水278t；现有439艘经营性运输船舶全部完成防止油污染设施安装；完成船舶生活污水设施改造748艘次，船舶防油污设施改造 1 791艘次，淘汰各类老旧船舶累计179艘；全面推行船用柴油国六标准［《车用柴油（Ⅵ）》（GB 19147—2016）］，内河船舶全面使用硫含量不大于10mg/kg的国六标准柴油。 （林铭）

【水环境治理】

1. 饮用水水源规范化建设 2017年开展县级以上水源地环境状况评估，严格审核水源保护区划的调整，保障供水安全。深化环境隐患排查，福建省共出动环保执法人员 49 780 人次，排查环境风险企业 17 892 家次，集中式饮用水水源地 897 个次。推进环境应急池建设，已有 34 家重点石化化工企业完成应急池建设或改造。2018 年完成 734 个乡镇级以上集中式饮用水水源保护区划定；完成设区市级水源地 52 个环境问题整改，80 个县级饮用水水源地环境问题完成整改 59 个。2019 年实施从源头保障百姓饮用水安全"六个 100%"工程，开展"千吨万人"饮用水水源地保护专项整治；提前完成国家下达的 98 个县级饮用水水源地 115 个环境问题整治；推进县级以上集中式饮用水水源地电子地图边界核对和现场定界，实现全省县级以上在用水源地水质自动监测监控全覆盖。2020 年出台《福建省集中式饮用水水源保护区勘界立标技术方案（试行）》，指导各地规范开展乡镇级及以上集中式饮用水水源保护区勘界立标。组织实施从源头保障百姓饮用水安全"六个 100%"工程，开展福建省"千吨万人"饮用水水源地环境保护专项整治，完成 207 个农村"千吨万人"饮用水水源保护区划定和 144 个"千吨万人"饮用水水源地环境问题整治。

2. 黑臭水体治理

（1）2017 年黑臭水体治理情况。福建省政府印发《推进城市污水管网建设改造和黑臭水体整治工作方案的通知》（闽政〔2017〕34 号），要求福州市、厦门市建成区在 2017 年年底前基本消除黑臭水体，其他设区市建成区要提前在 2018 年年底前基本消除黑臭水体，并明确了具体工作措施、资金安排和各部门职责分工。全年共整治完成 82 条，正在实施整治 3 条，前期 1 条。

（2）2018 年黑臭水体治理情况。福建省住房城乡建设厅联合福建省生态环境厅出台《福建省黑臭水体治理攻坚战实施方案》（闽建城〔2018〕11 号），督促指导各设区市制定本城市黑臭水体治理实施方案。福建省住房城乡建设厅会同有关部门每季度联合开展督查，推动各地落实黑臭水体治理措施。全省设区市建成区 87 条黑臭水体（福州市铜盘河小支流为新发现的黑臭水体），基本消除黑臭 83 个，4 条正在工程扫尾。福州市、漳州市入选全国首批黑臭水体治理示范城市。

（3）2019 年黑臭水体治理情况。福建省住房城乡建设厅、生态环境厅、发展改革委联合印发《关于抓好城镇污水处理提质增效工作的通知》（闽建城〔2019〕10 号），要求加快补齐城镇污水收集和处理设施短板，提高污水收集处理效能，巩固黑臭水体整治效果。全省地级及以上城市建成区 87 条黑臭水体基本消除，进一步巩固提升整治效果。福州市投

入 400 亿元，大力整治黑臭水体，西湖水质显著改善，城市生活污水收集处理取得显著效果，福州市黑臭水体整治工作得到了第二轮中央环保督察组的肯定。莆田市成功申报第三批全国黑臭水体治理示范城市。

（4）2020 年黑臭水体治理情况。全省建成区 87 条黑臭水体基本消除，基本实现长治久清，城市水环境质量明显改善。各地统筹岸上岸下、上下游、左右岸的关系，推动源头、过程、末端的系统治理，把城市黑臭水体治理、排水防涝、污水提质增效、海绵城市建设、老旧小区改造、沿河人居环境整治等统筹实施，开展市政管网清疏排查修复、城市河道清淤清障、沿河排口排查建档及污染源专项整治等，福州市打造沿水系的生态廊道、漳州市"五湖四海"建设、厦门笕笭湖治理等，整治成效明显，百姓反响良好。

3. 农村水环境整治　2018 年印发《福建省农业农村污染治理攻坚战行动计划实施方案》，通过 2018—2020 年三年攻坚，实现"一保两治三减四提升"。"一保"，即保护农村饮用水水源；"两治"，即治理农村生活垃圾和污水；"三减"，即减少化肥、农药使用量和农业用水总量；"四提升"，即提升小流域水环境质量、农业废弃物综合利用率、环境监管能力和农民参与度。2019 年印发《福建省 2019 年新建改造三格化粪池实施方案》，完成 40.88 万户三格化粪池新建改造任务，完成年度有效投资 7.27 亿元；制定发布《福建省农村生活污水处理设施水污染物排放标准》等技术文件，重点指导支持安溪、永春等 11 个县（市、区），以县为单位开展整体规划连片推进治理农村生活污水。2020 年组织编制福建省农村生活污水提升治理五年行动计划和规划，指导督促 84 个涉农县（市、区）完成县域农村生活污水治理专项规划编制；组织实施年度为民办实事项目，通过纳厂或建设村庄集中处理设施，完成生活污水治理村庄 320 个，占年度治理任务的 160%，完成有效投资 7.1 亿元。　　　　（林铭）

【水生态修复】

1. 退田还湖还湿　2017 年，在长乐闽江河口湿地国家级自然保护区开展湿地生态效益补偿试点，实施退养还湿 21.63hm²。2018 年，在长乐闽江河口湿地国家级自然保护区开展湿地生态效益补偿试点，实施退养还湿 54hm²。2019 年，在长乐闽江河口湿地国家级自然保护区和福建漳江口红树林国家级自然保护区开展湿地生态效益补偿试点，实施退养还湿 264.5hm²。2020 年，在福建漳江口红树林国家级

自然保护区开展湿地生态效益补偿试点,实施退养还湿 89hm²。

2. 生物多样性保护

(1) 持续实施水生生物增殖放流。2017 年以来,在全省主要江河流域放流鲢、鳙等具有净水功能的鱼类,以及鱼类黑脊倒刺鲃、细鳞鲴等地方特色鱼类约 1 亿尾,基本实现抑制有害藻类生长、降低富营养化程度、改善水域水质状况、提高水域生物多样性、养护水域生态环境的效果。其中,2017 年放流 1 230 万尾,2018 年放流 2 360 万尾,2019 年放流 3 370 万尾,2020 年放流 3 385 万尾。

(2) 持续实施闽江禁渔期制度。每年 3 月 1 日至 6 月 30 日,闽江水域实行为期 4 个月的禁渔期。南平市延平区市标至福州市长乐区金刚腿的闽江干流江段除休闲渔业、娱乐性垂钓外,禁止所有捕捞作业。

3. 生态补偿机制建立 2017 年,修订《福建省重点流域生态保护补偿办法》,建立覆盖所有重点流域的生态补偿机制;开展生态环境损害赔偿制度探索,出台土壤、大气、地表水、森林等 4 个具体领域生态环境损害鉴定评估技术地方标准;持续推进环境监管网格化、企业环境信用评价、环境污染责任保险制度、生态系统价值核算试点等改革工作。2018 年,组织开展闽江流域山水林田湖草生态保护修复,实施水环境治理与生态修复、生物多样性保护、水土流失治理及农地生态功能提升、废弃矿山生态修复和地质灾害防治、机制创新与能力建设等"五大重点工程",总投资 120 亿元,完成总投资量的 42.1%;印发《闽江流域山水林田湖草生态保护修复攻坚战实施方案》,并进一步建立健全工作机制,颁布实施试点项目管理办法、资金管理办法、部门职责分工以及绩效评价方案等。2019 年加快完善生态环境损害赔偿制度,有序推进损害赔偿磋商、修复评估、赔偿鉴定等工作。深入推进综合性生态保护补偿试点,奖励 23 个试点县 3.3 亿元资金。加大重点流域生态补偿力度,下达 13.8 亿元补偿资金。2020 年推进流域生态补偿,重点流域生态保护补偿投入资金 16.63 亿元,较 2019 年增长 12.8%,有力促进流域上游可持续发展和全流域水环境质量改善。福建、广东两省制定《2019—2021 年汀江-韩江上下游横向生态补偿实施方案》,投入省级以上补偿资金 3.64 亿元,跨省流域生态补偿步入常态化。

4. 水土流失治理

(1) 2017 年治理情况。全年共完成新增水土流失综合治理面积 15.88 万 hm²,综合治理崩岗 211 个,山坡地整治 4 935.45hm²(其中综合整治坡耕地 2 288.03hm²),开展 146 条生态清洁小流域建设;共完成投资 18.65 亿元,其中省级财政水土保持专项资金 3.46 亿元,中央水土保持专项资金 1.11 亿元。水利部门重点实施国家水土保持重点建设工程、坡耕地水土流失综合治理工程、22 个省级水土流失治理重点县项目、100 个省级水土流失治理重点乡镇项目、水土保持生态村建设项目等一系列重点工程。

(2) 2018 年治理情况。全年共完成新增水土流失综合治理面积 17.36 万 hm²,综合治理崩岗 161 个,山坡地整治 2 892.67hm²(其中综合整治坡耕地 2 321.97hm²),开展 74 条生态清洁小流域建设;共完成投资 18.00 亿元,其中省级财政水土保持专项资金 3.25 亿元,中央水土保持专项资金 1.54 亿元。水利部门重点实施国家水土保持重点建设工程、"以奖代补"试点建设项目、坡耕地水土流失综合治理工程、22 个省级水土流失治理重点县项目、100 个省级水土流失治理重点乡镇项目、水土保持生态村建设项目等一系列重点工程。宁化县水土保持科技示范园被中国水土保持学会授予"全国水土保持科普教育基地"称号。

(3) 2019 年治理情况。全年共完成新增水土流失综合治理面积 17.07 万 hm²,综合治理崩岗 296 个,山坡地整治 4 692.70hm²(其中综合整治坡耕地 3 731.36hm²),开展 132 条生态清洁小流域建设。共完成投资 17.01 亿元,其中,省级财政水土保持专项资金 3.40 亿元,中央水土保持专项资金 1.56 亿元。水利部门重点实施国家水土保持重点建设工程、"以奖代补"试点建设项目、坡耕地水土流失综合治理工程、省级水土流失治理重点县、重点乡镇项目,以及水土保持生态村建设项目等一系列重点工程。宁德市九都水土保持科技示范园被水利部命名为"国家水土保持科技示范园";福州金山水土保持科教园被中国水土保持学会授予"全国水土保持科普教育基地"称号。

(4) 2020 年治理情况。共完成新增水土流失综合治理面积 15.82 万 hm²,综合治理崩岗 202 个,山坡地整治 4 679.02hm²(其中综合整治坡耕地 3 541.87hm²),开展 49 条生态清洁小流域建设。共完成投资 18.61 亿元,其中,中央水土保持专项资金 1.59 亿万元,省级财政水土保持专项资金 1.8 亿万元。重点实施国家水土保持重点建设工程、"以奖代补"试点建设项目、坡耕地水土流失综合治理工程、省级水土流失治理重点县以及水土保持生态村建设项目等一系列重点工程。完成生产建设项目水土保持"天地一体化"区域监管、生产建设项目水土保持"天地一体化"项目监管,实现在建项目和涉及中央环保督察项目全覆盖;完成"数字水利"福建省水土保持"天地一体化"信息系统一期建设并投入试运行;长汀县水土保持科教园被授予"国家水情教育基地""习近平新时代中国特色社会主义思想实践示范基地"等称号。

(福建省河长制办公室)

【执法监管】 2017—2020 年通过联合执法共拆除涉河违建 99 万 m²,取缔非法采砂堆砂场 2 013 处。聘请 12 987 名河道专管员,与水文、水政监察、生态网格等队伍联动,实现了河道日常巡查全覆盖。建成河长制信息平台,推广无人机巡河、卫星遥感监测,建设河湖视频探头 2 360 个,汇聚涉河信息 35 类 10 亿条,实现了河湖可视、指令可达、工作可控。实时公开水质监测数据,82 个主要流域断面每 4 小时更新监测结果;开通"96133"河湖长制监督电话,设立 1.39 万个河长公示牌;开展"河小禹"、巾帼护河、企业认养河道等行动,发动人大代表、政协委员、新闻媒体参与监督,形成了全民护河的良好氛围。 (林铭)

【水文化建设】 2017—2020 年,福建省共建成河长制主题公园 273 个。 (林铭)

【信息化工作】

1. 水利一张图 2018 年 12 月,福建省河长制综合管理平台建成,该平台结合河长制湖长制工作需要,建设首页、一张图、事件清单、履职情况、资料文件、工作台等模块,其中,"河长一张图"模块将重要的河湖管护基础信息如流域河段责任划分信息、重要水功能区、水源地信息、入河湖排污口信息、采砂信息、水利工程信息、水域岸线管理信息、水质与水雨情信息通等通过 GIS 地图生动地展现在各级河长面前。实现全省 4 037 条河流河段、14 个湖泊、1 159 个水库矢量展示,监测数据实现 50 多个水质监测点位、500 多个雨情站、1 200 多个水情站、900 多路实时视频等实时数据接入,实现河湖信息管理的可视化、达到河湖健康管理工作"挂图作战"的效果。

2. 河长 App 为更好地辅助河长及相关人员开展巡河任务,配套开发了河长 App,主要包含巡河、河湖态势、河湖事件、河湖履职、河湖资料、工作台等功能,提供河长湖长移动办公能力,实现问题上报、信息查看、巡河日志、轨迹记录、工单事件流转等,方便河长日常巡查工作,提升河长制督查

督办工作信息化水平。同时公众在发现河湖问题时也可通过 App 直接拍照上传,并在事件管理中对事件进行后续跟踪,实现全民参与。

3. 智慧河湖 2019 年年初,福建省水利厅积极探索对河流"智慧管护"的全新模式,通过卫星遥感、北斗通信、5G 技术、人工智能、边缘计算、大数据分析等新技术的创新应用,实现河长履职、巡河轨迹、涉河行为全过程记录。主要功能包含智慧河湖电子沙盘、全景三维展示、遥感监测、智慧河湖预警预报。2019 年、2020 年共通过卫星遥感监测发现试点穆阳溪流域 92 处地物变化,地物变化面积 223 万 m²,实现事件的闭环处置;采用集总式预报方法进行洪水预报,接入流域多个雨量测站数据及 552.5km² 集水面积进行洪水预报,全面接入穆阳溪及东溪流域视频监控,实现三维电子沙盘与真实视频影像的融合展示。

2020 年为落实河长制湖长制,基于人、河湖、事三大元素推进河湖数字化监管,实现河湖信息、人员履职一屏观,"四乱"清理、督查考核一网管、河湖事务、热点难点一站办,服务河长从"有名"到"有实"转变提供了有力支撑。对闽江、敖江、九龙江干流河湖进行"四乱"卫星遥感解析比对工作,疑似问题通过平台分派相关责任部门核查处置。

(林铭)

| 江西省 |

【河湖概况】 江西省水系发达,河湖众多,共有流域面积 10km² 以上的大小河流 3 700 多条。根据全国水利普查成果统计,全省现有流域面积 50km² 以上的河流有 967 条,200km² 以上的河流有 245 条,3 000km² 以上的河流有 22 条,10 000km² 以上的赣江、抚河、信江、饶河、修河五大水系均发源于与邻省接壤的边缘山区,从东南西三个方向汇入鄱阳湖,经鄱阳湖调蓄后由湖口汇入长江,形成完整的鄱阳湖水系。其控制站(湖口水文站)以上集水面积 16.2 万 km²,其中属于江西省的面积为 15.7 万 km²,占全省面积的 94%;直接流入邻省和直接注入长江的河流,流域面积为 10 205km²,占全省面积的 6%。长江干流 152km 流经江西。 (殷国强)

1. 湖泊 江西省湖泊众多,主要分布在五河下游尾闾地区、鄱阳湖滨湖地区及长江沿岸低洼地区,有青山湖、瑶湖、赛城湖、八里湖、赤湖等面积超过 1km² 的湖泊 70 多个,以鄱阳湖为最大。鄱阳湖

是我国第一大淡水湖，由众多的小湖泊组成，包括军山湖、青岚湖、金溪湖、蚌湖、珠湖、新妙湖等。鄱阳湖具有"高水是湖，低水似河"的特点。汛期湖水漫滩，湖面扩大，茫茫无际；枯季湖水落槽，湖滩显露，湖面缩小，蜿蜒一线，比降增大，流速加快。2016—2020年，鄱阳湖全年优于或符合Ⅲ类水的水域，采用监测频次达标率统计占比均在40%以上，分别为49.6%、43.4%、43.4%、54.8%、49.6%。

（殷国强）

2. 水资源　江西多年平均年降水量 2 734 亿 m³，多年平均年地表水资源量为 1 545 亿 m³，地下水资源量 379.97 亿 m³，水资源总量 1 565 亿 m³，外省流入江西省的水量 52 亿 m³，水资源总量列全国第七位。2016—2020 年中，2018 年水资源总量 1 144.33 亿 m³，比多年均值少 26.9%，其余年份均比多年均值多，2016 年水资源总量 2 221.06 亿 m³，比多年均值多 41.9%；2017 年水资源总量 1 655.14 亿 m³，比多年均值多 5.8%；2019 年水资源总量 2 051.61 亿 m³，比多年均值多 31.1%；2020 年水资源总量 1 685.56 亿 m³，比多年均值多 7.7%。

（殷国强）

3. 水质　2016—2020 年，江西省地表水水质良好，地表水监测断面（点位）水质优良比例（Ⅰ～Ⅲ类）81.4%、88.5%、90.7%、92.4%、94.7%；主要河流水质优良比例为 88.6%、95.2%、97.4%、98.9%、99.3%；主要湖库水质优良比例为 28.0%、16.0%、25%、28.6%、50.0%。2017—2020 年，国考断面水质优良比例为 92.0%、92.0%、93.33%、96.0%。

（邓香平）

4. 水利工程　截至 2020 年年底，江西省已建成各类水利工程 160 余万座（处）。其中，堤防 1.3 万 km，水库 1.06 万座，水电站 4 121 座，大中型灌区 312 处，集中供水工程 1.6 万处。构建了较为完善的水资源合理配置和科学利用体系、水资源保护和河湖健康体系、民生水保障体系、水利管理和科学发展制度体系。

（桂冠　高云平）

【重大活动】

1. 率先在全国印发河长制工作方案　2015 年 11 月 1 日，江西省委办公厅、省政府办公厅印发《江西省实施"河长制"工作方案》，标志着江西省实施"河长制"工作正式启动。

2. 召开第一次省级总河长会议　2016 年 2 月 16 日，江西省召开第一次省级总河长会议，研究制定河长制相关制度及工作规则，推进 2016 年工作。会议听取了全省实施河长制近期工作情况汇报，审议

了《2016 年"河长制"工作要点》和 5 个河长制省级相关制度。

3. 印发配套制度　2016 年 3 月 31 日，江西省政府印发《江西省"河长制"省级会议制度（试行）》《江西省"河长制"信息通报制度（试行）》《江西省"河长制"工作督办制度（试行）》《江西省"河长制"工作考核办法（试行）》等 4 项制度。

4. 首次公布河长名单　2016 年 4 月 5 日，江西省人民政府网站公布省级总河长及省级负责河流河长名单。江西省委书记强卫担任省级总河长，省长鹿心社担任副总河长。省委副书记刘奇、省人大常委会副主任谢亦森、省人大常委会副主任冯桃莲、副省长尹建业、副省长郑为文、省政协副主席钟利贵、省政协副主席孙菊生分别担任赣江、信江、抚河、鄱阳湖、饶河、长江江西段、修河等干流和跨设区市支流省河长，对口副秘书长协助开展工作。河流所经市、县（市、区）政府主要领导担任市河长、县河长。

5. 水利部考察调研江西省河长制工作　2016 年 8 月 7—9 日，水利部副部长周学文率调研组到江西省考察调研河长制工作。周学文指出，江西省河长制实施时间不长，但成效初显，具有领导重视、认识到位、重点突出、措施有力等鲜明特点，建议进一步提高群众参与度、建立激励机制、加强业务培训。

6. 中央媒体专题宣传江西河长制工作　2016 年 8 月 24—26 日，水利部组织《人民日报》、新华社、《经济日报》、中央人民广播电台、《农民日报》、新华网、澎湃新闻等 7 家中央媒体赴江西省专题宣传江西河长制工作。此次中央媒体在全国选择江西作为河长制工作采访典型，重点采访报道河长制在顶层设计、组织体系、责任落实、部门联动、公众参与等方面的制度创新，河长制的主要做法和经验，实行河长制后取得的成效，推行河长制对于解决河湖突出问题、保障国家水安全、推进生态文明建设的重要意义。

7. 开展宣传标语及主体 LOGO 征集活动　为进一步增强全社会生态文明意识，营造全民共同关心、支持、参与和监督河湖保护管理的群防群治的良好氛围，江西省于 2016 年 10 月 11—14 日面向社会公众开展"全面实施河长制，加强河湖保护管理"宣传标语及主题标识征集活动。

8. 全国河长制及河湖管护体制机制创新座谈会在江西召开　2016 年 10 月 25 日，由水利部主办的全国河长制及河湖管护体制机制创新座谈会在江西省靖安县召开。水利部建设与管理司司长刘伟平出席会议并讲话，江西、北京、天津、江苏、

浙江、安徽、福建、海南等 8 个省（直辖市）和靖安县先后介绍了河长制做法和经验。刘伟平对各地河长制的做法和经验给予肯定，要求会后各地加强组织领导，积极主动作为，制定实施方案，加强舆论宣传。

9. 启动"清河行动"　2016 年 9 月开始，江西省启动以"清洁河流水质、清除河道违建、清理违法行为"为重点的"清河行动"。省领导、省级河长高度重视，省长刘奇亲自动员部署并宣布启动全省"清河行动"。数名省级河长等分别前往上饶、修水、鄱阳湖等地督导专项整治行动。10 个相关省级责任部门派出精兵强将，指导各地政府深入河湖水域，认真细致查找问题，对能立即整改的问题迅速整改销号，对不能立即整改到位的问题，督促地方制定整改方案，限期整改到位，同时加强监管杜绝反弹。

10. 鹿心社在水利报发表署名文章　2016 年 12 月 20 日，江西省委书记、省级总河长鹿心社在《中国水利报》头版头条发表《全面实施河长制争当生态文明建设的先行者》文章，从河长制组织体系建设、开展专项行动、制度建设、创新机制等四方面，介绍了江西如何全面实施河长制，抓好河湖污染治理，强化突出问题整治，加强治水能力建设，让全省河更畅、水更清、岸更绿、景更美。

11. 召开 2017 年省级总河长会议　2017 年 3 月 24 日，江西省委书记、省级总河长鹿心社主持召开 2017 年省级总河长会议。会议听取了 2016 年全省河长制工作情况汇报，审议并原则通过了《江西省全面推行河长制工作方案（修订）》《关于以推进流域生态综合治理为抓手打造河长制升级版的指导意见》《2017 年河长制工作要点及考核方案》。

12. 印发《江西省全面推行河长制工作方案（修订）》　2017 年 5 月 4 日，江西省委办公厅、省政府办公厅印发《江西省全面推行河长制工作方案（修订）》（赣办字〔2017〕24 号）（以下简称《工作方案》）。《工作方案》以 2015 年工作方案为基础，按照中央《关于全面推行河长制的意见》要求，结合全省 1 年多河长制实践的情况，对有关内容进行了修改、补充和完善。

13. 印发《关于以推进流域生态综合治理为抓手打造河长制省级版的指导意见》　2017 年 5 月 4 日，江西省委办公厅、省政府办公厅印发《关于以推进流域生态综合治理为抓手打造河长制升级版的指导意见》（赣办发〔2017〕7 号）（以下简称《指导意见》）。《指导意见》全面落实习近平总书记系列重要讲话特别是视察江西时的重要讲话精神，紧紧围绕建设富裕美丽幸福江西，坚持"绿水青山就是金山银山"的发展理念，把打造河长制升级版作为江西省生态文明试验区建设的重要举措。

14. 举行打造河长制升级版新闻发布会　2017 年 5 月 12 日，江西省政府新闻办、省水利厅联合举行打造河长制升级版新闻发布会，向新闻媒体介绍和解读新修订的《江西省全面推行河长制工作方案（修订）》和《关于以推进流域生态综合治理为抓手打造河长制升级版的指导意见》有关情况。江西省水利厅厅长、省河长制办公室主任罗小云作新闻发布。

15. 将河长制工作纳入省直单位绩效考核体系　2017 年 5 月，江西省绩效办将当年河长制年度工作要点 34 条具体任务全部纳入省政府对省级相关责任单位的年度绩效考核。这是江西继 2016 年将河长制考核内容纳入省政府对县（市）科学发展综合考核评价体系和生态补偿考核机制的又一新举措，将有效提升相关责任单位参与河长制工作的积极性和联动性。

16. 河长制首进党校　2017 年 7 月 5 日，河长制首次进入九江市委党校。江西省河长制办公室专职副主任姚毅臣受邀作《如何让河长制工作落地见效》专题讲座。河长制进党校是江西"打造河长制升级版"中"宣教升级"的创新之举，已被列入年度工作要点及考核方案。各地相继开展河长制进党校，并积极落实"河长带头讲河长制"。

17. 修订印发 5 项制度　2017 年 7 月 27 日，江西省政府办公厅印发《江西省河长制省级会议制度》《江西省河长制信息工作制度》《江西省河长制工作督办制度》《江西省河长制工作考核问责办法》《江西省河长制工作督察制度》等 5 项制度。以上 5 项制度是江西对照中央关于全面推行河长制的相关要求，并结合实际情况修订完善的。

18. 启动消灭劣 V 类水专项工作　2017 年 8 月 3 日，江西省消灭劣 V 类水推进河长制工作电视电话会议召开，旨在贯彻落实江西省委十四届三次全体（扩大）会议精神，围绕国家生态文明试验区建设，深入推进消灭劣 V 类水攻坚战，部署打造河长制升级版相关工作。省委书记、省级总河长鹿心社提出要求，省长、省级副总河长刘奇出席会议并讲话。

19. 国家批复江西设立河长制省级表彰项目　2017 年 8 月 23 日，经中央批复，同意江西省新设立河长制工作先进集体、优秀河长评比表彰项目。该表彰项目的主办单位是江西省政府，周期为 3 年，表彰名额为先进集体 15 个、优秀河长 60 名，系全国首个河长制省级表彰项目。

20.《河长故事》系列剧开机仪式在江西举行 2017 年 9 月 18 日，由水利部水情教育中心、中国水利报社组织拍摄的《河长故事》系列剧开机仪式在江西省靖安县滨河公园举行。

21. 陆桂华调研江西河长制工作 2017 年 10 月 13—16 日，水利部副部长陆桂华到江西调研河长制和水土保持工作。陆桂华对江西水利工作给予了充分肯定，他指出河长制是习近平总书记亲自提出和部署的重要改革举措，要牢固树立山水林田湖生命共同体的理念，把河长制的治河拓展到治理流域上来，以改革的思路、创新的方法来推进工作。

22. 国家对江西开展河长制中期评估核查 2018 年 1 月 11—18 日，由水利部发展研究中心副主任段红东带队对江西全面建立河长制工作进行中期评估核查。核查组对江西省全面推行河长制工作从 8 个方面进行了肯定：①高位推动全省积极行动；②全面建立河长体系；③建立健全制度体系；④不断加强河长制立法工作；⑤不断加大监督考核力度；⑥认真组织开展基础工作；⑦河湖管理保护显现成效；⑧注重创新突破亮点纷呈。

23. 全面完成市、县、乡、村河长制组织体系验收评估 2018 年 1 月，江西省河长办组织 9 个验收评估组赴 11 个设区市开展河长制体系建立验收评估工作。经核实认定，全省所有市、县、乡、村全部达到河长制体系建立验收评估标准，评估得分均在 95 分以上。根据验收评估结果，江西全省已全面建立了河长制。

24. 制定出台全国首个河湖长制省级表彰制度 2018 年 2 月 8 日，江西省政府印发《江西河长制工作省级表彰评选暂行办法》（以下简称《办法》），标志着全国首个河长制工作省级表彰办法正式出台。《办法》明确了表彰评选活动由江西省政府主办、省水利厅（省河长办）承办，原则上每 3 年开展 1 次。评选项目和表彰数额为河长制工作先进集体 15 个、优秀河长 60 名。该《办法》将湖长制工作纳入表彰范围，并对评选程序、奖励形式等作了具体说明。

25. 通过《关于在湖泊实施湖长制的工作方案》 2018 年 4 月 23 日，江西省级总河长、省委书记、省长、省委全面深化改革领导小组组长刘奇主持召开十四届省委全面深化改革领导小组第十三次会议。会议审议通过了《关于在湖泊实施湖长制的工作方案》。

26. 印发《关于在湖泊实施湖长制的工作方案》 2018 年 5 月 14 日，江西省委办公厅、省政府办公厅印发《关于在湖泊实施湖长制的工作方案》（以下简称《工作方案》），明确在湖泊实施湖长制，进一步加强湖泊保护管理，推进国家生态文明试验区建设。《工作方案》明确了严格湖泊水域空间管控、强化湖泊岸线管理保护、加强湖泊水资源保护和水污染防治、加大湖泊水环境综合整治力度、开展湖泊生态治理与修复、健全湖泊执法监管机制、完善湖泊保护管理制度及法规等七大任务。

27. 出版全国首本中小学生河湖保护教育读本 为增强中小学生的河湖保护及涉水安全意识，江西省河长办组织编制的河湖保护教育读本《我家门前流淌的河》于 2018 年 5 月正式出版，同时免费发放 40 万册至全省各地中小学校，由各地河长办联合当地教育主管部门组织开展相关教育活动。

28. 召开 2018 年省级总河（湖）长会议 2018 年 7 月 2 日，江西省委书记、省长、省级总河（湖）长刘奇主持召开 2018 年省级总河（湖）长会议。会议听取了全省河长制湖长制工作情况及提请研究事项汇报，审议并原则通过了《鄱阳湖生态环境专项整治工作方案》《2018 年省级河（湖）长巡河督导方案》，同意了江西省河长制办公室提请研究的有关事项。

29. 高位启动鄱阳湖生态环境专项整治工作 2018 年 8 月 6 日，江西省委办公厅、省政府办公厅印发《鄱阳湖生态环境专项整治工作方案》，成立由省委书记、省长担任组长的领导小组，高位启动鄱阳湖生态环境专项整治工作。在开展专项整治过程中，江西省河长制办公室充分发挥河长制湖长制工作平台的作用，要求各地和省级责任单位将专项整治与清河行动、河长制湖长制工作一同部署、一同落实、一同检查、一同考核。

30.《人大立法在进行》聚焦河长制湖长制 2018 年 8 月 14 日，江西省人大常委会举行"人大立法在进行"栏目新闻发布会。发布会播放了河长制湖长制宣传片，介绍了河长制湖长制立法背景和立法重点。根据省委决策部署，省人大常委会将制定河长制湖长制条例作为 2018 年立法的重点工作，30 余家中央和省直新闻媒体近 100 名记者参加发布会。

31. 提升省河长办设置规格 2018 年 8 月 20 日，经江西省政府同意，江西省河长制办公室印发《江西省河长办公室成员名单》《江西省河长办公室工作规则》的通知，明确由省政府分管、副省长担任省河长制办公室主任，省政府副秘书长、省水利厅厅长担任常务副主任，省委农工部、省环保厅、省住房城乡建设厅、省农业厅、省林业厅、省交通运输厅、省工业和信息委员会、省国土资源厅、省公安厅等单位的分管厅领导担任副主任。同时印发的《江西省河长办公室工作规则》，明确了包括省河长制办公室有关机构设置、会议召开、文件制发等事项的工作运转机制。

32. 修订印发河湖长制5项制度　根据2018年江西省级总河湖长会议要求，江西省河长制办公室对2017年7月省政府印发的《江西省河长制湖长制省级会议制度》《江西省河长制湖长制信息工作制度》《江西省河长制湖长制工作督办制度》《江西省河长制湖长制工作考核问责办法》《江西省河长制湖长制工作督察制度》等5项制度进行了修订完善。2018年9月3日，省政府办公厅印发修订后的制度。

33. 首次发布省级总河湖长令　2018年12月13日，江西省委书记、省级总河（湖）长刘奇签发河湖"清四乱"专项行动令，要求各地各部门要迅速行动起来，以河长制湖长制为平台，集中整治河湖乱占、乱采、乱堆、乱建等突出问题，坚决打赢"清四乱"攻坚战。

34. 召开2019年省级总河（湖）长会议　2019年3月19日，江西省委书记、省级总河（湖）长刘奇主持召开省级总河（湖）长和总林长会议。会议听取了2018年度全省河长制湖长制林长制工作情况汇报，审议通过了有关考核结果；审议并原则通过了2019年全省河长制湖长制林长制工作要点和有关实施方案。

35. 发布2019年省级总河湖长令　2019年4月11日，江西省委书记、省级总河（湖）长刘奇签发推进河长制湖长制当前重点动员令，要求全省上下进一步提高政治站位，以习近平新时代中国特色社会主义思想为指导，积极践行"绿水青山就是金山银山"的理念，水岸共治、协调联动，不断强化河湖保护、管理与治理力度，真正实现河长制湖长制从"有名"到"有实"的转变。

36. 印发《江西省"五河一湖一江"流域保护治理规划》　2019年6月17日，《江西省"五河一湖一江"流域保护治理规划》（以下简称《规划》）经江西省政府同意，由省发展改革委、省水利厅联合印发实施。《规划》明确了全省河湖保护治理的指导思想、基本原则、目标任务、总体布局和实施路径，明确了"五河一江一湖"流域保护治理重点任务，是未来一段时期以河长制湖长制为平台，全面推进河湖保护治理基础性工作的有力抓手。

37. 开展全国首个河湖长制省级表彰活动　2019年8月23日，江西省人民政府发布《关于表彰2016—2018年度全省河长制工作先进集体、优秀河长的决定》，对15个单位授予"江西省河长制工作先进集体"称号、60名个人授予"江西省优秀河长"称号。

38. 建立湘赣区域河长制合作机制　2019年8月28日，《湘赣边区域河长制合作协议》签署仪式在江西省水利厅举行。《协议》明确双方建立跨省河流信息共享机制、协同管理机制、联合巡查执法机制、跨省河流管护联席会议制度、河流联合保洁机制、水质联合监测机制、流域生态环境事故协商处置机制、联络员制度等，将进一步加强湘赣边区域跨省河流管理，实现流域联防联控。

39. 发布全国首个河湖长制工作省级地方标准　2019年12月27日，江西省发布《河长制湖长制工作规范》（DB36/T 1219—2019），定于2020年6月1日起正式实施。这是全国首部河长制湖长制工作省级地方标准，也是落实生态文明标准化体系建设的具体举措和推动河长制湖长制工作规范化的重要成果。

40. 印发刘奇、易炼红同志在省级总河（湖）长和总林长会议的讲话　2020年2月20日，中共江西省委办公厅印发赣办通报〔2020〕第5期《刘奇、易炼红同志在省级总河（湖）长和总林长会议的讲话》。

41. 建立"河长湖长＋检察长"协作机制　2020年5月29日，江西省河长制办公室、省人民检察院联合印发《关于建立"河长湖长＋检察长"协作机制的指导意见》（赣河办字〔2020〕17号），全面建立"河长湖长＋检察长"协作机制。《指导意见》明确，分流域分区域建立河长湖长和检察长的协作机制，各主要河流（湖泊）的河长湖长、检察长分别由流经市、县（市、区）的市长、县长和检察长担任，充分发挥检察机关法律监督职能服务生态文明建设各项措施和任务落实的第一责任人责任作用。

42. 发布2020年省级总河湖长令　2020年9月17日，江西省委书记、省级总河（湖）长刘奇签发2020年1号总河（湖）长令，对当前全省河湖管理保护重点工作进行强调部署，明确当前乃至今后一个时期的工作重点，既是河长制湖长制实现从"有名"到"有实"的关键期，也是建设幸福河湖的攻坚期。

43. 靖安县北潦河示范河湖建设通过验收　2020年11月16—17日，水利部长江水利委员会副主任金兴平带队对江西省靖安县北潦河示范河湖建设开展验收。经验收组现场查看、听取汇报、查阅资料，北潦河示范河湖建设项目通过水利部终验。验收组对靖安县北潦河示范河湖建设工作给予充分肯定，要求继续巩固示范河湖建设的成果，进一步提升河

湖管护水平和治理能力，打造幸福河为高质量发展提供强有力支撑。 （申思佳）

【重要文件】

1. 江西省全面推行河长制工作方案 2015年11月1日，江西省委办公厅、省政府办公厅联合印发《江西省实施"河长制"工作方案》，后根据2016年年底中共中央办公厅、国务院办公厅印发的《关于全面推行河长制的意见》精神予以修订，并于2017年5月4日印发《江西省全面推行河长制工作方案（修订）》。 （申思佳）

2. 关于以推进流域生态综合治理为抓手打造河长制升级版的指导意见 2017年5月4日，江西省委办公厅、省政府办公厅印发《关于以推进流域生态综合治理为抓手打造河长制升级版的指导意见》（以下简称《指导意见》）。《指导意见》确定保护优先、合力开发，治水美景、生态富民，试点先行、有序推进等3条基本原则。明确从思路升级、制度升级、能力升级、行动升级、宣教升级等5个方面打造河长制升级版。 （申思佳）

3. 江西省消灭劣V类水工作方案 2017年6月14日，江西省政府办公厅印发《江西省消灭劣V类水工作方案》（以下简称《工作方案》），提出到2018年5月消灭劣V类水，重点治理2016年以来出现过劣V类和V类水质的44个断面。 （申思佳）

4. 关于在湖泊实施湖长制的工作方案 2018年5月9日，江西省委办公厅、省政府办公厅印发《关于在湖泊实施湖长制的工作方案》（以下简称《工作方案》）。《工作方案》提出在湖泊进一步明确和全面实施湖长制，全省境内所有天然湖泊和城市规划区湖泊均纳入实施湖长制工作范围，全面建立省、市、县、乡、村五级湖长制组织体系，通过全面实施湖长制，确保湖泊面积不缩减，湖泊水质不下降，湖泊生态不破坏，湖泊功能不退化，湖泊管理更有序。 （申思佳）

5. 鄱阳湖生态环境专项整治工作方案 2018年8月3日，江西省委办公厅、省政府办公厅印发《鄱阳湖生态环境专项整治工作方案》，以推进鄱阳湖生态环境专项整治，协调解决中央环保督察"回头看"指出的鄱阳湖生态环境突出问题。 （申思佳）

6. 江西省推进生态鄱阳湖流域建设行动计划的实施意见 2018年12月13日，江西省委办公厅、省政府办公厅印发《江西省推进生态鄱阳湖流域建设行动计划的实施意见》（赣办字〔2018〕56号），提出打造鄱阳湖流域山水林田湖草生命共同体，构建生态文化、生态经济、生态目标责任、生态文明

制度、生态安全等五大生态体系。 （申思佳）

7. 江西省"清河行动"实施方案 2016—2020年，江西省河长制办公室每年牵头制定印发《江西省"清河行动"实施方案》，启动实施全省范围以"清洁河湖水质、清除河湖违建、清理违法行为"为重点的"清河行动"。 （申思佳）

8. 河湖长制工作要点及考核方案 2016—2020年，每年初制定《河湖长制工作要点及考核方案》，经省级总河（湖）长会议审定后印发。文件明确当年重点工作任务及措施、考核指标、考核组织及时间安排、考核评分方法及考核结果运用等，并配套制定考核细则。 （周波）

9. 关于建立"河长湖长＋检察长"协作机制的指导意见 2020年5月，江西省河长制办公室、省人民检察院联合印发《关于建立"河长湖长＋检察长"协作机制的指导意见》（赣河办字〔2020〕17号），全面建立"河长湖长＋检察长"协作机制。"河长湖长＋检察长"的协作机制的建立，将密切全省检察机关与河长制湖长制工作机构的协作配合，促进各级河长湖长和有关责任单位履职尽责，为河长制湖长制工作从"全面建立"到"全面见效"提供有力保障。 （申思佳）

【地方政策法规】 （1）2016年9月22日，《江西省河道采砂管理条例》经江西省第十二届人民代表大会常务委员会第二十八次会议表决通过，2017年1月1日起施行，江西省政府公布的《江西省河道采砂管理办法》同时废止。 （黄小明）

（2）2018年4月2日，江西省第十三届人民代表大会常务委员会第二次会议表决通过《江西省湖泊保护条例》，2018年6月1日起施行。 （黄小明）

（3）2018年11月29日，江西省十三届人民代表大会常务委员会第九次会议审议通过《江西省实施河长制湖长制条例》，2019年1月1日起正式施行。该条例将河长制湖长制纳入法治轨道，实现河长制湖长制工作从"有章可循"到"有法可依"。 （黄小明）

（4）2018年11月15日，江西省政府第14次省政府常务会议审议通过《江西省节约用水办法》，2019年1月1日起正式施行。 （黄小明）

（5）2020年3月27日，经江西省十三届人大常委会第十九次会议通过《江西省农村供水条例》，2020年6月1日起正式施行。该条例从法制层面将江西省农村供水和推进城乡供水一体化工作成果进行了固化，有利于助推江西农村供水工作规范化、制度化进展。 （黄小明）

（6）2019 年 12 月 27 日，江西省发布《河长制湖长制工作规范》，定于 2020 年 6 月 1 日实施，这是全国首部河湖长制工作省级地方标准。该规范对河湖长制基础工作、组织体系、制度体系、责任体系、工作任务、宣传引导与公共参与等方面进行具体细化，用以指导规范全省各级河湖长制工作。

（黄小明）

（7）2016 年 3 月 31 日，江西省政府办公厅印发《江西省"河长制"省级会议制度（试行）》《江西省"河长制"信息通报制度（试行）》《江西省"河长制"工作督办制度（试行）》《江西省"河长制"工作考核办法（试行）》等 4 项制度，成为当时全国首套河长制工作省级制度体系。后进行两次修订，于 2017 年 7 月 19 日以赣府厅发〔2017〕47 号文印发《江西省河长制省级会议制度》《江西省河长制信息工作制度》《江西省河长制工作督办制度》《江西省河长制工作考核问责办法》《江西省河长制工作督察制度》，2018 年 5 月 4 日以赣府厅发〔2018〕25 号文印发《江西省河长制湖长制省级会议制度》《江西省河长制湖长制信息工作制度》《江西省河长制湖长制工作督办制度》《江西省河长制湖长制工作考核问责办法》《江西省河长制湖长制工作督察制度》。此外，2017 年 10 月 27 日，经江西省政府同意，由江西省河长制办公室印发《江西省河长制体系建立验收评估办法》。

（申思佳）

（8）2018 年 2 月 8 日，江西省政府办公厅印发《江西省河长制工作省级表彰评选暂行办法》。这是全国首个河湖长制省级表彰项目的制度落地。

（申思佳）

【专项行动】

1. 采砂整治　江西省通过完善法律制度、改革管理模式、强化执法监管、加大非法采砂运砂打击力度等一系列强有力的措施，实现了河道采砂由乱到治，由治到逐步规范，目前全省河道采砂秩序总体向好。①健全法规制度，切实做好依法治砂；②坚持规划引领，严格实施采砂许可；③加强采砂船管理，引导切割过剩采砂船；④开展专项整治，有效治理行业问题。

（袁锦虎　林皓）

2. 清河行动　2016—2020 年，持续开展以"清洁河湖水质、清除河湖违建、清理违法行为"为重点的清河行动，5 年累计排查整改各类损害河湖水域环境的突出问题 8 000 余个，有效改善河湖面貌。2015—2020 年，全省地表水断面水质优良比例分别为 81％、81.4％、88.5％、90.7％、92.4％、94.7％。

（占雷龙）

3. 消灭劣 V 类水及 V 类水专项整治　2017 年起牵头开展消灭劣 V 类及 V 类水专项工作，督促指导各地对重点治理断面开展治理工程，实现了国控、省控、县界断面消灭 V 类和劣 V 类水，带着 IV 类及以上水进入全面建成小康的工作目标。

（申思佳）

4. 鄱阳湖生态环境专项整治　针对鄱阳湖水质下降特别是总磷上升趋势，2018 年成立由江西省委书记、省长任组长的专项整治领导小组，开展重点专项整治，有效遏制鄱阳湖水质持续下降趋势。2020 年，鄱阳湖点位水质优良比例为 41.2％，同比上升 35.3 个百分点；总磷浓度 0.058mg/L，同比下降 15.9％。江西省入长江断面即鄱阳湖出口断面水质稳定至 III 类，总磷平均浓度为 0.048mg/L。

（占雷龙）

【河长制湖长制体制机制建立运行情况】　（1）建立区域与流域相结合的河湖长制组织体系。按区域，省、市、县（市、区）、乡（镇、街道）行政区域内设立总河（湖）长、副总河（湖）长，由行政区域党委、政府主要领导分别担任；按流域，依次分级设立河流河长。

（2）江西省委组织部、省委宣传部、省委编办、省发展改革委、省司法厅、省财政厅、省人社厅、省审计厅、省统计局、省工信委、省交通运输厅、省住房城乡建设厅、省生态环境厅、省市场监管局、省文旅委、省农业厅、省林业局、省水利厅、省自然资源厅、省科技厅、省教育厅、省卫健委、省公安厅、省商务厅、共青团江西省委等为河湖长制省级责任单位。省级各责任单位在省级河湖长的领导下，各司其职、各负其责、密切配合、协调联动，依法履行河湖管理保护的相关职责。省级责任单位须确定 1 名厅级干部为责任人，1 名处级干部为联络人。　（申思佳）

【河湖健康评价】　积极启动河湖（水库）健康评价技术研究工作，设立了水文水资源、物理结构、化学、生物以及社会服务功能等评价指标，对抚河、赣江南昌段 2 条典型河流，鄱阳湖、仙女湖、军山湖等 11 个湖库开展健康监测，基于数据系列，构建了与江西省生态文明建设相适应的河湖（水库）健康评价标准和方法，并在抚河、赣江南昌段以及仙女湖、军山湖等河湖开展了应用示范。制定的河湖水库健康评价技术为全省科学诊断河湖（水库）健康问题，指导河湖（水库）生态修复以及为河长制、湖长制实施成效评价提供技术支撑。

【"一河（湖）一策"编制和实施情况】　2017 年 10 月，江西省河长制办公室在全省范围内部署开展

"一河(湖)一策"实施方案编制工作,在全国率先建立"一河(湖)一策"信息系统。2018年3月,省、市、县三级全面编制完成"一河(湖)一策"实施方案,并开始实施。同年,省级启动《江西省"五河一湖一江"流域保护治理规划》(以下简称《规划》)编制工作并于2019年完成,经江西省政府同意,由省水利厅、省发展改革委联合印发,明确"1+9+N"的河湖保护规划构架体系,2019—2020年,以《规划》为指导,陆续对省、市、县三级"一河(湖)一策"实施方案进行修编。

(吴小毛)

【水资源保护】

1. 节水行动 "十三五"期间,始终坚持节水服务经济社会发展,将节水工作纳入地方政府高质量发展考核,全力控制用水总量和用水强度。五年来,实现以用水总量3%的低增长,支撑经济总量146%的高速增长;2018—2019年荣获全国第5名,首次跨入优秀等次,连续创历史最好成绩,分别获国家奖励资金3 000万元和5 000万元。 (陈芳)

2. 生态流量监测 2020年,按照水利部工作部署并结合实际,组织确定了袁水、禾水、锦江、梅江、赣江、饶河的生态流量保障目标。同年12月,经江西省政府同意印发了袁水、禾水、锦江、梅江等4条河流生态流量保障目标。印发《江西省水利厅关于做好全省河湖生态流量确定和保障工作的通知》,指导各市、县自主开展河湖生态流量目标确定和保障工作。 (吴涛)

3. 全国重要饮用水水源地安全保障达标建设 按照水利部统一部署,持续推进全国重要饮用水水源地安全保障达标建设工作,2016年基本完成达标建设任务。江西省19个全国重要饮用水水源地2018—2020年度达标建设评估成绩均达到优良。

(陈芳)

4. 取水口专项整治 2019年基本完成长江流域取水工程(设施)核查登记工作,共登记取水工程核查表17 849个,取水项目登记表13 879个;2020年,对前期遗漏的部分取水项目进行了补录,最终录入登记系统14 325个,并对上述取水项目依法取水情况进行了全面自查,共梳理出存在问题的项目5 993个,其中整改类项目5 578个,退出类项目415个。长江流域需整改的5 987个取水项目于2020年12月底前全部完成整改;珠江流域需整改的6个取水项目整改进度达到要求。 (吴涛)

5. 水量分配 2016年5月,经江西省政府同意印发了《江西省水资源管理三条红线控制指标

(2020年、2030年)》。2019年以来,配合长江委开展了赣江、饶河、信江、洞庭湖环湖区、富水、长江干流河口以下河段等涉及江西省的跨省河流水量分配方案征求意见及审查工作。同时,加快部署和推进江西省内跨地市江河流域水量分配工作,2020年12月,赣江、抚河、信江、饶河、修河及鄱阳湖环湖区流域水量分配方案经省政府同意印发实施。

(欧阳任婷)

【水域岸线管理保护】

1. 河湖管理范围划界 截至2020年年底,全省共完成999条河流、113个湖泊的划界工作,划界河道总长3.5万km,划界河岸岸线总长7.7万km,划界湖岸线总长0.5万km。 (高云平)

2. 河湖"清四乱" 按照水利部工作要求,印发《关于深入推进全省河湖"清四乱"常态化规范化工作实施方案》,抓细抓实抓好自查自纠,截至2020年12月底,共收集、统计、汇总上报507个河湖"四乱"问题,已全部完成整改并销号,整改完成率为100%,取得了较好的生态效益。 (占雷龙)

【水污染防治】

1. 排污口整治 将入河排污口整治工作纳入污染防治攻坚战30个专项行动中,印发《江西省污染防治攻坚战入河排污口整治专项行动实施方案》等文件,制定入河排污口监测计划,对监测发现排污问题突出的排污口进行溯源,厘清排污责任。按"一口一策"的原则,分类型分步骤有重点地开展排污口清理整治工作。截至2020年,排查出长江干流江西段及赣江干流入河排污口3 830个;排查出赣江支流及抚河、信江、饶河、修河干流和鄱阳湖、仙女湖、柘林湖入河排污口3 781个,其中需整治的434个排污口已全部完成整治。

2. 工矿企业污染防治 "十三五"时期,江西以八大标志性战役、30个专项行动为统领,分行业、分领域推进流域系统治理。

(1)严把项目准入门槛。全面实行长江经济带发展负面清单和重点生态功能区产业准入负面清单,禁止长江干流江西段及"五河一湖"岸线1km范围新建重污染项目,严禁周边5km范围内新布局重化工园区,严控沿岸地区新建石油化工和煤化工项目。

(2)完善污水处理设施建设。截至2020年,全省省级及以上开发区107个,建成一体化在线监控平台100个,污水集中处理设施139座,较"十三五"初期增加112座。

（3）加强企业排污管控。完成固定污染源排污许可发证、登记全覆盖工作，全省共发放排污许可证1.1万张，管控水污染物排放口1万余个，排污许可登记6.4万家。有序推进清洁生产审核，2018—2020年，对全省392家重点企业开展清洁生产审核，306家通过评估。

（4）强化执法监管。建立了联合办案机制，严厉打击环境污染犯罪行为。组织开展"散乱污"企业整治、化工企业污染整治和"清磷"排查整治等专项行动，截至2020年，已完成7 481家"散乱污"企业分类整治。

3. 水产养殖污染防治　2016年，江西5个设区市40个县（市、区）共4.29万hm²水面退出集约化养殖，取缔网箱养殖4.68万箱，实施"牧渔养水"渔业和"碳汇渔业"技术。2016—2020年，共创建全国水产健康养殖示范场445家，湖口等6个县（市、区）获"农业农村部渔业健康养殖示范县"称号。

4. 农业面源污染

（1）持续推进化肥减量增效。2015年以来，江西化肥实际用量持续下降，2016—2020年全省化肥施用量（折纯）分别为141.97万t、134.97万t、123.20万t、115.57万t、108.81万t，连续5年负增长，2020年比2016年减少23.4%。科学施肥水平显著提升，截至2020年，全省测土配方施肥技术年推广面积超过466.67万hm²，测土配方施肥技术覆盖率达90%以上。

（2）持续推进农药减量增效。2015年以来，江西农作物病虫为害损失控制在5%以内，年均挽回稻谷损失38.33亿kg，累计挽回农作物经济损失300余亿元。据调查统计，2016—2020年全省防治农作物病虫害的农药使用量分别为34 686.2t、34 294.6t、33 944.6t、33 602.4t、33 350.4t，连续5年下降。截至2020年，江西主要农作物绿色防控覆盖率达43.2%。

5. 畜禽养殖污染防治　江西坚持保供给与保生态并重，在抓好畜牧业稳产保供、结构调整的同时，以畜禽粪污资源化利用为主要方式和重点内容，着力打好畜禽养殖污染防治攻坚战，畜禽养殖污染问题得到根本性遏制，畜禽粪污资源化利用工作2018年、2019年获评国家考核"优秀"等次。

6. 船舶港口污染防治　分别于2016年、2018年、2020年制定印发《船舶与港口污染防治专项行动实施方案（2015—2020年）》《江西省贯彻落实长江经济带船舶污染防治专项行动实施方案（2018—2020年）》《江西省船舶和港口污染突出问题整治工作方案》。

（占雷龙）

【水环境治理】

1. 饮用水水源规范化建设　①推进饮用水水源保护区划定；②开展饮用水水源保护专项行动；③提升饮用水安全保障水平。截至2020年，江西省地级城市集中式饮用水水源水质达标率为100%，较2016年提升3.2个百分点；县级城市集中式饮用水水源水质达标率为98.4%，较2016年提升10.4个百分点；全省农村"千吨万人"集中式饮用水水源水质达标率为94.1%，同比提升18个百分点。

2. 黑臭水体治理　编制印发《江西省污染防治攻坚战城市黑臭水体整治专项行动实施方案》《江西省城市黑臭水体治理三年攻坚战实施方案》，采取"控源截污、内源治理、生态修复、活水保质"四大举措，科学实施，统筹推进，保质保量推进黑臭水体整治。

3. 农村水环境整治　制定并发布实施《江西省农村生活污水处理设施水污染物排放标准》，分类确定水污染物控制指标和排放限值等内容。组织对农村生活污水治理设施进行排查、调研和监测，对36个县（市、区）的73座农村生活污水处理设施开展专项督导调研。

（占雷龙）

【水生态修复】

1. 退田还湖还湿　江西省积极推进退田还湖还湿工作，以两个项目为例。

（1）2018年6月，江西鄱阳湖南矶湿地国家级自然保护区2018年中央财政湿地保护与恢复退耕还湿补助项目实施方案获批，该项目总投资100万元。

（2）2018年10月，都昌县候鸟自然保护区退耕还湿项目获批，项目总投资100万元，实施内容为拆除都昌县周溪镇汪家自然村鄱阳湖湿地范围内的围湖坝体，恢复围湖区域1 000亩湿地原貌并长期维持其自然状态。

2. 生物多样性保护　江西高度重视生物多样性保护工作，据统计，每年仅在鄱阳湖湿地栖息的水鸟多达60余万只，其中珍稀候鸟就超过60种，特别是白鹤最高数量达4 000余只，东方白鹳最高数量达2 800余只，分别占其全球总数量的98%和95%以上，鄱阳湖因此享有"珍禽王国"和"候鸟乐园"等美誉。加强鄱阳湖湿地候鸟资源保护，对维护全球物种安全和区域生态平衡等都具有重要意义。

3. 生态补偿机制建立　2015年11月，江西省政府印发《江西省流域生态补偿办法（试行）》，明确从 2016 年起，采取整合国家重点生态功能区转移支付资金、"五河一湖"及东江源头保护区生态环保奖励资金等省级专项资金的方式筹集流域生态补偿资金，按照《江西省流域生态补偿配套考核办法》对全省范围内的 100 个县（市、区）实施生态补偿。

4. 水土流失治理　2016—2020 年，全省共完成新增水土流失治理面积 6 410.94km²，新增水土流失治理面积完成率为 160%，超额完成《全国水土保持发展"十三五"规划》目标任务，水土流失治理取得较好成效。

5. 生态清洁小流域治理　2016—2020 年，江西省通过实施水土流失综合治理工程，共建设生态清洁小流域 93 条，其中 2020 年建设 21 条。（占雷龙）

【执法监管】

1. 联合执法　①开展鄱阳湖区联合巡逻；②开展联合执法行动；③建立联合执法长效机制，制订了《关于建立河道采砂联合整治长效机制的指导意见》，建立了多部门联合治砂管砂机制。

2. 河湖日常监督　①涉河项目审批流程进一步精简；②严格河道管理范围内建设项目和活动许可；③加强批后监管，定期和不定期开展涉河项目检查。

（占雷龙）

【水文化建设】

1. 河长制主题公园　2020 年 11 月，景德镇启动打造江西省首座以"幸福河湖、还绿于民"为主题的河湖长制主题公园。根据规划，该公园位于昌江河流域，沿江西路与昌江之间生态绿地，项目总面积为 76 428m²，由景德镇市水利局建造。该公园已完成亲水平台及周边水生态环境整治等工程建设，累计完成投资约 5 000 万元。　（倪军礼）

2. 水文化建设与推广

（1）健全组织，高位推动。建立以江西省水利厅主要领导为组长的水文化建设工作领导小组，下设"水文化办公室"。

（2）确立项目，抓出样板。实施水文化重点项目工程，创办《江西水文化》杂志，成功申报泰和槎滩陂、抚州千金陂为世界灌溉工程遗产。

（3）培育骨干，壮大力量。形成 30 多人的水文化骨干团队。部分骨干成为中国作协、江西省作协、中国水利作协成员。

（4）广泛传播，推动发展。多渠道传播水文化，《江西水文化》已出版 31 期，累计发行量近 10 万册。　（万菁）

【信息化工作】

1. "水利一张图"　通过整合分散的数据资源，构建水利行业同一空间数据模型、空间数据资源目录体系和集中存储的空间数据库，以标准的地理信息服务为省、市、县各级水利部门及各业务系统提供数据共享交换能力。

2. 河长 App　定制开发了河长 App，进行全省推广，App 提供辅助巡河（湖）、环境监测、视频监控查看、指挥协调和问题反馈等功能。

3. 智慧河湖　积极探索智慧河湖实现途径，推出江西省河长制河湖管理地理信息平台，实行"互联网＋河长"智能化监管模式，实现水利部、省、市、县、乡、村六级联通，满足各级职能部门数据贯通需求，有效提高河湖管护和水环境监测水平，对辖区内所有河湖实施高效、精准的动态管理。

（彭余蕙）

｜山东省｜

【河湖概况】

1. 河湖数量　山东省共有流域面积 50km² 及以上河流 1 049 条，总长度为 3.25 万 km，其中跨省河流 79 条；流域面积 100km² 及以上河流 553 条，总长度为 2.37 万 km，其中跨省河流 53 条；流域面积 1 000km² 及以上河流 39 条，总长度为 0.49 万 km，其中跨省河流 7 条；流域面积 10 000km² 及以上河流 4 条，总长度为 0.11 万 km，其中跨省河流 3 条。有常年水面面积 1km² 及以上湖泊 8 个，水面总面积 1 051.80km²，其中咸水湖 1 个，淡水湖 7 个，跨省湖泊 1 个；10km² 及以上湖泊 2 个，水面总面积 1 474km²，其中跨省湖泊 1 个；1 000km² 及以上湖泊 1 个，水面总面积 1 266km²，其中跨省湖泊 1 个。

2. 河湖水量　水资源总量 375.30 亿 m³，其中地表水资源量为 259.83 亿 m³，地下水资源与地表水资源不重复量为 115.46 亿 m³。2020 年，全省总用水量 222.50 亿 m³，其中，农业用水占 60.24%，工业用水占 14.34%，生活用水占 16.84%，人工生态环境补水占 8.58%。

3. 河湖水质　2020 年 1—10 月，全省 83 个国控地表水考核断面中，优良断面 60 个，占比为 72.3%，Ⅳ类水质占 22.9%，无劣Ⅴ类断面。国控地表水考核断面优良水体比例达到 73.5%，优于"十三五"任务目标 12.0 个百分点，较"十二五"

末改善 20.5 个百分点；全面消除劣 V 类水体，完成"十三五"目标任务，较"十二五"末改善 10.8 个百分点。省控以上地表水断面年均水质全部达到"十三五"省市水污染防治目标责任书要求，达标率为 100%。

4. 水利工程　共有水库 5 893 座，总库容 180.79 亿 m³。其中，已建水库 5 893 座，总库容 180.79 亿 m³；在建水库 16 座，总库容 3.20 亿 m³。共有水电站 130 座，装机容量 108.51 万 kW。其中，在规模以上水电站中，已建水电站 44 座，装机容量 106.28 万 kW；在建水电站 3 座，装机容量 0.53 万 kW。共有过闸流量 5m³/s 及以上水闸 3 311 座，橡胶坝 360 座。共有堤防总长度 30 118.31km，其中 5 级及以上堤防长度为 19 440.12km。共有泵站 9 396 座。共有农村供水工程 298.33 万处，其中集中式供水工程 4.23 万处，分散式供水工程 294.1 万处。共有塘坝 5.15 万处，总容积 12.30 亿 m³；窖池 7.9 万处，总容积 389.56 万 m³。共有设计蓄水量在 10 万 m³ 及以上的拦河闸坝 1 181 座，总设计蓄水量 21.25 亿 m³。

（张燕）

【重大活动】

（1）2017 年 3 月 20 日，山东省政府专题会议和省委常委会第 243 次会议分别审议通过了《山东省全面实行河长制工作方案》。3 月 31 日，经山东省委办公厅、省政府办公厅联合印发后，向社会公布。

（2）2018 年 2 月 24 日，山东省政府第 2 次常务会议审议通过《山东省在湖泊实施湖长制工作方案》，3 月 21 日，省委常委会审议通过工作方案。

（3）2018 年 4 月 18 日，山东省总河长会议在济南市召开。山东省委书记、省总河长刘家义出席会议并讲话，省长、省总河长龚正主持并作总结讲话。会议深入贯彻落实党中央、国务院关于河长制湖长制工作的系列决策部署，总结 2017 年河长制工作，审议通过了 2018 年山东省河长制湖长制工作要点和省级考核实施细则，对下一步工作做出部署安排。

（4）2018 年 5 月 4 日，山东省政府在淄博市召开全省河长制湖长制工作现场推进会，全面贯彻习近平新时代中国特色社会主义思想和党的十九大精神，坚定践行"绿水青山就是金山银山"的理念，交流河长制湖长制工作，安排部署当前和今后一个时期的任务。省委副书记、省长、省总河长龚正出席会议并讲话。副省长、省副总河长于国安主持会议，省政协副主席刘均刚出席会议。

（5）2018 年 5 月 31 日至 6 月 1 日，在济南市举办全面实行河长制湖长制暨行政首长防汛专题培训

班，副省长于国安出席开班仪式并做动员讲话。

（6）2019 年 1 月 12 日，山东省委副书记、省长龚正主持召开省政府第 29 次常务会议，会议听取了河长制湖长制工作情况汇报。会议强调，要着力提升各级河长湖长履职尽责能力，健全河湖管护长效机制，落实"一河（湖）一策"任务，敢于动真碰硬，及时发现、整改问题，坚决杜绝虚假整改、表面整改。要广泛发动群众参与，使广大群众成为河湖治理的受益者、参与者、监督者，形成齐抓共管的良好格局。

（7）2019 年 6 月 6 日，2019 年山东省总河长会议在济南召开。会议深入贯彻落实习近平生态文明思想和中央部署要求，总结 2018 年河长制湖长制和水污染防治工作，审议通过 2019 年河长制湖长制工作要点，对下一步工作做出部署安排。山东省委书记、省总河长刘家义出席会议并讲话，省委副书记、省长、省总河长龚正主持。

（8）2019 年 10 月 28—29 日，在日照市举办山东省河长制湖长制专题培训班，山东省河长制办公室专职副主任、省水利厅副厅长刘鲁生出席开班仪式。培训邀请水利部河长办、浙江省水利厅、河南省南阳市、山东省互联网传媒集团等单位的专家分别作专题辅导。未参加过河长制湖长制培训的市、县（市、区）政府分管负责人，各市水利局主要负责人、分管负责人、河长制湖长制工作机构负责人参加培训。

（9）2019 年 12 月 26 日，水利部召开全国河湖"清四乱"专项行动视频总结会，山东省作典型发言，山东省明显河湖违法问题基本实现清零。

（10）2020 年 7 月 6 日，山东省委书记、省总河长刘家义在省委主持召开 2020 年省总河长会议，深入贯彻落实习近平生态文明思想和习近平总书记关于水利工作、防汛救灾工作重要指示要求，总结 2019 年河长制湖长制工作，审议 2020 年度河长制湖长制工作要点和《山东省实施〈河湖管理监督检查办法〉细则》，安排部署下一步工作。

（11）2020 年 10 月 22 日，山东省河长制湖长制工作现场推进会议在日照市召开，会议深入贯彻习近平生态文明思想，全面落实省总河长会议要求，进一步动员全省各级河长湖长，认清形势，压实责任，狠抓落实，切实守护好一方绿水青山，促进全省经济社会高质量发展。山东省委副书记、省长、省总河长李干杰出席会议并讲话。

（12）2020 年 11 月 4—6 日，山东省河长制湖长制专题培训班在济南市举行。山东省河长制办公室主任、省水利厅厅长刘中会做开班动员讲话，济南

市政府副市长王京文致辞。山东省河长制办公室常务副主任、省水利厅副厅长刘鲁生主持培训会。会议邀请了水利部河长办、浙江省钱塘江流域中心、河海大学、山东大学的领导和专家分别做专题辅导。还邀请了省内河长制湖长制及河湖管理保护工作成效明显的市、县介绍典型经验，并现场观摩河湖治理保护现场。部分市、县（市、区）政府分管负责同志，各市水利（水务）局主要负责同志、分管负责同志、河湖管护工作负责同志共130余人参加了培训。

（张燕）

【重要文件】 （1）2017年3月31日，山东省委办公厅、省政府办公厅印发《山东省全面实行河长制工作方案》（鲁厅字〔2017〕14号）。

（2）2017年6月26日，山东省委办公厅、省政府办公厅印发《关于公布山东省总河长、省级河长名单的通知》（鲁厅字〔2017〕32号）。

（3）2017年9月2日，山东省人民政府办公厅印发《关于印发山东省河长制相关工作制度和办法的通知》（鲁政办字〔2017〕138号）。

（4）2017年11月1日，山东省机构编制委员会印发《关于调整省水利厅机构编制事项的批复》（鲁编〔2017〕21号），设立河长制工作处，加挂河湖管理保护处牌子。

（5）2018年2月9日，山东省河长制办公室印发《关于调整公布省级河长名单的通知》（鲁河长办字〔2018〕3号）。

（6）2018年3月2日，山东省委书记刘家义，省委副书记、省长龚正联合签发第1号省总河长令《关于做好河长制湖长制有关工作的通知》。

（7）2018年4月25日，中共山东省委办公厅、山东省人民政府办公厅印发《山东省在湖泊实施湖长制工作方案》（鲁厅字〔2018〕21号）。

（8）2018年7月16日，山东省委书记刘家义，省委副书记、省长龚正联合签发第2号省总河长令《关于做好当前河长制湖长制和防汛工作关键事项的通知》。

（9）2018年12月5日，山东省河长制办公室印发《关于公布调整省级河长的通知》（鲁河长办字〔2018〕44号）。

（10）2019年1月18日，山东省委书记刘家义、省长龚正共同签发第3号省总河长令《关于全面做好灾后重点防洪减灾工程建设和深化河湖清违整治工作的通知》。

（11）2019年1月21日，山东省人民政府印发《关于印发山东省推动河长制湖长制从"有名"到"有实"工作方案的通知》（鲁厅字〔2019〕16号）。

（12）2019年5月12日，山东省河长制办公室印发《关于调整公布省级河长、省河长制办公室成员单位和省级河长湖长联系单位的通知》（鲁河长办字〔2019〕14号）。

（13）2019年7月4日，山东省委书记刘家义、省长龚正共同签发第4号省总河长令《关于迅速落实2019年省总河长会议精神推动河长制湖长制由全面建立向全面见效转变的通知》。

（14）2020年2月17日，山东省总河长、省委书记刘家义，省总河长、省长龚正共同签发第5号省总河长令《关于加快河湖治理进程不断提升河湖管理保护水平的通知》。

（15）2020年6月10日，山东省河长制办公室印发《关于调整公布省总河长省级湖长和省级河湖长联系单位的通知》（鲁河长办字〔2020〕8号）。

（16）2020年7月27日，山东省河长制办公室印发《关于调整公布省总河长省级河湖长通知》（鲁河长办字〔2020〕10号）。

（17）2020年7月29日，山东省总河长、省委书记刘家义，省总河长、省长李干杰共同签发第6号省总河长令《关于做好当前水生态环境管理工作的通知》。

（18）2020年8月4日，山东省河长制办公室印发《关于印发2020年度河长制湖长制工作要点和监督检查办法（试行）的通知》（鲁河长办字〔2020〕12号）。

（19）2020年8月12日，山东省河长制办公室、省检察院印发《关于建立"河长湖长＋检察长"协作配合工作机制的意见》（鲁检会〔2020〕9号）。

（20）2020年8月25日，山东省河长制办公室、山东黄河河务局印发《关于加强山东黄河流域河湖监管长效保护工作的实施意见》（鲁河长办〔2020〕14号）。

（21）2020年10月16日，山东省河长制办公室印发《关于省河长办联合集中办公的通知》（鲁河长办函字〔2020〕19号）。

（张燕）

【地方政策法规】 （1）2017年9月30日，《山东省水资源条例》经山东省第十二届人民代表大会常务委员会第三十二次会议通过并公布，自2018年1月1日起施行，对水资源规划、保护、配置与取用水管理、节约用水管理等进行了全面规定。

（2）2018年，山东省出台《山东省生态河道评价标准》（DB37/T 3081—2017）地方标准，从水文水资源评价、生物状况评价、环境状况评价、社会服务功能评价和管理状况评价 5 个方面，确定了 16 项评价指标，明确了具体评价办法。

（3）2019 年 10 月 21 日，山东正式印发《山东省河湖管护规定（试行）》（鲁水规字〔2019〕3 号），该规定主要针对涉河湖建设项目、生产活动、河湖水环境等管护工作进行了规定。该规定是全国首个省级层面的河湖管护规定，同时也是山东省首个针对河湖管护进行专门规范的文件。　　　　（张燕）

【专项行动】

1. 河湖"清四乱"专项行动　　2017 年 8 月 7 日，山东省河长制办公室印发《山东省 2017 年"清河行动"实施方案》（鲁河长办字〔2017〕1 号），部署开展河湖"清河行动"专项行动。2018 年 5 月 28 日，为巩固 2017 年清河行动整治成效，山东省河长制办公室印发《山东省 2018 年"清河行动回头看"实施方案》（鲁河长办字〔2018〕10 号），与水利部安排的河湖"清四乱"专项行动有机结合、统筹推进，部署开展"清河行动回头看"。2019 年，山东省人民政府办公厅印发《山东省推动河长制湖长制从"有名"到"有实"工作方案》（鲁政字〔2019〕16 号），部署开展全省"深化清违整治、构建无违河湖"专项行动。截至 2020 年 12 月 31 日，共清理整治河湖"四乱"问题 9 万余个。

2. 黄河岸线利用项目专项整治　　2020 年，山东省河长制办公室印发《山东黄河岸线利用项目专项整治工作方案》（鲁河长办字〔2020〕6 号），部署安排开展山东省黄河流域岸线利用项目专项整治行动。截至 2020 年年底，全省共排查梳理岸线利用项目 1 632 处（其中水利部明确排查范围内 1 427 处），纳入整改规范的 550 处项目中，拆除 13 处，规范 537 处，专项整治工作全部完成，累计清理疏通岸线长度 7.83km，涉及岸线利用面积 96.93 万 m^2，开挖及回填土方 124.7 万 m^3，拆除穿河管道（输油、输灰）23 893m，整理跨河缆线 176km，岸坡防护面积 81.68 万 m^2，复绿面积 10.02 万 m^2。

3. 采砂整治专项行动　　2018 年 7 月 3 日，山东省河长制办公室印发《关于开展全省河湖采砂专项整治行动的通知》（鲁河长办字〔2018〕21 号）；2019 年，山东省人民政府办公厅印发《山东省推动河长制湖长制从"有名"到"有实"工作方案》（鲁政字〔2019〕16 号），在全省集中开展"深化清违整治、构建无违河湖"专项行动，将河湖采砂专项整治纳入专项行动合并实施；2020 年 4 月 29 日，山东省河长制办公室印发《山东黄河流域河道采砂专项整治实施方案的通知》（鲁河长办函字〔2020〕7

号），严厉打击山东黄河流域非法采砂行动。对有采砂管理任务的河段，逐级逐段落实河长、行政主管、现场监管和行政执法四个责任人，并确定重点河段、敏感水域，相关责任人报水利部公示，接受群众监督。　　　　　　　　　　　　　　（张燕）

【河长制湖长制体制机制建立运行情况】

1. 河湖长制组织体系　　山东省河长制湖长制实行双总河长、三个副总河长设置，总河长由省委书记、省长共同担任，省委副书记、常务副书记、分管农业农村工作副省长共同担任副总河长，省长、3 位副总河长和其他 6 位省领导同志共同担任省级重要河湖省级河长湖长。山东省河长制办公室主任由分管农业农村工作的副省长兼任，由省政府副秘书长、省水利厅主要负责同志任常务副主任，省水利厅、省生态环境厅、省住房城乡建设厅分管负责同志担任副主任，省委组织部、省委宣传部等 25 个部门为省河长制办公室成员单位。

2. 河湖长组织体系　　山东省建立了以党政主要领导负责制为核心的省、市、县、乡、村五级河湖长组织体系，党政领导班子成员全部担任同级河长湖长，市、县两级总河湖长co包管本辖区内规模最大、问题最多、治理难度最大、与百姓福祉关系最为密切的河湖管理保护工作。截至 2020 年 12 月 31 日，9 800 多条河流、5 900 多个湖库落实省、市、县、乡、村 5 级河湖长 7 万余人，其中省总河湖长 2 名，省级河长湖长 10 名，市级河长湖长 169 名，县级河长湖长 1 907 名，乡级河长湖长 14 071 名，村级河长湖长 52 668 名。各级河长湖长名单全部向社会公布，并分级设置河长湖长公示牌。

3. 省、市、县六项制度建立　　2017 年 6 月 28 日，山东省河长制办公室印发《山东省河长制相关工作制度（办法）的通知》（鲁河长字〔2017〕1 号）；2017 年 9 月 2 日，山东省政府办公厅印发《山东省人民政府办公厅关于印发山东省河长制相关工作制度和办法的通知》（鲁政办字〔2017〕138 号）；2017 年 12 月 11 日，山东省河长制办公室印发《山东省河长制办公室关于加强河长制信息共享的补充规定》（鲁河长办字〔2017〕11 号）；2018 年 5 月 30 日，山东省河长制办公室印发《山东省河长制办公室关于印发山东省河长制湖长制相关工作制度的通知》（鲁河长办字〔2018〕12 号）；2018 年 8 月 7 日，山东省河长制办公室印发《山东省河长制办公室关于印发山东省河长制湖长制工作省级考核办法和相关制度的通知》（鲁河长办字〔2018〕28 号）。

4. 部门联合执法机制或其他部门协作机制 2017 年 6 月 22 日，山东省水利厅、山东省经济和信息化委员会、山东省国土资源厅、山东省住房和城乡建设厅、山东省交通运输厅、山东省农业厅、山东省海洋与渔业厅、山东省环境保护厅、山东省旅游发展委员会、济南铁路局等十部门联合印发《关于开展河湖管理范围和保护范围划定工作的意见》（鲁水管字〔2017〕15 号）。2018 年 7 月 25 日，山东省人民政府法制办公室、山东省高级人民法院、山东省人民检察院、山东省公安厅联合印发《山东省行政执行与刑事司法衔接办法》的通知（鲁府法发〔2018〕24 号）。2020 年 8 月 12 日，山东省人民检察院和山东省河长制办公室联合印发《关于建立"河长湖长＋检察长"协作配合工作机制的意见》（鲁检会〔2020〕9 号），鼓励各级检察长积极参与河湖长日常巡河巡湖，监督各级政府相关职能部门河湖管理履职行为。2020 年 8 月 25 日，山东省河长制办公室和山东黄河河务局联合印发《关于加强山东黄河流域河湖监管长效保护工作的实施意见》（鲁河长办字〔2020〕14 号），强化沿黄 9 市河湖长履职尽责。2020 年 10 月 16 日，山东省河长制办公室印发《关于省河长办联合集中办公的通知》（鲁河长办函字〔2020〕19 号）。

5. 河湖长制考核激励 2018 年 6 月份，山东省委考核办印发了《山东省各市经济社会发展综合考核办法（试行）》《各市经济社会发展综合考核指标标准（2018 年版）》，将河长制湖长制工作纳入省委、省政府对各市经济社会发展综合考核，明确由山东省水利厅负责考评。重点领域关键环节改革成效中"全面落实河长制湖长制取得新进展新成效"最高得分 30 分，负面清单"生态环湖"最高扣分 50 分，强力推动河长制湖长制工作的高效开展。 （张燕）

【河湖健康评价】 按照《山东省在湖泊实施湖长制工作方案》要求，实施湖泊健康评估。对此，2018 年，以地方标准形式出台《山东省生态河道评价办法》（《山东省实施〈中华人民共和国河道管理条例〉办法》第二条规定，办法适用于山东省行政区域内的河道（包括湖泊等）），引领地方创建生态河湖。2020 年 2 月 17 日，省委、省政府主要负责同志签发第 5 号省总河长令，要求开展美丽示范河湖建设，以点带面、引领示范。同年 3 月份，山东省河长制办公室印发《关于加强美丽示范河湖建设的指导意见（试行）》《省级美丽示范河湖评定办法（试行）》《省级美丽示范河湖建设实施方案编制提纲》，出台《山东省省级美丽示范河湖评定标准及评分细则》。

截至 2020 年年底，省级层面上设立省级河湖长的 16 条骨干河道、4 个湖泊、8 个大型水库、2 条输水干线全部完成了健康评价工作；市县级层面评价工作稳步推进。

【"一河（湖）一策"编制和实施情况】 2018 年，全省 16 条省级重要河流、12 个省级重要湖泊（水库）、南水北调和胶东调水输水干线"一河（湖）一策"全部编制完成，为河流、湖泊、水库找准病根，开出管护药方。14 个省级河湖（段）的岸线利用管理规划全部编制完成，与土地利用管理、城乡规划蓝线、生态保护红线充分结合，通过联合监管提升管护水平。

（张燕）

【水资源保护】

1. 水资源刚性约束 落实最严格水资源管理制度，2017 年 9 月 30 日，《山东省水资源条例》经山东省第十二届人民代表大会常务委员会第三十二次会议通过并公布，自 2018 年 1 月 1 日起施行，对水资源规划、保护、配置与取用水管理、节约用水管理等进行全面规定。制定实施《山东省总量控制管理办法》（2010 年 9 月 14 日省政府令第 227 号发布，2018 年 2 月 11 日省政府令第 311 号修订），建立了总量控制、源头预防和过程管控有机结合的水资源管理体制机制，严守水资源管理红线，努力推动"以水定城、以水定地、以水定人、以水定产"落实落地。分级、分类别、分年度确定用水量控制目标，实行区域用水总量超指标限批制度。加快推进黄河流域水资源超载治理，印发《山东省水利厅关于加强黄河流域水资源超载治理的通知》，对水资源超载地区严格执行取水许可限批政策，组织有关超载市编制完成超载区治理方案。严格建设项目水资源论证和节水评价，坚决抑制不合理用水需求，全省 85 个化工园区和 4 个省级新区全部开展规划水资源论证，2020 年以来，累计对 1 124 个规划和建设项目实施节水评价。山东省委、省政府将"水资源集约节约"指标纳入对各市高质量发展综合绩效考核。在全省经济总量持续快速增长的情况下，用水总量基本保持在 220 亿 m³ 左右，水资源刚性约束作用逐步凸显。自 2013 年国务院对各省（自治区、直辖市）落实最严格水资源管理制度情况进行考核以来，山东历次考核均为优秀等级，是全国仅有的两个连续 7 年考核优秀的省份之一。

2. 节水行动 2019 年 11 月 6 日，经山东省政府常务会议审议通过，省水利厅、省发展改革委联合印发《山东省落实国家节水行动实施方案》（鲁水节字〔2019〕3号）。经山东省机构编制委员会办公室批复同意，2019年12月26日山东省水利厅印发《山东省水利厅关于建立山东省节约用水工作联席会议制度的通知》（鲁水人字〔2019〕27号），建立了分管副省长任召集人、15家省直部门和单位负责同志为成员的省节约用水工作协调机制，2020年3月23日召开了联席会议第一次全体成员会议。经过各部门共同努力，各行业领域节水工作取得显著成效。据《2020年中国水资源公报》，2020年山东用水总量222.5亿 m³，万元地区生产总值用水量30.4m³（居全国第6位），工业增加值用水量13.8m³（居全国第4位），分别较2015年下降21.7%、13.3%，农田灌溉水利用系数0.646（居全国第5位），圆满完成"十三五"目标任务。据相关部门提供数据，截至2020年年底，全省规模以上工业用水重复利用率达到92%，公共供水管网漏损率降至7.95%，城市再生水利用率达到45.8%，2020年全省非常规水利用量11.9亿 m³。

3. 生态流量监管 2016—2018年，山东省组织开展了小清河、泗河生态流量试点工作，分别制定了生态流量控制方案和生态流量调度运行管理方案，开展了历时1年的调度试点，并进行了评估。2018年，山东省组织开展了典型河流生态流量调度研究，特别对大汶河戴村坝生态流量满足程度进行了多情景分析。2019年，山东省组织编制了峡山水库生态水位试点实施方案，对峡山水库生态水位开展研究。2020年12月，山东省水利厅印发《山东省生态流量保障重点河湖名录暨工作方案》（鲁水资函字〔2020〕31号），制定《山东省省级生态流量保障重点河湖名录》，明确了省级重点河湖名录包括16条河流、1个湖泊，将分三批完成生态流量保障目标。

4. 全国重要饮用水水源地安全保障达标评估 山东省高度重视做好饮用水水源保护工作。

（1）按照水利部工作要求，参照《全国重要饮用水水源地安全保障评估指南（试行）》，聚焦水量保证、水质合格、监控完备、制度健全总目标，连续多年开展饮用水水源地评估工作，并指导55个全国重要饮用水水源地安全保障达标建设，全省全国重要饮用水水源地达标评估优秀率从2016年的70.7%提高到2019年和2020年的100%。

（2）贯彻落实《山东省水资源条例》相关规定，持续推进全省重要饮用水水源地名录管理工作，水源地名录管理日趋完善。

（3）依法依规配合生态环境等有关部门开展饮用水水源保护区的划定、调整和撤销工作，全力保障饮用水水源安全。

5. 取用水管理专项整治行动 2020年，山东省政府将"取用水专项整治行动"有关要求纳入全省河长制湖长制工作推进安排，同年8月13日，印发实施《山东省取用水管理专项整治行动实施方案》，在全省范围内开展取用水管理专项整治行动。截至2020年11月29日，全省共核查登记取水口84.3万个，提前完成取用水管理专项整治行动核查登记任务。

6. 水量分配 2010年1月，山东省水利厅印发《关于明确山东省主要跨设区的市河流及边界水库水量分配方案的通知》，结合实际条件及管理需求对大汶河、小清河、沂河、沭河、北胶莱河、大沽河以及马河水库、陡山水库、墙夼水库进行了市域间的水量分配，实现了与区域用水总量控制的衔接。为深入贯彻2020年全国水利工作会议精神，进一步落实好最严格水资源管理制度要求，坚持把水资源作为大的刚性约束，合理分水，管住用水，切实加强资源监督，制定了《山东省跨县（市、区）河流（水库）水量分配工作方案》，要求各市在原有设区的市河流水量分配成果的基础上，参照水利部有关技术要求，坚持"节水优先、保护生态、公平公正、科学合理、优化配置、持续利用、因地制宜、统筹兼顾、适度照顾、重点用户优先"等原则，继续将水量分配到本行政区内相关县（市、区），指标上限不得超过分配给各市的总量。同时要求，各市在制定水量分配方案时，做到应分尽分。

（田婵娟　李海澎　郑龙跃）

【水域岸线管理保护】

1. 河湖管理范围划界 2017年开始，按照水利部部署安排和山东省委、省政府要求，山东省水利厅联合山东省经济和信息化委员会、山东省国土资源厅、山东省住房城乡建设厅、山东省交通运输厅、山东省农业厅、山东省海洋与渔业厅、山东省环境保护厅、山东省旅游发展委员会、济南铁路局等部门印发《关于开展河湖管理范围和保护范围划定工作的意见》（鲁水管字〔2017〕15号），山东省河长办先后印发《关于开展河湖岸线利用管理规划编制工作的通知》《山东省河湖管理范围划定工作方案》《关于推进农村河湖管理范围划定工作的通知》等文件，为岸线规划和河湖划界顺利推进提供了技术支撑。2018年，两位省总河长先后3次召开总河长会议，签发3期总河长令，把河湖划界和岸线规划作为重点任务部署强调。2019年，山东省完成了流域面积50km²以上和设立县级以上河长河流管理范围划定工作；2020年，山东省在完成县级以上河湖划界的基础上，全力推进农村河湖管理范围划定工作。截至 2020 年 10 月底，全省 7 700 余条农村河湖完成岸线测绘 5.27 万 km，埋设界桩 63 万余个，排查整改各类问题 5 324 处，进一步摸清河湖底数，夯实了河湖空间管控基础。

2. 岸线保护与利用规划 山东省高度重视河湖水域岸线管理保护工作，将其作为全面实行河长制湖长制工作的重要内容。2018 年 12 月 13 日，山东省人民政府办公厅印发了《关于省级重要河湖岸线利用管理规划的批复》（鲁政字〔2018〕300 号），原则同意了大汶河、小清河等 14 条省级重要河湖岸线利用管理规划。同时，据第 5 号总河长令要求，2020 年，山东省河长制办公室全力推进流域面积 50km² 和县级以上河湖岸线保护与利用规划编制工作。截至 2020 年 11 月底，全省 2 392 条（个）河湖岸线保护与利用规划编制工作全面完成，并由县级以上人民政府批复，为河湖管理保护科学化、规范化提供了依据。　　　　　　　　　（张燕）

【水污染防治】

1. 排污口整治 根据生态环境部办公厅《关于做好入河排污口和水功能区划相关工作的通知》（环办水体〔2019〕36 号）要求，2020 年 3 月和 4 月，山东省生态环境厅分别印发《关于开展入河湖排污（水）口排查与监测工作的通知》（鲁环函〔2020〕86 号）、《关于印发入河湖排污（水）口排查与监测实施方案的通知》（鲁环函〔2020〕111 号），全面部署入河排污口排查工作。2020 年 5—12 月，依托创新开发的"山东省入河湖排污口排查管理系统"，采用"省级统一指导＋市级具体实施"方式，合理选取人工徒步、无人机航拍、无人船侧扫声呐、水下机器人探测等多种手段，完成全省 1 413 条（段）河流、54 处重点湖库入河排污口地毯式排查。此次排查河湖总长度超过 3.7 万 km，实现了流域面积 50km² 以上河湖全覆盖，共排查出排污口 4 万余个，监测有水排污口 1 万余个，初步摸清了全省入河排污口底数，形成了入河湖排污口"一张表、一张图"，为下一步排污口整治奠定了基础。

2. 工矿企业污染防治 2017 年，山东省委办公厅、省政府办公厅印发《2017 年环境保护突出问题综合整治攻坚方案》，将巩固"十小"企业取缔成果作为攻坚重点，结合各类专项行动、重点督查等，持续加大对相关企业的日常监管力度，严防死灰复燃。加强工业集聚区水污染治理，截至 2017 年底，山东省 178 家国家级和省级工业集聚区（含经济技术开发区、高新技术产业开发区、出口加工

区），全部采取自行建设、依托城镇污水处理设施或工业企业等方式实现了园区污水的集中处理，自动在线监控设施均已安装完毕并与生态环境部门联网。2019 年，山东省生态环境厅、省住房城乡建设厅针对部分集中污水处理设施和工业企业总氮超标的情况，联合印发了《关于加强工业企业和城市污水处理厂监管及总氮指标排放控制的通知》（鲁环发〔2019〕125 号），从严格执行排放标准、提高治污设施运维水平、加强部门联合监管角度，确保各类排水单位实现全指标稳定达标排放。

3. 城镇生活污水治理 2019 年 9 月，经山东省政府同意，省住房城乡建设厅、省生态环境厅、省发展改革委联合印发了《关于开展城市污水处理提质增效三年行动的通知》（鲁建城字〔2019〕26 号），对相关措施提出了明确要求。2020 年 3 月份，山东省住房城乡建设厅成立了城市污水处理提质增效专家委员会，对各城市污水处理提质增效工作提供技术支持。4 月份，山东省住房城乡建设厅印发《以加强排水管理为重点组织开展"清水入河、污水入管"专项行动的通知》（鲁建城字〔2020〕9 号），加强建筑工地施工降水、小区净水机尾水、"小散乱"污水排放、洗车业污水等一系列排水管理工作。5 月份，山东省住房城乡建设厅编制印发《城市污水处理提质增效三年行动实施方案编制大纲（试行）》，要求各城市在充分分析本城市污水处理现状基础上，列出提质增效项目清单和年度实施计划，并组织专家对全省 16 个设区城市污水处理提质增效实施方案进行评估，针对各城市方案中的措施、计划提出意见建议，确保提质增效任务目标顺利完成。2016—2020 年，全省新建（扩建）城市生活污水处理厂 109 座，新增污水处理能力 368.6 万 t，新建改造修复城市污水管网 9 473km。全省城市和县城共消除生活污水直排口 1 435 个，消除污水管网空白区面积 154.58km²，全省城市和县城污水处理厂平均进水 BOD 浓度为 115.2mg/L。

4. 农业面源污染 山东省各级农业农村部门把农业农村污染防治，作为一项重大政治任务来认识和对待，优化工作机制，细分工作任务，明确工作目标，压实岗位职责，有力地支撑和保障了工作有序推进。2018 年印发了《山东省农业农村厅关于成立山东省化肥减量增效技术专家指导组的通知》（鲁农土肥字〔2018〕20 号），2019 年印发了《山东省农业农村厅关于进一步加强农药减量工作的通知》（鲁农保字〔2019〕5 号），2020 年印发了《山东省农业农村厅关于扎实开展农药减量控害工作的通知》（鲁农保字〔2020〕2 号）、《山东省农业农村厅关于

扎实推进有机肥替代化肥行动的通知》（鲁农土肥字〔2020〕4号）等一系列文件，系统指导了全省各级农业农村部门深入推进农业清洁生产，着力防控农业源头污染。截至目前全面完成了山东省委、省政府《关于全面加强生态环境保护坚决打好污染防治攻坚战的实施意见》等文件确定的到2020年的任务目标。全省化肥、农药使用量较2015年分别下降了17.8%、24.5%，在确保粮食安全和农产品供给的同时，超额完成了6%、10%的减量目标。

5. 畜禽养殖污染　2017年9月26日，山东省人民政府办公厅印发《关于山东省加快推进畜禽养殖废弃物资源化利用实施方案的通知》（鲁政办字〔2017〕68号），将畜禽粪污资源化利用摆上生态环境保护战略布局，加快重点措施落实，全省3.1万余家规模场全部配套建设粪污处理设施，畜禽粪污综合利用率达到90.1%，基本形成了部门联动推进的工作格局，奠定了模式示范引领的路径方式，营造了社会广泛参与的良好氛围。2020年11月农业农村部在山东省召开全国畜禽粪污资源化利用工作现场会议，对山东省工作给予高度评价，称"系统展现了现代畜牧业建设和畜禽粪污资源化利用'齐鲁样板'"。在农业农村部专项延伸绩效管理评估中三年被评为"优秀"等次，其中2020年评估排名全国首位。截至2020年12月31日，全省174个县级区域全部公布禁养区划定方案，划定禁养区6 005个、面积3.61万km²，禁养区内46 904家养殖场户（规模场6 543个、养殖专业户40 361个）全部完成关闭搬迁。

6. 水产养殖污染防控　坚持规划引领。2018年以来，按照原农业部养殖水域滩涂规划编制规范，采取"自下而上"的方式，108个水产养殖主产县（市、区）、15个市全部完成规划发布工作，划定了养殖区、限制养殖区、禁止养殖区，优化了养殖空间布局。2019年，经山东省政府同意，省农业农村厅等12部门印发《山东省加快推进水产养殖业绿色发展实施方案》，实施水产绿色健康养殖五大行动，加大池塘尾水处置生态治理力度，加强健康养殖示范创建，大力推广生态养殖先进模式新技术和新应用。2020年印发《水产绿色养殖技术暨规范用药科普宣传手册》，成立了山东省水产养殖用药减量行动专家指导组，规范水产养殖用兽药、饲料和饲料添加剂等投入品使用。

7. 船舶港口污染防治　2017年，山东省交通运输厅制定《山东省交通运输厅落实河长制工作实施方案》。按照实施方案，山东省交通运输厅采取有效措施，强化港口和船舶污染防治工作。

（1）落实设施配备。加强港口污染物接收、转运及处置设施建设，落实山东省船籍港船舶按要求配置防污染设备，确保设施达标、运转良好。开展山东省长江经济带内河船舶和港口污染突出问题专项整治行动，截至2020年年底，山东省籍100总吨以上内河船舶已有效安装并运行生活污水收集或处理设备，59家港口企业均配备船舶水污染物接收设备或车船，船舶产生的生活垃圾收集和接收环节有效衔接。

（2）强化日常监管。采取集中督查和日常巡查相结合的模式，加大船舶未按要求配备防污染设备和防污文书的违法行为查处力度，严厉打击船舶违法违规倾倒垃圾和排放油废水的污染行为，严禁未按规定配备防污染设施设备的船舶在京杭运河及其支线通航水域航行和不达标准船舶进入航道。加强危险化学品监管，严禁危险化学品装卸和运输。开展船舶污染应急演练。

（3）创新监管机制。运用物联网、云计算、大数据等新技术，创新建立内河船舶污染物智慧动态监管机制，实现精准执法和闭环管理，初步形成船舶污染物处理链条式监管机制和实时监控格局，提升了船舶污染物收集和后期配合处理能力。

（李伟斯　张正尊　姚永瑞　刘娇
侯恒军　胡斌　周永盼）

【水环境治理】

1. 饮用水水源地规范化建设　2018年4月24日，山东省环境保护厅、山东省水利厅联合印发了《全省集中式饮用水水源地环境保护专项行动实施方案》（鲁环发〔2018〕90号）。2018年11月30日，山东省人民政府办公厅印发了《山东省打好饮用水水源水质保护攻坚战作战方案（2018—2020年）》（鲁政办字〔2018〕230号）。截至2020年12月31日，439个地级及以上水源地环境问题、636个县级饮用水水源地环境问题全部整治完成。

2. 城市黑臭水体治理　2017年，山东省住房城乡建设厅委托山东省城建设计院组织有关单位和专家编制《山东省城市雨源型季节性黑臭水体整治技术导则》，确保按期完成国家和省确定的目标任务，该技术导则自2017年8月1日实施。2019年5月，山东省住房城乡建设厅下发《关于进一步加快县城建成区黑臭水体整治建立调度通报制度的通知》，要求对建成区黑臭水体进行全面排查，开展黑臭水体水质监测，判定黑臭级别，编制县（市）建成区黑臭水体清单，对每条黑臭水体编制整治方案和计划，明确消除目标、工作进度、年度计划和完成时限。

2019年8月下发《关于开展城市黑臭水体整治效果评估工作的通知》要求各市自行委托第三方对所辖县城（县级市）建成区黑臭水体开展评估验收工作。全省县级市建成区共排查出黑臭水体33条，县城71条。截至2020年12月底，全省县城（县级市）建成区共排查出104条黑臭水体，全部完成方案编制，全部完成整治。2018年以来，全省共有济南市、青岛市、临沂市、菏泽市4个设区市成功申报黑臭水体示范城市建设，争取中央专项资金21亿元，主要建设内容包括城市污水处理厂建设改造、污水管网建设改造、河道清淤和生态修复等。2020年年底，四市计划总投资约105.39亿元，计划完成项目97个。2018—2020连续3年，山东省生态环境厅、省住房和城乡建设厅按照生态环境部、住房和城乡建设部要求，分年度开展全省黑臭水体整治环境保护专项行动，由行业主管部门领导带队，行业专家组成多个小组，分批次不同时段分赴各市对建成区黑臭水体整治情况开展现场检查。对排查出的问题予以通报，限时整改，形成闭环。积极做好山东省人大、省政协检查问询城市黑臭水体整治工作。时任省委书记、山东省人大常委会主任刘家义高度重视黑臭水体治理工作，明确要求将黑臭水体治理攻坚战作为八大攻坚战之一，全力推进，到2020年完成黑臭水体治理目标。山东省人大常务委员会组成了由党组书记、副主任于晓明同志任组长的执法检查组，成员包括部分常委会组成人员、专门委员会组成人员、专家学者、人大代表等。山东省人大常务委员会检查组在2018年和2020年分别开展了城市黑臭水体治理执法检查，先后对青岛、淄博等16个城市进行了现场检查。2020年9月2—4日，山东省政协对城市黑臭水体整治工作开展了监督性视察，并在9月18日召开全省城市黑臭水体协商座谈会。

3. 农村黑臭水体治理　2020年，山东省生态环境厅会同省水利厅、省农业农村厅在威海、滨州市开展农村黑臭水体排查工作试点，在全国率先利用卫星遥感技术和人工核查相结合的方式排查农村黑臭水体。在试点工作基础上，三部门联合印发了《山东省农村黑臭水体排查工作方案》，召开全省农村黑臭水体排查工作视频会议，全面部署农村黑臭水体排查工作。截至2020年10月，全省排查出农村黑臭水体1 398处，形成清单并上报国家。卫星遥感排查农村黑臭水体工作经验被生态环境部在全国推广。

4. 农村环境综合整治　2016年，山东省环保厅印发了《关于分解落实"十三五"期间农村环境综合整治任务的通知》（鲁环办函〔2016〕29号），确定5年期间新完成12 200个村庄的环境综合整治任务。为确保按期保质完成既定目标，山东省建立健全农村环境综合整治联席会议制度和定期督查考核机制，大力贯彻落实《山东省乡村振兴战略规划（2018—2022年）》和《山东省农村人居环境整治三年行动实施方案》，加快建设完善农村环境基础设施。2019年9月，经山东省政府批准，省市场监督管理局、省生态环境厅联合发布《农村生活污水处理处置设施水污染物排放标准》（DB37/ 3693—2019），该标准自2020年3月27日起实施。截至2020年年底，全省新增完成13 415个村庄，超额完成"十三五"任务。

（李伟斯　张正尊）

【水生态修复】

1. 生物多样性保护　2020年7月，山东省建立了省自然资源厅等14个省级部门组成的山东省野生动植物保护联席会议制度，健全打击野生动植物及其制品非法贸易协调联动长效机制。2020年7月21日，经山东省政府常务会议通过，省自然资源厅、省公安厅、省司法厅、省财政厅、省农业农村厅、省市场监管局、省畜牧局联合印发《关于全面禁止非法野生动物交易、革除滥食野生动物陋习、切实保障人民群众生命健康安全的通知》。2017—2020年，山东省多部门连续开展"清风""网剑""昆仑"等专项行动，严厉打击破坏野生动植物资源违法犯罪行为。2020年年初，山东省生态环境厅将自然保护区违法违规问题纳入《山东省生态环境保护综合行政执法事项目录（2020年版）》，截至2020年年底，全省75%的县（市、区）设立了禁猎区、禁猎期。

2. 生态补偿机制建立　2019年，山东以省政府办公厅名义印发了《关于印发建立健全生态文明建设财政奖补机制实施方案的通知》（鲁政办字〔2019〕44号），其中包含了地表水环境质量生态补偿等6个办法，构建起"1＋6"生态文明建设财政奖补政策体系。2020年，根据奖补政策运行和绩效评价情况，报经山东省政府同意，对实施方案及地表水环境质量、空气质量等补偿办法进行了修订完善，进一步拓宽生态补偿范围，在全国率先制定出台了海洋环境质量生态补偿办法，经山东省政府同意印发《关于修改〈建立健全生态文明建设财政奖补机制实施方案〉的通知》（鲁财资环〔2020〕28号），形成"1＋7"生态文明建设财政奖补机制，为财政支持生态文明建设提供了系统方案和实施路径。政策实施以来，累计兑现地表水生态补偿资金9.82亿元，充分调动起市、县助力打赢好碧水保卫战的积极性。

3. 水土流失治理 2016—2020 年，山东省完成新增水土流失治理面积 6 846km²，其中水利部实施项目治理 1 784km²（国家水土保持重点工程治理 1 750km²）、国家相关部门项目治理 537km²、地方投资治理 4 028km²、社会力量参与治理 497km²。山东省实施国家水土保持重点工程 156 项，总投资 92 998 万元，其中中央投资 58 246 万元，小流域综合治理 154 项 1 732km²、坡耕地综合治理 2 项 18km²，国家水土保持重点工程任务全部按期完成。2020 年国家水土流失动态监测结果显示，山东省水土流失面积 23 777.25km²，占全省面积的 15.03%。与 2019 年相比，全省水土流失面积减少了 306.62km²，减幅为 1.27%。水土保持率由 2019 年的 84.78% 提高到 84.97%，提高了 0.19 个百分点。山东省水土流失类型包括水力侵蚀和风力侵蚀两类，其中水力侵蚀面积 23 050.63km²，占水土流失总面积的 96.94%，占全省面积的 14.57%；风力侵蚀面积 726.62km²，占水土流失总面积的 3.06%，占全省面积的 0.46%。

4. 生态清洁型小流域 山东省以习近平新时代中国特色社会主义思想为根本遵循，以治水为核心，以生态为先导，以宜居为目标，坚持人水和谐、产业融合、政府主导、因地制宜，按照山东省生态清洁小流域建设规划，结合国家水土保持重点工程，加快推进生态清洁型小流域建设。2016—2020 年，全省建成生态清洁小流域 127 条。 （张芮 刘振勇）

【执法监管】

1. 河湖清违清障工作 2019 年 1 月 30 日，山东省河长制办公室印发《关于加强河湖违法问题排查上报工作的通知》，要求加强河湖违法问题排查，建立并及时更新问题台账；2019 年 2 月 22 日，山东省河长制办公室召开专项行动视频会议，就深入推进河湖清违清障整治、确保汛前河湖违法问题清零进行部署安排；2019 年 2 月 27 日，山东省河长制办公室印发《全省河湖清违清障工作推进方案》，从提高思想认识、严把时间节点、细化工作任务、加强暗访监督等方面进一步细化实化要求。截至 2019 年 5 月 31 日，清理整治河湖违法问题 1.6 万余处，顺利实现严重影响防洪和水生态安全的河湖违法问题汛前清零。

2. 清违清障"回头看" 为贯彻落实第 4 号山东省总河长令关于开展河湖清违清障回头看总体部署，实现省委、省政府"根治水患、防治干旱"的治水战略目标，山东省河长制办公室组织开展全省

河湖清违清障"回头看"专项活动。2019 年 9 月 11 日，山东省河长制办公室印发《山东省河湖清违清障"回头看"工作方案》。截至 2019 年 12 月，清理整治河湖违法问题 2 700 余处，实现全省明显河湖违法问题基本清零。 （张燕）

【水文化建设】

1. 大运河国家文化公园（山东段） 2020 年 1 月，成立山东省国家文化公园建设工作领导小组。由省委常委、宣传部部长任组长，分管副省长任副组长，15 个部门（单位）主要负责同志为成员，办公室设在山东省文化和旅游厅，承担领导小组日常工作。办公室下设齐长城、大运河两个国家文化公园建设推进组。2020 年 2 月，山东省委办公厅、省政府办公厅印发《山东省国家文化公园建设实施方案》。2020 年 2 月，成立山东省国家文化公园建设专家咨询委员会。启动《山东省大运河国家文化公园建设保护规划》（建议稿）编制工作，上报国家发展改革委。 （吴红）

【信息化工作】

1. "水利一张图" 建设完成"河长制湖长制一张图"。对全省 9 000 余条乡镇级以上河流、6 000 多座湖库及相关建筑和监测点进行矢量标绘和校核，理清省、市、县水系结构，实现全省河流、湖库数字化；对全省 64 782 位河长、10 079 位湖长、87 260 条责任段按照省、市、县、乡、村五级隶属关系一一对应到位，建立动态更新机制，确保河流、湖库责任段与河长、湖长信息对应无误；在地图上标绘河道控制线、保护区、保留区以及开发利用区等范围，完成 1 535 条河流和 124 湖库的岸线成果上图为河湖清违整治、河湖岸线利用管理提供可靠依据；通过水利数据中心，完成水利工程、水文、防汛、水资源、农村饮水等业务信息整合，同时与自然资源部、生态环境部等 15 个部门对接，获得数据 148 项，为河湖长制管理信息系统提供较为完备的基础水利数据服务。

2. 河长制 App 2018 年，上线山东省河长制湖长制管理信息系统、巡河 App 和"山东河长制"微信公众号。河长制 App 可以随时查询周边河湖、河湖划界等信息；各级河长及河管员使用河长制 App 进行河湖巡查，系统自动记录巡查时间、巡查位置以及巡查轨迹，既可在"一张图"上对各级河长和河管员巡查河湖实时监控，又可查询巡查记录和巡查轨迹，可将巡查轨迹同河湖比对，还可随机抽查核实，确保巡河的真实性；对生产建设项

目的现场检查、监理监测等工作资料，实现项目资料和照片信息的在线上传和下载。综合利用河长制App、微信公众号和管理信息系统，实现涉河湖事件的上报、受理、办理、督促、反馈及办结等全过程闭环式管理。山东省河长制App累计下载27.3万余次，各级河长利用系统巡河累计262万次，共排查整治河湖违法问题2.2万余处。

3. 智慧河湖　建设河长制湖长制管理信息系统。运用遥感比对、无人机核查、视频监控、河长巡查等技术，做到了精准掌握河湖问题情况。综合使用高分一号、二号等卫星遥感影像数据，对河道划界岸线进行监测，建立"岸线遥感监测底片"。针对不同空间分辨率、不同波段组合的遥感数据，开发标准化自动处理软件，对影像进行辐射定标、大气校正、正射校正、融合、配准、拼接等处理。研发面向对象分割和深度学习结合的河湖岸线提取算法，对监测范围内的地物进行快速提取，包括违章建筑、侵占滩地、违法养殖、违法采砂、涉水建设项目等信息，并对结果进行人工校核和修正。2019年以来利用卫星遥感和无人机对全省1 593条河湖开展3次岸线违章问题排查，共查出河湖存在问题1 861处，将遥感影像监测发现的疑似问题同河长河管员日常巡查、河长办集中上报的问题进行比对，比对后属于同一个问题的系统自动进行归并；对遥感发现的新问题发送到各级河长办进行核实，核实无误的进入问题清单，记录为漏报问题，并逐一落实整改，为"清河行动"、河湖"清四乱"等行动，提供坚实的技术支撑。

（葛召华）

| 河南省 |

【河湖概况】　河南省地处中原，跨海河、黄河、淮河、长江四大流域，全省流域面积50km²及以上的河道共1 030条，其中海河流域108条，黄河流域213条，淮河流域527条，长江流域182条。全省多年平均年降水量为771.1mm，其中76.2%的降水量由植物吸收蒸腾、土壤入渗以及地表水体蒸发所消耗，另有23.8%的降水量形成河川径流量。全省多年平均年河川径流量302.67亿m³，多年平均年地下水资源量196.00亿m³，多年平均年进境水量413.64亿m³，多年平均年出境水量630.22亿m³。2016年，国家94个水污染防治考核断面中，按考核因子平均浓度计，Ⅰ～Ⅲ类水质断面54个，占57.4%；劣Ⅴ类水质断面12个，占12.8%。到

2020年，Ⅰ～Ⅲ类水质断面73个，占77.7%，比2016年提高20多个百分点，无劣Ⅴ类水质断面。先后建成大型水库28座（含流域机构管理的水库），中型水库125座（含3座省界水库），小型水库2 366座，总库容432亿m³；5级以上堤防2万余km；蓄滞洪区14处（含流域机构管理的蓄滞洪区），设计蓄滞洪量38.06亿m³。南水北调中线工程境内总长度731km。中型以上灌区（灌溉面积667hm²以上）336处，其中灌溉面积2万hm²以上大型灌区38处，有效灌溉面积达到545.3万hm²。建成农村饮水安全工程2万多处，覆盖农村人口7 900多万。治理水土流失面积391.3万hm²。建成小型水电站534座，装机容量51万kW。

（闫长位　唐飞）

【重要活动】　2017年8月29日，河南省省长、省总河长兼黄河省级河长陈润儿主持召开省级总河长第一次会议，审定河长制工作制度，部署重点工作，省委、省政府相关领导出席会议。2018年5月9日，河南省副省长、省副总河长武国定受省委、省政府主要领导委托主持召开河南省省级总河长会议，审定河长制湖长制工作文件和相关制度。2019年5月23日，河南省省长、省防汛抗旱指挥部指挥长、省总河长陈润儿主持召开2019年度防汛抗旱暨河长制工作电视电话会议，安排部署防汛抗旱和河长制工作。2020年7月10日，河南省委、省政府召开2020年全省河长述职视频会议，深入贯彻习近平总书记视察河南重要讲话、在黄河流域生态保护和高质量发展座谈会上重要讲话精神，总结部署工作，推动河长制湖长制从"有名有实"走向"有力有为"，建设造福人民的幸福河湖。省委书记、省第一总河长王国生出席，省长、省总河长尹弘主持。开封、平顶山、安阳、新乡、南阳、驻马店等省辖市第一总河长现场视频述职，其他省辖市、济源示范区第一总河长进行书面述职。各省辖市及其县（市、区）、济源示范区第一总河长、总河长、副总河长、河长办主任和河长办成员单位主要负责同志在分会场参加会议。全省设立市、县分会场200个，参加会议5 100余人。

（李智喻）

【重要文件】　2017年、2018年，中共河南省委办公厅、河南省人民政府办公厅先后印发出台《河南省全面推行河长制工作方案》《河南省实施湖长制工作方案》，全面推行河长制湖长制。2018年，河南省河长制办公室印发《河南省全面推行河（湖）长制主要任务分解方案》《河南省全面推行河（湖）长制三年行动计划（2018—2020年）》，明确成员单位职责

和工作任务。2018 年，河南省人民政府办公厅印发《河南省河流清洁百日行动方案》，在全省范围内开展河流清洁百日行动。2018 年、2020 年，河南省委书记、省长签发《关于开展河长巡河的通知》《关于深入开展河湖"清四乱"的决定》等 2 个总河长令，明确各级河长巡河要求，深入推进河湖"清四乱"；2018—2020 年，河南省河长制办公室先后印发《河南省河长制工作省级河长会议制度（试行）》《河南省河长制工作省级督察制度（试行）》《河南省河长制工作信息共享制度（试行）》《河南省河长制工作信息报送制度（试行）》《河南省河长制工作厅际联席会议制度（试行）》《河南省河长制工作省级验收制度（试行）》《河南省河长制工作河长巡河制度（试行）》《河南省河长制工作省级联合执法制度（试行）》等工作制度，并将《河南省水环境质量生态补偿暂行办法》纳入河长制工作制度，形成了"6＋4"制度体系。

（李智喻）

【地方政策法规】　2016—2020 年，河南省修订《河南省实施〈中华人民共和国防洪法〉办法》《河南省实施〈中华人民共和国水法〉办法》《河南省水污染防治条例》等有关河长制和河湖管护法规；修订《河南省〈河道管理条例〉实施办法》《河南省〈水库大坝安全管理条例〉实施细则》《河南省水利工程供水价格管理办法》《河南省河道采砂管理办法》《河南省水政监察规定》等规章；制定《河南省南水北调配套工程供用水和设施保护管理办法（2016 年）》《河南省〈大中型水利水电工程建设征地补偿和移民安置条例〉实施办法》。

（李智喻）

【河道采砂专项整治行动】　自 2018 年 6 月起，在河南省组织开展了 2 轮为期 3 个月的河道采砂专项整治行动，共查处非法采砂行为 615 起，取缔非法采砂场 937 个，销毁采砂设备 2 279 台（套），刑事立案 258 起，刑事拘留 351 人，打掉黑恶团伙 24 个，滥采河砂乱象得到基本遏制；2019 年 12 月至 2020 年 2 月，在河南省开展河湖采砂综合整治"回头看"工作，共出动人员 1 万余人次，取缔旱砂场 40 余个，查处非法采砂案件 43 起；2020 年 4 月起，开展为期 6 个月的黄河流域河道非法采砂专项整治行动，查处（制止）非法采砂行为 99 起，黄河生态得到进一步整治修复。

严厉打击河道非法采砂的同时，全面规范合法采砂，围绕规划编制、行政许可、现场管理、市场主体、生态修复等关键环节进行规范，探索推行河道采砂统一开采管理模式。2020 年年底，全省累计批复河道采砂规划 74 个，基本实现了有砂河道全覆盖，许可采砂量 1.69 亿 t。通过综合整治，规模性滥采河砂问题得到杜绝，零星盗采现象得到有效管控，依法许可采砂逐步实现规范开采，全省河道采砂管理秩序平稳可控。

（王利仁）

【河长制湖长制体制机制建立运行情况】　2017 年，河南省全面建立省、市、县、乡、村五级河长体系，成立省市、县、乡四级河长制办公室，2018 年全面建立了市、县、乡、村四级湖长体系，共设立河长湖长近 5 万名，其中省级河长 19 名，市级河长 251 名，县级河长 2 538 名，乡级河长 13 043 名，村级河长 32 447 名。聘请河道巡河员、护河员、保洁员 6.2 万余名。2017—2019 年，印发了《河南省全面推行河长制工作方案》《河南省实施湖长制工作方案》《河南省全面推行河（湖）长制三年行动计划（2018—2020 年）》《河南省全面推行河（湖）长制主要任务分解方案》等 4 个指导性文件，及水利、环保、农业等 8 个专项方案，制定省级河长会议、联席会议、联合执法、河长巡河等 10 项工作制度，构建了全省河长制湖长制"4＋8＋10"总体工作布局，形成了河长湖长统一领导、河长办协调、部门联动、社会参与的河（湖）长治水新局面。每年定期或不定期召开厅际联席会议，建立定期协商、信息共享、对口协助等 3 项工作机制，采取联合办公、联合督导、联合执法等 3 种协作形式，形成了部门联动的"3＋3"协作模式。2019 年，在河南省全面推行"河长＋检察长"工作机制，以公益诉讼制度推动河湖管理保护。

（闫长位　唐飞）

【河湖健康评价】　2016 年，河南省水利厅按照《全国河湖健康评估（试点）工作大纲》《河流健康评估指标、标准与方法（试点工作用）》对沙河干流、南湾水库进行了河湖健康评估，从水文水资源、物理结构、水质、生物、社会服务功能 5 个准则层共 17 个指标层进行赋分和评估。沙河干流赋分 61.0，南湾水库赋分 66.3，均是健康状态。通过对沙河干流和南湾水库健康状况进行系统的"体检"，发现导致其健康出现问题的原因，掌握其健康变化规律，进行科学的诊断，初步提出河湖健康保护的建议措施，为制定河流湖库保护决策、实现水资源可持续利用和经济社会可持续发展提供科学的决策依据。

【"一河（湖）一策"编制和实施情况】　2018 年，河南省河长制办公室根据《水利部办公厅关于印发

〈"一河（湖）一策"方案编制指南（试行）〉的通知》，编制了《河南省"一河（湖）一策"方案编制技术大纲》，组织对6条省级河流、315条市级河流、2 182条县级河流开展"一河一策"编制，经河长湖长同意后印发实施。通过全面排查河流基本情况和存在问题，围绕河长制目标任务，因河施策，提出水资源保护、水域岸线管理保护、水污染防治、水环境治理、水生态修复及执法监管等六方面的具体措施和方法，分析存在的主要问题，查找问题产生的原因，确定治理保护目标，制定好问题清单、目标清单、任务清单、措施清单和责任清单，明确时间表和路线图，系统治理，统筹推进，为全面推行河长制提供依据。 （闫长位　唐飞）

【水资源保护】

1. 建立刚性约束指标体系　2013年，河南省把用水总量分配到所有省辖市（含济源示范区），2016年，对全省"十三五"时期"三条红线"年度控制指标细化到各省辖市、济源示范区、省直管县（市），构建了用水总量控制指标体系。合理确定用水需求，截至2020年年底，河南省累计办理取水许可2.1万套，许可水量203.343亿 m^3（含水力发电和非常规水源），比2019年新增1 000多套。通过取水许可管理，落实"以水定城、以水定地、以水定人、以水定产"原则。整治不合理用水问题，组织开展了取用水管理专项整治行动，共统计取水口130.47万个，取水项目6.68万个。在沁河地表水超载区涉及的焦作市和济源示范区、黄河流域地下水超载区涉及的兰考、封丘、温县、沁阳、孟州、范县、台前县、濮阳县等8个县（市），暂停新增取水许可审批，倒逼经济社会发展与水资源承载力相适应。

2. 节约用水　河南省贯彻落实节水优先方针，建立健全节水管理制度体系，出台了《河南省推进农业水价综合改革实施方案》《河南省能效和水效"领跑者"制度实施方案》《河南省清洁生产审核实施细则》《河南省利用综合标准依法依规推动落后产能退出工作方案》《河南省淘汰落后产能综合标准体系》等制度文件，形成了彼此呼应、前后衔接、左右联动、上下配套的制度体系。夯实节水管理基础。2020年9月第四次修订发布河南省各业用水定额，涵盖全省61个行业、601项产品、1 665个定额值；省辖市计划管理率达到95%以上，县级达到80%以上，管理范围巩固扩大；建成县级及以上污水处理厂达230座，污水集中处理率超过92%，并全部达到了一级A排放标准；753个重点用水户纳入国家、省、市三级重点监控名录。建设节水型社会，截至

2020年年底，95个县（市、区）建成县域节水型社会，建成1 342家节水型企业（省级149家）、5 423家节水型单位（省级410家）、1311个节水型居民小区（省级237家）；创建3家国家级、16家省级节水型城市；遴选3家省级、1家国家级水效"领跑者"，黄委、河南省水利厅等6个单位被评为国家级公共机构水效领跑者单位，示范带动作用明显。提升节水效率，截至2020年年底全省万元GDP用水量较2015年下降28.4%（当年价），万元工业增加值用水量下降33.1%，农田灌溉水有效利用系数达到0.617，规模以上工业用水重复利用率达到91%，在生产用水总量年均减少1.43%的情况下，支撑了6.5%的经济增长率。

3. 生态流量保障　2017年2月，淮委在沙颍河流域开展生态流量调度试点工作，2018年1月，河南省沙颍河流域管理局编制了《河南省沙颍河流域生态流量调度方案》，对控制断面生态流量变化进行监测，及时预警，并实施调度，组织多方补水，保证生态流量达标。2020年12月，河南省水利厅印发《河南省主要河流水量分配和生态流量保障目标确定工作方案》，组织实施流域面积1 000 km^2 以上重点河流生态流量保障目标确定工作。2020年12月，河南省水利厅制定印发了洪汝河、北汝河、伊洛河3条河流生态流量保障实施方案，不断加强河湖生态流量管理，针对沁河、唐白河等部分断面部分时段流量不达标的问题，协调各相关单位采取应急调度措施，保障断面流量满足控制指标要求。

4. 国家重要饮用水水源地达标建设　"十三五"期间，河南省对照《全国重要饮用水水源地安全保障评估指南（试行）》，查找水源地达标建设的问题和弱点，持续做好国家重要饮用水水源地达标建设工作。2016年共有25个水源地纳入全国重要饮用水水源地名录，其中湖库型水源地9个，河道型水源地8个，地下水型水源地8个，涉及郑州、洛阳等17个地市、济源示范区和1个直管县。

5. 水量分配　为了细化主要河流水量分配指标，2015—2020年，河南省按照"应分尽分"的原则，组织开展了跨区域主要河流水量分配，完成了18条河流的水量分配任务。截至2020年年底，部署开展了流域面积1 000 km^2 以上的66条主要河流水量分配和生态流量保障目标确定工作。 （李森　牛聚才）

【水域岸线管理保护】

1. 河湖管理范围划界　2018年，河南省河长制办公室印发了河湖划界专项方案，组织开展全省河湖管理范围划定工作。2019年，河南省完成了61条

流域面积 1 000km² 以上河流（不含流域机构管理的黄河、漳河、沁河及卫河、共产主义渠部分河段）和 8 个然湖泊管理范围划定工作，并由县级以上人民政府公告；2020 年，完成了全省 966 条流域面积 50～1 000km² 河流管理范围划定工作，并由县级以上人民政府公告。

（邢桂征）

2. "四乱"整治 2018—2020 年，河南省持续推进河湖"清四乱"常态化规范化。2020 年，河南省委书记、省长联合签署第 2 号总河长令《关于深入开展河湖"清四乱"行动的决定》，共排查整治河湖乱占、乱堆、乱采、乱建等"四乱"问题近 5 000 个，其中黄河流域 840 个，黄河滩区存续 10 余年的 33 座规模庞大的违法砖窑厂、整改难度极大的"古柏渡飞黄旅游区"蹦极塔等一批老大难问题得到彻底解决；开展两轮整治河湖非法采砂专项行动，取缔非法采砂场 918 个，销毁采砂设备 2 279 台（套），破获非法采砂黑恶团伙 34 起，查处"保护伞"16 人，滥采河砂问题有效遏制。

（闫长位 唐飞）

【水污染防治】

1. 排污口整治 2018—2020 年，根据《河南省污染防治攻坚战三年行动计划》（豫政〔2018〕30 号）提出的全域清洁河流攻坚战役要求，全省开展入河排污口排查整治，2019—2020 年列入全省入河排污口整治的共有 498 个，已全部完成整治。2019 年印发《关于做好入河排污口和水功能区划相关工作的通知》，为入河排污口管理设置提供依据。2020 年印发《黄河流域生态环境保护专项执法行动方案》，将入河排污口排查整治作为专项行动主要工作任务，查实黄河干流入河排污口问题 66 个，并由河南省攻坚办向属地省辖市政府进行了高位交办。

（刘卿峰）

2. 工矿企业污染防治 为减少污染物排放，促进经济结构调整和产业升级，2016—2020 年，制定了《发制品行业水污染防治技术规范》（DB41/T 1950—2020）1 个技术规范和《涧河流域水污染物排放标准》（DB41/1258—2016）、《洪河流域水污染物排放标准》（DB41/1257—2016）2 个流域标准，以及《农村生活污水处理设施水污染物排放标准》（DB41/1820—2019）。同时，定期开展对造纸、焦化等 9 大行业的专项执法检查活动，促使所有排污单位实现全面稳定达标排放。2020 年，全省地表水责任目标断面主要污染物 COD、氨氮、总磷浓度分别为 15.8mg/L、0.30mg/L、0.095mg/L，比 2016 年分别下降 18.1%、68.4%、55.2%。

（刘卿峰）

3. 城镇生活污染防治 "十三五"期间，河南省组织开展城镇污水处理提质增效工作，进行排水管网排查检测，围绕问题污水处理厂开展"一厂一策"片区系统化整治，推进雨污分流、混接错接改造，提升污水收集处理效能。全省谋划一批城市污水处理设施补短板项目，特别对一些满负荷运行的城市，启动污水处理建设项目，补齐污水处理设施短板，对现有城镇污水处理厂、污泥处理处置场因地制宜进行提标改造，强化污水处理厂脱氮除磷设施同步提标改造，新建城镇污水处理厂按新标准要求采用先进技术提高治污效能。全省新增污水配套管网 7 808km，改造合流制管网 2 142km。全省新增污水处理能力 373 万 m³/d，自"十三五"实施提标改造以来，河南省城市和县城生活污水处理厂出水均达到一级 A 或高于一级 A 标准。

（肖舟）

4. 畜禽养殖污染治理 2017 年，河南省政府出台《关于加快推进畜禽养殖废弃物资源化利用的实施意见》。2017—2018 年将畜禽养殖废弃物资源化利用列入省政府重点民生实事强力推进。完成禁养区内养殖场关闭搬迁，调减饮用水水源地二级保护区内养殖总量，累计关闭搬迁畜禽养殖场户 1.9 万家。争取资金 33 亿元对 85 个县实施畜禽粪污处理利用设施改造。完成畜禽养殖业全国第二次污染源普查 4.6 万家。完成畜禽粪污资源化利用信息管理平台建设，2020 年畜禽粪污处理利用设施配套率达到 97%以上。

（常杰）

5. 水产养殖污染防治 2017 年，河南省启动全省养殖水域滩涂规划编制工作，划定禁止养殖区、限制养殖区和养殖区。2018 年制定《河南省渔业绿色发展规划》，鼓励生态立体养殖，推广精准投喂技术，规范养殖用药，推动养殖尾水生态化处理设施建设，搭建集水质监测、鱼病诊断、饲料投喂等为一体的河南省渔业物联网云服务平台，覆盖全省水产养殖场 60 余个。2020 年全省开展集中连片池塘标准化改造和养殖尾水治理，当年改造治理 18 501 亩，计划至 2025 年改造 68 万亩。"漏斗形池塘生态循环高效养殖新模式"即水产养殖"168"模式，已在河南推广建设 510 个，被列为农业农村部农业主推技术，在全国推广。随着黄河流域生态环境整治工作开展，黄河滩区退出水产养殖面积 0.2 万 hm²。民权县和汝南县入选"国家级健康养殖和生态养殖示范区"。

（常杰）

6. 农业面源污染防治 河南省推广测土配方施肥、水肥一体化、机械深施、增施有机肥等技术，集成 17 个省级导向性或区域适应性化肥减量增效技术模式，累计发布主要农作物施肥配方 3 260 个，创建化肥减量增效试点县 82 个，在 12 个县开展果菜茶有机肥替代化肥试点,2020年全省配方施肥面积达30%以上。强化病虫监测预警、统防统治,农作物病虫疫情田间监测点达105个,集成推广40个适宜不同区域、不同作物的病虫害绿色防控技术模式,建立65个省级绿色防控示范区。在40个县开展农药包装废弃物回收处理试点,建设回收点2 324个。推广以秸秆深耕还田为主的肥料化利用和以青贮为主的饲料化利用。截至2020年,全省主要农作物化肥、农药利用率分别达到40%以上,秸秆综合利用率达到90%以上。　　　　　　(常杰)

7. 船舶港口污染防治　印发《河南省关于贯彻落实〈关于建立健全长江经济带船舶和港口污染防治长效机制的意见〉的通知》,2020年完成1 302艘船舶防污染设备改造。建设港口船舶生活污水、船舶垃圾、船舶含油污水接收设施,建立接收、转运、处置衔接机制,建立水污染防治季报制度,船舶污染物接收设施覆盖率达到100%。(吴玉申　张化英)

【水污染治理】

1. 黑臭水体治理　2016—2020年,河南省将城市黑臭水体整治、污水处理等工作纳入城镇基础设施建设管理工作年度责任目标和百城建设提质工程,针对落后城市,通过通报、约谈、督导、暗访、联合排查、专家指导等措施,推进城市黑臭水体整治工作。2019年,省辖市建成区基本完成黑臭水体整治工作。2020年,省辖市建成区全面消除生活污水直排口,消除黑臭水体,实现"长治久清",县(市)179处城市黑臭水体,已基本完成排污口治理、截污纳管等整治工作。　　　　　　　　(肖舟)

2. 饮用水水源规范化建设　印发了《河南省碧水工程行动计划(水污染防治工作方案)》《关于全面加强生态环境保护坚决打好污染防治攻坚战的实施意见》和《河南省污染防治攻坚战三年行动计划(2018—2020年)》,国家考核的省辖市集中式饮用水水源地取水水质达标率逐年改善,2020年取水水质达标率为100%。开展南水北调中线工程总干渠保护区内环境问题整治,2018年对总干渠两侧饮用水水源保护区进行调整优化,2019年、2020年共全面排查整治总干渠两侧保护区风险源360个,丹江口水库陶岔取水口及出省境水质持续稳定保持在Ⅱ类及以上标准;开展全省县级以上地表水型集中式饮用水水源地环境保护专项行动,科学划定、调整保护区,抓好保护区勘界立标,推进保护区问题整治,完成了省辖市365个、县级地表水型饮用水水源地400个环境问题的整治任务。　　　　(刘卿峰)

3. 农村水环境整治　2018年,河南省启动农村

"厕所革命",全省共完成无害化卫生厕所改造769万户。持续开展村庄清洁行动,全省农村生活垃圾收运处置体系已覆盖所有村和97%的自然村。济源、兰考等7个国家级和新郑市等18个省级农村生活垃圾分类示范试点,已有281个乡镇、23 516个村开展农村生活垃圾分类。推进黑臭水体治理,全省1 791个乡镇政府所在地村庄,有1 292个实现生活污水集中处理,集中处理覆盖率达到72%。开展农村环境整治行动,创建"四美乡村"9 200个、"美丽小镇"500个、"五美庭院"183万个,农村集中供水率达到93%,自来水普及率达到91%。(常杰)

【水生态修复】

1. 退田还湖还湿　2016—2020年,河南省通过开展湿地保护恢复工程、退耕还湿、小微湿地修复等措施,新增湿地面积3 565.75 hm^2。截至2020年年底,河南省建立省级以上湿地自然保护区11处、设立省级以上湿地公园98个,湿地保护率达到52.19%,湿地生态系统持续改善。　　(张玉洁)

2. 生物多样性保护　河南省通过实施退耕还林、天然林保护、湿地修复等重点生态工程,野生动物栖息环境改善,濒危野生动物种群数量扩大,形成了豫东青头潜鸭繁衍、豫西大天鹅成景、豫南朱鹮安家、豫北金钱豹常现、豫中大鸨过冬为标志的河南省野生动物保护成效;董寨国家级自然保护区2007年引入朱鹮以后,2008—2020年人工繁育朱鹮261只,2013年10月起进行4次野化放飞,共120只,野外自然繁育224只,2020年年底,野外种群近300只,朱鹮在野外自然条件下繁殖成功,标志着中国朱鹮拯救保护取得重大进展。　(张玉洁)

3. 生态补偿机制建立　2017年,印发《河南省水环境质量生态补偿暂行办法》,下达水质目标任务,以全省水环境监测数据为依据,实施阶梯奖罚,按月兑现。2017年开展实施,截至2020年12月底,全省各省辖市、省直管县(市)共支偿水环境质量生态补偿金26 957万元、得补36 937万元。

(刘卿峰)

4. 水土流失治理　2016年,河南省印发《河南省水土保持规划(2016—2030年)》。2016—2020年,河南省完成水土流失综合防治面积5 554.54 km^2（含坡改梯面积427 km^2）,其中水利部门完成国家水土保持重点工程水土流失防治面积1 239.94 km^2,完成坡耕地水土流失综合治理59 km^2。根据2020年水土流失动态监测成果,河南省水土流失面积为21 102.64 km^2,其中水力侵蚀面积为19 808.95 km^2、风力侵蚀面积为1 293.69 km^2。水土流失水力侵蚀面

积比 2011 年减少 3 655km²。 （李君宇）

5. 生态清洁小流域 2016—2020 年，河南省共建设生态清洁小流域 59 条。其中，驻马店市确山县老乐山小流域、三门峡市渑池县柳庄小流域被确定为 2016 年度国家水土保持生态文明清洁小流域建设工程，洛阳市宜阳县香汤沟小流域、平顶山市鲁山县画眉谷小流域等 19 条小流域被确定为省级生态清洁小流域。 （李君宇）

【执法监管】

1. 联合执法 2018 年，河南省水利厅与河南省公安厅、省纪委、省监察委、省检察院等部门协调联动，省水利厅、省公安厅联合在全省范围内开展了为期 3 个月的打击整治河道非法采砂专项行动，联合执法 1 134 起，立案 114 起，刑事拘留 135 人，批准逮捕 73 人，查处行政案件 160 起，行政拘留 220 人，水利部门共出动执法人员 56 570 人次、执法车辆 14 934 辆（次），巡查水域 37 461km²，巡查河道 164 557km，取缔非法采砂场 686 个，吊离违法采砂船 2 206 艘，拆解采砂船 1 428 艘，销毁采砂设备 2 030 台（套），清除砂堆 924 处，共计整治突出问题 654 个。2019 年，河南省水利厅与河南省公安厅及时会商联动，联合下发文件，加大对中央扫黑除恶督导"回头看"反馈意见整改力度，开展为期 2 个月的打击整治行动，严厉打击各类水事违法行为。2019 年，河南省水利厅联手河南省检察院、河南黄河河务局开展"携手清四乱 保护母亲河"专项行动，组织开展了 3 次联合核查，向检察机关移交黄河"四乱"问题线索 266 个，已全部整改到位。2020 年 7 月 20 日，河南省水利厅联合河南省公安厅印发《关于印发〈黄河流域专项执法行动实施方案〉的通知》，对河南省黄河流域的宏农涧河、伊洛河、蟒河、沁（丹）河、天然文岩渠、金堤河展开全面排查整治。2020 年 9 月 11 日，河南省水利厅联合河南省司法厅印发《关于开展黄河流域水行政执法监督自查工作的通知》，沿黄各级水行政主管部门开展水行政执法监督自查，对自查中发现的问题进行整改，建立健全黄河流域水行政执法监管长效机制。 （张献民）

2. 河湖日常监管 2020 年 11 月，河南省强化河道管理范围内建设项目监管，简化整合投资项目涉水行政审批事项，明确河道管理范围内建设项目工程建设方案作为"洪水影响评价审批"的子项，实现了"一网通办"前提下"最多跑一次办理"。2020 年 11 月，河南省水利厅印发了《关于印发河道管理范围内建设项目监督管理表的通知》，进一步规范建设项目事中事后监管。 （邢桂征）

【水文化建设】

1. 水文化宣传教育 河南省坚持把水文化建设工作与水利工程的规划、建设与管理相结合，加强水利精神文明建设，提升水利工作文化品位，开展水文化宣传教育等。2017 年，印发了《贯彻落实水利部〈水文化建设规划纲要〉实施意见》，2017 年、2020 年先后制定《河南省水利厅水文化建设 2016—2018 年行动计划》《河南省水利厅水文化建设 2020—2023 年行动计划》。2017 年，开展"河南古代水利技术发展史研究"，梳理古代河南治水技术；拍摄了《水兴中原》系列治水文化视频，制作了《四水同治 润泽中原》等河南水文化宣传片；编纂出版了《河南省水利志》《河南水利改革开放 40 年》《河南水利 300 问》《河南历代治水人物》等水文化系列图书。2019 年，人民胜利渠成功入选水利部第二届水工程与水文化有机融合案例。新野县依托白河滩湿地公园建成了河长制主题公园，以造型美观的公示牌、展示牌、草地艺术字等形式、生动有趣展示河长制、节水等科普水知识和治水建设成就，增强广大市民知水、爱水、护水、惜水意识，关心支持参与河长制工作，同心协力打造美丽河湖、幸福河湖。 （刘玉洁）

2. 河南省水情教育基地建设 2017—2020 年，河南省先后有 25 处被认定为河南省水情教育基地，6 处被认定为国家水情教育基地，分别是华北水利水电大学、驻马店市"75·8"防洪博物馆、黄河博物馆、小浪底水利枢纽工程、红旗渠、郑州市贾鲁河。河南省水情教育基地先后分 4 批次认定。2017 年，红旗渠、华北水利水电大学、驻马店市"75·8"防洪博物馆、人民胜利渠暨嘉应观、淮滨县淮河博物馆、开封市城摞城顺天门遗址博物馆等 6 家单位被认定为首批河南省水情教育基地；2018 年，认定河口村水库、安阳市节水宣传教育中心、许昌市河湖水系连通工程、郏县恒压喷灌试验工程、桐柏县淮河源文化陈列馆、台前县夹河乡京杭运河、五龙口镇广利灌区古渠首等 7 家为第二批河南省水情教育基地；2019 年，认定南水北调干部学院、安阳市殷都区跃进渠红色教育基地、郑州市陆浑灌区纪念馆、南阳市鸭河口水库、济源示范区王屋山供水站、灵宝市窄口水库纪念馆、白沙水库 7 家为第三批河南省水情教育基地；2020 年，认定济渎庙暨济河灌区、黄河水利职业技术学院鲲鹏智慧水利教育中心、焦作市马鞍石水库水情教育基地、白龟山水库水情教育中心、滑县道口古镇等 5 家为第四批河南省水情

教育基地。　　　　　　　　　　（宋大春）

【信息化工作】　2018 年，河南省按照《水利部办公厅关于印发〈河长制湖长制管理信息系统建设指导意见〉〈河长制湖长制管理信息系统建设技术指南〉的通知》要求，组织编制了《河南省河长制信息管理系统建设项目实施方案》，依托河南省电子政务云平台，充分利用现有资源，建设基础信息数据库、应用支撑平台，以及 WEB 端系统、河长 App 系统、公众平台系统等业务应用系统，构建由水利部、河南省共同开发，部、省、市、县、乡、村各级应用的河长制信息一体化平台，打造了智能化河长制湖长制管理体系，为各级河长决策提供支撑。

　　　　　　　　　　（闫长位　唐飞）

| 湖北省 |

【河湖概况】

1. 河流概况　湖北省共有流域面积 50km² 以上河流 1 232 条（其中省界和跨省界河流 116 条），总长度为 4 万 km；流域面积 100km² 以上河流 623 条（其中省界和跨省界河流 95 条），总长度为 2.89 万 km；流域面积 1 000km² 以上河流 61 条（其中省界和跨省界河流 26 条），总长度为 0.92 万 km；流域面积 10 000 km² 以上河流 10 条（其中省界和跨省界河流 8 条），总长度为 0.32 万 km。长度 5km 以上河流（不含长江、汉江）4 229 条，总长度 5.9 万 km。　　　　　　　　　　（单翌）

2. 湖泊概况　湖北省共有湖泊 755 个，水面总面积 2 706.85km²。其中，常年水面面积 100 亩以上湖泊 728 个，水面总面积 2 706km²。跨省湖泊 3 个（龙感湖跨安徽省，牛浪湖、黄盖湖跨湖南省），省内跨市湖泊 12 个，城中湖 103 个。　（刘培）

3. 水量情况　2016 年全省平均年降水量 1 423.4mm，折合降水总量 2 646.03 亿 m³，比常年多 20.6%，为丰水年份。2017 年全省平均年降水量 1 309.5 mm，折合降水总量 2 434.42 亿 m³，比常年多 11.0%，属偏丰年份。2018 年全省平均年降水量 1 072.2 mm，折合降水总量 1 993.16 亿 m³，比常年少 9.1%，属偏枯年份。2019 年全省平均年降水量 893.5mm，折合降水总量 1 660.98 亿 m³，比常年少 24.3%，属枯水年份。地表水资源量 583.39 亿 m³，地下水资源量 217.31 亿 m³，水资源总量为 613.70 亿 m³，比常年少 40.8%。2020 年全省平均年降水量 1 642.6 mm，折合降水总量 3 053.54 亿 m³，比 2019 年增加 83.8%，比常年多 41.1%，属丰水年份。　　　　（程良伟）

4. 水质状况　全省布设省控河流监测断面 275 个、湖泊 24 个（29 个水域）、水库 22 座，共计断面（水域）326 个。其中，国控考核断面（水域）190 个。2020 年，326 个省控考核断面（水域）总体水质为良好。其中水质优良比例 88.7%（289 个），劣 V 类比例 0.3%（1 个），与 2019 年同期相比，可比断面（水域）优良比例上升 0.8 个百分点。

5. 水利工程　湖北省共有 5 级以上堤防 1.7 万多 km，各类水库 6 928 座，分蓄洪区 47 个，泵站 4.8 万多处，涵闸 2.2 万座，万亩以上灌区 533 处，千吨万人以上水厂 774 个。截至 2020 年 12 月 31 日，湖北省已基本形成防洪、排涝、供水三大水利工程体系，实现了由"水患大省"向"水利大省"的历史性跨越。　　　　　　　　　　（华平）

【重大活动】

1. 总河湖长会议　2017 年 5 月 5 日，湖北省召开防汛抗旱暨推行河湖长制工作电视电话会议。会议强调，要把防汛抗旱作为当前的重大政治任务抓紧抓好，进一步增强忧患意识、责任意识，未雨绸缪，超前谋划，周密部署，科学施策，奋力夺取防汛抗旱工作全面胜利。湖北省委书记蒋超良出席会议并讲话。省委副书记、省长王晓东对做好防汛抗旱和推行河长制湖长制工作作部署。

2017 年 7 月 12 日上午，湖北省委书记蒋超良主持召开省委常委会会议，在听取全省河长制湖长制和防汛抗洪救灾工作汇报后，强调要细化工作措施，加强检查督办，扎实推进河长制湖长制落实落地。

2017 年 8 月 11 日，湖北省委办公厅、省政府办公厅印发《关于省委和省政府领导同志担任河湖长的通知》（鄂办文〔2017〕48 号），明确省委和省政府领导同志分别担任省级河长湖长，并明确省级河长湖长对应联系部门名单及其职责。

2017 年 8 月 14 日，湖北省河长制湖长制办公室主办的《河湖长制工作简报》经湖北省委办公厅批准同意开办，编辑第一期简报《省委书记蒋超良挂帅第一总河湖长，强调扎实推进河湖长制落实落地》。

2018 年 5 月 11 日，湖北省委副书记、省长、省总河湖长王晓东率全省各市州总河湖长和长江沿线各县（市、区）总河湖长巡查长江荆州段和洪湖，并在洪湖市召开全省推进长江大保护落实河湖长制工作会议。

2019 年 1 月 2 日，政协全国委员会办公厅向中共中央办公厅、国务院办公厅上报了《关于深入落实河湖长制的调研报告》，并抄报湖北省委、省政府、省政协。省委书记、省第一总河湖长蒋超良作出重要批示，要求"我省必须落实"。

2. 联系工作会议　2017年3月18日，湖北省人民政府办公厅印发《湖北省推进河湖长制工作联席会议制度》（以下简称《联席会议》）。《联席会议》包括主要职责、成员单位、工作规则、工作要求4个方面内容。《联席会议》提出原则上每年召开1~2次全体会议，由召集人或者副召集人主持，由省政府分管领导担任召集人，省政府分管副秘书长和省水利厅、省环保厅主要负责同志担任副召集人，根据省委、省政府领导指示，成员单位要求或工作需要，可临时召开全体会议、部分成员单位会议。

2017年6月29日，湖北省河湖长办组织召开全面推进河长制湖长制工作联席会议省直成员单位联络员会议。湖北省水利厅副厅长、厅河湖长制领导小组办公室主任赵金河主持会议并讲话。会议学习《省人民政府办公厅关于印发湖北省推进河长制工作联席会议制度的通知》，通报了全省推进河长制湖长制工作进展情况，省直成员单位结合本部门职责提出了工作建议，对下步做好河长制湖长制工作提出了具体工作意见建议。

2017年11月23日，全省推进河长制工作联席会议在武汉召开，省副总河湖长、省委常委、常务副省长黄楚平参加会议并讲话。会议审议通过湖北省河长制湖长制《联席会议省直成员单位职责》《会议制度》《信息共享制度》《工作督察制度》《验收办法》《年度目标考核办法》《举报受理及办理》《河湖长巡查河湖办法》等制度，河长制湖长制制度体系更加完善。

2018年4月22日，湖北省"树立生态文明观，打赢碧水保卫战"总河湖长专题研讨班在省委党校举行，原副省长、副总河湖长周先旺出席会议并作辅导报告。

2018年5月11日，湖北省委副书记、省长、省总河湖长王晓东率全省各市州总河湖长和长江沿线各县市区总河湖长巡查长江荆州段和洪湖，并在洪湖市召开全省推进长江大保护落实河湖长制工作会议。

2018年12月13日，湖北省推进河湖长制工作联席会议在武汉召开。副省长、常务副总河湖长万勇出席会议并讲话。

2019年1月14日，湖北省十三届人大二次会议政府工作报告，指出要持续完善环境保护长效机制，压紧压实河湖长制，加强巡河巡湖管理。

2019年3月21—22日，湖北省委书记、省第一总河湖长蒋超良赴长江巴东段、宜昌段、荆州段调研。

2019年4月24—25日，省委副书记、省长、省总河湖长王晓东在宜昌召开全省长江大保护十大标志性战役暨落实河湖长制现场推进会。

2019年5月，省委办公厅印发通知，明确各市、州、直管市、神农架林区2019年度考核项目清单及目标要求，继续保留"全面推行河湖长制"考核项目，并设立10项具体目标要求。

2019年5月13日，省水利厅召开全省河湖执法暨河道采砂专项整治工作视频会议，推进全省河湖执法、河道非法采砂整治专项工作。

2019年6月26日，"牢记'四个切实'殷殷嘱托　推进湖北高质量发展"系列之"实施河湖长制"专题新闻发布会（第六场）在湖北武汉举行，省河湖长制办公室副主任、省水利厅副厅长焦泰文出席发布会介绍河湖长制工作情况并回答记者提问。

2019年11月5—8日，湖北省河湖长制工作培训班在武汉顺利举行。

2019年11月25日，湖北省全面推行河湖长制参与第二届湖北改革奖评选，并斩获第二届湖北改革奖"项目奖"。

2019年12月26日，第三届湖北省"人民满意的公务员"和"人民满意的公务员集体"表彰大会在东湖之滨举行。湖北省水利厅河湖长制工作处荣获公务员集体一等功。

2019年12月31日，湖北省河湖长制办公室面向全省印发《关于表扬河湖长制湖北经验"二十佳"的通报》，对第一届河湖长制湖北经验"二十佳"进行了公开通报表扬。

2020年3月9日至12月31日，省河湖长制办公室利用微信公众号开展"湖北河湖长"网络培训共计29次公开课，培训人次达120万。

2020年5月1日，省委副书记、省长、省总河湖长王晓东签发第4号省河湖长令关于开展碧水保卫战"攻坚行动"的命令。

2020年9月30日，省河湖长制管理信息系统项目建设管理办公室全体成员会在汉召开，厅党组成员、副厅长焦泰文出席会议并讲话。

2020年10月10日，省河湖长制办公室依据省第3号河湖长令，通报表扬一批碧水保卫战"示范建设行动"遴选成果名单。

【重要文件】

1. 省级层面发布的重要文件　2017年1月21

日，湖北省委办公厅、省政府办公厅印发《关于全面推行河湖长制的实施意见》，包括总体要求、主要任务、组织形式、保障措施4个部分，要求全面建立四级河长制湖长制体系，水功能区水质达标率、重要水功能区水质达标率、长江和汉江水质优良比例都要有显著提高，通过综合治理，达到"水清、水动、河畅、岸绿、景美"的目标。

2017年8月11日，中共湖北省委办公厅、湖北省人民政府办公厅印发《关于省委和省政府领导同志担任河湖长的通知》（鄂办文〔2017〕48号），通知明确，经湖北省委和省政府同意，由省委和省政府领导同志分别担任省级河湖长。总河湖长、副总河湖长负责领导本行政区域内河长制湖长制工作，承担总督导、总调度职责。河长湖长负责组织领导相应河湖的管理和保护工作，协调解决有关重大问题，对本级相关部门和下一级河长湖长履职情况进行督导，对目标任务完成情况进行考核。

2017年，湖北省人民政府办公厅印发《湖北省推进河湖长制工作联席会议制度》（鄂政办发〔2017〕19号），明确联席会议由省政府分管领导担任召集人，省政府分管副秘书长和省水利厅、省环保厅主要负责同志担任副召集人，相关部门及各市（州、直管市、神农架林区）人民政府有关负责同志为联席会议成员。联席会议的日常工作由省级河湖长制办公室承担。省级河湖长制办公室设在省水利厅，办公室主任由省水利厅主要负责同志兼任。明确联席会议原则上每年召开1~2次全体会议，由召集人或副召集人主持。联席会议以纪要形式明确会议议定事项，经与会单位同意后印发，重大事项及时报省委、省政府。

2.省河湖长制办公室重要文件 2018年4月18日，经省委、省政府同意，根据省委、省政府领导班子换届调整情况，印发《省河湖长制办公室关于省委省政府领导担任河湖长的通知》（鄂河办文〔2018〕8号）。及时更新了省委、省政府领导担任河长湖长名单，对各省级河长湖长及其联系部门切实按照职责要求进行明确。保证了省级河长湖长及时上岗到位，严格履职尽责，维护河湖健康。

2017年12月5日，湖北省河湖长办印发《湖北省河湖长制年度目标考核暂行办法》（鄂河办发〔2017〕14号），考核办法主要根据各市（州）落实河长制湖长制进展情况进行评分，考核对象为市（州）党委政府及各市（州）河长湖长，重点考核河长湖长履职、河长办工作、重点任务完成情况、河湖治理成效等工作。

2018年11月30日，湖北省河湖长制办公室印发《湖北省全面推行河湖长制实施方案（2018—2020年）》（鄂河办发〔2018〕38号），方案细化明确了湖北省2018—2020年河长制湖长制工作的目标、任务、措施、责任分工和完成时限，并明确了"各级党委、政府要成立河湖长制工作委员会"等有力保障措施，为全省河长制湖长制工作提档升级描绘了"任务书"和"施工图"。

针对河网密布、小微水体众多、固废垃圾和污水容易在小微水体存积的实际，2019年6月24日，省河湖长制办公室印发《关于在小微水体实施河湖长制的指导意见》，将河长制湖长制责任体系延伸到村、组一线，管理范围扩展到库塘、沟渠。《意见》明确建立符合小微水体特性的河长制湖长制体系、明确小微水体范围和治理目标、全面落实小微水体治理管护主要任务、切实强化保障措施等。

2020年8月7日，湖北出台《跨界河湖"四联"（联席联巡联防联控）机制》，通过顶层制度设计，强化跨界河湖管理保护，实行流域统筹，团结治水护水。《机制》明确跨界河湖有关各方可协商明确工作制度。鼓励有关县级及以上人民政府或其授权部门签订跨界河湖联系联巡联防联控协议，约定工作机制及有关事项。《机制》明确跨界河湖交界水域违法行为查处原则上实行首接负责制，由第一个接受举报的政府或部门牵头组织依法处理。交界水域问题突出的，由相关县级及以上人民政府设立河湖保护基金或保证金，按约定予以使用或补偿。鼓励和引导民间河长湖长、公民、法人及其他组织开展或者参与跨界河湖保护工作，鼓励举报跨界河湖违法行为。

（杨爱华）

【地方政策法规】

1.省级层面法规

（1）《湖北省河道采砂管理条例》出台。2018年9月30日，湖北省第十三届人民代表大会常务委员会第五次会议表决通过《湖北省河道采砂管理条例》，自2018年12月1日起施行。该条例的颁布施行，为进一步强化监管执法、规范河道采砂管理秩序，为推进绿色发展、维护河湖安澜提供了有力法规支撑。

（2）《湖北省水库管理办法》修订出台。2020年10月26日，湖北省人民政府常务会议审议通过《湖北省人民政府关于修改〈湖北省水库管理办法〉的决定》，自2020年11月9日起施行。此次修订，衔接协调《中华人民共和国水法》《中华人民共和国防洪法》等法律法规变化，为湖北经济社会发展、长江经济带高质量发展、水库防洪保安和规范化管理提供了有力法制保障。

（3）《鄂北水资源配置工程供水与管理办法》出台。2020 年 12 月 24 日，湖北省政府常务会议审议通过《鄂北水资源配置工程供水与管理办法》，该规章作为湖北省第一部跨区域水资源配置工程领域的政府规章，为加强鄂北工程管理、推进湖北省现代水利工程体系建设、优化水资源配置、保障供水安全、改善生态环境、促进经济和社会可持续发展提供了法制遵循和保障。

2. 地方标准

（1）《湖北省湖泊分类技术标准》（DB42/T 1255—2017）（2017 年 4 月 12 日发布）为贯彻执行《最严格水资源管理制度》和《湖北省湖泊保护条例》，湖北省发布了《湖北省湖泊分类技术标准》，进一步促进湖北省湖泊保护管理工作标准化和规范化，填补了湖北省乃至全国湖泊分类技术标准领域的空白。

（2）《湖北省农业用水定额　第 1 部分：农田灌溉用水定额》（DB42/T 1528.1—2019）（2019 年 12 月 2 日发布）。该标准规定了标准的农田灌溉用水定额的术语和定义、用水行业分类与代码、灌溉用水定额分区、基本用水定额及净灌溉用水定额。适用于湖北省农田灌溉用水定额管理，可作为开展涉水规划的编制、取水许可管理、水资源论证、工程项目设计、节水评价、取（用）水计划管理及节水管理等工作的基本依据。

（3）《湖北省小微水体治理管护工作指南（试行）》（2020 年 9 月 20 日起正式实施）。该指南对推进长江大保护、乡村振兴战略深入实施落地见效，组织各地开展小微水体治理与管护，清除人民群众身边污染具有指导作用；将逐步恢复小微水体基础功能和自然形态，满足人民群众日益增长的优美生态环境需要。　　　　　　　　　　（华平）

【专项行动】

1. 采砂整治　　湖北省委省政府将河道非法采砂整治纳入湖北省长江大保护十大标志性战役，出台了《湖北省河道采砂管理条例》，颁布了《省人民政府关于加强河道采砂管理的通告》，施行《湖北省河道采砂管理联合执法工作制度》等制度措施，开展部门区域联合执法，加强行政执法与刑事司法衔接，健全完善河道采砂管理长效机制，查处了一批破坏生态和安全的重大案件，解决了一批人民群众反映突出的非法采砂问题。湖北省水利厅负责的河道非法采砂整治专项战役被湖北省长江大保护十大标志

性战役指挥部评定为优秀等次，综合排名第一。
　　　　　　　　　　　　　　　　　　（金伟）

2. 生态河湖建设

（1）碧水保卫战"迎春行动"。2017 年 12 月 24 日，湖北省委副书记、省长、省总河湖长王晓东签发第 1 号省河湖长令，部署开展碧水保卫战"迎春行动"。

（2）碧水保卫战"清流行动"。2018 年 5 月 9 日，湖北省委副书记、省长、省总河湖长王晓东签发第 2 号省河湖长令，部署开展碧水保卫战"清流行动"。

（3）碧水保卫战"示范建设行动"。2019 年 4 月 11 日，湖北省在全省开展碧水保卫战"示范建设行动"，将"示范河湖""示范单位""示范人物"作为践行习近平生态文明思想的重要载体和实施乡村振兴战略的具体实践，作为湖北高质量发展的绿色示范和打赢污染防治攻坚战的标志性成果。

（4）碧水保卫战"攻坚行动"。2020 年 5 月 1 日，实施水质提升攻坚行动、空间管控攻坚、小微水体整治攻坚、能力建设攻坚"四大行动"。
　　　　　　　　　　　　　　　　　　（杨爱华）

【河长制湖长制体制机制建立运行情况】

1. 建立组织制度责任体系　　湖北省全省明确省、市、县、乡、村五级河长湖长 3.8 万余人，并将小微水体纳入河长制湖长制实施范围，明确小微水体"一长两员"16 万余人，实现河湖水体全覆盖、源头末梢全管控。市、县两级河湖长办全部建立，"1＋N"联席会议机制和"总＋分"平台协同联动机制稳步施行，全省 3 000 余个单位纳入河长制湖长制责任链条，"总分结合""河湖长＋"等模式和做法得到水利部肯定。

2. 建立"四联"机制　　建立河湖警长、跨界河湖"四联"（联席联巡联防联控）机制、小微水体河长制湖长制、宣传"六进"等特色制度，建成河长制湖长制考核评价、约谈通报、协同推进等工作机制，出台河湖管护、河长湖长巡查、小微水体治理管护、河湖及水利工程划界确权、河湖健康评价等规范标准。责任体系更加完备，形成用法规制度明责、用行为规范领责、用考核述职定责、用监督奖惩约责的责任机制。

3. 构建联动机制　　建立河长制湖长制联席会议制度，明确联席部门职责，逐步健全党委、政府领导下的部门联动协作机制，形成工作合力。"河湖长制办公室＋工作处（科）"的机构设置格局不断完善，以联席会议、河湖长制办公室平台为载体的部

门、区域联动协作机制逐步健全，"综合目标责任考核＋河长湖长专项考核"的考核体系加快形成，"官方河长湖长＋民间河长湖长"的共建共享治理模式逐渐成熟。在省级层面构建起"省河湖长办公室＋14个省级分河湖长办公室"的平台架构，承担河长湖长和同级河湖长制办公室交办的工作。建立河湖警长制，由副省长、省公安厅厅长任省河湖总警长，各市、县公安局局长及乡镇派出所所长分任各地河湖警长，有力震慑和打击了涉河湖违法行为。有的市（州）、县根据工作需要，将联席部门覆盖范围扩大到党委部门及群团组织。

建立了"河湖长＋联系单位（分河湖长办）＋河湖警长＋河湖技术助理＋民间河湖长＋河湖'三员'"的河湖管护模式，为河长湖长履职提供资源、技术支撑。 （华平）

4. 河长制湖长制考核激励　2017—2020年，湖北省逐年对各市（州）推行河长制湖长制工作情况开展考核，自2018年起，省委将河长制湖长制落实情况纳入对市（州）党委政府的目标责任考核之中，作为"全面建成小康社会"的重要指标项，考核结果作为评价市（州）领导班子及领导干部政绩的重要依据。2019年，湖北省河长制湖长制工作荣获国务院专项激励，累计获得激励资金3 000万元。

（刘超）

【河湖健康评价】　湖北省依据水利部河长办印发的《河湖健康评价指南（试行）》（第43号）及时开展河湖健康评价和河湖健康评价标准研究制定工作。评价工作由全省各地河湖长制办公室牵头组织，每个市（州）（含直管市、林区）因地制宜地选择1条或多条市级河长湖长领责的河湖，采用沿线踏勘、现场采样、走访调查、收集资料、卫星遥感技术等多种手段，从水文水资源、物理结构、水质状况、水生生物状况、社会服务功能、管理状况等方面对河湖健康水平进行全方位体检打分，为河湖治理与生态环境提升"开处方"。经过前期健康评价的试点，湖北省拟定后期对十堰市泗河、襄阳市襄水、宜昌求索溪、潜江市兴隆河、武汉东湖、荆州市大叉湖、恩施州车坝河水库、省高关水库共4条河流、2个湖泊和2个水库开展示范河湖建设并同步开展河湖健康评价工作。

【"一河（湖）一策"编制和实施情况】　2017年8月7日，湖北省河湖长制办公室印发了《湖北省河湖长制"一河（湖）一策"方案编制技术要求的通知》（鄂河办发〔2017〕2号），要求50km²以上的

1 232条河流及列入保护名录的755个湖泊均应分级分段编制"一河（湖）一策"方案，现状水平年以2015年为准，实施周期为2018—2020年。截至2018年，全省编制"一河（湖）一策"方案2 721本。其中，省级"一河（湖）一策"18本，市级"一河（湖）一策"294本，县级"一河（湖）一策"2 409本。经省级河长湖长审定，省河湖长制办公室印发了长江、汉江（东荆河）、府澴河、汉北河、沮漳河、清江、富水、南河、陆水、通顺河、举水、洪湖、长湖、梁子湖、汈汊湖、斧头湖、黄盖湖、龙感湖的"一河（湖）一策"实施方案，围绕水资源保护、水域岸线管理保护、水污染防治、水环境治理、水生态修复、执法监管等六大任务，制定了目标清单、问题清单、任务清单、措施清单、责任清单、负面清单等六个清单，明确了2018—2020年河湖治理任务书、时间表和路线图，并配套建立了"一河（湖）一档"。 （刘超）

【水资源保护】

1. 水资源刚性约束　2020年，湖北省用水总量278.90亿m³，万元国内生产总值用水量69m³（可比价），与2015年相比下降30.3%；万元工业增加值用水量54m³（可比价），与2015年相比下降32.5%；农田灌溉水有效利用系数为0.528，重要江河湖泊水功能区水质达标率为93.8%，均优于考核目标，全省"三条红线"年度控制目标全部完成。

2. 节水行动　颁布《湖北省农业灌溉定额》，修订《湖北省工业与生活用水定额》，构建基本完备的用水定额体系。实行"以奖代补、定额管理、计量收费、阶梯水价"的农业水价模式，截至2020年年底，累计完成改革面积1 422万亩。加快建立非居民用水超定额加价制度，经湖北省政府审定同意印发实施意见，明确用水计划将作为执行累进加价制度的水量分档依据。总结推广武汉、襄阳、宜昌等全国节水型社会建设试点经验。潜江市等23个县（市、区）达到节水型社会标准，并通过水利部复核，全省县级行政区建成率超20%。

3. 生态流量监管　确定沮漳河、洪湖等6个重点河湖的主要控制断面及生态流量（水位）保障目标。印发《关于公布2020年全省水工程生态基流重点监管名录的通知》，建立全省重点水工程生态流量监控名录679个，通过明察暗访和定期通报，督促各地严格落实生态流量泄放各项措施。

4. 全国重要饮用水水源地安全达标保障评估　湖北省水利厅对24个饮用水水源地达标情况开展现场调查评估，并按照"水量保障、水质合格、监控

完备、制度健全"的总体要求和《全国重要饮用水
水源地安全保障达标建设评估指南》（试行），对
2020 年度全省重要饮用水水源地安全保障达标建设
情况进行自评估，结果显示 32 个全国重要饮用水水
源地均达到标准要求。

5. 取水口专项整治　2018 年，湖北省政府印发
《湖北省饮用水水源地保护和专项治理工作方案》，
集中整治饮用水水源保护区内存在的环境违法行为
和违规建设项目，按照"一源一策"的原则，分类
施策，逐一销号；截至 2020 年年底，基本完成"百
吨千人"供水工程水源保护区划定工作；并建立饮
用水水源保护制度，明确饮用水水源保护责任，建
立部门及上下游间的联动协调机制，切实保障饮用
水水源安全。

6. 水量分配　湖北省积极推进规划水资源论证
的实施，2020 年全省共审查规划水资源论证报告书
83 份，涉及房地产、学校、医院、工业园、生态农
业产业园、经济开发区等各种类型。同时，贯彻落
实"放管服"改革要求，及时调整农业灌溉取水许
可管理权限，严格按建设项目取水规模实行水资源
论证报告书（表）分类管理。2020 年全省县级及以
上地方水行政主管部门共审批取水许可水资源论证
1 604 份，其中报告书 534 份、论证表 1 070 份；审
批的取水许可水量 167.89 亿 m^3，核减取水量
4 147.2 万 m^3。
　　　　　　　　　　　　　　　　　　（程良伟）

7. 节水行动　2020 年 1 月 14 日，湖北省水利
厅印发《关于印发〈湖北省县域节水型社会达标建
设工作实施方案（2020—2022 年）〉的通知》（鄂水
利函〔2020〕14 号）。2019 年 9 月 26 日，湖北省水
利厅、省发展改革委联合印发《湖北省节水行动实
施方案》（鄂水利函〔2019〕323 号），确定了 2020
年、2022 年和 2035 年的主要工作目标，提出五项重
点行动、确定 22 项具体任务。截至 2020 年，全省
共 32 个县级行政区开展了县域节水型社会达标建
设。2019 年 12 月 6 日，湖北省水利厅节水机关建设
通过水利部验收。2019—2020 年，开展规划和建设
项目节水评价审查 177 个。
　　　　　　　　　　　　　　　　　　（陈坤）

【水域岸线管理保护】

1. 河湖划界　2018 年 12 月 21 日，经省人民政
府同意，印发《省政府办公厅关于印发湖北省河湖
和水利工程划界确权工作方案的通知》（鄂政办函
〔2018〕106 号），部署划界确权工作任务和分工。同
年，编制完成《湖北省河湖及水利工程划界确权技
术指南（试行）》。

2019 年 12 月底，基本完成第一次全国水利

普查流域面积 1 000km² 以上的 61 条河流、省级
保护名录内水面面积 1km² 以上的 231 个湖泊划
界工作。

2020 年 12 月底，基本完成第一次全国水利普查
流域面积 50～1 000km² 以上的 1 171 条河流划界工
作，完成省级保护名录内水面面积 1km² 以下的 524 个
湖泊划界工作，基本完成注册登记水库及泵站、涵闸、
灌区、水电站等国有水管主要水利工程划界工作。

2. 清四乱　2018 年河湖"清四乱"开展以来，
累计排查清理河湖管理范围内乱堆、乱建、乱占、
乱采等问题 6 100 余个，各地常态化规范化深入推进
"四乱"问题排查整治。
　　　　　　　　　　　　　　　　　　（刘超）

【水污染防治】

1. 水污染防治攻坚战　2018 年，印发《湖北省
长江入河排污口整改提升工作方案》。方案明确了全
面取缔各类保护区内入河排污口、集中整改违规设
置入河排污口、优化入河排污口设置布局、推进入
河排污口规范化建设、开展水功能区达标建设等方
面的任务。截至 2020 年，饮用水水源保护区和自然
保护区等法律法规禁止区域内的入河排污口，全面
完成清理取缔。完成不符合设置要求的入河排污口
的整改及其所属污染源的综合治理，建立健全入河
排污口监管联动与信息共享机制，不断优化入河排
污口布局。

2. 排污口整治　湖北省 17 家国家级工业园区中
有 8 家共 13 个问题，于 2019 年前全部整改完成；
全省 84 家省级工业园区中有 34 家共 67 个问题，已
有 32 家 65 个问题整改完成，剩余 2 家 2 个问题于
2020 前整改完成。通过"三级排查"明确湖北省
12 480 个长江入河排污口，分类监测 4 996 个，立
行立改 3 923 个。

3. 工矿企业污染防治　完成沿江化工"关、改、
搬、转"企业 71 家（其中 2020 年任务清单完成 49
家，2025 年任务清单提前完成 22 家），累计完成
332 家。

4. 城镇生活污染防治　全省 137 家城市生活污
水处理厂 131 座达到一级 A 排放标准。乡镇生活污
水处理厂已全面进入试运行，新增处理能力 114 万
t/d，新建管网 10 290km。全省已建成生活垃圾末
端处理设施 154 座，生活垃圾日处理能力达 4.86 万
t，建成垃圾压缩中转站 1 987 座，663 个非正规垃
圾堆放点，完成整治销号 661 个。
　　　　　　　　　　　　　　　　　　（杨爱华）

5. 畜禽养殖污染防治　2017 年以来，湖北省政
府办公厅印发《湖北省畜禽养殖废弃物资源化利用
工作方案》，将畜禽粪污资源化利用纳入乡村振兴考

核。印发《畜禽养殖废弃物资源化利用行动方案（2018—2020年）》，争取中央预算投资、中央财政和省级财政资金22.4082亿元，支持38个畜牧大县和40个非畜牧大县实施畜禽粪污资源化利用整县推进项目。截至2020年，全省畜禽粪污综合利用率达到76%以上，规模养殖场粪污处理设施装备配套率达到98.85%。

6. 水产养殖污染防治　2017年以来，湖北省委一号文件连续多年部署实施水产绿色健康养殖行动。2018年，积极争取省财政支持，筹措专项资金探索开展养殖尾水治理试点。2019年，省直10厅局联合印发《关于加快推动水产养殖业绿色发展的意见》，明确要求推进尾水治理工作。2018年至2020年，全省共筹措下达尾水治理项目资金3.17亿元，治理池塘面积52.16万亩。

7. 农业面源污染防治　2015年6月10日，印发了《湖北省到2020年化肥使用量零增长行动方案》，到2020年测土配方施肥技术覆盖率达92.34%。示范推广水稻侧深施肥、小麦（油菜）种肥同播、水肥一体化等科学施肥技术，结合应用缓控释肥、水溶肥等新型肥料，推进施肥精准化、过程轻简化，不断提高化肥利用率。全省小麦、玉米、水稻三大粮食作物化肥利用达到40.31%。大力推进粪肥就近还田、秸秆肥料化还田、绿肥翻压还田，以有机肥替代部分化肥。全省化肥使用为267.32万t，比2017年减少50.61万t。

8. 船舶港口污染防治　截至2020年年底，全省已完成2853艘400总吨以上（含400总吨）、943艘100～400总吨（含100总吨、不含400总吨）船舶防污染设施改造任务。完成船舶污染物固定接收设施3724个，移动接收设施159艘（辆），船舶污染物港口接收设施基本全覆盖、全衔接。长江武汉、宜昌水上洗舱站2020年年底基本建成并按国家要求完成首次洗舱作业。联合长江海事部门开展专项执法，强化海事、港航、生态环境、住建等部门联合监管，全省推广船舶污染物联合监管与服务信息系统（船E行），推动落实船舶污染物电子联单制度，截至2020年年底基本覆盖全省长江、汉江沿线港口码头。

（华平）

【水环境治理】

1. 饮用水水源规范化建设　排查发现781个乡镇及以下"千吨万人"集中式饮用水水源保护区内具体问题950个，整改完成669个。

2. 黑臭水体治理　全省12个地级以上已排查出的214个城市黑臭水体，全部完成整治任务。

3. 农村水环境整治　联合农业农村厅印发了《关于进一步加强畜禽养殖污染防治工作的通知》，从加强规划引导、落实养殖场户主体责任、推进畜禽粪污资源化利用、强化监测和执法监管等四方面明确任务要求。完成湖北省畜禽规模养殖标准的备案工作并上报生态环境部。推荐钟祥市并被生态环境部列为农业面源污染治理与监督指导试点市县。

（杨爱华）

【水生态修复】

1. 退田还湖　完成湖北省洪湖、梁子湖、长湖、斧头湖、汈汊湖等五大湖泊46个圩垸退垸（田、渔）还湖任务，累计完成244.97km²。

2. 生态补偿机制　积极推动横向生态保护补偿机制建设，指导地方推进流域横向生态保护补偿，湖北省已有74个县区初步建立了流域上下游横向生态保护补偿机制。印发《关于加强长江经济带生态保护修复奖励资金管理和项目实施的通知》，进一步强化长江保护修复奖励资金指导监督。

3. 水土流失治理　2016—2020年，湖北省新增水土流失防治面积11165 km²，占规划任务的117%；全省水土流失面积由2016年的3.55万 km²减至3.16万 km²，水土保持率提高到82.98%，实施的水土保持措施年新增减少土壤流失2441万t，水土流失面积和强度持续下降的态势进一步稳固，水土流失状况明显改善。水土保持综合防治、监测与信息化应用、监督管理、机制创新等方面均取得了显著成绩，水土保持事业向着"基础扎实、管理规范、科技引领、生态良好、百姓受益"的目标迈出了一大步，为湖北全面建成小康社会和实现乡村振兴战略目标提供了有力支撑。

4. 生态清洁型小流域　2006—2020年，湖北省累计投入10多亿元广泛开展了生态清洁小流域建设，共治理水土流失面积2000多km²。特别是为保"一库清水永续北送"，湖北省积极推进《丹江口库区及上游水污染防治和水土保持规划》一、二期项目的实施，大力开展水土保持工程建设，鄂西北丹江口水库周边山地丘陵水质维护保土区通过坡面沟渠、蓄水池、塘堰、溪沟整治等工程措施及植物措施对流失的农田化肥农药拦截、过滤和净化，南水北调中线工程核心水源区水污染恶化趋势得到有效控制，水质稳定在Ⅱ类。

5. 水生生物资源修复水平不断提升　2016—2020年，每年组织全省开展增殖放流活动平均80余场，平均每年放流各类鱼苗近6亿尾。同时科学调整放流品种结构，加大鲢鳙等滤食净水鱼类投放比例，调减草食性鱼类投放比例，保护水生植物资源。仅 2019 年梁子湖投放鲢鳙夏花鱼种 775.78 万尾（规格 3.5cm/尾），鲢鳙冬片鱼种 266.3 万尾（规格为 15～17cm/尾）。斧头湖投放大规格花、白鲢 4.5 万余 kg，各类鱼苗 1 090 万尾。　　　　（李菁）

【执法监管】

1. 河湖日常监管　　开展河湖执法维护河湖管控秩序。按照 2018 年 5 月水利部印发的《水利部关于进一步加强河湖执法工作的通知》暨《河湖执法工作方案（2018—2020 年）》工作部署要求，湖北省结合工作实际印发《湖北省河湖执法工作方案（2018—2020 年）》，在全省开展河湖执法专项行动，把河湖执法纳入河湖长制推进重点工作，"政府主导、水利牵头、部门协作、齐抓共管"的工作格局不断完善。2016 年以来共查处水事违法案件 2 401 件，水事违法行为逐年下降，切实维护了全省河湖水事秩序。

落实"清零"行动巩固拓展河湖执法成果。根据水利部《河湖违法陈年积案"清零"行动实施方案》要求，湖北省迅速制定《湖北省河湖违法陈年积案"清零"行动实施方案》，把"清零"行动与水利行业强监管相结合、与落实河湖长制和河湖"清四乱"相结合、与环保督察整改相结合，持续推进河湖执法陈年积案"清零"行动各项工作落实。对涉及湖北省 13 个市（州）的 141 件陈年积案，书面复核 100%，现场复核 94 件，现场复核率 67%，远超水利部要求复核率不低于 10% 的工作目标，确保了"清零"行动提前、高效率、高标准完成。

2. 联合执法　　漳河水库水政监察联合执法协作机制建立。湖北省漳河水库管理局与宜昌市、襄阳、荆门市等 3 市 5 县（市、区）共同协商，签署了《漳河水库水政监察联合执法协作协议》，协作协议内容主要包括联合执法活动的内容、形式、案件管辖、日常监管与执法衔接、重大案件会商、宣传报道和执法保障等。

3. 长江干线及其主要支流汉江、清江码头整治　　取缔长江干线各类码头 1 211 个、规范提升 52 个，取缔汉江干线各类码头 576 个、规范提升 8 个，清江干线取缔码头 23 个、规范提升 4 个。

4. 河道非法采砂专项整治　　全省共建成采砂船舶集中停靠点 83 个，河道采砂管理执法基地 33 个。仅 2020 年，查处各类非法采砂案件 364 件，共移送非法采砂入刑案件 25 起，集中停靠监管各类采砂船舶 381 艘。

5. 河湖日常监管　　丹江口库区"打非治违"成效明显。为维护好丹江口库区正常水事秩序，2015 年以来，湖北省水利厅持续推进丹江口库区"打非治违"专项行动，督导十堰市各级政府和水行政主管部门贯彻长江大保护要求，落实《长江保护法》等相关法律法规规定，切实担负起"一库碧水永续北送"的政治责任。"打非治违"活动开展以来，共查处各类涉水违法问题 176 起，为保障库区水工程、水资源、水生态、水环境安全发挥了巨大作用。

（周燕霞）

【水文化建设】

1. 水文化公园　　武汉江滩公园位于武汉市城区段长江、汉江"两江四岸"交汇处，由汉口江滩、汉阳江滩、武昌江滩和汉江江滩组成，全长 26km，总面积 234.3 万 m^2，是全国唯一一座位于城市中心的国家水利风景区。景区建设强调防洪工程的环境效益，生态效益和社会效益相结合，将昔日的杂屋滩涂、防洪险点改造成美丽景点和防洪屏障，成为一处融防洪、景观、旅游、休闲、健身为一体的亲水岸线，先后获得"全国十大体育公园""全国人居环境奖"和"开发建设项目水土保持示范工程"等荣誉。2008 年更获评"国家水利风景区"，是开展水环境综合整治，让百年水患变为城市风景线的典范。

（游翔）

2. 水情教育　　2016 年以来，湖北省大力开展水情教育，截至 2020 年，省水利厅已授牌创建了武汉晴川初中、湖北水利水电职业技术学院、襄阳长渠（白起渠）、武汉节水馆、武汉西湖流域水土保持科技示范园、黄冈市蕲春县大同水库、黄冈市武穴市梅川水库、十堰市竹山县霍河水土保持科技示范园区、十堰市郧西县天河水乡共 9 家省级水情教育基地。其中，襄阳长渠（白起渠）于 2019 年获批国家级水情教育基地。

（秦双）

【信息化工作】

1. "水利一张图"　　按照水利部最新要求，结合湖北省实际大力推进智慧水利工作，智慧水利的理念深入人心。智慧江汉平台的前期工作基本完成，厅信息化项目正式通过省委专家组验收，受到专家一致好评。

2. 湖北省河湖长制管理信息系统　　2018 年 10 月启动湖北省河湖长制管理信息系统建设项目立项，已完成项目验收。湖北省河湖长制管理信息系统以创新发展理念、管理手段和服务模式为目标，充分运用计算机信息技术、GIS 地理信息技术、云计算、大数据、物联网等现代先进信息技术，基于湖北省河长制湖长制管理、河湖治理管护要求，开发建设面向全省统一的河湖长制管理信息系统，打造湖北省各级河湖长监管体系。电脑端平台和河湖长版App适用于各级河湖长、河湖长制办公室和工作人员，主要用于河湖巡查和办公；巡河版App适用于一线河湖管护人员，主要用于负责范围内河湖巡查、事件上报、事件处理等；河长制湖长制微信公众号适用于爱河护河志愿者及社会大众，主要用于反映问题、提出建议、分享美景等。并在统一标准、数据、规范、接口的条件下，实现与省政务管理办"大数据能力平台"和一体化政务平台（政务一张网）对接。

（罗楠）

｜湖南省｜

【河湖概况】

1. 河湖数量　湖南省河流众多、河网密布，水系复杂。全省水系以洞庭湖为中心，湘、资、沅、澧四水为骨架，主要属长江流域洞庭湖水系，长江流域占全省面积的97.6%，珠江流域占全省面积的2.4%。河长5km以上的河流5 341条。流域面积10～50km²河流4 766条；流域面积大于50km²的河流1 301条；流域面积100km²以上660条；流域面积1 000km²以上河流66条；流域面积10 000km²以上的河流9条，包括湘、资、沅、澧四水，湘江支流潇水、耒水、洣水，以及沅江支流舞水、酉水；常年水面面积1km²以上湖泊156个。

（顿佳耀　吕慧珠）

2. 水量及水质　全省多年平均水资源总量达1 689亿m³，2020年水资源总量达2 119亿m³。2020年年底河湖总体水质达到并优于Ⅲ类水质标准。

（顿佳耀）

3. 水利工程　全省已建成大小水库13 737座[大型水库50座，中型水库366座，小（1）型水库2 022座，小（2）型水库11 299座]；5级以上堤防13 287.0km。各类水闸34 827座（大型水闸151座，中型水闸1 118座，小型水闸33 558座）；泵站53 293处（大型泵站14处，中型泵站277处，小型泵站53 002处）；小水电站4 274座，装机容量631.82万kW；农村供水工程39 984处，覆盖供水人口4 857万人；各类水文测站3 964处。

（顿佳耀）

【重大活动】　湖南省先后发布6道总河长令，分别就各级河长全面履职、全面清理整治"僵尸船"、重

点排污源整治、加强饮用水水源保护、河湖"清四乱"、开展大通湖流域综合治理等重点工作进行安排部署。围绕河湖突出问题分年度制定并明确河长制湖长制年度重点任务，全省各地各部门紧密配合，协同推进取水工程核查登记整改提升、坝前垃圾清理、畜禽退养、河道采砂和砂石码头整治、黑臭水体治理、沟渠清淤、"僵尸船"整治、退耕还林还湿等问题整治。

（石林）

【重要文件】　2017年7月26日，湖南省人民政府办公厅印发《湖南省水利财政事权与支出责任划分办法（试行）》（湘政办发〔2017〕43号）；10月20日，湖南省河长制工作委员会印发《河长制工作考核办法（试行）》（湘河委〔2017〕3号）；11月10日，湖南省人民政府办公厅印发《湖南省湿地保护修复制度工作方案》（湘政办发〔2017〕62号）；12月20日，湖南省河长制工作委员会办公室印发《资水流域市县河长制工作联席会议指导意见（试行）》（湘河委办〔2017〕20号）。

2018年2月13日，湖南省人民政府办公厅印发《统筹推进"一湖四水"生态环境综合整治总体方案（2018—2020年）》（湘政办发〔2018〕14号）；4月30日，中共湖南省委办公厅、湖南省人民政府办公厅印发《关于在全省湖泊实施湖长制的意见》（湘办〔2018〕17号）；7月17日，湖南省河长制工作委员会印发《湖南省省级河长湖长责任联系单位工作规则》（湘河委〔2018〕5号）；8月14日，湖南省水利厅、湖南省国土资源厅印发《关于做好全省河湖管理范围划定工作的通知》（湘水发〔2018〕22号）；11月9日，湖南省交通运输厅印发《关于加强长江湖南段港口岸线管理的通知》（湘交港航〔2018〕188号）；12月19日，湖南省河长制工作委员会办公室印发《酉水流域河长制工作联动制度（试行）》（湘河委办〔2018〕22号）；12月21日，湖南省河长制工作委员会印发《河长制湖长制会议制度》（湘河委〔2018〕8号）；12月25日，湖南省河长制工作委员会办公室、湖南省公安厅印发《湖南省全面推行河长制湖长制联合执法制度》（湘河委办〔2018〕23号）。

2019年4月19日，湖南省河长制工作委员会办公室印发《对河长制湖长制工作真抓实干成效明显地区进一步加大激励支持力度的实施办法》（湘河委办〔2019〕6号）；5月5日，湖南省河长制工作委员会印发《湖南省2019年实施河长制湖长制工作要点》（湘河委〔2019〕2号）；6月6日，湖南省河长制工作委员会印发《2019年度湖南省河长制湖长制

工作考核细则》（湘河委〔2019〕3号）；7月15日，湖南省河长制工作委员会办公室印发《湖南省河长制湖长制工作社会监督举报管理制度（试行）》（湘河委办函〔2019〕8号）；9月9日，湖南省河长工作委员会办公室印发《样板河湖建设评估验收标准》（湘河委办函〔2019〕12号）；12月5日，湖南省财政厅、湖南省水利厅印发《湖南省水利发展资金管理办法》（湘财农〔2019〕59号）。

2020年3月4日，湖南省河长制工作委员会印发《关于调整湖南省河长制工作委员会办公室领导设置的通知》（湘河委〔2020〕2号）；3月23日，湖南省水利厅、湖南省自然资源厅印发《关于做好全省水利工程管理与保护范围划定工作的通知》（湘水发〔2020〕8号）；4月16日，湖南省河长制工作委员会办公室印发《隋忠诚副省长在2020年第一次省河长办主任会议上讲话》（湘河委办〔2020〕2号）；4月16日，湖南省河长制工作委员会办公室印发《2020年第一次省河长办主任会议纪要》（湘河委办〔2020〕3号）。

（顿佳耀）

【地方政策法规】

1.《湖南省实施〈中华人民共和国土壤污染防治法〉办法》 2020年3月通过的《湖南省实施〈中华人民共和国土壤污染防治法〉办法》与水污染防治密切相关，明确了矿山地质环境监测、治理和恢复责任；要求采用科学的开采方式和先进选矿工艺，减少废水向环境的排放量；禁止在长江干流岸线、国家规定的长江重要支流岸线和洞庭湖岸线限制范围内新建、改建、扩建尾矿库。

2.《湖南省饮用水水源保护条例》 《湖南省饮用水水源保护条例》（以下简称《条例》）经湖南省十二届人大常委会第三十三次会议通过，于2018年1月1日起施行。《条例》共七章四十二条，从适用范围、政府及相关部门具体职责、饮用水水源地确定、饮用水水源保护区划定、水源保护措施、监督管理、法律责任等方面对饮用水水源保护与管理作出具体规定。《条例》在总结湖南省饮用水水源保护工作实践经验的基础上，突出地方特色，坚持保护优先，具有很强的针对性和可操作性。

3.《湖南省湘江保护条例》 根据2018年11月30日湖南省第十三届人民代表大会常务委员会第八次会议《关于修改〈湖南省湘江保护条例〉的决定》修正，结合党中央、国务院对水资源保护、水污染防治提出的新理念和新要求，增加了全面推行河长制湖长制、生态保护红线、黑臭水体治理、环境质量信息公开等内容。根据各地湘江保护工作实践中发现的具体问题，对流域保护执法能力建设、河道采砂监管、河道保洁、非金属矿开采和过鱼设施管理等作出了具体规定。

4.河长制湖长制实施意见 2017年，湖南省委办公厅（以下简称"省委办公厅"）、湖南省人民政府办公厅（以下简称"省政府办公厅"）联合印发《关于全面推行河长制的实施意见》，明确实施河长制的要求、形式、任务、措施；2018年，省委办公厅、省政府办公厅联合印发《关于在全省湖泊实施湖长制的意见》，明确实施湖长制的目标、任务、措施。全省14个市（州），146个县、市、区（园区），1985个乡、镇出台河长制实施意见（方案）。

（唐少刚　袁再伟　顿佳耀）

【专项行动】 湖南省全面落实《洞庭湖生态经济区规划》，组织实施洞庭湖水环境综合治理五大专项行动和生态环境整治三年行动计划，推进洞庭湖十大标志性工程。从2017年以来，开展湖区沟渠塘坝清淤、畜禽养殖污染整治、河湖围网养殖清理、河湖沿岸垃圾清理、重点工业污染源排查等五大专项行动。2018年连续实施三年行动计划，拆除下塞湖矮围、禁养区畜禽养殖全部退出、自然保护区全面禁采、砂石码头全部停采、核心区欧美黑杨全部清除、94家制浆造纸企业全部关停等一系列举措，扭转了洞庭湖生态环境恶化的趋势。

湖南省委书记、省长先后签发2个省总河长令，开展非法采砂船舶等"僵尸船"清理整治和非法采砂等河湖"四乱"问题整治行动，坚持河长挂帅、分级负责、部门联动，形成齐抓共管强大合力。推动河道采砂管理立法，修订《湖南省河道采砂管理办法》，强化长效管理制度保障。大力推广"政府主导、部门监管、公司经营"的统一开采管理模式，实现规模化、集约化开采。

（段志明　肖通）

【河长制湖长制体制机制建立运行情况】

1.构建河长湖长组织体系 落实党政同责要求，建立省、市、县、乡四级河长制湖长制，全国率先建立省、市、县、乡、村五级河湖长体系，明确河湖长5.1万余名，湖南省委书记、省长分别任省第一总河长、省总河长，分管副省长担任湖南省河长制办公室（以下简称"湖南省河长办"）主任。省、市、县、乡、村参照省的模式，设立河长办。

2.建立河长制湖长制工作机制 省、市、县、乡制定会议制度、信息共享、信息报送、工作督查、工作考核验收、社会监督举报管理等六项制度，搭建了统筹上下游、左右岸的河湖保护工作协调和综合整治平台；定期组织考核，将考核结果作为党政领导干部综合考核评价、自然资源离任审计的重要依据，将河长制湖长制纳入政府真抓实干督查激励，对18个市、20个县进行激励表扬。 （顿佳耀）

【河湖健康评价】　将河湖健康评价作为评估河湖健康状态、科学分析河湖问题、强化落实河湖长制的技术手段，组织开展河湖健康评价工作试点。以河湖问题为导向、以评价结果为依据、以两山理论为目标，逐步推动河湖生态健康发展，实现河湖生态永续利用，组织开展省级典型河流渌水、涟水健康评价。 （张恒恺）

【"一河（湖）一策"编制和实施情况】　按照《湖南省"一河（湖）一策"编制实施方案（2018—2020）》（以下简称《实施方案》），组织编制了15条（个）省级、199条（个）市级、2 033条（个）县级河（湖）。依照实施方案，紧紧围绕防洪安全、水资源保护、水域岸线管理保护、水污染防治、水环境治理、水生态修复、执法监管等方面，以问题为导向，落实河湖管理问题、目标任务、措施和责任清单。"一河（湖）策"实施以来，全省河湖面貌发生了明显变化。 （石林　顿佳耀）

【水资源保护】

1. 水资源刚性约束　出台湖南省最严格水资源管理实施方案和考核办法，建立省市县三级水资源管理"三条红线"分年度指标体系，2017年以来均以良好等级通过国务院对湖南省政府考核，省用水总量均控制在红线指标范围内，用水效率稳步提升，为湖南省经济社会发展提供了可靠的水资源保障。

2. 节水行动　以增效为引领，出台《湖南省节约用水管理办法》，修订颁布《湖南省用水定额》，印发《国家节水行动湖南省实施方案》，建立省级节约联席会议制度，建立国家、省、市、县四级重点监控用水单位名录。推进节水型社会建设，推动建成26个县域节水型社会达标建设县、108个水利行业节水机关、20所节水型高校、181家省级节水型公共机构。

3. 生态流量监管　以安全为原则，出台《湖南省主要流域水量分配方案》《湖南省主要河流控制断面生态流量方案》，强化水资源管理配置，颁发湖南省水利系统首张行政许可电子证照—韶山灌区取水许可电子证照。推进取水工程（设施）核查登记整改提升，共完成10 794个项目整改。

4. 全国重要饮用水水源地安全达标保障评估以保护为目标，批复实施《湖南省水功能区划（修编）》，制定《湖南省水功能区监督管理办法》，逐月发布《湖南省水环境质量状况通报》，推进水功能区管理。印发《湖南省入河排污口监督管理办法》，在全国范围内率先开展入河排污口排查整治，核查登记各类入河排污口4 146处，完成饮用水水源保护区内182个入河排污口整改销号。出台《湖南省饮用水水源保护条例》，公布《湖南省重要饮用水水源地名录》，推进124个省级重要饮用水水源地安全保障达标建设。印发《湖南省关于加快推进水生态文明建设的意见》，指导长沙、郴州和株洲、凤凰、芷江分两批完成了全国水生态文明城市建设。 （尹黎明　于思洋）

5. 取水口专项整治　按照水利部和长江委的统一安排部署，湖南省于2019年2月启动全省取水工程（设施）核查登记整改提升工作，按照"先核查、后登记、整改提升贯穿全程"的总体安排，坚持问题导向，按照"一口一策"原则，逐一建立台账，倒排工期，于2019年年底完成核查登记工作，全面摸清3万多处取水项目、5万多个取水工程取用水管理现状。针对核查登记发现的1万多处需要退出和整改的取水项目，逐个进行复核、认定，建立问题台账，分类制定整改方案，提出整改措施和完成时限，明确责任单位，逐一销号落实，于2020年12月完成整改提升任务。同时，湖南省以此次整改提升工作为契机，运用工作成果，完善了取水许可日常监管制度，提升了水资源管理执法水平。 （闫冬　郭文娟）

6. 水量分配　为落实最严格水资源管理制度，促进流域水资源的合理配置和有效保护，维系流域良好生态环境，经湖南省人民政府同意，湖南省水利厅于2019年1月14日印发《湖南省主要流域水量分配方案》（以下简称《分配方案》）。《分配方案》按照总量控制、节水优先、公平公正、尊重历史、兼顾未来、民主协商与行政决策相结合的原则，在水利部、珠江委、长江委下达湖南省及湖南省人民政府下达各地级行政区的用水总量控制指标范围内，明确了湘江、资水、沅水、澧水、洞庭湖环湖区、长江干流（城陵矶至湖口右岸）、赣江（栋背以上）、北江（大坑口以上）、桂贺江、柳江等10个流域内各地级行政区多年平均年水量分配份额，不同来水频率下的主要控制断面下泄水量指标和生态基流等控制指标；提出了加强组织领导、强化水资源节约利用、加大水生态保护力度、加强流域水资源统一调度等保障措施。 （闫冬　郭文娟）

【湘江流域管理】　以湘江为突破，把湘江保护和治

435

理作为湖南省一号重点工程，成立湘江保护协调委员会，省委书记任主任。颁布施行《湖南省湘江保护条例》。关闭"散乱污"企业 1 563 家、涉重企业 1 200 余家，完成五大重点区域搬迁改造，河湖治理初见成效，河湖水质和生态环境得到明显改善；到 2019 年年底，湘江全流域Ⅰ～Ⅲ类水质断面比例达 98.7％，干流 39 个断面全部达到Ⅱ类水质。

（尹黎明　于思洋）

【水域岸线管理保护】

1. 河湖管理范围划界　湖南省水利厅、湖南省河长办联合湖南省、自然资源厅等部门印发了相关文件，制定了方案编制大纲和技术导则，明确工作责任主体、技术标准、工作步骤及相关要求，并下发工作底图，下达工作经费，开展培训指导、督导检查，全面推进落实全省河湖划界工作。市、县两级水利部门会同自然资源部门组织技术支撑单位，积极开展划界工作。截至 2020 年年底，湖南省流域面积 50km^2 以上河流及常年水面面积 1km^2 以上湖泊的划界工作全部完成。划定 1 301 条河流，涉及管理范围线长 99 466.22km；划定 156 个湖泊管理范围，涉及管理范围线长 6 313.64km。

2. 河湖岸线保护与利用规划编制　部署开展省市级领导担任河长、湖长的河湖岸线保护与利用规划编制工作。资水干流、沅江干流、澧水干流和洞庭湖区等 4 个省管河湖由湖南省水利厅组织编制（长江干流湖南段、湘江干流及洞庭湖入江水道濠河口至城陵矶段由长江委完成编制），另外 9 个省级领导担任河长、湖长的河湖和各市级领导担任河长、湖长的河湖岸线保护与利用规划由属地市级水行政主管部门组织编制。

3. "四乱"整治　持续开展河湖"清四乱"常态化规范化。将"清四乱"纳入年度河湖管理和河长制工作要点，按"属地为主、部门联动"的原则，将巡河巡湖日常化，水利部门牵头摸排辖区内"四乱"问题，各级河长办积极组织协调和督察督办，各级河长亲自挂帅，组织有关责任单位严格按要求进行清理整治。对领导批示、上级交办、省级卫星遥感核查以及群众信访举报等问题，建立了全面翔实的问题台账，并将重点难点问题纳入省纪委监委"洞庭清波"专项行动，督促整改。全省共排查出 848 个问题，全部完成整改销号，共拆除违法建筑面积 8.72 万 m^2，清理非法占用河湖岸线 128.95km，清理建筑和生活垃圾 49.08 万 t，清除围堤 453.32km，打击非法采砂船只 141 艘，整治非法采砂点 176 个、非法砂石 10.75 万 m^2，清除围网养殖

14 040hm^2。

（罗宋冰　吕慧珠）

【水污染防治】

1. 排污口整治　2019 年 2 月，根据生态环境部《长江入河排污口排查整治专项行动工作方案》要求，湖南省生态环境厅组织长沙、株洲、湘潭、衡阳、岳阳、永州等沿江 6 市，按照"排查、监测、溯源、整治" 4 个步骤，启动长江入河排污口排查整治工作。2019 年 10 月，湖南省生态环境厅完成对长江干流 160km、湘江干流 800.2km 江段约 5 140km^2 的航拍和解译。2019 年 12 月，沿江 6 市完成二级现场排查和三级攻坚排查，形成初步排口清单。2020 年 12 月，生态环境部向湖南省正式书面移交入河排污口共计 4 497 个。2020 年 12 月，沿江 6 市启动监测、溯源工作。

（陈琪树）

2. 工矿企业污染防治　湖南省自然资源厅大力推进矿业转型绿色发展和生态保护修复工程试点。至 2020 年年底，完成湘江流域和洞庭湖生态保护修复工程试点五大矿区生态修复项目主体工程，以及湖南省长江干流和湘江两岸各 10km 范围内 545 座废弃露天矿山修复任务，建成国家级绿色矿山 65 家、省级绿色矿山 205 家，推动生态保护红线和自然保护地内矿业权处置，大幅加快全省工矿企业污染治理进程。

（唐少刚）

3. 城镇生活污染防治

（1）城市生活污水治理。2019 年以来，湖南省持续推进污水收集处理设施建设，全省完成新扩建污水处理厂 21 座，新增处理能力 140.2 万 t/d；提标改造污水处理厂 42 座，新增一级 A 及以上处理能力 311 万 t/d。截至 2020 年年底，全省共建成 163 座县以上城市生活污水处理厂，总设计处理能力 987.4 万 t/d；其中，出水排放标准出水一级 A 及以上标准的 136 座，处理能力达到 909.9 万 t/d，占比达 92.15％。

（2）乡镇污水治理。2019 年以来，按照《湖南省乡镇污水处理设施建设四年行动实施方案（2019—2022 年）》（湘政办发〔2019〕43 号），投资 154 亿元，全省 620 个乡镇新建成污水处理厂和配套管网；新建成日处理污水规模 88 万 t，管网 3 251km。全省具备污水收集处理能力的乡镇总数达到 914 个，较 2018 年年底翻了两番，建制镇污水处理设施覆盖率达到 77％。长沙、岳阳、益阳、常德、张家界等 5 市实现 100％全覆盖，59 个县、市、区的建制镇污水处理设施全覆盖。

（林海）

4. 畜禽养殖污染

（1）推进畜禽粪污资源化利用。2017—2020 年，

中央投资 26.56 亿元支持 65 个畜禽养殖大县，湖南省财政安排资金 3.1 亿元支持 44 个非生猪调出大县，实施畜禽粪污资源化利用整县推进项目。全省农业农村（畜牧水产）部门全力推进项目建设，坚决打好畜禽养殖污染防治攻坚战。

（2）推进农药使用量零增长行动。按照农业农村部《到 2020 年农药使用量零增长行动方案》的总体要求，湖南省把农药减量作为落实绿色发展新理念、推进农业供给侧结构性改革的突破口来抓，坚持以农作物病虫害防控新测报、新方式、新技术、新药械、新产品"五新同步"为抓手，以农作物病虫全程绿色防控和专业化统防统治为载体，同步实现有效控害和农药减量，全力保障农产品质量安全，取得可喜成效。通过实施精准监测防控、大力推广应用新型农药和科学用药技术、推进植保施药机械更新换代等有效措施，全省化学农药有效利用率得到进一步提高。据湖南省农业农村厅植保部门统计，连续 4 年实现农药使用量负增长。 （胡斌清）

5. 水产养殖污染

（1）严格落实水域滩涂养殖制度。截至 2018 年年底，湖南省 14 个市（州）、有编制任务的 102 个县（区、市）完成水域滩涂规划的编制与政府发布工作，科学划定禁养区、限养区和养殖区。

（2）天然水域禁止投肥养鱼。2018 年下发《关于加强规范天然水域养殖行为监管工作的通知》（湘牧渔发〔2018〕69 号）等系列文件，规范河流、湖泊等天然水域养殖行为，落实天然水域禁投工作，加强天然水域养殖行为监管。湖南省江河、湖泊等天然水域已全面禁止投肥养鱼，洞庭湖及湖区大型湖泊网箱养殖全面退出。

（3）清理拆除饮用水水源一级保护区的养殖网箱。2018 年，湖南省在开展湘江保护与治理第一个三年行动的基础上进一步排查饮用水水源保护区内养殖网箱，依法拆除饮用水水源保护区网箱 866 口。截至 2018 年年底，洞庭湖区三市（常德市、岳阳市、益阳市）完成全部矮围网围拆除任务，共拆除矮围网围 472 处，拆除围堤 2 818.04km。2020 年 11 月，完成非饮用水水源地水库保留渔业水域 4‰ 网箱网栏拆除工作，共拆除网箱 156 万 m^2、围栏网片 154.4 万 m^2。

（4）升级改造洞庭湖区精养池塘。根据《洞庭湖生态环境专项整治三年行动计划（2018—2020 年）》（湘政办发〔2017〕83 号），通过精养池塘鱼稻轮作、精养池塘工程化循环水养殖设施改造等方式方法，持续推进洞庭湖区精养池塘改造工作。2018—2020 年，累计完成 5.03 万 hm^2 改造任务。

（5）大力提倡健康养殖。坚持将水产健康养殖示范创建作为渔业绿色发展的抓手，开展"健康养殖示范创建"活动，到 2020 年年底全省共创建国家级水产健康养殖示范场 414 家，创建国家级渔业健康养殖示范县 4 家（汉寿县、资阳区、望城区、安乡县）。 （丁浩）

6. 农业面源污染防治

（1）自 2017 年以来，湖南省深入推进化肥使用量零增长行动，按照"精、调、改、替"技术路径，推进精准施肥，调整化肥施用结构，改进施肥方式，全省施肥结构渐趋合理，农作物化肥使用量连续 4 年保持负增长：全省化肥使用量由 2017 年的 245.26 万 t 减少至 2020 年的 223.73 万 t，有效减轻了化肥对环境的负面影响。

（2）提升农作物病虫害监测预警能力。推进专业化统防统治和绿色防控，推广新型高效植保机械，普及科学用药技术，推进各项农药减量措施。2020 年，湖南省农作物绿色防控技术应用面积超 157.33 万 hm^2，主要农作物病虫害专业化统防统治服务面积达 175.6 万 hm^2，植保无人机保有量 4 617 台。

（吴远帆 王标）

7. 船舶港口污染防治

（1）开展僵尸船整治。2018 年，按照湖南省总河长 2 号令的要求，全省共清理处置"僵尸船" 3 193 艘、各类"三无"船舶 1 118 艘、非法钓鱼平台 306 处。

（2）开展船舶污染物接收、转运及处置能力建设。2019 年，根据湖南省河长办要求，督促各市（州）开展船舶污染物收集点建设，并下发湖南省船舶污染物收集点建设补助资金相关事项的通知等文件。

（3）港口污染防治。督促各市（州）开展码头自身环保设施改造，完善港口码头环保手续，建设港口防污设施。开发建立港口船舶污染物接收、转运及处置联单监管信息系统，并投入使用。组织开展长江岸线港口污染环境突出问题整治和全省港口码头污染防治相关工作。开展一湖四水非法码头整治和砂石码头整治工作。

（刘双名）

【水环境治理】

1. 饮用水水源规范化建设 自 2017 年以来，湖南省落实习近平总书记关于"决不把饮水不安全问题带入小康社会"等一系列指示精神，按照生态环境部的部署安排，大力加强集中式饮用水水源保护。2020 年，湖南省多管齐下、多头发力，解决了一批水源水质超标问题，规范化建设日趋完善、水源水质总体持续呈向好趋势，安全保障能力逐年提升。

2. 黑臭水体治理　湖南省地级城市建成区黑臭水体总数为184个，截至2017年年底完成整治129个，全省平均消除比例达到70%；截至2018年年底完成整治163个，全省平均消除比例达到88%；截至2019年年底完成整治173个，全省平均消除比例达到94%；2018年以来，共发现县级黑臭城市建成区黑臭水体218个，完成整治189个，平均消除比例达到86.7%；均提前达到考核要求。

3. 农村水环境整治　2017年以来，湖南省推进乡镇污水处理设施建设工作。印发《湖南省乡镇污水处理设施建设四年行动实施方案（2019—2022年）》《湖南省住房和城乡建设厅等8部门关于建立绿色通道加快城乡污水处理设施建设前期工作的通知》《关于进一步完善全省乡镇污水处理收费政策和征收管理制度的通知》《城乡污水治理PPP模式操作指引》《通用合同范本》《湖南省农村生活污水排放标准》《关于做好利用抵押补充贷款资金支持农村人居环境整治工作的通知》等资金筹措、技术标准、运行模式、资金奖补政策的方案、配套政策和技术文件，建立了解决问题的协商机制和绿色通道。将乡镇污水处理设施建设纳入河长制湖长制和污染防治攻坚战"夏季攻势"。截至2020年年底，全省有634个乡（镇）建成（接入）污水处理设施，1 476个乡（镇）完成排水规划编制，并进行了技术审查。长沙市、洞庭湖区域所有乡（镇），全国重点镇，以及湘资沅澧干流沿线建制镇实现污水处理设施全覆盖。

　　　　　　　　　（周天贤　林海　赵鹏凯）

【水生态修复】

1. 退耕还湿　为推进洞庭湖系统治理，提高洞庭湖湿地生态服务功能，2017年以来实施退耕还湿面积2 946.67hm²，改善了湿地生态状况，增加了野生动植物栖息地。

全流域开展退耕还林还湿试点。根据湘江保护与治理"一号重点工作"和"在湘江两岸开展退耕还湿、退耕还林试点"工作部署，2017年推动湘江流域8市启动退耕还林还湿试点，2018年又将退耕还林还湿试点推广到全省湘、资、沅、澧四水流域，涵盖14个市（州）47个县（市、区）57个项目点，累计完成退耕还林还湿面积2 566.67hm²。经检测，水质由近Ⅴ类提升至Ⅳ类甚至局部达Ⅲ类，试点以较低成本，有效减少了入河排污量，改善了入河湖水质和生态环境，实现了源头治理。为推广退耕还林还湿试点经验，2018年开始在长株潭绿心、长江

干流及四水流域开展小微湿地保护与建设试点，累计完成面积超333.33hm²。

2. 生物多样性保护　湖南省已建设水产种质资源保护区39个，水生生物自然保护区6个，保护区总面积45.27万hm²。其中洞庭湖水域及长江水域建设水产种质资源保护区11个、水生生物自然保护区4个，保护区总面积为35.76万hm²；湘江流域建设水产种质资源保护区11个，保护区总面积为2.16万hm²；沅江流域建设水产种质资源保护区10个，保护区总面积为2.04万hm²；资江流域建设水产种质资源保护区4个，保护区总面积为0.92万hm²；澧水流域建设水产种质资源保护区2个、水生生物自然保护区2个，保护区总面积为3.63万hm²；珠江流域建设水产种质资源保护区1个，保护区总面积为0.13万hm²。2017—2020年累计投入增殖放流资金1.22亿元，放流水生生物31.94亿尾（只），产生了较好的生态效益、社会效益和经济效益。2019年9月，湖南省人民政府办公厅制订下发了《关于加强全省水生生物保护工作的实施意见》（湘政办发〔2019〕49号）；2019—2020年，按照党中央和国务院实施长江十年禁渔，按照"一调查一评议三审核三公示"的程序，通过每户必核、每证必查、每船必验、相关部门联合审核比对、审核结果公开公示的方式，开展渔民摸底调查和精准识别工作。按照发展产业、务工就业、支持创业、公益岗位、特困救助等"五个安置一批"思路，分类精准做好退捕渔民转产安置工作。

3. 生态补偿机制建立

（1）推进省际流域横向生态补偿机制建设。

1）建立渝湘酉水流域横向生态补偿机制。2018年12月，湖南省政府与重庆市政府签订《关于酉水流域上下游横向生态保护补偿的协议》，以位于重庆市秀山县与湖南省湘西州交界处的国家考核断面里耶镇的水质为依据，实施酉水流域横向生态保护补偿。协议签订以来，酉水水质稳步提升，年度水质已达到Ⅱ类标准。根据协议和水质情况，湖南省财政厅拨付2019年度、2020年度的补偿资金960万元给重庆市。

2）建立湘赣渌水流域横向生态补偿机制。2019年7月，湖南省政府和江西省政府在江西萍乡签订《关于渌水流域上下游横向生态保护补偿的协议》，以位于江西省萍乡市与湖南省株洲市交界处的国家考核金鱼石断面的水质为依据，实施渌水流域横向生态保护补偿。根据协议和水质情况，湖南省财政厅拨付2019年下半年和2020年的补偿资金1 800万元给江西省。渌水横向生态保护补偿机制建立后，

两省及两市部门之间的合作共治随之跟进，《湘赣边区域河长制合作协议》《渌水（萍水）流域综合治理水利工作合作协议》《渌水流域水污染联防联控合作备忘录》等先后签订。湘赣两省勠力治水，渌水变绿，水质不断提升。根据国家公布的水质评价结果，2019年下半年及2020年，渌水金鱼石断面水质稳定为Ⅲ类，未再出现Ⅳ类水质。

（2）推进省内流域横向生态补偿机制建设。2019年，湖南省财政厅会同省生态环境厅、省发展改革委、省水利厅联合出台《湖南省流域生态保护补偿机制实施方案（试行）》，鼓励相关市（州）、县（市、区）建立跨界流域横向生态补偿机制，共建治理保护工作平台。实施方案出台后，湖南省财政厅下达了生态补偿资金5.26亿元。到2020年年底，湖南省14个市（州）全部签订横向协议，122个县（市、区）有94个签订协议，覆盖率达77%，形成了"共抓大保护"的格局。

4. 水土流失治理及生态清洁小流域建成 2016—2020年，湖南省共完成水土流失治理面积8 177.72km²，其中水利部门治理1 956.46km²，发展改革、自然资源等部门治理5 224.14km²，地方各级政府治理732.22km²，社会力量治理264.90km²。全省国家水土保持重点工程项目水土流失治理1 848.53km²（中央水利发展资金水土保持项目治理1 206.42km²、坡耕地水土流失综合治理项目治理215.06km²、国家水土保持重点建设工程治理294.84km²、农业综合开发水土保持项目治理132.21km²）。建成生态清洁小流域58条。

（周根苗　胡斌清　李炜玮　左双苗）

【执法监管】

1. 联合执法 积极推动将打击非法捕捞、非法采矿采砂专项行动联合执法列入湖南省生态环境保护工作考核，作为一项重要的任务指标。湖南省公安厅每年度定期联合湖南省环保厅、水利厅、农业农村厅、自然资源厅开展省级联合督导。全省各级公安机关联合各行政部门共开展联合执法行动5 033次，检查重点场所19 882处，出动执法人员70 000余人次。2020年9月24日，在湖南省公安厅、农业农村厅、市场监管局和邵阳市委市政府的统一指挥下，对邵阳市邵东市开展渔具市场35家渔具经营门店、12家涉嫌销售电鱼设备零配件的批发门店进行了执法检查；收缴小于最小网目尺寸的丝网274副、地笼网881副、密眼网7 352副，查获麻鱼竿6个、不同规格逆变器（电鱼设备的核心配件）102台、电瓶9个、锂电池55个、充电器64个、LED灯54

个、测电瓶器2个、开关80个，价值共计381 080元。截至2020年年底，打击非法捕捞累计出动执法人员39 731人次、执法车辆9 930辆次、执法船艇5 690艘次。

2. 河湖日常监管 2018年以来，禁止采运砂类船舶转入湖南省，环洞庭湖4市清理整顿采砂运砂船912艘。加强运砂船舶的现场监督检查，要求未作业的采运砂船一律到所在地交通海事部门指定的地点集中停放。结合"扫黑除恶"专项行动，配合水务、砂管、公安等部门对非法采挖砂的开展联合执法，查扣违法采砂船舶10艘，暂扣吸砂船5艘，移交水利（砂管）部门查处3起，移送公安机关行政、刑事拘留船员16人次。

推进长江流域重点水域禁捕退捕。湖南省坚决贯彻落实习近平总书记关于长江"十年禁渔"重要指示批示精神和在湖南考察时重要讲话精神，扛稳"守护好一江碧水"的政治重任。湖南省委成立了由省委书记任第一组长、省长任组长的省禁捕退捕工作领导小组。各市（县）积极响应，成立了由党委、政府一把手为组长的禁捕退捕工作领导小组，统筹推进禁捕退捕各项工作落实、任务落实、责任落实，形成了主要领导靠前指挥、层层抓落实的工作格局。湖南省原省长许达哲签发了《关于切实做好全省长江流域重点水域禁捕有关工作的通知》。禁捕退捕工作启动以来，湖南省各级各部门认真落实党中央、国务院重要决策部署，对标国家相关部委工作要求，强化责任担当，紧扣时序节点，聚焦渔民精准识别、清船清网、渔民安置保障、打击非法捕捞等关键环节，狠抓措施落实，加力加速推进，取得了阶段性重要成效。各任务县（市、区）按照"一调查、一评议、三审核、三公示"的程序，共建档立卡渔船20 376艘、渔民28 588人，回收处置渔船27 763艘，其中持证（事实）渔船20 376艘、其他辅助船只7 387艘；湖南省19 154本捕捞证书全部注销。

（沈浪　刘双名　胡斌清）

【水文化建设】

1. A级旅游景区 湖南省包含河湖及河湖博物馆、河湖主题公园、河湖文化公园等内容的A级旅游景区共有80家，占全省A级旅游景区总量的15%。其中5A级景区5家，4A级景区31家，3A级及以下等级景区44家。根据全国A级旅游景区管理系统统计数据显示，2018年、2019年、2020年年接待旅游人次总和分别为2 408.46万、1 542.27万、2 710.23万，旅游收入总和分别为3.76亿元、3.30亿元、3.32亿元。

2. 水利风景区 截至 2020 年年底, 湖南省已有水利风景区 94 家, 其中国家水利风景区 42 家、省级水利风景区 52 家, 分布在 14 个市(州), 涵盖江河湖库、重点灌区和水土流失治理区等类型。部分水利风景区充分挖掘文化内涵, 形成了景区独有的特色, 如湘潭韶山灌区水利风景区以韶灌精神为核心, 构建了完整的红色文化体系; 怀化芷江和平湖水利风景区将水元素与和平文化进行有机融合, 建设水文化展览厅; 株洲湘江风光带水利风景区依托沿江防洪景观道路工程, 建设水文化宣传长廊; 岳阳市黄盖湖水利风景区留有"茶船古道""天保闸"水闸等珍贵的水文化遗产。

3. 水利文化遗产 自 2016 年来, 湖南省先后启动湘江流域水文化走廊、资水流域水文展示馆和湖南水文展示厅建设; 开展湘江源头立碑、澧水三源头立碑等源头保护系列活动和韶山灌区等工程陈列或展示馆建设。在水利遗产保护传承方面, 2016 年 4 月, 湖南省兴建了洞庭湖博物馆; 通过旅游开发等措施, 加强了"世界水利灌溉工程之奇迹"——新化紫鹊界梯田等水利文化遗产的保护与传承; 2018 年 4 月 19 日, 中国南方稻作梯田(包括湖南新化紫鹊界梯田)在第五次全球重要农业文化遗产国际论坛上, 获得全球重要农业文化遗产的正式授牌; 2020 年, 湖南省建设了省水利科普展示中心, 推出湖南省水文文化建设五年行动方案。

(朱志强 杨建 夏鑫科)

【信息化工作】

1. "水利一张图" 2020 年, 湖南省水利厅与省自然资源厅合作, 利用自然资源厅提供的天地图底图资源, 基于湖南省水利云平台, 打造新版湖南"水利一张图", 为水利业务工作提供查询、统计和历年遥感影像对比等功能, 展示湖南省河流、湖泊和水库等 36 个类别图层资源, 汇聚水利普查、水旱灾害防御、水库注册和水资源等 4 类主要水利数据资源, 向水利部共享河流、湖泊、灌区等 3 个图层, 为 12 个业务处室(单位)信息系统提供图层资源服务支撑, 进一步提升了湖南省水利信息资源共享应用水平, 避免了软硬件资源的重复建设。在建设"湖南水利一张图"的基础上, 开发水资源、防汛、水利工程建设管理、遥感应用和堤防工程数字化等 5 个业务专题应用模块, 实现了主要河流控制断面生态流量实时监测、防洪保护圈建设状态管理、超标准洪水防御预案成果展示等功能, 为水资源、水利工程建设和水旱灾害防御等业务应用提供统一便捷的管理功能, 提升"湖南水利一张图"的大数据分析和辅助决策能力, 逐步实现水利业务协同管理和水利智慧化决策。

2. 河湖长制信息平台 湖南省河长制综合管理信息系统于 2018 年 3 月 22 日上线, 系统集河湖信息、河长巡河、任务落实、统计考核、举报监督等功能于一体, 实现"河长一张图"、基础数据、涉河工程、水域岸线管理及水位、水量、水质监测等信息化、系统化, 利用手机 App 显示断面数据、水功能区、河长公示牌等, 实现河湖信息实时全掌握。

(冯天文 王芳香)

| 广东省 |

【河湖概况】 广东省地处珠江流域下游, 境内河流众多, 主要江河有东江、西江、北江、韩江和鉴江等, 共有河流 2.4 万条余, 总长度为 10.3 万 km。其中, 长度为 50km 及以上的河流 122 条; 流域面积为 50km² 及以上的河流 1 211 条。全省共有湖泊 150 个, 常年水面面积合计 75.51km²。其中, 常年水面面积大于 1km² 的湖泊有 15 个, 其总面积为 59.3km²。

广东省共有 8 411 座水库, 其中, 大型水库 38 座, 中型水库 344 座, 小型水库 8 029 座。广东省已建成水闸 8 312 座, 其中, 大型水闸 146 座, 中型水闸 732 座, 小型水闸 7 434 座。广东省 5 级及以上堤防 4 310 段, 合计 22 868km。已建成海堤 4 343km。

2020 年, 广东省地表水资源量 1 616.3 亿 m³, 较 2019 年及常年分别偏少 21.5% 及 11.2%, 较 2016 年减少 34.0%; 全省大型水库年末蓄水总量 152.9 亿 m³, 较 2020 年年初减少 34.8 亿 m³, 较 2016 年年末蓄水量减少 30.7%。广东省 71 个国考地表水断面的水质优良率达 87.3%, 较 2018 年上升 8.4 个百分点; 168 个省考断面的水质优良率为 86.3%, 较 2016 年上升 8.1 个百分点。2020 年末, 全省 150 个湖泊中, 128 个湖泊水质达到 Ⅲ 类以上, 占比 85.3%。常年水面面积大于 1km² 的 15 个湖泊中, 8 个湖泊水质达到 Ⅲ 类以上。

(刘中峰 郑泳 范泽璇)

【重大活动】 2017 年 12 月 17 日, 韩江入选全国首批 10 条"最美家乡河"。2017 年年底, 广东全面建立省、市、县、镇、村五级河长制, 比中央要求提前 1 年。

2018年1月9日，广东省委、省政府在广州召开全省全面推行河长制工作电视电话会议。广东省委书记、省第一总河长李希，省委副书记、省长、省总河长马兴瑞出席会议并作讲话，对广东省全面落实河长制工作进行再部署、再动员和再推动。6月底，广东全面建立省、市、县、镇、村五级湖长制，比中央要求提前半年。9月18日，广东省委书记、省第一总河长李希主持召开广东省全面推行河长制工作领导小组第一次会议，强调要全面加强水污染治理，大力实施河湖专项清理整治，强化水资源保护与水生态修复，推动实施万里碧道工程，建立健全水生态环境现代化治理体系。10月25日，习近平总书记视察广东时强调，要深入抓好生态文明建设，统筹山水林田湖草系统治理，深化同香港、澳门生态环保合作，加强同邻近省份开展污染联防联治协作，补上生态欠账。11月20日，广东省政府在广州召开全省推进"让广东河湖更美"大行动暨"五清"专项行动，电视电话会议，对河湖"清四乱"专项行动进行再动员再部署，并全面部署开展以清污、清漂、清淤、清障、清违为重点的"五清"专项行动以及"让广东河湖更美"大行动。时任广东省副省长、副总河长叶贞琴出席并讲话。12月5日是国际志愿者日，广东团省委、省文明办、省民政厅、省河长办、省水利厅、省生态环境厅、省文化和旅游厅、省林业局、省志愿者联合会在中山市岐江公园联合举办广东公益志愿文化节集中行动日活动暨"河小青"护河志愿行动启动仪式。团省委书记池志雄等领导出席。

2019年3月22日，"广东十大最美民间河湖长"评选结果公布。3月26日，全国河湖管理工作会议在广州召开，水利部副部长魏山忠同志出席会议并讲话，广东省副省长、副总河长张光军代表广东省在会上介绍典型经验。10月25日，省委书记、省第一总河长李希主持召开广东省全面推行河长制工作领导小组第二次会议，强调要充分发挥河长制湖长制作用，着力解决水生态环境治理的重点问题，高质量推进万里碧道建设，继续完善和落实河长制湖长制，推动各项任务落地见效。

2020年2月23日，水利部在部机关举办"河颜粤色——广东全面推行河长制湖长制工作汇报展"，为期1个月。9月10日，广东省人民政府新闻办举行《广东万里碧道总体规划（2020—2035年）》新闻发布会，广东省水利厅主要领导及省自然资源厅、生态环境厅、住房城乡建设厅、文化和旅游厅负责同志出席发布会，并回答记者提问；省新闻办负责同志主持会议。全网发布相关新闻报道128篇。11月11日，韩江潮州段高分通过全国首批示范河湖建设验收。

11月18日，省委书记、省第一总河长李希主持召开广东省全面推行河长制工作领导小组第三次会议，强调要深入打好水污染防治攻坚战，扎实做好存在问题整改工作，高质量建设万里碧道，进一步压实河长制湖长制责任，建设造福人民的幸福河。

（徐靖　冯炳豪）

【重要文件】　2017年2月22日，广东省水利厅、广东省环境保护厅发布《贯彻落实〈关于全面推行河长制的意见〉加快推进我省河长制工作意见的函》（粤水办函〔2017〕348号）；5月9日，中共广东省委办公厅、广东省人民政府办公厅发布《关于印发广东省全面推行河长制工作方案的通知》（粤委办〔2017〕42号）；6月19日，广东省水利厅、广东省环境保护厅发布《关于贯彻落实〈广东省全面推行河长制工作方案〉实施意见的函》（粤水办函〔2017〕1171号）；7月19日，广东省人民政府办公厅发布《关于成立广东省全面推行河长制工作领导小组的通知》（粤办函〔2017〕447号）。

2018年6月7日，中共广东省委办公厅、广东省人民政府办公厅印发《关于在全省湖泊实施湖长制的意见的通知》（粤办发〔2018〕24号）；7月6日，发布《广东省全面推行河长制工作领导小组关于调整组成人员的通知》（粤河长组〔2018〕1号）；12月10日，中共广东省委办公厅、广东省人民政府办公厅发布《关于印发〈广东省全面推行河长制湖长制工作考核方案〉的通知》（粤委办〔2018〕80号）；9月17日，发布《关于在全省江河湖库全面开展"五清"专项行动的动员令》（1号总河长令）；12月16日，发布《关于开展全面攻坚消劣Ⅴ类国考断面行动的命令》（2018年第1号）；12月3日，广东团省委、省河长办、水利厅、生态环境厅、文化和旅游厅、林业局、志愿者联合会发布《关于印发〈"争当护河志愿者，助力广东河更美"护河志愿行动实施方案〉的通知》（团粤联发〔2018〕38号）。

2019年2月28日，印发《广东省全面推行河长制工作领导小组关于加快推进河湖管理范围划定工作的通知》（粤河长组〔2019〕1号）；同日，印发《广东省全面推行河长制工作领导小组关于加快推进河湖"清四乱"专项行动集中整治工作的通知》（粤河长组〔2019〕2号）。

2019年12月23日，经广东省委、省政府主要领导同意，广东省全面推行河长制工作领导小组印发《广东省全面推行河长制工作领导小组关于建立河长制工作述职机制的通知》（粤河长组〔2019〕6号）。

2020年6月4日，发布《关于印发广东省公安机关全面推行河湖警长制工作实施方案的通知》（粤公通字〔2020〕63号）；7月28日，发布《中共广东省委广东省人民政府关于高质量建设万里碧道的意见》（粤发〔2020〕11号）；8月17日，发布《广东省人民政府关于广东万里碧道总体规划（2020—2035年）的批复》（粤府函〔2020〕147号）；10月15日，发布《广东省人民政府办公厅转发省河长办关于支持万里碧道建设的政策措施的通知》（粤办函〔2020〕268号）；12月2日，发布《广东省全面推行河长制工作领导小组关于成立流域河长办的通知》（粤河长组〔2020〕7号）。　（徐靖　范泽璇）

【地方政策法规】

1. 地方法规　2019年3月28日，广东省第十三届人民代表大会常务委员会第十一次会议修订《广东省河道采砂管理条例》，并于同日公布，自2019年7月1日起施行。2019年11月29日，广东省第十三届人民代表大会常务委员会第十五次会议通过《广东省河道管理条例》，自2020年1月1日起施行，这是广东省为加强河道管理、维护河势稳定、保障防洪安全、改善河道生态环境、发挥河道综合功能而制定的一部地方性法规，为广东省河长、湖长履职和推进河湖管理体系现代化提供了法制保障。《广东省水污染防治条例》由广东省第十三届人民代表大会常务委员会第二十六次会议于2020年11月27日通过，自2021年1月1日起施行。

2. 标准规范

（1）涉河建设项目河道管理技术规范（DB4401/T 19—2019）。

（2）广东省全面推行河长制"一河一策"实施方案（2017—2020年）编制指南（试行）（粤河长办〔2017〕2号）。

（3）广东省河湖及水利工程界桩、标示牌技术标准（粤水建管函〔2016〕1292号）。

（4）广东省河湖管理范围划定技术指引（试行）（粤河长组〔2019〕1号）。

（5）广东万里碧道建设评价标准（试行）（粤河长办〔2020〕64号）。

（6）广东万里碧道设计技术指引（试行）（粤河长办函〔2020〕134号）。　（黄锋华　王辉）

【专项行动】

1. 采砂整治　2016—2020年，广东省水利厅先后部署河湖执法检查、河湖采砂专项整治、整治侵占江河湖泊违法违规建设问题、集中打击水土保持违法行为联合执法、打击"蚂蚁搬家"式河道非法采砂等专项行动共计10余次，全省各级水行政主管部门共办理水事违法案件12 420宗，结案9 032宗，行政罚款52 440万元。广东省公安厅先后开展了打击突出涉水刑事犯罪"飓风""净水"等专项打击整治行动。2018年至今，共破获涉水刑事案件4 560起，刑事拘留犯罪嫌疑人12 653名，逮捕7 010人；成功侦破一大批涉水大要案件，严惩了一批违法犯罪分子，有力维护全省水域治安秩序稳定。

2. 生态河湖建设　广东省坚持以问题为导向，按照1.0基础版、2.0进阶版、3.0高级版的节奏，分步推动河湖保护治理不断升级，实现河湖面貌持续改善。落实水利部河湖"清四乱"专项行动部署，并自我加压，在全省组织开展"五清"（清污、清漂、清淤、清障、清违）专项行动，共排查"四乱"问题15 998宗，拆除非法侵占河湖建筑物14853栋（其中别墅98栋），清理退还河道范围3 779万㎡（面积相当于5 293个标准足球场）。这是专项治理河湖顽疾的1.0基础版。部署实施以防治水污染、改善水环境、修复水生态、保护水资源、保障水安全、管控水空间、提升水景观、弘扬水文化为重点的"让广东河湖更美"三年大行动，这是在解决突出问题之后，对河湖进行综合施策、系统治理的2.0进阶版。经过三年的努力，2020年，全省地表水国考断面水质优良率87.3%，为"十三五"最优水平，劣Ⅴ类国考断面全面消除，近岸海域水质优良率近4年持续改善，城市饮用水水源水质保持高水平达标。在1.0、2.0版本取得阶段性成效的基础上，提出高质量规划建设广东万里碧道，这是以水为纽带，统筹山水林田湖草沙系统治理的3.0高级版。截至2020年年底，全省已累计建成碧道864km，水碧岸美的生态效益和水岸联动发展的经济效益开始显现。

（徐靖　严庆生　曹丽）

【河长制湖长制体制机制建立运行情况】

1. 建立河湖长体系　广东省成立了省全面推行河长制工作领导小组（以下简称"省领导小组"）、省河长办、省水利厅河长办及省五大流域河长办。省委书记担任省领导小组组长、省第一总河长，省长担任常务副组长、省总河长，共设省级河湖长9名。省领导小组成员单位共23个，涵盖了部际联席会议18个成员单位的范围。省领导小组办公室（省河长办）设在省水利厅，主任由分管省领导兼任，常务副主任由省政府副秘书长、水利厅厅长兼任，副主任由省水利厅、自然资源厅、生态环境厅、住房城乡建设厅及农业农村厅分管厅领导担任。省水利厅河长办具体承担省河长办的日常工作，从厅机关处室、直管单位抽调 28 人集中独立办公（同时与厅河湖管理处合署办公，原定行政编制 7 名，2019 年省委编办核增了行政编制 7 名），省水利厅河长办主任同时兼任厅河湖管理处处长。全省设立省、市、县、镇、村五级河湖长 80 430 名，镇级以上全面建立双总河长负责制，河长制工作任务在中央六项基础上升级为七项，比中央要求提前一年建立河长制，提前半年建立湖长制。

广东省五大流域河长办依托省各流域管理局成立，主任由省各流域管理局主要负责同志担任，副主任由流域片区内相关地市政府分管副秘书长担任。

广东省在全面建立五级河湖长体系基础上，还全面建立省、市、县、镇四级河湖警长体系。省河湖第一总警长由副省长、公安厅厅长担任，省河湖总警长由省公安厅常务副厅长担任，省河湖执行总警长及副总警长分别由省公安厅 5 位厅领导担任；各级分别成立河湖警长制工作领导小组、河湖警长办，负责协调推进河湖警长制各项工作落实。

2. 建立河湖长机制　广东省出台了河长会议、信息共享、信息报送、工作督察、考核验收、河长巡查等制度，以及广东省全面推行河长制工作领导小组工作规则、省河长办工作规则、省河长办主任会议制度，全面建立河湖长岗位动态调整、流域统筹、区域协调、部门联动、一年两次集中"清漂"、长效保洁、常态化暗访、工作述职、年度考核、责任追究、智慧管理、志愿服务注册制等一系列机制，推动全省河长制湖长制工作进一步走深走实。

（冯炳豪　徐靖）

【河湖健康评价】　广东省河湖健康评价工作在全省 21 个地市全面铺开，开展了 64 条河流、49 个湖泊和 17 宗水库共 130 个对象的健康评价工作。省、市、县三级已全部完成河湖库建档工作，共完成河湖库建档 5 551 份。
（黄武平）

【"一河（湖）一策"编制和实施情况】　2017—2018 年，组织开展"一河（湖）一策"实施方案编制工作，全省县级以上共编制完成 4 190 个河湖"一河（湖）一策"实施方案，其中省级编制完成东江、西江、北江、韩江、鉴江流域及潼湖"一河（湖）一策"实施方案。
（黄武平）

【水资源保护】　广东省通过实施最严格水资源考核，严控用水总量，提高用水效率，提升水生态系统的质量和稳定性，倒逼各地和各行各业节约保护水资源。同时，严格生态流量监测和地下水水位管控，严格水资源论证和取水许可管理，严抓地下水超采区治理与保护，已编制完成全省地下水管控指标成果，湛江市地下水超采区水位逐年上升。

1. 节水行动　2019 年，经省政府同意，广东省水利厅、广东省发展改革委联合印发《广东省节水行动实施方案》，提出"一个约束、三大领域、四个着力和一系列保障"等九条务实措施，全面实施国家节水行动。"十三五"时期，全省地区生产总值年均增长约 6.0% 的背景下，年用水总量从 443.1 亿 m^3 下降到 405.1 亿 m^3，万元地区生产总值用水量下降 34%，万元工业增加值用水量下降 45%，农田灌溉水有效利用系数由 0.480 提高至 0.514，规模以上工业用水重复利用率由 71.2% 提高至 82.4%，城市供水管网漏损率由 12.8% 下降至 7.83%，均完成国家下达的目标。

2. 生态流量监管　印发第一批重点河湖生态流量保障实施方案，部署实施榕江、练江、龙江、潭江、儒洞河、袂花江等河流生态流量保障工作，逐河建立监测预警机制和管控责任制。印发广东省河湖生态流量保障工作指导意见，继续推进茅洲河等第二批重点河湖生态流量目标确定工作。

3. 全国重要饮用水水源地安全达标保障评估　完成国家重要饮用水水源地安全保障达标建设，水源地安全保障水平不断提高。

4. 取水口专项整治　全面开展取用水管理专项整治行动和水资源管理监督检查，依法规范取用水行为。严格水资源论证和取水许可管理，加强取水监测计量体系建设和规范化管理。全面推广应用取水许可电子证照，省、市、县三级共计 1.3 万余个取水许可证全面完成电子化转换。

5. 水量分配　印发西江、北江、韩江、儒洞河、榕江、练江等 6 条跨市河流水量分配方案，开展西北江三角洲、螺河、龙江、潭江、九洲江、袂花江共 6 条跨市河流水量分配工作，落实分水到河、应分尽分。
（刘坤松　黄锋）

【水域岸线管理保护】

1. 四乱整治　2018 年 7 月以来，广东省全面开展了河湖"清四乱"（清理乱占、乱采、乱堆、乱建）专项行动。截至 2020 年年底，全省共排查整治河湖"四乱"问题超过 2.2 万宗，清理建筑物面积超过 950 万 m^2。

2. 河道管理范围划定　全面完成第一次全国水利普查内流域面积 50km² 以上河流管理范围划定工作（1 211 条，约 3.7 万 km），筑牢全省河湖安全边界，并将所有划定成果信息汇总形成全省河湖管理范围划定的水利"一张图"。组织编制《广东省主要河道水域岸线保护与利用规划》，完成五大流域干流，珠江三角洲和韩江三角洲主干河道的岸线保护和利用规划，规划河道 71 条，岸线长度 2 589km。

3. 采砂管理

（1）坚持制度先行。广东省是全国第一个制定河道采砂管理地方性法规的省份。以《广东省河道采砂管理条例》为基础，建立健全全省河道采砂管理制度，先后印发了包括禁采区可采区划定、开采权招标投标、采砂监理工作、现场监督管理、河砂合法来源证明、执法协作等 10 多项配套规范性文件和制度规定，通过法规和政策性文件等形式逐步完善和补强采砂管理制度，基本实现了河道采砂全流程管理有法可依，采砂管理各环节政策明晰。

（2）认真贯彻落实水利部要求。根据水利部《关于河道采砂管理工作的指导意见》，并结合广东省实际，提出贯彻意见，对全省各地提出切实落实主体责任、严格批准采砂计划和许可、进一步加强采砂现场监管、积极应对砂石供应紧张问题、严厉打击非法采砂行为、强化监督问责、加大宣传力度等 7 项工作要求。

（3）充分发挥河砂资源功能。2016—2020 年，广东省水利厅批复了广东省主要河道河砂开采计划控制采砂量 1 934.8 万 m³，充分发挥河砂的资源功能。谋划长远发展，编制完成《广东省主要河道采砂规划（2021—2025 年）》，规划河道总长度 2 451km，分设可采区 21 个，规划采砂控制总量为 886.6 万 m³。　　　　　　　　　　　（龙俊）

【水污染防治】　2016—2020 年期间，广东省共有地表水国考断面 71 个，2020 年国考断面水质优良比例为 87.3%，劣 V 类断面比例为 0%，达到国家下达的"十三五"考核目标。与 2015 年相比，水质优良断面比例提高 9.8 个百分点，劣 V 类断面比例降低 8.5 个百分点。

1. 排污口整治　2018 年 9 月 17 日，广东省双总河长签发《关于在全省江河湖库全面开展"五清"专项行动的动员令》，经排查，全省共有 15 780 个入河排污口纳入专项行动，其中需要整改的有 11 399 个，截至 2020 年年底，全部完成整治。2020 年 6 月，广东省生态环境厅联合省河长办印发实施《广东省入河（海）排污口排查整治专项工作方案》，

明确排查流域范围，指导各市制定实施方案和现场排查工作方案，截至 2020 年年底，累计排查河长 1.2 万 km，排查排口 3.56 万个。

2. 污染源监管　截至 2020 年年底，纳入自动监控管理的重点排污单位 2 742 家，其中水环境重点排污单位 2 079 家，传输有效率达到 97.10%。建立了"日预警""周督办""月通报"三级督办机制。2019—2020 年，广东省各地在污染源日常监管执法中采用随机抽查方式检查排污单位合计 45 519 家次（其中重点监管 11 087 家次、一般监管 31 784 家次、特殊监管 2 648 家次），检查建设项目 15 974 个（其中重点行业项目 849 个、一般监管行业项目 15 038 个、特殊监管项目 87 个），合计发现并查处环境违法问题 993 个。

3. 城镇生活污染防治　截至 2020 年年底，广东省城市（县城）已建成运行生活污水处理设施 386 座，处理能力达到 2 798 万 t/d，比 2015 年增加 43%，处理能力连续多年居全国首位；全省城市（县城）累计建成生活污水管网约 6.8 万 km，其中 2016—2020 年全省城市（县城）累计新建管网 3.3 万 km，占全省现有总量的 48%；全省 1 127 个建制镇基本实现乡镇生活污水处理设施全覆盖，全省地级以上城市平均生活污水集中收集率从 2018 年的 62.0% 逐年提升到 2020 年的 67.2%。

4. 水产养殖污染防治

（1）通过开展示范创建活动，引导和带动地方全面推进水产绿色健康养殖。"十三五"期间，全省已建立省级以上良种场 69 家，国家级水产健康养殖示范场 467 家，省级水产健康养殖示范场 269 家；集中推广应用 13 个主导品种和 17 项主推技术，促进水产养殖业绿色发展。

（2）大力推进养殖尾水治理处理。截至 2020 年 12 月底，全省 35.38 万亩养殖面积开展了尾水综合治理，治理后养殖尾水均循环利用或达标排放。

5. 农业面源污染防控

（1）农药减量增控。2020 年全省农药使用量下降至 5.15 万吨，比 2015 年减少 18%，水稻农药利用率提高到 40% 以上。2015—2020 年，全省病虫害绿色防控由几种大宗作物扩展到 16 种特色作物，覆盖率由 22.6% 提高到 35.8%；病虫害专业化防治规模化发展，水稻病虫专业化防治覆盖由 19.7% 提高到 42.5%。

（2）化肥减量增效。大力推广配方肥、机械插秧同步侧深施肥等产品和技术模式，建立化肥减量增效示范区 3 401 个，示范面积达到 280 万亩。全省共推广测土配方施肥技术面积达 2.07 亿亩次，2020

年农用化肥使用量下降至 219.8 万 t（折纯），比 2015 年减少 18.4 万 t。全省主要农作物测土配方施肥技术覆盖率 90.8%，化肥利用率提高到 40.2%。

（3）畜禽养殖废弃物资源化利用。2017—2020 年连续 4 年达到国家畜禽粪污资源化利用年度考核要求。2020 年全省畜禽粪污综合利用率、规模养殖场粪污处理设施装备配套率分别达 88.4%、98.6%，超额完成国家考核任务目标，大型畜禽规模养殖场粪污处理设施装备配套率达到 100%。

6. 船舶港口污染防治

（1）完善船舶水污染物港口接收处理设施及加强接收管理。至 2020 年年末，广东省内河港口共有固定设施 552 个、移动设施 27 个；沿海港口共有固定设施 1 250 个、移动设施 110 个；备案的第三方接收单位共 103 家。根据 2020 年交通运输部统计口径，2020 年广东省共接收船舶生活垃圾 10 078t 和 1 227m³、生活污水 6 796t、含油污水 28.7 万 t、化学品洗舱水 1 036t。已形成联合监管机制并有序推进落实。

（2）强化港口污水处理与回用设施技术改造。针对码头面及港区内产生的雨污水等，通过完善码头围闭截污措施，杜绝污水直接入海河。主要港口扩建和改造污水接收和处理设施，推进污水回用系统建设。全省沿海港口的大型码头均按要求配套污水处理回收系统，按需要配备生活污水处理及油污水处理装置，并加强中水回用。

（秦澜 庞妍 周婷婷 叶志超）

【水环境治理】

1. 饮用水水源规范化建设 2018 年 4 月，广东省生态环境厅印发《关于加强和规范饮用水水源保护区划分和优化调整工作的通知》，系统开展水源保护区的优化调整工作。2020 年 12 月，广东省政府印发《关于将乡镇及以下集中式饮用水水源保护区划定方案批复权限委托地级以上市行使的决定》，对水源保护区实施分级管理。至 2020 年年底，全省 21 个地级以上市全面完成集中式饮用水水源保护区统筹优化调整和农村"千吨万人"集中式水源保护区划定工作。全省共划定集中式饮用水水源保护区 1 312 个（市级 128 个，县级 127 个，乡镇及以下 1057 个）。截至 2020 年年底，全省县级以上水源保护区标志警示牌规范化设置率达 100%，新建隔离防护设施 18 091km，统一制作完善全省县级及以上水源保护区矢量信息。

2. 农村水环境整治 2019 年 10 月，广东省生态环境厅牵头印发实施《广东省农村生活污水攻坚

实施方案（2019—2022 年）》，全面部署农村生活污水治理攻坚工作。"十三五"期间，共完成 4 350 个村环境综合整治，2019—2020 年共争取中央农村环境整治资金 2.68 亿元，截至 2020 年年底，全省农村生活污水治理率达 42.2%。2020 年，广东省生态环境厅联合省水利厅、农业农村厅组织指导各市县开展农村黑臭水体排查，先后印发《关于开展农村黑臭水体排查治理工作的通知》《广东省农村黑臭水体排查工作方案》。截至 2020 年年底，117 条农村黑臭水体纳入国家监管清单，159 条纳入省级监管清单。

3. 黑臭水体治理 广东省纳入国家挂牌督办的城市黑臭水体共 527 条，占全国总数约 1/5，全国最多。自 2016 年以来，广东省采取"控源截污、内源治理、生态修复、活水循环"等综合措施，全面治理，截至 2020 年年底，各地自评上报 527 条城市黑臭水体全部基本消除黑臭。

（秦澜 周婷婷）

【水生态修复】

1. 河湖自然保护区 广东省现有国家级湿地公园 27 个，分布在 16 个地市，面积 515km²；省级湿地公园 6 个，面积 13.7km²。广东省生物多样性丰富，其中红树林具有极高的保护价值，总面积约 120km²，占全国红树林总面积的 40% 以上，是全国红树林分布最多的省。沿海浮游生物的种类超过 900 多种，生物量以珠江口海域最高。涉河湖自然保护区 86 个，其中以野生动物类占比最高，达 61.6%，主要保护各种鱼类、两栖类及其生境。根据近年调查成果，广东省共有鱼类 287 种（含河口鱼类），隶属于 19 目 66 科 188 属。

2. 生态补偿机制建立 "十三五"期间，广东省分别和江西省、广西壮族自治区、福建省签署《东江流域上下游横向生态补偿协议》（2016—2018 年、2019—2021 年）、《汀江-韩江上下游横向生态补偿协议》（2016—2017 年、2018 年、2019—2021 年）、《九洲江上下游横向生态补偿协议》（2015—2017 年、2018—2020 年），2016—2020 年度共拨付资金 14.65 亿元至流域上游省份。经共同努力，东江、汀江-韩江、九洲江水质总体稳定。2020 年，东江、汀江-韩江、九洲江流域跨省界考核断面水质年均值达到或优于地表水环境质量Ⅲ类标准，达到考核要求。2020 年 8 月，广东省出台《广东省东江流域省内生态保护补偿试点实施方案》。经监测，2020 年罗浮水、马头福水、江口、东岸 4 个考核断面水质均达到地表水环境质量Ⅱ类标准，达到考核目标。2020 年，省级及地市补偿资金全额拨付至上游地市。

3. 水土流失治理 2016—2020 年，广东省新增水土流失治理面积 5 008.82km²，年均减少土壤流失量 917 万 t，超额完成《广东省水土保持规划（2016—2030 年）》近期（2020 年）任务。根据 2020 年水土流失动态监测成果，全省水土流失面积为 17 636km²，其中轻度侵蚀为 14 350km²，占水土流失面积的 81.37%。全省的水土保持率已由规划基准年（2013 年）的 88.43% 提高到 2020 年的 90.12%，上升了 1.69 个百分点。

4. 生态清洁型小流域 "十三五" 期间，按照 "安全、生态、发展、和谐" 的治理目标，以河道整治为依托，通过水土流失治理，促进生态良性循环，建设生态健康河流，改善人居环境，有序推进生态清洁小流域项目，广东省共完成 88 宗小流域建设。

5. 创建绿色小水电 为贯彻落实习近平生态文明思想，解决小水电影响生态环境、违规建设等问题，广东省全面启动小水电清理整改工作。截至 2020 年年底，累计关停或退出 105 宗电站，累计创建 46 宗绿色小水电示范电站。（白堃　秦澜　马婧）

【执法监管】

1. 联合执法 2016 年以来，广东省水利厅先后联合广西壮族自治区水利厅、广东省公安厅、广东海事局等有关部门及沿河两岸市（县）公安、水利、海事等部门，开展省、市、县联合执法行动共 18 次。2017—2019 年，广东海事局先后启动了 "平安西江" "平安北江" "平安韩江" 共建行动；广东省生态环境厅组织开展全省集中式饮用水水源地环境保护专项行动，共投入资金约 111.02 亿元，完成 1 412 个环境问题整治。

2. 河湖日常监管 广东省各级河长、湖长带着问题清单巡河，累计巡查河湖 1 387.2 万人次，有效解决了大批影响河湖健康的重点难点问题。深入推进河湖 "清四乱" 常态化规范化，严格管控新出现河湖 "四乱" 问题，防止已整治问题反弹。加强涉河建设项目管理，遵循确有必要、无法避让河湖管理范围的原则，严格涉河建设项目审查和事中、事后监管，共开展事中、事后监管 752 次。采用 "四不两直" 的方式，对相关河长及治水责任部门开展菜单式随机抽查，对重点工作实行 "一市一单" "一月一通报" "一月一约谈" 制度，2020 年先后 4 次约谈有关地市。通过明确以暗访为主发现真实问题 "一个基调"，建立线索台账、整改台账 "两个台账"，发挥专业工作组、第三方机构、社会公众 "三种力量"，用好网络、报纸、电视、广播、政务信息等 "多个曝光台"，建立河长制暗访工作常态化机制。

2017—2020 年，省、市、县、镇四级发出河长令 1 236 次，督导 35 732 次，发出督办函 24 590 件。

（严庆生　秦澜　叶森）

【水文化建设】

1. 水文化传承 广东省河流众多、水网发达，河流水系对广东历史发展和城乡建设有着重要作用，承载着广东人民自古以来治水用水的物质文化和精神文化。水利文化是水文化的主体，是历史上人们生活生产的重要基础。近年来广东省愈加重视水文化保护和发展，并取得一定进展。佛山市南海区桑园围成功申报 "2020 年度世界灌溉工程遗产"，成为首个以基围水利为主体的世界灌溉工程遗产。深圳市在茅洲河碧道旁建成茅洲河展示馆。广东省西江流域管理局、珠海市水务局、金湾区人民政府三方建成万里碧道建设展示馆。惠州市建成金山河整治展览馆。江门市计划每个县（市、区）各打造一个治水教育基地，目前鹤山市、蓬江区治水展厅均已建设完成。

2. 发掘弘扬韩江水文化

(1) 创建韩江潮州段全国示范河湖。以把韩江建成 "留住情感的河流" 为目标，打造水文化传承弘扬的示范。韩江流域充分挖掘潮汕、客家、红色、华侨等文化特色，沿江打造一系列文化展示节点，有机串联两岸历史文化资源，建设以 "韩江潮客文化长廊" 为主题的特色碧道。建成纪念粤东 "左联" 文化人的红色之旅——南粤 "左联" 之旅。"韩江南粤 '左联' 纪念堤岸整治工程" 成为广东唯一入选水利部第三届水工程与水文化有机融合案例的项目。

(2) 广泛传播韩江文化。潮州市建成韩江展示馆、广东河长制宣传通廊，创作原创歌曲《Loving you 韩江》《护水文化白皮书》《韩江水文化系列丛书》等创新性宣传作品。组织开展以韩江为主题的书画、征文、摄影比赛、移动党课等各类活动。

(3) 大力弘扬护河文化。韩江流域连续 17 年举办韩江徒步节，参加人数累计达 20 余万人。广东省韩江流域管理局每年选聘一批韩江 "民间河长"。广东省韩江流域管理局与韩江流域四市团市委、河长办共同签订《"韩江母亲河" 志愿保护合作共识》。潮州市将每月 10 日定为 "各级河长巡河日"，成立河湖保护志愿服务队 13 支。

（孙少华　彭思远　陈昌权）

【信息化工作】

1. 构建 "一网统管" 水利一张图 省域治理 "一网统管" 水利专题，充分整合水利现有信息化成果，全面汇聚全省 6 268 个河道、水库水雨情实时监测数据，1 786 个视频监控数据，全省取用水、水利工程投资和建设数据，水库、水闸、堤防、水电站等水利工程基础数据和业务管理数据；整合接入气象降雨实时监测和预测预报数据。围绕水安全、水资源、水环境、水生态、水工程构建水利专题应用，实现水安全风险防御、水资源管理、水工程监管一网纵观全局、一网态势感知。

2. 建设"广东智慧河长"平台　结合广东省实际情况，按照"先行先试、急用先行"的原则，广东省河长办采取"总体规划、分期建设"的方式打造"广东智慧河长"平台。于 2017 年 10 月建设了广东省河道信息查询与公众服务平台（"广东智慧河长"一期项目），实现了全省 50 km² 以上河流的信息查询与公众服务，整合省级水利信息化的基础数据和资源，开通公众参与河长制监督管理的渠道，为广东省全面推行河长制提供基础信息服务。基于一期项目，于 2020 年 7 月完成广东省河湖信息汇集展示及智慧河长平台提升项目（"广东智慧河长"二期项目），建设集智慧管理平台、移动管理平台、微信公众号、企业微信、微信小程序等于一身的河长信息化系统，串联了全省五级河长、四级河长办及成员单位，实现河长履职指尖通办，河湖事件智能分发派遣任务，高效流转闭环办理，构建"掌上治水圈"。该平台被评为广东省电子政务优秀案例、荣获水利部先进实用技术奖。2020 年 11 月，"广东智慧河长"服务项目（三期）完成立项工作，拟在现有平台基础之上，以"互联网＋"思维打造智能化业务平台，充分运用云计算、物联网、大数据、人工智能等新一代信息技术，强化河长制业务与信息技术深度融合，深化业务流程优化和工作模式创新，以实现"管理精细化、业务流程化、巡查标准化、考核指标化、决策智慧化"。

3. 开通"河长热线"　广东省河长办于 2020 年 3 月开通广东河长热线（10101101），据统计，河长热线电话开通近 1 年来，每月接通公众投诉数量总体呈上升趋势，共接通 621 件公众投诉事件，完成处理有效投诉事件 206 件，保证公众投诉的问题得到有效解决。实现了群众投诉电话的精准转拨、自动分派、限时办理、全程跟踪、公开评价，让"开门治水"真正落到实处。

（陈婉莹　卓东杭）

其他。高质量建设万里碧道是广东省委十二届四次全会作出的重大部署，是广东省贯彻落实习近平生态文明思想、全面推行河长制湖长制的创新举措。截至 2020 年年底，全省已累计建成 864 km

碧道。

1. 顶层设计全面完成　《中共广东省委广东省人民政府关于高质量建设万里碧道的意见》《广东万里碧道总体规划（2020—2035 年）》先后出台，绘就了万里碧道一张大蓝图。广东省河长办制定出台了《关于支持万里碧道建设的政策措施》，联合省自然资源厅印发《关于进一步规范万里碧道建设用地的通知》，并在出台万里碧道设计技术指引、建设评价标准等技术标准的基础上，研究制定碧道建设和管理安全标准和水质监测及评价方案，建立起一套健全的政策措施及技术标准体系。

2. 碧道建设牵引水生态环境明显改善　据广东省河长办委托研究机构对已建成碧道开展的总结评估结果，碧道牵引水安全提升、水环境治理和水生态修复作用明显。已建成的 864 km 碧道，河段水质明显改善，全面消除了碧道河段黑臭水体，Ⅴ类和劣Ⅴ类水的河段长度减少了 94.6 km，降幅为 51.0%，实现碧水畅流；碧道建成后堤防全部达到规划确定的防洪标准，新增防洪（潮）排涝达标和提升防洪标准河长 242.9 km；新增生态岸线长度 496.2 km（按河道单侧计算），生态岸线所占比例由建设前的 28.3%增加至建成后的 57.0%，两岸新增绿化面积 2.93 万亩。

3. 省级碧道试点建设全面完成　2019 年 4 月，广东省河长办在全省范围结合各地的历史文化、田园风光、岭南山水等鲜明特色，串联和挖掘散落在河湖水系周边的地域文化和特色资源，因地制宜开展碧道建设，遴选出"1＋10"（1 个粤港澳大湾区碧道和 10 个粤东西北地区碧道）省级碧道试点，截至 2020 年年底全部建成。实现了经济效益、社会效益、生态效益的有机统一，推动了碧道沿线休闲体育、文化、旅游等产业融合发展，为乡村振兴和全面打赢脱贫攻坚战带来强劲动力。

（范菲芸）

┃广西壮族自治区┃

【河湖概况】

1. 河湖数量　广西壮族自治区（以下简称"广西"）河流分属珠江、长江、红河三大流域及其六大水系。流域面积 50 km² 及以上的河流有 1 350 条，其中流域面积 100 km² 及以上的河流有 678 条，流域面积 200 km² 及以上的河流有 361 条，流域面积 500 km² 及以上的河流有 157 条，流域面积 1 000 km² 及以上的河流有 80 条，流域面积

5 000km² 及以上的河流有 18 条，流域面积 10 000km² 及以上的河流有 7 条。流域面积最大的河流是西江（流域面积 352 331km²），其后依次为郁江、柳江、左江、桂江、龙江、贺江等。广西常年水面面积达到 1km² 的现状天然湖泊有 1 个，是位于南宁市青秀区的南湖。

2. 水量 2018 年广西水资源总量为 1 831 亿 m³，比多年平均值偏少 3.2%；2019 年广西水资源总量为 2105 亿 m³，比多年平均值偏多 11.3%；2020 年广西水资源总量为 2 114.8 亿 m³，比多年平均值偏多 11.7%。

3. 水质 2017—2019 年广西 52 个国控断面水质优良比例为 96.2%。2020 年广西 52 个国控断面水质优良比例为 100.0%，全国排名第 1。

4. 水利工程 截至 2020 年 12 月 31 日，广西已建成各类水库 4 545 座，水库总库容 715.77 亿 m³。其中，大型水库 61 座，总库容 601.25 亿 m³，占全部总库容的 83.73%；中型水库 232 座，总库容 68.31 亿 m³，占全部总库容的 9.51%。已建成江河堤防 4 701.9 万 km，全自治区已建各类水闸 4 286 座，其中大型水闸 49 座。在全部已建水闸中，河湖引水闸 675 座，水库引水闸 808 座。全自治区设计灌溉面积万亩以上的灌区共 3 525 处。其中，设计灌溉面积 5 万～30 万亩灌区 75 处，有效灌溉面积 244 910hm²；30 万亩以上大型灌区 11 处，有效灌溉面积 209 350hm²。截至 2020 年年底，全自治区农田有效灌溉面积达到 1 731 030hm²，占全自治区灌溉面积的 95.66%。全自治区工程节水灌溉面积达到 1 189 270hm²，占全自治区农田有效灌溉面积的 68.70%。在全部工程节水灌溉面积中，低压管道输水灌溉面积 194 550hm²，喷、微灌面积 133 280hm²，其他工程节水灌溉面积 671 810hm²。

（赵辉 谭亮 吴奇蔚）

【重大活动】

1. 自治区推行河长制工作领导小组会议 2017 年 4 月 12 日，自治区推行河长制工作领导小组暨自治区农村和生态文明体制改革专项小组审议通过《广西壮族自治区关于全面推行河长制的实施意见》《广西壮族自治区全面推行河长制工作方案》和《广西壮族自治区河长制办公室组建方案》。

2. 自治区党委全面深化改革领导小组会议 2017 年 5 月 8 日，自治区原党委书记彭清华主持召开自治区党委全面深化改革领导小组第十六次全体会议，审议并通过了《关于全面推行河长制的实施意见》和《全面推行河长制工作方案》。

3. 全面推行河长制动员电视电话会议 2017 年 7 月 28 日，全面推行河长制动员电视电话会议在南宁召开，自治区原主席陈武出席会议，自治区原党委副书记孙大伟主持会议。

4. 南流江流域水环境综合整治工作推进会 2018 年 4 月 10 日，自治区原主席、总河长陈武实地检查南流江流域水环境综合整治工作，并在玉林主持召开南流江流域水环境综合整治工作推进会，深入推进"河长"治污。

5. 万峰湖生态环境问题整治专题会议 2020 年 6 月 4 日，自治区副主席李彬主持召开万峰湖生态环境问题整治工作专题会议，自治区河长办专职副主任陈润东汇报了有关调研督导工作情况。

6. 西江干流河长会议 2017 年 11 月 13 日，自治区原党委副书记、西江干流自治区河长孙大伟赴来宾市开展河长巡河调研活动，并主持召开西江干流河长工作会议。2019 年 3 月 22 日，自治区原党委副书记、西江干流河长孙大伟主持召开西江干流河长制工作暨"清四乱"专项行动视频会议，研究部署和推动西江干流管理保护工作落实。2020 年 5 月 8 日，自治区原党委副书记、西江干流自治区河长孙大伟主持召开西江干流河长制工作电视电话会议。

7. 柳江干流河长会议 2018 年 11 月 14 日，自治区常务副主席、柳江干流自治区河长秦如培在柳州主持召开柳江干流河长会议，研究部署和推动西江干流管理保护工作落实。

8. 自治区河长会议

(1) 2018 年 6 月 22 日，自治区副主席、河长制办公室主任方春明主持召开 2018 年第 1 次自治区河长会议，审议通过对 14 个设区市全面建立河长制湖长制工作验收考评结果和全面建立河长制湖长制工作总结报告。

(2) 2018 年 12 月 24 日，自治区副主席、河长制办公室主任方春明主持召开 2018 年第 2 次自治区河长会议。会议听取了自治区河长制办公室关于 2018 年河长制湖长制工作推进情况的汇报，分析了存在问题，研究部署了 2019 年重点工作。

(3) 2019 年 7 月 22 日，自治区副主席、自治区河长制办公室主任方春明在南宁主持召开自治区 2019 年河长会议，会议听取了自治区河长制办公室及各会议成员单位上半年工作情况的汇报，审议自治区第 3 号总河长令，分析河长制湖长制工作面临的形势，研究部署下阶段重点工作。

(4) 2020 年 3 月 31 日，自治区副主席、自治区河长制办公室主任方春明主持召开 2020 年第一次自治区河长会议。会议听取了自治区河长制办公室和相关单位工作汇报，审议通过 2019 年度设区市河长制湖长制工作综合评价、2020 年度自治区河长制湖长制工作要点和自治区第 4 号总河长令，对下一步工作做出部署。

（5）2020 年 9 月 4 日，自治区副主席、自治区河长制办公室主任方春明主持召开 2020 年第 2 次自治区河长会议，会议听取了自治区河长制办公室及有关会议成员单位工作情况的汇报，分析当前河长制湖长制存在的问题，研究部署下阶段重点工作。

（谭亮 吴奇蔚 许辉）

【重要文件】

1. 自治区党委、自治区政府重要文件　2017 年 5 月 30 日，自治区党委办公厅、自治区人民政府办公厅印发《关于全面推行河长制的实施意见和全面推行河长制工作方案的通知》（厅发〔2017〕27 号）。2018 年 4 月 27 日，自治区党委办公厅、自治区人民政府办公厅印发《关于在湖泊实施湖长制的工作方案的通知》（厅发〔2018〕18 号）。2019 年 1 月 3 日，广东省人民政府、广西壮族自治区人民政府共同签订了《九洲江流域上下游横向生态补偿协议（2018—2020 年）》。

2. 自治区总河长令　2018 年 5 月 28 日，自治区原主席、自治区总河长签发广西壮族自治区总河长令第 1 号《关于统筹抓好近期河长制湖长制重点工作的通知》。10 月 25 日，自治区原主席、自治区总河长签发广西壮族自治区总河长令第 2 号《关于集中整治江河湖库"四乱"问题的通知》。2019 年 8 月 22 日，自治区原主席、自治区总河长签发自治区总河长令第 3 号《关于加快推进河湖管理范围划定和河湖水域岸线保护与利用规划的通知》。2020 年 4 月 27 日，自治区原主席、自治区总河长签发自治区总河长令第 4 号《关于全面落实落细河湖长制建设美丽幸福河湖的通知》。

3. 成立组织机构文件　2018 年 9 月 30 日，自治区机构编制委员会办公室印发《关于自治区水利厅机构编制事项调整的批复》，同意设立广西壮族自治区河长制办公室。

4. 跨省（区）协作文件　2020 年 3 月 31 日，广西壮族自治区河长制办公室、云南省河长制办公室签订《滇桂跨界河湖联防联控联治协议》。4 月 30 日，广西壮族自治区河长制办公室、贵州省河长制办公室签订《黔桂跨界河湖联防联控联治协议》。8 月 25 日，广西壮族自治区河长制办公室、湖南省河长制办公室签订《湘桂跨界河流联防联控联治合作协议》。2020 年 9 月 30 日，广西壮族自治区河长制办公室、广东省河长制办公室签订《粤桂跨界河流联防联控联合合作协议》。

5. 河长制会议成员单位重要文件　2018 年 6 月 14 日，自治区人民检察院、自治区生态环境厅发布《关于印发〈广西壮族自治区人民检察院　自治区生态环境厅损害赔偿磋商协作机制（试行）〉的通知》（桂检会〔2019〕17 号）。2019 年 6 月 25 日，自治区发展改革委、桂林市人民政府发布《关于印发〈桂林漓江生态保护和修复提升工程方案（2019—2025）〉的通知》（桂发改社会〔2019〕654 号）。2019 年，自治区水利厅印发《关于印发广西壮族自治区河湖（库）违法陈年积案"清零"行动工作方案的通知》桂水政法〔2019〕6 号。2019 年 11 月 2 日，自治区水利厅、自治区发展改革委印发《广西壮族自治区节水行动实施方案》。2019 年，印发《自治区河长制办公室关于开展江河湖库"清四乱"和管理范围划定百日攻坚行动的通知》（桂河长办〔2019〕33 号）。2020 年，印发《自治区水利厅办公室关于印发〈广西水利行业扫黑除恶专项斗争综合整治工作方案〉的通知》（水办政法〔2020〕5 号）。2020 年，印发《广西壮族自治区发展和改革委员会等四部门关于建立广西区内右江、漓江流域上下游横向生态保护补偿试点机制的通知》（桂发改振兴〔2020〕1048 号）。

（兰波涛 吴奇蔚）

【地方政策法规】

1. 地方法规　2016 年 5 月 25 日，自治区第十二届人民代表大会常务委员会第二十三次会议通过《广西壮族自治区环境保护条例》。2016 年 9 月 29 日，自治区第十二届人民代表大会常务委员会第二十五次会议批准《南宁市西津国家湿地公园保护条例》。2016 年 11 月 30 日，自治区第十二届人民代表大会常务委员会第二十六次会议通过《广西壮族自治区河道管理规定》。2017 年 1 月 18 日，自治区第十二届人民代表大会第六次会议通过《广西壮族自治区饮用水水源保护条例》。2017 年 9 月 21 日，自治区第十二届人民代表大会常务委员会第三十一次会议批准《玉林市九洲江流域水质保护条例》。2017 年 12 月 1 日，自治区十二届人大常委会第三十二次会议审议通过《百色市澄碧河水库水质保护条例》。2020 年 1 月 17 日，自治区第十三届人民代表大会第三次会议通过《广西壮族自治区水污染防治条例》。

2. 地方标准规范

（1）《广西河长制湖长制管理信息系统建设实施意见（暂行）》（桂河长办〔2018〕41 号）。

（2）《广西壮族自治区水利厅关于印发广西中小

河流治理工程初步设计指导意见的通知》（桂水水管〔2018〕37 号）。

（3）《广西壮族自治区河长制办公室关于江河湖库"清四乱"专项行动问题认定及清理整治标准》（桂河长办〔2018〕62 号）。

（4）《广西江河湖库管理范围划定指导意见（试行）》（桂河长办〔2019〕45 号）。

（5）《广西江河湖库管理范围划定及水域岸线功能区划电子标绘工作指南（试行）》（桂河长办〔2019〕48 号）。

（6）《广西江河湖库管理范围界桩公告牌设立工作指南（试行）》（桂河长办〔2019〕49 号）。

（7）《广西美丽幸福河湖建设评价标准（试行）》（桂河长办〔2020〕16 号）。

（8）《河道采砂管理工作相关操作规范》（桂水河湖〔2020〕1 号）。

（9）《广西河道非法采砂砂产品价值认定和危害防洪安全鉴定办法》（桂水河湖〔2020〕3 号）。

（10）《渔业生态养殖规范》（DB45/T 18.02.2—2018）。

（兰波涛　吴奇蔚）

【专项行动】

1. 郁江干流"清河行动"　2017 年 11 月 6 日，印发《广西壮族自治区河长制办公室关于开展 2017 年郁江干流"清河行动"工作的通知》（桂河长办〔2017〕），严厉打击江河湖库非法采砂、非法采矿、非法占用水域和岸线资源行为以及非法取水、排污、养殖、捕捞、围垦、设障等活动。

2. 河湖"清四乱"专项行动　2018 年 7 月 27 日，印发《广西壮族自治区河长制办公室关于开展全区河湖"清四乱"专项行动的通知》（桂河长办〔2018〕44 号）。截至 2020 年 12 月，共排查发现河湖"四乱"问题 7 269 个，整改销号率为 100%。全区共清理非法占用河道岸线 509.7km，拆除违法建筑 27.3 万 m²，清除非法网箱养殖 2 539 万 m²，清理非法采砂点 1 388 处。2019 年，印发《自治区河长制办公室关于开展江河湖库"清四乱"和管理范围划定百日攻坚行动的通知》（桂河长办〔2019〕33 号）。

3. 陈年积案"清零"行动　2019 年，自治区水利厅印发《关于印发广西壮族自治区河湖（库）违法陈年积案"清零"行动工作方案的通知》（桂水政法〔2019〕6 号），深入开展河湖违法陈年积案"清零"行动，截至 2020 年 7 月 10 日，全自治区 89 件在册积案全部结案，河湖执法成果得到进一步巩固和拓展。

4. 扫黑除恶专项斗争　2020 年，印发《自治区水利厅办公室关于印发〈广西水利行业扫黑除恶专项斗争综合整治工作方案〉的通知》（水办政法〔2020〕5 号）。

5. 中国渔政亮剑行动　2020 年 3 月 23 日，印发《自治区农业农村厅关于印发广西"中国渔政亮剑 2020"系列专项执法行动实施方案的通知》（桂农厅发〔2020〕48 号）。

（兰波涛　吴奇蔚）

【河长制湖长制体制机制建立运行情况】

1. 河湖长制组织体系　2017 年 5 月 30 日，自治区出台《关于全面推行河长制的实施意见》和《全面推行河长制工作方案》；2018 年 4 月 27 日，印发《关于在湖泊实施湖长制的工作方案的通知》。至 2018 年 6 月，自治区全面建立以党政领导负责制为核心的自治区、市、县、乡、村五级河长湖长体系，共设立总河长 2 710 人、河长 25 861 人、湖长 94 人，各级河长湖长名单全部及时向社会公布，共设立河长公示牌 11 512 块。

2. 省级领导任河长的河流　广西确立由自治区领导任河长的河流 4 条，分别为西江干流、郁江干流、柳江干流和桂江干流。

3. 河长制办公室　组建了自治区、市、县三级河长制办公室，主要承担河长制湖长制的组织、协调、分办、督办等工作。河长办主任均由同级政府分管水利的副职领导担任，河长办副主任由同级的水利和生态环境部门主要负责人担任，各级河长制办公室设立专职副主任。河长制会议成员单位由自治区发展改革委、工业和信息化厅、公安厅、财政厅、自然资源厅、生态环境厅、住房城乡建设厅、交通厅、水利厅、农业农村厅、卫健委、水文水资源中心、广西海事局等 15 个部门组成。截至 2020 年 12 月，共设立自治区、市、县三级河长制办公室 133 个，落实了人员、场地、设备等必要条件，乡级设立河长制办公室 861 个。

4. 河长制湖长制制度体系　截至 2020 年 12 月，共出台 13 项制度。分别是河长会议制度、信息共享制度、信息报送制度、工作督察制度、考核激励与问责制度、验收制度、工作通报制度、河长巡查制度、江河湖库动态监控制度、举报投诉制度、河长名单公示制度、河长制办公室运行管理制度、暗访工作制度。

5. 河长制湖长制激励机制　自 2018 年以来，将河长制湖长制工作列入市（县）党政领导班子和党政正职政绩考核、设区市年度绩效考评指标，列入自治区党委政府督查计划。自治区河长制办公室印发《对河长制湖长制工作真抓实干成效明显地方进一步加大激励支持力度的实施办法》，每年度安排1 000万元奖励年度考评排名前四名的设区市，作为激励。

（谭亮 吴奇蔚）

【"一河（湖）一策"编制和实施情况】 2017年，自治区河长制办公室组织制定《广西县乡级"一河（湖）一策"方案编制大纲（试行）》，组织各地开展县（乡）级河湖"一河（湖库）一策"编制。2018年，编制完成自治区领导担任河长的西江、柳江、郁江、桂江等4条干流的"一河一策"方案（2018—2020年），并印发实施。设区市、县（市、区）相应编制实施1 350条河流第一轮周期"一河一策"方案。2020年，完成对西江、柳江、郁江、桂江等4条干流"一河一策"实施情况的评估。

（蒋兴旭 吴奇蔚）

【水资源保护】

1. 水资源刚性约束 广西全面确立最严格水资源管理制度考核目标，建立自治区、市、县三级考核体系。2019年度，全自治区用水总量控制在268亿 m^3 以内，距总量红线指标308亿 m^3 有富余空间，实现由过去的用水量持续增长到稳中有降的转变，重要江河湖泊水功能区水质达标率持续保持在98%的高位水平。根据国家对广西的考核结果，全自治区2016—2019年实行最严格水资源管理制度考核均为"良好"等级。2020年，广西对各设区市"十三五"期末实行最严格水资源管理制度情况进行考核，全自治区有柳州市、桂林市、崇左市、贵港市、贺州市、梧州市、南宁市、百色市共8个市获"优秀"等级，其余6个市均为"良好"等级。

2. 生态流量监管 2020年8月，自治区水利厅明确了广西到2025年实施生态流量保障的主要任务，公布了第一批生态流量保障重点河湖名录，将具备生态流量监测、调度条件的，且流域面积500 km^2 以上的跨市（县）行政区、涉及生态敏感区的72条河流列入自治区级第一批生态流量保障重点河湖名录，并进行生态流量管控。经自治区人民政府批准同意，2020年11月自治区水利厅印发了西江、郁江、柳江、桂江、明江、洛清江、茅岭江等7条重要河流生态流量保障实施方案，确定各重点河流主要控制断面，并提出各河流生态流量保障目标及保障方案。2020年12月，经自治区人民政府同意，明确了广西流域面积在1 000 km^2 以上的37条主要跨市河流市级行政区水量分配指标，以及48个主要控制断面的最小下泄流量和年度下泄水量控制

指标。截至12月31日，全自治区14个设区市基本完成流域面积在1 000 km^2 以上的主要跨县河流水量分配工作。

3. 节水行动 2017年，自治区水利厅联合自治区发展改革委、住房和城乡建设厅印发《广西壮族自治区节水型社会建设"十三五"规划》（桂发改环资〔2017〕321号）；2019年，出台《广西壮族自治区节水行动实施方案》；修订发布《广西壮族自治区农林牧渔业及农村居民生活用水定额》；建立由18个成员单位组成的自治区节约用水工作厅际联席会议制度。截至2020年，自治区级节水型机关建成率达到80%，高耗水行业节水型企业建成率达到87.7%，评选出11个校区作为节水型高校，提前完成全国节水办下达的2020年年底前建成率达到10%的目标。

4. 饮用水水源地安全达标保障评估 2017年，广西14个设区市30个集中式饮用水水源地有23个饮用水水源地达标，水源地达标率为76.7%。2018年，广西14个设区市40个集中式饮用水水源地有37个达标，水源达标率为92.5%；88个县级城市水源地有87个达标，水源达标率为99.9%。2019年，广西38个地级城市集中式饮用水水源地有37个达标，水源达标率为97.4%；全自治区135个县级城市集中式饮用水水源地，有126个达标，水源达标率为93.3%。2020年，列入国家考核的37个地级城市集中式饮用水水源水质全部达到国家考核目标要求。

5. 水量分配 2020年，广西总供水量261.1亿 m^3，较2019年减少22.4亿 m^3，人均年综合用水量520 m^3，万元地区生产总值用水量117.8 m^3，万元工业增加值用水量66.5 m^3；耕地实际灌溉亩均用水量764 m^3，农田灌溉水有效利用系数0.509；城镇人均综合用水量249 L/d，城镇人均居民生活用水183 L/d，农村人均居民生活用水量128 L/d。2020年12月28日，经广西壮族自治区人民政府同意，自治区水利厅印发《关于印发〈广西主要跨市河流水量分配方案〉的函》，水量分配方案的实施情况纳入最严格水资源管理制度考核。截至2020年12月31日，已完成37条流域面积在1 000 km^2 以上跨市河流水量分配编制和批复任务。

（谭亮 吴奇蔚）

【水域岸线管理保护】

1. 河湖管理范围划界 2019年，广西印发《关于加快推进江河湖库管理范围划定工作的通知》，颁布自治区总河长令第3号部署河湖管理范围划定和水域岸线保护与利用规划编制；印发《广西江河湖

库管理范围划定指导意见》《广西江河湖库管理范围划定电子标绘指导意见》《广西江河湖库管理范围划定界桩公告牌设立指导意见》等系列文件。截至2020年，完成了流域面积 1 000km² 以上的河流、水面面积 1km² 以上的湖泊以及最高层级河长湖长为市级以上领导的江河湖库管理范围划定。完成17 993条（个）河湖管理范围划定，划界河流总长度达 11.25 万 km。

2. 岸线利用与保护规划编制　编制完成自治区领导担任河长的西江、柳江、郁江、桂江等 4 条干流水域岸线保护与利用规划，完成117条（段、个）流域面积 1 000km² 以上河流及其他重要河湖岸线规划，河湖划界和岸线规划成果同步纳入国土空间规划实施管控。

（蒋兴旭）

【水污染防治】

1. 水污染防治攻坚战　2018 年 8 月发布实施《广西水污染防治攻坚三年作战方案（2018—2020年）》；2020 年 1 月 17 日颁布实施《广西壮族自治区水污染防治条例》，在强化联动协作、推进流域治理，保护发展并重、强化可操作性，加强水体保洁、减少水体污染等方面作出明确规定，还规定将水环境违法信息纳入公共信用信息平台，及时向社会公布违法者名单，并实行失信联合惩戒。2020 年，广西 14 个设区市的水污染防治考核等级均为优秀，均通过"十三五"水污染防治终期考核。

2. 排污口整治　2017 年，印发《关于 2017 年排污许可证工作的通知》和《广西壮族自治区控制污染物排放许可制实施计划》，制定《广西壮族自治区控制污染物排放许可管理细则（试行）》。完成对154 家火电造纸行业企业排污许可证核发工作。2018年，完成有色金属冶炼、陶瓷、淀粉、屠宰及肉类加工、钢铁、石化、水处理等 7 个行业的排污许可证核发工作，核发完成率达 100%。2019 年，在近岸海域污染防治方面，在完成非法或设置不合理排污口的清理整治任务后，年内未发现新设非法和设置不合理的入海排污口，沿近岸海域水质总体为优。2020 年，建立入河排污口统计台账，规范排污口设立，依法整治非法排污口。

3. 工矿企业污染　截至 2020 年 12 月，广西136 个工业集聚区已有 116 个实现污水集中处理。推进造纸、有色金属、电镀等重点行业水专项治理，完成企业清洁化改造 44 家，关停"十小"企业 69家，分类清理处置"散乱污"企业 4 522 家。

4. 城镇生活污染　2017 年，新增镇级污水处理设施 318 座，新增污水处理能力约 30 万 t，新增污水管网约 1 155km，自治区已建成污水处理设施的建制镇（不含城关镇）比例已超过 60%，自治区已建成 21 座污泥处理处置设施，其中包括 13 个设区市、6 个县级市及 1 个县建成污泥处理处置中心或后续深度处理设施，处置能力约 1 800t/d。2018 年，广西累计建成城镇污水处理设施 111 座，生活污水日处理能力达 405.9 万 t，累计建成污水管网9 292km；累计建成镇级污水处理设施 456 座，形成生活污水日处理能力约 66.4 万 t，累计建成污水管网约 2 050km，建制镇污水处理设施覆盖率超过60%，覆盖人口约 350.45 万人；已投入稳定运行或试运行 383 座。2019 年，大力实施城镇污水处理三年提质增效行动、环境保护基础设施建设三年作战行动，广西累计建成城镇污水处理厂 114 座、镇级污水处理厂 488 座，累计配套污水管网约 2 400km。2020 年累计分别建成城镇（县级以上城市）、镇级污水处理设施 122 座和 713 座，广西成为全国第 7 个全面实现城镇建成污水处理厂的省（自治区）。

5. 畜禽养殖污染　2016—2020 年，广西畜禽粪污资源化利用量达 2 986.16 万 t，畜禽粪污资源化利用率提升提升 25.5 个百分点，95.48% 畜禽规模养殖场配套畜禽粪污处理利用设施，畜禽粪污实现全量化还田利用。

6. 水产养殖污染　2020 年，创设支持政策，落实油补项目资金 1.068 亿元，40 家养殖生产单位通过国家级水产健康养殖示范场验收，10 家养殖生产单位通过自治区级水产健康养殖示范场验收。建立水产绿色健康养殖示范基地 46 个。支持建设 5 个大水面生态渔业示范基地。在 2020 年渔业油价补贴中安排 6 180 万元，支持 18 个县建设规模化稻渔综合种养示范基地，面积达 1.4 万亩。新增稻渔综合种养面积 7 万亩，累计 122 万亩，200 亩以上稻渔综合种养基地 167 个。

7. 农业面源污染　2017—2020 年，继续实施化肥农药零增长行动，自治区农药使用量 1.21 万 t，比上年减少约 335t，分别比上年和 2014 年下降2.7% 和 27%，持续保持负增长的良好态势。

8. 船舶港口污染防治　2016 年，广西出台贯彻落实船舶与港口污染防治实施方案；2017 年 12 月28 日，印发《广西壮族自治区船舶污染物接收、转运及处置联单制度》和《广西壮族自治区船舶污染物接收、转运及处置联合监管制度》，推进水域内船舶污染物接收、转运、处置活动的监督管理，有效防止船舶污染物在接收后发生污染事件。截至2020 年 12 月，船舶生活污水和含油污水接收设施覆盖率达 99%。

（谭亮　吴奇蔚）

【水环境治理】

1. 饮用水水源规范建设

（1）2017年1月18日，广西通过《广西壮族自治区饮用水水源保护条例》，自2017年5月1日起施行。持续推进乡镇和农村集中式饮用水水源保护区划分工作，除贵港市外，其他13个设区市、乡镇集中式饮用水水源保护区划定方案获自治区人民政府批复，贵港市划定方案由贵港市政府批复。开展集中式饮用水水源环境状况评估工作，组织编制《广西壮族自治区2016年度地级以上城市集中式饮用水水源环境状况评估报告》和《广西壮族自治区2016年度县级以上城市集中式饮用水水源环境状况评估报告》。

（2）2018年，广西累计投入资金8.156亿元，取缔关闭工业企业58家，取缔关闭旅游餐饮企业80家，完成排污口整治74个，完成43个交通穿越应急防护设施建设，拆除无关建筑9.3万m^2，新建取水口9个，完成1.4万户居民生活污水集中收集处理，关停取缔规模化养殖场408家，退耕农作物种植面积约4 500km^3，新立水源地标识标牌1 325个，新建隔离防护设施36km。同年，40个地级及以上城市集中式饮用水水源地413个问题全部完成清理整治，水源水质达到或优于Ⅲ类的比例为92.5%。

（3）2019年，完成设区市以上城市集中式饮用水水源地环境状况评估，完成全自治区乡镇级及以下水源基础信息调查工作。开展县级集中式饮用水水源地环境保护专项整治工作，广西722个县级饮用水水源地环境问题全部完成整治。38个设区市城市集中式饮用水水源地水源达标率为97.4%，136个县级城市集中式饮用水水源地水源达标率为93.4%。

（4）2020年，推进河湖水系连通、中小河流治理、河湖沟塘整治及疏浚，促进农村河湖"脏乱差"面貌持续改善。广西344个农村"千吨万人"饮用水水源地有334个完成保护区划定；设立农村饮用水监测点3 934个，乡镇覆盖率达99.64%；完成205个村生活污水治理项目。

2. 黑臭水治理　2017年，广西63段黑臭水体，累计消除54段约133km^2，完成率为85.7%。2018年，广西63段黑臭水体有58段基本消除黑臭，占比92.1%。2019年广西70段黑臭水体有67段整治完成。截至2020年年底，广西70段黑臭水体全部整治完成。

3. 农村水环境整治　2017年，广西对131个村开展农村环境整治，建设农村集中式污水处理设施136多套，新增生活污水处理能力281.08万t/a，直

接受益人口达8.74万人。2019年，完成220个村污水治理项目，经治理的村庄生活污水处理率超过60%。2020年，完成525座自然村公共厕所项目建设改造。陆川县、恭城瑶族自治县两个全国生活污水治理示范县共200个村级污水处理设施建设项目全部完成。

（谭亮　吴奇蔚）

【水生态修复】

1. 生态修复　2017年，编制完成《广西左右江流域革命老区山水林田湖生态保护修复工程实施方案》，并获批为国家第二批山水林田湖生态保护和修复工程试点。南宁市获称"2017美丽山水城市"，那考河生态综合整治项目获"中国人居环境奖"范例奖，上林县荣获首批"国家生态文明建设示范县"命名，9个县（市、区）、147个乡镇、756个村获得自治区级生态县、生态乡镇、生态村的命名。2018年，推进百色、崇左、南宁山水林田湖草生态保护与修复工程试点工作。有317个项目纳入广西右江流域山水林田湖草生态保护修复试点工程，135个项目完成验收。2019年印发《桂江漓江生态保护和修复提升工程方案（2019—2025年）》，支持漓江流域生态保护与修复补偿、民生补助、绿色产业发展、生态环境综合整治及管理能力提升等。

2. 生物多样性保护　2017年，编制完成《广西生物多样性保护优先区域（内陆）规划（2017—2030）》。2018年，开展实施大湄公河次区域经济合作（GMS）项目二期广西示范项目，完成包括栖息地恢复示范活动总结、种子基金示范活动总结、项目总结报告及项目验收报告等。组织实施ABS项目广西示范项目，完成对广西28个代表性物种的基本情况调查，以及对金花茶、罗汉果2个物种的重点调查。2019年，加强生物多样性保护国际合作，实施多项生物多样性保护合作项目，开展ABS项目。成立遗传资源与相关传统知识广西试点示范项目调查小组，完成《广西生物遗传资源获取与惠益分享管理办法（草案）》。组织实施大湄公河次区域核心环境项目——中越跨境生物廊道建设项目，推动大湄公河次区域环境核心项目（CEP）生物多样性保护廊道（BCI）二期项目实施。

3. 水土流失治理　截至2020年12月，广西各部门历年累计完成水土流失综合治理面积达42 967.98km^2，历年累计实施生态封育保护面积达12 261.75km^2，其中2020年全自治区新增水土流失综合治理面积2 059.04km^2，新增生态封育保护面积997.99km^2。

4. 生态补偿机制　广西加快推进区内流域上下

游横向生态补偿机制建设。跨省流域上下游横向生态补偿机制建设方面，印发《九洲江流域上下游横向生态补偿实施方案（2018—2020年）》，下达九洲江横向生态补偿资金18亿元，有效保护和持续改善九洲江流域水环境质量，保障下游地区鹤地水库饮用水安全。区内流域上下游横向生态补偿机制建设方面，自治区印发《关于建立广西区内右江、漓江流域上下游横向生态保护补偿试点机制的通知》，引导右江流域的南宁市和百色市，漓江流域的桂林市和叠彩、秀峰、阳朔、灵川等9个县（区），按照"成本共担、效益共享、合作共治、双向补偿"的原则，签订《右江流域上下游横向生态补偿协议（2020—2022年）》《漓江流域试点县上下游横向生态补偿协议（2020—2022年）》。截至2020年年底，广西壮族自治区区际、市际、县际的流域上下游横向生态补偿机制基本建成，对重点流域保护和治理的支撑保障作用进一步增强。

（谭亮 吴奇蔚）

【执法监管】

1. 执法行动　自治区水利厅印发《关于印发广西壮族自治区河湖（库）违法陈年积案"清零"行动工作方案的通知》（桂水政法〔2019〕6号），深入开展河湖违法陈年积案"清零"行动，截至2020年7月10日，广西89件在册积案全部结案，河湖执法成果得到进一步巩固和拓展。2020年3月23日，自治区农业农村厅印发《关于印发广西"中国渔政亮剑2020"系列专项执法行动实施方案的通知》（桂农厅发〔2020〕48号）。

2. 河湖日常监管　为强化日常监管，广西两位总河长及四位自治区级河长以上率下，巡河调研，研究部署河湖管理保护工作，现场协调督办重大问题，颁布4个总河长令，持续深入推进"河长巡河""河长治污""清四乱""河湖划界""岸线规划""美丽幸福河湖建设"，带动全自治区各级河长、湖长每年巡河巡湖120多万人次。建立明察暗访常态化工作机制，联合职能部门、第三方机构、社会公众，采用"四不两直"的方式不定期开展随机抽查，并辅以卫星遥感、无人机航拍等现代信息手段，不断织好织密河湖问题监管网络。对工作滞后、履职不力的责任单位和河长、湖长严肃问责，有效促进河长湖长制工作深入推进。

（谭亮 吴奇蔚）

【信息化工作】

1. 河长制湖长制管理信息系统　2019年12月27日，广西河长制湖长制管理信息系统正式上线试运行；2020年12月1日，完成水利厅中心机房部署并正式运行。在广西水利厅官网开发河长制湖长制专栏，与广西水利厅微信公众号部分专栏同步更新，并为自治区、市、县、镇等四级河长制湖长制办公室及成员单位提供电脑PC端，为自治区、市、县、镇、村等五级河长和湖长提供手机App移动端专业应用系统。根据《水利部办公厅关于印发〈河长制湖长制管理信息系统建设指导意见〉〈河长制湖长制管理信息系统建设技术指南〉的通知》（办建管〔2018〕10号）、《广西河长制湖长制管理信息系统建设实施意见（暂行）》（桂河长办〔2018〕41号）要求，按照"自治区级开发、自治区市县三级管理、自治区市县乡村五级应用"的模式组织开发建设，PC端系统开发了包括首页、河长"一张图"、信息服务、巡河管理、督导评估、数据中心、河湖管理、报表填报、河湖一体化、应用中心、意见反馈等11项基本功能，包括23大模块、94个子模块，完成3.2万多个用户信息录入，归并整合、建模、入库近18万条数据，与水利部河长制系统之间实现数据共享、报表报送、督查问题整改报送等，实现了"一级部署、三级管理、五级应用"功能。

2. 水利"一张图"　在广西河长制湖长制管理信息系统基本功能开发的基础上，深度开发了系统河长"一张图"专题服务，主要包含广西水系图、江河湖库分布图、河湖水质监测断面分布图、河湖问题台账销号一览图，丰富了系统使用功能，提高了系统使用效率。

3. 巡河App　2020年1月，广西河湖长App上线运行，日均在线巡河人数近3 000人次，为2.5万多名河长、湖长提供巡河工具。巡河App主要包括5大模块、10个功能块、22个子模块，实现了"移动巡查、公众监督、云端管理"功能，满足河长湖长、河湖名录、河长巡河、事件处理、巡河统计、上报问题、指令下达等功能；满足各级河长办河湖信息、河湖事务、视频监控、河长湖长信息及履职管理等日常工作的需求；满足各级河长、湖长日常巡河和问题处置等需求。支持离线巡河，解决没有网络信号区域巡河问题；支持线上交办事件，根据事件性质分配和成员单位职能设置事件处置权限，灵活交办事件；实现无纸化办公，缩短事件处理流程和处理时间，提高河湖巡查和问题整治时效。利用广西河长制湖长制管理信息系统可以对河长巡河情况进行统计，并借助事件处理功能监控河长巡河履职情况和事件处理情况。

（丁锦佳）

| 海南省 |

【河湖概况】

1. 基本概况

（1）海南岛属热带季风气候，年平均气温为23～25℃，年降雨量 1 000～2 600mm，年平均降雨量 1 639mm。海南岛地势中高周低，较大的河流都发源于中部山区，并由中部山区或丘陵区向四周分流入海，构成放射状的水系。全岛河流 3 526 条，其中流域面积在 50km² 以上的河流 197 条，100km² 以上的河流 95 条，500km² 以上的河流 18 条，1 000km² 以上的河流 8 条。南渡江、昌化江、万泉河是海南岛三大江河，流域面积分别为 7 066km²、4 990km²、3 692km²。

（2）全省主要河流总体水质为优。2020 年监测的 52 条主要河流 110 个断面中，Ⅰ～Ⅲ类水质比例为 90.9%，同比下降 1.8 个百分点；劣Ⅴ类比例为 0.9%，同比持平。南渡江、万泉河、昌化江三大流域水质为优。东部、西部、南部、北部河流总体水质良好。

（3）全省主要湖库水质为优。2020 年监测的 23 座主要湖库中，水质优良湖库 20 个，优良比例 87.0%，Ⅳ类水质湖库 3 个，无Ⅴ类、劣Ⅴ类水质湖库。

（4）全省 2020 年 18 个市县（不含三沙市）县级以上城市（镇）在用集中式饮用水水源地共 30 个，其中地表水水源地 29 个，地下水水源地 1 个。30 个水源地水质全年均稳定达标，达标率为 100%，同比持平。26 个地表水型水源地水质为优（Ⅰ～Ⅱ类）；3 个地表水型和 1 个地下水型水源地水质为良（Ⅲ类）。

（5）"十三五"期间，全省地表水环境质量持续为优，总体保持平稳，水质优良比例在 90.1%～94.4% 的范围内小幅波动，劣Ⅴ类断面数量不超过 2 个，劣Ⅴ类比例在 0.7%～1.4% 的范围内波动。

（陈珏 胡志华）

2. 水量

（1）"十三五"期间降水总量。"十三五"期间，海南省累计降水量 9 735.0mm，降水量年内分配不均，主要集中在 5—10 月。

（2）"十三五"期间水资源总量。"十三五"期间，海南省水资源总量 1 807.8 亿 m³，其中地表水资源量 1 791.3m³，地下水资源量 460.7 亿 m³，地下水资源量与地表水资源量不重复量 16.5 亿 m³。

（卢耀康）

3. 水利工程概况 海南省已建成水库 1 105 座，其中大型水库 10 座，中型水库 76 座，小（1）型水库 308 座，小（2）型水库 711 座。水库总库容 111.77 亿 m³，兴利库容 71.65 亿 m³，设计年供水量 64.37 亿 m³，设计灌溉面积 489 万亩，保护下游 430 多万人民群众生命财产及农田、重要城镇、工矿企业、交通和国防设施的安全。全省共有水闸 416 座，其中大型水闸 3 座、中型水闸 26 座、小型水闸 377 座；堤防工程 184 段。

（李奕贤）

【重大活动】（1）2017 年 7 月 27 日，海南省召开推进河长制工作电视电话会议，副省长何西庆出席会议并讲话，省水务厅厅长、河长制办公室主任王强在会上就海南全面推行河长制工作进展情况作报告，省环保厅厅长邓小刚主持会议。52 条省级河流省级河长、市县河长及乡镇河长近 1 200 人在各市县的分会场参加了这次电视电话会议。

（2）2018 年 10 月 23 日，《海南省河长制湖长制规定》新闻发布会在海南省人民政府新闻发布厅举行。海南省河长制办公室第一副主任、海南省水务厅厅长王强，海南省水务厅副厅长邢孔波、沈仲韬等出席新闻发布会。新闻发布会由海南省政府办公厅新闻信息处处长彭太华主持。

（3）2019 年 11 月 18 日，海南省 2019 年河长制湖长制工作视频会议在海口召开，会议传达省委书记刘赐贵关于全省河长制湖长制工作批示精神和水利部全国"清四乱"专项行动工作交流会议精神，安排部署下一阶段河长制湖长制工作。省长沈晓明出席会议并讲话。会议通报 2019 年全省河长制湖长制工作推进情况，海口市、东方市、保亭黎族苗族自治县做经验交流发言和表态发言。

（胡志华）

【重要文件】

1. 相关规定及文件

（1）2017 年 3 月 30 日，中共海南省委办公厅、海南省人民政府办公厅印发《海南省全面推行河长制工作方案》（琼办发〔2017〕10 号），自 2018 年 10 月 29 日起废止。

（2）2017 年 5 月 29 日，海南省河长制办公室印发《海南省河长制会议制度》《海南省全面推行河长制工作督察制度》《海南省河长制工作信息共享制度》（琼河办〔2017〕1 号）。

（3）2017 年 9 月 1 日，中共海南省委办公厅、海南省人民政府印发《关于成立省全面推行河长制工作领导小组的通知》（琼委〔2017〕57 号）。

（4）2017 年 9 月 1 日，海南省全面推行河长工作领导小组印发《海南省河长制工作考核办法》《海南省河长制工作验收办法》《海南省河长制工作信息报送办法》（琼河〔2017〕1号）。

（5）2018年10月29日，印发《海南省全面推行河长制湖长制工作方案》（琼办发〔2018〕59号）。

（6）海南省人民代表大会常务委员会公告第14号《海南省河长制湖长制规定》已由海南省第六届人民代表大会常务委员会第六次会议于2018年9月30日通过，自2018年11月1日起施行。 （王伟）

2. 河长令

（1）2018年2月22日，海南省政协主席、南渡江省级河长毛万春签发《南渡江省级河长令（2018）》。

（2）2020年7月8日，海南省河长制办公室以总河湖长名义颁布海南省总河湖长令（第1号）关于常态化规范化开展河湖"清四乱"专项行动的通知。

（3）2020年11月6日，海南省政协主席、南渡江省级河长毛万春签发《南渡江省级河长令（2020）》。 （王伟）

【地方政策法规】

1. 法规

（1）《海南省南渡江生态环境保护规定》由海南省第三届人民代表大会常务委员会第二十三次会议于2006年6月1日通过，自2006年9月1起施行。根据2017年9月27日海南省第五届人民代表大会常务委员会第三十二次会议《关于修改〈海南省南渡江生态环境保护规定〉的决定》第一次修正。

（2）《海南省松涛水库生态环境保护规定》由海南省第三届人民代表大会常务委员会第三十三次会议于2007年9月29日通过，自2008年1月1日起施行。根据2017年9月27日海南省第五届人民代表大会常务委员会第三十二次会议《海南省人民代表大会常务委员会关于修改〈海南省松涛水库生态环境保护规定〉的决定》修正。

（3）《海南省万泉河流域生态环境保护规定》由海南省第四届人民代表大会常务委员会第九次会议于2009年5月27日通过，自2009年8月1日起施行。根据2017年9月27日海南省第五届人大常委会第三十二次会议《关于修改〈海南省万泉河流域生态环境保护规定〉的决定》修正。

（4）海南省人民代表大会常务委员会公告第61号《海南省河道采砂管理规定》已由海南省第五届人民代表大会常务委员会第十八次会议于2015年11月27日通过，自2015年12月1日起施行。

（5）2017年9月27日海南省第五届人民代表大

会常务委员会第三十二次会议通过的《关于修改〈海南经济特区水条例〉的决定》第三次修正。

（6）2017年11月30日，海南省第五届人民代表大会常务委员会第三十三次会议通过《海南省水污染防治条例》，自2018年1月1日起施行。

（7）海南省人民代表大会常务委员会公告第14号《海南省河长制湖长制规定》已由海南省第六届人民代表大会常务委员会第六次会议于2018年9月30日通过，自2018年11月1日起施行。

（8）2002年9月28日，海南省第二届人民代表大会常务委员会第二十九次会议通过（海南省实施《中华人民共和国水土保持法》办法）。2015年7月31日，海南省第五届人民代表大会常务委员会第十六次会议修订。根据2017年11月30日海南省第五届人民代表大会常务委员会第三十三次会议《关于修改〈海南省红树林保护规定〉等八件法规的决定》修正。

（9）2013年5月30日海南省第五届人民代表大会常务委员会第二次会议通过《海南省饮用水水源保护条例》。根据2017年11月30日海南省第五届人民代表大会常务委员会第三十三次会议《关于修改〈海南省红树林保护规定〉等八件法规的决定》修正。 （胡志华）

2. 地方规范（标准）

（1）2017年12月11日，发布《重要湿地和一般湿地认定》（DB46/T 448—2017）。

（2）2018年01月16日，发布《槟榔加工行业污染物排放标准》（DB46/ 455—2018）。

（3）2019年03月29日，发布《水产养殖尾水排放要求》（DB46/T 475—2019）。

（4）2019年11月4日，发布《农村生活污水处理设施水污染物排放标准》（DB48/ 483—2019）。 （陈颖）

【专项行动】

1. "清河行动"专项行动 为贯彻落实中共中央办公厅、国务院办公厅《关于全面推行河长制的意见》《关于在湖泊实施湖长制的指导意见》《海南省全面推行河长制工作方案》的要求，深化河长制、湖长制工作任务，以"河畅、水清、岸绿、景美"面貌迎接海南建省办经济特区30周年，2018年从3月下旬至4月下旬在全省范围内开展以"清洁河流水质、清除河道违建、清理违法行为"为重点的"清河行动"。 （王伟）

2. "清四乱"专项行动

（1）2018年海南省共排查问题426个，海南省河长制办公室及时印发通知，明确清理整治标准，期限内全部整改完成。水利部、珠江委暗访反馈的114个问题，海南省高位推动，5位省级河长作出批示并巡河察看问题整改情况；海南省河长制办公室赶赴相关县（市）逐一进行现场督导核查，期限内全部整改完成，河湖面貌得到明显改善。

（2）2019年海南省共发现并解决问题973个，清理非法占用河道岸线153km、围堤43km、林地33亩，拆除违建123 911m²、违规种植大棚29亩，清理非法采砂点394个、砂石7 389m³、垃圾63 734t、水浮莲3 000m²、网箱养殖7 981亩，河湖面貌焕然一新。

（3）2020年海南省发现并解决河湖"四乱"问题5 731个，清理非法占用河道岸线13.7km、拆除违建10 203.19m²、违规种植大棚1 080m²、清理垃圾1 675t、水浮莲15 000m²、网箱养殖7 160m²，水利部暗访发现的56个河湖"四乱"问题全部整改销号，海口市横沟河侵占河道违法建筑、三亚市宁远河非法抢种椰子苗、白沙县珠碧江荣邦乡大岭居违法建筑等一批老大难问题得到彻底解决，河湖面貌焕然一新。

（张明）

3. 打击非法采砂专项行动　结合"中央环保专项督察反馈意见整改"开展打击非法采砂专项行动。海南省政府印发了《海南省贯彻落实中央生态环境保护督察办公室对海南省部分地区非法采砂破坏生态问题专项督察反馈意见整改方案》和《海南省人民政府办公厅关于印发海南省打击非法采砂实施综合整治专项行动方案的通知》，组织召开全省打击非法采砂实施综合整治工作现场会，全面部署推进打击非法采砂工作。海南省水务厅印发了《关于开展全省河道采砂专项整治行动的通知》《关于严厉打击河道非法采砂的紧急通知》《关于加强专项督察反馈意见整改情况调度工作的通知》，部署开展问题整改和打击非法采砂工作。各县（市）党委政府狠抓落实，成立综合治理采砂工作领导小组，主要领导亲自部署安排，分管领导狠抓落实。通过多部门紧密配合，省、市（县）联动，跨行政区域合作，高压态势打击非法采砂的集中整治行动在全省铺开。

2018—2020年，全省已开展河湖日常巡查77 678次，查处、取缔非法采砂点2 856处，查获采砂船326艘，抽砂浮台2 194个，铲车、挖机等1 395部，各类运输车4 314辆，行政立案751起，罚款1 205.55万元。全省公安机关侦办非法采砂案件977起，刑事拘留483人，行政拘留1 493人。

（陈永阳）

4. 2020年"绿水行动"　以开展一场专题研讨、开展一次专项行动、讲好一个河湖故事、打造一张河湖名片、评选一批最美河湖长、拍摄一部河湖宣传片"六个一"活动为抓手，深入开展"绿水行动"。评选最美河湖长、最美河湖专管员、民间河湖长得到社会广泛关注，海口市鸭尾溪、三亚市三亚河、儋州市松涛水库、白沙黎族自治县南晚河、保亭黎族苗族自治县保亭西河、海口市美舍河、儋州市石滩河、东方市娜姆河、文昌市霞洞湖、陵水黎族自治县陵水河等10个河湖被评为"最美家乡河"。

（郝斐）

【河湖长制体制机制建立运行情况】　（1）2017年全面推行河长制是党中央、国务院重大改革举措和制度创新，是落实绿色发展理念、推进生态文明建设的内在要求，海南省委、省政府高度重视，坚决贯彻落实党中央、国务院的决策部署和水利部、环保部的工作要求，紧紧围绕2017年年底前全面建立河长制的工作目标，加强组织领导，压实工作责任，推动措施落地，扎实全面推进河长制。

1）各级工作方案全部制定。认真制定全省各级推行河长制工作方案，明确工作进度安排，省级工作方案已于2017年3月30日出台，3个地级市、26个县（市、区）、221个乡镇和街道办的工作方案在7月底前全部出台。

2）组织体系基本建立。建立以党政领导负责制为核心的责任体系，构建一级抓一级、层层抓落实的工作格局，形成责任明确、协调有序、监管严格、保护有力的河湖管理保护机制。海南省委书记、省长担任省级总河长，14名省级领导担任52条省级河流河长，县级以上都成立了河长制工作领导小组，设立河长制办公室，省、市、县、乡共设立1 743名河长，2 164名河道管护员。

3）相关制度和政策已出台。省、市县6项配套制度全部出台，并在此基础上结合实际出台了《海南省河长巡查制度》，各市县在出台6项制度的基础上，出台了河长巡河制度、工作档案管理制度等相关制度。

4）监督检查和考核评估机制基本建立。2017年以来，海南省河长制办公室对各市县开展了8次督导检查，均以"一县一单"的方式向市县政府发送了整改意见函。全省各市县均对乡镇（区）进行了督导。2017年12月上旬，海南省河长制办公室对18个市县河长制工作进行中期评估。

（2）2018年，海南省人大常委会审议出台了《海南省河长制湖长制规定》，使得海南省成为率先出台河长制湖长制地方性法规的省份之一，11月1

日起正式开始实施，明确了各级河长湖长设置、职责、履职要求、工作内容及社会监督、法律责任等，使各级河长履职担当有章可循、有法可依。

1）细化实化工作方案。在2017年全面建立河长制的基础上，省、市、县、乡2018年加大力度推进湖长制工作，将全省所有河流、湖泊、水库、山塘和沟渠全部纳入河长制湖长制实施范围，重新修订河长制工作方案，补充完善湖长制内容，省、市、县、乡四级河长制湖长制工作方案全部印发实施。

2）组织体系得到加强。全省设立河长湖长2 023名，其中河长1 839名，湖长875名，691人同时兼任河长、湖长。河长湖长名单已随各级工作方案印发，并在政府网站公示。省级总河湖长由省委书记、省长担任，52条跨市县河湖的河长湖长由省四套班子17名省领导担任，省政府分管副省长兼任河长制办公室主任。各市（县）党委书记担任第一总河湖长，市（县）长担任总河湖长，党政领导分别担任河长湖长，河长制办公室设置与省级一致。全省竖立河长湖长公示牌5 017块。

3）相关制度更加健全。在出台6项制度的基础上，结合实际出台了河长巡河制度、档案管理制度、投诉举报奖励制度等。

4）监督检查已成常态。海南省河长制办公室每季度开展一次全省性督导检查，"一县一单"反馈发现的问题。市县、乡镇督导检查实现常态化。

5）开展市县落实河长制湖长制工作总结评估。2019年在各市县自评估的基础上，通过查看资料、实地察看、问卷调查、走访了解等，对照《海南省全面推行河长制湖长制总结评估工作方案》的评估要求，从河长制湖长制"有名"和"有实"两个层面进行了全面核查。

（3）2019年，海南省水务厅按照水利部《关于印发2019年河湖管理工作要点的通知》要求，修订完善了《2019年海南省河长制湖长制工作要点》；并就如何把党中央、国务院关于河长制湖长制的决策部署落实好，以推动海南自贸区（港）建设，召开了全省河长制湖长制工作视频会议，省委书记刘赐贵提出明确要求，省长沈晓明具体部署工作，层层传导压力、层层压实责任。

1）科学谋划部署，层层压实责任。压实各级河长、河长制办公室、河湖专管员责任。根据《海南省河长制湖长制规定》，各级河长认真巡河履职；针对市（县）级河长，省委组织部、省河长办联合举办市县级河湖长培训班；针对市（县）基层领导干部，海南省河长制办公室3次走进省委党校讲解河长制知识；针对河长办工作人员，举办了河长制基

础工作培训班；针对社会公众，结合"世界水日""中国水周"，广泛开展河长制理念进社区、企业、学校、农村、机关、部队活动；各市县结合当地实际，通过购买服务、就业扶贫等方式，全面落实河湖专管员责任制。

2）强化监管基础，健全四个机制。①健全创新采砂管理机制；②健全农村河长制湖长制机制；③健全监督检查机制；④健全联防联动机制。

3）实施综合治理，开展专项行动。①持续开展"清四乱"专项行动；②严厉打击水环境违法行为；③凝聚合力开展专项整治；④借力新媒体宣传引导。

（4）2020年，海南省委、省政府深入贯彻党的十九届五中全会和习近平总书记关于推动长江经济带发展、黄河流域生态保护和高质量发展等系列重要讲话精神，落实习近平总书记关于海南自由贸易港生态环境保护工作的重要批示要求，按照水利部、生态环境部部署，紧紧围绕服务海南自由贸易港建设，推进河长制湖长制从"有名""有实"到"有为""有能"重要转变，合力治水、全民治水的良好氛围初步形成，河湖生态面貌显著改善。

1）2020年，海南2 048名各级河长湖长和5 858名河湖专管员在2名省级总河湖长和18名省级河长湖长带领下，累计巡河湖5.3万人次，形成一级带着一级干、一级干给一级看，高位推动、全面覆盖、扎实有效的河湖长工作局面，河长制湖长制工作机制运转顺畅，河长湖长常态化规范化管水治水的局面已经形成。

2）突出跟踪问效考核传导压力，制定完善河长制工作考核办法，2020年将河长制落实工作情况纳入市县高质量发展综合考核范畴。省政协加强水环境质量监督，定期通报排名情况。海南省河长制办公室组织开展河长制湖长制工作考核，考核结果在全省通报。

（杨向权　王伟　张明　郝斐）

【河湖健康评价、"一河（湖）一策"编制和实施情况】

（1）立足河湖实际，坚持因地制宜，2017年海南省水务厅启动南渡江、万泉河、昌化江等主要河流"一河一策"方案编制，并指导市县编制相关制度、编制"一河一策"、建立"一河一档"。各地对所辖河湖现状开展调查摸底，确保"一河一策"有针对性、操作性强，有效解决河湖管理与保护问题。

（2）2018年对照水利部印发的《"一河（湖）一策"方案编制指南（试行）》，省、市、县河长及河长制办公室全面出动，全面摸清52条省级河流的现状和存在问题，以问题为导向，编制完成了省级河流"一河一策"方案，明确了问题清单、目标清单、

任务清单、措施清单和责任清单，为各级河长、责任部门有针对性地开展河湖管理保护治理提供依据，已基本完成。

（3）2019年，全省各市县对照水利部印发的《"一河（湖）一策"方案编制指南（试行）》，按照省河长制办公室要求，"一河一策""一河一档"编制工作已全部完成。

（刘辉）

【水资源保护】

1. 建立水资源刚性约束机制

（1）建立水资源刚性约束指标体系，完善水资源消耗总量和强度双控机制。海南省水务厅与海南省发展和改革委员会联合印发《海南省"十三五"水资源消耗总量和强度双控行动实施方案》（琼水资源〔2017〕98号），对用水总量、用水效率等指标做出明确规定，到2020年，全省水资源用水总量控制在50.30亿 m³ 以内，全省万元地区生产总值用水量、万元工业增加值用水量均比2015年降低25%；农田灌溉水有效利用系数提高到0.57以上。

（2）强化规划和建设项目水资源论证的约束作用，完善取水许可制度，规范取水许可管理，严格水资源用途管制，完善水资源监督考核。海南省水务厅和海南省发展改革委联合印发《关于开展规划水资源论证工作的通知》（琼水资源〔2016〕432号），把水资源条件作为规划决策的重要依据。

（3）严格落实最严格水资源管理制度考核，海南省水务厅等9个部门联合印发《关于印发海南省"十三五"实行最严格水资源管理制度考核工作实施方案的通知》等政策文件，建立完善省级最严格水资源管理制度考核体系，圆满完成国家对海南省实行最严格水资源管理制度考核目标任务。

2. 落实国家节水行动方案 贯彻落实国家节水行动，全面推进节水型社会建设。海南省水务厅和海南省发展和改革委员会联合印发《海南省"十三五"节水型社会建设规划》（琼水资源〔2017〕208号），明确"十三五"期间节水目标和任务。制定全省县域节水型社会达标建设工作方案，印发《海南省县域节水型社会达标建设工作实施方案》（琼水资源〔2017〕305号），明确2020年陵水县、定安县等7个市县达到节水型社会评价标准。截至2020年年底，儋州市、文昌市、东方市、陵水县县域节水型社会达标建设工作通过省级验收并报水利部备案。海南省发展和改革委员会和海南省水务厅联合印发《海南省节水行动实施方案》（发改环资〔2020〕15号），明确"农业节水增效""工业节水减排""城镇节水降损""科技创新引领"等重点节水行动目标任务。

3. 强化河流生态流量监管 开展河流生态流量监管，明确河流水资源开发利用底线。2020年海南省水务厅编制了南渡江、万泉河、昌化江、宁远河等4条重点河湖生态流量保障实施方案，明确监测、预警、调度和管理责任，并将持续开展河湖生态流量监测、预警、调度、评估等工作。

4. 构建水资源计量监控体系 加强取水许可监管，提高水资源管理信息化水平。顺利完成国家水资源监控能力建设海南省项目任务，列入国家监控点的取水户175户，监控点个数300个，国家重要江河湖泊水功能区监测点24个，国家重要饮用水水源地5个，全部实现实时监测。22个国家级重点监控用水单位，均已纳入重点监控用水单位监测管理平台。

5. 全国重要饮用水水源地安全达标保障评估 重要饮用水水源安全保障达标评估成果报送。海南省政府以琼府办函〔2016〕103号对海南省列入《全国重要饮用水水源地名录（2016年）》的5个水源地划定了保护区和保护范围，并设立了明显的标志牌和界桩。相关市县水务局进一步强化饮用水水源地监管工作，加强动态监控，发现异常及时核实、调查、处置，各个水源地均开展了安全保障达标年度评估工作，并按要求报送了评估结果材料。

6. 开展河流水量分配工作 贯彻落实最严格水资源管理制度，全面开展河流水量分配工作。为将用水总量指标分配到流域，海南省水务厅编制了南渡江、昌化江、万泉河水量分配方案和水资源调度方案。将全省"十三五"水资源消耗总量与强度主要控制指标分配到各市县。统筹三大流域生活、生产、生态用水，优化水资源配置，确保流域供水安全和生态安全。

7. 探索建立水权制度 探索建立水权制度，有序开展赤田水库流域水权试点工作。经海南省政府同意，印发《海南省探索建立水权制度试点工作方案》，在三亚市赤田水库流域开展了水权制度试点工作。三亚市水务局在赤田水库灌区逐步配套完善计量设施，建立水价机制，落实水价政策，为确权打下基础。编制了《三亚市赤田水库灌区水权确权技术方案》，明确了灌区水权确权的总体思路、确权流程和确权水量计算方法等内容。

8. 推进地下水超采区治理 多措并举推进地下水超采区治理，促进地下水资源可持续利用。为切实保护好地下水资源，海南省水务厅2016年制定《海南省儋州市2016年新英湾地下水超采治理工作计划》，组织开展各项治理工作，已初步实现地下水采补平衡。儋州市农业委员会于 2018 年印发《关于印发海南省儋州市 2018 年新英湾地下水超采区治理工作计划的通知》（儋农委〔2018〕492 号），组织开展各项治理工作，压减取水量 12 万 m^3。2017 年、2018 年、2020 年海南省水务厅持续 3 年对儋州市新英湾地下水超采区治理效果进行评估，评价该超采区地下水位已回升了 1m。

（卢耀康）

【水域岸线管理保护】 （1）按照水法、防洪法、河道管理条例等法律法规规定，结合省域"多规合一"试点，在《海南省总体规划》中划定了南渡江、昌化江、万泉河、陵水河等 38 条主要河流和松涛、大广坝、牛路岭、红岭等 35 座水库生态空间红线，全省水生态红线 2 650 km^2，占全岛陆域生态红线总面积 11 535 km^2 的 23%。将水生态空间功能划分为禁止开发区域、限制开发区域和水安全保障引导区，纳入全省生态红线统一严格管控。

（2）借助卫星遥感技术，加大河湖日常巡查、问题排查、整改核查力度，为河湖"清四乱"和河湖监管提供技术手段。

（3）完成第一次全国水利普查名录内 197 条河流管理保护范围划界工作，由县级以上地方人民政府公告，其中 52 条省级河流由海南省政府公告，流域面积 1 000 km^2 以上的河流纳入水利一张图管理。

（4）为了加强生态保护红线管理，保障海南省生态安全和生态环境质量，促进经济社会可持续发展，海南省第五届人民代表大会常务委员会第二十二次会议通过《海南省生态保护红线管理规定》，自 2016 年 9 月 1 日起施行。

（刘辉）

【水污染防治】

1. 加强入河排污口管理 结合第二次污染源普查，对全省入河排污口进行全面排查，共发现 1 882 个入河排污口。2019 年印发《关于做好入河排污口设置管理工作的通知》（琼环水字〔2019〕11 号），做好机构改革后入河排污口管理工作的有序衔接、平稳过渡。每年组织对规模及以上入河排污口开展水质监测，掌握入河污染排放情况。 （卢天梅）

2. 加强工业企业污染防治 加强工业集聚区监管，海南洋浦经济开发区、海口高新技术产业开发区、海南东方工业园区、海南老城经济开发区等 4 个园区均已建成污水集中处理设施并安装自动在线监控装置，实现与生态环境部门联网。建立以排污许可制度为核心的固定污染源环境监管机制，督促相关企业按照申领排污许可证要求，加强环境管理，

开展排污口自行监测，定期报送执行报告。

（卢天梅）

3. 城镇生活污水治理 "十三五"期间，全省新增投入运营城镇污水处理厂 52 座，新增污水收集配套管网 4 059km，新增污水处理能力 41 万 m^3/d，污水收集管网的长度是"十二五"末的 4.4 倍，污水处理厂数量是"十二五"末的 2.3 倍。截至 2020 年年底，已建成运营城镇污水处理厂 91 座（不含三沙市），建成城镇污水收集配套管道（含雨污合流管道）5 243km，城镇污水处理能力 160 万 m^3/d。其中，市县城区污水处理厂 38 座，处理能力 132 万 m^3/d；建制镇污水处理厂 53 座，处理能力 28 万 m^3/d。为加快补齐城镇污水收集处理设施短板，尽快实现城镇污水处理设施全覆盖、全收集、全处理，提升和优化城镇污水处理效能，改善水生态环境质量，海南省水务厅、生态环境厅、发展和改革委员会联合印发《海南省城镇污水处理提质增效三年实施方案（2019—2021 年）》。 （云大健）

4. 畜禽养殖污染治理情况 2017 年年底，全省各市县畜禽养殖区域划分工作方案已全部出台，印发《海南省农业厅办公室关于做好畜禽养殖区划分和管理工作的通知》《海南省畜禽养殖废弃物资源化利用实施方案》《海南省农业厅办公室关于做好畜禽养殖区划分和管理工作的通知》。

（1）推进资源化利用项目实施。加强规模养殖场资源化处理利用设施改造升级，全省畜禽粪污综合利用率达 87.65%，超过全国平均水平 12 个百分点，大型规模养殖场粪污处理设施装备配套率达 100%，全国率先实现全配套。

（2）完善畜禽养殖污染监管制度。严格落实畜禽规模养殖环评制度，对新改扩建畜禽养殖场（小区）进行环境影响评价。加快畜禽养殖区划分和规模养殖场治理工作，已划定禁养区 282 个，关停养殖场（户）1 626 家。

（3）推进种养结合，发展生态循环畜牧业。利用海南省"菜篮子"资金等项目，加快实施畜禽粪污改造工程，在全省范围推行农牧结合、种养循环模式。 （赵杰）

5. 水产养殖污染治理情况 印发《海南省养殖水域滩涂规划（2018—2030 年）》《海南省水产养殖整治工作实施方案（2019—2020 年）》《关于促进水产养殖业绿色发展的指导意见》等文件，规范水产养殖业发展。

（1）科学合理划定禁止养殖区、限制养殖区和养殖区，进一步调整优化发展空间布局和结构。全省水产养殖禁养区应退面积 15.37 万亩，已清退

12.36万亩。

（2）全面推行生态健康养殖，组织做好国家级水产健康养殖示范场复查和创建工作，2016—2020年，全省共创建20家国家级水产健康养殖示范场。

（3）加快推动绿色转型升级，持续改善水域生态环境，安排油补资金3 000万元支持文昌、昌江开展现代与渔业产业园水产养殖公共尾水处理项目。目前，全省村镇周边14.9万亩水产养殖场已开展养殖尾水处理，覆盖率为65％。　　　　（赵杰）

6.农业面源污染治理情况

（1）化肥、农药减量增效情况。

1）以有机肥资源利用为重点，推进养地减肥。大力推进秸秆肥料化利用，推广水稻秸秆还田，提升地力，减少化肥施用。

2）抓好化肥减量增效技术示范工作，统筹安排，科学布置示范点，有效引领化肥减量增效工作。全省建立了37个化肥减量增效示范点，示范面积2 706亩，在全省推广测土配方施肥技术累计2 439万亩次，发布配方185个，发放施肥建议卡50余万份。

3）推广绿色防控和统防统治。积极开展农作物病虫害绿色防控和统防统治，引导农民科学使用农药。全省累计建立了110个农作物病虫害绿色防示范区，示范面积16.5万亩次。扶持6家专业化统防统治队伍，累计开展病虫害统防统治115万亩次，同时促进绿色防控与统防统治相结合，累计推广绿色防控320万亩次。

4）严格实施农药备案管理，备案审核通过后可在海南省销售。2020年国内市场流通的农药品种有将近3.8万个，经备案审核可在全省流通的农药产品1.2万个；2020年，全省获得海南经济特区农药批发经营许可证的企业8家，获得农药经营许可的零售门店1 500多家；对禁用农药实行黑名单管理，严格管控，目前，海南省禁用农药63种，限制使用5种。积极开展农作物病虫害绿色防控和统防统治，引导农民科学使用农药。

（2）农膜回收利用情况。

1）探索建立"农户零散收集、乡镇集中储运、企业回收处置"的收储、运输、处理体系。全省已建立固定回收站43个，田间简易回收点66个，流动收集点92个。

2）积极开展标准农膜推广和全生物降解地膜试验示范，从源头上保障农膜可回收性，减少农膜使用量，年累计带动推广0.01mm以上标准厚膜100万亩次，示范应用全生物降解地膜1万余亩。安排资金400余万元支持乐东、昌江等县（市）开展农

膜回收工作。2020年全省共回收废旧农膜6 511.2t，农膜回收率达到80％以上。

（3）农作物秸秆综合利用情况。秸秆综合利用率逐年提高，秸秆露天焚烧现象明显减少。2020年全省主要农作物秸秆综合利用率为85.2％。

1）坚持"疏堵结合，以用促禁"，印发了《海南省农业农村厅关于印发"十三五"秸秆综合利用实施方案的通知》《海南省农业农村厅关于加强农作物秸秆综合利用和禁止露天焚烧工作的通知》等文件，压实地方政府主体责任。通过举办秸秆综合利用现场会、培训班、视频会等，推广和宣传秸秆综合利用技术，提高农民对秸秆综合利用的认识，从源头上减少秸秆焚烧。

2）抓好秸秆综合利用重点县工作。2020年安排中央资金277万元支持昌江整县推进秸秆综合利用工作，安排154万元支持海口市开展秸秆综合利用试点工作，试点成果显著。

3）示范推广秸秆"五化"利用技术。依托中国热带农业科学院等科研单位组建了专家团队，引进示范推广秸秆综合利用"五化"先进技术。形成一批可复制、可推广的秸秆综合利用"五化"技术模式，如海棠湾水稻国家公园水稻秸秆稻壳废弃物资源化利用、琼海益芝祥农作物秸秆培养菌类基料化利用、文昌秸秆机械化粉碎还田等，为全省秸秆综合利用提供了好经验、好做法。

4）积极开展《固废污染防治法》《土壤污染防治法》等法律法规的普法宣传，严格开展农业重点领域执法检查，依法打击粪污乱排、废弃物乱丢、秸秆乱烧等现象，形成震慑。组织全省农业农村系统参加全面推行河长制湖长制知识竞赛答题活动，增强水环境保护意识。将农业面源污染防治各项工作纳入乡村振兴、县（市）污染防治攻坚战及县（市）高质量发展考核中。　　　　　　（赵杰）

7.船舶港口污染防治　　"十三五"期间，海南海事局先后印发《船舶污染综合治理活动方案》《船舶污染控制实施方案》《防治船舶污染专项整治活动方案》《海南省船舶排放控制区实施方案》等文件，强化船舶污染物排放控制监管，严厉查处违规排放船舶污染物违法行为；全面落实船舶大气污染物排放控制区工作要求，扎实推进船舶靠港使用岸电，减少船舶尾气排放；推动海口市、三亚市、洋浦经济开发区、东方市等主要港口所在地人民政府建立并实施船舶水污染物转移处置联合监管制度，实现船舶水污染物全链条、闭环管理，有效提升联合监管能力。2016—2020年，共接收船舶水污染物72 058m³，其中船舶垃圾59 977m³，含油污水

9 294m³，残油 1 530m³，生活污水 1 257m³。开展船舶防污染登轮检查 13 043 艘次，查处船舶违规排放污染物违法行为 38 起，处罚金额共计 111.7 万元。使用快检设备开展到港船舶燃油检测 3 191 艘次，委托第三方检测 630 艘次，查处船舶超标使用燃油违法行为 28 起，处罚金额共计 90.51 万元。

（张向迎）

【水环境治理】

1. 饮用水水源规范化建设 全力保障饮用水水源安全，2017 年修订出台《海南省饮用水水源环境保护条例》，2018—2020 年印发《海南省集中式饮用水水源地环境保护专项行动方案》《关于进一步开展饮用水水源地保护工作的通知》《关于开展饮用水水源保护区问题调查工作的函》等，持续加强饮用水水源保护区环境问题排查、整治，县级以上饮用水水源地基本完成规范化建设，并按步推进乡镇级以下集中式饮用水水源地保护，83 个“千吨万人”饮用水水源保护区完成划定。全省 30 个县级以上城市集中式饮用水水源水质持续稳定达标。

（卢天梅）

2. 黑臭水体治理 海南省按照城市黑臭水体治理攻坚战的总体部署，有力推进城市黑臭水体治理，建立完善长效机制。2019 年 4 月，经海南省政府同意，省水务厅会同省生态环境厅联合印发《海南省城市黑臭水体治理成果巩固实施方案》，要求到 2020 年年底，地级市城市建成区黑臭水体治理成效稳定、不反弹，实现水环境只能变好、不能变差，让人民群众拥有更多的获得感和幸福感。在住房和城乡建设部的指导下，在省直相关部门和海口市、三亚市的共同努力下，海南省城市黑臭水体治理成效显著。列入住房和城乡建设部、生态环境部重点监控的 29 处城市黑臭水体全部消除黑臭。海口美舍河凤翔段被水利部评为“国家水利风景区”，环保部在官网上推介美舍河水体治理成功案例，水利部科技推广中心授予海口市鸭尾溪水环境综合治理工程“水利先进实用技术优秀示范工程”称号。

（云大健）

3. 海南省政府按照国务院《水污染防治行动计划》和《海南省水污染防治行动计划实施方案》的要求，根据《中共海南省委关于进一步加强生态文明建设 谱写美丽中国海南篇章的决定》，印发《海南省污染水体治理三年行动方案》（琼府办〔2018〕27 号）。目标拟定到 2020 年，治理范围内城镇内河（湖）污染水体达到 V 类及以上水质，完成城市黑臭水体消除任务；治理范围内的主要河流湖库基本达到 III 类及以上水质；入海河流基本达到 V 类及以上水质；重点海湾基本达到 II 类及以上水质。全省水环境质量总体明显改善和提升。

（胡志华）

4. 农村水环境整治 农村人居环境整治三年行动（2018—2020 年）期间，海南省农村改厕共 30.33 万座，农村卫生厕所普及率达到 98.8%，其中一类县无害化卫生厕所普及率达到 98.6%，三类县卫生厕所普及率达到 99.5%，长效管护机制逐步建立。

（吴乾雄）

【水生态修复】

1. 退塘还湿 “十三五”期间，全省共计退塘还湿 2 299.226 7 万 m²。

（刘景）

2. 生物多样性保护

（1）加大宣传合法办证开展水生野生动物特许利用。2020 年发放水生野生动物“人工繁育许可证”406 件，“经营利用许可证”307 件，“捕捉许可证”2 件。

（2）批准成立的救助机构 16 家，覆盖主要南海珍稀、濒危水生野生物种，近几年来收容救助和罚没水生野生保护动物 1 000 余只。

（3）为确保渔业资源的恢复，2020 年利用 1 856 万元开展水生生物资源增殖放流工作，其中利用 787 万元开展河流、水库的淡水物种增殖放流工作，利用 1 069 万元开展海水物种增殖放流工作。

（4）2020 年 6 月 12 日邀请农业农村部在三沙市永兴岛开展 145 只海龟放归活动。8 月 9 日在陵水县分界洲岛开展 99 只海龟的放归活动。11 月 7 日配合林业局在文昌铜鼓岭开展 9 只海龟放归活动。累计放归海龟 700 余只。

（赵杰）

3. 建立生态补偿机制

（1）流域生态补偿。2017 年印发《关于健全生态保护补偿机制的实施意见》，2018 年印发《海南省流域上下游横向生态保护补偿实施方案（试行）》，2020 年印发《海南省流域上下游横向生态保护补偿实施方案》，2020 年 12 月出台《海南省生态保护补偿条例》，探索生态补偿创新机制，将赤田水库流域生态补偿作为创新试点。

（2）持续推进流域上下游横向生态补偿工作，对全省流域面积 500km² 以上跨市县河流和重要集中式饮用水水源建立横向生态补偿机制，涉及全省 9 个县（市）的 8 个断面，形成“资源共享、成本共担、联防共治、互利共赢”的流域保护和治理机制。

（卢天梅）

4. 水土流失治理（生态清洁小流域） 2017 年 10 月，印发《关于〈海南省水土保持规划（2016—

2030 年）〉的批复》（琼府办函〔2017〕375 号），划定省级水土流失重点预防区 12 960km²、省级水土流失重点治理区 3 482km²。2016—2020 年，海南省水土流失治理投资约 3.15 亿元，完成新增水土流失治理面积 868.92km²，占《海南省水土保持规划（2016—2030 年）》目标任务 600km² 的 145%，共减少土壤流失量 377 万 t，水土保持率提高到 95.04%。根据 2020 年水土流失动态监测成果，全省水土流失面积为 1 706.40km²。　　　（吕春明）

【执法监管】　（1）2017 年，开展南渡江、昌化江、万泉河干流禁渔期专项执法行动，清理整顿禁渔期捕捞作业行为，各级政府共出动车辆 56 辆次，租用船舶 21 艘次，执法人员 120 人次，进行拉网式执法排查，巡查休渔水域 850 多 km²。2017 年在禁渔期内未发现有炸、电、毒鱼等违规捕捞作业案件。

（张明）

（2）打击水环境违法行为。2016—2020 年，全省查处水环境违法案件 673 宗，罚款 1.09 亿元。对涉嫌环境污染犯罪移送公安机关处理，对通过暗管、渗坑等方式规避监管的违法排污案件依法移送公安机关实施行政拘留，对典型违法案件通过媒体公开曝光。

（卢天梅）

（3）2018 年，海南省水务厅、公安厅联合开展河湖采砂专项整治行动和打击非法采砂违法犯罪专项行动，截至 2018 年 11 月，全省开展巡查 14 663 次、联合执法 2 358 次，查处、取缔非法采砂点 593 处，查获采砂船只 191 艘，抽砂浮台 818 处，抽洗砂设备 156 台，处罚、暂扣铲车、挖机、各类运输车 2 860 辆。查办非法采砂类违法犯罪案件 153 起，抓获违法犯罪人员 440 人，其中刑事拘留 168 人、取保候审 4 人、行政拘留 237 人、其他处罚 31 人。破获"砂霸"涉黑涉恶犯罪团伙 8 个，侦破涉及敲诈勒索、寻衅滋事、非法采矿等"砂霸"类案件 30 起，抓获犯罪嫌疑人 63 人，侦破其他相关联案件 183 起，抓获犯罪嫌疑人 258 人。大江大河、重点水域大规模、长时间的非法采砂现象基本遏制。

（4）2019 年，海南省持续开展的河湖采砂专项整治行动和打击非法采砂违法犯罪专项行动中，公安机关查办非法采砂类违法犯罪案件 576 起，抓获违法犯罪嫌疑人 1 335 人，打掉"砂霸"犯罪团伙 26 个，查处、取缔非法采砂点 2 001 处，查获采砂船 308 艘，抽砂浮台 1 865 个、各类运输车 3 495 辆；行政立案 699 起，其中水行政主管部门立案 110 起，罚款 1 074.999 7 万元，有效遏制了大江大河、重点水域非法采砂现象。

（5）2020 年，海南省公安、水务、资规、交通、住房城乡建设、市场监管等 6 部门联合打击非法采砂，印发《关于建立健全打击非法采砂及"砂霸"执法衔接协作机制的意见》，完善行政执法与刑事司法衔接机制，强力维护全省环境资源安全及砂石市场秩序持续健康平稳发展。查办非法采砂类违法犯罪案件 316 起，抓获违法犯罪嫌疑人 511 人，查处、取缔非法采砂点 1 068 处，查获非法采砂船 22 艘、抽砂浮台 422 个、采砂设备 171 部、各类运输车 1 185 辆；行政立案 176 起，大江大河、重点水域非法采砂现象得到遏制。

（张明）

【水文化建设】

1.美舍河　美舍河穿越海口主城区而过，全长 31km（沙坡水库大坝以下 16km），水域面积 74.1 万 m²，沿线居民 33 万人。2016 年 6 月，海口市启动了美舍河水体治理工作，实行"PPP＋EPC＋跟踪审计＋全程监管"的模式，开启截污纳管、河道清淤、水生态修复、示范段景观提升、一体化污水处理站及提升泵站、凤翔公园湿地等建设工作。经过综合治理，美舍河重新焕发生机，恢复昔日水清岸绿、鱼群畅游的美景，成为椰城的一道亮丽的风景线，打开了全市水体治理的开篇。如今，美舍河国家湿地公园焕然一新，处处都是美景，绿地与城市相结合，人与自然更融洽，成为海口最时尚的水文化景观名片和生态文明建设的重要示范窗口。2017 年，美舍河凤翔段被评为"国家水利风景区"。2018 年，美舍河因其治理良好，荣登生态环境部、住房和城乡建设部地级城市黑臭水体整治第一批督查十大光荣榜。

2.娜姆河　也许是古代黎族人对自然的虔诚，娜姆河被当地人称为"芭拉胡"，意为"神秘而美丽的峡谷"。穿出东方市江边乡玉龙山后，娜姆河绵延 10km，静静流过"芭拉胡"溪谷。幽幽溪谷中，河岸树木丛丛，怪石"负土而出，争为奇状者"，河中巨石星罗棋布，水清凉而清澈。河水时而潺潺宛转，时而湍急深邃。烟雨晨雾，山石溪涧，娜姆河的风骨诗意，不禁让人感叹"仙境原来非梦幻，随风飘落在人间"。"芭拉胡"神秘而美丽，也是江边乡人的"最美家乡河"。河水供给了周边多个村落的生产生活，村民都是喝着娜姆河水长大。河湖专管员符亚孟说："我生在这长在这，从小在河边玩，长大又在河边工作，小时候不以为意长大走出去才发现，娜姆河的美罕见而珍贵，因此我也总告诉家人和孩子要好好保护娜姆河保护环境。"娜姆河滋养着江边乡，当地百姓对娜姆河是亲近的，是感恩的。不砍河边的树，不乱捕河里的鱼，不往河里扔垃圾……像呵护眼睛一样呵护娜姆河。当地人相信，娜姆河的良好环境和清澈河水是神明的馈赠，奇美的"芭拉胡"有着神明的护佑。

3. 南湾河　南湾河在当地也叫南晚河，发源于山美水美的细水乡东南侧山区。河岸青峰叠嶂，树影婆娑，一湾碧水盘绕群山之间，蜿蜒49km注入松涛水库。"南"在当地黎语中是水的意思，"南晚"就是从前附近居民外出要跋山涉水，早上出去，晚上才能回来。千百年来，村民依河靠河，秀美的南湾河嵌入了当地居民的生活，承载着一代又一代细水乡人的记忆与情节。而近几十年来，随着人口增长，过度开荒造成植被破坏、水土流失，农业和生活污水直接排放入河，垃圾随意倾倒河道，秀美的南湾河患上了"污水病"。针对南湾河的"病症"，白沙黎族自治县精准开出了一张"河长制"良方：建成南湾河流域13个自然村的农村污水处理设施，落实污水处理设施的日常管理；创新工作方式，借黎族传统节日"三月三"契机开展迎"三月三"清河行动，充分发动群众参与保护家乡河；常态化开展无人机巡查航拍工作，"一地一单"整改发现问题。治河更要管好河。结合实际，白沙黎族自治县探索了特色的管护模式。2018年，白沙黎族自治县结合河湖管护和脱贫攻坚工作，开发380名河湖管护员公益性岗位，在南湾河设置17名河湖管护员，将流域周边村中的贫困户纳入河湖管护队伍，建立健全管理制度和考核办法。在细水乡营造"人人关心爱护家乡河"的良好氛围，让村民自觉自愿参与到爱河护河的队伍当中。开发河湖管护公益性岗位的做法被海南省河长办通报表扬并全省推广。

（胡志华）

【信息化工作】　（1）海南省水务信息化经历多年建设，水网感知体系逐步完善，数据资源体系逐步健全，业务协同应用逐步丰富，基础设施能力逐步提高，安全防护等级逐步提升，为海南省智慧水网建设奠定了良好基础。

1）海南省现有水文站46个（基本站13个、中小河流专用站33个），水位站29个（基本站8个、中小河流专用站21个），独立雨量站183处（均为基本站），地下水站75个。国家基本水文站及中小河流监测站点的水位、潮水位和雨量观测已全部实现自动遥测；国家水文站流量测验结合实际使用ADCP测流，中小河流监测站点流量测验采用非接触式雷达在线测流。

2）海南共建设取用水自动监测站300个（涉及取水户175户，其中珠江委、省水行政主管部门、市县水行政主管部门审批颁发取水许可证分别为2户、6户和167户），实现海南省实际监控水量占许可取水户取水量85％以上和总用水量50％以上在线监测。全省18个市县（不含三沙市）共布设国家级监测站75个，均为水位监测站，其中8处又作为地下水常规水质监测站；按监测层位划分，监测潜水19个，承压水56个。对列入全国重要饮用水水源地名录的5个饮用水水源地实现水质在线监测；生态环境部门对全省18个市县（不含三沙市）县级以上城市（镇）在用30个集中式饮用水水源地（地表水水源地29个，地下水水源地1个）进行监测。加强城市供水水质监督检测，2019年利用人工抽样检测方式对定安、屯昌等10个县城的原水、出厂水和管网水水质进行检测。

3）针对10座大型水库、76座中型水库，建设599个视频监控点，实现了对水库的大坝、副坝、溢洪道、部分泄洪渠、闸门和操作启闭室以及水位标尺的实时视频监控。根据大坝长度设置1～2台远距离红外球机，各副坝设置1～2台远距离室外高清红外球机，水位标尺、溢洪道、下游及闸门等重要部位各设1台红外球机，启闭室安装1台枪式数字摄像机，各水库监控室安装一个室内高清珠式摄像机。

（2）海南省水务信息化以防汛防台防旱信息化建设为突破口，在防汛抗旱、水资源监控、城市水务、水土保持和灌区管理等方面相继建成了一批数据库，形成有基础数据库、监测数据库、业务数据库、空间数据库等构成的数据资源体系。通过智慧水网一期平台建设，基本建成全省统一的水务数据仓和数据归集平台，汇聚154条全岛独流入海河流、1 105座水库、332座水电站、1 412座水闸、695座泵站、52万余处农村供水工程、69处大中型灌区、67万余眼下水井以及监测站点的基础数据；汇聚海南省互联网＋防灾减灾综合信息平台、海南省山洪灾害监测预警平台等水文站点数据，300多个取用水在线测点的实时信息，以及599个大中型水库视频监控信息；汇聚了取用水监管、防汛物资管理等业务信息，初步建立自然类、工程与设施类、非设施类等水务数据资源目录，为水务数字化转型工作提供数据基础。通过智慧水网一张图，汇集了全省乡镇级以上河流以及水库、闸门、泵站、灌区、农村供水、农村水电站等重要水利工程和城镇供水厂、城镇污水处理厂等基础数据，建成全省统一的"水网一张图"。完成多类水利要素整理和河流水系要素对象化处理，建成与自然资源部门同步更新、覆盖全省的数据矢量地图、30m精度的DEM数据以及

1：5万卫星遥感数据，叠加水务行业专题数据，建成符合行业特点的水网电子地图，发布全省20个层级的瓦片地图服务。

（3）海南河长管理信息系统以信息化手段带动管理创新，运用互联网、大数据、云计算等信息技术，建设一个以信息化管理为手段，旨在为用户提供高效、便捷的服务，例如河长、河长办、成员单位的日常管理、巡河管理、文档管理［一河（湖）一档、一河（湖）一策、管理制度等］、问题上报等业务平台，实现河长制管理精细化、业务标准化、协同高效化、应用智能化，打造具有海南特色的河长制新型管理模式，增强社会群众的参与性。

（王伟　周劲松）

｜重庆市｜

【河湖概况】

1. 河流数量　重庆市境内有长江、嘉陵江、乌江、渠江、涪江、酉水、州河、芙蓉江、綦江、阿蓬江、小江、任河、郁江、大宁河、琼江、御临河、龙溪河、濑溪河、磨刀溪等主要河流，流域面积50km²以上河流510条。其中，流域面积100km²以上河流275条；流域面积200km²以上河流149条；流域面积500km²以上河流74条；流域面积1 000km²以上河流42条；流域面积3 000km²以上河流19条；流域面积5 000km²以上河流11条；流域面积10 000km²以上河流7条。水系均属于长江流域，分为长江、嘉陵江、乌江、沱江、沅江、汉江6大水系。重庆市境内干流河段总长16 849.6km，其中流域面积50～1 000km²河流12 012km，流域面积1 000km²以上河流4 837.6km。　（江泽秀　邢乔）

2. 河流水量　重庆市水资源总量为554.3亿m³，其中地表水资源量为554.3亿m³，地下水资源量为100.5亿m³，重复计算量为100.5亿m³。总的来看，水资源地区分布不均，东部和东南部明显高于中西部。　（胡兴敏）

3. 河流水质　"十三五"期间，长江干流重庆段水质为优，各断面水质均达到或优于Ⅲ类；与"十二五"末相比，2020年长江干流重庆段水质满足Ⅲ类的断面比例持平，全市纳入国家考核的42个断面水质优良比例首次达到100%，优于国家考核目标4.8个百分点，较2016年提高11.9个百分点。长江支流（重庆境内）水质为Ⅰ～Ⅲ类的断面比例在79.1%～94.4%，水质稳中向好；与"十二五"末

相比，2020年长江支流（重庆境内）水质为Ⅰ～Ⅲ类的断面比例上升12.9个百分点。　（高军）

4. 水利工程　截至2020年年底，重庆市共建成水库3 087座，总库容126.84亿m³；建成各类堤防3 215.33km，水闸132座，农村水电站1 483座、总装机301.97万kW。全市水利工程（不含电站水库）可蓄水量37.24亿m³，实际蓄水量27.12亿m³，实际蓄水占可蓄水量的72.83%，比2019年同期增加1.14亿m³。工程2020年累计供水量为28.02亿m³，其中，人畜饮水9.51亿m³，灌溉供水8.23亿m³，发电供水8.98亿m³，其他供水1.30亿m³。全市累计建成农村供水工程38.5万处，供水总人口2 720万人，其中集中式供水工程3.3万处，供水人口2 491万人。　（敖源鸿）

【重要活动】

（1）2017年3月16日，重庆市委办公厅、市政府办公厅印发《重庆市全面推行河长制工作方案》，同年4月19日，市政府召开全面推行河长制新闻发布会，向社会发布《重庆市全面推行河长制工作方案》，对全面推行河长制的历史背景及重大意义及工作方案的总体要求、主要目标、组织体系、主要任务、进度安排、保障措施进行了全方位解读。

（2）2017年9月18日，重庆市委副书记、市长、市总河长张国清主持召开重庆市2017年总河长会议，全面部署全市河长制工作，对全市河长制组织体系建设、目标任务、进度安排提出明确要求。

（3）2017年9月28日，重庆市委全面深化改革领导小组召开第二十次会议，市委书记陈敏尔主持会议并讲话。会议指出，重庆地处长江上游，保护好三峡库区和长江母亲河，事关重庆长远发展，事关国家发展全局。聚焦"水里"抓改革，全面推行河长制，做到一河一长、一河一策、一河一档，加强水资源保护和合理利用。

（4）2017年11月6日，重庆市审计局、市河长办联合印发《重庆市河长制执行情况审计工作方案》，选派河长制专责审计官近200名，逐级针对河长制工作责任落实、制度机制建立、资金管理使用等8个方面的情况开展专项审计，促使各级领导干部履行生态环境保护责任，促进河长制目标全面实现。

（5）2018年5月10日，重庆市委书记、市总河长陈敏尔主持召开重庆市2018年第一次总河长会议。会议听取全市河长制工作推进情况汇报，安排部署全市河长制工作，提出扩充完善河长制组织体系，运用智能化大数据等现代化手段进行决策、管

理、监督。

（6）2018年9月3—11日，重庆市河长办公室开展"发现重庆之美——百万网民点赞重庆最美河流"大型主题宣传活动，近600万网民参与网络点赞投票，评选出10条最美河流、10座最美水库。

（7）2018年11月19日，重庆市委常委、宣传部部长、市级河长张鸣，四川省政协副主席、党组副书记、省级河长崔保华联合巡查琼江流域，查看河道综合治理、污水收集处理、水源地保护及水污染治理等情况，并召开座谈会。

（8）2019年3月19日，重庆市委书记、市总河长陈敏尔赴垫江县牡丹湖水库开展暗访随访，抽查生态环境保护和河长制落实情况，并要求各级领导干部要带头开展暗访随访，用自己的眼睛发现问题，由点及面解决问题，推动工作部署落地生根、开花结果。自此，全市各级逐步建立暗访随访制度。

（9）2019年7月23日，重庆市委书记、市总河长陈敏尔主持召开重庆市2019年第一次总河长会议。会议听取了全市河长制工作推进情况汇报，安排部署了全市河长制工作，要求各级领导干部将履行河长责任情况纳入领导班子民主生活会对照检查内容。

（10）2019年8月8日，重庆市首次"河长面对面"活动在垫江县举行。时任重庆市政府副市长、市副总河长、龙溪河市级河长李明清与7名基层河长、"民间河长"面对面交流，分享治河护河故事，共话河库治理良策。

（11）2019年10月9日，重庆市委书记陈敏尔、市长唐良智在长江涪陵段巡河并听取全市河长制落实情况汇报。陈敏尔强调，要深化落实一河一长、一河一策、一河一档，建好用好"智慧河长"系统，持续提升"三水共治"水平。

（12）2020年4月20日，时任重庆市政府副市长、市级副总河长李明清主持召开全市河长制工作专题会议，听取全市河长制工作情况汇报，研究部署下一步重点工作。要求进一步健全落实河长履职机制、建立健全跨界河流联防联控工作机制，建立通报制度，加快推进"智慧河长"系统建设，加大对河长制工作真抓实干成效明显相关区县的激励支持力度。

（13）2020年4月29日，重庆市河长办公室、市生态环境局和四川省河长制办公室、省生态环境厅有关负责同志以及川渝21个相邻市、区（县）政府和有关部门负责同志联合巡查琼江，并组织召开推动成渝地区双城经济圈建设川渝河长制工作联席会议。会议审议并签署《川渝跨界河流管理保护联合宣言》，明确由川渝两地省级河长（制）办公室共同组建川渝河长制联合推进办公室。同年6月18日，重庆市河长办公室、四川省河长制办公室印发《川渝河长制联合推进办公室组建工作方案》，正式成立川渝河长制联合推进办公室。

（14）2020年6月12日，重庆市委书记、市总河长陈敏尔主持召开2020年第一次市级总河长会议。会议深入学习贯彻习近平总书记在宁夏考察时的重要讲话精神，听取了全市河长制工作推进情况和部分市级河长2019年履职情况汇报，研究部署了全市河长制重点工作，要求进一步充实河长制河流牵头单位，增加市级河长，加快河长制立法，深化川渝河长制联防联控。

（15）2020年9月21日，重庆市政府副市长、市副总河长李明清主持召开2020年全市河长制工作第二次专题会议，听取重庆市河长办关于第2号市级总河长令总体推进情况、全市"一河一策"实施方案编制工作情况，以及全国、全市示范河流创建工作情况等汇报，研究部署下一步河长制重点工作，要求抓好第2号市级总河长令贯彻落实工作、"一河一策"编制实施工作及国家级和市级示范河湖创建工作。

（任镜洁　柴瑨瑀　颜嵩）

【重要文件】

（1）《中共重庆市委办公厅重庆市人民政府办公厅关于印发〈重庆市全面推行河长制工作方案〉的通知》（渝委办发〔2017〕11号）。

（2）《中共重庆市委办公厅重庆市人民政府办公厅关于印发〈重庆市河长制工作规定（试行）〉的通知》（渝委办发〔2017〕44号）。

（3）《中共重庆市委办公厅重庆市人民政府办公厅关于进一步强化全市河长制组织体系的通知》（渝委办〔2017〕134号）。

（4）《中共重庆市委办公厅重庆市人民政府办公厅关于进一步健全完善全市河长制组织体系的通知》（渝委办〔2018〕74号）。

（5）《中共重庆市委办公厅重庆市人民政府办公厅关于印发〈重庆市全面推行河长制主要任务分解〉的通知》（〔2017〕15号）。

（6）《重庆市河长办公室关于印发〈重庆市河长会议制度（试行）等八项制度〉的通知》（渝河长办〔2017〕10号）。

（7）《重庆市河长办公室印发〈关于进一步强化河长履职尽责的实施意见〉的通知》（渝河长办〔2020〕4号）。

（8）《重庆市河长办公室关于印发〈重庆市"一

河一策"方案编制大纲（试行）〉的通知》（渝河长办〔2020〕20号）。

（9）《重庆市河长办公室重庆市公安局印发〈关于全面实施河库警长制工作的意见〉的通知》（渝公发〔2018〕169号）。

（10）《重庆市河长办公室关于印发〈重庆市市级河流河长制工作机制运行管理办法（试行）〉的通知》（渝河长办〔2018〕14号）。

（11）《重庆市河长办公室关于印发〈重庆市全面推行河长制主要任务分解（修订）〉的通知》（渝河长办〔2020〕14号）。

（12）《重庆市河长办公室关于印发〈重庆市河长工作交接制度（试行）〉的通知》（渝河长办〔2020〕19号）。 　　　（柴瑨瑀　王敏）

【地方政策法规】

1. 重点领域立法

（1）2016年11月24日，重庆市第四届人民代表大会常务委员会第二十九次会议通过《重庆市村镇供水条例》，让村镇供水有法可依，切实推动解决农村饮水安全问题。

（2）2016年12月8日，重庆市人民政府第150次常务会议通过《重庆市河道采砂管理办法》，进一步加强河道采砂管理，确保河势稳定和防洪、通航安全。

（3）2020年7月30日，重庆市第五届人民代表大会常务委员会第二十次会议通过《重庆市水污染防治条例》，对河长制及河库水资源保护、水域岸线管理、水污染防治、水环境治理等内容作出规定。

（4）2020年12月3日，重庆市第五届人民代表大会常务委员会第二十二次会议通过《重庆市河长制条例》，推动重庆市河长制工作正式迈入法治轨道，以河长制促河长治。

2. 涉水法规修订　自2016年以来，重庆市先后对《重庆市水文条例》《重庆市河道管理条例》《重庆市水资源管理条例》《重庆市实施〈中华人民共和国水土保持法〉办法》《重庆市水利工程管理条例》等5部地方性法规进行修订修正，确保水利行业地方性法规更具操作性、合理性、实用性。

3. 地方规范

（1）2018年6月20日，发布《重庆市市级河流河长制工作机制运行管理办法（试行）》（渝河长办〔2018〕14号）。

（2）2020年3月6日，发布《梁滩河流域城镇污水处理厂主要水污染物排放标准》（DB50/963—2020）。

（3）2020年5月15日，发布《锰工业污染物排放标准》（DB50/996—2020）。

（4）2020年10月13日，发布《重庆市"一河一策"方案编制大纲（试行）》（渝河长办〔2020〕20号）。

（5）2020年10月28日，发布《榨菜行业水污染物排放标准》（DB50/1050—2020）。（冉婷　王敏）

【专项行动】

1. "清河一号"专项行动　2018年，针对重庆市河库脏乱突出问题，为整治"垃圾河""污水河"，在全市开展"清河一号"专项行动。全年累计清理河岸垃圾22万t，打捞河面漂浮物15万t，区县层级开展专项行动7 000余次，处理非法排污案件580余件，河库乱象得到有效遏制。 　　（王敏）

2. 河道"清四乱"专项行动　2018年8月至2019年年底，按照水利部统一部署，印发《重庆市开展河道"清四乱"专项行动工作方案》，按照"发现一处，清理一处"的原则，对重庆市所有河道"四乱"（"乱占、乱采、乱堆、乱建"）问题开展全面排查整治，累计发现整改河道"四乱"问题592个，河道水域岸线面貌有效改善。

3. 长江干流岸线利用项目清理整治专项行动　2018年12月10日，按照《国家长江办关于印发长江干流岸线利用项目清理整治工作方案的通知》要求，印发《重庆市长江干流岸线利用项目清理整治工作方案》，组织开展长江干流岸线利用项目清理整治专项行动。2020年，全面完成461个项目清理整治，顺利通过国家"六部委"的现场调研验收。重庆市累计腾退岸线长度16.96km，规范整改占用岸线长度34.47km，拆除建筑物面积11.3万m²，清理弃渣368.58万m³，河道管理范围内复绿19.51万m²。

4. 河道采砂综合整治专项行动　2020年以来，重庆市水利、经济信息、公安、交通、市场监管、长航公安、重庆海事等部门联合成立重庆市河道采砂管理合作机制协调组，印发《关于开展全市河道采砂综合整治行动的通知》，组织开展河道采砂综合整治和打击非法采砂专项行动。整治行动期间，全市累计开展专项行动312次，日常巡查3 548次、12 519人次，出动执法船473艘次、执法车3 143次。查处砂石违法经营行为3起，立非法采砂行政案件18件，立非法采砂刑事案件8件，累计拆解采运砂船舶32艘。

5. 打击非法采砂专项行动　2016年以来，重庆市持续开展打击河道非法采砂专项行动2 330次。

日常巡查 28 512 次、88 443 人次，出动执法船 2 597 艘次、执法车 19 018 次。长江干流非法采砂基本绝迹，其他河流零星非法采砂露头就打，全市河道面貌持续改善，河道采砂管理秩序稳定可控、持续向好。

（陈鸯）

6. 污水偷排、直排、乱排专项整治行动　2019年 4 月 20 日，重庆市双总河长共同签发第 1 号市级总河长令，在全市开展污水偷排、直排、乱排专项整治行动。全市各级各有关部门扎实推进专项整治工作，累计排查整改"三排"问题 5 227 个，污水偷排、乱排现象基本遏制，直排问题加快解决，推动水环境质量明显改善。2019 年，重庆市纳入国家考核的 42 个断面水质优良比例达到 97.6%，同比提高 7.1 个百分点，首次高于 2020 年水污染防治攻坚战 95.2% 的目标，长江干流重庆段水质为优。

7. 污水乱排、岸线乱占、河道乱建"三乱"整治专项行动　2020 年 5 月 13 日，重庆市双总河长共同签发第 2 号市级总河长令，在全市开展污水乱排、岸线乱占、河道乱建"三乱"整治专项行动。全市各级各有关部门坚决贯彻、扎实推进，专项行动取得显著成效，累计发现整治"三乱"问题 2 558 个，河库面貌明显改观。2020 年，全市纳入国家考核的 42 个断面水质优良比例首次达到 100%，消除长江支流（重庆境内）劣 V 类水质断面，长江干流重庆段水质为优，累计腾退收回、规范整改岸线 147km。

（柴瑶瑶）

8. 川渝跨界河流污水"三排"、河流"清四乱"专项整治行动　2020 年 5 月，重庆市河长办公室、四川省河长制办公室联合印发《川渝跨界河流"清四乱"专项行动工作方案》《川渝跨界河流污水偷排直排乱排专项整治行动工作方案》，通过全面排查、集中整治、巩固提升三个阶段开展专项整治行动，共管共护 81 条川渝跨界河流。川渝跨界河流联防、联控、联治获评"2020 全国基层治水十大经验"。

（王敏）

【河长制湖长制体制机制建立运行情况】

1. 河长设置　重庆市委书记、市长共同担任市级总河长，全面建立市、区（县、自治县）、乡镇（街道）三级"双总河长"架构和市、区（县、自治县）、乡镇（街道）、村（社区）四级河长体系。全市分级分段设立河长 1.75 万名，实现了"一河一长""一库一长"全覆盖。先后 3 次充实调整河长制组织体系，重庆市委、市政府、市人大常委会、市政协主要领导和全部市委常委、市政府副市长均任市级河流河长，市级河长达 21 名，市级河流达 24 条。

2. 河长办公室设置　设立市、区（县、自治县）、乡镇（街道）三级河长办公室，作为本级总河长、河长的办事机构，承担河长制具体工作。各级河长办公室主任由同级政府分管领导同志担任，并配备相应的工作人员，河长制责任单位和牵头单位负责人作为办公室成员。

3. 河长制责任单位及牵头单位设置　重庆市、区县发展改革、教育、经济信息、公安、财政、规划自然资源、生态环境、住房城乡建设、城市管理、交通、水利、农业农村、卫生健康、团委、林业、海事等部门作为该行政区域的河长制责任单位。市、区（县、自治县）根据工作需要，确定相应河流的河长制牵头单位。

4. 河长述职机制　重庆市委将河长履职情况纳入各级领导班子民主生活会对照检查内容，不断提高各级河长开展河流管理保护工作的政治站位，增强履职担当的使命感和责任感，并对检查出的问题实行清单化整改、全过程管理，提升河流管理保护质效。

5. 年度考评机制　重庆市委、市政府将河长制纳入对区县党委政府经济社会发展业绩考核和市级党政机关目标管理绩效考核。细化制定《重庆市河长制工作考核办法》，按照年度重点工作细化量化考核指标、健全考核体系，通过下达年度目标、季度任务，强化过程考核、季度打分，压实属地责任和行业监管责任。

6. 联防联控机制　与周边省份各级累计签署相关协议 96 份，分级建立联席会商、联合巡查等工作机制，共同推进跨省市河流联防联控。在全国省级层面率先成立川渝河长制联合推进办公室，针对 81 条川渝跨界河流联合开展污水偷排直排乱排整治、河流"清四乱"等专项行动，推动成渝地区双城经济圈水生态共建、水环境共保。

7. "河长+"制度　实行"河长+警长"制度，设立市、区（县、自治县）、乡镇（街道）三级河库警长 1 000 余名，常态化开展巡查和联合执法。实行"河长+检察长"制度，全面推行"河长+检察长"协作机制，设立市、区（县、自治县）两级检察联络室，派驻检察官。实行"河长+民间河长"制度，落实河道保洁员、巡河员、护河员约 1.6 万人，实行网格化管理，解决河流巡查保洁"最后一公里"问题；壮大"河小青""巾帼护河员"队伍，2.3 万余名民间河长参与一线巡河护河。实行"河长+社会监督员"制度，聘请人大代表担任河流督导长、监督员，督导河长制落地落实；政协委员聚焦市级总河长令开展"委员明察暗访监督性调研视察活动"，发现并移交问题线索 1 320 个，提出河流管理保护等建议 1 400 余条。

8. 离任交接制度　制定印发《重庆市河长工作交接制度（试行）》，由各级河长办公室和河流河长制牵头单位统筹，采取签署《离任交接清单》的方式，交接河流基本情况、"一河一策"编制实施情况、河流巡查、群众反映的未整改销号问题等六大内容，确保河长在调整时，所负责河流河长制工作无缝对接、延续有序。

9. 暗访调度机制　重庆市政府常务会议定期调度河长制重点工作。全市建立市、区（县、自治县）、乡镇（街道）三级定期调度机制，采取暗访问题交办、现场巡河交办、召开专题会议、印发工作通报等多种方式，专题调度河流突出问题，并督促整改到位。重庆市河长办公室以"四不两直"方式设立市级部门联合暗访组，对河长履职情况、河长制工作落实情况、河流治理保护情况等开展全覆盖暗访督导，发出问题督办函、交办单促进问题整治。委托第三方运用无人机对乌江、龙溪河、琼江、郁江、梁滩河等河流开展全河段巡查，排查整治突出问题。

10. 表彰奖励机制　《重庆市河长制条例》第三十四条规定，河长制工作成绩显著的单位、个人，由市、区（县、自治县）按照有关规定给予表彰、奖励。重庆市河长办公室联合市委宣传部、市文明办、市人力社保局、市总工会等部门开展"最美河湖卫士"评选，举办最美人物发布仪式，宣传推广10 位基层河长先进事迹；表彰 100 名河长制工作先进个人、50 个先进集体；开展"助推绿色发展、建设美丽长江"劳动技能竞赛，评选最美护河员 400 个、标兵单位 50 个、最美河流管护集体 30 个。

11. 责任追究机制　重庆市针对"各级总河长、河长未按照规定巡查责任河流"等 5 类行为，按照不同情形、后果，进行提醒、约谈、通报及追责。河长制实施以来，针对基层河长巡河不达标、巡河不查河等问题，采取集中约谈、现场约谈等方式，累计约谈问责河长及有关部门 1 000 余人（个）次。同时，将河长制实施情况纳入领导干部综合考核评价和自然资源资产离任审计的重要内容，加强监督问责。

（王敏）

【河湖健康评价】　按照试点先行、全域推进的工作思路，对綦江、五布河、大宁河、小安溪等河流开展健康评价。根据《河湖健康评价指南（试行）》相关指标赋分方法，经资料收集、实地调查、数据监测及公众满意度调查等工作环节，由相关专家对相关河流健康情况进行计算打分，全面分析河流存在的主要健康问题，形成健康评价报告，并对下一步河流管理保护工作提出建议。

（徐威震）

【"一河（湖）一策"编制和实施情况】

1. "一河一策"（2018—2020 年）编制和实施　重庆市按照水利部印发的《"一河（湖）一策"方案编制指南（试行）》要求，市、区县（自治县）、乡镇（街道）三级立足流域实际，围绕问题、目标、任务、措施、责任"五大清单"，统筹流域上下游、左右岸、干支流以及突出问题和重点难点，全面完成全市 5 300 余条河流"一河一策"方案（2018—2020 年）编制工作，各级方案在征求同级相关部门（单位）、流经行政区域意见后，由河流最高层级河长审定并印发实施。市级河流牵头部门发挥牵头作用，每年结合"一河一策"方案目标任务，下达年度工作计划，并根据部门职能职责给予项目资金支持。各区县结合实际，按流域编制形成综合治理方案，制定年度重点工作清单，每年经总河长会议审定后有序实施、打表推进，基本完成"一河一策"河流管理保护目标任务。

2. "一河一策"（2021—2025 年）编制和实施　2020 年 10 月，重庆市启动"一河一策"（2021—2025 年）的编制工作，印发《重庆市"一河一策"方案编制大纲（试行）》《关于认真做好新一轮"一河一策"方案编制工作的通知》。为确保"一河一策"方案质量，制定《重庆市市级河流"一河一策"方案评审要点》，明确必要内容、图表要求、审查标准，提高方案审查的专业性和一致性，并及时更新专家库，为方案评审工作提供技术支撑。按照《重庆市河长制条例》"一河一策"方案经河长审查后，由本级人民政府批准并组织实施"的相关规定，重庆市分级组织水利、生态环境、农业农村、住房城乡建设等方面专家及有关部门对"一河一策"方案进行同级政府审批前置审查、全过程咨询，修改完善后报同级政府审定实施。

（柴瑁瑀）

【水资源保护】

1. 水资源刚性约束　出台《重庆市实行最严格水资源管理制度考核办法》《2016—2020 年度水资源管理"三条红线"控制指标》，分解落实最严格水资源管理制度控制指标，并纳入对区县党委政府经济社会发展业绩考核，确保各项指标落实。印发《重庆市地下水管控指标》，科学划定地下水取用水总量、水位控制指标，明确地下水取用水计量、监测井密度等管理要求。

（徐威震）

2. 节水行动 印发《重庆市节水行动实施方案》，完善水价形成机制，全面落实城镇居民用水阶梯水价制度、32 个区（县）（含两江新区、重庆高新区）建立城镇非居民用水超定额累进加价制度。推进农业综合水价改革制度，改革面积近 500 万亩，占总耕地的 14%。推进节水型城市建设，全市中心城区（含高新区、两江新区）达到国家城市节水Ⅱ级标准；完成 7 个大型灌区、40 个重点中型灌区续建配套与节水改造建设任务，农田有效灌溉面积 1 047 万亩，占总耕地的 29.5%；节水灌溉面积和高效节水灌溉面积分别达 396.98 万亩和 141.17 万亩，分别占全市有效灌溉面积的 37.9% 和 13.5%；建立水肥一体化示范片 7 000 余亩，推广池塘"一改五化"技术 150 余万亩，示范区节水减排 60% 以上。推动火电、钢铁、化工等高耗水行业节水改造，组织实施 52 项市级节水技术改造和清洁化改造项目，年节约水量 210 万 m³ 以上。完成管网改造 1 410km，一户一表和二次设施改造累计超过 92 万户；实施城镇污水处理提质增效，璧山、永川等 8 个区县开展区域性系统再生水利用示范建设。 （熊燃）

3. 生态流量监管 印发第一批、第二批主要河流控制断面生态流量方案，制定龙溪河、大溪河、小江、普里河、龙河等 12 条河流生态流量管控目标；完成 1 276 座小水电生态流量泄放设施建设并建立生态流量在线监控平台，退出小水电站 200 座，河流生态流量进一步得到保障。

4. 全国重要饮用水水源地安全达标保障评估 按照水量保障、水质合格、监控完备和制度健全 4 个方面，对列入国家级名录的重要饮用水水源地开展年度安全保障达标建设评估，每月对全市 764 个河流水库（其中 207 个饮用水水源地）断面开展水质监测，定期印发水资源质量月报，并对列入国家级名录的重要饮用水水源地每月开展两次水质监测。

5. 取水口专项整治 率先在长江流域印发《重庆市取水工程（设施）核查登记问题整改提升实施方案》，编印《重庆市取水工程（设施）核查登记问题提升整改工作手册》，摸清了重庆市取水工程底数，整改提升完成率达 100%。

6. 水量分配 印发《重庆市主要江河流域水量分配工作方案》，完成并批复嘉陵江、乌江、沱江等 10 条跨省（直辖市）江河流域水量分解落实方案；完成并批复小安溪、龙溪河、小江等 11 条流域面积 1 000km² 以上跨区县河流水量分配方案。 （徐威震）

【水域岸线管理保护】

1. 河道名录公布 2018 年 8 月 7 日，印发《公布重庆市第一批河流河道名录的通知》，公布干流流经重庆市境内的流域面积 1 000km² 及以上的河流 42 条，第一批河流境内干流总长 4 837.6km。其中长江干流 691km、嘉陵江干流 152km、乌江干流 223km。2020 年 12 月 31 日，印发《公布重庆市第二批河流河道名录的通知》，公布干流流经重庆市境内的流域面积 50～1 000km² 的河流 468 条，第二批河流境内干流总长 12 012km。重庆市各区县累计公布辖区内小河流河道名录 3 368 条。

2. 河道岸线规划 2020 年 4 月 5 日，印发《开展河道岸线保护与利用规划工作的通知》；2020 年 7 月 20 日，印发《重庆市河道岸线保护与利用规划编制技术大纲》。规划范围为流域面积 50km² 及以上河流与其他重要河流，以及干流上的水库；规划基准年为 2018 年，调查评估年为 2019 年、2020 年，规划水平年为近期 2025 年、中期 2030 年、远期 2035 年；规划目标为岸线四大管控指标（自然岸线保有率、岸线利用率、岸线保护率、水域空间保有率）；主要规划内容为划定河道岸线两线四大功能区（外缘边界线、临水控制线，保护区、保留区、控制利用区、开发利用区）。 （江泽秀）

3. 河道划界 截至 2019 年年底，完成 633 条河流的河道管理范围划定工作，划界岸线长度 32 707km，设置界桩（界牌）62 836 处、公示牌（告示牌）5 302 处。其中流域面积 1 000km² 及以上的河流 42 条，划界河段长 4 859km、岸线长 10 288km，设置界桩（界牌）17 890 处、公示牌（告示牌）1 591 处。各区（县、自治县）人民政府对辖区内的河道划定成果进行批复，并将河道管理范围向社会进行公告，同时报重庆市水利局备案。

 （邢乔 江泽秀）

4. 河道"清四乱" 2020 年以来，持续推进河道"清四乱"常态化、规范化，制定河道管理工作年度暗访巡查计划，组织专业技术人员，分期分批开展巡查暗访，排查整改"四乱"问题 1 500 余个，拆除违法建筑面积 4.7 万 m²，清理建筑和生活垃圾 49.1 万 t，"鑫缘至尊""巴滨一号"等侵占河道岸线的遗留问题得到妥善处置，全面完成长江干支流 183 座非法码头整治，累计腾退收回岸线长度 33.9km。

 （陈鹜）

【水污染防治】

1. 排污口整治 2019 年，在全国率先开展长江入河排污口排查整治工作，渝北、两江新区试点经验向全国推广，全面摸清长江、嘉陵江和乌江沿线入河排污口底数，建成"排污口综合查询、智能监控预警"两个大数据系统,基本实现长江入河排污口"一张图、一张网"智能化监管。全市已完成排污口分类、编码 4 152 个,完成率为 98.9％;已完成排污口监测 2 341 个,完成率为 96.9％;已完成排污口溯源 3 777 个,完成率为 98.3％;已完成排污口树立标牌 283 个,完成率为 49.1％。

2. 工矿企业污染防治　出台《重庆市长江经济带发展负面清单实施细则(试行)》,明确禁止在长江干支流一公里范围内新建、扩建化工园区和化工项目,禁止在合规园区外新建、扩建钢铁、石化、化工、焦化、建材、有色等高污染项目等。2016 年全面完成"十小"企业关停取缔,2018 年全市加油站完成地下油罐防渗改造;重庆市累计建成 95 个工业集聚区污水集中处理设施,处理规模达到 143.4 万 t/d,较 2015 年新增处理能力 72.4 万 t/d。　(高军)

3. 城镇生活污染防治　2020 年,印发《重庆市城市和乡镇生活污水处理厂污泥处理处置实施方案》《重庆市城镇排水户监测工作指南(试行)》,全年城市排水管网建成 1 615.38km,乡镇污水管网建成 1 296.46km;完成新改扩建城市污水处理厂 9 座,提标改造 7 座,升级改造乡镇污水处理厂 123 座。重庆市城市污水处理厂共 80 座,污水处理能力 459.25 万 t/d,处理水量 148 739.01 万 t,污水集中处理率 97％,污水处理厂平均负荷率 92％,平均进水 COD 浓度 236.42mg/L,平均进水 BOD 浓度 121.12mg/L,COD 削减量 33.1 万 t,BOD 削减量 17.55 万 t。全市湿污泥产生量 107.38 万 t,同比增长 9.67％,处理量 107.38 万 t,无害化处置率 95.5％,资源化利用率 84.27％,污泥处置点平均负荷率 55.7％。截至 2020 年年底,重庆市城市排水管网累计完成市政管网空间属性排查 22 044km,其中中心城区排查 11 253km,市政管网排查覆盖率超过 90％。排查地块内管网 7 174km。开展市政管网功能结构属性排查(内窥)3 508km。　(叶金瓒)

4. 畜禽粪污资源化利用　出台《重庆市畜禽养殖废弃物资源化利用工作方案》(渝府办发〔2017〕175 号),提出推进畜禽粪污资源化利用的指导思想、主要目标、六大制度和五项措施,明确目标任务、重点区域、重点措施等。成立畜禽养殖废弃物资源化利用专家委员会,不定期开展畜禽粪污资源化利用技术培训,指导养殖场户执行相应规范标准。推动落实沼气发电上网标杆电价和上网电量全额保障性收购政策、沼气和生物天然气增值税即征即退政策、落实农机购置补贴政策、畜禽粪污资源化利用设施建设用地用电政策等。落实市级以上专项资金超 10 亿元支持畜禽养殖场、专业户与专业机构建设

畜禽粪污收集、储存、处理、利用各环节设施设备。截至 2020 年年底,重庆市畜禽粪污综合利用率达到 80％。

5. 水产养殖尾水治理　编制《养殖尾水治理技术指南》,印发《重庆市生态环境保护督察涉及水产养殖尾水治理工作销号方案(试行)》,综合采取池塘鱼菜共生综合种养、池塘底排污水质改良、多级人工湿地净化、池塘工程化循环水养殖、生态沟渠净水、多级沉淀池净水和资源化利用等 7 类尾水治理模式推进水产养殖尾水治理。2020 年,重庆市推广鱼菜共生 3.2 万亩,发展稻渔综合种养 30 万亩。

6. 化肥农药减量增效　重庆市针对性制定工作方案,分梯度下达区县减量任务,以化肥农药用量较高的区域、产业、规模经营主体为重点,大力推广配方肥、有机肥、水肥一体化以及绿色防控、专业化统防统治等减量技术,明确减量目标任务和工作思路。据统计,全市化肥、农药使用量从 2016 年的 96.16 万 t、1.76 万 t 逐年递减至 2020 年的 89.83 万 t、1.62 万 t,分别下降 6.58％和 7.95％。主要农作物化肥、农药利用率分别从 2016 年的 34.6％、37.2％提高到 2020 年的 40.3％、40.6％。推进化肥科学使用,完善作物施肥配方,2020 年市级优化调整发布主要农作物施肥大配方 15 个,区县优化调整发布县级配方 400 个。2017 年以来围绕蔬菜、柑橘、茶叶等作物开展果菜茶有机肥替代化肥示范项目,示范面积 48.5 万亩。在全市开展有机肥推广示范 22.7 万亩。加强禁限用农药管理,制定实施《限制使用农药定点经营布局规划》,全市核发限制使用农药经营许可证 94 张。对照农业部发布的 66 种禁限用农药,开展农药产品质量监督抽查,严厉打击制售假劣农药和非法添加隐性成分农药。推进病虫害绿色防控和专业化统防统治,2020 年全市主要农作物专业化统防统治覆盖率与绿色防控覆盖率分别达到 40.87％、42.81％。　(陈小梅)

7. 船舶港口污染防治　印发《重庆港船舶污染物接收、转运和处置建设方案(修订)》,明确建设港口船舶污染物接收、转运及处置设施相关要求。重庆市完成 2 406 艘 400 总吨及以上船舶生活污水收集处置装置改造,淘汰 320 艘不达标老旧船舶;建成 16 处船舶污染物接收点、1 689 个污染物接收设施,船舶生活垃圾、生活污水、含油污水接收设施已覆盖全市所有经营性码头;顺利完成泽胜、川维洗舱基地升级改造,2020 年完成洗舱 553 艘次,实现载运散装液体危险货物船舶强制洗舱、洗舱水全收集全处理。全力推广电子联单信息平台使用,信息平台已备案企业 600 余家,累计接收船舶水污

染物 14 万余单。　　　　　　　　（陈勇）

【水环境治理】

1. 饮用水水源规范化建设　2018 年，基本完成城市集中式饮用水水源规范化建设，2019 年起持续推进"万人千吨"及"千人供水工程"集中式饮用水水源规范化建设。截至 2020 年年底，划定集中式饮用水水源保护区 1 410 个，根据《集中式饮用水水源地规范建设环境保护技术要求》，持续推进水源保护区规范化建设，累计完成 1 000 余个集中式饮用水水源地规范化建设。其中，绘图 1 242 个集中式饮用水水源地矢量文件，建设 432 个应急池、防撞栏等应急设施，设置 1 176 个集中式饮用水水源地标识标牌及交通警示标志，共计 12 502 块；设置 945 个集中式饮用水水源地界桩，共计 11 340 个；安装 576 个集中式饮用水水源地的视频监控，共计 1 170 套；建设 947 个集中式饮用水水源地一级保护区隔离网，共计 848km。　　　　　（高军）

2. 城市黑臭水体治理　印发《重庆市城市黑臭水体整治工作方案》《关于制定和完善城市黑臭水体整治方案的通知》《关于进一步做好城市水体长治久清有关工作的通知》，明确城市黑臭水体整治目标和内容、技术路线、实施步骤和责任分工，从整治和预防两个方面对城市黑臭水体整治工作进行全面安排。重庆市级环保集中督察工作将城市黑臭水体整治作为重要的督察内容，对 48 段黑臭水体进行市级专项督查。2017 年，重庆市已发现的 48 段城市黑臭水体基本消除黑臭。2018 年，全市各区县均建立水体治理的长效机制，达到了住房城乡建设部、环境保护部《关于做好城市黑臭水体整治效果评估工作的通知》要求的"初见成效""长治久清"阶段目标要求，并于同年入选全国首批城市黑臭水体治理示范城市。以建设全国黑臭水体治理示范城市为契机，重庆市自加压力，印发《主城区"清水绿岸"治理提升实施方案》，统筹推进中心城区次级河流全流域治理，把原黑臭水体打造成为鱼翔浅底的清澈河流、开放共享的绿色长廊、舒适宜人的生态空间。

（夏彬）

3. 农村水环境整治　实施农村人居环境整治三年行动，截至 2020 年年底，重庆市累计完成改厕 106.9 万户，新建农村公厕 3 077 座，农村户用卫生厕所普及率达 82.9%；建立"户集、村收、乡镇转运、区域处理"的农村垃圾收运处理体系，建成生活垃圾分类示范村 1 096 个；完成管网建设 4 542.8km，实施农村污水处理设施技术改造 400 座。　　（韩仁均）

【水生态修复】

1. 湿地保护修复　率先出台省级湿地保护修复制度实施方案，颁布实施《重庆市湿地保护条例》，印发《重庆市市级湿地公园管理暂行办法》《重庆市湿地名录管理办法》《重庆市关于规范建设项目占用湿地的通知》等规范性文件，逐步完善湿地生态系统法规政策体系。有序推进湿地自然保护区、湿地公园建设，重庆市共建立湿地自然保护区 10 个、国家湿地公园（含试点）22 个、市级湿地公园 4 个。黔江阿蓬江、梁平双桂湖、巫山大昌湖湿地被认定为市级第一批重要湿地。从严控制建设项目占用湿地、占用湿地公园，对湿地生态系统造成严重影响的工程项目坚决予以否决。在湿地公园开展植被恢复、栖息地恢复、湿地有害生物防治等，有效改善湿地公园生态环境，提升湿地生态系统服务功能。率先启动省级湿地生态效益补偿试点。对 9 个湿地公园、湿地自然保护区内的水域、耕地、林地进行补偿，补偿对象涵盖 40 个村，近 5 000 人从中受益，农户参与湿地保护的积极性显著提高。　（李清艳）

2. 建立生态补偿机制　2018 年 4 月，印发《重庆市建立流域横向生态保护补偿机制实施方案（试行）》，明确补偿方式、制定补偿标准、激励约束政策等；同年 11 月，重庆市流域面积 500km² 以上 19 条跨区县河流全部签订流域补偿协议，在全国率先实现省（直辖市）内流域横向生态保护补偿机制全覆盖。同时，将流域横向生态保护补偿机制改革由市内一隅扩展到省际一域，共护三峡库区和长江母亲河。2018 年，与湖南省政府签署酉水河补偿协议，建立重庆市首个跨省流域横向补偿机制；2020 年，采取"共建基金、按效分配"的方式，与四川省签署长江、濑溪河补偿协议，率先在长江干流建立横向补偿制度。　　　　　　　　　（高军）

3. 水土保持　"十三五"期间，重庆市共治理水土流失面积 7 935km²，巩固水土流失面积和强度"双下降"趋势，水土流失面积由 2016 年的 2.87 万 km² 下降到 2020 年的 2.51 万 km²，减少了 12.5%；水土流失率从 36.5% 下降到 30.5%，区域和流域的水土保持和水源涵养生态功能显著增强。（黄楷淳）

【执法监管】

1. 联合执法　2020 年 7 月 1 日，重庆市水利局与四川省水利厅签订《重庆市水利局　四川省水利厅联合执法工作机制》，依法化解调处跨区域水事矛盾纠纷，切实维护毗邻区域水事秩序安全；与重庆市公安局联合印发《重庆市公安机关与水行政主管部门进一步深化联动协作工作十条意见》；与重庆市人民检察院、公安局联合印发《重庆市河道非法采砂刑事案件移送程序规定》；与重庆市生态环保局等五部门共同印发《重庆市生态环境保护领域违法线索移交机制》。实行"河长＋警长""河长＋检察长"，常态化开展巡查和联合执法。　（舟婷）

2. 河库日常监管　重庆市建立健全河库执法巡查制度，以查处涉河违法建设行为和严厉打击非法采砂违法犯罪行为为执法重点，强化河库执法监管，完善河库执法监管体制机制，严格河库管理与保护。强力推进河道违法陈年积案"清零"工作，对水事违法行为"零容忍、出重拳"，截至 2020 年 6 月底，重庆市 174 件河道违法陈年积案全部结案。自 2016 年以来，市、区县水行政主管部门现场纠正制止水事违法行为 5 000 余起，查处违法案件 1 400 余件，罚款 2 000 余万元。重庆市持续保持严打涉水破坏环境资源犯罪高压态势，先后部署开展长江流域污染环境违法犯罪集中打击整治、非法采砂、非法捕捞水产品、非法倾倒处置危险废物、污水偷排直排乱排等专项打击整治行动，侦办破坏环境资源刑事案件 6 108 起，其中，污染环境案 546 起、非法采矿案 228 起、非法捕捞水产品案 4 052 起。（舟婷　王敏）

【水文化建设】

1. 拓宽水文化传播渠道　持续打造白鹤梁水下博物馆、重庆市三峡移民纪念馆等面向学生、水利行业和社会公众的水文化传播普及平台。出版《重庆水文化遗产保护》《巴渝水文化》等书籍和期刊，举办巴渝水文化论坛。举办水文化艺术节、"世界水日""中国水周"宣传活动，开展"基层水利实干家""最美河湖卫士"评选，编排以巴渝水文化为题材的《川江号子》、"三峡文化一台戏"，以当代水利楷模为代表的《现代水利人》、"水利精神一台戏"等，提高了水利行业文化形象，提升了大众对水文化的知晓度和认可度。广泛开展水文化社区科普、社会科普活动，积极推动水情教育基地建设，依托大学校园创建水文化教育推广实践基地、"河小青"工作站、"水立方守护绿水志愿服务团"等，并持续开展社会实践活动，有效传播普及水文化、弘扬新时代水利精神。

2. 推动水文化保护传承　加强三峡水文化遗产保护工作，重庆市三峡移民纪念馆入选全国红色基因库首批试点单位。传承红色文化，弘扬三峡移民红色基因，建设三峡移民红色基因培训基地，打造服务重庆、面向全国的红色教育品牌。打造世界灌溉工程遗产，充分挖掘秀山县巨丰-永丰堰等水利工程的灌溉历史文化，推动世界灌溉工程遗产申报。

建立川渝文化共兴长效机制，重庆市水利局、四川省水利厅签订《关于联合开展"川渝水文化"研究合作框架协议》，进一步加强川渝地区水文化发掘研究、保护传承和开发利用工作。

3. 狮子滩水电文化联线　重庆市对狮子滩水电站枢纽遗产资源进行持续、系统的发掘和保护。2016 年，在狮子滩水库大坝上建立了狮子滩水电文化长廊，2019 年，建设重庆市唯一水电文化主题馆——狮子滩水电文化展厅。至此，由狮子滩水库大坝、周恩来题词碑亭、领袖群雕、龙溪河梯级电站烈士纪念碑、狮子滩水电站、狮子滩水电文化展厅 6 个主要场景组成的狮子滩水电文化联线正式形成，集爱国主义教育、文旅、科普、生产等功能于一身，总占地面积 38.02 万 m²。2017 年，狮子滩电站大坝被列入"重庆市优秀历史建筑"名录。2020 年，狮子滩梯级水电站枢纽被列入第四批国家工业遗产保护名录。

4. 白鹤梁水下博物馆　实现原址原貌保护和观赏白鹤梁题刻的白鹤梁水下博物馆，是世界上同类文化遗产成功保护的首例和唯一建成的水下博物馆。2016 年以来，白鹤梁水下博物馆先后创建国家首批水情教育基地、全国中小学生研学实践教育基地和重庆市爱国主义教育基地，通过充分发挥基地职能，持续开展科普巡展、社会教育、特色研学等活动，将博物馆科普知识与观众互动结合，取得良好的社会效益。

　（钱镜仔）

【信息化工作】

1. 建成投用重庆市河长制信息管理系统　重庆市按照"近期信息化、远期智能化"目标，在 2017 年年初启动河长制信息化建设，2017 年年底建成重庆市河长制管理信息系统，系统包括河长巡河、问题处置、信息发布等功能。该系统运行以来，用户数量达 3 万余人，日均活跃度 3 000 人，记录有效巡河 283 万次，在 2018 年度中国国际智能产业博览会上作为重庆市水利信息化的典型智慧水利创新方案及成果进行展示推广。

2. 建设"智慧河长"　重庆市按照"统一标准、分级负责，先建平台、后建前端，先试点、后推广"总体原则，紧扣"一河一长、一河一策、一河一档"，围绕水资源保护、水域岸线管理保护、水污染防治、水环境治理、水生态修复、执法监管等河长制六大任务，分期建设"智慧河长"。在长江、嘉陵江、乌江、梁滩河、龙溪河、龙河上布设水质水量自动监测设备、AI 视频设备、采砂监控设备、无人机、无人船等，运用卫星遥感、大数据、物联网、水质污染溯源等大数据智慧化技术手段，构建"天空地一体化"智慧感知体系。搭建集污染溯源分析、智能 AI 视频分析、遥感解译分析、大数据模型分析等为一体的"智慧大脑"，辅助河长决策、管理和监督，实现从信息化、数字化协同向智能化、智慧化驱动转变，打造河库管护"智能大脑"。对内整合水利行业数据，对外共享生态环境、规划自然资源、农业农村、城乡建设等市级部门涉河涉污数据，综合反映河流特征和发展规律，为河库管理保护提供大数据支撑。通过海量监测数据，并结合水质评价分析、污染物通量计算分析、水质扩散模拟分析等手段，为重庆市 1.75 万名河长管河治河提供有力决策参考和依据。中央电视台《新闻联播》栏目的《重庆：科技赋能　智慧守护一江碧水》节目对重庆"智慧河长"系统进行了专题报道。（任镜洁　颜嵩）

| 四川省 |

【河湖概况】

1. 河湖数量　四川省水系发达、河湖众多，素有"千河之省"之称，共有河流 8 596 条，其中流域面积 50km² 及以上河流有 2 816 条。全省常年水面面积 1km² 及以上湖泊有 29 个，常年水面面积 1km² 以下湖泊有 388 个，水库 8 109 座，重要渠道 5 002 条。全省多年平均年水资源量 2 616 亿 m³，居全国第二，是长江和黄河上游重要水源涵养地和生态屏障。四川省是全国唯一一个长江、黄河干流都流经的省份，长江在四川境内流域面积为 55.07 万 km²，占全省总面积的 96.16%；黄河在四川境内流域面积为 1.87 万 km²，占全省总面积的 3.84%。
（谢尚坤）

2. 水质状况　2016—2020 年四川省河湖水质情况如表 1 所示。

表 1　　2016—2020 年四川省河湖水质情况统计

年度 /年	国考断面 数量/个	Ⅲ类 数量/个	优良 比例/%	劣Ⅴ 比例/%
2016	87	64	73.6	5.7
2017	87	67	77.0	2.3
2018	87	77	88.5	1.1
2019	87	83	95.4	无
2020	87	86	98.9	无

（黄罡）

3. 水利工程　2016—2020 年，四川省重大水利工程项目在建 12 处，基本完成 3 处，总投资 690.02 亿元，总库容（年引水/供水量）32 亿 m³。建成毗河供水一期、武引二期灌区、升钟水库灌区二期、九龙潭水库等 37 个大中型工程，推进红鱼洞水库及灌区、李家岩水库、石泉水库等 56 个大中型工程建设，其中开工 11 个大型工程项目，总规模超过了 2001—2015 年的开工总数。推进引大济岷、长征渠引水、罐子坝水库工程规划及前期论证工作。截至 2020 年年底，全省累计建成水利工程 130 万处，形成蓄引提水能力 343 亿 m³，耕地有效灌溉面积 4 488 万亩，建成堤防 9 031km。
（杨奕）

【重大活动】　2017 年 1 月 3 日，中共四川省委召开第 216 次常委会，会议原则同意《四川省贯彻落实〈关于全面推行河长制的意见〉实施方案》，决定成立四川省全面落实河长制工作领导小组，实行领导小组领导下的总河长负责制，省级有关领导担任全省主要河流省级河长。

2017 年 1 月 16 日，中共四川省委、四川省人民政府决定，成立四川省全面落实河长制工作领导小组，设立总河长及其办公室，并发布组成人员名单。

2017 年 2 月 27 日，四川省总河长办公室召开第一次主任会议，听取省河长制办公室关于提请审议事项的汇报，对下一步工作进行研究部署。

2017 年 3 月 18 日，四川省总河长办公室发文，成立四川省河长制办公室，设在四川省水利厅。

2017 年 3 月 24 日，四川省全面落实河长制工作领导小组召开第一次全体会议。会议审议了《四川省全面落实河长制工作方案》和相关制度规则，全面部署河长制重点工作。

2017 年 4 月 11 日，四川省召开加快推进河长制暨防汛减灾工作电视电话会议。四川省委副书记、省长、省全面落实河长制工作领导小组副组长、省总河长尹力出席会议并讲话，副省长杨洪波出席会议。

2017 年 8 月 18 日，四川省全面落实河长制工作领导小组召开第二次会议，四川省委书记、省全面落实河长制工作领导小组组长王东明主持会议，省委副书记、省长、领导小组副组长、省总河长尹力，省委副书记、领导小组副组长邓小刚出席。

2017 年 8 月 29 日，四川省委副书记、省长、省全面落实河长制工作领导小组副组长、省总河长尹力赴沱江流域成都段和德阳段实地检查河流污染监测治理和环保项目实施情况，主持召开专题会议，研究沱江河长制推进落实工作。

2017年12月26日，四川省委副书记、省长、省全面落实河长制工作领导小组副组长、省总河长尹力主持召开专题会议，研究部署全省全面落实河长制有关工作。

2018年5月7日，四川省全面落实河长制工作领导小组召开2018年第一次会议暨总河长会议。中共四川省委副书记、省长、省全面落实河长制工作领导小组副组长、省总河长尹力主持会议并讲话。

2018年5月24日，四川省委副书记、省长、省全面落实河长制工作领导小组副组长、省总河长尹力在四川省南充市主持召开嘉陵江流域河长制工作推进会议，研究推动嘉陵江流域管理保护各项工作。

2018年6月7日，四川省与重庆市签署了川渝两地《跨界河流联防联控合作协议》。

2018年6月12日，四川省委、省政府决定设立省级双总河长，由四川省委书记彭清华和省委副书记、省长尹力担任总河长，省委副书记邓小刚担任副总河长。同时，撤销四川省全面落实河长制工作领导小组。

2018年9月26日，四川省河湖长工作推进会议在成都召开。中共四川省委书记、省总河长彭清华出席会议并作重要讲话。担任四川省内主要河流河长的省领导、省直有关部门负责人在成都主会场参加会议。各市（州）、县（市、区）河长在分会场参加会议。

2018年11月5日至6日，四川省委副书记、省长、省总河长尹力赴四川省内江市和自贡市调研督导沱江流域河长制湖长制工作，实地调研督导沱江内江资中段和釜溪河自贡段流域综合治理及生态修复工程建设情况。

2019年9月11日，四川省委书记、省总河长彭清华主持召开省总河长全体会议并讲话。听取2019年河长制湖长制工作推进情况和近期防汛减灾工作汇报，并对下一步工作做出安排部署。四川省委副书记、省长、省总河长尹力，省委副书记、省副总河长邓小刚出席会议，担任省级河湖长的省领导、省总河长办公室及成员单位负责同志，省河长制办公室、省直有关部门负责同志参加会议。

2019年11月27日，四川省召开河长制湖长制工作推进电视电话会议，传达学习习近平总书记在黄河流域生态保护和高质量发展座谈会上的重要讲话精神、四川省总河长全体会议精神，安排部署四川当前及下一步河长制湖长制工作。四川省委副书记、省长、省总河长尹力，省委副书记、省副总河长邓小刚在成都主会场出席会议。

2020年3月30日，四川省副省长、省总河长办公室主任尧斯丹主持召开省总河长办公室主任第11次会议，听取2019年四川省河长制湖长制工作推进和2020年工作打算及2020年河长制湖长制第一轮暗访工作安排等，并就下步全省河长制湖长制工作进行安排部署。

2020年9月3日，四川省副省长、省总河长办公室主任尧斯丹主持召开省总河长办公室主任第12次会议。传达学习8月31日中央政治局会议和近期习近平总书记国内考察有关指示讲话精神，国务院办公厅《关于切实做好长江流域禁捕有关工作的通知》和水利部2020年河湖管理工作视频会、黄河流域完善河长制湖长制组织体系工作推进会精神，以及中共四川省委《关于深入贯彻习近平总书记重要讲话精神加快推动成渝地区双城经济圈建设的决定》和省生态环境保护委员会第一次全体会议精神，听取2020年以来四川省河长制湖长制工作推进情况和第一轮暗访督查发现典型问题汇报、审议相关文件材料，对下一步工作进行安排部署。

2020年10月9日，四川省委书记、省总河长彭清华主持召开2020年四川省总河长全体会议并讲话，四川省委副书记、省长、省总河长尹力出席会议并讲话，省副总河长、省级河长湖长及省总河长办公室主任、副主任出席会议。会议观看了《2020年全省第一轮河（湖）长制暗访督查发现典型问题》专题片，听取了全省河长制湖长制工作推进情况及河湖管理、水污染防治、城镇污水和城乡垃圾处理、黑臭水体整治、农业农村面源污染治理等重点工作情况汇报，对下一步工作进行研究部署。

2020年10月9日，云南省长江（金沙江）省级河长、四川省长江（金沙江）省级河长共同签订《共同推进长江（金沙江）管理保护治理工作协调联动协议》。

2020年10月12日，四川省河长制湖长制工作推进会议在成都召开。中共四川省委副书记、省长、省总河长尹力出席会议并讲话，四川省副省长、黄河省级河长、省总河长办公室主任尧斯丹主持会议。主要任务是深入学习贯彻习近平生态文明思想，全面落实省总河长全体会议精神，总结河长制湖长制实施以来工作，交流经验做法，部署当前和下阶段全省河长制湖长制工作。

（谢尚坤）

【重要文件】 2017年1月15日，四川省委、四川省人民政府印发《四川省贯彻落实〈关于全面推行河长制的意见〉实施方案》（川委发〔2017〕3号），全面建立省、市、县、乡四级河长体系，各级河长负责组织实施相应河湖的管理和保护工作。

2017 年 1 月 15 日，四川省委办公厅、四川省人民政府办公厅印发《关于成立四川省全面落实河长制工作领导小组设立总河长及其办公室的通知》。

2017 年 2 月 28 日，四川省总河长办公室印发《四川省全面推行河长制工作督导检查制度（暂行）》（川总河长办发〔2017〕1 号）。

2017 年 5 月 5 日，四川省委、四川省人民政府印发《四川省全面落实河长制工作方案》（川委发〔2017〕12 号）。

2017 年 5 月 8 日，四川省全面落实河长制工作领导小组印发《四川省全面落实河长制工作领导小组运行规则》（川河领发〔2017〕1 号）、《10 大主要河流省级河长工作推进机制》（川河领发〔2017〕2 号）、《2017 年河长制工作要点和任务清单》（川河领发〔2017〕3 号）。

2017 年 7 月 6 日，四川省总河长办公室印发《四川省开展 2017 年清河、护岸、净水、保水四项行动的指导意见》（川总河长办发〔2017〕23 号）。

2017 年 8 月 13 日，四川省总河长办公室印发《省级河长巡河督导工作方案》（川总河长办发〔2017〕37 号）。

2017 年 11 月 22 日，四川省总河长办公室印发《四川省全面建立河长制工作验收办法》（川总河长办发〔2017〕45 号）。

2017 年 11 月 23 日，中共四川省委办公厅、四川省人民政府办公厅印发《四川省河长制工作省级考核办法（试行）》（川委办〔2017〕50 号）。

2017 年 12 月 21 日，四川省总河长办公室印发《四川省基层河（段）长巡河制度（试行）》（川总河长办发〔2017〕52 号）。

2018 年 3 月 26 日，四川省总河长办公室印发《2018 年四川省全面落实河长制湖长制工作要点》（川总河长办发〔2018〕20 号）。

2018 年 4 月 22 日，四川省总河长制办公室印发《沱江流域水质达标三年行动方案（2018—2020 年）》（川总河长办发〔2018〕21 号）。

2018 年 6 月 11 日，四川省总河长办印发《2018 年省级河长巡河督导工作方案》（川总河长办发〔2018〕26 号）。

2018 年 7 月 3 日，四川省总河长办公室印发《关于开展省级一河（湖）一策管理保护方案修编工作的通知》（川总河长办发〔2018〕28 号）。

2018 年 7 月 9 日，四川省总河长办公室印发《关于开展入河排污口规范整治集中专项行动的通知》（川总河长办发〔2018〕33 号）。

2018 年 7 月 10 日，四川省总河长制办公室印发《四川省河长制湖长制工作提示约谈通报制度》（川总河长办发〔2018〕35 号）。

2018 年 9 月 24 日，四川省委办公厅、四川省政府办公厅印发《关于全面落实湖长制的实施意见》（川委办〔2018〕33 号），要求全面落实湖长制，进一步加强全省湖泊管理保护工作。

2018 年 12 月 27 日，四川省总河长办印发《四川省总河长制运行规则》（川总河长办发〔2018〕53 号）、《四川省 2018 年度河长制湖长制工作考核实施方案》（川总河长办发〔2018〕54 号）。

2019 年 1 月 15 日，四川省政府、云南省政府共同印发《川滇两省共同保护治理泸沽湖工作方案》《川滇两省共同保护治理泸沽湖联席会议制度》《川滇两省共同保护治理泸沽湖联合巡查督察制度》《川滇两省共同保护治理泸沽湖实施方案》。

2019 年 3 月 22 日，四川省总河长办公室印发《加强农村水环境治理助力乡村振兴战略实施的工作方案》（川总河长办发〔2019〕2 号）。

2019 年 3 月 27 日，四川省总河长办公室印发《2019 年四川省全面落实河长制湖长制工作要点》（川总河长办发〔2019〕3 号）。

2019 年 5 月 21 日，四川省总河长办公室印发《关于建立川滇跨省流域河长制湖长制协作联动机制的通知》（川总河长办发〔2019〕4 号）。

2019 年 6 月 17 日，四川省总河长办公室印发《2019 年省级河长湖长督导工作方案》（川总河长办发〔2019〕16 号）。

2019 年 8 月 16 日，四川省河长制办公室、四川省人民检察院印发《关于协同推进全省水环境治理服务保障长江经济带绿色发展的意见》。

2019 年 12 月 15 日，四川省河长制办公室印发《四川省 2019 年底河长制湖长制工作考核实施方案》（川河长制办发〔2019〕12 号）。

2020 年 2 月 19 日，四川省总河长办公室印发《2020 四川省全面深化河长制湖长制工作要点的通知》（川总河长办发〔2020〕1 号）。

2020 年 3 月 23 日，四川省河长制办公室印发《关于深入开展 2020 年清河护岸净水保水四项行动的通知》（川河长制办发〔2020〕2 号）。

2020 年 4 月 2 日，四川省河长制办公室印发《四川省河长制湖长制暗访工作制度（试行）》（川河长制办发〔2020〕3 号）。

2020 年 4 月 15 日，四川省河长制办公室印发《四川省河湖管理保护示范县建设指导意见》（川河长制办发〔2020〕4 号）。

2020 年 6 月 18 日，四川省河长制办公室、重庆市河长制办公室联合印发《川渝河长制联合推进办公室组建工作方案》（川河长制办发〔2020〕11号），成立联合推进办公室并互派人员。

2020年10月27日，四川省总河长办公室印发《四川省总河长令制发工作办法》（川总河长办发〔2020〕21号）。

2020年11月10日，四川省总河长办公室印发《关于调整设立省级河长湖长的通知》（川总河长办发〔2020〕23号）。

2020年11月17日，四川省总河长办公室印发《关于贯彻落实2020年省总河长全体会议全省河长制湖长制工作推进会议及四川省黄河流域河长制湖长制工作推进会议精神的通知》（川总河长办发〔2020〕22号）。　　　　（谢尚坤）

【地方政策法规】

1. 法规

（1）2018年5月31日，四川省第十三届人大常务委员会第四次会议通过《四川省航道条例》，2018年8月1日起施行。

（2）2018年9月27日雅安市第四届人民代表大会常务委员会第十七次会议通过，2018年12月7日四川省第十三届人民代表大会常务委员会第八次会议批准《雅安市青衣江流域水环境保护条例》，2019年1月1日起施行。

（3）2018年12月27日成都市第十七届人民代表大会常务委员会第六次会议通过，2019年3月28日四川省第十三届人民代表大会常务委员会第十次会议批准《成都市都江堰灌区保护条例》，2019年6月1日起施行。

（4）2019年5月23日，四川省第十三届人民代表大会常务委员会第十一次会议通过《四川省沱江流域水环境保护条例》，2019年9月1日起施行。

（5）2019年8月28日雅安市第四届人大常委会第二十五次会议通过，2019年9月26日四川省第十三届人民代表大会常务委员会第十三次会议批准《雅安市村级河长制条例》，2020年1月1日起施行。

（6）2020年6月16日成都市第十七届人民代表大会常务委员会第十八次会议通过，2020年7月31日四川省第十三届人民代表大会常务委员会第二十次会议批准《成都市三岔湖水环境保护条例》，2020年12月1日起施行。

2. 标准

2016年，四川省首次以地方标准形式发布了《四川省用水定额》（DB51/T 2138—2016），涵盖了农业、畜牧业、渔业、主要工业、城市公共生活和居民生活等46个主要用水行业310项。2019年，水利厅会同经济和信息化厅、省市场监管局、住房城乡建设厅等部门进行了增补，增加了农业和工业等10个行业的185个定额，印发《四川省用水定额（补充部分）》。　　　　　（四川省水利厅）

【河湖非法采砂专项整治行动】　　2018年，制定《四川省河湖非法采砂专项整治行动方案》，对四川省砂石企业进行摸排查底，共排查出907家砂石企业并造册登记，实行台账式管理。对摸底调查中掌握的10大主要河流及主要支流河道管理范围内的1 031个砂石堆场、加工场，要求全部搬迁出河道管理范围。对全省共2 447艘采砂船只均进行登记造册，全省共设222个集中停靠点。结合扫黑除恶专项整治行动，查处涉河湖采砂方面线索共127条。

2019年，组织开展长江干流河道采砂统一清江行动，全省累计出动执法人员82 211人次，出动执法车辆23 848次，出动船只1 760艘次，现场制止违法行为4 467次，清理和规范采砂场、砂石堆场988个。与重庆市签订《长江川渝界河段采砂管理协作协议》，建立省际协作管理方式，联合重庆市对川渝交界重点江段和敏感水域进行现场核查。

2020年，组织开展黄河流域河道采砂专项整治，结合"四川省河道采砂规范管理年""扫黑除恶六清行动"，统筹安排黄河流域采砂整治行动，开展联合执法92次，出动执法人员800人次，出动车辆405台次，累计巡河4 270km，制止12次违规采砂行为。持续开展河道采砂"清零行动"，建立联动合作机制，实现水利、公安、交通运输部门合作机制的"全域覆盖"。对四川省391只涉砂船舶建立台账进行管理，对重点水域开展专项清理。开展"六清行动"，全省清理涉砂涉黑涉恶线索13条，实行挂账销账制度，建立完善行业乱象治理长效机制。多次联合周边省（直辖市）开展跨界执法检查，在跨界河流开展巡查300余人次，共同巡河1 000余km，共立案砂石违法案件148起，罚款575万元。　（何亮）

【河长制湖长制体制机制建立运行情况】

1. 总体情况　　四川省委、省政府坚决落实党中央、国务院河长制湖长制决策部署，分别在2017年全面建立河长制，2018年全面建立湖长制。2019年，全省水质断面优良率全国排名第五，被国务院评为贯彻落实河长制湖长制真抓实干成效明显地区。2020年，全省87个国考断面中水质优良断面86个，占比98.9％。2020年，四川省河湖保护局评为水利部全面推行河长制湖长制先进集体；四川省成都市金牛区获得国务院河长制湖长制激励县，激励资金1 000万元；四川省雅安市获得国务院奖励激励2 000万元；四川省成都市锦江、西昌市邛海评为全国示范河湖。

2. 河湖名录体系　编制印发14个省级河湖《一河（湖）一策管理保护方案（2021—2025年）》。

3. 河长责任体系　四川省实行总河长负责制，构建了党政主导、部门联动、责任明确、协调有序的河湖管理保护组织领导体系。设立省、市、县、乡、村五级河长、湖长5万余名，省总河长由省委书记、省委副书记、省长共同担任；24位省级领导担任全省主要河流省级河湖长；市、县、乡各级河长、湖长均由同级党委、人大、政府、政协有关负责同志担任；各地设立了民间河长、记者河长、企业河长、专家河长、河小青等爱河护河组织，持续深化"河长＋警长""河长＋检察长"工作机制，省、市、县设立河长制办公室，确定河长联络员单位，共同承担河湖长制统筹、组织、协调、督导、考核工作。

4. 政策制度体系　建立巡河问河、督查暗访、考核激励等30余项制度；先后出台《四川省沱江流域水环境保护条例》《四川省嘉陵江流域生态环境保护条例》《雅安市村级河湖长制保护条例》等10余部河湖管理法规制度，制定《四川省河长制湖长制暗访工作制度（试行）》《四川省河长制湖长制电话抽查工作制度》等制度。

5. 河湖治理体系　每年各级各地层层召开河长工作会议、现场工作推进会议，全面安排部署河长制湖长制工作；与重庆、甘肃等7个周边省（直辖市）全部签署联防联控联动机制协议，四川省累计签署跨界河湖合作协议779个。与重庆市共同发表《川渝跨界河流管理保护联合宣言》，签订《深化川渝两地水生态环境共建共保协议》，挂牌成立"川渝河长制联合推进办公室"并互派人员。"两法"衔接，建立"河长＋警长＋检察长＋法院院长"机制，形成河湖问题岸上岸下统筹治理格局。

6. 技术支撑体系　利用互联网、大数据等现代技术，建成河长制基础信息平台和"一张图"数据库，实现与国家、市县和各主要职能部门河湖数据互联互通，四川省智慧河长"一张图"被水利部评为智慧水利优秀应用案例，并在中央电视台《发现之旅》予以专题报道。　　　　（谢尚坤）

【河湖健康评价】　2020年，按照水利部开展河湖健康评价工作要求，四川省各地开展评价试点，对河湖的健康状况进行"体检"。本次评价结果是指导编制"一河（湖）一策"方案的重要依据，为河湖长领导组织河湖管理保护工作提供了理论依据和重要参考。在水利部发布的"技术导则"和"指南"基础上，四川省河长制办公室多次组织水利厅规计处、水资源处、河湖处，省水文中心，省水规院，成都市河长制办公室等相关部门专题研究讨论《四川省河流（湖库）健康评价指南（试行）》（以下简称《指南》），广泛征求各市州意见，并在成都率先对锦江、西河、南河、毗河开展试评价。根据各方意见和试评价过程和结果进一步修改完善《指南》，经专家审查同意后定于2021年1月正式印发。

（谢尚坤）

【"一河（湖）一策"编制和实施情况】　2017年，四川省启动长江/金沙江、安宁河、大渡河、青衣江、岷江、沱江、涪江、嘉陵江、渠江、雅砻江（金沙江）10大省级河流"一河一策"管理保护方案编制工作。2018年1月，省级10大河流"一河一策"管理保护方案正式印发。2019年，印发省级10大河流"一河一策"管理保护方案（2018年修编本），并印发《四川省泸沽湖一湖一策管理保护方案》和《四川省黄河（含若尔盖湿地）一河一策管理保护方案》。2020年，启动省级11河1湖"一河（湖）一策"管理保护方案（2021—2025）编制工作，同时开展对前一阶段省级10大河流"一河一策"管理保护方案的回顾性评价工作；11月，正式启动琼江和赤水河"一河（湖）一策"管理保护方案（2021—2025）；12月，完成省级11河1湖"一河（湖）一策"管理保护方案（2021—2025）。

（闫玲）

【水资源保护】

1. 水资源管理　加强水资源保护，守好"三条红线"，全面推进水资源消耗总量和强度"双控"行动。加强水功能区监督管理，完成四川省市级水功能区划定工作，建成国控水质自动监测站45个。全面推进638个中小河流治理项目，综合治理河流长度1 690km。编制完成沱江等12条河流水量分配方案和沱江流域水资源调度方案，实施岷江向沱江跨流域补水。完成江河湖库水系连通项目5个。

2. 节水行动　加强管水护水地方立法，出台《四川省沱江流域水环境保护条例》，开展四川省节约用水办法立法调研。印发《四川省节水行动实施方案》，开展县域节水型社会达标建设，完成第一批30个节水型社会重点县建设技术评估和24户重点企业清洁化生产改造，推动第二批40个节水型社会重点县建设和46个节能节水及绿色低碳发展项目。

3. 取水口专项整治 2019年，水利部率先在长江流域开展取水工程（设施）核查登记工作，四川省共计核查登记2.8万个取水项目，其中保留类项目1.15万个、退出类项目550个、整改类项目1.60万个，建议了"三个一"台账，即"一县一单""一类一案""一口一策"。

2020年，四川省全面启动取水工程整改提升工作，建立覆盖省、市、县三级的工作领导小组和工作专班，形成"主要领导亲自抓、分管领导具体抓、工作人员抓落实"的工作格局。创新工作方式，通过召开"月调度"会议，依托"河长制暗访工作组"以及"水文部门技术支撑队伍"，采用"四不两直"等方式实施监督检查，把取水计量设施安装和在线监控设施建设作为取水许可证新办和延续的重要内容，逐步形成"一张信息图、一个管理系统、一支监管队伍、一套长效机制"的"四个一"取用水管理工作体系，为实现管住用水目标，落实"把水资源作为最大刚性约束"要求奠定了坚实基础。截至2019年年底，全面完成取水工程整改提升工作，整改完成率达100%，全省取水户基本实现了"持证取水、按证取水、计量在线取水"。

4. 水量分配 2016年7月，水利部批复岷江、沱江、嘉陵江、汉江、赤水河水量分配方案，方案明确：2020年，四川省岷江、沱江、嘉陵江、汉江、赤水河流域河道外地表水多年平均分配水量分别为86.06亿 m³、64.97亿 m³、88.35亿 m³、50万 m³和2.97亿 m³；2030水平年四川省岷江、沱江、嘉陵江、汉江、赤水河流域河道外地表水多年平均分配水量分别为94.02亿 m³、66.54亿 m³、88.35亿 m³、70万 m³和2.98亿 m³。

2019年12月，经四川省政府同意，印发《四川省主要江河流域水量分配方案》，将四川省10大流域的水量分配至省内21个市（州），确定了62个省级水量分配管控单元和30个断面最小下泄流量目标。

按照"应分尽分"的原则，四川省水利厅组织各市（州）在已印发的主要江河流域水量分配方案基础上，在全国率先完成了跨县区主要江河流域水量分配。2020年12月，四川省全面完成水量分配，确定了158条河流、550余个水量分配管控单元、190余个断面最小下泄流量目标。积极配合长江委完成了岷江等8条跨省江河流域水量分配工作，其中6条跨省江河水量分配方案已由水利部印发实施。

5. 全国重要饮用水水源地安全达标保障评估 2016—2020年，开展成都市沙河二、五水厂水源地等全国重要饮用水水源地安全保障达标建设，分别从水量、水质、监控和管理等4个方面进行评估，持续提升四川省全国重要饮用水水源地保护的监管水平。

6. 生态流量监管 2018年5月，印发《关于开展全省水电站下泄生态流量问题整改工作的通知》（川水函〔2018〕720号），规范生态流量值确定方式和参考标准。分类设置生态流量泄放设施，保障河道生态流量。四川省3 184座需泄放生态流量的电站均安装了生态流量监控设备（1 579座电站安装视频和流量监测设备，1 605座电站安装视频监控设备），其中2 748座在线监管电站生态流量数据接入监管平台。在长江经济带各省份内，四川省安装流量监测的电站数量、比例均排名第一。四川省水电站下泄生态流量整改和监管工作多次得到水利部、国家能源局等国家部委领导的充分肯定和高度评价，先后两次在水利部召开的全国会议上作关于水电站下泄生态流量整改和监管工作的经验交流发言。

2020年，经四川省政府授权，四川省水利厅印发了《四川省第一批重点河湖生态流量保障目标（试行）》，共确定36条河湖58个省考断面生态流量保障目标值。

按照水利部"一河一策"要求印发实施重点河湖生态流量保障实施方案，确定了38条河湖140余个生态流量管理断面，其下泄流量监测数据接入四川省水资源监控系统，为水资源在线监管创造了条件。积极组织市（州）开展市县级生态流量管控，向21个市（州）水行政主管部门下达了71条河湖生态流量目标确定任务。 （四川省水利厅）

【水域岸线管理保护】

1. 河湖管理范围划定 2018年3月印发《四川省河湖管理范围划定工作方案》，启动全省河湖管理范围划定工作，编制《四川省河湖管理范围划定操作指南》及相关技术标准，为全省开展河湖管理范围划定工作提供技术支撑。2019年印发《四川省水利厅关于加快推进河湖管理范围划定工作的通知》（川水函〔2019〕413号），2020年印发《四川省水利厅关于做好全省河湖管理范围划定工作的通知》（川水函〔2020〕250号）等指导文件，督促全省各地严格执行技术标准和验收程序，基本完成了全省水利普查名录内河湖管理范围划定。

2. 岸线规划编制 按照四川省总河长办公室印发的《四川省河湖岸线保护与利用规划编制工作方案》，全面推进全省河湖岸线规划编制工作，基本完成省12大河湖岸线规划编制。

3. 长江干流岸线利用项目清理整治　四川省水利厅积极发挥牵头作用，会同相关部门，督促指导沿江市、县和项目权属单位按照既定目标，完成长江岸线利用项目清理整治工作任务，按期拆除取缔项目 53 个，完成整改规范项目 180 个。严格执行逐级验收销号程序，全省 233 个项目全部通过验收销号。

4. 河湖"清四乱"　2018—2019 年，开展四川省河湖"清四乱"集中整治专项行动，在全省规模以上河湖对"四乱"问题进行拉网式排查，发现问题 1 176 个，全部按期完成整改。

2020 年，印发《四川省河长制办公室关于深入推进河湖"清四乱"常态化规范化的通知》（川河长制办发〔2020〕8 号），研发河湖"清四乱"业务软件和手机 App，下发卫星遥感疑似问题图斑 22 328 个到各市（县）进行逐一核实，并在中小河流和农村河流深入开展自查自纠，发现并清理整治问题 1 502 个，问题档案实现动态化、可视化、规范化管理。

（吴磊）

【水污染防治】

1. 排污口整治　开展长江入河排污口排查整治专项行动，完成对长江干流、嘉陵江、岷江、沱江和赤水河流域现状排查。生态环境部交办四川省长江入河排污口 8 879 个，四川省共完成入河排污口分类 8 168 个、命名编码 8 122 个、监测 3 207 个、溯源 8 994 个（含新增）、整治 1 140 个。深入实施长江经济带岸线利用项目清理整治行动，拆除违规违建项目 53 个、规范整改 174 个，排查出固体废物点位 54 个，均已全部完成整改。全覆盖整治提升入河排污口，排查出 10 549 个入河排污口（规模以上 1 778 个），已完成 6 529 个排污口整治提升（规模以上 1 127 个）。

（黄罡）

2. 工矿企业污染防治　开展"散乱污"企业整治，全省累计排查"散乱污"企业 32 772 户，完成整治 32 617 户完成率达 99.53%。134 家省级以上工业园区有 123 家建成集中式污水处理设施。重点整治水污染严重流域，编制完成《沱江流域水质达标攻坚方案（2018—2020 年）》以及球溪河等污染严重的不达标水体达标方案。

（四川省经济和信息化厅）

3. 城镇生活污染防治　2019 年，重点推进 29 个农村人居环境重点县建设，四川省农村卫生厕所普及率达到 72%，村配备保洁员比例达到 95%，创建了 1.6 万个"美丽四川·宜居乡村"达标村。

2020 年，将农村厕所革命列入四川省委省政府30 件民生实事任务之一，完成 2 199 个村、87 万户无害化卫生厕所建设，全省卫生厕所普及率达到86%；开展以"青春志愿·靓在乡村"为主题的乡村清洁志愿服务行动，累计建立志愿服务队伍 5 000余支，发动志愿者 10 万余名，开展相关活动 1 万余场；全省有 5 个县（区）被评选为全国村庄清洁行动先进县，获评数量居全国第一。

（四川省住房城乡建设厅）

4. 畜禽养殖污染防治　2016 年，完成四川省117 个养殖禁养区划定，禁养区面积达 23 315 km²，新改扩建畜禽标准化规模养殖场（小区）2 025 个，全省规模养殖场总量达到 25 379 个，生猪规模养殖面达到 72.5%，创建畜禽养殖部级示范场 20 个、省级示范场 143 个，部省级畜禽养殖标准化示范场共计 906 个。2017 年，编制发布全省 10 大主要河流畜禽养殖污染防治河长制工作方案，基本完成了禁养区内确需关闭养殖场的关闭、搬迁工作。2018 年，全省禁养区内 2 428 家养殖场已全部完成关闭搬迁，全省畜禽粪污综合利用率达到 68%，规模养殖场粪污处理利用设施装备配套率达到 87.1%。2019 年，全省新改扩建畜禽标准化养殖场 1 100 个，部省级畜禽标准化养殖场总数达到 1 401 个，畜禽粪污综合利用率达到 92.93%，规模养殖场粪污处理利用设施装备配套率达到 98.42%（大型规模场达到100%）。2020 年，全省共建成标准化养殖场 2 141个，累计创建部省级标准化养殖场 1 668 个，建成病死畜禽无害化处理场 9 家，集中无害化处理体系覆盖 14 个市（州）81 个县（市、区）。四川省农业农村厅畜牧兽医局被国家污染普办评为"全国第二次污染普查先进集体"。

（四川省农业农村厅）

5. 水产养殖污染防治　2016 年，积极推进水产健康养殖示范创建工作，全年创建国家级水产健康养殖示范场 77 个；凉山州网箱超限被列为全省 10个突出环境问题之一，共拆除网箱 23 096 口。2017年，新建设规模化健康养殖基地 80 个，面积 1.6 万亩，新增池塘标准化改造面积 2.5 万亩，大水面生态健康养殖 20 万亩；创建省级稻渔综合种养示范区30 个，国家级稻渔综合种养示范区 3 个，全省稻渔综合种养达到 150 万亩。2019 年，四川省共创建国家级水产健康养殖示范场 110 个，新增稻渔综合种养示范面积 20 万亩，同比增长 12.5%，全省示范面积达到 185 万亩。2020 年，共创建国家级水产健康养殖示范场 70 个，国家级水产健康养殖示范场达371 个。

（四川省农业农村厅）

6. 农业面源污染防治　加强农业农村污染防治，打造减肥减药示范基地，连续 4 年实现化肥农药使用量负增长。2016 年四川省化肥用量 248.98 万 t，比 2015 年减少 0.3%；2017 年全省化肥使用量 241.95 万 t，比 2016 年减少 2.8%。2018 年全省化肥使用量 235.21 万 t，比 2017 年减少 2.8%；2019 年全省化肥使用量 222.77 万 t，比 2018 年减少 5.3%；2020 年全省化肥使用量 210.8 万 t，比 2019 年减少 5.4%。

（四川省农业农村厅）

7. 船舶港口污染防治 通过建立施行船舶污染物接收、转运、处置监管联单制度及有关部门的联合监管制度，四川省 32 个经营性码头环保验收或备案等环保手续要件全部齐备，基本实现污染物收集、转运、存储、处置等环节联单、闭环管理。全省港口码头生产生活污水、固体垃圾、扬尘、噪声等污染有效降低；货运码头均按要求接入市政污水处理系统或按要求配置污水回收处置设施。推进全省 2 712 艘主机功率 22kW 以上船舶加装油水分离器，加快推进老旧船舶拆解和升级改造，拆解老旧船舶 244 艘，生活污水防污染改造 89 艘，新建川江及三峡库区示范船 2 艘。完成全省 695 艘 100 总吨以下产生生活污水船舶的设施改造工作。加快推广使用岸电等清洁能源，2017 年，四川省第一艘运用 LNG 燃料的船舶在南充建成投运。全省累计具备受电设施船舶 163 艘，具备岸电供应能力泊位 81 个。

（四川省交通运输厅）

【水环境治理】

1. 饮用水水源规范化建设 2017 年，开展长江经济带饮用水水源地环境保护执法专项行动，总计投入 30 多亿元，完成了地级及以上集中式饮用水水源地环境问题整治。

2018 年，开展县级集中式饮用水水源地环境保护专项行动，总计投入约 35.5 亿元，取缔关闭工业企业 66 家、旅游餐饮 165 家，治理排污口及排洪沟 72 个，整治交通穿越 76 处，取缔关闭规模化禽畜养殖场 41 家，退耕农作物面积 443.83hm^2。

2019 年，启动乡镇及以下集中式饮用水水源地环境问题排查整治，完成“千吨万人”水源地整治。2019 年 9 月，印发《关于修改〈四川省饮用水水源保护管理条例〉的决定》。成都市三道堰、遂宁市南北堰等 40 处全国重要饮用水水源地完成达标建设，全面完成 249 个县级及以上饮用水水源地环境问题整治。

（黄罡）

2. 黑臭水体治理 2020 年年底，纳入“全国城市黑臭水体整治监管平台”的 105 个地级及以上城市建成区黑臭水体均已治理竣工，104 个实现长治久清，消除比例达 99%，达到“水十条”规定的实现地级及以上城市建成区黑臭水体消除比例 90% 以上的目标任务。

截至 2020 年年底，四川省城市（县城）污水处理能力达 987.2 万 m^3/d，城市（县城）累计建成排水管网共 5.5 万 km，较“十二五”分别提高 52.7%、67.7%，城市（县城）生活污水处理率达 95.8%；完成非正规垃圾堆放点整治销号 1 618 处，其中规模以上 1 493 处，累计完成垃圾治理量 7 175 万 m^3。加大黑臭水体内源疏浚治理力度，全面开展 70 个黑臭水体底泥治理和 14 个黑臭水体生态修复治理，完成 73 个黑臭水体清淤疏浚工作，累计清淤 125.9 万 m^3。

（四川省住房城乡建设厅）

3. 农村水环境整治 2019 年 12 月，出台《四川省农村生活污水处理设施水污染物排放标准》(DB51/2626—2019)。2020 年 3 月，印发《四川省农村生活污水治理三年推进方案》。扎实推进农村人居环境整治，大力开展农村“厕所革命”，推行村收集、乡转运、县处理的垃圾处理模式，四川省 4.6 万个村中有 4.4 万个已配备保洁员，18 个地级市乡镇生活垃圾收转运设施覆盖率达 100%，甘孜州、阿坝州、凉山州乡镇生活垃圾收转运设施覆盖率达 70%。

（黄罡）

【水生态修复】

1. 退田还湖还湿 2019 年，持续推进森林湿地保护，四川省新增退耕还林落地到户面积 25.26 万亩。以保障水安全、注重水生态、提升水文化、创新水机制为重点，打造“水美新村”1 000 余个。持续推进凉山州邛海-安宁河等 9 个河湖公园建设试点，将邛海、锦江纳入全国示范河湖建设。

（四川省自然资源厅）

2. 生物多样性保护 四川省现有水生生物国家级自然保护区 2 个，分别是长江上游珍稀特有鱼类国家级自然保护区、四川诺水河珍稀水生动物国家级自然保护区；省级自然保护区 3 个，分别为周公河珍稀鱼类省级自然保护区、天全河珍稀鱼类省级自然保护区、四川汉王山东河湿地省级自然保护区。2020 年 6 月，四川省人民政府印发《关于落实生态保护红线、环境质量底线、资源利用上线制定生态环境准入清单实施生态环境分区管控的通知》，将 37 处水产种质资源保护区和 2 处重要水生生境纳入“三线一单”生态空间，实行全覆盖、多维度保护管理。加强水生生物的保护，在长江流域建立 7 个自然保护区，进一步加强对长江鲟、长吻鮠等近百种珍稀水生动物和特有经济水生动物的保护。加强河湖绿地生态修复，实施主要河流流域带状防护林廊道行动，启动若尔盖国际重要湿地保护与恢复工程，成功申报四川长沙贡玛国家级自然保护区为国际重要湿地，完成构溪河、驷马河、泸沽湖等 11 个国家湿地公园的巡护监测设施建设维护任务。　（黄堃）

3. 生态补偿机制建立　2011 年，四川省人民政府办公厅印发实施《关于在岷江沱江流域试行跨界断面水质超标资金扣缴制度的通知》。经过 5 年实践，于 2016 年 6 月 1 日起在四川省内岷江、沱江、嘉陵江流域实行《四川省"三江"流域水环境生态补偿办法（试行）》，在岷江、嘉陵江流域实施上下游双向生态保护补偿，将"三江"流域内 9 个省界断面纳入考核，建立起了"三江"流域四川境内闭循环考核机制。2018 年 2 月，四川省、云南省和贵州省签订了《赤水河流域横向生态保护补偿协议》，该协议成为首个在长江流域多个省份间开展的生态补偿试点，也是四川省签订的首个跨省流域横向生态保护补偿制度。2018 年 9 月，四川省组织沱江全流域 10 市签订《沱江流域横向生态保护补偿协议》，每年共同出资 5 亿元设立生态保护补偿资金。2018 年 12 月，四川省、云南省和贵州省签订《赤水河流域横向生态保护补偿实施方案》。2019 年 6 月，印发实施《四川省流域横向生态保护补偿奖励政策实施方案》，确立了省内"一条流域一个生态补偿框架"的新尝试，推动省内流域横向生态补偿进入新阶段。2019 年 9 月，印发《四川省赤水河流域横向生态保护补偿实施方案》。2019 年 12 月，四川省推动岷江有关市（州）签订《岷江流域横向生态保护补偿协议》和《岷江流域横向生态保护补偿实施方案》，共同筹集 4 亿元作为岷江流域横向生态补偿资金。推动嘉陵江有关市（州）签订《嘉陵江流域横向生态保护补偿协议》和《嘉陵江流域横向生态保护补偿实施方案》。推动安宁河流域有关市（州）签订《安宁河流域横向生态保护补偿协议》和《安宁河流域横向生态保护补偿实施方案》。四川省实现流域横向生态保护补偿 21 个市（州）全覆盖。2020 年 12 月，四川省、重庆市签署《长江流域川渝横向生态保护补偿协议》和《长江流域川渝横向生态保护补偿实施方案》，共同出资 3 亿元设立川渝流域保护治理资金，使四川省和重庆市率先在长江干流建立起跨省横向生态保护补偿机制。　（黄堃）

4. 水土流失治理　2016—2020 年，四川省坚持以习近平生态文明思想为指导，深入践行"绿水青山就是金山银山"的理念，认真贯彻落实党中央、国务院关于加快生态文明建设、全面建设小康社会和脱贫攻坚的重要决策部署，科学推进水土流失综合治理，新增治理水土流失面积 2.46 万 km²，建设

生态清洁小流域 49 条。根据水土流失动态监测成果，2020 年全省水土流失面积比 2011 年减少 9.53%，实现水土流失面积和强度"双下降"。2019 年、2020 年国家 7 部委考核评估均为优秀等次，2020 年监管履职督查评分居长江流域省份第一。

"十三五"期间，四川省水土保持重点工程总投资 30.69 亿元（中央投资 18.25 亿元，地方投资 12.44 亿元），治理水土流失面积 5 056km²，建设范围覆盖全省 21 个市（州）143 个县（市、区）。其中，中央和省级财政水利发展资金水土保持工程投资 21.19 亿元，治理水土流失面 4 876km²；中央预算内投资坡耕地水土流失综合治理工程投资 9.50 亿元，实施坡改梯面积 27 万亩。

（1）责任体系建立情况。

1）属地责任。省、市、县政府分管领导担任水土保持委员会主任，出台省级《关于推进新时代水土保持高质量发展的意见》。

2）监管责任。四川省水土保持委员会每年制定重点工作清单，将任务分解到行业、落实到项目，强化部门协同。

3）河长、湖长责任。将水土保持工作纳入河长制湖长制重要内容，各级河长、湖长强化巡查暗访、督促整改。

4）企业主体责任。把水土保持要求贯穿项目建设工程选址、规划设计、施工验收等全过程，着力防治人为水土流失。

（2）"四大治理"推进情况。

1）项目化治理。"十三五"完成重点项目治理 730 万亩，实施坡耕地改造 27 万亩，治理沙化、石漠化等脆弱生态 470 万亩，完成乌蒙山生态项目修复 14.57 万亩、历史遗留矿山修复 8.82 万亩，完成营造林 5 172 万亩，森林覆盖率提高 4 个百分点。

2）市场化治理。出台民办公助等措施，推动 200 多家各类市场主体开展专业化治理。

3）示范化治理。创建国家级水土保持示范县 2 个、科技示范园 2 个、生态清洁小流域 2 条、生产建设项目 1 个。

4）科技化治理。加快"智慧水保"建设，利用卫星遥感、无人机等技术开展重点工程"图斑精细化"监管。

（3）强化"四个监管"情况。

1）强化依法监管。加大"双随机""四不两直"运用，"十三五"期间挂牌督办违法项目 2 185 个，处罚 622 起，罚款 2 276 万元。

2）强化创新监管。2020 年实施 2 次全覆盖遥感监管，查处违法违规项目 3 500 多个。

3) 强化专项监管。深化开展长江经济带等水保专项行动,查处 1 200 多个违法违规项目,整改销号 3 000 多个问题。

4) 强化信用监管。各级公告认定"重点关注名单""黑名单"企业 60 个,让"失信者寸步难行"。

(4) 建立完善"四项机制"情况。

1) 建立完善目标考核机制。四川省政府将水土保持纳入政府系统年度目标考核,并占水利考核总分值的 40%。

2) 建立完善多元投入机制。"十三五"期间,安排财政水保资金 30.7 亿元,引导各类社会资本投资 131 亿元。

3) 建立完善深化改革机制。推行区域评估和承诺制,将省级行政许可事项下放成都等 8 个城市,压缩审批时间 50%。新冠肺炎疫情期间精简优化审批做法在全国推广。

4) 建立完善宣传教育机制。省、市、县三级党校把水土保持列入干部培训内容,大力推行"一县一牌、一乡一标"。

(四川省水利厅)

【执法监管】

1. 联合执法 2017 年至 2020 年 12 月,四川省共开展联合执法 3 125 次,发现涉水问题线索 894 条,破获案件 224 件,全省各地"河道警长"化解涉水矛盾纠纷 55 014 起,处置案(事)件 1 558 起。全省公安机关公破获非法捕捞水产品案件 2 320 件,抓获犯罪嫌疑人 3 391 人,采取强制措施 3 241 人,移送审查起诉 3 198 人。打掉非法捕捞团伙 288 个,查扣船舶 328 艘、非法捕捞工具 4 269 套、渔获物 2 万多公斤,侦办公安部督办案件 45 件,有力地维护了辖区河道的环境;破获河道非法采砂刑事案件 385 件,抓获犯罪嫌疑人 879 人,移送审查起诉 665 人,打掉犯罪团伙 135 个,查获非法采砂船舶 132 艘,侦办公安厅督办案件 46 件,公安部督办案件 10 件,协助关停水污染源 279 处,制止河道毁损行为 293 起。

(石军)

2. 河湖日常监管

(1) 强化河湖日常监管机制建设。出台《四川省基层河(段)长巡河制度(试行)》《四川省河长制湖长制暗访工作制度(试行)》等日常监管制度。

(2) 强化各级河长巡河问河日常监管。建立"横向到边、纵向到底、自上而下、全面覆盖"的五级河长监管体系,以河长巡河为重点,深入开展督促检查,对发现的问题采取下发提示单、督办通知、现场督导等方式限期整改。截至 2020 年,四川省各级河湖长巡河问河 172 万余次,发现并整改问题 36

万余个。

(3) 强化暗访督查监管。省、市、县各级河长制办公室及有关部门常态化采取"四不两直"方式进行河长制湖长制暗访督查。2017 年至 2020 年年底,四川省河长制办公室共组织省级层面到全省各地暗访督查 8 次,并拍摄制作成河长制湖长制典型问题汇报片 3 部,用反面典型在全省强化警示教育,进一步督促各级河长湖长及有关部门履职尽责,起到了很好的震慑作用。

(4) 强化公众参与监管。开通"12314"监督举报服务电话,四川省水利厅、四川省河长制办公室均开通涉河湖投诉举报电话和邮箱,截至 2020 年年底共受理 100 多件舆情投诉,并及时处理。

(5) 强化信息化监管手段。运用无人机、大数据和在线视频监控传输,特别是针对重要河湖和水电站下泄生态流量,实行 24 小时实时监管。对发现问题全部实行台账式闭环化管理,所有问题都进入省河长制湖长制信息化平台问题库,进入"查、认、改、罚"和"回头看"的闭环流程,确保每一个问题都能及时核实、处理、督查和交办,做到事事有回音、问题有反馈。

(闫玲)

【水文化建设】

1. 华蓥市渠江河长制主题公园 华蓥市渠江河长制主题公园位于华蓥市明月镇白鹤咀村,处于省级河流渠江左岸,占地面积约 1 000 亩,原本为渠江河畔一块荒废的滩涂地。该公园采用展板、漫画、小品、猜字谜、文化墙等丰富多彩的形式,在河长制起源、发展、大事、任务、目的等方面进行推广,对河长、警长、检察长、网格长、民间河长等职能和职责进行宣传。同时,公园内栽植了珍贵苗木花卉 40 余万株,绿化岸线 1 000m,极大提升了水土涵养能力。

(四川省广安市河长办)

2. 绵阳河长制文化公园 绵阳河长制文化公园位于绵阳市三江闸坝桥头,东临涪江,总面积约 196.4 亩。分为"绿水青山就是金山银山、全面推行河长制、涪江渊源、大禹精神、逐梦幸福河"五大板块,融合了自然、生态、历史、人文四大核心要素,集功能性、观赏性、教育性为一体,集中展示绵阳市水生态文明建设、河长制湖长制创新亮点及成效,已成为涪江流域河湖水生态综合治理的一张靓丽名片。

(四川省绵阳市河长办)

【信息化工作】 2017 年,编制形成了 7 项河长制湖长制标准规范,其中"符号设计"和"河湖管理范围划定"为全国首创,3 项数据类标准已过审并下发全省应用，填补了四川省和国家相关行业空白。

2018年，探索建立"河湖长制＋测绘"模式，初步建成了"河湖长制一张图"专题数据库，形成了河湖基础数据、水利专题数据、岸线划定数据、综合业务数据等四类数据成果。

2019年，初步建成了河长制湖长制基础信息平台，以基础信息、水利信息、综合信息等四大板块为平台构架，涵盖暗访督查、公示牌采集、在线制图等功能模块，开发了河湖长制督查App、巡河精灵、公示牌采集App，初步实现河长制湖长制基础数据的一站式管理。

2020年，在已建成信息平台的基础上，进一步建设了河长制湖长制共享服务平台，实现向上对接水利部，向下面向市、县、乡各级用户，横向对接各厅局单位的互联互通体系，河长制湖长制数据得到深入交换与共享。

2019年受水利部邀请在全国"水利一张图"发布会上作交流发言，四川省河长制信息化建设模式在全国推广。"河湖长制一张图"受邀参加中央电视台《发现之旅》栏目采访拍摄，配合制作完成《天府之国的护河使者》纪录片并在央视播放。"河湖长制一张图"被水利部信息中心列入智慧水利优秀应用案例和典型解决方案，被水利部科技推广中心认定为水利先进实用技术并列入《2020年度水利先进实用技术重点推广指导目录》，获得四川省大数据中心举办的首届"数字四川创新大赛十佳案例优秀成果奖"。

（闫玲）

| 贵州省 |

【河湖概况】

1. 河湖水系　贵州境内河网密布，流经贵州且全流域面积50km² 及以上的河流有 1 059 条，总长度为 33 829km；全流域面积100km² 及以上的河流有 547 条，总长度为 25 386km；全流域面积 1 000km² 及以上的河流有 71 条，总长度为 10 261km；全流域面积 10 000km² 及以上的河流有 10 条，总长度为 3 176km；流经贵州且全流域面积 50km² 及以上的 1 059 条河流中，有 123 条为跨省界河流。乌江是贵州省第一大河，长江上游右岸支流，在重庆市涪陵区注入长江。乌江干流全长 1 037km，在贵州省境内长 889km，流域面积 6.68 万km²，出省境处多年平均流量 1 295m³/s，河口多年平均流量为 1 650m³/s。

贵州河流分属长江流域和珠江流域。以乌蒙、苗岭山脉为界，以北属长江流域，以南属珠江流域。长江流域在境内由西向东分属 4 大水系：金沙江水系（牛栏江水系、横江水系）、赤水河水系、綦江水系、乌江水系和沅江水系；珠江流域在贵州境内自西向东分为 4 个水系：南盘江水系、北盘江水系、红水河水系和柳江水系。

全省天然湖泊多分布在贵州西部和黔西南地区。其中水面面积 1km² 以下的天然湖泊有 41 个，水面面积在 1km² 以上的湖泊 1 个，即威宁草海。威宁草海常年水域面积为 20.96km²，平均水深 1.08m，最大水深 3.66m。

2. 水资源量　贵州省水资源比较丰富，全省水资源多年平均总量为 1 062 亿 m³（长江流域 679.9 亿 m³，珠江流域 382.1 亿 m³），其中地下水资源量为 259.95 亿 m³；全省可利用水资源总量为 161.9 亿 m³，占全省水资源总量的 15.2%，其中长江流域可利用量为 117.45 亿 m³，珠江流域可利用量为 44.43 亿 m³；全省水力资源理论蕴藏量为 1 874.5 万 kW，其中长江流域 1 107.4 万 kW，珠江流域 767.1 万 kW。

3. 水质　贵州省境内水质属于重碳酸盐类水，普遍呈中偏碱性，河流天然水质较好。自贵州推行河湖长制工作以来，水质逐年向好。其中，2017 年全省重要江河湖库水功能区总体达标率为 87.3%。纳入全省监测的 48 条主要河流的 138 个河段，水质总体达到优良的河长占 89.1%；2018 年全省重要江河湖泊水功能区总体达标率为 91.8%。2018 年水质总体优良率较 2017 年增加 5.8 个百分点，劣 V 类水质较 2017 年下降 1.7 个百分点。2018 年乌江干流 4 个国考断面首次在近 10 年来总体达到Ⅲ类水质；2019 年全省纳入国家"水十条"考核共 55 个地表水断面，水质优良（达到或优于Ⅲ类）比例为 96.4%，与 2018 年持平，劣 V 类水体基本消除。乌江流域水环境质量总体评价为"优"，继续保持Ⅲ类水质。

截至 2020 年年底，纳入国家"水十条"考核的 55 个地表水断面水质优良比例为 98.2%，22 个地级城市集中式饮用水水源水质均达到或优于Ⅲ类；县级以上饮用水水源地水质达标率 100%，重要水功能区水质达标率 93.6%；主要河流出境断面水质优良率保持在 100%。

4. 水利工程　截至 2020 年 12 月 31 日，贵州省已建成水库 2 636 座。其中，大型 25 座，中型 156 座，小（1）型 659 座，小（2）型 1 796 座。

全省已建成大中型水电站 176 座。其中，126 座属于长江流域，50 座属于珠江流域。

全省中型以上灌区数量达到236处。其中，万亩以上灌区236处，10万～30万亩灌区6处，5万～10万亩灌区47处，1万～5万亩灌区182处，2 000～10 000亩灌区未统计。 （苏波）

【重大活动】

1. 贵州省召开深入推进河长制工作电视电话会议 2018年6月15日，贵州省召开深入推进河长制工作电视电话会议。贵州省委书记、省人大常委会主任、省总河长孙志刚出席会议并讲话，省委副书记、省长、省总河长谌贻琴主持会议。贵州省政协、省人大常委会、省政府、省政协有关负责人及119家单位主要负责人在省主会场参会。会议以电视电话会议形式开到县（市、区），贵州省设主会场，各市（州）、贵安新区、县（市、区）设分会场。

孙志刚在讲话中指出，全面推行河长制，是以习近平同志为核心的党中央部署开展的一项重大改革举措，是推进生态文明建设的重要工作内容，是打好污染防治攻坚战的重大工作举措，是完善水治理体系的重大工作任务。要集中精力管好水、集中精力护好水、集中精力治好水、集中精力用好水。

谌贻琴要求，省市县乡村五级河长和各地区各部门要以习近平生态文明思想为指导，进一步把政治责任扛起来、把重点工作实起来、把考核问责严起来，真正做到守河有责、守河尽责，确保全省水体永远安全、清洁、健康，永葆清水绿岸、鱼翔浅底的美丽景象。

2. 谌贻琴主持召开2020年省级河湖长制部门联席会议 2020年12月14日上午，贵州省委书记、省总河（湖）长谌贻琴主持召开省总河（湖）长会议。贵州省委副书记、代省长、省总河（湖）长李炳军，省政协主席刘晓凯，省委副书记蓝绍敏，省委常委、省人大常委会、省政府、省政协有关负责人及省法院院长、省检察院检察长出席。

谌贻琴指出，贵州省是长江、珠江上游重要的生态屏障，也是首批国家生态文明试验区，要坚决贯彻落实习近平总书记重要指示精神，以更高站位扛起推动长江经济带高质量发展的重大政治责任，强化"上游意识"和"上游责任"，加强与上下游省份协作，更加坚定自觉协同推进长江经济带高质量发展。

谌贻琴强调，"十四五"时期，要以河长制湖长制为工作抓手，纵深推进全流域河、湖、库、塘等全方位管护，持续开展大巡河、河湖"清四乱"等行动，推动各级河长、湖长集中精力管好水、护好水、治好水；要扎实推进赤水河流域小水电清理等

生态环境保护工作，把赤水河打造成为践行习近平生态文明思想的实践示范；要坚决打好长江"十年禁渔"攻坚战，以零容忍的态度重拳打击非法捕捞等行为，持续巩固整治网箱养鱼成果，确保长江禁渔取得实效。

李炳军要求，在加快发展的同时必须严把生态关，要更加坚决守牢生态底线，决不能走先污染后治理的老路。

3. 贵州开展"百千万"清河活动 2017年6月18日至11月30日期间，贵州省开展了声势浩大的"百千万"清河活动，对全省120条重点河流开展联合执法检查和清畅整治行动，对1 059条河流开展清岸清水活动。

截至2017年11月底，全省共开展日常巡查2 117次，发现并制止各类涉河（湖）违法行为550余起，下达责令停止违法通知书524份，立案查处各类水事违法案件70件，征收罚没款36.6万元。

在"百千万"清河活动中加强乌江流域和万峰湖网箱养殖整治。其中，乌江流域息烽县投入5 700万元拆除网箱1 500多亩；瓮安县拆除575.03亩；遵义市播州区拆除753.2亩；铜仁市拆除境内所有网箱，涉及652户1 509.69亩；万峰湖库区共拆除网箱5 394.27亩，兑现拆除奖励3 202.81万元。

（苏波）

【重要文件】 2017年3月30日，中共贵州省委办公厅、贵州省人民政府办公厅印发《贵州省全面推行河长制总体工作方案》。方案要求，到2017年5月底前完成各级河长制工作方案及组织体系的制定，向社会公布河湖分级名录和河长名单；2017年年底前制定出台各级各项制度及考核办法；到2020年全省用水总量控制在134.39亿 m^3 以内，万元GDP和万元工业增加值用水量较2015年分别下降29%、30%，农田灌溉水利用系数提高到0.48以上。八大水系主要河流水质优良率达到92%，重要江河湖泊水功能区水质达标率达到86%，出境断面水质优良比例超过90%，县城以上集中式饮用水水源水质优良比例保持100%。县城以上城镇污水处理率、生活垃圾无害化处理率分别达93%以上和90%以上，城市建成区黑臭水体基本消除，全省地下水质量考核点位水质级别保持稳定。 （苏波）

【地方政策法规】

1. 地方法规 2019年1月17日，贵州省第十三届人民代表大会常务委员会第八次会议通过《贵州省河道管理条例》。条例分为6章52条，包括规

划和整治、保护与管理、河长制湖长制、法律责任、附则等内容。

2. 地方标准　颁布实施《贵州省节约用水条例》，修订了《贵州省地方标准用水定额》（GB52/T 725—2019），建立了省级和各市州级节约用水工作联席会议机制。　　　　　　　　　　　（苏波）

【专项行动】

1. 2018年贵州生态日"保护母亲河　河长大巡河"活动　2018年6月14日，贵州省总河长、省委书记、省人大常委会主任孙志刚带队到贵阳市南明河开展巡河活动，实地巡查南明河水源地保护和综合治理情况。

同日，贵州省总河长、省委副书记、省长谌贻琴带队赴乌江干流瓮安县江界河段开展巡河。谌贻琴在巡河中要求，乌江所涉市州要坚持问题导向，认真落实乌江干流"一河一策"方案，结合推进中央环保督察问题整改，深入扎实抓好磷化工产业污染防治、网箱养殖整治巩固、沿江城镇生活污水防治、农村污染治理、岸线治理以及执法监管等各项工作。

按照贵州省委省政府的统一安排，其他省级河长分别在生态日前后赴对应负责的河湖开展了巡河，研究解决河湖管理保护的突出问题。

2. "贵州生态日"督导调研和巡河活动　2020年6月19日，贵州省委副书记、省长谌贻琴到贵阳市开展"贵州生态日"督导调研和巡河活动，检查中央生态环保督察"回头看"、长江经济带生态环境警示片、全国人大水污染防治执法检查指出问题整改落实情况，巡查百花湖水环境综合治理及防汛工作。

谌贻琴在督导调研中指出，良好的生态环境是贵州的突出优势。要坚持生态优先、绿色发展，切实把贵州生态优势巩固好、提升好、利用好，让贵州青山永驻、碧水长流、蓝天常在；要精准深入彻底整改生态环境突出问题，确保全省生态环境质量越来越好；要把"绿水青山就是金山银山"的理念贯彻到经济社会发展各项工作中，坚定不移实施大生态战略行动，大力推进国家生态文明试验区建设，让绿水青山永远成为贵州人民的"绿色提款机"和"幸福不动产"。

3. 河道采砂管理　2018年，贵州省水利厅各地对辖区河湖采砂情况进行摸排。调查结果显示：全省有采砂管理任务的主要有4条河流，均在黔东南州，分别为清水江天柱县河段、都柳江榕江县河段、平江河榕江县河段和寨蒿河榕江县河段；有8处非

法采砂，分别是岩英河丹寨县河段、永乐河雷山县河段、清水江施秉县河段、都柳江榕江县河段、寨蒿河黎平县河段、都柳江三都县河段、兴义市马别河上游干流泥溪河清水河镇段、达力河鸡场电站至团结电站段。截至2018年9月底，全省8处非法采砂全部整改完成。

2020年，贵州省水利厅编制完成全省河道采砂管理重点河段、敏感水域和其他有采砂管理任务的河道的采砂规划。截至2020年，贵州省结合河湖"清四乱"，持续开展打击非法采砂整治工作，全省共发现10起零星的非法采砂，均按照要求进行整改，全境无河湖采砂现象发生。　　　　　　　（苏波）

【河长制湖长制体制机制建立运行情况】　自2016年10月中央全面深化改革领导小组第28次会议审议通过《关于全面推行河长制的意见》（以下简称意见）后，贵州省立即行动起来，迅速有序开展河长制各项工作。

2017年1月6日，贵州省召开全面推行河长制电视电话会议，会议开到县级，动员部署全省全面推行河长制工作。与此同时，将全面推行河长制作为助推国家级生态文明试验区建设和大生态战略行动的需要，写入《国家生态文明试验区（贵州）实施方案》。

同年，贵州省在全国首创省、市、县、乡四级设立"双总河长"，独创"四大班子人人当河长"工作机制，由各级党委和政府主要领导担任，切实推动河长制工作党政同责。全省3 337条河流共设五级河长24 450名，并向社会公告。还聘请水利专家、环保专家或招募志愿者担任河长民间义务监督员，全省共聘请8 445名。河长设置从省级到村组、从官方到民间，纵向到底、横向到边，无缝对接。

2018年，贵州省进一步扩大河湖长制社会参与度，贵州、重庆、四川、云南等4省（直辖市）检察院在赤水市召开渝川滇黔四省市检察机关赤水河乌江流域生态保护联席会议，联合出台《关于建立赤水河、乌江流域跨区域生态环境保护检察协作机制的意见》；贵州省河长办与团省委等单位联合开展"青清河"保护河湖志愿服务行动；共青团贵州省委、共青团贵阳市委、贵阳黔仁生态公益发展中心共同组织贵州省大学生河流守护行动，动员省内大学生以巡河的形式参与贵州河湖守护。

2019年5月1日，《贵州省河道条例》开始施行，实现河长制湖长制从"有名"到"有实"的转变。

2020年，贵州省进一步加强了河湖长制工作的

联动机制。推动川黔、桂黔、湘黔跨省河流流域共同保护治理，相继签订了跨界河湖联防联控合作协议，实现与周边省（市）跨界河湖联防联控全覆盖；开展跨界河流互派副河长工作，选取 5 条河流互派 16 名副河长开展工作；建立"河长湖长＋检察长"治河机制，全年累计开展"两长"巡河工作 300 余次，发出诉前检察建议约 500 件，提起刑事附带民事公益诉讼 6 件；持续开展"青清河"保护河湖志愿服务行动，累计招募"青清河"保护河湖志愿者 18 614 人，开展巡河 14.7 万人次，全省生态文明注册志愿者达 20.94 万人。

2019 年 5 月 7 日，国务院办公厅对 2018 年落实有关重大政策措施真抓实干成效明显地方予以督查激励。贵州省因河长制湖长制工作推进力度大、河湖管理保护成效明显获得表彰，并获得 5 000 万元资金奖励，用于河长制湖长制及河湖管理保护工作。此后，贵州省兴义市、黔西市河长制湖长制工作分别于 2019 年、2020 年获国务院表彰，并各获得 1 000 万元资金奖励，用于河长制湖长制及河湖管理保护工作。　　　　　　　　　　　（苏波）

【河湖健康评价】　2020 年，贵州省完成省级河长的 33 条河流和草海组织开展健康评价工作，涉及河流的总河长为 6 354km，湖泊总面积为 25km²。其中，长江流域包括乌江干流、赤水河、三岔河、猫跳河、清水河、湘江、瓮安河、桐梓河、水城河、芙蓉江、六冲河、习水河、野纪河、白甫河、清水江、重安江、巴拉河、阳河、锦江、松桃河、草海等 22 条（个）河流（湖泊），涉及河流的总河长为 4 202km，涉及湖泊的面积为 25km²；珠江流域包括黄泥河、马别河、红水河、都柳江、蒙江、南盘江、樟江、涟江、北盘江、打邦河、乌都河、麻沙河等 12 条河流，涉及河流的总河长为 2 152km。设省级河长、湖长的 33 条河流及草海健康评价平均分值为 81.9 分，其中评价为非常健康（90 分以上）的河流 1 条，评价为 75～80 分的健康河有 8 条，评价为 80～90 分的健康河湖有 25 条（个）。

【"一河（湖）一策"编制和实施情况】　2017 年年初，贵州省河长制办公室按照水利部《一河一策编制指南》，启动《一河一策方案》编纂工作。2017 年年底前全面完成了初步成果，及时启动了县级以下"一河一策"方案编制工作。2018 年，完成设省级河长河湖"一河（湖）一策"方案征求意见及评审工作，建立设省级河长河湖"一河一档"。截至 2020 年，完成设省级河长、湖长的 32 条河流和草海"一河（湖）

一策"方案（2021—2023 年）编制。　　（苏波）

【水资源保护】

1. 水量分配　2019 年，贵州省加强水资源承载能力对经济社会发展的刚性约束，推进落实"合理分水"。组织开展省管河流和跨市州重点河流水量分配工作，完成 14 条省管河流水量分配方案编制；批复了锦江和坝王河的水量分配方案；开展蒙江、红水河等 6 条河流的水量分配方案编制工作。截至 2020 年，批复了 14 条省管河流水量分配方案，将全省 2025 年地下水用水总量 3.84 亿 m³、2030 年 4.68 亿 m³ 分解到县级行政区。

2. 生态流量监管　2019 年，贵州省启动生态流量管控工作。组织完成全省 50km² 以上 1 059 条河流和重要断面、重要水库、农村小水电站的生态流量调查和核定，明确主要控制断面生态流量；组织编制《贵州省重要河流生态流量监测实施方案》和乌江、蒙江、濰阳河、都柳江等重点河流生态流量保障实施方案。截至 2020 年，明确了省管 14 条河流主要控制断面及生态流量目标值，完成乌江、蒙江等 4 条河流生态流量保障实施方案，开发"贵州省生态流量监测管理平台"，对重要河湖生态流量进行监测预警。

3. 全国重要饮用水水源地安全达标保障评估　2017—2020 年，贵州省持续对 15 个国家重要饮用水水源地开展安全保障达标建设评估工作，水源地水质全部达标。

4. 节水行动　贵州省水利厅、省发展改革委联合印发《贵州省节水行动方案》（黔水节〔2019〕24 号）确定了 2020 年、2022 年和 2035 年的主要工作目标，提出了 9 项重点行动、32 项工作任务。

截至 2020 年 12 月 31 日，全省共 27 个县开展了节水型社会达标建设。2019—2020 年，开展省级规划和建设项目节水评价审查 156 个。　（苏波）

【水域岸线管理保护】

1. 河湖管理范围划界　2018 年，贵州省基本完成省管河流划界及岸线利用规划编制工作。2019 年，制定印发了《贵州省河湖管理范围划定三年行动方案》，明确了河湖管理范围划定时间表、路线图。全省流域面积 1 000km² 以上 71 条河流及草海已全部完成管理范围划定，并向社会公告，其他河流管理范围划定稳步推进。

截至 2020 年，完成全省流域面积 1 000km² 以上 73 条河流及其他设省级河（湖）长的瓮安河、水城河、草海的岸线保护与利用规划编制，完成全省流域面积 50km² 以上 988 条河流管理范围划定。

2. 河湖"清四乱"专项行动 2018—2019 年，根据水利部统一部署，贵州省组织开展全国河湖"清四乱"专项行动，以 1 号总河长令进行安排部署，2 号总河长令发布河湖"清四乱"整治方案，强力推进河湖"清四乱"专项行动，并在水利部要求流域面积 1 000km² 以上基础上将范围扩大至流域面积 500km² 以上的河流及草海，同时要求市县两级建立其他河流"四乱"台账，确保行动覆盖全省所有河流、湖泊、水库。至 2018 年 10 月底，8 处河流非法采砂已经全部整改完成。

贵州省持续开展河湖"清四乱"专项行动。以 1 号和 2 号省总河长令进行部署，按照水利部统一安排，采取"遥感＋暗访"方式加大对河湖"四乱"专项整治督查力度，将分级建立台账的 887 处和水利部 2019 年暗访发现的 158 个"四乱"问题全部按时整改销号。

截至 2020 年，以第 3 号总河（湖）长令印发《贵州省深入推进河湖"清四乱"常态化规范化工作方案》，贵州省各地共自查自纠发现 678 个问题并全部按时整改销号，河湖"清四乱"行动进入常态化和规范化轨道。 （苏波）

【水污染防治】

1. 取缔网箱养鱼 2018 年 5 月，贵州省在全国率先发展"零网箱·生态鱼"渔业产业，全面取缔境内所有网箱养鱼 3.38 万亩。截至 2020 年，发展湖库生态渔业和增殖渔业，全省发展稻鱼综合种养面积 280.04 万亩，累计发展湖库生态渔业面积 63.58 万亩。

2. 船舶港口污染防治 2019 年，贵州省开展船舶与港口污染防治工作。制定印发《贵州省防治船舶水污染专项整治活动实施方案》，累计完成 745 艘生活污水排放不达标船舶的改造，占完成改造任务的 94.3%；组织各地编制了辖区船舶与港口污染物接收、转运和处置设施建设方案。截至 2019 年年底，全省 9 个市（州）按照辖区建设方案建设进度要求完成 75% 以上，15 家船舶修造厂已配备简易船舶污染收集储存装置。

截至 2020 年，贵州省累计完成 302 艘 100 总吨以上生活污水不达标船舶改造，完成率为 100%；获得经营许可证的 13 个营运码头的生活垃圾、生活污水、油污水接收设施实现全覆盖；组织各地编制辖区船舶与港口污染物接收、转运和处置设施建设方案，全省接收转运处置设施建设完成 100%。

3. 工矿企业污染治理 2018 年，贵州省针对乌江、清水江等总磷污染问题，重点抓好磷化工企业"以渣定产"治理，按照"增量为零、存量减少"的要求，以当年综合利用磷石膏的数量确定磷化工企业当年产量，倒逼企业加快磷石膏资源综合利用，逐年消纳磷石膏堆存量。截至 2020 年，乌江流域水环境质量总体评价为"优"，乌江干流 4 个国考监测点位持续保持Ⅲ类水质。

4. 排污口整治 2019 年 4 月 24 日，贵州省大气、水、土壤污染防治工作联席会议办公室印发《贵州省长江入河排污口排查整治专项行动工作方案》（黔环通〔2019〕85 号），截至 2020 年 12 月 31 日，完成 1 588 个入河排污口排查工作。

5. 城镇生活污染防治 2018 年 7 月 22 日，贵州省人民政府办公厅印发《贵州省城镇污水处理设施建设三年行动方案（2018—2020 年）》和《贵州省城镇生活垃圾无害化处理设施建设三年行动方案（2018—2020 年）》，截至 2020 年 12 月 31 日，城市和县城生活污水处理率分别达到 97.44% 和 91.1%。

6. 畜禽养殖污染 2019 年 11 月 18 日贵州省生态环境厅、省农业农村厅联合印发《省生态环境厅省农业农村厅关于开展贵州省畜禽养殖禁养区划定规范调整工作的报告》（黔环呈〔2019〕123 号）。截至 2020 年 12 月 31 日，全省划定禁养区 3 789 个，禁养区面积达 34 846.543km²，依法关闭或搬迁禁养区内规模化养殖场 591 个。2017 年 12 月 16 日，贵州省人民政府办公厅印发《关于成立贵州省畜禽养殖废弃物资源化利用工作领导小组的通知》，建立了联席会议制度。截至 2020 年 12 月 31 日，全省规模化养殖场粪污处理设施装备配套率达到 99.34%，全省畜离粪污综合利用率达 85.83%，比 2017 年分别提高 19.34 个百分点和 25.83 个百分点。

7. 农业面源污染 2017 年 4 月 28 日，印发《贵州省人民政府办公厅关于印发〈贵州省打好农业面源污染防治攻坚战实施方案〉的通知》。2020 年，贵州省测土配方施肥技术覆盖面积 6 458 万亩，全省农用化肥施用量（折纯）较 2015 年减少 24.02%。截至 2020 年 12 月 31 日，全省农作物病虫监测点数量达到 111 个，累计更换节药喷头 109.34 万套，农药使用量（商品量）较 2015 年减少 38.7%，农药包装废弃物回收率达 62.5%。 （苏波）

【水环境治理】

1. 2018 年坚持问题导向，抓好河湖保护 坚持整体推进和重点突破相结合，"从难点破局、从问题入手"，在全面加强生态环境保护中打好污染防治攻坚战，奋力打造长江珠江上游绿色屏障建设示范区。

（1）深入推进绿色贵州建设，强力实施十大污染源治理和十大行业治污减排全面达标排放的"双十"工程。

（2）针对乌江、清水江等总磷污染问题，重点抓好磷化工企业"以渣定产"治理，按照"增量为零、存量减少"的要求，以当年综合利用磷石膏的数量确定磷化工企业当年产量，倒逼企业加快磷石膏资源综合利用，逐年消纳磷石膏堆存量。

（3）全面取缔境内所有网箱养鱼3.38万亩，全面推进"零网箱·生态鱼"渔业发展，为进一步提升河湖水环境管理保护打下了坚实基础。

2. 2019年加强水环境治理

（1）持续推进饮用水水源地环境问题整治。先后两次开展农村千人以上集中式饮用水水源地环境隐患排查，开展饮用水水源环境保护攻坚战，排查出的1 321个问题全部整改完成。

（2）扎实开展长江入河排污口排查整治专项行动。制定印发《贵州省长江入河排污口排查整治专项行动工作方案》，组织开展贵州省长江两大重要支流乌江、赤水河干流的入河排污口无人机遥感航测，并配合生态环境部开展人工现场排查工作。

（3）持续推进农村人居环境整治。制定印发《贵州省实施乡村振兴战略加强农村河湖管理工作推进方案》，从建立健全农村河湖管护体系、推进农村河湖"清四乱"、划定农村河湖管理范围等方面进行部署，大力推进农村水环境整治。按要求完成了农村户用卫生厕所、农村公共厕所改建新建年度任务，全省上下以"五净四美"为主题，积极推进村庄清洁行动。

（4）大力推进地下管网建设专项行动。印发了《贵州省地下管网建设专项行动方案》，建立了省级地下管网会战工作联席会议制度，2019年，全省累计建成管道3 906km。

（5）加快推进城镇污水收集处理设施建设。印发《贵州省城镇污水处理设施运行监督管理办法（试行）》《关于贯彻落实〈城镇污水处理提质增效三年行动方案（2019—2021年）〉的通知》，完成471个建制镇生活污水处理设施建设。

（6）深入推进城市黑臭水体治理攻坚战。细化分解《贵州省城市黑臭水体治理攻坚战实施方案》，采取明察暗访方式加大对城市黑臭水体整治情况检查力度。截至2019年12月底，全省地级城市建成区49个城市黑臭水体已整治完成45个，完成率91.8%。

3. 2020年水环境系统治理取得新突破

（1）强力推进小水电清理整改。编制"一站一

策"方案，制定奖惩办法，建立问题整改台账，组建工作专班，成立5个督战工作队，加快推进小水电清理整改工作，共完成了1 140座整改类、321座立即退出类、220座限期整改类小水电清理年度整改任务。

（2）持续推进饮用水水源地环境问题整治。完成贵州省256个千吨万人集中式饮用水水源地、1 064个乡镇集中式饮用水水源地保护区划定工作；有序推进千吨万人饮用水水源调查评估工作，开展地下水饮用水补给区环境状况调查研究。

（3）扎实开展入河排污口排查整治专项行动。组织开展辖区长江入河排污口监测、溯源工作，制定"一口一策"整治方案，有序推进整治工作；开展贵州省八大水系除乌江、赤水河外主要干流入河排污口排查整治工作。

（4）持续推进农村人居环境整治。按照《贵州省实施乡村振兴战略加强农村河湖管理工作推进方案》工作要求，大力推进农村水环境整治；完成农村户用卫生厕所、农村公共卫生厕所建设改造任务；推进龙里县、黔西县农村水系综合整治试点县建设。

（5）推进水环境综合治理。安排中央预算内投资2.02亿元，在16个县开展流域水环境综合治理。

（6）加快推进城镇污水收集处理设施建设。全省城市（县城）累计新建改造污水收集管网1 084km，新增污水处理能力35.4万t/d；完成835个建制镇生活污水处理设施建设。

（7）加快完善城乡生活垃圾收运处置系统。率先在全国实行整县推进农村生活垃圾收运体系建设，率先在全国建立省级数字乡村生活垃圾收运监控平台。

（8）深入推进城市黑臭水体治理攻坚战。积极推进六盘水、安顺国家级黑臭水体治理示范城市建设；全省地级城市建成区49个城市黑臭水体已全部完成工程性治理，城市黑臭水治理消除比例达100%。

（苏波）

【水生态修复】

1. 都匀市三江堰水生态修复与治理　都匀市三江堰生态修复工程是都匀市"水生态文明"建设重点项目，是集环保功能、水生态治理功能、城市景观功能于一体的水生态工程。工程主要包括库区及茶园河、杨柳街河、摆楠河清淤疏浚工程，河道水生态系统建设工程和三江堰拦河坝工程三大部分。

三江堰地处茶园河、杨柳街河、摆楠河交汇处，由于上游水土流失严重，致使河床抬高，淤堵严重，加上杨柳街河流域受到张家山、菠萝冲、老都匀-铁

冲矿区酸性高铁矿井废水的影响，水体含铁量严重超标，常年呈黄褐色，被称为"小黄河"。工程利用筑坝拦污工程手段，形成缓流区，通过坝体拦截含Fe^{3+}离子污染物的矿泥沉淀，对"小黄河"进行治理，并利用水生植物保护生物的多样性，消除污染，净化杨柳街河水质，改善水体质量，恢复水体生态功能。

工程于2015年5月启动建设，2017年12月底全部建成。工程建成后，使流淌20年之久的杨柳街"小黄河"在城区主河道入口处得到有效治理，对剑江河水质起到净化改善作用，提高河道的抗洪能力，同时为城市居民提供一个远离喧嚣、与自然对话的活动空间，改善生活环境，提高人民群众健康水平及生活质量，促进都市旅游服务业的发展。

2. 2019年加强水生态修复

(1) 稳步推进水土流失综合治理。完成涉及51个项目县的水土流失治理任务 2 660km²，占年度任务的105%。

(2) 启动重点河湖生态保护修复。编制了《贵州省重安江流域山水林田湖草生态保护修复工程立项计划》《重安江流域生态保护修复2020年度实施方案》；紧紧围绕"治山、治水、治环境"的目标，采取退城还湖、退村还湖、退耕还湖、治污净湖、造林涵养等综合措施，统筹协调推进草海生态保护与综合治理项目，收回保护区内原出让开发建设用地 2 182.5亩用于植被恢复，完成6万亩退耕还湿征地，建成白马河、大中河、东山河、万下河入湖河口湿地，恢复湿地面积956亩，完成草海流域造林绿化 43 500亩，规范草海保护区旅游，清收草海保护区船只 1 442艘，保护以黑颈鹤为重点保护对象的栖息鸟类10万余只。河湖生态得以有效恢复。

3. 2020年水生态修复取得新成效

(1) 扎实推进长江流域禁捕。严格落实长江流域十年禁渔令，以河长制湖长制为抓手积极推进长江流域禁捕退捕。全省长江流域重点水域 2 548艘渔船、2 494名渔民全部转产上岸，退捕率达100%，船网处置率达100%，渔民社会保障率达100%，转产就业率达99.5%。

(2) 稳步推进水土流失综合治理。年度完成水土流失治理任务 2 589km²。

(3) 启动重点河湖生态保护修复。组织开展列入国家发展改革委试点和水利部重点项目的都匀市清水江（剑江河段）水生态保护与修复项目，启动省水生态修复与治理科普教育基地建设，完成都匀市省级水生态文明试点评估。　　　　（苏波）

【执法监管】　2017年，贵州省共开展日常巡查2 117次，发现并制止各类涉河（湖）违法行为550起，下达责令停止违法通知书524份，立案查处各类水事违法案件70件，征收罚没款36.6万元，聘请了8 425名保洁员。开展乌江流域和万峰湖非法网箱养殖整治。乌江流域息烽县投入 5 700万元拆除网箱 1 500多亩；瓮安县拆除575.03亩；遵义市播州区拆除753.2亩；铜仁市拆除境内所有网箱，涉及 652户 1 509.69亩；万峰湖库区共拆除网箱5 394.27亩，占总任务（ 7 072.5亩）的76.27%，兑现拆除奖励 3 202.81万元。

2018年，开展专项整治行动。根据水利部统一部署，组织开展好全国河湖"清四乱"专项行动、全国河湖采砂专项整治行动、长江经济带固体废物专项整治行动、垃圾围坝专项整治行动等。贵州省高度重视河湖"清四乱"专项行动，以1号总河令进行安排部署，2号总河长令发布河湖"清四乱"整治方案、纵深推进河湖"清四乱"专项行动，还在水利部要求流域面积 1 000km²以上基础上自加压力，将范围扩大至流域面积 500km²以上的河流及草海，同时要求市、县两级建立其他河流"四乱"台账，确保行动覆盖全省所有河流、湖泊、水库；针对调查摸底发现的 8处河流非法采砂和有采砂管理任务的 4个河段，制定《贵州省河湖采砂专项整治工作方案》，要求严厉打击、依法取缔全省的河湖非法采砂规范有采砂管理任务河段，建立完善长效机制。截至2018年10月底，8处河流非法采砂全部整改完成，恢复了河道面貌，规范了全省有采砂管理任务河段的采砂；长江经济带固体废弃物清理整治稳步推进，上报国家的22处全部整改完毕；省内挂牌督办的 147处完成清理整治146处，整治率达99.31%。

贵州省水利厅印发《河湖执法工作方案(2018—2020年)(黔水政法〔2018〕7号)，并组织2018年河湖执法专项行动，全省共查处水事违法行为226件，结案157件，没收违法所得共计 1亿余元，责令停止违法行为134次，补办相关手续32次，采取补救措施23次，限期拆除违法设施37次，维护了良好的水事环境。

2018年12月，全省"青清河"志愿者共计17 302名，巡河次数达 60 946人次，反映河湖信息5 122条，推动辖区相关部门解决河流问题3 667个。

2019年，开展河湖执法专项行动，2019年，全省共查处水事违法行为310件，结案254件，处罚责任金 1 877.42万元，责令停止违法行为216次。

2020年，执法监管和监督考核更加严格。强化督导检查和联合执法监督。全年查处水事违法案件99件，结案62件，罚款1 831.58万元，责令停止违法行为62次。创新考核方式推动河长湖长积极履职。对全省9个市（州）及设省级河长、湖长的32条河流和草海开展了2019年度"一市一考""一河一考"，考核结果向社会公告，并作为领导干部考核评价的重要依据。通过加强执法监管和监督考核，有力遏制河湖管护不作为、乱作为。　　（苏波）

【水文化建设】

1. 雷屯水文化村落　雷屯村位于亮江河畔，距锦屏县城24km，是国家"生态文明示范村"、中国传统村落、贵州新农村建设"十佳村"，也是水文化村落。

明洪武年间，朝廷实施"寓兵于农，屯民实边"政策，调派大量军户、民户进入这里屯田戍守，逐渐形成了一种紧紧依托于农耕生产、体现农耕文明的"军屯文化"和"农耕文化"，其中最为突出现象的就是由军屯带来的屯田水利文化。古人在亮江河雷屯桥上游沙坝处拦腰截水，修筑起引水灌溉的壅水堰，搭配水轮车将水位抬高，再通过田间的灌溉渠道使得不同高程的水田得到充分的灌溉，不仅有效抗御了旱灾、洪灾，而且水轮车带动水碾将水能转化为机械能碾米、磨面，充分利用了水力资源。

随着电灌站等现代水利设施的兴建，水轮车、水碾房已不复存在，只有壅水堰还依旧卧坐在亮江河畔，上面还有20世纪六七十年代"农业学大寨"的标语。这种治水思想是农耕文化与中国水文化的结合，把按自然规律办事、以供定需、量水而行的水文化思想渲染得淋漓尽致，是现代水文化的生动体现。

2. 大发渠水情教育基地　大发渠位于遵义市播州区平正乡团结村（原草王坝村），人称"绝壁天河"，由平正乡团结支书黄大发率全村200多名村民，历时36年修建而成。

大发渠水情教育基地主要包括大发渠、大发渠陈列馆、大发渠政治生活馆、大发渠党员干部培训中心等。基地常年对外开放，现有藏品323件（套），共配备7名专兼职讲解员，为公众提供讲解服务。2018年被授牌"贵州省爱国主义教育基地"，2019年被授牌"贵州省党性教育基地"。基地主要通过大发渠的历史演变及其对草王坝经济社会发展的影响介绍，加强公众对国情、省情和水情的了解，感悟新中国成立以来人民群众自力更生、艰苦奋斗的团结拼搏精神；通过基地内水质监测、自然能提水、大发水厂等项目展示党的十八大以来水利改革发展带来的新变化，使公众了解水安全、水生态、水环境方面的知识；通过模型、展板、工程建筑实物、多媒体教学片、摄影展、宣传片等向公众开展水法规宣传教育，提升公众节水护水意识。

2016年以来，中央级"9＋3"媒体和省（市、区）主流媒体纷纷聚焦团结村，从不同角度解读大发渠、宣传大发渠，拍摄了电影《天渠》、微电影《大发渠》，创作了《喊一声老黄》《大山里的共产党员》《天渠》等音乐作品，编写了《筑梦天渠》报告文学，汇编了《绝壁天河大发渠》媒体报道专辑。

（苏波）

｜云南省｜

【河湖概况】

1. 河流情况　云南省河流众多，共有长江、珠江、红河、澜沧江、怒江、伊洛瓦底江六大水系。红河、澜沧江、怒江与伊洛瓦底江均为国际河流。在六大水系中，东部流出省境的有长江与珠江，中部向南流出国境的有红河与澜沧江，这四大水系最终注入太平洋；西部向南流出国境的有怒江与伊洛瓦底江，最终注入印度洋。

根据第一次全国水利普查成果，云南省集水面积50km²及以上河流总数为2 095条。其中，集水面积10 000km²及以上河流17条，集水面积5 000～10 000km²河流15条，集水面积1 000～5 000km²河流86条，集水面积100～1 000km²河流884条，集水面积50～100km²河流1 093条。六大水系云南段基本情况见表1。

2. 湖泊情况　云南省湖泊资源丰富，湖泊面积大于1km²的有30余个，水面面积总和约1 100km²，集水面积总和约10 000km²，湖泊总储水量约300亿m³。众多湖泊中，水面面积在30km²以上的有9个，为滇池、洱海、抚仙湖、程海、泸沽湖、杞麓湖、星云湖、异龙湖和阳宗海，是云南著名的九大高原湖泊。九大高原湖泊流域面积约8 000km²，湖容量近300亿m³。云南省九大高原湖泊基本情况见表2。　　（贺克雕）

3. 水利工程　云南省修建的水利工程主要包括水库工程、水闸工程、泵站工程和堤防工程等4大类。截至2020年具体情况如下。

表 1   六大水系云南段基本情况

序号	流 域	干流河长 /km	流域面积 /万 km²	多年平均水资源总量 /亿 m³	2020 年 水质状况
1	长江流域	1 560	10.9	424.1	良好
2	珠江流域	677	5.9	229	轻度污染
3	红河流域	680.1	7.7	449.1	优良
4	怒江流域	618	3.3	322.8	优良
5	澜沧江流域	1 227.4	9.2	516	优良
6	伊洛瓦底江流域	80	1.9	268.9	优良

表 2   云南省九大高原湖泊基本情况

序号	湖泊	所属水系	集水面积 /km²	湖面面积 /km²	平均水深 /m	蓄水量 /亿 m³	2020 年水质状况
1	滇池	长江	2 920	309.5	5.3	15.6	草海Ⅳ类，外海Ⅴ类
2	洱海	澜沧江	2 565	252	10.8	29.6	Ⅲ类
3	抚仙湖	珠江	674.7	216.6	95.2	206.2	Ⅰ类
4	程海	长江	318.3	74.9	25.7	19.0	Ⅳ类
5	泸沽湖	长江	247.8	51.3	38.4	22.5	Ⅰ类
6	杞麓湖	珠江	354	37.3	4.0	1.8	劣Ⅴ类
7	星云湖	珠江	380.4	35.5	6.0	2.1	Ⅴ类
8	异龙湖	珠江	360.4	35.7	2.8	1.2	Ⅴ类
9	阳宗海	珠江	192	31.0	20	6.2	Ⅲ类

(1) 水库工程。云南省累计建成水库 6 811 座 (包含水电站水库)，其中大型水库 39 座、中型水库 304 座、小 (1) 型水库 1 220 座、小 (2) 型水库 5 248 座。

(2) 水闸工程。云南省累计建成水闸 3 607 件，其中大型水闸 4 件、中型水闸 191 件、小 (1) 型水闸 519 件、小 (2) 型水闸 2 893 件。

(3) 泵站工程。云南省累计建成泵站 9 327 件，其中大型泵站 5 件、中型泵站 43 件、小 (1) 型泵站 951 件、小 (2) 型泵站 8 328 件。

(4) 堤防工程。云南省累计建成堤防 12 166km，其中一级堤防 38km、二级堤防 115km、三级堤防 372km、四级堤防 1 793km、五级堤防 6 607km、五级以下堤防 3 240km　　　(杨霄)

【重大活动】

(1) 2016 年 12 月 5 日，云南省委书记陈豪对全面推行河长制作出批示。

(2) 2017 年 4 月 1 日，云南省委副书记、省长阮成发在大理州调研洱海保护治理。

(3) 2017 年 4 月 21 日，云南省委书记陈豪巡湖调研抚仙湖。

(4) 2017 年 5 月 3 日，云南省委副书记、省长阮成发现场研究部署洱海抢救性治理保护。

(5) 2017 年 5 月 10 日，云南省委、省政府召开全面推行河长制电视电话会议。

(6) 2017 年 8 月 2 日，水利部副部长周学文到云南督导河长制工作。

(7) 2017 年 8 月 17 日，水利部长江水利委员会主任魏山忠调研云南河长制工作。

(8) 2017 年 9 月 15 日，云南省委书记陈豪调研抚仙湖保护治理。

(9) 2017 年 11 月 28 日，第一次全面推行河长制省级部门联席会议在昆明召开。

(10) 2017 年 12 月 6 日，云南省、州 (市)、县 (市、区) 三级河长制办公室正式成立。

（11）2017年12月22日，云南省第一次河长制湖长制领导小组暨省总河长会议在昆明召开。

（12）2017年12月26日，云南省人民政府召开全面建立河长制新闻发布会。

（13）2018年6月27日，云南省召开全面推行河长制湖长制新闻发布会。

（14）2018年8月2日，云南省委书记陈豪调研抚仙湖保护治理工作。

（15）2018年11月1日，云南省委副书记、省长阮成发督导洱海保护治理工作，召开洱海保护治理现场会。

（16）2018年11月7日，滇川开展泸沽湖首次联合巡湖调研。

（17）2018年11月22日，云南省委书记陈豪督查洱海保护治理工作。

（18）2019年2月11日，云南省委书记陈豪、省长阮成发专题调研滇池保护治理工作。

（19）2019年3月21日，云南省河长制湖长制领导小组暨省总河长会议在昆明召开。

（20）2019年4月25日，渝川黔滇藏青六省市区检察机关在大理召开长江上游生态保护检察协作联席会议。

（21）2019年6月3日，云南省委书记陈豪调研抚仙湖、星云湖保护治理工作。

（22）2019年8月26日，滇川开展泸沽湖生态环境联合督察调研。

（23）2019年11月12日，云南省全面推行河长制湖长制进展情况新闻发布会在昆明召开。

（24）2019年12月7日，云南省委书记陈豪调研抚仙湖保护治理工作。

（25）2020年1月20日，习近平总书记在云南考察调研时强调，滇池是镶嵌在昆明的一颗宝石，要拿出咬定青山不放松的劲头，按照山水林田湖草是一个生命共同体的理念，加强综合治理、系统治理、源头治理，再接再厉，把滇池治理工作做得更好。

（26）2020年3月31日，云南与西藏、贵州、广西签订跨界河湖联防联控联治合作协议。

（27）2020年8月6日，云南省委书记陈豪调研异龙湖保护治理。　　　　（曹言　王瑞麟）

【重要文件】

（1）2017年4月27日，中共云南省委办公厅、云南省人民政府办公厅印发《云南省全面推行河长制的实施意见》（云厅字〔2017〕6号）。

（2）2017年8月24日，云南省河（湖）长制领

导小组印发《云南省全面推行河长制行动计划（2017—2020年）》（云河长组发〔2017〕1号）。

（3）2017年10月13日，云南省河（湖）长制领导小组印发《云南省全面推行河长制省级会议制度》（云河长组发〔2017〕2号）等6项制度。

（4）2017年10月25日，云南省河长制办公室印发《云南省全面推行河长制省级河长巡查办法（试行）》（云河长办发〔2017〕8号）等4个办法。

（5）2017年11月28日，云南省委书记、总河长陈豪签发《关于进一步加快河长制工作的通知》（云南省总河长令第1号）。

（6）2018年2月28日，云南省委书记、总河长陈豪签发《2018年云南省全面推行河（湖）长制工作要点》（云南省总河长令第2号）。

（7）2018年3月28日，云南省河（湖）长制领导小组印发《云南省全面贯彻落实湖长制的实施方案》（云河长组发〔2018〕2号）。

（8）2018年4月19日，云南省委办公厅、云南省人民政府办公厅印发《调整优化九大高原湖泊管理体制机制的方案》（云办通〔2018〕9号）。

（9）2018年7月16日，云南省人民检察院、云南省水利厅、云南省河长制办公室印发《关于协同推进水环境水生态水资源保护工作机制的意见》（云检会〔2017〕6号）。

（10）2018年8月3日，云南省委书记、总河长陈豪签发《云南省河湖"清四乱"专项行动方案》（云南省总河长令第3号）。

（11）2018年12月26日，云南省河长制办公室印发《云南省关于推动河长制湖长制从"有名"到"有实"的实施方案》（云河长组发〔2018〕6号）。

（12）2019年1月21日，云南省人民政府、四川省人民政府联文印发《川滇两省共同保护治理泸沽湖"1+3"方案》（云政发〔2019〕2号）。

（13）2019年2月19日，中共云南省委办公厅、云南省人民政府办公厅印发《云南省九大高原湖泊攻坚战实施方案》（云办发〔2019〕8号）。

（14）2019年3月29日，云南省水利厅、云南省生态环境厅、云南省发展改革委印发《云南省以长江为重点的六大水系保护修复攻坚战实施方案》（云水发〔2019〕34号）。

（15）2019年4月12日，云南省委书记、总河长陈豪签发《2019年云南省全面推行河（湖）长制工作要点》（云南省总河长令第4号）。

(16) 2019 年 6 月 19 日，云南省委书记、总河长陈豪签发《云南省美丽河湖建设行动方案 2019—2023 年》（云南省总河长令第 5 号）。

(17) 2020 年 3 月 11 日，云南省委书记、总河长陈豪签发《2020 年云南省全面推行河（湖）长制工作要点》（云南省总河长令第 6 号）。

(18) 2020 年 7 月 17 日，云南省河（湖）长制领导小组印发《云南省美丽河湖评定指南（试行）》（云河长组发〔2019〕3 号）。 （陈齐 李加顺）

【地方政策法规】

(1)《云南省抚仙湖保护条例》（2016 年 9 月 29 日云南省第十二届人民代表大会常务委员会第二十九次会议修订通过）。

(2)《云南省生物多样性保护条例》（2018 年 9 月 21 日云南省第十三届人大常务委员会第五次会议审议通过并公布）。

(3)《云南省滇池保护条例》（2018 年 11 月 29 日云南省第十三届人民代表大会常务委员会第七次会议修订通过）。

(4)《云南省杞麓湖保护条例》（2018 年 11 月 29 日云南省第十三届人民代表大会常务委员会第七次会议通过）。

(5)《云南省红河哈尼族彝族自治州异龙湖保护管理条例》（2019 年 5 月 16 日云南省第十三届人民代表大会常务委员会第十次会议批准）。

(6)《云南省程海保护条例》（2019 年 7 月 25 日云南省第十三届人民代表大会常务委员会第十二次会议通过）。

(7)《云南省星云湖保护条例》（2019 年 9 月 28 日云南省第十三届人民代表大会常务委员会第十三次会议通过）。

(8)《云南省大理白族自治州洱海保护管理条例》（2019 年 9 月 28 日云南省第十三届人民代表大会常务委员会第十三次会议批准）。

(9)《云南省阳宗海保护条例》（2019 年 11 月 28 日云南省第十三届人民代表大会常务委员会第十四次会议通过）。

(10)《丽江市泸沽湖保护条例》（2019 年 11 月 28 日云南省第十三届人民代表大会常务委员会第十四次会议通过）。 （杨勇）

【专项行动】 云南省坚决打赢打好碧水保卫战、黑臭水体治理攻坚战、长江保护修复攻坚战、饮用水水源地问题整治攻坚战、农业农村污染治理攻坚战等污染防治攻坚战"八大战役"，持续开展河长清河、污染源普查、水污染防治、入河排污口清理整治、"剿灭"城市黑臭水体、河道采砂清理整治、水源地综合保护、"七改三清"、水资源双控、水域岸线管控、地下水清理整治、水生态修复和河湖联合执法、河湖"清四乱"、水库垃圾围坝整治、固体废物整治、河湖网箱养鱼集中整治、涉河湖保护区违规违法整治等系列专项行动。云南省专项行动开展情况见表 3。

表 3　　　　　　　　　云南省专项行动开展情况

序号	专项行动名称	开 展 情 况	
1	"河长清河"行动	清理河湖库渠	25 912 条
		清理河道污染物	174 万 t
		治理工业集聚区	104 个
2	水污染防治行动	水环境综合整治农村	14 650 个
		整治沿河沿湖码头	127 个
3	河湖"清四乱"行动	排查整改销号数	7 370 件
4	河湖管理范围划定	划定河湖	2 102 条
		划定长度	7 万 km
5	河道采砂清理整治行动	河道采砂专项管理规划	124 个
		清理非法采砂点	1 810 个
		清理非法砂石量	23 万 m³
6	剿灭"黑臭水体"行动	整治黑臭水体	99 处

序号	专项行动名称	开 展 情 况	
7	入河排污口清理整治	清理排查入河排污口数	3 745 个
8	水源地综合保护行动	集中式饮用水水源地综合整治数	310 个
9	农村"七改三清"行动	城乡人居环境行动专项督察次数	1 970 次
10	固体废物专项整治行动	排查固体废弃物堆存倒埋点位	120 个
11	水库垃圾围坝专项整治行动	排查整治水库数	5 257 个

（何兴 韦昭平 夏虹）

【河长制湖长制体制机制建立运行情况】 云南省紧紧围绕推行河长制湖长制的工作目标，全面建立河长制体系，成立河长制领导小组和河长制办公室，设立四级总河长及副总河长，实行省、州（市）、县（市、区）、乡（镇、街道）、村（社区）五级河长制，建立相应的工作体制机制。

1. 建立河长制领导小组 云南省河长制领导小组实行双组长制，省委书记、省长任组长，省委副书记任执行副组长，常务副省长、分管水利的副省长任副组长。云南省级成员单位由省委组织部、省委宣传部、省委政法委、省发展改革委等24个部门组成。云南省河长制办公室设在水利厅，主任由水利厅厅长兼任，副主任分别由环境保护厅（生态环境厅）、水利厅分管负责同志担任。党委、政府主要负责同志分别担任总河长、副总河长。州、市、县、区参照省级设立河长制办公室。

2. 建立五级河长、三级督察体系 截至2017年年底，云南省全面建立省、州（市）、县（市、区）、乡（镇）、村五级河长湖长体系和省、州（市）、县（市、区）三级河长制办公室组织体系，以及省、州（市）、县（市、区）党委副书记担任总督察，同级人大、政协主要负责同志担任副总督察的三级督察体系。到2020年年底，云南省五级河长湖长共有33 882名，其中省级16名，州（市）级297名，县（市、区）级2 682名，乡（镇、街道）级12 246名，村（社区）级18 641名。

3. 建立成员单位和联系部门制度 云南省建立以各级党委主要领导担任组长的河长制领导小组，云南省级成员单位由云南省委组织部、宣传部、政法委等24个部门组成。云南省、州（市）、县（市、区）分别明确一个河长湖长联系部门，协助本级河长、湖长开展有关工作，云南省级联系部门共有16家。

4. 建立健全制度办法 2017年4月27日，印发《云南省全面推行河长制的实施意见》（云厅字〔2017〕6号）。2017年8月24日，印发《云南省全面推行河长制行动计划（2017—2020年）》。2017年10月13日，印发《云南省全面推行河长制省级会议制度》（云河长组发〔2017〕2号）等6项制度。2017年10月25日，印发《云南省全面推行河长制省级河长巡查办法（试行）》（云河长办发〔2017〕8号）等4个办法。2018年3月28日，印发《云南省全面贯彻落实湖长制的实施方案》（云河长组发〔2018〕2号）。

5. 建立社会共同参与机制 2018年7月，云南省81个检察院建立"河长湖长＋检察长"协作机制，打击涉水领域犯罪、开展公益性诉讼等。到2020年年底，云南省建立"企业河长""民间河长""学生河长""市民河长"等多种参与方式的河湖管理机制，设立巡河员36 671人，制定有关管理制度911项。

6. 河长湖长巡河履职情况 云南省委、省政府16名省级领导担任长江、珠江、红河、澜沧江、怒江、伊洛瓦底江等六大水系和牛栏江省级河长，以及滇池、洱海、抚仙湖、程海、泸沽湖、杞麓湖、星云湖、异龙湖和阳宗海等九大高原湖泊湖长。到2020年年底，河长、湖长累计巡河巡湖233.8万人次，其中，省级113人次、州（市）级3 654人次、县级9.2万人次、乡级60.8万人次、村级163.5万人次。形成党政主导、水利牵头、部门联动、社会共治的河湖管理保护新格局，河湖面貌发生根本性改变。

（黄华伟）

【河湖健康评价、"一河（湖）一策"编制和实施情况】 云南省开展河湖健康评估和水生生物多样性试点工作，组织编制"一河（湖）一策"。到2020年年底，云南省编制完成河、湖、库、渠分级管理名录，建立完善河长制考核和河湖健康评估指标体系。

1. 河湖健康评估 2016 年，云南省在玉溪市抚仙湖、文山州清水河健康评估试点工作基础上，编制完成丽江程海、仙人河、五郎河健康评估报告。2017 年、2018 年、2020 年，开展大理洱海的河湖健康评估工作，编制完成云南省河湖健康评估指标体系。

2. 生物多样性保护试点工作 2019 年，云南省开展全球环境基金赠款（GEF）"生物多样性保护中国水利行动项目"试点工作，在普洱市景东县和镇沅县试点示范生物多样性保护理念和技术，编制了《云南省河湖长制背景下"生物多样性保护——中国水利行动"报告》，将 GEF 云南试点项目作为推进生物多样性国际合作典型案例纳入《云南的生物多样性》白皮书。

3. "一河（湖）一策"编制和实施 按照分级负责、分步推进的原则，云南省编制"一河（湖）一策"方案 21 874 个，其中州（市）级方案 533 个，县（市、区）级方案 4 565 个，乡（镇）级方案 9 987 个，村（社区）级方案 6 789 个。通过实施，云南省水环境质量持续向好，2020 年，云南省河流水质优良率为 86.4%，湖泊、水库水质优良率为 80.6%。

（黄华伟）

【水资源保护】 云南省严守水资源开发利用控制、用水效率控制、水功能区限制纳污三条红线，实行水资源消耗总量和强度双控行动，坚持节水优先。根据水功能区划确定河流水域纳污能力和限制排污总量，落实污染物达标排放要求，切实监管入河湖库渠排污口，严格控制入河湖库渠排污总量。2016—2020 年，云南省万元地区生产总值（当年价）用水量从 102m³ 下降到 64m³，万元工业增加值（当年价）用水量从 53m³ 下降到 30m³，16 个州（市）用水总量均未超过总量控制目标。

2016 年，云南省组织完成第一批、第三批国家重要饮用水水源地名录和部分县级以上城市饮水安全保障达标建设实施方案评审，启动部分项目的实施。2017 年，云南省在滇中缺水地区组织开展 10 个县级节水型社会试评价工作，公布 216 个集中式饮用水水源地名录，选定瑞丽江（龙川江）作为省级水资源产权确权试点河流。2018 年，云南省完成安宁等 5 个县域节水型社会达标建设试点验收，完成国家水资源监控能力一期、二期项目，完成 19 个全国重要饮用水水源地的安全保障达标建设评估工作，开展集中式饮用水水源地环境保护专项行动。2019 年，云南省完成红塔、元谋等 14 个县（区）节水型

社会达标建设，落实"放、管、服"改革，整合"取水许可"和"建设项目水资源论证报告书"两项审批为取水许可审批。2020 年，云南省全面完成市、县级水利行业节水机关建设工作，完成长江流域取用水专项整治行动整改提升工作，珠江流域、红河流域和澜沧江以西流域取水工程（设施）核查登记工作。印发滇池-普渡河流域等 18 个重点区域的水资源承载能力、优化配置体系及统一调度方案，编制完成漾弓江、达旦河、渔泡江 3 条跨州（市）江河干流生态流量保障实施方案。2020 年，云南省水资源开发利用率为 7.1%，用水消耗量为 97.24 亿 m³，综合耗水率为 62.3%，废污水排放量为 17.53 亿 m³。

（杨子毅 黄华伟）

【水域岸线管理保护】 云南省组织编制河湖水域岸线规划和河道采砂规划，严格水域岸线等水生态空间管控。依法划定河湖管理范围，依法开展涉河项目审批。落实规划岸线分区管理要求，强化岸线保护和节约集约利用。开展河湖突出问题清理整治，恢复河湖库渠行洪和水域岸线生态功能。

1. 开展"清四乱"专项行动 2018 年，云南省开展河湖"清四乱"专项行动，通过日常巡查、自检自查、交叉检查、专项督查等方式，到 2020 年年底，共排查清理整治销号 7 370 件。

2. 开展河湖管理范围划定 到 2020 年年底，云南省完成 2 102 条河湖管理范围划定工作，划定长度 7 万 km。其中"规模以上"河流 118 条、湖泊 29 个，划定长度分别为 20 259km 和 946km，"规模以下"河流 1 955 条，划定长度为 48 574km。

3. 编制水域岸线规划和河道采砂规划 2020 年，云南省水利厅印发《关于组织开展河湖岸线保护与利用规划编制的通知》和《关于加快河道采砂规划编制切实规范河道采砂管理的通知》。截至 2020 年年底，云南省出台河湖水域岸线保护规划或制度 298 个，河道采砂专项管理规划 124 个。

4. 开展其他岸线管护行动 到 2020 年年底，云南省清理非法占用河道岸线 1 642km，拆除违法建筑 35 万 m²，清除围堤 177km，清除非法林地 1 123 m²，清除非法网箱养殖 659 万 m²，清除违规种植大棚 4 494m²，清理非法采砂 23 万 m³。

（刘兴儒 何兴）

【水污染防治】

1. 排污口整治 2019 年 8 月 21 日，云南省生态环境厅印发《江河、湖泊新建、改建或者扩大入河排污口审批办事指南（暂行）》（云环发〔2019〕

14号）。云南省通过"查、测、溯、治"四项措施，摸清赤水河、金沙江干流及主要支流入河排污口底数，形成权责清晰、监控到位、管理规范的入河排污口监管体系，排查金沙江干流及主要支流入河排污口578个，赤水河干流入河排污口164个。

2. 工矿企业污染防治　云南省稳步推进工业园区污水处理设施整治专项行动。截至2020年年底，云南省所有具备集中治理条件的园区，均已采取自建或依托方式，实现污水集中治理。对无企业入驻或污水产生量极少的片区，由企业按建设项目"三同时"要求，通过自建污水处理设施处理达标后排放。

3. 城镇生活污染防治　"十三五"期间，云南省累计建成城市（县城）污水处理厂157座，乡镇污水处理厂（站、设施）558座。截至2020年年底，云南省城市（县城）污水处理能力达到400.6万t/d，污水处理率为95.45%，污泥无害化处理处置率达到90.1%；云南省重点流域、敏感区域、九大高原湖泊城镇污水处理设施全面达到一级A标排放标准，滇池流域污水处理设施优于一级A标排放标准。

4. 畜禽养殖污染防治　云南省成立分管副省长任组长的畜禽养殖废弃物资源化利用工作领导小组，制定印发《云南省畜禽养殖废弃物资源化利用工作方案》和《云南省畜禽养殖废弃物资源化利用工作考核办法（试行）》。2018年，完成畜禽养殖禁养区划定和608家规模养殖场关闭或搬迁；2019年，规范调整禁养区划定，禁养区由6056片减少至4968片，面积由6.24万km^2减少至5.29万km^2。云南省安排12.9亿元，在28个畜牧大县实施畜禽粪污资源化利用整县推进，示范带动畜禽粪污资源化利用率达80.7%；规模养殖场粪污处理设施装备配套率为95.7%，大型规模养殖场粪污处理设施装备配套率为100%。

5. 水产养殖污染防治　2019年8月13日，云南省农业农村厅等11个部门联合印发《关于加快推进水产养殖业绿色发展的实施意见》（云农规〔2019〕1号）。截至2020年年底，云南省完成122个水域滩涂养殖规划的编制发布工作，累计建成国家级健康养殖示范场125个、渔业健康养殖示范县5个；认证省级水产原、良种场19家，水产苗种场（站）106个。

6. 农业面源污染防治　"十三五"期间，云南省按照农业农村部《到2020年化肥使用量零增长行动方案》和《到2020年农药使用量零增长行动方案》要求，大力推进化肥减量提效、农药减量控害，累计开展化肥减量增效示范1725万亩，水肥一体化技术1060万亩次，绿色防控技术6150亩次，统防统治9180万亩次。2020年，云南省化肥使用量（折纯）196.7万t，较2015年减少15.2%；农药使用量（商品）4.5万t，较2015年减少23.5%；农作物秸秆综合利用率达87.7%；农膜使用量为12.3万t，回收量为10.1万t，回收率为82%。

7. 船舶港口污染防治　2020年2月28日，云南省交通运输厅等4部门联合印发《云南省船舶和港口污染突出问题整治工作方案》，重点整治"两江、九湖、五港、两类船"。2020年，按照工作方案的任务清单和要求，云南省按期完成改造618艘船舶、建成5个重点港口污染物接收设施、上线"船舶水污染物联合监管与服务信息系统"等目标，全面完成船舶和港口污染突出问题整治工作。

（黄华伟　韦昭平　夏虹）

【水环境治理】

1. 饮用水水源规范化建设　2019年1月31日，云南省生态环境厅、云南省水利厅印发《云南省水源地保护攻坚战实施方案》（云环发〔2019〕4号），积极开展水源地清理整治工作，强化水质监测和不达标水源帮扶指导，持续开展集中式饮用水水源环境状况评估，并加大专项资金支持。"十三五"期间，云南省累计安排中央水污染防治专项资金用于饮用水水源地保护共36748.54万元，完成地级水源18个环境问题和县级水源497个环境问题的清理整治工作。

2. 黑臭水体治理　云南省制定出台《云南省城市黑臭水体治理攻坚战行动方案（2018—2020年）》，推荐申报昭通市、昆明市分别列入国家第一、二批城市黑臭水体治理示范城市（获得中央资金10亿元），督促指导8个地级以上城市采取控源截污、清淤疏浚、生态净化、清水补给、长效管理等措施，建立落实河长制度，强化水体及岸线垃圾治理，开展农村沟渠整治，加强水体生态修复。截至2020年年底，云南省完成黑臭水体整治投资87.9亿元，整治消除黑臭水体比例达100%，长治久清比例达91%，基本实现"水清岸绿、鱼翔浅底"。

3. 农村水环境整治　2018年5月27日，云南省委办公厅、云南省人民政府办公厅印发《云南省农村人居环境整治三年行动实施方案（2018—2020年）》（云办发〔2018〕15号）。云南省累计改建村委会所在地无害化卫生公厕11194座；完成580个非正规垃圾堆放点整治销号，乡镇、村庄生活垃圾治理覆盖率分别达98.5%、97.9%，澄江市、弥勒市、大姚县、宾川县入选国家农村生活垃圾分类和资源化利用示范县；完成 3 445 个村生活污水治理，乡镇生活污水治理设施覆盖率达 67.2%，澄江市、大理市、腾冲市、石屏县入选全国农村生活污水治理示范县；腾冲、石屏等 7 个县（市、区）评为全国村庄清洁行动先进县，安宁市、澄江市被列为全国农村人居环境整治成效明显激励县。

（黄华伟　韦昭平　夏虹）

【水生态修复】

1. 湿地保护修复　2017 年 12 月 18 日，云南省人民政府办公厅印发《关于贯彻落实湿地保护修复制度方案的实施意见》（云政办发〔2017〕131 号），明确建立健全湿地保护修复制度的目标任务和工作措施。截至 2020 年年底，云南省共认定湿地 665 处，其中国家（国际）认定 4 处、省级认定 31 处、州市认定 630 处；湿地总面积为 62 万 hm²，其中自然湿地 41 万 hm²、人工湿地 21 万 hm²，湿地保护率达 55%。

2. 生物多样性保护　2019 年 3 月 21 日，云南省人民政府办公厅印发《关于加强长江水生生物保护工作的实施意见》（云政办发〔2019〕31 号），云南省自 2020 年 7 月 1 日 0 时起，实施长江十年禁渔计划。截至 2020 年年底，云南省共退捕鱼船 199 艘、渔民 377 人；建立 21 个水产种质资源保护区，总面积为 29 804.8hm²；筹措资金 1.7 亿元，在六大水系、九大高原湖泊、水生野生动物资源保护等重点水域增殖放流土著鱼类约 2.5 亿尾。

3. 生态补偿机制建立　2016 年，云南省财政厅、云南省环境保护厅联合印发《云南省跨界河流水环境质量生态补偿试点方案》（云财预〔2016〕124 号）。2017 年 1 月 6 日，云南省人民政府办公厅印发《关于健全生态保护补偿机制的实施意见》（云政办发〔2017〕4 号）。2018 年，云南省与四川省、贵州省共同签署《赤水河流域横向生态保护补偿协议》，在全国率先建立多省间流域横向生态补偿机制，积极构建“1＋2”流域横向补偿政策框架；至 2018 年年底，云南省考核断面水质为 II 类，完全达到协议规定标准，获得四川省、贵州省流域生态补偿资金 4 000 万元。2019 年，云南省兑现南盘江流域横向生态补偿金 3 674 万元，构建省内流域生态补偿政策框架，从长江流域省内涉及的州（市）开展横向生态补偿，逐步扩大至南盘江、澜沧江、怒江流域。云南省通过统筹安排中央和省级相关转移支付资金 12.86 亿元，重点支持长江流域（云南部分）涉及的 7 个州（市）49 个县（区），建立长江流域跨区域横向生态保护补偿机制，全面覆盖长江流域省内所有县（市、区）。

4. 水土流失治理　2019 年 1 月 14 日，云南省人民政府办公厅印发《云南省水土保持目标责任考核办法》（云政办规〔2019〕1 号）。“十三五”期间，云南省新增水土流失治理面积 2.56 万 km²，投入资金 18.42 亿元，完成国家水土保持重点工程建设 255 件。以天然林保护、退耕还林（草）、防护林建设、土地整治、石漠化治理等项目为重点，完成水土流失治理面积 20 552km²；鼓励、支持和引导民间资本积极参与水土流失治理，完成治理面积 1 837km²。

（黄华伟　韦昭平）

【执法监管】　云南省建立健全水利工程管理、河道管理等地方性法规、规章及制度，加大河湖库渠管理保护力度。建立健全部门联合执法机制，完善行政执法与司法衔接机制。建立河湖库渠日常监管巡查制度，实行河湖库渠动态监管。结合深化行政执法体制改革，加强环保、水政等监察执法队伍建设，建立综合执法机制，严厉打击涉河湖违法行为，坚决清理整治非法排污、设障、捕捞、养殖、采砂、采矿、围垦、侵占水域岸线等活动。

2018 年，云南省开展联合执法 1 908 次，出动执法人员 1.4 万人，查处非法采砂案件 644 件，查获违法采砂船 156 艘，申请人民法院强制执行案件 4 件，依法移送公安机关追究刑事责任案件 64 件；共打击非法采砂点 1 474 个，整治非法种植植物面积 6 万 m²，处置非法排污口 282 个，整治非法网箱养鱼、捕鱼 1 094 起，河道两岸生态恢复面积 219 万 m²。

2019 年，云南省统筹推进“清水行动”、水库垃圾围坝整治、固体废物整治、河湖网箱养鱼集中整治、涉河湖保护区违法违规整治等专项行动，开展联合执法 3 229 次，查处水事违法案件 517 件，结案 491 件，结案率达 95%。

2020 年，云南省扎实推进“清水行动”，通过入河排污口清理整治、水域岸线保护、河湖联合执法等专项行动，开展河湖联合执法 3 712 次，查处水事违法案件 254 件，结案 226 件，结案率达 89%。

（何兴）

【水文化建设】　云南省全面部署开展水文化体系建设，推进美丽河湖、节水型城市、美丽乡村、绿色乡村建设，推动水文化建设与生物多样性融合，以水生物多样性保护为契机，建设水文化。

1. 全面部署水文化建设　2019 年 6 月，云南省委书记陈豪签发第 5 号省总河长令，全面部署推进水文化体系建设，要求组织调查、挖掘、弘扬具有区域和民族特点的河湖水文化。2020年3月，云南省委书记陈豪签发第6号省总河长令，要求推进美丽幸福河湖建设，开展水文化专项调查，以评定美丽河湖促进水文化建设。

2. 组织开展水文化调查 2020年，云南省全面开展水文化专项调查工作，围绕古水利工程、民族民俗、风土人情、古代水文化和治水历史等内容，分类征集统计物态、行为和精神水文化素材。物态水文化包括中国第一水电站石龙坝、南美搭桥园水车、丽江三眼井等23项，行为水文化包括傣族泼水节、沧源佤族摸你黑狂欢节等26项；精神水文化包括浴美人的传说、神鱼公主等9项，初步建立云南省河湖水文化档案。到浙江省、江西省实地调研美丽河湖水文化建设工作，汲取先进经验。

3. 加强水文化宣传引导 2020年，云南省开展"寻找最美河湖卫士""守护美丽河湖——逐梦幸福河湖""守护美丽河湖——争创示范河湖"等各种活动，突显云南省资源优势和人文特色，为推动美丽河湖建设奠定基础。

4. 开展水文化专题培训 2020年，云南省组织开展河湖水文化专题培训，介绍美丽河湖评定水文化有关内容、河湖水文化调查等，积极交流地方工作经验亮点。

5. 挖掘地方水文化建设亮点 曲靖市推进潇湘绿廊建设，把南盘江上游段打造成为畅通的行洪河道、健康的生态走廊、秀美的休闲绿道、特色的文化驿道。大理州建设有科普宣传展厅、党建室以及图书借阅专柜、主题宣传教育基地，出版发行《最是那一回眸的乡愁——洱海水文化研究》，开展"走进母亲湖·倾情护洱海"主题授书活动，赠授《讲个洱海故事给您听》《洱海水文化研究》《重温嘱托看变化》等洱海保护治理有关书籍1 400余本。

6. 推动水文化与生物多样性融合 2020年，云南省组织编制《建设美丽河湖呵护山水乡愁——云南省河（湖）长制学习培训工具书》，将水生生物多样性保护基本概念、美丽河湖水文化建设、河长制湖长制工作技术要点融入工具书，为水文化建设提供技术支撑。

（杨玉春 吴青见）

【信息化工作】 2016年，云南省创建"云南水利"微信公众号；2017年起每年举办云南省水利信息化网络安全和视频会议培训会；2017年，完成OA办公自动化系统的开发运用；2017—2019年，建成水利大数据会商中心、展示中心、大数据应用平台、移动应用平台，开发部署覆盖全省大、中、小型水库的水库移动巡查系统；2020年4月28日起，云南省各级河长办全面运用水利部"河湖管理督查"App开展河湖"四乱"问题排查、上报等工作；2020年5月1日，云南省河长制湖长制管理信息系统和"云南河长"App上线运行，16个州（市）河长制湖长制管理信息系统全面投入使用；2020年，通过购买珠江委珠江水利科学研究院"河湖监管"App有关服务，提高河湖监管效率。

（罗秋 杨丽萍）

| 西藏自治区 |

【河湖概况】

1. 河湖数量 西藏自治区（以下简称"西藏"）地处祖国西南边陲，水资源丰富，是"亚洲水塔"，境内江河纵横，湖泊密布，是全国重要的江河源和生态源，是东南亚众多大江大河的源头。特殊的地理位置、重要的生态功能使自治区成为国家重要的生态安全屏障，在全国生态文明建设中具有特殊地位。境内流域面积50km²以上的河流有6 418条，总长度为17.73万km；湖泊常年水面面积大于1km²以上的有808个，总面积达2.89万km²，约占全国湖泊面积的31.7%。 （次旦卓嘎 柳林）

2. 水量和水质 西藏地表水资源量为4 394亿m³，约占全国河川径流量的16.5%，水资源总量、人均拥有量居全国之首。2020年，自治区49个重要江河湖泊水功能区水质达标率达95.9%。

（次旦卓嘎 巴桑赤烈）

3. 水利工程 自治区已建成水库143座，总库容约43.76亿m³，已建成水闸207座、泵站99处、农村集中式供水工程9 334处，供水人口达227.33万人。 （西藏自治区水利厅规计处）

【重大活动】

1. 总河长会议 2020年7月，自治区党委原书记、总河长吴英杰同志主持召开西藏自治区全面推行河长制工作领导小组和自治区级河湖长会议，要求各级各部门要把管理保护河湖作为重大政治责任抓实抓好，确保取得实效。要狠抓责任落实，各级河长、湖长要履行好组织领导责任，广泛听取专家意见建议，确保心中有数、亲自部署、抓好落实，切实做到守河湖有责、守河湖担责、守河湖尽责。强调要将西藏各项工作实际和河湖林草实际结合，与生态环保、健全防抗灾体系、城镇规划、农田水利建设和特色产业开发做好衔接，统筹上下游、左右岸、地上地下、城市乡村，持续推动河长制湖长制见实效。

2. 领导批示　2018年，自治区原政府主席、总河长齐扎拉同志对自治区河湖长制工作作出批示：全面推行河长制湖长制是党中央、国务院交给我们的重大任务，我们要贯彻落实党的十九大精神，坚持以习近平新时代中国特色社会主义思想为指导，不忘初心，牢记使命，砥砺奋进，扎实工作，把治水兴水这一关系中华民族生存发展的大事办好，为全面建成小康社会，谱写好中华民族伟大复兴中国梦的西藏篇章而努力奋斗。

3. 河长制湖长制工作推进会　2017年8月，召开全面推行河长制工作电视电话会议，旨在贯彻落实党中央、国务院关于全面推行河长制的重大决策部署，传达《西藏自治区全面推行河长制工作方案》等文件精神，安排部署西藏自治区全面推行河长制各项工作。

4. 考核激励　西藏根据2020年度西藏河长制湖长制工作考核结果，对考核等次评定为优秀的地市林芝市、阿里地区、山南市，分别给予激励资金200万元、150万元、100万元，用于开展河长制湖长制工作。印发《西藏自治区水利厅关于对2020年河湖长制工作真抓实干成效明显地（市）奖励的通知》。2020年，西藏噶尔县被国务院评为"河长制湖长制工作推进力度大、河湖管理保护成效明显的地方"。

（次旦卓嘎　柳林）

【重要文件】

1. 相关制度与协作机制建立　2017年以来，西藏先后制定并印发《西藏自治区河长制湖长制工作考核办法（试行）》《西藏自治区河湖长会议制度》《西藏自治区级河湖长助理服务制度》《西藏自治区全面推行河长制湖长制工作信息报送管理办法》《西藏自治区全面推行河长制湖长制工作信息共享管理办法》《西藏自治区全面推行河长制湖长制工作督导检查制度》《西藏自治区全面推行河长制湖长制工作信息报送管理办法》《自治区级河湖长巡河办法》等制度和办法，建立健全河长制湖长制工作制度。

2. 河湖"清四乱"　2018年以来，西藏先后制定并印发《关于印发我区河湖"清四乱"专项行动问题认定及清理整治标准的通知》《关于进一步加强"清四乱"专项行动工作的通知》《关于开展河湖"清四乱"自查自纠工作的通知》等文件，推进河湖"清四乱"常态化、规范化。

3. 河道采砂管理　2018年以来，西藏先后制定并印发《关于加强河道采砂管理工作的指导意见》《关于进一步加强河道采砂管理的通知》《关于自治区重点河段、敏感水域采砂管理"四个责任人"有关事宜的通知》等文件，进一步强化河道采砂管理工作。

4. 涉河湖建设项目管理　2020年以来，西藏先后制定并印发实施《西藏自治区涉河湖规划建设项目报送制度》《西藏自治区河道管理范围内建设项目管理暂行办法》，明确涉河项目的审批权限，规范项目申请、受理审查和监督管理的相关流程。

（次旦卓嘎　柳林）

【地方政策法规】　2017年以来，西藏先后制定并印发《西藏自治区全面推行河长制工作方案》《西藏自治区关于全面落实湖长制加强湖泊管理保护的意见》《关于进一步强化河长湖长履职尽责的实施意见》《西藏自治区河湖"清四乱"专项行动问题认定及清理整治标准》，全面推进河长制湖长制工作，强化河长、湖长履职尽责。

（次旦卓嘎　柳林）

【专项行动】

2019年，印发《西藏自治区总河长办公室关于开展全面排查垃圾围坝和河湖"白色污染"整治工作的通知》，全面开展垃圾围坝和河湖"白色污染"排查整治工作，并常态化进行，截至2020年年底，共清理整治垃圾围坝10处、白色垃圾3 119余t。

（次旦卓嘎　柳林）

【河长制湖长制体制机制建立运行情况】　西藏成立了以自治区党委书记吴英杰为组长的自治区全面推行河长制工作领导小组，书记吴英杰、主席齐扎拉共同担任自治区总河长，自治区党委常委、政府副主席21人担任河长湖长，协调处理重大涉河湖问题，有力推动河长制湖长制务实、协调、高效运转。同时，由党委、政府相关秘书长担任自治区级河长湖长助理，协助配合河长湖长履行职责，做好河湖巡查调研、落实工作部署。成立由分管水利工作的副主席担任主任，自治区党委、政府有关副秘书长及自治区水利厅和生态环境厅主要负责同志担任副主任，区党委组织部、宣传部等23个部门和单位负责同志、各地（市）行署（政府）主要负责同志担任成员的自治区总河长办公室。全自治区7地市和74个县（区）均设立了河长制湖长制相应工作机构，实现机构全覆盖，构建了上下衔接、运行顺畅的管理体制。全自治区于2018年6月全面建立河湖长制。已建立5级河长湖长组织体系，共设立河长、湖长 1.47 万名，落实了人员编制和必要工作经费，开展巡河湖 17.1 万余人次，竖立藏汉双语公示牌 6 725 块。自治区总河办连续 3 年开展了工作考核，将考核结果上报自治区全面推行河长制工作领导小组，并呈报自治区党委组织部作为地方党政领导干部综合考察的重要依据。

2019 年与云南签订合作协议，2020 年与四川省、青海省签订合作协议，构建责任明确、协调有序、监管严格、保护有力的跨界河流联防联控联治机制。2019 年和 2020 年会同云南省赴滇藏界河开展 2 次联合巡河巡查活动。

（次旦卓嘎　柳林）

【河湖健康评价】　2020 年组织开展拉萨河、纳木错 2 个河湖的健康评价试点工作，河湖健康率达 100%。

（次旦卓嘎　柳林）

【"一河（湖）一策"编制和实施情况】　2019 年组织开展 21 个自治区级河湖"一河（湖）一策"方案编制，2020 年印发实施 21 个自治区级河湖、116 条地市级主要河湖、312 条区级主要河湖"一河（湖）一策"方案。

（次旦卓嘎　柳林）

【水资源保护】

1. 节约用水攻坚战　2020 年先后制定印发《关于建立西藏节约用水工作联席会议制度的通知》《关于推进全区高校节约用水的实施意见》《西藏自治区工业领域节水型企业创建工作实施方案》《西藏自治区公共机构水效领跑者引领行动实施方案》《西藏自治区 2020 年度农业水价综合改革试点实施方案》等工作指导意见方案。2019 年以来先后开展 23 个流域综合规划、5 座水库和 6 个非水利建设项目节水评价，并建立节水评价登记台账；昌都、日喀则、林芝经济开发区开展规划水资源论证审批。2020 年西藏水利行业全面建成节水型机关，建成率达 100%；建成 2 家节水型企业。

2. 取水口专项整治　2020 年，组织成立取水口专项整治工作领导小组，印发取用水管理专项整治行动方案，有序推进西藏取用水专项整治行动，共核查登记取水口 6 361 个，同步按照"边核查、边登记、边整改"要求，37 个自备水源工业企业已全部补办取水许可。

3. 推进国家节水行动方案　2019 年以来，先后印发实施《关于推进全区高校节约用水的实施意见》《西藏自治区公共机构水效领跑者引领行动实施方案》《西藏自治区工业领域节水型企业创建工作实施方案》等，逐步建立健全节约用水管理机制，组织

开展并完成自治区林草用水定额制定研究初步成果，完善西藏用水定额指标体系。印发《自治区高新技术产业开发区、工业园区、经开区管理暂行办法》，明确各类园区规划水资源论证审批制度。2020 年，昌都、日喀则、林芝经济开发区开展规划水资源论证审批，严格"以水定产"。2020 年，完成建设高效节水灌溉面积 2 万亩，新增农业水价综合改革及计量面积 26 万亩，农业灌溉计量率达到 51.67%。自治区、各地（市）水行政主管部门均发布本级重点监控用水单位名录，并实现水量计量监控，全区规模以上工业企业计划用水实现全覆盖。2020 年，印发《关于建立西藏节约用水工作联席会议制度的通知》，建立自治区节约用水工作协调机制，各成员单位协调解决自治区节水型高校、节水型企业创建等节水工作中重大问题；自治区 2 家重点企业建成节水型企业。

4. 全国重要饮用水水源地安全达标保障评估　"十三五"以来，按照水利部有关文件要求，组织开展完成 5 个全国重要饮用水水源地年度安全保障达标建设评估工作，并开展水质监测评价（合格率均为 100%）。其中，2020 年，水源地评估结果为 1 个"优秀"、4 个"良好"。

5. 生态流量　2020 年，根据水利部有关文件要求，结合流域综合规划批复情况，选择拉萨河和年楚河为试点，开展生态流量保障实施方案编制工作，编制并印发《拉萨河生态流量（水量）保障实施方案（试行）》《年楚河生态流量（水量）保障实施方案（试行）》。

6. 水量分配　2020 年以来，积极配合长江委完成金沙江流域水量分配工作。西藏跨境河流众多，按照水利部有关文件明确"西藏全部为跨境河流，暂不分配"，西藏跨地市江河流域水量分配工作未列入水利部 2020 年度工作计划，水利厅主动作为，依据流域综合规划批复情况，选择拉萨河和年楚河为试点，开展跨地市水量分配工作。

（李亚伟　巴桑赤烈）

【水域岸线管理保护】

1. 河湖管理范围划定和岸线保护利用规划　2020 年以来，组织开展并全面完成河湖划界名录内 277 个规模以上、123 个规模以下、68 条农村河湖的管理范围划定细化完善工作。各地（市）组织相关单位对管理范围划定成果进行复核并报自治区总河长办公室，因地制宜竖立划界标志牌和界桩，成果提交自治区总河长办备案。

2. 河湖"清四乱"　2018 年以来，西藏先后制

定并印发《关于印发我区河湖"清四乱"专项行动问题认定及清理整治标准的通知》《关于进一步加强"清四乱"专项行动工作的通知》《关于开展河湖"清四乱"自查自纠工作的通知》《西藏自治区总河长办公室关于认真做好河湖"四乱"问题整改销号工作的通知》等文件，深入开展"清四乱"清理整治工作，河湖"清四乱"整治范围由大江大河向中小河流、农村河湖延伸，实现河湖全覆盖（无人区除外）。大江大河突出整治涉河违建、非法围垦河湖、非法堆弃和填埋固体废物等重大违法违规问题；农村河湖围绕乡村振兴战略，着力解决垃圾乱推、违法乱建房屋、违法种植养殖等问题，建立问题台账，对照台账开展集中整治，整治一处、销号一处，有效遏制河湖"四乱"现象，河湖面貌显著改善。

（次旦卓嘎　柳林）

【水污染防治】

1. 入河排污口整治　2020年以来，对西藏七地市入河排污口进行全面摸底排查。旨在准确掌握入河排污口所在河流（湖泊）及位置、所在水功能区及水质目标要求、排污口规模和主要污染物、是否经过许可设置或登记、现状水质等基本信息，建立入河排污口台账。对入河排污口进行分类处理，提出处置意见。对现状水质达标，基本符合监督管理要求的，完善手续；对不符合要求的排污口进行整治、封堵。　　　　　　　　（西藏生态环境厅）

2. 城镇生活污染治理　2019年以来，组织建立健全城乡污水垃圾处理设施建设与运营管理制度体系，探索符合西藏实际的污水垃圾处理工艺，全面加快城镇污水处理设施建设步伐。在全自治区沿江沿河（拉萨河、雅鲁藏布江、年楚河、尼洋河、澜沧江、金沙江、怒江、帕隆藏布、狮泉河、孔雀河等）74个乡镇建设污水垃圾处理设施。积极探索乡镇生活垃圾热解减量处理工艺，组织开展5个县生活垃圾热解处理试点项目。全自治区城市和县城及以上城镇污水集中处理率分别为96.28％、78.06％，全自治区城市和县城生活垃圾无害化处理率分别为99.63％、97.34％。

（西藏自治区住房城乡建设厅）

3. 畜禽养殖污染治理　2017年以来，在拉萨市、日喀则市、山南市、林芝市、昌都市和自治区畜牧总站开展规模养殖场（小区）粪污处理、种养循环设施改造升级、配备处理设施建设，深入推进畜禽粪污资源化利用。2018年，印发实施《西藏自治区畜禽养殖废弃物资源化利用实施方案（2018—2020年）》，加快促进畜禽养殖转型升级。截至

2020年，西藏22个大型规模养殖场（小区）均已配备粪污处理设施，配备率达100％，畜禽粪污资源化利用率达到91.2％；全自治区规模养殖场（小区）数量达38个，其中37个规模畜禽养殖场（小区）配套粪污处理设施装备，粪污处理设施装备配套率达到97.37％。2019年以来，组织开展畜禽养殖禁养区划定工作，全自治区共划定畜禽养殖禁养区1482块、面积253.85万 hm²。

4. 农业面源污染治理　2015年、2018年、2019年西藏补贴内农药采购量分别为977.46t、621.35t、435.14t。至2020年减少到376t。2015—2019年，西藏补贴内化肥采购量年均为5.8万 t，到2020年减少到5.14万 t，补贴内化肥采购量减少了11％。推进农作物病虫草害统防统治与绿色防控融合示范，以青稞、小麦、油菜等为重点，在全自治区35个粮食主产县（区）创建农作物病虫草害统防统治与绿色防控融合示范基地，每个县（区）建设示范基地0.3万~1万亩，大力推进统防统治和绿色防控技术。结合全区千名农技人员深入一线开展农技服务工作，加强施肥技术实地指导，根据试验数据，发放配方建议卡、施肥通知单，提高农牧民科学施肥水平和化肥利用率。2020年全自治区化肥农药利用率均达到40％。推进秸秆、农膜废弃物资源化利用，2018年以来，在拉萨、日喀则、山南、昌都等市开展秸秆综合利用技术研究、推广和服务工作，积极引导广大农牧民群众科学利用农作物秸秆；2020年，全自治区秸秆综合利用率达到95.48％。2018年以来，制定印发《关于进一步加强塑料污染治理的实施办法》《关于加强农用地膜污染防治实施方案》等，组织各地市加强农药包装废弃物监测调查、探索回收机制，督促各类主体落实农药包装废弃物回收义务。各地各部门利用"10·16"粮食日、"6·5"环境日积极开展塑料污染及废弃农膜污染治理宣传，普及农膜生产和使用的国家标准，努力增强地膜生产者、使用者、销售者、监管者自觉履行社会责任的意识，截至2020年全区废弃农膜回收利用率达到85％。

（西藏自治区农业农村厅　拉巴次仁）

【水环境治理】

1. 饮用水水源规范化　自治区将集中式饮用水水源地水质情况和水源地环境保护工作开展情况纳入年度环保考核。2018—2020年连续三年开展全自治区饮用水水源地环境保护专项行动，完成县级及以上地表水型集中式饮用水水源地环境问题整治。2020年实施供水人口在10000人以上或日供水在1000t以上的水源地环境问题整治。完成5个全国

重要饮用水水源地年度安全保障达标建设评估，水源地评估结果为1个"优秀"、4个"良好"。印发实施《关于进一步加大自治区水源地安全保障达标建设工作的通知》，指导自治区7个重要饮用水水源地安全保障达标建设自评估，西藏饮用水水源地安全保障能力稳步提升。2020年，自治区水利厅对5个全国重要饮用水水源地开展水质监测评价工作，合格率为100%。

（李亚伟 巴桑赤烈）

2. 城乡水环境整治 2018年，组织开展西藏农牧区人居环境整治三年行动，积极推动23个人居环境示范点整治工作，建立健全农村生活垃圾收运处置体系、乡村建筑风貌引导、非正规垃圾堆放点整治工作。全区5 256个行政村中4 841个行政村具备农村生活垃圾收运处置能力，农村生活垃圾收运处置体系覆盖的行政村比例达92.1%；整治完成16处非正规垃圾堆放点，销号完成率达100%，位列全国第一。将村庄清洁行动纳入常规工作常态化推进，全区共安排村庄保洁岗位9万个。全区各村（居）采取红黑榜、积分制、流动小红旗等办法开展评选活动，严格落实"门前三包"责任制，促进清洁行动常态化，实现村内村外、户内户外干净整洁有序。积极引导农牧民群众逐步养成良好文明卫生习惯，稳步推进户用卫生厕所改造。

（西藏自治区住房城乡建设厅）

3. 黑臭水体治理 2016年以来，新增城镇排水管网1 246.35km，提升了城镇污水收集能力。重点对拉萨市金珠西路、藏热北路和日喀则市年楚河桑珠孜区段的污水直排问题进行整治，新建污水收集管网56.6km，持续巩固黑臭水体排查治理成果，基本消除形成黑臭水体的潜在风险，改善周边人居环境。2020年国家黑臭水体预警城市名单中无西藏的城市。

（西藏自治区生态环境厅 西藏自治区住房城乡建设厅）

【水生态修复】

1. 退田还湖还湿 2016年以来，西藏通过退耕还林还草工程、长江上游天然林保护工程、中央森林生态效益补偿项目、重点区域造林工程、重要湿地保护与恢复、中央财政林业发展改革资金湿地保护补助项目等工程项目，大力加强流域生态保护与恢复，完成退耕还林27.58万亩。在长江上游实施天然林保护工程，管护面积1 915万亩。实施中央森林生态补偿项目，纳入补偿的公益林总面积达16 469万亩，全自治区大江大河源头及流经区域水源涵养林、水土保持得到持续有效的保护。通过实施拉萨及周边地区造林绿化、"两江四河"流域绿化、重点区域生态公益林建设、沙化土地治理等重

点工程，全自治区完成造林面积629.9万亩。积极组织实施中央财政林业发展改革资金湿地保护修复项目，开展拉鲁湿地国家级自然保护区、错那拿日雍错国家湿地公园（试点）、雅尼国家湿地公园等73个湿地保护修复项目，扎日南木错等4个湿地生态效益补偿项目，湿地保护与恢复成效显著。

（西藏自治区林草局）

2. 生物多样性保护 严格执行西藏湖泊禁渔，在拉萨市、林芝市所有天然水域禁渔和其他地市阶段性休渔，开展增殖放流工作。2018年以来落实渔业资源增殖放流资金2 377万元，累计增殖放流达到2 188万尾。

3. 生态补偿机制建立 2016年，制定印发《西藏自治区建立草原生态保护补助奖励政策实施方案（2016—2020年）》，对全自治区草原补奖相关工作进行安排部署。制定完善《自治区级草原监督员管理办法（试行）》《草原生态保护补助奖励机制监督员招聘办法》。截至2020年，西藏牲畜存栏为1 657.53万头（只、匹），较2015年减少9.56%；草原综合植被覆盖度由2015年的42.3%提高到47.14%；天然草原产草量达到1.15亿t，比2015年提高41.7%。全自治区确定草原禁牧面积12 938万亩，实现草畜平衡面积89 618万亩。2015年在日喀则市仲巴县、昌都市察雅县和那曲市安多县为试点开展水生态保护项目建设；2017年2月，《西藏自治区人民政府办公厅关于健全生态保护补偿机制的实施意见》明确指出以重要江河源头区为试点，编制西藏典型江河源头区水流生态保护补偿试点实施方案，积极探索建立水流生态保护补偿机制。建立并完善以政府购买服务为主的水生态脱贫水管护机制。2018年自治区财政厅印发《西藏自治区建立流域上下游横向生态保护补偿机制实施方案》，并安排专项资金1亿元，以怒江流域为试点开展流域上下游横向生态保护补偿工作。

（西藏自治区农业农村厅 拉巴次仁）

4. 水土流失治理 2016—2020年，西藏新增水土流失综合治理面积4 880.69km²，圆满完成了规划确定的4 300km²治理任务，减少土壤流失量约4 664.75万t，新增水土流失预防保护面积61 713.4km²。2020年全自治区水土流失面积9.38万km²（不含冻融侵蚀），其中水力侵蚀面积5.83万km²，风力侵蚀3.55万km²。各类侵蚀中，强度以轻度、中度为主，分别占总侵蚀面积的37.99%和34.41%，其次是强烈侵蚀，占总侵蚀面积的23.39%，极强烈和剧烈侵蚀面积较小，占总侵蚀面积的3.69%和0.52%。2020年水土流失面积比

2011 年减少 0.49 万 km²，减少率为 4.96％。全自治区水土流失面积呈现逐年降低的趋势，水土流失强度由高强度向低强度逐渐转换，水土保持生态环境逐年向好。

（张志强）

【执法监管】

1. 联合执法 2019 年、2020 年，会同云南省赴滇藏界河开展 2 次联合巡河巡查活动，有力促进上下游信息互通、河湖共管。

2. 河湖日常监管 自治区总河长办公室采取明察暗访相结合、暗访为主，以"四不两直"的形式，先后组织 36 次对各地（市）全面推行河长制湖长制工作进行明察暗访，共下发整改通知 21 份、督办单 9 份、督办令 2 个。对河道采砂规划、许可、日常监管和执法等重点环节作出规定，向社会公告全自治区 60 个重点河段、敏感水域采砂管理河长、主管部门、现场监管、行政执法 4 个责任人名单，60 个重点河段、敏感水域采砂规划全部编制完成，进一步维护河道采砂秩序，保障河道安全。结合中央环保督察、扫黑除恶、"绿盾行动"等强化对非法采砂的打击力度。"十三五"期间，结合脱贫攻坚工作，围绕生态保护需求，西藏建立生态脱贫机制，设置水生态岗位助推河长制湖长制工作。

（次旦卓嘎　柳林）

【信息化工作】 2020 年以来，西藏自治区总河长办公室组织建立西藏自治区河长制湖长制信息化平台，建设覆盖自治区、市、县、乡、村五级河（湖）长的上下联通、协同处置、联防联控的综合信息管理和联动协同信息化平台。持续推动智慧河湖建设，积极运用卫星遥感等技术手段进行动态监控，依托西藏自治区河湖长制信息系统、河湖长 App 和"水利一张图"河湖基础数据信息平台，推进河湖巡查、河湖管理范围划定、岸线保护与利用规划、采砂管理等工作。

（次旦卓嘎　柳林）

┃陕西省┃

【河湖概况】

1. 河湖数量 流经陕西省境内的河流共有 1 097 条，省境内流域面积 50km² 及以上的河流有 1 040 条，小于 50km² 的河流有 57 条。其中黄河流域有 687 条，大于 50km² 的有 654 条；长江流域有 410 条，大于 50km² 的有 386 条。陕西省现有天然湖和

人工湖共 91 个。其中，红碱淖是唯一的天然湖泊，为跨省淡水湖，湖泊总面积约 33.19km²，容积 1.07 亿 m³。其中陕西境内水域面积 27.31km²，容积 0.89 亿 m³。

（魏正叶）

2. 水量 "十三五"期间，陕西省总降水量 3 580.4mm，其中，2017 年降水量最大，为 801.2mm，2016 年最小，为 626.2mm，全省降水量年内分布不均匀，年际变化较大。从两个流域来看，"十三五"期间省内黄河流域总降水量为 2 976.3mm，长江流域总降水量为 4 694.0mm。"十三五"期间，陕西省水资源总量 2 006.98 亿 m³，其中地表水资源量 1 874.61 亿 m³，地下水资源量 660.07 亿 m³；从流域来看，黄河流域水资源总量为 521.32 亿 m³，长江流域水资源总量为 1 485.66 亿 m³。"十三五"期间全省大中型水库年末蓄水量为 221.93 亿 m³。陕西省人均年水资源量为 1 083m³，约为全国人均水资源量的一半。

（王灵灵）

3. 水质 "十三五"期间，陕西省以河长制湖长制为抓手，协同推进水资源保护和水污染防治，全省江河湖库水质有所好转。重要水功能区水质达标率由 2016 年的 64.5％提升到 2020 年的 88.2％，水功能区连续 3 年达标，超额完成水功能区考核 82％的目标任务。渭河水功能区达标率从"十三五"初期的 14.3％提升到全面达标，2020 年渭河出境断面水质提升到 Ⅱ 类，达到 20 年来最好水质。

（王灵灵）

4. 水利工程 截至 2020 年年底，陕西省共有建成水库 1 108 座，其中大型 13 座，中型 81 座，小型 1 014 座。

（晁洋）

【重大活动】 2017 年 2 月 7 日，陕西省委办公厅、省政府办公厅发布《陕西省关于全面推行河长制的实施方案》，公布省总河长、省级河长、河长制办公室名单。陕西省总河长为省委书记娄勤俭、省长胡和平，8 位省领导担任省级河长。河长制办公室设在陕西省水利厅，成员单位为陕西省发展改革委、陕西省公安厅、陕西省国土资源厅等 13 家。

2017 年 2 月 10 日，陕西省委、省政府召开了陕西省河长制启动暨无定河综合治理动员大会，河长制工作在全省范围内全面推行。省委书记娄勤俭宣布启动，省长胡和平作动员讲话。

2017 年 4 月 14 日，陕西省水利厅召开全省河长制办公室主任工作现场会。

2017 年 4 月 28 日，陕西省河长制办公室印发《陕西省河长制问题清单制度的通知》。

2017 年 8 月 7 日，陕西省河长制办公室主任、

省水利厅厅长王拴虎主持召开省河长办主任办公会议。

2017年9月8日，陕西省河长制办公室印发《全面推行河长制2017年重点工作任务》《陕西省整治河湖倒垃圾排污水采砂石专项行动实施方案的通知》。

2017年10月16日，陕西省河长制办公室印发《关于开展"一河一策"方案编制工作的通知》。

2018年3月19—20日，陕西省河长办举办河长制湖长制信息管理系统基础数据填报指导工作会议。

2018年6月11日，陕西省渭河河长湖长会议暨渭河生态区工作会议在西安举行。省委书记、省总河长总湖长、渭河省级河长胡和平出席会议并讲话。

2018年6月22日，汉江河长湖长工作视频会议在汉中市召开。省长、省总河长总湖长、汉江省级河长刘国中出席会议并讲话。

2018年8月2日，陕西省副省长、省副总河长副总湖长魏增军主持召开河长制湖长制工作座谈会。省河长制办公室成员单位负责同志参加会议。

2018年10月，陕西省河长办制定印发了《关于在全省开展创建河长制湖长制工作示范县乡打造示范河湖的通知》，在全省开展河长制湖长制示范县乡打造示范河湖创建活动。

2019年1月15日，陕西省河长办召开全省河长制湖长制总结评估暨工作座谈会，推动河长制湖长制总结评估工作扎实有效开展，确保评估工作按时高质量完成。

2019年1月24日，陕西省河长湖长工作会议暨"携手清四乱　保护母亲河"专项行动部署会在西安召开。副省长、省副总河长副总湖长魏增军及省检察院检察长杨春雷出席并讲话。

2019年4月30日，陕西渭河河长湖长暨渭河生态区工作会议在咸阳举行。省委书记、省总河长总湖长、渭河省级河长胡和平出席会议并讲话。

2019年8月14日，陕西省委宣传部与省委全面深化改革委员会办公室共同举办全面深化改革系列新闻发布会——全面推进河长制湖长制工作新闻发布会。

2019年8月29日，陕西省水利厅召开全省河湖"清四乱"专项行动及河湖和水利工程管理保护范围划定工作推进会。

2019年11月8日，陕西省河长制办公室召开全省河湖"四乱"问题清理和管理范围划定工作现场推进会。

2020年1月，陕西省水利信息宣传教育中心拍摄制作的微视频《护河女使者》获全国首届"守护美丽河湖——推动河（湖）长制从'有名'到'有实'"微视频公益大赛优秀奖。

2020年5月7日，陕西省河长制办公室召开陕西省黄河"清河行动"推进和涉河违法建设项目整改推进会。

2020年7月9日，陕西省商南县、湖北省十堰郧阳区、河南省淅川县丹江流域联席会议在郧阳区召开。三县区政府领导共同签订了联巡联防联控联治工作方案，发出丹江管理保护联合倡议书，共同守护丹江水库一库净水。

2020年9月24日，陕西省河长制办公室在西安市召开全省示范河湖创建现场推进会。

2020年11月6日，陕西省河长制办公室召开全省"清四乱"常态化规范化和河湖管理范围划定工作专题会。

（张婕）

【重要文件】　2017年6月30日，陕西省河长制办公室印发《关于建立河长信息台账的通知》（陕河长办发〔2017〕第002号）。

2017年7月6日，陕西省河长制办公室印发《关于〈全面推行河长制工作督导检查意见落实情况〉的报告》（陕河长办字〔2017〕第01号）。

2017年7月17日，陕西省河长制办公室印发《关于举办河长制工作培训班的通知》（陕河长办发〔2017〕第03号）。

2017年9月4日，陕西省河长制办公室印发《关于报送全面推行河长制工作典型经验材料的函》（陕河长办函〔2017〕第002号）。

2017年9月8日，陕西省河长制办公室印发《关于印发〈陕西省整治河湖倒垃圾排污水采砂石专项行动实施方案〉的通知》（陕河长办发〔2017〕第05号）。

2017年9月8日，陕西省河长制办公室印发《关于〈全面推行河长制2017年重点工作任务〉的通知》（陕河长办发〔2017〕第04号）。

2017年10月16日，陕西省河长制办公室印发《关于转发水利部关于〈明确全面建立河长制总体要求的函〉的通知》（陕河长办发〔2017〕第007号）。

2017年10月16日，陕西省河长制办公室印发《关于〈开展"一河一策"方案编制工作〉的通知》（陕河长办发〔2017〕第006号）。

2017年10月19日，陕西省河长制办公室印发《关于印发〈陕西省河长制工作验收制度〉和〈河长制工作信息报送制度〉的通知》（陕河长办发〔2017〕第008号）。

2017年10月31日，陕西省河长制办公室印发

《关于落实水利部督导检查整改意见的通知》（陕河长办发〔2017〕第010号）。

2017年11月29日，陕西省河长制办公室印发《关于做好我省全面建立河长制工作中期评估的通知》（陕河长办发〔2017〕第011号）。

2017年12月19日，陕西省河长制办公室印发《关于开展全面推行河长制工作检查的通知》（陕河长办发〔2017〕第013号）。

2018年5月28日，陕西省水利厅印发《关于开展加强河湖执法三年行动的通知》（陕水政发〔2018〕第009号）。

2019年4月11日，陕西省河长制办公室印发《关于报送〈陕西省全面推行河长制湖长制总结评估报告〉的报告》（陕河湖长字〔2019〕4号）。

2019年4月25日，陕西省河长制办公室印发《关于召开省河长制办公室暨渭河生态区管委会办公室主任办公会议的通知》（陕河湖长办发〔2019〕6号）。

2019年5月19日，陕西省河长制办公室印发《关于调整工作机构支撑单位及负责人的通知》（陕河湖长发〔2019〕9号）。

2019年6月25日，陕西省河长制办公室印发《关于开展河长湖长制暗访督查工作的通知》（陕河湖长发〔2019〕11号）。

2019年7月10日，陕西省河长制办公室印发《关于河道采砂有关情况的报告》（陕河湖长字〔2019〕7号）。

2019年8月1日，陕西省河长制办公室印发《"携手清四乱保护母亲河"专项行动总结》（陕河湖长字〔2019〕8号）。

2019年8月28日，陕西省河长制办公室印发《关于对黄河干流"四乱"问题进行清理整治的督办函》（陕河湖长函〔2019〕62号）。

2019年10月11日，陕西省河长制办公室印发《关于做好全国河长制管理信息系统信息填报有关工作的通知》（陕河湖长字〔2019〕12号）。

2019年11月4日，陕西省河长制办公室印发《关于水利部〈关于进一步强化河长湖长履职尽责的指导意见〉的修改意见》（陕河湖长函〔2019〕71号）。

2019年11月7日，陕西省河长制办公室印发《关于召开全省河湖"四乱"清理及范围划定工作现场推进会的通知》（陕河湖长发〔2019〕13号）。

2019年12月7日，陕西省河长制办公室印发《关于进一步加大河湖突出问题清理整治的通知》（陕河湖长函〔2019〕84号）。

2019年12月26日，陕西省河长制办公室印发《关于对川陕〈跨省界河湖联防联控联治合作协议〉修改意见的函》（陕河湖长函〔2019〕91号）。

2019年12月30日，陕西省河长制办公室印发《关于〈陕西省河长制办公室、四川省河长制办公室签署跨省界河湖联防联控联治合作协议〉的请示》（陕河湖长字〔2020〕第001号）。

2020年1月15日，陕西省河长制办公室印发《关于全省河湖管理保护范围划定工作进展情况的通报》（陕河湖长函〔2020〕第005号）。

2020年2月27日，陕西省河长制办公室印发《关于切实做好疫情防控期间河道采砂管理工作的通知》（陕河湖长函〔2020〕第007号）。

2020年3月13日，陕西省河长制办公室印发《关于提供财政支付保障河长制湖长制工作意见的函》（陕河湖长函〔2020〕第011号）。

2020年4月2日，陕西省河长制办公室印发《关于征集全面推行河长制湖长制典型案例的通知》（陕河湖长函〔2020〕第015号）。

2020年4月28日，陕西省河长制办公室印发《关于开展全省河道采砂专项整治的通知》（陕河湖长发〔2020〕第005号）。

2020年4月28日，陕西省河长制办公室印发《关于开展全省河湖岸线利用项目专项整治的通知》（陕河湖长发〔2020〕第004号）。

2020年7月9日，陕西省河长制办公室印发《关于河湖和水利工程管理及保护范围划界成果公告有关事项的通知》（陕河湖长函〔2020〕第026号）。

（张美娟）

【地方政策法规】

1. 法规

（1）2019年1月17日陕西省第十三届人民代表大会常务委员会第九次会议修订《陕西省水文条例》，自2019年3月1日起施行。

（2）2020年10月27日安康市第四届人民代表大会常务委员会第二十九次会议通过，2020年11月26日陕西省第十三届人民代表大会常务委员会第二十三次会议批准《安康市汉江流域水质保护条例》，自2021年4月1日起施行。

（3）2020年7月30日延安市第五届人民代表大会常务委员会第二十七次会议通过，2020年9月29日陕西省第十三届人民代表大会常务委员会第二十二次会议批准《延安市延河流域水污染防治条例》，自2020年11月1日起施行。

（4）2020年3月25日陕西省第十三届人民代表

大会常务委员会第十六次会议批准《榆林市节约用水条例》，自2020年8月1日起施行。

（5）2019年12月27日西安市第十六届人民代表大会常务委员会第二十八次会议通过，2020年6月11日陕西省第十三届人民代表大会常务委员会第十七次会议批准《西安市水环境保护条例》，自2020年10月1日起施行。

（6）2018年12月27日汉中市第五届人民代表大会常务委员会第十四次会议通过，2019年3月29日陕西省第十三届人民代表大会常务委员会第十次会议批准《汉中市汉江流域水环境保护条例》，自2019年6月5日起施行。

（7）2018年5月9日，商洛市人民代表大会常务委员会发布公告〔四届〕第二号《商洛市农村居民饮水安全管理条例》，已于2017年12月6日经商洛市第四届人民代表大会常务委员会第五次会议通过，2018年3月31日经陕西省第十三届人民代表大会常务委员会第二次会议批准，自2018年10月1日起施行。

（8）2019年8月29日铜川市人民代表大会常务委员会公告第31号，《铜川市河道管理条例》，自2019年12月1日起施行。

（9）2019年3月29日陕西省第十三届人民代表大会常务委员会第十次会议于批准《榆林市无定河流域水污染防治条例》，自2019年10月1日起施行。

（10）2017年12月29日宝鸡市第十五届人民代表大会常务委员会第八次会议通过，2018年3月31日陕西省第十三届人民代表大会常务委员会第二次会议批准《宝鸡市饮用水水源地保护条例》，自2018年8月1日起施行。

（11）2018年8月24日，铜川市人民代表大会常务委员会发布公告第18号《铜川市城市生活饮用水二次供水管理条例》已于2018年6月27日经铜川市第十六届人民代表大会常务委员会第十二次会议通过，2018年7月26日经陕西省第十三届人民代表大会常务委员会第四次会议批准），自2018年12月1日起施行。

2. 省政府规章 《陕西省取水许可管理办法》（2019年1月25日陕西省政府令第218号）已经省政府2019年第1次常务会议通过，自2019年3月1日起施行。

3. 规范性文件

（1）陕西省水权确权登记办法（陕水发〔2017〕3号）

（2）陕西省水权交易管理办法（陕水发〔2017〕

4号）

（3）陕西省地下水取水工程管理办法（陕水发〔2017〕25号）

（4）陕西省地下水监测工作规则（陕水发〔2017〕25号）

（5）陕西省国家水资源监控系统运行维护及监督管理办法（陕水资〔2018〕34号）

（6）陕西省计划用水管理办法（陕节水发〔2019〕7号）

（侯萌）

【专项行动】 1. 采砂管理 "十三五"期间，陕西水利部门联合检察机关、公安机关组织开展河道采砂联合执法，严厉打击非法采砂行为，先后组织开展"昆仑""利剑"等专项行动，集中优势警力，重拳出击。2018年，全省各级共出动6.25万人次，巡查河道37.02万km，查处非法采砂行为267起，行政处罚案件243件、247人，移交刑事处罚案件17件，涉黑涉恶案件线索5件，追责问责1人。2019年，全省各级共出动6.48万人次，巡查河道40.72万km，查处非法采砂行为260起，行政处罚案件265件、277人，移交刑事处罚案件9件，涉黑涉恶案件线索6件，追责问责13人。2020年，专项整治共出动6.26万人次，巡查河道42.19万km，查处非法采砂行为263起，行政处罚案件267件、251人，移交刑事处罚案件5件，追责问责6人。 （王荣丽）

2. 水利行业扫黑除恶专项斗争 2018年以来，陕西省各级水利部门共收到各类线索2 934件，其中涉黑涉恶线索99件已全部移交公安机关查处，全省水利行业共行政、刑事立案378起，其中行政拘留33人，罚款689.7万元。全省水利系统扫黑除恶专项斗争取得了优异成绩，水利系统多家单位受到省级通报表彰，其中省水利厅被评为"全省扫黑除恶专项斗争先进单位"，省水利厅3名同志被表彰嘉奖。 （张婷婷）

【河长制湖长制体制机制建立运行情况】 陕西省委书记刘国中、省长赵一德，担任省级总河长总湖长，同时还分别担任渭河和汉江的省级河长，丹江、泾河、延河、北洛河、黄河陕西段、红碱淖、昆明池均由省级领导担任省级河长湖长。省市均发布总河长令，高位推动河长制工作任务落实。全省共设立河长3.53万名、湖长2 779名。各级河长湖长通过河长会议、督查、巡河等方式认真履职，每年巡河超过百万人次。搭建工作平台，省、市和111个县（市、区、开发区）设立了河长制办公室，制定了

824 条（个）河湖的"一河（湖）一策"。各级设立了 24 小时举报电话，群众向河长、湖长反映的河湖问题能够及时得到妥善处理。

（刘彬侠）

【"一河（湖）一策"编制和实施情况】 2017 年 10 月，全省启动省、市、县三级"一河（湖）一策"实施方案编制工作。2018 年 12 月，省级 8 条（个）河（湖）的实施方案已编制完成。截至 2019 年 7 月底，全省河湖"一河（湖）一策"编制完成并经河长、湖长审定后印发。

（刘彬侠）

【水资源保护】

1. 水资源刚性约束　陕西省水利厅印发《关于下达"十三五"水资源管理控制目标的通知》（陕水资发〔2016〕55 号）、《关于下达"十三五"地下水开采总量控制目标的通知》（陕水资发〔2017〕16 号）、《关于进一步加强延续取水管理工作的通知》（陕水资发〔2017〕33 号），联合省发展改革委印发《关于印发〈陕西省"十三五"水资源消耗总量和强度双控行动实施方案〉的通知》（陕水资发〔2017〕6 号），联合省发展改革委等 9 部门印发《陕西省"十三五"实行最严格水资源管理制度考核方案》（陕水发〔2017〕8 号）等政策文件，部署省级最严格水资源管理制度工作。出台新的《陕西省取水许可管理办法》（陕西省人民政府令第 218 号），自 2019 年 3 月 1 日起施行。完成国家对陕西省 2020 年度实行最严格水资源管理制度考核目标任务。

（王灵灵）

2. 节水行动　陕西省发展改革委、陕西省水利厅、陕西省住房和城乡建设厅、陕西省工业和信息化厅四部门联合印发《陕西省节水型社会建设"十三五"规划》，明确"十三五"期间节水目标和任务。陕西省发展改革委、陕西省水利厅等九部门联合印发《陕西省全民节水行动计划实施方案》部署各行业各领域节水重点任务，提高用水效率，助力形成全民节水的良好氛围。制定全省县域节水型社会达标建设工作方案并报送水利部，54 个县（区）获得水利部县域节水型社会达标县称号。编制印发《陕西省实施国家节水行动方案》，建立了 16 个厅（局）参与的联席会议协调机制，推进各项任务实施。修订并以地方标准形式发布《陕西省行业用水定额》，强化定额使用，严格各行业用水定额管理。修订颁布《陕西省节约用水办法》，加强节约用水管理，促进水资源的合理开发和高效利用。

（周瑶）

3. 生态流量监管　印发陕西省秃尾河、灞河、襄河、石川河生态流量（水量）保障实施方案（试行），划定断面实行三级预警，明确地方政府主体责任，加强河湖生态环境保护。把国家批复河湖生态流量保障纳入渭河、汉江、嘉陵江水量调度工作，制定年度计划、月调度方案，实时调度，发挥骨干工程作用，保障生态流量达标，全面完成水利部下达的重点河湖生态流量保障目标任务。落实宝鸡生态调度补偿资金，渭河林家村断面生态基流持续稳定在 $5m^3/s$ 以上。安康电站生态机组全天候运行，确保 $80m^3/s$ 下泄流量，红碱淖 5 年 6 次跨省区补水 500 万 m^3，湖面增加、水位上升。加强小水电生态流量下泄监管，实施生态流量监测平台建设，15 座水电站被水利部确定为 2020 年度绿色小水电示范电站。

（王灵灵）

4. 全国重要饮用水水源地安全达标保障评估　加强饮用水水源地保护。按照"水量保证、水质合格、监控完备、制度健全"总体要求，纳入国家重要水源地的 18 个水源地安全保障达标建设评估均为优良及以上。开展水源地摸底调查，建立陕西省长江流域水源地信息台账，按要求及时将省水源地名录复核意见反馈水利部，研究开展其他饮用水水源地名录制定工作。联合开展饮用水水源地专项督查、千吨万人供水工程核查认定、城市集中式水源地水质监测等工作，市级行政区实现多水源联合供水，城市集中式水源地水质全部达标，具备备用水源及应急供水能力。

（陈博）

5. 取用水管理专项整治　印发《陕西省水利厅关于印发〈陕西省长江流域取水工程（设施）核查登记工作实施方案〉的通知》《陕西省水利厅关于印发〈陕西省取用水管理专项整治行动方案〉的通知》《陕西省水利厅办公室关于做好取用水管理专项整治行动整改提升工作的通知》，成立取用水管理专项整治行动领导小组，召开陕西省取用水管理专项整治行动推进暨技术培训会，成立省级工作专班，建立技术交流 QQ 群，线上线下指导全省专项行动工作。多次派出督导检查组赴各地市检查督导取水口核查登记工作，约见各市（区）水利局主要领导。完成全省 18.9 万个取水工程（设施）核查登记，其中，长江流域 2 271 个，黄河流域 18.7 万个（涉及取水项目 5.46 万个），建立全省取水工程台账。全面完成长江流域取水口存在问题整改提升，完成黄河流域整改提升年度任务，取用水管理水平进一步增强。

（王灵灵）

6. 水量分配　将年度用水总量控制指标分配到市级行政区。配合水利部长江委完成汉江、嘉陵江跨省流域水量分配，配合水利部黄委完成渭河、北洛河、泾河、伊洛河、无定河、窟野河等6条河流跨省河流水量分配工作。围绕分水目标推进省内跨市河流水量分配，陕西省完成汉江、嘉陵江、渭河、北洛河、泾河、无定河、伊洛河、淮宁河、延河、杏子河、达溪河、周河、襄河、西河、旬河、乾佑河等16条河流的水量分配任务，经省政府审定印发相关地市。

（王灵灵）

【水域岸线管理保护】

1. 河湖管理范围划界 2019年3月，陕西省全面启动河湖管理范围划定工作，印发《陕西省河湖和水利工程管理范围与保护范围划定工作方案》（陕水发〔2019〕14号），明确河湖和水利工程管理范围与保护范围划定工作的原则、目标、任务、责任。9月，印发《陕西省河湖和水利工程管理范围及保护范围划界技术指南》（陕水河湖发〔2019〕12号），组织市、县（区）及相关设计单位进行培训，推进河湖划定工作。2020年12月，全面完成全省第一次全国水利普查名录内全省1 079条河流及水面面积1km²以上5个湖泊的管理与保护范围划定工作。

（王荣丽）

2. "四乱"整治 2018年7月开始，陕西省先后实施了一系列清理整治河湖突出问题行动，河长制湖长制成员单位配合，联合检察机关开展"携手清四乱保护母亲河"专项行动，联合公安机关开展河湖执法检查，对全省河湖"四乱"（乱占、乱采、乱堆、乱建）问题拉网式排摸，建立问题、工作和责任清单，实行台账管理。督导各地全域查、全域清，累计清理整治问题4 135个，复核办理结果，评判办理效果，实行动态清零。陕西省河湖突出问题从2018年开始呈逐年递减趋势，共清理污染水域面积3 865亩、非法占用河道岸线1 016.16km、建筑和生活垃圾261.8万t，拆除违法建筑52.45万m²，河湖面貌显著改善。

（罗小康）

【水污染防治】

1. 排污口整治 印发了《关于做好过渡期入河排污口设置管理工作的通知》（陕环水体函〔2019〕33号），积极做好职能划转期间的入河排污口设置受理及审批工作，并在全省范围内开展了多轮入河排污口摸底排查。截至2020年年底，陕西省共排查出入河排污口5 521个，其中黄河流域4 663个、长江流域858个。黄河流域中黄河干流排污口1 002个、黄河21条主要一级支流2 024个、黄河二级及以下支流1 637个；长江流域排污口858个，汉江干流210个、嘉陵江干流38个、丹江干流29个；

其他二级及以下支流排污口581个。同时，封堵直排口719个，对黄河干流排查出的105个问题排污口，通过及时封堵、截污纳管、深度处理等措施开展整治。

（康兰军）

2. 城镇生活污染 2019年，陕西省制定出台《陕西省城镇污水处理提质增效三年行动实施方案（2019—2021年）》《陕西省城市生活垃圾分类规划（2019—2025年）》。截至2020年年底，全省建成运行县级以上城镇污水处理厂129座，设计处理规模541.6万m³/d，城市、县城污水处理率分别达到95.54%和93.47%。建成运行县级以上生活垃圾处理场95座，日处理能力2.83万t，城市、县城生活垃圾无害化处理率分别达到99.93%和97.08%。全面完成"十三五"规划目标其要求。

（楚江）

3. 畜禽养殖污染 "十三五"以来，陕西省实施了畜禽粪污资源化利用整县推进、畜禽健康养殖等项目。通过项目实施，2020年全省畜禽粪污综合利用率达到89.3%，比2017年的70.7%提高18.6个百分点，超出国家标准14.3个百分点；规模养殖场粪污处理设施装备配套率达到98.8%，比2017年的72.2%提高了26.6个百分点，超出国家标准3.8个百分点；大型规模养殖场粪污处理设施装备配套率达到100%，总体工作进入全国第一方阵。全省畜禽粪污资源化利用水平得到大幅提升，有效构建了种养结合、循环发展新格局。

（陈亦兵）

4. 水产养殖污染 按照《关于加快推进水产养殖业绿色发展的实施意见》文件要求，发展健康、生态、优质、绿色水产品。组织开展国家级水产健康养殖示范创建，累计创建国家级水产健康养殖示范县1个（合阳县）、示范区2个（靖边县、冯家山水库），国家级水产健康养殖示范场107家。积极推进水产养殖尾水治理模式推广行动，在延安、汉中、韩城等市组织实施水产养殖尾水监测与治理效果对比研究项目，通过项目实施，项目区养殖池塘尾水总氮降低53%，总磷降低36.5%，实现项目区养殖池塘尾水达标排放，节约63%养殖用药，养殖单产增加29.9%。大力推行稻渔综合种养绿色养殖技术，全省发展稻渔综合种养面积15万余亩，实现"一水两用""一控两减"，有效减少或消除水产养殖对生态环境的不利影响。开展三鱼两药整治行动，严厉打击鲈鱼、乌鳢、鳊鱼养殖生产中违法使用硝基呋喃类药物、孔雀石绿等违禁物质行为。开展水产养殖"用药减量"行动和规范用药科普下乡活动，加强《兽药管理条例》等法律法规和《水产养殖用药明白纸》宣传，加强水产品质量安全抽检工作，水产品产地检测合格率达98%以上。

（江波）

5. 农业面源污染 2017 年以来，累计推广配方肥 866.22 万 t，其中：2017 年为 232.15 万 t，2018 年为 229.64 万 t，2019 年为 202.52 万 t，2020 年为 201.91 万 t。化肥用量从 2017 年的峰值逐年持续下降，2020 年比 2017 年下降 30.24 万 t，降幅 13.03%。据统计，2020 年全省推广测土配方施肥技术面积达到 1.22 亿亩次，主要农作物测土配方施肥技术覆盖率达 90.4%，小麦、玉米、水稻三大粮食作物化肥利用率达 40.4%。优化品种结构，普及应用配方肥，推广缓释肥料、有机无机复混肥、生物肥、水溶肥等新型肥料。2020 年，配方肥施用占比达到 53%，推广新型肥料面积 1 200 万亩次，有机肥使用面积约 3 200 万亩次，绿肥面积近 200 万平方米，施肥结构进一步优化。

（张超）

【水环境治理】

1. 饮用水水源规范化建设 陕西全力保障饮用水水源安全，认真贯彻落实《陕西省城市饮用水水源保护区环境保护条例》，扎实推进《陕西省饮用水水源地环境保护规划实施意见（2010—2020）》，修订出台《陕西省饮用水水源保护条例》，印发了《陕西省 2019—2020 年千吨万人饮用水水源地摸底排查整治方案》，开展饮用水水源地规范化建设和环境问题排查整治工作。通过水源地划定调整、环境问题排查整治，持续推进饮用水水源地规范化建设。截至 2020 年年底，全省市级饮用水水源地规范化建设达标率为 100%；纳入国家考核的饮用水水源地水质达标率为 100%。

（高小淇）

2. 黑臭水体治理 陕西省出台《陕西省城市黑臭水体整治方案》《陕西省城市黑臭水体治理攻坚战实施方案》，实施城市黑臭水体治理控源截污、内源治理、生态修复、活水保质，将黑臭水体整治纳入河长制、湖长制、强化协调调度、督查考核，建立健全长效管理机制。截至 2020 年年底，全省 26 条城市黑臭水体经过治理已全部达到长制久清标准，全面完成国家水污染防治计划考核任务。

（李湘希）

3. 农村水环境整治 2020 年，陕西省水利厅联合陕西省发展改革委、财政、生态环境、卫健、扶贫等 6 部门制定印发《关于进一步加强和规范农村供水运行管护工作的指导意见》（陕水发〔2020〕13 号），陕西省生态环境厅、水利厅联合下发《关于进一步做好千吨万人水源地保护区划定工作的通知》（陕环水体函〔2020〕7 号）。陕西省水利厅下发《关于全面推进农村供水工程水源地保护工作的通知》（陕水农发〔2020〕40 号）。开展农村供水水源地情况摸底调研工作，规范水源保护区和保护范围的划定与建设。"十三五"末全面完成实际供水规模千吨或供水人口万人以上供水工程水源地保护区划定工作。截至 2021 年年底，全省有 5 552 处集中供水工程划定了水源保护区或保护范围，30 292 处供水工程通过设立围栏、隔挡、保护墙以及竖立标志牌等措施强化了水源保护。

（庞秀明）

【水生态修复】

1. 退耕还湿 "十三五"期间，陕西省共计实施退耕还湿 46 500 亩。

（田晓征）

2. 生物多样性保护 陕西位于我国内陆腹地，秦岭横亘中部，跨温带、暖温带和北亚热带，自然条件复杂多样，野生动植物资源丰富。根据陕西省第二次湿地资源调查显示，全省共有湿地维管植物 62 科 177 属 361 种，其中蕨类植物 4 科 4 属 5 种、被子植物 58 科 173 属 356 种，包括华山新麦草、金荞麦、野大豆等重点保护植物。全省有湿地野生动物 312 种，其中鱼类 6 目 15 科 78 属 136 种、两栖类 2 目 7 科 14 属 28 种、爬行类 2 目 5 科 17 属 2 种、鸟类 9 目 24 科 121 种、哺乳类 3 目 4 科 5 种，包括朱鹮、遗鸥、黑鹳、大鲵等重点保护动物。

（田晓征）

3. 生态补偿机制建立

（1）湿地生态补偿机制。2014 年国家出台了湿地生态效益补偿试点政策。"十三五"期间，陕西省积极争取中央财政湿地生态效益补偿试点资金，在陕西汉中朱鹮国家级自然保护区、陕西红碱淖自然保护区内对因保护野生动物而遭受损失的基本农田和耕地承包经营权人给予补偿，同时在周边一定范围内的村（社区）实施生态修复等环境改善项目。在中央财政的大力支持下，两处自然保护区内朱鹮、遗鸥栖息地环境质量明显改善，群众的保护意识有了较大提高，项目的效益在生态、社会等方面逐步显现，为推动湿地生态补偿政策出台提供宝贵了经验。

（杨彬）

（2）水生态补偿机制。"十三五"以来，不断健全完善水土保持补偿机制，做到应收尽收，据统计年均征收水土保持补偿费 20 亿元以上，居于全国排名前列。截至 2020 年年底，全省累计征收补偿费近 200 亿元，其中"十三五"期间征收补偿费 118 亿元，实现工业反哺水保，实施矿区水土保持、生态恢复、水源涵养等省级水土流失补偿费项目 800 多个，治理水土流失面积近 4 000 km²，促进了能源开发区水土保持生态环境的恢复与重建，涌现出延川梁家河、榆阳区谢家峁等一大批示范工程。

（惠波）

4. 生态清洁小流域　2016 年 10 月，陕西省水利厅和陕西省发展和改革委员会联合印发《陕西省水土保持规划（2016—2030 年）》。"十三五"期间，陕西省完成水土保持生态建设投资 75 亿元，完成新增水土流失治理面积 1.64 万 km²，新建加固淤地坝 3 780 座，建成生态清洁小流域 60 条，建成 11 个国家级、23 个省级水土保持科技示范园区。2015—2020 年陕西省新增水土流失治理面积 2.30 万 km²，占《全国水土保持规划（2015—2030 年）》目标任务 1.99 万 km² 的 115%，超额完成目标任务。根据 2020 年水利部水土流失动态监测成果，全省水土流失面积为 6.41 万 km²，实现水土流失面积和强度"双下降"。

（惠波）

【执法监管】

1. 河湖执法　制定《陕西省加强河湖执法三年行动方案（2018—2020 年）》，全面加强河湖执法。2017—2020 年，全省累计出动巡查人员 58.17 万余人次、16.10 万余车船次、巡查河道长度 70.65 万 km，全省共立案查处水事违法案件 1 486 件，现场制止和纠正违法问题 7 125 个。突出抓好河湖执法陈年积案"清零"行动，推动全省 86 件陈年积案全部办结"清零"。

（张婷婷）

2. 联合执法　与陕西省高院、省检察院、省公安厅、省生态环境厅、省自然资源厅、省林业局联合制定《关于加强协作推动陕西省黄河流域生态环境保护的意见》，建立健全黄河流域生态保护行政执法与司法衔接机制。与省公安厅联合在全省开展为期一年的河道非法采砂专项打击整治行动。各地市也加强横向联动，形成打击合力。汉中市与公安部门建立《打击河道非法采砂联席制度》，安康市与公安部门联系对接，制定了《安康市非法采砂（矿）行政执法与刑事司法衔接工作办法》，与市纪委监委制定了《移送涉黑涉恶腐败和"保护伞"问题线索暂行办法》。

（张婷婷）

3. 河湖日常监管　2017 年以来，贯彻落实《陕西省关于全面推行河长制的实施方案》要求，落实河湖岸线分区管控，强化河湖岸线保护和节约集约利用，严格审查审批涉河建设项目，加强项目的事中事后监管，多次组织开展在建涉河建设项目度汛情况检查，对发现的问题进行现场督办整改。

（魏正叶）

【水文化建设】　2017 年陕西渭河被评选为全国首届"最美家乡河"。

2018 年汉中三堰成功入选世界灌溉工程遗产名录。

2019 年完成了《陕西水文化遗产保护与发展规划》的编制工作；启动了陕北红色水文化遗产资源调查工作。编辑出版了《陕西水文化遗产名录》共收录水文化遗产 687 处。《陕西江河史话》《陕西历代治水人物传略》《延安时期陕甘宁边区水利纪实》《关中八惠》《秦岭孕育水文化》《秦水古诗词赏析》等 18 部水文化书籍。建立"陕西水文化研究专家库"。

2020 年龙首渠引洛古灌区成功入选世界灌溉工程遗产名录。

2020 年汉中市一江两岸天汉湿地公园项目获"全国第三届水工程与水文化有机融合典型案例"。

渭南市水务局编撰出版了《渭河》《黄河》《洛河》系列水文化丛书。

安康市评选了"2018 安康水利十大新闻"，命名表彰了"安康市第五批水利示范工程"。

商洛市水务局联合电视台拍摄了专题片《大河泱泱》。

西咸新区水利局选推的"沣东新城汉溪湖公园项目"荣获联合国颁发的"全球人居环境规划设计奖"。

陕西省引汉济渭公司拍摄的微电影《江援行动》荣获第六届亚洲微电影艺术节最佳作品奖、第四届全国职工微影视大赛银奖和最佳人气奖，《伏流激情》荣获铜奖，《父亲的地图册》获第五届最美企业之声展演"最美品质之声金奖"。

陕西省江河水库管理局开展了《渭河传说》图书编撰工作。

陕西省泾惠渠灌溉中心编辑出版了《泾水当歌》《泾歌悠扬》《泾岸踏歌》等六部职工作品集。

陕西省桃曲坡水库管理局职工张扬锁长篇小说《桃花汛》第一、二部正式出版发行，引发社会关注。

（耿涛）

【信息化工作】

1. "水利一张图"　为落实国家河长制湖长制管理责任，稳步推进河长制湖长制信息化支持决策能力，陕西省组织开展了陕西省河长制湖长制管理信息系统平台建设工作，主要完成了相关硬件设备配置及环境改造和陕西省河长制湖长制管理信息系统（PC 端、App 移动端和微信公众服务多平台）建设，实现了水雨情、水质实时数据综合监控一张图，河湖管护、责任体系、河湖水情、河湖环境、河湖"四乱"问题、监督考核六个专题图，岸线利用项目、河湖与水利工程划界成果查询管理、四乱督导、河湖事件、河长巡河在线办理、线上监督考核、文案流转、新闻发布、应急会商和无人机巡河管理等功能，已初步实现了政府与社会公众共同管理保护江河湖库的信息支撑和科学化管理手段，为保证河长制湖长制信息的公开化，全面促进绿水青山目标的实现提供了基本条件。

（刘彬侠）

2. 省河长制信息管理平台　2019年，建设陕西省河长制湖长制管理信息系统平台，在设计和开发过程中紧紧抓住江河湖库制度化、规范化、精细化管理这一重点，结合省级河长制湖长制管理特点，按照行政区划和流域两个视角，在充分发挥各级行政管理与公众参与两个方面积极作用的同时，突出陕西省河长制湖长制管理信息系统平台的统揽性、服务性、管理性、监督性。通过河长制综合管理平台、移动应用平台、公众服务平台、大数据分析平台、和无人机监督平台等五部分，整合了水利、生态环境等部门涉河湖基础信息、监测数据，建立了河湖基础信息库，纵联部省市县、横联成员单位，服务于各级河长、河长办、巡河人员、以及社会公众，实现河湖长制业务一张图综合展示。

（罗小康）

┃甘肃省┃

【河湖概况】

1. 河流数量　甘肃省共有江河（含洪水沟道）2 469条，分属长江、黄河、内陆河三大流域，嘉陵江、汉江、黄河干流、洮河、湟水、渭河、泾河、北洛河、石羊河、黑河、疏勒河等11个水系，总面积42.58万 km²。根据第一次全国水利普查成果，全省流域面积50km²及以上河流1 590条，河流总长度为70 665km（其中省内河长55 773km）；流域面积100km²及以上河流841条，河流总长度为56 353km（其中省内河长41 932km）；流域面积1 000km²及以上河流132条；流域面积10 000km²及以上河流21条。省内大江大河较少，河流长度多数小于1 000km，流域面积多数小于20 000km²。黄河流域的黄河干流、洮河、大夏河水质为Ⅱ类，内陆河流域的黑河、疏勒河及其支流稳定达到Ⅱ类，长江流域的嘉陵江、白龙江及支流稳定达到Ⅱ类。甘肃省主要河流基本情况见表1。

表1　　　　　　　　　　　　甘肃省主要河流基本情况

序号	河　名	省内河流长度/km	省内流域面积/km²	省内流经市（州）
1	疏勒河	460	68 500	酒泉市
2	黑河	394	61 800	张掖市、酒泉市
3	石羊河	268	41 800	张掖市、武威市、金昌市
4	黄河干流（含庄浪河）	913（188）	56 700（4 008）	甘南州、临夏州、兰州市、白银市、武威市
5	洮河	574	23 841	甘南州、定西市、临夏州
6	湟水（含大通河）	71（102）	3 820（2 510）	兰州市、临夏州、武威市
7	渭河	360	25 879	定西市、天水市、平凉市
8	泾河	171	14 100	平凉市、庆阳市
9	嘉陵江（含白龙江）	70（465）	38 119（18 127）	陇南市、甘南州

2. 湖泊数量　甘肃省常年水面面积1km²及以上湖泊7个，水面总面积150km²；其中，淡水湖3个、咸水湖3个、盐湖1个，另有特殊湖泊2个。常年水面面积10km²以上湖泊3个，水面总面积136.5km²；常年水面面积100km²以上湖泊1个，水面总面积104km²。甘肃省主要湖泊基本情况见表2。

3. 水量　"十三五"期间，甘肃省年降水量316.6mm，降水量年内分布不均匀。"十三五"期间三大流域年降水量情况分别是：内陆河流域142.4mm，黄河流域543.7mm，长江流域649.0mm。"十三五"期间，甘肃省水资源总量316.4亿 m³，其中地表水资源量306.5亿 m³，地下水资源量143.2亿 m³，地下水资源量与地表水资源量不重复量9.48亿 m³。甘肃省人均年水资源量为1 200.07 m³。甘肃省入境水量401.4亿 m³，出境水量601.3亿 m³，截至2020年12月31日，甘肃省大中型水库年末蓄水量为43.78亿 m³。

（王燕）

表 2　　　　　　　　　　　　甘肃省主要湖泊基本情况

序号	流域	水　　系	湖泊名称	常年水面面积/km²	咸淡水属性	备注
1	黄河流域	洮河水系	尕海湖	20.5	淡水湖	
2	内流区诸河	河西走廊、阿拉善河内流区水系	干海子	1.23	淡水湖	
3	内流区诸河	河西走廊、阿拉善河内流区水系	德勒诺尔	1	咸水湖	
4	内流区诸河	柴达木内流区水系	小苏干湖	12	咸水湖	
5	内流区诸河	河西走廊、阿拉善河内流区水系	月牙泉			特殊湖泊
6	内流区诸河	河西走廊、阿拉善河内流区水系	青土湖			特殊湖泊
7	内流区诸河	河西走廊、阿拉善河内流区水系	河西新湖	9.64	咸水湖	
8	黄河流域	渭河水系	震湖	1.65	淡水湖	
9	内流区诸河	柴达木内流区水系	苏干湖	104	盐湖	
10	长江流域	白龙江	文县天池	0.88	淡水湖	

（朱朝霞）

4. 水质　"十三五"期间，截至 2020 年 12 月底，甘肃省 38 个地表水国家考核断面水质优良比例达到 100%，高于"十二五"末约 11 个百分点，高于考核目标比例约 8 个百分点，高于全国平均水平约 18 个百分点，无劣 V 类国考断面，开展监测的河流湖泊相较于"十二五"末均实现较大改善。其中，黄河流域的黄河干流、洮河、大夏河水质由 Ⅲ 类改善至 Ⅱ 类，渭河、泾河、湟水、蒲河等河流水质由 Ⅳ 类改善至 Ⅲ 类，马莲河水质由劣 V 类改善至 Ⅲ 类，葫芦河水质由劣 V 类改善至 Ⅲ 类；西北诸河流域的黑河、疏勒河及其支流稳定达到 Ⅱ 类，石羊河由 Ⅳ 类改善至 Ⅱ 类；长江流域的嘉陵江、白龙江及其支流稳定达到 Ⅱ 类。

（周颖）

5. 水利工程　截至 2020 年年底，甘肃省在册的水库 288 座，其中大型 5 座、中型 27 座、小型 256 座。根据堤防水闸基础信息数据库数据统计，甘肃省共有过闸流量 5m³/s 及以上水闸 1 184 座，其中大型水闸 5 座、中型水闸 56 座、小型水闸 1 123 座。甘肃省 5 级及以上堤防总长度为 0.85 万 km，其中 1 级堤防 28.2km、2 级堤防 308.66km。

（王燕）

【重大活动】

1. 省总河长会议

（1）2018 年甘肃省总河长会议。2018 年 6 月 4 日，甘肃省省长、省总河长唐仁健主持召开省总河长会议，宣布甘肃省全面建立河长制。他强调，要以习近平新时代中国特色社会主义思想特别是生态文明思想为指引，按照中央及省委省政府部署要求，聚焦重点，创新思路，靠实责任，形成合力，确保河长制在全省全面落地见效，坚决守护好陇原大地的河流湖泊。省委副书记、省级河长孙伟传达了省委书记、省总河长林铎关于河长制工作的批示。省级河长李沛兴、何伟、余建出席会议。

（2）2019 年甘肃省总河长会议。2019 年度甘肃省总河长会议于 8 月 26 日下午在兰州召开。省委副书记、省长、省总河长唐仁健出席会议并讲话。省委副书记孙伟传达省委书记、省人大常委会主任林铎同志有关批示。省领导李荣灿、张世珍、李沛兴、余建、常正国，省政府秘书长李志勋出席会议。省委常委、副省长周学文主持会议。唐仁健在讲话中强调，习近平总书记到甘肃省视察调研并对黄河治理保护工作作出重要指示，直指黄河治理保护，又不止于黄河，是对全省河湖治理保护工作的总要求总部署。各地各单位要认真感悟习近平总书记对河湖治理工作的高度重视，深切领会重要指示精神蕴含的习近平生态文明思想，悉心理解贯穿其中的生态文明建设认识论和方法论意义，以高度的政治自觉、思想自觉和行动自觉把习近平总书记的重要指示学习好、贯彻好、落实好。

（3）甘肃省 2020 年河长制湖长制工作会议。2020 年甘肃省河长制湖长制工作会议在兰州召开，省委书记、省总河长林铎出席会议并讲话。他强调，要坚持以习近平生态文明思想为指导，深入落实习近平总书记对甘肃重要讲话和指示精神，充分认识甘肃省在保障国家生态安全中的举足轻重地位，准

513

确把握水资源在改善生态环境中的特殊功能，始终以应有的政治站位扛好河湖管理保护的责任使命，不断推进河湖治理体系和治理能力现代化，切实提高河湖管理保护质量和水平，努力让境内河湖成为造福人民的幸福河湖。省长、省总河长唐仁健作书面讲话，省委副书记、省级河长孙伟通报全省河湖长制落实及河湖"清四乱"工作进展情况，省领导、省级河长李荣灿、张世珍、李沛兴、何伟、余建出席会议。副省长、省级河长常正国主持会议。省生态环境厅、天水市、兰州市城关区在会上作交流发言。

（4）甘肃省河湖治理与生态保护工作现场推进会议。2020年9月10日，甘肃省河湖治理与生态保护工作现场推进会在张掖市临泽县召开。甘肃省委副书记孙伟强调，要把思想和行动高度统一到习近平生态文明思想和习近平总书记对甘肃重要讲话和指示精神上来，积极践行"两山"理念，着眼长远、始于足下、久久为功，一张蓝图绘到底，努力让山脉常绿、河湖常清、绿水长流、文明永续。副省长程晓波主持会议。水利部有关司局负责同志讲话。张掖、兰州、酒泉、武威、陇南和临泽县作了交流发言。

（冯媛）

2. 省总河长巡河

（1）甘肃省委书记、省总河长林铎调研兰州市河长制工作。2017年9月13日甘肃省委书记、省人大常委会主任、省级总河长林铎在兰州市就全面推行河长制工作进行巡查调研。他强调，要深入贯彻落实习近平总书记生态文明建设重要战略思想，牢固树立绿色发展理念，切实扛起河湖管理保护和生态文明建设的政治责任，坚持问题导向、因地制宜，系统治理、综合发力，真正把保护水资源、防治水污染、改善水环境和修复水生态等主要任务落实到位，确保全面推行河长制工作扎实有序推进。黄河甘肃段是全黄河干流重要的水源涵养补给调蓄区，流域生态安全直接影响到全省经济社会可持续发展，在全省落实河长制工作中具有重要的导向作用。林铎来到西固区兰州市城市生活饮用水水源地保护工程现场，实地察看工程建设进展和黄河水质日常监测情况，听取省级全面推行河长制情况汇报。

（2）甘肃省委书记、省总河长林铎在兰州市开展巡河调研。2020年6月1日，甘肃省委书记、省总河长林铎在兰州市开展巡河调研。他强调，要认真学习贯彻习近平生态文明思想，深入落实习近平总书记关于黄河流域生态保护和高质量发展的重要论述，牢记习近平总书记对甘肃的重要指示和要求，

严格履行河长制湖长制，建好各类生态项目和防洪工程，防范和整治生态环境突出问题，提高河湖治理能力和治理体系现代化水平，以实际行动担好黄河上游生态保护重任，真正让黄河成为造福人民的幸福河。林铎先后来到南河道入黄口、黄河干流文理学院段，调研了解了黄河干流防洪治理工程雁儿湾段和湿地公园项目规划建设进展情况。

（3）甘肃省省长、省总河长唐仁健巡查白龙江。2020年6月8—10日，甘肃省委副书记、省长唐仁健在陇南、定西调研指导脱贫攻坚等工作。在白龙江干流城区栈道湾段，唐仁健巡河并调研防汛工作。他强调，各级河长要以对人民群众和子孙后代高度负责的态度，守河有责、护河担责、治河尽责，综合开展好水污染防治、水生态修复、水环境整治、水安全保护，推动河长制落实落地，让群众有更多实实在在的获得感和幸福感。

（4）甘肃省委书记、省总河长林铎在陇南市开展巡河调研。2020年6月10日，甘肃省委书记、省总河长林铎在陇南市武都区开展巡河调研。他强调，要以习近平生态文明思想为指导，深入贯彻习近平总书记对甘肃重要讲话和指示精神，严格落实河湖长制，担当尽责、真抓实干，努力提升河湖治理体系和治理能力现代化水平，打造河清岸绿的良好生态环境，加快建设山川秀美新甘肃，筑牢国家西部生态安全屏障。来到白龙江干流武都城区段，林铎察看河道治理和保护利用情况，详细了解了河长制落实和防汛减灾等工作。

（王燕　张函）

3. 长江流域"十年禁捕"　2020年12月31日，甘肃省在陇南市举行长江流域重点水域"十年禁渔"专项整治行动。2020年甘肃省安排长江禁捕工作经费228.83万元，用于长江禁渔宣传培训、举报奖励、执法巡护等。专项整治行动启动后，各地农业农村部门会同公安、市场监管等部门开展联合行动104次，出动执法人员3583人次，检查水生生物保护区95次，清理违规网具数量532张（组），联合执法机制逐步建立。开展"四清四无"（清船、清网、清江、清湖，无捕捞渔船、无捕捞网具、无捕捞渔民、无捕捞生产）大排查。大力宣传长江禁捕政策和相关法律法规，甘肃省境内长江流域各市（县）开展各类媒体宣传183次，发放宣传材料10万余份，提升沿江群众对长江禁捕政策的知晓率。

（徐永武）

【重要文件】

（1）《甘肃省全面推行河长制工作方案》（2017年7月3日　甘办发〔2017〕44号）。

（2）《甘肃省实施湖长制工作方案》（2018 年 6 月 15 日　甘办发〔2018〕39 号）。

（3）《关于扎实开展河湖"清四乱"专项整治行动的决定》（2018 年 10 月 12 日　甘肃省总河长令第 1 号）。

（4）《甘肃省 2020 年落实河湖长制工作要点》（2020 年 4 月 9 日　甘肃省总河长令第 2 号）。

（5）《甘肃省河长制湖长制督察方案》（2019 年 10 月 12 日　甘办字〔2019〕148 号）。

【地方政策法规】　《河湖及水利工程土地划界标准》（DB62/T 446—2019）　　　　　　（张函）

【专项行动】

1. "携手清四乱　保护母亲河"专项行动　2019 年 1 月 15 日，甘肃省检察院和省水利厅联合印发《"携手清四乱　保护母亲河"专项行动实施方案》，2019 年 1 月 31 日，双方共同在兰州召开"携手清四乱，保护母亲河"专项行动部署会，专项工作在甘肃省正式启动。2019 年，全省立案公益诉讼案件 950 件，发出检察建议 855 件，提起公益诉讼 17 件，定西市岷县"慕丽水岸"茶楼影响行洪安全案，被最高人民检察院评为专项行动检察公益诉讼典型案例。2019 年 11 月 4 日，双方共同举办专项行动新闻发布会，通报工作情况和成效，发布典型案例。2020 年 4 月 23 日联合印发《持续深入推进"携手清四乱　保护母亲河"专项行动实施方案》，为甘肃省河湖生态治理提供检察司法保障。

（张运良）

2. 河湖联合执法行动　2020 年 4 月 23 日，甘肃省水利厅、甘肃省公安厅联合印发《甘肃省河湖联合执法专项行动实施方案》（甘水河湖发〔2020〕133 号）；2020 年 4 月 24 日，甘肃省水利厅、甘肃省公安厅召开全省河湖联合执法专项行动，对专项行动作出具体部署。该专项行动为期 2 个月，重点打击在河湖管理范围内超采、滥采、盗采砂石构成犯罪，在采砂运砂、买砂卖砂市场中阻挠滋事、强买强卖、强揽采砂业务等构成犯罪等行为，形成震慑效应，让河湖监管"长牙带电"。专项行动中共查处涉河湖违法违规问题 216 个。　（席德龙　张函）

3. 河道采砂整治　全面推行河长制湖长制以来，甘肃省开展河道采砂专项整治行动。自 2018 年起，全省专项整治行动累计出动 3.26 万人次，累计巡查河道 10.52 万 km，查处非法采砂行为 345 起，没收非法砂石 7 300 t，查处非法采砂设备设施 145 台，查处违法采砂案件 41 件，行政处罚 38 人，没收违法

所得 4.27 万元，罚款 189.5 万元，移交刑事案件 5 件，刑事处罚 4 人。同时坚持疏堵结合，规范河道采砂管理，督促全省涉及河道采砂的 58 个县（区、市）全部完成河道采砂规划编制，现有河道采砂场 344 家，全部实行"一年一审一换证"河道采砂许可制度。引导和鼓励试行集中统一管理采砂经营，推动河道采砂企业化、规模化。选取陇南、天水、白银、定西、庆阳五市进行采砂试点，探索建立符合当地实际的河道砂石规范开采与有效监管新模式。通过科学规划、创新经验、有效监管，科学合理开发利用河道砂石资源，确保河道防洪生态安全。

（黄斌）

【河长制湖长制体制机制建立运行情况】　甘肃省搭建河长制湖长制制度"四梁八柱"，在完成河长会议、信息共享与报送、工作督查、考核问责与激励、工作验收等制度的基础上，结合实际建立了河湖巡查监管、河湖问题报告、工作研判转办、乡村级河长履职流程标准、部门联合执法、水行政执法与刑事司法衔接、河湖管护联系包抓、河湖长制重点工作通报、河湖问题有奖举报、"1＋N"（河长＋副秘书长＋秘书处室＋河长办＋责任单位＋下级河长办）河长服务保障、"河湖长＋警长"、跨界河流联防联控等制度机制，河湖管理保护的制度网、督考网、责任网基本建立，形成一级抓一级、层层抓落实的河湖管理保护工作格局。　（席德龙　谢兵兵）

【河湖健康评价】　2016—2018 年，甘肃省对境内疏勒河、黑河、石羊河、苏干湖、黄河干流（含庄浪河）、湟水（含大通河）、洮河、尕海、泾河、渭河、嘉陵江（含白龙江）等 11 条河流、2 个湖泊开展了河湖健康调查与评估工作，其中黄河干流、庄浪河、白龙江、黑河和疏勒河等 5 条河流评价结果为"健康"，湟水、洮河、泾河、渭河、嘉陵江和石羊河等 6 条河评价结果为"亚健康"，苏干湖和尕海评价结果为"健康"。从评价指标看，内陆河和白龙江的水文水资源赋分较低，评价河流中大部分河流物理形态为"亚健康"和"不健康"，多条河流水质和社会服务功能良好。亚健康河流存在的主要问题有岸线过度利用、水体流动性差、鱼类资源损失、水资源过度利用、水质污染等。甘肃省市级河流健康评估工作基本完成，评估结果显示市级河流近 7 成为健康或理想状况。通过河流健康评估工作，为强化河长制湖长制、健全河湖管护体系、推进河湖系统治理提供了技术保障。　（张英　卫芸）

【"一河（湖）一策"编制和实施情况】　2018 年，

甘肃省河长制办公室根据《水利部办公厅关于印发"一河一策"方案编制指南（试行）》（办建管函〔2017〕1071号）要求，组织编制完成嘉陵江（含白龙江）等9条省级河流"一河一策"方案（2018—2020年）（试行），并以省级河长令的形式签发实施。该方案坚持问题导向、统筹协调、分步实施、责任明晰的原则，梳理汇总了各省级河流在水资源管理、水域岸线管理、水污染防治、河道采砂管理、水环境治理、水生态修复、行政执法监管7个方面存在的问题，找出症结，因河施策，提出了治理保护目标、任务和措施，明确了地方政府和省级相关部门的责任，做到可量化、可监管、可考核。甘肃省共为952条河（湖）或河段编制了"一河（湖）一策"方案。各地生态环境局、农业农村局、住建局、林草局等河长制责任单位根据职责分工，积极落实"一河一策"方案，协同推进河湖综合治理、系统治理。　　　　　　　　　（席德龙）

【水资源保护】

1. 节水行动　甘肃省修订《甘肃省实施〈中华人民共和国水法〉办法》，出台《甘肃省节约用水条例》，印发《甘肃省节水行动实施方案》，建立22个省直部门参加的省级节约用水工作联席会议制度，在甘肃省水利厅新设省节约用水办公室。编制《甘肃省"十四五"节水型社会建设规划》《河西走廊国家节水示范区建设规划》；组织修订《甘肃省行业用水定额（2022版）》；举办"第二届中国节水论坛""首届西北节水论坛"；召开全省实施国家节水行动现场推进会。强化节水监管，对369个国家、省、市三级重点监控用水单位开展取用水跟踪监督管理，对174个涉水规划和建设项目开展节水评价。推进节水载体示范创建，39个县被水利部命名为县域节水型社会达标县，6个市达到国家节水型城市标准，7个市达到省级节水型城市标准，评定省级节水型高校10所、节水型企业30家、创建各类节水示范载体3612个，基本覆盖了机关单位、企业、灌区、学校等各类用水户。开展节水宣传教育，"节水中国 你我同行"主题宣传联合行动被全国节水办评为"全国十佳地区"之一。甘肃省水利厅获评水利部、中国宋庆龄基金会联合举办的"第二届全国节约用水知识大赛"优秀组织单位。（彭奇奇）

2. 水资源刚性约束

（1）落实水资源管理制度。实施水资源消耗总量和强度双控，2020年总用水量为109.89亿 m^3，万元地区生产总值和工业增加值用水量分别为117.05m^3和28.68m^3，较2015年累计降幅分别为33.11%和55.8%，分别达到国家确定的"十三五"期末目标，"十三五"期末考核结果为合格；印发《甘肃省水资源监督检查办法（试行）》，进一步健全水资源管理制度体系。

（2）取水许可管理。按照水源类型、取水用途、取水量等划定省市县三级审批权限，印发《甘肃省取水许可电子证照应用推广工作方案》，甘肃省取水许可电子证照系统已正式上线运行，规范水资源管理取水许可电子证照审核发放；加大水资源费征收力度，2020年省级征收水资源费2.59亿元。

（3）水量调度。落实调度管理措施，完成甘肃省2016—2020年度黄河干流、嘉陵江、汉江等水量调度任务；同时，统筹组织疏勒河、石羊河、讨赖河等内陆河及引大、引洮、景电等重点引调水工程开展水量调度，保障"三生"用水合理需求；组织开展甘肃省调水工程基础信息核查填报，摸清全省17项调水工程情况。

（4）地下水管理。落实水利部关于加强地下水资源管理和保护有关要求，印发《甘肃省地下水超采区治理方案》，完成《甘肃省地下水超采区治理方案》确定的阶段性治理目标任务，地下水水位下降趋势得到遏制，部分区域水位回升；下发《甘肃省水利厅关于开展超采区地下水取水许可证核查工作的通知》，对全省超采区地下水取水许可证进行核查，建立全省超采区地下水取用水户名录；开展地下水管控指标确定工作，完成《甘肃省地下水管控指标确定报告》初稿编制。

（5）用水统计。依法实施用水统计调查制度，在全国用水统计调查直报系统中完成名录库建立工作和全省取用水单位年度用水量填报工作，完成2016—2020年度用水总量核算工作。

3. 生态流量监管　强化河流生态流量管控，印发《甘肃省水利厅关于做好全省河湖生态流量确定和保障工作的实施意见》，建立《甘肃省生态流量管理重点河湖名录》，编制讨赖河、大夏河、洮河3条河流生态流量（水量）确定和保障实施方案，建立全省重点河流主要控制断面生态流量（水量）监测成果定期报送机制，对全省10条主要河流14处水量控制断面进行生态流量监控。

4. 重要饮用水水源地安全达标保障评估　对甘肃省11个列入全国重要饮用水水源地名录的水源地，重点从水源工程、供水水质水量、日常管理等方面推动水源地达标建设，每年开展重要饮用水水源地安全保障达标建设年度自评估工作。

5. 取水口专项整治　根据全国取用水管理专项整治行动及黄河流域以水而定量水而行水资源监管

行动部署,在开展长江流域取水工程(设施)核查登记成果基础上,组织开展甘肃省取用水专项整治行动,印发《甘肃省取用水管理专项整治行动实施方案》,在全省组织开展核查登记,完成 57 989 个取水项目的核查登记和 1 265 个(处)长江流域取水工程(设施)整改提升,摸清了取水口数量、问题及取水监测计量现状;2020 年,对省管取用水单位中集中开展为期 3 个月的取用水管理秩序专项整治行动,坚决整治纠正违规取用水行为。

6. 水量分配 甘肃省分属内陆河、黄河、长江三大流域,包括主要河流 11 条。其中,黄河流域为黄河干流、洮河、湟水、泾河、渭河、北洛河,长江流域为嘉陵江、汉江,内陆河流域为石羊河、黑河、疏勒河。截至 2020 年年底,除泾河及湟水(大通河)2 条河流水量分配方案尚未批复外,其余 9 条主要河流均以水量分配方案或相关规划批复确定了省级水量分配,其中疏勒河、黑河、石羊河由相关规划确定;其余河流由流域水量分配方案确定。

(李金蓓)

【水域岸线管理保护】

1. 河湖管护基础工作 甘肃省水利厅组织完成了全省规模以上 118 条和规模以下 1 191 条河流管理范围划定工作,完成了 133 条主要河流、3 个湖泊岸线规划编制工作,明确了河湖空间管控的"三线四区"——临水线、管理线、外缘线,保护区、保留区、控制利用区和可开发利用区。

(谢兵兵)

2. 河湖"清四乱"专项行动 2018 年 7 月,水利部部署全国河湖"清四乱"专项行动后,甘肃省水利厅印发实施《甘肃省河湖"清四乱"专项行动方案》,明确了目标任务、工作范围、时间节点和工作要求。遵循水利部河湖"四乱"问题认定和清理整治标准,结合实际细化实化相应标准 46 条,增强了针对性和可操作性。各地采取日常巡查、无人机航拍、视频监控等方式,对辖区内所有江河、湖库和洪水沟道进行摸排,对人口密集区、洪水易发区、低洼地带等重点区域、重点河段、敏感水域进行重点排查,建立翔实问题台账,集中开展清理整治,落实销号管理制度,清理一处、达标一处、销号一处。全省累计清理整治河湖"四乱"问题 7 574 个,解决了黄河水上清真寺涉水部分、白银四龙镇富豪码头、东乡金强生态旅游度假村等许多"硬骨头"问题。

(张峰)

3. 岸线利用项目整治 按照水利部部署要求,组织开展河湖水域岸线利用项目专项整治行动,以黄河流域为重点,将专项行动范围扩大至甘肃省三大流域,坚持依法依规、分类处置、属地负责,分地方自查、重点核查、边查边改、规范整改四个阶段推进,专项行动任务如期完成,取得预期效果。全省累积排查发现违法违规项目 507 个(黄河流域 413 个),其中拆除取缔类 51 个、整改规范类 456 个,已全部完成整改;共腾退岸线长度近 56km,拆除违建面积约 19 万 m²,清除弃土弃渣超过 19 万 m³,完成滩面复绿 6 万 m²。

(席德龙)

【水污染防治】

1. 排污口整治 2019 年年底,甘肃省在全国率先启动黄河流域生态环境和污染现状调查工作,完成入河排污口、生态环境现状、环境风险等排查,建立黄河流域生态环境基础数据库,编制完成《甘肃省黄河流域生态环境及污染现状调查技术报告》,建成甘肃省黄河流域生态环境成果展示系统。2020 年,根据生态环境部黄河流域入河排污口排查整治工作安排,按照无人机、人工徒步及攻坚排查步骤,开展兰州、白银及临夏州试点市入河排污口排查工作,共计排查入河排污口 4 474 个。

2. 工矿企业污染防治 2016 年前设立的 35 个省级及以上工业集聚区均已建成污水处理厂并配套建设在线监控设施,2018 年新批复的 11 个省级工业集聚区中已有 9 个建成污水处理设施建设、2 个在建。

3. 城镇生活污染防治 全省城市、县城污水处理率分别达到 97%、93% 以上,污泥地级城市污泥无害化处理处置率达到 98% 以上,提前一年完成了"十三五"目标任务;142 个国家重点镇已有 125 个具备污水收集处理能力。

(周颖)

4. 畜禽养殖污染防治 2017 年 8 月 30 日,甘肃省人民政府办公厅印发《甘肃省畜禽养殖废弃物资源化利用工作方案》(甘政办发〔2017〕150 号),提出了工作要求、明确了目标任务。2018 年 6 月 28 日,甘肃省农牧厅、甘肃省环保厅联合印发《甘肃省畜禽养殖废弃物资源化利用工作考核办法(试行)》(甘农牧发〔2018〕202 号),强化地方人民政府组织领导和监督管理责任,推进全省畜禽养殖废弃物资源化利用工作。截至 2020 年 12 月 31 日,全省规模化养殖场粪污处理设施装备配套率达到 96%,全省畜禽粪污综合利用率达到 78%,比 2015 年分别提高 46 个百分点和 18 个百分点。

5. 水产养殖污染防治 2019 年 10 月 16 日,甘肃省农业农村厅、甘肃省生态环境厅、甘肃省自然资源厅、甘肃省发展改革委、甘肃省财政厅等联合印发《关于加快推进水产养殖业绿色发展的实施意见》（甘农发〔2019〕266 号），明确开展水产养殖尾水治理，在酒泉、张掖等集中连片的池塘养殖基地及流水养殖基地，采取进排水改造、生物净化、人工湿地等技术措施开展养殖尾水治理；在甘南、临夏等集中连片的网箱养殖基地，采取在网箱加装粪污收集和处理装置的措施，减轻养殖对水环境的影响；在庆阳、平凉等沟坝区，开展不投饵的滤食性、草食性鱼类等养殖，实现以渔控草、以渔抑藻、以渔净水。 （王燕）

6. 农业面源污染防治　测土配方施肥技术推广覆盖率达到 95.17%，化肥利用率提高到 40.15%，农作物病虫害统防统治覆盖率达到 40.86%。全省规模化畜禽规模养殖场（小区）废弃物处理利用设施配套比例达到 99% 以上，累计完成 2 689 个村农村环境综合整治任务。 （周颖）

7. 船舶港口污染防治　甘肃省落实《中华人民共和国防治船舶污染内河水域环境管理规定》（交通部令 2015 年第 25 号）的要求，对船舶及其作业活动污染内河水域环境加强监督检查。码头经营管理单位、水运企业和船舶经营人建立健全污染防治制度，机动船（卧舱机）安装油水分离装置、配置粪便处理设备以及足够数量的垃圾存储容器等，落实船舶舱底水、生活污水处理后排放和生活垃圾上岸转运处理。兰州、临夏、白银和陇南等 4 个市（州）继续运行本地区港口码头和船舶污染物接收、转运及处置联合监管清单及联合监管制度，完成本地区港口码头和船舶污染物接收、转运及处置设施建设方案的全部建设内容。 （王承）

【水环境治理】

1. 饮用水水源地规范化建设　甘肃省部署开展饮用水水源地环境保护专项行动，按照"划、立、治"的原则，2018—2019 年，先后组织完成了 10 个地级地表水型水源地 45 个环境问题整治和 39 个县级地表水型水源地 111 个环境问题整治；2020 年，组织开展"千吨万人"饮用水水源地环境保护专项行动，组织完成 55 个县级及以上地下水型、203 个"千吨万人"乡镇级集中式饮用水水源地保护区划分批复及矢量图制作。 （周颖）

2. 黑臭水体治理　甘肃省印发实施《城市黑臭水体治理攻坚战实施方案》，连续 3 年组织开展 12 个城市黑臭水体整治环境保护专项行动省级专项督查，督促各地加快提高污水处理水平、加强管网收集系统建设，倒逼补齐城市环境基础设施短板，18 条（其中兰州市 8 条、天水市 2 条、张掖市 4 条、平凉市 4 条）地级城市建成区黑臭水体均完成整治并达到"无黑

臭"等级。2019 年 6 月、10 月，甘肃省平凉市、张掖市分别获批为国家黑臭水体治理试点城市，分别获得国家财政 4 亿元、3 亿元专项资金支持。 （王燕）

3. 农村水环境整治　甘肃省水利厅结合水利部部署的河湖"清四乱"、河湖垃圾、水库垃圾围坝等专项整治行动，以垃圾围坝、河道乱堆乱放垃圾、江河湖渠水面漂浮垃圾及农村房前屋后河塘沟渠清淤疏浚为重点，制定印发了《甘肃省水利厅农村人居环境整治三年行动实施方案》，明确了工作目标、工作责任、主要任务和时间节点。各地以县为单位，对辖区内所有江河湖渠、洪水沟道及注册登记的水库进行拉网式排查。累计排查涉水生活垃圾和建筑垃圾堆放点 15 196 处，打捞水面漂浮物 518.9 万 m³，清理河道、洪水沟道垃圾 194.2 万 t，完成农村房前屋后河塘沟渠清淤疏浚 12 826.8km。 （谢兵兵）

【水生态修复】

1. 大规模国土绿化　甘肃省统筹山水林田湖草沙系统治理，坚持重点工程造林、社会造林、部门绿化和义务植树相结合，加快推进大规模国土绿化，充分发挥森林和草原水源涵养、水土保持能力，巩固和扩大湿地面积、增强湿地生态功能、保护生物多样性，全省国土绿化事业取得成效，实现了森林资源连续增长、沙化荒漠化面积连续减少、重点流域生态环境明显改善，城乡绿色空间不断扩大。2017—2020 年，全省完成造林面积 165.3 万 hm²，创建省级"互联网＋全民义务植树"平台 1 个、市级平台 8 个，募集网络捐款资金募捐金 369.4 万元。创建省级森林城市 4 个，创建省级森林小镇 19个，创建全国森林乡村 159 个。 （喻文健）

2. 生物多样性保护　2018 年，修订《甘肃省实施〈中华人民共和国野生动物保护法〉办法》。甘肃省已建立各类自然保护地 233 处，其中湿地公园 13处。开展全省湿地鸟类专项同步调查，全省湿地鸟类种类达到 158 种，根据调查成果编撰出版《甘肃湿地鸟类图鉴》，推动全省湿地鸟类保护工作。

（王燕）

3. 生态补偿机制建立　甘肃省与宁夏、青海、陕西商议签订黄河流域生态补偿协议，在祁连山地区黑河、石羊河流域开展上下游横向生态保护补偿试点。该试点以"成本共担、效益共享、合作共治"为原则，实施期为 3 年，涉及甘肃省金塔县、甘州区等 7 个县（区）。流域上游承担保护生态环境的责任，同时享有水质改善、水量保障带来利益的权利；流域下游地区对上游地区为改善生态环境付出的成本给予补偿，同时享有上游水质恶化、过度用水的受偿权

利。上下游县区根据实际协商确定补偿基准、补偿方式、联防共治机制等，并签订补偿协议。甘肃省对符合考核断面水质达标、主要水污染物指标较上年度有所降低等相关要求的县区予以奖励。单个县区3年累计奖励资金最高达1 000万元。

（张函）

4. 水土流失治理　截至2020年年底，甘肃省累计治理水土流失面积10.10万km²，其中，新修梯田222万hm²、营造水保林361万hm²、种草77万hm²、封禁治理203万hm²、其他措施107万hm²。"十三五"期间，全省新增水土流失治理面积3.09万km²，其中黄河流域1.75万km²、长江流域0.35万km²、内陆河流域0.99万km²。甘肃省坚持山水林田湖草沙统一规划、综合治理，依托中央预算内投资、中央财政资金、农业综合开发资金，累计完成中央投资22.58亿元，完成水土流失治理面积3 988.95km²。全省共建成各类淤地坝1 600座，其中大型淤地坝559座，中型淤地坝451座，小型淤地坝590座。完成275座淤地坝除险加固任务，累计完成中央投资2.39亿元。

5. 生态清洁型小流域建设　截至2020年年底，甘肃省按照清洁小流域试点工作要求，利用小流域综合治理资金，在陇南市康县、徽县、成县和两当县等4个县建成23条清洁小流域。"十三五"期间，建成了13条清洁型小流域，实现了从改善人居环境、建设美丽乡村、管理经营美丽乡村到打造不要门票的全域生态旅游大景区"三部曲"的循序推进，探索出了贫困山区脱贫攻坚与乡村振兴统筹推进的高质量发展路径。

（王淑娟）

【执法监管】

1. 河湖执法　甘肃省水利厅制定印发《甘肃省河湖执法工作方案（2018—2020年）》，组织14个市（州）开展以河流、湖泊、水库及河湖执法工作为重点的执法督查活动，参与环保督察、专项检查、河湖"清四乱"等执法活动48次，抽查检查现场548处，核实高铁沿线安全隐患涉水问题120个，督导整治问题167个，下发《执法检查整改通知书》29份；制定《甘肃省河湖违法陈年积案"清零"行动实施方案》和《甘肃省河湖违法陈年积案查处和整改方案》，2019年5月前全省15起河湖违法陈年积案于2020年6月全部清零。

2. 河湖日常监管　2016—2020年，甘肃省各级水政执法队伍累计开展河湖日常巡查15万余次，巡查河道80万余km，制止违法行为5 088起，查处水事违法案件1 917件，结案1 878件，结案率达97.9%，排查化解水事矛盾纠纷150余起。2020年

1月，甘肃省水利厅制定印发《甘肃省河湖管理保护联系包抓责任制工作方案》（甘水河湖发〔2020〕13号），成立由各厅属单位、厅有关处室组成的19个包抓工作组，常态化开展河湖明察暗访，累计发现并督促整改河湖问题1 049个。

（石晓）

【信息化工作】

1. "水利一张图"　甘肃"水利一张图"基于省级水利云"天地图前置服务"开发，数据组织采用CGCS2000坐标系为空间基准，高程基准采用1985国家高程。已建成基础图层24类（包括流域、水系、湖泊；水库、水电站、水闸、泵站、堤防、引调水工程、水土保持工程；雨情、河道水情、水库水情、水质、土壤墒情、视频监控；地下水水源、地表水水源、取水口等）；水利专题图层8类（江河湖泊专题、抗旱防汛专题、水利工程安全运行专题、水资源开发利用专题、城乡供水专题、节水专题、水土流失专题、水利监督专题），综合业务专题1类（黄河高质量发展与保护专题）。水利对象覆盖全省范围河流1 590条、湖泊9个，水利工程16 899个，监测站点6 423个。建立全省42.58万km²的三维大场景，叠加1∶2 000重点工程DOM影像3处、三维数字模型和BIM模型6处以及已建工程倾斜摄影三维模型11处。省内1 590条河流全部完成上下级关联，主要河流与水库、水电站、水闸、水源地、取水口、水文站等对象实现关联图谱。

2. 河长制湖长制App　该App为全省各级河长办和河湖长提供日常巡河、任务考核、巡河问题上报和处理、信息查阅、数据统计分析等服务。各级河长巡河过程中可实时自动生成巡河轨迹，巡河发现问题可随时上报、处理、反馈；展示河湖、河长湖长、事件等信息；实时查看巡河次数、事件上报以及对河湖数据、河长湖长数据进行统计分析；查阅各级河长办发布的通知公告、政策法规、工作动态、河长湖长信息及"一河（湖）一档""一河（湖）一策"信息，实时掌握河长制湖长制工作推进情况，实时在线视频监控河道情况。

3. 智慧河湖　智慧河湖试点应用采用"视频前端感知、后台智能算法、无人值守、自动报警取证"技术，在黄河白银市白银区、靖远县段试点，该单项于2020年9月开始建设，12月基本建成投入试运行，试点成效显著。2020年，系统试运行以来，在黄河白银8处重点地段智能识别出河湖事件14 448件，其中人员闯入11 876件、船只监测2 291件、车船闯入266件、倾倒垃圾8件、河面漂浮物7件。

（李效宁）

| 青海省 |

【河湖概况】

1. 河流　青海省素有"三江之源""中华水塔"的美誉，是我国重要生态功能区，是我国乃至东南亚重要的生态安全屏障，在全球生态系统中具有独特和不可替代的生态地位。全省流域面积 50km² 及以上河流 3518 条，总长度 11.41 万 km。全省多年平均年降水量 290.5mm，地表水资源量 611.2 亿 m³，入境水量 81.1 亿 m³，出境水量 596 亿 m³；地下水资源量 281.6 亿 m³，与地表水资源不重复量 18.1 亿 m³；水资源总量 629.3 亿 m³，占全国的 2.2％。全省地跨黄河、长江、澜沧江和西北诸河四大流域。其中，黄河流域多年平均水资源总量 208.5 亿 m³，占黄河全流域水资源总量的 29％，多年平均出境水量 264.3 亿 m³（含甘肃、四川入境水量 61.2 亿 m³），占黄河年径流量（利津断面天然径流量 534.8 亿 m³）的 49.4％；长江流域多年平均水资源总量 179.4 亿 m³，全部出境，占长江全流域水资源总量 1.8％；澜沧江流域多年平均水资源总量为 108.9 亿 m³，占澜沧江全流域（国内）水资源总量的 14.7％，多年平均出境水量 126.0 亿 m³（含西藏入境 17.1 亿 m³）；西北诸河多年平均水资源总量的 132.5 亿 m³，多年平均出境水量 26.3 亿 m³。

（申德平　马忠鹏）

2. 湖泊　青海省境内常年水面面积 1km² 及以上湖泊 242 个（含苏干湖、劳日特错、赤布张错等 3 个跨省界湖泊），对应湖泊水面面积 12 825.8km²，主要分布在黄河、长江源头区及西北诸河地区，其中黄河流域 40 个、长江流域 85 个、澜沧江流域 1 个、内陆河流域 116 个。按照湖水矿化度划分，淡水湖（矿化度小于 1g/L）共计 104 个，面积 2 516.17 km²，主要分布在外流河流域；咸水湖（矿化度为 1～35g/L）共计 125 个，面积 10 193.79 km²，主要分布在内陆河区和长江源区；盐湖（矿化度大于 35g/L）共计 8 个，面积 375.09km²，主要分布在柴达木盆地，有著名的察尔汗盐湖、茶卡盐湖等。另外未确定属性湖泊共计 5 个，面积 12.99km²。"十三五"末，青海湖、龙羊峡、李家峡等重点湖库水质稳定在Ⅲ类及以上水质标准。

（马忠鹏　徐得昭）

3. 水质　"十三五"以来，青海省地表水环境质量持续保持稳中向好趋势，列入《青海省水污染防治目标责任书》的 19 个国家考核断面优良比例（达

到或优于Ⅲ类）稳步提升，提前并超额完成国家下达的 2 个断面水质改善任务。"十三五"末，19 个国考断面水质优良比例达 100％，高于国家考核目标 10.5 个百分点，较"十三五"考核基准年增长 15.8 个百分点，劣Ⅴ类水体比例保持在 0。其中，长江、澜沧江出境水质稳定在Ⅰ类，黄河干流水质稳定在Ⅱ类，西北诸河的黑河、柴达木、青海湖等流域水质保持优良，黑河出境水质稳定在Ⅱ类，青海湖各入湖河流和柴达木诸河水质均保持在Ⅲ类及以上水质标准。湟水流域水质得到明显改善，出省断面民和桥年均水质稳定达到Ⅳ类考核目标，Ⅲ类以上水质占比超过 50％。52 个县级及以上集中式饮用水水源水质均达到或优于Ⅲ类。地下水质量考核点位水质级别保持稳定。2016 年以来，《水污染防治行动计划》考核结果保持优良，2019 年考核成绩进一步提升，在全国考核优秀省份中位列第六名。

（文生仓　孙永寿　王有魏）

4. 水利工程　截至 2020 年年底，全省已建成水库（水电站）共 203 座，总库容 342 亿 m³。其中，大型水库 13 座，中型水库 22 座，小（1）型水库 87 座，小（2）型水库 81 座。按水库归口管理部门分：水行政主管部门管理水库（水电站）182 座，能源部门管理水库（水电站）16 座，农业农村部门管理水库 3 座，移民部门管理水库 1 座，村委管理水库 1 座。其中，公益性水库 141 座，非公益性水库（水电站）62 座。已建成堤防工程共 566 段，长度 2 333.6km。其中，1 级堤防工程 3 段共 28.06km，2 级堤防 14 段共 188.58km，3 级堤防 36 段共 83.4km，4 级堤防 359 段共 1 490.2km，5 级堤防 154 段共 543.36km。已建成规模以上（过闸流量≥5m³/s）水闸工程 70 座，其中，中型 5 座、小（1）型 15 座、小（2）型 50 座。　　（王衍璋　文生仓）

【重大活动】　2017 年 10 月 9 日，青海省召开了全省河长制工作电视电话会议，省委书记、总河长王国生出席会议并讲话，省长、副总河长王建军主持，省委常委、副省长、省级责任河长严金海，省委常委、秘书长于丛乐，副省长田锦尘出席会议。

2018 年 6 月 29 日，青海省委常委、副省长、省级河长严金海主持召开了省级河长制工作联席会议，听取全省河长制湖长制工作进展汇报，对下一阶段重点任务再安排再部署。

2018 年 9 月 25 日，青海省政府在黄南藏族自治州尖扎县召开青海境内黄河河湖长现场会议，省委常委、常务副省长、黄河青海省级河湖长王予波出席会议并讲话。

2019年2月18日，青海省河长制湖长制工作会议在西宁召开。省委书记、省人大常委会主任王建军亲切接见受表彰的先进集体和个人，省长、省总河湖长刘宁讲话。

2020年4月23日，青海省委、省政府召开了2020年全省河长制湖长制工作会议，省委书记、省人大常委会主任、省总河湖长王建军讲话，省长、省总河湖长刘宁主持，会上宣读了2020年第1号总河湖长令，副省长严金海通报了河长制湖长制工作情况，有关市（州）总河湖长述职。

2020年6月5日，青海省召开了全省黄河河长制湖长制工作座谈会。

（程鹏 吉定刚）

【重要文件】 （1）2017年4月22日，中共青海省委印发《关于成立青海省全面推行河长制工作领导小组的通知》（青委〔2017〕90号）。

（2）2017年5月27日，青海省委办公厅、省政府办公厅印发《青海省全面推行河长制工作方案》（青办字〔2017〕38号）。

（3）2017年7月24日，青海省河长制办公室印发《关于分解落实全面推行河长制工作任务的通知》（青河办函〔2017〕2号）。

（4）2017年9月19日，青海省全面推行河长制工作领导小组印发《关于印发青海省全面推行河长制有关工作制度的通知》（青河组〔2017〕1号）。

（5）2018年5月22日，青海省河长制湖长制办公室印发《青海省省管河湖"一河（湖）一策"实施方案》（青河办〔2018〕10号）。

（6）2018年5月24日，青海省委办公厅、省政府办公厅印发《青海省实施湖长制工作方案》（青办字〔2018〕50号）。

（7）2018年7月4日，青海省河长制湖长制办公室印发《关于印发青海省实施湖长制任务分工的通知》（青河办〔2018〕16号）。

（8）2018年，青海省人民政府办公厅印发《青海省人民政府办公厅关于加强长江青海段水生生物保护工作的实施意见》（青政办〔2018〕187号）。

（9）2019年2月25日，青海省河长制湖长制办公室印发《关于进一步强化河长湖长及河长制湖长制责任主体履职尽责的通知》（青河办〔2020〕3号）。

（10）2019年3月8日，青海省河长制湖长制办公室印发《青海省关于推进河长制湖长制工作从"有名"到"有实"的通知》（青河办〔2019〕4号）。

（11）2019年6月18日，青海省河长制湖长制

办公室印发《关于进一步强化涉河违规建设项目整改工作的通知》（青河办函〔2019〕8号）。

（12）2019年12月9日，青海省水利厅印发《青海省省管河道采砂规划》[青水河湖（2019）169号]。

（13）2019年7月29日，省委书记王建军、省长刘宁签发2019年1号总河湖长令《关于进一步压实责任强化河湖管护的决定》。

（14）2019年12月20日，青海省水利厅、青海省发展和改革委员会印发《青海省河道非法采砂产品价格认定和危害防洪安全鉴定办法》（青水河湖〔2019〕175号）。

（15）2019年12月25日，青海省水利厅、青海省生态环境厅印发《关于湟水及隆务河河道管理范围的通告》（青水河湖〔2019〕168号）。

（16）2019年12月27日，青海省水利厅、青海省生态环境厅印发《关于黄河等十河三湖管理范围的通告》（青水河湖〔2019〕178号）。

（17）2020年3月11日，青海省水利厅印发《关于进一步强化规范河道采砂管理工作的通知》（青水河湖函〔2020〕87号）。

（18）2020年3月12日，青海省水利厅印发《进一步强化规范河道管理范围内建设项目管理的通知》（青水河湖函〔2020〕93号）。

（19）2020年4月22日，省委书记王建军、省长刘宁签发2020年1号总河湖长令《关于打赢河湖管理保护攻坚战的决定》。

（20）2020年6月5日，常务副省长签发2020年第1号黄河责任湖长令《关于全面落实黄河河湖长制推动解决黄河流域管护突出问题的决定》。

（21）2020年7月21日，常务副省长签发2020年第2号黄河责任河湖长令《关于开展"守护母亲河 推进大治理"专项行动的决定》。

（22）2020年8月4日，青海省检察院、青海省河长制湖长制办公室联合印发《关于加强行政执法与公益诉讼检察协作推动黄河青海流域源头治理的意见》（青检会〔2020〕10号）。

（23）2020年12月1日，青海省水利厅印发《省级责任河（湖）岸线保护与利用规划》（青水河湖〔2020〕110号）。

（24）2017年3月3日，青海省水利厅印发《建立河长制工作进展情况信息报送制度的通知》（青水管函〔2017〕89号）。

（25）2017年3月3日，青海省水利厅印发《全面推行河长制工作督导检查制度》（青水管函〔2017〕95号）。

（26）2017年5月17日，青海省水利厅印发

《关于做好各级河长公示牌设置工作的通知》（青水管函〔2017〕223号）。

（27）2017年9月19日，青海省全面推行河长制工作领导小组印发《青海省全面推行河长制有关工作制度的通知》（青河组〔2017〕1号），包括：《青海省河长会议制度（试行）》《青海省河长制信息制度（试行）》《青海省河长制工作督查办法（试行）》《青海省河长制工作考核办法（试行）》《青海省河长工作验收办法（试行）》。

（28）2018年5月2日，青海省全面推行河长制工作领导小组印发《青海省河湖长巡查工作制度（试行）》（青河组〔2018〕1号）。

（29）2019年5月15日，青海省全面推行河长制工作领导小组印发《青海省河长制湖长制暗查暗访工作制度（试行）》（青河组〔2019〕3号）。

（程鹏　徐得昭　吉定刚）

【地方政策法规】　（1）2015年12月21日，青海省《用水定额》（DB63/T 1429—2015）经青海省质量技术监督局批准，以地方标准发布，并于2016年3月20日正式实施。

（2）2020年1月20日，发布《生活垃圾小型热解气化处理工程技术规范》（DB63/T 1773—2020）。

（3）2020年4月8日，发布《污染影响类建设项目环境监理规范》（DB63/T 1778—2020）。

（4）2020年5月26日，发布《农村生活污水处理排放标准》（DB63/T 1777—2020）。

（文生仓　王有巍　党明芬）

【专项行动】　1."携手清四乱　保护三江源"专项行动　2019年，青海省水利厅会同青海省检察院制定印发《青海省实施"携手清四乱　保护三江源"专项行动工作方案》（青检会〔2019〕2号），省、市（州）、县（市、区）河湖长制办公室与同级检察机关建立了河湖环境治理与司法保护协作机制，联合调度会商，现场督办整改，全面清理整治河湖"四乱"问题并取得实效。专项整治期间，各级检察机关收集"四乱"问题线索41件，立案27件，发出检察建议22件，收到行政机关回复4件，整改2件，督促拆除违建面积47 620m²，破除地面硬化面积约3 200m²。　　　　　　（徐得昭　申德平）

2. 河道采砂专项整治行动　为强化河道采砂管理、规范河道采砂秩序、维护河道防洪安全和生态安全，省河湖长制办公室印发《关于开展河道采砂专项整治行动的通知》（青河湖办〔2020〕9号），开展河道采砂专项整治。截至2020年年底，排查干支流河道4 498km，累计发现零星非法采砂问题46处，依法打击取缔，恢复河道原貌，确保了河势稳定、行洪安全、生态安全。　（申德平　徐得昭）

3. 黄河岸线利用项目专项整治　为切实加强省境内黄河流域河湖岸线管理保护，推进违规利用岸线项目清理整治，制定印发《青海省省级责任河湖岸线保护与利用规划》，划定了岸线保护区、保留区、控制利用区、开发利用区。2020年，省河湖长制办公室印发《关于开展黄河岸线利用项目专项整治的通知》（青河湖办〔2020〕8号），在黄河干流及其主要支流湟水、大通河排查各类岸线利用项目248项，认定违规利用岸线项目41项，已全部完成整改。　　　　　　（吉定刚　陶延怀）

4. "守护母亲河　推进大治理"专项行动　2020年7月21日，李杰翔常务副省长签发2020年第2号黄河责任河湖长令《关于开展"守护母亲河　推进大治理"专项行动的决定》，部署推动"守护母亲河　推进大治理"专项行动，全面推进黄河青海流域河湖"四乱"、违规利用河湖岸线、河道非法采砂、城乡污水、垃圾等专项治理行动取得实效。

（吉定刚　张福胜）

【河长制湖长制体制机制建立运行情况】　1. 体制机制建设　按照中央全面推行河湖长制文件精神，青海省设立了省委书记、省长任双总河湖长、3位副省长任责任河湖长的省、市（州）、县、乡镇、村五级河湖长体系；省、市（州）、县三级设立河长制湖长制办公室，落实了工作人员；全省共设立河湖长6 723名、河湖管护员15 980名，全省4 111个村均设有河湖长，各级河湖长名单在新闻媒体和政府网站进行了公布，建立了全省所有河湖长全覆盖的河湖长制组织体系。

（吉定刚　陶延怀）

2. 制度体系建设　省级出台了河湖长会议、信息报送、信息共享、工作督察、工作考核、工作验收、督导检查、河湖长巡查、暗查暗访、河湖长公示牌设置等10余项工作制度；8个市（州）、45个县（市、区）建立了中央要求的6项以上工作制度，乡（镇）也建立了相关工作制度。省河长制湖长制办公室分别与四川省、甘肃省及西藏自治区的河长办签署跨境河湖联防联控联治协议。设立了河长制湖长制先进集体、先进个人评选表彰项目，形成正向激励长效机制。县级以上河长制湖长制办公室与本级检察机关建立了"河湖长制＋公益诉讼检察"的涉水联合执法长效机制，有力促进了河长制湖长

制各项工作任务的落实。　（徐得昭　张福胜）

3. 考核激励　把河长制湖长制工作纳入省对市（州）经济社会发展考核，强化考核结果运用，实行河湖长述职制度。2020年，青海省批准设立了省级评先奖优表彰项目，形成长效激励机制。

（徐得昭　文生仓）

【河湖健康评价】　2020年，开展健康河湖评价相关准备工作，计划2021年对全省47条河流、2个湖泊、1个水库进行健康评价。　（苏小宁　吉定刚）

【"一河（湖）一策"编制和实施情况】　2017年8月4日，青海省水电设计院编制完成了省管"12河4湖"的"一河（湖）一策"方案任务书，并完成了审查。2018年1月8日，青海省水利厅组织召开省管12河4湖"一河（湖）一策"实施方案专家咨询会。2018年5月22日，青海省河长制办公室印发《关于印发省级一河（湖）一策实施方案的通知》（青河办〔2018〕10号）。截至2020年年底，青海省管12河4湖11库及各市（州）、县管河湖库"一河（湖、库）一策"实施方案编制工作基本完成。

（苏小宁　徐得昭）

【水资源保护】

1. 水资源刚性约束　"十三五"期间，全省深入贯彻"节水优先、空间均衡、系统治理、两手发力"治水思路，推进最严格水资源管理制度落实，重点河湖生态流量得到保障，江河水量分配工作基本完成，地下水管控指标确定工作稳步推进，取水口核查登记圆满收官，水资源监测统计工作切实加强，水资源及节约用水管理日益严格，重点领域改革逐步深化，全面完成用水总量、用水效率、水功能区限制纳污目标任务。2020年，全省用水总量24.28亿 m³（含非常规水0.51亿 m³）。按当年价计，万元GDP用水量81m³，万元工业增加值用水量34m³，农田灌溉水有效利用系数0.501。编制2025年各市（州）用水总量控制指标分解方案。组织编制完成《新形势下黄河可供水量分配方案调整青海需求研究》，为争取调增青海省黄河可供水量指标提供技术支撑。编制完成《青海省水资源可利用量研究报告》，研究提出各市（州）地表水、地下水、非常规水利用量，为合理分水、管住用水奠定了基础。探索研究建立水资源刚性约束制度，起草《青海省实施水资源刚性约束暂行办法》。

（罗长江　马忠鹏　李启旭）

2. 生态流量监管　印发了《湟水流域生态流量

实施方案》《格尔木河生态水量（流量）实施方案》等，进一步明确了省、市（州）、各水库及水电站等相关部门单位职责，确定了湟水、大通河、格尔木河、金沙江、岷江共5条河流生态流量保障目标。根据水文监测成果，2020年湟水、大通河、格尔木河、金沙江、岷江5条河流的11个监测断面生态流量达标率均高于保障目标率90%以上，河流生态流量得到保障。　（罗长江　刘生仓　李启旭）

3. 取用水管理专项整治　组织开展长江流域取水工程（设施）核查登记工作，印发《青海省取水工程（设施）核查登记工作实施方案》，完成长江流域83个取水项目，174个取水工程（设施）的核查登记。组织完成取用水管理专项整治行动取水口核查登记，核查成果通过流域机构审核，共核查登记河道外取水口4 528个，登记取水量19.93亿 m³，占青海省用水总量的76.3%。按取水工程类型分，泵站372个取水量0.98亿 m³，虹吸管70个取水量0.08亿 m³，渠道461条取水量3.60亿 m³，人工河道67个取水量0.82亿 m³，闸276个取水量7.78亿 m³，水井1 370眼取水量4.53亿 m³，其他类型1 912处（主要为农村人饮工程集水廊道）取水量2.14亿 m³。完成长江流域取水工程（设施）核查登记发现的56个问题整改提升工作。安排部署全省取用水管理专项整治行动发现问题整改工作，印发《关于切实加强取用水管理专项整治行动发现问题整改工作的通知》《关于进一步做好取用水管理专项整治行动发现问题整改工作的通知》，分市（州）、一地一天，开展水资源管理工作培训等，按照分类处置、依法处理的原则认真梳理问题，限期完成整改，通过定期通报进度、召开视频会、督促督办等方式推进问题整改。

（马忠鹏　罗长江）

4. 水量分配　印发青海省跨市（州）江河水量分配计划名录，选取湟水作为青海省跨市（州）重点河流水量分配试点，组织编制完成并印发实施《湟水水量分配试点方案》。

（罗长江　李启旭）

5. 重要饮用水水源地安全保障达标建设评估　组织完成2020年度7个国家重要饮用水水源地安全保障达标建设评估工作，经评估7个水源地均达标，6个水源地评估为优，优秀率85.7%。每月组织开展对全省7个国家重要饮用水水源地水质监测工作，监测分析结果逐月上报水利部。

（申德平　罗长江）

6. 节水行动　2019年5月31日，青海省水利厅党组书记、厅长张世丰主持召开专题会议，研究部署节约用水工作，进一步明确重点任务，强化责任担当，推动工作落实。厅党组成员、副厅长谢遵党及厅相关部门主要负责人参加会议。11月6日，经青海省政府同意，青海省水利厅、省发展改革委联合印发《青海省节水行动实施方案》，是青海省贯彻落实国家节水行动的主要依据，也是全省实施节水工作的指导性文件。11月12日，《水利部关于公布第二批节水型社会建设达标县（区）名单的公告》（2019年第14号），青海省大通、湟中、湟源、乐都4县（区）榜上有名。12月19日，青海省人民政府第39次常务会议审议通过《青海省节约用水管理办法》；青海省水利厅联合青海省省直机关事务管理局下发《关于授予西宁市公安局等112家单位青海省公共机构节水型单位称号的通知》，为全省创建节水型社会树立了节水标杆，提供良好示范作用。12月24日，经青海省政府新闻办同意，青海省水利厅、省发展改革委联合召开新闻发布会，就《青海省节水行动实施方案》进行解读并答记者问。新华网、人民网、青海日报、青海电视台等中央驻青及省垣媒体参加会议。

2020年1月15日，青海省人民政府以（第124号令）公布《青海省节约用水管理办法》，标志着青海省节约用水工作步入法治化轨道，实现了"有法可依""有章可循"。3月30日，青海省人民政府办公厅印发《关于建立青海省节水管理联席会议制度的通知》（青政办函〔2020〕52号），成立了由省政府马锐秘书长为召集人，省水利厅厅长张世丰、省发展改革委主任党晓勇为副召集人，省考核办、省教育厅、省科技厅、省工业和信息化厅、省司法厅、省财政厅、省自然资源厅、省生态环境厅、省住房城乡建设厅、省交通运输厅、省农业农村厅、省商务厅、省卫生健康委、省林草局、省市场监管局、省广电局、省统计局、省直机关事务管理局、省能源局、人行西宁中心支行、国家税务总局青海省税务局、青海银保监局共22个省级部门相关负责同志为成员的省级节水管理联席会议制度。4月1日，《青海省节约用水管理办法》施行。5月28日，青海省政府副秘书长、省节水管理联席会议召集人马锐主持召开全省节约用水管理第一次联席会议，24个成员单位有关负责同志参加会议。联席会议副召集人、青海省水利厅厅长张世丰通报2019年全省节约用水工作情况，安排部署2020年节约用水重点工作。青海省发展改革委、省工业和信息化厅、省住房城乡建设厅、省农业农村厅相关负责同志，就落实《青海省节水行动实施方案》作会议发言。11月25日，《水利部关于公布第三批节水型社会建设达标县（区）名单的公告》（2020年第21号），平安区、民和县、互助县、格尔木市、德令哈市榜上有名。

12月9日，青海省水利厅会同省教育厅、省直机关事务管理局组成联合验收组，对青海建筑职业技术学院节水型高校建设进行省级评价验收。

（李启旭 党明芬 申德平）

【水域岸线管理保护】

1. 河湖管理范围划定 2020年年底，青海省水利普查名录内3 518条流域面积50km² 以上河流、242个水面面积1km² 以上湖泊管理范围划定工作基本完成（不含青海湖）。截至2020年年底，河流管理范围划定总长度11.83万km，其中，1∶2 000实际航测底图基础上划定2.05万km，水利部提供1∶10 000遥感影像图基础上划定划9.78万km；埋设实物界桩7.88万根，设立标示牌3427余处。同步划定堤防管理范围1 025处，总长度 2 895.97km。湖泊划定总长度7 889.77km。其中，1∶2 000实际航测底图基础上划定627.75km，水利部提供1∶10 000遥感影像图基础上划定 7 262.02km，埋设界桩1 204根，安装标示牌178面。

（苏小宁 文生仓）

2. 河湖"四乱"整治 2018—2020年，全省累计清理整治"四乱"问题1 472个，拆除侵占河湖的违建15.62万 m²，清理非法占用岸线52.48km，清除河道内垃圾33.14万t，一大批侵占破坏河湖的"老大难"问题得以解决，新增违建、围垦等重大问题得以有效遏制，行洪蓄洪通道得到有效恢复，河湖面貌发生历史性改变。

（徐得昭 文生仓）

【水污染防治】

1. 排污口整治 "十三五"初完成了湟水流域730个排污口整治，基本实现主城区污水的"全收集"；"十三五"期间，流域建成投运城镇生活污水处理厂18座，污水处理能力达到50.75万t/d，较2015年底提高了73.8%，逐步实现"全处理"目标。2020年5月，生态环境部部署启动黄河流域入河排污口排查整治工作，青海省湟水河流域列为首批试点，在省委省政府的坚强领导下，在相关市（州）党委政府一致努力下，圆满完成湟水河流域入河排污口排查试点工作。

（申德平 王有巍 李巧英）

2. 工矿企业污染防治 2018年9月20日，原青海省环境保护厅印发《关于进一步做好全省淀粉等6个行业排污许可证管理工作的通知》。2019年7月19日，青海省生态环境厅印发《关于做好2019年排污许可证核发和管理工作的通知》（青生办〔2019〕71号）。2020年2月12日，青海省生态环境厅印发了《青海省固定污染源排污许可清理整顿和 2020 年排污许可发证登记工作实施方案》（青生发〔2020〕26 号），部署相关行业排污许可证管理工作。截至 2020 年 12 月 31 日，全省共计完成排污许可发证和登记 5 544 家，其中发证 781 家，限期整改 121 家，登记管理 4 642 家，基本实现固定污染源排污许可全覆盖。　（文生仓　王有巍　李巧英）

3. 城镇生活污染防治　青海省发展改革委、省生态环境厅、省住房城乡建设厅联合印发实施《青海省城镇污水处理提质增效三年行动方案（2019—2021）》，努力提升城镇生活污水收集处理水平。2019—2021 年，共争取到污水提质增效中央专项资金 4.174 6 亿元，整合各地自筹资金 1.861 0 亿元，共计 6.035 6 亿元，在西宁市、海东市、德令哈市、格尔木市、茫崖市、玉树市 6 个设市城市安排实施已建成区管网补短板、提升城市生活污水集中收集效能的项目，计划建设改造管网 147.19km。截至目前，累计完成投资 2.94 亿元，已完成建设改造管网总长度 92.75km。针对流域内人口集聚高、污染负荷大、环境问题多的情况，结合两轮中央生态环境保护督察问题整改，督促拆除执行标准低、运行不稳定的西宁市第二污水处理厂，全面实现流域内 18 座生活污水处理厂一级 A 标准排放。

（王有巍　冶姿祎　申德平）

4. 畜禽养殖污染防治　近年来，青海省认真贯彻落实《国务院办公厅关于加快推进畜禽养殖废弃物资源化利用的意见》精神，把畜禽粪污资源化利用工作作为重中之重，坚持保供给与保环境并重，以畜禽粪污肥料化、燃料化利用为方向，推进种养结合、循环发展，在 13 个县（区）开展畜禽养殖废弃物处理和综合利用建设，500 个规模养殖场实施粪污资源化利用设施装备提升改造，探索形成"养殖→粪肥→种植→养殖"农牧循环发展模式，生态环境显著改善，全省绿色健康养殖取得成效。粪污处理设施装备达 862 台套，畜禽养殖废弃物资源化利用率和规模养殖场设施配套率得到显著提高。截至 2020 年年底，青海省畜禽粪污资源化利用率达 81.5%，规模养殖场粪污处理设施配套率达 99%，其中大型规模养殖场的畜禽粪污处理设施配套率达到了 100%。2020 年，国家委托第三方对青海省互助县、大通县 30 家直联直报系统备案养殖场户粪污资源化利用和处理设施设备情况实地进行了检查验收，根据专家组考核评价。2019 年，青海省畜禽粪污资源化利用工作被评为优秀，农业农村部专门发函省政府进行了通报表扬。

（申德平　胡瑞宁　李巧英）

5. 水产养殖污染防治　青海黄河流域梯级库区具有得天独厚的冷水资源和优良水质，已成为国际公认的最优冷水鱼养殖区之一。青海省始终坚持"生态优先，绿色发展"的基本原则，经过多年的探索和实践，确定了三倍体虹鳟鱼为主养品种、深水抗风浪环保网箱为主养模式，初步形成以龙羊峡为龙头，辐射贵德、尖扎、循化、化隆的沿黄冷水鱼养殖适度开发带。目前全省网箱养殖场 27 家，养殖面积 37.9 万 m²（折合 568 亩），三倍体虹鳟产量约 1.5 万 t/年，占全国鲑鳟鱼产量的 1/3。27 家养殖场全部荣获国家水产健康养殖示范场称号，12 家水产养殖场、13 个产品获得农业农村部绿色食品认证，龙羊峡三文鱼通过 ASC 国际海鲜认证和 BAP 国际最佳水产养殖规范认证。产品销往北上广深等 40 余个大中城市，并出口俄罗斯等国家和地区，同时也是全国最大的鲑鳟鱼网箱养殖基地。

（申德平　胡瑞宁　马忠鹏）

6. 农业面源污染防治　联合省农业农村部门印发《关于加强畜禽养殖禁养区划定等工作进展调度的通知》，组织各市（州）开展畜禽养殖禁养区划定工作，全面完成禁养区内 326 处畜禽养殖场的关停拆转。配合起草《关于加快畜禽养殖废弃物资源化利用的实施意见》，协同推进畜禽养殖废弃物资源化利用，全省除牧区外，养殖废弃物资源回收利用率基本达到 75%。

（李巧英　胡瑞宁）

7. 船舶港口污染防治　近年来，青海省严格执行国家防治船舶码头污染内河水域环境的法律法规及地方规定，严禁消耗臭氧物质的任何故意排放，严禁向水域内排放油污水、舱底水及生活污水，严禁向水域内抛投生活垃圾，所有污染物一律打包上岸，由具备防污资质的单位回收、转运和处置，并对全过程进行记录，实施跟踪管理。凡船长为 12m 及以上的所有船舶，均设置告示牌以便船员及乘客知悉关于船舶垃圾处理的规定；对于 100 总吨及以上的所有船舶，以及核准载运船上人员 15 人及以上的船舶，备有《垃圾记录簿》，记录每次排放作业情况。400 总吨及以上的非油船，配有《油类记录簿》和《船上油污应急计划》。小型船舶的水污染物收集和排放情况均记录在《船舶航行日志》或《船舶轮机日志》中备查。船舶保养或修理作业的废油由水运企业和具备防污资质的单位签订《废油回收协议》，当地海事部门做好废油回收日常监管工作，省级海事部门抽查检查回收台账、记录等相关资料，严禁向水域内排放或自行处理。组织实施了通航水域交通安全监管系统工程，建设 7 处应急反应子系统，架设 CCTV 摄像头 54 处，做到所有码头泊位全覆盖，对码头水域进行 24 小时不间断监控，有效杜绝了船舶和码头污染物的随意排放。

（李巧英　赵振利）

【水环境治理】

1. 饮用水源地规划范化建设　青海省政府印发了《青海省集中式饮用水水源地环境保护专项行动方案》，坚持"一个水源地、一套方案、一抓到底"，夯实地方各级政府主体责任，落实"划、立、治"任务，实行包保责任制，扎实推进集中式饮用水水源地环境保护专项行动。2018年，全面完成4个地级水源地的15个环境问题整治，是全国率先完成的4个省份之一；2019年，开展40个县级水源地的61个环境问题整治，较国家要求提前了一个月完成。2020年组织全省各地有关部门齐心协力、攻坚克难，持续推进并完成了全省54个"千吨万人"集中式饮用水水源地保护区划定工作，同时按照"依法依规、实事求是、一源一策、积极稳妥"的原则，先于全国压茬推进农村"千吨万人"集中式饮用水水源地环境问题整治，切实保障了群众饮水安全。在开展全省乡镇级及重点村集中式饮用水水源地调查成果的基础上，依托祁连山山水林田湖草生态保护修复试点项目资金，开展项目区地、县、乡、村四级集中式饮用水水源地规范化建设与管理全覆盖试点工作。"十三五"期间，累计完成地级、县级、重点乡镇"千吨万人"集中式饮用水水源地保护区划定114个（其中，地级9个、县级19个、乡镇级86个），在各类水污染防治专项资金安排过程中优先考虑各级水源地保护，累计安排专项资金1.36亿元，实施西宁市等地区集中式饮用水水源地保护区规范化建设和环境问题整治项目7个，水源地保护管理水平不断提升。同时，围绕集中式饮用水源保护区监管需求，2016年起累计安排专项资金280万元，开展县级以上饮用水水源地遥感动态监控。　（申德平　王有蕊　马忠鹏）

2. 黑臭水体治理　2015年9月，按照住房城乡建设部、生态环境部统一部署，青海省启动了地级城市黑臭水体整治工作，共排查出26处轻度黑臭水体，经公示后向两部委报送了治理清单及措施，通过"截、整、维"三种整治措施分类治理，排查出的黑臭水体于2016年年底全部得到整治。经公众评议，总体满意度达到90%以上，提前一年实现了国家确定的"初见成效"工作目标。2017年，青海省开展了县级市和州府所在地城镇建成区黑臭水体排查工作，经排查，建成区内未发现黑臭水体。2018年，生态环境部、住房城乡建设部对青海省地级城市开展了两轮督查、巡查，确认青海省地级以上城市黑臭水体消除率达到100%。2019年，报请省政府同意，省住房城乡建设厅、省生态环境厅印发《青海省城市黑臭水体治理攻坚战实施方案》，持续深入巩固地级以上城市治理成效，坚决打好黑臭水体治理攻坚战。2020年，经住房城乡建设部评估，全省26处地级以上城市黑臭水体达到"长制久清"目标。

（申德平　冶姿祎）

3. 农村水环境整治　"十三五"以来，青海省围绕实施乡村振兴战略、农村人居环境整治三年行动、"厕所革命"等部署，与扶贫脱贫和高原美丽乡村建设等紧密衔接，着力解决三江源、东部农业区生活垃圾收集转运处理，湟水流域城镇周边部分规模较大村庄污水及全省农牧区村庄公共卫生厕所短缺等问题。省级落实专项资金1亿元，实施西宁市、海东市、黄南州、海南州21个村庄的生活污水治理项目，使农村水环境整治取得成效。

（申德平　王有蕊　李巧英）

【水生态修复】

1. 退田退林还湿　"十三五"以来，青海省累计投入各类资金10.49亿元，实施了三江源、祁连山生态保护与建设综合治理工程湿地保护项目，中央财政湿地生态效益补偿、退耕还湿、湿地保护与恢复、中央预算内湿地保护等重大工程项目，覆盖三江源、祁连山两个国家公园，青海湖、隆宝等8处湿地类型自然保护区，西宁湟水、河南洮河源等19处国家湿地公园和全省重点生态功能区，修复了一批退化湿地，改善了部分重要湿地的生态状况，有效提升了高原高寒湿地和江河源头水源涵养能力。经过考核评估，全省共建有国际重要湿地3处，面积18.4万hm²；湿地类型自然保护区8处，保护湿地面积354.55万hm²；湿地公园（试点）20处，面积32.55万hm²；省级重要湿地32处，面积215.05万hm²。全省湿地保护面积达523.8万hm²，湿地保护率从"十二五"期间的64.29%增加到64.32%。

（申德平　季海川）

2. 水生生物多样性保护　青海高寒、高海拔、贫营养水体等独特的自然条件，孕育了诸多能够适应高原特殊环境的水生生物物种，截至目前，全省分布的各类水生生物中，鱼类主要以裂腹鱼亚科和条鳅亚科为主，分属3目5科17属52种。其中长江水系21种，黄河水系23种，澜沧江水系8种，柴达木水系10种，青海湖水系6种，可可西里水系6种，湟水河水系13种。水生兽类3种，两栖类9种。其中国家一级保护水生生物1种，国家二级保护水生生物有8种（鱼类2种，兽类1种，两栖类2

种），这些水生野生动物起着生态平衡核心链条的作用，具有很高的经济、生态和科研价值。2020年12月以来，先后发布《长江流域青海段禁捕的通告》《关于实施第六次青海湖封湖育鱼的通告》和《黄河流域青海段禁捕的通告》，分别实施为其十年、五年的禁渔期管理制度，严禁一切生产性捕捞活动，全面构建青海省长江、黄河、青海湖"一江一河一湖"重点水域全面禁捕的管理体系。

（申德平　胡瑞宁）

3. 流域生态补偿机制

（1）省际流域生态补偿机制。根据财政部《关于加快推进黄河流域横向生态补偿机制有关事项的通知》要求，积极借鉴相关省份先进经验做法，会同青海省生态环境厅、省水利厅初步拟定《黄河流域（青甘段）横向生态保护补偿协议》，并与甘肃省开展协商沟通，对具体条款进行修改完善。

（2）省内流域生态补偿机制。拟定《青海省重点流域生态补偿办法（征求意见稿）》，拟以长江、黄河和澜沧江流域以县区为单位开展上下游生态保护补偿，以生态指标考核为导向，统筹重点生态功能区转移支付资金，激发地方政府加强生态环境保护的积极性，通过省内重点流域生态补偿政策的实施，促进源头及干流地区生态环境质量持续改善和提升。

（丁启宏　马忠鹏）

4. 森林生态效益补偿　根据国家林业局 财政部关于印发《国家级公益林区划界定办法》和《国家级公益林管理办法》的通知（林资发〔2017〕34号），国家级公益林每亩补助10元，非国有林每亩补助16元。

5. 草原生态保护补助奖励　2016—2020年为新一轮政策周期，将禁牧补助提高到每年每亩7.5元，草畜平衡奖励提高到每年每亩2.5元，并加大绩效奖励力度，促进草原畜牧业发展方式转变，坚持因地制宜，调整半农半牧区政策实施方式。青海省继续实施差别化补奖政策，其中，禁牧补助标准为：果洛、玉树每亩补助6.4元，海南、海北每亩补助12.3元，黄南每亩补助17.5元，海西每亩补助3.6元；草畜平衡奖励标准统一按国家每亩奖励2.5元的标准执行。2021—2025年为第三轮政策周期。

（丁启宏　申德平）

6. 湿地生态效益补偿　2014年，财政部、国家林业局实施湿地生态效益补偿政策，对因保护珍稀鸟类等野生动物的需要而给予国际重要湿地、国家级湿地自然保护区及其周边1km范围内的耕地承包经营权人造成的经济损失予以适当补偿。

（丁启宏　马忠鹏）

7. 耕地保护补偿　2015年起，国家将"农作物良种补贴、农资综合补贴和种粮农民直补"三项补贴合并为"耕地地力保护补贴"。在此基础上，2017年通过完善政策，根据统计部门提供的各市（州）和国有农牧场上年粮油作物种植面积，每亩补贴100元，补贴资金通过"一卡（折）通"直接兑现到户，鼓励各地以绿色生态为导向，将补贴资金主要用于化肥农药减量增效、增施有机肥、秸秆肥料化利用、发展节水农业、推广深松整地、种植绿肥等，切实加强农业生态资源保护，自觉提升耕地地力。

（丁启宏　申德平）

8. 水土流失治理　2016—2020年，全省水利行业共投入水土保持资金12.98亿元（中央资金10.64亿元，省财政资金2.34亿元），实施水土保持综合治理工程264项，完成治理水土流失面积1903.78km²，建成小型水保工程4114座。项目范围涵盖7个州（市）的28个县（区、市），受益人口66.32万人，受益村709个，受益贫困人口12.09万人，受益贫困村380个，吸纳贫困劳动力2.06万人。减少土壤流失量426.69万t，保水3665.89万t，增产粮2.25万吨，农牧民增收约1.04亿元。

（刘生虎　申德平）

【执法监管】

1. 联合执法　2020年8月4日，青海省检察院、青海省河湖长制办公室联合印发了《关于加强行政执法与公益诉讼检察协作推动黄河青海流域源头治理的意见》（青检会〔2020〕10号），健全"河湖长＋检察长"常态化工作机制。联合青海省政府督查室、省生态环境厅、省农业农村厅等有关部门，形成工作全力，督查各地围绕水资源保护、水域岸线管理、水污染防治、水环境治理、水生态修复、执法监管等重点任务，实施系统治理、综合治理情况，坚持以问题为导向，建立河湖问题台账，实行销号管理。对督查发现和群众反映的河湖疑难问题，青海省河长办行文相关市（州）河湖长办，市（州）河湖长办转给相关成员单位和责任河湖长，形成解决问题双路制，一路由成员单位牵头解决，一路由河湖长协调解决，形成发现、交办、整改、销号问题闭合处理体系。

（申德平　徐得昭）

2. 河湖日常监管　聚焦河湖"四乱"、非法采砂、违规利用岸线项目等问题整治，采取河湖长带队督查、水利部门专项督查、部门携手联合督查、省市县分级督查和转办、交办、盯办、督办的"四查四办"模式，做到真抓真管真改。认真贯彻执行《青海省河长制湖长制暗查暗访工作制度（试行）》，对发现的重点问题建立台账，逐项明确责任、整改措施和完成时限，采取挂牌督办，向地区总河长湖长现场交办、致信督办等方式，督促问题整改。省水利厅成立工作组，分片包干督导8个市（州）推进存量问题整改。市（州）、县、乡、村河湖长和河湖管护员常态化开展巡查管护，实现河湖监管全覆盖、无死角。

（徐得昭　申德平）

【水文化建设】　青海省十分重视水利风景区建设的规划工作，制定了《青海省水利风景区管理细则》，编制了《青海省水利风景区发展总体规划（2016—2030）》，确立了与生态环境治理保护、河湖管护和水利工程建设管理有机统一的建设发展思路，提出了"一大国家公园、两大发展带、三大城市综合服务区、四大发展片区、33个国家水利风景区、17个省级水利风景区"的建设发展总体思路。近年来，青海省因地制宜，突出青海山水特色，在水利风景区建设中充分融入河湟文化、热贡文化、禹王传说、喇家遗址、三江源水文化等当地历史文化遗存，提升水利风景区的文化承载力和文化品位。多方联动，联合旅游等相关部门、新闻媒体推介水利风景区，联合科研部门挖掘景区文化，充分利用"大江、大河、百库、千湖"的水利风景资源，累计建成水利风景区18家，其中国家级水利风景区13家，省级水利风景区5家。历时1年，广泛收集水利风景区资料数据，经多次筛选修订编辑，完成并正式出版了《走进大美青海水利风景区》《大美青海三江之源》宣传画册及宣传视频，图文并茂、生动形象地展示了青海省水利风景区的美丽风光；青海日报、青海电视台频道成为青海省水利风景区媒体宣传的主阵地，多次以水利风景区为主题报道宣传，有效提升了青海省水利风景区的社会影响力和知名度。

（张福胜　武建斌）

【信息化工作】　青海"水利一张图"是2020年实施的青海省水利信息化资源整合共享工程（一期）项目的重要技术成果，整合空间和非空间数据资源，采用面向对象的统一水利数据模型开展整合，整合形成面向对象建模、统一语义空间的空间数据资源，便于数据资源的共享利用和深层次挖掘，实现水利数据空间、属性的一体化管理，配置典型地图模板，发布规范的统一地图服务，为各类业务应用提供规范、权威和高效的地图服务。

1. 空间数据资源　空间数据资源的共享主要采用标准化、规范化的共享地图服务和服务接口的方式，实现服务接口的统一安全认证体系控制，提供

接口的指导和开发学习资料，便于快速掌握资源服务内容及使用方法，包括服务接口和在线应用开发接口等方面。为实现信息资源的有效利用，避免重复建设，提高效益的重要条件，对于保证数据的整体性、协调性和信息流的畅通性，充分发挥数据的整体和集成效应意义重大，需着重考虑数据共享实现的可操作性。地图服务遵循OGC服务规范，按基础底图和水利专题应用的分类进行地图服务的发布。底图采用切片缓存方式发布WMTS服务，水利专题图层采用动态方式发布WMS和WFS两类服务。

（白洁琼　马忠鹏）

2. "水利一张图"　青海"水利一张图"融合地理信息、大数据、网络通信等技术，遵循行业标准，整合了水利部一张图、青海省自有、天地图等来源的国家基础、水利基础及水利专题3大类共21余种空间信息资源，构建了"共建共享"服务体系，充分利用空间信息客观性、一览性、直观性和普适性的特点，以地理要素为纽带，实现了河湖水系、水利工程、涉水管理对象等要素的空间信息、业务信息的综合汇聚、分析、展现，帮助管理人员直观了解管理目标的位置、分布和空间关系，快速掌握业务数据现状，是不可或缺的信息化基础设施。

青海"水利一张图"，整合上图了河流湖泊、河流湖泊、水库、水电站、泵站、堤防、水闸、灌区、引调水工程、取水口等21类水利对象，主要包括各类对象的基础信息和照片；集成了东大滩水库等20座水库的全景信息和8座水库的视频信息；链接展示1788个水文站的水雨情监测和311个取用水监测点的取水量监测数据。

青海"水利一张图"具有专题切换、基础浏览、信息查询、空间量算、统计分析、应用集成等方面功能，满足不同水利应用场景：通过切换不同的专题如防汛抗旱、河湖管理等，变化接入的图层、功能和工具，以满足不同类型的水行政管理需求；以地图为主要表现形式，实现管控要求、管控范围、管控对象的全要素空间撒布，并结合书签、放大镜、卷帘等多种工具方便用户浏览各类水利对象；通过综合查询、关键字查询、类型查询、地图点击查询等多种方式实现水利对象的快速检索；通过定位、测量等多种工具，方便用户开展空间量算工作；通过统计分析工具，快速获取各类水利对象的关键统计指标；同时以水利对象为纽带，集成各类应用，关联管理信息、业务信息、监测信息，为共建共享与协同应用奠定良好的基础。

青海"水利一张图"已形成综合管理、防汛抗

旱、河湖管理、水资源管理、农村牧区饮水、水工程运行等6大专题,在各类水行政管理工作中发挥了不可替代的重要作用。青海水利一张图融合了河湖水系、水利工程、涉水管理对象的空间信息、业务信息、监测信息,动态展现了各水利对象现状分布、各监测站点成果数据、各类管理过程信息,提供了统一的共建共享服务体系;同时青海"水利一张图"提供了各类查询工具、量算工具、分析工具,为各项水行政管理工作的开展提供了信息化支撑手段,在现状摸底、综合规划、内业分析、动态监管等方面起到了重要作用。

通过青海"水利一张图"的建设实施,有效促进了空间数据资源的长序列积累,增强了专业系统间业务协同能力,打破了纵向业务领域信息的烟囱壁垒,践行了信息化与业务管理的深度融合,为提升水行政管理能力提供信息化支撑,为数字孪生流域建设、智慧水利建设积累宝贵经验。

(白洁琼　申德平)

3. 河长App　2018年9月至2019年9月,历时1年,完成了青海省"河湖长通"App开发,基本实现了为省、市、县、乡、村五级河湖长、巡河员提供办公服务,河湖巡查、管理的业务需求,通过日常河湖巡查发现问题,上报问题、问题处理、任务派发,与河湖长制管理应用PC端互相结合,很好地开展河湖管理工作。2020年完成了青海省"河湖长通"App与各市(州)、县(市、区)两级河湖长App平台对接工作,完成对基础数据的更新、完善和维护。

(申德平　武建斌　白洁琼)

| 宁夏回族自治区 |

【河湖概况】

1. 河湖数量　宁夏回族自治区(以下简称"宁夏")境内有黄河、清水河、典农河、茹河、泾河、渝河、葫芦河、苦水河、红柳沟、水洞沟等主要河流,流域面积50km²及以上河流(含排水沟)406条(全国第一次水普数据),总长度为10 120km。其中,流域面积100km²及以上河流165条,总长度为6 482km;流域面积1 000km²及以上河流22条,总长度为2 226km;流域面积10 000km²及以上河流2条,黄河境内长度为397km,清水河长度为319km。境内湖泊湿地主要分布在黄河、清水河流域,常年水面面积1km²及以上的30个,总面积约为267km²;1km²以下的200余个。全自治区纳入河长制湖长制管理的河流、湖泊、沟道共有997个。

(王学明)

2. 河湖水量　宁夏引黄灌区湖泊湿地补水口58处,主要有沙湖、典农河(含阅海公园)、腾格里湖、鸣翠湖等规模较大湖泊,为保障湖泊湿地生态用水,促进重点湖泊湿地生态系统修复和改善,湖泊湿地补水力度逐年加大,补水量增长较快。2016年以来,湖泊湿地年均补水量超过2亿m³;2020年,生态补水量达到2.58亿m³。

(牛有为)

3. 河湖水质　2020年,黄河干流宁夏段6个国控断面均为Ⅱ类水质。境内9条黄河支流Ⅱ类水质断面10个,占50.0%;Ⅳ类5个,占25.0%;劣Ⅴ类5个,占25.0%。与上年同期相比,Ⅱ水质断面比例上升7.1个百分点,Ⅳ类下降8.3个百分点。全自治区沿黄7个重要湖泊(水库)水质为轻度污染,22条主要排水沟水质总体为轻度污染,Ⅱ~Ⅲ类水质断面占45.8%,Ⅳ类占31.4%,Ⅴ类占11.4%,劣Ⅴ类占11.4%。11个国控集中式饮用水水源地中9个水源地达到饮用水水源考核目标,18个自治区控集中式饮用水水源地中9个水源地达到饮用水水源考核目标。

(张勇)

4. 水利工程　2016年以来,全面完成黄河宁夏段二期防洪工程建设,建设工程总投资29亿元,建成标准化堤防工程14.2km、河道整治工程76处、坝垛1 042道(座),区段防洪标准提高到20~50年一遇。累计投入26.8亿元,治理支流清水河和苦水河130km、中小河流1 027km、山洪沟道43km,不断筑牢区域防汛安全防线。通过PPP等模式引入社会资本投资,大力实施清水河、葫芦河、茹河、渝河等重点河流生态综合治理,实现了河畅、水清、岸绿、景美。推进河湖水系连通、水美乡村试点等重点项目建设,石嘴山市沙湖与星海湖水系,吴忠市环城水系,中卫市亲河湖、雁鸣湖水系连通和泾源县、沙坡头区全国水系连通及水美乡村试点等项目相继建成并发挥效益,助力全自治区河湖水生态环境持续好转。大力推进小流域综合治理、坡改梯、淤地坝建设等水土保持重点工程,累计治理水土流失面积4 400km²,治理程度达58%。

(田钊)

【重大活动】　(1)2017年7月4日,自治区党委书记、总河长石泰峰主持召开自治区总河长第一次会议。自治区副总河长、政府主席咸辉及自治区有关领导出席,自治区河长制责任部门负责同志参加。

(2)2017年9月14日、21日,自治区河长办分别在灵武市、彭阳县组织召开全区推行河长制工作(川区、山区片)观摩座谈会,自治区河长制有关成员单位领导、各市、县(区)政府及河长办负责人参加。

（3）2018年4月12日，自治区党委书记、总河长石泰峰主持召开自治区总河长第二次会议。自治区副总河长、政府主席咸辉及自治区有关领导出席，自治区河长制责任部门负责同志、各市、县（区）总河长参加。

（4）2018年7月6日、13日，自治区河长办分别在隆德县、沙坡头区组织召开全区推行河长制工作（山区、川区片）观摩座谈会，自治区河长制有关成员单位领导、各市、县（区）政府及河长办负责人参加。

（5）2019年1月19日，自治区党委书记、总河长石泰峰主持召开自治区总河长第三次会议。自治区副总河长、政府主席咸辉及自治区有关领导出席，自治区河长制责任部门负责同志、各市、县（区）总河长参加。

（6）2019年11月13日，自治区河长办组织在同心县、利通区观摩美丽河湖建设工作，并在银川阅海宾馆召开美丽河湖建设推进会，自治区副主席王和山出席会议并讲话，自治区河长制有关成员单位领导、各市、县（区）政府及河长办负责人参加。

（7）2020年8月24日，自治区党委书记、总河长陈润儿主持召开自治区总河长第四次会议。自治区副总河长、政府主席咸辉及自治区有关领导出席，自治区河长制责任部门负责同志参加。

（8）2020年10月15日、16日，自治区河长办组织在泾源县、原州区观摩美丽河湖建设工作，并在固原市召开美丽河湖建设观摩会及河湖管理工作座谈会，自治区河长制有关成员单位领导、各市、县（区）政府及河长办负责人参加。（杨继雄）

【重要文件】 （1）2017年4月19日，自治区党委办公厅、人民政府办公厅印发《宁夏回族自治区全面推行河长制工作方案》（宁党办〔2017〕43号）。

（2）2017年7月11日，自治区河长办印发《宁夏回族自治区全面推行河长制会议制度（试行）》《宁夏回族自治区全面推行河长制督导检查制度（试行）》《宁夏回族自治区全面推行河长制信息报送公开制度（试行）》《宁夏回族自治区全面推行河长制工作考核管理办法（试行）》（宁河长办发〔2017〕2号）。

（3）2017年9月4日，自治区河长办印发《宁夏回族自治区河长巡查工作导则》 （宁河长办发〔2017〕13号）。

（4）2017年12月22日，自治区人民政府办公

厅转发《自治区国土资源厅水利厅关于河湖水域岸线划界确权工作方案的通知》 （宁政办发〔2017〕213号）。

（5）2018年3月9日，自治区河长办印发《关于在湖泊实施湖长制的意见》（宁河长办发〔2018〕3号）。

（6）2018年3月19日，自治区河长办印发《宁夏回族自治区河湖长制重点工作月通报暂行办法（试行）》（宁河长办发〔2018〕4号）。

（7）2019年1月19日，自治区河长办印发《宁夏美丽河湖建设行动方案（2019—2020年）》（自治区总河长1号令）。

（8）2019年8月30日，自治区河长办印发《宁夏河湖长制工作水质水量断面交接制度》《宁夏河湖长制信息报送制度》（宁河长办发〔2019〕15号）。

（9）2020年8月24日，自治区河长办等联合印发《关于在河长制工作中建立"河长＋检察长＋警长"工作机制的意见》（宁河长办发〔2020〕11号）。

（10）2020年8月28日，自治区河长办印发《宁夏回族自治区全面推行河长制工作考核办法》《宁夏回族自治区全面推行河长制工作督导检查制度》《宁夏回族自治区河湖长制工作督办约谈通报制度》（宁河长办发〔2020〕13号）。（杨继雄）

【地方政策法规】 （1）2016年10月31日，《宁夏回族自治区水资源管理条例》经宁夏回族自治区第十一届人大常委会第二十七次会议通过，2017年1月1日起实施。

（2）2019年7月17日，《宁夏回族自治区河湖管理保护条例》经宁夏回族自治区第十二届人大常委会第十三次会议通过，2019年9月1日起施行。

（3）2020年1月4日，《宁夏回族自治区水污染防治条例》经宁夏回族自治区第十二届人民代表大会常务委员会第十七次会议通过，2020年3月1日起实施。

（4）2020年4月9日，自治区河长办印发《宁夏河湖"四乱"问题认定及清理整治标准》《宁夏河湖"四乱"问题整改验收销号办法》（宁河长办发〔2020〕3号）。

（5）2020年11月5日，自治区水利厅印发《宁夏美丽河湖评价管理办法（试行）》 （宁水河湖发〔2020〕13号）。（杨继雄）

【专项行动】

1. 清河专项行动 2017年12月6日，按照黄

委工作安排，自治区河长办印发《关于开展"清河专项行动"的通知》（宁河长办发〔2017〕29号），对全自治区"清河行动"工作进行部署。共排查河湖"四乱"问题58个，全部按期整改完成。

2. 河道采砂整治行动　2018年4月25日，自治区河长办印发《关于开展河道采砂整治行动的通知》（宁河长办发〔2018〕6号），对河道采砂整治工作进行部署。与此同时，黄河宁夏段全线禁采，全自治区河道采砂事项得到进一步规范。

3. 河湖"清四乱"专项行动　2018年7月，按照水利部统一部署，自治区水利厅印发《关于开展全区河湖"清四乱"专项行动的通知》（宁水建发〔2018〕33号），对全自治区乱占、乱采、乱堆、乱建等河湖突出问题开展了集中清理整治。截至2019年11月，共排查出的"四乱"问题数量338个，整改销号率100％，河湖岸线管控进一步严格。

4. "携手清四乱，保护母亲河"专项行动2019年1月，自治区人民检察院、自治区河长办印发《"携手清四乱　保护母亲河"宁夏专项行动实施方案》（宁河长办发〔2019〕3号），各市县检察机关、河长办加强协作，对辖区内河湖"四乱"问题进行摸排梳理，列出清单，逐一整改，共排查河湖"四乱"问题379个，年底前全部完成清理整治。

（杨继雄）

【河长制湖长制体制机制建立运行情况】　印发《宁夏全面推行河长制工作方案》（宁河长办发〔2019〕3号），组建自治区全面推行河长制办公室，成员单位27个部门，对水利、生态环境等12个重点责任部门明确了具体职责清单，成立市、县、乡河长制办公室，落实各级河湖长4 000余名，实现自治区、市、县、乡、村五级河湖长体系全覆盖。

1. 完善制度体系　持续建立完善"1＋N"制度体系，制定《宁夏河湖管理保护条例》及河湖长制工作考核、督导、检查、督办、约谈、通报等制度，逐步规范河湖长制运行方式。强化河湖岸线资源依法管理和规范利用，启动完成一批重点河湖岸线保护利用规划和采砂规划编制，从顶层设计上规范河湖岸线利用行为，强化规划约束与管理。

2. 完善工作机制　印发《关于建立"河长＋检察长＋警长"工作机制的意见》（宁河长办发〔2020〕11号）、《河湖"四乱"问题认定及清理整治标准》《河湖"四乱"问题整改验收销号办法》（宁河长办发〔2020〕3号）、《全区生态环境监督执法正面清单实施方案》等，逐步构建了较完备的河长制工作机制，倒逼责任落实、压实工作责任。建立自治区河长办联合

办公机制，协同推进河长制落地见效。创新河长制督办通报机制，确保各项任务落实到位。

3. 构建联动格局　与甘肃、内蒙古等省（自治区）建立跨省河流河湖长制工作协作联动机制，签订跨界河流突发水污染事件联防联控框架协议，将黄河流域16条重要干支流纳入流域联防联控名录。生态环境、自然资源等27个部门与地方协同推进落实水污染、水生态、水环境等治理任务。

4. 突出系统治理　加快推进用水权改革，深入实施节水行动，坚决管住用水总量。常态化推进河湖"清四乱"，有效管控河湖岸线，强化河湖划界成果上图，实现"水利一张图"管理。严格河湖岸线用途管制，黄河宁夏段河道管理范围内全面禁种高秆作物。严格实行一季度一次明察＋若干次暗访督导巡查，督促市县加快问题整治。

5. 创新管护模式　在全国率先以省为单位推广建立"三长"河湖管护新模式，实现业务监督、行政执法、刑事司法、检察监督有机衔接。银川市搭建"智慧银川＋河长制"工作平台，通过《电视问政》聚焦河湖长制热点难点问题；吴忠市成立综合执法大队，推行"河长＋警长"模式，加强跟踪督办整改落实；中卫市建立"三实四制"管理模式，推行河长制与农田水利基本建设相结合。　（杨继雄）

【"一河（湖）一策"编制和实施情况】　根据水利部《"一河（湖）一策"方案编制指南（试行）》（办建管函〔2017〕1071号）、《宁夏"一河（湖）一策"方案编制指导意见》（宁河长办发〔2017〕10号）等相关要求。2018年3月，编制完成重点跨省河流（黄河）、典农河、清水河、茹河、葫芦河、泾河、渝河7条自治区级河流的"一河一策"方案。同年6月、8月分别通过方案审查、审定，并经自治区河长办审批实施。市（县）级其他河流"一河（湖）一策"方案的编制工作，按照属地管理原则进行组织进行，其方案经报审后实施。　（刘晓龙）

【水资源保护】

1. 水资源刚性约束　2016年以来，宁夏深入落实最严格水资源管理制度，实行水资源消耗总量和强度双控行动。对5个地级市人民政府、宁东管委会、农垦集团落实最严格水资源管理制度和节水型社会建设工作开展考核，考核结果由自治区人民政府通报。2020年宁夏最严格水资源管理工作得到国家考核认可。严格执行超红线指标的县（区）"双限批"政策，坚决遏制不合理用水需求。强化计划用水和取水许可管理，对纳入取水许可管理的单位和用水

大户下达取用水计划，推进用水过程监督管理。率先开展以水定需管控实施方案，国家分配的水量指标全部分配到县，实现三级水资源管理约束指标全覆盖。开展水资源承载能力监测预警机制建设，全自治区年取水 50 万 m^3 以上用户全部在线监测，实现了国家和自治区重点取用水户的监测全覆盖，监测比例达到许可水量的 98% 以上和总用水量的 85%。实现取水行政许可电子证照全域线上发放，率先在黄河流域建立重点监控用水单位名录。全力推进水资源费改税，水资源有偿使用制度得到有效落实，2020 年水资源税较 2017 年水资源费增加了 1 倍。全自治区万元 GDP 用水量、万元工业增加值用水量 5 年分别下降 26.8% 和 31%。开展饮用水水源地达标建设，将 6 个水源地列入 2016 年全国重要水源地名录。制定主要河流湖泊生态流量管控要求和管控指标。年均向湖泊湿地补水约 2.40 亿 m^3，重点河湖水体水质明显改善。2017 年 12 月印发《宁夏水资源使用权用途管制管理办法（试行）》《宁夏水权收储管理办法（试行）》《宁夏水权交易管理办法（试行）》（宁水政发〔2017〕43 号）。探索开展用水权改革，率先完成全国水资源使用权确权和水流产权改革试点，累计交易水量 5 000 万余 m^3。

（周嘉伟）

2. 节水行动　2016 年以来，认真贯彻节水优先方针，深入推进节水型社会建设，以有限的水资源保障了经济社会发展。制定《宁夏回族自治区节水行动实施方案》，积极开展农业节水领跑、工业节水增效、城市节水普及、区域节水开源、科技创新引领"五大节水行动"。持续推进省级节水型社会建设示范省（区）建设，累计发展高效节水灌溉面积 31.33 万 hm^2，农田灌溉水有效利用系数提高到 0.551；累计建成规上节水型企业 19 家，建成率达 90.4%，规模以上工业用水重复利用率达到 96.2%，全自治区 5 个地级市达到国家节水型城市标准，50% 的县（区）荣获全国节水型社会建设达标县（区）称号，重点用水行业 90.4% 的规模以上企业建成节水型企业，90% 的省级机关、20% 的高校建成节水型单位。

（马建美　虎一飞）

3. 生态流量监管　按照现行水量调度管理模式，将清水河、苦水河重点断面生态流量保障纳入水量调度。坚持清水河、苦水河不断流、符合防洪度汛安全、统筹兼顾、保护生态环境、丰增枯减的原则，统筹协调水库不同任务目标，合理安排农业、工业、生态环境用水。充分考虑年内丰水期、平水期、枯水期的水文过程差异，将生态水量过程纳入水库调度规程，实施水库生态调度，满足生态流量管控要求。制定年度水量调度计划时，实施流域干支流水库联合调度，加强用水需求管理，优先满足城乡生活用水，保障断面生态流量，发挥水资源多种功能。

（牛有为）

4. 重要饮用水水源地安全达标保障评估　全自治区纳入全国地级以上城市环境状况评估的饮用水水源地 13 处，涉及 5 个地级市。其中，地下水型饮用水水源地 11 处、地表水（水库）型饮用水水源地 2 处。2020 年，除吴忠市金积水源地因地质本底值高引起铁、锰超标外，其他水源地水质均达到标准限值。

（李淑娟）

5. 取水口专项整治　2019 年 7 月，宁夏率先在黄河流域开展取水工程核查登记工作暨取用水管理专项整治行动，强化水资源监管，依法规范取用水行为。全面摸清取水工程现状，分类整理问题台账，将 2.04 万个各类取水工程（设施）信息全部登记入库，对不规范、不合理的取用水行为进行整治，推进取用水秩序明显好转，促进水资源的可持续利用和有效保护。

（周嘉伟）

6. 水量分配　根据《黄河水量调度条例》《水利部年度水量分配计划》《宁夏回族自治区计划用水管理办法》等有关规定，以黄委会相关监测预报资料统计的黄河干流来水情况及水利部分配引、耗黄河水量指标为依据，按照总量控制、保障刚需、生态优先、丰增枯减的原则，将全年引耗水指标严格控制引水和耗水指标总量以内。结合自治区政府办公厅《关于印发实行最严格水资源管理制度考核办法的通知》（宁政办发〔2013〕61 号）要求和各县（市、区）水资源使用权确权成果，对黄河干、支流引用水及地下水、非常规水等各类水资源进行全口径配置，优先保障城乡居民饮水安全和中部干旱带、南部山区脱贫攻坚用水需求，切实保障重要湖泊湿地生态补水，统筹分配人饮、生态、工业、农业等各业用水。

（牛有为）

【水域岸线管理保护】

1. 河湖管理范围划界　印发《宁夏回族自治区河湖水域岸线划界确权工作方案》（宁政办发〔2017〕213 号）、《宁夏河湖水域岸线划界确权调查技术细则（试行）》（宁国土资发〔2018〕218 号），开展河湖水域岸线管理范围划定工作。2019 年，依法划定黄河、清水河等 22 条流域面积 1 000km² 以上河流、14 个水面面积 1km² 以上湖泊管理范围。2020 年，按照《自治区水利厅自然资源厅关于切实做好河湖管理范围划定复核验收工作的通知》要求，完成第一次全国水利普查名录内全部河流管理范围划定工作，并对规模以上河湖管理范围进行复核，并按要求上至"水利一张图"，同年印发《关于切实做好河湖管理范围界桩设立工作的通知》，制定《宁夏河湖界桩制作与安装标准》，划界成果上图100%，界桩埋设达到80%。

（刘晓龙）

2. "四乱"整治 2016年以来，制定《宁夏回族自治区河湖"四乱"问题认定及清理整治标准》《宁夏河湖"四乱"问题整改验收销号办法》（宁河长办发〔2020〕3号），按照"县级自验、市级核销、区级备案"的"四乱"销号流程，加快河湖"四乱"问题清理整治，保证台账内2453个河湖"四乱"问题全部清零。开展"1+N"（一季度一次明察+若干次暗访）督导巡查制度，大范围、高频次地开展暗访、调研、检查、督办等一系列行动，营造出河湖强监管的态势和氛围。建设河长制信息平台"四乱"模块，实现"四乱"问题"派发（发现）—认定—整改—销号"全流程线上闭环办理。强化科技手段，利用卫星影像图、无人机巡测等多种手段发现"四乱"问题。开展以黄河宁夏段河道及滩地被占建设问题整治工作为样板，推动河湖管理工作高质量发展。

（何建东）

【水污染防治】

1. 排污口整治 截至2020年5月，宁夏共核查入河（湖、沟）排污口441个。按照行政区域划分，银川市74个、石嘴山市25个、吴忠市78个、固原市66个、中卫市197个、宁东能源化工基地1个；按照排污类型分类，城镇生活污水排污31个、农村生活污水排污347个、工业废水排污23个、混合污水排污35个、其他类型排污5个（养殖废水排污口4个、洗浴废水排污口1个）。依据《排污口规范化整治技术要求（试行）》，对不同类型、不同位置、不同功能的排污口，实行"取缔一批、规范一批、整治一批"，分类、分批、分阶段开展入河（湖、沟）排污口整治工作，以各地级市为单位，实施入河（湖、沟）排污口综合整治，规范入河排污口监督管理，建立入河（湖、沟）排污口监督管理工作机制，严格落实入河（湖、沟）排污设置审批和监督管理。

（周翔）

2. 城镇生活污染防治 全面取缔封堵入河湖、排水沟工业企业直排口58个，23个工业园区废水全部实现集中收集处理，宁东能源化工基地煤化工园区成为全国首个煤化工废水"近零排放"大型综合工业园区。积极推进绿色工业园区、绿色工厂、绿色产品建设，全自治区累计建成绿色园区10个、绿色工厂60个，绿色制造体系初具规模。

2016年以来，各地实施污水处理厂提标改造，正式投入运行的33座城市生活污水处理厂全部达到一级A排放标准。积极支持各地开展城镇污水处理提质增效、老旧集污管网改造、城市排水管网配套设施等项目建设。2020年，全自治区城市污水排放总量为35 755.8万m³，污水处理总量为34 691万m³，排水管道长度4 061.01km，城市污水处理率达到97.02%。着眼构建全链条分类处理体系，对全自治区19个城市生活垃圾填埋场安全运行管理情况进行了全面检查，组织22个县（区）修订完善县域农村生活垃圾治理专项规划，推进农村生活垃圾源头减量和就地就近资源化利用。2020年，农村生活垃圾得到治理村庄比例达到95%，19个县（区）684个村庄开展了垃圾分类和资源化利用。永宁县、利通区、隆德县被评为全国农村生活垃圾分类和资源化利用示范县区。"宁夏因地制宜推进农村垃圾分类治理"成果，入选徐州国际园林博览会展览。

（赵玉军 张扬 白耀文）

3. 畜禽养殖污染防治 2016年以来，严格落实畜禽养殖污染综合防治措施，统筹推进区域性畜禽养殖污染防控体系建设。着力推进畜禽粪污资源化利用，重点对13条重点入黄排水沟沿线40家畜禽规模养殖场进行了集中检查整治，实现生态消纳或达标排放和资源化利用。开展禁养区划定工作，核定禁养区285块、6 702.88km²，缩减1 605.54km²。争取中央财政资金3.62亿元，累计完成2 150家养殖场和第三方粪污处理机构建设任务。2020年，全自治区畜禽粪污综合利用率达到90%以上，规模养殖场粪污处理设施装备配套率达到95%以上，大型规模养殖场粪污处理设施装备配套率提前达到100%，全面完成了国家制定的目标任务。

4. 水产养殖污染防治 2016年以来，印发《关于加快推进全区渔业绿色发展的实施意见》（宁农渔发〔2019〕4号）等政策文件，大力推进水产绿色健康养殖，把水稻种植与水产养殖有机结合起来，年推广稻渔综合种养2 000万～4 000万m²。全面实施养殖水域滩涂规划制度，突出渔业绿色高质量发展，大力推广绿色浮性饲料投饲、微生物制剂水质调控、工厂化循环水生物絮团养殖、复合生态沟渠塘等多项养殖尾水生态治理新技术，规范渔药使用。完成沙湖、阅海、典农河"两湖一河"禁限养区划定工作，并限期关停和拆除禁止养殖区内养殖。切实落实黄河宁夏段397km河道及入河沟、渠口实施黄河禁渔期制度，保护"母亲河"水生生物资源。2020年，全自治区累计创建国家级水产健康养殖示范场79个，养殖面积占全区池塘养殖总面积的

71.5%；自治区、5个地级市、13个涉渔县（市、区）政府印发养殖水域滩涂规划，划定禁止养殖区、限制养殖区和允许养殖区。

5. 农业面源污染防治　2016年以来，印发《关于全区农业面源污染防治实施意见》（宁政办发〔2016〕161号），按照"一控两减三基本"的工作要求，突出节水、减肥、减药、畜禽粪污、秸秆和残膜综合利用，积极推广现代农业高效节水技术，组织实施化肥农药零增长、畜禽粪污、秸秆和残膜综合利用5项行动，全面开展畜禽养殖禁养限养区划定工作，多举措治理农业面源污染。2020年，全国农业农村污染治理工作进展排名中，宁夏畜禽粪污综合利用率90%，在沿黄9省（自治区）位居第二；化肥利用率39.4%，位居第二；农药利用率40.2%，位居第一；农作物秸秆综合利用率86%，位居第六；农用残膜回收率84%，位居第四。

（李世忠　邱治博　杨斌斌）

【水环境治理】

1. 饮用水水源地规范化建设　2016年以来，按照"划、立、治"总要求，全力推进城市集中式饮用水水源保护区规范化建设，全自治区42个县级及以上城市集中式饮用水水源地完成保护区划定，41个县级及以上城市集中式饮用水水源地完成保护区界碑、界桩、围网、警示牌、标志牌的设立，青铜峡市黄河取水泵站水源地正在开展保护区规范化建设。2019年5月，全自治区县级及以上地表水型集中式饮用水水源地环境问题整治完成率为100%，地下水型集中式饮用水水源地保护区内环境问题整治工作逐步推进。2020年9月，全自治区农村"千吨万人"水源地保护区划定工作已全面完成，提前3个月完成国家目标任务，同时安排水污染防治专项资金1665万元，支持各地实施农村"千吨万人"水源地保护区规范化建设。

（李淑娟）

2. 黑臭水体整治　2018年，印发《宁夏回族自治区城市黑臭水体治理攻坚战分工方案》（宁建发〔2018〕36号），持续开展城市黑臭水体整治专项行动，在全自治区地级城市建成区共排查出黑臭水体13条，总长度为64.337km（银川市9条，30.42km；吴忠市2条，11.497km；固原市1条，12.27km；中卫市1条，10.15km）；指导各地坚持一水一策、分类整治原则，采取截污纳管、清淤疏浚、清污分流与清水补给、生态修复、面源控制等措施分别组织实施。2018年，银川市、吴忠市全部完成全国黑臭水体整治专项督查任务，受到国家相关部委的充分肯定。2019年，银川市、吴忠市被确定为国家黑臭水体治理示范城市，分别得到补助专项资金4亿元、3亿元，先后实施第二排水沟水质提升、银新干沟综合治理、西大沟清淤净化、典农河南段水系连通扩整、人工湿地水质改善、污水处理厂升级改造等一大批建设项目，系统治理成效显著。同时将黑臭水体整治目标纳入自治区水污染防治工作考核、全面推行河长制考核，黑臭水体河长名单全部录入全国城市黑臭水体信息管理系统。2020年，全自治区13条黑臭水体整治任务全部完成，整治效果评估中公众满意率均达到90%以上。

（赵玉军　张杨　白耀文）

3. 农村水环境整治　开展农业农村污染防治攻坚战，扎实推进农村人居环境整治，助力乡村振兴战略。持续推进农业绿色发展，主要粮食作物测土配方施肥与化肥减量增效技术覆盖率达到90%以上，农作物秸秆综合利用率达到87.6%；规模养殖场畜禽粪污处理设施装备配套率达到95%以上，粪污资源化利用率达到90%以上。大力开展"厕所革命"，有序推进"两治理、一改造"，一类、二类县农村卫生厕所普及率达到90%左右，山区农村卫生厕所普及率明显提高。加大农村生活垃圾排查整治力度，严控新增农村非正规垃圾堆放点，全自治区农村生活垃圾得到治理的村庄达到95%，严防农村非法垃圾堆放点反弹。全面完成全区农村"千吨万人"集中式饮用水水源地保护区划定工作。

（杨继雄）

【水生态修复】

1. 退田还湖还湿　2016年，宁夏青铜峡库区湿地自然保护区列入退耕还湿试点；2019年，退耕还湿试点任务全面完成。自治区林业和草原局累计投入资金7910万元，青铜峡库区湿地类型自然保护区退耕还湿5333hm²。2020年，自治区林业和草原局持续投入资金2000万元，退耕还湿1334hm²，其中银川黄沙古渡国家湿地公园退耕还湿767hm²，平罗天河湾国家湿地公园退耕还湿567hm²。

2. 生物多样性保护　2016年以来，宁夏累计投入湿地保护补助资金近3亿元，对全自治区5.6万hm²重要湿地开展湿地保护恢复、退耕还湿和湿地生态效益补偿。全自治区湿地面积持续稳定在20.72万hm²，建立湿地类型自然保护区4处，其中国家级1处，自治区级3处；建设湿地公园26个，其中国家级14个，自治区级12个。初步形成了以湿地类型自然保护区、湿地公园为主，各级重要湿地为补充的湿地保护体系，湿地保护率达到55%。湿地内动物的生存栖息环境得到不断改善和恢复，野生动植物种类和数量逐年增加，特别是鸟类生物多样性明显增加，新监测到遗鸥、白头鹤、黑鹳、大鸨等物种，生物多样性得到有效保护。

（田瑞 魏晓宇）

3. 生态补偿机制建立 全域整体推，将全自治区所有市、县（区）及宁东能源化工基地纳入横向生态补偿机制实施范围。资金共同筹，设立黄河宁夏过境段干支流及入黄重点排水沟流域上下游横向生态保护补偿专项资金，自治区和市、县（区）按照1∶1比例共同筹措资金，支持引导建立横向生态补偿机制。分配看考核，资金按照因素法分配，与出资额不挂钩，考核水质改善占40%、水源涵养占30%、节水效率占30%。补偿统筹用，补偿资金不再明确具体项目，由本地区灵活机动支持污染治理、水资源保护与节约集约利用、水土保持、生态保护与修复、环境治理能力建设等相关项目建设和工作支出。

（王海源）

4. 水土流失治理 2016年以来，累计投入治理资金近40亿元，完成新增水土流失治理面积4 360km²，建成以旱作梯田为主的基本农田917.33km²，营造水土保持林 1 592km²，经果林338.67km²，种草565.81km²，封禁治理947.63km²，修筑生产道路4 144km，建设小型水保工程6 914座（处），除险加固病险淤地坝254座，实施水土保持重点工程443项；累计完成总投资12.54亿元，治理水土流失面积2 170km²，建成隆德县渝河、清水河干流固原市城区段、茹河下游等山水林田湖草示范，西吉、海原县等多个坡耕地综合治理示范，彭阳矮砧苹果示范区以及彭阳县大沟湾、原州区中庄水库库区、盐池县狼布掌等一批水土流失综合治理示范工程。2020年，累计治理水土流失面积2.27万km²，水土流失面积减少到1.57万km²，其中强烈及以上流失面积减少到 2 124km²，建成淤地坝 1 102座，建设基本农田3 410km²，年入黄泥沙减少到 3 000多万t，实现了全自治区水土流失面积、侵蚀强度的双下降，在全国率先实现从"沙进人退"到"绿进沙退"的逆转。

5. 生态清洁型小流域 2016年以来，实施了固原市原州区中庄水源地，彭阳县悦龙山、泾源县马河滩、照明、东庄子、瓦亭、刘沟、东山坡，隆德县清流河、南河和吴忠市盐池县西台11个生态清洁型小流域综合治理，主要以水土流失综合治理为主线，改善城市周边生态环境和人居环境为核心，通过政府主导、水保搭台、各业唱戏、多方投资的模式，充分发挥各地自然优势，依托山、水、田等自然资源，着力建设河道整治、河岸绿化、河岸周边花卉园区，以及特色观赏树木的种植，同时按照园林标准，增加居民锻炼休闲步道、亭子、园林树木花卉等，水土流失综合治理和园林景观、美丽乡村建设相结合，促进乡村生态环境治理，改善生态环境。2020年，累计新增治理面积64.81km²。

（李惋瑾）

【执法监管】 2019年，自治区河长办、检察院、公安厅联合制定印发《关于在河长制工作中建立"河长＋检察长＋警长"工作机制的意见》（宁河长办发〔2020〕11号），推广建立"三长"河湖管护新模式，充分发挥河长办、检察机关、公安机关职能优势，实现业务监督、行政执法、刑事司法、检察监督有机衔接，全面提升河湖管理法制化水平；制发诉前检察建议书235份，有效解决了河湖管理现有执法力量薄弱、高效化解矛盾纠纷中方法措施不足、破解监督线索发现难题等问题。对纳入河长制管理河湖的河长公示牌中增设了警长、检察长。2020年，落实水务监管领域"两法衔接"工作长效机制建设，实现对水污染严重的重点区域、重点问题、重点案件、群众关注的焦点全面解析整治，依法严厉打击涉河涉水违法犯罪，延伸法律监督职责。 （何建东）

【水文化建设】 2016年，黄河文化列入宁夏"十三五"全域旅游发展规划，到2020年初步建成水文化水景观体系。依托宁夏黄河文明、灌区文明的历史渊源和丰富文化内涵，以贯穿南北的黄河文化景观廊道、水系连通的塞上江南景观带、人水和谐的水利工程景观点为载体，加强水文化建设。

2016年10月，宁夏引黄古灌区申报世界灌溉工程遗产，同时对世界灌溉工程遗产宁夏引黄古灌区网络域名和宁夏引黄古灌区世界灌溉工程遗产徽志知识产权进行注册登记；2017年5月，在青铜峡市黄河楼举办拜水盛典、申遗万人签名活动，主动赢得社会大众对申遗工作的关注支持；2017年10月10日，在墨西哥召开的国际灌排委执行大会正式宣布宁夏引黄古灌区成功列入世界灌溉工程遗产名录并授牌。

依托唐徕渠满达桥节制闸周边区域，规划建设宁夏引黄古灌区世界遗产公园和展示中心。2019年12月，邀请张建民、庄惟敏院士和各相关行业专家完成方案咨询审查，形成阶段性设计成果。2020年，遗产公园概念设计方案完成修改，遗产展示中心完成可行性研究方案编制。

（陆超）

【信息化工作】

1. 建成宁夏河长制湖长制综合管理信息平台 2017年，建设宁夏河长制湖长制综合管理信息平台，整合了水利、生态环境、住房城乡建设等部门涉河湖基础信息、监测数据，建立了河湖基础信息库，并与水利部河长制系统互联互通。信息平台实现河长制湖长制业务一张图综合展示、各级河长湖长在线电子化巡河巡湖、河湖管理范围线上图以及"四乱"问题发现上报（查）、复查复核（认）、分级整改（改）、验收销号（销）业务流程在线办理。"宁夏河长"微信公众号关注人数达到 5.6 万人。

2. 建成河长制湖长制业务一张图综合展示　依托基础数据、移动互联网建成基于 GIS 地图的"一张图"，覆盖全自治区现有河湖的二维底图及专业要素图层，业务图层通过空间数据管理服务进行叠加应用，提供地图标绘、综合查询、统计分析等功能，集成视频监控、巡河监视等数据，可以搜索查看、定位河流、湖泊，以菜单形式展示河湖、河长湖长、巡河员、重点污染源基础信息、水质水量视频监测点位、投诉事件等信息和河湖四乱、采砂点、管理范围界线等业务信息。

3. 采用信息监测手段实施河湖监管　借助河长制湖长制综合管理信息平台，依托北斗卫星定位导航、5G、无人机、视频等信息技术来支撑实现河湖监管业务信息化和智能化。在线电子巡河巡湖可以自动派发巡河任务，产生巡河工单，进行巡河登记，自动定位导航，记录巡河轨迹，判断是否有效巡河；河长湖长上传的巡河记录，问题图片生成巡河日志，系统自动进行巡河统计；平台巡河热力图、巡河监视可以查看全自治区河湖巡查整体情况，提高了河湖监管信息化手段。

4. 实现河湖基本监测要素监测　对重点河流湖泊水量水质进行全覆盖监测，水质监测以实验室人工监测为主，水量以遥测自动监测为主。涵盖国考断面、黄河及主要支流、湖泊、排水沟和城市水源地，以及跨省界、市界、县界行政区断面。信息平台录入国考、省控、省界、县界、重点排水沟的月份水质数据的水质监测点位 120 多个、河湖视频监控点位近 300 个。　　　　　　　（王学明）

| 新疆维吾尔自治区 |

【河湖概况】

1. 河流情况　新疆维吾尔自治区（以下简称"新疆"）3 355 条河流中，流域面积 50km² 以上的河流 3 276 条，流域面积 50km² 以下的河流 79 条。按流域面积划分，流域面积 1 000km² 以上的河流共 262 条，分别是额尔齐斯河、伊犁河、喀什噶尔河、奎屯河、玛纳斯河、白杨河、头屯河、金沟河、和田河、叶尔羌河等河流。流域面积 500～1 000km² 的河流 245 条，流域面积 200～500km² 的河流 604 条，流域面积 200km² 以下的河流 2 244 条。按水量划分，以出山口统计，新疆共有河流 570 条，多年平均地表水资源量 789 亿 m³，入境水量 90 亿 m³，河川径流总量 879 亿 m³。其中，多年平均年径流量 10 亿 m³ 以上的河流共 18 条，1 亿～10 亿 m³ 的河流共 70 条，1 亿 m³ 以下的河流共 482 条。

2. 湖泊情况　新疆共有湖泊 121 个。其中，水域面积 100km² 以上的湖泊 12 个，水域面积 10～100km² 的湖泊 32 个，水域面积 1～10km² 的湖泊 66 个，水域面积 1km² 以下的湖泊 11 个。

3. 水量情况　2020 年，新疆年降水量 2 330 亿 m³，与多年平均年降水量 2 544 亿 m³ 相比偏少 8.4％，比 2019 年 2 869 亿 m³ 偏少 18.8％，属降水偏枯年份。地表水资源量 759.6 亿 m³，与多年均值 788.7 亿 m³ 相比偏少 3.7％，比 2019 年 829.3 亿 m³ 偏少 8.4％，属平水年份。2020 年，新疆 31 座大型水库和 142 座中型水库年末蓄水总量 87.59 亿 m³，比 2019 年年末少蓄水 3.64 亿 m³；新疆各类水利工程总供水量 549.93 亿 m³，其中地表水源供水量 423.54 亿 m³，地下水供水量 121.93 亿 m³，其他水源利用量 4.46 亿 m³；新疆用水量 549.93 亿 m³，其中农业用水量 500.03 亿 m³，工业用水量 11.52 亿 m³，生活用水量 17.49 亿 m³，其他用水量 20.88 亿 m³。

4. 水质情况　2019 年，全年期水质评价总河长为 16 293km。其中 Ⅰ～Ⅲ 类、Ⅳ～Ⅴ 类、劣 Ⅴ 类水质河长分别为 16 201km、92km、0km，分别占 99.4％、0.6％、0。2019 年对乌拉泊水库水源地、柴窝堡水源地（含六、七水厂水源）、白杨河水库水源地、榆树沟水库水源地等 5 个新疆全国重要饮用水水源地及库车县供排水公司水源地进行监测，全部符合或优于地表水 Ⅲ 类水质标准，其基本项目和补充项目评价结果全部达标。2019 年新疆参与全因子达标评价重要江河湖泊水功能区 74 个，达标 72 个，达标率为 97.3％；参与双因子达标评价重要江河湖泊水功能区 74 个，达标 73 个，达标率为 98.6％。　　　　　　　（张亮）

5. 水利工程　新疆建成投入使用水库 502 座，总库容 175.77 亿 m³。水电站 398 座，装机容量 562.00 万 kW。现有大型灌区 55 个，现状灌溉面积 5 700 万亩，干支斗三级渠道总长 84 746.03km。2001 年，共有 34 个大型灌区列入全国大型灌区续建配套与节水改造规划，规划总投资 158.54 亿元，规划改造骨干工程灌溉渠道 19 601.71km，配套建筑物 16 770 座、新建 1 020 座；排水沟改造 8 706.69km、新建 1 169.8km。经过改造，新疆大型灌区干支斗渠渠道防渗 42 232.02km，防渗率达 49.83%。

（张娜）

【重大活动】

1.2017 年重大活动

（1）自治区全面推行河长制工作进展情况新闻发布会。9 月 27 日，发布会在乌鲁木齐市召开。自治区水利厅会同自治区党委改革办大家广泛关心的河长制推行以来都取得了哪些具体阶段性成效；水利、环保、国土资源、住房城乡建设、农业、卫生计生、林业、畜牧等行业主管部门如何联动；如何利用这些考核问责或者激励手段来切实保障河长制能够发挥实效等问题回答了记者的提问。

（2）自治区全面推行河长制领导小组专题会议。10 月 7 日，会议在乌鲁木齐市召开。自治区党委副书记、自治区全面推行河长制领导小组副组长、副总河长李鹏新，传达自治区党委书记陈全国 10 月 6 日关于全面推行河长制的重要批示精神，审议通过了《新疆维吾尔自治区河长制会议制度（试行）》等六项制度。

2.2018 年重大活动

（1）自治区全面推进河湖长制电视电话会议。5 月 6 日，会议在乌鲁木齐市召开。自治区党委书记、自治区全面推行河（湖）长制领导小组（以下简称"领导小组"）组长、总河（湖）长陈全国出席会议，并作重要讲话，对全面推进河长制湖长制进行系统部署，提出"1+3+6"的工作要求。

（2）自治区区级河流河长会议。6 月 21 日，会议在乌鲁木齐市会议。自治区党委副书记、领导小组副组长、副总河（湖）长李鹏新主持会议，宣读总河（湖）长第 1 号令《关于各级河长湖长开展河湖巡查的通知》，部署推动全自治区各级河长湖长开展巡河，为制定完善"一河一策"方案，切实抓好河湖管理保护工作奠定坚实基础，确保河长制湖长制各项任务落地见效。

（3）自治区全面推行河（湖）长制领导小组会议。12 月 2 日，会议在乌鲁木齐市召开。自治区党委书记、领导小组组长、总河（湖）长陈全国主持会议。会议听取了自治区落实河长制湖长制全面开展巡河工作情况的汇报。会议要求，各地各部门要深刻认识全面推行河长制湖长制重大意义，紧密结合打好三大攻坚战，推进组织体系全到位、管理保护全覆盖、目标任务全落实，强化问题导向，坚决

扛起管水治水重要责任。

（4）自治区总河（湖）长实地调研柴窝堡湖湿地。12 月 7 日，自治区党委副书记、自治区主席雪克来提·扎克尔在乌鲁木齐市调研柴窝堡湖湿地保护治理工作，听取自治区水利厅和乌鲁木齐市工作汇报，实地了解柴窝堡湖湿地近年来限制采用地下水、退耕退牧和关停机井等工作情况，要求乌鲁木齐市要坚持问题导向，加大河湖治理保护力度，全面提高生态文明建设水平。

3.2019 年重大活动

（1）自治区全面推行河（湖）长制领导小组会议。8 月 14 日，会议在乌鲁木齐市召开。自治区党委书记、领导小组组长、总河（湖）长陈全国主持会议。会议听取自治区河长制湖长制工作进展情况汇报，会议审议通过了《自治区 2019 年全面推行河湖长制工作要点及任务分解方案》、自治区总河（湖）长第 2 号令、自治区区级 9 条河流 6 个湖泊的问题整治任务清单、《自治区全面推行河（湖）长制领导小组工作规则》和《自治区全面推行河（湖）长制领导小组办公室工作细则》。

（2）自治区全面整治河湖突出问题电视电话会议。8 月 23 日，会议在乌鲁木齐市召开。自治区党委副书记、人民政府主席、领导小组组长、总河（湖）长雪克来提·扎克尔出席会议并讲话。会议安排部署全自治区开展河湖突出问题 3 年（2019—2021 年）整治行动，要求各地各部门统一思想、提高认识、凝心聚力、攻坚克难，以坚决有力、扎实有效的实际行动，切实加强河湖管理保护，加快改善河湖面貌，努力建设天蓝地绿水清的美丽新疆。

（3）自治区举行全面推行河湖长制有关情况新闻发布会。8 月 26 日，发布会在乌鲁木齐市召开。自治区水利厅领导到会介绍新疆河湖概况、工作措施、取得成效、存在的问题及下一步工作计划等河长制湖长制有关情况，并回答了记者的提问。

4. 2020 年重大活动 11 月 28 日，自治区全面推行河（湖）长制领导小组会议在乌鲁木齐市召开。自治区党委书记、领导小组组长、总河（湖）长陈全国主持会议，听取了 2019 年以来自治区河长制湖长制工作汇报和自治区级河湖突出问题整治清单任务完成情况通报，审议通过了《关于强化水资源刚性约束 深入推进最严格水资源管理制度的通知》《关于进一步强化河湖长履职尽责的实施意见》《自治区河湖长巡查制度（修订）》《自治区示范河湖建设指导意见》。

（新疆河湖长办）

【重要文件】

1.2017年重要文件

（1）7月3日，自治区党委办公厅、自治区人民政府办公厅印发《新疆维吾尔自治区实施河长制工作方案》。

（2）10月11日，领导小组印发《新疆维吾尔自治区河长制会议制度（试行）》《新疆维吾尔自治区河长制信息报送制度（试行）》《新疆维吾尔自治区河长制督察制度（试行）》《新疆维吾尔自治区河长制考核办法（试行）》《新疆维吾尔自治区河长制信息共享制度（试行）》《新疆维吾尔自治区河长制验收办法（试行）》。

2.2018年重要文件

（1）3月12日，自治区党委办公厅、自治区人民政府办公厅印发《关于调整自治区总河（湖）长及自治区负责河流河长的通知》。

（2）4月10日，自治区党委、自治区人民政府办公厅印发《新疆维吾尔自治区落实湖长制工作方案》。

（3）5月4日，领导小组印发《自治区全面推行河长制湖长制实施意见》。

（4）5月4日，领导小组印发《自治区2018年全面推行河长制湖长制工作要点》。

（5）5月4日，领导小组印发《自治区河长湖长联席会议制度》《自治区河（湖）长巡查制度》。

（6）5月5日，自治区党委、自治区人民政府双总河（湖）长共同签发新疆维吾尔自治区总河（湖）长第1号令《关于各级河长湖长开展河湖巡查的通知》。

（7）5月23日，自治区党委、自治区人民政府办公厅印发《关于调整自治区区级河流河长的通知》。

（8）10月8日，领导小组印发《关于设立自治区区级湖泊湖长的通知》。

3.2019年重要文件

（1）2月1日，领导小组印发《关于调整喀什噶尔河河长的通知》。

（2）2月19日，领导小组印发《关于调整自治区全面推行河（湖）长制领导小组成员等事项的通知》。

（3）8月27日，领导小组印发《关于成立自治区级河流湖泊突出问题整治领导小组的通知》。

（4）8月21日，自治区党委、自治区人民政府双总河（湖）长共同签发新疆维吾尔自治区总河（湖）长第2号令《关于开展河湖突出问题整治行动的通知》。

（5）8月27日，领导小组印发《2019年自治区河湖长制工作要点及任务分解方案》。

（6）8月27日，领导小组印发《自治区全面推行河（湖）长制领导小组工作规则》《自治区全面推行河（湖）长制领导小组办公室工作细则》。

4.2020年重要文件

（1）12月9日，领导小组印发《关于进一步强化河（湖）长履职尽责的实施意见》。

（2）12月9日，领导小组印发《自治区示范河湖建设指导意见》。

（3）12月9日，领导小组印发《自治区河湖长巡查制度》。

（4）12月25日，自治区党委、自治区人民政府双总河（湖）长共同签发新疆维吾尔自治区总河（湖）长第3号令《关于强化水资源刚性约束 深入推进最严格水资源管理制度的通知》。

（新疆河湖长办）

【地方政策法规】

1.新疆维吾尔自治区地下水资源管理条例 2017年5月27日新疆维吾尔自治区第十二届人民代表大会常务委员会第二十九次会议修订，2017年7月1日起施行。

2.新疆维吾尔自治区水文管理办法 2017年7月5日自治区第十二届人民政府第五十二次常务会议通过，2017年7月10日新疆维吾尔自治区人民政府令第206号发布，2017年9月1日起施行。

3.规范（标准）

（1）2019年10月24日，发布《农村生活污水处理标准》（DB65/4275—2019）。

（2）2019年10月30日，发布《新疆维吾尔自治区河道非法采砂砂石价值认定和危害防洪安全评估认定办法》（新水厅〔2019〕152号）。

（新疆河湖长办）

【专项行动】 2017年以来，新疆开展了河湖采砂和河湖管理专项执法检查、垃圾围坝、入河排污口清理整治、河湖三年整治、"清四乱"等五项专项行动。

1.河道采砂专项行动 2018年6月，自治区印发《关于开展河道采砂清理整治专项行动的通知》（新水办政监〔2018〕5号），部署开展全自治区河湖采砂专项整治行动，分调查摸底、执法打击和集中整治、督导检查和重点抽查三个阶段。2018年排查49条河流存在采砂活动，存在26个非法采砂点，均已全面整治。截至2020年年底，全自治区112条有河道采砂管理任务的河流完成采砂规划编制并批复，河道采砂实现有序可控。

2. 垃圾围坝专项行动 2018 年 6 月，自治区印发《关于开展垃圾围坝整治工作的通知》（新水办水管〔2018〕41 号），统一安排在全自治区范围内开展垃圾围坝的摸底调查，并对全疆注册登记的 482 座水库进行拉网式排查，排查出 5 座水库存在垃圾围坝问题并全面整治，有效杜绝了围坝垃圾长期堆放的突出问题。

3. 入河排污口调查摸底和规范整治专项行动 2017 年，自治区印发《关于加强入河排污口管理工作的通知》（新水办政资〔2017〕15 号），《关于开展入河排污口摸排调查工作的通知》（新水办政监〔2017〕7 号）；2018 年，自治区印发《关于对入河排污口台账进行现场核查的通知》（新水办政资〔2018〕17 号）。2018 年 7 月 2—25 日，自治区组成 3 个入河排污口核查小组，对 14 个地（州、市）及石河子市开展了入河排污口现场核查和规范整治专项行动，对入河排污口进行现场逐一核查，补充完善了入河排污口台账和信息，确保入河排污口信息准确。经现场核查，全自治区共有 64 个入河排污口，其中市政生活排污口 41 个、企业（工业）排污口 6 个、混合排污口 17 个，入河排污口监管不断加强。

（曹铁军）

4. 河湖三年整治专项行动 2019 年 2 月，自治区印发《关于开展河湖三年整治行动的通知》，在全自治区范围内启动河湖三年突出问题整治专项行动，建立三年整治任务清单，明确整治任务、标准、措施、责任人和责任单位。提出全面实现"一年全面改观，两年夯实基础，三年整体提升"的河湖管理保护目标。

（雷雨）

【河长制湖长制体制机制建立运行情况】 2018 年 6 月底前，按照全面建立河长制"四个到位"即工作方案到位、组织体系和责任落实到位、相关制度和政策措施到位、监督检查和考核评估到位的总体要求，自治区全面建立河长制湖长制。

1. 工作方案与制度体系实现全覆盖 2017 年，区、地、县、乡四级河长制工作方案全面出台，正式批复成立区、地、县三级河长湖长组织机构。区、地、县、乡相继制定印发河长制督查制度、考核办法、验收办法、会议制度、信息报送制度等 6 项配套制度，截至 2020 年相继印发 15 个规范性文件，为河长制湖长制高效推进提供制度保障。

2. 组织体系和责任落实全面到位

（1）组织体系实现全覆盖。各级党委、政府主要领导担任本级总河（湖）长，河湖长体系实现全覆盖。截至 2020 年年底，新疆 3 355 条河流、121 个湖泊分级分段设置 15 789 名河长、河段长、湖长、湖段长，各级行政区域共设置总河（湖）长 3 633 名，部分地（州、市）设置了河道警长、民间河长。2017 年以来，全自治区 15 789 名各级河长湖长共开展河湖巡查 40 余万人次，河湖巡查实现常态化。

（2）河长制湖长制长效机制不断升温。2017 年 9 月，全自治区全面启动"一河（湖）一策"编制工作，以"一河（湖）一策"为河（湖）长制奠定工作基础，形成河湖治理保护管理的路线图。自治区以总河长令为号角推动河湖长制工作走深走实。2018 年 5 月 5 日自治区印发总河（湖）长第 1 号令《关于各级河长湖长开展河湖巡查的通知》，要求各级河长湖长按照巡查制度全面开展河（湖）巡查工作；2019 年 2 月印发总河（湖）长第 2 号令《关于全面整治河湖突出问题的通知》，在全自治区范围内启动河湖三年突出问题整治专项行动；2020 年 12 月 25 日印发第 3 号令《关于强化水资源刚性约束 深入推进最严格水资源管理制度的通知》，着力推动解决水资源深层次的矛盾。自治区以问题为导向全力推进专项行动，督促各级河湖长履职尽责，推动河湖治理保护。2016—2020 年相继开展了河湖"清四乱"专项整治、采砂专项整治等专项行动，有效解决了一大批河湖突出问题。

（3）监督检查和考核评估到位。2018 年 6 月，领导小组办公室对 14 个地（州、市）全面建立河长制湖长制进行验收。2018—2020 年，每年印发年度全面推行河长制湖长制工作要点、年度考核工作方案，坚持地方和兵团统一部署工作、统一监督检查、统一评估考核，统筹推进各项工作。

（雷雨）

【河湖健康评价】 2020 年在《河湖健康评估技术导则》（ST/T 793—2020）基础上，结合干旱内陆河湖特点、生态本底特征、水资源开发利用现状及存在的问题、以及河湖管理要求等，组织编制了《新疆河湖健康评估技术指南（试行）》。

（刘荣）

【"一河（湖）一策"编制和实施情况】 各级河湖长制办公室组织编制了"一河一策""一湖一策"方案。2018 年 5 月，各级河湖长制办公室结合河长湖长巡查调研意见，认真完善"一河一策""一湖一策"方案，截至 2018 年年底，新疆 3 355 条河流、121 个湖泊全部编制了"一河一策""一湖一策"方案，并经有关河长湖长审定印发实施。

（张亮）

【水资源保护】

1. 水资源刚性约束 印发自治区总河（湖）长

令第 3 号《关于强化水资源刚性约束 深入推进最严格水资源管理制度的通知》，强化取用水总量控制，严格取水许可管理，规范取用水行为，加强水资源监控能力建设，强化水资源刚性约束。

对全自治区 14 个地（州、市）和石河子市开展2016—2020 年新疆实行最严格水资源管理制度考核工作，重点考核年度目标完成、制度建设、措施落实等情况，并发布考核结果。

编制完成《新疆地下水资源利用与保护规划》《新疆地下水管控指标确定报告》《新疆地下水超采区划定报告》《新疆地下水超采区治理方案》，深入开展非法机井整治行动，严厉惩处非法取水行为。"井电双控"设施安装率达到 92.8%，建成国家地下水监测站 920 个，建立地下水水位季通报制度，开展地下水超采区治理。

2. 节水行动 自治区印发《新疆节水行动实施方案》《新疆"十三五"节水型社会建设规划》《新疆水利行业节水型单位建设实施方案》，开展县域节水型社会达标建设、公共机构节水型单位建设活动，建立厅际协调机制，协调社会各行业主管部门协同展开节水行动落实。

完成 22 个县（市、区）节水型社会的达标建设验收，完成 7 个地（州、市）、54 个县（市、区）的水利行业节水机关验收工作。

完成《新疆节水型社会建设"十四五"规划》及工业、农业和生活用水定额的制定。印发《自治区"十三五"水资源消耗总量和强度双控行动方案》，提高水资源的利用效率和效益，促进水资源集约节约利用。

（李绅）

3. 生态水量监管 印发《新疆内陆河湖基本生态水量（流量）确定技术指南（试行）》《关于加强开展新疆重要河流生态水量和重要湖泊最低水位确定工作的通知》。在完成 6 河 2 湖生态水量水位确定的基础上，指导各地组织制定生态水量保障重要河湖名录，持续推进其他 82 条河流、14 个湖泊的生态水量（水位）的确定工作。近年来，自治区持续推动《塔里木河流域生态保护与修复工程实施方案（2016—2020 年）》落实，2019 年，塔里木河"四源一干"向胡杨林区补水 24 亿 m³，向塔里木河下游生态输水，输水 4.02 亿 m³；实施额尔齐斯河流域"七库一干"联合调度和漓漫灌溉生态输水，累计下泄水量 11.9 亿 m³，灌溉河谷林草 175 万亩；持续向孔雀河下游生态补水 3.8 亿 m³；实现首次通过人工干预向玛纳斯湖生态补水，下泄生态水量2.94 亿 m³；柴窝堡湖依托三年整治行动通过休耕退耕、严格地下水限采和乌鲁木齐河分洪工程向柴窝

堡湖补水，柴窝堡湖水面面积从 2014 年最小时的0.2km² 恢复至 2019 年 9 月的 16.6km²。2020 年，自治区制定《2020 年塔里木河流域"四源一干"胡杨林区生态输水实施方案》，向胡杨林输送生态水19.58 亿 m³，灌溉 230.5 万亩；开展第 21 次向塔里木河下游生态输水，输送生态水 2.8 亿 m³，塔里木河综合治理成效进一步显现；同时加快推进艾比湖、库鲁斯台草原生态修复工程建设；实施额尔齐斯河流域"七库一干"联合调度和漓漫灌溉生态输水，累计下泄水量 11.9 亿 m³，灌溉河谷林草 130 万亩。

（雷雨 刘荣）

4. 全国重要饮用水水源地安全达标保障评估根据水利部《全国重要饮用水水源地安全达标保障评估指南》，完成全自治区各年度 5 个全国重要饮用水水源地安全达标保障评估。

5. 取水口专项整治 按照水利部工作部署，全面开展取用水管理专项整治行动。完成全自治区取水口 118 724 个（地表水 2 178 个、地下水 116 546个）核查登记录入工作，梳理保留类取水项目36 486 个、退出类 1 235 个、整改类 36 513 个，持续进行整改提升。

6. 水量分配 2017 年 12 月自治区人民政府批复了《新疆用水总量控制方案》，将控制指标分解到14 个地（州、市）和兵团各师（市）。各地（州、市）初步将控制指标细化分解到乡（镇）和河流水系、地表水一级取水口、地下水井口。2019 年《新疆玛纳斯河地表水水量分配方案》经自治区人民政府批准，由水利厅、兵团水利局联合印发执行。

（李绅 刘荣）

【水域岸线管理保护】

1. 河湖管理范围划界 相继印发《自治区河湖水域岸线管理和保护范围划定工作方案》《新疆河湖管理范围划定报告编制指南》《关于加快推进河湖管理范围划定及岸线保护与利用规划编制等工作的通知》等文件，明确了工作任务、工作目标、工作要求和工作责任。完成无人区以外流域面积 1 000 km²以上的 154 条河流、31 个湖泊（规模以上河湖）和规模以下的 458 条河流、水面面积 1km² 以下的 11个湖泊（规模以下河湖）的管理范围划定工作；完成 329 条重要河流、31 个重要湖泊岸线保护利用规划编制并审批实施；完成管理范围和岸线坐标落图及已划界河流湖泊的界桩埋设。

（张亮）

2. 河湖"清四乱" 2018 年 7 月自治区转发《水利部办公厅关于开展全国河湖"清四乱"专项行动的通知》，部署在全疆范围内对乱占、乱采、乱

堆、乱建等河湖管理保护突出问题开展为期一年的专项清理整治行动。8月、10月两次开展专项督导检查，持续推动"四乱"问题排查整治。11月，根据《自治区河湖"清四乱"专项行动问题认定及清理整治标准》，各地对辖区内的"四乱"问题进一步排查摸底，切实做好集中整治、巩固提升等各阶段工作，确保专项行动取得实效。截至2018年年底，自治区和兵团共排查列入台账的1 353处河湖"四乱"问题中，销号1 351处，销号率达到99.8%。

2019年5月，印发《关于深入推进河湖"清四乱"行动的通知》，要求各地巩固整治成效，建立长效机制，加强社会监督。7月对"四乱"问题整治进展缓慢的地州市派出指导组，赴现场协调推动问题整改。8月自治区先后三次召开专题会议，要求坚持问题导向，补齐管护短板，促进河湖休养生息、维护河湖健康生命。2019年，自治区印发《关于开展河湖三年整治行动的通知》，在全自治区范围内开展为期三年的河湖整治行动，着力解决河湖存在的突出问题。11月，自治区成立7个抽查组对"四乱"已销号问题开展随机抽查，均已整改到位。2019年排查列入台账"四乱"问题共1 272处，年内销号1 270处，销号率达到99.7%，河湖面貌显著改善。

2020年4月，印发《自治区深入推进河湖"清四乱"常态化规范化工作方案》，持续开展河湖"清四乱"、河湖采砂历史遗留问题整治等行动。通过加强督导检查，不断压实整治责任。2020年排查列入台账的305处河湖"四乱"问题年内全部销号，实现"四乱"问题当年动态清零。河湖管理范围内垃圾、固体废弃物、房屋、林木等乱占、乱堆现象有效清理，河道采砂遗留的采砂坑、弃料堆绝大部分已经完成整治，河湖面貌有了进一步改善。

（雷雨　张亮）

【水污染防治】

1. 排污口整治　认真落实《国务院水污染防治行动计划》《自治区水污染防治工作方案》，坚持强化源头防控、城乡统筹、水陆统筹、河湖兼顾，对河流湖库实施分流域、分区域、分阶段科学治理，系统推进水污染防治。

印发《关于做好过渡期入河排污口设置管理及开展入河排污口整治工作的通知》《关于开展全区入河（湖）排污口排查工作的通知》，规范入河（湖）排污口设置审批，组织开展全区入河湖排污口排查、整治工作。

2. 工矿企业污染防治　完成"十小"企业清查取缔和重点行业清洁化改造，开展工业园区水污染治理情况专项核查，加快推进园区污水集中处理设施建设。持续深入推动污染物排放许可制工作，完成火电行业、水泥、石化等15个行业排污许可证核发工作。制定《印染废水排放标准（试行）》《棉浆粕和粘胶纤维工业水污染物排放标准》等地方标准，促进重点行业水污染实现达标排放。

3. 城镇生活污染防治　将城镇污水处理设施建设及规范化运营管理纳入水污染防治专项工作内容。截至2020年年底，全自治区共建成城镇生活污水处理厂111座，所有县（市）均已实现城镇生活污水处理能力全覆盖。具备污水集中处理设施建设条件的84个自治区级及以上工业集聚区，已全部完成设施安装及自动在线监控装置。完成加油站地下油罐双层设置或防渗池改造任务。

4. 畜禽养殖污染防治　开展畜禽养殖禁养区和限养区划定等工作，对全自治区1 214个畜禽养殖禁养区进行了重新审核调整，对其中应依法取消或调整的208个畜禽养殖禁养区的落实情况进行了督导检查。完成规模养殖场和集中收储点的粪污处理设施设备配套建设任务，加大畜禽粪肥就地就近发酵还田技术推广力度，有效增强了畜禽粪污资源化利用能力。以规模养殖场为责任主体，开展病死畜无害化集中处理模式试点，不断提高病死畜集中无害化处理能力。

5. 水产养殖污染防治　新疆农业农村厅等12部门联合印发《关于加快推进新疆水产养殖业绿色发展的实施意见》，自2020年起，在全自治区范围内开展水产养殖业五大行动，支持重点地州开展稻渔综合种养，循环水养殖等，开展水产绿色健康养殖推广和尾水治理1万余亩，推进全自治区水产品有效供给，改善养殖池塘生产环境，满足人民群众日益增长的对优质水产品的需求。

6. 农业面源污染防治　制定《自治区〈到2020年化肥使用量零增长行动方案〉推进落实方案》，建立上下联动、相互沟通、多方协作的工作机制，开展农村污染治理攻坚战和化肥、农药减量化行动，推进各项措施落实。深入推进测土配方施肥，促进水肥一体化，推进秸秆养分还田，推广种植绿肥，建立绿色防控与统防统治融合示范区，使全自治区耕地有机肥施用量大幅增加，主要农作物化肥利用率明显提高，农药使用量呈负增长态势，农药减量成效明显，绿色防控与统防治能力显著提升。

（李克宏　曾霞）

【水环境治理】

1. 饮用水水源规范化建设　持续推进饮用水水

源地规范化建设，组织开展县级及以上集中式饮用水水源地环境状况评估工作。严格落实饮用水水源保护相关法律法规要求，切实压实地方政府主体责任，加大资金投入力度，加快城乡供水工程建设、不达标水源地替换工程，明确饮用水水源保护目标、措施和要求。

开展了集中式饮用水水源保护区划分、调整及撤销工作，组织开展了集中式饮用水水源地环境专项行动，切实保障饮用水水源地安全。截至2020年12月底，全自治区排查出299个符合"千吨万人"要求的饮用水水源地存在涉及保护区划定、农业面源污染、旅游餐饮等方面问题601个，已完成整治573个，完成率为95.3%，达到了整治任务目标要求。

强化饮用水水源应急管理。建立污染源预警、水质安全应急处理和供水厂应急处理三位一体的饮用水水源应急保障体系，制定完善应急预案，积极防范各类环境风险。按照《2020年自治区城乡饮用水水质监测项目技术实施方案》，全自治区设置3 216个监测点，实现了监测范围全覆盖。

2. 黑臭水体治理　落实《自治区城市黑臭水体排查治理攻坚作战方案》，明确年度整治目标、重点任务和保障措施。加强实地跟踪督导，开展了城市建成区黑臭水体排查整治、风景名胜区污水处理及城镇污水处理设施达标排放的专项督查和现场核查，对发现的问题进行了现场反馈，并形成专项督查报告。

截至2020年年底，全自治区共建成投运城镇生活污水处理厂111座，一级A排放标准92座，污水处理率达96.7%。4座地级城市建成区无生活污水直排口，提前完成国家"十四五"规划及国家《水污染防治计划》中"到2020年年底前，地级城市建成区黑臭水体总体控制在10%以内"的目标任务，按年度组织对全自治区各地、州、县、市专管人员开展城镇污水处理设施建设与规范化运营管理培训班，进行实地观摩或视频培训，加强行业培训，建立服务平台。　　　　　（新疆生态环境厅）

3. 农村水环境整治　持续推进自治区"千村示范、万村整治"工程，开展保护农村饮用水水源，农村生活污水、生活垃圾分类的环境整治工作，农村生活垃圾、污水处理率不断提高。2019年以来发动干部群众投工投劳2 658.07万人次，清理垃圾856.98万t，清理畜禽养殖类粪污等废弃物875.15万t。开展进村入户宣传55.12万人次，发放宣传资料656.88万份，张贴宣传标语71.66万条，村容村貌发生明显变化。　　　　　（新疆农业农村厅）

【水生态修复】

1. 退田还湖还湿　2017年以来，争取中央财政湿地补助资金3.2亿元，其中：湿地保护修复补助资金1.6亿元、湿地生态效益补偿资金0.88亿元、退耕还湿试点资金0.72亿元。在乌伦古湖、博斯腾湖、伊犁河等重点湿地实施保护修复工程，湿地生态状况得到较大的改善，湿地生态系统服务功能明显增强。

2. 加强湿地保护　印发《新疆湿地保护修复工作实施方案》《新疆维吾尔自治区重要湿地确认办法》《新疆维吾尔自治区湿地公园管理办法》，为湿地资源保护提供政策依据。全自治区共建立湿地类型保护区7处，国家湿地公园51处，初步形成以湿地类型自然保护区和国家湿地公园为主的湿地保护管理体系，并设立专管机构负责管理。2019年，玛纳斯国家湿地公园管理局荣获生态中国湿地保护示范奖。

3. 生物多样性保护　随着湿地保护修复力度不断加大，湿地面积不断增加，湿地生物多样性明显增强。全自治区湿地维管束植物1 227种（国家二级10种）、湿地脊柱动物234种（国家一级5种，国家二级16种）。2017年阿勒泰地区组织开展了蒙新河狸专项调查。调查表明：2017年河狸家族数量为155个，种群数量为550只，其数量变化直接反映当地河谷林的健康程度。

4. 生态补偿机制建立　阿克苏多浪河国家湿地公园、福海乌伦古湖国家湿地公园因地制宜，综合施策，在保护湿地生态完整性、维护湿地生态多样性提高生态服务功能的基础上，积极探索多元化的生态保护补偿机制，在保持湿地自然风光的同时，湿地生态环境得到了有效改善，为上百种野生动植物提供了一个良好的生态栖息地，生物多样性稳步提升。　　　　　（新疆林业和草原局）

5. 水土流失治理　2016—2020年共完成水土流失治理面积11 061.44km²，其中国家水土保持重点工程87项，治理面积1 007.39km²，地方各级政府水土流失治理面积9 929.55km²，社会力量水土流失治理面积124.55km²。

《新疆水土保持规划（2018—2030年）》明确新疆年均减少土壤流失量目标值为500万t。据统计调查，2016—2020年新疆年均减少土壤流失量为572万t，土壤流失量明显减少。

2016—2020年，全自治区重点开展了对城市外围荒漠林草的生态修复和重要江河源头区、重要饮用水水源地、湖泊湿地等以封禁措施为主的预防保护，完成预防保护面积4 704.74km²。　（尹云鹏）

【执法监管】 2016 年，印发《2016 年度河道管理专项执法检查的通知》，对全自治区河道管理执法检查进行统一部署。水政监察总队对和田地区、阿克苏地区、头屯河流域管理局、玛纳斯河流域管理局等河道管理工作进行了抽查，对昌吉州准东工业园区、乌鲁木齐市、博州、伊犁州 45 个生产建设项目水资源管理、水土保持情况进行监督检查。

2017 年，按照《关于开展全区河道专项执法检查的通知》要求，对塔城地区、吐鲁番市、昌吉州 44 个建设项目涉水管理工作进行执法检查。新疆各级水行政主管部门和流域管理局机构共开展巡查 10 029 次，出动执法人员 31 326 人次，出动执法车辆 10 009 辆次，出动船艇 21 航次，检查 5 328 个监管对象，巡查河道长度 29 万 km，巡查湖泊水库面积 2.3 万 km²，查处涉河违法行为 42 起。

2018 年，组织开展了河湖采砂、垃圾围坝、入河排污口清理整治、河湖 "清四乱" 等四项专项行动。自治区抽调 18 名水政监察业务骨干，组成 6 个督察组，对全自治区 14 个地（州、市）、34 个县（市、区）水利部门河湖执法情况进行督察。新疆各级水行政主管部门、流域管理机构共出动执法人员 4.1 万人次，累计巡查河道长度 26.6 万 km，巡查水域面积 2.3 万 km²，查处水事违法案件 389 起，协调解决水事纠纷 314 件。

2019 年，通过开展地方与兵团、部门与部门、地方与流域机构间联合执法，执法能力和水平不断提高，执法效果明显提升。开展 "中国渔政亮剑 2019" 禁渔期执法行动。自治区和兵团共同完成 "兵地环境执法信息共享平台" 建设，不断完善定期会商、联动执法、联合检查、重点案件联合督察和信息共享等工作机制。各级环境监察机构日常监管污染源 14 769 家次，随机抽查实现 100% 全覆盖；环境行政处罚立案 2 418 件，处罚金额连续两年突破 2 亿元。新疆各级水行政主管部门、流域管理机构共出动执法人员 2.75 万人次，出动执法车辆 1.2 万次，累计巡查河湖岸线长 32.9 万 km，巡查水域面积 2.1 万 km²，纠正违法违规行为 990 起，检查场所 9 395 场次，立案查处水事违法案件 27 起，有效维护了河湖管理秩序。

2020 年，新疆水利厅组织各地（州、市）开展陈年积案 "清零" 行动，对管辖范围内陈年积案进行自查、复核，确保依法查办水事违法案件。全自治区各级水行政主管部门、流域管理机构共出动执法人员 2.38 万人次，出动执法车辆 9 650 次，累计巡查河湖岸线长 26.2 万 km，巡查水域面积 8 698km²，制止违法违规行为 450 起，立案查处水事违法案件 97 起，

有效维护了河湖管理秩序。

（曹铁军 王子好）

【水文化建设】

1. 阿克苏河流域水文化 阿克苏河流域水文化历史悠久，滋养着自秦汉时期就有记载的故墨国，遗留着张骞、班超、玄奘、林则徐等历代有影响的印迹，述说着阿克苏各族人民群众治水、兴水的历史典故。1954 年 8 月 1 日，水利部第一任部长傅作义将军前往阿克苏河艾里西查看数千名官兵和服刑人员在戈壁荒原上奋战了三年零五个月开凿的胜利渠。随着阿克苏河依玛帕夏拦河枢纽、秋格尔拦河枢纽、依玛木联合水利枢纽、大小石峡水库的建设，为阿克苏河流域兵地 4 县 2 市、16 个农畜牧场经济高质量发展提供着水利保障，谱写着流域数十万各族群众民族团结新篇章。

阿克苏市坚持以水安全为本、生态优先、系统治理、文化引领、共享共管，建设阿克苏河流域水文化馆，该馆是集流域地区引水、治水、用水、节水于一体的专业水利科普教育场馆。水文化馆位于阿克苏河艾里西引水枢纽内，基于老建筑改造而成，改造面积 288m²，投资 180 余万元。水文化馆主要以 13 个主体单元展区展现阿克苏河流域地情、水情、水利工程、灌区建设、节水灌溉和水生态环境等水文化知识，为流域各族群众进一步了解流域治水兴水护水历史，充分认识合理引水、科学治水、高效管水、有效退水、节约用水的重要性提供更加直面的平台。

（蒋涛）

2. 乌伦古湖国家湿地公园 乌伦古湖位于新疆阿勒泰地区福海县境内，地处阿尔泰山前平原与准噶尔盆地古尔班通古特沙漠之间，面积 1 035km²，是全国十大内陆淡水湖之一、新疆北部最大的永久性淡水湖，是新疆重要渔业基地。福海县投入资金 4 750 万元分类推进湖泊湿地生态环境保护和恢复工作，湿地建设面积 0.868 7hm²。大力实施湿地公园生物多样性宣传教育工程，内容包括展厅展台布置、动植物标本、野生动植物识别图体系、声像资料、宣教设备，建设生态停车场、科普宣教馆小广场等。湿地公园生物多样性宣传教育工程建成后，主要以科普宣教馆为核心，通过图片、声光和高科技多维展示方式，展示生物多样性及保护成果，为当地渔业发展、野生动植物保护提供宣传科考综合平台。在湖泊生态保护宣传教育方面，增强湖泊周边群众生态保护意识，为营造全社会关爱河湖、保护河湖的良好氛围奠定基础。为居民和游客提供生态休闲场所，通过科普、研学等方式，促进生态资源良性循环，提高当地居民生活质量。

（郑文新）

【信息化工作】

1. 智慧水利 2019 年 1 月，新疆水利厅召开专题厅务会议，研究落实国务院、自治区和水利部有关信息化资源整合共享会议精神，部署新疆水利信息化资源整合工作，确定"统一支撑平台""新疆水利一张图""统一门户应用"建设任务。2020 年 5—10 月，水利厅网信中心联合黄委信息中心开展深入调研，先后编制《新疆水利信息化建设指导意见》《新疆智慧水利实施方案》。截至 2020 年年底，全自治区 14 个地（州、市）及下辖县（市）均已全部完成水利综合信息平台建设，全面实现区、州、县三级水库、取水口、机电井等水利信息共享，初步构建起省、州、县、乡四级水利管理监管模式，为全区水安全和水利高质量发展提供坚强保障。

新疆水利厅信息化资源整合成果和效果有效支撑和服务新时期新疆水利业务和政务管理工作，显著提升了信息化水平和整体服务能力，促进和引领全疆水利信息化从"传统水利"向"智慧水利"转变。

2. "水利一张图" 2020 年编制《新疆水利一张图技术规范》，启动"水利厅信息化资源整合平台"建设，重点针对全自治区水利信息化现状和实际需求确定工作方案，"新疆水利一张图"采用"基础共享，专业自建，分布服务"的创新地理信息服务模式，重点开发基础地图服务 16 类功能模块和防汛抗旱类、水资源利用类、工程建设管理类、水环境类、水土保持类、水政执法类等专题地图服务功能，满足不同业务的需求。

"新疆水利一张图"通过近几年的工作推进，整合国家水利普查、国家防汛抗旱指挥系统地理空间库、山洪灾害项目、农水"一张图"数据等多种已有基础数据成果，完成全自治区 517 座水库、116 个水文站、723 个雨量站、4 429 座水闸、1 791 个取水口、11 万余眼机电井等（34 类水利基础对象）的整理、校核、上图和入库工作；从各地（州）和相关单位接入实时监测数据的地表水一级取水口监测点617 个，地下机电井 45 159 个，水库水情站 685 个，河道水情站 321 个，山洪监测站 259 个，雨量站 719个，地下水水位监测站 380 个，气象站 1 875 个，墒情站 87 个，接入监测数据总计 6 000 多万条，接入水库实时视频 4 000 多路，为全自治区水利信息化向大数据分析、智能决策应用方向推进奠定基础。

3. 河长通 App 2018 年自治区建立"新疆维吾尔自治区河湖长制综合管理平台"，同时研发了河长通 App，按照一级开发、五级使用原则，面向全自治区五级河长湖长及巡河员提供河湖巡查、区域河湖基础信息查询、区域河长基础信息及联系、文件签收、通知查阅、疆内河湖长制工作动态、事件上传、任务签发、跟踪督办等功能。

2019 年起各级河长湖长利用河长通 App 通过移动终端接收巡河（湖）任务、开展巡河（湖）工作、上传巡河（湖）照片，自动记录巡河（湖）路径与轨迹，提交工作状态，发现问题能够及时上报。截至 2020 年年底，全自治区各级河长湖长利用河长通App 累计巡查河湖段长度达 75.73 万 km。

（新疆河湖长办）

| 新疆生产建设兵团 |

【河湖概况】

1. 河湖数量 新疆生产建设兵团（以下简称"兵团"）共有河流（段）228 条，湖泊 5 个。

2. 水库数量 已注册登记水库 142 个，其中大型 11 座、中型 31 座、小型 100 座。 （庞伟博）

【重大活动】

1. 普法宣传 2016—2020 年，是开展法治宣传教育第 7 个五年规划的时间，新疆生产建设兵团水利局（以下简称"兵团水利局"）加强组织领导，成立了兵团水利局普法依法治理工作领导小组和办公室，部署和安排普法工作，落实普法经费保障，组织兵师两级扎实开展了水利"七五"普法宣传教育工作。

2. 世界水日、中国水周 2016—2020 年的 3月，在"世界水日""中国水周"期间，组织兵团和各师市利用电视、报刊、水利局官方网站、微信公众号、微博等新旧媒体形式广泛开展面向社会的水法宣传活动，同时组织水利系统干部职工参加水法规知识讲座和竞赛等活动，提升法治思维和依法行政能力。

3. 国家安全教育日 2016—2020 年，以 4 月的"全民国家安全教育日"、6 月的"安全生产月"、12月的"国家宪法日"和"宪法宣传周"等重要时间节点为契机，结合水利实际，组织开展大众喜闻乐见、有针对性和时效性、多种形式的普法宣传教育活动。

4. 执法培训 为进一步提升依法行政能力，兵团水利局从 2020 年起依法聘请了法律顾问，全面参与水利局重大事项的决策。推进水行政执法，落实"谁执法谁普法"责任制，2020 年兵团水利局 20 名干部通过司法局组织的综合法律知识培训和兵团水利局组织的专业法律知识培训考试，并获得行政执法证，另有3人获得行政监督证。兵团水利局"七五"普法工作圆满完成，顺利通过兵团"七五"普法验收考核。

（刘丽娟）

【重要文件】 （1）2016年，兵团印发《新疆生产建设兵团水污染防治工作方案》（新兵发〔2016〕39号）。

（2）2017年3月9日，兵团党委办公厅、兵团办公厅印发《关于成立兵团全面推行河长制领导小组的通知》（新兵党办发〔2017〕14号）。

（3）2017年4月20日，兵团党委办公厅、兵团办公厅印发《新疆生产建设兵团实施河长制工作方案》（新兵党办发〔2017〕23号）。

（4）2017年12月22日，兵团党委办公厅印发《兵团党委办公厅印发关于调整兵团全面推行河长制领导小组成员的通知》（新兵党办发〔2017〕156号）。

（5）2017年12月28日，兵团办公厅印发《兵团湿地保护修复制度工作方案》（新兵办发〔2017〕195号）。

（6）2018年10月25日，兵团党委办公厅、兵团办公厅印发《关于全面加强生态环境保护坚决打好污染防治攻坚战实施方案》（新兵党办发〔2018〕33号）。

（7）2019年，兵团党委办公厅印发《兵团水利体制改革实施方案》（新兵党办发〔2019〕66号）。

（苏岳）

【地方政策法规】 （1）2017年4月7日，兵团水利局印发《关于建立全面推行河长制进展情况信息报送制度的通知》（兵水电〔2017〕65号）。

（2）2017年7月11日，兵团水利局印发《关于印发〈新疆生产建设兵团全面推行河长制工作督导检查制度〉的通知》（兵水发〔2017〕132号）。

（3）2017年11月22日，兵团全面推行河长制领导小组印发《关于印发〈兵团全面推行河长制四项制度〉的通知》（兵河长组办〔2017〕1号）。

（4）2017年12月12日，兵团全面推行河长制领导小组办公室印发《关于印发〈兵团河长巡河指导意见〉的通知》（兵河长组办〔2017〕7号）。

（5）2018年11月22日，兵团全面推行河湖长制领导小组办公室印发《关于进一步规范河（湖）长设置的通知》（兵河长组办〔2018〕26号）。

（6）2019年10月16日，兵团全面推行河湖长制领导小组印发《关于印发〈兵团全面推行河（湖）长制领导小组工作规则〉〈兵团全面推行河（湖）长

制领导小组办公室工作细则〉的通知》［兵河（湖）领发〔2019〕1号］。

（7）2017年8月23日，兵团河长办印发《关于印发〈新疆生产建设兵团河（段）长公示办法〉的通知》（兵河办发〔2017〕1号）。

（8）2017年9月22日，兵团河长办下发《关于开展"一河（湖）一策"方案编制工作的通知》（兵河办发〔2017〕2号）。

（9）2017年11月28日，兵团水利局下发《关于认真贯彻落实〈水利部办公厅、环境保护部办公厅全面建立河长制工作中期评估技术大纲〉的通知》（兵水发〔2017〕252号）。

（10）2018年9月27日，兵团全面推行河湖长制领导小组办公室印发《关于全面完成各级"一河一策"、"一湖一策"方案的通知》（兵河长组办〔2018〕23号）。

（11）2019年1月14日，兵团全面推行河湖长制领导小组办公室印发《关于加快推进河湖管理范围划定工作的通知》（兵河长组办〔2019〕2号）。

（12）2018年2月5日，兵团全面推行河湖长制领导小组办公室印发《关于印发〈新疆生产建设兵团河长制工作验收工作方案〉的通知》（兵河长组办〔2018〕3号）。

（13）2018年2月6日，兵团全面推行河湖长制领导小组办公室印发《关于开展新疆生产建设兵团入河排污口调查摸底和规范整治专项行动的通知》（兵河长组办〔2018〕5号）。

（14）2018年5月11日，兵团全面推行河湖长制领导小组办公室印发《关于部署开展"清河行动"的通知》（兵河长组办〔2018〕12号）。

（15）2018年7月18日，兵团全面推行河湖长制领导小组办公室印发《关于开展兵团河湖"清四乱"专项行动的通知》（兵河长组办〔2018〕20号）。

（16）2019年4月16日，兵团水利局、自然资源局联合下发《关于进一步加快推进河湖管理范围划定工作的通知》（兵水发〔2019〕41号）。

（17）2019年9月23日，兵团水利局下发《关于加快兵团河道采砂规划编制合理开发利用河道砂石资源的通知》。

（18）2019年10月22日，兵团全面推行河湖长制领导小组办公室印发《关于全面加快推进河湖管理范围划定工作的通知》（兵河长组办〔2019〕14号）。

（19）2020年4月8日，兵团河长办下发《关于深入推进兵团河湖"清四乱"常态化规范化的通知》（兵河长办〔2020〕1号）。

（20）2020年4月12日，兵团全面推行河湖长

545

制领导小组办公室印发《关于印发新疆兵团河湖、水利工程管理范围划定工作方案的通知》（兵河长组办〔2020〕3号）。　　　　　　　　（苏岳）

【专项行动】

1. 采砂整治　2017年4月，兵团党委办公厅、兵团办公厅印发《新疆生产建设兵团实施河长制工作方案》，明确将河道采砂管理作为实施河长制重要工作内容；2018年6月至2019年6月，在水利部的统一部署下，开展了清河行动、河道采砂清理整治专项行动、河湖清四乱专项行动，河湖"四乱"问题得到有效清理，河道采砂的涉河活动进一步规范，尤其是2018年28个违规采砂场点得到有效治理，河道管理秩序明显改善，兵团河道采砂管理工作取得显著成效；2019年9月，兵团水利局印发《关于加快兵团河道采砂规划编制合理利用河道砂石资源的通知》，对规范兵团河道采砂规划编制审批、规范河道采砂日常管理提出了明确的要求；2020年2月，根据水利部的相关要求，兵团水利局组织各师市明确了兵团辖区内所有河道段采砂管理河长、行政主管部门、现场监管和行政执法4个责任人，并向社会公告，对内压实采砂管理责任，对外畅通监督共治渠道，兵团河道采砂管理责任体系进一步完善；2020年4月，兵团河长办印发了《关于深入推进河湖"清四乱"常态化规范化的通知》，（兵河长办〔2020〕1号），对兵团深入推进河湖"清四乱"常态化规范化作出了安排部署，兵团河湖面貌持续改善。

（温新康）

2. 生态河湖建设　2016—2020年，兵团河长办积极打造生态河湖建设，着重以河湖渠道清淤、河湖岸护坡、河湖坡绿化为主要内容的河道综合整治工程。积极开展河湖专项整治行动，推动河长制工作从"有名"向"有实"转变。

（1）开展水生态修复。制定河流生态水量目标和保障方案。2019年12月和2020年6月，第七师水利局先后委托资质单位完成了七师管理的主要河流——古尔图河、奎屯河生态流量（水量）目标制定与保障方案编制工作，明确了河道生态下泄断面和下泄流量（水量）；2020年9月，奎屯河生态流量方案由兵团水利局完成审查。

（2）第七师水利局完成七师奎屯河、古尔图河13座电站的绿色改造，协调乌苏市水利局完成四棵树河5座水电站的绿色改造和公示公告。

（3）推进水污染防治。开展入河排污口规范整治专项行动。按照兵团和师排污口整治方案，不断规范整治七师排渠入河口，每年开展"三河十二库"

水质监测工作，每季度对水质情况进行化验分析。2020年6月19日，第七师河长办印发《关于将团连排渠纳入河（湖）长制管理的通知》（师市河长办发〔2020〕2号），将连队排渠水环境治理纳入河长制湖长制工作体系当中，把人居环境整治与河长制湖长制工作相结合，确保每条排渠都有具体责任人、有人巡渠、有工作职责、有治理成效。

（4）开展水环境治理。推进河湖"清四乱"专项整治行动。按照兵团河湖"清四乱"专项行动常态化要求，组织对七师管理范围的河流（段）及湖泊乱占、乱采、乱堆、乱建等突出问题开展专项清理整治行动。　　　（兵团第七师河长办）

（5）2018年，十二师河长办为开展水生态修复和水系连通工作，编制完成《大型灌区续建配套节水改造建设项目环境保护、生态保护建设管理办法》，保障河道、水库生态需水。

（6）2019年全面实施头屯河东岸自然生态环境进行修补与修复实施万亩绿心项目。该项目由头屯河、北疆街、兴国路、中山路围合呈扇形，东西长约2.86km，南北宽约2.34km，其中核心景观建设用地约为127hm²，总规划面积约420hm²，沿河岸新建绿道项目，徒步道车行道长约26km，实施绿化534hm²，涉及东岸23.27km的整治区，总投资12.7亿元，实施水、草、林、土壤等全方位的生态整治，实现了头屯河流域"水清岸绿景美"，昔日生态被严重破坏的头屯河变成了今日的"生态河、产业河、幸福河"。2019年4月，实施头屯河五一农场段护岸工程11.7km，完成投资2 365万元，保护河道，规范洪水走向，确保行洪安全。2019年8月，乌鲁木齐市委书记、头屯河总河长徐海荣提出的成立生态修复基金的建议，"两岸四地"每年各出资200万元作为头屯河生态项目修复基金，截至2020年，十二师共计出资400万元。

（7）2019年，兵团第十二师河长办根据《新疆头屯河三年整治行动综合方案》全面梳理流域内存在的问题，收集整理河湖长制水资源保护、水域岸线管理保护、水污染防治、水环境治理、水生态修复、河湖执法监管等六大类问题，经过统筹协调、控源截污、内源治理、生态恢复，坚持绿色引领、规划先行、齐抓共管、全民共治，努力创造出亲水宜居的生活环境，使头屯河重新焕发生机与活力。

（兵团第十二师河长办）

【河长制湖长制体制机制建立运行情况】　河长制湖长制建立运行情况。自2016年起，兵团建立了以党政领导负责制为核心的兵、师、团、连四级河长湖长组织体系，共设立河长湖长 1 024 名，坚持兵地一体，构建责任明确、协调有序、监管严格、保护有力的河湖保护体制机制。　　　　（庞伟博）

【河湖健康评价】　根据水利部河长办《关于印发〈河湖健康评价指南（试行）〉的通知》，兵团河长办拟于 2021 年开展对兵团第七师奎屯河开展河湖健康评价。　　　　（田强）

【"一河（湖）一策"编制和实施情况】　根据水利部《"一河（湖）一策"方案编制指南（试行）》相关要求和兵地一体化的原则，2018 年兵团河长办委托编制单位完成原 5 条兵团级河流（塔里木河流域兵团段、奎屯河、伊犁河兵团段、额尔齐斯河兵团段、玛纳斯河兵团段）"一河一策"管理保护方案编制工作，并上报新疆维吾尔自治区河长办。会同新疆维吾尔自治区河长办按照坚持问题导向、因地制宜、因河施策的原则，细化问题清单、目标清单、任务清单、措施清单和责任清单，共同组织完成了 9 条自治区级河流（含兵团段）"一河（湖）一策"管理保护方案编制工作，上报自治区级河长批复。2019 年各师均已完成其余涉及兵团师团管理的 233 条河流（段）"一河（湖）一策"管理保护方案编制审批工作。　　　　（苏岳）

【水资源保护】

1. 水资源刚性约束

（1）加大机井治理工作。2019 年 11 月 7 日，兵团出台《关于印发〈新疆生产建设地下水压采方案〉的通知》（新兵发〔2019〕36 号），明确各师的关井数量，组织各师市按计划、按要求完成关井工作。

（2）扎实开展水资源论证工作。兵团水利局严格按照水利部建设项目水资源论证要求，对兵团辖区建设项目开展水资源论证工作，检查指导各师市审批权限范围内水资源论证工作的开展情况，严把取水第一关。

2. 节水行动

（1）加强用水定额管理。兵团水利局认真梳理水利部 2020 年以来新发布的用水定额 63 项，整理印发各师市水利局，指导在水资源论证、用水计划审批中强化用水定额的管理和使用，坚决抑制不合理用水，督促、倒逼用水单位提高水资源利用效率，实现水资源高效集约利用。

（2）推进水利节水机关建设。2019 年，兵团水利局落实 150 万元资金，完成兵团综合办公楼节水

型机关建设；组织石河子大学在东校区试点实施合同节水项目，迈出兵团高校实施合同节水的第一步。2020 年，兵团水利局印发《关于开展水利行业节水型单位建设工作和启用取水许可文书格式（2021 年版）的通知》，组织各师市水利局对辖区内水利机关结合各自实际情况，开展水利节水机关建设工作，通过水利节水机关先行，在各师市范围内树立模范，引导其他单位开展节水机关建设，创建节水载体，为节水型社会创建工作奠定基础。

（3）建立兵、师重点用水单位名录。为强化兵团工业、服务业、灌区的节约用水工作，2019—2020 年，兵团水利局组织各师市完成对辖区内用水 50 万 m³ 以上的单位摸底调查，22 个单位纳入兵团级重点监控用水单位名录，47 个单位纳入师市级重点监控用水单位名录，对名录实施动态管理，强化纳入名录的用水大户节约用水意识，在用水计划管理、定额管理等方面提出要求，积极鼓励用水单位创建节水型单位。

（4）积极组织节水宣传。在"中国水周""世界水日"和"全国科普日"活动期间，兵团水利局积极组织各师水利局开展节水宣传工作，让节水知识走进校园、社区、企业，积极参加第一届、第二届全国节约用水知识大赛。

3. 水量分配　2018 年，自治区水利厅、兵团水利局联合印发《新疆用水总量控制方案》，正式将用水总量控制指标按水源（地表水、地下水）分解到各地州和各师，细化到各县和团场，并落实到年度计划安排。兵团 2020 年、2025 年、2030 年用水总量指标分别为 114.13 亿 m³、112.39 亿 m³、110.92 亿 m³。其中，地表水指标分别为 97.52 亿 m³、97.19 亿 m³、96.94 亿 m³，地下水指标分别为 16.01 亿 m³、14.37 亿 m³、12.94 亿 m³。兵团水利局每年年初指导各师市对按《新疆用水总量控制方案》，对年用水总量地表水按河流水系分解到各团场、连队，地下水分解到每眼机井。　　　（李灵波）

【水域岸线管理保护】

1. 河湖管理范围划界　根据《水利部关于开展河湖管理范围和水利工程管理与保护范围划定工作的通知》（水建管〔2014〕285 号），部署开展水利工程管理与保护范围划定工作。兵团水利局按照部署开展水利工程管理与保护范围划定工作。按照《关于加快推进河湖管理范围划定工作的通知》（水河湖〔2018〕314 号）和自治区人民政府印发的《关于印发新疆维吾尔自治区河湖水域岸线管理和保护范围划定工作方案的通知》（新政办发〔2018〕

149 号）及水利部关于河湖管理范围划定工作最新要求，兵团水利局下发了《关于加快推进水利工程管理与保护范围划定工作的通知》（兵水发〔2019〕7 号）、《关于进一步加快推进河湖管理范围划定工作的通知》（兵水发〔2019〕149 号）。兵团需要划定管理范围的河湖是全兵团纳入河长制湖长制管理的 146 条河流，包含 109 条兵地共管河流、37 条独立管辖河流、5 个湖泊，以及兵团管理的 142 座水库。

（1）到 2019 年年底，兵团独立管辖的规模以上 4 个湖泊全部完成管理范围划定。按照兵地"一盘棋"原则由自治区牵头开展河湖岸线保护和利用规划编制，兵地共管规模以上 42 条河流中有 40 条完成管理范围划定工作。

（2）到 2020 年 11 月底，兵团应划界 146 条河流（段）和 5 个湖泊中，有 137 条河流和 5 个湖泊完成管理范围划定，划定率达 94%。与自治区共同开展河湖岸线保护和利用规划编制和审查，已完成自治区级 9 河 6 湖规划的审查和 11 条独立管辖河流岸线保护与利用规划审批。 （苏岳）

2. "四乱"整治 2018 年 7 月，兵团根据《水利部办公厅关于开展全国河湖"清四乱"专项行动的通知》（办建管〔2018〕130 号）要求，立即安排部署，制定印发《关于开展兵团河湖"清四乱"专项行动的通知》（兵河长组办〔2018〕20 号），全面启动兵团"清四乱"专项行动。按照摸底调查、集中整治、巩固提升三个阶段对兵团管理范围的河流（段）及湖泊乱占、乱采、乱堆、乱建等突出问题开展专项清理整治行动。2019 年 7 月，兵团组织开展"清四乱"专项整治"回头看"行动，对"清四乱"专项行动漏查漏报、清理整治不到位、整治后出现反弹等问题进行全面核查。2020 年 4 月，兵团河长办制定印发《关于深入推进兵团河湖"清四乱"常态化规范化的通知》，布置开展新一轮河湖"四乱"问题清理整治，深入自查自纠，确保立行立改。 （赵倩）

【水污染防治】

1. 排污口整治 规范入河湖排污口监管，开展兵团入河湖排污口排查，为摸清底数、严格入河湖排污口设置登记审批。

2. 工矿企业污染防治 集中治理工业集聚区水污染。积极落实生态环境部《关于进一步规范城镇（园区）污水处理环境管理的通知》要求，综合运用环保督察、调研帮扶等多种方式，督促各师市因地制宜加强园区污水处理设施建设管理，加强对纳管企业、污水处理厂的监管执法，督促排污单位严格按照排污许可证落实主体责任，对污染排放进行监测和管理，确保园区污水处理设施达标排放，严肃查处超标排放、偷排偷放、伪造或篡改监测数据、不正常使用污水处理设施等环境违法行为。加大《发酵酒精和白酒工业水污染物排放标准》（GB 27631—2011）修改单宣贯力度，开展酒类行业标准修改单宣贯调研帮扶工作，促进上游酒企、下游污水处理厂共赢。 （兵团生态环境局）

3. 城镇生活污染防治 "十三五"期间，兵团争取中央预算内资金 1.53 亿元，建设完成 9 个城镇污水处理设施项目；争取中央财政资金 5 688 万元，用于三师 51 团、十四师皮山农场、八师 121 团、133 团、147 团、150 团城镇污水管网和处理设施提标改造。到 2020 年年底，兵团已建成污水处理设施 152 座，处理能力达到 170 万 m^3/d，排水管网达到约 3 797km，兵团城市污水集中处理率达到 95% 以上。 （兵团住房城乡建设局）

4. 畜禽养殖废弃物资源化利用 2017 年，兵团农业局、环保局联合下发《关于开展兵团畜禽养殖禁养区划定工作的通知》，全面启动畜禽禁养区划定工作，截至 2020 年年底，划定畜禽养殖禁养区面积 3 450km²。兵团印发《新疆生产建设兵团畜禽养殖废弃物资源化利用工作方案（2017—2020 年）》，积极部署开展畜禽养殖废弃物资源化利用工作。2018 年筹措资金 4 500 万元引导推进 90 个规模养殖场粪污处理设施设备进行配套。2019 年，兵团 523 家大型规模养殖场已全部完成粪污处理设施设备配套。2017—2020 年，共申请中央资金 6 865 万元，实施第四、六、七、八师畜禽粪污资源化利用整县推进项目。截至 2020 年年底，建成规模养殖场 3 000 余个，培育较大型畜牧业龙头企业 20 家，养殖合作社 640 余个，规模养殖总体水平达 69%，达到全国先进水平。2020 年兵团畜禽粪污综合利用率达 89.03%，规模养殖场粪污处理设施装备配套率达 98.98%，大型规模养殖场粪污处理设施装备配套率达 100%。

5. 农田残膜污染治理三年攻关 2017 年，兵团发动师团连 1 万余人，对 148 个团场 1 200 万亩耕地进行了废旧地膜污染情况调查，基本摸清了兵团废旧地膜污染情况。在此基础上，2018 年兵团农业农村局与生态环境局等 6 部门制定印发《兵团农田残膜污染治理三年行动攻坚计划》〔兵农（机）发〔2018〕21 号〕，根据污染情况将耕地分为四级，实行分类施策，分级治理。各师市充分结合种植结构及农时特点，坚持"分类治理、因地施策"的原则，采用"机械＋人工"治理模式，因时因地全方位开展治理工作。通过实践，各师市根据气候、水情和农作物生长特性等摸索出符合本地实际的治理路径和方法。为探索建立废弃地膜科学有效的回收利用机制，2019 年兵团安排本级财政资金 1 464 万元，通过废旧地膜回收补贴、耕层残膜回收机具购置和作业补贴、废旧地膜污染监测和评价补贴、回收再利用补贴、连队"两委"工作奖励等方式，在 2 个团场 50 万亩棉田整团开展废弃地膜回收利用试验示范，引导职工、企业广泛参与，全程全域推进废弃地膜回收，提升废弃地膜资源化利用水平。根据兵团生态环境局聘请第三方机构连续 3 年跟踪抽测，兵团农田废弃地膜含量逐年下降，2020 年兵团废弃农膜抽测平均残留量为 2.65kg/亩，已全面消除三级重度污染及四级严重污染团场，兵团废弃农膜平均残留量均值达到国家标准。

6. 草原生态保护补助奖励 "十三五"时期，国家每年拨付 12 093 万元支持兵团开展草原生态保护补助奖励工作，涉及兵团 14 个师 63 个团场，实施草原禁牧面积 885 万亩，补助标准 7.5 元/(亩·a)，补助资金 6 638 万元；草畜平衡面积 2 182 万亩，补助标准 2.5 元/(亩·a)，补助资金 5 455 万元。随着草原生态保护补助奖励政策的落实，农牧民保护意识明显增强，草原生态进一步恢复，草原畜牧业生产经营方式正在发生变化，草畜联营合作社蓬勃发展，畜牧业生产的分工协作日趋明显，畜群畜种结构趋于合理，良种牲畜比例和人工种草面积逐年提高，农牧民收入稳步提升，生活条件逐步改善。

7. 水生生物资源养护 兵团各级渔业主管部门按照《中国水生生物资源养护行动纲要》和《农业部关于做好"十三五"水生生物增殖放流工作的指导意见》开展水生生物资源养护工作，在中央专项资金和社会力量的大力支持下，积极开展渔业资源人工增殖放流活动，改善生物的种群结构，维护生物的多样性，优化水域生态环境，提高资源环境保护意识，增加渔民经济收入。取得了良好的生态、社会和经济效益，促进了兵团渔业高质量发展。2016—2018 年，在兵团各级水利部门组织协调下，向辖区内宜渔水库、大型坑塘投放经济鱼种 2 500 余万尾，开展 25 场增殖放流活动，发放 1 000 余份水生野生动物保护宣传材料；2019—2020 年，向辖区内宜渔水库、大中型坑塘投放经济鱼种 3 000 余万尾，向塔里木河、伊犁河投放土著鱼种 20 万尾，组织开展 20 场增殖放流活动，发放 800 余份水生野生动物保护宣传材料。

8. 推进农药面源污染防治 2015 年以来，兵团积极科学施用化肥和农药，大力推进化肥减量提效、农药减量控害，落实农业农村部《关于印发〈到 2020 年化肥使用量零增长行动方案〉和〈到 2020 年农药使用量零增长行动方案〉的通知》要求。大力推广测土配方施肥，增加有机肥施用量，减少化肥用量，提高肥料利用率。2016 年测土配方施肥面积为 94 万 hm²，2017 年测土配方施肥面积为 104.7 万 hm²，2018 年测土配方施肥面积为 119 万 hm²，2019 年测土配方施肥面积为 123.5 万 hm²，至 2020 年年底测土配方施肥面积为 126.4 万 hm²。测土配方施肥技术达 90% 以上，主要农作物化肥利用率达 40% 以上。大力推广农作物病虫综合防治技术，推广高效低毒低残留农药，采取诱杀等农业防治措施，减少农药使用量。农作物病虫害绿色防控技术覆盖率逐年提高，至 2020 年年底主要农作物病虫害绿色防控技术覆盖率达到 30% 以上。2016 年农药使用量（实物量）为 1.18 万 t，2017 年农药使用量（实物量）为 1.21 万 t，2018 年农药使用量（实物量）为 1.25 万 t，2019 年农药使用量（实物量）为 1.21 万 t，2020 年农药使用量（实物量）为 1.18 万 t。单位防治面积农药使用量控制在近 3 年平均水平以下，实现农药使用总量零增长。 （兵团农业农村局）

【水环境治理】 兵团河长办联合兵团生态环境局扎实推进连队黑臭水体排查整治，兵团未发现连队黑臭水体。加强蘑菇湖水库、青格达水库等重点湖泊治理督促工作，加大小海子水库、前进水库等良好水体生态环境保护。 （兵团生态环境局）

【水生态修复】

1. 退田还湖还湿 湿地自然保护地情况，兵团现共有省级湿地自然保护区 4 处，面积 100 345.09hm²，国家湿地公园（试点单位）6 处，面积 30 397.7hm²。4 处省级湿地自然保护区和 1 处国家湿地公园成立了管理机构，配备人员履行湿地监管责任，其他国家湿地公园管护主要依托属地各团场经济发展办公室和农业发展服务中心人员开展相关工作。兵团加强湿地及野生动植物保护管理工作，坚持自然恢复为主、与人工修复相结合的方式，以保护工程为重点，以加快自然保护区建设为突破口，全面开展湿地保护修复工作。结合国土三调成果，兵团现有自然湿地面积 51.43 万亩，初步形成湿地自然保护区、湿地公园等多形式的保护体系，改善了河湖、湿地生态状况，兵团湿地保护率达 49.2%，国家重点保护野生动植物保护率达 90% 以上。根据中央环境保护督察反馈意见，兵团 4 个省级自然保护区存在采砂挖石、渔业养殖、旅游开发等 125 个违法违规项目列入整改方案，兵团水利局多次会同兵团生态环境局，赴现地督促指导三师、六师、七师、八师加快推进自然保护区整改。

（兵团自然资源局　兵团林业草原局）

2. 水土流失治理　2016—2020 年，结合兵团水土流失状况和水土保持生态环境治理需求，在城镇化、河湖库岸线以及《新疆生产建设兵团水土保持规划（2015—2030 年）》的沙漠绿洲重点区域、侵蚀沟道综合治理区，累计实施 43 个水土流失综合治理项目，治理水土流失面积 586.59km²。治理区水土流失防治效果显著，水土流失得到有效控制，群众生产生活条件得到改善，对保护和改善兵团生态环境、加快生态文明建设、促进兵地融合发展和乡村（连队）振兴、推动经济社会持续健康发展及更好地履行维稳戍边的历史使命具有重要意义。

（孙爱民）

【执法监管】　落实行政执法证件，组织 22 名干部完成行政执法培训考试并获得行政执法证件。组织开展四次依法行政培训，水利系统 317 人次参加培训，增强了运用法治思维和法治方式化解矛盾的能力。开展能力建设，安排兵团水利局 2 名年轻干部赴黄委开展为期半个月的水行政执法和河湖管理跟班学习，提升行政管理能力。指导监督各师市水利局积极开展行政执法工作，推行联合执法，个别师市根据工作需要，与其他部门、地方水利部门开展了联合执法，水行政执法工作取得一定成效。

（刘丽娟）

【信息化工作】

1. "水利一张图"

（1）建成兵团水利中心数据库，整合兵团 23 类、21 万余条数据资源，按照水利对象基础库标准完成空间数据资源整合，入库数据 3 600 余万条，初步建成"一数一源"的兵团水利中心数据库。

（2）基本建成兵团水利"一张图"，按照"四个统一"（统一用户管理、统一身份认证、统一通用工具、统一地图服务）的原则，建成兵、师两级共用的兵团"水利一张图"，提供专题展示、信息查询、统计分析、实时监测等功能，发布展现服务 64 个，为其他信息系统调用整合成果提供了基础支撑。

（3）初步搭建兵团水利综合信息门户，已集成 26 个已建系统，并进行了单点登录改造，建成应用支撑平台，实现了对所有系统用户和权限的统一管理。

2. 河长制湖长制平台　建成兵团河湖管理业务应用体系，包括河长制信息平台（PC 端应用）、"河长通"App、"巡河通"App、微信公众号等。河长制信息平台（PC 端应用）涵盖一河（湖）一档、一河（湖）一策、巡河管理、考核评价、投诉举报、督查督办、日常办公、信息服务和系统管理等功能，为河长办及相关业务人员提供日常业务管理平台。"河长通"App 为河长提供移动办公环境，可让各级河长随时随地了解所管辖河湖的各项信息，及时处理各类问题，及时通知各级相关单位落实处理，并及时向社会公众反馈信息。此外兵团河长制湖长制平台实现了与水利部国家河长制湖长制管理信息系统的对接，共享河长制湖长制基础数据信息。

（周明强）

十一、大事记

Major Events

| 2016—2020 年中国河湖大事记 |

序号	时　间	事　件
1	2016 年 10 月 11 日	习近平总书记主持召开第十八届中央全面深化改革领导小组第二十八次会议，审议通过《关于全面推行河长制的意见》
2	2016 年 11 月 28 日	中共中央办公厅、国务院办公厅印发《关于全面推行河长制的意见》
3	2016 年 12 月 10 日	水利部、环境保护部印发贯彻落实《关于全面推行河长制的意见》实施方案
4	2016 年 12 月 11 日	水利部在国务院新闻办举行新闻发布会，对《关于全面推行河长制的意见》进行宣传解读
5	2016 年 12 月 13 日	水利部、环境保护部、发展改革委、财政部、国土资源部、住房城乡建设部、交通运输部、农业部、卫生计生委、林业局等十部委在京召开视频会议，部署全面推行河长制各项工作
6	2016 年 12 月 16 日	水利部成立推进河长制工作领导小组
7	2016 年 12 月 31 日	习近平总书记在新年贺词中宣布"每条河流要有'河长'了"
8	2017 年 2 月 8 日	水利部印发全面推行河长制工作督导检查制度
9	2017 年 3 月和 9 月	水利部派出两批次 33 个督导组对全国 31 个省（自治区、直辖市）和新疆生产建设兵团河长制建立情况进行督导检查
10	2017 年 3 月 1 日	国务院办公厅发文同意建立全面推行河长制工作部际联席会议制度
11	2017 年 3 月 24 日	习近平总书记主持召开第十八届中央全面深化改革领导小组第三十三次会议，审议了全面推行河长制等民生领域改革落实情况的督查报告
12	2017 年 5 月 2 日	全面推行河长制工作部际联席会议第一次全体会议在京召开
13	2017 年 6 月 27 日	第十二届全国人民代表大会常务委员会第二十八次会议通过《全国人民代表大会常务委员会关于修改〈中华人民共和国水污染防治法〉的决定》，对建立河长制作出规定
14	2017 年 9 月 7 日	水利部办公厅印发《"一河（湖）一策"编制指南（试行）》
15	2017 年 11 月 20 日	习近平总书记主持召开十九届中央全面深化改革领导小组第一次会议，审议通过《关于在湖泊实施湖长制的指导意见》
16	2017 年 11 月 23 日	水利部印发《河长制补助项目管理暂行办法》
17	2017 年 12 月 26 日	中共中央办公厅、国务院办公厅印发《关于在湖泊实施湖长制的指导意见》
18	2018 年 1 月 12 日	水利部办公厅印发《河长制湖长制管理信息系统建设指导意见》《河长制湖长制管理信息系统建设技术指南》
19	2018 年 1 月 24 日	水利部印发贯彻落实《关于在湖泊实施湖长制的指导意见》的通知
20	2018 年 1 月 26 日	全面推行河长制工作部际联席会议第二次全体会议在京召开
21	2018 年 4 月 13 日	水利部办公厅印发《"一河（湖）一档"建立指南（试行）》
22	2018 年 6 月 22 日	水利部办公厅印发通知，开展全国河湖采砂专项整治行动
23	2018 年 7 月 7 日	水利部办公厅印发《关于开展全国河湖"清四乱"专项行动的通知》

序号	时　间	事　件
24	2018 年 7 月 17 日	水利部举行全面建立河长制新闻发布会
25	2018 年 10 月 9 日	水利部印发《关于推动河长制从"有名"到"有实"的实施意见》
26	2018 年 11 月 22 日	水利部办公厅、生态环境部办公厅联合印发《全面推行河长制湖长制总结评估工作方案》，启动全面推行河长制湖长制总结评估工作
27	2018 年 12 月 7 日	水利部联合最高人民检察院开展黄河流域携手"清四乱"保护母亲河专项行动
28	2018 年 12 月 10 日	国务院办公厅印发《关于对真抓实干成效明显地方进一步加大激励支持力度的通知》，将河长制湖长制工作纳入国务院 30 项督查激励措施之一
29	2019 年 1 月 24 日	水利部举办全面建立湖长制新闻通气会，宣布全国已全面建立湖长制
30	2019 年 3 月 21 日	全面推行河长制工作部际联席会议第三次全体会议在京召开
31	2019 年 9 月 18 日	习近平总书记在黄河流域生态保护和高质量发展座谈会上发表重要讲话，发出"让黄河成为造福人民的幸福河"伟大号召
32	2019 年 12 月 26 日	水利部召开全国河湖"清四乱"专项行动新闻发布会
33	2019 年 12 月 26 日	水利部印发《河湖管理监督检查办法（试行）》
34	2019 年 12 月 27 日	水利部办公厅印发《关于进一步强化河长湖长履职尽责的指导意见》
35	2020 年 1 月 19 日	生态环境部、水利部印发《关于建立跨省流域上下游突发水污染事件联防联控机制的指导意见》
36	2020 年 3 月 4 日	水利部办公厅印发《关于深入推进河湖"清四乱"常态化规范化的通知》
37	2020 年 3 月 12 日	水利部、公安部、交通运输部建立长江河道采砂管理合作机制
38	2020 年 3 月 25 日	发展改革委等 15 部门印发《关于促进砂石行业健康有序发展的指导意见》
39	2020 年 4 月 1 日	水利部办公厅印发通知，组织开展黄河流域河道采砂专项整治
40	2020 年 6 月 8 日	水利部、全国总工会、全国妇联印发通知组织开展"寻找最美河湖卫士"活动
41	2020 年 8 月 14 日	水利部办公厅印发《关于开展长江流域非法矮围专项整治的通知》
42	2020 年 8 月 20 日	水利部河长办印发《河湖健康评价指南（试行）》
43	2020 年 9 月 25 日	水利部、交通运输部联合印发《加强长江干流河道疏浚砂综合利用管理工作的指导意见》
44	2020 年 10 月 29 日	党的十九届五中全会表决通过《中共中央关于制定国民经济和社会发展第十四个五年规划和二〇三五年远景目标的建议》，提出"强化河湖长制，加强大江大河和重要湖泊湿地生态保护治理"
45	2020 年 11 月 20 日	水利部开展全面推行河长制湖长制先进集体、先进个人评选表彰工作
46	2020 年 12 月 26 日	中华人民共和国第十三届全国人民代表大会常务委员会第二十四次会议通过《中华人民共和国长江保护法》，规定长江流域各级河湖长负责长江保护相关工作

十二、附录

Appendix

| 河湖长制组织体系建立情况综述 |

2016 年 11 月中共中央办公厅、国务院办公厅印发《关于全面推行河长制的意见》，要求"全面建立省、市、县、乡四级河长体系"，2017 年 12 月中共中央办公厅、国务院办公厅印发《关于在湖泊实施湖长制的指导意见》，要求"全面建立省、市、县、乡四级湖长体系"。为贯彻落实中央决策部署，水利部、原环境保护部印发《贯彻落实〈关于全面推行河长制的意见〉实施方案》，水利部印发《水利部贯彻落实〈关于在湖泊实施湖长制的指导意见〉的通知》等文件，督促指导 31 个省（自治区、直辖市）制定实施省级工作方案，按照中央要求，全面建立以党政领导负责制为核心的河湖长制责任体系。2018 年 6 月河长制全面建立，比中央要求时间提前了半年；2018 年年底如期全面建立湖长制。

全国 31 个省（自治区、直辖市）全部建立省、市、县、乡四级河湖长组织体系。

（1）总河湖长。全国 31 个省（自治区、直辖市）全部由省级党委和政府主要负责同志担任省级双总河湖长，对本行政区域内的河湖管理和保护负总责；市（州）、县（区）总河湖长由同级党委或政府主要负责同志担任。

（2）省、市、县、乡级河湖长。各省（自治区、直辖市）行政区域内主要河湖、跨省级行政区域且在本辖区地位和作用重要的湖泊，由省级负责同志担任河湖长；跨市地级行政区域的湖泊，原则上由省级负责同志担任湖长。各河湖所在市、县、乡分级分段设立河长、分级分区设立湖长，由同级负责同志担任；跨县级行政区域的湖泊，原则上由市地级负责同志担任湖长。全国 31 个省（自治区、直辖市）共明确省、市、县、乡级河湖长 30 万名。

（3）河长办。省、市、县全部设立河长制办公室，承担河湖长制组织实施的具体工作，履行组织、协调、分办、督办职责。截至 2020 年年底共明确专职人员超 1.6 万名，部分乡镇还因地制宜设立河长制办公室。

此外，为推动河湖长制落地见效，打通河湖管护"最后一公里"，各地还因地制宜推进河湖长制向村级延伸，设立村级河湖长以及巡河员、护河员等基层河湖管护岗位，截至 2020 年年底各地共设立村级河湖长（含巡河员、护河员）90 万名。

为进一步强化河长制湖长制工作，水利部先后印发系列文件推动各级河湖长履职尽责，2018 年10 月印发《关于推动河长制从"有名"到"有实"的实施意见》，2019 年 12 月印发《河湖管理监督检查办法（试行）》《关于进一步强化河长湖长履职尽责的指导意见》，2020 年 1 月会同生态环境部联合印发《关于建立跨省流域上下游突发水污染事件联防联控机制的指导意见》。同时，不断建立健全工作机制，强化统筹协调，2017 年 3 月 1 日经国务院批复同意建立全面推行河长制工作部际联席会议制度，10 个成员单位加强协作，统筹推进全国河长制湖长制工作。各流域管理机构与省级河长办建立协作机制，推进流域上下游、左右岸、干支流统筹，协调解决河湖长制工作重大问题。20 多个省份探索建立"河（湖）长＋警长""河（湖）长＋检察长"机制。

（魏雪艳）

| 督查激励 |

国务院办公厅关于对 2018 年落实有关重大政策措施真抓实干成效明显地方予以督查激励的通报

（国办发〔2019〕20 号）

各省、自治区、直辖市人民政府，国务院各部委、各直属机构：

为进一步健全正向激励机制，更好发挥中央和地方两个积极性，促进形成担当作为、竞相发展的良好局面，根据《国务院办公厅关于对真抓实干成效明显地方进一步加大激励支持力度的通知》（国办发〔2018〕117 号），结合国务院大督查、专项督查和部门日常督查情况，经国务院同意，对 2018 年落实打好三大攻坚战和实施乡村振兴战略、深化"放管服"改革、推进创新驱动发展、持续扩大内需、推进高水平开放、保障和改善民生等有关重大政策措施真抓实干、取得明显成效的 24 个省（区、市）、80 个市（州）、120 个县（市、区、旗）等予以督查激励，相应采取 30 项奖励支持措施。希望受到督查激励的地方充分发挥模范表率作用，再接再厉，作出新的更大贡献。

2019 年是新中国成立 70 周年，是全面建成小康社会、实现第一个百年奋斗目标的关键之年。各地区、各部门要在以习近平同志为核心的党中央坚强领导下，以习近平新时代中国特色社会主义思想为指导，全面贯彻党的十九大和十九届二中、三中全会精神，树牢"四个意识"，坚定"四个自信"，坚决做到"两个维护",坚持稳中求进工作总基调,坚持新发展理念,坚持推动高质量发展,坚持以供给侧结构性改革为主线,统筹推进稳增长、促改革、调结构、惠民生、防风险、保稳定工作,保持经济运行在合理区间,力戒形式主义、官僚主义,勇于担当、攻坚克难,结合实际创造性地干,确保党中央、国务院决策部署落地见效,以优异成绩庆祝中华人民共和国成立70周年。

附件:2018年落实有关重大政策措施真抓实干成效明显的地方名单及激励措施

国务院办公厅
2019年5月7日

附件

2018年落实有关重大政策措施
真抓实干成效明显的地方名单及激励措施

二十八、河长制湖长制工作推进力度大、河湖管理保护成效明显的地方

浙江省,福建省,广东省,贵州省,宁夏回族自治区。

2019年对上述地方在安排中央财政水利发展资金时适当倾斜,各予以5 000万元资金奖励,用于河长制湖长制及河湖管理保护工作。(水利部、财政部组织实施)

国务院办公厅关于对2019年落实
有关重大政策措施真抓实干成效
明显地方予以督查激励的通报
(国办发〔2020〕9号)

各省、自治区、直辖市人民政府,国务院各部委、各直属机构:

为进一步强化正向激励,更好调动和发挥地方推进改革发展的积极性、主动性和创造性,促进形成担当作为、干事创业的良好局面,根据《国务院办公厅关于对真抓实干成效明显地方进一步加大激励支持力度的通知》(国办发〔2018〕117号),结合国务院大督查、专项督查和部门日常督查情况,经国务院同意,对2019年落实打好三大攻坚战和实施乡村振兴战略、深化"放管服"改革优化营商环境、持续扩大内需、推动创新驱动发展、保障和改善民生等有关重大政策措施真抓实干、取得明显成效的213个地方予以督查激励,相应采取30项奖励支持措施。希望受到督查激励的地方珍惜荣誉,再接再厉,继续大胆探索,争取新的更大成绩。

今年是全面建成小康社会和"十三五"规划收

官之年,改革发展稳定任务艰巨繁重。新冠肺炎疫情带来新的挑战,做好经济社会发展工作难度更大、任务更重、要求更高,更需要调动各方面积极性,沉下心来,扑下身子,苦干实干,把工作落到实处。各地区各部门要切实将思想认识和行动统一到党中央、国务院决策部署上来,坚定信心、迎难而上、主动作为,统筹推进疫情防控和经济社会发展工作,在疫情防控常态化前提下,坚持稳中求进工作总基调,坚定不移贯彻新发展理念,加大改革开放力度,深化供给侧结构性改革,打好三大攻坚战,扩大有效需求,扎实做好"六稳"工作,落实"六保"任务,力戒形式主义、官僚主义,以钉钉子精神抓紧抓实抓细各项工作,确保完成决战决胜脱贫攻坚目标任务,全面建成小康社会。

附件:2019年落实有关重大政策措施真抓实干成效明显的地方名单及激励措施

国务院办公厅
2020年5月5日

附件

2019年落实有关重大政策措施
真抓实干成效明显的地方名单及激励措施

四、河长制湖长制工作推进力度大、河湖管理保护成效明显的地方

黑龙江省佳木斯市、肇源县,江苏省宿迁市,浙江省金华市、衢州市柯城区,安徽省黄山市,福建省三明市、永春县,江西省宜春市,山东省潍坊市、沂水县,河南省息县,湖北省宜昌市,湖南省湘潭市,广东省江门市、广州市白云区,四川省成都市金牛区,贵州省兴义市,青海省贵德县,宁夏回族自治区隆德县。

2020年对上述地方在安排中央财政水利发展资金时适当倾斜,给予每个市4 000万元、每个县(市、区)1 000万元奖励,用于河长制湖长制及河湖管理保护工作。(水利部、财政部组织实施)

水利部 全国总工会 全国妇联
关于"寻找最美河湖卫士"活动结果的通报

各省、自治区、直辖市河长办、水利(水务)厅(局)、总工会、妇联:

为做好河长制湖长制宣传和舆论引导工作,提高全社会对河湖保护的责任意识和参与意识,水利部、全国总工会、全国妇联联合开展了"寻找最美河湖卫士"活动。活动过程中,通过加大对基层河长湖长、

河湖管理保护工作人员和社会志愿者先进事迹的宣传，动员社会公众积极参与，达到了发动群众、推动河湖管理保护意识深入人心的目的。现通报"寻找最美河湖卫士"活动结果（名单附后）。请各地河长办、水利、总工会、妇联等部门综合利用网络、报刊等多种媒介，进一步加大宣传力度，营造全社会关爱河湖、珍惜河湖、保护河湖的浓厚氛围。

水利部

中华全国总工会

中华全国妇女联合会

2020 年 9 月 30 日

"最美河湖卫士"名单

（按姓氏笔画排序）

一、"十大最美河湖卫士"10 名

苏志均，广东，民间河长、志愿者

何立军（女），北京，乡级河长

郝如杰，山东，民间河长

秦红波（女），浙江，志愿者

徐　森，江西，巡（护）河员

董春燕（女），上海，村级河长

程菊英（女），新疆，乡级河长

詹庆会，黑龙江，巡（护）河员

谭　军，重庆，民间河长

瞿贤宝，安徽，村级河长

二、"巾帼河湖卫士"20 名

方　芳（女），甘肃，巡（护）河员

朱先萍（女），陕西，志愿者

朱瑞欣（女），福建，民间河长

祁红岩（女），青海，村级河长

苏万青（女），云南，巡（护）河员

李玉英（女），黑龙江，乡级河长

李勤爱（女），浙江，民间河长

杨艳玲（女），宁夏，巡（护）河员

吴仁秀（女），重庆，村级河长

吴亚琴（女），吉林，村级河长

利远远（女），广西，乡级河长

何　翔（女），湖南，村级河长

张　清（女），河北，乡级河长

张崇芹（女），山东，巡（护）河员

陈珊珊（女），安徽，巡（护）河员

贺玉凤（女），北京，志愿者

耿　爽（女），内蒙古，乡级河长

徐　红（女），吉林，志愿者

徐欣宁（女），江苏，志愿者

戴北春（女），黑龙江，民间河长

三、"青年河湖卫士"10 名

卞　翔，上海，巡（护）河员

方　军，北京，巡（护）河员

邢晓洁（女），河南，乡级河长

刘延辉，辽宁，巡（护）河员

李　金，海南，志愿者

杨再春，贵州，民间河长

吴文凤（女），湖南，村级河长

何　波，重庆，民间河长

陈　豪，湖南，民间河长

魏鹏程（女），天津，巡（护）河员

四、"民间河湖卫士"25 名

万孝成，四川，村级河长

马　陟，湖北，民间河长

马瑞青（女），山西，村级河长

王　姝（女），河南，民间河长

王成东，河北，民间河长

巴登洛加，西藏，巡（护）河员

任建国，吉林，志愿者

华　静（女），天津，志愿者

李　泉，江苏，民间河长

李德禄，辽宁，志愿者

吴文波，宁夏，村级河长

吴春生，江西，民间河长

张元江，陕西，志愿者

阿拉腾苏娃迪，内蒙古，民间河长

陈光文，湖北，民间河长

陈沛龙，福建，民间河长

陈敬飞，贵州，巡（护）河员、民间河长

林华忠，福建，民间河长

罗光贤，贵州，民间河长

郑明雷，河南，村级河长

胡忠录，广东，巡（护）河员、民间河长

徐国忠，江苏，民间河长

高俊平，河北，村级河长

唐治红，广东，巡（护）河员、民间河长、志愿者

黄成波，湖南，民间河长

首届"寻找最美家乡河"大型主题活动结果在西安揭晓

　　"一条家乡的河，美丽又温柔，常常把我带入童年的梦。"2017 年 12 月 17 日，由水利部水情教育中心（中国水利报社）、阿里巴巴天天正能量、新浪微公益联合主办的首届"寻找最美家乡河"大型主题活动结果在陕西西安现场揭晓，陕西渭河、山东沂河、江苏丁万河、重庆璧南河、湖北汉江、

甘肃疏勒河、广东韩江、浙江永安溪、福建木兰溪、广西下枧河等10条河流荣膺2017年度"最美家乡河"称号。水利部副部长魏山忠出席揭晓仪式。揭晓仪式由陕西省水利厅协办，陕西网络广播电视台全程网络直播。浙江、福建、山东、湖北、广东、重庆、江苏等多家省级网络媒体同步直播。

为贯彻落实中央关于加强生态文明建设的决策部署，强化公众对生态文明的认知，营造"知水、节水、护水、亲水"的社会风尚，按照水利部、中宣部、教育部、共青团中央四部委联合印发的《全国水情教育规划（2015—2020年）》的安排，2016年9月至2017年12月，水利部水情教育中心（中国水利报社）联合阿里巴巴天天正能量、新浪微公益共同开展了首届"寻找最美家乡河"大型主题活动。活动从百姓身边最具"乡愁"特征的文化符号——"家乡河"切入，通过各省推荐、网络投票、专家推选等过程，发动社会公众寻找身边的"最美家乡河"，向社会展示我国水生态文明建设取得的丰硕成果和绿色发展带来的巨大变化；通过发布"最美家乡河"结果，提高公众对身边"家乡河"的关注程度，促进"家乡人关爱家乡河、保护家乡河"良好社会氛围逐步形成。

（王玉）

| 2020年省级河长湖长名录 |

序号	省级行政区	省级河湖长姓名	行政职务	所负责河湖	备注
1	北京	蔡 奇	市委书记	市总河长	
		陈吉宁	市委副书记、市长	市总河长	
		卢映川	副市长	市副总河长，北运河流域	
		张延昆	市委常委、政法委书记	蓟运河（沟河）流域	
		杜飞进	市委常委、宣传部部长	清河流域	
		魏小东	市委常委、组织部部长	凉水河流域	
		崔述强	市委常委、常务副市长	大清河（拒马河）流域	
		齐 静	市委常委、统战部部长	潮白河流域	
		王 宁	市委常委、教工委书记	密云水库流域	
		殷 勇	市委常委、副市长	凤河（凤港减河）流域	
		张建东	副市长	官厅水库流域	
		隋振江	副市长	城市河湖流域	
		卢 彦	副市长	永定河（平原段）流域	
		杨 斌	副市长	京密引水渠及怀柔水库流域	
		王 红	副市长	十三陵水库流域	
		杨晋柏	副市长	永定河（山区段）流域	
		亓延军	副市长	沙河水库流域	
2	天津	李鸿忠	市委书记	市总河湖长	
		廖国勋	市委副书记，市长	市总河湖长	
		孙文魁	副市长	海河干流水系（含引滦）河道、七里海湿地、大黄堡湿地	
		李树起	副市长	北三河、永定河、大清河、子牙河、漳卫南运河水系、北大港湿地、团泊湿地	
		金湘军	副市长	中心城区城市供排水河道（含外环河）、于桥水库、北塘水库、尔王庄水库、王庆坨水库	

序号	省级行政区	省级河湖长姓名	行政职务	所负责河湖	备　注
3	河北	王东峰	省委书记	总河湖长	
		许　勤	省长	总河湖长	
		赵一德	省委副书记	滹沱河（冀晋界至献县枢纽）	
		袁桐利	常务副省长	滦河（冀蒙界至入海口）	
		陈　刚	副省长	白洋淀	
		徐建培	副省长	子牙新河（献县枢纽至冀津界）	
		刘　凯	副省长	南运河（冀鲁界至冀津界）	
				卫运河（馆陶县徐万仓村至四女寺枢纽）	
		夏延军	副省长	潮白河（冀京界至吴村枢纽）	
				北运河（京冀界至冀津界）	
		时清霜	副省长	永定河（洋河、桑干河汇流口至冀京界、冀京界至冀津界）	
				滏东排河（宁晋县孙家口村至冯庄闸）	
				衡水湖	
		葛海蛟	副省长	潴龙河（安国市军诜村至高阳县大教台村）	
				赵王新河（枣林庄枢纽至西码头闸）	
4	山西	楼阳生	省委书记	总河长	
		林　武	省委副书记，省长	总河长，汾河	
		罗清宇	省委常委，太原市委书记	副总河长，潇河（含太榆退水渠）	
		张吉福	省委常委，大同市委书记	副总河长，桑干河（御河）	
		胡玉亭	省委常委，副省长	副总河长，涑水河	
		王　成	副省长	副总河长（总湖长），黄河山西段	
		王一新	副省长	滹沱河	
		张复明	副省长	漳河	
		贺天才	副省长	沁河	
		吴　伟	副省长	文峪河	
5	内蒙古	石泰峰	自治区党委书记	第一总河湖长	
		布小林	自治区党委副书记，自治区主席	总河湖长	
		林少春	自治区党委副书记	嫩江内蒙古段、岱海	
		张韶春	自治区常务副主席	呼伦湖	
		艾丽华	自治区副主席	额尔古纳河、西辽河	
		李秉荣	自治区副主席	黄河内蒙古段、乌梁素海	
		包　钢	自治区副主席	黑河内蒙古段、居延海	

序号	省级行政区	省级河湖长姓名	行政职务	所负责河湖	备注
6	辽宁	陈求发	省委书记、省人大常委会主任	省总河长	
		唐一军	省委副书记、省长	总河长	1—4月
		刘宁	省委副书记、省长	总河长	7—12月
		陈向群	省委常委、副省长	副总河长，浑河水系（包括辉发河水系）	
		陈绿平	副省长	辽东南沿海诸河水系	
		崔枫林	副省长	副总河长，辽河水系（不含绕阳河、老哈河水系）	
		王明玉	副省长	大凌河水系（包括老哈河水系、青龙河水系）	
		卢柯	副省长	小凌河水系及辽西沿海诸河	
		张立林	副省长	绕阳河水系	
7	吉林	巴音朝鲁	省委书记	总河长	
		景俊海	省长	总河长	
		高广滨	省委副书记	副总河长，松花江	
		吴靖平	省委常委、常务副省长	饮马河	
		王晓萍	省委常委，省委组织部部长	鸭绿江	
		王凯	省委常委、长春市委书记	伊通河	
		田锦尘	省委常委，延边州委书记	图们江	
		石玉钢	省委常委，省委宣传部部长	浑江	
		侯晰珉	省委常委，省委政法委书记	嫩江	
		刘金波	副省长，公安厅厅长	拉林河	
		李悦	副省长	副总河长，查干湖	
		韩福春	副省长	东辽河	
		阿东	副省长	辉发河	
8	黑龙江	张庆伟	省委书记	总河湖长	
		王文涛	省委副书记，省长	总河湖长	
		陈海波	省委副书记	黑龙江	
		张安顺	省委常委、政法委书记	倭肯河	
		李海涛	省委常委、副省长	挠力河	
		傅永国	省委常委，省军区政委	五大连池	
		王永康	省委常委，副省长	嫩江	
		张雨浦	省委常委、秘书长、办公厅主任	牡丹江	
		贾玉梅	省委常委、宣传部部长	乌苏里江、兴凯湖	
		张巍	省委常委、省纪委书记、省监委主任	呼兰河	

续表

序号	省级行政区	省级河湖长姓名	行政职务	所负责河湖	备 注
8	黑龙江	陈安丽	省委常委、组织部部长	汤旺河	
		聂云凌	省委常委、统战部部长	拉林河	
		孙东生	副省长	讷谟尔河	
		程志明	副省长	乌裕尔河	
		沈 莹	副省长	穆棱河	
		徐建国	副省长	松花江	
		李 毅	副省长，省公安厅厅长	通肯河	
9	上海	李 强	市委书记	总河长	
		应 勇	市长	总河长	1—2月
		龚 正	市长	总河长	3—12月
		汤志平	副市长	副总河长，长江口（上海段）、黄浦江、吴淞江（上海段）-苏州河、淀山湖（上海部分）、太浦河（上海段）等5条（个）河（湖）	
		黄 融	市政府副秘书长	拦路港-泖河-斜塘、红旗塘（上海段）-大蒸塘-园泄泾、胥浦塘-掘石港-大泖港、元荡（上海部分）等4条（个）河（湖）	
10	江苏	娄勤俭	省委书记	总河长	
		吴政隆	省委副书记，省长	总河长	
		杨 岳	省委常委，省委统战部部长	淮河干流江苏段、洪泽湖	
		樊金龙	省委常委，常务副省长	沭河、新沭河	
		郭文奇	省委常委，省委组织部部长	京杭大运河苏北段、微山湖	
		郭元强	省委常委，省委秘书长	里下河腹部地区湖泊湖荡	
		张爱军	省委常委，省委宣传部部长	淮河入海水道、苏北灌溉总渠	
		马秋林	副省长	新孟河、新沟河，滆湖、长荡湖	
		费高云	副省长	苏南运河	
		刘 旸	副省长	骆马湖，徐洪河	
		陈星莺	副省长	固城湖、石臼湖	
		赵世勇	副省长	太湖、淀山湖，望虞河、太浦河	
		惠建林	副省长	新沂河、沂河、分淮入沂	
11	浙江	马 欣	副省长	通榆河、泰州引江河	
		车 俊	省委书记	总河长	1—8月
		袁家军	省委书记	总河长	8—12月
		袁家军	省长	总河长	1—8月
		郑栅洁	省委副书记，省长	总河长	9—12月

续表

序号	省级行政区	省级河湖长姓名	行政职务	所负责河湖	备注
		郑栅洁	省委副书记	曹娥江	1—9月
		李学忠	省人大常委会副主任	苕溪（含太湖）	
		史济锡	省人大常委会副主任	运河	
11	浙江	彭佳学	省人民政府副省长	钱塘江（含千岛湖）	
		周国辉	省政协副主席	瓯江	
		陈小平	省政协副主席	飞云江	
		李锦斌	省委书记	总河长，长江干流安徽段（河长）	
		李国英	省长	总河长，淮河干流安徽段（河长）	
		邓向阳	省委常委，省政府常务副省长	副总河长	
		虞爱华	省委常委，合肥市委书记	巢湖	
12	安徽	何树山	省政府副省长	高塘湖、淮河干流安徽段（副河长）	
		王翠凤	省政府副省长	石臼湖	
		李建中	省政府副省长	龙感湖	
		张曙光	省政府副省长	菜子湖、枫沙湖、长江干流安徽段（副河长）	
		章曦	省政府副省长	高邮湖、焦岗湖	
		周喜安	省政府副省长	新安江干流安徽段、天河湖	
		于伟国	省委书记	总河长	
		王宁	省长	总河长	
13	福建	李德金	副省长	闽江	
		林宝金	副省长	九龙江	
		郑建闽	副省长	敖江	
		刘奇	省委书记	总河长	
		易炼红	省长	副总河长	
		李炳军	省委副书记	赣江流域	
		冯桃莲	省人大常委会副主任	抚河流域	
14	江西	朱虹	省人大常委会副主任	信江流域	
		陈小平	副省长	饶河流域	
		刘卫平	省政协副主席	修河流域	
		胡强	副省长	鄱阳湖流域	
		陈俊卿	省政协副主席	长江江西段、太泊湖	

序号	省级行政区	省级河湖长姓名	行政职务	所负责河湖	备 注
15	山东	刘家义	省委书记	总河长	
		李干杰	省委副书记，省长	总河长，黄河	
		杨东奇	省委副书记	副总河长，梁济运河、韩庄运河、南水北调工程山东段输水干线（柳长河段）、南四湖	
		王书坚	省委常委，常务副省长	副总河长，小清、南水北调工程山东段输水干线（济平干渠、济南市区段、济东明渠段）、马踏湖	
		于国安	副省长	副总河长，沂河、沭河、跋山水库、沙沟水库	
		刘 强	省委常委，省委秘书长，副省长	漳卫南运河、青峰岭水库	
		凌 文	副省长	大沽河、胶东调水输水干线、产芝水库	
		任爱荣	副省长	潍河、峡山水库、墙夼水库	
		孙继业	副省长	大汶河、田庄水库	
		于 杰	副省长	泗河、东鱼河、洙赵新河、贺庄水库	
		范华平	副省长，省委政法委副书记，省公安厅厅长	徒骇河、马颊河、德惠新河、南水北调工程山东段输水干线（小运河、七一河、六五河段）、芽庄湖	
16	河南	王国生	省委书记	第一总河长	
		尹 弘	省委副书记，省政府省长	总河长，黄河花园口以下段	
		孙守刚	省委常委，省委统战部部长	漳河	
		任正晓	省委常委，省纪委书记，监委主任	沁河	
		李 亚	省委常委，洛阳市委书记	伊洛河	
		黄 强	省委常委，常务副省长	涡惠河	
		孔昌生	省委常委，省委组织部部长	淇河	
		穆为民	省委常委，省委秘书长	史灌河	
		江 凌	省委常委，省委宣传部部长	颍河	
		徐立毅	省委常委，郑州市委书记	贾鲁河	
		陈兆明	省委常委，河南省军区政委	金堤河	
		舒 庆	省政府副省长	沱河	
		戴柏华	省政府副省长	沙颍河	
		何金平	省政府副省长	唐白河（含丹江）	
		武国定	省政府副省长	副总河长，淮河	

序号	省级行政区	省级河湖长姓名	行政职务	所负责河湖	备注
16	河南	霍金花	省政府副省长	洪汝河	
		王新伟	省政府副省长	卫河	
		刘玉江	省政府副省长	沙河	
17	湖北	应勇	省委书记	总河湖长	6—12月
		王晓东	省委副书记，省长	总河湖长，长江湖北段	
		马国强	省委副书记，武汉市委书记	府澴河	
		尔肯江·吐拉洪	省委常委，统战部部长	洪湖	
		黄楚平	省委常委，常务副省长	汉江、东荆河	
		王艳玲	省委常委，宣传部部长	长湖	
			省委常委、政法委书记	富水	7—12月
		王瑞连	省委常委，组织部部长	梁子湖	
		梁伟年	省委常委，省委秘书长	汉北河	
		李乐成	省委常委，省纪委书记，省监委主任	沮漳河	
			省委常委，襄阳市委书记	南河	7—12月
		周霁	省委常委，宜昌市委书记	清江	
		曾欣	副省长	汈汊湖	
		赵海山	副省长	斧头湖	
		万勇	副省长	陆水河，黄盖湖	
		肖菊华	副省长	举水	
		杨云彦	副省长	龙感湖	
18	湖南	许达哲	省委书记，省人大常委会主任	第一总河长	
		毛伟明	省委副书记，省人民政府省长	总河长	
		乌兰	省委副书记	副总河长，沅水干流	
		谢建辉	省委常委，省人民政府副省长	副总河长，湘江干流	
		李殿勋	省委常委、政法委书记	黄盖湖	
		黄兰香	省委常委，省委统战部部长，省政协党组副书记	渌水	
		王少峰	省委常委，组织部部长	舞水	
		张宏森	省委常委，宣传部部长	耒水	
		吴桂英	省委常委，长沙市委书记，长沙警备区党委第一书记	浏阳河	
		张剑飞	省委常委，省委秘书长	涟水	

序号	省级行政区	省级河湖长姓名	行政职务	所负责河湖	备注
18	湖南	姚来英	省委常委， 省国资委党委书记	洣水	
		何报翔	省人民政府副省长	资水干流	
		隋忠诚	省人民政府副省长， 省河长办主任	洞庭湖	
		陈　飞	省人民政府副省长	长江湖南段	
		朱忠明	省人民政府副省长	溇水	
		陈文浩	省人民政府副省长	澧水干流	
		许显辉	省人民政府副省长， 省公安厅厅长、党委书记	沅水	
		傅　奎	省委常委，省纪委书记， 省监委主任		负责河湖长制落实 情况的监督检查
19	广东	李　希	省委书记	第一总河长	
		马兴瑞	省委副书记，省长	总河长	
		王伟中	省委副书记	副总河长	
		张　虎	副省长	副总河长，西江流域	1—2月
				副总河长，东江流域	2—9月
		林克庆	省委常委、常务副省长	副总河长，西江流域	2—12月
		叶贞琴	省委常委	副总河长，北江流域	
		许瑞生	副省长	副总河长，韩江流域	
		李春生	副省长， 省河湖第一总警长， 省公安厅厅长	副总河长	
		陈良贤	副省长	鉴江流域	
		张光军	副省长	东江流域，潼湖	1—2月
		覃伟中	副省长	东江流域，潼湖	9—12月
20	广西	鹿心社	自治区党委书记	总河长	
		陈　武	自治区主席	总河长	1—10月
		蓝天立	自治区主席（代）	总河长	10—12月
		孙大伟	自治区党委副书记	西江干流	
		秦如培	自治区党委常委， 自治区常务副主席	柳州干流	
		严植婵	自治区党委常委， 自治区副主席	桂江干流	
		方春明	自治区副主席	郁江干流	

序号	省级行政区	省级河湖长姓名	行政职务	所负责河湖	备注
		刘赐贵	省委书记， 省人大常委会主任	总河湖长	
		沈晓明	省委副书记，省政府省长	总河湖长	
		毛万春	省政协党组书记、主席	南渡江，松涛水库、松涛东干渠	
		李 军	省委副书记	万泉河，牛路岭水库	
		毛超峰	省委常委， 省政府常务副省长	南洋河、文教河、文昌江、北山溪	
		肖莺子	省委常委，宣传部部长	文澜河、光吉河、尧龙河、文科河	
		肖 杰	省委常委，统战部部长	藤桥河、藤桥西河、英州河	
		刘星泰	省委常委，政法委书记	巡崖河、永丰水、古城河	
		彭金辉	省委常委，组织部部长	九曲江、龙滚河	
		孙大海	省委常委，秘书长	石滩河、腰子河、贤水、南水吉沟	
21	海南	许 俊	省人大常委会副主任、党组副书记	定安河、沟门村水、文曲河	
		何西庆	省人大常委会副主任、党组副书记	新吴溪、洋坡溪、卜南河	
		胡光辉	省人大常委会副主任、党组成员	珠碧江、打拖河、大岭河	
		王 路	省政府副省长	老城河、大塘河、美龙河	
		刘平治	省政府副省长	副总河湖长，昌化江、大广坝水库、戈枕水库	
		苻彩香	省政府副省长	西昌溪、岭后河	
		沈丹阳	省政府副省长	加浪河、塔洋河、白石溪、沙荖河	
		冯忠华	省政府副省长	石碌河、光村水	
		马勇霞	省政协党组副书记、副主席	宁远河、龙潭河、雅边方河	
		李国梁	省政协党组副书记、副主席	陵水河、板来河、金聪河、长兴河	
		陈敏尔	市委书记	总河长，长江	
		唐良智	市委副书记、市长	总河长，嘉陵江	
22	重庆	张 轩	市人大常委会主任	梁滩河	
		王 炯	市政协主席	璧南河	
		张 鸣	市委常委，市委宣传部部长	琼江	

序号	省级行政区	省级河湖长姓名	行政职务	所负责河湖	备 注
		刘 强	市委常委，市委政法委书记	御临河	
		穆红玉	市委常委，市纪委书记，市监委主任	大溪河	
		吴存荣	市委常委，市政府常务副市长	綦江	
		李 静	市委常委，市委统战部部长	龙河	
		胡文容	市委常委，市委组织部部长	郁江	
		莫恭明	市委常委，万州区委书记	磨刀溪	
		高步明	市委常委，重庆警备区政委	五布河	
22	重庆	段成刚	市委常委，两江新区党工委书记	小安溪	
		陆克华	市政府副市长	涪江、渠江、濑溪河	
		胡明朗	市政府副市长，市公安局局长	梅溪河	
		郑向东	市政府副市长	阿蓬江	
		李明清	市政府副市长	龙溪河、大宁河	
		熊 雪	市政府副市长	藻渡河	
		李 波	市政府副市长	芙蓉江	
		屈 谦	市政府副市长	小江（澎溪河）	
		彭清华	省委书记，省人大常委会主任	总河长	
		尹 力	省委副书记，省长	总河长	
		邓小刚	省委副书记	副总河长，沱江	
		杨洪波	副省长	沱江	
		王雁飞	省委常委，省纪委书记	岷江	
		刘作明	省人大常委会副主任	岷江	
		罗 文	省委常委，省政府常务副省长	雅砻江	
23	四川	罗 强	副省长	雅砻江	
		田向利	省委常委，统战部部长	安宁河	
		杨兴平	副省长	安宁河	
		曲木史哈	省委常委，省直机关工委书记	长江（金沙江）	
		李云泽	副省长	长江（金沙江）	
		甘 霖	省委常委，宣传部部长	大渡河	
		李 刚	副省长	大渡河	
		邓 勇	省委常委，政法委书记	嘉陵江，泸沽湖	

序号	省级行政区	省级河湖长姓名	行政职务	所负责河湖	备 注
		叶寒冰	副省长，省公安厅厅长	嘉陵江，泸沽湖	
		崔保华	省政协副主席	涪江	
		王正谱	省委常委，组织部部长	渠江	
		陈文华	省人大常委会副主任	渠江	
23	四川	王一宏	省人大常委会副主任，省委秘书长	青衣江	
		曹立军	副省长	青衣江	
		尧斯丹	副省长	黄河	
		祝春秀	省政协副主席	黄河	
		叶 壮	省人大常委会副主任	赤水河	
		杜和平	省政协副主席	琼江	
		孙志刚	省委书记，省人大常委会主任	总河（湖）长，乌江干流	
		谌贻琴	省委副书记，省人民政府省长	总河（湖）长，乌江干流	
		刘晓凯	省政协主席	赤水河	
		夏红民	省委常委，省纪委书记	黄泥河	
		李邑飞	省委常委，省委组织部部长	松桃河	
		时光辉	省委常委，政法委书记	草海	
		赵德明	省委常委，贵阳市委书记	猫跳河	
		刘 捷	省委常委，省委秘书长	清水江	
		李再勇	省委常委，省人民政府常务副省长	清水河	
24	贵州	龙长春	省委常委，遵义市委书记	湘江	
		严朝君	省委常委，省委统战部部长	瓮安河	
		王艳勇	省委常委，省军区司令员	重安江	
		孙永春	省人大常委会党组书记、副主任	桐梓河	
		袁 周	省人大常委会副主任	红水河	
		慕德贵	省委常委，省委宣传部部长	三岔河	
		刘远坤	省人大常委会副主任	都柳江	
		陈鸣明	省人大常委会副主任	蒙江	
		何 力	省人大常委会副主任	水城河	
		李飞跃	省人大常委会副主任	潕阳河	
		王世杰	副省长	六冲河	
		陶长海	副省长	南盘江	
		郭瑞民	副省长，省公安厅厅长	樟江（含打狗河）	

序号	省级行政区	省级河湖长姓名	行政职务	所负责河湖	备 注
		吴 强	副省长	副总河（湖）长，北盘江	
		谭 炯	副省长	涟江	
		胡忠雄	副省长	副总河（湖）长，马别河	
		蒙启良	省政协副主席	习水河	
		左定超	省政协副主席	巴拉河	
24	贵州	李汉宇	省政协副主席	麻沙河	
		罗 宁	省政协副主席	野纪河	
		陈 坚	省政协副主席	白甫河	
		任湘生	省政协副主席	锦江	
		孙诚谊	省政协副主席	打邦河	
		张光奇	省政协副主席	乌都河	
		吴英杰	区党委书记	总河长	
		齐扎拉	区政府主席	总河长	
		丁业现	区党委常务副书记，区政协党组书记	雅鲁藏布江	
		庄 严	区党委常务副书记，自治区政协党组书记	怒江江	
		罗布顿珠	区党委常委，区政府党组副书记	澜沧江	
		旦 科	区党委常委，西藏军区政委	金沙江	
		姜 杰	区党委常委，区政协党组副书记、副主席，区党委统战部部长	玛旁雍错	
25	西藏	边巴扎西	区党委常委，宣传部部长	当惹雍错	
		何文浩	区党委常委，自治区常务副主席	狮泉河	
		白玛旺堆	区党委常委，政法委书记	拉萨河	
		刘 江	区党委常委，自治区常务副主席	朋曲	
		陈永奇	区党委常委、秘书长	纳木错	
		甲热·洛桑丹增	区人大常委会副主任	羊卓雍错	
		多吉次珠	自治区副主席	班公错	
		坚 参	自治区副主席	象泉河	
		汪海洲	区党委常委，组织部部长	色林错	
		石谋军	自治区副主席	尼洋河	
		张延清	自治区副主席	年楚河	

序号	省级行政区	省级河湖长姓名	行政职务	所负责河湖	备 注
25	西藏	罗 梅	自治区副主席	帕隆藏布	
		孟晓林	自治区副主席	扎日南木错	
		江 白	自治区副主席	西巴霞曲	
26	陕西	刘国中	省委书记	总河湖长，渭河	
		赵一德	省长	总河湖长，汉江	
		胡衡华	省委副书记	副总河湖长，丹江	
		梁 桂	省委常委，常务副省长	泾河	
		徐新荣	省委常委，延安市委书记	延河	
		王 浩	省委常委，西安市委书记	渭河西安段，昆明池	
		赵 刚	副省长	北洛河	
		魏增军	副省长	副总河湖长，黄河陕西段，红碱淖	
27	云南	陈 豪	省委书记，省人大常委会主任	总河长，抚仙湖	
		阮成发	省委副书记，省长	副总河长，洱海	
		王予波	省委副书记	总督察，异龙湖	
		李 江	省政协主席	副总督察，负责六大水系及牛栏江	
		和段琪	省人大常委会副主任	副总督察，负责九大高原湖泊	
		和良辉	副省长	长江（云南段）	
		宗国英	省委常委，常务副省长	珠江（云南段）	
		李玛琳	副省长	红河（云南段）	
		刘洪建	副省长	澜沧江（云南段）	
		刘慧晏	省委常委，省委秘书长	怒江（云南段）	
		陈 舜	副省长	伊洛瓦底江（云南段）	
		董 华	副省长	牛栏江	
		程连元	省委常委，昆明市委书记	滇池	
		赵 金	省委常委，省委宣传部部长	程海	
		张太原	省委常委，省委政法委书记	泸沽湖（云南部分）	
		张国华	省委常委，省委统战部部长	杞麓湖	
		王显刚	副省长	星云湖	
		李小三	省委副书记，省委组织部部长	阳宗海	

续表

序号	省级行政区	省级河湖长姓名	行政职务	所负责河湖	备注
28	甘肃	林铎	省委书记，省人大常委会主任	总河长总督导	
		唐仁健	省委副书记，省长	总河长总调度	
		孙伟	省委副书记	黑河	
		李荣灿	省委常委，兰州市委书记	湟水（含大通河）	
		张世珍	副省长	疏勒河、苏干湖	
		李沛兴	副省长	泾河	
		何伟	副省长	石羊河	
		程晓波	副省长	嘉陵江（含白龙江）	
		刘长根	副省长	黄河干流（含庄浪河），刘家峡水库	
29	青海	王建军	省委书记	总河湖长	
		刘宁	省长	总河湖长	1—6月
		信长星	省长	总河湖长	7—12月
		严金海	省委常委、副省长	5河2湖1库——布哈河、格尔木河、那棱格勒河、巴音河、柴达木河（香日德河），青海湖、苏干湖，温泉水库	1—7月
		田锦尘	副省长	6河3库——湟水、隆务河、大通河、黑河、长江、澜沧江，黑泉水库、纳子峡水库、石头峡水库	1—5月
		刘涛	副省长	6河3库——湟水、隆务河、大通河、黑河、长江、澜沧江，黑泉水库、纳子峡水库、石头峡水库	5—12月
30	宁夏	陈润儿	自治区党委书记	总河长	
		咸辉	政府主席	副总河长	
		王和山	政府副主席	黄河宁夏段	
		马汉成	政府副主席	清水河	
		姜志刚	自治区党委副书记，银川市委书记	典农河	
		张柱	自治区党委常委，固原市委书记	固原四河（茹河、泾河、渝河、葫芦河）	
31	新疆（含自治区和兵团）	陈全国	自治区党委书记，新疆军区党委第一书记，生产建设兵团党委第一书记、第一政委	总河（湖）长	
		雪克来提·扎克尔	自治区党委副书记，自治区人民政府主席	总河（湖）长	

序号	省级行政区	省级河湖长姓名	行政职务	所负责河湖	备注
		孙金龙	自治区党委副书记， 生产建设兵团党委书记、 政委	副总河（湖）长	1—4 月
		王君正	自治区党委副书记， 生产建设兵团党委书记、 政委	副总河（湖）长	4—12 月
		李鹏新	自治区党委副书记， 教育工委书记	副总河（湖）长，塔里木河流域（河长）	
		艾尔肯· 吐尼亚孜	自治区党委常委， 自治区人民政府副主席	副总河（湖）长，额尔齐斯河（河长）	
		彭家瑞	自治区人民政府副主席， 生产建设兵团党委副书记、 司令员	副总河（湖）长	
		巴 代	自治区人大常委副主任	塔里木河流域（副河长）	
		姚新民	生产建设兵团党委常委、 副司令员， 第一师阿拉尔市党委书记、 第一师政委	塔里木河流域（副河长）	
31	新疆（含自治区和兵团）	鲁旭平	生产建设兵团党委常委、 副司令员， 第三师图木舒克市党委书记、 第三师政委	塔里木河流域（副河长）	
		张春林	自治区党委常委， 自治区人民政府常务副主席	伊犁河（河长）	
		马宁·再尼勒	自治区人大常委会副主任	伊犁河（副河长）	
		钟 波	生产建设兵团党委常委， 第四师可克达拉市党委书记、 第四师政委	伊犁河（副河长）	
		董新光	自治区人大常委会副主任	额尔齐斯河（副河长）	
		孔星隆	自治区政协副主席， 生产建设兵团党委副书记、 副政委	额尔齐斯河（副河长）	
		杨 鑫	自治区党委常委、 纪委书记、监委代主任	喀什噶尔河（河长）	
		伊力哈木· 沙比尔	自治区政协副主席	喀什噶尔河（副河长）	
		邵 峰	生产建设兵团党委常委、 副政委、纪委书记、 监委主任	喀什噶尔河（副河长）	

序号	省级行政区	省级河湖长姓名	行政职务	所负责河湖	备 注
		赵冲久	自治区人民政府副主席	奎屯河（河长）	1—6月
		刘苏社	自治区人民政府副主席	奎屯河（河长）	9—12月
		马敖·赛依提哈木扎	自治区政协副主席	奎屯河（副河长）	
		刘见明	生产建设兵团党委常委、副政委，组织部部长	奎屯河（副河长）	
		李邑飞	自治区党委常委，组织部部长	玛纳斯河（河长），玛纳斯湖	
		马雄成	自治区政协副主席	玛纳斯河（副河长）	
		李新明	生产建设兵团党委副书记、副政委，宣传部部长	玛纳斯河（副河长）	
		沙尔合提·阿汗	自治区党委常委、代理秘书长、政法委副书记，自治区总工会主席	白杨河（河长）	
31	新疆（含自治区和兵团）	李冀东	生产建设兵团党委常委、秘书长	白杨河（副河长）	
		徐海荣	自治区党委常委、政法委副书记，乌鲁木齐市委书记	头屯河（河长）	
		李萍	生产建设兵团党委常委、副司令员	头屯河（副河长）	
		田文	自治区党委常委，宣传部部长	金沟河（河长）	
		张勇	生产建设兵团党委常委、副司令员	金沟河（副河长）	
		吉尔拉·衣沙木丁	自治区人民政府副主席	台特玛湖	
		赵青	自治区人民政府副主席	艾比湖	
		孙红梅	自治区人民政府副主席	博斯腾湖	
		芒力克·斯依提	自治区人民政府副主席	赛里木湖	
		哈德尔别克·哈木扎	自治区人民政府副主席	乌伦古湖	

十三、索引

Index

| 索 引 |

说 明

1. 本索引采用内容分析法编制，年鉴中有实质检索意义的内容均予以标引，以便检索使用。

2. 本索引基本上按汉语拼音音序排列。具体排列方法为：以数字开头的，排在最前面；汉字款目按首字的汉语拼音字母（同音字按声调）顺序排列，同音同调按第二个字的字母音序排列，依此类推。

3. 本索引款目后的数字表示内容所在正文页的页码，数字后的字母a、b分别表示该页左栏的上、下部分，字母c、d分别表示该页右栏的上、下部分。

4. 为便于读者查阅，出现频率特别高的款目仅索引至条目及条目下的标题，不再进行逐一检索。

J

K

L